Die Tonleiter und ihre Mathematik

Karlheinz Schüffler

Die Tonleiter und ihre Mathematik

Mathematische Theorie musikalischer
Intervalle und historischer Skalen

3. Auflage

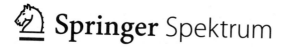

Springer Spektrum

Karlheinz Schüffler
Willich, Nordrhein-Westfalen, Deutschland

ISBN 978-3-662-64950-3   ISBN 978-3-662-64951-0   (eBook)
https://doi.org/10.1007/978-3-662-64951-0

Die Deutsche Nationalbibliothek verzeichnet diese Publikation in der Deutschen Nationalbibliografie;
detaillierte bibliografische Daten sind im Internet über http://dnb.d-nb.de abrufbar.

Fotonachweis Umschlag: © 2022 Adobe Stock. All rights reserved. (https://stock.adobe.com/de/images/
klaviatur/189785661?prev_url=detail)

Planung/Lektorat: Annika Denkert
Springer Spektrum ist ein Imprint der eingetragenen Gesellschaft Springer-Verlag GmbH, DE und ist ein Teil
von Springer Nature.
Die Anschrift der Gesellschaft ist: Heidelberger Platz 3, 14197 Berlin, Germany

En souvenir de ma chère mamam
Wilhelmine Schüffler (1907–1977)

Für meine Frau Karstjen
und meine Kinder Christine, Stefan und Peter

Prolog – Praeludium

Wenn ich kinder hette und vermöchts, sie müsten nicht alleyne die sprachen und historien hören, sondern auch singen und die musica mit der gantzen mathematica lernen.
Martin Luther (anno 1524)

Bekanntlich führen viele Wege nach Rom – und wie viele Wege zur Musiktheorie führen, weiß niemand so genau. Zu breit ist das Spektrum der Fragen und ihrer Themengebiete und aller interessierenden Anwendungen. Zu unterschiedlich sind die Wünsche nach wissenschaftlicher Tiefe und Verankerung ihrer Begriffe, Methoden, ihrer Zusammenhänge und Theorien. Und zu different schließlich sind die individuellen Sichtweisen über die anstehenden Dinge und deren Bedeutung – aber auch die eigenen, jeweiligen Möglichkeiten und Voraussetzungen, die Objekte und Betrachtungsgegenstände so oder so wahrzunehmen, einzuordnen und zu verstehen.

▶ Verstehen Musiker anders als Mathematiker?

In der Antike hätte man diese Frage – wäre sie überhaupt gestellt worden – strikt mit „nein" beantwortet; schließlich war ja die *musica theoretica* eine der vier freien mathematischen Künste, „Quadrivium" genannt, wie uns das Bild der **„septem artes liberales"** in der Abb. 1 zeigt. Somit *wäre* es ein leichtes, eine Musiktheorie als Teilgebiet einer mathematischen Disziplin wie der Arithmetik und ihrer Algebra begründend einordnen zu wollen, um dann hernach der reinen mathematischen Abstraktion und ihrem Kalkül das Feld zu überlassen.

Ich habe hierbei ganz bewusst den *Konjunktiv* „wäre" gewählt, denn gottlob zeigen sich noch ganz andere Zugänge beim Zusammenspiel beider Wissenschaften. Und diese finden wir am besten, wenn wir es zulassen, mit „dummen Fragen" behelligt zu werden, wobei diese einfache Methode dann auch manche scheinbar konträr zueinander stehenden Auffassungen zu Wesen und Inhalt einer Musiktheorie vereint.

Solche *dummen* Fragen könnten sein:

- Warum hat eine Tonleiter ausgerechnet zwölf Töne?
- Sind nicht zwölf Quintschritte immer so viel wie sieben Oktaven?
- Was ist eigentlich „Konsonanz"? Ist dies das Gegenteil von „Dissonanz"? Und wie stelle ich beides fest?
- Was sind denn „reine Intervalle"? Sind die anderen unrein?
- Was meinen denn die Leute mit „Tonartencharakteristik"?
- Was bedeutet „alte Stimmung" – und gibt es eine neue, die sich von der alten unterscheidet, und worin genau bestünden überhaupt die Unterschiede?

Mühelos könnte diese Liste verlängert werden, beispielsweise auch um diesen Beitrag:

- „Ich habe gehört, es gäbe bei den Tönen ein pythagoräisches Komma. Was ist ein Komma – und was hat das mit dem Pythagoras zu tun?"

Der ganz besondere Reiz dieser Fragen liegt aber vor allem darin, dass sie gleichermaßen die Musiker, die Physiker, die Mathematiker und – überhaupt – die Kunst- und Wissenschaftsinteressierten eint, und zwar ganz gleich, in welcher Wissensschublade sie eine Antwort suchen.

▶   Nicht immer muss dies die Schublade der Mathematik sein.

Nein, nicht selten wird gerade die Mathematik förmlich dazu missbraucht, für beinahe alle Erscheinungsformen und ihre Vorgänge die erklärende Verantwortung übernehmen zu müssen. Das tut sie gerne – aber nur, wenn die Wohldefiniertheit ihres Bezuges zu den Dingen sorgfältig überdacht ist. Nicht die Exponentialfunktion ist schuld an den durch ihre Hilfe verursachten fehlerhaften Prognosen – es sind wohl eher die „user", die ihre Anwendbarkeit nicht kritisch genug hinterfragen.

Was jedoch allen diesen Fragen gemeinsam ist: Hand aufs Herz – keine von ihnen erlaubt eine triviale begründete Antwort. Am ehesten könnte man vielleicht die zweite der Fragen, die Sache mit dem Quintenkreis und dem berühmten pythagoräischen Komma, klären. Wir wollen genau dies einmal durchspielen, um hierin die Rolle(n) der Mathematik zu beleuchten: Es beginnt mit dem Problem

▶   Zwölf Quinten treffen niemals sieben Oktaven, weil?

Bedeutet nämlich „Oktave" die Frequenzverdopplung eines Tons, somit also die Proportion (1 : 2), und bedeutet „Quinte" das anderthalbfache Frequenzverhältnis zweier Töne und deshalb die Proportion (2 : 3), so ergäbe sich für ein Treffen der beiden „Intervallschichtungen" die Gleichheit

$$3^{12} = 2^7 * 2^{12} = 2^{19}.$$

Mit „Mathematik" hätte es nun rein gar nichts zu tun, nachzurechnen, dass die linke und die rechte Seite dieser „Gleichung" verschieden sind, mag das Taschenrechner-Display noch so wissenschaftlich aussehen. Ein klein wenig Mathematik ist aber dabei, wenn die Unmöglichkeit *deshalb* sofort erkannt wird: Links steht etwas Ungerades, rechts steht aber eine gerade Zahl, und niemals können beide gleich sein. Noch etwas mehr Mathematik ist dann aber im Spiel, wenn wir erkennen, dass ja die gleiche Begründung auch zeigen würde, dass sich nicht nur 12 Quinten mit 7 Oktaven nicht treffen können, sondern dass dies dann auch für m beliebige Quinten und n beliebige Oktaven gelten müsste. Und noch einmal mehr Mathematik steckt in der Erkenntnis, dass es nicht nur für Quinten und Oktaven, sondern für je zwei beliebige Intervalle, deren Proportionen durch zwei unterschiedliche Primzahlen beschrieben werden, niemals ein gemeinsames Aufeinandertreffen geben kann. Spätestens an dieser Stelle haben wir uns von der Vorstellung verabschiedet, mit der Mathematik würde stets alles „genauestens aus-gerechnet", womit ihr Beitrag also in der Exaktheit aller Zahlentabellen bestünde. Und wenn wir dieses Zusammenspiel dann auch noch für mehr als zwei Bausteinintervalle formulieren, sind wir mitten in der Linearen Algebra ganzzahliger Gleichungssysteme gelandet. So schnell kann's gehen.

So ist also dieses kleine Spielzeug bestens geeignet, den Einsatz von Mathematik in der Musik zu rechtfertigen, und die vielen anderen „dummen Fragen" drum herum sind dies noch in weit höherem Maße.

Wollen wir nämlich tatsächlich ihre Antworten ergründen, und wollen wir hierbei auch tatsächlich die Worte „quasi" oder „entspricht" oder andere Ausweichmanöver meiden, so führt uns der Weg zur Antwort immer mehr in die Notwendigkeiten zu ver-lässlichen Definitionen. Diese führen selber wieder unweigerlich zu zunächst vermuteten und dann mit entsprechendem forschenden Ehrgeiz begründeten Zusammenhängen. Diese Zusammenhänge verleiten dann aber ihrerseits dazu, den Fragen nach universellen Gültigkeiten Raum zu geben, jedenfalls dann, wenn zuvor die Plattform einer all-gemeinen Ausgangslage festgelegt ist.

▶ *Mathematiker sagen hierzu, dass sie unter gegebenen Voraussetzungen auf der Basis dieser oder jener bereits gesicherten Resultate ein allgemeines Theorem gewonnen haben. Und je nach dessen Bedeutung steht eine Feier an.*

Ich kann versprechen, dass unsere Lektüre durchaus die eine oder andere Feier recht-fertigen könnte; alleine schon das Theorem der Wolfsquinte, das Theorem über die Architekturen leitereigener Intervalle sowie das überraschende Theorem zur Lauten-stimmung könn(t)en für allseits gute Laune sorgen.

Bevor ich nun schildere, welche Ziele dieses Buch besitzt und mit welchen Methoden welche Inhalte behandelt werden, will ich einmal meinen eigenen Impuls schildern, der mich immer tiefer in die Thematik von Musik und Mathematik getrieben hat:

▶ *Vor etlichen Jahren wurde ich zu einem Orgelkonzert in die prominente Markt-*
  kirche zu Halle an der Saale eingeladen. Mit Bach, César Franck und Max Reger
  im Gepäck machte ich mich auf den Weg zur großen Cuntius-Schuke-Orgel, ein
  Instrument, an dem man sich beinahe verloren vorkommen kann.

  Aber diese Orgel war dennoch nicht der Primus am Platz: Ihr vis-à-vis thronte
  eine Uralt-Orgel an der Stirnwand der Kirche, ein unübersehbarer Blickfang.
  Und voller Stolz berichtete man mir, dieses Instrument, eine Reichel-Orgel aus
  den Tagen des Michael Praetorius, habe schon Georg Friedrich Händel gekannt
  und ihn als Organisten erlebt und geschätzt. Und schnell war klar, dass dieses
  Kleinod nun rein gar nichts mit dem zu tun hatte, was man sich so unter „Orgel"
  für gewöhnlich vorstellt, weder vom Hören noch vom Spielen her. Klänge wie
  aus einer anderen Welt trafen auf Ohren, die jahrzehntelang anderes – das
  temperierte Gleichmaß eben – gewohnt waren. Man sagte mir, die Orgel sei
  „mitteltönig gestimmt". „Da seien halt manche Terzen reiner – ?!"

Mathematiker sind eigentlich nur dann zufrieden, wenn sie glauben, dass sie das,
wonach sie suchen, nicht nur gefunden, sondern auch bestens verstanden haben. So
entstand mein erstes Buch, „Pythagoras, der Quintenwolf und das Komma – eine
mathematische Temperierungstheorie".

Ziel In diesem Buch wird eine allgemeine, auf Mathematik basierende Theorie
musikalischer Intervalle und Skalen vorgestellt. Unter dem Label „Theorie" meine ich
die Zusammenführung von vier Bereichen:

(A) die Erarbeitung eines verlässlichen Vokabulars musikalischer Begriffe und Vorgänge
    (die *„Definitionen"*),
(B) die Zusammenstellung aller signifikanten Eigenschaften dieser musikalischen
    Gegenstände sowie deren Zusammenspiel untereinander (die *„Theoreme"*),
(C) das nachhaltige Verstehen dieser Wechselbeziehungen (die *„Beweise"*),
(D) die Überprüfung und übende Erarbeitung der gefundenen Theorien an ausgewählten
    musikalischen Situationen (die *„Beispiele"*).

Inhaltlich orientiert sich die Lektüre an den Architekturen der Tonleitern sowie an den
Gesetzen, wie man musikalische Gegenstände messen und berechnen kann; wir stellen
die funktionalen Aspekte der Wolfsquintenkreise ebenso vor wie den Kosmos der
klassischen Intervallkategorien (Kommata – Semitonia – Tonia), welcher insbesondere
aus dem Primzahl-Obertongitter, dem „Euler-Gitter", ableitbar ist.

Zwar scheint das letzte und zwölfte Kapitel („Historische Temperierungssysteme")
das Ziel unserer Anstrengungen zu sein – und in der Tat freuen wir uns nicht ohne Stolz,
eine neue Verständnisgrundlage hierdurch anbieten zu können –, gleichwohl haben aber
auch die überaus zahlreichen Ergebnisse, die wir auf dem Wege dorthin erreichen, ihren
ganz eigenen Reiz und ihre eigenen Anwendungsbereiche. Hierzu zählen insbesondere

▶ die Symmetriegesetze der Quintenkreise und deren Aufbaumechanismen,
die vielfältigen Verflechtungen der Kommensurabilität mit der Tonleiterlehre,
die Verbindung von Vektorgeometrie und klassischen Intervallsystemen,
die kombinatorischen Spiele mit Stufengeometrien und Skalenvarianten,
die Analyse der Intervalliterationen mit dem Theorem von Poincaré-Levy.

Die Methoden Die zweifellos wichtigste Methode, eine *Theorie der Intervalle* zu kreieren, besteht in einer weitestgehend zahlenfreien Form des Rechnens mit musikalisch-architektonischen Vorgängen – wie dem Bau von Tonleitern oder Akkorden aus einem Sortiment von vorgegebenen Bausteinen. Hierzu haben wir eine

▶ Arithmetik der Intervalle

entwickelt, deren konsequente Anwendung uns zu den denkbar allgemeinsten Resultaten führt – bei gleichzeitigem Optimum eines nachhaltigen Verstehens.

Um dies an einem Beispiel zu erläutern: Die Frage

▶ „Was ist die größtmögliche Anzahl leitereigener reiner Terzen, die eine zwölf-stufige („chromatische") Oktavtonleiter haben kann?"

könnte niemals beantwortet werden, würden wir versuchen, mit den numerischen Maßdaten einer a priori unbekannten Anzahl reiner Terzen die Zahlentabelle einer Tonleiter zu berechnen. Das berühmte Stochern im Nebel wäre dagegen vergleichsweise ein Kinderspiel.

Die Methode des *Aufbaus des Textes* besteht in einer inhaltlich geleiteten Gliederung in drei Teile mit zusammen zwölf Kapiteln, und jedes von ihnen ist durch Abschnitte (weitestgehend) stringent aufgebaut. Der Text selber folgt dem ebenso bewährten wie vertrauten und uralten Konzept mathematischer Literatur, indem aus Vereinbarungen, Definitionen und bewiesenen Eigenschaften, Regeln und Zusammenhängen sowie anschließenden Demonstrationen die angestrebten Resultate angeboten werden.

▶ *Unser Text wird begleitet durch die*
„Symphonie vom Harmonischen Meer",
die in ihren vier Sätzen über seltsame Fabeln aus Quintilien und Oktavien erzählt – man muss nur ihren Klängen genau zuhören, um zu entdecken, dass so manche Episode in ihrem Gewand genau das enthält, was an anderer Stelle als „trockene Formel" um Aufmerksamkeit fleht.

Zur Methodik unserer *Vorgehensweise* gehört es aber auch, zu erwähnen, dass die Darstellung der Verbindung zweier Wissenschaften ihre ganz eigenen Probleme mit sich bringt. In der Mathematik kennen wir – jedenfalls ist es meistens so – den linear geordneten Weg der Entwicklung eines Wissensgebietes; aus angenommenen Grundlagen und Axiomen erwächst Schritt für Schritt ein Gebäude, dessen interne Verankerungen genau durch diese Abfolge sowie aus gewählten Grundaxiomen gewonnen werden. „Aus A folgt B, aus B folgt C und so fort". Auch mag es in manch anderen Gebieten wie der Physik, der Chemie und anderen Bereichen ähnlich bestellt sein. Jedoch ist in der mathematischen Musik ein eindimensionaler, linear geordneter Entwicklungsfahrplan leider schwerlich zu finden. Definiert man das *eine,* so benötigt man ein *anderes,* das sich – bei Lichte besehen – wieder nur durch das *eine* erklären ließe. So ist es mir trotz großer Mühe nicht vollständig gelungen, Abschnitt für Abschnitt, Kapitel für Kapitel so aufeinanderzubauen, dass ein sukzessiver Wissensfahrplan entstanden wäre. Dies liegt auch darin begründet, dass ich in den vielen Anwendungsbeispielen vom Repertoire zahlreicher klassischer Intervalle und Skalen schon sehr frühzeitig Gebrauch machen wollte. So findet man beispielsweise die „mitteltönige Quinte" als sinnvolles Beispiel einer Intervallteilung bereits im 3. Kapitel – während die mitteltönige Stimmung, welche sich ja genau aus dieser Quinte definieren und berechnen lässt, erst viel später beschrieben wird.

An wen richtet sich das Buch?

Auch diese Frage ist nicht leicht zu beantworten, will man hierzu nicht die „stets interessierten Laien" sowie die „Kenner des Fachs" pauschal anführen; zu viele unterschiedliche Voraussetzungen und Erwartungen treten hier auf den Plan. Zunächst einmal habe ich versucht, in den allermeisten und wesentlichen Textteilen die **mathematischen Voraussetzungen** denen eines erwartbaren gymnasialen Wissens anzupassen. Obwohl: Sehen wir einmal von dem Centmaß, der logarithmisierten Form des Intervallfrequenzmaßes ab, was ja in der Musiktheorie ebenso unerlässlich wie vertraut ist, so fehlt eigentlich all das, was vielen an der Mathematik ihrer Schulzeit keine Freude bereitet hat: keine Wahrscheinlichkeiten, keine Parabeln, kein Ableiten (leider), keine Integrale und derlei. Es kommt beinahe einzig auf die ordnende Sprache mathematischer Grundstrukturen und ihrer Logik an (ich komme darauf zurück). Aber auch dort, wo vielleicht das eine oder andere Bonmot aus der Welt der Mathematik den vertrauten schulischen Rahmen zu verlassen scheint, werden durch spontane Vergleiche, Erklärungen und Hinweise ermunternde und erfolgversprechende Hilfen angeboten. Schließlich soll unser Angebot nicht nur wenigen „Experten" dienen, sondern es soll möglichst vielen Lesern zum Nutzen gereichen.

▶   *Dennoch werde ich mich niemals für den fordernden Gebrauch mathematischer Denkweisen entschuldigen, was ja leider mittlerweile schon zum guten Ton gehört.*

Ein wenig differenziert begründet wären daher zu nennen:

Studierende und Lehrende der Musikwissenschaft

Das Buch möchte eine Theorie der Intervalle, Skalen und deren Architekturen unter Einschluss der historischen Konstruktionen, Stationen und Entwicklungen anbieten, in welcher eine durch mathematische Logik geleitete Verflechtung von Begriffen, Rechenregeln und Zusammenhängen das Verständnis musiktheoretischer Gegenstände unterstützt.

Studierende und Lehrende der Mathematik

Wer auf der Suche nach realen und hilfreichen Anwendungen mathematischer Grundlagen in der übrigen Welt ist, kann vor allem im Bereich einer Linearen Algebra der Ganzzahligkeit und ihren unimodularen Systemen interessante Aspekte finden. So mutiert die ebenso abstrakt wie entlegen gescholtene Modulalgebra urplötzlich zum zentralen Begleitgegenstand eines spannenden Wissensbereichs, den man eher in einer künstlerischen, philosophischen Ecke vermutet hätte.

Die Schule mit ihren Schülern und Lehrerinnen

Bei näherer Betrachtung ergeben sich recht viele Nutzungsmöglichkeiten durch eine thematische Selektion zwecks Einsatz im seminaristischen Unterricht wie auch in Leistungskursen – seien sie musikbezogen oder der Mathematik angehörig. Das mag der sinnvolle Gebrauch des Logarithmus sein (das „Centmaß"), das mag das System der Kommata sein (was sind pythagoräisches und syntonisches Komma?), das mögen Fragen wie beispielsweise

> ▶ *„Wie bastele ich mir eine Tonleiter?"*
> *„Wo sind die Primzahlen in der Musik zu finden?"*
> *„Kann man Musik mit Geometrie verbinden?"*

und hundert andere sein, die den Jugend-forscht-Geist ja geradezu herausfordern.

Die Kulturwissenschaft mit ihrem interessierten Publikum

Trotz der Nähe unserer Sprache zu den modernen Formen wissenschaftlicher Texte besteht gerade in der antiken Verbindung von Musik und Mathematik als gleichwertige Partner der **„harmonikalen Proportionen"** in den septem artes liberales nicht nur der Ausgangspunkt unserer Darlegungen, sondern es ist vielmehr umgekehrt so, dass wir diese historischen Verbindungen mit unserer heutigen Sprache formulieren, festigen – und natürlich auch weiterentwickeln möchten – und zwar dort, wo dies möglich und angebracht erscheint. Daher verstehen wir unsere Lektüre in vielerlei Hinsicht auch als einen **kulturellen** Beitrag.

▶ *Nicht nur die musica ist eine disciplina cultura: Auch die mathematica darf sich so*
   nennen, sogar im besonderen Maße,

wenn auch ganze Generationen dank eines traumatischen Drills mit binomischen Formeln und Schlimmerem sie als eine zwar notwendige, leider aber seelenlose Plage erlebt und erlernt haben. Ich hoffe, dass ein etwaiges grau-schwarzes Feindbild nach Lektüre dieses Buches (…„*ach – so ist das also*"!) nicht nur eine freundlichere Farbe bekommen hat, sondern dass ich auch die „Lust auf mehr" beflügeln konnte.

Danksagung

Dem Verlag Springer Spektrum und seinen Lektorinnen, Frau Dr. Annika Denkert sowie Frau Nikoo Azarm und ihrer Mitarbeiterin, Frau Agnes Herrmann, danke ich aufs Herzlichste für die Übernahme des Buches und die hervorragende Betreuung des ganzen Prozesses. Mein Dank gilt ebenso Herrn Karthick Devarajan und seinem Team für die satztechnische Umsetzung und Gestaltung des Textes. Wie auch schon in meinen beiden früheren Büchern zum Thema „Mathematik und Musik" fand ich mit Sascha Keil, meinem früheren Studenten, einen liebevollen Begleiter durch die Tücken der technischen Verschriftlichungen. Danken will ich auch meinem Organisten-kollegen Klaus-Peter Jamin für die Ausfertigung aller Notendiagramme. Etliche Personen meiner Leserschaft kommen ohne ein Dankeswort auch nicht davon: Viel-fältige Korrespondenzen zu den zuvor genannten Werken haben mich immer wieder genötigt, das Thema stets aufs Neue auszuleuchten, um damit auch insbesondere eine Balance zwischen den beiden Polen „Musik und Mathematik" zu finden – eine Auf-gabe, die sich umso schwieriger gestaltet, je tiefer man in das komplexe Netzwerk der Zusammenhänge vordringt. Meinen Leserinnen und Lesern danke ich für eine hoffent-lich rege Diskussion; die mathematisch Orientierten unter Ihnen bitte ich aber auch um Nachsicht, wenn die eine oder andere Betrachtung nicht die vielleicht gewünschte Stringenz besitzt – wie ich aber auch ebenso die eher an den musikalischen Ergebnissen Interessierten unter Ihnen um Nachsicht bitte, bisweilen für deren Geschmack leider zu viel mathematischen Erklärwillen eingebracht zu haben.

Schließlich: Die zeitlich nicht mehr messbare Abwesenheit vom restlichen Geschehen in der Welt war auch nur möglich durch die geduldige Unterstützung durch meine Frau Karstjen: Vielen herzlichen Dank.

Karlheinz Schüffler

Willich-Schiefbahn
im Dezember 2021

Zum Programm

Aufbau und inhaltliche Struktur

Im **Teil I** (Mathematische Theorie der Intervalle) widmen wir uns in vier Kapiteln dem Messen und Rechnen mit musikalischen Intervallen sowie einer umfänglichen Thematik der Kommensurabilität und ihren Bezügen zur primzahlorientierten Zahlentheorie und ihren Teilbarkeiten.

Im ersten Kapitel, das am besten die Überschrift „Buntes Allerlei" verdienen würde, tragen wir einige nötige Vokabeln zusammen. Neben einer physikalisch gefärbten Einführung des Begriffs „musikalisches Intervall" erfahren wir vor allem die Methoden, Intervalle nicht nur zu messen, sondern auch mit ihnen als abstrakte Objekte zu rechnen. Erste Anwendungen liegen dann im Bereich der Mittelwerte, der Konsonanz und der Architektur des Oktavengebäudes aller musikalischen Intervalle.

Das Kapitel 2 beschreibt das Thema der Kommensurabilität – also der ganzzahligen Vergleichbarkeit von Intervallen – und vertieft somit das soeben im Prolog beschriebene Spiel der zwölf Quinten mit den sieben Oktaven. Die Unterscheidung „kommensurabel" versus „nicht-kommensurabel" dominiert nämlich die gesamte Tonleiterlehre und entscheidet über Quintenkreisschließungen, Periodizitäten, Symmetrien und Endlichkeiten aller relevanten architektonischen Skalenstrukturen.

Im 3. Kapitel entwickeln wir musik-mathematische Konzepte für den Bereich der klassischen Intervalle, wozu insbesondere diejenigen gehören, welche ehedem durch ganzzahlige Proportionen $(m : n)$ beschrieben wurden und welche den Namen „harmonisch-rational" bekommen. Vor allem ergibt sich hierbei unter dem Synonym „größter gemeinsamer Teiler" eine unglaublich fruchtbare Verbindung des primzahlgeleitetem Zahlenaufbaus mit Analysen musikalischer Intervalle, was sich vor allem in den Iterationsmodellen kommensurabler Intervallmodule bewährt.

Schließlich führt uns das 4. Kapitel in die musik-mathematischen Gesetze von Intervalliterationen, womit das wiederholte Aufeinanderschichten von zwei oder mehreren Intervalltypen gemeint ist und wobei für gewöhnlich auch die Oktave miteinbezogen ist. Denn der Bau einer Tonleiter geschieht – beinahe immer – nach dem Muster eines wiederholten Anfügens eines einmal gewählten Sortiments an Grundbausteinen, die vorzugsweise aus Quinten oder als „Halbtonstufen" bestehen, und gelegentlich kommen auch noch Terzen hinzu. Wer bis hierher die Analysis – die Lehre der Funktionen, ihrer Differentiale und Integrale – vermisst hat, kommt zumindest im letzten Abschnitt auf seine Kosten, wo einmal eine ganz konkrete Funktionsanalysis der berühmten Tonspiralen vorgestellt wird.

Im **Teil II** (Mathematische Theorie der Skalen) gilt unser Interesse den allgemeinen Fragen und Gesetzen rund um das Thema „Tonleiter". Zunächst beschreiben wir im Kapitel 5 das Vokabular zur Skalentheorie, und dann stellen wir neben dem Tastaturmodell die zwei herausragenden Konstruktionsmodelle der Skalentheorie vor: Das sind das Stufenmodell und das Quintenkreismodell. Dabei werden wir im besonderen die Äquivalenz von

▶   Stufenarchitektur ↔ Quintenarchitektur

beweisen und deren Fakten und Formeln gründlich untersuchen, weil der Wert dieser Gleichwertigkeit keineswegs nur ein Abstraktum ist, sondern weil sich alle möglichen Fragen hinsichtlich der Periodizitäten, der Symmetrien, der Anzahlen und so fort von einem System auf das andere unvermittelt übertragen lassen. Ein eigener Abschnitt kümmert sich dann noch um die „oktavperiodischen" Aspekte einer Skalengenerierung sowie um wichtige und durchaus überraschende Konsequenzen im Falle mehrfacher teilerfremder Periodizitätsparameter.

In Kapitel 6 hat dann die Kombinatorik das Wort: umordnen, permutieren, transponieren; die Variantenvielfalt mit ihren „Tonartencharakteristiken" und den „Stufenziffercharakteristiken" finden hier ihren Platz – aber leider auch einige jener allseits unbeliebten Formelmonster der elementaren Kombinatorik.

Das Kapitel 7, das zusammen mit dem Kapitel 10 hinsichtlich der Temperierungstheorie das wohl inhaltliche Zentrum unseres Buches bedeutet, befasst sich dann mit dem Regelwerk der Wolfsquintenskalen und ihren kreisgeometrischen Modellen; es beschreibt deren allgemeine Architekturen mitsamt den hervorzuhebenden Konstruktionsgesetzen und deren Symmetrien hinsichtlich ihrer leitereigenen Teilsysteme. Die im Zentrum stehende Analyse von einfachen und mehrfachen Wolfsquintenskalen wird dabei durch einen eigenen Abschnitt in der musikalischen Anwendung getestet.

Nun startet mit dem **Teil III** (Mathematische Temperierungstheorie) unsere Reise zu den historischen Tonleitern, ihren Bausteinen und Aufbaumechanismen.

Die *Temperierung* von Skalen ist zunächst einmal – jedenfalls für gewöhnlich – die datenbezogene Erfassung der charakteristischen Stufen- oder Tonfolgen einzelner Skalen – die *Temperierungstheorie* stellt aber darüber hinaus noch die Fragen des „*Warum*" und somit auch die Frage

▶ *„Was sind denn die Prinzipien und Methoden und ihre beabsichtigten Ziele, diese oder jene Tonleiterarchitektur anzustreben und zu konstruieren?" Und überhaupt: „Wie bewerkstelligt man das?"*

Dabei drängen sich im Vorfeld auch manche „dummen" Fragen auf wie zum Beispiel:

▶ *„Handelt es sich nicht um was Nebensächliches, gar Triviales, eine Leiter von sieben oder zwölf Stufen zu bilden?"*

▶ *„Und warum hat man von alters her nicht ganz einfach die Oktave in zwölf gleiche Teile geteilt und fertig wäre die Tastatur, frei von störenden enharmonischen Konflikten?"*

Aber schon die Fragen „Was heißt ‚gleich'?" und: „Wie würde man das am Instrument umsetzen?" lassen schon erste Nachdenklichkeiten aufkommen. Und vor allem: „Wie klingt dies und jenes; ist das auch schön anzuhören?" – diese Fragen lassen ahnen, dass sich hier ein weites Verbundfeld aus Ästhetik, Historie, Physik, Mathematik – ja, und Musik – auftut. Und so fließen in diesen Fragenkomplex zahlreiche Fakten, Formeln und Resultate beinahe aller zurückliegenden Abschnitte ein. Dabei sind allerdings die vielfältigen Aspekte der Ästhetik musikalischer Skalen und ihrer Klänge verständlicherweise ausgeblendet:

▶ *Wann überhaupt klingen zwei oder mehrere Töne „schön" – oder „schmeicheln unserem Ohr" – wie sich die Experten des Bachzeitalters ausdrückten?*

Zweifellos eröffnet diese Frage ein ganz eigenes riesiges Feld, ganze Wissens- und Erfahrungsbereiche vereinnahmend wie auch die Kapazitäten großer Bibliotheken.

In den vier Kapiteln 8–11 stellen wir nun die vier „klassischen" Stimmungsfamilien

▶ pythagororäisch (8) – mitteltönig (9) – natürlich-harmonisch („rein") (10) – gleichstufig (11)

vor. Hierbei entwickeln wir insbesondere im Kapitel 10 eine Systematik der klassischen Ganztöne, ihren Halbtönen, den *„Semitonia"*, und dem System der dieses und alles übrige stets begleitenden *„Kommata"*. Unterstützt wird diese Studie durch eine ausführliche Beschreibung des Euler'schen Tonglitters, welches eine einzigartige Verbindung von Intervalltheorie und visueller Vektorgeometrie darstellt. Ohne dieses hilfreich-geniale Instrumentarium wären wohl weder so viele Temperierungen entstanden noch wären sie nutzbringend und nachhaltig verstanden worden.

Der Abschnitt über die Gleichstufigkeitsskalen (11) enthält schließlich auch eine Betrachtung über die

▶   Temperierungen für Lauten- und Gitarreninstrumente,

wobei wir dank des „Capodaster-Theorems" mit einem neuen und überraschenden Resultat aufwarten können. (Mehr wird jetzt nicht verraten.) Ebenso ist die Diskussion einer modernen, experimentellen 31-gleichstufigen Skala enthalten, und wir können überraschende Zusammenhänge zur Mitteltönigkeit entdecken.

Dann schließt sich das große Kapitel 12 über die signifikanten historischen Temperierungen (vor, während und nach Bach) an. Angefangen bei

▶   Arnold de Zwolle, Arnold Schlick, Michael Praetorius über Werckmeister, Silbermann, Valotti, Neidhardt, Zarlino und einigen anderen bis hin zum Bach-Kellner-System

erfahren wir in ebenfalls zwölf Abschnitten die Leitgedanken ihrer Konstruktionen, und wir können dann sehr leicht ihre entsprechenden Skalenaufbauten begründen und vor allem auch intervallarithmetisch (!) – und nicht nur numerisch – berechnen. Wenn auch dieses Kapitel die (stolze) Quintessenz unserer Studien darstellt,

▶   *so ist doch der Weg dorthin das eigentliche Ziel,*

so wie es einst Konfuzius der Welt vermachte.

Über das sprachliche und logische Latein der Mathematik

Bevor wir nun den Text starten, wollen wir noch ein Wort über den häufigen Gebrauch mathematisch-logischer Formulierungen verlieren. Wir finden im Theoremsystem unserer Lektüre beinahe ständig eine Situation, dass eine gewisse Aussage, Eigenschaft, Rechenregel und derlei als „gleichwertig" – oder auch latinisiert: „äquivalent" – zu einer anderen Aussage beschrieben ist. Oder es findet sich die Behauptung, dass aus einer gewissen Eigenschaft oder Aussage (A) eine andere (B) folgt. Formulierungen dieser Art sind natürlich in der Mathematik im Rahmen einer Grundlagenlogik bestens verankert; sicher ist aber auch ein intuitives Verständnis hierüber anzunehmen und in der Regel auch völlig ausreichend. Dennoch wollen wir dieses Verständnis sicherheitshalber in der folgenden Erklärbox festigend bestätigen.

Erklärbox – Satz 0.1 (Äquivalenz und Implikation)

Die Symbole $A, B, C, \ldots$ mögen im Folgenden für Aussagen (was auch immer dies sein mag) stehen. Zum Beispiel könnte sein:

$A \equiv$ das Intervall Q hat ein rationales Frequenzmaß.

$B \equiv$ das Intervall J als Ergebnis zweier aufeinander gesetzter Intervalle I hat ein rationales Frequenzmaß.

Die Äquivalenz: Zwei Aussagen (respektive Eigenschaften, Merkmale usw.) (A) und (B) sind gleichwertig (äquivalent), wenn diese zwei Dinge zutreffen:

1. Falls die Aussage (A) zutrifft, so trifft auch die Aussage (B) zu.
2. Falls jedoch die Aussage (A) <u>nicht zutrifft,</u> so trifft auch die Aussage (B) <u>nicht</u> zu.

Man kann die 2. Bedingung schadlos ersetzen durch die 1. Bedingung bei vertauschten Rollen von (A, B). Sind zwei Aussagen äquivalent, so notiert man dies durch das Symbol $A \Leftrightarrow B$.

Die Implikation („Folgerung"): Aus einer Aussage (A) folgt eine Aussage (B), wenn auf jeden Fall die erste der vorstehenden Bedingungen als richtig erkannt und begründet wird, wenn also gilt

3. Falls die Aussage (A) <u>zutrifft,</u> so <u>trifft</u> auch die Aussage (B) <u>zu.</u>

Man schreibt dann symbolisch $A \Rightarrow B$. Die Stringenz dieser mit (1.) gleichlautenden Bedingung (3.) will es, dass, wir auch völlig „gleichwertig" hierzu sagen können,

dass die Aussage (A) niemals zutreffen kann, sollte die Implikation $A \Rightarrow B$ zwar als richtig erkannt – jedoch die Aussage (B) selber nicht zutreffend sein.

Dies formuliert man dann als „logische Umkehrung" der Implikation, welche selber wieder zur Implikation im Sinne der Äquivalenz gleichwertig ist:

4. Wenn die Aussage (B) nicht zutrifft, so trifft auch die Aussage (A) nicht zu.

Somit würde diese 4. Bedingung die Symbolik $(nonB) \Rightarrow (nonA)$ erhalten, wenn mit „$(nonA)$" die logisch gegenteilige Aussage von (A) gemeint ist. Man spricht dann vom **„indirekten Beweis"**. Und in der Tat ist es manchmal viel leichter als auf direktem Wege, einzusehen, dass sich

aus der Annahme des Gegenteils einer Eigenschaft (B) auch das Gegenteil einer Eigenschaft (A)

zwangsläufig ergäbe. Wir merken uns aber auch folgende kleine Logelei:

Angenommen, wir wüssten, dass die Folgerung $A \Rightarrow B$ Gültigkeit hat – sollte also die Voraussetzung A wahr sein, sprich: sollte sie zutreffen, so wäre auch (B) zutreffend. Dann aber könnten wir im Falle, dass die Aussage A nicht zuträfe, leider nichts dazu sagen, ob nun die Aussage B zutrifft oder nicht. Beides ist nämlich möglich. Verklausuliert gesagt:

Bei einer wahren (bewiesenen) Implikation $(A \Rightarrow B)$ kann aus einer falschen Aussage (*nonA*) auch eine richtige Aussage (B) folgen.

Wem diese letzte Beobachtung Kopfschmerzen bereitet, der möge beim Geleitwort zum Kapitel 1 Trost und Ermunterung finden.

Beispiel: In der Bedeutung der eingangs angeführten Beispiele wäre

$$(A \Rightarrow B) \text{ richtig aber } (B \Rightarrow A) \text{ falsch}$$

Denn ist das Frequenzmaß eines Intervalls I die rationale Bruchzahl n/m, so ist das Frequenzmaß von J dessen Quadrat n^2/m^2 – siehe Theorem 1.1, aber umgekehrt wäre die Wurzel aus einem rational Bruch (bekanntlich) nicht unbedingt wieder ein rationaler Bruch, „*kann – muss aber nicht*".

Zur mathematischen Sprache

Wir verwenden – dort, wo es sinnvoll ist und wo es der Klarheit der Darstellung dient – das hervorragende und bewährte Alphabet der mathematischen Sprache (das „Mengenalphabet"). Dennoch haben wir sehr häufig das eine oder andere in diesem mathematischem Latein formulierte Ergebnis auch in Prosa vorgestellt; und ich bitte die Mathematiker unter meinen Lesern um Nachsicht, wenn sie eine Sache zweimal lesen müssen. Aber ausdrücklich betonen will ich an dieser Stelle auch, dass

▶   *die Mathematik nicht dadurch exakter und „wissenschaftlicher" wird, indem mit*
      möglichst vielen geheimnis- wie effektvollen Hieroglyphen jongliert wird.

Wenn wir sagen, dass eine Oktave <u>nicht</u> in zwei gleich große Intervalle mit rationalem Frequenzmaß geteilt werden kann, so ist dies bestimmt wertvoller (weil verständlicher) und mindestens genauso „mathematisch", als würden wir dieselbe inhaltliche Aussage dank einer kryptischen Zeichenkette wie dieser

$$O = 2X \Rightarrow \mu_{\text{frequ}}(X) \notin \mathbb{Q},$$

als eine besondere höhere „Wissenschaft" verkaufen wollen – um am Ende das eigene Tun mit dieser Aura zu umgeben. Auch dies hat mit Mathematik nichts gemein.

Inhaltsverzeichnis

Abb. 1 Die septem artes liberales. (Aus dem „Hortus deliciarum" der Herrad von Landsberg, 12. Jahrhundert) [Dnalor_01; Wikimedia Commons; Lizenz CC-BY-SA 3.0)

Wie ein Start in die musikalische Welt der Intervalle auch aussehen kann…:

Die Symphonie vom Harmonischen Meer (1. Satz – Moderato)Das Märchen vom 12-Quintenland und 7-Oktavien

Es war vor langer Zeit, da gab es ein Meer, in dem es seltsam zuging: Fische gab es nicht, jedenfalls äußerst selten – stattdessen strömten seltsame Wesen durch die Fluten. Sehen konnte man sie nicht; vielmehr hörte man, wenn man sich auf die Lauer legte, ungeahnt viele Töne und Geräusche, welche sich im wüsten Durcheinander jeglicher Ordnung verweigerten.

Die Leute nannten das Meer das „Harmonische Meer", und es war oft eine Erlösung, wenn man zum benachbarten Stillen Ozean gelangte. Jedenfalls setzten die meisten Schiffe alle Segel, um diesem Entsetzen so gut wie es ging zu entkommen – ohnehin ging hier nie ein Fisch ins Netz – lediglich einige dickhäutige Wale versuchten, den gellenden Tönen ebenso gellend nachzueifern.

Kurz bevor er mit seinem Schiff auf einer geheimnisvollen Route den Harmonischen Ozean verlassen wollte, gewahrte einst ein Kapitän – es war Pythagos – eine gewaltige Insel, die noch in keiner Karte verzeichnet war. Und um ein Haar wäre er mit seinem Schiff „Lydia Phrygia" samt und sonders aller Matrosen in der Brandung auf Grund gelaufen. Jene flehten ihren Kapitän an, doch schnellstmöglich den Hort des Grauens zu verlassen – denn zu den unerträglichen Tönen des Harmonischen Meeres drangen noch scharfsinnige Klangzwillinge von der Insel herüber.

Pythagos aber war neugierig, und so legte er sich samt seiner Mannschaft in einer abgelegenen Bucht vorsichtig auf die Lauer. Auch stellte er seine beiden Steuerleute, Hippasus und Archytus, darauf ab, jede Bewegung auf der Insel zu erkunden – ja, sie sollten sogar im Schutze der Nacht an Land gehen und dort am besten auf getrennten Wegen herausfinden, welche rätselhaften Inselwesen dortselbst ihr Unwesen trieben – aber auch, ob man mit ihnen vielleicht ins Geschäft kommen könnte.

Und so machten sich beide auf den Weg; es hatte sie sowieso schon immer getrieben, irgendwas zu entdecken, was noch niemand vor ihnen jemals gewahr wurde. Aber ohne es zu ahnen, kam jeder von ihnen in einem anderen Teil der Insel an: Hippasus landete im 12-Quintenland, und Archytus fand sich in 7-Oktavien wieder. Denn tatsächlich bestand die Insel, der Pythagos inzwischen den Namen „Pythagonien" gegeben hatte und die er so bezeichnet in alle seine Seekarten einzeichnete, aus genau diesen beiden Teilen; lediglich ein kleiner Wall – er war eine Quarte hoch – trennte beide Refugien.

Es vergingen viele Tage, ja, etliche Monate, in denen Hippasus und Archytus kund-schafteten; nur zweimal begegneten sie sich, wenn auch nur kurz. Aber was sie zu berichten wussten, machte sie beinahe sprachlos, aber so richtig klar wurde alles erst viel später, als sie nämlich Kapitän Pythagos die Geheimnisse schildern konnten.

▶   **Was hatten sie erfahren?**

Hippasus hatte Glück, denn neben seinen eigenen Recherchen verriet ihm eine geschwätzige mitteltönige Quinte – so nannten sich nämlich alle Fabelwesen des 12-Quintenlands –, welche seltsamen Vorkommnisse auf Schritt und Tritt im Reich der Quinten für Aufregungen sorgen konnten. Spannend wurde es aber erst, als „Septima", eine zu klein geratene Oktave – so verhöhnten sie die Bewohner von 7-Oktavien –, Archytus von dem allgegenwärtigen Gezänk berichtete, welches sich dann ergab, wann immer jemand die Grenzen heimlich verletzte und den Quartwall überqueren wollte. Demnach trug sich Folgendes zu:

Lange Zeit waren es die Oktaven, die als Einzige die Insel Pythagonien bewohnten, und sie verbrachten wunderbare Jahre voller Harmonie mit sich, mit Pythagonien und mit dem Harmonischen Meer. Niemand störte, wenn sie ihrer Lieblingsbe-schäftigung nachgingen. Geduldig suchten sie sich in dem harmonischen Universum des Harmonischen Meeres immer wieder zwei umtriebige Töne, die sie alsbald zwangen, ihrem Gesetz eines unbedingten Gleichklangs zu gehorchen; dabei sollte der eine doppelt so hoch tönen wie der andere oder umgekehrt. Dieses Gesetz war ihnen jeden-falls als „Prinzip der Reinheit der Oktaven" von der Königin – sie hieß „Prima Tonica" – auferlegt worden; wer dagegen verstieß, wurde einige Zeit durch die Verhöhnung, eine Septima geworden zu sein, bestraft; bei Wiederholung drohte eine Verstoßung und Arrest im Harmonischen Meer. Durch dieses Prinzip gezwungen, waren alle Bewohner von Oktavien gleich groß, aber nicht gleich hoch, gleich gelangweilt, aber nicht gleich lang, und die allermeisten waren auch gleich dumm, aber nicht gleich gescheit.

Eine allerdings dünkte sich jedenfalls gescheiter als alle anderen. Schon lange war es ihr langweilig geworden, immer und ewig dem Prinzip der Reinheit gehorchen zu müssen – einmal davon abgesehen, dass ihr der blinde Gehorsam zunehmend missfiel. Und so kam es, wie es kommen musste: Aus reiner Bosheit zwang sie einmal einen der beiden Beutetöne, die sie aus dem Harmonischen Meer fischte, sich statt der geforderten Verdopplung nunmehr irgendwo in der Mitte einen Platz zu suchen.

„Quintilia" nannte sie ihr Geschöpf – die Verbannung ins Harmonische Meer war ihr jedoch sicher, was auch geschah.

Nun war es in der damaligen Zeit genauso wie heute, und schlechte Beispiele finden irgendwann einmal – meist sogar unerwünscht schnell – unentwegte Nachahmer. Und so gesellten sich im Laufe der Zeit immer mehr dieser widerwärtigen Quinten – so der Name, den die Oktaven Quintilia und ihren Schwestern gaben – hinzu.

Die Oktaven sahen mit Bekümmerung, dass sie ihr Prinzip der Reinheit nur noch mit größter Anstrengung einhalten konnten, ein Unding. Der Oktavenrat, dem alle diejenigen aus Oktavien angehörten, die auch untereinander selber das Prinzip der Reinheit erfüllten, wenn sie sich aneinanderfesselten, tagte und fand folgenden Beschluss:

▶ *Die Insel Oktavien wird geteilt, und die Quinten bekommen ihr eigenes Land, welches durch einen Quartwall abzuteilen ist. Und bei Strafe ist es für die Quinten verboten, den Quartwall zu überqueren.*

So geschah es. Man baute mithilfe einiger Beutetöne des Harmonischen Meers den Quartwall, und es gelang den Oktaven auch noch dank ihrer Überzahl, die quengeligen Quinten jenseits des Quartwalls zu verbannen.

Fortsetzung in Teil II

Musikalische Intervalle und Töne

Der Ton macht die Musik

Anonymus (2022 v. Chr.)
Anonyma (2022 n. Chr.)

Introduktion

Dieses Kapitel beginnt mit der physikalisch beschriebenen Einführung in die Welt der Töne, der Schwingungen, Schwebungen, Frequenzen und ihren Intervallen. Diesen Einstieg haben wir gewählt, um den Zentralbegriff des „musikalischen Intervalls" so verankern zu können, dass hierauf ein verlässliches Theoriegebäude mit widerspruchfreien Definitionen und beweisbaren Theoremen entstehen kann.

Dabei besteht das mathematische Modell der musikalischen Intervalle in der Eindeutigkeit ihrer Charakterisierung durch eine positive Zahl – dem aus der Physik stammenden Frequenzmaß, welches mit dem antiken Proportionenmaß identifizierbar ist. Ansonsten spielt die physikalische Seite der Musik – das ist die Lehre der Akustik – in unserem globalen Thema keine weitere Rolle, wenn wir auch zur Vervollständigung der Darstellung zu Schwebungen, Obertönen und den berühmten Ton-Länge-Beziehungen des Monochords einige begleitende Informationen anfügen. Der hierbei (leider) unumgängliche Formelapparat möge diejenigen erfreuen, die sich dem analytisch-physikalischen Bild der Musik eng verbunden fühlen – andere, die beim Anblick von kryptischen Funktionstermen kein Wohlgefallen finden, können gleichwohl schadlos weitereilen. Jedenfalls vorerst – denn ein eigener Abschnitt widmet sich dem logarithmischen Maß, dem sogenannten „Centmaß", dem in der Anwendung absolut erforderlichen und unentbehrlichen „Metermaß" für musikalische Intervalle.

K. Schüffler, *Die Tonleiter und ihre Mathematik*, https://doi.org/10.1007/978-3-662-64951-0_1

Während nämlich das physikalische Frequenzmaß zwar die natürliche Definition in sich trägt, jedoch beinahe untauglich im arithmetischen Umgang mit jeglichen Intervallkonstruktionen ist, zeigt sich dieses logarithmische Maß zwar mit der kleinen Hürde seiner Definition belastet – belohnt uns aber durch seine Anschaulichkeit. So hat beispielsweise die „Hälfte" eines Intervalls auch die halbe Centzahl – beim Frequenzmaß wäre es jedoch dessen Wurzel (!), um noch eine vergleichsweise harmlose Situation zu beschreiben.

Tatsächlich gilt für das Reich der Töne – ebenso wie für beinahe alles in der Natur – die Regel exponentieller Gesetzmäßigkeiten und Zusammenhänge. Wir erkennen das an der Silhouette der Orgelpfeifenreihen wie auch beispielsweise beim Betrachten der Abstandsfolge der Bünde einer Gitarre: Beide sind Visualisierungen ganz bestimmter exponentieller Funktionen.

Die Exponentialfunktion verwandelt nun Summen zu Produkten – ihre Inverse, der Logarithmus, tut das Umgekehrte. So entstehen aus exponentiell bedingten Frequenzmaßprodukten als Maß für oftmals recht aufwendig erbaute Intervallketten vermöge des Centmaßes deren einfache additive, gewöhnliche metrische Aneinanderreihung – mit allen erdenklichen Vorteilen, welche die so erhaltene Anschaulichkeit nun ermöglicht. Dieses Centmaß verbindet sich dann auf ganz natürliche Art und Weise mit dem arithmetischen Rechnen mit Intervallen.

Und dazu korrespondierend enthält das Kapitel vor allem eine neu entwickelte

▶   „algebraisch-mathematische" Methode – die **Intervallarithmetik** –

für das Aneinanderfügen von Intervallen („Adjunktion" und „Subjunktion" genannt), wie wir es ja für den Aufbau von Tonleitern und ihren leitereigenen Konstrukten benötigen. Diese „musik-arithmetische" Art des intervallischen Rechnens gestattet eine völlig neue Methodik zur Mathematisierung von Skalen und ihren Temperierungsprozessen: Gleichungen, die vormals eher als reine Rechnereien von Frequenz- oder Cent- oder anderen Angaben auftauchten, wandeln sich im intervallarithmetischen Gewand zu äußerst effizienten Beschreibungen inhaltlicher struktureller Prozesse. Als demonstrierende Anwendung hierzu behandeln wir mit diesen neuen Methoden die aus der antiken Mathematik erwachsenen Mittelwertekonstruktionen, wie man sie in der „Harmonia perfecta maxima" antrifft.

Den Abschluss bildet dann eine an diese Intervallarithmetik angelehnte mathematische Beschreibung des Oktavierens, und dabei erreichen wir in völliger Harmonie zum vertrauten Tastaturmodell eine Darstellung der Gesamtheit aller musikalischen Intervalle als Oktavengebäude, dessen mathematischer Wächter der musikalische Oktavierungsoperator in persona ist.

1.1   Physikalische Intervalle: Töne-Schwingungen-Monochordium

Wir stellen uns also die Aufgabe, die vielfältigen Zusammenhänge in der Welt der Tonleitern zu verstehen. Und in erster Linie bedeutet das, dass wir uns mit dem Problem
beschäftigen wollen, in einem Oktavraum eine zwölfgliedrige Skala von Tönen zu
bestimmen, welche ganz bestimmten Forderungen genügt. Wobei wir vor allem im Auge
haben, die Gesetzmäßigkeiten und die vergleichende Analyse gegenüber einer auf bloße
Numerik bedachten Tabellierung herauszustellen. Dazu bedarf es ganz bestimmt einer
ziemlich präzisen Vorstellung von dem, was vor allem unmittelbar mit den Begriffen der
Messbarkeit der Töne und ihrer Distanzen als auch denjenigen rund um das Zusammenklingen der Töne untereinander zu verstehen ist. Für unsere Zwecke reichen allerdings
die wenigen – hier aber profunden – Vorstellungen über

▶ Töne: Tonhöhe, Stärke und Dauer sowie Synthese (Spektrum)
   Intervalle: Größe als Abstand zweier Töne, musikalische Einordnung

im Grunde genommen aus. Also werden wir nun einen kurzen Ausflug in die akustische
Physik unternehmen, damit eines unserer Hauptziele, Tonfolgen – Skalen – untereinander zu vergleichen, indem wir ihren Aufbau studieren, erfolgreich sein kann.

Ton und Schwingung

Im Unterschied zu allen anderen hörbaren „Geräuschen" wird ein „Ton" dadurch
charakterisiert, dass er eine (Luft-)Schwingung darstellt, welche periodische, zumindest
jedoch annähernd periodische, Grundmuster aufweist.

Nur solche Muster werden durch unser Hör- und Nervensystem als „musikalischer
Ton" (einer subjektiv empfundenen Tonhöhe) erkannt. Das Gefüge und die Folge der-
artiger Töne nennen wir Klänge und Melodien, unbeschadet einer künstlerischen Attitüde.

Die Grundform einer eindimensionalen **Schwingung** sehen wir in der Abb. 1.1; sie
lässt sich als Formel (Funktion) einer sogenannten **„harmonischen Schwingung"** durch
die bekannten trigonometrischen Funktionen Sinus und Cosinus in der Standardform

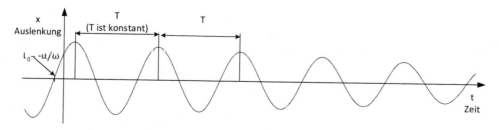

Abb. 1.1   Grundform einer Schwingung mit periodischer Frequenz

$$x(t) = A(t) \cdot \sin(\omega t + \alpha)$$

beschreiben. Hierbei und im Folgenden bedeuten:

Symbol	Physikalische Bedeutung
t	Zeit (hier: in Sekunden)
$\omega = 2\pi f$	Kreis- oder Winkelfrequenz (ebenfalls kurz: „Frequenz")
$f = \omega/2\pi$	Frequenz (Schwingungen pro Sekunde)
$T = 1/f = 2\pi/\omega$	Dauer einer einzigen Schwingung, „Schwingungsdauer"
α	(Null-)Phasenwinkel, Phasendifferenz
$t_0 = -\alpha/\omega$	Phasenverschiebung: $(\omega t + \alpha) = \omega(t - t_0)$
$A, A(t)$	Amplitude (konstant oder zeitabhängig, variabel)

Diesen Symbolen begegnet man in den allermeisten einschlägigen Büchern, die sich mit der Physik der Schwingungen befassen; stellvertretend für ungezählte andere verweisen wir auf [7, 8, 11, 38 und 60].

Die **Amplitude** ist für die **Tonstärke** verantwortlich und die **Frequenz** – und genau dies ist für uns wichtig – für die Tonhöhe! Die „Dauer einer einzigen Schwingung" (T) heißt im Fachjargon „kleinste Periode" – oder vereinfacht „die" Periode der Grundschwingung. Sie ist durch die Bedingung

$$\sin(\omega(t + T) + \alpha) = \sin(\omega t + \alpha) = \sin(\omega(t - t_0))$$

für alle Zeiten $t \in \mathbb{R}$ festgelegt. Dann ist nämlich $\omega T = 2\pi$ (beziehungsweise allgemeiner: $\omega T = 2k\pi$, mit $k \in \mathbb{Z}$). Natürlich kann hier „Sinus" durch „Cosinus" ersetzt werden. Streng genommen, ist die Schwingung $x(t) = A(t)\sin(\omega t + \alpha)$ jedenfalls dann eine periodische Funktion, wenn die Amplitudenfunktion $A(t)$ konstant ist; in der Praxis kann dies über kürzere Zeiträume zumeist idealisierend angenommen werden.

Für solche Grundschwingungen gibt es einige Rechenspielchen. Zum Beispiel kann man zwei oder mehrere Schwingungen addieren („überlagern") – so wie es letztlich in der Realität auch gegeben ist, wenn zwei Töne zusammenklingen. So gilt beispielsweise, dass sich

▶ Töne gleicher Frequenz überlagern zu einem neuen Ton gleicher Frequenz.

Töne, die von „eindimensionalen Erzeugern" wie Saiten oder („engen") Flöten stammen, sind nun in der Regel aus Schwingungen zusammengesetzt – sprich „überlagert" –, die als Frequenzen nur

▶ ganzzahlige Vielfache einer gewissen „Grundfrequenz" ω haben.

Man nennt dies das „Spektrum" des Tons und die Darstellung eines Tons als Überlagerung einzelner Schwingungen seine „Spektraldarstellung". Und eine Begründung für
diese Sonderstellung der natürlichen Zahlen im Gefüge der Schwingungen findet sich
in der mathematischen Lösung der physikalischen Gesetze für solche Schwingungs-
erzeugungen. Wir wären dann auf dem Feld der gewöhnlichen Differentialgleichungen
unterwegs. Sollte der Klangerzeuger allerdings beispielsweise zweidimensional – wie
etwa bei Trommeln, schwingenden Membranen – sein, wären diese Dinge noch deutlich komplizierter, weil dort sogar die „Partiellen Differentialgleichungen" die Dinge im
Hintergrund regeln. Und ganz sicher sind auch reale Klangerzeuger wie Orgelpfeifen
nur in einem idealisierten Modell als schwingende „eindimensionale" Säulen anzusehen.
Die Mathematik dieser Akustik würde uns im Übrigen in fernab liegende mathematische
Welten führen. Aber gottlob bleibt uns dies für die mathematische Theorie der Intervalle
und Skalen erspart.

Eingedenk dieser Vorüberlegungen treffen wir folgende Beschreibung eines „Tons",
so wie es für unsere Zwecke zwar passend ist, die aber dennoch die physikalisch-
mathematische Herkunft miteinbezieht:

Definition 1.1 (Basismodell eines Tons, physikalisches Intervall)
Musiktheoretisch: Ein **abstrakter Ton** x ist ausschließlich bestimmt durch seine
Tonhöhe f, ω (Frequenz) – und mathematisch ausgedrückt bedeutet dies, dass
wir eine einfache, periodische harmonische Grundschwingung mit konstanter
Amplitude

$$x_0(t) = C \sin(\omega t) \text{ oder auch } x_0(t) = C \cos(\omega t)$$

als Tonmodell haben, wobei die Größe der Amplitude C sogar bedeutungslos ist.
Musikalisch: Ein **musikalischer Ton** ist die Überlagerung (= Summe) einer
gewissen, theoretisch unendlichen Folge von harmonischen Einzelschwingungen
x_n, $n = 1, 2, \ldots$, wobei die „Obertöne" x_n (im eindimensionalen Idealfall der Ton-
erzeugung) die n-fache Frequenz einer gegebenen Grundschwingung ω besitzen.
Physikalisch: Physikalisch-mathematisch drückt sich diese Beschreibung im
Idealfall durch eine Formel aus, die man als **„Spektralformel"** oder **„Spektraldarstellung"** bezeichnet,

$$x(t) = \sum_{n=1}^{\infty} (A_n \sin(n\omega t) + B_n \cos(n\omega t)).$$

Der erste Summand

$$x_1(t) = A_1 \sin \omega t + B_1 \cos \omega t,$$

den man mittels einer Phasenverschiebung $\alpha_1 \in \mathbb{R}$ auch in der harmonischen Form

$$x_1(t) = C_1 \sin(\omega t + \alpha_1)$$

darstellen kann, ist die „**Grundschwingung**", und ω ist die „**Tonhöhe**", „**Kreisfrequenz**" des Tons $x(t)$, welche man als „gehörte" Tonhöhe wahrnimmt. Die Anteile

$$x_n(t) = A_n \sin(n\omega t) + B_n \cos(n\omega t)$$

mit $n > 1$, welche man ebenfalls mittels Phasenwinkeln $\alpha_n \in \mathbb{R}$ in der verkürzten Form einer „**harmonischen Schwingung**"

$$x_n(t) = C_n \sin(n\omega t + \alpha_n)$$

darstellen kann, heißen **Oberschwingungen** (oder auch **Obertöne** oder **n -te Partialtöne**) des Tons $x(t)$. Manche Leute sagen auch zu x_n „die **n-te Harmonische**". Die Amplituden A_n und B_n können dabei auch zeitlich variabel sein. Die Kreisfrequenz ω ist also die kleinste (sprich „tiefste") gemeinsame Frequenz aller Teiltöne. Man nennt dann die **Frequenz**

$$f = \frac{1}{2\pi}\omega$$

auch die **Grundfrequenz** oder auch die „**Tonhöhe**" des Tons $x(t)$; sie wird üblicherweise in der Einheit Hertz (Hz) = Anzahl Schwingungen /sec gemessen. Schließlich nennen wir für zwei Töne $x(t)$ und $y(t)$ mit ihren jeweiligen Grundfrequenzen f_x und f_y das geordnete Datenpaar

$$(f_x, f_y) \in \mathbb{R}^2$$

das **physikalische Intervall** dieser beiden Töne; Startton ist f_x und Zielton wäre f_y.

Der Regelfall ist dabei allerdings der, dass die Koeffizienten A_n, B_n der Spektralformel als reelle Konstante angenommen werden können. Die physikalische Bedeutung der Oberschwingungen liegt in erster Linie darin, dass sie für die **Klangfarbe** eines „Tons" verantwortlich sind.

▶   *Warum klingt der Ton „A" einer Querflöte anders als der gleiche Ton „A" einer Geige? Antwort: Sie haben zwar beide die gleiche Frequenz der Grundschwingung – aber die ganze Palette signifikanter Obertöne weist unterschiedliche Daten ihrer Amplituden aus.*

Das folgende Beispiel 1.1 zeigt die Skizze einer einfachen harmonischen Grundschwingung.

Beispiel 1.1 (Grundschwingung)

Für den „Kammerton a" wird die Tonhöhe oft auf $[a] = 440$ Hz festgelegt: Die Grundschwingung vollzieht in 1 s 440 periodische Bewegungen.

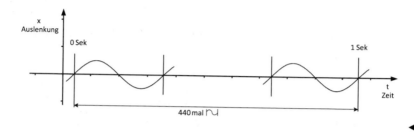

In musiktheoretischer Hinsicht bilden gerade die Obertöne simultan aber auch die Liste aller „Ur-Intervalle" – die Frequenzverhältnisse genügen nämlich – vorwärts wie rückwärts gelesen – den beiden Typen der **Proportionenfolgen**

$$1{:}n \text{ mit } n = 1, 2, 3, \dots \textbf{(arithmetische } \text{Proportionenfolge)}$$
$$m{:}1 \text{ mit } m = 1, 2, 3, \dots \textbf{(harmonische } \text{Proportionenfolge)},$$

die sich ja beide in der Obertonreihe als Tonbestandteile verstecken. Aus diesen beiden Intervalltypen entstehen – durch „Differenzbildung" – alle „harmonisch-rationalen" Intervalle; wir kommen im Kap. 1 eingehender hierauf zurück.

Obertöne und reine Intervalle

Wir befassen uns zwar erst im Folgeabschnitt 1.2 mit dem Zentralbegriff des musikalischen Intervalls, gleichwohl bietet es sich an, die ersten Schritte hierzu aus dem Tonbegriff selbst heraus zu entwickeln. Hierzu sind die bekanntesten Grundintervalle ebenso wie der sogenannte „Reinheitsbegriff" für musikalische Intervalle geeignet.

Dabei verschließt sich allerdings dieser „Reinheitsbegriff" eines Intervalls leider einer simplen definitorisch klar umrissenen Festlegung. Das liegt in der Natur der Sache ebenso wie an subjektiv geleiteten Vorstellungen, wie aber auch an historisch erwachsenen Begriffsprozessen, welche leider auch sehr oft von vielen mathematisch widersprüchlichen Unzulänglichkeiten begleitet wurden. In jedem Fall entdeckt man das Beziehungsgeflecht

▶   Reine Intervalle: Schwebungsfreiheit – Naturtonreihen und Obertonspektrum – Konsonanz – Klangschönheit – Primzahlrelationen,

und je nach Zugang und thematischem Bezug erklären sich zahlreiche Begriffsfelder mal auf diese, mal auf jene Weise. Wir stellen einige Beobachtungen zusammen:

1. Die Einzelfrequenzen der Partialtöne sind im Basismodell des Tons Vielfache der Grundfrequenz f (bzw. ω). Dies ist die eigentliche Geburtsstunde der Begriffsbestimmungen in der klassischen musikalischen Intervalltheorie.

2. Die unendliche Folge der Partialtöne bildet eine „Naturtonreihe", welche letztlich nicht durch eine Tastatur realisierbar ist.

3. Der Amplitudencharakter der einzelnen Obertöne des Spektrums (A_n, B_n) definiert (unter anderem) die Klangfarbe eines Instruments und die Klangenergie (siehe [60], S. 130).

4. Die Obertöne bilden mit der Grundfrequenz – aber auch untereinander – oft als „rein" genannte Intervalle, und mittels des „Schwebungseffektes" können gewollte Abweichungen vom Reinheitsgrad zu stimmender Töne dank dieser Obertöne erreicht werden. Das werden wir im Beispiel 1.4 eingehender zeigen.

5. Der Begriff der Konsonanz führt in vertiefte Bereiche von Physik und Mathematik. Hier findet man systematische Arbeiten bei dem Physiker Hermann von Helmholtz und dem Mathematiker Leonhard Euler. Was Euler betrifft, so kommen wir im Abschn. 3.6 darauf zurück. Zu den Theorien von Helmholtz sei sowohl auf den Kanon einschlägiger Physik-Lehrbücher, wie aber auch auf die interessante Neuerscheinung [34] hingewiesen.

Oktaven, Quinten, Quarten, Terzen (und einige andere Intervalle) werden – in ihrer *reinen* Form – durch ganzzahlige Frequenzverhältnisse festgelegt. Die wichtigsten hiervon zeigt die Tab. 1.1.

Aus diesen Naturtonintervallen entstehen wiederum andere, hieraus abgeleitete Intervalle, von denen die Definition 1.2 die wichtigsten nennt, die sich in einem Oktavraum befinden. Wie bereits erwähnt, entstehen viele dieser neuen Intervalle durch sogenannte Differenzenbildung, was im späteren Abschn. 1.3 erklärt wird.

Tab. 1.1 Einige Obertonintervalle und Oberschwingungen

Frequenzfolge	Intervalle
ω	Grundfrequenz, reine Prim
2ω	Oktave zur Prim
3ω	Duodezime, Quinte zur Oktave
4ω	Doppeloktave zur Prim
5ω	Große reine Terz zur Doppeloktave
6ω	Oktave zur Duodezime
7ω	Natur- oder harmonische Septime zur Doppeloktave
8ω	Dritte Oktave zur Prim

Definition 1.2 (Klassische („reine") Intervalle der diatonischen Oktavskala)

Es seien x_1, x_2 zwei Töne mit den (Grund-)Frequenzen ω_1, ω_2 beziehungsweise f_1, f_2. Dann bildet das Tonpaar (x_1, x_2) das Intervall

reine Prim	$\Leftrightarrow$	$\omega_1{:}\omega_2 \cong f_1{:}f_2 \cong 1{:}1$
reiner diatonischer Halbton	$\Leftrightarrow$	$\omega_1{:}\omega_2 \cong f_1{:}f_2 \cong 15{:}16$
reiner kleiner Ganzton	$\Leftrightarrow$	$\omega_1{:}\omega_2 \cong f_1{:}f_2 \cong 9{:}10$
reiner großer Ganzton	$\Leftrightarrow$	$\omega_1{:}\omega_2 \cong f_1{:}f_2 \cong 8{:}9$
reine kleine Terz	$\Leftrightarrow$	$\omega_1{:}\omega_2 \cong f_1{:}f_2 \cong 5{:}6$
reine Terz	$\Leftrightarrow$	$\omega_1{:}\omega_2 \cong f_1{:}f_2 \cong 4{:}5$
reine Quarte	$\Leftrightarrow$	$\omega_1{:}\omega_2 \cong f_1{:}f_2 \cong 3{:}4$
reine Quinte	$\Leftrightarrow$	$\omega_1{:}\omega_2 \cong f_1{:}f_2 \cong 2{:}3$
reine Oktave	$\Leftrightarrow$	$\omega_1{:}\omega_2 \cong f_1{:}f_2 \cong 1{:}2.$

Dies sind die meistgenannten Intervalle der *heptatonischen diatonischen* Skalen. Allgemein gelten nach antiker Vorstellung sowohl alle (Oberton-)Intervalle $1{:}n$ als auch deren direkt benachbarten Differenzen, die einfach superpartikularen Intervalle $n{:}n + 1$, als „rein".

Das **„Ähnlichkeitszeichen"** ($\cong$) hat hierbei im Fall gewöhnlicher Zahlen-proportionen die naheliegende Bedeutung

$$a{:}b \cong c{:}d \Leftrightarrow a * d = b * c.$$

Speziell führt die Verdopplung bzw. Halbierung der Frequenzen zu Oktavfortschreitungen; die Menge

$$\{m * O = f{:}2^m f \,|\, m = 0 \pm 1, \pm 2\}$$

ist die Oktavenfolge zu einem Grundton mit der Frequenz f. Wir beachten hierbei also auch den konsequenten Umkehrschritt: Hat ein Ton die Grundfrequenz $1/2 f$, so liegt er „1 Oktave tiefer" als der Ton mit der Frequenz f.

Oktaven sind stets in ihrer reinen Form zu verstehen – die Prim meist auch. Die anderen Intervalle sind letztlich – bei fehlendem Attribut „rein" – als von variabler Größe anzusehen – und zwar bedingt durch die Aufgabe der Skalenbildung. Dies zu unter-suchen, ist ja einer der Hauptgegenstände dieses Buches. Wir kommen an mehreren Passagen unserer Lektüre auf diesen Begriff der „Reinheit" noch zurück; er birgt in sich viele Unstimmigkeiten und deshalb auch ebenso viele Probleme.

Ein überaus lehr- wie hilfreiches Element, welches die Verbindung von Frequenzen mit praktischer musikalischer Realisierung herstellt – und noch dazu die visuelle Geo-metrie bestens miteinbezieht –, liefert das Monochord. Seine jahrtausendealte Bedeutung verdankt es seiner natürlichen und einzigartigen Verbindung von Musik, Geometrie,

Arithmetik in Form der antiken Proportionenlehre und auch der Physik in ihrer Rolle als letztlich real verantwortlicher Wächterin über die Tonwelten. Diesem Zusammenhang widmen wir uns im kommenden Unterabschnitt.

Das Monochordium

Frequenzverhältnisse lassen sich traditionell gut am sogenannten „Monochord" – dem Instrument aus einer einzigen gespannten Saite – demonstrieren. Das Prinzip hierbei ist, dass eine („leere") gespannte Saite, die einen gewissen Grundton hat, durch Abdrücken an Zwischenpunkten höhere Töne erzeugt, ganz so, wie wir es bei der Geige oder bei der Gitarre sehen. Dabei zeigt es sich, dass sich

▶   Tonhöhenverhältnisse und Saitenlängenverhältnisse reziprok entsprechen.
     Grob formuliert heißt das, dass eine Gleichung

$$\text{Frequenz} * \text{Saitenlänge} = \text{const}$$

die Dinge steuert. Dieser umgekehrt proportional-lineare Zusammenhang gilt nicht uneingeschränkt bei allen möglichen Klangerzeugern – auch im Falle von Pfeifen und Flöten gelten andere Gesetze; sie lassen sich allerdings unter einem einheitlichen physikalischen Dach vereinigen. Der Hintergrund hierbei ist, dass es sich bei gespannten Saiten um sogenannte „Transversalwellen" handelt, während die allgemeine Klangerzeugung auch durch räumliche Longitudinalwellen mitbestimmt wird. Der Zusammenhang von Frequenz und Saitenlänge verläuft im Falle des Monochordiums jedenfalls linear-reziprok, und das formulieren wir etwas genauer in dem folgenden Satz:

Satz 1.1 (Monochordformel)
Hat der Ton einer gespannten Saite (leere Saite = ganze Saite) der Länge $L = L_1$ die Grundfrequenz $f = f_1$, und haben wir eine Teilung der Saite in der Form

$$L_\mu = \mu \cdot L_1 \text{ mit einem Teilungsparameter } 0 < \mu \leq 1,$$

so gilt für die Grundfrequenz f_μ des Tons über der Teilsaite der Länge L_μ die Formel:

$$f_\mu = \frac{L_1}{L_\mu} * f_1 = \frac{1}{\mu} * f_1 - \text{ oder in Proportionenform: } f_\mu{:}f_1 = L_1{:}L_\mu,$$

was man auch durch die griffige Formel

$$L_\mu * f_\mu = L_1 * f_1$$

ausdrücken kann, die ja genau besagt, dass dieses Produkt für alle Teilungsparameter μ stets dasselbe – somit konstant – ist.

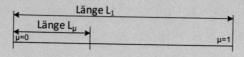

„Bei unveränderter Spannung ist die Tonhöhenproportion einer Teilsaite umgekehrt proportional zu ihrer Längenproportion".

Zur Begründung der Monochordformel kann letztlich etwas subtilere Physik dienlich sein. Der berühmte Universalgelehrte Marin Mersenne (1588–1648) leitete die physikalische Formel her, nach welcher sich die Grundfrequenz f_1 einer schwingenden Saite aus ihrer Länge L_1(in M*eter* m), der Massendichte $\rho \left(\text{in } \frac{\text{kg}}{\text{m}} \right)$ und der Zugkraft P(in N*ewton*) nach der Formel

$$f_1 = \frac{1}{2L_1} \sqrt{\frac{P}{\rho}} \Leftrightarrow f_1 * L_1 = \frac{1}{2} \sqrt{\frac{P}{\rho}} \text{(Mersenne'sche F\textit{requenzformel})}$$

berechnet. Daher gilt bei einer gespannten Saite der Gesamtlänge L_1 bei Grundfrequenz f_1 für die Frequenz f_μ, welche zu einer gewählten Teilstrecke L_μ gehört (vergleiche die Skizze in Satz 1.1), ebenfalls die Gleichung

$$f_\mu * L_\mu = \frac{1}{2} \sqrt{\frac{P}{\rho}} = \text{const}(\mu) = f_1 * L_1,$$

woraus sofort die Verhältnisse beziehungsweise Proportionalitäten

$$f_\mu / f_1 = L_1 / L_\mu = 1 / \mu$$

folgen. Frequenzen und Längen stehen in einem reziproken Verhältnis zueinander. Die Monochordformel ist damit auf einfache Art aus dem physikalischen Grundprinzip heraus bewiesen.

Aufgabe

Durch Teilung einer Saite L zum Teilungsparameter μ entstehen die beiden zueinander komplementären Teile $L_\mu = \mu * L$ und $L_{(1-\mu)} = (1 - \mu) * L$. Die Frage ist: Wie stehen die beiden „Teiltöne" zueinander?

Antwort

Wenden wir die Monochordformel auf beide Teile L_μ und $L_{(1-\mu)}$ an, so erhalten wir

$$f_\mu = \frac{1}{\mu} f_1 \text{ und } f_{(1-\mu)} = \frac{1}{1-\mu} f_1$$

und daraus sofort die Antwort

$$\frac{f_\mu}{f_{(1-\mu)}} = \frac{1-\mu}{\mu}.$$

Beim speziellen Abgreifen $L_\mu = \frac{1}{n}L_1$ entsteht übrigens der n-te Oberton gemäß unserer Basisdarstellung für Töne, denn es ist ja dann $f_\mu = nf_1$. Allgemeiner entsteht im Falle kommensurabler (= rationaler) Größenverhältnisse dieser Zusammenhang:

$$\mu = \frac{n}{m} \Leftrightarrow f_\mu = \frac{m}{n}f_0 \Leftrightarrow f_{(1-\mu)} = \frac{m}{m-n}f_1,$$

und hierzu gibt es einige Beispiele:

Beispiel 1.2 (Teilung und Obertöne am Monochord)

Saitenparameter	Entstehende Intervalle
$\mu = \frac{1}{2} \Rightarrow f_\mu = 2f_1$	Oktave zum Grundton f_1
$\mu = \frac{1}{2^m} \Rightarrow f_\mu = 2^m f_1$	m-te Oktave zum Grundton f_1
$\mu = \frac{1}{3} \Rightarrow f_\mu = 3f_1$	Quinte über der Oktave zu f_1
$\mu = \frac{1}{3} \Rightarrow f_{(1-\mu)} = \frac{3}{2}f_1$	Quinte über dem Grundton f_1
$\mu = \frac{1}{4} \Rightarrow f_\mu = 4f_1$	Doppeloktave über dem Grundton f_1
$\mu = \frac{1}{4} \Rightarrow f_{(1-\mu)} = \frac{4}{3}f_1$	Quarte über dem Grundton f_1
$\mu = \frac{1}{4} \Rightarrow f_\mu/f_{(1-\mu)} = 3 \Leftrightarrow f_\mu = 3f_{(1-\mu)}$	Oktave + Quinte über $f_{(1-\mu)}$

◀

Hieraus ergibt sich schließlich wie im Beispiel eine interessante Palette an elementaren Grundbeziehungen für Intervalle und deren – beinahe spielerische – Realisierung am Modellinstrument „Monochord", wenn man den Teilungsparameter μ in den Bruchformen $\mu = n/m$ wählt.

▶   Aus dieser konstruktiven Grundsituation heraus sind auch die meisten historischen Frequenzbeziehungen physikalisch verstanden und angewendet worden.

Für die Organisten Auch erkennen wir in dieser

   „Tonhöhen – Längen – Proportionenlehre"

die historische Begründung der **„Fußangaben"** der Orgelregister. So erklingt ein gewählter Ton der Tastatur bei einem Register mit der Bezeichnung „Quinte 2 2/3" eine (nicht immer reine) Quinte über dem entsprechenden Ton eines Registers „Oktave 4" – denn die Reziprokbilanz der Längenmaße („Fußzahlen")

$$4 * 2/3 = 8/3 = 2\,2/3 \text{ beziehungsweise die Proportion } 8/3{:}4 \cong 2{:}3$$

ist erfüllt. Das Mersenne'sche Gesetz der Reziprozität von Länge und Tonhöhe gilt auch hier – wenn auch nur unter gewissen idealisierenden Einschränkungen – und wir haben eine direkte Übertragung des Monochordiums auf das Organum. Eine ausführlichere Diskussion dieser „Orgelregister-Mathematik" befindet sich in [51]. Diese Betrachtung führt natürlich auch in ein neues weites Feld – das Feld der akustischen Physik und der Lehre der Schwingungen und ihrer Gesetze im Vergleich diverser Klangerzeugungen – sprich Instrumente. Neben den Lehrbüchern der Physik wie zum Beispiel [7, 11 und 8] empfehlen wir auch das Buch „Vom Klang zur Formel", siehe [45].

Töne und Schwebung

Die praktizierenden Musiker unter uns wissen gewiss etliche Geschichten aus dem Alltag des Zusammenspielens zu berichten, Geschichten rund um das Streben, Reinheit in Ton und Klang als unausgesprochene Maxime zu erhalten. Ist es nicht doch oftmals leider so, dass sich ein wunderbarer glatter Ton sehr schnell in ein flirrendes Etwas verwandelt, sobald sich ein zweiter – und auf den ersten Eindruck hin – gleich hoher Ton dazugesellt? Oder auch dann, wenn es zwar nicht ein gleich hoher – sondern einer ist, der eine Quinte oder eine Terz weit entfernt sein soll: Plötzlich wird aus einem in sich ruhenden Akkord ein waberndes Tongebräu, dem eine längere Erklingdauer nicht unbedingt gewünscht wird. Nicht nur die Orgel – aber gerade sie – ist ein vorzügliches akustisches Laboratorium, geeignet, den steten Kampf um den „Wohlklang" zu erleben.

Wir sind damit bei dem Phänomen der Schwebung angekommen, einem Phänomen, welches aufs Engste mit der handwerklichen Praxis der Skalen verwoben ist. Wir möchten das Phänomen der Schwebung ein wenig präziser beschreiben – und die folgende Formelzusammenstellung dient hoffentlich dem von der Neugier begleiteten Hintergrundwissen zu diesem physikalisch-mathematischen Bereich des Themenfeldes „Schwingungen".

▶ *Zur Beruhigung soll jedoch auch erwähnt sein, dass diese Formelwelt die Theorie der Skalen zwar begleitet – wir reden ja schließlich von Tönen und deren Abständen –, jedoch wird uns nirgendwo im weiteren Verlauf unserer Intervall- und Skalentheorie eine Rechnung, die auf diesen beeindruckenden Formeln fußt, abgenötigt. So kann dieser Gegenstand hier in der Tat als „ausschmückendes Begleitwerk" verstanden werden.*

Bei dem Wort „Musik" verbinden wir die Vorstellungen, dass sich eine Melodie, die uns als ästhetische Sequenz von einzelnen Tönen erfreuen möchte, vor allem auch durch eine Harmonie als das Zusammenspiel von Tönen oder Tongruppen – Akkorden – zusammenfindet, sodass ein „harmonischer Klang" entsteht.

Mehrstimmigkeit ist also das Zusammenklingen von Tönen – wobei die Musik als Kunst wahrlich mehr (und eigentlich etwas völlig anderes) als dieses physikalische Faktum ist.

Wir machen also nichtsdestotrotz einen kurzen Ausflug in die mathematische Beschreibung des Zusammenspiels von Tönen, wobei uns glücklicherweise das sicher einfachere Modell der Töne als Einzelschwingungsfunktion genügt – besser: genügen muss. Dies geschieht nun in der Erklärbox – Satz 1.2, eine begleitende Form, deren Details für die Musiktheorie des Buchtextes wie erwähnt nicht weiter wesentlich benutzt werden und die wir deshalb auch nicht der angestrebten lückenlosen Herleitung unterordnen.

Erklärbox – Satz 1.2 (Mathematischer Hintergrund für harmonische Schwingungen)
Eine Funktion der Form $x(t) = A(t) \sin(\omega t + \alpha(t))$ heißt „**harmonische Schwingung**".

Wir lassen also auch eine Zeitabhängigkeit der Amplitude $A = A(t)$ sowie des Phasenwinkels $\alpha = \alpha(t)$ zu; die Kreisfrequenz ω sei jedenfalls konstant. Dann gelten folgende Aussagen:

(1) **Phasenverschiebungsformel:** Harmonische Schwingungen lassen sich als Überlagerung von Sinus- und Cosinusfunktionen beschreiben. Es sind nämlich äquivalent:

$$x(t) = C \sin(\omega t + \alpha) \Leftrightarrow x(t) = A \sin(\omega t) + B \cos(\omega t),$$

wobei der Zusammenhang besteht:

$$C = \sqrt{A^2 + B^2} \text{ und } \tan(\alpha) = \sin(\alpha)/\cos(\alpha) = B/A.$$

(2) **Superposition gleichhoher Töne:** Die Summe zweier harmonischer Schwingungen zur gleichen Frequenz ist wieder eine harmonische Schwingung. Sind nämlich:

$$x_1(t) = C_1 \sin t(\omega t + \alpha_1) \text{ und } x_2(t) = C_2 \sin t(\omega t + \alpha_2)$$

zwei harmonische Schwingungen gleicher Frequenz, so ist die Summe

$$x_0(t) = x_0(t) + x_0(t) = C_0 \sin t(\omega t + \alpha_0)$$

wieder eine harmonische Schwingung der gleichen Frequenz; hierbei sind

$$C_0 = \sqrt{C_1^2 + C_2^2 + 2C_1 C_2 \cos(\alpha_1 - \alpha_2)}$$

$$\tan(\alpha_0) = \frac{C_1 \sin(\alpha_1) + C_2 \sin(\alpha_2)}{C_1 \cos(\alpha_1) + C_2 \cos(\alpha_2)}.$$

(3) **Superposition beliebiger Töne:** Die Überlagerung (Superposition) zweier harmonischer Schwingungen unterschiedlicher Frequenzen

$$x_1(t) = C_1 \sin t(\omega_1 t + \alpha_1) \text{ und } x_2(t) = C_2 \sin t(\omega_2 t + \alpha_2)$$

ergibt die formal-harmonische Schwingung

$$x_0(t) = x_1(t) + x_2(t) = C_0(t) * \sin t(\omega_{\text{arith}} t + \alpha_0(t)),$$

wobei $\omega_{\text{arith}} = \frac{1}{2}(\omega_1 + \omega_2)$ der arithmetische Mittelwert der Frequenzen beider Schwingungen ist. Mit $\Delta\omega = \omega_1 - \omega_2$ haben wir noch die Beziehungen:

$$C_0(t) = \sqrt{C_1^2 + C_2^2 + 2C_1C_2\cos(\alpha_1 - \alpha_2 - \Delta\omega t)}$$

$$\tan(\alpha_0(t)) = \frac{C_1 \sin\left(\alpha_1 + \frac{\Delta\omega t}{2}\right) + C_2 \sin\left(\alpha_2 - \frac{\Delta\omega t}{2}\right)}{C_1 \cos\left(\alpha_1 + \frac{\Delta\omega t}{2}\right) + C_2 \cos\left(\alpha_2 - \frac{\Delta\omega t}{2}\right)}.$$

(4) **Schwebungsformel:** Im Modellfall $\alpha_1 = \alpha_2 = 0$ folgt dann für die Superposition die sich aus (3) spezifizierende **allgemeine Schwebungsformel**

$$x_0(t) = \left(\sqrt{C_1^2 + C_2^2 + 2C_1C_2\cos(\Delta\omega t)}\right) * \sin\left(\frac{\omega_1 + \omega_2}{2}t + \alpha_0(t)\right)$$

mit dem zeitlich abhängigen – und periodischen – Phasenwinkel $\alpha_0(t)$

$$\tan(\alpha_0(t)) = \frac{C_1 - C_2}{C_1 + C_2}\tan\left(\frac{\Delta\omega t}{2}\right),$$

was schließlich bei einer zusätzlichen Modellannahme (annähernd) gleicher Amplituden $C_1 = C_2 = C$ zur **vereinfachten Schwebungsformel**

$$x_0(t) = \left(2C\left|\cos\frac{\Delta\omega}{2}t\right|\right) * \sin\left(\frac{\omega_1 + \omega_2}{2}t\right) = C_0(t) * \sin\left(\frac{\omega_1 + \omega_2}{2}t\right)$$

führt. Die Amplitude $C_0(t)$ selbst ist demnach wieder periodisch, und ihre Frequenz heißt „**Schwebungsfrequenz**". Weil die Funktion $y(t) = |\cos t|$ sogar $\pi -$ periodisch ist, ergibt sich für Schwebungsfrequenzen die Beziehung

$$f_{\text{Schwebung}} = |f_1 - f_2| \Leftrightarrow \omega_{\text{Schwebung}} = |\omega_1 - \omega_2|.$$

(5) **Periodenkriterium:** Die Überlagerung zweier harmonischer Schwingungen liefert genau dann wieder eine harmonische Schwingung, wenn die beiden Frequenzen in einem rationalen Verhältnis zueinander stehen (sie sind „kommensurabel"), wenn also

$$f_1{:}f_2 \cong \omega_1{:}\omega_2 \cong n_1{:}n_2$$

mit natürlichen Zahlen $n_1, n_2 \in \mathbb{N}$ gilt. Sind die Proportionalitätsparameter n_1, n_2 teilerfremd, so sind die Frequenz und die Periodendauer der Überlagerung (Summe) wie folgt miteinander gekoppelt:

$$f_0 = f_1/n_2 = f_2/n_1 \Leftrightarrow T_0 = T_1 n_2 = T_2 n_1.$$

Zum Beweis Alle diese Formeln gründen letztlich auf zwei Fundamenten: Das ist zum einen der sogenannte „trigonometrische Pythagoras",

$$(\sin \alpha)^2 + (\cos \alpha)^2 = 1 \text{ für alle Winkel } \alpha,$$

den man auch als definitorischen Ursprung der trigonometrischen Funktionen Sinus, Cosinus sowie Tangens und Cotangens ansehen kann. Zum anderen sind dies die mit der Funktionalgleichung der Exponentialfunktion

$$e^{x+y} = e^x * e^y \text{ für alle reellen (oder vielmehr : komplexen) Zahlen } x, y$$

aufs Engste verwandten Additionstheoreme der trigonometrischen Funktionen

$$\sin (\alpha + \beta) = \sin \alpha * \cos \beta + \sin \beta * \cos \alpha$$
$$\cos (\alpha + \beta) = \cos \alpha * \cos \beta - \sin \alpha * sin\beta,$$

aus denen ganze Formelsammlungen weiterer trigonometrischer Formelwunder erwachsen. Interessierte Leser finden in [12] diesen Reichtum bestens ausgebreitet. Man findet die wesentlichen Formeln des Satzes beispielsweise auch in [38] oder in dem sehr ausführlichen Werk [16]. Daher wollen wir uns nicht weiter in die zwar prinzipiell einfachen – dennoch recht mühseligen – Rechnungen vertiefen; man benötigt hierfür vor allem den raffinierten Gebrauch ausschließlich dieser Additionstheoreme – mehr eigentlich nicht. Gleichwohl wollen wir das – für die Musiktheorie immerhin an anderer Stelle recht interessante Periodenkriterium studieren, und das geht wie folgt:

Wir nehmen also zwei kommensurable Frequenzen mit teilerfremden Parametern wie beschrieben an. Dann gilt für die Schwingungsdauern das reziproke Verhältnis,

$$T_1/T_2 = n_1/n_2 \Leftrightarrow T_1 n_2 = T_2 n_1 = T_0.$$

Dann ergibt sich durch wechselseitiges Einsetzen für die Summenfunktion

$$x_0(t) = x_1(t) + x_2(t)$$

die Periodenbeziehung

$$x_0(t + T_0) = x_1(t + T_0) + x_2(t + T_0) = x_1(t + T_1 n_2) + x_2(t + T_2 n_1)$$
$$= x_1(t) + x_2(t) = x_0(t).$$

Also ist die Zeit $T_0 = T_1 n_2 = T_2 n_1$ die (kleinste) Periodendauer; hierzu gehört die Frequenz

$$f_0 = 1/T_0 = f_1/n_2 = f_2/n_1.$$

Wir sehen: Es geht auch ohne halsbrecherische Formeln – nämlich „abstrakt". ∎

Einige wesentliche Aspekte dieser Aussagen und Formeln

1. Die angegebenen Formeln sind eine von mehreren Möglichkeiten, Superpositionen zu beschreiben. Man kommt je nach Handhabung der trigonometrischen Gesetze sehr leicht auf Formelausdrücke, die auf den ersten Blick different zu den in unserem Satz genannten erscheinen – allein die Wunderwelt der analytischen Trigonometrie bringt bei geduldiger wie auch einfallsreicher Rechenkunst alles wieder zusammen.

2. Eine Überlagerung $x_1(t) + x_2(t)$ ist genau dann periodisch, wenn ihre Frequenzen ω_1 und ω_2 in einem **rationalen Verhältnis** zueinander stehen, das heißt, dass es natürliche Zahlen („Vielfache") $n, m \in \mathbb{N}$ gibt, sodass

$$n\,\omega_1 = m\,\omega_2 \Leftrightarrow nf_1 = mf_2 \Leftrightarrow \omega_1{:}\omega_1 \cong m{:}n$$

gilt, dass also die Frequenzen „kommensurabel" sind. In diesem Fall ist die Frequenz der Überlagerung der größte gemeinsame Teiler beider Frequenzen, und die Schwingungsdauer ist folglich und äquivalent hierzu das kleinste gemeinsame Vielfache beider Schwingungsdauern, in mathematischer Symbolik:

$$f_0 = ggT(f_1, f_2) \Leftrightarrow T_0 = kgV(\mathrm{T}_1, \mathrm{T}_2).$$

3. Die „neue Amplitude" $C(t)$ einer Überlagerung ist selbst wieder periodisch – und zwar mit einer Periode $\Delta\omega$, der sogenannten **„Schwebungsfrequenz"**; die Schwingungsfrequenz $(\omega_m + \alpha(t)/t)$ verändert sich dagegen im Allgemeinen. Diese periodische Amplitudenschwankung $C(t)$ kann bei numerisch kleinen Frequenzunterschieden wahrgenommen werden. Sie heißt **Schwebung,** und sie besitzt die Kreisfrequenz

$$|\Delta\omega| = |\omega_1 - \omega_2|$$

und die Schwingungsdauer

$$T_{\text{Schwebung}} = 2\pi/|\Delta\omega| = 1/|f_2 - f_1| = 1/f_{\text{Schwebung}}.$$

4. Der Satz könnte leicht die Vorstellung vermitteln, dass zwei Töne im Zusammenklang das Ohr als ein einziger überlagerter Ton erreichen würden – sozusagen mit einer gemittelten Tonhöhe. Wäre dies so, so gäbe es keine Akkorde und keine Musik, die wir kennen; aus einer wunderschönen reinen Terz $(C \to E)$ entstünde am Ende ein schwankender Einzelton – etwa um den Ton D herum. Gottlob filtert unser Ohr trotz aller mathematischen Überlagerungsformeln die Herkunft der einzelnen Töne heraus, und die Terz bleibt Terz.

5. Allerdings geht diese Fähigkeit zunehmend verloren, wenn die beiden Töne ganz
nahe zusammenrücken – der Effekt der Schwebung setzt ein. Dies kann für die
Grundschwingungen selbst gelten oder aber auch für manche Oberschwingungen
des Obertonspektrums, wenn sich deren Frequenzen sehr nahekommen. Ein Beispiel
möge diese Thematik begleiten.

Beispiel 1.3 (Schwebung zweier Grundschwingungen)

Angenommen, wir haben die beiden Frequenzen

$$\left.\begin{array}{l} f_1 = 2\pi\omega_1 = 440 \text{ Hz} \\ f_2 = 2\pi\omega_2 = 442 \text{ Hz} \end{array}\right\} \Rightarrow \text{ die Schwebungsfrequenz } |f_2 - f_1| \text{ hat 2 Hz.}$$

Das graphische Modell einer Überlagerung zweier Grundschwingungen gleicher
Amplitude sieht dann in etwa so aus:

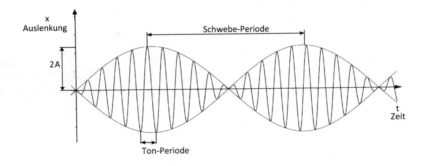

Schwebungen treten nun in der Tat (in der Regel) weniger als Differenzen von Grundschwingungen auf – denn selbst auf der Ebene von „Halbtonstufen" wären die
Amplitudenschwingungen zu schnell und würden nicht wirklich erkannt.

▶   Vielmehr zeigen sich Schwebungen, wenn sich im Obertonspektrum zweier
    Töne gewisse Partialtöne so unangenehm nahekommen (ohne gleich zu
    sein), dass eine merkliche periodisch wahrnehmbare Amplitudenschwankung
    entsteht, und das Ohr sehnt sich danach, dass der Ton endlich wieder seine
    Glattheit bekommt.

Schwebungen können auf der anderen Seite – und gerade deshalb – auch ganz nützliche
praktische Aufgaben ermöglichen, wie das folgende Beispiel zeigt:

Beispiel 1.4 (Nutzung der Schwebung beim Stimmen)

Aufgabe: Gegeben sei der Ton A mit genau 400 Hz. Gesucht sei dann der Ton D_{equal},
welcher um eine gleichstufig temperierte Quinte Q_{equal} unter A liegt.

Lösung: Stimme zunächst den Ton D_{rein}, sodass $(D_{rein} \rightarrow A)$ eine Quinte ist. Dann ist bei erfolgreicher Arbeit keine (nennenswerte) Schwebung zu hören. Warum?

Nun, der 3. Partialton dieses Tons D_{rein} ist die reine Duodezime – und das ist genau der 2. Partialton des Ausgangstons A – nämlich dessen (reine) Oktave. Daher gibt es im Aufbaugefüge beider Partialtonreihen zumindest im niederfrequenten Teil keine Interferenzen respektive Schwebungen. Nach Abschn. 11.2 gilt für das Frequenzmaß dieser gleichstufig temperierten Quinte Q_{equal}

$$\left| (D_{equal} \rightarrow A) \right| = \left(\sqrt[12]{2} \right)^7 < 1{,}5 = |(D_{rein} \rightarrow A)|,$$

woraus nach den (später diskutierten) Frequenzmaßregeln sofort die Gleichung

$$\text{Hertz} - \text{Zahl}(D_{equal}) = 440 * \left(\sqrt[12]{2} \right)^{-7} \text{Hz} \approx 293{,}66 \text{ Hz}$$

folgt. Der 3. partielle Oberton von D_{equal} hat nun $3 * 293{,}66 \text{ Hz} = 880{,}99 \text{ Hz}$; Referenzton ist hierbei der 2. Partialton von A mit $2 * 440 \text{ Hz} = 880{,}00 \text{ Hz}$. Der kleine Unterschied beträgt somit $\sim 1 \text{ Hz}$ – das ergibt die Schwebungsfrequenz $1/\text{sec} = 10/10 \text{ sec}$, die man durch einfaches Zählen bequem und erstaunlich genau einrichten kann. Weil nun die gleichstufig temperierte Quinte kleiner als die reine Quinte ist, liegt D_{equal} über D_{rein}. Deshalb erhöht man jetzt das ursprüngliche D_{rein}, bis sich diese pulsierende Schwebungsfrequenz hörbar einstellt, und erhält D_{equal}.

Fazit: Eines absoluten Gehörs hätte es nicht bedurft – nur wissen, hören und zählen. ◄

Weitere Beispiele zur nützlichen Verwendung der Schwebungen finden wir in allen Bereichen, in denen Instrumente aufeinander perfekt abzustimmen sind: Kleinste Schwingungsunterschiede gegenüber einem Referenzton werden weniger durch eine unterschiedliche absolute Tonhöhe wahrgenommen als vielmehr durch eine mögliche Amplitudenperiodizität der Überlagerung. Organisten, welche die Zungenstimmen ihrer Orgel den Labialstimmen – leider sehr oft – anpassen müss(t)en, arbeiten ausschließlich nach diesem Schwebungsprinzip:

▶ **Orgelzungenstimmung:** Man verändert die Tonhöhe einer Zungenstimme, bis die Amplitude der Überlagerung Zunge + Referenz-Labialton (oft: Prinzipal 4-Fuß) „glatt" – also schwebungsfrei – vernommen wird; dann ist ja $f_1 = f_2$ beziehungsweise $f_1 = 2^m * f_2$, und beide Instrumente „verschmelzen" zu einem einzigen Ton beziehungsweise zu einem „glatten" Oktavenverhältnis, jedenfalls was die Grundfrequenz betrifft.

Tatsächlich ist dieses Verfahren ebenso unübertroffen wie zeitlos – spiegelt es doch einen geradezu künstlerischen Aspekt wider: Denn ob man nicht doch leichte Schwebungen zulassen möchte statt des manchmal als leblos empfundenen total geglätteten Tons – das ist eine sehr musikalisch-ästhetische Angelegenheit.

▶ *Von Vladimir Horowitz weiß die Legende, dass er nicht nur seinen eigenen Flügel –
    wenn irgendwie möglich – zu seinen Konzerten mitnehmen ließ – viel wichtiger
    war ihm, dass „sein" Klavierstimmer ihn begleitete.*

1.2   Frequenz- und Proportionenmaß und das Frequenzmaßkriterium

Es muss wohl nicht sonderlich begründet werden, dass wir einen „Einzelton", mag er
auch sehr schön klingen, nicht als „Musik" bezeichnen. Musik entsteht, wenn mehrere
Töne in einem mehr oder weniger geordneten und „zueinander passenden" Verhältnis
unser Ohr erreichen – als Melodie oder als Akkord. Dabei stellt sich heraus, dass unsere
Hörempfindung, gottlob, eher weniger die absoluten Grundschwingungszahlen (sprich:
Frequenzen) misst, um dann die Unterschiede verschiedener Töne als deren Differenz
zu verarbeiten, sondern vielmehr den Frequenzunterschied faktoriell, das heißt relativ,
wahrnimmt. „Wievielmal schneller/langsamer schwingt der Ton 2 gegenüber dem
Ton 1?" So kommt man zu einem allgemeinen Begriff des Intervalls, wobei wir hier
physikalische, mathematische und rein musikalische Formulierungsformen finden, die
natürlich miteinander in Beziehung stehen:

Definition 1.3 (Musikalisches Intervall)
Sind x_1 und x_2 zwei Töne mit ihren Grundfrequenzen f_1 und f_2, so ist das geordnete
Ton-Paar (f_1, f_2) das **physikalische Intervall,** das durch diese beiden Töne definiert ist.

Ein **mathematisch-musikalisches** oder kurz: **„musikalisches Intervall"** ist
dann die Gesamtheit aller derjenigen physikalischen Intervalle, für welche

- die Frequenzverhältnisse $f_1{:}f_2$ der jeweiligen Grundschwingungen stets ähnlich
  zueinander sind

beziehungsweise und äquivalent hierzu, für welche

- die Quotienten f_2/f_1 der jeweiligen Grundschwingungen stets gleich groß sind.

Demnach ist zu gegebenen Tönen (x_1, x_2) – bei stillschweigender Identifizierung
dieser Symbole mit den jeweiligen Grundfrequenzen – festgelegt:

- $I(x_1, x_2) = \left\{ \text{Tonpaare } (y_1, y_2) | \text{mit } y_2/y_1 = x_2/x_1 \right\}$

oder in der Sprache der Proportionen

- $I(x_1, x_2) = \{ \text{physikalische Intervalle } (y_1, y_2) | \text{mit } y_1{:}y_2 \cong x_1{:}x_2 \}.$

Notationen: Wir verwenden für musikalische Intervalle überwiegend diese Symbole

- $I(x_1, x_2)$ oder kurz $[x_1, x_2]$, ebenso $I = (f_1{:}f_2)$, aber auch $(x_1 \to x_2)$.
- Ist $q = x_2/x_1$, so heißt $I(x_1, x_2) = I(q)$ auch die **Frequenzmaßdarstellung** eines musikalischen Intervalls.

Je nachdem, in welchem Zusammenhang die Notation steht, und vor allem, wie nützlich und hilfreich ihr Gebrauch in dem jeweiligen Kontext zu sehen ist, findet die eine oder andere Bezeichnungsvariante ihre Verwendung.
Die Gesamtheit aller musikalischen Intervalle bekommt ein eigenes Symbol:

- $\mathfrak{M}_{\mathrm{mus}} = \{I \,|\, I = I(x_1, x_2)$ ist ein musikalisches Intervall, $x_1, x_2 > 0\}$.

Wir wollen diese Definitionen ein wenig erläutern. Zunächst soll ergänzend zur Definition 1.2 noch einmal festgehalten werden, was der Terminus „ähnlich" besagt.

▶   Ähnlich ($\cong$) sind zwei (Zahlen-)Proportionen genau dann, wenn ihr „Über-Kreuz-Produkt" gleich ist:

$$x_1{:}x_2 \cong y_1{:}y_2 \Leftrightarrow x_1 * y_2 = y_1 * x_2.$$

Wir wollen auch beachten, dass trotz oftmals gleicher Notation ein offensichtlicher, grundsätzlicher Unterschied zwischen einer „musikalischen Intervallklasse" $[x_1, x_2]$ und dem reellen Zahlenraum

$$[x_1, x_2] = \{x \in \mathbb{R} \,|\, x_1 \leq x \leq x_2\},$$

dem abgeschlossenen Zahlenintervall aller reellen Zahlen zwischen den Rändern x_1 und x_2 und inklusive dieser Ränder, besteht.

▶   Musikalische Intervalle können – im erweiterten Sinn – im Sprachgebrauch aber auch gleich ganze Familien beziehungsweise Klassen von „mathematisch-musikalischen" Intervallen sein – wie etwa die Beispiele „Halb- und Ganz-töne" oder „Terzen", „Quinten", „Septimen" und so weiter zeigen. Hierbei orientiert sich die Klassifizierung sowohl an der Art wie auch an der Anzahl der Skalenpositionen und -stufen hinsichtlich der sie jeweils repräsentierenden, definierenden Töne. Anders gesagt: Die Rolle, die zwei Töne in einer gegebenen Skala einnehmen, bestimmt im Grunde genommen ihre Intervallklasse.

Das heißt also, dass es nicht darauf ankommt, welche realen Frequenzhöhen vor-liegen, damit zwei Töne x_1 und x_2 zu diesem oder jenem bestimmten Intervall gehören, sondern wie groß der „**relative** Unterschied" – das ist der **Quotient** – der Frequenzen ist. Wobei natürlich hierzu die Reihenfolge der Töne zu beachten ist. Umgekehrt bedeutet dies, dass für zwei Töne x_1 und x_2 mit ihren Grundfrequenzen f_1 und f_2 auch alle physikalischen Tonpaare mit den gleich groß vervielfachten Frequenzen cf_1 und cf_2 das gleiche musikalische Intervall beschreiben, wenn c ein beliebiger positiver Faktor ist. So gehören die beiden (physikalischen) Intervalle $(18, 27)$ und $(2016, \ 3024)$ zum gleichen musikalischen Intervall: Beide sind nämlich reine Quinten; das Frequenzverhältnis ist 2:3; als physikalische Intervalle wären sie akustisch jedoch meilenweit voneinander entfernt.

Intermezzo: musikalische Intervalle als abstrakte Äquivalenzklassen

Bevor wir nun thematisch fortfahren und uns der Messung von Intervallen widmen, wollen wir erwähnen, dass wir mit der vorstehenden Definition die Menge der musikalischen Intervalle als sogenannte Äquivalenzklassen auf der Menge aller physikalischen Intervalle definiert haben. Führt man nämlich auf der Menge aller physikalischen Intervalle (x, y) die Relation

$$(x, y) \cong (u, v) \Leftrightarrow x{:}y \cong u{:}v \Leftrightarrow y/x = v/u$$

ein, so ist diese eine sogenannte „Äquivalenzrelation". Zu dem Zeichen „ $\cong$ " sagt man mathematisch „*sind äquivalent*" – aber umgangssprachlich sagen die Leute oft „*entsprechen sich*" dazu. Zum Wesensmerkmal einer jeglichen und somit auch dieser Äquivalenzrelation gehört es bekanntlich, dass genau diese drei Bedingungen erfüllt sein müssen: Für alle physikalischen Tonpaare gelten

1) die Reflexivität: $(x, y) \cong (x, y)$,
2) die Symmetrie:$(x, y) \cong (u, v) \Leftrightarrow (u, v) \cong (x, y)$,
3) die Transitivität: $(x, y) \cong (u, v)$ und $(u, v) \cong (a, b) \Rightarrow (x, y) \cong (a, b)$.

Wenn nun eine solche Äquivalenzrelation vorliegt, dann heißt die Gesamtheit

$$I = \left[x, y \right] := \{ (u, v) \in \mathbb{R}_+ \times \mathbb{R}_+ | (u, v) \cong (x, y) \}$$

in unserem Kontext ein **abstraktes musikalisches Intervall.** Dieses Intervall ist demnach – mathematisch – eine Gesamtheit von Datenpaaren – und zwar die sogenannte Äquivalenzklasse des realen, gegebenen physikalischen Intervalls (x, y).

Alle Einzelmitglieder einer Klasse definieren das gleiche musikalische Intervall. Damit folgt für jeden beliebigen Vergrößerungs-/Verkleinerungsfaktor $\lambda > 0$ die naheliegende Beschreibung:

$$I = \left[x, y \right] = \left[\lambda x, \lambda y \right] = \left[1, y/x \right] = \left[1, q \right] = I(q),$$

und hierbei ist der Faktor $q = y/x$ <u>geometrisch</u> die Steigung der – das Intervall I analytisch darstellenden – Ursprungsgeraden

$$v = q * u$$

und <u>musikalisch</u> der „**Frequenzfaktor**" des Intervalls I. Alle Datenpaare (u, v), die auf dieser Geraden liegen, repräsentieren das gleiche musikalische Intervall. Dementsprechend heißt für gewöhnlich die Symbolik

$$I = I(q) = [1, q]$$

die **Frequenzfaktordarstellung** des Intervalls $[x, y]$.

Die Normierung der Frequenz des ersten Tons – des Starttons des Intervalls – auf den Wert $x = 1$ ist zwar hör-musikalisch nicht real – dagegen ist seine Intervallklasse eindeutig und vorteilhaft beschrieben, da dann die zweite „Frequenzangabe" (q) simultan auch der Frequenzveränderungsfaktor ist. Einige Spezialfälle wären (unter Verwendung der Symbolik ↑ (für aufwärts) und ↓ (für abwärts)):

q	$I(q)$	$I(1/q)$
2	$I(2) \equiv$ Oktave ↑	$I(1/2) \equiv$ Oktave ↓
3/2	$I(3/2) \equiv$ reine Quinte ↑	$I(2/3) \equiv$ reine Quinte ↓
5/4	$I(5/4) \equiv$ reine große Terz ↑	$I(4/5) \equiv$ reine große Terz ↓

Ferner wäre zum Beispiel $[440, 1760] = [1, 4] = I(4)$ eine Doppeloktave aufwärts.

Natürlich ist auch schnell klar, dass diese Betrachtung aller musikalischen Intervalle als Äquivalenzklassen physikalischer Intervalle unter der angegebenen Relation tatsächlich völlig übereinstimmt mit der Definition 1.3 – es ist im Wesentlichen der – zumindest für Nicht-Mathematiker – ungewöhnliche Sprachgebrauch, der hinzukommt, sonst eigentlich nichts.

Nach diesem kurzen Ausflug in die Mengenlehre der Äquivalenzrelationen kommen wir zu der Messung musikalischer Intervalle.

Die Intervallmaße

Es gibt genau genommen drei Formen der Messung musikalischer Intervalle, die wie in ihrer historischen Reihenfolge auflisten:

(1) Das Proportionenmaß,
(2) das Frequenzmaß,
(3) das Cent- oder logarithmische Maß.

Das **Proportionenmaß** ist die älteste Verbindung zwischen Musik und Mathematik, und es ist mittels der antiken Proportionenlehre zum zentralen Gegenstand beider Wissenschaften des Quadriviums geworden.

▶ Ist $I = I(a, b)$ ein musikalisches Intervall, so ist die Proportion a:b dessen Proportionenmaß.

Die Musiktheorie des Altertums bestand zuvorderst in der Diskussion der „proportiones" und ihrer Zahlenwunder – allen voran dem Zahlenwunder der **Harmonia perfecta maxima babylonica**

$$6 - 8 - 9 - 12,$$

dessen Proportionensymmetrien man über Jahrtausende als die unumstößlichen Gesetze musikalischer Grundstrukturen ansah. In diesem Zusammenhang können wir auf das Buch „Proportionen und ihre Musik" [51] verweisen, in welchem diesem Thema der nötige Raum gegeben wird. Das Proportionenmaß beschreibt die Proportion von Start- und Zielton physikalischer Intervalle, welche – gottlob für alle physikalischen Intervalle eines musikalischen Intervalls – zwar nicht „gleich" – jedoch ähnlich sind. Traditionell sind diese Verhältnisse jedoch rational – und sie können dann stets als positiv-ganzzahlige Proportionen der Formen $m{:}n$ notiert werden.

Das **Frequenzmaß** leitet sich zwar aus der physikalisch motivierten Beschaffenheit der Töne ab – gleichwohl ist es aber auch eine modern-arithmetische Form des Proportionenmaßes, ohne den Ballast der Rechenregeln der antiken Proportionenlehre bemühen zu müssen. Weil ja das Proportionenmaß musikalischer Intervalle eine Zahlenproportion ist, ersetzt der simple Quotient b/a die Proportion $a{:}b$ in beinahe allen Belangen,

▶   und so ist der formale Bruch b/a das Frequenzmaß von $I(a, b)$.

Und warum sagen wir nur „beinahe"? Nun, ein unschätzbarer Vorteil der Proportion liegt darin, dass sie den kompletten Vorgang des Zusammentreffens zweier physikalischer Töne beschreibt, und sie gestattet darüber hinaus dank der Primzahlgesetze eine vollständige Klassifizierung der oftmals so bezeichneten „reinen Intervalle". Wer in der Proportion 3:5 nur den numerischen Taschenrechner-Rundungswert $1{,}666\ldots \approx 1{,}67$ sieht, kommt nie auf die Idee, dass dieses Intervall aus dem Obertonintervall 1:5 (einer um 2 Oktaven erhöhten reinen großen Terz), vermindert um das Obertonintervall 1:3 (einer um 1 Oktave erhöhten reinen Quinte) entstanden ist; im Ergebnis ist dies eine reine große Sexte der Terz-Quint-Diatonik.

Und um dieses Thema ein wenig scherzhaft zu illustrieren, könnte man einmal folgender gedanklichen Unterhaltung nachhängen:

▶   *Frage: Kannten die alten Griechen das Intervall „3:5"? – Antwort: Aber gewiss!*
    Frage: Kannten sie das Intervall „$I(5/3)$"? – Antwort: Vielleicht – aber eher nicht.
    Frage: Kannten sie das Intervall „$1{,}666\ldots$"? – Antwort: Mit Sicherheit nicht.

Schließlich lernen wir auch das dritte Maß, das **Centmaß**, für musikalische Intervalle kennen; es ist eigentlich nichts anderes als eine geeignete logarithmische Form des Frequenzmaßes, und um konkret zu werden, schreiben wir seine Formel kurzerhand auch schon jetzt einmal auf: Für das musikalische Intervall $I = I(a, b)$ soll

$$ct(I) = 1200 * \log_2\left(\frac{b}{a}\right)\text{ct}$$

dessen Centmaß sein. Wir werden – nicht nur aufgrund der Rechengesetze für dieses Maß – noch hinreichend oft erfahren, dass im Rahmen der Intervalltheorie und den Temperierungssystemen der Skalen kein anderes als dieses Maß sinnvoll ist. Alle, die sich mit der Berechnung und vergleichenden Analyse der Tonsysteme befassen, nutzen die einzigartigen Vorteile dieses Maßes, welches im Übrigen schlechthin als „das Metermaß" der Instrumentenpraxis und der angewandten Intervalltheorie bezeichnet werden kann und muss. Wir widmen uns im Abschn. 1.4 diesem Maßbegriff und stellen dort auch eine neue, musikalisch geleitete Herleitung dieses Wundermittels vor.

Nun kommen wir zu den Details des Frequenzmaßes, wobei das Proportionenmaß hierbei inbegriffen ist – die gelegentlichen Unterschiede sind für alle uns hier interessierenden Zwecke eher nur rein symbolischer Natur.

Definition 1.4 (Frequenzmaß und Proportionenmaß)

Es sei $I \in \mathfrak{M}_{\text{mus}}$ ein musikalisches Intervall. Dann ist für alle Realisierungen zweier Töne x_1 und x_2, deren physikalisches Intervall (f_1, f_2) zu I gehört, der Frequenzenquotient f_2/f_1 ihrer (Grund-)Frequenzen f_1 und f_2 beziehungsweise ihrer Kreisfrequenzen ω_1 und ω_2 gleich groß. Somit ist für jede Wahl solcher Töne x_1, x_2 das musikalische Intervall $I = I(x_1, x_2)$. Dann heißt der von der speziellen Auswahl dieser Repräsentanten x_1 und x_2 offenbar unabhängige Grundfrequenzenquotient

$$|I| = f_2/f_1 = \omega_2/\omega_1 \text{ für } I = I(x_1, x_2)$$

das **Frequenzmaß** des musikalischen Intervalls I. Im Rahmen einer Modelltheorie für musikalische Intervalle verwenden wir die Zuordnung des Frequenzmaßes auch als „Funktion", und die Bezeichnung

$$\mu_f : \mathfrak{M}_{\text{mus}} \to \mathbb{R}_+ \text{ mit } \mu_f(I) = |I|$$

ist dann wohldefiniert und stellt die **Frequenzmaßfunktion** auf der Menge $\mathfrak{M}_{\text{mus}}$ aller musikalischen Intervalle dar.

Dagegen ist das **Proportionenmaß** durch die bloße Angabe $f_1:f_2$ beziehungsweise durch die dazu ähnliche Proportion $\omega_1:\omega_2$ festgelegt, wobei auch hier die beiden Frequenzen f_1, f_2 beliebig aus der Klasse aller physikalischen Frequenzpaarungen wählbar sind, deren numerischer Quotient stets dem gleichen Wert entspricht. Die Proportionenmaße 2:3 und 6:9 beschreiben also dasselbe Intervall. Handelt es sich beim Proportionenmaß um eine ganzzahlige Proportion $n:m$ mit zwei natürlichen Zahlen $n, m \in \mathbb{N}$, so bemüht man sich – in der Regel – mittels Kürzen, eine kleinstmögliche, teilerfremde Beschreibung zu verwenden.

Um verschiedene Intervalle hinsichtlich ihrer Frequenz- oder Proportionenmaße besser vergleichen zu können, normiert man außerdem gelegentlich – einfach per Division – die Grundfrequenz f_1 zu 1, denn das physikalische Tonpaar $(1, f_2/f_1)$ gehört zum gleichen musikalischen Intervall wie (f_1, f_2) – ebenso wie ja die Proportionen $f_1:f_2$ und $1:f_2/f_1$ ähnlich sind. Wir sprechen dann von den **„normierten"** Intervallmaßen.

Die Tab. 1.2 zeigt die Frequenzmaß- und Proportionenmaßdarstellungen für einige der wichtigsten Intervalle des Oktav-Quint-Terz-Systems der sogenannten „reinen" Diatonik, auf deren Details wir insbesondere in Kap. 10 zurückkommen. Zuvor ist jedoch bezüglich des Proportionenmaßes eine Bemerkung angebracht, welche zur Reihung der Magnitudenangaben informiert:

Tonhöhenproportion ($a{:}b$) versus Saitenlängenproportion ($b{:}a$)
Die Literatur geht hier zwei verschiedene Wege – und wir wollen dies am Beispiel der Oktave demonstrieren, wodurch auch simultan die Allgemeinheit beschrieben wird. Ein physikalisches Intervall $I = (x_1, x_2)$ bildet eine Oktave, wenn die Frequenz f_2 des Zieltons x_2 das Doppelte der Frequenz f_1 des Starttons x_1 ist. Dann gilt die Ähnlichkeit

$$f_1{:}f_2 \cong 1{:}2.$$

Sie stellt also eine **Tonhöhenproportion** dar. Demgegenüber steht die Monochordproportion, **Saitenlängenproportion** – oder auch **Orgelpfeifenproportion** –, welche dem Umstand Rechnung trägt, dass die halbe Saitenlänge die doppelte Frequenz ergibt, siehe unser Beispiel 1.2. sowie die Monochordgesetze aus dem Satz 1.1. Daher findet man für die Oktave O ebenso oft auch die Proportionenmaßangabe $O = 2{:}1$. Beide Formen haben ihre Vor- und Nachteile. Im Zusammenhang mit Aneinanderreihungen von Proportionen – wie zum Beispiel der Proportionenkette (4:5:6) für einen reinen Durakkord – empfiehlt sich jedoch die

Tab. 1.2 Tabelle der gebräuchlichsten reinen Intervalle

Intervallname	Frequenzmaß f_2/f_1	Proportionenmaß $f_1{:}f_2$	Musikalisches Intervall	
Prim	1	1:1	$I(1, 1)$	$I(1)$
Diatonischer (reiner) Halbton	16/15	15:16	$I(15, 16)$	$I(16/15)$
Großer Ganzton	9/8	8:9	$I(8, 9)$	$I(9/8)$
Kleiner Ganzton	10/9	9:10	$I(9, 10)$	$I(10/9)$
Reine kleine Terz	6/5	5:6	$I(5, 6)$	$I(6/5)$
Reine große Terz	5/4	4:5	$I(4, 5)$	$I(5/4)$
Reine Quart	4/3	3:4	$I(3, 4)$	$I(4/3)$
Reine Quinte	3/2	2:3	$I(2, 3)$	$I(3/2)$
Reine kleine Sext	8/5	5:8	$I(5, 8)$	$I(8/5)$
Reine große Sext	5/3	3:5	$I(3, 5)$	$I(5/3)$
Naturseptime	7/4	4:7	$I(4, 7)$	$I(7/4)$
Reine kleine Septime	9/5	5:9	$I(5, 9)$	$I(9/5)$
Reine große Septime	15/8	8:15	$I(8, 15)$	$I(15/8)$
(Reine) Oktave	2/1	1:2	$I(1, 2)$	$I(2)$

Tonhöhenproportion. In diesem Buch werden wir – entgegen früherer Auflagen des Vorgängerwerks [52] – durchgängig diese Tonhöhenproportion verwenden. Weiterführende Erörterungen zu diesem Thema findet man in [51].

Achtung Wer also in der Literatur stöbert, sollte sich bezüglich des jeweiligen Gebrauchs einer dieser beiden Möglichkeit vergewissern, was stets und am schnellsten dadurch geschieht, dass man schaut, wie die Oktave als Proportion geschrieben ist.

Die Obertonintervalle

Wenngleich die Intervalle in dieser Tab. 1.2 diejenigen sind, die uns bei einem Ausflug in die Welt der Intervalle und Skalen ganz zuvorderst begegnen, so sind sie dennoch nicht die „ursprünglichsten". Tatsächlich gebührt dieser Platz den Zahlenproportionen

$$1{:}1 - 1{:}2 - 1{:}3 - 1{:}4 - 1{:}5 - \dots \text{ Die } \textbf{Arithmetica} \text{ (Perissos-Zahlen)}$$

und ihren Umkehrungen

$$1{:}1 - 2{:}1 - 3{:}1 - 4{:}1 - 5{:}1 - \dots \text{ Die } \textbf{Harmonia} \text{ (Artios-Zahlen)}$$

Aus diesen Proportionen der Antike sind dann alle kommensurablen (sprich: rationalen) Proportionen der klassischen Musiktheorie entstanden. In dem Buch [51] ist diese Entwicklung thematisiert. Für uns ist hier allerdings interessant, dass wir in der Arithmetica-Reihe sämtliche „Obertonverhältnisse" finden, die uns ja in den Schwingungsformeln des Abschn. 1.1 als Interpretation einer modernen physikalischen Analyse über den Weg gelaufen sind. Man möchte beinahe an ein wunderbares Zusammentreffen völlig unterschiedlicher kultureller und naturwissenschaftlicher Denkweisen glauben – und dies ist es in der Tat. Wir dürfen getrost annehmen, dass die antike Welt analytische Differentialgleichungen und deren exponentiell-trigonometrischen Funktionen nicht kannte.

Wie sehr jedoch diese Urproportionen alle weiteren Intervalle ganzzahliger Verhältnisse dominieren, wird sich umso mehr zeigen, wenn wir darlegen, dass sich sogar jedes kommensurable Intervall – das ist ein Intervall der Proportion $m{:}n$ – durch die Klasse der **Primzahl-Obertonintervalle** und deren Umkehrungen generieren lässt. Dies sind die Intervalle

$$I = (1{:}p_k), \text{ wobei } p_k = 1, 2, 3, 5, 7, 11, 13, \dots,$$

die Abfolge der Primzahlen ist. Diesem Thema widmen wir uns im Abschn. 3.1.

Wir verwenden den Begriff „musikalisches Intervall" künftig gemäß dieser mathematisch-musikalischen Definition – wobei wir nach Möglichkeit die musikalische Klassifizierung begleitend mitanführen. Wenn also von einer „Quinte" die Rede ist, so ist damit nicht unbedingt ein bestimmtes Intervall gegebener Töne gemeint (physikalisches Intervall); vielmehr haben wir – unter anderen Möglichkeiten –

- eine Stufenvorstellung („*Quinte = 3 Ganztöne + 1 Halbton*"),
- das Frequenzmaß beziehungsweise das Proportionenmaß

zusammen im Blick. So ist also eine sogenannte „reine Quinte" ein Intervall, dessen Proportionenmaß genau 2:3 beziehungsweise dessen Frequenzmaß genau 1,5 beträgt und welches wir uns gleichzeitig als eine musikalische Quinte der Tastatur und ihrer zwölf Lagemöglichkeiten realisiert vorstellen. Und eine „mitteltönige Quinte" ist ebenfalls eine musikalische Quinte, sie hat halt ein anderes Frequenzmaß – nämlich im Falle der Dur-Terz-Mitteltönigkeit beziehungsweise der 1/4-Komma-Temperierung (siehe Abschn. 9.2 oder das Beispiel 2.4) das Maß

$$\sqrt[4]{5} = 1{,}495\ldots.$$

Eine ganzzahlige Proportionenmaßangabe ist hier aber schlechterdings nicht möglich, denn das Frequenzmaß ist keine rationale Zahl (Bruch), sondern eine Irrationalzahl.

▶ Konkret: Ist $|C \to G| = 1{,}50$ (eine reine Quinte) und ist $|D \to A|$ dagegen „nur" 1,495, – so sagen wir gleichwohl zu beiden Intervallen „Quinte" (weil hier ein 12-Töne-Netz einer Leiter rasterförmig darüberliegt) – wir sprechen jedoch von unterschiedlich großen Quinten; der Unterschied ist hörbar – und zwar deutlich, wenn es beispielsweise zur Überlagerung käme und die Schwebungen dies (leider auf unangenehme Weise) erkennbar machen würden.

Ein gutes mathematisches Modell für (physikalische) Intervalle ist sicher der rechte obere Quadrant eines gewöhnlichen Koordinatensystems, bei dem die „x-Achse" die (Grund-)Frequenz f_1 des erstgenannten Tons, des Starttons (x_1), und die „y-Achse" die Frequenz f_2 des zweitgenannten Tons, des „Zieltons" (x_2), angibt, siehe Abb. 1.2. Und in diesem Lagemodell lassen sich dann weitere nützliche geometrische Vorstellungen

Abb. 1.2 Frequenzmaß und Frequenzbereiche physikalischer Intervalle

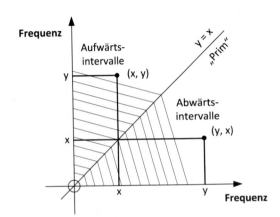

gewinnen, die in dem einen oder anderen Fall das Verständnis abstrakter Aussagen stützen, so zum Beispiel:

a) Alle physikalischen Intervalle $I(x, y)$ eines gegebenen Frequenzmaßes liegen auf ein und derselben Halbgeraden durch den Nullpunkt, und umgekehrt haben alle Punkte, sprich physikalische Intervalle, die auf einer gemeinsamen Halbgeraden durch den Ursprung liegen, das gleiche (Frequenz-)Maß.

b) Die Intervalle $I(x, y)$ und $I(y, x)$ sind an der 45 °-Linie $y = x$ gespiegelt, und offenbar sind ihre Frequenz- respektive ihre Proportionenmaße invers zueinander,

$$|I(y, x)| = 1/|I(x, y)| \text{ beziehungsweise } (y{:}x) \cong (x{:}y)^{inv}.$$

c) Die Bereiche „oberhalb", „unterhalb" und „auf" der Winkelhalbierenden korrespondieren auf evidente Weise mit Aufwärts-, Abwärts- und Primintervallen, und man erkennt leicht:

$$x < y \Leftrightarrow |I(x, y)| > 1 \leftrightarrow I(x, y) \text{ ist ein „Aufwärts-Intervall"}$$
$$x = y \Leftrightarrow |I(x, y)| = 1 \leftrightarrow I(x, y) \text{ ist die (reine) Prim}$$
$$x > y \Leftrightarrow |I(x, y)| < 1 \leftrightarrow I(x, y) \text{ ist ein „Abwärts-Intervall"}.$$

Das Frequenzmaß ist derart eng mit der definierenden Eigenschaft eines Intervalls verknüpft, dass ein Kriterium für die Gleichheit zweier musikalischer Intervalle beinahe überflüssig erscheinen könnte: Die Frage, wann zwei musikalische Intervalle gleich sind, hat in der Tat die erwartungsgemäße Antwort: Sie müssen lediglich das gleiche Frequenzmaß besitzen! Im nun folgenden ersten Theorem unserer Lektüre formulieren wir dieses Grundprinzip, welches letztlich ja jegliches Rechnen mit Intervallen durchzieht. Nach dieser Fundierung können wir dann – sozusagen als Anwendung dieser Grundlage – weitere Regeln beschreiben, welche ebenfalls auf Schritt und Tritt in Praxis und Theorie der Intervalle und Skalen jegliches intervallische Rechnen begleiten werden.

Theorem 1.1 (Frequenzmaßkriterium und -regeln für musikalische Intervalle)

(A) **Das Frequenzmaßkriterium für musikalische Intervalle:** Für musikalische Intervalle gilt folgender Grundsatz: Sind die Maße gleich, so auch die Intervalle und umgekehrt, symbolisch:

$$I_1 = I_2 \Leftrightarrow |I_1| = |I_2|.$$

Für einzelne physikalische Intervalle gilt dies natürlich nicht: Zwei physikalische Intervalle sind genau dann gleich, wenn ihre Tonpaare übereinstimmen, sonst nicht. Darüber hinaus gilt, dass die Frequenzmaßfunktion

$$\mu_f{:}\mathfrak{M}_{mus} \to \mathbb{R}_+ \text{ mit } \mu_f(I) = |I|$$

eine bijektive (= eineindeutige und umkehrbare) Abbildung von der Menge aller musikalischen Intervalle in die Menge aller strikt positiven reellen Zahlen ist: Das

bedeutet, dass es zu jeder positiven reellen Zahl genau eine musikalische Intervallklasse gibt, deren Frequenzmaß eben genau diese Zahl ist.

Folgerung: Jedes musikalische Intervall kann mit einer einzigen positiven
reellen Zahl – dem Frequenzmaß eines beliebigen seiner Repräsentanten (das
sind seine physikalischen Intervalle) – identifiziert werden. Genau hieraus erklärt
sich die simultane Möglichkeit gleich mehrerer Intervallnotationen. So sind die
Angaben

$I = I(q)$ (Frequenzmaßnotation)

oder $I = [x, y]$ mit $y/x = q$ (Tonklassennotation)

oder $I = (x{:}y)$ mit $x{:}y \cong 1{:}q$ (Proportionennotation)

oder $I = \{$Tonpaare $(x, y)|$ mit $y/x = q\}$ (Mengennotation)

oder $I = (x \to y)$ mit $y/x = q$ (Funktionalnotation)

allesamt Ausdrücke ein und desselben musikalischen Intervalls, und je nach Bezug
zum Text kann eine passende Auswahl getroffen werden.

(B) Die Frequenzmaßregeln („Dreitönesatz")

Es seien $x_1, \ldots, x_n$ beliebige Töne. Dann gelten für die Frequenzmaße entsprechender musikalischer Intervalle folgende Regeln:

(1) **Inversenregel,** Aufwärts- und Abwärtsinterpretation

$$|I(x_1, x_2)| * |I(x_2, x_1)| = 1 = |\text{Prim}|.$$

(2) **Zerlegungsregel,** n-Tönesatz, Teleskopgesetz

$$|I(x_1, x_n)| = |I(x_1, x_2)| * |I(x_2, x_3)| * \ldots * |I(x_{n-1}, x_n)|.$$

(3) **Folgerung: der Dreitönesatz**

$$|I(x_1, x_3)| = |I(x_1, x_2)| * |I(x_2, x_3)|.$$

(C) Der Viertönesatz

Gegeben seien die vier Töne T_{Euler}. Sind dann die Intervallmaße $|I(x_1, x_2)|$
und $|I(x_3, x_4)|$ gleich, so sind auch die anderen beiden Intervalle $I(x_1, x_3)$ und
$I(x_2, x_4)$ gleich groß (und umgekehrt), in Formeln

$$|I(x_1, x_2)| = |I(x_3, x_4)| \Leftrightarrow |I(x_1, x_3)| = |I(x_2, x_4)|.$$

Folgerung: Für vier Töne x_1, x_2, x_3, x_4 gilt die Äquivalenz:

$$I(x_1, x_2) = I(x_3, x_4) \Leftrightarrow I(x_1, x_3) = I(x_2, x_4).$$

Beweis Das Frequenzmaßkriterium verdient angesichts der abstrakten Intervalldefinition in der Tat eine Rechtfertigung: Es seien:

$$I_1 = I(x_1, y_1) = \{(u_1, v_1)| \text{ mit } u_1 : v_1 \cong x_1 : y_1\}$$
$$I_2 = I(x_2, y_2) = \{(u_2, v_2)| \text{ mit } u_2 : v_2 \cong x_2 : y_2\}$$

zwei musikalische Intervalle, die wir dann mit den Frequenzfaktoren

$$q_1 = y_1/x_1 \text{ und } q_2 = y_2/x_2$$

in der Form

$$I_k = I(q_k) = \left\{(u_k, v_k)| \text{ mit } v_k/u_k = q_k\right\}, k = 1,2$$

schreiben. Ist nun $I_1 = I_2$, so liegt jedes physikalische Tonpaar der einen Menge in der anderen, denn dies ist das Grundprinzip der Gleichheit zweier Mengen. Ist $I_1 = I_2$, so sind beide Frequenzfaktoren gleich. Im umgekehrten Fall erfüllt jedes physikalische Intervall, welches die eine der Bedingungen erfüllt, auch die andere, somit liegt es – wenn es in der einen der beiden Mengen liegt – automatisch auch in der anderen.

Die Frequenzmaßregeln sind – auf der Ebene physikalischer Intervalle – trivial, denn sie sind allereinfachste Umformungen einer Brucherweiterung, und der Trick

$$\frac{y}{x} * \frac{x}{y} = 1 \text{ sowie } \frac{z}{x} = \frac{y}{x} * \frac{z}{y}$$

für zwei oder drei Daten zeigt sofort das Gewünschte, denn wir können nach dem nun bewiesenen Intervallmaßkriterium diese Beziehungen sofort auf die ganzen Intervallklassen übertragen. Ebenso ist die Übertragung auf mehr als drei Daten unproblematisch. Aus der Äquivalenz

$$y/x = v/u \Leftrightarrow u/x = v/y,$$

für vier Daten (x, y, u, v), die man durch „Über-Kreuz-Multiplikation" erhält, erklärt sich auch frappierend kurz das Viertöne-Prinzip, womit das Theorem gezeigt ist. ∎

Bemerkungen

Der Dreitönesatz durchzieht in der Tat die gesamte Theorie und Praxis des Kalküls mit musikalischen Intervallen. Drückt er doch nebenbei folgenden Sachverhalt aus:

▶   Teilt man ein gegebenes Intervall $I(x, z)$ durch einen Zwischenton y in die zwei Teile $I(x, y)$ und $I(y, z)$, so ist das Frequenzmaß des gesamten Intervalls das <u>Produkt</u> der Maße der Teile.

Oder anders gesagt: Fügen wir zwei Intervalle aneinander, so ist das Frequenzmaß des Gesamtintervalls das <u>Produkt</u> der einzelnen Frequenzmaße (und nicht deren Summe!).

Das „Viertöneprinzip" ist die Umformulierung des bekannten „Strahlensatzes der Geometrie" in die Sprache der Musik.

$$(x{:}y) \cong (u{:}v) \Leftrightarrow (x{:}u) \cong (y{:}v)$$

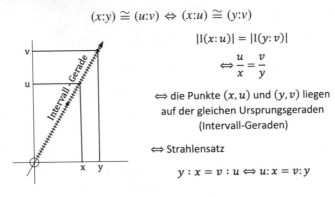

$$|I(x{:}u)| = |I(y{:}v)|$$

$$\Leftrightarrow \frac{u}{x} = \frac{v}{y}$$

$\Leftrightarrow$ die Punkte (x, u) und (y, v) liegen
auf der gleichen Ursprungsgeraden
(Intervall-Geraden)

$\Leftrightarrow$ Strahlensatz

$$y : x = v : u \Leftrightarrow u{:}x = v{:}y$$

Anwendungen des Viertönesatzes beim Stimmen

Zu den ungezählten Anwendungen dieses Viertönesatzes zählt zweifellos der praktische Vorgang des „Stimmens eines Instruments":

▶ Angenommen, wir hätten es geschafft – mit welchen Mühen und Kunstgriffen auch immer –, ein Intervall nach einer gegebenen Vorschrift zu stimmen. Beispielsweise sollen wir den Tonschritt $G \to A = G^0 \to A^0$ im Frequenzverhältnis 9:10 stimmen, so wie das bei einer der reinen diatonischen Skalen der Fall wäre. Nun soll aber die gesamte Klaviatur gestimmt werden, so auch das speziell um eine Oktave nach oben versetzte Intervall $G^1 \to A^1$. Machen wir uns hierbei die gleiche Mühe noch einmal? Ganz bestimmt nicht! Denn wir stimmen ganz einfach die Intervalle

$$\left(G^0 \to G^1\right) \text{und} \left(A^0 \to A^1\right)$$

als reine Oktaven – dann sind nach diesem Viertöneprinzip auch die Intervalle

$$\left(G^0 \to A^0\right) \text{und} \left(G^1 \to A^1\right)$$

absolut gleich. Weil aber nach reinen Oktaven zu stimmen ein Kinderspiel ist, bedarf es keiner Begründung mehr, dass diese Vorgehensweise zur Selbstverständlichkeit geworden ist.

Dieser Vorgang verdient ganz sicher eine eigene Herausstellung, und in der später folgenden Definition 5.7 finden wir dies in der Formulierung als **„Prinzip der Reinheit der Oktaven"** beschrieben.

1.3 Die Intervalladjunktion und ihre Arithmetik

In diesem Abschnitt lernen wir das wichtigste Werkzeug des Rechnens mit Intervallen kennen: die Addition und Subtraktion von musikalischen Intervallen. Dabei werden wir hierzu aus guten Gründen die Wortwahl „Adjunktion" beziehungsweise „Subjunktion" wählen, schließlich entspricht die Adjunktion – je nach Betrachtungsweise – einmal einer „Addition" oder aber auch einer „Multiplikation" – das hängt nämlich davon ab, welches Intervallmaß gewählt wird.

Es gelingt uns allerdings durchgehend, den Aspekt der Addition respektive der Subtraktion nutzen zu können, was damit zusammenhängt, dass wir im Regelfall das Centmaß dem Frequenzmaß vorziehen – was im weiteren Text noch hinreichend erklärt wird. Auf diese Weise gewinnen wir jedenfalls eine Intervallarithmetik, welche uns unschätzbare Dienste leisten wird.

Haben wir ein Intervall im Fokus – sagen wir: eine Aufwärtsquinte – so könnten wir beispielsweise eine Quart auf den oberen Ton „aufsetzen", also mit realen physikalischen Tönen x, y, z die Aneinanderreihung

$$x \xrightarrow{Quinte} y \xrightarrow{Quart} z$$

bilden. Dann ergäbe sich ein neues Intervall $I(x, z) = [x, z]$, und falls beispielsweise die präzisen Intervallgrößen

$$I(x, y) = \left[1, \frac{3}{2}\right] = [2, 3] \text{ und } I(y, z) = \left[1, \frac{4}{3}\right] = [3, 4]$$

mittels ihrer Frequenzfaktordarstellung gegeben wären, so würde nach dem Dreitönesatz (Theorem 1.1) für das Frequenzmaß des Gesamtintervalls $I(x, z)$ per definitionem die Gleichung

$$|[x, z]| = z/x = z/y * y/x = 4/3 * 3/2 = 2$$

folgen. Mit anderen Worten: Das Intervall $I(x, z)$ gehört zur Intervallklasse $[1, 2]$ und ist somit selbst wieder eine Oktave. Diese frequenzunabhängige Rechnung ist äußerst praktikabel und sinnvoll – wir rechnen ja nur mit Proportionen. So entwickeln wir nun nachfolgend ein sehr nützliches Werkzeug, welches den synthetischen Intervallaufbau von Klängen und Skalen zusammen mit deren metrischen Daten prägnant beschreibt.

Während man in Frequenzen gegebene reale physikalische Intervalle (f_1, f_2) und (f_3, f_4) gewiss nur dann zu einem Intervall zusammenfügen kann, wenn $f_2 = f_3$ (oder $f_1 = f_4$) ist, so sprechen Musiker allgemein in einer davon unabhängigen Abstraktion – wie zum Beispiel:

▶   *„Drei große Terzen ergeben eine Oktave" oder „Eine Quinte plus eine kleine Terz ergeben eine kleine Septime"* und zahllose andere. Die Begriffe des Aneinanderfügens, des Addierens, ausgedrückt durch die Konjunktionen „plus" sowie „und", erfahren nun eine präzise Festlegung – eben genau durch den Begriff der Adjunktion.

Definition 1.5 (Adjunktion und Subjunktion von Intervallen)

Seien $I_1 = [x_1, y_1]$ und $I_2 = [x_2, y_2]$ zwei musikalische Intervalle in ihrer abstrakten mathematischen Darstellung gemäß der Definition 1.3. Dann heißt das neue Intervall

$$I_3 = I_1 \oplus I_2 := [x_1 * x_2, y_1 * y_2]$$

die **Adjunktion von I_1 und I_2**. Sind I_1 und I_2 insbesondere in der simplen normierten Frequenzfaktordarstellung $I_1 = [1, q_1]$ und $I_2 = [1, q_2]$ gegeben, so ist konsequenterweise

$$I_3 = I_1 \oplus I_2 = [1, q_1 q_2].$$

Die Frequenzfaktoren (der Frequenzfaktordarstellung (!)) multiplizieren sich also.

Die **Subjunktion von I_1 und I_2** ist nun allgemein so definiert:

$$I_3 = I_1 \ominus I_2 \Leftrightarrow I_1 = I_2 \oplus I_3,$$

und mit der Frequenzfaktordarstellung $I_1 = [1, q_1]$ und $I_2 = [1, q_2]$ ist demnach

$$I_3 = I_1 \ominus I_2 = [1, q_1/q_2].$$

I_3 und I_2 heißen dann komplementäre Intervalle in oder bezüglich I_1 (wobei I_2 nicht unbedingt „kleiner" als I_1 sein muss). Bei der verkürzten Sprechweise „komplementär" ist sehr oft „komplementär bezüglich der Oktave" gemeint.

Die Subjunktion kann man sich so vorstellen, dass vom oberen Ton des Intervalls I_1 das Intervall I_2 „abwärts gerichtet" adjungiert (sprich: subtrahiert) wird. Dabei kann ein abwärts gerichtetes Intervall entstehen – falls nämlich $q_1/q_2 < 1$ ist, eine Prim – falls $q_1 = q_2$ ist, und schließlich ein aufwärts gerichtetes Intervall – falls nun $q_1/q_2 > 1$ ist.

Diese so festgelegte Addition („Adjunktion", Aneinanderheftung) von Intervallen erfüllt nun eine Reihe nützlicher Rechenregeln, die einen ganz wesentlichen Beitrag dazu leisten, dass wir in der Lage sind, Gesetzmäßigkeiten, Strukturen und die Architektur allgemeiner Tonleitergebilde nicht nur abstrakt, sondern vor allem frei von numerisch überbordenden Datentabellen erstellen, erkennen sowie analysieren zu können.

Dabei werden wir sehen, dass dieses Rechnen mit seinen Symbolen $\oplus$ und $\ominus$ einer „Gruppenstruktur" genügt, was nichts anderes bedeutet, als dass wir die vertrauten Rechengesetze des einfachen Addierens und Subtrahierens von Zahlen mit ihren bekannten Strukturen und Klammerregeln auf das intervallische Rechnen übertragen dürfen und können. Diese Übertragung nennen wir dann **„Intervallarithmetik".**

Theorem 1.2 (Hauptsatz der Intervallarithmetik)

Für alle musikalischen Intervalle $I, I_1, I_2, I_3 \in \mathfrak{M}_{\text{mus}}$ gelten folgende Rechengesetze:

(1) **Die Kommutativregel:**

$$I_1 \oplus I_2 = I_2 \oplus I_1.$$

(2) **Die Assoziativregel:**

$$(I_1 \oplus I_2) \oplus I_3 = I_1 \oplus (I_2 \oplus I_3).$$

(3) **Das neutrale Intervall:** Es gibt ein „neutrales Element", nämlich das Intervall $I(1) = \text{„}Prim\text{"} = [1, 1]$ – denn es ist für jedes Intervall I

$$I \oplus \text{Prim} = I.$$

(4) **Die inversen Intervalle:** Zu jedem Intervall $I = \big[1, q\big]$ gibt es ein eindeutiges inverses Intervall $I^{-1} = I^{\text{inv}} = I(q^{-1}) = \big[1, 1/q\big]$, denn es gilt die Gleichung

$$I \oplus I^{\text{inv}} = I(1) = \text{Prim}.$$

Mathematiker sagen aufgrund des Zutreffens der Eigenschaften (1) – (4), dass es unter der Adjunktion $\oplus$ zu einer kommutativen Gruppenstruktur auf der Menge $\mathfrak{M}_{\text{mus}}$ aller musikalischen Intervalle gekommen ist.

(5) **Das Vier-Intervalle-Prinzip:** Für vier Intervalle $I_1, I_2, I_3, I_4 \in \mathfrak{M}_{\text{mus}}$ gelte die Bilanz

$$I_1 \oplus I_2 = I_3 \oplus I_4.$$

Dann gilt die Äquivalenz

$$I_1 = I_3 \Leftrightarrow I_2 = I_4.$$

Folgerung: Speziell ergibt sich hieraus die **Kürzungsregel,** welche in vielen Anwendungen als Rechentool wichtige Dienste leistet:

$$I_1 \oplus I_3 = I_2 \oplus I_3 \Leftrightarrow I_1 = I_2.$$

Genau deshalb ist die oben definierte Subtraktion von Intervallen möglich und wohldefiniert, und wir halten diese Definition nochmal als Rechenregel fest.

(6) **Die Subjunktion**

$$I_3 = I_1 \ominus I_2 \Leftrightarrow I_1 = I_2 \oplus I_3 \Leftrightarrow I_2 = I_1 \ominus I_3.$$

(7) **Der Multiplikationssatz des Frequenzmaßes**

Für die Adjunktion beziehungsweise für die Subjunktion gelten hinsichtlich der Frequenzmaße die beiden Formeln

$$|I_1 \oplus I_2| = |I_1| * |I_2| \text{ und } |I_1 \ominus I_2| = |I_1|/|I_2|,$$

wobei beide untereinander äquivalent sind.

Folgerung 1: Eingedenk der Festlegung, dass $I(q)$ genau dasjenige musikalische Intervall ist, dessen Frequenzmaß genau q ist, können wir festhalten:

$$I(q_1 * q_2) = I(q_1) \oplus I(q_2) \text{ und } I(q_1/q_2) = I(q_1) \ominus I(q_2),$$

$$I(q^m) = m * I(q) = \underbrace{I(q) \oplus \ldots \oplus I(q)}_{m-mal}.$$

Beide Regeln zusammengefasst ergeben das folgende Strukturgesetz, welches wir in der allgemeinen Adjunktionsform vermerken: Für alle ganzzahligen Exponenten $(m_1, \ldots, m_k) \in \mathbb{Z}^k$ und Frequenzmaßparameter $q_1, \ldots, q_k > 0$ gilt:

$$I\left(q_1^{m_1} * \ldots * q_k^{m_k}\right) = m_1 I(q_1) \oplus \ldots \oplus m_k I(q_k).$$

Folgerung 2: Sind $X_1, \ldots, X_n \in \mathfrak{M}_{\text{mus}}$ gegebene musikalische Intervalle, so ist

$$\mathfrak{M}_{X_1, \ldots, X_n} = \{u_1 X_1 \oplus \ldots \oplus u_n X_n | u_1, \ldots, u_n \in \mathbb{Z}\}$$

eine sogenannte „**Iterationsalgebra**", die von diesen Intervallen $X_1, \ldots, X_n$ erzeugt ist. Diese Iterationsalgebra ist abgeschlossen gegenüber der Adjunktion und (ganzzahliger) Vervielfachung, das bedeutet, dass die Ergebnisintervalle dieser Prozesse wieder in dieser Algebra liegen, in Formeln

$$(u_1 X_1 \oplus \ldots \oplus u_n X_n) \oplus (v_1 X_1 \oplus \ldots \oplus v_n X_n) = w_1 X_1 \oplus \ldots \oplus w_n X_n$$
$$k * (u_1 X_1 \oplus \ldots \oplus u_n X_n) = (k u_1) X_1 \oplus \ldots \oplus (k u_n) X_n,$$

wobei $k \in \mathbb{Z}$ und $w_j = (u_j + v_j), j = 1, \ldots, n$ notiert wird. Wir können also in gewohnter Form sortiert vervielfachen und addierend zusammenfassen.

Beweis Trotz des Titels des Theorems als „Hauptsatz" ist seine Rechtfertigung eine Kleinigkeit, und sie besteht lediglich in einer passenden Interpretation der Ergebnisse des Theorems 1.1. zusammen mit den dortigen Elementarformeln des Frequenzmaßes und dem Frequenzmaßkriterium, welches alle Maßgleichungen eins zu eins auf die entsprechenden Intervallgleichungen überträgt. Und diese Details wollen wir einmal der eigenen Recherche überlassen. ∎

Einige Bemerkungen

(1) Die Tatsache, dass die Aussagen dieses Theorems bei Lichte besehen lediglich „Korollare" (Folgerungen) aus Theorem 1.1 sind, schmälert dagegen nicht den Wert aller Aussagen; dieser liegt vor allem in der strukturtheoretischen Bedeutung, die durch die Adjunktion auf der Menge aller musikalischen Intervalle gewonnen wird. Hierbei ist vor allem die Folgerung 2 zu nennen, welche den als selbstverständlich erscheinenden Gebrauch des Addierens und Vervielfachens von Intervallen auf eine solide Begründungsplattform stellt. Dazu zählt auch die gewissermaßen als Nebenprodukt auftretende Feststellung, dass algebraisches Hantieren mit Objekten einer Iterationsalgebra wieder in diesem System enthalten bleibt. In mathematischer Fachsprache ist diese Intervallalgebra ein **„Modul über dem Ring der ganzen Zahlen"**.

(2) Die Kürzungsregel ist gleichwertig zum Viertönesatz Theorem 1.1. Warum? Seien vier Töne x, y, u, v gegeben, dann definieren wir mit ihnen die Intervalle

$$I_1 = [x, y], I_2 = I_3 = [y, u], I_4 = [u, v].$$

Dann sind $I_1 \oplus I_2 = [x, u]$ und $I_3 \oplus I_4 = [y, v]$. Sind nun diese gleich, so muss $I_1 = I_4$ sein, da ja $I_2 = I_3$ ist. Das ist aber die Aussage des Viertönesatzes.

(3) Die Subjunktion eines Intervalls von der Prim entspricht der Inversenbildung bezüglich der Adjunktion. Das bedeutet genau, dass für jedes Intervall $I = [1, q]$ gilt

$$\text{Prim} \ominus I = I^{-1} = [1, 1/q].$$

(4) Eine äußerst wichtige Konsequenz des Dreitönesatzes aus Theorem 1.1 ist auch, dass bei m-facher Adjunktion des gleichen Intervalls I das Maß sich m-fach potenziert,

$$m * I = \underbrace{I \oplus \ldots \oplus I}_{m-\text{mal}} \Leftrightarrow |m * I| = |I|^m,$$

wie es ja die Regel (7) aus Theorem 1.2 ausdrückt. Hierbei wird übrigens der Zusammenhang der Iterationsprozesse – also der mehrfachen Adjunktionen eines gegebenen Intervalls – zur Exponentialfunktion quasi zum ersten Mal ersichtlich.

(5) Setzen wir O für das Intervall der Oktave, so führt „Oktavieren" zu den Formeln:

$$|I \oplus O| = 2 * |I| - \text{ für das Aufwärtsoktavieren,}$$

$$|I \ominus O| = \frac{1}{2} * |I| - \text{ für das Abwärtsoktavieren.}$$

Diesen oder hierzu ähnlichen Zusammenhängen werden wir häufig begegnen.

Anwendungen in der Skalentheorie

Im Folgenden wollen wir einige für die Skalentheorie grundlegenden Strukturen als Beispiele für das algebraische Rechnen mit Intervallen vorstellen.

Beispiel 1.5 (Dur- und Mollakkorde in reiner Stimmung)

$$|I_1| = 5/4 \text{ und } |I_2| = 6/5 \Rightarrow |I_1 \oplus I_2| = |I_2 \oplus I_1| = 3/2.$$

Das Intervall I_1 ist dabei die reine große Terz, und I_2 ist die reine kleine Terz; die Adjunktion ergibt in jedem Fall die reine Quinte (2:3).

Der Aufbau $I_1 \oplus I_2$ entspricht dem Durdreiklang,
der Aufbau $I_2 \oplus I_1$ entspricht dem Molldreiklang. ◄

Das nächste Beispiel führt uns schon mitten in die Iterationstheorie.

Beispiel 1.6 (Diatonische 12-Quinten-Formel)

Es sei eine beliebige Quinte Q gegeben. Ein Ganzton T („Tonos") zur Quinte Q sei nach pythagoräischem Muster so festgelegt: „Gehe von einem Startton (Tonika) aus 2 Quinten aufwärts und 1 Oktave abwärts." Diese Anweisung können wir nun dank unserer neuen Intervallarithmetik als Formel schreiben:

$$T = 2Q \ominus O.$$

Wie wir sogleich begründen werden, folgt hieraus die eminent wichtige Grundformel der Tonleiterarchitekturen, nämlich die diatonische 12-Quinten-Formel

$$12Q \ominus 7O = 6T \ominus O.$$

In Worten: Die beiden Intervalle: „12 Quinten aufwärts – dann 7 Oktaven abwärts" und „6 Ganztöne aufwärts – dann 1 Oktave abwärts" sind gleich groß.

Warum? Wir wählen einmal diesen Weg: Aus der Definition des Ganztons folgt nach den vorstehenden Rechenregeln aus Theorem 1.2 zunächst einmal die Gleichung

$$2Q = T \oplus O.$$

Dann können wir diese Gleichung versechsfachen, das ist ihre sechsfache Adjunktion. Und weil wir dank der Kommutativregel diese Versechsfachung auf jeden Summanden anwenden können, folgt sofort:

$$12Q = 6(T \oplus O) = 6T \oplus 6O = 6T \oplus (7O \ominus O)$$
$$\Leftrightarrow 12Q \ominus 7O = 6T \ominus O,$$

wie gewünscht. ◄

Das folgende Beispiel zum algebraischen Rechnen mit Intervallen beleuchtet die spezielle Situation einer aus zwei Stufentypen aufgebauten heptatonischen (= 7-stufigen) Oktavskala, und wir erkennen hierin schon die wesentlichen Strukturen einer am Muster der pythagoräischen Skala orientierten Temperierung.

Beispiel 1.7 (Die allgemeine Quintenkommaformel)

Eine heptatonische Oktavskala bestehe aus den folgenden Stufenintervallen:

- 5 gleich große Tonschritte T („Ganztöne", T für Tonos) und
- 2 gleich große Tonschritte L („Halbtöne", L für Limma).

Die Skala ist also „bitonal" aufgebaut, und es gilt die Oktavbilanz

$$O = 5T \oplus 2L.$$

Nennen wir dann das aus diesen Bausteinen T und L zusammengesetzte Intervall

$$Q = 3T \oplus L = T \oplus T \oplus L \oplus T$$

eine Quinte mit der Quarte $q = T \oplus T \oplus L$ als Oktavkomplement – schließlich ist ja dann die Oktavbilanz $Q \oplus q = O$ erfüllt, so definieren wir hieraus simultan ein weiteres Intervall, die „Apotome"

$$A := T \ominus L$$

als Differenzintervall von Ganzton T und gegebenem Halbton L. Dann gelten:

(1) **Quintenkommaformel:** Folgende Intervallsubjunktionen sind alle gleich:

$$12Q \ominus 7O = 6T \ominus O = T \ominus 2L = A \ominus L := \varepsilon_Q.$$

Man nennt dieses Intervall ε_Q auch konsequenterweise **Quintenkomma**. Zwölf Quinten minus sieben Oktaven sind also stets identisch mit dem Unterschied der beiden komplementären Teile A und L des Ganztons T.

(2) **Aufbaustruktur durch Oktave-Quinten-Basis:** Es lassen sich auch alle anderen Basisgrößen T, L und A bedingt durch die Oktavbilanz durch Quinte und Oktave ausdrücken; wir haben die Formelgruppe

$$T = 2Q \ominus O,$$
$$L = 3O \ominus 5Q,$$
$$A = 7Q \ominus 4O.$$

Sie gehört zu den allerwichtigsten architektonischen Formeln der Tonleiterlehre.

Warum? Die Formelgruppe (1) gewinnen wir mittels unserer Rechenregeln aus der definierenden Konstruktion:

$$O = 5T \oplus 2L \Rightarrow 7O = 35T \oplus 14L \text{ sowie } O \ominus 2L = 5T.$$

Andererseits sind

$$12Q = 12(3T \oplus L) = 36T \oplus 12L.$$

Daraus folgen schließlich die Formeln auf einfache algebraische Weise:

$$12Q \ominus 7O = 36T \oplus 12L \ominus 35T \ominus 14L = T \ominus 2L = A \ominus L,$$

$$T \ominus 2L = T \oplus (O \ominus 2L) \ominus O = T \oplus (5T) \ominus O = 6T \ominus O.$$

Die Formeln (2) finden wir durch geschicktes Einsetzen, beispielsweise ist

$$2Q \ominus O = 2(3T \oplus L) \ominus (5T \oplus 2L) = 6T \ominus 5T \oplus 2L \ominus 2L = T.$$

Auf diese Weise werden unzählige Formeln der Intervallarithmetik behandelt. ◀

Bemerkung

Der Ausdruck $12Q \ominus 7O$ ist der traditionelle definierende Ausdruck für das Quintenkomma. Im Falle, dass Q die pythagoräische Quinte Q_{pyth} mit dem Frequenzmaß

$$|Q_{\text{pyth}}| = 3/2$$

ist, kann aus dieser 12-Quinten-Formel

$$12 * Q_{\text{pyth}} \ominus 7 * O = \varepsilon_{\text{pyth}}$$

das Quintenkomma $\varepsilon_{\text{pyth}}$ bequem berechnet werden. Es bietet sich auch noch die Darstellung $\varepsilon_{\text{pyth}} = T \ominus 2L$ an – vor allem, wenn diese beiden Stufenintervalle bereits bekannt sind. So haben Tonos, Limma und Apotome zur Quinte Q_{pyth} dank unserer Frequenzmaßregeln die Daten

$$T_{\text{pyth}} = 2Q_{\text{pyth}} \ominus O \Rightarrow |T_{\text{pyth}}| = 9/8 = 3^2/2^3,$$
$$L_{\text{pyth}} = 3O \ominus 5Q_{\text{pyth}} \Rightarrow |L_{\text{pyth}}| = 256/243 = 2^8/3^5,$$
$$A_{\text{pyth}} = T_{\text{pyth}} \ominus L_{\text{pyth}} \Rightarrow |A_{\text{pyth}}| = 2187/2048 = 3^7/2^{11}.$$

Dann können wir hieraus das pythagoräische Komma (beispielsweise) als Differenz von Tonos minus zwei Limma berechnen. Es ergibt sich der Wert

$$|\varepsilon_{\text{pyth}}| = |T_{\text{pyth}} \ominus 2L_{\text{pyth}}| = \frac{|T_{\text{pyth}}|}{|L_{\text{pyth}}|^2} = \frac{9/8}{(256/243)^2} = 3^{12}/2^{19}$$

$$= \frac{531441}{524288} = 1{,}01364\ldots$$

Dieser Wert ist nur „beinahe" gleich 1 – in Wirklichkeit bedeutet diese Größe jedoch bereits ein knappes Viertel eines üblichen (gleichtemperierten) Halbtons. Wobei diese „Wirklichkeit" erst durch das Centmaß erkennbar wird, wollen wir vermeiden, uns mit allgemeinen Potenzierungen und Wurzelrechnungen zu plagen, sodass uns der Spaß an der Mathematik ganz sicher verleidet würde. Dies wollen wir durch unser letztes Beispiel zwar nicht provozieren – eher wollen wir nämlich die Neugier auf eine bessere Art des intervallischen Messens wecken.

Beispiel 1.8 (Frequenzmaß und die Teilung musikalischer Intervalle)

Wir greifen noch einmal die Quintenkommaformel des letzten Beispiels 1.7 auf und stellen uns die Frage, wie groß denn das Intervall Q sein müsste, bei welchem das Quintenkomma „nicht mehr vorhanden" sei. Das bedeutet, dass die Gleichung

$$12Q \ominus 7O = \varepsilon_Q = \text{Prim} \Leftrightarrow 12Q = 7O$$

zu lösen ist. Diese Aufgabe können wir auch so formulieren, dass ein Intervall – hier das Intervall $7O$ – in zwölf (gleiche) Teile (Q) zu teilen ist.

Lösung: Setzen wir für das unbekannte Frequenzmaß dieser zu suchenden Quinte Q das Symbol $x = |Q|$, so gilt es offenbar, die algebraische Potenzgleichung

$$x^{12} = 2^7 = 128$$

zu lösen. Und dies führt geradewegs zur Wurzelbestimmung

$$x = \sqrt[12]{128} \Leftrightarrow x = 1{,}4983\ldots$$

Im Ergebnis entsteht also eine „Quinte", die ein wenig kleiner als die reine, pythagoräische Quinte ist; die lineare Frequenzmaßdifferenz beträgt gerade einmal 0,0017 – also knappe 17 Zehntausendstel. Diese Quinte ist die Quinte der „Gleichstufigkeit", $Q = Q_{\text{equal}}$, und sie ist somit die Quinte unserer modernen Temperierung, welcher das ganze Kap. 11 gewidmet ist. ◀

Musikalisch wie auch theoretisch sind jedoch zwischen beiden Quinten, reiner Quinte und gleichstufiger Quinte, signifikante Unterschiede. Diese Unterschiede sind demnach schon in entlegen erscheinenden Nachkommastellen des Frequenzmaßes zu finden. Besteht also die praktische Musiktheorie darin, die Intervalldaten möglichst genau zu berechnen? Und wer kann schon – von Hand – höhere Wurzeln berechnen?

Die Lösung dieses Problems beschert uns der folgende Abschnitt.

1.4 Das Centmaß als Metermaß musikalischer Intervalle

Wie wir im Dreitönesatz des Abschn. 1.2 und vermehrt noch im Hauptsatz der Intervalltheorie Theorem 1.2 gesehen haben, erfüllt das Frequenzmaß die Gleichung

$$|I_1 \oplus I_2| = |I_1| * |I_2|.$$

Diese durchaus plausible – und mit dem Hörempfinden kompatible – Formel zeigt sich dennoch in so manchem Berechnungsmodell als wenig hilfreich: So müsste man beispielsweise für die beiden Intervalle $I_1 = [231, 317]$ und $I_2 = [429, 587]$ die Frequenzfaktoren $317/231 (\cong 1{,}372)$ und $587/429 (\cong 1{,}368)$ recht genau berechnen, wenn man adjungieren oder vergleichen wollte.

Und nehmen wir einmal an, wir wollten in Analogie zu unserem letzten Beispiel des vorangehenden Abschnitts einmal die beiden mitteltönigen Quinten Q_{mt}^+ und Q_{mt}^- miteinander vergleichen, so ergäben sich (wie wir in den späteren Kapiteln Abschn. 9.2 sehen werden) aus ihren Definitionen zunächst die Frequenzmaße

$$|Q_{mt}^+| = \sqrt[4]{5} = 1{,}49534\ldots \text{ und } |Q_{mt}^-| = \sqrt[3]{10/3} = 1{,}493801\ldots$$

Wer möchte dann die Unterschiede bewerten, deren Numerik ja auch in diesem Fall im unteren Tausendstelbereich angesiedelt ist? Und noch weitaus unbrauchbarer erweist sich das Frequenzmaß, wenn wir ganze Intervallschichtungen – Skalen – berechnen und miteinander vergleichen wollten.

Nein, hierzu bedarf es eines neuen Maßbegriffs, und nun gibt es zwei Möglichkeiten, dieses Maß kennenzulernen: Wir stellen kurzerhand dessen mathematische Formel vor – oder aber wir entwickeln diesen Maßbegriff aus seinem gewünschten musikalisch inspirierten Anforderungsprofil heraus. Zwar haben wir tatsächlich schon im Abschn. 1.2 die logarithmische Formel des „Centmaßes" angegeben – dennoch verfolgen wir einmal den Werdegang dieser für die gesamte numerische Musiktheorie allerwichtigsten Kenngröße.

▶   **Aufgabe:** Wir suchen eine Funktion F, welche die Größe der Intervalle beschreibt, die jedoch die Größe zweier aneinandergesetzter (sprich: adjungierter) Intervalle als *Summe* der einzelnen Größen (und nicht als deren Produkt) ausgibt. Ferner soll diese Funktion wie das Frequenzmaß ebenfalls nur vom Frequenzquotienten der beiden betrachteten Töne abhängen, denn dann liefert es ja für alle physikalischen Intervalle eines festen musikalischen Intervalls stets den gleichen Wert und stellt ein Maß für diese ganze Klasse dar – also unabhängig von den das musikalische Intervall zufällig realisierenden Tönen beziehungsweise von deren physikalischem Intervall.

Die elementare Lösung der Aufgabe

Nach unserer Aufgabenstellung ist diese Funktion (F) somit eine solche, die für alle physikalischen Mitglieder eines fest gewählten musikalischen Intervalls stets den gleichen Wert hat. Es ist also zunächst eine Funktion

$$F : \mathfrak{M}_{mus} \to \mathbb{R}$$

auf der Menge $\mathfrak{M}_{mus}$ aller Intervalle gesucht, welche die Eigenschaften der **Additivität** (1) und **Wohldefiniertheit** (2)

$$F(I_1 \oplus I_2) = F(I_1) + F(I_2) \tag{1.1}$$

$$F(I_1) = F(I_2) \text{ für alle Intervalle } I_1 \text{ und } I_2 \text{ mit } |I_1| = |I_2| \tag{1.2}$$

besitzt. Ferner wünscht man eine leicht motivierbare **Normierungsbedingung,** welche den Wert für eine Oktave (O) vorschreibt:

$$F(O) = 1200. \tag{1.3}$$

Wir machen uns nämlich klar, dass mit jeder Funktion $F(I)$, welche die beiden Bedingungen (1.1) und (1.2) erfüllt, auch alle reellen Vielfache $c * F(I)$ dies leisten. Darum können wir den Wert an einer einzigen Stelle (bei welcher die Funktion keine Nullstelle hat) vorschreiben – und dann ist zumindest diese Unterbestimmtheit beseitigt.

Warum wählen wir nun genau diese Bedingung (1.3)? Unser gebräuchliches, modernes Skalensystem besitzt zwölf gleichstufige Halbtonschritte (*Semitonium S*) – und wir stellen uns vor, dass jeder dieser Halbtonschritte aus gleich vielen – sagen wir 100 Mini-Intervallen J – adjunktiv aufgebaut wäre. Das heißt, es ist

$$S = 100 * J = \underbrace{J \oplus \ldots \oplus J}_{100 \text{ mal}},$$

und demzufolge gilt für die Oktave die Bilanz

$$O = 12 * S = 1200 * J = \underbrace{J \oplus \ldots \oplus J}_{1200 \text{ mal}}. \tag{1.4}$$

Genügt dann die gesuchte Funktion den Bedingungen (1.1) und (1.3), so muss konsequenterweise dann auch die Gleichung

$$F(J) = 1 \tag{1.5}$$

richtig sein. Wie finden wir nun eine solche Funktion mit den Eigenschaften (1.1) – (1.5)?

(A) Die musikalische, konstruktive Methode

Hierzu stellen wir folgende „musikalische" Lösung der Aufgabe vor. Dazu sei

$$f : \mathbb{R}_+ \to \mathbb{R} \text{ mit } f(x) = F(I),$$

falls $x = q = |I|$ ist. Hat F die Eigenschaft (1.2), so ist f wohldefiniert. Die Unterscheidung zwischen f und F ist rein formaler Natur: Der Definitionsbereich von F sind die musikalischen Intervalle, derjenige von f die gewöhnlichen (positiven) reellen Zahlen. Ist J das in der Formel (1.4) angedachte Mini-Intervall, so ist demnach mit der Additivitätsformel (1.1) und mit den Bedingungen (1.3) und (1.5) die Gleichung

$$f(2) = F(O) = F \left(\underbrace{J \oplus \ldots \oplus J}_{1200-\text{mal}} \right) = 1200 * F(J) = 1200$$

erfüllt. Ist jetzt $I = [x_1, x_2]$ ein beliebiges Aufwärtsintervall mit dem Frequenzmaß

$$|I| = q = f_2/f_1 > 1,$$

so nehmen wir vorübergehend – und wegen der Kleinheit von J – an, dass J genau m-mal (mit einem ganzzahligen m) in I passt, das heißt, dass wir aus dieser angedachten Zusammensetzung mit der Normierung (1.5) die Maßformel

$$I = \underbrace{J \oplus \ldots \oplus J}_{m-\text{mal}} \Rightarrow F(I) = m * F(J) = m * 1 = m \tag{1.6}$$

finden. Andererseits ist mit Formel (1.6) und dem Multiplikationssatz des Frequenzmaßes aus Theorem 1.2 (7) unmittelbar die Formel

$$|I| = q = |J|^m \tag{1.7}$$

gewonnen. Ebenso folgt aus der Gleichung (1.4) und erneut aus dem Multiplikationssatz die weitere Formel

$$2 = |O| = |J|^{1200} \Leftrightarrow |J| = 2^{\frac{1}{1200}} = \sqrt[1200]{2}. \tag{1.8}$$

Dies eingesetzt in die Gleichung (1.7) ergibt schließlich für q – und so viel Schulmathematik muss nun halt sein – die gewünschte Darstellung für die gesuchte Funktion f, nämlich

$$x = q = 2^{\frac{m}{1200}} \Leftrightarrow m = 1200 * \log_2(q) = F(I) = f(x). \tag{1.9}$$

Für den Fall, dass $I = [x_1, x_2]$ ein Abwärtsintervall ist, betrachten wir sein Inverses $\bar{I} = \ominus I = [x_2, x_1]$, dessen Frequenzmaß $(1/q)$ der Kehrwert des Frequenzmaßes q von I ist, und wir können wieder wie zuvor argumentieren: Passt das fiktive Aufwärtsintervall J etwa m-mal in das Intervall $\bar{I}$, so ergibt sich wieder die Formel

$$\frac{1}{q} = 2^{\frac{m}{1200}} \Leftrightarrow m = 1200 * \log_2\left(\frac{1}{q}\right) = F(\bar{I}). \tag{1.10}$$

Im Einklang mit der wohlbekannten Potenzregel

$$2^{\frac{-m}{1200}} = \frac{1}{2^{\frac{m}{1200}}} = \frac{1}{1/q} = q$$

können wir daher die Funktion F universell festlegen durch die Angabe

$$F(I) = \begin{cases} m \Leftrightarrow I = mJ \\ -m \Leftrightarrow \ominus I = mJ \end{cases} \Leftrightarrow F(I) = 1200 * \log_2(|I|) = f(x). \tag{1.11}$$

Diese Funktion $f(x)$ kann nun generell für jede positive Variable x – also für jedes Frequenzmaß q – in gleicher Weise definiert werden – dafür wäre streng genommen ein Stetigkeitsargument beziehungsweise ein Monotonieargument verantwortlich. Wir erhalten jedenfalls auf diese Weise die Centmaßfunktion:

Definition 1.6 (Centmaß und normiertes Centmaß musikalischer Intervalle)
Für ein musikalisches Intervall $I \in \mathfrak{M}_{mus}$ mit dem Frequenzmaß $q = |I|$ heißt

$$ct(I) = 1200 * \log_2(q)$$

das **Centmaß des Intervalls I**. Die durch 1200 dividierte Centfunktion

$$nct(I) := \frac{1}{1200} * ct(I) = \log_2(q)$$

heißt **normierte Centfunktion** respektive **normiertes Centmaß,** denn es ist ja

$$nct(\text{Oktave}) = 1.$$

Die Variable für das Centmaß und seiner normierten Form ist das Frequenzmaß des Intervalls. Das normierte Centmaß ist somit nichts anderes als die bekannte Logarithmusfunktion zur Basis 2, die Inverse zur Exponentialfunktion $x \to 2^x$.

Dieses normierte Maß „zählt" die Oktaven (**„Oktavenzählfunktion"**), denn offenbar haben wir die Formel

$$nct(m * \text{Oktave}) = m \text{ für } m = 0, \pm 1, \pm 2 \cdots$$

▶   *Das Centmaß gibt gemäß unserer Herleitung an, „wie oft das gleichstufige Halb-*
tonhundertstel (J) eines ebenfalls gleichstufigen Halbtons (S) in das Intervall I
beziehungsweise in sein Inverses ⊖I passt", wobei man nicht-ganzzahlige Werte
entsprechend interpretiert.

Nun kommen wir zu einer zweiten Methode, wie man über die geforderten Eigen-schaften zur Centfunktion findet:

(B) Die mathematische Methode
Ist F wie gewünscht zu ermitteln, und setzen wir wie in der „musikalischen" Herleitung $f(|I|) = F(I)$, was bedeutet, dass die gesuchte Funktion nur von der Frequenzmaßgröße der Intervalle abhängt, so ist eine Funktion $f: \mathbb{R}_+ \to \mathbb{R}$ gesucht, welche die Bedingung

$$f(u * v) = f(u) + f(v)$$

für alle positiven Zahlen u, v erfüllt. Zusammen mit der natürlichen Exponentialfunktion

$$\exp(t) = e^t$$

entsteht nun mittels einer Funktionskomposition diese Abbildung

$$h(t) = f(e^t).$$

Dann ist h: $\mathbb{R} \to \mathbb{R}$ eine Funktion mit der prägnanten Eigenschaft

$$h(t+s) = f\left(e^{t+s}\right) = f\left(e^t * e^s\right) = f\left(e^t\right) + f(e^s) = h(t) + h(s);$$

für alle $t, s \in \mathbb{R}$; außerdem ist vermittels der Substitution $t = \ln(x)$ der Zusammenhang

$$f(x) = h(\ln(x))$$

gegeben. Wir setzen nun stillschweigend voraus, dass die Funktion f – und somit auch die Funktion h – stetig ist, und auf die Plausibilität dieser Grundannahme wollen wir nicht näher eingehen. Eine stetige Funktion (h) aber, welche diese sogenannte Cauchy'sche Funktionalgleichung der Linearität – nämlich die Bedingung

$$h(t+s) = h(t) + h(s) \text{ für alle positiven reellen Zahlen } t \text{ und } s$$

erfüllt, genügt notwendigerweise der Gleichung einer einfachen Ursprungsgeraden. Folglich besitzt $h(t)$ die Funktionsgleichung

$$h(t) = \text{const} * t = a * t$$

mit einem konstanten Faktor $a \neq 0$. Nun soll aber $f(2) = 1200$ sein; das bedeutet, dass die Gleichung

$$1200 = f(2) = h(\ln 2) = a * \ln 2$$

besteht, woraus sofort $a = 1200/\ln 2$ folgt und somit dank der bekannten Umwandlungen verschiedener Logarithmen die gewünschte Funktionsdarstellung

$$f(x) = (1200/\ln 2) * \ln(x) = 1200 \log_2(x)$$

entsteht, welche unser angestrebtes Centmaß beschreibt. (Zu diesen elementaren Regeln des logarithmischen Rechnens kann man zum Beispiel die Formelsammlung [12] befragen.)

Im folgenden Theorem beschreiben wir nun die essentiellen Eigenschaften dieses Intervallmaßes.

Theorem 1.3 (Die Centmaß-Rechenregeln)

Die Centmaßfunktion

$$\text{ct}:\mathfrak{M}_{\text{mus}} \to \mathbb{R}, \ \text{ct}(I) = 1200 \ \log_2(|I|)$$

besitzt folgende Eigenschaften:

(1) **Wohldefiniertheit:** Das Centmaß hat auf allen physikalischen Realisierungen eines gegebenen musikalischen Intervalls den gleichen Wert, denn es ist

$$\text{ct}(I(x,y)) = \text{ct}\left(I\left(x',y'\right)\right) \Leftrightarrow y/x = y'/x'.$$

Das ct-Maß ist somit eindeutig mit dem Frequenzmaß verknüpft und hängt ausschließlich nur von diesem ab, und deshalb ist es ein Maß auf der Menge aller musikalischen Intervalle und beschreibt jedes Intervall eindeutig:

Zu jeder reellen Zahl $-\infty < x < \infty$ gehört genau ein musikalisches Intervall $X \in \mathfrak{M}_{\text{mus}}$ mit $\text{ct}(X) = x$ ct.

(2) **Die Funktionalgleichung (Additivität):** Für alle musikalischen Intervalle I_1, I_2 aus $\mathfrak{M}_{\text{mus}}$ gilt die wichtige Funktionalgleichung

$$\text{ct}(I_1 \oplus I_2) = \text{ct}(I_1) + \text{ct}(I_2).$$

Folgerung: Wir leiten hieraus die praktischen Rechenregeln ab:

$$\text{ct}(I_1 \ominus I_2) = \text{ct}(I_1) - \text{ct}(I_2),$$

$$\text{ct}(mI) = m * \text{ct}(I) \text{ für alle ganzen Zahlen } m \in \mathbb{Z}.$$

(3) **Die Umrechnungsformel:** Da sich Logarithmen (zu verschiedenen Basen) bekanntlich leicht umrechnen lassen, hat man mit der üblichen Symbolik „ln $=$ Logarithmus naturalis" auch die Formel

$$\text{ct}(I) = 1200 * \frac{\ln |I|}{\ln 2}.$$

(4) **Der Zusammenhang Centmaß – Frequenzmaß:** Schließlich ergibt sich auch die folgende Umrechnung vom Centmaß in das Frequenzmaß

$$\text{ct}(I) = 1200 \, \log_2(|I|) \Leftrightarrow |I| = \mu_f(I) = 2^{\left(\frac{\text{ct}(I)}{1200}\right)}.$$

Somit ist das Frequenzmaß eine Exponentialfunktion des Centmaßes, und das Centmaß ist im Wesentlichen eine Logarithmusfunktion des Frequenzmaßes.
Folgerung: Das Frequenzmaßkriterium aus Theorem 1.1 gilt gleichermaßen auch für das Centmaß, sodass wir das Centmaßkriterium

$$\text{ct}(I_1) = \text{ct}(I_2) \Leftrightarrow I_1 = I_2$$

für alle musikalischen Intervalle $I_1, I_2 \in \mathfrak{M}_{\text{mus}}$ gewonnen haben.

Beweis Alle Aussagen sind ausnahmslos Konsequenzen der Gesetze des Logarithmus; insbesondere führt die Funktionalgleichung der Logarithmen unmittelbar zur Additivität des Centmaßes – im Detail

$$1200 * \log_2(a * b) = 1200 * \log_2(a) + 1200 * \log_2(b),$$

und hieraus folgt alles Gesagte. ∎

Beispiel 1.9 (Centwerte einiger häufiger Intervalle)

(1) ct(Oktave) $= 1200 \, \log_2(2) = 1200$ ct – wie konstruiert.

(2) ct(Prim) $= 0$ ct (weil $\log_2(1) = 0$ ist).

(3) ct(reine Quinte) $= 1200 \, \log_2(3/2) = 701{,}955\ldots$ ct.

Dagegen ist die gleichstufig temperierte Quinte (nach Konstruktion aus genau sieben gleich großen Halbtönen zu je hundert 1-Cent-Intervallen J aufgebaut) demnach genau 700 ct groß, also

(4) ct(gleichstufig temperierte Quinte) $= 700$ ct,

(5) ct(reine Quart) $= 1200 \, \log_2(4/3) = 498{,}044\ldots$ ct.

Hier sehen wir sowohl rechnerisch als auch abstrakt, dass die Oktavbilanz

$$\text{ct(reine Quinte)} + \text{ct(reine Quart)}$$
$$= (701{,}955\ldots + 498{,}044\ldots) \, \text{ct} = 1200 \, \text{ct}$$

stimmt. Aber auch das abstrakte logarithmische Rechnen zeigt die Oktavbilanz:

$$\log_2(3/2) + \log_2(4/3) = \log_2(3/2 * 4/3) = \log_2 2 = 1,$$

und alles mit 1200 multipliziert ergibt die Behauptung.

(6) Sei $I = \left[(2^7, (3/2)^{12})\right]$, also $|I| = q = \frac{531441}{524288}$.

Dann ist dieses Intervall das Quintenkomma zur reinen Quinte, das wir im Abschn. 1.3 ja schon kennengelernt haben. Wir haben ganz gewiss anhand dieses Frequenzmaßes keine sonderlich gute Vorstellung, „wie groß" dieses Intervall ist – selbst wenn wir den Frequenzfaktor sehr präzise berechnen ($q = 1{,}01364\ldots$). Dagegen ist

$$\text{ct}(I) = 23{,}46\ldots\text{ct} \cong 25 \, \text{ct} = 1/4 * \text{ct}(S),$$

also ein ungefähres Viertel eines gleichstufig temperierten Halbtons S! Hier zeigt sich schon einer von vielen Vorteilen der Centmaßrechnung.

Für die nächsten beiden Beispiele – Tonos und Limma der pythagoräischen Temperierung – nutzen wir die Gleichungen aus Beispiel 1.7.

(7) ct(Tonos) $= 2 * 1200 \, \log_2(3/2) - 1200 = 203{,}99\ldots$ ct.

(8) ct(Limma) $= 3 * 1200 - 5 * 1200 \, \log_2(3/2) = 90{,}22\ldots$ ct. ◄

Es lässt sich eigentlich kaum beschreiben, wo überall der Nutzen und die Notwendigkeit des Centmaßes zutage tritt. So wenig, wie das Schreinerhandwerk ohne das „Metermaß" denkbar ist, so wenig kann ein übersichtlicher und numerisch überhaupt sinnvoll erfassbarer Umgang mit Intervallen und mit den durch sie gebildeten Skalen und Akkorden gelingen, ließe man das Centmaß außer Acht. Und so gehört auch der Größenvergleich dazu. Wenn wir auch sicher intuitiv ahnen, wie für zwei musikalische Intervalle $X, Y \in \mathfrak{M}_{mus}$ die

▶   **Frage:** *„Welches der beiden Intervalle ist größer?"*

zu beantworten wäre, so wird es auch hierbei so sein, dass die Bemaßung durch das Centmaß das gegenüber dem Frequenzmaß hierzu überdeutlich geeignetere Kriterium ist – zumindest „im Allgemeinen".

Und da wir nun einmal bei dem „Größenbegriff" von Intervallen sind: Ein Gedanke drängt sich sehr schnell in diese Thematik, wie eine exemplarische Frage zeigt:

▶   **Frage:** *Wäre eine Abwärtsdoppeloktave kleiner oder größer als beispielsweise eine kleine Terz aufwärts?*

Wir sind versucht zu sagen, dass die doppelte Abwärtsoktave „dennoch" größer ist; denn aus der Sicht eines Pianisten ist der Tastensprung nach unten über zwei Oktaven – wie zum Beispiel bei einem schnellen Chopin-Walzer – schon ein kleines Wagnis, während die Aufwärtsterz wie par exemple $(C \rightarrow Es)$ rein gar nichts einfordert und blind im Schlaf gespielt wird. Gleichwohl sind die Maße (im Falle unserer gewöhnlichen gleich-stufigen Temperierung)

$$\mu_f(\ominus 2O) = 1/4 = 0{,}25 \Leftrightarrow \mathrm{ct}(\ominus 2O) = -2400\,\mathrm{ct},$$
$$\mu_f(\text{kleine Terz}) = 2^{1/4} = 1{,}18 \Leftrightarrow \mathrm{ct}(\text{kleine Terz}) = 300\,\mathrm{ct}.$$

Bei beiden Maßen wäre die kleine Aufwärtsterz größer, legen wir den üblichen Maßstab an, dass von zwei Zahlen diejenige größer ist, die auf der Zahlengeraden rechts von der anderen liegt. Natürlich denken wir sofort daran, ein mögliches Abwärtsintervall durch sein „gleich großes" Aufwärtsintervall (sein Inverses) zu ersetzen – und das ist auch sicher so der Fall. Dann sehen wir mit dem kleinen Beispiel, dass dann die Betrachtung mittels des Centmaßes wohl gelingt – allein für das Frequenzmaß müssten wir, sobald sich ein Wert unter 1 ergäbe, zum „Kehrwert" übergehen. Wenn auch nicht grundsätzlich kompliziert, so ist auch dieses gegenüber dem Centmaß, bei welchem dann schlicht und einfach zum Betrag der Maßzahl übergegangen wird, um deutliche Rechenhürden unangenehmer. Es ist es uns nun wert, hierüber eine kurze, klärende Definition anzufertigen, in welcher auch die „intervallarithmetische Sichtweise" vorkommt.

Definition 1.7 (Der Größenvergleich musikalischer Intervalle)
Für zwei musikalische Intervalle $X, Y \in \mathfrak{M}_{mus}$ sagen wir, dass das Intervall X **größer** als das Intervall Y ist, wenn eines der drei untereinander gleichwertigen Kriterien eintrifft:

(1) **Centmaßkriterium:** Für die Beträge des Centmaßes gilt:

$$|ct(Y)| < |ct(X)|.$$

(2) **Frequenzmaßkriterium:** Für die Frequenzmaße gilt:

$$\max\left(\mu_f(Y), 1/\mu_f(Y)\right) < \max\left(\mu_f(X), 1/\mu_f(X)\right).$$

(3) **Intervallarithmetische Struktur:** Wenn beide Intervalle Aufwärtsintervalle sind, so gibt es ein Aufwärtsintervall $E \in \mathfrak{M}_{mus}$, sodass

$$X = Y \oplus E$$

gilt. Im Fall, dass X oder Y abwärts führen würden, ersetzt man X oder Y durch ihr jeweiliges inverses Intervall $\ominus X$ oder $\ominus Y$ und testet gemäß der Aufwärtssituation.

Dabei drückt das in der Mathematik gebräuchliche Symbol $\max(a, b)$ das Maximum zweier reeller Zahlen a, b aus. Das ist die größere Zahl der beiden Magnituden und genau genommen diejenige, die auf dem Zahlenstrahl die rechte Position einnimmt. In der Bedingung (2) handelt es sich allerdings ohnehin um zwei verschiedene, positive Daten a, b, sodass auch hier wegen $|a| = a$, $|b| = b$ die vertraute Ungleichung

$$\max(|a|, |b|) = b \Leftrightarrow a < b$$

besteht. Im Übrigen haben wir in unserer Definition den Gleichheitsfall sinnvollerweise außen vor gelassen: Bei gleichem Maß wären auch die Intervalle gleich.

Schlussbemerkung

Beide Maße – Frequenz- und Centmaß – heißen zwar „Maß"; sie sind jedoch keine mathematischen „Maße" auf der Menge $\mathfrak{M}_{mus}$, die sie messend beschreiben sollen. Mathematische Maße (wie zum Beispiel das vertraute Flächenmaß der ebenen Geometrie) müssen insbesondere

* positiv (≥ 0),
* additiv auf disjunkten Mengen

sein. Die Frequenzmaßfunktion ist zwar nicht-negativ, aber nicht additiv – sondern sogar multiplikativ. Die Centfunktion ist zwar additiv, aber nicht positiv.

1.5   Musikalische Mittelwerte und ihre harmonischen Gesetze

Wenn wir uns in der älteren Literatur umsehen, so entdecken wir in den Schilderungen antiker Lehrmeister der gelehrten reinen Harmonie erstaunlich viele Zusammenhänge, die einerseits das Geflecht innerer Beziehungen musikalischer Intervalle untereinander und andererseits das arithmetische Spiel mit wenigen Hauptzahlen der antiken Zahlenlehre prägnant miteinander verbinden. In der Hauptsache sind das die heilige Zahl 12, ihre Teiler und einiges drum herum.

So sind Oktave, Quinte und Quarte mit den Zahlverhältnissen

$$6{:}12 - 8{:}12 - 9{:}12$$

eins zu eins verbunden; die als Differenz bezeichnete Proportion

$$(8{:}12){:}(9{:}12) - \text{identisch mit } (8{:}9) -$$

verkörpert im pythagoräischen Weltbild den Tonos und duldet auch dortselbst keine weiteren Ganztöne. Ist das nicht erstaunlich: Die Zahl 9 ist das arithmetische Mittel der Zahlen 6 und 12, und die Zahl 8 ist deren harmonisches Mittel?

Diese und andere ähnliche Zusammenhänge sind – historisch bedingt – so hervortretend, dass man dies gerne als

▶   *„den Zusammenhang zwischen Musik und Mathematik"*

schlechthin genannt findet. Wie wir bereits bei der Vorstellung der Intervallmaße im Abschn. 1.2 erwähnt haben, beherbergt die Proportionenkette der

▶   *„Harmonia perfecta maxima"* 6:8:9:12

diese Zahlenspiele und ihre Gesetze, welche – trotz aller Einfachheit – als Fundament der Musiktheorie des Altertums zählten.

Wir gehen diesem Spiel mit Zahlen und Intervallen ein wenig nach, es ist ein Experimentierkasten ganz eigener und irgendwie auch „elementarer" Art. Gleichwohl vertieft es unsere Kenntnis über Größe, Zusammenhang und Arithmetik der allgemeinen Lehre musikalischer Intervalle – und wir entdecken tatsächlich aus den antiken Beziehungen neue, allgemeine Symmetrien in der Intervallarchitektur.

Der vorliegende Abschnitt befasst sich allerdings nur mit einem sehr kleinen Ausschnitt dieses Zusammenspiels, und zwar mit den Dingen, welche uns auch später im Rahmen der Skalenlehre und den sie begleitenden Temperierungen begegnen werden. In dem neuen Buch [51] finden interessierte Leser und Leserinnen eine sehr ausführliche Verbindung der Theorie der Medietäten – sprich: Mittelwerten, ihren Symmetrien mit ihren musikalischen Realisierungen im Gewande einer universellen Harmonia perfecta maxima.

Genau genommen, geht es uns um die Einbeziehung der klassischen Mittelwerte in die Konstruktionen mit musikalischen Intervallen. Nun, was sind klassische Mittelwerte? Das Altertum kannte sage und schreibe zehn Medietäten, und man darf sich nicht wundern, wenn so manche von ihnen entweder unbekannt oder – wenn bekannt – doch recht skurril erscheinen, ganz zu schweigen von ihrer, der antiken Proportionenlehre angehörenden, sprachlichen Beschreibung.

Aber keine Sorge: Die <u>klassischen</u> Medietäten gehören nicht einer exotischen Spezies an, sie sind mathematischer Alltag. Es handelt sich hierbei um die **Medietätentrinität**

▶   arithmetisches, harmonisches und geometrisches Mittel

– und genau diese Medietäten steuern im Gewande der Harmonia perfecta maxima der Antike den Prozess der historischen Verbindung von Mathematik und Musik – mitsamt deren musikalischen Interpretationen.

▶   *Was sind arithmetisches, harmonisches und geometrisches Mittel?*

Nun, zu ersterem muss man nichts sagen – das arithmetische Mittel steht schlechthin für den „Durchschnitt" von Daten. Leider wird es im Alltag bei annähernd jeder sich anbietenden Gelegenheit benutzt – oft auch in absurden Situationen. Es trifft eben nicht immer zu, dass der „Durchschnitt von Daten" deren Summe geteilt durch die Datenanzahl ist – aber man kennt anscheinend nichts anderes.

▶   Nehmen wir beispielsweise die Zunahme einer Quantität pro anno – sie möge im ersten Jahr 10 % betragen, im zweiten jedoch dank erfolgreicher Anstrengungen 50 %. Was ist der Durchschnitt? Nein, es sind nicht 30 %; vielmehr genügt der zu findende Zuwachsfaktor der Gleichung

$$x^2 = 1{,}10 * 1{,}50, \text{ und somit ist } x = \sqrt{1{,}65} = 1{,}2845\ldots;$$

also haben wir als durchschnittlichen Zuwachs nur 28,45...%. Kann viel ausmachen, je nachdem…!

Und was ist zum harmonischen Mittel zu sagen? Wenn die Antwort – der Formel folgend – ausfällt, es sei „der Kehrwert des arithmetischen Mittels der Kehrwerte", so werden nur wenige Zeitgenossen hierin in Erwartung eines scheinbar kaum denkbaren Anwendungsbezugs ihre Freude finden. Wenn wir aber dem uralten Ziel folgen würden, Rechtecke flächengleich in Quadrate zu verwandeln, so befänden wir uns auf den Spuren des „babylonischen Wurzelziehens", und die Geschichte hierzu ist diese:

Angenommen, wir hätten das Rechteck (a, b) mit den Seiten $a = 6, b = 12$, und wir sollten es flächengleich in ein Quadrat umwandeln. Auch haben wir – jedenfalls vorübergehend – das Wurzelziehen vergessen; bei $x = \sqrt{72} = 6\sqrt{2} (= 8{,}485\ldots)$ hätten wir ohnehin die Grenze zur Irrationalität überschritten. Nein, wir versuchen es einmal so:

▶ Wählen wir für ein neues flächengleiches Rechteck doch einfach eine der Seiten als „das Mittel" der beiden gegebenen – also das arithmetische Mittel $x = 9$. Wie groß muss nun eine Partnerseite zu dieser Seite 9 sein, damit das neue Rechteck gleich groß wie das alte ist? Nun, diese Seitenlänge wäre offenbar

$$y = 72/9 = 8.$$

Ein deutlich „quadratischeres" Rechteck 8×9 ist entstanden. Und genau diese Zahl 8 ist das „harmonische Mittel" der Zahlen 6, 12. Wenn nun jemand sagt, dieses neue Rechteck sei noch nicht quadratisch genug, so machen wir mit dem neuen Rechteck die gleiche Prozedur: Die neue arithmetisch gemittelte Seite ist $x = 8,5$, und der neue zugehörige harmonische Partner, welcher die Flächengleichheit garantiert, ist dann

$$y = 72/8,5 = 144/17 = 8,470\ldots$$

Wer nun dieses neue Rechteck $8,50 \times 8,47$ nicht als ein Quadrat ansieht, zählt wohl zu den Genauigkeitsfanatikern. Übrigens würde ein weiterer Iterationsschritt den obigen Quadratwurzelwert schon in einer Genauigkeit unterhalb eines Zehntausendstels liefern – bitte ausprobieren!

Fazit Das Wechselspiel zwischen arithmetischen und harmonischen Mittelwerten – den Partnern invarianter Flächeninhalte – führt quasi im Kopfrechnenmodus zur Berechnung von Quadratwurzeln. Das nennt man **„babylonisches Wurzelziehen"**.

Es folgen jetzt die modern formulierten Formeln:

Definition 1.8 (Die klassischen Mittelwerte)
Gegeben seien zwei Daten $a, b \in \mathbb{R}$ (oder mehrere Daten $a_1, \ldots, a_n \in \mathbb{R}$). Dann sind:

$$x_{\text{arith}} = \frac{a+b}{2} \text{ bzw. } x_{\text{arith}} = \frac{a_1 + \ldots + a_n}{n} \text{ das arithmetische Mittel,}$$

$$y_{\text{harm}} = \frac{2ab}{a+b} \text{ bzw. } y_{\text{harm}} = \left(\frac{1}{n}\left(\frac{1}{a_1} + \ldots + \frac{1}{a_n} \right) \right)^{-1} \text{ das harmonische Mittel,}$$

$$z_{\text{geom}} = \sqrt{ab} \text{ bzw. } z_{\text{geom}} = \sqrt[n]{a_1 * \ldots * a_n} \text{ das geometrische Mittel.}$$

Sowohl beim harmonischen als auch beim geometrischen Mittel sind dabei alle Daten strikt positiv vorausgesetzt. Wenn nötig, werden wir die Bezugsdaten $x_{\text{arith}}(a, b), y_{\text{harm}}(a, b), z_{\text{geom}}(a, b)$ der Klarheit wegen hinzunotieren.

Im folgenden Satz listen wir die für uns relevanten Zusammenhänge dieser drei Medietäten untereinander auf.

Satz 1.3 (Die Mittelwerteformeln)

Für $0 < a < b$ gelten folgende markanten Gesetze:

(1) **Mittelwertegleichung**

$$x_{\text{arith}} * y_{\text{harm}} = z_{\text{geom}}^2 = a * b.$$

(2) **Mittelwerteungleichung**

$$a < y_{\text{harm}} < z_{\text{geom}} < x_{\text{arith}} < b.$$

(3) **Prinzip der harmonischen Teilung**

$$(b - y_{\text{harm}}) / (y_{\text{harm}} - a) = b/a$$

Im Gleichheitsfall $a = b$ gilt auch die Gleichheitskette aller Medietäten

$$a = y_{\text{harm}} = z_{\text{geom}} = x_{\text{arith}} = b,$$

sodass auch hier die beiden Gleichungen in (1) gelten.

Der Nachweis wäre recht simpel: Aus der Definition folgt sofort die Mittelwerte-gleichung, und mit ein paar geschickten Umformungen erhalten wir hieraus die Gleichung (3). Zum Nachweis der Ungleichung geben wir einen Hinweis für Bastel-freunde: Aus der einzig benötigten und offensichtlichen Ungleichung

$$0 < (b - a)^2$$

bekommt man beide Ungleichungen serviert – *allerdings „gewusst wie"*!

Bemerkungen

1) Das „Prinzip der harmonischen Teilung" entspricht tatsächlich der in der Geometrie bekannten „harmonischen Teilung" einer gegebenen Strecke (hier: $(b - a)$) zu einem gegebenen Teilungsverhältnis k (hier $k = b/a$) vermöge eines inneren und eines äußeren Punktes; der innere Punkt ist dann tatsächlich die Medietät y_{harm}.

2) Die Gleichung des „Prinzips der harmonischen Teilung" ist allerdings auch die – in moderner Rechenform geschriebene – Gleichung der antiken Proportionendefinition des harmonischen Mittels. Diese – in alter Sprache – gegebene Medietät

▶   *„Der Rest zum kleineren Ganzen verhält sich zum Rest zum größeren Ganzen wie das kleinere Ganze zum größeren Ganzen"*

würde ja in der Tat in ihrer Proportionenform nach Umstellung wie folgt lauten:

$$(y_{\text{harm}} - a):(b - y_{\text{harm}}) \cong a{:}b,$$

ebenso wie die arithmetische Medietät das antike Outfit

$$(x_{\text{arith}} - a){:}(b - x_{arith}) \cong a{:}a \cong b{:}b \cong 1{:}1$$

hätte. Unter Beachtung der in der Antike zulässigen Rechenregeln für Proportionen gehörten allerdings schon recht viel Aufwand wie auch scharfsinnige Überlegungen dazu, eine Mathematik der Medietäten hieraus zu entwickeln.

Nun wenden wir diese Mittelwertkonstruktionen auf musikalische Intervalle an. Dies geschieht, indem wir für die Magnituden a, b eines physikalischen Intervalls $I = [a, b]$ als ein (beliebiger) Vertreter des entsprechenden musikalischen Intervalls diese Mittelungen ausführen und dann schauen, was sich Interessantes hierbei ergibt. Es zeigt sich übrigens, dass die spezielle Auswahl eines physikalischen Vertreters ohne Belang ist, weshalb wir doch wieder gleich von musikalischen Intervallen sprechen.

Für ein musikalisches Intervall $I = [a, b]$ seien nun die drei Mittelwert-Intervalle

$$I_{\text{arith}} := [a, x_{\text{arith}}], I_{\text{harm}} := \left[a, y_{\text{harm}}\right], I_{\text{geom}} := \left[a, z_{\text{geom}}\right]$$

definiert, deren Magnitudennotationen sich stets auf den gemeinsamen Grundton a beziehen. Dann finden wir das folgende Zusammenspiel:

Theorem 1.4 (Die Mittelwerteteilungen musikalischer Intervalle)

(A) Das Symmetrieprinzip der Harmonia perfecta maxima abstracta

Es sei $I = [a, b]$ ein beliebiges musikalisches Intervall, und ohne Einschränkung sei es aufwärts leitend, $a < b$. Mit den vorgestellten symbolischen Notationen gelten dann folgende Intervallgleichungen:

$$I_{\text{arith}} = [a, x_{\text{arith}}] = \left[y_{\text{harm}}, b\right],$$
$$I_{\text{harm}} = \left[a, y_{\text{harm}}\right] = [x_{\text{arith}}, b],$$
$$I_{\text{geom}} = \left[a, z_{\text{geom}}\right] = \left[z_{\text{geom}}, b\right].$$

(1) Folgerung: (1. Mittelwertsatz musikalischer Intervalle, babylonische Teilung)

Jedes Intervall I kann dank der Mittelwerte komplementär zerlegt werden,

$$I = I_{\text{arith}} \oplus I_{\text{harm}} = I_{\text{harm}} \oplus I_{\text{arith}}.$$

Diese Teilungen heißen **babylonische Teilungen**. In der Gregorianik spricht man von der **authentisch-plagalischen Teilung,** siehe die nachfolgende Bemerkung. Und in moderner Form ergeben sich die **„Durform"** (arithmetisch-harmonisch) beziehungsweise die **„Mollform"** (harmonisch-arithmetisch).

(2) **Folgerung: (2. Mittelwertsatz musikalischer Intervalle)**
Jedes Intervall I wird dank des geometrischen Mittels gleichstufig zerlegt,

$$I = I_{geom} \oplus I_{geom}.$$

Diese Zerlegung heißt demzufolge auch **gleichstufige**, hälftige oder auch **geometrische Teilung**.

(B) **Das Ausgleichsprinzip der geometrischen Mittelung**
Es seien jetzt $n \geq 2$ musikalische Intervalle $I_1 = [a_1, b_1], \ldots, I_n = [a_n, b_n]$ gegeben, welche zu einem Gesamtintervall

$$I_0 = I_1 \oplus \ldots \oplus I_n$$

adjungiert werden. Dann sind folgende Aussagen gleichwertig:

(1) Das Intervall I_0 ist durch ein Intervall $S \in \mathfrak{M}_{mus}$ n-gleichstufig aufgebaut, das bedeutet eine n-fache Adjunktion des Stufenintervalls S

$$I_0 = [a, b] = n * S = \underbrace{S \oplus \ldots \oplus S}_{n-mal}.$$

(2) Das Frequenzmaß von S ist das geometrische Mittel aller Frequenzmaße,

$$|S| = \sqrt[n]{|I_1| * \ldots * |I_n|} = \sqrt[n]{b_1/a_1 * \ldots * b_n/a_n} = \sqrt[n]{b/a}.$$

(3) Das Centmaß von S ist das arithmetische Mittel aller Centmaße,

$$ct(S) = \frac{1}{n}(ct(I_1) + \ldots + ct(I_n)) = \frac{1}{n}ct(I_0).$$

Beweis Das Theorem ist im Grunde eine Übertragung des Satzes 1.3 unter Anwendung aller Intervallmaßregeln in die Sprache der Musik. Beginnen wir mit der Aussage A:

Zu A (1): Aus der Mittelwertegleichung entnehmen wir die Identitäten

$$x_{arith}/a = b/y_{harm} \text{ und } b/x_{arith} = y_{harm}/a.$$

Daher sind nach dem Frequenzmaßkriterium Theorem 1.1 die entsprechenden musikalischen Intervalle gleich.

Zu A (2): Bei der Adjunktion von Intervallen multiplizieren sich die Frequenzmaße, daraus ergibt sich mittels der zweiten Symmetriegleichung aus A (1) sofort

$$x_{arith}/a * y_{harm}/a = x_{arith}/a * b/x_{arith} = b/a.$$

Zu A (3): Auch hier setzen wir das Frequenzmaß ein, und dann folgt sehr schnell

$$z_{geom}/a * z_{geom}/a = z_{geom}^2/a^2 = ab/a^2 = b/a.$$

Damit sind alle Aussagen des A-Teils geklärt. Wir erkennen die Äquivalenzen des B-Teils ebenfalls mit der Frequenzmaßrechnung, demnach ist

$$|n * S| = |S|^n = \left(\sqrt[n]{|I_1| * \ldots * |I_n|}\right)^n = |I_1| * \ldots * |I_n| = |I|.$$

Die simultane Äquivalenz zur Centmaßgleichung folgt den logarithmischen Regeln der Centmaßregeln aus Theorem 1.3. Damit ist das Theorem gezeigt. ■

Bevor wir noch ein wenig auf die Bezeichnungen der Mittelwerteilungen eingehen, wollen wir einige Beispiele vorstellen. Dabei handelt es sich um Intervallteilungen für „einfach-superpartikulare Intervalle", der prominenten Hauptgruppe antiker Intervalle – wir kommen auf diese im Abschn. 3.4 noch sehr ausführlich zu sprechen. Diese Intervalle sind für die Skalen der reinen Harmonik überaus bedeutsam, und deshalb sind ihre Zerlegungen nach dem Prinzip der Harmonia perfecta maxima von hohem Interesse, und sie zeigen die enge Verbindung von Zahlen – Proportionen – Intervallarithmetik in vorbildlicher Weise auf. Tatsächlich berechnen sich nämlich die arithmetischen und harmonischen Mittelwert-Intervalle I_{arith} und I_{harm} sehr prägnant und methodisch äußerst einfach.

Beispiel 1.10 (Babylonische Teilung für einfach-superpartikulare Intervalle)

Für einfach-superpartikulare Intervalle $I \cong n{:}(n+1)$ erhalten wir dank des Tricks einer Magnitudenverdopplung und der Anwendung des „Teleskop-Produkts"

$$I \cong n{:}(n+1) \cong 2n{:}(2n+2)$$

die Proportionen der arithmetisch und harmonisch gemittelten Teilintervalle auf dem Präsentierteller, denn dann ist dank unseres Theorems

$$I_{\text{arith}} \cong 2{:}(2n+1) \text{ und } I_{\text{harm}} \cong (2n+1){:}(2n+2).$$

So entstehen – allein durch schnelles Kopfrechnen! – folgende konkreten Beispiele für die Mittelwertintervalle und ihre Dur-Moll-Akkord-Proportionen:

$[n, n+1]$	Intervall	I_{arith}	I_{harm}	Authentisch	Plagalisch
$[1, 2]$	Oktave	$[2, 3]$	$[3, 4]$	2:3:4	3:4:6
$[2, 3]$	reine Quinte	$[4, 5]$	$[5, 6]$	4:5:6	10:12:15
$[3, 4]$	reine Quart(e)	$[6, 7]$	$[7, 8]$	6:7:8	21:24:28
$[4, 5]$	reine große Terz	$[8, 9]$	$[9, 10]$	8:9:10	36:40:45
$[5, 6]$	reine kleine Terz	$[10, 11]$	$[11, 12]$	10:11:12	55:60:66
$[8, 9]$	großer Ganzton	$[16, 17]$	$[17, 18]$	16:17:18	136:144:153

Wir sehen, dass im Oktavfall die Strukturen

Tonika → Quinte (Dominante) → Oktave (für „authentisch")

Tonika → Quarte (Subdominante) → Oktave (für „plagalisch") und für den dominanten Fall der Quintteilung die Strukturen

$$Tonika \rightarrow große\ Terz \rightarrow Dominante \text{ (für „Dur")}$$

$$Tonika \rightarrow kleine\ Terz \rightarrow Dominante \text{ (für „Moll")}$$

entstanden sind. Diese Teilungen geben dann auch den Anlass zu den gewählten Kennzeichnungen, was wir anschließend kurz erläutern werden. ◀

Bemerkungen

1) **Authentisch versus plagalisch:** An dieser Stelle wollen wir ein Wort zur gregorianischen Formulierung der arithmetisch-harmonischen Teilung und ihrer Umkehrung, der harmonisch-arithmetischen Teilung

$$I = I_{\text{arith}} \oplus I_{\text{harm}} \text{ und } I = I_{\text{harm}} \oplus I_{\text{arith}},$$

mittels der Tonartenklassifizierungen **„authentisch"** und **„plagalisch"** sagen:
Die Tonskala einer gregorianischen Kirchentonart kennt als „Haupttöne" die <u>Finalis</u> (Modern: Tonika) sowie den <u>Tenor</u> (Rezitationston). Bei den authentischen Kirchentonarten (Modus I, III, V und VII) liegt der Tenor eine Quinte über der Finalis, sozusagen dem Aufbau der arithmetisch-harmonischen Teilung der Oktave folgend. Im plagalischen Fall (Modus II, IV, VI und VIII) dagegen sind die Tenorlagen Quarten oder große Terzen – was jedenfalls teilweise dem Oktavaufbau gemäß der harmonisch-arithmetischen Teilung entspricht.

2) Ein weiterer interessanter Aspekt dieser Teilungskonstruktionen sind im Falle der Quintteilung die Parallelen zu den Dur- und Mollformen. Die arithmetisch-harmonische Mittelung führt zu der Durform, beispielsweise zu dem Dreiklang

$$C \rightarrow E \rightarrow G,$$

die reine Stimmung – verkürzt ausgedrückt – einmal unterstellt. Dagegen führt die umgekehrte Reihung der Teilung zur Mollform, ebenfalls durch den Akkord

$$D \rightarrow F \rightarrow A$$

auf den weißen Tasten der Klaviatur realisiert.

3) Schon bei der Mittelwerteteilung der Quarte wird die „Naturseptime" – also die reine Septime 4:7 – benötigt; so ist das Intervall

$$[6, 7] = [4, 7] \ominus [2, 3] = [4, 7] \oplus [3, 2]$$

die Differenz von reiner Septime und reiner Quinte – weil ja offenbar

$$7/6 = 7/4 * 2/3$$

ist. Wie man an weiteren Beispielen erkennt, kommt es auch sehr schnell zu anderen – in der „reinen Harmonik" nicht vorkommenden – Primzahlbestandteilen der Intervallmagnituden.

4) Die Teilung des Tonos (8:9) in der Mittelwerteform

$$T = I_{\text{arith}} \oplus I_{\text{harm}} = [16, 17] \oplus [17, 18]$$

ist nicht identisch mit der Teilung durch die pythagoräischen Semitonia „Limma"
und „Apotome", die wir zwar erst in Abschn. 8.1 näher studieren werden, deren
Frequenzmaße wir aber gleichwohl schon im Beispiel 1.7 und seiner anschließenden
Bemerkung als eine Zerlegung des Tonos kennengelernt haben,

$$T = L \oplus A = A \oplus L.$$

Das Frequenzmaß des Limma ist dabei $256/243 = 2^8/3^5$, und es kann somit mit
keinem der durch die Primzahl 17 mitberechneten Frequenzmaße von I_{arith} oder I_{harm}
übereinstimmen.

▶ *Über diesen Umstand sind uns auch Anekdoten überliefert, die uns schmunzelnd*
vermitteln, dass das Kalkül mit Brüchen auch zu antiken Zeiten – so wie heutzu-
tage – nicht allseits beliebt und beherzigt wurde, siehe auch Beispiel 3.10 und 3.6.

5) Am Beispiel der Doppeloktave, bei welcher das Intervall I_{arith} bereits eine reine
Dezime (das ist eine oktavierte große reine Terz) und das Intervall I_{harm} eine deutlich kleinere reine kleine Sext ist, erkennen wir, dass der relative Unterschied von I_{arith}
und I_{harm} bei großen Intervallen deutlich größer ist als bei kleinen Intervallen: Noch
klarer wird dies bei der Dreifachoktave, bei welcher das Intervall I_{arith} bereits zwei
Oktaven plus einem Tonos groß ist, während das dazu komplementäre Intervall des
harmonischen Mittels I_{harm} „nur" eine kleine pythagoräische Septime ausmacht.

$$I_{\text{arith}} = 2:9 = (2:8) \oplus (8:9) = 2O \oplus \text{Tonos}$$
$$I_{\text{harm}} = 9:16 = (9:18) \oplus (9:8) = O \ominus \text{Tonos}$$

Mathematisch ausgedrückt gilt, dass der Quotient $|I_{\text{arith}}|/|I_{\text{harm}}|$ monoton fallend gegen
1 strebt, wenn das Ausgangsintervall I zur Prim strebt. Im Falle eines allgemeinen
einfach-superpartikularen Intervalls $I \cong n:(n+1)$ kann diese monotone Konvergenz
leicht gesehen werden:

$$|I_{\text{arith}}|/|I_{\text{harm}}| = \frac{2n+1}{2n} * \frac{2n+1}{2n+2} = \left(1 + \frac{1}{2n(2n+2)}\right) \to_{n \to \infty} 1.$$

Die analytischen Konvergenzbegriffe für musikalische Intervalle selber werden erst
im Abschn. 2.6 entwickelt – betrachten wir also die Symboliken einstweilen intuitiv.

6) Mit dem geometrischen Mittel, insbesondere der Quadratwurzel des Produkts zweier
Zahlen, verlassen wir im Allgemeinen den Bereich der rationalen Zahlen. Teilungen
eines Intervalls in gleiche Anteile stehen also in direktem Zusammenhang zum geometrischen Mittel und sind daher mit Wurzelberechnungen verknüpft, was bekanntlich zu den irrationalen Zahlen führt. Das Beharren auf kommensurable (rationale)
Lösungen mag ein Grund dazu gewesen sein, dass so manches für uns einfach
erscheinende Problem über Jahrtausende als unlösbar galt. Das folgende Beispiel
liefert zwei Anwendungen dieser Gleichstufigkeitsteilung.

Beispiel 1.11 (Geometrische Mittelwerteteilungen)

(1) **Der gleichstufig-temperierte Halbtonschritt** S hat den Frequenzfaktor

$$q_0 = \sqrt[12]{2} = 1{,}05946\ldots \cong 100{,}000 \text{ ct,}$$

denn wir haben die gemäß Abschn. 1.4 definierende Gleichung

$$12 * S = \text{Oktave.}$$

Daher ergibt sich die glatte Centzahl durch Division, $1200/12 = 100$.

(2) **Die mitteltönige Quinte der kleinen reinen Terz (5:6):** Wir haben die Aufgabe, das Intervall, welches aus zwei Oktaven besteht, von denen man eine reine kleine Terz subtrahiert, in genau drei gleich große Teile zu mitteln. Die Intervallgleichung dazu lautet demnach:

$$3X = 2O \ominus \text{kleine Terz}(5:6) = I(3:10),$$

und die entsprechende geometrische Mittelung $q = |X|$ erfüllt die Gleichung

$$q^3 = 10/3 \Leftrightarrow q = 1{,}4938\ldots \cong 694{,}786 \ ct.$$

Dieses Intervall ist die mitteltönige „Moll-Terz-Quinte" Q_{mt}^-, die wir zu Beginn des Abschn. 1.4 schon einmal vorgestellt hatten. Ihre Skaleniteration wird im Abschn. 9.3 weiter ausgeführt.

(3) **Die mitteltönige Quarte der kleinen reinen Terz (5:6):** Die Mittelung der Adjunktion der drei Intervalle

$$\text{Quinte}(2:3) \oplus \text{Quarte}(3:4) \oplus \text{kleine Terz}(5:6)$$

ergibt das Intervall $S = [1,q_0]$ mit der Formel und eindeutigen positiven Lösung für dessen Frequenzmaß q_0

$$q_0{}^3 = 3/2 * 4/3 * 6/5 = 12/5 \Leftrightarrow q_0 = 1{,}3388\ldots \cong 505{,}214 \text{ ct,}$$

ein Wert, der deutlich höher als der Centwert der reinen Quarte $\approx 498{,}04$ ct liegt. Diese „Quarte" $I_0 = [1,q_0]$ ist dann die „mitteltönige Moll-Terz-Quarte", welche oktavkomplementär zur mitteltönigen Quinte Q_{mt}^- ist. ◄

Dass sich Quinte und Quarte des voranstehenden Beispiels (2) und (3) zur Oktave ergänzen, lesen wir zwar an den Centdaten ohne Mühe ab – es bleibt aber noch eine spannende Hausaufgabe, dies auch intervallarithmetisch zu zeigen; schließlich sind ja die Bestimmungsgleichungen von Quinte und Quarte deutlich verschieden.

Im späteren Abschn. 3.3 werden wir noch andere Teilungsverfahren kennenlernen – hier spielt die Rationalität des Frequenzmaßes eine ausschlaggebende Rolle.

1.6   Das Oktavengebäude aller musikalischen Intervalle

Wir lassen einmal unseren verspielten Gedanken freien Lauf, lauschen dem Orgelepos „Fantasmagorie" von Jehan Alain und versinken dabei tief in eine Träumerei.

Wir stehen vor einem gigantischen Turm mit bis über die Wolken reichenden schwindelerregenden Etagen und ebenso vielen unterirdischen Geschossen in Tiefen, die wohl der Hölle gefährlich nahekommen. Am Eingang steht der Willkommensgruß:

▶   *„In diesem Hause spielt die Musik".*

Wir sind Töne und kommen soeben wieder von unserer Tournee vom Harmonischen Meer zurück nach Inter-Vallum, unserem Zuhause. Wir treten ein – aber wohin sollen wir entschwinden, wo sind unsere Gemächer und wie würden wir überhaupt dorthin finden? Viele bange Achtelpausen vergehen – aber dann ist es wohl der Hausmeister, der uns genauestens und zuhörend mustert, denn ein solcher müsste er wohl sein – angesichts des riesigen Sortiments an Schlüsseln wie Violin-Bass, C- und vielen dubiosen anderen; sie wurden ihm sicher von Guido von Arezzo anvertraut. Man hat ihn offenbar *„Oktavierungsoperator"* genannt, wofür er genauso wenig kann wie der Dominant-Sext-Akkord, der ebenfalls hier wohnt und dem sein Name wohl zu unzüchtig klingt – aber wie gesagt, niemand kann für so etwas. Jedenfalls scheint dieser „Operator" im Laufe der Zeit tatsächlich Gefallen an ihm gefunden zu haben – trägt er ihn doch mit einer ω -Verzierung sichtlich und mitsamt einer Achtelnote hörbar geschmückt am Revers.

Aber dieser Ordnungsgeist ist ein Glücksfall für uns, ohne ihn wären wir hoffnungslos verloren und der Schubert'schen Frage ausgeliefert, wohin wir uns denn wenden sollten, wenn Gram und Schmerz uns drücken würden. So aber erfahren wir ebenso unmissverständlich wie unduldsam das geniale System des Hausmeisters:

▶   *„Ich gehe mit jedem von Euch im Rez de Chaussee bis an eine Suite, die ihr Euch*
        gut merken müsst. Daraufhin erteile ich jedem von Euch eine passende Nummer,
        die Ihr im Lift nach oben oder nach unten wählen müsst. Wenn ihr dann aus-
        steigt, geht ihr genauso wir hier im Rez de Chaussee zur lagegleichen Suite. Die ist
        dann jeweils die Eure. Und wenn ich zur Versammlung ins Rez de Chaussee auf-
        rufe – dies geschieht durch die Clustersirene, die alle erreicht –, dann geht ihr den
        umgekehrten Weg. So verliert Ihr Euch hier im Hause nicht."

Sprach's und verschwand – so wie unser Traum – im Paternoster, der nur ihm alleine zur Benutzung zustand.

Von diesem Hausmeister und seiner Methode ist nun die Rede.

Die Iteration mit Oktaven ist die einfachste wie auch die wichtigste im Prozess des freien Adjungierens eines Intervalls; die Vorgänge

$$I \to (I \oplus O) \to (I \oplus 2O) \to (I \oplus 3O) \to$$
$$I \to (I \ominus O) \to (I \ominus 2O) \to (I \ominus 3O) \to$$

des Auf- oder Aboktavierens begleiten Theorie und Praxis auf Schritt und Tritt. Daher widmen wir uns in diesem Abschnitt einmal ausschließlich diesem Prozess.

Ein Blick auf unsere vertraute Klaviatur genügt, um zu sagen: Im Reich der Töne herrscht Ordnung. Die Abfolge schwarzer und weißer Tasten, ihre periodische – also immer in gleicher Form und Anordnung wiederkehrende – Geometrie ist gleichsam zum Sinnbild aller architektonischen Strukturen der Musik geworden. Kein Pianist könnte irgendwas von Belang spielen, gäbe es die schwarzen Tasten nicht – jedoch nicht wegen des Fehlens gewisser „Halbtöne", schließlich könnte man ja alle Tasten ununterscheidbar nebeneinander platzieren, so wie früher einmal die Schwalben im Spätsommer auf den Telegraphenleitungen gesessen haben. Nein, es würde genau die Ordnung fehlen, welche uns Orientierung und Sicherheit gibt, die uns die Übersicht darüber ermöglicht, den Tönen ihr Zuhause, ihren Wohnraum im Gebäude des Instruments anzusehen, um dann mit traumwandlerischer Sicherheit von dem einen zu einem womöglich weit entlegenen anderen zu kommen – das alles in bisweilen atemberaubendem Tempo.

▶   *Könnten Peter Tschaikowskys legendere Des-Dur-Akkord-Türme gleich zu Beginn seines 1. Klavierkonzerts in b-moll überhaupt jemals so gespielt werden, wie wir sie kennen und lieben, wäre die Tastatur nicht das, was sie ist?* (siehe Abb. 1.3)

Die Wissenschaft der Skalen ist zwar diejenige, die sich vorrangig damit auseinandersetzt, was sich so alles **zwischen** einem Ton und seiner Oktave abspielt respektive abspielen kann, wenn man den forschenden Gedanken nur hinreichend viel Phantasie beimischt. Gleichwohl ist der flankierende Blick auf das große Ganze ebenso hilfreich wie notwendig.

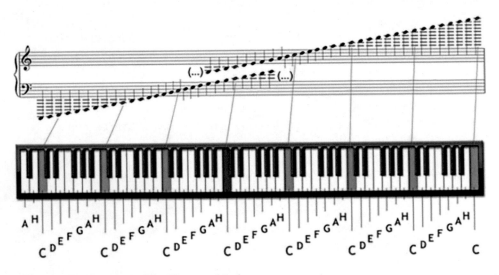

Abb. 1.3   Die Tastatur und ihr Oktavengebäude

Wir werden jetzt genauso, wie es auf dieser Ebene der strukturierten Klaviatur unentbehrlich ist, auch auf der Ebene des Objekts aller musikalischen Intervalle – sprich ihrer Töne – ebenfalls eine Ordnung anstreben. Dabei ist es beinahe klar, dass die zu erwartende Ordnung eine Stratifikation der Intervallmenge $\mathfrak{M}_{mus}$ in Absicht hat, welche der Abfolge der Oktavenmuster folgen möchte – eben genauso wie dies auf der Klaviatur schlechthin geschieht. Schließlich ist ja das System $\mathfrak{M}_{mus}$ zunächst einmal nichts anderes als ein riesiger Ozean, in dem durch mathematisch-physikalische Formeln und Anweisungen ein beachtliches Gewirr an musikalischen Intervallen samt und sonders ihrer Töne zu abstraktem Leben erweckt wurden. Der Wunsch nach Übersicht und Ordnung ist allenthalben nötig.

Selbstverständlich gibt es eine Reihe anderer Methoden, Ordnungen und Klassifizierungen musikalischer Intervalle und damit verwandter Strukturen zu erhalten – jeder definierende Begriff wie „reine Intervalle, Quinten, Terzen, Ganztonschritte, Oktaven, harmonische Intervalle, Semitonia, Kommata" und so fort dient ja neben seinen hauptsächlichen Funktionen auch der „Ordnung" und der Orientierung. Im Folgenden streben wir dagegen eine „globale" Ordnung an, die sich an der Größe der Intervalle orientiert. Kurzum, wir werden eine **Stratifikation,** eine **Faserung** der Gesamtmenge aller musikalischen Intervalle vorstellen, welche diese Gesamtheit genauso verlässlich strukturiert, wie dies durch die Oktaven auf der visuellen Klaviatur geschieht.

Aus gutem Grund könnten wir allerdings nicht nur speziell die „Oktave" als ordnende Messlatte verwenden, sondern es könnte hierzu sogar jedes beliebige andere Intervall $I \neq$ Prim vorzugsweise positiven Centmaßes dienen. Und tatsächlich werden wir an späterer Stelle eine allgemeinere Stratifikation benötigen – allein die Übertragung vom Fall der Oktave auf eine andere gewünschte Situation wäre im Rahmen des gewählten Modells derart evident, dass wir der Oktavenschichtung von vornherein den Vorzug geben möchten; schließlich findet ja beinahe alles rund um Skalen, ihren Intervallen und Architekturen in Oktavräumen statt und nirgendwo sonst.

▶ *Ein kleiner Hinweis: Die Lesbarkeit mancher dem mathematischen Hokuspokus scheinbar anzugehörender Termini kann stets mit erleichterndem Empfinden wiedergewonnen werden, wenn das Tastaturbild und sein Oktavensystem als vertrauter Rückzug und Vergleich genutzt werden.*

Die Modelle der „Oktavierung und Reoktavierung"

Wir konstruieren jetzt erst einmal Funktionen, welche eine mathematische Behandlung der Prozesse des „automatischen" Auf- oder Aboktavierens ermöglichen. Dabei beschreiben wir neben einer **musikalischen** (intervallarithmetischen) **Variante** sowohl eine **Frequenzmaßvariante** als auch zwei **Centmaßvarianten.** Dieses angestrebte funktionale Modell entsteht nun aus den folgenden Beobachtungen:

1) **Musikalische Variante:** Es sei $I \in \mathfrak{M}_{mus}$ ein beliebiges Intervall. Dann gibt es genau eine ganze Zahl $n = n(I) \in \mathbb{Z}$, sodass das Intervall

$$I^* = I \ominus n * O$$

in der „Grundoktave" liegt, das heißt, dass die Bedingung

$$1 \leq \mu_f(I^*) = |I^*| < 2 \text{ beziehungsweise } 0 \leq \text{ct}(I^*) < 1200$$

erfüllt ist. Das **„Suboktavintervall"** I^* liegt also zwischen Prim (inklusive) und Oktave (exklusive) – und es stellt die **Reoktavierung** des Intervalls I dar.

2) **Frequenzmaßvariante:** Für jede strikt positive reelle Zahl $x \in \mathbb{R}_+$ kann durch fortgesetzte Halbierung oder Verdopplung stets – und dann auf eindeutige Weise – erreicht werden, dass das Ergebnis x^* genau im reellen „halboffenen" Intervall

$$[1,2[= \{y \in \mathbb{R}|1 \leq y < 2\}$$

liegt. Das bedeutet: Es gibt genau eine ganze Zahl $n \in \mathbb{Z}$, die von x abhängig ist, sodass mit $n = n(x)$ die Lagebedingung

$$1 \leq x^* := (x * 2^{-n}) < 2$$

erfüllt ist. Der Parameter $n \in \mathbb{Z}$ bewirkt also die <u>Reoktavierung</u> der als Frequenzmaß gedachten Zahl x. In der Abb. 1.4 haben wir diese Funktion

$$\lambda(x) = x^* = (x * 2^{-n(x)})$$

skizziert; ihren bizarren Verlauf werden wir jedoch nicht wirklich nutzen, denn es gibt ja die viel bequemere Centmaßvariante, zu der wir gleich kommen.

3) **Centmaßvariante:** Zu jeder reellen Zahl $t \in \mathbb{R}$ gibt es genau eine ganze Zahl $n \in \mathbb{Z}$, sodass die Lagebedingung

$$0 \leq t^* = (t - n * 1200) < 1200$$

erfüllt ist. Somit ist der von t abhängige Parameter $n = n(t) \in \mathbb{Z}$ in diesem Fall als Reoktavierungsparameter des als Centmaß angedachten Wertes $t \in \mathbb{R}$ anzusehen.

4) **Variante des normierten Centmaßes:** Dividieren wir das Centmaß durch den Faktor 1200, dem Centwert der Oktave, so folgt schließlich die einfachste und den ganzen

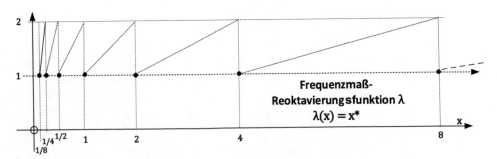

Abb. 1.4 Frequenzmaß-Reoktavierungsfunktion $\lambda(x)$

Zahlen folgende Einteilung: Zu jeder reellen Zahl $s \in \mathbb{R}$ gibt es genau eine ganze Zahl $n = n(s) \in \mathbb{Z}$, sodass die Ungleichung

$$0 \le s^* = (s - n) < 1$$

richtig ist. Folglich ist jetzt der Parameter $n \in \mathbb{Z}$ als Reoktavierungsparameter des normierten Centmaßes (nct) anzusehen.

Die Centmaßvarianten sind graphisch in der Abb. 1.5 dargestellt, und hierbei handelt es sich um die gegenüber der Frequenzmaßvariante zwar wesentlich einfachere Struktur der sogenannten „Sägezahnfunktion" – gleichwohl ist deren analytische Behandlung auch nicht ganz „ohne".

Ist nun ein Intervall $I \in \mathfrak{M}_{mus}$ gegeben, und sind dann dessen Maße mit

$$x := |I| \text{ und } t := ct(I) \text{ sowie } s := nct(I)$$

notiert, so ist es nicht wirklich überraschend, dass die Oktavierungszahlen $n \in \mathbb{Z}$ für diese vier Reoktavierungsparameter alle übereinstimmen. Ebenso schnell ist klar, dass diese vier Formen alle untereinander äquivalent sind, was noch nachfolgend im Theorem 1.5 A näher erläutert wird. Die Variante des normierten Centmaßes ist dabei der sozusagen triviale Ausgangspunkt: Jede beliebige Zahl liegt stets zwischen zwei ganzen Zahlen – oder ist selbst eine hiervon. Bei Multiplikation des Maßstabs „1" mit dem Faktor 1200 entsteht hieraus die Centmaßvariante, die dann auch kurzerhand die musikalische Variante und die Frequenzmaßvariante erklärt. Daher bietet es sich an, für den einheitlichen Parameter n auch einen einheitlichen Namen zu finden, und das ist die Oktavenzählfunktion.

Hiervon ausgehend, definieren wir noch den eigentlichen Oktavierungsvorgang als einen mathematisch beschreibbaren Prozess. Das handhaben wir so, indem wir eine Zuordnung (alias Funktion, Abbildung, Operator) einrichten, welche einem gegebenen Intervall seinen – in die Grundoktave versetzten – Anteil ausweist. Dazu dient die folgende Definition:

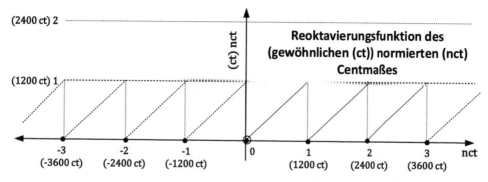

Abb. 1.5 Centmaß-Reoktavierungsfunktionen

Definition 1.9 (Oktavenzählfunktion – Oktavierungsoperator)

Zu $I \in \mathfrak{M}_{\text{mus}}$ sei $\gamma(I) = n \in \mathbb{Z}$ genau so gewählt, dass eine – und damit jede – der vier voranstehend aufgeführten Möglichkeiten erfüllt ist; insbesondere ist dann

$$I = I^* \oplus \gamma(I) * O \text{ mit } 1 \leq |I^*| < 2$$

die Zerlegung eines Intervalls in einen Oktaven- und in einen Suboktavenanteil I^*, und wir können diese wohldefinierte Zuordnung

$$\gamma : \mathfrak{M}_{\text{mus}} \to \mathbb{Z} \text{ mit } 0 \leq \text{ct}(I \ominus \gamma(I) * O) < 1200 \text{ ct}$$

sinnvollerweise als **„Oktavenzählfunktion"** bezeichnen. Die Zuordnung

$$\omega : \mathfrak{M}_{\text{mus}} \to \mathfrak{M}_{\text{mus}} \text{ mit } I^* := \omega(I) = I \ominus \gamma(I) * O$$

nennen wir den **„Oktavierungsoperator"**; er ordnet jedem Intervall I seine **reoktavierte Form I*** als Suboktavintervall bezüglich einer gewählten Tonika und ihrem Oktavraum zu. Folglich haben wir die eindeutige Zerlegung eines Intervalls mittels Oktavierungsoperator und Zählfunktion,

$$I = \omega(I) \oplus \gamma(I) * O = I^* \oplus nO,$$

in einen Suboktavenanteil $I^* = \omega(I)$ und in eine (ganzzahlige) Adjunktion ($n \geq 0$) beziehungsweise Subjunktion ($n \leq 0$) mit reinen Oktaven.

Man beachte, dass wir das Vorzeichen so angelegt haben, dass positive Oktavierungszahlen zum Aboktavieren führen, und negative Parameter bedeuten das Adjungieren aufsteigender Oktaven. Nun können wir also dank der Oktavenzählfunktion γ und des Oktavierungsoperators ω ein gegebenes Intervall I (und nicht sein Maß $| I |$) passend reoktavieren, das heißt, in einen Oktaven- und einen Suboktavenanteil zerlegen.

In der Abb. 1.6 erkennen wir diese Mechanismen, welche zu einem „Oktavengebäude" aller musikalischen Intervalle führen und welche die Modellgrundlage des späteren Theorem 1.5 B darstellen.

Betrachten wir die „musikalische Variante" dieser Zerlegung, so scheint es – geleitet durch den Blick auf die vertraute Tastatur eines Pianos –, als ergäben sich diese nötigen Ab- oder Aufoktavierungen beinahe ganz von selbst. Und auch erscheint uns die Einordnung eines Intervalls in ein Oktavraster, wenn seine Centangaben vorliegen, als Bagatelle – weit davon entfernt, hierüber eine „Theorie" zu bauen. Denn nähmen wir zum Beispiel das Intervall mit $\text{ct}(I) = 2903{,}1947$, so wäre sonnenklar, dass wir zwei Oktaven aboktavieren müssten, um die gewünschte Suboktavenform zu erhalten:

$$2903{,}1947 \text{ ct} = 2400 \text{ ct} + 503{,}1947 \text{ ct},$$

und das reoktavierte Intervall I^* wäre eine Quarte zu $503{,}1947$ ct. Wie aber sähe eine Reoktavierung aus, wenn wir tatsächlich einmal sage und schreibe 96 mitteltönige Quinten aufeinandersetzen würden? Im nächsten Beispiel gehen wir diesem Spiel einmal nach.

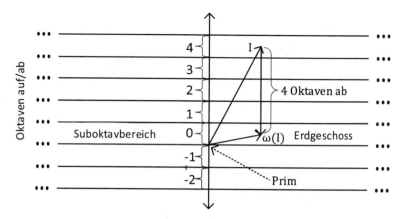

Abb. 1.6 Das Oktavengebäude der musikalischen Intervalle

Beispiel 1.12 (Reoktavierung von 96 mitteltönigen Quinten)

Es sei Q_{mt}^+ die mitteltönige Quinte, wie wir sie am Beginn des Abschn. 1.4 bereits vorgestellt haben (und die in der späteren Definition 9.1 erneut im Fokus steht). Die Aufgabe lautet nun:

Berechne für $I = 96\, Q_{mt}^+$ die Reoktavierung $I^* = \omega(I)$ wie auch die Oktavierungszahl $\gamma(I)$.

Wir werden diese Aufgabe gleich auf dreifache Weise lösen: numerisch wie auch durch unsere abstrakte Intervallarithmetik.

(1) **Numerisch:** Nach der genannten Vorbemerkung wie auch gemäß der späteren Definition 9.1 hat die mitteltönige Quinte die – auf drei Nachkommastellen gerundete – Centzahl 696,578 ct. Daraus folgt dann der Wert
$ct(I) = 96 * 696{,}578\ \text{ct} = 66871{,}488\ \text{ct}.$
Um zu sehen, wie hoch der Anteil der Oktaven ist, dividiert man durch 1200,

$$66871{,}488/1200 = 55{,}72624.$$

Und weil diese nct-Zahl 55,72624 nicht nahe an einer ganzen Zahl liegt, ist diese Oktavenzahl (55) auch für den exakten, nicht-gerundeten Wert korrekt, und deshalb gewinnen wir die Daten

$$\gamma(I) = 55 \ \text{und}\ ct(I^*) = 1200 * 0.72624 = 871{,}488\ \text{ct}.$$

(2) **Numerisch und intervallarithmetisch:** Wenn wir keine Möglichkeit hätten, den Centwert der mitteltönigen Quinte nachzuschlagen oder schnell zu berechnen, können wir aber auch wie folgt vorgehen. Wir erinnern einmal (in weiser Voraussicht) an die Definition dieser Quinte. Demnach gilt die Gleichung

$$4\,Q_{mt}^+ = 2O \oplus \text{Terz}(4{:}5).$$

Daher ergibt sich diese einfache Rechnungsmethode

$$\mathrm{ct}\big(96\,Q_{\mathrm{mt}}^{+}\big) = 24 * 4\,\mathrm{ct}\big(Q_{\mathrm{mt}}^{+}\big) = 24 * \mathrm{ct}(2O \oplus \mathrm{Terz}(4{:}5))$$
$$= 48 * 1200 + 24\,\mathrm{ct}(\mathrm{Terz}) = 48 * 1200 + 24 * 1200\,\log_2(5/4).$$

Jetzt kommen wir am bequemsten zum Ziel, wenn wir durch 1200 dividieren –
also das normierte Centmaß nutzen, demnach ergibt sich

$$\mathrm{nct}\big(96Q_{\mathrm{mt}}^{+}\big) = 48 + 24 * \log_2(5/4) = 48 + 7{,}7262\ldots = 55{,}7262\ldots$$

Hieraus lesen wir sofort die Oktavierungszahl $\gamma(I) = 55$ sowie den Wert

$$\mathrm{nct}\big(I^{*}\big) = 0{,}7262\ldots \Leftrightarrow \mathrm{ct}\big(I^{*}\big) = 871{,}529\ldots\mathrm{ct}$$

ab. Das reoktavierte Intervall liegt also – bei Tonika-C – zwischen *Gis* und A.

(3) **Intervallarithmetisch:** Hier liegt der Schlüssel in der simplen Beobachtung,
dass $96 = 8 * 12$ ist – der Quintenkreis wird achtmal vollständig umrundet.
Dabei entsteht bei jeder Umrundung ein „Quintenkomma", wie im Beispiel 1.7
erläutert. Kennt man dieses, dann lässt das Ergebnis nicht lange auf sich warten.
Wenn nicht, so führt uns diese Rechnung dennoch zum Ziel: Analog zum vorangehenden beginnen wir dieses Mal mit der Darstellung

$$4Q_{\mathrm{mt}}^{+} = 2O \oplus \mathrm{Terz}\,(4{:}5)$$
$$\Leftrightarrow 12Q_{\mathrm{mt}}^{+} = 7O \oplus (3\mathrm{Terz}(4{:}5) \ominus O).$$

Somit ist das Intervall $(3\mathrm{Terz}\,(4{:}5) \ominus O)$ das Defizit von zwölf mitteltönigen
Quinten zu sieben Oktaven. Dieses „Quintenkomma" ist aber auch mit dem
Namen „kleine Diësis" als Terzenkomma verbunden,

$$\varepsilon_{klein-di\ddot{e}sis} = O \ominus 3Terz(4{:}5) \cong (125{:}128) \approx 41{,}059\,\mathrm{ct}.$$

Im späteren Abschn. 10.3 wird hierüber noch ausführlich berichtet. Dieses
Korrekturintervall bauen wir nun geschickt in die geforderte Quintenbilanz ein
und erhalten die Gleichung

$$96\,Q_{\mathrm{mt}}^{+} = 8 * 12\,Q_{\mathrm{mt}}^{+} = 8 * (7O \ominus \varepsilon_{klein-di\ddot{e}sis})$$
$$= 56\,O \ominus 8\,\varepsilon_{klein-di\ddot{e}sis} = 55\,O \oplus (O \ominus 8\,\varepsilon_{klein-di\ddot{e}sis}).$$

Weil nämlich acht kleine Diësen den überschlägigen Centwert von
$8 * 41\,\mathrm{ct} = 328\,\mathrm{ct}$ haben, ist das Intervall

$$I^{*} = O \ominus 8\,\varepsilon_{klein-di\ddot{e}sis} \text{ mit } \mathrm{ct}\big(I^{*}\big) = 871{,}529\,\mathrm{ct}$$

die gesuchte Reoktavierung, und wir haben summa summarum die Zerlegung

$$I = I^{*} \oplus \gamma(I) * O = (O \ominus 8\,\varepsilon_{klein-di\ddot{e}sis}) \oplus 55 * O.$$

Damit befinden sich die 96 mitteltönigen Quinten in der 55. Etage über dem
Basisoktavraum, und die Aufgabe ist somit auf mehrfache Weise gelöst. ◀

Dieses Beispiel zeigt aber auch sehr eindrucksvoll, wohin eine – hier 96-fache – Iteration mit einer durchaus populären Quinte führen würde. Beginnend bei Tonika-C führen acht Umrundungen des Quintenkreises zu dem Verlust von acht Kommata – also acht kleinen Diësen. Die Reoktavierung addiert dann noch eine Oktave – und so entsteht in der reoktavierten Quintenspirale (siehe Abschn. 4.6) der neue Iterationsstart bei dem Intervall I^* zu rund 871 ct, um auch einmal auf diesen Aspekt hinzuweisen.

Nun werden wir die wichtigsten Eigenschaften dieses Prozesses der Zerlegung eines Intervalls in Oktav- und Suboktavanteil zusammenstellen und im Anschluss daran in Form eines Beweises erklären. Diese Eigenschaften stellen sich als mathematische Formeln und Strukturgleichungen des „Operators ω" dar. Im Theorem ist auch von „harmonisch-rationalen" Intervallen die Rede; dies sind genau die Intervalle, deren Frequenzmaß eine rationale Zahl – somit ein Quotient ganzer Zahlen – ist. Wir notieren diese Intervallmenge mit dem Symbol $\mathfrak{M}_{\text{harm}}$. Und dann ist offenbar

$$\mathfrak{M}_{\text{harm}} \subset \mathfrak{M}_{\text{mus}}.$$

Das Kap. 3 beschäftigt sich sehr intensiv mit dieser besonderen Klasse von Intervallen, dem beinahe alle historischen Intervalle angehören – die antiken Formen auf jeden Fall. Hierbei kommt die Primzahlstruktur ganzer Zahlen zum Einsatz – was aber im Moment noch keine Rolle spielt. Auch ist in diesem Theorem von „Injektivität, Eineindeutigkeit" die Rede; neben der üblichen Literatur kann hierzu auch unsere Erklärbox – Satz 4.3 – herangezogen werden – das nur am Rande.

Theorem 1.5 A (Musik-mathematische Eigenschaften des Oktavierungsoperators)
Der Oktavierungsoperator

$$\omega: \mathfrak{M}_{\text{mus}} \to \mathfrak{M}_{\text{mus}} \text{ mit } I^* := \omega(I) = I \ominus \gamma(|I|)O$$

erlaubt die Zerlegung eines beliebigen Intervalls in einen Suboktaven- und einen Oktavenanteil – es gilt für jedes Intervall $I \in \mathfrak{M}_{\text{mus}}$ die **Oktavierungsformel**

$$I = \omega(I) \oplus \gamma(|I|) * O.$$

Folgende Eigenschaften können gezeigt werden:

(A) **Charakterisierende Eigenschaften**
Der Operator $\omega: \mathfrak{M}_{\text{mus}} \to \mathfrak{M}_{\text{mus}}$ ist durch die beiden Merkmale

    (1) **Suboktavenidentität:** Genau für alle Intervalle I mit $1 \leq |I| < 2$ gilt

$$\omega(I) = I,$$

    (2) **Spezielle Oktavierungsinvarianz:** Für alle Intervalle $I \in \mathfrak{M}_{\text{mus}}$ gilt

$$\omega(I \oplus O) = \omega(I)$$

eindeutig charakterisiert: Er ist für alle Intervalle der Grundoktave die identische Abbildung und überall oktavierungsinvariant. Hieraus wie aber auch direkt aus der Definition ergeben sich ganz zwangsläufig die allgemeineren Merkmale:

(3) **Idempotenz:** Für alle Intervalle $I \in \mathfrak{M}_{mus}$ gilt das Gesetz

$$\omega(I) = \omega(\omega(I)).$$

(4) **Oktavierungsinvarianz:** Für alle Intervalle $I \in \mathfrak{M}_{mus}$ und alle $m \in \mathbb{Z}$ gilt

$$\omega(I \oplus m * O) = \omega(I).$$

(5) **Rational-harmonische Invarianz:** Der Operator ω führt genau die harmonisch-rationalen Intervalle wieder in harmonisch-rationale Intervalle:

$$I \in \mathfrak{M}_{harm} \Leftrightarrow \omega(I) \in \mathfrak{M}_{harm}.$$

(B) **Die Symmetrieformel**

Für alle Intervalle $I \in \mathfrak{M}_{mus}$ mit Ausnahme der Oktaven $I = k * O$ $(k \in \mathbb{Z})$ gilt:

$$\omega(I) \oplus \omega(\ominus I) = O.$$

Das heißt, dass $\omega(I)$ und $\omega(\ominus I)$ oktavkomplementär sind und dass die Äquivalenz

$$[I = \omega(I) \oplus n * O] \Leftrightarrow [\ominus I = (O \ominus \omega(I)) \oplus (-(1 + n)) * O]$$

zwischen beiden Zerlegungen besteht.

(C) **Die Funktionalgleichung**

Für alle Intervalle $I_1, I_2 \in \mathfrak{M}_{mus}$ gilt das Strukturgesetz

$$\omega(I_1 \oplus I_2) = \omega(\omega(I_1) \oplus \omega(I_2)).$$

Folgerungen: Für Adjunktionen und Subjunktionen gelten die Gleichungen

$$\omega(I_1 \oplus I_2) = \begin{cases} \omega(I_1) \oplus \omega(I_2) \\ \omega(I_1) \oplus \omega(I_2) \ominus O \end{cases}.$$

Der obere Fall tritt ein, falls $0 \leq (\mathrm{ct}(\omega(I_1) \oplus \omega(I_2)) < 1200$ ist, und der untere, falls $1200 \leq ct(\omega(I_1) \oplus \omega(I_2)) < 2400$ zutrifft, was alle Möglichkeiten enthält.

Genauso ergeben sich hieraus und aus der Symmetrieregel die entsprechenden Formeln für Subjunktionen, und im Detail können wir sagen:

$$\omega(I_1 \ominus I_2) = \omega(\omega(I_1) \ominus \omega(I_2))$$

für alle Intervalle $I_1, I_2 \in \mathfrak{M}_{mus}$ mit der expliziten Formel

$$\omega(I_1 \ominus I_2) = \begin{cases} \omega(I_1) \ominus \omega(I_2) \\ \omega(I_1) \ominus \omega(I_2) \oplus O \end{cases}.$$

Der obere Fall gilt, wenn diese Differenz (x) im Zahlenintervall $0 \leq x < 1200$ liegt, und die untere Formel gilt im Bereich $-1200 < x < 0$, womit auch hier alle Möglichkeiten ausgeschöpft sind. Wir erkennen als Spezialfälle auch noch die beiden Vervielfachungsregeln

$$\omega(n * I) = \omega(n * \omega(I)) \text{ für alle ganzen Zahlen } n \geq 0,$$

$$\omega((-n) * I) = O \ominus \omega(n * \omega(I)) \text{ für alle ganzen Zahlen } n > 0,$$

wobei für die zweite Gleichung wiederum $I \neq k * O (k \in \mathbb{Z})$ vorauszusetzen ist.

Diese Regeln entsprechen zwar formal beinahe den Linearitätsgesetzen – Linearität stellt sich aber generell nicht ein, der Operator ω ist gleichwohl nichtlinear!

(D) Die Modellierungsformel
Zwischen der Reoktavierungsfunktion der Frequenzmaßwerte λ, dem Frequenzmaß $\mu_f(I) = |I|$ und dem Oktavierungsoperator ω besteht die funktionale Beziehung:

$$\mu_f \circ \omega = \lambda \circ \mu_f \ - \ \text{kurz: } |I|^* = |I^*| \text{ für alle Intervalle } I \in \mathfrak{M}_{\text{mus}}.$$
„Das Frequenzmaß eines reoktavierten Intervalls ist gleich dem reoktavierten Frequenzmaß des gegebenen Intervalls.“

Entsprechendes kann auch für die Centmaßvariante formuliert und interpretiert werden.

(E) Die Eindeutigkeitseigenschaft (Injektivitätskriterium)
Für je zwei Intervalle $I_1, I_2 \in \mathfrak{M}_{\text{mus}}$ gilt:

$$\omega(I_1) = \omega(I_2) \Leftrightarrow I_2 = I_1 \oplus mO \text{ (mit einem ganzzahligen } m \in \mathbb{Z}).$$

Folgerung: Für ein vorgegebenes Intervall $I \in \mathfrak{M}_{\text{mus}}$ ist die Gleichung

$$\omega(X) = I$$

genau dann lösbar, wenn $\omega(I) = I$ ist, was bedeutet, dass $1 \leq |I| < 2$, ist. In diesem Fall erhalten wir die Lösungsgesamtheit mittels der Formel

$$\omega(X) = I \Leftrightarrow X = I \oplus mO,$$

wobei $m \in \mathbb{Z}$ ein beliebiger ganzzahliger Parameter ist.

Bevor wir uns den Kopf zerbrechen, was wohl der praktische Nährwert beispielsweise unserer dritten Aussage (C) sei, dass also stets

$$|I|^* = |I^*| \text{ beziehungsweise ct}(I^*) = (\text{ct}(I))^*$$

gilt, wollen wir schnell die Antwort geben: Hierdurch wird schlicht und einfach aus-gedrückt, dass es bei allen Reoktavierungsprozessen völlig ohne Bedeutung ist, ob man alle Rechnungen

▶   musikalisch (intervallarithmetisch) – also mittels des Reoktavierungsoperators – oder numerisch mittels der Maße ($|I|, \mathrm{ct}(I), \mathrm{nct}(I)$)

durchführt. Allerdings gestaltet sich die erstere der Methoden als elegant, übersicht-lich und somit nachhaltig, während die numerischen Methoden eher zu missliebigen Rechnungen führen können.

Beweis Zu Aussage (A): Die beiden Eigenschaften (1) und (2) folgen direkt aus der Definition des Operators. Umgekehrt bewirken diese Merkmale, dass es sich um den wie zuvor konstruierten Reoktavierungsoperator handelt: Um dies zu zeigen, sei

$$\varphi : \mathfrak{M}_{\mathrm{mus}} \to \mathfrak{M}_{\mathrm{mus}}$$

ein Operator, der ebenfalls diese beiden Merkmale (1) und (2) besitzt. Es sei dann $I \in \mathfrak{M}_{\mathrm{mus}}$ ein beliebiges Intervall, und dann ergibt sich folgende Bilanz:

$$\omega(I) = I \ominus \gamma(|I|) * O = I \oplus m * O = I^{*} = \varphi(I^{*}) = \varphi(I \oplus m * O) = \varphi(I).$$

Damit sind beide Operatoren identisch. Ebenso leicht sehen wir die weiteren Aussagen, wie zum Beispiel A(3): Weil für $J = \omega(I)$ per definitionem

$$0 \le \mathrm{ct}(J) < 1200 \ \mathrm{ct}$$

ist, gilt nach A(1) die Gleichung $\omega(J) = J$. Die Aussage A(4) erkennen wir sowohl mittels der Definition des Operators als auch als iterierte Anwendung von A(2):

$$\omega(I \oplus mO) = \omega((I \oplus (m-1)O) \oplus O) = \omega(I \oplus (m-1)O) = \ldots \omega(I).$$

Zu A(5): Weil sich ein Intervall I von seiner Reoktavierung $\omega(I)$ nur um Oktaven unter-scheidet, die ja selber wieder harmonisch-rational sind, sind beide, I und $\omega(I)$, simultan harmonisch-rational oder nicht.

Für die Aussage (*B*) lassen wir uns zunächst von der Numerik eines Zahlenbeispiels leiten: Für die Zahl 2,3 wäre eine Zerlegung in ganzzahligen Anteil (*n*) und in einen Rest (*r*), welcher sich zwischen 0 und 1 bewegt, genauer, welcher die geforderte Ungleichung $0 \le r < 1$ erfüllt, die offenkundige Zerlegung

$$2{,}3 = 2 + 0{,}3.$$

Dagegen haben wir für die gespiegelte Zahl auch den an der Einheit 1 gespiegelten Rest:

$$-2{,}3 = -3 + (1 - 0{,}3) = -3 + 0{,}7.$$

Diese Beobachtung lässt sich dann sowohl auf der Ebene der Centmaßberechnung fort-
führen, aber auch unmittelbar in intervallarithmetische Sprache umsetzen. Letzteres
wollen wir kurz und mittels einer recht raffinierten Beweisführung zeigen.

Sei also $I \in \mathfrak{M}_{\text{mus}}$, und wir nehmen auch den Fall $I = k * O$ reiner Oktavierungen
einmal heraus – dies wird gesondert diskutiert. Dann haben wir nach der Zerlegungs-
eigenschaft die beiden Formeln

$$I = \omega(I) \oplus \gamma(|I|) * O = I = \omega(I) \oplus n * O,$$
$$(\ominus I) = \omega(\ominus I) \oplus \gamma(|\ominus I|) * O = I = \omega(\ominus I) \oplus m * O$$

mit gewissen ganzen Zahlen $n, m \in \mathbb{Z}$. Jetzt addieren wir beide Gleichungen, dann entsteht auf der linken Gleichungsseite die Prim, und wir erhalten nach Umstellung

$$\omega(I) \oplus \omega(\ominus I) = -(n + m) * O.$$

Beide Intervalle $\omega(I), \omega(\ominus I)$ sind Aufwärtsintervalle, weshalb $(n + m) \neq 0$ sein muss;
jedes ist kleiner als die Oktave; deswegen kann auch nicht $(n + m) = -2$ sein, sodass
nur noch $(n + m) = -1$ übrig bleibt. Somit ist $m = (-1 - n)$, und wir erhalten die Symmetrieformel. Dabei haben wir auch die Zerlegungsformel

$$I = \omega(I) \oplus n * O \Leftrightarrow (\ominus I) = (O \ominus \omega(I)) \oplus (-1 - n) * O$$

gewonnen. Der Fall reiner Oktaven ist trivial, weil ja für alle Parameter $k \in \mathbb{Z}$ stets
die Gleichung $\omega(k * O) = \text{Prim}$ gilt; dagegen leidet der Prozess des Umkehrens unter
dem Definitionsschnitt, welcher bei Oktavüberschreitungen entsteht. Man sieht dies am
besten am Beispiel der Prim

$$\text{Prim} = \omega(\text{Prim}) = \omega(\ominus \text{Prim}) \neq O \ominus \omega(\text{Prim}) = O.$$

Wie erwähnt, steht diese Beobachtung im Einklang mit der numerischen Situation, die
noch kürzer als weiter oben vorgeführt im Spiel der Zerlegung $-0{,}1 = -1 + 0{,}9$ dieses
kleine Problem des Sonderfalls beschreibt.

Zu Aussage (C): Seien $I_1, I_2 \in \mathfrak{M}_{\text{mus}}$ zwei beliebige Intervalle. Dann können wir

$$I_1 = I_1^* \oplus n_1 * O \text{ und } I_2 = I_2^* \oplus n_2 * O$$

mit ganzzahligen Oktavadjunktionen schreiben. Dann folgt

$$\omega(I_1 \oplus I_2) = \omega\big((I_1^* \oplus n_1 O) \oplus (I_2^* \oplus n_2 O)\big)$$
$$= \omega\big(I_1^* \oplus I_2^* \oplus (n_1 + n_2)O\big) = \omega\big(I_1^* \oplus I_2^*\big) = \omega(\omega(I_1) \oplus \omega(I_2)).$$

Schließlich wenden wir diese Regel mit $I = I_1 = I_2$ an, dann folgt

$$\omega(2 * I) = \omega(I \oplus I) = \omega(\omega(I) \oplus \omega(I)) = \omega(2\omega(I)),$$

und diese Rechnung wiederholt man. Für negative Vielfache (n) geht man – unter
Beachtung der Oktavsymmetrie A(5) – über zur Subjunktion $J = \ominus I$.

Zu Aussage (D): Es sei $I \in \mathfrak{M}_{\mathrm{mus}}$ ein beliebiges Intervall. Mittels der Oktavenzählfunktion erhalten wir dann seine reoktavierte Form

$$I^* = I \ominus \gamma(|I|)O.$$

Dann ergibt sich die Bilanz

$$\mu_f(\omega(I)) = |\omega(I)| = |I^*| = \mu_f(I \ominus \gamma(|I|)O) = \mu_f(I) * \mu_f(\ominus\gamma(|I|)O)$$
$$= \mu_f(I) * 2^{-\gamma(|I|)} = |I| * 2^{-\gamma(|I|)} = |I|^* = \lambda(|I|) = \lambda \circ \mu_f(I).$$

Kurzum: Wir haben für alle Intervalle $I \in \mathfrak{M}_{\mathrm{mus}}$ die Gleichung $|I|^* = |I^*|$ bewiesen. Dieser Zusammenhang wird auch durch das Diagramm der Abb. 1.7 dargestellt.

Zu Aussage (E): Wir schreiben zwei gegebene Intervalle wieder in der Form

$$I_1 = I_1^* \oplus n_1 * O \text{ und } I_2 = I_2^* \oplus n_2 * O.$$

Dann sehen wir sofort die Gleichwertigkeit der Bedingungen

$$\omega(I_1) = \omega(I_2) \Leftrightarrow I_1^* = I_2^*,$$

und deshalb folgt sofort die gewünschte Behauptung

$$I_2 = I_2^* \oplus n_2 * O = I_1^* \oplus (n_1 + (n_2 - n_1)) * O = I_1 \oplus (n_2 - n_1)O.$$

Die Umkehrung dieser Aussage ist evident. Schließlich leiten wir hieraus die Folgerung ab: Wenden wir etwas trickreich die Regel der Idempotenz an, so folgt aus $\omega(X) = I$ nach erneuter Anwendung des Operators ω die Aussage

$$\omega(\omega(X)) = \omega(X) \Leftrightarrow \omega(I) = I.$$

Dann folgt für die Lösungsmenge das Ergebnis

$$X = I \oplus mO \Rightarrow \omega(X) = \omega(I \oplus mO) = \omega(I) = I.$$

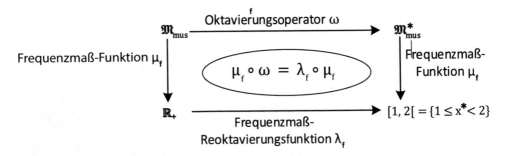

Abb. 1.7 Operatormodell der Reoktavierung (mit Frequenzmaßfunktion)

Somit gehören zumindest alle Intervalle $X = I \oplus mO$ zur Lösungsmenge. Umgekehrt folgt dann nach dem soeben gezeigten Injektivitätskriterium, dass sich jede beliebige Lösung Y nur um Oktaven von diesen Intervallen X unterscheiden kann, in Formeln:

$$\omega(Y) = \omega(X) \Leftrightarrow Y = X \oplus nO = I \oplus mO \oplus nO = X = I \oplus kO,$$

und das Theorem ist bewiesen. ∎

Wir werden zwar erst im Theorem 4.4 die insbesondere für die Skalentheorie relevanten Aspekte dieser Gesetze nutzen und herausstellen; aber schon jetzt möchten wir einmal sehen, was sich hinter diesen abstrakten – also praxisfernen? – Formeln verbirgt. Betrachten wir beispielsweise einmal die „Funktionalgleichung"

$$\omega(I_1 \oplus I_2) = \omega(\omega(I_1) \oplus \omega(I_2))$$

und ihren Einsatz bei der Berechnung der Reoktavierung von – sage und schreibe – 97 mitteltönigen Quinten.

▶ *Nebenbei bemerkt:* **Funktionalgleichung** *– so werden für gewöhnlich alle Formeln genannt, welche gewisse allgemeine Gesetzmäßigkeiten einer Abbildung (Funktion, Operator) derart beschreiben, dass hierbei wieder die gleiche Abbildung die Formel erklärt. Bestes Beispiel hierzu wäre etwa die Funktionalgleichung der Exponentialfunktion(en)* $f : \mathbb{R} \to \mathbb{R}$,

$$f(x + y) = f(x) * f(y) \text{ für alle reellen Zahlen } x, y \in \mathbb{R}.$$

Frei von jeglicher Numerik kann man tatsächlich hieraus – also ausschließlich aus dieser Funktionalgleichung – (und der stillschweigenden Voraussetzung der Stetigkeit) die gesamte Formelwelt aller Exponential-, Logarithmus- und letztlich auch der Trigonometriefunktionen gewinnen – beinahe ein Wunder.

Auch in unserem Fall ist diese Funktionalgleichung nicht nutzlos, wie das nun folgende Beispiel der 97 mitteltönigen Quinten zeigt.

Beispiel 1.13 (Reoktavierung von 97 mitteltönigen Quinten)

Im Beispiel 1.12 haben wir 96 Iterationen der mitteltönigen Quinte Q_{mt}^+ reoktaviert. Angenommen, wir sollten dies für 97 Iterationen tun – müssen wir dann erneut eine analoge Rechnung durchführen?

Natürlich nicht! Wir zerlegen hierzu das Intervall der 97 Iterationen in naheliegender Weise in die Anteile

$$I = 97 \, Q_{\mathrm{mt}}^+ = 96 \, Q_{\mathrm{mt}}^+ \oplus Q_{\mathrm{mt}}^+ = I_1 \oplus I_2,$$

und dann folgt aus der Funktionalgleichung, aus unserem Beispiel 1.12 sowie aus der Tatsache, dass ja wie im Theorem gesagt $\omega(Q_{\mathrm{mt}}^+) = Q_{\mathrm{mt}}^+$ ist, die Gleichung

$$\omega\big(97Q_{\mathrm{mt}}^{+}\big) = \omega\big(\omega\big(96Q_{\mathrm{mt}}^{+}\big) \oplus \omega\big(Q_{\mathrm{mt}}^{+}\big)\big) = \omega\big(O \ominus 8\ \varepsilon_{klein-di\ddot{e}sis} \oplus Q_{\mathrm{mt}}^{+}\big)$$

$$= \omega\big(Q_{\mathrm{mt}}^{+} \ominus 8\ \varepsilon_{klein-di\ddot{e}sis}\big) = Q_{\mathrm{mt}}^{+} \ominus 8\ \varepsilon_{klein-di\ddot{e}sis}.$$

Das ist in der Tat bereits das Ergebnis, denn schon die überschlägige Centrechnung

$$\mathrm{ct}\big(Q_{\mathrm{mt}}^{+} \ominus 8\ \varepsilon_{klein-di\ddot{e}sis}\big) \approx 697 - 8*41 = 369\ \mathrm{ct}$$

zeigt, dass diese Intervalldifferenz im Grundoktavraum liegt und somit gemäß Regel (A-1) die Reoktavierung der 97 mitteltönigen Quinten darstellt. ◄

Nach diesem Muster kann man – bei etwas Übung – durchaus sehr schnell zu Ergebnissen kommen, auch bei Prozessen, die durch eine scheinbare Absurdität zum Schmunzeln anregen – so wie gewiss auch unser Beispiel der 97 mitteltönigen Quinten.

▶   *Denn 97 Quinten übereinander führen zu dem, was man nicht wirklich als „Ton"*
    mehr ansehen möchte, und nur so zum Spaß am Spiel rechnen wir einmal drauf-
    los: Unsere Zerlegung

$$97\ Q_m^{+} = 96\ Q_m^{+} \oplus Q_m^{+} = 56\ O \oplus \big(Q_m^{+} \ominus 8\ \varepsilon_{klein-di\ddot{e}sis}\big)$$

führt auf die Centzahl

$$\mathrm{ct}\big(97\ Q_m^{+}\big) = 96*1200 + 369 = 115569\ \mathrm{ct}.$$

Für die Frequenzmaßrechnung nutzen wir ebenfalls diese Zerlegung und erhalten
die leichter zu verarbeitende Formel

$$\mu_f\big(97\ Q_m^{+}\big) = 2^{56} * \mu_f\big(Q_m^{+} \ominus 8\ \varepsilon_{klein-di\ddot{e}sis}\big)$$

$$= 2^{56} * 2^{369/1200} = 2^{56,3075} \approx 8,9*10^{16}.$$

Setzen wir nun dieses Intervall auf unser gewöhnliches A zu 440 Hz, so hat der
erreichte Zielton die beachtliche Frequenz von sage und schreibe $3,9*10^{19}$ Hz.
Keine Sopranistin hat diesen Ton je erreicht – auch nicht Maria Callas. Keine
lebende Kreatur hat diesen Ton je gehört. Atomare Schwingungen mit ihren rund
$8*10^{12}$ Schwingungen/sec wären demgegenüber wohl wahre Sub-Contra-Bässe.

Aber das sind ja nur Gedankenspiele.

Zugabe: das mathematische Modell des Oktavengebäudes

Nun verbinden wir am Ende dieses Themas die Klaviatur mit der modernen Mathematik, indem wir das Gebäude der musikalischen Intervalle in der Sprache der Strukturen und ihrer Operatoren errichten. Zwar haben wir im Theorem 1.5 A alle wichtigen Gesetzmäßigkeiten des Oktavierens aufgeschrieben und möglicherweise dadurch ausgelöst, dass ein bis dato vertrauter Vorgang plötzlich von einer fremdsprachlichen Unverständlichkeit heimgesucht wurde – jedoch lassen sich alle diese Ergebnisse zu allem

Überfluss noch in ein Modell einbeziehen, welches seinen Reiz aber gerade dadurch gewinnt, dass es nochmal eine Stufe weiter die Leiter der Abstraktion hinaufsteigt.

▶ *Und weil wir wissen, dass ja die Aussicht vom Gipfel eines Gebirges zu den erstrebenswerten Zielen gehört – im Leben wie im Wissen –, wollen wir uns in dieser „Zugabe" den Rundumblick auch nicht versagen.*

Ausgehend von der Abb. 1.6 respektive von einer Imagination der Klaviatur (siehe die Abb. 1.3), definieren wir für einen beliebigen ganzzahligen Etagenparameter $n \in \mathbb{Z}$ die Intervallmenge

$$\mathfrak{M}_{\text{mus}|n} := \{I \in \mathfrak{M}_{\text{mus}} | n * 1200 \leq ct(I) < (n + 1) * 1200\}.$$

Dies sind demnach alle musikalischen Intervalle, die zwischen der n^{ten} und der $(n + 1)^{ten}$ Oktave über der Tonika liegen, die untere Primoktavierung eingeschlossen. Es ist sozusagen die „n^{te} Etage des Gebäudes aller musikalischen Intervalle. Für $n = 0$ entsteht das Erdgeschoss, die sogenannte „Grundoktave", und bei $n = -1$ wären wir eine Treppe hinunter in den obersten Kellerraum gegangen. Es ist nun keine Kunst, zu sehen, dass für verschiedene Etagenparameter schnittfremde Intervallmengen entstehen, in Formeln

$$\mathfrak{M}_{\text{mus}|n} \cap \mathfrak{M}_{\text{mus}|m} = \emptyset \Leftrightarrow n \neq m.$$

Ebenso ist klar, dass alle Etagen zusammen die Gesamtheit aller Intervalle ausmachen, was wir durch die moderne mengentheoretische Symbolik

$$\mathfrak{M}_{\text{mus}} = \bigcup\nolimits_{n \in \mathbb{Z}} \left(\mathfrak{M}_{\text{mus}|n} \right) = \ldots \cup \mathfrak{M}_{\text{mus}|-1} \cup \mathfrak{M}_{\text{mus}|0} \cup \mathfrak{M}_{\text{mus}|1} \cup \ldots$$

ausdrücken; die Pünktchen deuten an, dass man rechts und links alle unendlich vielen Etagen – nach oben wie auch nach unten – hinzunimmt und zum Ganzen vereinigt. Somit gewinnen wir hiermit die freudige Erkenntnis, dass einem mathematischen Formelunwesen auf simple Weise sein Schrecken genommen werden kann, weshalb wir auch mutig den Text des folgenden Theorems lesen.

Theorem 1.5 B (Das Oktavengebäude der musikalischen Intervalle)
Der zusammengefasste vollständige Oktavierungsprozess

$$\Omega = (\gamma, \omega) : \mathfrak{M}_{\text{mus}} \rightarrow \mathbb{Z} \times \mathfrak{M}_{\text{mus}|0}$$

mit den Festlegungen aus der Definition 1.9

$$\gamma(I) = n \Leftrightarrow n * 1200 \leq ct(I) < (n + 1) * 1200$$
$$I^* := \omega(I) = I \ominus \gamma(|I|)O$$

ist ein umkehrbarer eineindeutiger Prozess. Der Operator Ω erlaubt dank der Formel

$$I = \omega(I) \oplus \gamma(|I|) * O$$

die eineindeutige Zerlegung eines beliebigen Intervalls $I \in \mathfrak{M}_{\mathrm{mus}}$ in einen Suboktavenanteil und in einen Anteil einer reinen Oktaveniteration. Die Inverse

$$\Psi = \Omega^{\mathrm{inv}} : \mathbb{Z} \times \mathfrak{M}_{\mathrm{mus}|0} \to \mathfrak{M}_{\mathrm{mus}}$$

ist dabei der Prozess

$$\Psi(n, J) = I = J \oplus n * O,$$

welcher umgekehrt einem Intervall J der Grundoktave und einer gegebenen „Etagenzahl" $n \in \mathbb{Z}$ genau das in diese Etage hineinoktavierte Intervall I zuordnet. Insbesondere ist dabei für jedes fixierte $n \in \mathbb{Z}$ die Zuordnung

$$\omega : \mathfrak{M}_{\mathrm{mus}|n} \to \mathfrak{M}_{\mathrm{mus}|0}$$

eine eineindeutige Abbildung, welche einem Ton einer „höheren/tieferen Oktave" den „gleichen" Ton der Grundoktave – einige (n) Oktaven tiefer/höher – zuordnet.

Folgerung: Die umkehrbar eineindeutige Beziehung

$$\mathfrak{M}_{mus} = \bigcup\nolimits_{n \in \mathbb{Z}} \left(\mathfrak{M}_{mus|n} \right) \xrightarrow{\Omega} \mathbb{Z} \times \mathfrak{M}_{mus|0} \xrightarrow{\Psi} \bigcup\nolimits_{n \in \mathbb{Z}} \left(\mathfrak{M}_{mus|n} \right) = \mathfrak{M}_{mus}$$

bewirkt auf diese Weise eine „**Faserung**" oder eine „**Stratifikation**" des gesamten Bereichs $\mathfrak{M}_{\mathrm{mus}}$ in ein – nach Oktavetagen geordnetes – Modell, das „Oktavengebäude aller musikalischen Intervalle".

Beweis Dieser ist nach den Vorbereitungen durch das Theorem 1.5 A und den Wirkmechanismen der einzelnen Zuordnungen sehr schnell erbracht: Denn die globale Invertierbarkeit von Ω ist wirklich ein Prozess, den wir den definierenden Vorgängen – sprich Gleichungen – ansehen:

$$\Omega(I) = (\gamma(I), \omega(I)) = (\gamma(I), (I \ominus \gamma(|I|) * O) =: (n, J),$$

wobei das Centmaß von J im Bereich $0 \leq \mathrm{ct}(J) < 1200$ ct liegt, was bedeutet, dass das Intervall J im Erdgeschoss des Oktavengebäudes liegt, also $J \in \mathfrak{M}_{\mathrm{mus}|0}$. Deshalb ist die Anwendung des Operators Ψ wohldefiniert, und trivialerweise ergibt sich dann auch die Umkehrung

$$\Psi(n, J) = J \oplus n * O = I.$$

Dazu schreiben wir Mathematiker auch die Gleichung

$$\Psi \circ \Omega = \text{Identität (auf der Menge } \mathfrak{M}_{\text{mus}}).$$

Dass auch die Umkehrung

$$\Omega \circ \Psi = \text{Identität } \left(\text{auf der Menge } \mathbb{Z} \times \mathfrak{M}_{\text{mus}|0}\right)$$

gilt, ist der Äquivalenz aller zuvor gemachten Überlegungen geschuldet. Damit ist der Beweis komplettiert. ∎

Interessant ist, dass wir mittels dieses Modells beinahe zahlenfrei – aber im Einklang mit unseren vertrauten, sich an der Klaviatur orientierenden, musikalischen Vorstellungen – die gewünschten Wiederholungsprozesse musikalischer Grundstrukturen wie Skalen, Akkorde und so fort in allen Etagen des Gebäudes formulieren können. Wie bestimmt man nämlich gemäß unserem Oktavengebäude ein Intervall? Wenn wir beispielsweise im Erdgeschoss $\mathfrak{M}_{\text{mus}|0}$ eine zwölfstufige Oktavskala haben, die wir in jede Etage oktaviert fortsetzen – was gelegentlich mit „oktavperiodisch" ausgedrückt wird –, so ist erst nach diesem Prozess eine Notenlinienbeschreibung der Töne sinnvoll. Wie gehen wir dann vor? – Nun, wenn die notierten Noten den überschaubaren Bereich des 5-Liniensystems verlassen und in entlegene Bereiche abdriften, hilft nur „zählen", um zunächst einmal die Etage innerhalb des Oktavengebäudes zu ermitteln. Liegt die untere Note auf einem Linienelement,

▶   „so gehe drei Linien nach oben, und dann ist der nächste Zwischenraum die Oktave zur Start-Tonika."

Und unter Austausch der Lagecharakteristika „Linie ↔ Zwischenraum" geht es dann ebenso weiter. Eine kleine Illustration möge uns dieses vertraute Suchspiel verdeutlichen.

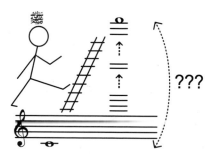

Dieser natürliche Suchvorgang entspricht in der Tat unserem musikalisch-intervallarithmetischen Modell der beiden Oktavierungsoperatoren Ω, Ψ in wesentlichen Teilen. Dagegen wäre eine Methode, welche sich der scheinbar unproblematisch erscheinenden numerischen Rechenaufgaben mittels des Centmaßes oder am Ende gar mittels des Frequenzmaßes bedienen würde, angesichts der Graphiken ihrer Reoktavierungen (siehe die Abb. 1.5 und die Abb. 1.4) wenig geeignet, Optimismus zu erwecken, wenngleich auch klar ist, dass eine Ortung im Gesamtgebäude aller musikalischen Intervalle bei vorliegender Centzahl nur eine einfache Teilungsrechenaufgabe verlangt. Eine Theorie ließe sich hieraus jedoch kaum aufbauen – will man dem Eindruck entgehen, Mathematik sei langweilige Rechnerei.

Die Kommensurabilität musikalischer Intervalle

2

Gehör geht vor Zahl.

Aristoxenes (360–300 v. Chr.)

Introduktion

Der Begriff „kommensurabel" ist beinahe so alt wie die Mathematik selbst, oder wie das, was man – bevor es die Mathematik gab – darunter verstand. Zählen und Vergleichen standen am Anfang von „arithmetica" und „geometria". Dabei bestand das Vergleichen als die antike, über viele Jahrhunderte während Form vormathematischen Denkens in der Proportionenlehre mit ihren eigenen eigentümlichen Gesetzen.

Auf der einen Seite waren die Zahlensysteme durch die beiden Proportionenreihen

$$1{:}1 - 1{:}2 - 1{:}3 - \cdots \ und\ 1{:}1 - 2{:}1 - 3{:}1 - \cdots$$

festgelegt. Es gab die Auffassung, alle Dinge seien mittels dieser „proportiones" vergleichbar. Alle Dinge sollten sich stets in einem ganzzahligen Verhältnis $n{:}m$ wiederfinden. Und diesem Gedanken lag zugrunde, dass es für alles und jedes ein „Kleinstes" gäbe, welches ganzzahlig in beiden Magnituden stecken müsste. So sollten die Seiten geometrischer Figuren ebenso „kommensurabel" sein wie die Umlaufbahnen der Planeten, wie Töne, Intervalle und sicher noch vieles andere mehr.

Die Kommensurabilität für zwei Magnituden A, B (Dinge) bedeutet, dass diese Magnituden in einem natürlichen Zahlenverhältnis stehen, symbolisch notiert

$$A \cdot B \cong n \cdot m.$$

▶ *Das m-mal vervielfachte A „entspricht" dem n-mal vervielfachten B.*

K. Schüffler, *Die Tonleiter und ihre Mathematik*,
https://doi.org/10.1007/978-3-662-64951-0_2

Wenn es sich nun herausstellt, dass die Kommensurabilitätsannahme für alles und jedes selbstverständlich <u>nicht</u> zutrifft – die Diagonale im Quadrat hat kein kommensurables (rationales) Verhältnis zur Seite –, so ist die Theorie der Kommensurabilität gleichwohl eine grundlegende algebraische Theorie. Sie steuert in ganz entscheidender Weise Theorie und Praxis der Musiktheorie der Intervalle und ihrer Skalen. Und es ist gerade die moderne Mathematik, welche alle diese vormals antiken Gegenstände in einem neuen Bild erscheinen lässt.

So können wir dieses Thema antiken Ursprungs sowohl mit der Algebra der Zahlen als auch mit der neueren Analysis verbinden. Die Assozierung zur Algebra besteht in erster Linie darin, dass wir die für die Teilbarkeitstheorie ganzer Zahlen so eminent wichtigen Begriffe wie

▶   *„größter gemeinsamer Teiler (ggT), kleinstes gemeinsames Vielfaches (kgV)"*

auch in der „Modulalgebra" der musikalischen Intervalle einrichten können. Der Erfolg dieser Möglichkeiten lässt dann auch nicht auf sich warten, und er zeigt sich im

▶   „Kommensurabilitätsprinzip der Oktave" (Theorem 2.4), einer Konsequenz des „Zentraltheorems der musikalischen Kommensurabilität" (Theorem 2.3).

Dabei gewinnen wir Kriterien, wann zum Beispiel ein Intervallaufbau periodische Anteile besitzt oder wann genau eine Iterationsfolge mit der Oktave und einem anderen erzeugenden Intervall – wie zum Beispiel einer Quinte – eine geschlossene oder aber eine sich nicht schließende Tonfolge bedeutet.

Was die Analysis betrifft, so gelingt es uns – in erster Linie dank des Centmaßes –, eine Metrik für musikalische Intervalle einzurichten, um damit auch sagen zu können,

▶   *„wann eine Intervallfolge gegen ein Intervall konvergiert und es approximiert".*

In moderner Sprache formuliert, kommen wir so zu einer „Topologie" für die Menge aller musikalischen Intervalle. In Konsequenz können wir dann über eine Verteilung dieser oder jener Eigenschaften musikalischer Intervalle Auskunft geben.

Für weitergehende vertiefte Aspekte der Kommensurabilität und ihrer Proportionenlehre und deren Anwendungen in der Musik verweisen wir gerne auf die neue Literatur [51].

2.1   Die Kommensurabilität und ihre Algebra

In unserem ersten Kapitel haben wir gelernt, wie man aus zwei oder mehreren Intervallen mittels Addition – vornehm Adjunktion genannt – neue Intervalle gewinnen kann, und die ganzzahlige Vervielfachung eines Intervalls gehört hierbei ebenso dazu wie auch die Einbeziehung negativer Parameter. Somit ist ein Ausdruck

$$I = m * X \oplus n * Y$$

für zwei gegebene musikalische Intervalle $X, Y \in \mathfrak{M}_{\text{mus}}$ und für zwei gegebene „Iterationskoeffizienten" $m, n \in \mathbb{Z}$ wohlverstanden. Interessant ist nun die Frage:

▶ **Frage:** Angenommen, wir haben ein solches Intervall, das sich aus Vielfachen zweier anderer Intervalle zusammensetzt. Gibt es dann möglicherweise noch eine andere Form des Zusammensetzens mittels dieser beiden Intervalle X, Y?

Das heißt, dass wir zwei verschiedene Darstellungen

$$I = m_1 X \oplus n_1 Y = m_2 X \oplus n_2 Y$$

für ein und dasselbe Intervall hätten. Schnell sehen wir ein, dass hieraus – via Differenzenbildung und einfacher Umstellung – die dazu gleichwertigen Situationen

$$(m_1 - m_2)X \oplus (n_1 - n_2)Y = mX \oplus nY = Prim$$

$$(m_1 - m_2)X = (n_2 - n_1)Y \Leftrightarrow mX = nY$$

entstehen. Würden zwei Intervalle eine Gleichung dieser Art

$$mX = nY \text{ mit } m,n \neq 0$$

erfüllen, so hätte dies in der Tat eine Reihe von Konsequenzen, und die nächstliegende ist die, dass wir dann sogar für jedes Intervall der „Iterationsalgebra"

$$\mathfrak{M}_{X,Y} = \{I = m * X \oplus n * Y \,|\, m,n \in \mathbb{Z}\} \subset \mathfrak{M}_{\text{mus}}$$

gleich <u>unendlich viele</u> Darstellungsformen hätten, denn mit $mX \ominus nY = Prim$ ist für alle möglichen Vielfachen $k \in \mathbb{Z}$ auch

$$I = i * X \oplus j * Y = (i * X \oplus j * Y) \oplus k * Prim$$

$$= (i + km) * X \oplus (j - kn) * Y.$$

Mit anderen Worten: Die Intervallalgebra wird durch die beiden „Erzeuger" X, Y nicht eindeutig beschrieben. Für ungeahnt viele Belange ist eine Entscheidung hinsichtlich einer Eindeutigkeit nicht nur von akademischem Interesse – keineswegs: Vielmehr sind substantielle praktische musiktheoretische Probleme hiervon entscheidend abhängig.

Wenn beispielsweise für eine Quinte die Bilanz

$$12Q = 7O$$

erfüllt wäre, so würde das doch bedeuten, dass der Quintenkreis aller zwölf Quinten genau mit sieben Oktaven übereinstimmt; der Quintenkreis wäre „geschlossen". Demzufolge wäre eine reoktavierte Quinteniteration ein periodischer Prozess. Und dies kann weitere Folgen haben! Und ebenso interessant wäre die umgekehrte Frage:

▶ **Frage:** Wenn eine Gleichung der Form

$$mQ = nO$$

für ganze Zahlen $m, n \in \mathbb{Z}$ außer für $m = n = 0$ niemals erfüllbar ist – was bedeutet das dann für eine reoktavierte Folge von iterierten Quinten? Da sie sich nie zur Prim schließt – wo führt das Ganze hin?

Wir ahnen also, dass von einer möglichen Gleichheit $mX = nY$ zweier musikalischer Intervalle womöglich eine ganze Reihe wesentlicher musiktheoretischer Dinge abhängt. Und die Ahnung trügt nicht; das werden einige signifikante Theoreme hierzu bestätigen. Die entscheidende Gleichung

$$mX = nY$$

beschreibt also den Begriff der „Kommensurabilität". Geeignete ganzzahlige Vielfache beider Intervalle treffen zusammen; und dann nennen wir diese Vielfachen (m, n) auch die **„Kommensurabilitätskoeffizienten".** – Wir werden bald sehen, dass wir auch sagen könnten:

▶ Beide Größen (X, Y) sind Vielfache eines fiktiven „Kernelements" (E).

Die Magnitude X wäre dann das n-fache und die Magnitude Y wäre das m-fache dieses Intervalls E. Und tatsächlich läuft uns in dieser Lehre der musikalischen Intervalle auch der „größte gemeinsame Teiler" („ggT") über den Weg, ein Begriff, den man sonst nur in der Zahlen- und Primfaktorarithmetik verortet. Wir beleuchten in diesem Abschnitt diesen in der historischen wie in der aktuellen Musiktheorie profunden Begriff und beginnen mit seiner Definition.

Definition 2.1 (Kommensurable Intervalle)

Zwei von der Prim verschiedene musikalische Intervalle $X, Y \in \mathfrak{M}_{\text{mus}}$ heißen **kommensurabel,** wenn eine Gleichung der Form („Kommensurabilitätsgleichung")

$$m * X = n * Y$$

mit ganzzahligen Koeffizienten $m, n \neq 0$ möglich ist. Ein anderer Ausdruck wäre, zu sagen, dass **„X kommensurabel zu Y"** (und umgekehrt) ist. Wir verwenden für diese Eigenschaft ein eigenes griffiges Symbol und notieren:

$$X \xleftrightarrow{\text{kom}} Y \Leftrightarrow X, Y \text{ sind kommensurabel.}$$

Eine Kollektion von mehreren Intervallen $X_1, \ldots, X_n \in \mathfrak{M}_{\text{mus}}$ heißt **kommensurabel,**
wenn jedes Paar zweier Intervalle hiervon kommensurabel ist, wenn also gilt:

$$X_j \xleftrightarrow{\text{kom}} X_k \text{ für alle } 1 \leq j, k \leq n.$$

Gemeinsame Faktoren in den Kommensurabilitätskoeffizienten m, n können und
sollten aus der Kommensurabilitätsgleichung gekürzt werden (was uns letztlich
die Kürzungsregel (5) aus Theorem 1.2 gestattet), sodass eine teilerfremde Form
übrig bleibt, die man vor allem aus Gründen einfacherer Zahlen anstrebt. Auch
für multiple Kollektionen gibt es teilerfremde einheitliche Beschreibungen der
Kommensurabilität mittels einer teilerfremden Gleichungskette, wie man aus der
Zahlentheorie weiß, siehe hierzu [32].

Zunächst bemerken wir wie bereits in der Einleitung zu diesem Abschnitt erwähnt, dass
die Kommensurabilitätsbedingung offenbar gleichwertig zur Gleichung

$$mX \ominus nY = mX \oplus kY = Prim$$

ist; die Prim ist dann eine nicht-triviale Bilanz aus diesen beiden Intervallen X, Y – eine
„homogene" Intervallgleichung ist entstanden. Ebenso lässt sich diese in der Intervallarithmetik formulierte Bedingung unmittelbar und in Äquivalenz hierzu durch die
Intervallmaße ausdrücken, und dann ergeben sich die Übertragungen

$$X \xleftrightarrow{\text{kom}} Y \Leftrightarrow m * X = n * Y \Leftrightarrow X{:}Y \cong n{:}m$$

$$X \xleftrightarrow{\text{kom}} Y \Leftrightarrow |X|^m = |Y|^n \Leftrightarrow |Y| = \sqrt[n]{|X|^m} = |X|^{m/n}$$

$$X \xleftrightarrow{\text{kom}} Y \Leftrightarrow m * \text{ct}(X) = n * \text{ct}(Y) \Leftrightarrow \text{ct}(X)/\text{ct}(Y) = n/m \in \mathbb{Q}.$$

Das heißt, dass im Kommensurabilitätsfall die Centmaße (als reelle Zahlen)
kommensurabel sind – ihr Quotient ist ein Bruch ganzer Zahlen, also eine rationale Zahl,
sodass die zuvor angegebene gewöhnliche Zahlenkommensurabilität

$$m * \text{ct}(X) = n * \text{ct}(Y)$$

entsteht. Dagegen sind die Frequenzmaße **„exponentiell kommensurabel".** Auch hierbei sind die beiden ganzzahligen Koeffizienten m, n als nicht-verschwindend vorausgesetzt; ohne Einschränkung kann man sie auch als teilerfremd annehmen – und bei
manchen Situationen muss ihre teilerfremde Form sogar zwecks Sinnhaftigkeit a priori
vorausgesetzt werden. Aus dieser Beobachtung folgt eine Feststellung, die es wert ist, als
„Satz" notiert zu werden, dessen Beweis jedoch evident ist:

Satz 2.1 (Kommensurabilität und rationale Centmaße)

Sei $X_0, X_1, \ldots, X_n \in \mathfrak{M}_{mus}$ eine Kollektion von musikalischen Intervallen, wobei das Centmaß zumindest eines dieser Intervalle (X_0) ganzzahlig oder – allgemeiner – eine rationale Zahl sei. Dann gilt die Äquivalenz

(1) $(X_0, X_1, \ldots, X_n)$ ist eine kommensurable Familie,
(2) die Centmaße aller Intervalle X_j sind rational.

Folgerung: Ist insbesondere $X_0 = Oktave$, so ist eine Kollektion $(O, X_1, \ldots, X_n)$ musikalischer Intervalle genau dann eine kommensurable Familie, wenn alle Centmaße rational sind.

Dass man die Prim im Rahmen dieser Definition ausschließt, hat lediglich den Grund, dass ansonsten unnötige Sonderfälle zu berücksichtigen wären, wollte man Ergebnisse allgemeingültig beschreiben – und im Übrigen wäre dieser Spezialfall ohnehin nur trivialer Natur: Sind zwei Intervalle kommensurabel, und wäre eines davon die Prim, so wäre das andere ebenfalls die Prim.

Paradoxerweise erklärt und nutzt man die Kommensurabilität eher dann, wenn man vom Gegenteil ausgeht, der „Nicht-Kommensurabilität". Für viele Dinge wäre es nämlich viel wichtiger, dass gerade dies zuträfe – die Kommensurabilität impliziert dagegen nur entweder unliebsame oder triviale oder aber von der Allgemeinheit abweichende Ausnahmefälle. Dem trägt auch das erste Beispiel Rechnung:

Beispiel 2.1 (Kommensurable und nicht-kommensurable Intervalle)

(1) Nicht-kommensurabel sind die klassischen Intervallpaare
  1. *Quinte Q* (2:3) *und Oktave* (1:2),
  2. *Terz* (4:5) *und Oktave* (1:2),
  3. *Terz* (4:5) *und Quinte Q* (2:3),
  4. *Quinte Q* (2:3) *und Quarte* (3:4),
  5. *Ganzton T* (8:9) *und Oktave* (1:2),
  6. *Naturseptime* (4:7) *und Quinte Q* (2:3).
(2) Kommensurabel sind die Intervallpaare
  1. *S mit* $|S| = \sqrt[12]{2}$ *und Oktave O mit* $|O| = 2$,
  2. $X = 3 * Q(2:3)$ *und* $Y = (16:81)$.

Um einmal das erste Beispiel aus der Gruppe (1), dem vielleicht berühmtesten Vertreter, zu erklären: Eine angenommene Kommensurabilität bedeutet – und hier ist ausschließlich das Frequenzmaß zur Beantwortung prädestiniert – die Gleichung

$$(m * Q = n * O) \Leftrightarrow ((3/2)^m = 2^n) \Leftrightarrow \left(3^m = 2^{n+m}\right).$$

Ganz gleich, wie groß die Parameter (m, n) wären: Mit Ausnahme $n = m = 0$ steht auf der linken Seite immer eine ungerade und auf der rechten Seite eine gerade Zahl; zu einer Lösung kommt es nie. Speziell kann somit auch nie die Gleichung

$$12 * Q = 7 * O$$

für die Quinte $Q = Q_{\mathrm{pyth}} \equiv (2{:}3)$ zutreffen – die **Nicht-Schließung** des pythagoräischen 12-Quinten-Kreises ist vor Augen, die trivialste Ursache der Entwicklung einer primzahlorientierten historischen Intervalltheorie. Analog kann man alle anderen Fälle erkennen: Wir werden im Kap. 1 eine systematische Theorie hierüber aufbauen.

Um noch die beiden Beispiele des zweiten Blocks zu zeigen: Offenbar ist

$$12 * S = Oktave,$$

und S ist der gewöhnliche Semiton zu 100 ct.

Und weil $Y = (16{:}81) = 4 * (2{:}3) = 4Q$ ist, folgt schließlich sofort die Gleichung.

$$4 * X = 12 * Q = 3 * Y,$$

und die Kommensurabilität ist gegeben; das weiter oben erwähnte „Kernelement" wäre hier die Quinte Q. ◀

In allen Betrachtungen genießt hierbei die Kommensurabilität zur Oktave oder ihr Gegenteil einen für alle Belange von Theorie und Praxis herausgehobenen Stellenwert. Ihr Zutreffen geht einher mit geschlossenen, periodischen, gleichstufigen Skalen, das Nicht-Zutreffen dagegen bedeutet „Chaos" – wenn auch halbwegs geordnet, filigrane Intervall- und Tonstrukturen und Verästelungen im Mikrokosmos der Töne bewirkend. Diesem Phänomen, dass die Kommensurabilität als ein Kriterium zwischen

▶   *regelmäßiger Ordnung oder zügelloser Unordnung*

dient, sind viele Teile dieses Buches gewidmet; insbesondere liefert der Abschn. 3.7 detaillierte Zusammenhänge auch zu anderen musik-mathematischen Gegenständen. Das folgende Beispiel beschreibt daher die Kommensurabilität zur Oktave mittels eines evidenten wie einfachen Kriteriums.

Beispiel 2.2 (Kommensurabilität zur Oktave)

Für ein musikalisches Intervall $X \in \mathfrak{M}_{\mathrm{mus}}$ sind äquivalent

(1) X ist kommensurabel zur Oktave mit der teilerfremden Darstellung

$$mX = nO \Leftrightarrow X \xleftrightarrow{\mathrm{kom}} O.$$

(2) Das Frequenzmaß von X ist eine gebrochene 2er-Potenz,

$$\mu_f(X) = |X| = 2^{n/m} = \sqrt[m]{2^n}.$$

(3) Das normierte wie auch das gewöhnliche Centmaß von X sind rational

$$n\mathrm{ct}(X) = n/m \Leftrightarrow \mathrm{ct}(X) = n/m * 1200 \text{ ct.}$$

Dabei können in allen drei Aussagen die Parameter $m, n \in \mathbb{Z}$ stets die gleichen sein, wobei – um Eindeutigkeit zu gewährleisten – einer der beiden (n) positiv angenommen werden darf.

So ist also das Intervall $X \in \mathfrak{M}_{\mathrm{mus}}$ mit $\mathrm{ct}(X) = 702$ ct kommensurabel zur Oktave, während die haarscharf danebenliegende reine, pythagoräische Quinte $Q_{\mathrm{pyth}} = (2{:}3)$ mit ihrem irrationalen Centmaß $\mathrm{ct}\big(Q_{\mathrm{pyth}}\big) \cong 701,95\ldots$ ct dies nicht ist, wie im Beispiel 2.1 gesehen und deutlich herausgestellt.

Wir überlassen die einfachen Nachweise der Äquivalenzen (1) $\Leftrightarrow$ (2) $\Leftrightarrow$ (3) der eigenen eifrigen Recherche unserer Leser. ◄

Kommensurabilitätskriterien ganz anderer Art finden wir bei allen Intervallen, deren Frequenzmaße – respektive deren Proportionen – rationaler Natur sind. Dies trifft für die „klassischen" Intervalle zu, und hierunter zählt alles, was man in der antiken Intervalllehre und ihrer Literatur antrifft, wie par exemplum

▶ Oktave $O\,(1{:}2)$, Quinte $Q_{\mathrm{pyth}}\,(2{:}3)$, Terz $(4{:}5)$, Tonos $(8{:}9)$, Limma $L_{\mathrm{pyth}}\,(243{:}256)$, syntonisches Komma $\varepsilon_{\mathrm{synt}}\,(80{:}81)$, Großes Chroma $(128{:}135)$, Schisma $\varepsilon_{\mathrm{schisma}}\,(32768{:}32805)$ und so fort.

Denn hier spielt die Analyse der Primfaktorzusammensetzung der Maße eine entscheidende Rolle. Dieses Thema wird im Abschn. 3.2 als Teil des Kapitels über harmonisch-rationale Intervalle ausführlich diskutiert.

Wir kommen nun zur Mathematik der Kommensurabilität und stellen ihre Rechenregelalgebra vor, und – zugegeben – es mag auf den ersten Blick wenig (scheinbar nichts) mit den Dingen zu tun haben, die wir Musiker bei den Worten „Intervalle" und „Töne" in Verbindung bringen. Betrachten wir die Dinge aber aus der Sicht der Mathematik, so freut es uns riesig, dass uns der abstrakte Weg äußerst verlässlich zu den allgemeingültigen Gesetzen der Musik führt.

Theorem 2.1 (Die Algebra der Kommensurabilität musikalischer Intervalle)
Die Kommensurabilität ist eine Äquivalenzrelation auf der Menge $\mathfrak{M}_{\mathrm{mus}}$ aller musikalischen Intervalle. Sie erfüllt nämlich die Regeln (1), (2) und (3):

(1) **Reflexivität:** Für alle Intervalle $X \in \mathfrak{M}_{\mathrm{mus}}$ gilt

$$X \overset{\mathrm{kom}}{\longleftrightarrow} X.$$

(2) **Symmetrie:** Für alle Intervalle $X, Y \in \mathfrak{M}_{\mathrm{mus}}$ gilt

$$\Big(X \overset{\mathrm{kom}}{\longleftrightarrow} Y\Big) \Leftrightarrow \Big(Y \overset{\mathrm{kom}}{\longleftrightarrow} X\Big).$$

(3) **Transitivität:** Für alle Intervalle $X, Y, Z \in \mathfrak{M}_{mus}$ gilt das „Vererbungsgesetz":

$$\left(X \overset{kom}{\longleftrightarrow} Y \quad \text{und} \quad Y \overset{kom}{\longleftrightarrow} Z \right) \Rightarrow X \overset{kom}{\longleftrightarrow} Z.$$

Als Folgerung aus diesen elementaren Bausteinen ergeben sich einige oft genutzte Verallgemeinerungen sowie eine – an ein Parallelogramm erinnernde – Konstellation:

(4) **Simultane Kommensurabilitäten:** Seien $X_1, \ldots, X_n \in \mathfrak{M}_{mus}$ beliebige Intervalle (welche alle von der Prim verschieden sind). Dann gilt die Äquivalenz

a) Es gibt ein Intervall $X_0 \in \mathfrak{M}_{mus}$ mit $X_j \overset{kom}{\leftrightarrow} X_0$ für alle $j = 1, \ldots, n$.

b) Die Intervallfamilie $X_1, \ldots, X_n$ ist kommensurabel.

c) Es gibt einen Datenvektor $\vec{m} = (m_1, \ldots, m_n)$ ganzer Zahlen, sodass alle Kommensurabilitäten in einer simultanen Gleichungskette

$$m_1 X_1 = m_2 X_2 = \ldots = m_n X_n$$

notiert werden können. Hierbei kann $\vec{m}$ global teilerfremd gewählt werden, das heißt: $(m_1, \ldots, m_n) = \alpha(k_1, \ldots, k_n)$ – wobei alle $k_j \in \mathbb{Z} \Leftrightarrow \alpha = \pm 1$.

(5) **Geometrie der Kommensurabilitätsparameter:** Seien X, Y kommensurabel mit der teilerfremden Form $m * X = n * Y$, dann gilt für die Gesamtheit aller ganzzahligen Lösungen $u, v \in \mathbb{Z}$ der Kommensurabilitätsgleichung für X, Y

$$u * X = v * Y \Leftrightarrow (u, v) = k(m, n),$$

wobei $k \in \mathbb{Z}$ ein beliebiger nicht-verschwindender ganzzahliger Parameter ist.

(6) **Eindeutigkeitsregeln:** Für alle Intervalle $X, Y \in \mathfrak{M}_{mus}$ gilt die Alternative:
a) X, Y sind kommensurabel $\Leftrightarrow$ jedes Intervall der Iterationsalgebra $\mathfrak{M}_{X,Y}$,

$$\mathfrak{M}_{X,Y} = \{iX \oplus jY | i, j \in \mathbb{Z}\}$$

hat genau diese unendlich vielen Iterationsdarstellungen: Mit $k \in \mathbb{Z}$ und den teilerfremden Kommensurabilitätsparametern m, n gilt:

$$(m_1 X \oplus m_2 Y = n_1 X \oplus n_2 Y) \Leftrightarrow (n_1, n_2) = (m_1, m_2) + k(m, -n);$$

b) X, Y sind <u>nicht-kommensurabel</u> $\Leftrightarrow$ für verschiedene Iterationsparameterpaare sind auch die iterierten Intervalle verschieden und umgekehrt, das heißt;

$$(m_1, m_2) \neq (n_1, n_2) \Leftrightarrow m_1 X \oplus m_2 Y \neq n_1 X \oplus n_2 Y.$$

(7) **Vervielfachungsregel:** Für alle $X, Y \in \mathfrak{M}_{mus}$ und $k, j \in \mathbb{Z}, k, j \neq 0$ gilt:

$$X \overset{kom}{\longleftrightarrow} Y \Leftrightarrow (kX) \overset{kom}{\longleftrightarrow} (jY).$$

Bei beliebigen Vervielfachungen (Iterationen) der einzelnen Intervalle bleibt eine eventuelle Kommensurabilität erhalten.

(8) **Spezielle Adjunktionsregeln:** Für alle Intervalle $X, Y \in \mathfrak{M}_{\text{mus}}$ gilt

$$X \xleftrightarrow{\text{kom}} Y \Leftrightarrow X \xleftrightarrow{\text{kom}} (X \oplus Y),$$

und dann folgt noch allgemeiner für alle einzelnen Vervielfachungen der Erzeugerintervalle X, Y mit $m, n \in \mathbb{Z}$ *und* $(m, n) \neq (0, 0)$ das Kriterium:

$$X \xleftrightarrow{\text{kom}} Y \Leftrightarrow X \xleftrightarrow{\text{kom}} (nX \oplus mY) \Leftrightarrow Y \xleftrightarrow{\text{kom}} (nX \oplus mY).$$

Dies bedeutet dank der Transitivität, dass sich die Kommensurabilität auf alle Iterationen der erzeugenden kommensurablen Intervalle ausweitet, und dann erhalten wir die allgemeine Adjunktionsregel:

(9) **Allgemeine Adjunktionsregel:** Für alle $X, Y \in \mathfrak{M}_{\text{mus}}$ gilt

$$X \xleftrightarrow{\text{kom}} Y \Leftrightarrow (nX \oplus mY) \xleftrightarrow{\text{kom}} (kX \oplus lY)$$

für alle ganzzahligen $n, m, k, l \in \mathbb{Z}$ mit $(n, m) \neq (0, 0) \neq (k, l)$. Dies können wir unter erneuter Verallgemeinerung auch so ausdrücken:

Folgerung: Die Intervallfamilie $X_1, \ldots, X_n \in \mathfrak{M}_{\text{mus}}$ ist kommensurabel $\Leftrightarrow$ je zwei von der Prim verschiedene Intervalle der Iterationsalgebra

$$\mathfrak{M}_{X_1, \ldots, X_n} = \{ u_1 X_1 \oplus \ldots \oplus u_n X_n | u_1, \ldots, u_n \in \mathbb{Z} \}$$

sind kommensurabel.

Beweis Zu den Aussagen (1) und (2) muss nichts gesagt werden. Dann kommen wir zur Vererbungseigenschaft, der Transitivitätsregel (3): Aus den vorausgesetzten Kommensurabilitäten

$$m * X = n * Y \text{ und } k * Y = j * Z$$

folgt etwas trickreich die Kommensurabilität von X und Z:

$$(km) * X = k(m * X) = k(n * Y) = n(k * Y) = n(j * Z) = (nj) * Z.$$

In der Aussage (4) folgt die Äquivalenz $a) \Leftrightarrow b)$ sofort aus der gewöhnlichen Transitivität (3): Gelten nämlich für zwei Intervalle X_j, X_k für $j, k \in \{1, \ldots, n\}$ die Kommensurabilitäten

$$X_j \xleftrightarrow{\text{kom}} X_0 \text{ und } X_k \xleftrightarrow{\text{kom}} X_0,$$

so folgt nach (3) auch diese: $X_j \xleftrightarrow{\text{kom}} X_k$. Für die Umkehrung $b) \Rightarrow a)$ wählen wir einfach $X_0 = X_1$, dann stimmt alles. Schließlich folgt aus $c)$ sofort die Kommensurabilität paarweise herausgewählter Intervalle X_j, X_k. Für die Umkehrung $b) \Rightarrow c)$ erweitert man alle paarweise entstehenden Gleichungen passend. Dazu wählt man am besten die zur Kommensurabilität ausreichende Folge von fortlaufend geordneten Gleichungen

$$l_1 X_1 = k_2 X_2 \text{ und } l_2 X_2 = k_3 X_3 \text{ und } \ldots \text{ und } l_{n-1} X_{n-1} = k_n X_n.$$

Dann ermöglicht die Multiplikation mit dem Erweiterungsfaktor $l_2 * l_3 * \ldots * l_{n-1}$ eine simultane Gleichungskette der geforderten Art. Für beispielsweise vier Intervalle $X_1, \ldots, X_4 \in \mathfrak{M}_{\mathrm{mus}}$ mit den Kommensurabilitäten

$$l_1 X_1 = k_2 X_2 \text{ und } l_2 X_2 = k_3 X_3 \text{ und } l_3 X_3 = k_4 X_4$$

entsteht auf diese Weise die simultane Gleichungskette

$$(l_1 l_2 l_3) * X_1 = (k_2 l_2 l_3) * X_2 = (k_2 k_3 l_3) * X_3 = (k_2 k_3 k_4) * X_4,$$

und diese Gleichungskette kann man noch durch eventuelle gemeinsame Faktoren aller Koeffizienten kürzen. An diesem Beispiel ist auch die Systematik des allgemeinen Falls gut erkennbar: Die Faktoranzahl der l_j nimmt ab, und die Anzahl der Faktoren k_j nimmt zu – bei gleichbleibender Gesamtanzahl von $(n-1)$ Faktoren pro Summand.

Die Äquivalenz der Aussage (5) sehen wir wie folgt: Zunächst einmal besteht aufgrund der Kürzungsregel aus Theorem 1.2 die Gleichwertigkeit

$$m * X = n * Y \Leftrightarrow k * (m * X) = k * (n * Y) \Leftrightarrow (km) * X = (kn) * Y.$$

Alle ganzzahligen Vielfachen der Kommensurabilitätsparameter m, n sind – trivialerweise – selber wieder Kommensurabilitätsparameter. Jetzt nehmen wir die Gleichung

$$u * X = v * Y$$

an. Beide Variable (u, v) sind dann von Null verschieden. Vervielfachen wir diese Gleichung mit dem Faktor m, dann führt ein einfacher Trick wie folgt zum Ziel:

$$(um) * X = (vm) * Y \Leftrightarrow u(m * X) = u(n * Y) = (un) * Y$$

$$\Leftrightarrow un = vm.$$

Weil nun (m, n) ein teilerfremdes Zahlenpaar ist, muss u alle Teiler von m und v alle Teiler von n enthalten; somit können wir $u = am$ und $v = bn$ mit ganzen Zahlen a, b schreiben. Durch Einsetzen ergibt sich der Vergleich

$$un = vm \Leftrightarrow anm = bnm \Leftrightarrow a = b = k,$$

und das Gewünschte liegt zu Füßen.

Für die Aussage (6) bilden wir die Differenz

$$n_1 X \oslash n_2 Y = m_1 X \oplus m_2 Y \Leftrightarrow (n_1 - m_1) X = (m_2 - n_2) Y,$$

und dann folgt im Kommensurabilitätsfall aus (5)

$$(n_1 - m_1, m_2 - n_2) = k(m, n) \Leftrightarrow n_1 = m_1 + km \text{ und } n_2 = m_2 - kn.$$

Sind dagegen (X, Y) nicht-kommensurabel, so muss definitionsgemäß $n_1 = m_1$ und $n_2 = m_2$ sein – andernfalls wären beide Differenzen simultan von Null verschieden (weil keines der beiden Intervalle die Prim ist), und (X, Y) wären folglich kommensurabel.

Zu Aussage (7): Auch diese Behauptung ist eine Konsequenz der Transitivität: Weil ja für $k \neq 0 \neq j$ die beiden Kommensurabilitäten

$$X \overset{\text{kom}}{\longleftrightarrow} kX \text{ und } Y \overset{\text{kom}}{\longleftrightarrow} jY$$

trivialerweise bestehen, gilt dann auch die Kommensurabilität $kX \overset{\text{kom}}{\longleftrightarrow} jY$.

Schließlich kommen wir zur Adjunktionsregel (8): Sei $m * X = n * Y$, dann folgt:

$$n * (X \oplus Y) = n * X \oplus n * Y = n * X \oplus m * X = (n + m) * X.$$

Nach der Vervielfachungsregel (6), wonach

$$X \overset{\text{kom}}{\longleftrightarrow} (n + m) * X$$

ist, folgt dann erneut mittels der Transitivität die Kommensurabilität von $(X, X \oplus Y)$. Für die Umkehrung

$$X \overset{\text{kom}}{\longleftrightarrow} (X \oplus Y) \Rightarrow X \overset{\text{kom}}{\longleftrightarrow} Y$$

können wir beinahe analog vorgehen: Zunächst sei dann

$$m * X = n * (X \oplus Y) = n * X \oplus n * Y \Leftrightarrow (m - n) * X = n * Y.$$

Wenn wir $Y = Prim$ ausschließen, was gleichwertig zu $m = n$ oder $X = Prim$ wäre, so ist sofort die Kommensurabilität $m * X = n * Y$ entstanden. Für diese ausgeschlossenen Sonderfälle wäre im Übrigen die Aussage (7) gegenstandslos.

Nun folgt die Verallgemeinerung auf vervielfachte Intervallvariable mittels Transitivität und Vervielfachungsregel:

$$X \overset{\text{kom}}{\longleftrightarrow} Y \Leftrightarrow mX \overset{\text{kom}}{\longleftrightarrow} nY \Leftrightarrow mX \overset{\text{kom}}{\longleftrightarrow} (mX \oplus nY).$$

Und dann ist mit $\left(X \overset{\text{kom}}{\longleftrightarrow} mX \right)$ auch die Kommensurabilität $\left(X \overset{\text{kom}}{\longleftrightarrow} (mX \oplus nY) \right)$ gegeben. Natürlich gilt Gleiches auch für die Intervallvariable Y. Wenden wir die Transitivität erneut an, so ist auch die allgemeinste Form (9) der Adjunktionsregeln für den Standardfall zweier Erzeugerintervalle X, Y gezeigt.

Die nochmalige Verallgemeinerung auf beliebig viele kommensurable Variable $X_1, \ldots, X_n \in \mathfrak{M}_{\text{mus}}$ kann sehr leicht auf den Fall $n = 2$ zurückgeführt werden, was bedeutet, dass ein allgemeines induktives Argument weiterhilft. Exemplarisch zeigen wir einmal die Kommensurabilität der Adjunktion

$$X_1 \overset{\text{kom}}{\longleftrightarrow} (X_1 \oplus \ldots \oplus X_n),$$

wenn vorausgesetzt ist, dass $X_1 \overset{\text{kom}}{\longleftrightarrow} X_k$ für jedes $k = 1, \ldots, n$ gilt. Für $n = 2$, dem Induktionsanfang, haben wir dies ja bereits gesehen. Jetzt ist die Gültigkeit der Aussage

$$X_1 \overset{\text{kom}}{\longleftrightarrow} (X_1 \oplus \ldots \oplus X_{n+1})$$

für $(n + 1)$ paarweise kommensurable Intervalle $X_1, \ldots, X_{n+1}$ zu zeigen, wenn angenommen wird, dass dies für jeweils n solche Intervalle richtig sei. Nach Annahme gilt

$$X_1 \overset{\text{kom}}{\longleftrightarrow} (X_1 \oplus \ldots \oplus X_n =: X),$$

und nach Voraussetzung ist auch

$$X_1 \overset{\text{kom}}{\longleftrightarrow} X_{n+1} =: Y$$

erfüllt. Jetzt können wir unseren Standardfall anwenden und finden das Ergebnis

$$X_1 \overset{\text{kom}}{\longleftrightarrow} (X \oplus Y = X_1 \oplus \ldots \oplus X_{n+1})$$

– wie gewünscht. Somit sind alle Regeln dieses Theorems erklärt. ∎

▶ *Das induktive Argument am Ende dieses Beweises ist unter dem Kennwort „**Prinzip der vollständigen Induktion**" das wohl prominenteste Beweisverfahren der Grundlagenmathematik – und damit geplagte Studierende wissen ein Lied hiervon zu singen. Gleichwohl ist seine Begründung wie auch seine Wirkungsweise sehr einleuchtend, denn die Richtigkeit einer von einem Laufindex (n) abhängigen Behauptung wird zunächst für den Anfang $(n = 1)$ bewiesen und dann gezeigt, dass sie für eine Zahl $(n + 1)$ jedenfalls dann richtig ist, wenn sie für die vorangehende Zahl (n) als richtig angenommen würde. Nachzulesen ist dieses Verfahren in jedem Grundlagenbuch zur Mathematik.*

Bemerkung zu den simultanen Kommensurabilitäten
Die Möglichkeit, für eine kommensurable Intervallfamilie $X_1, \ldots, X_n \in \mathfrak{M}_{\text{mus}}$, für die es ja a priori die vielen Kommensurabilitäten

$$X_j \overset{\text{kom}}{\longleftrightarrow} X_k \text{ für alle } j, k = 1, \ldots, n$$

gibt, eine geordnete und sich auf relativ wenige Kommensurabilitätsgleichungen reduzierende Auflistung zu erhalten, wäre für eine praktische Durchführung von hohem Nutzen. Schließlich wären das beispielsweise für $n = 4$ nur drei Gleichungen gegenüber den sechs Gleichungen, die auch nach Wegfall der Reflexivität und der Symmetrie immer noch übrig blieben. So aber sorgt das Transitivitätsgesetz für eine erneute Reduzierung. Die im Beweis gegebene Anleitung, aus den $(n - 1)$ sukzessiv geordneten reduzierten Gleichungen

$$l_j * X_j = k_{j+1} * X_{j+1}, 1 \leq j \leq n - 1$$

eine simultane Gleichungskette

$$(l_1 l_2 \ldots l_{n-1}) * X_1 = (k_2 l_2 \ldots l_{n-1}) * X_2 = \ldots = (k_2 k_3 \ldots k_n) * X_n$$

zu konstruieren, besitzt zudem auch den Vorteil, dass alle paarweise geltenden Kommensurabilitäten durch direktes Ablesen – also sofort – angegeben werden können; eine etwaige Kürzung durch gemeinsame Faktoren aller Kettenglieder noch hinzufügend. Das ganze Verfahren ähnelt im Übrigen der Vorgehensweise, wie man aus einer Anzahl von Proportionen

$$A_j{:}A_{j+1} \cong n_j{:}m_{j+1}, j = 1, \ldots, n$$

für allgemeine Magnituden $A_j, j = 1, \ldots, n$ mit ganzzahligen Proportionenparametern $n_j, m_{j+1}, j = 1, \ldots, n$ eine zusammenhängende Proportionenkette

$$A_1{:}A_2{:} \ldots {:}A_n \cong k_1{:}k_2{:} \ldots {:}k_n$$

erhält. Man findet dieses Verfahren unter anderem in (Schüffler, 2019) [51] ausführlich dargelegt. Im Zusammenhang mit dem Aufbau von Skalen, deren Intervalle vorrangig rationale Proportionen zueinander aufweisen, ist diese Technik des „Zusammenklebens" von Verhältnissen von großem Vorteil. In unserem Falle wären die Intervalle X_j diese Magnituden, und eine Kommensurabilität kann vermöge der Interpretation

$$m * X = n * Y \Leftrightarrow \text{ct}(X){:}\text{ct}(Y) \cong n{:}m \Leftrightarrow X{:}Y \cong n{:}m$$

als Proportion ihrer Centmaße durchaus als ganzzahlige Intervallproportionalität gelesen werden. Zur Methode der simultanen Gleichungen wollen wir ein kurzes konkretes Rechenbeispiel mit vier Intervallen geben.

Beispiel 2.3 (Simultane Kommensurabilitäten)

Gegeben seien die vier Intervalle $X_1, X_2, X_3, X_4 \in \mathfrak{M}_{\text{mus}}$ mittels ihrer Centdatenfolge

$$120 \text{ ct} - 90 \text{ ct} - 210 \text{ ct} - 315 \text{ ct},$$

sodass hieraus die geordneten Kommensurabilitätsgleichungen

$$3 * X_1 = 4 * X_2 \text{ und } 7 * X_2 = 3 * X_3 \text{ und } 3 * X_3 = 2 * X_4$$

entstehen. Dies führt nach Erweiterung der ersten Gleichung mit dem Faktor $7 * 3$ und dem dann stets möglichen Substituieren der weiteren Gleichungen zu der Gleichungskette

$$(3 * 7 * 3)X_1 = (4 * 7 * 3)X_2 = (4 * 3 * 3)X_3 = (4 * 3 * 2)X_4$$

$$\Leftrightarrow 63 * X_1 = 84 * X_2 = 36 * X_3 = 24 * X_4,$$

$$\Leftrightarrow 21 * X_1 = 28 * X_2 = 12 * X_3 = 8 * X_4,$$

aus der man – quasi zur Überprüfung – die einzelnen Kommensurabilitätsgleichungen wieder mühelos ablesen kann. Diese Gleichungskette mit dem
Proportionalitätenvektor $(21, 28, 12, 8)$ hat auch schon die Endform, denn es gibt
keinen gemeinsamen Teiler aller vier Daten, und wir bestätigen sehr leicht, dass

$$X_1{:}X_2{:}X_3{:}X_4 \cong 21{:}28{:}12{:}8$$

die gewünschte Proportionenkette in ganzzahliger teilerfremder Form ist. ◀

Eine kurze Analyse dieses Beispiels zeigt, dass die anfängliche Vervielfachung durch
das Produkt der restlichen vorderen Koeffizienten $(l_2 \ldots l_{n-1})$ eigentlich dadurch ersetzt
werden könnte, dass man für die erste Gleichung als Erweiterungsfaktor das „kleinste
gemeinsame Vielfache" $kgV((l_1, l_2, \ldots l_{n-1})$ aller vorderen l_j-Koeffizienten wählt. So
würden nämlich überflüssige gemeinsame Vielfache der Gleichungskette von Beginn an
ausgeschlossen. Im Fall des Beispiels wäre das der Faktor $(3 * 7)$ statt $(3 * 7 * 3)$, was
man anhand der nachträglichen Kürzung um den gemeinsamen Faktor 3 bestätigt sieht.

Bemerkung: die rationale Vervielfachung musikalischer Intervalle
Die Kommensurabilität versetzt uns auch in die Lage, einmal einer anderen Frage nach-
zugehen. Wenn wir zu einem gegebenen Intervall $Y \in \mathfrak{M}_{\text{mus}}$ und einer gegebenen Vervielfachung $n \in \mathbb{Z}$ das Intervall

$$X = n * Y$$

notieren, so ist nach unserer Einführung der Operationen Adjunktion/Subjunktion des
Abschn. 1.3 klar, wie dies zu verstehen ist: Für ein positives ganzzahliges Vielfaches ist
das Intervall $n*Y$ die n-fache Adjunktion von Y, für ein negatives n ist es die $(-n)$-fache
Subjunktion – beziehungsweise die $(-n)$-fache Adjunktion – des zu X inversen Intervalls
$Y^{inv} = I(|Y|^{-1})$. Zumindest aus dieser Perspektive ist aber nicht klar, was mit mit den
Konstrukten

$$X = \frac{1}{2} * Y \text{ oder } X = \frac{n}{m} * Y$$

gemeint ist – wenn man auch die Bedeutung ahnt. Es ist uns nun eine eigene Definition
wert, dieser Konstruktion einen verlässlichen Hintergrund zu geben; wir erweitern somit
die Vervielfachung vom Ring der ganzen Zahlen $\mathbb{Z}$ auf den Körper $\mathbb{Q}$ aller rationalen
Zahlen (sprich: Brüche), was uns sogar den letzten Schritt einer Erweiterung auf alle
möglichen reellen Zahlen $\mathbb{R}$ gestattet.

Definition 2.2 (Rationale und reelle Vervielfachungen musikalischer Intervalle)
Für ein musikalisches Intervall $Y \in \mathfrak{M}_{\text{mus}}$ und für einen <u>rationalen</u> Parameter
$r = n/m$ definieren wir das Intervall $X \in \mathfrak{M}_{\text{mus}}$ durch die Kommensurabilitätsgleichung

$$X := r * Y = \frac{n}{m} * Y \Leftrightarrow m * X = n * Y$$

als das (eindeutige) Intervall, welches unter den Parametern $n, m \in \mathbb{Z}$ kommensurabel zu Y ist. Diese abstrakte Festlegung lässt sich natürlich konkretisieren, und wir halten fest:

$$X = \frac{n}{m} * Y \Leftrightarrow |X| = |Y|^{n/m} - \text{Frequenzmaß} - \text{Beschreibung},$$

$$X = \frac{n}{m} * Y \Leftrightarrow \mathrm{ct}(X) = \frac{n}{m}\mathrm{ct}(Y) - \text{Centmaß} - \text{Beschreibung}.$$

Beide Beschreibungen korrelieren mit den Gesetzen von Frequenz- und Centmaß.

Eine Verallgemeinerung auf den reellen Zahlkörper kann nun zwar nicht intervallarithmetisch jedoch über die Maßbeschreibungen geschehen.

Für $Y \in \mathfrak{M}_{\text{mus}}$ definieren wir das um den <u>reellen</u> Faktor $t \in \mathbb{R}$ vervielfachte Intervall

$$X = t * Y \Leftrightarrow \mathrm{ct}(X) = t * \mathrm{ct}(Y) \text{ beziehungsweise } |X| = |Y|^{t}.$$

So wird also die Vervielfachung im Centmaß zur linearen, im Frequenzmaß zur exponentiellen Funktion.

Die Berechnung solcher „vervielfachter" Intervalle geschieht zweifellos durch ihre Maßberechnungen – wobei sich das Centmaß ganz von alleine als die bequemste Form anbietet. Man möge aber nicht glauben, dass die intervallarithmetische – und sogar ein wenig tautologisch erscheinende – Form nicht zum Einsatz käme, im Gegenteil! Zahllose Konstruktionen existieren gerade wegen ihres abstrakten Modells. Hierzu möge das Folgebeispiel dienen.

Beispiel 2.4 (Rationale Vervielfachung musikalischer Intervalle)

(1) **Die „mitteltönige Quinte" Q_{mt}^{+}:** Sie ist wie folgt definiert: Vier Aufwärtsiterationen sollen mit der um zwei Oktaven $O(1:2)$ erhöhten reinen Terz (4:5) zusammentreffen (siehe auch das Kap. 9). Somit haben wir die Gleichung

$$4X = 2O \oplus Terz(4:5) = Y(1:5).$$

Die (gerundete) Lösung im Centmaßmodus ist dann einfach, und es gilt

$$\mathrm{ct}(X) = \frac{1}{4}(2400 + 386,3) \text{ ct} = 696,578 \text{ ct},$$

während das Frequenzmaß mit $|X| = \sqrt[4]{5} = 1,4953\ldots$ weitaus weniger Informationsgehalt bereithält.

(2) **Die „Silbermann-Quinte"** $Q_{Silbermann}$: Gottfried Silbermann (1683–1753) erfand
– wie viele andere Orgelbauer und Musiktheoretiker – eine Quinte, mittels derer
er seine Skalen konstruierte. Diese Quinte legte er durch die Gleichung

$$6Q_{\text{Silbermann}} \oplus 6Q_{\text{pyth}} = 7O$$

$$\Leftrightarrow 6Q_{\text{Silbermann}} = 7O \ominus 6Q_{\text{pyth}} = Y\left(3^6 : 2^{13}\right)$$

fest. Hieraus gewinnen wir dann den ebenfalls gerundeten Centwert

$$\text{ct}(Q_{\text{Silbermann}}) = \frac{1}{6}(8400 - 6 * 701{,}95)\,\text{ct} = 698{,}045\,\text{ct}.$$

Aber auch das Frequenzmaß genügt einer schnell zu erfassenden Formel:

$$|Q_{\text{Silbermann}}| = \sqrt[6]{2^{13}3^{-6}} = \frac{4}{3}\sqrt[6]{2},$$

welche die Silbermann-Quinte als Summe (Adjunktion) aus einer reinen Quarte
(3:4) und einem gleichstufig temperierten Ganzton $\left(1:\sqrt[6]{2}\right)$ präsentiert. Im
Abschn. 12.9 werden wir die Temperierungen von Gottfried Silbermann näher
studieren. ◄

Im Kap. 11 beschreiben wir tatsächlich eine Reihe von historischen
Temperierungen, deren exakte Konstruktion punktgenau mit der ebenfalls „exakten"
intervallarithmetischen Gleichung verbunden ist – sie alleine verrät die Gedanken ihrer
Konstrukteure, und sie erlaubt, die Maßbestimmungen zu gewinnen. Würden wir – um
beim Beispiel zu bleiben – die Silbermann-Quinte durch ihre Centzahl definieren, so ent-
ginge uns ein Verstehen der konstruktiven Vorstellung ihres Erfinders:

▶ *Gottfried Silbermann erzwang die Schließung der 12-Quinten-Iteration zu sieben
Oktaven, indem er die Hälfte hiervon als reine Quinten beließ und die andere
Hälfte – die Silbermann-Quinten – entsprechend berechnete, sodass der Quinten-
kreis geschlossen ist.*

Bedingt durch die symmetrische Anzahl gleich vieler reiner wie auch Ausgleichsquinten
entsteht übrigens hierbei eine äußerst interessante Temperierung: das getreue Spiegelbild
der pythagoräischen Stimmung – dazu aber mehr im Abschn. 12.9 Gottfried Silbermann:
Der gespiegelte Pythagoras.

2.2 Kommensurable Teilbarkeit musikalischer Intervalle

Die Teilbarkeitstheorie der ganzen Zahlen ist auf das Engste verknüpft mit zwei
zueinander korrespondierenden Begriffen,

1. dem „größten gemeinsamen Teiler (ggT)" zweier oder mehrerer Zahlen,
2. dem „kleinsten gemeinsamen Vielfachen (kgV)" zweier oder mehrerer Zahlen.

Hinzu gesellt sich noch die über alles regierende eindeutig existierende Primzahlzerlegung für alle ganzen Zahlen. Aus dieser Allianz lassen sich alle bedeutsamen wie nennenswerten, praktisch wie theoretisch relevanten Rechenwerkzeuge und Aufgaben der Zahlenarithmetik bearbeiten und verstehen.

In der Erklärbox – Satz 2.2 stellen wir die entscheidenden Merkmale dieser Begriffswelt zusammen, im Vertrauen darauf, dadurch das für unsere Darlegungen wünschenswerte Verständnis aus alter Schulzeit wieder hervorgezaubert zu haben – frei nach dem Motto: „Ach ja, richtig, so war das."

Erklärbox – Satz 2.2 (Teilbarkeit ganzer Zahlen: ggT und kgV)

Gegeben seien für $n \geq 2$ die ganzen Zahlen $a_1, \ldots, a_n$. Dann ist eine ebenfalls ganze Zahl $a \in \mathbb{Z}$ ein **gemeinsamer Teiler** dieser Zahlenfamilie, wenn a jedes der $a_j, j = 1, \ldots, n$ ganzzahlig teilt, man schreibt dann

$$a = gT(a_1, \ldots, a_n).$$

Der größtmögliche gemeinsame Teiler, den es übrigens aufgrund des Hauptsatzes der Primzahltheorie stets gibt, heißt **größter gemeinsamer Teiler,** man schreibt

$$d = ggT(a_1, \ldots, a_n).$$

Für diesen größten gemeinsamen Teiler gibt es folgende eindeutig charakterisierende und immer wieder genutzte Eigenschaften:

(1) **Charakterisierung des ggT:** Eine Zahl d ist genau dann der $ggT(a_1, \ldots, a_n)$, wenn folgende zwei Eigenschaften zutreffen:
   1. $a_j = d * b_j$ für alle $j = 1, \ldots, n$ und mit $b_j \in \mathbb{Z}$ – wenn also $d = gT(a_1, \ldots, a_n)$ gilt.
   2. Ist $b = gT(a_1, \ldots, a_n)$ ein gemeinsamer Teiler, so ist $d = \alpha * b$ mit $\alpha \in \mathbb{Z}$.

   „Der ggT teilt jede der Zahlen a_j, und er enthält jeden anderen gemeinsamen Teiler als Teiler."

Hinsichtlich des „Vielfachen" werden die logischen Parameter einfach umgekehrt: Eine Zahl $v \in \mathbb{Z}$ ist ein **gemeinsames Vielfaches** der Familie $a_1, \ldots, a_n$, wenn jede Zahl $a_j, j = 1, \ldots, n$ ein Teiler von v ist, man schreibt

$$v = gV(a_1, \ldots, a_n).$$

Das kleinste gemeinsame Vielfache existiert ebenfalls stets, man schreibt

$$v = kgV(a_1, \ldots, a_n),$$

und auch dieses ist durch zwei Merkmale eindeutig charakterisiert:

(2) **Charakterisierung des kgV:** Eine Zahl v ist genau dann das kgV $(a_1, \ldots, a_n)$, wenn diese zwei Bedingungen erfüllt sind:

3. $v = a_j b_j$ für alle $j = 1, \ldots, n$, und mit $b_j \in \mathbb{Z}$ – also $v = gV(a_1, \ldots, a_n)$.

4. Ist $u = gV(a_1, \ldots, a_n)$ ein gemeinsames Vielfaches, so ist $u = \beta * v, \beta \in \mathbb{Z}$

„Das kgV ist Vielfaches aller Zahlen a_j, und es ist Teiler von jedem anderen gemeinsamen Vielfachen."

(3) **Parametersymmetrie:** Für den Grundfall zweier Daten $(n = 2)$ gilt der bekannte Zusammenhang, dass das Produkt von ggT und kgV dieser Daten so groß wie das Produkt der beiden Daten ist,

$$d * v = a_1 * a_2.$$

Diese Formel ist aber für mehr als zwei Daten falsch, wie das Beispiel mit den drei Zahlen $(2, 3, 4)$ zeigt.

(4) **Satz vom größten gemeinsamen Teiler**

a) Ist $d = ggT(a_1, \ldots, a_n)$, so hat die Gleichung

$$a_1 x_1 + \cdots + a_n x_n = d$$

eine ganzzahlige Lösung $x_1, \ldots, x_n$. Sind also die Daten $(a_1, \ldots, a_n)$ teilerfremd, was besagt, dass der ggT gleich 1 ist, so können wir die Gleichung

$$a_1 x_1 + \cdots + a_n x_n = 1$$

durch ganze Zahlen $x_1, \ldots, x_n$ lösen.

b) Ist $d = gT(a_1, \ldots, a_n)$ und gilt eine Darstellung

$$d = a_1 x_1 + \cdots + a_n x_n$$

mit ganzen Zahlen $x_1, \ldots, x_n$, so ist $d = ggT(a_1, \ldots, a_n)$.

Mit dem Regelwerk der Kommensurabilität, wie wir es im zurückliegenden Abschn. 2.1 entwickelt haben, sind es jetzt nur noch wenige kleine Schritt bis zu Resultaten, welche im Hintergrund zahlreicher Berechnungen in der Skalen- und Intervallarithmetik regieren. Zu diesen kleinen Schritten motiviert uns eine Beobachtung, welche im All-tagsrechnen im Reich der natürlichen beziehungsweise der ganzen Zahlen nicht wegzudenken ist. Diese Beobachtung betrifft die soeben angesprochene Teilbar-keit der natürlichen Zahlen und hierbei – genau genommen – die Rolle des „größten gemeinsamen Teilers (ggT)" zweier oder mehrerer Zahlen $n, m \in \mathbb{N}$ sowie – wenn auch weniger dominant – die Rolle des kleinsten gemeinsamen Vielfachen, des kgV zweier oder mehrerer ganzer Zahlen.

Eine wichtige Erkenntnis der elementaren Zahlentheorie ist die, dass eine Gleichung

$$d = x * m + y * n$$

tatsächlich ein ganzzahliges Lösungspaar $(x, y) \in \mathbb{Z}$ hat, falls $d = ggT(m, n)$ ist, und für mehrere Daten gilt Entsprechendes. Das ist in der Erklärbox ja als „Satz vom größten gemeinsamen Teiler" schon herausgestellt worden. Was die Eindeutigkeit einer solchen Lösung betrifft, so sehen wir hier ähnliche Strukturen wie bei gewöhnlichen reellen linearen Gleichungssystemen. Im Falle zweier Parameter können wir jedenfalls sofort erkennen, dass die Gesamtheit der Lösungen in der eindimensionalen Punktfolge

$$\begin{pmatrix} u \\ v \end{pmatrix} = \begin{pmatrix} x \\ y \end{pmatrix} + k \begin{pmatrix} n \\ -m \end{pmatrix} = \begin{pmatrix} x + kn \\ y - km \end{pmatrix}, k \in \mathbb{Z},$$

besteht, falls (x, y) eine solche „spezielle" Lösung ist, und der Parameter $k \in \mathbb{Z}$ kann dabei alle ganzen Zahlen durchlaufen. Wir fragen uns jetzt:

▶   **Frage:** *Gibt es am Ende für kommensurable musikalische Intervalle ein Analogon hierzu? Schließlich liegt ja mit der Kommensurabilitätsgleichung*

$$Prim = n * X \ominus m * Y$$

eine formal äußerst ähnliche Ausgangssituation vor.

Die **Antwort** ist: Ja – ein „ggT-Intervall" wie auch ein „kgV-Intervall" für kommensurable Intervalle gibt es wirklich, und wir werden sehen, dass sich so manche intervallarithmetischen Rechnungen im Handumdrehen dank dieses Werkzeugs wie von selbst erledigen. Diesen intervallischen „ggT" lernen wir in der folgenden Definition und dem kommenden Theorem kennen; das kleinste gemeinsame Vielfache „kgV" erklären wir dann in der späteren Definition 2.4.

Definition 2.3 (Kommensurable Teiler musikalischer Intervalle)

(1) Seien $E, X \in \mathfrak{M}_{\text{mus}}$ zwei musikalische Intervalle, wobei der Fall $X = Prim$ (aus naheliegenden Gründen) ausgeschlossen wird. Wenn dann die Teilungsgleichung

$$X = k * E$$

mit einer ganzen Zahl $k \in \mathbb{Z}$ besteht, so heißt E ein **kommensurabler Teiler** von X, und wir schreiben dann in mathematischer Lesart

$$E = T(X) \Leftrightarrow es\ gibt\ ein\ k \in \mathbb{Z}, sodass\ X = k * E\ ist.$$

Konsequenterweise sind dann auch (E, X) kommensurabel.

(2) Sei allgemeiner $n \geq 2$ und $X_1, \ldots, X_n \in \mathfrak{M}_{\mathrm{mus}}$ eine Familie musikalischer Intervalle (welche ebenfalls alle von der Prim verschieden sein sollen), so heißt $E \in \mathfrak{M}_{\mathrm{mus}}$ ein **gemeinsamer kommensurabler Teiler**, falls E ein kommensurabler Teiler für jedes dieser Intervalle X_j ist, und das heißt in mathematischer Sprache:

$$E = gT(X_1, \ldots, X_n) \Leftrightarrow E = T(X_j) \text{ für alle } j = 1, \ldots, n.$$

Dann sind übrigens nach dem Transitivgesetz der Kommensurabilität auch alle Intervalle $X_1, \ldots, X_n$ untereinander paarweise kommensurabel.

(3) Ein Intervall $E \in \mathfrak{M}_{\mathrm{mus}}$ heißt **größter gemeinsamer kommensurabler Teiler** der Intervallfamilie $X_1, \ldots, X_n$ – kurz

$$E = ggT(X_1, \ldots, X_n),$$

falls E ein gemeinsamer Teiler von $X_1, \ldots, X_n$ ist und falls E im Sinne der Definition 1.7 auch das größte Intervall unter allen gemeinsamen kommensurablen Teilern von $X_1, \ldots, X_n$ ist, was heißt, dass der Betrag seiner Centzahl am größten ist.

Zunächst schließen wir hierüber ein paar Bemerkungen und Regeln an:

(1) Wir wollen zunächst einmal folgende sprachlich bedingte Verwechslungsmöglichkeit ansprechen: Ist E ein „Teilungsintervall" eines Intervalls X, so ist X ein ganzzahliges Vielfaches von E. Wir können daher – bei gleicher Orientierung – das Intervall E auch als „Teilintervall" von X auffassen. Dieser Begriff dehnt sich jedoch intuitiv auf die ganz allgemeine Situation aus, dass bei zwei Intervallen E, X in der Situation

$$0 \leq \mathrm{ct}(E) \leq \mathrm{ct}(X)$$

die naheliegende Feststellung getroffen werden kann, „das Intervall E sei ein Teilintervall von X" – schließlich ist ja die Differenz $F = X \ominus E$ ebenfalls positiv centwertig, und die einfache Summe

$$X = E \oplus F$$

legt dann den Schluss nahe, beide seien Teile – also Teilintervalle – von X. Deswegen müssen wir in der Tat ein wenig auf die Feinheit der Wortwahl „Teilungsintervall" versus „Teilintervall" achten. Mehr ist dazu aber nicht zu sagen.

(2) Zu jedem Intervall $X \in \mathfrak{M}_{\mathrm{mus}}$ und zu jedem Teilungsparameter $k \in \mathbb{Z} \, (k \neq 0)$ gibt es einen kommensurablen Teiler $E \in \mathfrak{M}_{\mathrm{mus}}$. Das entnehmen wir nämlich unmittelbar der Definition 2.2; aber natürlich genügt hierzu auch der Blick via Centmaßberechnung

$$\mathrm{ct}(E) = \frac{1}{k} \, \mathrm{ct}(X)$$

unter Anwendung der Identifizierung der Maße mit den musikalischen Intervallen gemäß Theorem 1.3. Gleichzeitig sehen wir, dass die Eindeutigkeit eines solchen kommensurablen Teilers mit der Teilungszahl $k \in \mathbb{Z}$ verbunden ist.

(3) Ist E ein gemeinsamer kommensurabler Teiler einer Intervallfamilie, und ist F ein kommensurabler Teiler von E, so ist auch F ein gemeinsamer kommensurabler Teiler dieser Intervallfamilie, symbolisch

$$E = gT(X_1, \ldots, X_n) \text{ und } F = T(E) \Rightarrow F = gT(X_1, \ldots, X_n).$$

Ob es für zwei oder mehrere Intervalle überhaupt gemeinsame kommensurable Teiler gibt, werden wir noch sehen – sicher ist jedoch nach dem Voranstehenden deren Nichteindeutigkeit.

(4) Ist E ein gemeinsamer kommensurabler Teiler einer Intervallfamilie, so ist E auch ein Teiler für jede ganzzahlige Adjunktion von Vielfachen dieser Intervalle, symbolisch

$$E = gT(X_1, \ldots, X_n) \Rightarrow E = T(u_1 X_1 \oplus \ldots \oplus u_n X_n)$$

für jede beliebige Kollektion $u_1, \ldots, u_n \in \mathbb{Z}$ ganzer Zahlen.

(5) Ist E ein gemeinsamer kommensurabler Teiler einer Intervallfamilie, so ist E auch ein gemeinsamer kommensurabler Teiler für jede um eine ganzzahlige Adjunktion von Vielfachen dieser Intervalle erweiterten Intervallfamilie. Dies gilt auch für den größten gemeinsamen kommensurablen Teiler, und es gelten auch die jeweiligen Umkehrungen, symbolisch

$$E = gT(X_1, \ldots, X_n) \Leftrightarrow E = gT(X_1, \ldots, X_n, X_{n+1})$$

$$E = ggT(X_1, \ldots, X_n) \Leftrightarrow E = ggT(X_1, \ldots, X_n, X_{n+1}),$$

und hierbei ist

$$X_{n+1} = u_1 X_1 \oplus \ldots \oplus u_n X_n$$

eine beliebige ganzzahlige Adjunktion der Intervalle $X_1, \ldots, X_n$.

Die Erklärungen – beispielsweise zur ggT-Aussage – sind denkbar einfach: Wenn E jedes Intervall $X_1, \ldots, X_n$ teilt, so gilt auch $E = T(X_{n+1})$. Wäre nun ein Intervall $F = gT(X_1, \ldots, X_n, X_{n+1})$ größer als E, so wäre F auch ein größerer gemeinsamer Teiler aller Intervalle $X_1, \ldots, X_n$ im Widerspruch zur Maximalität von E.

(6) Sind $E = gT(X_1, \ldots, X_n)$ und $F = gT(X_1, \ldots, X_n)$ zwei gemeinsame kommensurable Teiler einer Intervallfamilie, so muss keiner der beiden ein kommensurabler Teiler des anderen sein.

(7) Weil wir in unseren Definitionen die uneingeschränkte positive oder negative Ganzzahligkeit zugelassen haben, hat mit jedem Intervall E auch sein Inverses $(\ominus E)$ die gleichen kommensurablen Teilereigenschaften. Formulierte Eindeutigkeiten gelten also zunächst einmal bis auf diese durch das Vorzeichen bedingte Dopplung. Aus gut

ersichtlichem Grund kann man sich nämlich nicht nur auf „Aufwärts-" oder nur auf „Abwärtsintervalle" einschränken.

Was aber über Aussage (3) hinaus schon einmal angesagt werden kann, ist, dass im Falle eines größten gemeinsamen kommensurablen Teilers einer Intervallfamilie $X_1, \ldots, X_n$ dessen Charakteristikum ist, dass er selber alle anderen gemeinsamen kommensurablen Teiler von $X_1, \ldots, X_n$ als kommensurable Teiler enthält. Das werden wir nämlich – zusammen mit einigen anderen signifikanten Merkmalen großer Reichweite – beweisen können. Zunächst möge ein Beispiel folgen:

Beispiel 2.5 (Kommensurable Teiler und die Centmaßregel)

Wir wählen aus der üblichen 12-gleichstufigen Temperierung ETS_{12} (siehe Abschn. 11.2) die beiden Intervalle

$$X = Oktave, \ \text{ct}(X) = 1200 \text{ ct},$$

$$Y = verminderte\ Duodezime, \ \text{ct}(Y) = 1800 \text{ ct}.$$

Das Intervall Y ist ein oktavierter Tritonus ($C_0 \rightarrow Fis_1$) der gleichstufig temperierten Oktavskala S_{12}, und (X, Y) sind kommensurabel, denn

$$3 * X = 2 * Y.$$

Gemeinsame kommensurable Teiler sind beispielsweise die Intervallfamilien

$$E_k \text{ mit } \text{ct}(E_k) = \left(\frac{200}{k}, k = 1, 2, \ldots \right) = 200 \text{ ct}, \ 100 \text{ ct}, \ 50 \text{ ct}, \ldots, 2 \text{ ct}, 1 \text{ ct}, \ldots$$

$$F_k \text{ mit } \text{ct}(F_k) = \left(\frac{300}{k}, k = 1, 2, \ldots \right) = 300 \text{ ct}, 150 \text{ ct}, 75 \text{ ct}, \ldots, 5 \text{ ct}, \ 1 \text{ ct}, \ldots$$

Nicht alle Intervalle der Reihe der E_k stecken ganzzahlig in den Intervallen der Reihe F_k und umgekehrt. Offenbar ist aber das Intervall

$$G \text{ mit } \text{ct}(G) = 600 \text{ ct}, G = (C_0 \rightarrow Fis_0)$$

der größte gemeinsame kommensurable Teiler, und er enthält alle anderen Teiler als ganzzahlige kommensurable Teiler. Dabei werden im Allgemeinen die Primzahldarstellungen der Centmaße von X, Y eine Rolle spielen; in diesem Fall ist das besonders einfach überschaubar:

$$1200 = 2^4 * 3^1 * 5^2 \text{ und } 1800 = 2^3 * 3^2 * 5^2.$$

Hieraus ist auch eine Regel erkennbar, deren Nachweis wir einmal dem Eifer unserer Leser überlassen, und das ist die Feststellung:

Satz (Centmaßregel des größten gemeinsamen Teilers):

Sind die Centwerte der Intervalle X, Y ganzzahlig, so ist der größte gemeinsame Teiler dieser Maßzahlen simultan auch das Centmaß des größten gemeinsamen kommensurablen intervallischen Teilers, symbolisch gesagt:

$$\text{ct}(X), \text{ct}(Y) \in \mathbb{Z} \Rightarrow ggT(\text{ct}(X), \text{ct}(Y)) = \text{ct}(ggT(X, Y)),$$

und diese Formel ist unmittelbar auf eine Familie $X_1, \ldots, X_n$ musikalischer Intervalle mit ganzzahligen Centwerten verallgemeinerbar. ◄

Das folgende Theorem ist nun ein glänzendes Beispiel, wie sich die Konzepte der Zahlenalgebra auf die Strukturen der Intervallalgebra übertragen lassen: Ebenso wie die subtile ganzzahlige Lösbarkeit der Gleichung

$$ggT(m, n) = x * m + y * n$$

zweier (oder mehrerer) ganzer Zahlen (m, n) in der Theorie der Zahlenarithmetik und ihrer Anwendungen von herausgehobener Bedeutung ist, so werden wir nun entdecken, dass es in der Musik ein völlig ebenbürtiges Pendant hierzu gibt – mit ebenso weitreichenden Konsequenzen: Auch hier gibt es einen „größten gemeinsamen Teiler", mit dessen Hilfe Theorie und Anwendung segensreich gesteuert werden (können).

Wenn wir nun im nachfolgenden Text von einer kommensurablen Kollektion oder Familie von Intervallen $X_1, \ldots, X_n \in \mathfrak{M}_{\text{mus}}$ sprechen – wobei stets $n \geq 2$ ist –, so ist damit per definitionem gemeint, dass je zwei dieser Intervalle kommensurabel sind. Kommt dann unter diesen Intervallen auch die Prim vor, so gilt aufgrund der Kommensurabilität für alle Intervalle, dass alle Intervalle X_j lediglich das Primintervall sein können. Somit werden wir – ohne es jedes Mal zu erwähnen – den entlegenen Trivialfall $(X_1, \ldots, X_n) = (Prim, \ldots, Prim)$ ausschließen. Im Übrigen wären die meisten der kommenden Aussagen für diesen Fall auch tatsächlich unzutreffend. Hinsichtlich der sogleich formulierten Eindeutigkeiten erinnern wir nochmal kurz an die letzte voranstehende Bemerkung (7), dass mit jedem Intervall auch dessen Inverses die gleichen Teilbarkeitseigenschaften besitzt.

Theorem 2.2 (Theorem vom größten gemeinsamen kommensurablen Teiler)

(A) **Die universelle Eigenschaft des kommensurablen ggT**

Sei $X_1, \ldots, X_n \in \mathfrak{M}_{\text{mus}}$ eine kommensurable Intervallfamilie. Dann sind für ein Intervall $E \in \mathfrak{M}_{\text{mus}}$ folgende Eigenschaften äquivalent:

(1) $E = ggT(X_1, \ldots, X_n)$,

(2) $E = gT(X_1, \ldots, X_n)$, und E ist eine ganzzahlige Adjunktion von Vielfachen der gegebenen Intervalle $X_1, \ldots, X_n$, das heißt

$$E = u_1 X_1 \oplus \ldots \oplus u_n X_n \text{ mit } u_1, \ldots, u_n \in \mathbb{Z}.$$

Folgerung: Ein gemeinsamer kommensurabler Teiler $E = gT(X_1, \ldots, X_n)$ ist genau dann ein größter gemeinsamer kommensurabler Teiler, wenn E jeden anderen gemeinsamen kommensurablen Teiler $F = gT(X_1, \ldots, X_n)$ als kommensurablen Teiler (von sich) enthält; symbolisch ausgedrückt, erhalten wir also das Kriterium:

$$\left[E = ggT(X_1, \ldots, X_n) \right] \Leftrightarrow \left[(F = gT(X_1, \ldots, X_n)) \Rightarrow (F = T(E)) \right].$$

(B) **Die Symmetrie der charakteristischen Parameter des ggT**

(1) Sei $E = ggT(X_1, \ldots, X_n)$, dann gibt es gemäß Definition und gemäß Teil (A) die beiden Datensätze $\vec{m} = (m_1, \ldots, m_n) \in \mathbb{Z}^n, \vec{u} = (u_1, \ldots, u_n) \in \mathbb{Z}^n$, wobei diese beiden Datensätze aus den Gleichungen

$$X_j = m_j * E, j = 1, \ldots, n \text{ sowie } E = u_1 X_1 \oplus \ldots \oplus u_n X_n$$

stammen. Dann gilt für das Skalarprodukt dieser beiden Koeffizienten-vektoren $\vec{m}$ und $\vec{u}$ (Kommensurabilitäts-Koeffizentenvektor und Iterations-Koeffizientenvektor) die bemerkenswerte Identität (**Symmetriegleichung**)

$$(\vec{u}, \vec{m}) := u_1 m_1 + \ldots + u_n m_n = 1.$$

(2) Sei $F = gT(X_1, \ldots, X_n)$ mit dem Kommensurabilitäts-Koeffizentenvektor $\vec{m} = (m_1, \ldots, m_n) \in \mathbb{Z}^n$ der gemeinsamen Kommensurabilitäten

$$X_j = m_j * F, j = 1, \ldots, n.$$

Sei dann $(u_1, \ldots, u_n) \in \mathbb{Z}^n$ ein ganzzahliger Datensatz, mit dem das Intervall

$$E = u_1 X_1 \oplus \ldots \oplus u_n X_n$$

gebildet wird, dann gilt folgendes Kriterium:

$$(u_1 m_1 + \ldots + u_n m_n = 1) \Leftrightarrow E = F = ggT(X_1, \ldots, X_n).$$

„Genau für den ggT einer Intervallfamilie ist das skalare Produkt dieser beiden Datensätze die Einheit 1."

Ist demnach $E = ggT(X_1, \ldots, X_n)$, so folgt hieraus auch, dass die n ganzen Zahlen $(u_1, \ldots, u_n)$ als auch die Zahlen $(m_1, \ldots, m_n)$ jeweils keinen gemeinsamen Faktor haben – die Vektoren $\vec{u}$ und $\vec{m}$ bestehen jeweils aus teiler-fremden Koeffizienten.

(C) **Die Existenz eines größten gemeinsamen kommensurablen Teilers**

Zu jeder kommensurablen Intervallfamilie $X_1, \ldots, X_n \in \mathfrak{M}_{mus}$ gibt es genau einen größten gemeinsamen kommensurablen Teiler $E = ggT(X_1, \ldots, X_n) \in \mathfrak{M}_{mus}$ und deshalb beliebig viele gemeinsame kommensurable Teiler $F = gT(X_1, \ldots, X_n)$.

(D) **Die Kommensurabilitätskriterien**

Sei $X_1, \ldots, X_n \in \mathfrak{M}_{\text{mus}}$ eine Intervallfamilie. Dann sind äquivalent:

(1) $(X_1, \ldots, X_n)$ ist eine kommensurable Intervallfamilie.

(2) Es gibt Intervalle $F \in \mathfrak{M}_{\text{mus}}$ mit $F = gT(X_1, \ldots, X_n)$.

(3) Es gibt Intervalle $F \in \mathfrak{M}_{\text{mus}}$ mit $\mathfrak{M}_{X_1, \ldots, X_n} \subset \mathfrak{M}_F$.

(4) Es gibt genau ein Intervall $E \in \mathfrak{M}_{\text{mus}}$ mit $E = ggT(X_1, \ldots, X_n)$.

(5) Es gibt genau ein Intervall $E \in \mathfrak{M}_{\text{mus}}$ mit $\mathfrak{M}_{X_1, \ldots, X_n} = \mathfrak{M}_E$.

Folgerung: Für gemeinsame kommensurable Teiler gelten die Kriterien

(6) $F = gT(X_1, \ldots, X_n) \Leftrightarrow \mathfrak{M}_{X_1, \ldots, X_n} \subset \mathfrak{M}_F$,

(7) $E = ggT(X_1, \ldots, X_n) \Leftrightarrow \mathfrak{M}_{X_1, \ldots, X_n} = \mathfrak{M}_E$.

Beweis Zu Aussage (A): Anders als zu vermuten, können wir diesen Beweis auch direkt und ohne das ansonsten für solche Fälle prädestinierte Induktionsverfahren durchführen. Letzteres würde nämlich für zunächst zwei Intervalle X_1, X_2 die Aussage begründen, um dann die allgemeine schrittweise Erweiterung der Bestätigung der Behauptung aus der angenommenen Richtigkeit für die vorangehenden Daten zu deduzieren. Das ist zwar nicht allzu kompliziert – aber gewöhnungsbedürftig. Und wenn möglich (was nicht immer so einfach ist) ziehen wir den direkten Nachweis vor. Tatsächlich funktioniert dies recht gut, und wir sind nun eingeladen, die Dinge einmal zu ergründen – insbesondere auch deswegen, weil diese Charakterisierung des ggT ein tolles Instrument ist, welches in der Skalentheorie hörbar mitspielt.

Wir starten mit der Implikation: (1) $\Rightarrow$ (2): Sei $E = ggT(X_1, \ldots, X_n)$, dann ist $E = gT(X_1, \ldots, X_n)$, und wir haben die Teilungen

$$X_j = m_j * E, \, j = 1, \ldots, n.$$

Für die ganzzahlige Parameterfamilie $\vec{m} = (m_1, \ldots, m_n)$ gibt es zwei Möglichkeiten:

a) Die Daten $(m_1, \ldots, m_n)$ sind teilerfremd, sie haben keinen gemeinsamen Faktor,

b) die Daten sind nicht teilerfremd, und es ist

$$(m_1, \ldots, m_n) = \alpha(k_1, \ldots, k_n) \text{ mit } \alpha \neq \pm 1 \text{ und } \vec{k} = (k_1, \ldots, k_n) \in \mathbb{Z}^n.$$

Im ersten Fall a) hat nach dem berühmten „Satz vom größten gemeinsamen Teiler" der Teilbarkeitstheorie der ganzen Zahlen (siehe [32]) die Gleichung

$$1 = u_1 m_1 + \ldots u_n m_n$$

einen ganzzahligen Lösungsvektor $\vec{u} = (u_1, \ldots, u_n) \in \mathbb{Z}^n$. Diese Gleichung führt uns aber schnell zum Ziel: Weil E nicht die Prim ist, ist diese Zahlengleichung äquivalent zu

$$E = (u_1 m_1 + \ldots + u_n m_n) * E = (u_1 m_1) * E \oplus \ldots \oplus (u_n m_n) * E$$

$$= u_1(m_1 * E) \oplus \ldots \oplus u_n(m_n * E) = u_1 X_1 \oplus \ldots \oplus u_n X_n,$$

und diese Darstellung sollten wir ja herleiten.

Im zweiten Fall b) faktorisieren wir den gemeinsamen Faktor α aus, sodass der verbleibende ganzzahlige Koeffizientenvektor $(k_1, \ldots, k_n)$ keinen gemeinsamen Teiler mehr hat. Dies jedoch ist nicht wichtig, vielmehr erhalten wir mit dem Intervall

$$F = \alpha * E$$

einen neuen gemeinsamen kommensurablen Teiler von $X_1, \ldots, X_n$, denn es ergeben sich ja sofort die Teilungsgleichungen

$$X_j = m_j * E = (\alpha k_j) * E = k_j * F \text{ für alle } j = 1, \ldots, n.$$

Andererseits ist es für $\alpha \neq \pm 1$ evident, dass

$$|ct(F)| = |\alpha| |ct(E)| > |ct(E)|$$

ist im Widerspruch zur Voraussetzung, dass E der centbetragsgrößte gemeinsame kommensurable Teiler ist. Daher kann Fall b) nicht eintreten, und nach dem ersten Fall a) ergibt sich dieser Teil des Theorems.

Wir kümmern uns jetzt um die Umkehrung: $(2) \Rightarrow (1)$. Dazu zeigen wir, dass ein beliebiger gemeinsamer kommensurabler Teiler F auch ein kommensurabler Teiler von $E = gT(X_1, \ldots, X_n)$ ist, wenn dieses Intervall E zusätzlich durch die Intervalle $X_1, \ldots, X_n$ als eine Adjunktion mit ganzzahligen Vielfachen dargestellt wird. Auch das geht im Handumdrehen:

Sei $F = gT(X_1, \ldots, X_n)$ und $X_j = k_j * F$ für alle $j = 1, \ldots, n$. Dann folgt

$$E = u_1 X_1 \oplus \ldots \oplus u_n X_n = u_1(k_1 * F) \oplus \ldots \oplus u_n(k_n * F)$$

$$= (u_1 k_1 + \ldots u_n k_n) * F = \alpha * F.$$

Also gilt $E = \alpha * F$, woraus $F = T(E)$ folgt – beziehungsweise: Weil dieser Proporzfaktor α ganzzahlig ist, ist der Betrag der Centzahl von E stets größer oder gleich derjenigen von F. Beides drückt aus, dass $E = ggT(X_1, \ldots, X_n)$ ist, wie gefordert. Hiermit haben wir übrigens auch die Folgerung mitbewiesen.

Zu Aussage (B)(1): Sei $E = ggT(X_1, \ldots, X_n)$. Dann folgt nach Teil (A) die Bilanzgleichung.

$$E = u_1 X_1 \oplus \ldots \oplus u_n X_n.$$

Gilt jetzt eine Darstellung durch den gemeinsamen kommensurablen Faktor

$$X_j = m_j * E \text{ für } j = 1, \ldots, n,$$

so setzen wir diese Proportionalitäten in die Bilanzgleichung ein, und dann ergibt sich zwangsläufig das Zahlenprodukt

$$E = u_1 X_1 \oplus \ldots \oplus u_n X_n = (u_1 m_1 + \ldots + u_n m_n) * E$$

$$\Leftrightarrow u_1 m_1 + \ldots + u_n m_n = 1.$$

Dann sind übrigens auch die beiden Datenvektoren jeweils teilerfremd, denn weil auf der rechten Seite der Gleichung die Einheit 1 steht, kann es weder im Vektor $\vec{m}$ noch im Vektor $\vec{u}$ gemeinsame Faktoren aller jeweiligen Koeffizienten geben.

Die Aussage (B)(2), welche bis auf eine logische Kleinigkeit sozusagen die Umkehrung von Teil (1) ist, sehen wir so: Offenbar gilt nach jetziger Voraussetzung die Identität

$$F = (u_1 m_1 + \ldots + u_n m_n) F = u_1 (m_1 F) \oplus \ldots \oplus u_n (m_n F)$$
$$= u_1 X_1 \oplus \ldots \oplus u_n X_n = E.$$

Deshalb ist auch $E = gT(X_1, \ldots, X_n)$. Weil aber E ebenfalls eine ganzzahlige Summe der Intervalle $X_1, \ldots, X_n$ ist, folgt nun nach der universellen Eigenschaft Teil (A), dass E auch größter gemeinsamer kommensurabler Teiler ist.

Zur Aussage (C): In diesem Beweisteil kommt nun auch das Prinzip der vollständigen Induktion zum Einsatz – eine direkte Angabe des ggT wäre für $n > 2$ in der Tat zu diffizil, weil ständig die Teilbarkeitsverhältnisse auf Teilerfremdheit im Blick behalten werden müssen. Dann starten wir damit, dass wir für $n = 2$ den ggT explizit berechnen, und dann wird gezeigt, dass man mittels des ggT von jeweils n kommensurablen Intervallen stets den ggT für $(n + 1)$ Intervalle bekommt. Da dies also für zwei Intervalle gesichert ist, liefert dieser Prozess die Existenz des ggT für drei Intervalle und dann für vier, und so geht dies vermöge dieser Rekursion endlos weiter.

Erster Schritt (Verankerung): Seien $X, Y \in \mathfrak{M}_{\text{mus}}$ zwei kommensurable Intervalle und

$$m * X = n * Y$$

die teilerfremde Form der Kommensurabilitätsgleichung; sie ist diejenige mit den kleinstmöglichen Parametern $(m, n) \in \mathbb{Z}$. Dann ist das Intervall $E \in \mathfrak{M}_{\text{mus}}$, definiert durch

$$n * E = X$$

ein gemeinsamer kommensurabler Teiler, denn es ist ja

$$n * E = X \Leftrightarrow (mn) * E = m * X = nY \Leftrightarrow m * E = Y.$$

Weil nun m, n teilerfremd sind, ist dieses Intervall auch der ggT nach unserem Kriterium Teil (B) – und um dies in diesem einfachen Fall nochmal zu sehen, nehmen wir eine Lösung der Gleichung

$$na + mb = 1,$$

welche dann teilerfremd ist und welche zur Gleichung

$$E = (na + mb)E = a(n * E) \oplus b(m * E) = aX \oplus bY$$

äquivalent ist, und jetzt besorgt die Charakterisierung aus (A), dass $E = ggT(X, Y)$ ist.

Zweiter Schritt: die Induktionsimplikation. Sei $(X_1, \ldots, X_{n+1})$ eine $(n + 1)$-gliedrige kommensurable Intervallfamilie. Jetzt nehmen wir an, dass jede Auswahl einer nur n-gliedrigen Teilfamilie einen intervallischen ggT besitzt. Dann sei

$$E = ggT(X_1, \ldots, X_n)$$

der zu diesen Intervallen $X_1, \ldots, X_n$ existierende intervallische ggT. Nach Teil (A) des Theorems gibt es dann eine Darstellung

$$E = u_1 X_1 \oplus \ldots \oplus u_n X_n \text{ mit } u_1, \ldots, u_n \in \mathbb{Z},$$

und es sei $X_j = m_j * E$ für $j = 1, \ldots, n$. Jetzt kommt der entscheidende Trick. Zu den zwei Intervallen (E, X_{n+1}) finden wir gemäß unserer Verankerung einen größten gemeinsamen kommensurablen Teiler $F := ggT(E, X_{n+1})$ – schließlich sind ja (E, X_{n+1}) kommensurabel, weil nämlich (E, X_1) und (X_1, X_{n+1}) kommensurabel sind. Dann haben wir – auch wieder wegen der Charakterisierung aus Teil (A) – diese Gleichungen

$$F = gT(E, X_{n+1}) \Rightarrow (X_{n+1} = \beta * F) \text{ und } (E = \alpha * F),$$

$$F = ggT(E, X_{n+1}) \Rightarrow F = \gamma * E \oplus \delta * X_{n+1}$$

mit ganzzahligen Koeffizienten $\alpha, \beta, \gamma, \delta$. Daraus folgen vor allem zwei Dinge:

1) Es ist auch $F = T(X_1), \ldots, F = T(X_n)$, weil genau dies ja für das Intervall E gilt. Mithin ist F auch ein gemeinsamer Teiler, $F = gT(X_1, \ldots, X_{n+1})$.

2) Und entscheidend ist noch die Beobachtung, dass sich auch dies ergibt:

$$F = \gamma * E \oplus \delta * X_{n+1} = \gamma(u_1 * X_1 \oplus \ldots \oplus u_n * X_n) \oplus \delta * X_{n+1}$$
$$\Leftrightarrow F = (v_1 * X_1 \oplus \ldots \oplus v_{n+1} * X_{n+1}).$$

Jetzt wenden wir erneut die Charakterisierung (A) an und erkennen, dass $F = ggT(X_1, \ldots, X_{n+1})$ ist, schließlich besitzt F ja die notwendige Basisdarstellung durch alle erzeugenden Intervalle $X_1, \ldots, X_{n+1}$. Damit ist der Induktionsschluss erbracht und auch der Teil (C) bewiesen.

Der Teil (D) ist im Grunde eine einheitliche Zusammenfassung aller Ergebnisse, und zunächst zeigen wir die beiden letzten Aussagen.

Zu (D)(6): Wenn die Gleichungen

$$X_j = m_j * F \ (j = 1, \ldots, n)$$

gelten, so können wir jedes Intervall der Iterationsalgebra $\mathfrak{M}_{X_1,\ldots,X_n}$ auch als Intervall von $\mathfrak{M}_F$ schreiben, was bedeutet:

$$I = a_1 X_1 \oplus \ldots \oplus a_n X_n = a_1(m_1 F) \oplus \ldots \oplus a_n(m_n F)$$
$$= (a_1 m_1 + \ldots a_n m_n)F = k * F.$$

Die Umkehrung ist trivial, da dann jedes erzeugende Intervall X_j ebenfalls als ganzzahliges Vielfaches des Intervalls F geschrieben werden kann, was definitionsgemäß bedeutet, dass F ein Teiler jedes dieser Intervalle X_j ist.

Zu (D)(7): Dies folgt aus (6) zusammen mit Teil (A) des Theorems: Weil ja für den größten gemeinsamen kommensurablen Teiler die Darstellung

$$E = u_1 X_1 \oplus \ldots \oplus u_n X_n \in \mathfrak{M}_{X_1,\ldots,X_n}$$

gilt, ergibt sich hieraus die erste und mit Kriterium (6) die zweite Mengeninklusion.

$$\mathfrak{M}_E \subset \mathfrak{M}_{X_1,\ldots,X_n} \subset \mathfrak{M}_E,$$

woraus die Gleichheit beider Mengen – also beider Iterationsalgebren – folgt.

Da aus der Existenz eines ggT-Intervalls auch die Existenz beliebig vieler gT-Intervalle folgt, sind dank dieser beiden Kriterien (6) und (7) alle Äquivalenzen (1) $\Leftrightarrow \ldots \Leftrightarrow$ (5) offensichtlich. Damit ist das ganze Theorem bewiesen. *(Hurra!)* ∎

Wenn es auch den Anschein erweckt, dass unser Beweis – so richtig er hoffentlich sein mag – zu nichts anderem nutze sei, so zeigt doch ein analytischer Blick in seinen Ablauf, dass wir sehr wohl eine Anweisung bekommen haben, wie wir im Falle multipler Intervalle – also beispielsweise für drei Intervalle (X, Y, Z) – den ggT finden würden, wenn uns jemand mit dieser Aufgabe beauftragen würde; und das geht so:

▶ Als Erstes bestimmen wir nämlich aus der teilerfremden Form der Kommensurabilität von (X, Y) den größten gemeinsamen kommensurablen Teiler $E = ggT(X, Y)$ – und zwar genauso, wie es in der „Verankerung" des Beweises konkret gezeigt wurde. Sodann ermitteln wir die teilerfremde Form der Kommensurabilität von (E, Z). Dann sind wir fertig, wenn wir noch deren ggT $F = ggT(E, Z)$ bestimmt haben, was ja – wie gesehen – für zwei Intervalle ein Kinderspiel ist. Wie im Beweis des Theorems demonstriert, ist dann dieses Intervall F auch der ggT aller drei Intervalle (X, Y, Z).

Dieses Rezept stellt dann zumindest eine grundsätzliche Möglichkeit dar, wie im Falle beliebig vieler Intervalle vorzugehen sei: Man beginnt bei zwei Intervallen, nimmt ein drittes hinzu, nimmt ein viertes hinzu und so fort und kommt dann mittels dieses schrittweisen Erweiterungsverfahrens (irgendwann) zum Ziel – wenn auch sicher nicht ohne Mühen. Wir schließen für den Fall dreier Intervalle (X, Y, Z) ein Beispiel an, in welchem wir sowohl den ggT bestimmen als auch die Symmetrieformel des Teils (B) des Theorems bestätigen werden.

Beispiel 2.6 (Die ggT-Berechnung von (X, Y, Z))

Gegeben seien die drei Intervalle X, Y, Z mittels folgender Centangaben:

$$\mathrm{ct}(X) = 243 \ \mathrm{ct}, \mathrm{ct}(Y) = 405 \ \mathrm{ct}, \mathrm{ct}(Z) = 540 \ \mathrm{ct}.$$

Weil diese Centmaßzahlen rational (sogar ganzzahlig) sind, ist die Intervallfamilie (X, Y, Z) kommensurabel, wie wir bereits in der Definition 2.1 bemerkt haben. Um möglichst teilerfremde Kommensurabilitätsgleichungen zu gewinnen, sind wir gut beraten, die Faktorisierungen der Daten voranzuschicken. Die einfache Lösung hierzu ist diese:

$$243 = 3 * 81 = 3^5, 405 = 5 * 81 = 3^4 * 5, 540 = 2^2 * 3^3 * 5.$$

Dann bestimmen wir zunächst $E = ggT(X, Y)$, und dieses Intervall ist bereits an der Faktorisierung ablesbar, weshalb sich

$$\mathrm{ct}(E) = 81 \ \mathrm{ct} \ \text{und dann} \ X = 3 * E, Y = 5 * E$$

ergibt. Weil der Proportionalitätenvektor $\vec{m} = (3, 5)$ somit teilerfremde Koeffizienten hat, erkennt man allein schon hieran, dass wir mit dem Intervall E bereits den größten gemeinsamen kommensurablen Teiler von (X, Y) gefunden haben; natürlich sieht man dies auch sehr leicht an der Datenlage. Jetzt wollen wir aber noch die Darstellung

$$E = aX \oplus bY$$

suchen. Nach der gezeigten Theorie sind die Basiskoeffizienten a, b eine ganzzahlige Lösung der Symmetriegleichung (Skalarproduktgleichung)

$$3 * a + 5 * b = 1;$$

sie hat eine Lösung $\vec{u} = (a, b) = (2, -1)$, was man schnell erraten kann. Somit gilt

$$E = 2X \ominus Y,$$

was man durch Einsetzen der Daten schnell bestätigt. Übrigens würden sich andere Lösungen der Symmetriegleichung lediglich um „homogene" Anteile unterscheiden, genau genommen wäre nämlich die Lösungsgesamtheit durch

$$3 * a + 5 * b = 1 \Leftrightarrow (a, b) = (2, -1) + k(5, -3), k \in \mathbb{Z}$$

gegeben. Und wir sehen, dass ja für die Mehrdeutigkeiten die triviale Bilanz

$$5X \ominus 3Y = Prim$$

gilt. So ist also – wenn es nicht schon sowieso klar wäre – auch aus diesem Grund unter Anwendung des Kriteriums A unseres Theorems die Maximalität des gemeinsamen kommensurablen Teilers E bestätigt. Gemäß unseres beschriebenen

Rezepts bestimmen wir nun $F = ggT(E, Z)$. Aus der Primfaktoranalyse ergibt sich die teilerfremde Form

$$20 * E = 3 * Z$$

ihrer Kommensurabilität, woraus wir mit

$$\text{ct}(F) = \frac{1}{3}\text{ct}(E) = 27 \text{ ct und } E = 3 * F, Z = 20 * F$$

das nächste Zwischenergebnis haben. Dann ist F aber auch – so will es der Beweis des Theorems – der größte gemeinsame Teiler aller drei Intervalle X, Y, Z.

Dann möchten wir noch die Symmetriegleichung prüfen: Dazu ermitteln wir zunächst die Basisdarstellung des Intervalls $F = ggT(E, Z)$ aus der Suche einer Lösung der entsprechenden Symmetriegleichung

$$3 * a + 20 * b = 1.$$

Auch hier sehen wir eine Lösung $(a, b) = (7, -1)$ schnell durch geschicktes Probieren (um eine Rechnung „Division mit Rest" zu vermeiden), weshalb die Bilanz

$$F = 7E \ominus Z = 7(2 * X \ominus Y) \ominus Z = 14X \ominus 7 * Y \ominus Z$$

mit dem Koordinatenvektor $\vec{m} = (14, -7, -1)$ der Basisdarstellung durch die Intervalle (X, Y, Z) folgt, was man durch Einsetzen der Werte wieder bestätigen könnte. Die Proportionalitäten sind

$$X = 9 * F, Y = 15 * F, Z = 20 * F \Leftrightarrow \vec{u} = (9, 15, 20),$$

und dann finden wir die Symmetriegleichung durch diese beiden Datenvektoren

$$\vec{m} * \vec{u} = (14 * 9 + (-7) * 15 + (-1) * 20 = 1$$

bestens bestätigt. Überdies ist jede der beiden Koeffizientenfolgen teilerfremd, wie es sein soll. Jede für sich erlaubt keine (einheitliche) Faktorisierung

$$\vec{m} = \alpha \vec{k} \text{ oder } \vec{u} = \beta \vec{v} \text{ mit } \alpha, \beta \neq \pm 1$$

in ganzzahlige Bestandteile. Paarweise könnten die Koeffizienten natürlich gemeinsame Teiler haben – aber nicht alle drei simultan. ◀

Nun kommen wir zu einer weiteren Anwendung des Prinzips des kommensurablen intervallischen ggT: Hierbei geht es uns nun weniger um die Kreation neuer Fakten rund um das Einmaleins der Lehre musikalischer Intervalle – vielmehr wollen wir eine Lanze brechen für den Nutzen „möglichst allgemeiner Prinzipien und Regeln". So haben wir – bei Lichte besehen – zur Herleitung der zahlreichen Regeln des Theorems 2.1 vornehmlich die **Transitivität** der Kommensurabilität genutzt – sicherlich in geschickter und mehrfach geschachtelter Anwendung. Jetzt wollen wir einmal in drei hierarchischen Ebenen zeigen, wie sich diese mathematischen Methoden in der Bearbeitung eines gegebenen Problems einbringen. Dieses Problem ist die in der Regel (9) des Theorems 2.1 gezeigte Behauptung

$$X \overset{\text{kom}}{\longleftrightarrow} Y \Leftrightarrow (uX \oplus vY) \overset{\text{kom}}{\longleftrightarrow} (kX \oplus lY)$$

für alle $u, v, k, l \in \mathbb{Z}$ (und welche nicht das Primintervall generieren). Wobei wir von der abschreckenden Verallgemeinerung auf n Erzeugerintervalle – wie in Theorem 2.1 (9) beschrieben – einmal ganz artig verzichten. Aus Gründen der interessanten Verbindungen, die sich auch hierbei ergeben, wählen wir einmal eine – der Abstraktion entrissene – „elementare" Herleitung des Resultates. Sie zeigt auch schon im Standardfall ($n = 2$), wie auch Methoden der „höheren Mathematik" – nämlich der linearen Algebra und ihrer Matrixtheorie – zum Einsatz kommen können, sollte dieser Wunsch tatsächlich bestehen. Was das Rechnen mit kleinen Matrizen betrifft, verweisen wir auf die Erklärbox – Satz 4.1 und die Erklärbox – Satz 4.2.

(A) Beweis mittels direkter Rechnungen der linearen Algebra
Seien also X, Y kommensurabel mit der in teilerfremden Koeffizienten geschriebenen homogenen Gleichung

$$mX \oplus nY = Prim.$$

Dann sollen $I, J \in \mathfrak{M}_{X,Y}$ zwei beliebige Intervalle der Iterationsalgebra $\mathfrak{M}_{X,Y}$ sein; beide sind nicht das Primintervall. Zu zeigen ist dann, dass es ganze Zahlen $p, q \in \mathbb{Z}, p \neq 0 \neq q$ gibt, sodass die Kommensurabilitätsgleichung

$$pI \oplus qJ = Prim$$

erfüllt ist. Weil beide Intervalle der Iterationsalgebra angehören, können wir

$$I = aX \oplus bY$$

$$J = cX \oplus dY$$

mit ganzen Zahlen $a, b, c, d \in \mathbb{Z}$ schreiben, und wir setzen dies in die zu zeigende Kommensurabilitätsgleichung ein. Dann folgt nach Ordnen die Gleichung

$$pI \oplus qJ = (pa + qc)X \oplus (pb + qd)Y = Prim.$$

Nun wissen wir nach Theorem 2.1 (5), dass dann die Vorfaktoren gemeinsame Vielfache der Kommensurabilitätskoeffizienten (m, n) sein müssen. Damit fokussiert sich der Beweis auf den Nachweis, dass es eine ganze Zahl $k \in \mathbb{Z}$ geben muss, sodass das Gleichungssystem

$$\begin{pmatrix} pa + qc = km \\ pb + qd = kn \end{pmatrix} \Leftrightarrow \begin{pmatrix} a & c \\ b & d \end{pmatrix}\begin{pmatrix} p \\ q \end{pmatrix} = T\begin{pmatrix} p \\ q \end{pmatrix} = k\begin{pmatrix} m \\ n \end{pmatrix}$$

eine ganzzahlige Lösung hat. Hier gibt es nun zwei Fälle, nach denen die Argumentation sich verzweigt:

Fall 1: Das quadratische 2×2-System ist regulär, das heißt, dass die Determinante dieser Matrix nicht verschwindet,

$$\Delta = \det(T) = ad - bc \neq 0.$$

In diesem Fall ist das Gleichungssystem für jeden gegebenen Datensatz der rechten Seite lösbar – sogar eindeutig. Klar ist auch, dass die Lösung im vorliegenden Fall rational ist, weil die Daten des Systems ganze Zahlen sind und sich die Lösung durch einfaches Hantieren (Additionen und Divisionen) ergibt. Wir wählen nun die eindeutige Lösung zum Parameter $k = 1$. Wenn es auch nicht im Detail wichtig ist, so kann diese Lösung auch direkt angegeben werden – sie lautet

$$\binom{r}{s} = T^{-1}\binom{m}{n} = \frac{1}{\Delta}\begin{pmatrix} d & -c \\ -b & a \end{pmatrix}\binom{m}{n} = \frac{1}{\Delta}\binom{dm - cn}{-bm + an}.$$

Wie gesagt, diese beiden Zahlen r, s sind rational, Brüche. Wenn wir also

$$r = u/v, s = x/y$$

schreiben und einen Hauptnenner $k = vy$ wählen und dann mittels dieses Hauptnenners

$$p = kr = yu \text{ und } q = ks = xv$$

setzen, so sind k, p, q ganze, nicht-verschwindende Zahlen, und die Gleichung

$$\binom{pa + qc}{pb + qd} = k\binom{ra + sc}{rb + sd} = k * T(r, s) = k\binom{m}{n}$$

gilt. Und dies bedeutet die Realisierung der Kommensurabilitätsbedingung

$$pI \oplus qJ = (km)X \oplus (kn)Y = k(mX \oplus nY) = k * Prim = Prim.$$

Fall 2: Das quadratische 2×2-System ist singulär, das heißt, dass die obige Determinante verschwindet, es ist demnach $ad = cb$. Nun verläuft unsere Argumentation etwas rascher, nämlich so: Wie aus der Linearen Algebra wohlbekannt, hat jetzt das homogene Gleichungssystem

$$pa + qc = 0$$
$$pb + qd = 0$$

nicht-triviale Lösungen, von welchen direkt eine in ganzzahliger Form angegeben werden kann. Die Wahl

$$p = d, q = -b$$

wäre ganzzahlig, und das Gleichungssystem ist wegen der Identität $ad = cb$ erfüllt – dies zeigt schon der bloße Blick auf beide Gleichungen. Sollten beide Daten $p, q \neq 0$ sein, so wäre die Kommensurabilität gegeben, denn es ergäbe sich ja die Bilanz

$$pI \oplus qJ = 0 * Prim = Prim.$$

Es bleibt nur noch, einige Sonderfälle zu betrachten: Ist $b = 0$, also $I = aX$, so wäre auch wegen der Identität $ad = cb$ entweder $a = 0$ oder $d = 0$. Wenn nun auch $a = 0$ ist, so wäre $I = Prim$; im anderen Fall ist $J = cX$. Trivialerweise sind aber die ganzzahligen Vielfachen aX, cX kommensurabel – schließlich ist ja

$$c * (aX) \oplus (-a) * (cX) = Prim.$$

Der verbleibende Fall $d = 0$ verläuft analog. Damit ist das Theorem 2.1 (9) auch mit den Methoden der Linearen Algebra gezeigt.

(B) Beweis mittels der Transitivitätsgesetze der Kommensurabilität
Tatsächlich haben wir in rückblickender Analyse des Beweises von Theorem 2.1 (9) in gestuften Formen die Argumentation vorangetrieben:

$$X \xrightarrow{\text{kom}} Y \Leftrightarrow uX \xrightarrow{\text{kom}} vY \Leftrightarrow uX \xrightarrow{\text{kom}} (uX \oplus vY) \Leftrightarrow X \xrightarrow{\text{kom}} (uX \oplus vY).$$

Die Beliebigkeit der Koeffizienten u, v bewirkt, dass diese Kommensurabilität ebenso für ein anderes gegebenes Paar (k, l) zutrifft. Beide Adjunktionen sind demnach kommensurabel zu X (wie auch zu Y). Dann aber bewirkt das einfache Transitivitätsgesetz erneut, dass auch

$$(uX \oplus vY) \xrightarrow{\text{kom}} (kX \oplus lY)$$

gilt – und nichts musste gerechnet werden.

(C) Beweis mittels des intervallischen ggT
Diesen Beweis führen wir gleich für den kompletten allgemeinen Fall einer Intervall-familie mit n Mitgliedern, was die Kraft dieser Methode eindrücklich zeigt.

Ist $E = ggT(X_1, \ldots, X_n)$ der intervallische größte gemeinsame Teiler, so ist nach Teil (D) des Theorems die gesamte Iterationsmenge $\mathfrak{M}_{X_1,\ldots,X_n}$ aller durch $X_1, \ldots, X_n$ ganz-zahlig erzeugten Intervalle identisch mit der simplen Algebra $\mathfrak{M}_E$,

$$\mathfrak{M}_{X_1,\ldots,X_n} = \{u_1 X_1 \oplus \ldots \oplus u_n X_n | u_1, \ldots, u_n \in \mathbb{Z}\} = \{k * E | k \in \mathbb{Z}\} = \mathfrak{M}_E.$$

In dieser Intervallfamilie $\mathfrak{M}_E$ sind aber trivialerweise je zwei von der Prim ($k = 0$) ver-schiedene Intervalle (X, Y) kommensurabel, schließlich ist ja

$$X = n * E \text{ und } Y = m * E,$$

wobei (n, m) zwei ganzzahlige, nicht-verschwindende Parameter sind, und dann ist

$$m * X = m(n * E) = n(m * E) = n * Y,$$

was die Kommensurabilität beider Intervalle (X, Y) bedeutet – wie gewünscht. ∎

Fazit: Der Beweis in der Form (A), welcher wortgetreu und explizit die Erfüllung der Definition der Kommensurabilität für das geforderte Intervallpaar begründet, erweist sich als das, was (leider) für gewöhnlich unter Mathematik verstanden wird: Rechnungen, die man nicht unbedingt möchte. Aber schon das geschickt angeordnete Grundregel-Handling (B) dezimiert förmlich die Beweislänge von (A) – wobei die mühelose Reproduzierbarkeit dieser Argumentation noch hinzukommt. Schließlich erleben wir mit der Methode (C) eine nochmalige Steigerung: Die Behauptung gerät ja beinahe zur Trivialität. Und noch eines kommt hinzu: Wenngleich die Methode (A) auch auf den Fall beliebig vieler Iterationsintervalle $X_1, \ldots, X_n$ übertragbar wäre – man hätte es dann mit quadratischen $n \times n$-Matrizen zu tun –, so wären beide Methoden (B) und (C) unvermittelt auf den allgemeinen Fall anwendbar, wie in Teil (C) gesehen. Auch hierbei ist die ggT-Methode die mit Abstand effizienteste Methode.

▶ *Mathematiker sprechen dann von einem „schönen Beweis", weil er bar jeglicher umschweifiger Überlegungen und mühseliger Rechnerei ist.*

2.3   Die Symmetrie kommensurabler Teiler und Vielfachen

Nachdem wir uns in die Mathematik der gemeinsamen kommensurablen Teiler einer Intervallfamilie hineingekniet haben, kommt sofort der Gedanke auf, ob denn auch das „kleinste gemeinsame Vielfache einer Intervallfamilie" definierbar wäre und in eine gemeinsame Theorie eingebunden werden könnte. Wer sich an die diversen Wechselspiele von ggT und kgV der einfachen Teilbarkeitslehre ganzer Zahlen erinnert, wird gewiss von der Neugier getrieben, ob es auf dem Sektor musikalischer Intervalle womöglich ähnlich interessante Zusammenhänge gibt wie im Reich der Zahlen.

▶ *Um es vorwegzunehmen: Ja, solche Zusammenhänge gibt es nicht nur – sie sind auch atemberaubend und hochspannend.*

Aber der Reihe nach. Wir definieren zunächst die Stationen, die nötig sind, ein kleinstes gemeinsames kommensurables Vielfaches einer Intervallfamilie zu erklären.

Definition 2.4 (Kommensurable Vielfache musikalischer Intervalle)

(1) Seien $U, X \in \mathfrak{M}_{\text{mus}}$ zwei musikalische Intervalle, wobei wieder der triviale Fall $X = Prim$ ausgeschlossen ist. Wenn dann die Vervielfachung

$$U = k * X$$

mit einer ganzen Zahl $k \in \mathbb{Z}$ ($k \neq 0$) besteht, so heißt U ein **kommensurables Vielfaches** von X, und wir schreiben dann in mathematischem Latein

$$U = V(X) \Leftrightarrow \text{es gibt ein } k \in \mathbb{Z}, \text{so dass } U = k * X.$$

Konsequenterweise sind dann auch (U, X) kommensurabel.

(2) Sei allgemeiner $n \geq 2$ und $X_1, \ldots, X_n \in \mathfrak{M}_{\text{mus}}$ eine Familie musikalischer Intervalle (die ebenfalls alle von der Prim verschieden sein sollen). Dann heißt $U \in \mathfrak{M}_{\text{mus}}$ ein **gemeinsames kommensurables Vielfaches,** falls U ein kommensurables Vielfaches für jedes dieser Intervalle X_j ist. Das heißt demnach

$$U = gV(X_1, \ldots, X_n) \Leftrightarrow U = V(X_j) \text{ für alle } j = 1, \ldots, n.$$

Die Intervalle $X_1, \ldots, X_n$ sind dann auch paarweise kommensurabel.

(3) Ein Intervall $U \in \mathfrak{M}_{\text{mus}}$ heißt schließlich **kleinstes gemeinsames kommensurables Vielfaches** einer Intervallfamilie $X_1, \ldots, X_n$, falls U überhaupt ein gemeinsames kommensurables Vielfaches von $X_1, \ldots, X_n$ ist und welches unter allen anderen gemeinsamen kommensurablen Vielfachen das kleinste (im Sinne des Centmaßbetrags bzw. im Sinne der Definition 1.7) ist. Das drückt sich in mathematischer Sprache wie folgt aus:

$$U = kgV(X_1, \ldots, X_n) \Leftrightarrow U = T(V) \text{ für alle } V = gV(X_0, X_1, \ldots, X_n).$$

Für gemeinsame kommensurable Vielfache einer Intervallfamilie $X_1, \ldots, X_n \in \mathfrak{M}_{\text{mus}}$ können nun eine Reihe elementarer Regeln und diverse Eigenschaften angeführt werden – so, wie wir das auch für die gemeinsamen kommensurablen Teiler getan haben, was wir jedoch einmal übergehen möchten. Bemerkt sei aber, dass eine leichtfertige Übertragung schnell in die Irre führen kann: Während die Implikation

$$E = gT(X, Y) \Rightarrow E = T(X \oplus Y)$$

richtig und nahezu trivial ist, wäre eine Implikation

$$U = kV(X, Y) \Rightarrow U = V(X \oplus Y)$$

mit Sicherheit falsch, wie das Beispiel

$$\text{ct}(X) = 200 \text{ ct}, \ \text{ct}(Y) = 300 \text{ ct}, \ \text{ct}(U) = 600 \text{ ct}$$

zeigen würde. Im Folgenden geht es auch um die

▶ **Frage:** „Gibt es überhaupt – und wenn ja, wann – ein kleinstes gemeinsames Vielfaches zu einer gegebenen Intervallfamilie?"

Die Antwort hierauf wird uns das Theorem 2.3 geben: Demnach reicht hier einzig und allein die Kommensurabilität, die umgekehrt auch wieder gelten muss, sollte es überhaupt ein gemeinsames Vielfaches geben. An dieser Stelle haben wir also eine deutliche Parallele zur Situation der kommensurablen Teilbarkeit.

Wir stellen im Folgenden ein Wechselspiel zwischen dem „größten gemeinsamen kommensurablen Teiler" und dem „kleinsten gemeinsamen kommensurablen Vielfachen" vor, welches in einer eindrucksvollen Weise die Symmetrie dieser Begriffe im Reich musikalischer Intervalle demonstriert. Folgende allgemeine Situation sei gegeben:

Voraussetzungen: Es seien für $n \geq 1$ die Intervalle $X_1, \ldots, X_n \in \mathfrak{M}_{mus}$ gegeben, welche alle zu einem Intervall $X_0 \in \mathfrak{M}_{mus}$ – und somit auch paarweise untereinander – kommensurabel sind. Dann seien die Kommensurabilitätsgleichungen

$$m_j * X_j = n_j * X_0 \text{ für alle } j = 1, \ldots, n$$

die in teilerfremden Parameterpaaren (m_j, n_j), $j = 1, \ldots, n$ geschriebenen Gleichungen, welche sich auf die Kommensurabilität zu einem einzigen „Zentralintervall" X_0 beziehen. Wir ergänzen aus rein formellen Gründen diese Indexfolge noch durch die Daten $(m_0, n_0) = (1, 1)$, was der Gleichung $X_0 = X_0$ entspricht. Nun seien

$$m = kgV(m_1, \ldots, m_n) \text{ und } v = kgV(n_1, \ldots, n_n)$$

das kleinste gemeinsame Vielfache dieser Vorfaktoren m_j von X_j beziehungsweise der korrespondierenden Vorfaktoren n_j von X_0, wobei sich die Indexmenge änderungslos auch über den Bereich $j = 0, \ldots, n$ erstrecken kann.

Jetzt wollen wir – und das hat einfache technische Gründe – die beiden fundamentalen Eigenschaften des kgV einer Datenmenge noch etwas beleuchten.

Bekanntlich haben m beziehungsweise v in ihrer Eigenschaft als kgV genau diese beiden charakteristischen Merkmale:

1. Sie sind ganzzahlige Vielfache aller ihrer jeweiligen Daten, das bedeutet

$$m = l_j * m_j \text{ beziehungsweise } v = v_j * n_j \text{ für alle } j = 1, \ldots, n,$$

wobei dann l_j, v_j ganze Zahlen sind.

2. Sie sind beide die kleinsten Zahlen mit dieser Eigenschaft. Das bedeutet: Sind $\tilde{m}$ beziehungsweise $\tilde{v}$ ebenfalls gemeinsame Vielfache der Daten $(m_1, \ldots, m_n)$ beziehungsweise der Daten $(v_1, \ldots, v_n)$, so gelten die Faktorisierungen

$$\tilde{m} = \alpha * m \text{ beziehungsweise } \tilde{v} = \beta * v$$

mit jeweils ganzen Zahlen $\alpha, \beta \in \mathbb{Z}$. Das heißt, dass $\tilde{m}$ ein Vielfaches von m beziehungsweise $\tilde{v}$ ein Vielfaches von v ist.

Während die erste Eigenschaft unmittelbar aus der Definition abgelesen werden kann, erhält man die zweite unter Zuhilfenahme der eindeutigen Primfaktorzerlegung ganzer Zahlen – das nur so nebenbei. Und nebenbei will auch erwähnt werden, dass ebenfalls aus der Primzahlzerlegung stets auch die Existenz des kgV zu beliebigen ganzzahligen Datensätzen $(k_1, \ldots, k_n)$ folgt (siehe hierzu [32]).

Die Rolle des Intervalls X_0, auf welches sich alle Kommensurabilitäten beziehen, wird später die Oktave sein – deren spezielle Maßeigenschaft $(O = (1{:}2))$ spielt dagegen für das allgemeine Prinzip, das wir sogleich schildern, keine Rolle.

Mit den genannten Notationen und Voraussetzungen können wir nun folgendes wunderschöne Theorem beweisen:

Theorem 2.3 (Das Zentraltheorem der musikalischen Kommensurabilität)

Es sei $X_0, X_1, \ldots, X_n$ eine kommensurable Intervallfamilie mit den zugeordneten charakteristischen Datenvektoren $(m_1, \ldots, m_n)$ und $(n_1, \ldots, n_n)$, welche die Kommensurabilitäten der Intervalle $X_1, \ldots, X_n$ zu dem „Zentralintervall" X_0 wie zuvor beschrieben ausdrücken. Nun seien m beziehungsweise v deren kleinstes gemeinsames Vielfaches (kgV),

$$m = kgV(m_1, \ldots, m_n) \text{ und } v = kgV(n_1, \ldots, n_n).$$

Dann ergeben sich folgende Charakterisierungen und gegenseitige Symmetrien zwischen gemeinsamen kommensurablen Teilern versus gemeinsamen kommensurablen Vielfachen (**Symmetrieprinzip der Kommensurabilität**):

(A) Für jedes Intervall $F \in \mathfrak{M}_{mus}$ gilt die Äquivalenz

$$F = gT(X_0, X_1, \ldots, X_n) \Leftrightarrow X_0 = V(mF) \Leftrightarrow mF = T(X_0).$$

(B) Für jedes Intervall $U \in \mathfrak{M}_{mus}$ gilt die Äquivalenz

$$U = gV(X_0, X_1, \ldots, X_n) \Leftrightarrow U = V(vX_0) \Leftrightarrow vX_0 = T(U).$$

Folgerung 1: Eine kommensurable Intervallfamilie $(X_0, X_1, \ldots, X_n)$ besitzt stets sowohl einen größten gemeinsamen Teiler $E = ggT(X_0, X_1, \ldots, X_n)$ als auch ein kleinstes gemeinsames Vielfaches $V = kgV(X_0, X_1, \ldots, X_n)$.

Folgerung 2: Für das ggT-Intervall und das kgV-Intervall gibt es mittels der Daten m, v folgende Charakterisierungen, welche auch gleichzeitig ihre Existenz beweisen:

$$E = ggT(X_0, X_1, \ldots, X_n) \Leftrightarrow m * E = X_0,$$

$$V = kgV(X_0, X_1, \ldots, X_n) \Leftrightarrow V = v * X_0.$$

Folgerung 3: Zwischen E, V einerseits und $X_0, X_1, \ldots, X_n$ andererseits bestehen folgende ganzzahlig-teilerfremd notierten Kommensurabilitätsgleichungen:

$$n_j \left(m/m_j \right) * E = X_j \text{ für alle } j = 0, \ldots, n,$$

$$V = \left(v/n_j \right) m_j * X_j \text{ für alle } j = 0, \ldots, n.$$

Fazit: Die erste Formel der Folgerung 3 sagt aus, wie oft das ggT-Intervall E in jedem der Intervalle $X_0, X_1, \ldots, X_n$ steckt, und die zweite Formel sagt aus, wie oft die einzelnen Intervalle X_j jeweils im gemeinsamen Oberintervall V stecken.

Somit werden die markanten Intervalle einer Kollektion kommensurabler Intervalle

$$E = ggT(X_0, X_1, \ldots, X_n) \text{ und } V = kgV(X_0, X_1, \ldots, X_n)$$

durch den ggT und das kgV der teilerfremden Parameterpaare aller simultanen Kommensurabilitätsgleichungen zum Zentralintervall X_0 charakterisiert.

Beweis Zu (A): Wir zeigen zuerst die Implikation „$\Rightarrow$":
Ist $F = gT(X_0, X_1, \ldots, X_n)$, so bestehen definitionsgemäß die Gleichungen

$$X_j = k_j * F \text{ für alle } j = 0, \ 1, \ldots, n.$$

Und dann führt folgender Trick sehr schnell zum Ziel: Wir geben dem Zentralintervall X_0 eine Brückenfunktion: Für alle $j = 1, \ldots, n$ gilt

$$m_j * X_j = n_j * X_0 \Leftrightarrow \left(m_j * k_j \right) * F = \left(n_j * k_0 \right) * F.$$

Weil $F \neq Prim$ ist, folgt daraus die entscheidende Zahlengleichheit.

$$m_j * k_j = n_j * k_0.$$

Jetzt zahlt sich die teilerfremde Wahl von $\left(m_j, n_j \right)$ aus, denn nun müssen alle Teiler von m_j – und damit m_j selbst – in k_0 enthalten sein, und somit ist k_0 ein Vielfaches aller Daten m_j, weshalb nach unserer Vorbemerkung auch k_0 ein Vielfaches des $kgV(m_1, \ldots, m_n)$ ist. Folglich haben wir die Formel $k_0 = \alpha * m$ mit einem ganzzahligen Vielfachen $\alpha \in \mathbb{Z}$. Das bedeutet

$$X_0 = k_0 * F = \alpha m * F = \alpha(mF),$$

wie gefordert. Die Umkehrung erfolgt so: Sei $F \in \mathfrak{M}_{\text{mus}}$ ein Intervall, welches das Zentralintervall X_0 mit dem Parameter αm teilt, $X_0 = \alpha m * F$. Dann zeigen wir, dass

$$F = T\left(X_j \right) \text{ für alle } j = 1, \ldots, n$$

gilt; F teilt auch alle anderen Intervalle X_j. Auch dies geschieht über die X_0-Brücke, und dank der Vorüberlegung zu den beiden Grundeigenschaften des kleinsten gemeinsamen Vielfachen finden wir die Gleichungssequenz:

$$m_j * X_j = n_j * X_0 = \left(n_j * \alpha m\right) * F = \left(n_j * \alpha * \left(l_j m_j\right)\right) * F.$$

Dann können wir aber aus den äußeren Termen den Faktor m_j kürzen, und es entsteht die gewünschte Form

$$X_j = \left(n_j * \alpha * l_j\right) * F,$$

und es ist eine geforderte Teilungsgleichung für X_j entstanden.

Der Beweis zu Aussage (B) verläuft sehr ähnlich: Wir starten mit der Implikation „$\Rightarrow$": Ist $V = gV(X_0, X_1, \ldots, X_n)$, so gelten die Gleichungen

$$V = u_j * X_j \text{ für alle } j = 0, \ldots, n.$$

mit irgendwelchen ganzzahligen Vielfachen u_j, $j = 1, \ldots, n$. Dann nutzen wir wieder das Zentralintervall X_0 als Brückenintervall und erhalten für jeden Index $j = 1, \ldots, n$ die Gleichung

$$V = u_0 * X_0 = u_j * X_j.$$

Dies stellt aber eine Kommensurabilitätsgleichung zwischen $\left(X_0, X_j\right)$ dar. Deswegen sind nach unserem Theorem 2.1 (5) die Parameter $\left(u_0, u_j\right)$ simultane Vielfache der teilerfremden Parameter $\left(n_j, m_j\right)$, das heißt $\left(u_0, u_j\right) = \beta\left(n_j, m_j\right)$ mit einem ganzzahligen Parameter $\beta \in \mathbb{Z}$. Jetzt lesen wir daraus speziell ab, dass der Parameter u_0 Vielfaches von allen Zahlen n_j sein muss. Dann ist nach der universellen Eigenschaft (2.) des kleinsten gemeinsamen Vielfachen $v = kgV(n_1, \ldots, n_n)$ diese Zahl u_0 auch ein Vielfaches von v.

Die Umkehrung „$\Leftarrow$" geht etwas schneller: Mit der ganzzahligen Faktorisierung $v = v_j * n_j$ und der Kommensurabilitätsgleichung erhalten wir die Gleichungskette

$$V = (\beta v) * X_0 = \left(\beta v_j\right) * n_j * X_0 = \left(\beta v_j\right) * m_j * X_j =: u_j * X_j,$$

was nichts anderes heißt, als dass summa summarum $V = gV(X_0, X_1, \ldots, X_n)$ gilt.

Zunächst zeigen wir die Folgerung 2, denn daraus ergibt sich ja dank der dortigen Formel die Folgerung 1. Für die Parameter $\alpha = \pm 1 = \beta$ des voranstehenden Beweises ergeben sich aber trivialerweise das größte beziehungsweise das kleinste Intervall der geforderten Art.

Die Folgerung 3 gewinnen wir nach bewährtem Muster, indem wir die Brückenfunktion des Zentralintervalls X_0 nutzen. Auch erinnern wir uns, dass in den kleinsten gemeinsamen Vielfachen m wie auch v die Faktoren m_j beziehungsweise n_j ganzzahlig enthalten sind. Und dann vollzieht sich alles ausgehend aus der Folgerung 1 sowie gemäß der beiden Gleichungsketten

$$m * E = X_0 \Leftrightarrow n_j m * E = n_j * X_0 = m_j * X_j \Leftrightarrow n_j\left(m/m_j\right) * E = X_j,$$

$$V = v * X_0 \Leftrightarrow n_j * V = v n_j * X_0 = v m_j * X_j \Leftrightarrow V = m_j\left(v/n_j\right) * X_j.$$

Damit ist das Theorem bewiesen. ∎

Bemerkung zur „Wohldefiniertheitsfrage"

Schauen wir uns das Theorem an, so entsteht zunächst einmal der Eindruck, dass die angegebenen Gleichungen und ihre Zusammenhänge durch die Kommensurabilitätsdaten (m_j, n_j) sowie ihrem ggT und ihrem kgV abhängen würden. Schließlich tauchen in den konkreten Formeln ja genau diese Daten auf. Was wäre geschehen, wenn wir statt des Zentralintervalls X_0 ein anderes Intervall der gegebenen Familie $X_0, \dots, X_n \in \mathfrak{M}_{mus}$ als Zentral- und Brückenintervall gewählt hätten? Wären dann andere Intervalle E, V entstanden? Oder hätte es dann andere Gleichungen gegeben?

Die Antwort ist: Nein, gottlob, hätte es nicht! Und wir fragen uns natürlich, warum, es bei anderen Daten (m_j, n_j) – denn diese würden sich ja gewiss ergeben – dennoch zu den gleichen numerischen wie theoretischen Ergebnissen kommt.

▶   *Die Mathematiker sagen hierzu, dass die Bestimmung dieser Objekte **„wohl-**
    definiert" sei, weil diese von der Auswahl der sie herleitenden Daten
    („Repräsentanten") unabhängig ist!*

Wir können diese erleichternde Antwort gleich auf zweierlei Weise gewinnen: Wir denken nach – oder aber wir rechnen alles haarscharf aus. Kein Zweifel: Die erste Methode genießt auch unser erstes Interesse: Nehmen wir einmal das Beispiel des größten gemeinsamen kommensurablen Teilers $E = ggT(X_0, \dots, X_n)$: Wir haben gesehen, dass jeder andere gemeinsame Teiler ganzzahlig in E enthalten ist – und dies gilt unabhängig von irgendeiner ihn repräsentierenden Formel, wir haben dies im Theorem 2.2 dank eines abstrakten Argumentes deutlich gesehen. Aber genau deshalb ist dieses Intervall E auch eindeutig; zwei ggT-Intervalle enthielten sich gegenseitig als ganzzahlige Bestandteile, weshalb sie identisch (oder vorzeichenverschieden) sind. Eine andere Herangehensweise, die beispielsweise durch eine andere Auswahl des Kommensurabilitätsbezugs entstünde, müsste zwangsläufig zu den gleichen charakteristischen Intervallen E, V führen. Denn auch für das kgV-Intervall lässt sich ja ein analoges abstraktes Argument heranziehen.

Wie sähe es mit der Methode aus, auch auf der Ebene der Formeln und des Rechnens diese Identitäten zu gewinnen? Nun, tatsächlich wären wohl alle Grunddaten (m_j, n_j) bei Wechsel der Kommensurabilitätsbezüge untereinander different, ein nachdenklicher Blick zeigt aber, dass auch diese sich letztlich durch einen überall auftretenden gemeinsamen konstanten Faktor vergleichen ließen; und am Ende entstünde das gleiche Ergebnis, da ein solcher Faktor sich wieder in Luft auflösen würde – als Übungsaufgabe bestens geeignet und deswegen wärmstens empfohlen.

Wir schließen jetzt ein Beispiel an, welches zum einen die beiden zu einer kommensurablen Intervallfamilie charakteristischen Intervalle (E, V) sowie die Datensätze der Kommensurabilitäten zu einem gewählten Zentralintervall zum Gegenstand hat. Gleichzeitig zielt dieses Beispiel auf die wichtige Anwendung ab, wenn nämlich das Zentralintervall die Oktave ist.

Beispiel 2.7 (Zum Kommensurabilitätsprinzip der Oktave)

Gegeben seien die drei Intervalle (O, X_1, X_2) mit den Daten

$$\text{ct}(O) = 1200 \text{ ct}, \ \text{ct}(X_1) = 450 \text{ ct}, \ \text{ct}(X_2) = 320 \text{ ct}.$$

Dann sind die teilerfremd notierten Kommensurabilitäten von X_1, X_2 zum Zentralintervall Oktave diese:

$$8 * X_1 = 3 * O \text{ und } 15 * X_2 = 4 * O.$$

Daher sind die charakteristischen Parameter (m, v) die Daten

$$m = kgV(8, 15) = 120 \text{ und } v = kgV(3, 4) = 12,$$

und die entsprechenden charakteristischen Intervalle der Familie (O, X_1, X_2) sind nach den Formeln der Folgerung 2 des Theorems

$$E = ggT(O, X_1, X_2) \text{ mit ct}(E) = 10 \text{ ct},$$

$$V = kgV(O, X_1, X_2) \text{ mit ct}(V) = 14.400 \text{ ct}.$$

Folglich ist die Gesamtheit aller Intervalle, die man durch beliebige ganzzahlige Adjunktionen aller drei Bausteine O, X_1, X_2 erhält, eine in 10 ct-Schritten beidseitig fortgesetzte und arithmetisch voranschreitende Intervallfolge. Sie stellt im Grundoktavraum eine 120-stufige gleichstufige Oktavskala dar, deren Stufenintervall dieses winzige ggT-Intervall $E = ggT(O, X_1, X_2)$ ist.

Das Intervall V ist dagegen die 12-fache Oktave zu 14.400 ct; es enthält die beiden gleichstufigen Skalen vom Ambitus (Umfang) von 12 Oktaven,

$$S_{32} \text{ mit } 32 = 8 * (12/3) \text{ gleichen Stufen } X_1$$

$$S_{45} \text{ mit } 45 = 15 * (12/4) \text{ gleichen Stufen } X_2.$$

Weil wir in diesen überschaubaren Zahlensituationen diese Ergebnisse auch leicht nachprüfen können, erhalten wir hierdurch auch eine Bestätigung der in Theorem 2.3 und im späteren Theorem 2.4 angegebenen Stufenanzahlen.

Wie erwähnt, ist dieses Beispiel bereits ein solches, das uns zeigt, wie im Kommensurabilitätsfall die durch die Intervalladjunktionen erzeugten Skalen aussehen. Im kommenden Abschn. 2.4 soll nun diese Anwendung des Theorems 2.3 eigens formuliert werden.

2.4   Das Kommensurabilitätsprinzip der Oktave

Die Kommensurabilität respektive die Nicht-Kommensurabilität zur Oktave ist für die Generierung von Oktavskalen durch Iterationen eines Intervalls $X \in \mathfrak{M}_{\mathrm{mus}}$ oder mehrerer Intervalle $X_1, \ldots, X_n \in \mathfrak{M}_{\mathrm{mus}}$ zusammen mit geeigneten (reoktavierenden) Oktaviterationen von ausschlaggebender Bedeutung. Die Kommensurabilität entscheidet über Kriterien, wie zum Beispiel

> Periodizitäten: ja oder nein?
> Schließungsmechanismen: Endlichkeit versus Unendlichkeit
> Stufengeometrien

und – weiß Gott – noch eine Reihe anderer Merkmale. Was nun besonders ins Auge fällt, ist die geniale Rolle der die Iterationsfamilien $O, X_1, \ldots, X_n$ begleitenden charakteristischen ggT- und kgV-Intervalle (E, V). Sie bieten in der Tat nicht nur auf der Ebene theoretischer Entscheidbarkeiten, sondern vielmehr auch auf der Ebene konkreter Berechnungen eine herausragende Hilfe an – in komplexeren Situationen käme man eigentlich gar nicht ohne dieses Instrumentarium aus.

Von unserem Theorem 2.3 ist es wirklich nur einen Katzensprung weit bis zur Anwendung dieser Werkzeuge für die Theorie und Praxis der Oktavskalen, und zwar derjenigen, die sich durch Aneinanderreihungen – vorwärts wie rückwärts – der Intervalle aus der gegebenen Familie, die Oktave eingeschlossen, ergeben. Diese Übertragung wird nun dadurch ermöglicht, dass wir sinnvollerweise genau die Oktave zum Brücken- respektive zum Zentralintervall erklären, wie wir das auch schon im Beispiel 2.2 so gemacht haben. Im Sinne des Theorems 2.3 setzen wir demnach $X_0 := O$, und dann ergibt sich folgende bekannte Situation, die wir noch einmal festhalten:

Voraussetzungen: Es seien $X_1, \ldots, X_n \in \mathfrak{M}_{\mathrm{mus}}$ Intervalle, welche alle zur Oktave kommensurabel seien. Demnach bestehen die Kommensurabilitätsgleichungen

$$m_j * X_j = n_j * O \text{ für alle } j = 1, \ldots, n,$$

und sie stellen die in teilerfremden Koeffizientenpaaren (m_j, n_j) notierten Proportionalitäten dieser Kommensurabilitäten dar. Mit den charakteristischen Daten

$$m = kgV(m_1, \ldots, m_n) \text{ sowie } v = kgV(n_1, \ldots, n_n)$$

und zusammen mit den gemäß Theorem 2.3 existierenden charakteristischen Begleitern dieser Familie $(O, X_1, \ldots, X_n)$

$$E = ggT(O, X_1, \ldots, X_n) \text{ mit } m * E = O,$$

$$V = kgV(O, X_1, \ldots, X_n) \text{ mit } V = v * O,$$

haben wir dann alles zusammen, was im folgenden Theorem zusammengeführt wird; in diesem Theorem verwenden wir den zwar intuitiv gut verstehbaren Begriff der „beidseitigen periodischen Fortsetzung" einer Oktavskala – wer möchte, kann aber in Definition 5.3 und 2.5 Genaueres nachlesen.

Theorem 2.4 (Das Kommensurabilitätsprinzip der Oktave)

Genau dann, wenn die Intervallfamilie $(O, X_1, \ldots, X_n)$ kommensurabel ist, ist jede der beiden folgenden Aussagen (A) oder (B) richtig:

(A) Die Intervallmenge aller Adjunktionen dieser Familie ist eine gleichstufige, beidseitige periodische Fortsetzung einer gleichstufigen Oktavskala; diese hat genau m Stufen, und dabei ist das Stufenintervall genau das Intervall des größten gemeinsamen Teilers $E = ggT(O, X_1, \ldots, X_n)$, symbolisch

$$\mathfrak{M}_{O, X_1, \ldots, X_n} = \mathfrak{M}_{ggT(O, X_1, \ldots, X_n)} = \{k * E \mid k \in \mathbb{Z}\} = \overleftrightarrow{ETS_m},$$

und der Stufenparameter m ist genau das kleinste gemeinsame Vielfache

$$m = kgV(m_1, \ldots, m_n)$$

der Kommensurabilitätskoeffizienten aller Intervalle $X_1, \ldots, X_n$ zur Oktave.

(B) Das Intervall $V = kgV(O, X_1, \ldots, X_n)$ ist das kleinstmögliche Intervall, welches alle gleichstufigen Skalen enthält, deren Stufenintervall jeweils genau eines der Intervalle $X_1, \ldots, X_n$ ist, symbolisch ausgedrückt durch die Gleichung

$$V = I_{total} = v * O = m_j \left(v / n_j \right) * X_j \text{ für alle } j = 0, \ldots, n.$$

Die Stufenzahl für die Skala mit dem Ambitus von v Oktaven und mit dem Stufenintervall X_j ist also gerade diese (ganze(!)) Zahl $(m_j * (v / n_j))$.

Zusatz: Wäre hingegen auch nur eines der Intervalle X_j nicht-kommensurabel zur Oktave (oder zu einem der übrigen anderen), so definiert die gesamte Iterationsmenge $\mathfrak{M}_{O, X_1, \ldots, X_n}$ aller Intervalle $O, X_1, \ldots, X_n$ eine überall dicht verteilte Tonmenge (was im Abschn. 4.5 bewiesen und detailliert beschrieben wird).

Beweis Zu Aussage (A): Dies folgt sofort aus Theorem 2.2 (D), wo wir die Gleichheit

$$\mathfrak{M}_{O, X_1, \ldots, X_n} = \mathfrak{M}_E$$

bewiesen haben; dies ist ja äquivalent zur ggT-Eigenschaft von E. Somit ist also jedes Intervall, welches durch ganzzahliges Zusammenfügen von Intervallen der Familie $(O, X_1, \ldots, X_n)$ entstehen kann, bereits als ein ganzzahliges Vielfaches des größten gemeinsamen kommensurablen Teilers $E = ggT(O, X_1, \ldots, X_n)$ alleine darstellbar, und dies gilt auch umgekehrt. Die Iterationsmenge $\mathfrak{M}_E$ ist aber nichts anderes als diese beidseitig periodisch fortgesetzte Skala, welche auch eine Oktavskala ist, da die Oktave selber zur Iterationsfamilie gehört.

Zum Beweis zu Teil (B) schauen wir uns das Theorem 2.3 (Folgerung) an und können dann alle Daten kopieren. Eine Gleichung der vorstehenden Art bedeutet aber schlicht und einfach, dass das Intervall X_j genauso oft in das Intervall V passt, wie es der Vorfaktor angibt. Sind umgekehrt die voranstehenden Gleichungen erfüllt, so sind alle Intervalle $O, X_1, \ldots, X_n$ zu dem Intervall V kommensurabel, also auch untereinander kommensurabel.

Den Zusatz können wir jedoch nur mittels des Theorems 4.5 zeigen; die jetzt betrachtete Situation zeigt sich dann als Spezialfall der dortigen Voraussetzungen und erlaubt somit die Anwendung dieses zwar entlegen erscheinenden, aber dennoch tiefgreifenden analytischen Resultats. Damit ist das Theorem gezeigt. ■

Wir schließen nun unmittelbar ein Beispiel an:

Beispiel 2.8 (Zum Kommensurabilitätsprinzip der Oktave)

(1)   Betrachten wir den Fall der Quinte der Gleichstufigkeitsskala ETS_{12}, $X = Q_{equal}$ mit $ct(X) = 700$ ct. Dann ist die Kommensurabilität zur Oktave durch die – in der Musiktheorie vielleicht bekannteste – Gleichung

$$12 * Q_{equal} = 7 * Oktave$$

beschrieben. Ihre Kommensurabilitätsparameter $(12, 7)$ sind teilerfremd, und so erfüllt das Intervall $E = ggT(X, O)$ die Teilungsgleichung

$$12 * E = O, ct(E) = 100 \text{ ct}.$$

Somit ist E der gewöhnliche gleichstufig temperierte Halbtonschritt, mit dem alle Töne der Skala ETS_{12} und damit mittels beidseitiger oktavperiodischer Fortsetzung die komplette Klaviatur $\overleftrightarrow{ETS}_{12}$ definiert wird.

Der Parameter $v = 7$ besagt, dass in diesem einfachen Fall das kgV-Intervall $V = 7 * O = 12 * Q_{equal}$ das kleinste Oberintervall ist, welches die beiden gleichstufigen Skalen mit den jeweiligen Stufen O, Q_{equal} enthält, die erste Skala ist 7-stufig, die Quintenskala ist 12-stufig.

(2)   Jetzt seien zwei Intervalle $X_1, X_2 \in \mathfrak{M}_{mus}$ gegeben, und zwar seien

$$ct(X_1) = 960 \text{ ct und } ct(X_2) = 800 \text{ ct}.$$

Dann erhalten wir mittels der Zwischenüberlegung

$$960 = 12 * 80, 800 = 10 * 80 \text{ und } 1200 = 15 * 80$$

sehr rasch die teilerfremde Form der Kommensurabilitäten mit der Oktave,

$$5 * X_1 = 4 * O \text{ und } 3 * X_2 = 2 * O.$$

Die Parameter $m_1 = 5$ *und* $m_2 = 3$ sind selber teilerfremd; deswegen ist ihr kleinstes gemeinsames Vielfaches ihr Produkt, und $m = 15$ ist daher der Teilungsparameter des Intervalls $E = ggT(O, X_1, X_2)$ zur Oktave. Deshalb ist $ct(E) = 80$ ct, und die Gesamtheit aller vervielfachten Adjunktionen aller drei Intervalle besteht aus der in Centzahlen ausgedrückten arithmetischen Reihe

$$\leftarrow -80 \text{ ct} \leftarrow 0 \rightarrow 80 \text{ ct} \rightarrow 160 \text{ ct} \rightarrow 240 \text{ ct} \rightarrow \cdots \rightarrow 1200 \text{ ct} \rightarrow \cdots.$$

Dies ergibt die exotische 15-gleichstufige Oktavskala ETS_{15} samt und sonders deren über alle Grenzen oktavperiodisch fortgesetzte Weiterführung.

In diesem Beispiel wäre $v = kgV(4, 2) = 4$, und dann ist das kgV-Intervall

$$V = 4 * O = 5 * X_1 = 6 * X_2,$$

und es beherbergt die drei gleichstufigen Skalen S_4 mit vier Stufen (O), S_5 mit fünf Stufen (X_1) und S_6 mit sechs Stufen (X_2).

Dieses Kommensurabilitätsprinzip der Oktave zeigt ungemein eindrucksvoll, wie dieser antike Begriff die zentrale (mathematische) Aufgabe der Skalengenerierung mittels Iterationsintervallen vollständig löst: Fragen der Schließung (reoktavierter) Intervallschichtungen, der Endlichkeit ihrer verschiedenen Töne (Oktavierungen unberücksichtigt) sowie einer möglichen Periodizität, welche sich letztendlich in entsprechenden Strukturgesetzen dieser Skalen äußern, werden – das können wir getrost erahnen – vollständig im Rahmen dieses antiken begrifflichen Werkzeugs beantwortet – stellen wir ihm noch die nötigen antiken, zahlentheoretischen Rechenkünste rund um die Primzahlen zur Seite. Dies werden wir im Abschn. 3.2 ergänzen, wo es genau um solche Primzahlintervalle geht.

2.5 Kommensurabilität und Periodizität musikalischer Iterationen

In diesem Abschnitt interessieren wir uns für Intervalliterationen, bei denen am Ende wieder der Ausgangspunkt erreicht wird – oder aber zumindest ein ihm ähnlicher Punkt. Natürlich ist klar, dass eine Iterationsfolge

$$\mathfrak{M}_X = \{k * X | k \in \mathbb{Z}\} = \{\dots (\ominus 2X), (\ominus X), Prim, X, 2X, 3X, \dots\}$$

eines einzigen Intervalls, welcher ja mittels $x = ct(X)$ die beidseitig unbeschränkt verlaufende „arithmetische" Zahlenfolge der Centdaten

$$\dots - 2x, -x, 0, x, 2x, 3x \dots$$

entspricht, niemals irgendetwas mit periodischem Verlauf zu tun haben kann. Im Zusammenspiel mit einem weiteren Iterationsintervall sind solche Dinge allerdings sehr einfach und auf naheliegende Weise möglich. Aus Sicht musikalischer Anwendungen ist ein solches begleitendes, manchmal auch „korrigierendes" Iterationsintervall die Oktave höchstpersönlich. Daher wollen wir auch im Folgenden ausschließlich die sogenannte Oktavperiodizität in den Mittelpunkt stellen. Dieser Begriff und seine musik-mathematischen Gesetze begleiten ja die Generierung von Oktavskalen auf natürliche Art und Weise, und der vorangehende Abschnitt hatte diesen Begriff ja bereits zum Gegenstand. In dem nun folgenden Abschnitt werden wir die Betrachtungen allerdings noch einmal spezifizieren und um einige Vokabeln der musiktheoretischen Skalenlehre bereichern.

Gegeben sei ein Intervall $X \in \mathfrak{M}_{\text{mus}}$, mit welchem wir die Iterationsfamilie

$$\mathfrak{M}_{O,X} = \{k * X \oplus j * O \,|\, k, j \in \mathbb{Z}\}$$

bilden. Wie würde wohl eine Bedingung zu formulieren sein, die aussagt, diese doppelte Iterationenfolge sei „oktavperiodisch" – und zwar hinsichtlich der Iterationen mit dem Intervall X? Nun, das wäre sicher der Fall, wenn nach einer Anzahl ($m > 0$) an Iterationen mit diesem Intervall X aus einem herausgegriffenen Startintervall $I = k * X \oplus j * O$ ein Intervall entstünde, das sich nur durch Oktaven vom Ausgangs-intervall unterscheiden würde. In Gleichungsform bedeutete dies die Bilanz

$$(k + m) * X \oplus j * O = k * X \oplus n * O$$

mit gewissen ganzzahligen Parametern. Dabei hängt der Parameter m sicher zunächst einmal von k ab, $n = n(k)$. Eine anschließende freie Oktaveniteration transportiert dann dieses neue Intervall in jeden gewünschten Oktavraum $\mathfrak{M}_{mus|n}$ des Oktavengebäudes von $\mathfrak{M}_{\text{mus}}$, wie dies in Abschn. 1.6 dargestellt wird.

In unserem Oktavengebäude befänden sich dann diese beiden Intervalle sozusagen an gleicher Stelle – nur halt in verschiedenen Etagen, im zweiten Zimmer links neben dem zentralen Aufzug. Und diese Eigenschaft müssten wir für alle möglichen gewählten Startintervalle der Algebra und dann für den stets gleichen Periodenparameter m fordern – obwohl –? An dieser Stelle schalten wir einmal eine kleine Hilfsbetrachtung – in der Mathematik „Lemma" genannt – ein, welche sagt:

▶   **Lemma:** Es sei $m > 0$ ein fester Parameter. Dann sind gleichwertig:

(1) Eine Gleichung der Form

$$(k + m) * X \oplus j * O = k * X \oplus n(k) * O$$

gilt für alle $k \in \mathbb{Z}$, und hierbei sei $n(k, j)$ eine von k, j abhängige ganze Zahl.

(2) Die Gleichung gilt zunächst nur für einen Parameter $k \in \mathbb{Z}$ (zum Beispiel für $k = 0$), sodass in diesem Fall die spezielle Gleichung der Form

$$m * X = n * O$$

mit einer ganzen Zahl $n \in \mathbb{Z}$ entsteht – mit anderen Worten: (X, O) sind kommensurabel.

Das wollen wir blitzschnell einsehen: Nehmen wir die zweite Gleichung als gegeben an – sie ist ja mit $k = j = 0$ ein Spezialfall der ersten –, dann folgt für allgemeine Iterationsparameter $k, j \in \mathbb{Z}$ die Gleichung

$$(k + m) * X \oplus j * O = k * X \oplus m * X \oplus j * O = k * X \oplus (n + j) * O,$$

und damit ist die Aussage (1) erreicht. Außerdem sehen wir, dass auch der Verschiebungsparameter für die Oktaven $n(k, j)$ unabhängig von $k \in \mathbb{Z}$ und damit hinsichtlich dieses Parameters k stets derselbe ist:$n(k, j) = n(0, j) =: n + j$, und das Lemma ist bewiesen, und wir können die auf diesen einfachen Zusammenhang aufbauende Definition formulieren.

Definition 2.5 (Periodische Iterationen)

Für ein Intervall $X \in \mathfrak{M}_{\mathrm{mus}}$ heißt die Iterationsalgebra

$$\mathfrak{M}_{O,X} = \{k * X \oplus j * O \,|\, k, j \in \mathbb{Z}\}$$

oktavperiodisch bezüglich der Iterationen mit dem Erzeugerintervall X, wenn es eine ganze Zahl $m > 0$ gibt, sodass für alle Iterationsparameter $k, j \in \mathbb{Z}$ die Gleichung

$$(k + m) * X \oplus j * O = k * X \oplus n(k, j) * O$$

gilt, wobei die Oktavierungszahl $n(k, j)$ zunächst einmal von den Parametern (k, j) abhängt. Die kleinstmögliche positive Zahl $m \in \mathbb{N}$ mit dieser Eigenschaft heißt dann die **Periode** dieser Iteration. Diese Definition können wir verallgemeinern:

Eine Iterationsfamilie $\mathfrak{M}_{O, E_1, \ldots, E_n}$ musikalischer Intervalle $O, E_1, \ldots, E_n$ heißt **partiell oktavperiodisch,** wenn sie oktavperiodisch hinsichtlich eines der erzeugenden Intervalle E_j $(j = 1, \ldots, n)$ ist. Ist sie sogar partiell-periodisch hinsichtlich aller erzeugenden Intervalle $E_1, \ldots, E_n$, so nennen wir diese Eigenschaft auch **total- oktavperiodisch.** Demnach gilt für alle Iterationsparameter $k_1, \ldots, k_n \in \mathbb{Z}$ eine Identität der Form

$$(k_1 + m_1)E_1 \oplus \ldots \oplus (k_n + m_n)E_n \oplus jO = k_1 E_1 \oplus \ldots \oplus k_n E_n \oplus iO.$$

Hierbei ist der Parameter $j \in \mathbb{Z}$ ebenfalls frei gegeben, während der Parameter i von allen Daten abhängt, $i = i(j, k_1, \ldots, k_n) \in \mathbb{Z}$ und sich passend einstellt.

Der Datensatz $(m_1, \ldots, m_n)$ gibt dann die **partiellen Oktavperioden** hinsichtlich ihrer zugehörigen Iterationsintervalle $E_1, \ldots, E_n$ an.

Man könnte ferner auch eine Oktavperiodizität hinsichtlich eines kombinierten fest gewählten Intervalls $J = k_1 E_1 \oplus \ldots \oplus k_n E_n$ der Iterationsalgebra definieren, so wie das in der höheren Mathematik auch für die sogenannten „Richtungsableitungen" geschieht – wir verzichten jedoch auf diese technisch sehr aufwendige Betrachtung; sie hätte – in unserem Fall zumindest – allenfalls den Charakter einer gewiss unnötigen Verallgemeinerung.

Für den Fall $n = 1$ fallen natürlich diese drei Ausprägungen der Periodizität zusammen; deshalb ist im folgenden Theorem 2.5 dieser wichtige Sonderfall nicht eigens aufgeführt.

Theorem 2.5 (Periodizität multipler Intervalliterationen)

Gegeben sei die Iterationsalgebra $\mathfrak{M}_{O,E_1,\ldots,E_n} \subset \mathfrak{M}_{\text{mus}}$. Dann sind äquivalent:

(1) $\mathfrak{M}_{O,E_1,\ldots,E_n}$ ist total-oktavperiodisch.
(2) $\mathfrak{M}_{O,E_1,\ldots,E_n}$ ist eine kommensurable Intervallfamilie.

Folgerungen: Im Falle der totalen Periodizität gelten die untereinander gleichwertigen Eigenschaften:

(3) Das Kommensurabilitätsprinzip der Oktave ist anwendbar, daher ist

$$\mathfrak{M}_{O,E_1,\ldots,E_n} = \mathfrak{M}_E$$

mit dem Intervall $E = ggT(O, E_1, \ldots, E_n)$.

(4) Erfüllt $E = ggT(O, E_1, \ldots, E_n)$ die Kommensurabilitätsgleichung

$$m * E = O,$$

so ist dieser Kommensurabilitätsparameter m simultan auch die kleinste gemeinsame Periodizität aller partiellen Perioden $m_j, j = 1, \ldots, n$; es gilt

$$m = kgV(m_1, \ldots, m_n).$$

(5) Alle Frequenzmaße der erzeugenden Intervalle $q_j = |E_j|$ $(j = 1, \ldots, n)$ sind gebrochene Potenzen von 2, sogenannte **Kreisteilungs-Frequenzmaße;** das heißt, dass sich jeder dieser Faktoren q_j in der Form

$$q_j = 2^{m_j/n_j} = \sqrt[n_j]{2^{m_j}}$$

mit ganzen (und teilerfremden) Zahlen $m_j \in \mathbb{Z}, n_j \in \mathbb{N}$ schreiben lässt, wobei hierbei simultan auch m_j die partielle Periode ist.

(6) Die Centmaße aller erzeugenden Intervalle $E_1, \ldots, E_n$ sind rational,

$$ct(E_j) = m_j/n_j \; (j = 1, \ldots, n).$$

Beweis Als Erstes zeigen wir die Implikation $(1) \Rightarrow (2)$: Nehmen wir also an, jede der partiellen Iterationen hinsichtlich der Intervalle E_j sei oktavperiodisch. Dann gibt es nach Definition eine natürliche Zahl $m_j > 0$ sowie eine passende Oktaveniteration, sodass die Gleichung einer Kommensurabilität

$$m_j * E_j = n_j * O$$

erfüllt ist. Somit ist die Oktave kommensurabel zu allen anderen Intervallen E_j, und nach dem Transitivitätsgesetz der Kommensurabilität sind dann auch die Intervalle E_j untereinander kommensurabel. Die Umkehrung $(2) \Rightarrow (1)$ ist ebenso evident. Wir wählen aus Gründen einer bequemeren Darstellung – jedoch einschränkungslos – den partiellen Parameter $j = 1$ und erhalten für ein beliebiges Intervall der Iterationsalgebra offenbar folgende Differenz:

$$((k_1 + m_1)E_1 \oplus (k_2 E_2 \oplus \ldots \oplus k_n E_n) \oplus jO) \ominus (k_1 E_1 \oplus \ldots \oplus k_n E_n \oplus iO)$$
$$= m_1 E_1 \ominus (i - j)O.$$

Wenn dann diese Differenz gemäß jetziger Voraussetzung ein Vielfaches der Oktave sein soll, so heißt dies nichts anderes, als dass (E_1, O) kommensurabel sind, denn

$$m_1 E_1 \ominus (i - j)O = n * O \Leftrightarrow m_1 * E_1 = (n + j - i) * O =: n_1 * O.$$

Alle Angaben der Folgerung sind nun Konsequenzen des Kommensurabilitätsprinzips der Oktave Theorem 2.4 sowie der unmittelbar zu erkennenden Deutung der Koeffizienten m_j der Kommensurabilitätsgleichung als simultane Oktavperioden. Damit ist das Theorem gezeigt. ∎

Es folgen zwei kurze Beispiele:

Beispiel 2.9 (Total-periodische Iterationsfamilie)

Es seien $E_1, E_2, E_3 \in \mathfrak{M}_{\text{mus}}$ drei Intervalle mit den Daten

$$\text{ct}(E_1) = 300 \text{ ct}, \ \text{ct}(E_2) = 200 \text{ ct}, \ \text{ct}(E_3) = \frac{1}{9}1200 \text{ ct}.$$

Dann sind $m_1 = 4, m_2 = 6, m_3 = 9$ die partiellen Oktavperioden, und die Iterationsalgebra ist deswegen total-oktavperiodisch. Nun sind

$$ggT(m_1, m_2, m_3) = 1 \text{ und } kgV(m_1, m_2, m_3) = 36.$$

Wir haben dann die Identität

$$\mathfrak{M}_{O, E_1, E_2, E_3} = \mathfrak{M}_E,$$

wobei E das ggT-Intervall $E = ggT(E_1, E_2, E)$ mit dem Maß

$$ct(E) = \frac{1}{36} 1200 \text{ ct} = 33, \overline{3} \text{ ct}$$

ist. Wir erkennen, dass die Algebra $\mathfrak{M}_{O,E_1,E_2,E_3}$ die beidseitig oktavperiodisch fortgesetzte 36-gleichstufige Skala $\overleftrightarrow{E}_{36}$ ist; (siehe zu diesem Symbol Definition 5.3). ◀

Das nächste Beispiel führt uns ein wenig in die experimentelle moderne Musik und deren Temperierungsszene. Während wir hier zunächst einmal den Primzahlaspekt im Auge haben, wollen wir im Abschn. 11.3 genau diese Skala als ein Tonsystem kennenlernen, das in seiner exotischen Stufenzahl praktisch die komplette antike Mitteltönigkeit als heptatonische Subskalen enthält – beinahe ein Wunder!

Beispiel 2.10 (Die 31-oktavperiodische Iterationsalgebra)

Die 31-gleichstufige Skala E_{31} lässt sich von allen Iterationsintervallen mit den Kreisteilungs-Frequenzmaßen

$$q = 2^{m/31}, m = 1, 2, \ldots, 30$$

generieren. Denn weil 31 eine Primzahl ist, sind alle diese Zahlen m teilerfremd zu 31. Somit ist speziell für das Intervall $X \in \mathfrak{M}_{\text{mus}}$ mit einem Centmaß

$$ct(X) = \frac{1}{31} * 1200 \text{ ct} \approx 38, 71 \text{ ct}$$

die Iterationsalgebra $\mathfrak{M}_{O,X}$ oktavperiodisch, und sie ist aus diesen knappen Vierteltönen X als Stufenintervall zu einer 31-gleichstufigen Skala aufgebaut.

Arabische Musik? ◀

▶   **Fazit**: Genau dann, wenn das Centmaß eines Iterationsintervalls – also zum Beispiel einer Iterationsquinte – rational ist, ist die reoktavierte Tonfolge bereits eine periodische (somit eine endliche, sich schließende) Tonfolge innerhalb eines festgelegten Oktavraums.

Wäre demnach Q eine Quinte mit $ct(Q) = 701$ ct, dann wäre die Iteration mit Q oktavperiodisch, wie das Theorem lehrt. Man kann das aber auch sehr schön direkt sehen: Denn weil das Centmaß sich bei Adjunktion aufaddiert (sein großer Vorteil!), haben wir die Bilanz

$$\underbrace{Q \oplus \ldots \oplus Q}_{1200 \text{ mal}} = \underbrace{O \oplus \ldots \oplus O}_{701 \text{ mal}},$$

weil dies nämlich die numerische Centdatengleichheit

$$1200 * \mathrm{ct}(Q) = 1200 * 701 \text{ ct} = 701 * 1200 \text{ ct} = 701 * \mathrm{ct}(O)$$

bedeutet. Nun ist bekanntlich Papier geduldig, und der Anblick der vorstehenden Zahlen mag uns – vielleicht – noch nicht einmal sonderlich beeindrucken – schließlich ist das ja einfachster Dreisatz mit ganzen positiven Zahlen. Dennoch:

▶ *701 Oktaven, 1200 Quinten???*

Über 701 Oktaven könnten wir uns sicher auch spannende Geschichten ausdenken, wie zum Beispiel diese, die sich im Ozean der Harmonie ereignete. Weil sie aber mit sträflicher Gleichmacherei einhergeht, deren Unwesen wir in Kap. 11 leidvoll erfahren, lesen wir sie als kleine Zugabe erst am Ende unseres Buches, da sie bezeichnenderweise noch kein Ende gefunden hat.

2.6   Analysis der Kommensurabilität musikalischer Intervalle

In der Mathematik ist die Analysis die Lehre der Funktionen, der Stetigkeit, des Approximierens, des Differenzierens und des Integrierens. Keine Sorge: Diesen schulischen Exerzitien wollen wir nicht folgen; die Musik ist doch ein ganz schönes Stück weit entfernt von den Regeln dieser Kunst. Allerdings durchzieht jedoch ein tief verankertes Problem alles Erdenkliche – auch in Fällen, wo man zunächst keine im Hintergrund lauernde Mathematik wähnt. Herausgehoben nennen wir die Situation einer allgemeinen „Gleichung"

$$F(X) = Y,$$

bei welcher zu einem gegebenen Objekt (Y) – zum Beispiel einem bestimmtem musikalischen Intervall – ein anderes Objekt (X) gesucht ist, welches im Durchlauf eines Prozesses (F) die Form des gegebenen Objektes gewinnt. „Zwölf zu suchende Quinten sollen zusammen so groß sein wie sieben Oktaven" wäre das wohl populärste und einfachste musik-mathematische Beispiel einer solchen Aufgabe. Nun ist die eine Seite der Angelegenheit diejenige, durch „exakte" Rechnungen eine solche Lösung zu finden – die andere Seite jedoch gibt dem Umstand Raum, dass es in der Theorie wie auch erst recht in der Praxis oftmals schlechterdings möglich ist, solche exakten Lösungen zu finden – geschweige denn im praktischen Umgang umzusetzen. Dann fragt man sich:

▶ *Wenn (das Intervall) Y nur „genähert" vorliegt – ist dann eine „genäherte" Lösung zu diesem genäherten Wert auch „nahe bei" dem ursprünglich anvisierten Lösungswert? Und was heißt überhaupt „genähert, nahe bei"?*

Diejenigen unter uns, die mit mathematischem Blick die obige Gleichung und die sie begleitende Diskussion erfassen, sehen natürlich, dass hier die Frage der **Stetigkeit** der Operation F samt und sonders ihrer möglichen Umkehrung F^{-1}, welche bekanntlich die Lösung X als Operation von Y darstellt, gemeint ist. Aber auch wir Musiker erleben diesen Approximationsprozess – und gar nicht so selten! Ein Beispiel? Bitteschön:

Die Stimmung der Orgel

Erfahrungsgemäß differieren die Zungenstimmen gegenüber den Labialen, sobald nur ein kühles Lüftchen durch den Kirchraum weht oder sobald – was öfters vorkommt – vor dem sonntäglichen Hochamt die Kirchenheizung für allseitige Behaglichkeit beauftragt wird. Das liegt daran, dass sich die Tongebung der Zungen- und der Labialsysteme physikalisch unterscheiden und konsequenterweise unterschiedlich auf Temperaturveränderungen reagieren. Dabei ist es so – nebenbei gesagt –, dass sich die Zungen sogar als verhältnismäßig stabil erweisen, während die Tonhöhen der Labiale dem physikalischen Ausdehnungsgesetz von Gasen gehorchen, wonach die Schallgeschwindigkeit (c) von der (absoluten) Temperatur ($T = 273, 15° + \textit{Grad Celsius}$) gemäß der Quadratwurzelproportionalität

$$c = const * \sqrt{\frac{T}{273, 15}}$$

abhängt; die Konstante ist dabei $c = 331, 4 \; m/s$ die Geschwindigkeit bei 0 Grad Celsius. Eine veränderte Schallgeschwindigkeit bewirkt aber eins zu eins eine Veränderung der Tonhöhe. Die Anpassung der „Zungen" – das sind die Trompeten, Posaunen, Oboen, um nur einige zu nennen – an die Flöten- und Prinzipalstimmen (Labiale) ist allerdings erheblich einfacher und schneller zu bewerkstelligen als umgekehrt. Und so sind wir Organisten – ob wir wollen oder nicht – genötigt, soll der Klang passen, die Zungen den Labialen, den Prinzipalen und Flöten wieder anzupassen, also zu „stimmen". Wie geschieht das? Nun, durch ein äußerst feinfühliges Justieren der frei schwingenden Zungenlänge mittels leicht federnden Klopfens der sogenannten Stimmkrücke gleichen wir den Ton der Zunge an den simultan klingenden Ton eines labialen Referenzregisters an – Letzteres ist in der Regel der Prinzipal „Oktave 4-Fuß". Hierbei erleben wir, dass der zu stimmende Ton wie eine Sirene heulend zum Referenzton wandert; die entstehenden Schwebungen verlangsamen sich bis zum gewünschten Stillstand (wenn man ihn denn erreicht), im Beispiel 1.4 sind wir speziell auf dieses Schwebungsstimmungsverfahren eingegangen.

Was wir in der Praxis hierbei erlebt haben, ist die Konvergenz

$$\lim_{n \to \infty} X_n = X$$

der Ton-, besser: Intervallfolge X_n der sich ergebenden Näherungstöne zum Zielton, dem Referenzton. Gottlob muss man aber nicht unendlich viele Schritte unternehmen, um ans

Ziel zu kommen – die Physik ist „gerastert" und uns gnädig, und irgendwann passt der Ton so genau wie es sein soll. Geduld ist aber allemal vonnöten.

In diesem Abschnitt werden wir die Analysis insbesondere dank der „Kommensurabilität" mit dem Gebiet der musikalischen Intervalle verbinden können. Diese Verbindung der „Analysis" mit der mathematischen Theorie musikalischer Intervalle wird uns insbesondere noch im Abschn. 4.2 im Zusammenhang mit dem äußerst interessanten Tonverteilungssatz für Intervalliterationen von Levy-Poincaré begegnen.

Wir wollen also eine Vorstellung davon entwickeln, wie wir es formulieren können, wenn wir meinen, dass zwei Intervalle „nahe beieinander" liegen. Dies geht nun am besten mit dem „Metermaß" der Intervallarithmetik, dem Centmaß; eine Beschreibung durch das Frequenzmaß wäre zwar grundsätzlich ebenso möglich – jedoch hoffnungslos jeglicher Rechentauglichkeit enteilt.

Definition 2.6 (Distanz, Konvergenz und Grenzwerte musikalischer Intervalle)

Für zwei musikalische Intervalle $X, Y \in \mathfrak{M}_{\mathrm{mus}}$ sei ihr **Abstand** („Distanzfunktion", intervallische Distanz) durch den Betrag der Centmaßdifferenz definiert:

$$dist(X, Y) = |\mathrm{ct}(X) - \mathrm{ct}(Y)|.$$

Und geben wir uns eine Toleranzschranke $\varepsilon > 0$ vor, so liegt ein Intervall Y in der durch diese Toleranz präzisierten **Nähe** des Intervalls X, wenn $dist(X, Y) < \varepsilon$ ausfällt.

Zur Menge $U_\varepsilon(X)$ aller Intervalle $Y \in \mathfrak{M}_{\mathrm{mus}}$, deren Distanzen dieser Abschätzung genügen, sagen die Mathematiker, dies sei eine (offene) **ε-Umgebung** von $X \in \mathfrak{M}_{\mathrm{mus}}$.

Eine Folge $(X_n)_{n \in \mathbb{N}}$ musikalischer Intervalle **approximiert** ein Intervall $X \in \mathfrak{M}_{\mathrm{mus}}$ genau dann, wenn die Distanzen zum Intervall X beliebig klein werden – also zum Wert Null konvergieren, in mathematischer Symbolsprache heißt das:

$$\left(X_n \underset{n \to \infty}{\longrightarrow} X \right) \Leftrightarrow dist(X_n, X) \underset{n \to \infty}{\longrightarrow} 0.$$

Dann ist X der **Grenzwert** beziehungsweise das Grenzintervall dieser Intervallfolge.

Eine Funktion (eine Operation, ein Prozess, ein Operator) $F : \mathfrak{M}_{\mathrm{mus}} \to \mathfrak{M}_{\mathrm{mus}}$ ist genau dann in einem Variablenpunkt – also einem gewählten Intervall $X \in \mathfrak{M}_{\mathrm{mus}}$ – **stetig,** wenn im Sinne der voranstehenden Festlegung die Konvergenzbedingungen

$$\left(X_n \underset{n \to \infty}{\longrightarrow} X \right) \Rightarrow \left(F(X_n) \underset{n \to \infty}{\longrightarrow} F(X) \right)$$

zutrifft. Und $F : \mathfrak{M}_{\mathrm{mus}} \to \mathfrak{M}_{\mathrm{mus}}$ ist (einschränkungslos) **stetig,** wenn dies in jedem Punkt $X \in \mathfrak{M}_{\mathrm{mus}}$ der Fall ist.

Somit haben wir diese topologisch analytischen Werkzeuge aus dem Bereich der Zahlen-analysis in das Gebiet der musikalischen Intervalle übertragen. Wir wissen oder erahnen jetzt, was die analytisch motivierten Wortwahlen wie beispielsweise

▶   *„nahe bei", „approximieren – konvergieren", „in einer kleinen Umgebung von…"*

für musikalische Intervalle bedeuten. Und nur so am Rande wollen wir erwähnen, dass wir hierdurch leicht nachweisen können, dass das Ensemble $\mathfrak{M}_{mus}$ aller musikalischen Intervalle nicht nur eine „simple" algebraische Gruppe ist, sondern auch eine solche, in welcher dank dieser Metrik (Distanz) auch die Geometrie und die Analysis zuhause sind, was sich im folgenden Satz niederschlägt:

Satz 2.3 (Musikalische Intervalle als vollständige topologische Gruppe)
Mittels der Distanzfunktion $dist(X, Y)$ und der hieraus auf $\mathfrak{M}_{mus}$ gemäß der Definition 2.6 erklärten Begriffe der „offenen Umgebung" und der „Konvergenz" können wir nun zeigen:

(A) $\mathfrak{M}_{mus}$ ist eine topologische Gruppe.

Das bedeutet, dass die beiden Gruppenoperationen (Prozesse)

$$F(X, Y) = X \oplus Y \text{ und } F(X) = (\ominus X)$$

– also die Adjunktion und die Inversenbildung – für alle $X, Y \in \mathfrak{M}_{mus}$ stetig sind.

(B) $\mathfrak{M}_{mus}$ ist ein vollständiger metrischer Raum.

Das bedeutet, dass für eine sich „verdichtende" Folge musikalischer Intervalle auch ein musikalisches Intervall als Grenzwert dieser Folge existiert.

Man schreibt und definiert die Vollständigkeitsaussage (B) für gewöhnlich so:
    Eine Folge $(X_n)_{n \in \mathbb{N}} \subset \mathfrak{M}_{mus}$ musikalischer Intervalle erfüllt das „Cauchy-Folgenkriterium" – oder auch die „Verdichtungseigenschaft" –, wenn die Bedingung

▶   *„Für jedes $\varepsilon > 0$ gibt es ein $n_0 \in \mathbb{N}$, sodass für alle Indizes $n, m \geq n_0$ die Abschätzung $dist(X_n, X_m) < \varepsilon$ richtig ist"*

erfüllt ist. Wenn dann <u>stets</u> für jede solche Folge ein eindeutiges Intervall $X \in \mathfrak{M}_{mus}$ existiert, welches Grenzwert dieser Folge ist, wenn demnach die Konvergenzbedingung

$$\left(X_n \xrightarrow[n \to \infty]{} X \right)$$

erfüllt ist, dann ist die Menge $\mathfrak{M}_{\mathrm{mus}}$ „**vollständig**" (lückenlos, abgeschlossen).

Der **Beweis** ist trotz der imposanten Notationen und Symboliken schnell erledigt: Im ersten Teil (A) müssen wir zeigen, dass für eine konvergente Folge $(X_n)_{n\in\mathbb{N}} \subset \mathfrak{M}_{\mathrm{mus}}$ musikalischer Intervalle die beiden Folgen der Operationen

$$\left(X_n \oplus Y \xrightarrow[n\to\infty]{} X \oplus Y \right) \text{ und } \left(\ominus X_n \xrightarrow[n\to\infty]{} \ominus X \right)$$

konvergent sind; das Intervall Y ist dabei ein beliebiger Summand. Aufgrund der Darstellung

$$\ominus X_n = Prim \ominus X_n$$

ist hierbei erkennbar, dass diese zweite Konvergenzbedingung bei Lichte besehen ein Spezialfall der ersten ist – also der additiv geschriebenen Adjunktionsstetigkeit. Diese ergibt sich nun aus der Linearität des Centmaßes schnell und folgendermaßen:

$$\begin{aligned}
\mathrm{dist}(X_n \oplus Y, X \oplus Y) &= |\mathrm{ct}(X_n \oplus Y) - \mathrm{ct}(X \oplus Y)| \\
&= \mathrm{ct}(X_n) + \mathrm{ct}(Y) - (\mathrm{ct}(X) + \mathrm{ct}(Y)) \\
&= |\mathrm{ct}(X_n) - \mathrm{ct}(X)| = \mathrm{dist}(X_n, X).
\end{aligned}$$

Wenn also die rechte Seite dieser Gleichungskette – wie vorausgesetzt – gegen Null strebt, so tut das auch die linke Seite – und genau dies sollte ja gezeigt werden.

Im Teil (B) geben wir uns eine „Verdichtungsfolge" $(X_n)_{n\in\mathbb{N}} \subset \mathfrak{M}_{\mathrm{mus}}$ vor. Nach unserer Definition der intervallischen Distanz ist dann die entsprechende Folge x_n der Centmaße $\mathrm{ct}(X_n)$ eine Cauchy-Folge in den reellen Zahlen. Weil nun bekanntermaßen dieser Zahlbereich „vollständig" ist, besitzt diese Centmaßfolge einen Grenzwert, also

$$\lim_{n\to\infty} (x_n = \mathrm{ct}(X_n)) = x_0 \in \mathbb{R}.$$

Und jetzt fehlt nur noch ein einziges Argument, nämlich dieses, dass zu diesem Grenzwert x_0 auch ein musikalisches Intervall $X_0 \in \mathfrak{M}_{\mathrm{mus}}$ gehört: Und genau dies ist nach unserem Theorem 1.3 der Fall, und der Satz ist bewiesen. ∎

Wir verbinden nun diese allgemeine Analysis mit unserem Thema und beginnen mit einer Betrachtung zur Gegenüberstellung

▶   **Kommensurabel versus nicht-kommensurabel.**

Die definitorische Bedingung der Kommensurabilität zweier Intervalle als simultanes Vielfaches eines gemeinsamen „Kerns" lässt zwei weitere – jedoch grundsätzliche – Fragen entstehen:

- Ist die Kommensurabilität selten, ist sie eine „Ausnahme"?
- Ist die Kommensurabilität eine gute oder eine schlechte Voraussetzung?

Es mag sein, dass diese Fragen komisch erscheinen. Was soll *selten*, was soll *gut* und was soll *schlecht* bedeuten? Gleichwohl können wir diese Fragen unter Zuhilfenahme der Mathematik und der zuvor entwickelten Analysis doch ein wenig „wissenschaftlich angehaucht" beantworten. Kommen wir zur ersten Frage:

▶   Ja – gemessen an der Nicht-Kommensurabilität ist die Kommensurabilität eine
    Ausnahme, also „selten".
    Dennoch ist sie allgegenwärtig.

Wie passt das zusammen? Nun, hierzu rufen wir noch einmal die zur Definition gleich-wertige Centmaßbedingung ab: Kommensurabel sind zwei Intervalle, wenn der Quotient ihrer Centmaße rational ist.

Die Menge aller rationalen Zahlen ($\mathbb{Q}$) hat nun im Reich aller reellen Zahlen ($\mathbb{R}$) tat-sächlich folgende beiden Grundmerkmale,

1. dass es ihrer „nur abzählbar unendlich" viele gibt, ihr Kompliment nämlich, die Irrationalzahlen, machen den Löwenanteil im Gefüge aller Zahlen $\mathbb{R}$ aus, sie sind „überabzählbar";
2. dass sie dennoch in jedem noch so winzigen Zahlenintervall vorkommen – was im Übrigen allemal auch und erst recht für die Irrationalzahlen zutrifft; mehr noch: Zu jeder reellen Zahl gibt es gleich eine unendliche Folge rationaler Zahlen, die gegen diese Zahl konvergiert; jede x-beliebige Zahl ist **„rational approximierbar".**

Hierüber gibt es eine uferlose Literatur – exemplarisch seien hier [15, 16, 28] genannt. Zu der zweiten Eigenschaft sagt man auch, dass die rationalen Zahlen in der Menge aller reellen Zahlen **„dicht"** liegen; die Abb. 2.1 möge dies veranschaulichen.

Mit unseren für die musikalische Welt neu eroberten analytischen Werkzeugen, welche die Vorstellungen von „in der Nähe von…" und ähnlichem Vokabular solide erklären, formulieren wir jetzt die Antwort zur ersten Frage in einem Theorem.

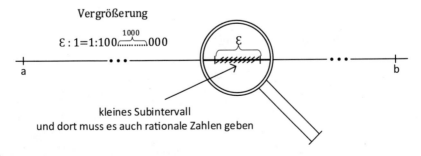

Abb. 2.1   Rationale Zahlen als dichte Teilmenge eines reellen Intervalls

Theorem 2.6 (Die Analysis der Kommensurabilität musikalischer Intervalle)

Es seien $X, Y \in \mathfrak{M}_{\text{mus}}$ zwei beliebige musikalische Intervalle. Dann liegen in jeder beliebig kleinen Nähe von X und von Y jeweils Intervalle, welche kommensurabel sind. Genauer lässt sich sagen: Es gibt zwei Folgen musikalischer Intervalle

$$(X_n)_{n \in \mathbb{N}} \subset \mathfrak{M}_{\text{mus}} \text{ und } (Y_n)_{n \in \mathbb{N}} \subset \mathfrak{M}_{\text{mus}},$$

welche für jedes $n \in \mathbb{N}$ kommensurable Paare (X_n, Y_n) bilden und welche die Intervalle X, Y approximieren, symbolisch:

$$X_n \xrightarrow[n \to \infty]{} X \text{ und } Y_n \xrightarrow[n \to \infty]{} Y,$$

und dabei besteht sogar für alle Indexpaare $n, m \in \mathbb{N}$ die Kommensurabilität

$$X_n \xleftrightarrow{\text{kom}} Y_m.$$

Dazu können wir dann sagen, dass die Menge aller kommensurablen Intervallpaare „dicht" in der Gesamtheit $\mathfrak{M}_{\text{mus}} \times \mathfrak{M}_{\text{mus}}$ aller Paare musikalischer Intervalle liegt.

Obwohl sie eine „Ausnahme" darstellt, ist die Kommensurabilität bis ins Kleinste hinein und überall verteilt.

Ebenso klar ist, dass auch die Paare nicht-kommensurabler Intervallpaare dicht verteilt sind. Im mengentheoretischen Sinn ist die Nicht-Kommensurabilität generisch (allgemein) und die Kommensurabilität die Ausnahme.

Können wir dieses Resultat auf einfache Weise erklären und verstehen? Versuchen wir es einmal:

Beweis Im Theorem 2.3 haben wir bemerkt, dass ein Intervall, dessen Centmaß rational ist, stets kommensurabel zur Oktave ist. Sind $X, Y \in \mathfrak{M}_{\text{mus}}$ gegebene Intervalle und sind

$$x = \text{ct}(X), y = \text{ct}(Y)$$

ihre Centmaße (die nicht rational sein müssen), so gibt es nach der zweiten oben genannten Grundlageneigenschaft der rationalen Zahlen stets zwei Folgen ausschließlich rationaler Zahlen $(x_n)_{n \in \mathbb{N}}$ und $(y_n)_{n \in \mathbb{N}}$, die diese beiden Daten jeweils limitieren,

$$x_n \xrightarrow[n \to \infty]{} x \text{ und } y_n \xrightarrow[n \to \infty]{} y.$$

Sind dann $(X_n)_{n \in \mathbb{N}}$ und $(Y_n)_{n \in \mathbb{N}}$ die zu diesen Centdaten gemäß unseres Theorems 1.3 eindeutig zugeordneten Intervallfolgen, dann sind definitionsgemäß auch die Approximationen

$$X_n \xrightarrow[n \to \infty]{} X \text{ und } Y_n \xrightarrow[n \to \infty]{} Y$$

gegeben. Warum sind dann sogar alle Paare (X_n, Y_m) $(n, m \in \mathbb{N})$ kommensurabel? Nun, das folgt aus der Transitivität der Kommensurabilität, die im Theorem 2.1 aufgelistet ist: Für beliebige Indizes $n, m \in \mathbb{N}$ gilt demnach

$$\left(X_n \xleftrightarrow{\text{kom}} Oktave \text{ und } Y_m \xleftrightarrow{\text{kom}} Oktave \right) \Rightarrow \left(X_n \xleftrightarrow{\text{kom}} Y_m \right),$$

und das Theorem ist bewiesen. Der Trick, die Oktave als „vermittelndes Objekt" („Brückenfunktion") mit ins Spiel zu bringen, hat uns dank des Satzes 2.1 entscheidend geholfen; denn außer der Rationalität ihrer Centmaße wäre uns ja nichts über diese beiden Intervallfolgen bekannt – ein weiterer Etappensieg der „grauen Theorie". ∎

Jetzt steht die zweite Frage an. Gibt es überhaupt gute oder schlechte Voraussetzungen? Nun ja – das kommt sicher genau darauf an, welche Aussagen und Ergebnisse man im Blick hat. Trifft der Fall einer Kommensurabilität ein, so kann dieses oder jenes passieren, was nicht geschähe, wenn der generische Fall des Gegenteils vorläge. Ergo ist alles davon abhängig, was man wünscht, dass es einträfe. Ohne Zweifel besitzt diese Frage also – im Gegensatz zur ersten – keine so klare Antwort.

Eines wünschen sich aber die Mathematiker – aber nicht nur sie: Mögen doch die anstehenden Gleichungen bitteschön <u>eindeutige</u> Lösungen haben. Gibt es derer viele, so entsteht die Qual der Wahl, und vielerlei muss getan werden, um aus dem Vielen das Passende zu finden. Genauso ergeht es uns auch in der Intervallarithmetik. Die Zusammensetzung eines Intervalls $I \in \mathfrak{M}_{\text{mus}}$ aus zwei anderen,

$$I = m * X \oplus n * Y,$$

ist genau dann eindeutig, wenn die beiden Bestandteile X, Y eben nicht-kommensurabel sind. Das haben wir ja im Theorem 2.1 (6) gesehen. Und die Konsequenz mehrerer – und dann sind dies stets gleich sogar unendlich viele – Möglichkeiten erfordert dann auch in aller Regel längliche und weniger angenehme Diskussionen.

Natürlich haben wir auf der anderen Seite so viele überraschende Parallelen zwischen der kommensurablen Intervallarithmetik und der Algebra der Brüche – denken wir nur an den Begriff des größten gemeinsamen intervallischen Teilers –, dass dieses Netzwerk per se eine interessante musik-mathematische Welt darstellt. Aus ihr lässt sich ja schließlich eine ganze Reihe antiker Meinungen, Gesetze, Lehren – kurz: die alte Theorie der musikalischen (harmonisch-rationalen) Intervalle – beleuchten. Eine Entscheidung fällt also schwer.

Harmonisch-rationale und klassisch-antike Intervalle

3

> *Musica ist allgemein genommen jene Wissenschaft, die nach harmonischen Proportionen die Konkordanz und Konsonanz in Verbindungen gegensätzlicher und unähnlicher Dinge untersucht und unterscheidet...*
>
> Engelbert von Admont (1250–1331)

Introduktion

Wenn wir uns mit einer „Lehre der Intervalle" beschäftigen wollen und wenn wir auf den Wegen wandeln, die uns die Gelehrten der Jahrhunderte von der Antike bis zu den Blütezeiten vor und nach Johann Sebastian Bach zur Promenade anbieten, so sehen wir uns sehr schnell und freudig überrascht in einem wunderschönen Garten angekommen. Viele Blumenbeete und Gewächse laden zum Verweilen ein, andere – verschlungene – Wege versetzen uns jedoch unvermittelt in ein Labyrinth: Unbekannte Namen unbekannter Formen, Intervalle und Skalen – vieles verbirgt sich unter vertraut klingenden Begriffen, allen voran die „Konsonanz". Wollten wir Fragen wie zum Beispiel: „Was hängt mit wem und wie zusammen?" auf den Grund gehen, so gleicht dies in der Tat einem Spiel mit unbekanntem Ausgang – allerdings nur auf den ersten Blick. Denn in dem vorliegenden Kapitel verbinden wir musiktheoretische Themen, welche mit diesem Bonmot der Konsonanz einhergehen, mit ganz entscheidenden und zentralen Gegenständen der Mathematik schlechthin – allen voran mit der Primzahlstruktur der Zahlen. So zeigt sich die Konsonanz als ein wichtiges Bindeglied dieser beiden Welten Musik und Mathematik.

> rein   rational
>
> **Konsonanz**
>
> harmonisch   kommensurabel

Um uns nun in diesem Netzwerk sicher zu bewegen, wählen wir zum einen musikalisch wie auch mathematisch sinnvoll erscheinende Festlegungen der zu diskutierenden Begriffe und erarbeiten zum anderen die daraus ableitbaren Theoreme, welche wir beweisen und musikalisch anwenden können.

Der erste Abschnitt macht u. _ mit den harmonisch-rationalen Intervallen, ihrem begrifflichen Umfeld und ihrem architektonischem Aufbau aus den Primzahl-Obertonintervallen – das sind die Proportionen $(1:2), (1:3), (1:5), (1:7), \ldots$. Der zweite Abschnitt beschreibt dann den Zusammenhang, wie die Primzahlstruktur zweier Intervalle beschaffen sein muss, damit diese kommensurabel beziehungsweise nicht-kommensurabel sind. Diese Kriterien münden schließlich in der Lösung der Aufgabe, ein gegebenes harmonisch-rationales Intervall „harmonisch rational" zu teilen, ein Thema des dritten Abschnitts. Mit der Beantwortung dieser Frage werden simultan auch andere historische Probleme angesprochen – darunter die prominente Aufgabe

▶   *der Teilung des pythagoräischen Ganztons (Tonos),*

welche ganze Legionen abendländischer Gelehrter beschäftigte. Ebenso prominent wie grundlegend war die Lehre der „einfach-superpartikularen Intervalle" $(n : n + 1)$, die wir in Abschn. 3.4 studieren. Dies geschieht zum einen im Hinblick auf ihre Teilungseigenschaften und zum anderen im Hinblick auf ihre Aufbaumechanismen. Es schließt sich dann eine Diskussion über die „Euler'sche Konsonanzfunktion" an, einer ebenso eigenartigen wie erfolgreichen Methode im Dreieck

Harmonische Intervalle ↔ Konsonanz ↔ Primzahltheorie,

welche das Konsonanzproblem zu lösen vermag. Das Kapitel schließt mit einer „Zugabe", in welcher wir die vertraute gewöhnliche Exponentialfunktion $y = e^x$ mittels der einfach-superpartikularen Intervalle in die Algebra aller musikalischen Intervalle integrieren können.

3.1   Harmonisch-rationale Intervalle und ihr Primfaktorgebäude

In dem folgenden Abschnitt entdecken wir die Grundlagen schlechthin, welche als Hintergrundmathematik jedwede Diskussion klassisch-antiker Intervalle begleiten. Unter „klassisch-antiken" Intervallen wollen wir vornehmlich solche verstehen, deren Proportionen den natürlichen Zahlen angehören – somit von der Form $I = (n : m)$ sind.

Diese Theorie wollen wir nun entwickeln, um sie dann als gewonnene Theoreme zu notieren. Die zentralen Begründungen basieren auf der Primzahlstruktur aller natürlichen Zahlen, und diese steuert auch das gesamte Geschehen rund um diejenigen Intervalle, deren Proportionen respektive Frequenzmaße durch Brüche natürlicher Zahlen beschrieben werden. Auch die Herangehensweise von Leonhard Euler zur Beschreibung der Konsonanz wird zeigen, wie sehr die Zahlentheorie der Primzahlen mit musiktheoretischen Betrachtungen einhergeht.

Reine Intervalle

Zunächst diskutieren wir ein wenig den Begriff des „reinen Intervalls". Und um es vorwegzunehmen: Es gibt in der gesamten Literatur keine wirklich verlässlich einheitliche Definition für eine Beantwortung der Frage:

▶   *Was ist ein reines Intervall?*

Man findet nämlich schon in den antiken Quellen sehr verschiedene Meinungen:

(1) Als „reine" Intervalle gelten lediglich die **Obertonintervalle**

$$I(n) = I(n/1) = [1, n] \text{ und } I(1/m) = [m, 1],$$

welche der arithmetischen und der harmonischen Proportionenfolge

$$1{:}1 - 1{:}2 - 1{:}3 - \cdots \text{ und } \ldots - 3{:}1 - 2{:}1 - 1{:}1$$

entsprechen. Diese beiden Proportionenfolgen sah man als „Ursprung" der Zahlen („Artios"- und „Perissos"-Zahlen) wie auch der durch sie beschriebenen musiktheoretischen Begriffe an – sozusagen als Genesis, aus welcher sich Musik, Astronomie und die Mathematik entwickelten. Der Begriff der „natürlich-harmonischen Skalen" mag aus diesem Blickwinkel erklärbar erscheinen.

(2) Dann gibt es die ebenfalls antike Meinung, die reinen Intervalle seien genau die **„einfach-superpartikularen"** Intervalle

$$I = I\left(\frac{n+1}{n}\right) = (n{:}n+1).$$

Demnach wären die Oktave (1:2), Quinte (2:3), Quart (3:4), große und kleine Terz (4:5) und (5:6), die Ganztöne (8:9) und (9:10) und viele andere rein – nicht aber die Prim (1:1), die „reinste von allen"

(3) Schließlich nannte man auch noch – und nur diese – Intervalle „reine Intervalle", die sich (ausschließlich) aus **Oktaven 1:2**, den speziellen **Quinten 2:3** und **Terzen 4:5** aufbauen ließen – so entstand auch die Bezeichnung „reine" oder „rein-harmonische" Skala als eine von denjenigen, welche solche Bausteine (und keine anderen) besitzt. Das Kap. 10 wird die für die Skalentheorie relevanten Aspekte dieser solcherart ausgestatteten und gebauten „reinen" Intervalle beschreiben.

Man könnte auch geneigt sein, alle diejenigen Intervalle, welche ein rationales Frequenzmaß n/m beziehungsweise die antike ganzzahlige Proportion $m{:}n$ haben, als rein zu bezeichnen – was tatsächlich durchaus anzutreffen ist. Damit wären sogar die unterschiedlichen Meinungen hierüber mittels eines Oberbegriffs generalisiert. Macht das Sinn? Nun, schnell wird aber klar, dass es dann nicht „eine" reine Quinte gäbe, sondern hunderte und mehr. Warum sollte nämlich das Intervall 2001:3001 (mit dem Centmaß von 701,666 ct) nicht auch eine reine Quinte sein – nicht wirklich unterscheidbar von der pythagoräischen Quinte 2:3 mit ihren 701,955 ct? Nein, es entstünde sofort eine nicht auflösbare Problematik mit den historisch erwachsenen Festlegungen und Bezeichnungen „der" reinen Intervalle $1{:}1, 1{:}2, 1{:}3, 2{:}3, 4{:}5 \ldots$ und so fort. Und wenn man dies konsequent zu Ende denkt, so wären eigentlich alle Intervalle „rein", denn:

> ▶   *Da die rationalen Zahlen in der Menge aller (reellen) Zahlen bekanntlich dicht verteilt liegen, würde dies bedeuten, dass auch die „reinen" Intervalle physikalisch dicht in der Menge aller Intervalle lägen – hörmusikalisch wären damit alle Intervalle, die es gibt, rein.*

Die Mathematik unterscheidet auf der anderen Seite zwischen rationalen und irrationalen Zahlen, die beide zusammen das Gebäude der reellen Zahlen bilden. Vieles, was für rationale Zahlen gilt, ist den irrationalen Zahlen wesensfremd. Wenn wir nun bedenken, dass mittels des Frequenzmaßes μ_f die Menge der musikalischen Intervalle dank des Theorems 1.1 eindeutig mit den positiven reellen Zahlen identifizierbar ist, so sind diese Unterschiedlichkeiten sicher auch für Intervalle bedeutsam. Das wird in der Tat noch ein Thema werden. Daher werden wir den Intervallen mit rationalwertigen Frequenzmaßen einen Namen zuordnen: **harmonisch** (aus musikalischer argumentativer Sicht) – und **rational** (aus mathematischer Sicht).

   In direktem Zusammenhang zur Reinheit sowie allgemeiner zur Rationalität von Intervallen steht vor allem der Begriff der „Kommensurabilität", wie wir ihn bereits im gesamten Kap. 2 kennengelernt haben. Der Terminus „kommensurabel" stammt – wie bekannt – aus dem alten Rechnen mit Proportionen; und die Vorstellung war sogar, dass im Grunde genommen alle Proportionen $a{:}b$ kommensurabel sein müssten, und dieser Umstand ist unter Namen **„pythagoräische Doktrin"** bekannt. Dies würde nun nichts anderes bedeuten, als dass beide Magnituden (a und b) – in der Regel positiv – ganzzahlige Vielfache einer (unter Umständen verborgenen) Einheit (e) wären,

$$a = m * e \text{ und } b = n * e,$$

und die Multiplikation (∗) wäre einfach sehr allgemein als ein Mengenvielfaches anzusehen. So stehen die Magnituden im Verhältnis $a{:}b \cong m{:}n$.

   In dieser Abhandlung befreien wir uns von den sich widersprechenden Festlegungen hinsichtlich des Reinheitsbegriffs und definieren kurzerhand:

Definition 3.1 (Rationale oder harmonische Intervalle)

Ein musikalisches Intervall $I \in \mathfrak{M}_{mus}$ heißt **rational** beziehungsweise **harmonisch** – oder auch: „**harmonisch-rational**" –, wenn sein Proportionenmaß ähnlich zu einer Proportion ($m{:}n$) mit natürlichen Zahlen $n, m \in \mathbb{N}$ ist – kurz: Genau die Intervalle mit rationalem Frequenzmaß

$$I = I(n/m) = I(m,n) = [m,n] = I(a,b) \text{ mit } a{:}b \cong m{:}n$$

sind die rationalen respektive harmonischen Intervalle. Im Sinne der antiken Auffassung können wir auch äquivalent hierzu sagen, dass ein Intervall $I(a,b)$ genau dann harmonisch-rational ist, wenn seine Magnituden – das sind die realisierenden Töne a und b eines beliebigen zum musikalischen Intervall I gehörenden physikalischen Intervalls – **kommensurabel** sind.

Stets wollen wir vereinbaren, dass alle Verhältnisse respektive Brüche (wenn möglich) gekürzt auftreten, gemeinsame Teiler von m und n sind eliminiert.

Die Menge aller harmonisch-rationalen musikalischen Intervalle notieren wir mit dem Symbol $\mathfrak{M}_{harm}$. Schnell ist klar, dass folgende Beschreibung zutreffend ist:

$$\mathfrak{M}_{harm} = \{I\left(\frac{n}{m}\right) = I(n) \ominus I(m) | n, m \in \mathbb{N}\} \subset \mathfrak{M}_{mus}.$$

Die harmonisch-rationalen Intervalle sind demnach genau die Differenzen der Obertonintervalle $I(k)$, $k = 1, 2, \ldots$, deren Frequenzmaße die Menge aller natürlichen Zahlen durchlaufen. Diese Obertonintervalle nennt man auch die „**Harmonischen**" – so kommt es zu dieser Bezeichnung. Wir haben auch die doppelte Namensgebung gewählt, um sie je nach Nutzung im entweder rein mathematischen Kontext oder in musiktheoretischen Aspekten anzuwenden.

Einer der wohlbekanntesten wie auch ältesten Errungenschaften der Mathematik der Zahlen ist das auf Euklid zurückführbare Theorem, dass es unendlich viele Primzahlen gibt und dass jede natürliche Zahl als Produkt von Primzahlen geschrieben werden kann. Und hält man eine Reihung dieser Primzahlen ein, so ist diese Darstellung auch eindeutig, und das bedeutet

▶   **Euklids Primzahlsatz**: Es seien

$$p_1, p_2, p_3, p_4, p_5 \ldots = 2, 3, 5, 7, 11 \ldots$$

die unendliche, aufsteigend geordnete Folge aller Primzahlen, so kann jede natürliche Zahl $n \geq 2$ eindeutig als Produkt der Form

$$n = (p_1)^{\alpha_1} * \ldots * (p_k)^{\alpha_k} \text{ mit ganzzahligen Exponenten } \alpha_1, \ldots, \alpha_k \geq 0$$

geschrieben werden; der Laufindex k stellt sich hierbei von selbst ein.

Hierbei hat man mehrfach vorkommende Primfaktoren mittels der Exponenten $\alpha_1, \ldots, \alpha_k$ passend zusammengefasst, wie es üblich ist. Um den Status der Zahl 1 (Primzahl oder nicht) muss man sich nicht sorgen – hier regeln sich die Dinge von alleine. Man nimmt sie formal zumeist nicht hinzu, sonst wäre es mit der Eindeutigkeit vorbei. Wenn es doch nötig sein sollte, so sei $1 = p_0$. Schreiben wir auch den Nenner des Frequenzfaktorbruchs eines Intervalls in entsprechender Weise

$$m = (p_1)^{\beta_1} * \ldots * (p_k)^{\beta_k}$$

mit ganzzahligen Exponenten $\beta_1, \ldots, \beta_k \geq 0$, wobei der Index k der gleiche wie derjenige des Zählers sein kann – denn nicht vorkommende Primfaktoren bekommen einfach den Exponenten $\beta_j = 0$ oder $\alpha_i = 0$ – so gelangen wir zur Primfaktorform des Bruches (des Frequenzmaßes)

$$n/m = (p_1)^{\gamma_1} * \ldots * (p_k)^{\gamma_k}.$$

mit ganzzahligen Exponenten $\gamma_1, \ldots, \gamma_k \in \mathbb{Z}$, welche dann ≥ 0 oder ≤ 0 sein können. Für eine Vertiefung in diesen Gegenstand sind die allermeisten Lehrbücher der Zahlentheorie geeignet, siehe zum Beispiel [1, 18, 25 und 26].

Mit Primzahlen werden also rationale Zahlen beschrieben – und mit Intervallen aus Primzahlproportionen werden konsequenterweise alle Intervalle mit rationalen Proportionen beschrieben – das zu präzisieren, ist unser nächstes Ziel, und dazu dient die folgende Definition:

Definition 3.2 (Primzahl-Obertonintervalle und Euler-Basisintervalle)
Sei $p_1, p_2, \ldots$ die bekannte Primzahlfolge in wachsender Anordnung, dann sei O_k das **Obertonintervall** zum Proportionenmaß $1{:}p_k$; die Primzahl p_k ist somit simultan auch das Frequenzmaß von O_k,

$$O_k = I(p_k) = (1{:}p_k), \ \mu_f(O_k) = |O_k| = p_k.$$

Aus naheliegenden Gründen reoktavieren wir mittels des Oktavierungsoperators ω, den wir in Definition 1.9 kennengelernt haben, diese **Prim(zahl)-Obertonintervalle** O_k – mit Ausnahme der Oktave ($p_1 = 2$) – und finden die Intervallfolge (die wir mit dem Buchstaben E in Anlehnung an den späteren Gebrauch als „**Euler-Basisintervalle**" signieren):

$$E_1 = O_1 = O = \text{Oktave}$$

$$E_k = \omega(O_k) = O_k \ominus \gamma(O_k) * O = \text{für } k > 1.$$

Hierbei ist $\gamma(I)$ die Oktavenzählfunktion, und die vorstehende Zerlegung folgt den Ausführungen des Theorems 1.5 A. Dann ist E_k genau das Intervall zum Frequenzmaß der durch eine passende 2er Potenz dividierten Primzahl p_k, sodass das Maß im Intervall [1, 2] liegt. Dabei ist das Frequenzmaß von E_k lediglich durch die Primzahl p_k sowie passend aboktavierenden Potenzen der Primzahl 2 bestimmt,

$$\mu_f(E_k) = |E_k| = p_k * 2^{-\gamma(O_k)}.$$

Somit gibt es zu jeder Primzahl p_k genau ein Primzahl-Obertonintervall O_k und deshalb auch genau ein Euler-Basisintervall E_k.

Beispiele zu dieser Folge der reoktavierten Primzahl-Obertonintervalle sind schnell genannt, sie startet ja mit unseren bekanntesten Vertretern, und hierbei nehmen wir die Prim ($p_0 = 1$) noch mit ins Boot und notieren in der Tab. 3.1 einen Anfang aus dieser unendlichen Folge.

Für eine fixierte Anzahl von $n \geq 2$ aufeinanderfolgenden Primzahlen $p_1, p_2, \ldots p_n$ definieren wir jetzt mittels dieser einmal fest gewählten Primzahl-Obertonintervalle O_k das **freie n-parametrische Euler-Gitter** durch die Formel

$$\mathfrak{M}_n = \{(m_1 * O_1) \oplus (m_2 * O_2) \oplus \ldots \oplus (m_n * O_n) | m_1, \ldots, m_n \in \mathbb{Z}\},$$

das wir für gewöhnlich auch durch seine reoktavierten Vertreter E_k

$$\mathfrak{M}_n = \{(m_1 * E_1) \oplus (m_2 * E_2) \oplus \ldots \oplus (m_n * E_n) | m_1, \ldots, m_n \in \mathbb{Z}\}$$

beschreiben; alle Reoktavierungsoktaven werden dann ganz einfach durch die korrigierende Wahl des Oktavparameters m_1 kompensiert.

Wir erkennen mühelos, dass diese über den Index $n \geq 1$ gekennzeichneten Intervallmengen mit wachsendem Parameter n immer größer werden, weil ja mit neu hinzukommenden Primzahlen zusätzliche neue Intervalle gebildet werden.

Tab. 3.1 Euler-Basisintervalle als reoktavierte Primzahl-Obertonintervalle

O_k	E_k	Namen von E_k, (Symbol)	Centmaß
1:1	1:1	Prim (Prim)	0 ct
1:2	1:2	Oktave O	1200 ct
1:3	2:3	reine Quinte $\left(Q_{\text{pyth}}\right)$	701,95 ct
1:5	4:5	reine große Terz (Terz)	386,31 ct
1:7	4:7	reine (harmonische) Septime (Sept)	968,83 ct
1:11	8:11	undezimale Quart	551,37 ct
1:13	8:13	tridezimale neutrale Sext	840,53 ct
1:17	16:17	septedezimaler Halbton	104,96 ct
1:19	16:19	nonendezimale neutrale Terz	297,51 ct
⋮	⋮	⋮	⋮
1:257	256:257	Mikrokomma der 3. Fermat-Primzahl	6,75 ct

▶   *Kleines Intermezzo* *und kurz nachgedacht: Ist das wirklich so?*
Ja – das stimmt wirklich. Ansonsten müsste es ja eine Gleichung

$$(m_1 * O) \oplus (m_2 * E_2) \oplus \ldots \oplus (m_n * E_n) = E_{n+1}$$

mit gesuchten ganzzahligen Variablen $m_1, \ldots, m_n$ *geben, die das Primzahl-Ober-
toninterval* E_{n+1} *als Adjunktionssumme von Intervallen darstellt, die zu kleineren
– also anderen – Primzahlen gehören. Und dass dies nicht möglich ist, zeigt der
zur Intervallgleichung äquivalente Übergang zur Frequenzmaßbilanz, die dann
nach dem Theorem 1.2 so lauten würde:*

$$2^k * (p_1)^{m_1} * \ldots * (p_n)^{m_n} = 2^{\gamma(O_{n+1})} * p_{n+1};$$

hierbei sind alle (reoktavierenden) Oktaven in dem Faktor 2^k *zusammengefasst.
Und das ist nach Euklids Primzahlsatz ein Ding der Unmöglichkeit, wenn* p_{n+1} *eine
Primzahl ist, die auf der linken Seite der Gleichung gar nicht vorkommt.*

    *Wir sehen, dass der Satz über die Eindeutigkeit von primzahlgesteuerten Zahl-
zerlegungen abermals die musikalischen Gesetze bestimmt.*

Demnach gibt es die strenge hierarchische Ordnung

$$\mathfrak{M}_2\big(=\mathfrak{M}_{\text{pyth}}\big) \subset \mathfrak{M}_3(=\mathfrak{M}_{\text{rein}}) \subset \mathfrak{M}_4\big(=\mathfrak{M}_{\text{sept}}\big) \subset \mathfrak{M}_5 \subset \ldots \subset \mathfrak{M}_{\text{harm}}$$

all dieser Intervallsysteme. Die Startmenge $\mathfrak{M}_1$ besteht nur aus allen Oktaven rauf und
runter – mehr nicht, weshalb man hierüber nicht mehr viel sagen muss. Die antike
pythagoräische Musiktheorie spielte sich – wen wundert's – nur im System

$$\mathfrak{M}_{\text{pyth}} = \big\{ m * O \oplus n * Q_{\text{pyth}} | \text{mit } m, n \in \mathbb{Z} \big\}$$

ab, und die Hinzunahme der „reinen" großen Terz (4:5) in der Renaissance respektive
im beginnenden Frühbarock führte dann zu dem **Euler-Gitter** aller **Oktav-Quint-Terz-
Iterationen**

$$\mathfrak{M}_{\text{rein}} = \big\{ m * O \oplus n * Q_{\text{pyth}} \oplus k * \text{Terz}_{\text{rein}} | \text{mit } m, n, k \in \mathbb{Z} \big\},$$

welches letztlich die bevorzugte Spielwiese der Temperierungsfanatiker jener Zeit wurde
– jedenfalls all jener, die ausschließlich unter Beibehaltung von „reinen" Intervallverhält-
nissen die musikalischen Skalenkonstrukte akzeptieren wollten. Diesem System widmen
wir uns im großen Kap. 10. Das umfassendere 7er-System

$$\mathfrak{M}_{\text{pyth}} \subset \mathfrak{M}_{\text{rein}} \subset \mathfrak{M}_{\text{sept}}$$

führt bereits zu einem wahren Kosmos an Intervallen, deren Proportionen bereits beachtliche Faktorisierungsstrukturen besitzen. Insbesondere liefert dieses umfassendere
Modul $\mathfrak{M}_{\text{sept}}$ eine interessante Palette an neuen – auch **„ekmelisch"** oder auch
„septimal" genannten – Intervallen. Wir gönnen uns am Ende dieses Abschnitts einen
kurzen Ausflug in diese 7er-Welt.

Interessant ist auch zu wissen, dass die Antike – was diesen Punkt betrifft – durchaus gespalten erscheint: Während die pythagoräische Schule nur die (Prim-)Zahlen $1 - 2 - 3$ als maßbestimmende Proportionen zuließ, ist die altgriechische Tetrachordik vollgespickt mit kleinsten und absonderlichen Proportionen, und die Tab. 3.2 einiger solcher Tetrachorde belegt, dass keineswegs nur die pythagoräischen Zahlen am Intervallaufbau beteiligt waren. Sie vermittelt einen kurzen Einblick in diese Vielfalt. Was die exotisch anmutenden Terminologien betrifft, so werden wir im Abschn. 5.1 die Systematik und das Grundvokabular altgriechischer Tetrachordik kurz vorstellen.

Alle diese Intervallsysteme $\mathfrak{M}_n$ ($n = 2, 3, \ldots$) sind jeweils genau deshalb sogenannte Z-Module, weil wir dort nach Herzenslust adjungieren, subjungieren und ganzzahlig vervielfachen können:

Tab. 3.2 Antike Tetrachorde mit ihren harmonisch-rationalen Intervallen

Tetrachordtypus	Stufenproportionen	Centmaße (gerundet)
Archytas von Tarent (4. Jh. v. Chr.)		
Phrygisch-Enharmonion	4:5 – 35:36 – 27:28	386 – 49 – 63
Phrygisch-Chroma	27:32 – 224:243 – 27:28	294 – 141 – 63
Lydisch-Diatonon	8:9 – 7:8 – 27:28	204 – 231 – 63
Dorisch-Enharmonion	7:8 – 48:49 – 7:8	231 – 36 – 231
Eratosthenes (3. Jh. v. Chr.)		
Phrygisch-Enharmonion	15:19 – 38:39 – 39:40	409 – 45 – 44
Phrygisch-Chroma	5:6 – 18:19 – 19:20	316 – 93 – 89
Lydisch-Diatonon	8:9 – 8:9 – 243:256	204 – 204 – 90
Didymos (1. Jh. v. Chr.)		
Phrygisch-Enharmonion	4:5 – 30:31 – 31:32	386 – 57 – 55
Phrygisch-Chroma	5:6 – 24:25 – 15:16	316 – 71 – 112
Lydisch-Diatonon	8:9 – 9:10 – 15:16	204 – 182 – 112
Ptolemäus (1. Jh. n. Chr.)		
Phrygisch-Enharmonion	4:5 – 23:24 – 45:46	386 – 74 – 38
Phrygisch-Chroma mollus	5:6 – 14:15 – 27:28	316 – 119 – 63
Phrygisch-Chroma durus	6:7 – 11:12 – 21:22	266 – 151 – 81
Lydisch-Diatonon mollus	7:8 – 9:10 – 20:21	231 – 182 – 84
Lydisch-Diatonon durus	9:10 – 8:9 – 15·16	182 – 204 – 112
Lydisch-Diatonon	8:9 – 7:8 – 27:28	204 – 231 – 63
Lydisch-Diatonon (pyth)	8:9 – 8:9 – 243:256	204 – 204 – 90
Lydisch-Diatonon	9:10 – 9:10 – 25:27	182 – 182 – 134

▶ Summen, Differenzen und ganzzahlige Vielfache von Intervallen aus $\mathfrak{M}_n$ gehören stets wieder zu diesem Ensemble, zu diesem Modul.

Jetzt ist es zu unserem angestrebten Resultat nicht mehr weit, und wir übertragen jetzt die Primfaktorzerlegung dank der Primzahlintervalle in musikalische Sprache:

Ist $I = I(m{:}n)$ ein harmonisch-rationales Intervall, so gewinnen wir mit dieser Primfaktordarstellung zunächst den Zusammenhang

$$|I(m{:}n)| = n/m = (p_1)^{\gamma_1} * \ldots * (p_k)^{\gamma_k} = |I(p_1)|^{\gamma_1} * \ldots * |I(p_k)|^{\gamma_k}.$$

Dann nutzen wir erneut das Theorem 1.2 (7), wonach die entscheidende Gleichung

$$|I(p_1)|^{\gamma_1} * \ldots * |I(p_k)|^{\gamma_k} = |\gamma_1 I(p_1) \oplus \ldots \oplus \gamma_k I(p_k)|$$

gilt, wobei negative Vorfaktoren γ_j das Abwärtsintervall $\ominus I(p_j) = I\big(1/p_j\big)$ bedeuten. Dann können wir schließen, dass auch die Intervallgleichung

$$I(m{:}n) = \gamma_1 I(p_1) \oplus \ldots \oplus \gamma_k I(p_k) = \gamma_1 O_1 \oplus \ldots \oplus \gamma_k O_k$$

gültig ist. Hier fließt entscheidend mit ein, dass das Produkt der Frequenzmaße dem Frequenzmaß der Adjunktion (Subjunktion) entspricht – und dass Intervalle genau dann gleich sind, wenn ihre Frequenzmaße gleich sind. Schließlich kann diese Darstellung durch die Intervalle O_j auch in die Form für ihre reoktavierten Vertreter $P_j = \omega(O_j)$ gebracht werden, was sich als entsprechende Änderung des Oktavenparameters γ_1 bemerkbar macht. Und noch eine weitere Beobachtung will erwähnt werden – ihr Wirken im Hintergrund besitzt nämlich absolute Priorität: Diese Intervalldarstellung durch die Primzahl-Obertonintervalle (E_j) ist eindeutig, das heißt:

$$(\gamma_1 E_1 \oplus \ldots \oplus \gamma_k E_k = \delta_1 E_1 \oplus \ldots \oplus \delta_k E_k) \Leftrightarrow (\gamma_j = \delta_j,\, j = 1, \ldots, k).$$

Auch diese Eigenschaft resultiert aus der Eindeutigkeit der Darstellung des Frequenzmaßes durch seine Primzahlfaktoren. Somit haben wir folgendes Theorem gewonnen:

Theorem 3.1 (Die Primfaktorstruktur harmonisch-rationaler Intervalle)

(A)   Die Primfaktorzerlegung und die Euler-Basis

Jedes Intervall mit einem rationalen Frequenzmaß $I = I(q) = I(m{:}n)$ kann ausgehend von der Primfaktorzerlegung des Frequenzmaßes

$$q = n/m = (p_1)^{\gamma_1} * \ldots * (p_k)^{\gamma_k} \text{ mit ganzen Exponenten } \gamma_1, \ldots, \gamma_k \in \mathbb{Z}$$

eindeutig als Adjunktion/Subjunktion entsprechender Obertonintervalle $O_j = I(p_j)$ beziehungsweise durch deren reoktavierte Vertreter $E_j = \omega(O_j)$ geschrieben werden, das bedeutet in mathematischer Sprache:

$$I \in \mathfrak{M}_{\text{harm}} \Leftrightarrow I = I(q) = \gamma_1 E_1 \oplus \ldots \oplus \gamma_k E_k$$

mit einem $k \geq 1$ und eindeutigen ganzzahligen Koeffizienten $\gamma_1, \ldots, \gamma_k \in \mathbb{Z}$.

(B) **Das Primzahlgebäude aller harmonisch-rationalen Intervalle**

Die geordnete Primzahlfolge liefert eine hierarchische Ordnung und einen strukturierten Aufbau aller harmonisch-rationalen Intervalle als Vereinigung aller Euler'schen Primzahlintervallsysteme $\mathfrak{M}_n$, was in der mengentheoretischen Sprache der Mathematik symbolisch wie folgt ausgedrückt werden kann:

$$\mathfrak{M}_{harm} = \bigcup_{n=1}^{\infty} \mathfrak{M}_n = \mathfrak{M}_1 \cup \mathfrak{M}_2 \cup \mathfrak{M}_3 \cup \dots$$

Und hierbei gilt für alle $n \geq 1$ die strikte aufsteigende Ordnung

$$\mathfrak{M}_n \subset \mathfrak{M}_{n+1} \text{ mit } \mathfrak{M}_n \neq \mathfrak{M}_{n+1}.$$

Fazit: Es gibt für jedes harmonisch-rationale Intervall eine kleinste Familie $\mathfrak{M}_n$, zu der dieses Intervall gehört und durch dessen Primzahl-Obertonintervalle $(E_k, k = 1, \dots, n)$ es als ganzzahlige Adjunktion eindeutig beschrieben ist.

Folglich stellt die Menge $\{E_k | k \in \mathbb{N}\}$ aller (reoktavierten) Primzahl-Obertonintervalle eine Basis des gesamten Systems $\mathfrak{M}_{harm}$ dar – für gewöhnlich nennt man sie auch die **Euler-Basis** des harmonischen Intervallsystems, und die Formel

$$I = \gamma_1 E_1 \oplus \dots \oplus \gamma_k E_k$$

heißt dann die „**Euler-Darstellung**" des Intervalls I.

Frage Ein solches Theorem klingt zunächst – wie viele seiner Art – sehr abstrakt, und man könnte sich fragen: Wenn ich jetzt jedes „reine" Intervall in dieser angegebenen Form zerlegen kann: Ist das dann eine neue sportive Art des Rechnens – oder wozu soll das alles gut sein? Die **Antwort** hierauf ist allerdings eindeutig – sie lautet:

▶ *Genau diese Art des intervallischen Rechnens ist der – sogar verlässlichste – Schlüssel schlechthin zum Verstehen sämtlicher Vorgänge, Strukturen und deren Geschichte, Aufbau und Funktion für beinahe alle bekannten antiken Intervalle!*

Dazu machen wir ein paar Beispiele. Wir begegnen in der einschlägigen Literatur auf Schritt und Tritt Intervallen, die sehr markante Proportionenmaßangaben haben – so wie beispielsweise die folgenden:

Beispiel 3.1 (Primzahlstruktur harmonischer Intervalle – der Tonos)

Schon bei dem wohlbekannten pythagoräischen Ganzton Tonos(8:9) verrät die Primzahldarstellung dessen musikalische Herkunft – sollte man dies vergessen haben. Wir haben die Proportion 8:9, und die Frage ist:

Wie ist dieses Intervall aufgebaut, wo kommt es ursprünglich her?

Ausgehend von der Primzahlfaktorisierung des Frequenzmaßes finden wir durch einen simplen Trick

$$9/8 = 3^2/2^3 = 3/2 * 3/2 * 1/2$$

sofort und mundgerecht den Aufbau durch zwei reine Quinten (Q_{pyth} 2:3) aufwärts und eine Oktave abwärts (2:1), sodass aus der Frequenzmaßbilanz mittels des Frequenzmaßkriteriums aus Theorem 1.1 auch die intervallarithmetische Identität

$$\text{Tonos} = 2 * Q_{\text{pyth}} \ominus \text{Oktave } O$$

folgt. Dieser Tonos ist demnach der aus der Quinte gewonnene Ganztonschritt der antiken pythagoräischen musikalischen Welt. ◀

Das nächste Beispiel ist der reinen Diatonik entnommen:

Beispiel 3.2 (Primzahlstruktur harmonischer Intervalle – das kleine Chroma)

Gegeben sei das Intervall

$$I = I(25/24) \text{ beziehungsweise } I = (24{:}25).$$

Auch hier ist die Frage:

Wo kommt dieses Intervall her? Welche musikalische Bedeutung könnte es haben – oder muss man sich sein Maß ohne erkennbaren Hintergrund einfach mal so eben merken?

Wir folgen unserem Theorem und schreiben die Faktorisierung des Frequenzmaßes oder auch der Proportion wie folgt

$$25/24 = 5 * 5/2 * 2 * 2 * 3 = 2^{-3} * 3^{-1} * 5^2.$$

Demnach wäre zunächst einmal

$$I = \ominus 3 * I(2) \ominus I(3) \oplus 2 * I(5) = \ominus 3O_1 \ominus O_2 \oplus 2O_3,$$

und man hat das Intervall sofort als eine Bilanz von Primzahl-Obertonintervallen geschrieben. Diese können wir jetzt durch ihre reoktavierten Vertreter substituieren:

$$I = \ominus 3O \ominus \left(O \oplus Q_{\text{pyth}}\right) \oplus 2(2O \oplus \text{Terz}) = 2\text{Terz} \ominus Q_{\text{pyth}}$$

Neben dieser schnellen Umwandlung der Obertonintervalle in ihre reoktavierte Form, die wir den Oktavierungsformeln des Theorems 1.5 A verdanken, erreichen wir das Ziel natürlich auf gleichem Wege wie im Beispiel zuvor, und das geht in diesem Fall so:

$$|I| = 5/4 * 5/4 * 2/3 = |\text{Terz } 4{:}5| * |\text{Terz } 4{:}5| * |\ominus \text{Quinte } 2{:}3|.$$

Jetzt sagt das Frequenzmaßkriterium des Theorems 1.1, dass auch die musikalischen Intervalle selbst identisch sind – will sagen

$$I = 2(\text{Terz } 4:5) \ominus \text{reine Quinte } 2:3.$$

Zwei große reine Terzen aufwärts und dann eine reine Quinte abwärts wären auf einer Modelltastatur bei Start Tonika-C das Intervall $(C \to Cis)$, vom Tastaturtyp her also ein Halbton. Tatsächlich ist dieses Intervall als **kleines Chroma** bekannt; mit 70,672 ct ist es ein Zwischending zwischen Viertel- und Halbton. Später im Abschn. 10.6 werden wir sehen, dass es simultan auch das Differenzintervall

$$I = (\text{kleiner Ganzton } 9:10) \ominus (\text{diatonischer Halbton } S \ 15:16)$$

ist, was wir durch Nachrechnen auch bereits jetzt unschwer sehen könnten. ◀

In dem nächsten Beispiel konfrontieren wir den forschenden Geist mit einem seltsamen und wohl eher rätselhaften Zahlenkonstrukt:

Beispiel 3.3 (Primzahlstruktur harmonischer Intervalle – pythagoräisches Komma)

Es sei – woher auch immer – das Intervall

$$I = I(531.441/524.288) \text{ beziehungsweise } I = (524.288 : 531.441)$$

zur Analyse gegeben. Schnell wird klar, dass eine Numerik

$$531.441/524.288 = 1{,}01364\ldots$$

nicht wirklich weiterhilft, jedenfalls sicher nicht, wenn wir die obigen bekannten Verstehensfragen beantworten wollen. Es hilft nun nichts – wir müssen die Daten in Primfaktorform gewinnen. Der Nenner ist gerade, und dies bleibt auch nach jeder erfolgten Halbierung 2 so; Ähnliches gilt für den Zähler hinsichtlich der Teilung durch die Primzahl 3 – schließlich findet man mit etwas Geduld den gewünschten Aufbau

$$531.441/524.288 = 3^{12}/2^{19}.$$

Wer jetzt glaubt, damit könne man ebenfalls nichts anfangen, der irrt: Wir reoktavieren die Faktoren gleich von Beginn an zu Euler-Basisintervallen und erhalten die Struktur

$$531.441/524.288 = (3/2)^{12} * (1/2)^{7},$$

und schon ist das Ergebnis in Form der **pythagoräischen 12-Quinten-Formel** vor Augen:

$$I = 12 * Q_{\text{pyth}} \ominus 7 * \text{Oktaven} = \varepsilon_{\text{pyth}}.$$

Das populäre pythagoräische Komma ist in einer seiner ursprünglichsten Definitionen evident in Erscheinung getreten, nämlich als die Differenz „12 reine Aufwärtsquinten minus 7 Oktaven." Mit dem Zahlensalat hätte man dagegen nicht viel anfangen können. ◄

Wie angekündigt, wollen als eine weitere Anwendung dieses Theorems einen kurzen Ausflug in die 7er-Welt des septimalen Systems machen.

Das Septimensystem $\mathfrak{M}_4 = \mathfrak{M}_{Sept}$

Nehmen wir also das neue Intervall $E_4 = \text{Sept}(4:7)$ zum bisherigen System der Primzahlen 2, 3 und 5 hinzu, so erhalten wir das Tonsystem $\mathfrak{M}_4 = \mathfrak{M}_{sept}$ aller Intervalle, die sich ganzzahlig aus den Bausteinen Oktave, reine Quinte, reine große Terz und reine Septime aufbauen,

$$\mathfrak{M}_{sept} = \left\{ (m_1 O) \oplus \left(m_2 Q_{pyth} \right) \oplus (m_3 \text{Terz}) \oplus (m_4 \text{Sept}) | m_1, \ldots, m_4 \in \mathbb{Z} \right\}.$$

Dieses System wird demnach durch vier freie Parameter beschrieben. Die neue „Naturseptime" Sept(4:7), die auch **„harmonische Septime"** heißt, wie auch alle mit ihr konstruierten Intervalle sind natürlich im alten System $\mathfrak{M}_3$ nicht enthalten – das sagt uns letztlich genau das Theorem 3.1 (A). Somit bildet die Menge

$$\{E_1, E_2, E_3, E_4\} = \{\text{Oktave, reine Quinte, reine Terz, reine Septime}\}$$

eine Basis von $\mathfrak{M}_4$.

Der Name „reine Septime" könnte aber auch anderen Intervallkonstruktionen gegeben werden, die neben den bereits vorhandenen Primzahlen 2, 3 und 5 die Zahl 7 in ihrem Frequenzproportionenmaß mitführen und die – geeignet oktaviert – in der Grundoktave liegen. Es gibt nämlich hierzu recht viele Möglichkeiten, und es entsteht dann die Frage, ob bei Wahl einer anderen „Septime" die gleichen Tonsysteme $\mathfrak{M}_4$ entstehen würden. Einige prominente Vertreter hierzu wären die Intervalle, die wir in der Tab. 3.3 zusammengestellt haben.

Tab. 3.3 Septimale Intervalle des Oktavraums

Proportion	Centmaß	Intervallarithmetik	Intervallname
$I_1 = 4{:}7$	968,82 ct	$I_1 = \text{Sept}$	Harmonische Septime
$I_2 = 5{:}7$	582,51 ct	$I_2 = I_1 \ominus \text{Terz}$	Huygens-Tritonus
$I_3 = 6{:}7$	266,87 ct	$I_3 = I_1 \ominus Q_{pyth}$	Septimale kleine Terz
$I_4 = 7{:}8$	231,17 ct	$I_4 = O \ominus I_1$	Septaton
$I_5 = 7{:}9$	435,08 ct	$I_5 = 2Q_{pyth} \ominus I_1$	Septimale große Terz
$I_6 = 7{:}10$	617,48 ct	$I_6 = O \oplus \text{Terz} \ominus I_1$	Euler-Tritonus
$I_7 = 7{:}12$	933,12 ct	$I_7 = O \oplus Q_{pyth} \ominus I_1$	Septimale große Sext

Die Spalte „Intervallarithmetik" dieser Tab. 3.3 zeigt uns hierbei, dass jedes der neuen septimalen Intervalle $I_2, \ldots, I_7$ ganzzahlig durch O, Q_{pyth}, Terz und I_1 ausdrückbar ist – und dass aber auch I_1 selber ganzzahlig durch jedes der Intervalle $I_2, \ldots, I_7$ zusammen mit Oktave, Quinte und Terz ganzzahlig zurückgewonnen werden kann. Daher sind alle Systeme $\mathfrak{M}_4$ identisch – ganz gleich, welches neue septimale Intervall dieses Sortiments zu der $\mathfrak{M}_3$-Basis $(O, Q_{\text{pyth}}, \text{Terz})$ hinzugenommen würde.

Jetzt werden wir noch ein Beispiel zur Frequenzmaßanalyse aus diesem erweiterten System $\mathfrak{M}_4$ vorstellen. Dazu wählen wir uns aus der Palette der altgriechischen Tetrachorde der Tab. 3.2 das dorische Enharmonion $(7{:}8 - 48{:}49 - 7{:}8)$ des Archytas mit seinem ekmelischen Viertelton $(48{:}49)$ aus.

Beispiel 3.4 (Septimale Diësis, Slendro-Diësis, septimaler Sechstelton)

Das Intervall $I = 48{:}49$ ist eine septimale Konstruktion und gehört zur Intervallalgebra $\mathfrak{M}_4 = \mathfrak{M}_{\text{sept}}$, denn seine eindeutige Iteration lautet

$$I = \varepsilon_{\text{sept–diësis}} = 2\,\text{Sept} \ominus (Q \oplus O) \in \mathfrak{M}_{\text{sept}}.$$

Dies erkennen wir an der geschickt strukturierten Faktorisierung des Frequenzmaßes:

$$\frac{49}{48} = \frac{7}{2*2} * \frac{7}{2*2} * \frac{2}{3} * \frac{1}{2} \Leftrightarrow I = (4{:}7) \oplus (4{:}7) \ominus (2{:}3) \ominus (1{:}2),$$

was mit der vorstehenden intervallarithmetischen Form übereinstimmt. Eine erklärende Sichtweise für dieses Intervall ergibt sich, wenn wir Quinte und Oktave zusammen als reine Duodezime 1:3 betrachten; dann ist diese Diësis die Differenz

$$\varepsilon_{\text{sept–diësis}} = 2\,\text{harmonische Septime} \ominus \text{reine Duodezime},$$

was man als ihre Definition ansehen könnte. Das Centmaß berechnet sich zu

$$\text{ct}(48{:}49) = \text{ct}\big(\varepsilon_{\text{sept–diësis}}\big) = 35{,}69\,\text{ct},$$

und weil das Sechsfache hiervon ein Ganzton sein könnte – wenn auch mit 214 ct ein recht großer – so ist die Nennung als „Septimaler Sechstelton" nachvollziehbar. ◄

Am Rande wollen wir auch noch bemerken, dass die Proportion $(48{:}49)$ den Innenteil der viergliedrigen symmetrischen Proportionenkette

$$42{:}48{:}49{:}56 \leftrightarrow (7{:}8) - (48{:}49) - (7{:}8)$$

des Tetrachords „Dorisch-Enharmonion" bildet, bei welcher der septimale Sechstelton $\varepsilon_{\text{Slendro–Diësis}}$ die Mittelwerte-Innenproportion der Quarte $(42{:}56 = 3{:}4)$ darstellt. Die bemerkenswerte Symmetrie

$$42{:}49 \cong 48{:}56 \quad \text{sowie} \quad 42{:}48 \cong 49{:}56$$

bedeutet dank des Theorems 1.4 letztendlich in Äquivalenz, dass diese Proportionenkette eine Medietätenproportionenkette ist,

$$42{:}48{:}49{:}56 = 42{:}y_{\text{harm}}(42, 56){:}x_{\text{arith}}(42, 56){:}56.$$

Sie gehört in Anlehnung an die berühmte Oktavproportionenkette der Medietäten

$$6{:}8{:}9{:}12 = 6{:}y_{\text{harm}}(6, 12){:}x_{\text{arith}}(6, 12){:}12$$

zur Familie der **„Harmonia perfecta maxima"** (siehe [51]).

Schlussbemerkung

Diese fruchtbare Verbindung von

Primzahl − Arithmetik ↔ Arithmetik harmonischer Intervalle

strahlt in jeden Winkel der musiktheoretischen Betrachtungen klassisch antiker Intervall- und Skalentheorie aus. Wir könnten die voranstehende Beispielliste endlos fortsetzen; und dabei wären am Ende beinahe alle Teile unseres Buches als Korollare dieses grundlegenden Zusammentreffens zweier Wissenschaften auffindbar.

So schließt sich an diese Betrachtung nahtlos die Theorie multipler, harmonisch-rationaler Intervallagglomerationen und ihrer Algebren an; sie werden durch die Grundlagenbegriffe der Kommensurabilität und der ganzzahlig linear abhängigen/unabhängigen Intervallsysteme spontan mit der Matrixtheorie ganzzahliger linearer Gleichungssysteme verbunden. Und dieser Weg führt zu keinem Ende; jede eingeschlagene Richtung verzweigt sich erneut, dringt zu neuen Antworten auf neue Fragen vor und so fort. Ein zentrales Beispiel liefert das

▶   Terz-Quint-Gitter der reinen Harmonik,

welches in der Verbindung seiner Primzahlverankerung und den systemischen Rechenmethoden seine praktischen Anwendungen – meist in Gestalt diverser Skalenspiele – findet; das Kap. 10. wird hierüber berichten. Dagegen könnten vor allem die Abschn. 4.2 und 4.3, in denen wir eine neue Theorie musikalischer Intervallsysteme vorstellen, eine direkte Fortsetzung dieser primzahlgesteuerten Analyse neben dem nachfolgenden Abschn. 3.2 über die Kommensurabilitäten sein.

Ebenso neuartig dürfte die durch die Primzahlarithmetik ermöglichte Ausweitung des „größten gemeinsamen Teilers" von Zahlen auf musikalische, harmonisch-rationale Intervalle sein, eine Idee, die im kommenden Abschnitt entwickelt wird.

3.2 Harmonisch-rationale Kommensurabilität

Im folgenden Thema verbinden wir die Kommensurabilität, die wir im Abschn. 2.1 für alle musikalischen Intervalle vorgestellt haben, mit der Primzahltheorie – für harmonische Intervalle bedeutet dies die Verbindung der Kommensurabilität mit der Rationalität. Im Ergebnis erhalten wir eine subtile Beschreibung der Schließungskriterien für Skalen, welche durch harmonische Intervalle generiert werden. Doch zuvor müssen wir noch ein wenig Geduld aufbringen und diesen antiken Begriff mit unserer moderneren Mathematik verbinden. So entstehen also erst einmal folgende Überlegungen:

▶   Wann zwei gewöhnliche Zahlen $a, b \in \mathbb{R}$ kommensurabel sind, ist klar: Genau dann, wenn es zwei ganze Zahlen $n, m \in \mathbb{Z}$ mit den zueinander äquivalenten Beschreibungen

$$a{:}b \cong m{:}n \Leftrightarrow b/a = n/m \Leftrightarrow n * a = m * b$$

gibt, sind sie kommensurabel.

Trivialerweise sind demnach zwei rationale Zahlen (Brüche) stets kommensurabel – sowieso. Haben wir dagegen zwei Paare rationaler Zahlen (a_1, b_1) und (a_2, b_2), so lassen sich die gekürzten Kommensurabilitäten

$$a_1{:}b_1 \cong m_1{:}n_1 \text{ und } a_2{:}b_2 \cong m_2{:}n_2$$

zwar angeben – in der Regel sind diese Proportionalitäten jedoch verschieden, also

$$n_1/m_1 \neq n_2/m_2.$$

Wenn sie jedoch gleich sind, so wären – aufgrund der gekürzten Form – auch

$$n_1 = n_2 \text{ und } m_1 = m_2,$$

und dann könnten wir die Kommensurabilität auch für Datenpaare und allgemeiner für beliebige Datenfolgen formulieren, was hiermit geschieht:

> **Definition 3.3 (Gleichmäßige Kommensurabilität)**
>
> Zwei Datenfolgen $(a_j)_{j \in \mathbb{N}}$ und $(b_j)_{j \in \mathbb{N}}$ reeller Zahlen heißen **gleichmäßig kommensurabel,** wenn es zwei ganze Zahlen $n, m \in \mathbb{Z}$ gibt, sodass die Bedingung der „gleichmäßigen" Proportionalität für alle Koeffizientenpaare erfüllt ist – das heißt schlicht, dass die Bedingungen
>
> $$a_j{:}b_j \cong m{:}n \text{ simultan für alle Indices } j \in \mathbb{N} \ - \ \text{kurz:}$$
> $$n * (a_1, a_2, \ldots) = m * (b_1, b_2, \ldots)$$

erfüllt sind. Dabei kann es sich sowohl um endliche Folgen von Datenpaaren als auch um unbeschränkte Folgen handeln – dies spielt keine Rolle. Symbolisch drücken wir dies durch die Notation

$$(a_1, \ldots, a_k, \ldots) \overset{\text{glm-kom}}{\longleftrightarrow} (b_1, \ldots, b_k \ldots)$$

aus, womit sich eine zur gewöhnlichen Kommensurabilität passende und plausible Beschreibung einstellt.

Übrigens rührt das Attribut „gleichmäßig" daher, dass die Quantoren der definierenden Bedingungen vertauscht werden, und wir stellen gegenüber:

▶   **Für alle** Datenpaare a_j, b_j **gibt es** Proportionalitäten $n, m \in \mathbb{N}$ mit $a_j{:}b_j \cong m{:}n$.

Es gibt zwei Zahlen $n, m \in \mathbb{N}$, sodass **für alle** Datenpaare a_j, b_j die Proportionalität $a_j{:}b_j \cong m{:}n$ gilt.

Im ersten Fall können diese Proportionalitäten von Fall zu Fall verschieden sein – im zweiten Fall handelt es sich für alle Proportionen dagegen um das gleiche Verhältnis. Das ist natürlich ein gewaltiger, einschneidender Unterschied.

Interessant – und für unsere Musiktheorie nicht unbedeutsam – ist nun im Falle rationaler Datenfolgen der folgende Satz, dessen an sich einfacher Beweis wir den interessierten Lesern auch nicht vorenthalten wollen:

Satz 3.1 (Satz über die gleichmäßige Kommensurabilität rationaler Folgen)
Für zwei Datenfolgen $(a_j)_{j \in \mathbb{N}}$ und $(b_j)_{j \in \mathbb{N}}$ rationaler Zahlen sind äquivalent:

(1) Die beiden Folgen (a_j) und (b_j) sind gleichmäßig kommensurabel – es gibt also teilerfremde Proportionalitäten $m, n \in \mathbb{N}$, sodass alle Koeffizientenpaare (a_j, b_j) kommensurabel sind – und zwar gleichmäßig, in Formeln

$$n * (a_1, a_2, \ldots) = m * (b_1, b_2, \ldots).$$

(2) Es gibt eine Datenfolge $(e_j)_{j \in \mathbb{N}}$, sodass beide Folgen konstante Vielfache dieser Kern- oder auch „ggT-Folge"(e_j) sind – das heißt genauer

$$(a_j) = m * (e_j) \text{ und } (b_j) = n * (e_j).$$

Beide Folgen $(a_j) = (a_1, a_2, a_3, \ldots)$ und $(b_j) = (b_1, b_2, b_3, \ldots)$ gehen als eine ganzzahlige Vergrößerung aus einer einzigen Folge $(e_j) = (e_1, e_2, e_3, \ldots)$ hervor.

Folgerung: Für zwei positive rationale Zahlen r_1, r_2 sind gleichwertig:

(3) Die positiven rationalen Parameter r_1, r_2 sind **exponentiell-kommensurabel** – das heißt definitionsgemäß, dass es zwei ganzzahlige Exponenten $n, m \in \mathbb{Z}$ gibt mit

$$r_1^n = r_2^m.$$

(4) Für die Primfaktordarstellungen beider Zahlen

$$r_1 = (p_1)^{\alpha_1} * \ldots * (p_k)^{\alpha_k} \text{ und } r_2 = (p_1)^{\beta_1} * \ldots * (p_k)^{\beta_k},$$

die wir mit einem gemeinsamen passenden Index $k \in \mathbb{N}$ notieren können, gilt, dass die Exponentenfolgen gleichmäßig kommensurabel sind, das heißt in diesem Fall die konkrete Kommensurabilität

$$n * (\alpha_1, \ldots, \alpha_k) = m * (\beta_1, \ldots, \beta_k).$$

(5) Es gibt eine rationale Zahl – eine sogenannte „Kernzahl"

$$r_0 = (p_1)^{\gamma_1} * \ldots * (p_k)^{\gamma_k},$$

sodass die Entwicklungsformel

$$r_1 = r_0^m \text{ und } r_2 = r_0^n$$

gilt. Exponentiell-kommensurable Zahlen sind Potenzen einer gemeinsamen Zahl.

Beweis Dieser ist tatsächlich viel einfacher als es die technischen Formeln vermuten lassen. Gehen wir die Sache der Reihe nach durch:

Zu (1) $\Rightarrow$ (2) : Wir nehmen a priori (n, m) als teilerfremd an, und dann haben wir jetzt die vorausgesetzten Kommensurabilitätsgleichungen

$$n * a_j = m * b_j \ (j = 1, 2 \ldots).$$

Dann müssen aber alle Teiler von n in b_j und alle Teiler von m in a_j enthalten sein, was bedeutet, dass wir zunächst

$$a_j = m * c_j \text{ und } \beta_j = n * d_j$$

mit ganzzahligen Faktoren c_j, d_j schreiben können. Setzt man dies in die Kommensurabilitätsgleichungen ein, so folgt jedoch, dass $c_j = d_j$ ist, und wir haben simultan für alle Indizes $j = 1, 2, \ldots$ die gleiche Faktorisierung

$$a_j = m * c_j \text{ und } b_j = n * c_j$$

vorliegen, und mit $e_j := c_j$ ist die gesuchte ggT-Folge $\left(e_j\right)_{j \in \mathbb{N}}$ gefunden.

Zu (2) $\Rightarrow$ (1) : Aus $a_j = m * e_j$ und $b_j = n * e_j$ für alle Indizes folgt ebenfalls für alle Indizes die simultane Proportionalität

$$n * a_j = n * m * e_j = m * b_j \Leftrightarrow n * (a_1, a_2, \ldots) = m * (b_1, b_2, \ldots).$$

Zu (3) $\Rightarrow$ (4) : Mithilfe der elementaren Potenzierungsregeln schreiben wir

$$r_1^n = \left[(p_1)^{\alpha_1} * \ldots * (p_k)^{\alpha_k}\right]^n = (p_1)^{n\alpha_1} * \ldots * (p_k)^{n\alpha_k},$$
$$r_2^m = \left[(p_1)^{\beta_1} * \ldots * (p_k)^{\beta_k}\right]^m = (p_1)^{m\beta_1} * \ldots * (p_k)^{m\beta_k}.$$

Gilt nun die Gleichheit, so müssen nach dem Eindeutigkeitstheorem der Primfaktordarstellung rationaler Zahlen die Exponenten zu jeder vorkommenden Primzahl p_j übereinstimmen – das bedeutet, dass die Proportionalität

$$n * \alpha_j = m * \beta_j$$

simultan für alle Folgenindizes j gilt, was nichts anderes als die gleichmäßige Kommensurabilität bedeutet.

Zu (4) $\Rightarrow$ (5) : Nach der Aussage (2) können wir die ggT-Folge $\gamma_j (j = 1, \ldots, k)$ definieren, welche die Kommensurabilitäten

$$\alpha_j = m * \gamma_j \text{ und } \beta_j = n * \gamma_j, \; (j = 1, \ldots, k)$$

bedeutet. Dann aber gelten mit der Zahl

$$r_0 = (p_1)^{\gamma_1} * \ldots * (p_k)^{\gamma_k}$$

die genannten Gleichungen, $r_1 = r_0^m$ und $r_2 = r_0^n$.

Zu (5) $\Rightarrow$ (3) : Das ist dank der kurzen Rechnung

$$\left(r_0^m\right)^n = r_0^{mn} = \left(r_0^n\right)^m$$

trivial, und der Satz ist bewiesen. ∎

Im folgenden Theorem lernen wir eine – für die Skalentheorie enorm wichtige – Unverträglichkeit von Rationalität und Kommensurabilität im Falle unterschiedlicher Primzahlbestandteile kennen. Wir erinnern an die Definition des größten gemeinsamen kommensurablen Teilers, den wir im Theorem 2.2 definiert haben.

Theorem 3.2 (Kommensurabilität für harmonisch-rationale Intervalle)

(1) **Das Primzahlkriterium:** Für je zwei Primzahlen $p, q \in \mathbb{N}$ und all ihre iterierten Primzahl-Obertonintervalle $X = m * I(p)$ und $Y = n * I(q)$ mit $m, n \in \mathbb{Z}$ gilt:

$$X \text{ und } Y \text{ sind kommensurabel} \Leftrightarrow p = q.$$

Allgemeines Primzahlkriterium: Seien $X, Y \in \mathfrak{M}_{\text{harm}}$, und es mögen

$$|X| = (p_1)^{\alpha_1} * \ldots * (p_k)^{\alpha_k} \text{ und } |Y| = (p_1)^{\beta_1} * \ldots * (p_k)^{\beta_k}$$

ihre Frequenzmaße in der Primfaktorzerlegung sein. Dann gilt das Kriterium:

$$X \overset{\text{kom}}{\longleftrightarrow} Y \Leftrightarrow (\alpha_1, \ldots, \alpha_k) \overset{\text{glm-kom}}{\longleftrightarrow} (\beta_1, \ldots, \beta_k).$$

In Worten: Zwei harmonisch-rationale Intervalle sind genau dann kommensurabel, wenn die Faktorisierungen ihrer Frequenzmaße nicht nur genau dieselben Primzahlen besitzen, sondern wenn beide Exponentenfolgen sogar gleichmäßig kommensurabel sind. Außerdem sind dann die Proportionalitätsparameter für die Intervalle und die Exponentenfolgen gleich.

(2) **Theorem vom intervallischen *ggT* für harmonisch-rationale Intervalle:**
Für zwei kommensurable Intervalle $X, Y \in \mathfrak{M}_{\text{harm}}$ ist auch der intervallische ggT (E) harmonisch-rational, und wir haben den Zusammenhang

$$(X = m * E \text{ und } Y = n * E) \Leftrightarrow (n * X = m * Y)$$

mit (teilerfremden) Vervielfachungskoeffizienten $m, n \in \mathbb{N}$.
Sind die Frequenzmaße von X, Y die Zahlen r_1, r_2, deren Primzahlexponenten folglich nach Teil (1) gleichmäßig kommensurabel sind, so ist das Frequenzmaß von $E = ggT(X, Y)$ genau die *ggT*-Zahl r_0 aus Satz 3.1.

Beweis Alle Aussagen sind in die Sprache der Intervallarithmetik übertragene Ergebnisse der Beobachtungen des voranstehenden Satzes 3.1 – indem wir nämlich zu den rationalen Frequenzmaßen übergehen und wie schon so oft das Frequenzmaßkriterium anwenden. Das Intervall I_0 ist dann das musikalische Intervall zum Frequenzmaß r_0, und es ist simultan der intervallische $ggT(X, Y)$, sodass aufgrund dieser Beobachtung das Theorem auch schon bewiesen ist. ∎

Diese Primfaktorbeschreibung gestattet – man ahnt es – eine sehr effiziente Beurteilung über eine mögliche Kommensurabilität zweier harmonisch-rationaler Intervalle respektive über das meist eher gewünschte Zutreffen des Gegenteils, wie das nachfolgende Beispiel zeigt. Hierbei mag es sein, dass das eine oder andere Intervall rätselhaft erscheint – die Lektüre ist aber noch nicht zu Ende; das Kap. 10 kümmert sich um den Zoo all dieser klassischen Intervalle der natürlich-harmonischen Temperierung. Dennoch können wir dank der angegebenen Primzahlstrukturen der Proportionen die Nicht-Kommensurabilität überprüfend bejahen:

Beispiel 3.5 (Nicht-kommensurable harmonisch-rationale Intervalle)

Nicht-kommensurable Intervallpaare sind:

(1) reine Quinte $Q(2{:}3)$ und Oktave $O(1{:}2)$,

(2) reine Quinte $Q(2{:}3)$ und reine große Terz $(4{:}5)$,

(3) reine große Terz $(4{:}5)$ und Oktave $O(1{:}2)$,

(4) reine kleine Terz $(5{:}6)$ und Oktave $O(1{:}2)$,

(5) reine große Terz $(4{:}5)$ und reine kleine Terz $(5{:}6)$,

(6) großer, pythagoräischer Ganzton $T_+(8{:}9)$ und kleiner Ganzton $T_-(9{:}10)$,

(7) pythagoräischer Ganzton $T_+(8{:}9)$ und pythagoräisches Limma $L(243{:}256)$,

(8) pythagoräisches Limma $L(243{:}256)$ und pyth. Apotome $A(2048{:}2187)$,

(9) syntonisches Komma $\varepsilon_{\text{synt}}(80{:}81)$ und kleine Diësis $\varepsilon_{\text{kleine-diësis}}(125{:}128)$,

(10) pythagoräisches Komma $\varepsilon_{\text{pyth}}\left(2^{19}{:}3^{12}\right)$ und Oktave $O(1{:}2)$,

(11) Schisma $\varepsilon_{\text{schisma}}(2^{15}{:}3^8 5)$ und Diaschisma $\varepsilon_{\text{diaschisma}}(2025{:}2048)$. ◀

Bemerkung

Die Bedeutung dieses Theorems 3.2 kann nicht hoch genug angesehen werden: Letztlich steuert die Aussage

▶ *der Unmöglichkeit einer Kommensurabilität aller harmonischen (also auch reinen) Intervalle (mit Ausnahme reiner Oktavierungen) mit der Oktave*

alle Antworten auf die zahllosen antiken Bemühungen, beispielsweise reine Quinten zu Oktaven zu schichten, oder den Tonos (in zwei gleiche Hälften) zu teilen und so fort.

▶ *Wir können auch jetzt schon explizit festhalten, dass es für keine Stufenzahl $m \geq 2$ eine m-stufige Oktavskala geben kann, die aus m gleichen harmonisch-rationalen Stufenintervallen X besteht, sodass also die Gleichung*

$$m * X = \underbrace{X \oplus X \oplus \ldots \oplus X}_{m-\text{mal}} = \text{Oktave}$$

gilt. Dieser wichtige musiktheoretische Aspekt folgt also alleine aus der Primzahlarithmetik der harmonisch-rationalen („reinen") Intervalle.

Gerade das „Teilungsproblem" spielte in der historischen Musiktheorie eine führende Rolle – wir wollen dazu im Folgeabschnitt neue Aspekte kennenlernen.

3.3 Harmonisch-rationale Teilung: Die Gleichung m $*$ X $=$ Y

Wenn von einer „Teilung" eines Intervalls die Rede ist, so ist – wenn nichts anderes gesagt wird – stets die „hälftige" Teilung gemeint. Das wiederum soll heißen, dass zu einem gegebenen musikalischen Intervall Y ein Intervall – nennen wir es X – gesucht ist, welches zweimal – allgemeiner: m-mal – aufeinandergesetzt das gegebene Intervall ergibt. Es entsteht also die Intervallgleichung

$$2X = X \oplus X = Y \quad - \quad \text{und allgemeiner die Gleichung } m * X = Y.$$

Es erstaunt, warum man sich mit dieser sehr simpel aussehenden Gleichung über die Jahrhunderte hinweg so schwergetan hat – bedenken wir aber, dass diese Intervallgleichung mittels der Frequenzmaßidentifizierung unseres Theorems 1.2 mit der algebraischen Gleichung

$$\left(x^2 = |Y|\right) \Leftrightarrow \left(x = \sqrt{|Y|}\right) \text{ respektive } (x^m = |Y|) \Leftrightarrow \left(x = \sqrt[m]{|Y|}\right)$$

korreliert, wobei die Variable dann die offenkundige Bedeutung $x = |X|$ besitzt, so ist die Erklärung hierzu nicht allzu schwer. Schließlich führen uns diese Gleichungen ja in die Irrationalitäten – so die Lehren der modernen Mathematik.

Wir wollen in diesem Abschnitt also die **Teilungsgleichung**

$$m * X = Y$$

studieren. Dabei liegt unser Interesse vor allem daran, für die historisch erwachsenen Fragen der Teilbarkeit harmonisch-rationaler Intervalle (Y) auch harmonisch-rationale Lösungen (X) zu finden. Wenn wir nun beachten, dass diese Teilungsgleichung simultan auch bedeutet, dass dann die beiden Intervalle X, Y kommensurabel sind, so deutet vieles daraufhin, dass uns die Kriterien der Kommensurabilität harmonisch-rationaler Intervalle zum Ziel begleiten werden. Mittels der Primfaktorformel finden wir nun folgende Aussage:

Theorem 3.3 A (Die harmonisch-rationale Teilung – musikalische Form)

(A) **Allgemeiner Existenz- und Eindeutigkeitssatz der Teilungsgleichung**

Die Teilungsgleichung zum Teilungsparameter $m \geq 2$ hat für jedes musikalische Intervall $Y \in \mathfrak{M}_{\text{mus}}$ genau eine Lösung $X \in \mathfrak{M}_{\text{mus}}$, im Detail gilt:

$$m * X = Y \Leftrightarrow X = I\left(\sqrt[m]{|Y|}\right) \Leftrightarrow \text{ct}(X) = \frac{1}{m}\text{ct}(|Y|).$$

Ist $X \in \mathfrak{M}_{\text{harm}}$, so ist notwendigerweise auch $Y \in \mathfrak{M}_{\text{harm}}$, aber die Umkehrung ist natürlich im allgemeinen falsch. Wir sagen nun:

Ein Intervall Y ist **harmonisch-rational m-teilbar** $\Leftrightarrow$ die Teilungsgleichung hat eine ebenfalls harmonisch-rationale Lösung X. Hierzu gibt es das Kriterium:

(B) **Kriterium harmonisch rationaler Teilbarkeit**

Sei $Y \in \mathfrak{M}_{\text{harm}}$ ein harmonisch-rationales Intervall, und es sei

$$Y = \gamma_1 I(p_1) \oplus \ldots \oplus \gamma_k I(p_k)$$

die konkrete eindeutige Darstellung des Intervalls Y durch die Primzahl-Obertonintervalle gemäß unseres Theorems 3.1. Dann gibt es genau dann eine ebenfalls harmonisch-rationale Lösung $X \in \mathfrak{M}_{\text{harm}}$ der Teilungsgleichung $m * X = Y$, wenn die Koeffizientenfolge $(\gamma_1, \ldots, \gamma_k)$ ganzzahlig durch m teilbar ist. Setzen wir dann

$$(\alpha_1, \ldots, \alpha_k) = \frac{1}{m}(\gamma_1, \ldots, \gamma_k) - \text{ also } \alpha_j = \frac{1}{m}\gamma_j, \text{für } j = 1, \ldots, k,$$

so ist das Intervall

$$X = \alpha_1 I(p_1) \oplus \ldots \oplus \alpha_k I(p_k)$$

diese eindeutige harmonisch-rationale Lösung der Teilungsgleichung.

Fazit: Ein harmonisch-rationales Intervall ist genau dann harmonisch-rational teilbar, wenn die Vorfaktoren seiner Primzahl-Obertonintervalle ganzzahlig (durch den gegebenen) Teilungsparameter m teilbar sind.

Folgerungen

(1) Speziell ist ein Intervall $Y \in \mathfrak{M}_{\text{harm}}$ genau dann in der Klasse der harmonisch-rationalen Intervalle **hälftig teilbar,** wenn alle seine Koeffizienten der Primzahl-Obertonintervalle gerade sind.

(2) Sind $p_1, \ldots, p_k$ beliebige – aber paarweise verschiedene – Primzahlen, so ist für jedes $m \geq 2$ die Teilungsgleichung

$$m * X = I(p_1 * \ldots * p_k)$$

harmonisch-rational **unlösbar.** Insbesondere ist für jede Primzahl $p \in \mathbb{N}$ das Intervall $Y = I(p)$ weder hälftig noch zu irgendeinem anderen Teilungsparameter $m \geq 2$ in der Klasse der harmonisch-rationalen Intervalle teilbar, die Gleichung

$$m * X = I(p)$$

hat keine Lösung $X \in \mathfrak{M}_{\text{harm}}$. Als wichtigen Spezialfall hiervon sehen wir, dass auch die Oktave $O = I(2)$ zu keinem Teilungsparameter harmonisch-rational geteilt werden kann.

(3) Wenn darüber hinaus auch nur einer der ganzzahligen Exponenten $\gamma_1, \ldots, \gamma_k$ nicht durch m teilbar ist, so ist auch die Gleichung

$$m * X = I\left(p_1^{\gamma_1} * \ldots * p_k^{\gamma_k}\right)$$

in $\mathfrak{M}_{\text{harm}}$ unlösbar; das Intervall $I\left(p_1^{\gamma_1} * \ldots * p_k^{\gamma_k}\right)$ ist dann nicht harmonisch-rational zum Teilungsparameter $m \geq 2$ teilbar.

Die zweite Folgerung beschert uns erneut das am Ende des vorangehenden Abschnitts genannte Phänomen, dass man keine m-gleichstufige Oktavskala gewinnen kann, deren m Stufen gleich große harmonisch-rationale Intervalle sind.

Beweis Wir müssen nur den Teil (B) beweisen. Angenommen, die Teilungsgleichung $m * X = Y$ wäre für ein Intervall $X \in \mathfrak{M}_{\text{harm}}$ erfüllt. Nun besitzt das Intervall X gemäß unseres Theorems 3.1 eine Primfaktordarstellung

$$X = \alpha_1 I(p_1) \oplus \ldots \oplus \alpha_k I(p_k),$$

woraus sich dank dieser Teilungsgleichung die Bilanz

$$m * X = (m * \alpha_1)I(p_1) \oplus \ldots \oplus (m * \alpha_k)I(p_k)$$
$$= \gamma_1 I(p_1) \oplus \ldots \oplus \gamma_k I(p_k)$$

ergibt. Dann folgt aufgrund der Eindeutigkeit dieser Primfaktordarstellung, dass

$$m * \alpha_j = \gamma_j \text{ für } j = 1, \ldots, k$$

sein muss – die Vorfaktoren γ_j sind durch m teilbar. Und umgekehrt können wir

$$\alpha_j = \frac{\gamma_j}{m} \text{ für } j = 1, \ldots, k$$

schreiben, und dann sind diese Koeffizienten ganzzahlig. Mit dem Intervall

$$X = \alpha_1 I(p_1) \oplus \ldots \oplus \alpha_k I(p_k)$$

ist dann eine harmonisch-rationale Lösung der Teilungsgleichung gefunden. Damit ist das Theorem samt seinen Folgerungen bewiesen. ∎

Eine **Nebenbemerkung:** Interessant ist auch die Feststellung, dass wir die Aussagen über die Lösbarkeit – wie auch simultan die Unlösbarkeit der Teilungsgleichung – scheinbar gänzlich ohne die in der Analysis der reellen Zahlen sonst üblichen sogenannten „Irrationalitätsbeweise" gefunden haben. Bedenken wir, dass die Umwandlung der intervallarithmetischen Form der Teilungsgleichung in die hierzu äquivalente Frequenzmaßform ja zu den Potenzwurzelgleichungen

$$x^m = |Y|$$

geführt hätte, so wäre der Weg in diese Irrationalitäten doch wohl vorgezeichnet! Haben wir da etwas übersehen? Nein – haben wir nicht. Wer nämlich die Irrationalitätsbeweise für alle höheren Primzahlwurzeln

$$x = \sqrt[m]{p}$$

studiert, wird sehen, dass auch hier der Eindeutigkeitssatz der Primfaktordarstellung aller rationalen Zahlen für die wesentlichen Schlussfolgerungen verantwortlich ist.

Kleines mathematisches Intermezzo

Wer an dieser Begründung interessiert ist, kann in den wenigen nachfolgenden Zeilen Hilfe finden – und sich eine etwaige mühsame Literatursuche sparen: Wir formulieren aus purer Freude an der Eleganz eines Beweises ein „mathematisches Lemma" – wie diese „Hilfssätze" in der Mathematik oftmals heißen:

▶ **Lemma:** Sei $m \geq 2$ und $p \in \mathbb{N}$ eine Primzahl. Dann kann die eindeutige positive reelle Lösung der Gleichung

$$x^m = p$$

nicht rational sein; sie ist eine irrationale Zahl.

Warum? Wir nehmen an, eine solche rationale Lösung gäbe es. Nach dem Theorem, dass jede rationale Zahl eindeutig als ein Produkt von Primzahlen mit ganzzahligen Exponenten geschrieben werden kann, können wir dann genau dies für die angedachte rationale Lösung tun und erhalten

$$x = p_1^{\alpha_1} * \ldots * p_n^{\alpha_n} \text{ mit } \alpha_k \in \mathbb{Z}, \text{ für alle } k = 1, \ldots, n.$$

wobei sich eine größtmögliche Primzahl p_n aus der monoton wachsenden Auflistung aller Primzahlen ganz von alleine ergibt. Dann erhalten wir die Gleichung

$$x^m = p_1^{m\alpha_1} * \ldots * p_n^{m\alpha_n} = p.$$

Jetzt kommt der Eindeutigkeitssatz ins Spiel, welcher bewirkt, dass alle Primfaktoren – bis auf einen einzigen – den Wert 1 haben müssen; die entsprechenden Exponenten α_j müssen dann verschwinden. Und dann ist die gegebene Primzahl (p) genau eine der Primfaktoren der linken Gleichungsseite, $p = p_k$ für ein $k \in \{1, \ldots, n\}$, und wir haben dann die unerfüllbare Gleichung

$$p_k^{m\alpha_k} = p_k \Leftrightarrow m * \alpha_k = 1$$

gewonnen – und das war es auch schon. So schließt sich also der Kreis.

Bevor wir jetzt durch einige signifikante Beispiele aus der historischen Musiktheorie dieses Thema abrunden werden, wollen wir einmal der abstrakten Mathematik der Teilungsgleichung ein wenig mehr Aufmerksamkeit schenken. Somit schauen wir ein wenig über den Tellerrand und gewinnen dadurch auch eine weitere Verbindung unserer wissenschaftlichen Zwillinge.

Wenn von einer „Gleichung" die Rede ist, so bevorzugen die Mathematiker es, diese als einen zu realisierenden Zuordnungsprozess zu sehen – und schon steht man mit beiden Beinen in einer Abbildungs- respektive Operatortheorie, so wie dies ja schon im Oktavierungsprozess in Abschn. 1.6. geschehen ist. In unserem jetzigen Fall sieht dies folgendermaßen aus:

Wir definieren neben den uns bekannten Intervallgesamtheiten $\mathfrak{M}_{\text{harm}}$ und $\mathfrak{M}_{\text{mus}}$ noch die zum Parameter $m \geq 2$ passende Teilmenge $\mathfrak{M}_{\text{harm}}^{(m)}$ aller harmonisch-rationalen Intervalle, deren Vorfaktoren (das sind die Adjunktionskoeffizienten) gemäß der Prim-Obertonintervalle durch m ganzzahlig teilbar sind. Damit haben wir die Inklusionen

$$\mathfrak{M}_{\text{harm}}^{(m)} \subset \mathfrak{M}_{\text{harm}} \subset \mathfrak{M}_{\text{mus}}$$

gewonnen. Auch diese Menge $\mathfrak{M}_{\text{harm}}^{(m)}$ ist eine in sich abgeschlossene „Modul- beziehungsweise Iterationsalgebra": Summen (Adjunktionen) und ganzzahlige Vervielfachungen von Elementen (Intervallen) dieser Art gehören wieder zur gleichen Menge – das ist wirklich trivial. Nun definieren wir den „**Iterationsoperator**"

$$\varphi_m : \mathfrak{M}_{\text{mus}} \to \mathfrak{M}_{\text{mus}} \text{ durch } \varphi_m(X) = m * X = X \oplus \ldots \oplus X.$$

Dann gelten offenbar die Mengengleichungen

$$\varphi_m(\mathfrak{M}_{\text{harm}}) \subset \mathfrak{M}_{\text{harm}} \text{ ebenso wie } \varphi_m\left(\mathfrak{M}_{\text{harm}}^{(m)}\right) \subset \mathfrak{M}_{\text{harm}}^{(m)};$$

die Anwendung des Operators verändert weder die Eigenschaft der Rationalität noch diejenige der Teilbarkeiten. Die Aussage (A) unseres Theorems 3.3 der eindeutigen und uneingeschränkten Lösbarkeit der Teilbarkeitsgleichung im Modul aller musikalischen Intervalle $\mathfrak{M}_{\text{mus}}$ besagt dann, dass der Iterationsoperator

$$\varphi_m : \mathfrak{M}_{\text{mus}} \to \mathfrak{M}_{\text{mus}},$$

injektiv und surjektiv ist – keine zwei Intervalle haben das gleiche Bild, und jedes Intervall kann geteilt werden. Dann ist φ_m bijektiv und somit invertierbar; es gibt den zur m-fachen Iteration φ_m inversen Operator, den **Teilungsoperator** $\psi_m = \varphi_m^{\text{inv}}$,

$$\psi_m : \mathfrak{M}_{\text{mus}} \to \mathfrak{M}_{\text{mus}} \text{ mit } \psi_m(Y) = I\left(\sqrt[m]{|Y|}\right).$$

Wir sehen dank des Frequenzmaßkriteriums aus Theorem 1.1 und dank des Hauptsatzes der Intervallarithmetik Theorem 1.2 sofort die Inversenrelationen

$$\psi_m(\varphi_m(X)) = \psi_m(m * X) = I\left(\sqrt[m]{|X|^m}\right) = I(|X|) = X$$

$$\varphi_m(\psi_m(Y)) = \varphi_m\left(I\left(\sqrt[m]{|Y|}\right)\right) = m * I\left(\sqrt[m]{|Y|}\right) = I\left(\sqrt[m]{|Y|}^m\right) = I(|Y|) = Y.$$

Sicher führt aber die Anschaulichkeit der Wirkung dieser beiden Prozesse noch schneller zur Erkenntnis ihrer gegenseitigen Invertierung: „Erst m-mal adjungieren und dann wieder durch m teilen" – das führt wie umgekehrt zur Identität, na klar!

Nun übertragen sich die Aussagen des Theorems 3.3 in die Sprache der Operatoralgebra, und wir gewinnen damit folgendes Theorem:

Theorem 3.3 B (Die harmonisch-rationale Teilung – mathematische Form)

(A) Allgemeiner Existenz- und Eindeutigkeitssatz der Teilungsgleichung

Der Iterationsoperator $\varphi_m : \mathfrak{M}_{\text{mus}} \to \mathfrak{M}_{\text{mus}}$ ist invertierbar; die Gleichung

$$\varphi_m(X) = Y$$

hat für jedes musikalische Intervall $Y \in \mathfrak{M}_{\text{mus}}$ genau eine Lösung $X \in \mathfrak{M}_{\text{mus}}$. Der Operator φ_m erfüllt außerdem die Strukturgesetze der Z-Linearität:

$$\varphi_m(X_1 \oplus X_2) = \varphi_m(X_1) \oplus \varphi_m(X_2),$$

welche dann konsequenterweise von seiner Inversen, dem Teilungsoperator ψ_m, ebenfalls erfüllt werden:

$$\psi_m(Y_1 \oplus Y_2) = \psi_m(Y_1) \oplus \psi_m(Y_2).$$

(B) Kriterium harmonisch-rationaler Teilbarkeit

Für harmonisch-rationale Intervalle gelten die äquivalenten Gleichheiten

$$\varphi_m(\mathfrak{M}_{\text{harm}}) = \mathfrak{M}_{\text{harm}}^{(m)} \Leftrightarrow \psi_m\left(\mathfrak{M}_{\text{harm}}^{(m)}\right) = \mathfrak{M}_{\text{harm}}.$$

Die zweite dieser Mengengleichheiten bedeutet, dass genau diejenigen musikalischen Intervalle Y harmonisch-rational durch m teilbar sind, deren Frequenzmaße in der Primfaktordarstellung ausschließlich Exponenten haben, welche durch m ganzzahlig teilbar sind.

Natürlich hat dieses Theorem keinen neuen inhaltlichen Zugewinn gegenüber Theorem 3.3 A – jedoch erhalten wir dank dieser Darstellung der Inhalte einen Eindruck, wie durch Abstraktionen die Strukturen aller Zusammenhänge an Prägnanz gewinnen. Und oft ist es dann so, dass erst hierdurch weiterführende Fragestellungen samt und sonders ihrer Antworten gefunden werden können. Aber bevor wir uns dieser Versuchung aussetzen, kommen wir zu realen musikalischen Beispielen. Das erste – wahrscheinlich auch das älteste dieser Problematik – handelt von einer jahrtausendealten Aufgabe der antiken Musiktheorie.

Beispiel 3.6 (Teilung des pythagoräischen Ganztons Tonos 8:9)

Die hälftige Teilung des berühmten Ganztons des pythagoräischen Intervall-systems hat zu allen Zeiten der vor-neuzeitlichen Musiktheorie die Diskussionen beflügelt. Dabei begegnet man sowohl richtigen – leider aber nicht zufrieden-stellend begründeten – Vermutungen als aber auch abenteuerlichen Versuchen, den Tonos mittels absurder Begründungen dennoch zu teilen. Wohlgemerkt: Teilbarkeit bedeutete <u>hälftige</u> wie auch <u>harmonisch-rationale</u> Teilung; Intervalle mit irrationalen Proportionen waren in der Antike und auch weit später außer gedanklicher Reich-weite.

Wir sehen nun mit unserer vorgestellten Theorie: Die Gleichung

$$2X = \text{Tonos } 8{:}9 = I(9/8) = I\left(2^{-3} * 3^2\right) = (-3) * I(2) \oplus 2 * I(3)$$

kann keine harmonisch-rationale Lösung haben – die Vorzahlen der Primzahl-Obertondarstellung müssten hierzu alle gerade sein, wie es die Folgerung (1) des Theorems fordert. ◄

Das nächste Beispiel führt geradewegs in die Temperierungsproblematik der aus-gehenden Renaissance, in die Mitteltönigkeit.

Beispiel 3.7 (Die mitteltönige Quinte Q_{mt}^+)

Zu Beginn der Neuzeit, im Wesentlichen in der Renaissance, kam der Wunsch auf, Quinten zu konstruieren, sodass eine vierfache Schichtung eine „reine" Terz 4:5 – erhöht um zwei Oktaven – erbringen soll. So kommen wir zur Gleichung

$$4 * X = Y = I(5) = \text{Terz 4:5} \oplus 2O.$$

Die Lösung kann nach unserem Theorem und seiner Folgerung (2) offenbar nicht harmonisch-rational sein; wir finden sie dagegen in der Klasse $\mathfrak{M}_{\text{mus}}$ aller musikalischen Intervalle mittels Auflösung respektive mittels Anwendung des Teilungsoperators

$$X = \psi_4(I(5)) = I\left(\sqrt[4]{5}\right).$$

Das irrationale Frequenzmaß von Q_{mt}^+ beträgt $\sqrt[4]{5} \approx 1{,}4953\dots$. Wie so oft sagt es aber nicht so viel aus wie der Centwert $\text{ct}\left(Q_m^+\right) = 696{,}57\dots\text{ct}$. Dies ist die Quinte zur Dur-Terz Mitteltönigkeit, siehe Abschn. 9.2. ◄

Schließlich zeigen wir mit dem letzten Beispiel eine Anwendung der Teilungsgleichung aus der neuzeitlichen Temperierungstheorie:

Beispiel 3.8 (Die Bach-Kellner-Quinte Q_{B-K})

Unter den zahllosen Versuchen, durch geeignete Wahl von Quinten dank deren Iteration sowohl praktikable als auch vor allem schön klingende Tonskalen zu gewinnen, ragt eine Methode besonders heraus: Die Bach-Kellner-Methode; sie wird im Abschn. 12.12 sehr ausführlich diskutiert. Im Augenblick interessiert uns die Ausgangssituation.

Die Idee ist, den Quintenkreis der zwölffachen Quintenschichtung zu sieben Oktaven dadurch zu schließen, dass man zu genau sieben reinen Quinten $Q(2{:}3)$ die restlichen fünf als gleich große „Quinten" bestimmt, sodass die Schließung gelingt. Das heißt, dass

$$5 * X \oplus 7 * Q = 7 * O \Leftrightarrow 5 * X = 7 * (O \ominus Q) = 7 * \text{Quarte } 3{:}4 = Y$$

ist. Dann ist dank der vertrauten Umformungen die Aufgabe gestellt, die Gleichung

$$5 * X = Y = 7 * O \ominus 7 * (I(3) \ominus O) = 14 * I(2) \ominus 7 * I(3)$$

zu lösen. Auch dies kann wiederum aufgrund der Primzahlstruktur keine harmonisch-rationale Lösung erbringen, schließlich sind die Exponenten $(14, -7)$ nicht durch 5 teilbar, und dann sichert die Folgerung (3) des Theorems unsere Feststellung. Dagegen liefert die Teilung in der Allklasse $\mathfrak{M}_{\text{mus}}$ die Bach-Kellner-Quinte $X = Q_{B-K}$ mit dem Wert

$$|Q_{B-K}| = \sqrt[5]{2^{14}3^{-7}} \approx 1{,}4959\ldots = 697{,}26..\text{ct}.$$

Hier wäre natürlich die Centrechnung schneller gewesen:

$$\text{ct}(Q_{B-K}) = \frac{1}{5}(7 * 1200 - 7 * 701{,}95)\,\text{ct} = 697{,}25\,\text{ct},$$

was erneut die Rolle des Centmaßes als unerlässliches Metermaß der Musiktheorie unterstreicht. ◄

Ähnliche Situationen wie gerade in diesem letzten Beispiel sind in zahlreichen Temperierungsmodellen anzutreffen. Überall, wo man mittelt, ausgleicht oder allgemein gleichstufig strukturieren möchte, steht die Aufgabe der Teilung an. Soll das Ergebnisintervall dieser jeweiligen Vorgänge nun mal klassisch-antik alias harmonisch-rational sein, so gibt das Theorem 3.3 genaueste Auskunft über „Erfolg oder Misserfolg" aller Mühen.

3.4 Einfach-superpartikulare Intervalle und antike Konsonanz

Wie wir bereits in der Einleitung zum Abschn. 3.1 bemerkt haben, war die „Konsonanz von Intervallen" nach antiker Vorstellung sehr eng mit dem Vorliegen sogenannter „einfach überteiliger" Frequenzrelationen gekoppelt, und auch im historischen Streifzug von Abschn. 8.3 zur pythagoräischen Musik werden wir dies noch einmal betonen. Das bedeutet, dass das Proportionenmaß eines solchen musikalischen Intervalls I die Form

$$I = [a, b] \Rightarrow I \equiv a{:}b \cong n{:}(n+1)$$

mit einer positiven natürlichen Zahl n hat. Solche Intervalle werden **„einfach-super-partikular"** genannt. Man findet tatsächlich in einigen Quellen der Antike der vorrangig griechischen Musik deutliche Hinweise, nach denen man die Festlegung vermuten könnte:

▶ *Einfach-superpartikulare Intervalle sind konsonant,*

wobei es über die Umkehrung (leider) keine ähnlich verlässliche eindeutige Information gibt. Allerdings lassen sich gute Gründe finden – die wir sogleich noch erläutern werden –, welche uns zu folgender Festlegung veranlassen:

Definition 3.4 (Einfach-superpartikulare Intervalle und antike Konsonanz)
Ein Intervall $I = [a, b] \in \mathfrak{M}_{\text{mus}}$ heißt **antik-konsonant,** wenn für das Proportionenmaß die alternativen Ähnlichkeiten

$$(a{:}b) \cong (1{:}n) \text{ oder } (a{:}b) \cong n{:}(n+1)$$

gelten. Hinzu zählen wir auch noch deren Inverse, die abwärts verlaufenden Formen

$$(a{:}b) \cong (n{:}1) \text{ oder } (a{:}b) \cong (n+1){:}n.$$

Im ersten Fall sind das die bekannten **Obertonintervalle**

$$I = I(n) = O_n = [1, n],$$

die wir aus der Definition 3.2 sowie dem Spektrum der harmonischen Schwingung her kennen. Im zweiten Fall sind es die **„einfach-superpartikularen"** Intervalle, die wir in den Proportionenparametern mit natürlichen Zahlen durch die Symbolik

$$\Lambda_n := [n, n+1] = (n{:}(n+1)) = I(n+1) \ominus I(n) = I\left(\frac{n+1}{n}\right)$$

notieren und welche ebenso als Differenzen direkt benachbarter Obertonintervalle definierbar wären. Diese einfach-superpartikularen (Aufwärts-)Intervalle

---

Δ_n nennen wir kurzerhand **„esp-Intervalle"**, und ihre Gesamtheit wird durch das Symbol

$$\mathfrak{M}_{esp} = \{\Delta_n | n = 1, 2, 3, \ldots\}$$

gekennzeichnet. Somit haben wir die Mengeninklusionen

$$\mathfrak{M}_{esp} \subset \mathfrak{M}_{harm} \subset \mathfrak{M}_{mus}.$$

Gibt es also eine naheliegende Erklärung dazu, dass ausgerechnet diese beiden Intervallfamilien als „konsonante" Intervalle Geltung bekamen? Tatsächlich könnte eine mögliche – und noch nicht einmal unwahrscheinliche – Antwort das Monochord liefern. Schließlich wurden ja jegliche mathematischen Proportionen an diesem Modellinstrument musikalisch erklärt. Wir stellen uns hierzu einmal vor, eine Monochordsaite der Länge L_0 zur Grundfrequenz f_0 würde wie folgt geteilt:

Zum gegebenen Teilungsparameter $n \geq 2$ wählen wir das kürzere Teilstück A_n der Länge $L_n = \frac{1}{n}L_0$, und dann hat das größere Teilstück B_n die Länge $(n-1)L_n = \frac{n-1}{n}L_0$, so wie es die Abb. 3.1 für den Parameter $n = 5$ zeigt.

Frage Welche Intervalle entstehen, wenn wir die Tonhöhen sowohl der kürzeren als auch der längeren Saite zur Grundsaite in Bezug nehmen?

Die **Antwort** gibt uns das Monochordgesetz aus Satz 1.1, wonach sich die Tonhöhen umgekehrt zu den Längen verhalten. Sind dann die Frequenzen a_n, b_n diejenigen über den Saitenabschnitten A_n, B_n, dann sind die Proportionen vom tieferen Ton der Grundsaite zum höheren Ton genau

$$f_0{:}a_n{:} \cong L_n{:}L_0 \cong 1{:}n,$$
$$f_0{:}b_n{:} \cong (n-1)L_n{:}L_0 \cong (n-1){:}n = m{:}(m+1).$$

Jetzt haben wir eine höchst plausible Erklärung für die „antike Konsonanz" gefunden:

▶   *Nicht irgendwelche geheimnisvollen Zahlenspiele oder andere nicht durchschaubare Begründungen mögen die Ursache gewesen sein, sondern die den harmonischen Gesetzen der Teilung folgenden Beobachtungen.*

Wenn wir bedenken, dass sich der Aufbau der Arithmetik in seinen ersten Anfängen, wie in [56] dargelegt, durch die beiden Proportionenreihen der Perissos- beziehungsweise Artios-Zahlen

Abb. 3.1 Einfach-superpartikulare Teilung am Monochord

$$1{:}1, 1{:}2, 1{:}3, \ldots \text{ und ihrer Reziproken } 1{:}1, 2{:}1, 3{:}1, \ldots$$

vollzog, wundert es nicht, dass die Teilung einer Monochordsaite nach der Abfolge der in der Mathematik als **„harmonisch"** genannten Folge

$$(1/n)_{n \in \mathbb{N}} = 1, 1/2, 1/3, 1/4, \ldots$$

die naheliegende Methode war, um aus einem Ton – dem Ton der Grundsaite – weitere den Gesetzen dieser Teilung gehorchende Tonhöhen mit dem Grundton zu Intervallen zu verbinden. Hinzu kommt auch noch ein Gedanke, der die Geometrie dieser Teilungen miteinbezieht: Die Teilung der Saite in 2, 3, … Teile war den Alten nicht nur möglich, vielmehr begründeten diese Teilungen die Lehre und den Glauben an die vollkommene Kommensurabilität mittels der Geometrie und ihrer Lehre der Strahlensatzproportionen.

▶ *Kurzum: Die arithmetisch begründete, geometrische $1/n$-Teilung mit ihrem kleineren und ihrem größeren Teilungsanteil verbindet unter Äquivalenz die geometrischen mit den musikalischen Proportionen der beiden Klassen, nämlich die Obertonintervalle $(1{:}n)$ sowie die einfach-superpartikularen Intervalle $(n{:}n + 1)$.*

Vieles – vor allem der elementare Aspekt – spricht jedenfalls dafür, diese antiken Vorstellungen auf diese Weise zu deuten.

Bemerkungen

(1) Das Wort „superpartikular" kommt von „überteilig" – damit sind Brüche natürlicher Zahlen gemeint, deren Zähler größer als der Nenner ist; und bei „einfach" ist der Zähler um 1 größer als der Nenner.

(2) Angesichts der in der Tab. 3.2 aufgelisteten Fälle, welche schon in verästelte und exotisch anmutende Bereiche von Mikrotönen zu führen scheinen, müssen wir uns abermals von der eigentlich zu erwartenden Vorstellung befreien, „konsonant" sei ein Synonym für „wohlklingend". Allein schon das syntonische Komma $\Delta_{80} = 80{:}81$ – der Unterschied von reiner Terz zu pythagoräischer Terz – zeigt uns mitunter eine eher gegenteilige Wahrnehmung (was die Organisten unter uns beim Stimmen der Orgeltrompeten sicher leidgeprüft bestätigen – hier sind die Tonhöhendifferenzen oft von dieser zwar winzigen Abweichung – nichtsdestotrotz aber von beeindruckender Wirkung).

(3) Ein esp-Bruch $\frac{n+1}{n}$ kann offenbar nicht weiter gekürzt werden; Zähler und Nenner sind stets teilerfremd, besitzen demzufolge verschiedene Primfaktoren.
Warum? Ein gemeinsamer Faktor würde auch die Differenz $(n + 1) - n = 1$ teilen – was nur mit dem Faktor 1 möglich ist. Umgekehrt ist stets darauf zu achten, dass eine Proportion beziehungsweise der Bruch eines rationalen Frequenzmaßes in gekürzter Form vorliegt, will man entscheiden, ob eine esp-Form vorliegt oder nicht. Bei der Proportion $Q \cong 4{:}6$ ist es zwar noch schnell klar, dass es sich um

das esp-Intervall $Q \cong 2{:}3$ handelt, bei der Proportion $I \cong 182{:}273$ führt jedoch erst eine hartnäckige Faktorisierung auf die gleiche esp-Form $I \cong Q \cong 2{:}3$; somit ist auch das Intervall $I \cong 182{:}273$ einfach-superpartikular, und es steht für die reine, pythagoräische Quinte!

(4) Wie bereits die einfachsten Beispiele zeigen, sind Summen und Vielfache von esp-Intervallen nicht immer selber wieder einfach-superpartikular. So sind ja beispielsweise die Proportionen von zwei Oktaven (1:4) und von zwei Quinten (4:9). Die Adjunktion für den allgemeinen Fall zweier esp-Intervalle

$$(m{:}m+1) \oplus (n{:}n+1) = mn{:}(mn+1+(n+m))$$

bestätigt natürlich diese Beobachtung, denn der rechts stehende Ausdruck kann nur in Ausnahmen mittels Kürzen auf die esp-Form $(k{:}k+1)$ gebracht werden; eine solche Ausnahme wäre par exemplum

$$(2m{:}2m+1) \oplus (2m+1{:}2m+2) = (2m{:}2m+2) \cong (m{:}m+1).$$

Daher ist auch klar, dass die Menge $\mathfrak{M}_{esp}$ <u>keine</u> Intervallalgebra ist, innerhalb derer man nach Herzenslust algebraisch addieren und vervielfachen kann, so wie das für die Module $\mathfrak{M}_{mus}, \mathfrak{M}_{harm}$ oder $\mathfrak{M}_{pyth}$ und all die anderen Primzahl-Obertonmodule $\mathfrak{M}_n$ gilt. Im Folgeabschnitt wird dieses Thema vertieft.

(5) Die mit der Folge aller esp-Intervalle $\Delta_n = n{:}(n+1)$ verbundene Zahlenfolge

$$(a_n)_{n \in \mathbb{N}} = \left(\frac{n+1}{n} \right)_{n \in \mathbb{N}} = \left(1 + \frac{1}{n} \right)_{n \in \mathbb{N}}$$

hat die leicht zu sehende Eigenschaft, dass sie streng monoton fallend zum Grenzwert 1 konvergiert; Start ist der Wert $a_1 = 2$. Musikalisch bedeutet das, dass das größte esp-Intervall dieser Folge die Oktave ist, gefolgt von der Quinte, der Quarte, der reinen großen Terz und so weiter, und die Folge stellt eine Intervallfolge dar, welche zur Prim hin „monoton konvergiert".

Die Tab. 3.4 zeigt die ersten wie auch die bekanntesten einfach-superpartikularen Intervalle; wir deuten ihre „Herkunft" als Konstrukt aus anderen esp-Intervallen an.

Das folgende Theorem beantwortet universell das Thema der Teilung aller einfach-superpartikularen Intervalle – damit ist die <u>hälftige</u> beziehungsweise gleichstufige Teilung gemeint. Womit wir ein Problem, welches über viele Jahrhunderte die Musiktheoretiker beschäftigte, vollständig und eindeutig lösen.

Tab. 3.4 Beispiele einfach-superpartikularer Intervalle

Proportion	Musikalische Bedeutung: Name und Konstruktion
1:2	Oktave
2:3	reine Quinte, pythagoräische Quinte
3:4	reine Quart
4:5	reine große Terz
5:6	reine kleine Terz
6:7	septimale kleine Terz (reine Septime $\ominus$ reine Quinte)
7:8	septimaler Ganzton (Oktave $\ominus$ reine Septime)
8:9	Tonos (2 reine Quinten $\ominus$ Oktave)
9:10	kleiner Ganzton (reine große Terz $\ominus$ Tonos)
15:16	diatonischer Halbton (reine Quarte $\ominus$ reine große Terz)
24:25	kleines Chroma (kleiner Ganzton $\ominus$ diatonischer Halbton)
27:28	Drittelton von Archytas (reine Septime $\ominus$ (Quinte $\oplus$ Tonos))
35:36	septimale Diësis (2 Quinten $\ominus$ (reine Septime $\oplus$ reine große Terz)
48:49	septimaler Sechstelton, Slendro-Diësis (2 reine Septimen $\ominus$ (Oktave $\oplus$ reine Quinte))
63:64	Septimenkomma (reine Septime $\ominus$ 2 reine Quarten)
80:81	syntonisches Komma (2 Tonos $\ominus$ reine große Terz)

Theorem 3.4 (Harmonisch-rationale Teilung einfach-superpartikularer Intervalle)

Sei $Y = I\left(\frac{n+1}{n}\right) \subset \mathfrak{M}_{esp}$ ein beliebiges einfach-superpartikulares Intervall. Dann besitzt die Teilungsgleichung

$$m * X = Y$$

für keinen Teilungsparameter $m \geq 2$ eine harmonisch-rationale Lösung $X \in \mathfrak{M}_{harm}$. Eine gleichstufige Teilung eines einfach-superpartikularen Intervalls innerhalb der Klasse aller harmonisch-rationalen Intervalle ist demnach nicht möglich.

Anders gesagt: Für jedes Intervall $X \in \mathfrak{M}_{harm}$ und jeden Parameter $m \geq 2$ gilt

$$\left(Y = \underbrace{X \oplus X \oplus \ldots \oplus X}_{m-\text{mal}} \right) \Rightarrow Y \notin \mathfrak{M}_{esp}.$$

Fazit: Für kein harmonisch-rationales Intervall $X \in \mathfrak{M}_{harm}$ kann eine echte Iteration, also eine mehrfache Schichtung dieses Intervalls, einfach-superpartikular sein.

Beweis Zunächst beachten wir, dass die beiden Zahlen $n, n + 1$ stets teilerfremd sind, was wir ja in der 3. voranstehenden Bemerkung begründet haben. Schreiben wir also beide Zahlen in ihrer Primfaktordarstellung

$$n + 1 = p_1^{\alpha_1} * \ldots * p_k^{\alpha_k} \text{ und } n = p_1^{\beta_1} * \ldots * p_k^{\beta_k},$$

so sehen wir, dass ein Primfaktor, welcher in der einen der beiden Zahlen vorkommt, in der anderen fehlt, was sich durch die Aussage

$$\alpha_j \neq 0 \Leftrightarrow \beta_j = 0, j = 1, \ldots, k$$

ausdrücken lässt. Schreiben wir daher

$$\frac{n + 1}{n} = p_1^{\gamma_1} * \ldots * p_k^{\gamma_k},$$

mit ganzen Exponenten $\gamma_1, \ldots, \gamma_k \in \mathbb{Z}$, so gehören die Faktoren mit positiven Exponenten zum Zähler und diejenigen mit negativen Exponenten zum Nenner – eine für beide gemeinsame Indizierung kommt nicht vor, will heißen

$$\gamma_j = \alpha_j \Leftrightarrow \gamma_j > 0 \text{ und } \gamma_j = \beta_j \Leftrightarrow \gamma_j < 0.$$

Wäre nun für ein harmonisch-rationales Intervall $X \in \mathfrak{M}_{\text{harm}}$ die Teilungsgleichung

$$m * X = Y$$

erfüllt, so wären nach unserem Theorem 3.3 alle Exponenten γ_j Vielfache von m, und offenkundig müsste dies dann auch für alle Exponenten α_j, β_j gelten. Das bedeutet aber, dass die beiden Gleichungen

$$n + 1 = p^m \text{ und } n = q^m$$

simultan mit natürlichen Zahlen p, q erfüllt sein müssten. Ist das möglich? Nein, bestimmt nicht! So sehen wir zunächst einmal im Teilungsfall $m = 2$ den Widerspruch folgendermaßen: Wir bilden die Differenz

$$1 = (n + 1) - n = p^2 - q^2 = (p - q) * (p + q)$$

und erhalten dank dieser 3. binomischen Formel für das Produkt zweier verschiedener natürlicher Zahlen $(p - q), (p + q)$ den Wert 1, was niemals richtig sein kann. Und wie ist es für alle anderen Parameter m? Nun, anstelle dieser binomischen Formel tritt ihre Verallgemeinerung – kurz: Wir erhalten mit einer leicht nachprüfbaren Formel die Entwicklung

$$\begin{aligned}
1 = (n + 1) - n &= p^m - q^m \\
&= (p - q) * \left(p^{m-1} + q * p^{m-2} + q^2 p^{m-3} + \ldots + q^{m-1} \right).
\end{aligned}$$

Erneut wäre das Produkt ungleicher natürlicher Zahlen 1 – ein Ding der Unmöglichkeit. Damit ist unser Theorem bewiesen. ∎

Zusammenfassend können wir also sagen:

▶ Ein einfach-superpartikulares Intervall kann nicht als ein Vielfaches eines harmonisch-rationalen Intervalls dargestellt werden.

Im nächsten Abschnitt untersuchen wir einen beinahe umgekehrten Prozess:

▶ Kann man – und mit welchen Verfahren – harmonisch-rationale Intervalle durch einfach-superpartikulare Intervalle aufbauen?

Darüber wird dann das Theorem 3.5 berichten.

▶ *Was man darüber hinaus noch mit einfach-superpartikularen Intervallen so alles anstellen kann, zeigt uns Georg Cantor in seiner Funktion als Assistent des Oktavierungsoperators; nachzulesen im Epilog.*

3.5 Antik-konsonante Zerlegung harmonisch-rationaler Intervalle

Ein weiterer herausgehobener Gegenstand der historischen Intervalltheorie ist der Aufgabe gewidmet, gegebene Intervalle wie auch Skalen aus einfach-superpartikularen Bausteinen zu konstruieren – wie auch umgekehrt, Adjunktionen respektive Iterationen aus einfach-superpartikularen Elementen zusammenzufügen. Insbesondere standen hierbei die Tetrachorde im Mittelpunkt des historischen Interesses. Tetrachorde sind dreistufige Skalen vom Umfang einer reinen Quarte 3:4, und ihr Stufenaufbau aus esp-Intervallen begleitet in prägnanter Weise die Gattungslehre dieser für die kirchentonalen Skalen wichtigen Urelemente. Im Abschn. 5.1 beleuchten wir die Tetrachordik aus einem anderen Blickwinkel. Im Folgenden widmen wir uns daher dem Prozess des Zerlegens eines Intervalls in esp-Bausteine und stellen in der nächsten Definition die dazu relevanten Begriffe vor.

Definition 3.5 (Antik-konsonante Teilung)
Ein Intervall $I \in \mathfrak{M}_{\text{harm}}$ heißt **antik-konsonant k-teilbar (oder -zerlegbar),** wenn es eine Zerlegung

$$I = \Delta_{n_1} \oplus \Delta_{n_2} \oplus \ldots \oplus \Delta_{n_k}$$

in esp-Intervalle $I_1 = \Delta_{n_1}, I_2 = \Delta_{n_2}, \ldots, I_k = \Delta_{n_k} \in \mathfrak{M}_{\text{esp}}$ gibt, wobei die Anzahl $k \geq 2$ ein vorgegebener Teilungs- beziehungsweise Zerlegungsparameter ist.

Skalen, Tetrachorde und dergleichen heißen **esp-Skalen**, **esp-Tetrachorde** beziehungsweise **antik-konsonant,** wenn ihre Stufenintervalle esp-Intervalle sind.

Eine k-gliedrige Adjunktionskette direkt aufeinanderfolgender esp-Intervalle

$$I = \Delta_n \oplus \Delta_{n+1} \oplus \ldots \oplus \Delta_{n+(k-1)}$$

mit einem Startintervall Δ_n zum Parameter $n \in \mathbb{N}$ nennen wir eine **k-gliedrige esp-Kette** oder auch eine **Maramurese-Kette;** ihr totales Frequenzmaß ist ein sogenanntes Teleskopprodukt

$$\mu_f(I) = |\Delta_n \oplus \Delta_{n+1} \oplus \ldots \oplus \Delta_{n+(k-1)}| = \tfrac{n+1}{n} * \tfrac{n+2}{n+1} * \ldots * \tfrac{n+k}{n+k-1} = \tfrac{n+k}{n},$$

bei welchem sich alle „inneren" Faktoren wegkürzen. Bei einer Maramurese-Kette sind alle Summanden paarweise verschieden; ihre Frequenzmaßfolge hat einen streng monotonen Verlauf.

Bemerkungen

(1) Die **„antik-konsonante Teilung"** eines Intervalls bedeutet hier also **nicht** die gleichstufige **Teilung** (Halbierung, Zerlegung), wie wir es im Abschn. 3.3 ausdrücklich gemeint haben und wovon das Theorem 3.3 handelt und wie es auch in der Literatur im Grunde genommen und unausgesprochen zumeist gemeint ist. Wenn es dort also beispielsweise heißt

„Der Tonos ist nicht teilbar",

so ist hierbei in aller Regel die „hälftige" Teilung gemeint, nicht die „antik-konsonante" Teilung. Theorem 3.4 sagt dann ferner, dass bei einer antik-konsonanten Teilung eines einfach-superpartikularen Intervalls mindestens zwei esp-Bestandteile verschieden sein müssen. Insbesondere können bei einer esp-Zerlegung eines Tetrachords

$$\text{Quarte}(3{:}4) = \Delta_3 = X \oplus Y \oplus Z$$

höchstens zwei der drei Intervalle $X, Y, Z \in \mathfrak{M}_{\text{esp}}$ gleich groß sein;

(2) Während für eine Maramurese-Kette die Frequenzmaße „Teleskopprodukte" sind, bilden die ihnen entsprechenden Centmaße – wie nicht anders zu erwarten – sogenannte „Teleskopsummen". Nach den Centmaßregeln aus Theorem 1.3 berechnen sich die Maße nämlich wie folgt

$$\text{ct}(\Delta_m) = \text{ct}(I(m+1) \ominus I(m)) = \text{ct}(I(m+1)) - \text{ct}(I(m)),$$

sodass sich für die Intervallfolge $\Delta_n \to \Delta_{n+1} \to \ldots \to \Delta_{n+(k-1)}$ die Centmaßfolge

$$(\text{ct}(I(n+1)) - \text{ct}(I(n)) \to \ldots \to (\text{ct}(I(n+k)) - \text{ct}(I(n+(k-1)))$$

ergibt. In der Praxis wird man daher die Werte $ct(I(m)), m = n, \ldots, n + k$ berechnen und dann die entsprechenden Differenzenfolgen bilden. Das ist zwar Arbeit – aber keine höhere Mathematik. Wir machen ein Beispiel:

Beispiel 3.9 (Maramurese-Skalen)

Die Frequenzmaßfolge einer m-stufigen esp-Oktavskala sei die Folge

$$\frac{m+1}{m} - \frac{m+2}{m+1} - \frac{m+3}{m+2} - \cdots - \frac{2m}{2m-1}.$$

Das ist die **m-stufige Maramurese-Oktavskala,** deren einzelne verschieden großen Stufen einfach-superpartikular sind und zusammen eine Oktave füllen: Das Produkt aller Stufenmaße ist 2. Diese Skala ist eine esp-Kette – also ein m-gliedriger zusammenhängender Ausschnitt der **esp-Folge**

$$a_n = \left(\frac{n+1}{n} \right)_{n \in \mathbb{N}},$$

und von unten nach oben nimmt das Frequenzmaß monoton ab. Im Spezialfall $m = 7$ ergibt sich die eigenartige siebenstufige **heptatonische Maramurese-Oktavskala:** Ihre Frequenzmaßdaten lauten

$$\frac{8}{7} - \frac{9}{8} - \frac{10}{9} - \frac{11}{10} - \frac{12}{11} - \frac{13}{12} - \frac{14}{13},$$

und deren erster und größter Tonschritt ist das Komplementärintervall der reinen harmonischen Septime Sept(4:7) zur Oktave. Mit ≈ 232 ct fällt er sicher aus dem vertrauten Hörrahmen. Ähnlich exotisch sind die Stufen 4, 5, 6 und 7. Gleichwohl sind alle Tonschritte „antik-konsonant".

Wenn wir alle Centmaße berechnen wollen, so bestimmen wir am besten in einem ersten Schritt die Maße aller erforderlichen Obertonintervalle $I(m)$, sodann die benachbarten Differenzen. Dann erhalten wir die Werte, welche in gerundeter Darstellung wie folgt lauten:

$I(m)$	$I(7)$	$I(8)$	$I(9)$	$I(10)$	$I(11)$	$I(12)$	$I(13)$	$I(14)$
$ct(I(m))$	3369	3600	3804	3986	4151	4302	4440	4569
$ct(\Delta_m)$	231,2	203,9	182,4	165,0	150,6	138,6	128,3	–
$ct(\Delta_m) - ct(\Delta_{m+1})$	27,3	21,5	17,4	14,4	12,1	10,2	–	

Dabei kann man die gleichmäßige Abnahme der Differenzenfolge $ct(\Delta_m) - ct(\Delta_{m+1})$ der Centwerte benachbarter Stufen sehr schön beobachten. ◄

Wir widmen uns nun folgender Aufgabe:

▶   **Aufgabe:** Gegeben sei ein Aufwärts-Intervall I, dessen Frequenzmaß rational ist, und es sei ein Zerlegungsparameter $k \geq 2$ gegeben. Dann sollen wir einfach-superpartikulare Intervalle $I_1, I_2, \ldots, I_k$ finden, sodass

$$I_1 \oplus I_2 \oplus \ldots \oplus I_k = I$$

gilt – kurz: Das Intervall I ist in k einfach-superpartikulare Intervalle antik-konsonant zu teilen.

Dabei zeigt es sich, dass die Zerlegung in zunächst zwei einfach-superpartikulare Teilintervalle der allgemeinen Aufgabe sowohl als Modell wie auch in methodischer Hinsicht dient. Wir stellen deshalb im Teil (A) des folgenden Theorems zunächst einmal die wichtigsten Fakten hinsichtlich einer antik-konsonanten 2-Teilbarkeit vor. Dann lassen sich im Folgeteil (B) auch Zerlegungen in beliebig viele esp-Stufen finden.

Theorem 3.5 (Antik-konsonante Teilung)

(A) **Antik-konsonante 2-Teilung:** Jedes esp-Intervall Δ_n ist antik-konsonant 2-teilbar. Dabei beträgt die Anzahl der möglichen Teilungen höchstens n – Vertauschungsvarianten nicht berücksichtigt. Im Detail gelten für eine antik-konsonante 2-Teilung

$$\Delta_n = \Delta_m \oplus \Delta_k$$

folgende Beobachtungen: Es gibt – wegen der Unmöglichkeit der hälftigen Teilung – stets ein größeres (Δ_m) und ein kleineres (Δ_k) esp-Intervall. Dann sind alle möglichen Indizes einer Teilung durch die Schranken

$$(n + 1) \leq m \leq 2n \Leftrightarrow (2n + 1) \leq k \leq n(n + 2)$$

bestimmt, und beide Randfälle werden realisiert. Zur 2-Teilung gibt es folgende Methoden:

(1) **Die Methode der Mittelwerteteilung:** Die Intervalle der arithmetischen und harmonischen Teilungen eines esp-Intervalls sind selber wieder einfach- superpartikular, und mit den Notationen aus Abschn. 1.5 gilt genauer:

$$I = \Delta_n \Rightarrow I_{\text{arith}} = \Delta_{2n} \text{ und } I_{\text{harm}} = \Delta_{2n+1}.$$

Dann ergibt sich die antik-konsonante 2-Teilung, welche unter allen anderen antik-konsonanten 2-Teilungen einer hälftigen Teilung am nächsten kommt:

$$\Delta_n = \Delta_{2n} \oplus \Delta_{2n+1}.$$

(2) **Die Methode direkter Subjunktion:** Die Differenz direkt benachbarter esp-Intervalle ist stets wieder ein esp-Intervall: Für alle $n \in \mathbb{N}$ gilt

$$\Delta_n \ominus \Delta_{n+1} = \left[n^2 + 2n, n^2 + 2n + 1 \right] = \Delta_{n^2 + 2n},$$

und hieraus entsteht die antik-konsonante 2-Teilung, welche gleichzeitig den unsymmetrischsten Fall unter allen anderen 2-Teilungen darstellt:

$$\Delta_n = \Delta_{n+1} \oplus \Delta_{n(n+2)}.$$

(3) **Die Methode des systematischen Tests:** Basierend auf der Angabe, dass für die Indizes aller möglichen größeren esp-Teilintervalle (Δ_m) nur der Parameterbereich $(n + 1) \leq m \leq 2n$ infrage kommt, testet man für jeden dieser Indizes das verbleibende Komplementärintervall $I = \Delta_n \ominus \Delta_m$ mittels des (gegebenenfalls zu kürzenden) Frequenzmaßbruches

$$\frac{n + 1}{n} * \frac{m}{m + 1} = \frac{m(n + 1)}{n(m + 1)}$$

auf esp-Eigenschaft – ob also für I die Form $(k + 1)/k$ vorliegt.

(B) **Antik-konsonante k-Teilung:** Jedes esp-Intervall Δ_n ist zu jedem Zerlegungsparameter $k \geq 2$ antik-konsonant teilbar. Die Anzahl aller Teilungsmöglichkeiten wächst mit dem Parameter k exponentiell. Hinsichtlich mehrfacher Teilungen gibt es über die Methoden der 2-Teilung hinaus noch folgende Möglichkeiten:

(4) **Die Methode der Maramurese-Ketten** (Teleskopmethode): Ist $I = \Delta_n$ und $k \geq 2$ ein beliebiger Teilungsparameter, so führt die Ähnlichkeitserweiterung

$$I = \lfloor n, n + 1 \rfloor = [kn, kn + k]$$

zu dem Teleskopverfahren

$$\Delta_n = \Delta_{kn} \oplus \Delta_{kn+1} \oplus \Delta_{kn+2} \oplus \ldots \oplus \Delta_{kn+k-1},$$

und dies ist eine Adjunktion von k aufeinanderfolgenden esp-Intervallen. Für $k = 2$ ist die Zerlegung die gleiche wie die Mittelwerteteilung.

(5) **Die Methode iterierter 2-Teilungen:** Weil jedes esp-Teilintervall einer 2-Teilung selber wieder sogar in mehrfachen Formen antik-konsonant 2-geteilt werden kann, dient dieser Prozess einer exponentiell anwachsenden Anzahl an möglichen antik-konsonanten k-Teilungen.

(6) **Numerisch-algorithmische Methode:** Es sei $I = \Delta_n$ ein gegebenes esp-Intervall, welches in $k \geq 2$ esp-Intervalle geteilt werden soll. Dann führt die Umwandlung der Intervallgleichung

$$\Delta_{n_1} \oplus \Delta_{n_2} \oplus \ldots \oplus \Delta_{n_k} = \Delta_n$$

in die – dank des Frequenzmaßkriteriums äquivalente – Frequenzmaßform

$$\frac{n_1 + 1}{n_1} * \ldots * \frac{n_k + 1}{n_k} = \frac{n + 1}{n},$$

welche nach Beseitigung der Nenner in die polynomiale Gleichung
$(k - ten)$ Grades

$$n(n_1 + 1) * \ldots * (n_k + 1) = (n + 1)n_1 n_2 \ldots n_k$$

übergeht. Die Forderung der Ganzzahligkeit und Positivität der gesuchten
Variablen $n_1, n_2, \ldots, n_k \in \mathbb{N}$ zusammen mit der Symmetrie der Gleichung
hinsichtlich aller Variablen gestattet eine systematische, iterative Aus-
wahlsuche der Lösungen, indem man die Werte der größtmöglichen
Variablen vorgibt und die anderen mittels der Polynomgleichung daraus
bestimmt. Aus diesem iterativen Verfahren folgt auch, dass die Anzahl
aller Lösungsvektoren $(n_1, n_2, \ldots, n_k) \in \mathbb{N}^k$ endlich ist.

In jedem Fall stellt sich die Methode (6) als außerordentlich aufwendig
dar – ein möglicher Erfolg gelingt jedenfalls nur dank einer ausgeprägten
Beharrlichkeit. Gleichwohl lässt sie sich iterativ aus der Methode (5) entwickeln.

(C) **Folgerung:** Für jedes harmonisch-rationale Aufwärtsintervall $I \in \mathfrak{M}_{\text{harm}}$ gibt
es einen (kleinstmöglichen) Zerlegungsparameter $k_0 \geq 2$ einer Teilung in k_0
einfach-superpartikulare Intervalle, und dann ist das Intervall I auch für jede
größere Zahl $k \geq k_0$ antik-konsonant teilbar.

Beweis Zunächst zur Methode (1): Wählen wir mittels Verdopplung die Magnituden des
Intervalls Δ_n in der Form

$$I = \Delta_{\text{n}} = n{:}(n + 1) \cong 2n{:}(2n + 2),$$

so ist das arithmetische Mittel der Intervallmagnituden $(2n + 1)$, und dann ist
$I_{\text{arith}} = [2n, 2n + 1]$. Offenbar haben wir die Bilanz

$$[2n, 2n + 2] = [2n, 2n + 1] \oplus [2n + 1, 2n + 2] = \Delta_{2n} \oplus \Delta_{2n+1},$$

woraus im Übrigen auch folgt, dass das Komplementärintervall $[2n + 1, 2n + 2]$ das
Intervall I_{harm} des harmonischen Mittels sein muss, denn beide bilanzieren sich ja ebenfalls zum Ausgangsintervall, siehe Theorem 1.4 (A).

Zur Methode (2): Wir berechnen intervallarithmetisch die Differenz $(\Delta_n \ominus \Delta_{n+1})$ und
erhalten die Gleichungen, welche die Behauptung bestätigen:

$$\begin{aligned}
\Delta_n \ominus \Delta_{n+1} &= (I(n + 1) \ominus I(n)) \ominus (I(n + 2) \ominus I(n + 1)) \\
&= 2I(n + 1) \ominus I(n) \ominus I(n + 2) = I(n + 1)^2 \ominus I(n(n + 2)) \\
&= I(n^2 + 2n + 1) \ominus I(n^2 + 2n) = \Delta_{n^2 + 2n}.
\end{aligned}$$

Zur Methode (3): Weil die Methode der direkten Subjunktion (2) das offenbar größtmögliche größere esp-Teilintervall Δ_{n+1} mit dem ergänzenden – und folglich kleinstmöglichen kleineren – esp-Partner $\Delta_{n(n+2)}$ liefert, sind die Schranken für die Parameter m, k aufgrund der streng fallenden Monotonie der Intervallfolge (Δ_j) klar. Das Beispiel der Mittelwerteteilung zeigt dann auch, dass der größtmögliche Parameter (m) des größeren Teilintervalls Δ_m genau $m = 2n$ ist; der kleinere Partner Δ_k hat ja hierbei den benachbarten Wert $k = 2n + 1$. Eine Vergrößerung von m bewirkt aber eine Verkleinerung von k. So kommt es zu den angegebenen Schranken.

Alle Aussagen des Teils (B) bezüglich mehrfacher Zerlegungen können nun überwiegend aus den 2-Teilungstechniken abgelesen werden; die Maramurese-Methode bedarf keines Beweises. Dank dieses Methodenrepertoires sind die Aussagen über die Vielfalt der Teilungen plausibel und leicht zu sehen. Hinsichtlich des numerischen Algorithmus (6) belassen wir es bei der angedeuteten Beschreibung – allerdings zeigen zumindest die angefügten Beispiele, wie die Rechnungen methodisch geordnet ausgeführt werden könnten.

Teil C sieht man so: Man teilt beispielsweise mittels einer Maramurese Kette ein beliebiges Aufwärtsintervall $I = [n, n + k]$ antik-konsonant, sodass eine Zerlegung in $k_0 = k$ Stufen entsteht. Die entstehenden esp-Stufenintervalle kann man dann nach Belieben weiter zerlegen. Natürlich könnte es noch kleinere Zerlegungsparameter k_0 geben, wie das Beispiel

$$7/4 = 7/6 * 6/5 * 5/4 \text{ (Maramurese) aber auch } 7/4 = 7/6 * 6/4 = 7/6 * 3/2$$

zeigt. Damit ist das Theorem gezeigt. ∎

Bemerkungen

(1) Mit Ausnahme der Oktave (Δ_1) gibt es für jedes Intervall Δ_n mindestens zwei unterschiedliche Typen antik-konsonanter Teilungen. Für die Oktave sind die antik-konsonanten 2-Teilungen lediglich die beiden Varianten

$$\text{Oktave} = \text{Quinte} \oplus \text{Quarte} = \text{Quarte} \oplus \text{Quinte},$$
$$[1, 2] = [2, 3] \oplus [3, 4] = [3, 4] \oplus [4, 6].$$

(2) Zur Adjunktion benachbarter esp-Intervalle erkennt man eine Unterschiedlichkeit gerader oder ungerader Indizierungen: Die Formel $\Delta_n = \Delta_{2n} \oplus \Delta_{2n+1}$ haben wir soeben gesehen. Eine Adjunktion eines größeren esp-Intervalls mit ungeradem Index Δ_{2n-1} mit dem kleineren benachbarten esp-Intervall Δ_{2n} ergibt das Intervall

$$\Delta_{2n-1} \oplus \Delta_{2n} = [2n - 1, 2n + 1].$$

Wäre dieses Intervall von der Form $[m, m + 1]$, so entstünde aus der entsprechenden Frequenzmaßgleichung die widersprüchliche Bedingung

$$2m = 2n - 1.$$

(3) Wenngleich die Anzahl aller Zerlegungen mit dem Parameter k stark wächst (und zwar konsequenterweise exponentiell $\sim 4^k$), so bleibt sie für festes k dennoch endlich. Dies wird aus der Analyse des numerischen Verfahrens klar, welches wir – zumindest in Form zweier Beispiele – vorstellen werden.

Wir starten nun eine umfängliche Beispielserie zu diesem Thema; so können wir der Vielzahl unterschiedlicher Zerlegungsmethoden einigermaßen gerecht werden.

Beispiel 3.10 (Antik-konsonante Teilungen des Tonos 8:9)

Wir betrachten wieder den Tonos T $= [8, 9] = \Delta_8$ und setzen uns das Ziel, <u>alle</u> antikkonsonanten 2-Teilungen zu finden. Nun liefert zunächst die Mittelwertemethode wie auch simultan die Maramurese-Methode den Teilungstypus

$$[8, 9] = [16, 17] \oplus [17, 18].$$

Diese Teilung ist zweifellos die älteste bekannte Konstruktion. Vielleicht eher als eine Anekdote denn als eine verbürgte Historie gibt es hierüber folgende Legende:

Dem Ziel der Alten, den Tonos (hälftig!) zu teilen, war auch der spätantike Gelehrte Boethius verfallen. Nun behaupten manche Quellen, Boethius habe die vorstehende Teilung gekannt; dann habe er zwar mittels abenteuerlicher Begründungen, welche sich nur den Regeln der Proportionenlehre unterordneten, gezeigt, dass die beiden Proportionen

$$16:17 \; und \; 17:18$$

unterschiedlich „groß" sein müssten; sie waren nicht ähnlich, so weit, so gut. Jetzt aber habe Boethius daraus geschlossen, der Tonos sei deshalb unteilbar.

Eine weitere antik konsonante Teilung finden wir mit der Subjunktionsmethode, der Methode der superpartikularen Differenz, nämlich

$$[8, 9] = [9, 10] \oplus [80, 81].$$

Diese Zerlegung des pythagoräischen Ganztons ist offenbar die Teilung in den reinen Ganzton (9:10) und das dazu komplementäre syntonische Komma (80:81). Dieses Komma ist somit die Differenz der beiden Ganztöne der zur rein-harmonischen Temperierung gehörenden Stufenstrukturen; spätestens im Ausgang der Renaissance dürfte also diese Zerlegung bekannt gewesen sein.

Jetzt kommt die Frage: Sind das alle antik-konsonanten Teilungen des Tonos? Jedenfalls sind unsere aufgelisteten Konstruktionsmethoden erschöpft. Daher bleibt nur noch das algorithmische Lösungsverfahren übrig. Wir wollen dies kurz und mittels einer aktuelleren mathematischen Form vorstellen.

Zu lösen ist die Zerlegungsgleichung

$$x * y = 9/8$$

durch zu findende esp-Brüche $x = 1 + \frac{1}{m}, y = 1 + \frac{1}{k}$. Weil beide Faktoren größer als 1 sind, sind beide dann auch kleiner als 9/8. Die Symmetrie in den Variablen zeigt auch, dass in dem Produkt genau ein Faktor größer und genau ein Faktor kleiner als die Quadratwurzel aus 9/8 sein muss – der Gleichheitsfall kann aufgrund der nicht möglichen gleichstufigen Teilung nicht eintreten (was der Irrationalität der Wurzel aus 9/8 entspricht). Wir können daher ohne Einschränkung annehmen, dass für die esp-Variable x der erstere Umstand eintritt – und dann zeigt eine einfache Rechnung die Schranken

$$\sqrt{9/8} = \frac{3}{4}\sqrt{2} = 1 + 0{,}0606\ldots < x = 1 + \frac{1}{m} < \frac{9}{8} = 1 + \frac{1}{8} \Leftrightarrow 9 \le m \le 16.$$

Das bedeutet, dass für die (größere) esp-Variable x nur die acht positiven ganzzahligen Parameter $m = 9, \ldots, 16$ möglich sind. Zu jedem solchen x-Wert liefert dann die Zerlegungsgleichung den passenden y-Wert

$$y = \frac{9}{8}/x = \frac{9}{8} * \frac{m}{m+1} = \frac{9m}{8(m+1)} \text{ mit } m = 9, \ldots, 16.$$

Jetzt müssen wir nur noch entscheiden, welcher dieser y-Werte ein esp-Bruch ist, und dann ist die Aufgabe gelöst. Wir fassen diese Bruchauswertungen tabellarisch zusammen und erhalten nach Kürzen das Ergebnis

m	$x = (m+1)/m$	$y = 9/8 * 1/x$	esp-Teilung?
9	10/9	81/80	ja
10	11/10	45/44	ja
11	12/11	33/32	ja
12	13/12	27/26	ja
13	14/13	117/112	nein
14	15/14	21/20	ja
15	16/15	135/128	nein
16	17/16	18/17	ja

Das Ergebnis erstaunt: Neben den beiden konstruierten Teilungen haben wir weitere sechs Teilungstypen gefunden: Zusammen mit ihren Vertauschungen ergibt dies also acht Stufentypen des Tonos mit 16 Varianten. ◀

In unserem Beispiel sehen wir auch, dass die Teilung gemäß der Mittelwertemethode den Typ liefert, welcher einer Halbierung am nächsten kommt, während die Subjunktionsmethode gerade die gegenteilige Situation erbringt. Man kann zeigen, dass dies auch allgemein so sein muss: Beide Methoden liefern die Randfälle aller möglichen Parametervorgaben der größeren der beiden esp-Variablen. Dies ermöglicht dann aber ein neues numerisches, erheblich vereinfachtes Lösungsrezept:

▶ **Rezept:** Sollen zu einem gegebenen esp-Bruch $\frac{n+1}{n}$ alle esp-Lösungen

$$x = 1 + \frac{1}{m}, y = 1 + \frac{1}{k}$$

der Gleichung

$$x * y = \frac{n+1}{n} = 1 + \frac{1}{n}$$

gefunden werden, so wähle man x als die größere der beiden Variablen, und dann kommen nur die Parameter $m = n + 1, n + 2, \ldots, 2n$ infrage.
Bestimme dann aus der Ausgangsgleichung die dazugehörenden y-Werte, welche dann nach eventueller Umformung als teilerfremde Brüche sofort erkennen lassen, ob sie einfach-superpartikular sind oder nicht.

Im folgenden Beispiel der 2-Teilung der beiden reinen Terzen nutzen wir hauptsächlich die Methode des systematischen Tests:

Beispiel 3.11 (Antik-konsonante Teilungen der Terzen)

(1) **Die reine große Terz 4:5:** Welche antik-konsonanten 2-Teilungen besitzt das Intervall Δ_4? Für das größere der beiden Teilungsintervalle haben wir lediglich die Möglichkeiten

$$\Delta_m = \Delta_5, \Delta_6, \Delta_7, \text{oder } \Delta_8.$$

Die Randfälle werden durch die Parameter $m = 5, k = 24$ und $m = 8, k = 9$ gemäß der Mittelwertemethode und der Subjunktionsmethode realisiert. Es bleiben noch die Tests auf esp-Eigenschaft des Komplementärintervalls für

$$m = 6 \Rightarrow y = \frac{5}{4} * \frac{6}{7} = \frac{15}{14} \quad - \text{ ein esp-Bruch,}$$

$$m = 7 \Rightarrow y = \frac{5}{4} * \frac{7}{8} = \frac{35}{32} \quad - \text{ kein esp-Bruch.}$$

Also führen drei von vier Teilungsmöglichkeiten zu antik-konsonanten Zerlegungen, die dann zusammengefasst lauten:

$$[4, 5] = [5, 6] \oplus [24, 25] = \text{reine kleine Terz} \oplus \text{kleines Chroma,}$$
$$[4, 5] = [6, 7] \oplus [14, 15] = \text{septimale Kleinterz} \oplus \text{septimaler Halbton,}$$
$$[4, 5] = [8, 9] \oplus [9, 10] = \text{großer Ganzton} \oplus \text{kleiner Ganzton.}$$

(2) **Die reine kleine Terz 5:6:** Die Parameterschranken für das größere Teilungsintervall zeigen, dass jetzt als mögliche Werte $m = 6, \ldots, 10$ infrage kommen.

Die Randdaten $m = 6, m = 10$ führen wieder zu Teilungen, und für die verbleibenden Zwischenwerte muss wieder getestet werden:

$$m = 7 \Rightarrow y = \frac{6}{5} * \frac{7}{8} = \frac{21}{20} \quad - \text{ ein esp-Bruch,}$$

$$m = 8 \Rightarrow y = \frac{6}{5} * \frac{8}{9} = \frac{16}{15} \quad - \text{ ein esp-Bruch,}$$

$$m = 9 \Rightarrow y = \frac{6}{5} * \frac{9}{10} = \frac{27}{25} \quad - \text{ kein esp-Bruch.}$$

Dann haben wir also vier von fünf realisierbaren esp-Teilungen, nämlich

$$[5, 6] = [6, 7] \oplus [35, 36],$$

$$[5, 6] = [7, 8] \oplus [20, 21],$$

$$[5, 6] = [8, 9] \oplus [15, 16],$$

$$[5, 6] = [10, 11] \oplus [11, 12].$$

Hierbei kommen auch entferntere Primzahlen als strukturbildende Faktoren vor. ◄

Das nächste Beispiel behandelt die antik-konsonanten 2-Teilungen der Quarte 3:4 und der Quinte 2:3, und wir zeigen eine Mischung aller Methoden.

Beispiel 3.12 (Antik-konsonante Teilungen der Quarte und Quinte)

(3) **Die reine Quarte 3:4:** Welche antik-konsonanten 2-Teilungen besitzt die reine Quarte $[3, 4]$? Wir suchen demnach alle esp-Lösungen der Gleichung

$$xy = \frac{4}{3}, \text{ wobei } x = 1 + \frac{1}{m}, y = 1 + \frac{1}{k} \text{ esp-Brüche sind.}$$

Wenn wir das Verfahren des Beispiels 3.10 kopieren, erfüllt die größere esp-Variable x die Ungleichung

$$\sqrt{4/3} = 1{,}1546.. < x = 1 + \frac{1}{m} < \frac{4}{3} \Leftrightarrow 3 < m < 6{,}4647...,$$

sodass diese drei Möglichkeiten $x = \frac{5}{4}, x = \frac{6}{5}, x = \frac{7}{6}$ bleiben. Die zugehörigen y-Werte sind dann $y = \frac{16}{15}, y = \frac{10}{9}, y = \frac{8}{7}$ – das sind ebenfalls esp-Brüche. Somit gibt es genau drei Typen einer antik-konsonanten 2-Teilung der Quarte

$$[3, 4] = [4, 5] \oplus [15, 16] = \text{reine große Terz} \oplus \text{Diatonon,}$$

$$[3, 4] = [5, 6] \oplus [9, 10] = \text{reine kleine Terz} \oplus \text{kleiner Ganzton,}$$

$$[3, 4] = [6, 7] \oplus [7, 8] = \text{kleine septimale Terz} \oplus \text{septimaler Ganzton.}$$

(4) **Die reine Quinte 2:3:** Für den Fall der Quinte ist dies noch einfacher: Die Parameterschranken für das größere Teilungsintervall zeigen, dass nur die beiden Werte $m = 3, m = 4$ infrage kommen und dann auch realisierbare Teilungen erbringen:

$$m = 3, m = 4 \Leftrightarrow x = \frac{4}{3}, x = \frac{5}{4} \quad - \text{ (Quarte und große Terz).}$$

Die entsprechenden y-Werte sind $y = \frac{9}{8}, x = \frac{6}{5}$, sodass sich für die reine Quinte $Q = [2, 3]$ die einzig möglichen antik-konsonanten Zerlegungen ergeben:

$$[2, 3] = [3, 4] \oplus [8, 9] = \text{Quarte} \oplus \text{Tonos,}$$
$$[2, 3] = [4, 5] \oplus [5, 6] = \text{reine große Terz} \oplus \text{reine kleine Terz.}$$

Diese Zerlegungen verlaufen vollständig in der Harmonik der reinen Quint- und Terzstrukturen der Diatonik. ◄

Die Berechnung aller einfach-superpartikularen Tetrachorde

Wir kommen nun – das Thema abschließend – zu der historisch erwachsenen Aufgabe, alle esp-Tetrachorde zu bestimmen. Mit dem prominenten Beispiel

$$[3, 4] = [8, 9] \oplus [9, 10] \oplus [15, 16]$$

aus der „reinen Diatonik" mit dem großen und kleinen Ganzton (8:9), (9:10) sowie dem diatonischen Halbton („Diatonon") (15:16) ist schon einmal das wichtigste Tetrachord („lydisch-diatonisches Tetrachord" nach antiker Klassifizierung) vorgestellt. Gibt es noch andere? Oh ja – als Erstes liefert ja die Maramurese-Methode auf bequemste Art eine Lösung

$$[3, 4] = [9, 12] = [9, 10] \oplus [10, 11] \oplus [11, 12].$$

Eingedenk der überraschend vielen Lösungen im Fall des Tonos vermuten wir auch hier noch viele andere. Wir könnten auch die drei 2-Teilungen der Quarte nach dem vorstehenden Beispielmuster vornehmen und dann eines ihrer Teile erneut teilen – wobei ja stets mindestens zwei verschiedene Teilungen möglich wären – so kommt man schnell auf eine beachtliche Reihe von Lösungen. Gleichwohl riskieren wir die algorithmische Methode – wohl ahnend, dass die Komplexität gegenüber der 2-Teilung erheblich zunimmt, was auch in der Tat so ist. Dabei möchten wir weniger die einzelnen Ergebnisse in den Vordergrund rücken als vielmehr diese Methode – getreu dem Bonmot

Der Weg ist das Ziel.
Konfuzius (551–479 v. Chr.)

Beispiel 3.13 (Die Berechnung aller antik-konsonanten Tetrachorde)

Wir suchen alle esp-Lösungen der Gleichung

$$xyz = 4/3,$$

wobei hier die Gesamtheit aller drei esp-Variablen

$$x = 1 + \frac{1}{n}, y = 1 + \frac{1}{m}, z = 1 + \frac{1}{k}$$

zu bestimmen ist. Alle drei Variable sind kleiner als $4/3$, und mindestens eine hiervon (zum Beispiel x) muss größer als die dritte Wurzel von $4/3$ sein. Das bedeutet, dass wir für die esp-Variable x die Abschätzung

$$\sqrt[3]{4/3} = 1{,}10006 \leq x = 1 + \frac{1}{n} < 1 + \frac{1}{3} \Leftrightarrow 3 < n < 9{,}994\ldots$$

haben: Demnach können wir die sechs x-Werte mittels $n = 4,\ldots,9$ vorgeben. Das sind dann die Werte

$$x_1 = \frac{5}{4}, x_2 = \frac{6}{5}, x_3 = \frac{7}{6}, x_4 = \frac{8}{7}, x_5 = \frac{9}{8}, x_6 = \frac{10}{9}.$$

Jetzt betrachten wir der Reihe nach für jeden dieser Werte die für die y, z-Werte entstehenden 2-Teilungsgleichungen

$yz = \frac{4}{3} / \frac{5}{4} = \frac{16}{15},$	$yz = \frac{4}{3} / \frac{7}{6} = \frac{8}{7},$	$y\,z = \frac{4}{3} / \frac{9}{8} = \frac{32}{27}$
$yz = \frac{4}{3} / \frac{6}{5} = \frac{10}{9},$	$yz = \frac{4}{3} / \frac{8}{7} = \frac{7}{6},$	$yz = \frac{4}{3} / \frac{10}{9} = \frac{6}{5}$

Alle diese Gleichungen sind dann selber wieder nach Algorithmus für zwei esp-Variable zu lösen. Und nach einer geduldigen Fleißarbeit kann dann das Ergebnis erreicht werden. Es gibt genau 25 verschiedene esp-Zerlegungen der Quarte in drei esp-Intervalle, wobei eine Fülle von Varianten durch Vertauschungen nicht eingerechnet ist. Wir geben in der Tab. 3.5 die nach den Größen $x > y > z$ sortierten esp-Teilungen an. ◄

Bemerkung

Tatsächlich entdecken wir in – zugegebenermaßen entlegenen – Fachliteraturen über frühe ethnologische Formen der Musik so manche dieser Tetrachorde. Insbesondere in der Beschreibung musikalischer Geschlechter und Familien antik-griechischer Tetrachorde gibt es auffallend viele Gemeinsamkeiten, wie wir beim Vergleich mit Tab. 3.2 erkennen können.

Tab. 3.5 Alle 25 verschiedenen Grundtypen einfach-superpartikularer Tetrachorde

$X = n{:}(n+1)$	$Y = m{:}(m+1)$	$Z = k{:}(k+1)$
4:5	16:17	255:256
	17:18	135:136
	18:19	95:96
	19:23	75:76
	20:21	63:64
	21:22	55:56
	23:24	45:46
	25:26	39:40
	27:28	35:36
	30:21	31:32
5:6	10:11	99:100
	12:13	39:40
	14:15	27:28
	15:16	24:25
	18:19	19:20
6:7	8:9	63:64
	9:10	35:36
	11:12	21:22
	14:15	15:16
7:8	7:8	48:49
	8:9	27:28
	9:10	20:21
	12:13	13:14
8:9	9:10	15:16
9:10	10:11	11:12

Zugabe: moderne Algebra und antike Musik

Am Ende dieses Abschnitts widmen wir uns noch einer anderen Frage, welche mit der Eigenschaft „einfach-superpartikular" zusammenhängt. Wenn es also so gewesen sein mag, dass die Konsonanz eines Intervalls an seine einfach-überteilige Proportion $I = n{:}n + 1$ geknüpft war, und wenn es ferner so gewesen ist, dass – zumindest bei den Pythagoräern – die musikalischen Intervalle nur aus Oktaven und Quinten ableitbar sein durften, so ergibt sich zwangsläufig die Frage, welches dann die möglichen einfach-superpartikularen Intervalle der pythagoräischen Ära sind. Mit den Intervallen

Oktave 1:2, Quinte 2:3, Quarte 3:4 und Tonos 8:9

sind schon einmal die bekannten unter ihnen aufgezählt. Aber: Gibt es noch weitere, deren Proportionen sich ausschließlich durch die Primzahlen $p_2 = 2, p_3 = 3$ konstruieren lassen? Allgemein gefragt:

▶ **Mathematisch ausgedrückt:** Wie viele solcher einfach-superpartikularen Intervalle gibt es (und welche), wenn vorausgesetzt wird, dass die Intervallmaße – also die Frequenzfaktoren respektive die Proportionen – nur gewisse vorgegebene Primfaktoren enthalten dürfen?
Musikalisch ausgedrückt: Welche antik-konsonanten Intervalle gibt es, wenn sie ausschließlich von zugelassenen Grundtypen (wie Oktave, reiner Quinte und/oder reiner großer Terz) ableitbar sind?

Um die Frage der mathematischen Symbolik zuzuführen, sei also wieder die aufsteigende Primzahlfolge mit $p_1, p_2, p_3, \ldots = 2, 3, 5, \ldots$ notiert, und dann sei zu einem gegebenen Anzahlparameter $k \geq 2$ die Menge aller durch die ersten k Primzahlen $p_1, \ldots, p_k$ und positiven Exponenten gebildeten natürlichen Zahlen mit dem Symbol

$$\mathbb{N}_k := \left\{ p_1^{\alpha_1} * p_2^{\alpha_2} * \ldots * p_k^{\alpha_k} \,|\, \alpha_1, \ldots, \alpha_k \geq 0 \right\}$$

notiert. Dann werden die Intervalle des pythagoräischen Systems $\mathfrak{M}_{\text{pyth}}$ mittels dieser Notation wie folgt beschrieben:

$$\mathfrak{M}_{\text{pyth}} = \{I = a * O \oplus b * Q \,|\, a, b \in \mathbb{Z}\} = \{I = (m{:}n) \,|\, m, n \in \mathbb{N}_2\}.$$

Kommt noch die nächste Primzahl $p_3 = 5$ hinzu, so gewinnen wir in dieser Symbolik die Menge aller Intervalle des „natürlich-harmonischen" Systems $\mathfrak{M}_{\text{rein}}$,

$$\mathfrak{M}_{\text{rein}} = \{I = a * O \oplus b * Q \oplus c * Terz \,|\, a, b, c \in \mathbb{Z}\} = \{I = (m{:}n) \,|\, n, m \in \mathbb{N}_3\}.$$

Dann haben wir die Mengeninklusionen

$$\mathfrak{M}_{\text{pyth}} \subset \mathfrak{M}_{\text{rein}} \subset \mathfrak{M}_{\text{harm}},$$

und die soeben gestellte Frage führt in den Fällen $k = 2$ und $k = 3$ zu der

▶ **Frage:** Welches sind die Intervalle der Schnittmengen

$$\mathfrak{M}_{\text{pyth}} \cap \mathfrak{M}_{\text{esp}} \text{ und } \mathfrak{M}_{\text{rein}} \cap \mathfrak{M}_{\text{esp}}?$$

Antwort: Erstaunlicherweise lautet diese: Es sind stets nur endlich viele Intervalle – und alle waren bereits in der Antike bekannt.

Der Schlüssel zur Lösung dieses Problems ist die Beobachtung, dass – nehmen wir den pythagoräischen Fall – die Schnittmenge $\mathfrak{M}_{\text{pyth}} \cap \mathfrak{M}_{\text{esp}}$ genau aus den Intervallen besteht, deren Proportion $(n{:}n + 1)$ lautet und bei welchen beide Magnituden n und $n + 1$ ausschließlich aus den Primzahlen 2 und 3 aufgebaut sind!

Nun gibt es in den Tiefen der Zahlentheorie der neueren Zeit ein – auf den ersten Blick sehr weit entlegenes – Resultat: Das ist die Kombination zweier Theoreme, des Satzes von Størmer und des Satzes von Lehmer, welche wie folgt lauten:

Satz 3.2 (Der Satz von Størmer-Lehmer)

Satz von Størmer: Es sei ein „Anzahl-Parameter" k fest vorgegeben, und es bezeichne wie zuvor

$$\mathbb{N}_k := \left\{ p_1^{n_1} * p_2^{n_2} * \ldots * p_k^{n_k} \,|\, n_1, \ldots, n_k \geq 0 \right\}$$

die Menge aller durch die ersten k verschiedenen Primzahlen $p_1, \ldots, p_k$ (und deren Potenzen) faktorisierten natürlichen Zahlen. Dann kann es in $\mathbb{N}_k$ nur endlich viele konsekutive Zahlenpaare – das sind solche der Form $(n, n + 1)$ – geben.

Satz von Lehmer: Diese endlich vielen Möglichkeiten lassen sich tatsächlich auch konkret (mittels der sogenannten Pell'schen Gleichung) berechnen.

Folgerung: Die Menge aller einfach-superpartikularen Intervalle, deren Proportionen $(m{:}m + 1)$ ausschließlich durch die Primzahlen $p_1, \ldots, p_k$ gebildet werden, ist endlich, und sie lässt sich auch berechnen. Dabei gibt es im Falle $k = 2$ genau vier und im Falle $k = 3$ genau zehn Möglichkeiten. Sie lauten:

(1) **Pythagoräisches Tonsystem**

$\quad\quad$ Oktave(1:2), Quinte(2:3), Quarte(3:4), Tonos(8:9).

(2) **Natürlich-harmonisches Tonsystem**

$\quad\quad$ alle 4 Intervalle des pythagoräischen Systems (1),

$\quad\quad$ große reine Terz(4:5) und kleine reine Terz(5:6),

$\quad\quad$ kleiner Ganzton(9:10) und reiner diatonischer Halbton(15:16),

$\quad\quad$ kleines Chroma(24:25) und syntonisches Komma(80:81).

Alle diese Intervalle waren in Antike bestens bekannt, und sie bilden den Stamm der natürlichen reinen Harmonik.

Kommentar zum Beweis

Dieser Satz der abstrakten Primzahltheorie stammt von dem Norweger Carl Størmer (1874–1957). Er beweist zunächst nur die – allenfalls für Mathematiker interessante – Feststellung, dass es unter den genannten Bedingungen nur endlich viele konsekutive Zahlenpaare geben kann.

Und was hat man davon? Nun, wie bei so vielen abstrakten Verirrungen kommt es auch hier zu dem glücklichen Umstand, dass das Bonmot

▶ *„Man weiß nie, wozu das gut sein könnte"*

mal wieder zu seinem Recht gekommen ist. Sein Theorem wurde nämlich von Derrick Henry Lehmer im Jahr 1964 so adaptiert, dass man mittels der „Pell'schen" Gleichungen diese Zahlenpaare auch berechnen konnte.

▶ *Nebenbei gesagt: Pell'sche Gleichungen sind solche von der Form*

$$x^2 - my^2 = 1,$$

und mithilfe [25] findet man weitere Vertiefungen und Hinweise.

Hierbei stellte sich tatsächlich heraus, dass die vorstehende Auflistung der beiden klassischen Fälle (Primzahlen 2, 3 sowie 2, 3, 5) tatsächlich vollständig ist.

Da in der antiken Tetrachordik nicht selten auch die Primzahl 7 zu finden ist – was wir ja beispielsweise an unserer Tab. 3.2 ablesen können –, wäre eine Zusammenstellung aller einfach-superpartikularen Intervalle des Systems $\mathfrak{M}_{sept}$ aus den Primzahlfaktoren $2, 3, 5, 7$ gewiss eine lohnenswerte Vertiefung in diesen mathematischen Zweig. *Tüftler sind gefordert.*

3.6 Konsonanz und die Euler'sche Gradusfunktion

Auch bei dem nun folgenden Thema, welches sich ebenfalls der Konsonanz harmonisch-rationaler Intervalle widmet, hilft uns die Primzahlzerlegung ganzer – beziehungsweise gebrochener – Zahlen zu einer abgerundeten Theorie. Wir beschreiben eine Konsonanztheorie, die wir dem großen Mathematiker Leonhard Euler (1707–1783) verdanken.

Die Vorstellung, welche Euler zu seiner Methode, die Konsonanz zu definieren oder zu beschreiben, wohl veranlasst hat, beruht weitgehend darauf, dass der „Verschmelzungsgrad" zweier Töne von dem Grad der Gemeinsamkeit der wichtigsten (theoretisch: aller) Obertöne eines Tons – also der Tonspektren – abhängt. Wir erinnern nochmal an die Definition 3.2 dieser Obertöne sowie an ihre Rolle beim physikalischen Aufbau eines realen Tons, wie wir das im Abschn. 1.1 in der dortigen Erklärbox – Satz 1.2 kurz umrissen haben. Statt einer Definition, was „Konsonanz" genau ist (was – wie betont – problematisch und nicht wirklich sinnvoll möglich erscheint), wird nun gesagt, nach welchen Merkmalen sich der „Grad" einer Konsonanz beschreiben lässt.

Erfahrungsdefinition Konsonanz

Das physikalische Intervall $I(x, y)$ zweier Töne x und y wird umso konsonanter empfunden, je größer der Anteil gemeinsamer Obertöne respektive Partialtöne (des Hörbereichs) ist.

Die Schwierigkeit, Konsonanzen „mathematisch" zu erfassen, besteht einerseits natürlich auch in der Komplexität des physikalischen Tonvorgangs und der Komplexität sowie den kulturell bedingten Traditionen des Hörvermögens andererseits. Nicht nur für Orgelbauer ist dann hiervon ausgehend auch folgende Beobachtung interessant:

Satz 3.3 (Satz vom Konsonanzgrad)

Seien x und y zwei Töne, welche mittels zweier (verschiedener) Primzahlen q und p und mit irgendwelchen ganzzahligen, positiven oder aber auch negativen Potenzen n und m in folgender Verwandtschaft zueinanderstehen:

$$x{:}y \cong q^n{:}p^m \Leftrightarrow x * p^m = y * q^n.$$

Dann stimmen die Frequenzen des q^n-ten Partialtons von y mit dem p^m-ten Partialton von x überein, und Entsprechendes gilt auch für alle Vielfachen dieser Teiltöne.

Warum? Nun, es ist

$$i * y = i * \frac{p^m}{q^n} * x = j * x$$

für Vielfache $i, j \in \mathbb{N}$ genau dann, wenn die Bedingung

$$i * p^m = j * q^n$$

gilt. Dies ist genau dann erfüllt, wenn

$$j = k * p^m \text{ und } i = k * q^n$$

mit einer beliebigen positiven natürlichen Zahl k geschrieben werden kann, weil ja p und q prim zueinander sind, und das war behauptet. ∎

Neben einigen hieraus abgeleiteten Ansätzen zur Beschreibung der Konsonanz begründen sich die Ideen von Leonhard Euler in der folgenden Definition:

Definition 3.6 (Die Euler'sche Konsonanzfunktion „Gradus suavitatis")

Es sei $n \in \mathbb{N}$ eine natürliche Zahl. Dann schreiben wir sie mittels der monoton wachsend aufgelisteten Primzahlfolge $(p_1, p_2, p_3 \ldots = 2, 3, 5, 7, 11, \ldots)$ in ihrer eindeutigen Primfaktordarstellung

$$n = p_1^{\alpha_1} \cdots p_k^{\alpha_k} \text{ mit } \alpha_i \geq 0, i = 1, \ldots, k,$$

wobei sich der Index k von selber ergibt, und spätestens ab $k = n$ wären alle Exponenten $\alpha_k = 0$. Dann definiert man hieraus die ganzzahlige Funktion

$$\Gamma : \mathbb{N} \to \mathbb{N} \text{ mit } \Gamma(\text{n}) \stackrel{\text{def}}{=} 1 + \sum_{i=1}^{k} \alpha_i (p_i - 1).$$

Diese **Euler'sche Konsonanzfunktion** wird nun auf die Menge aller durch ganzzahlige Proportionen beschreibbaren musikalischen Intervalle – also auf alle harmonisch-rationalen Intervalle $\mathfrak{M}_{\text{harm}}$ – wie folgt übertragen:

Ist $I \in \mathfrak{M}_{\text{harm}}$, so gibt es genau eine Proportion $I = (m{:}n)$ mit <u>teilerfremden</u> Magnituden $m, n \in \mathbb{N}$, und dann definieren wir

$$\Gamma : \mathfrak{M}_{harm} \to \mathbb{N} \text{ durch } \Gamma(I) := \Gamma(m{:}n) \stackrel{\text{def}}{=} \Gamma(m * n).$$

Diese Operation $\Gamma(I)$ heißt dann **„Euler'sche Gradusfunktion"** – oder „Gradus suavitatis" beziehungsweise ebenfalls **Konsonanzfunktion.**

Dabei ist der Term $\Gamma(m * n)$ nach der vorstehenden Festlegung der Funktion $\Gamma(n)$ zu bestimmen, da ja das Produkt $m * n \equiv mn$ eine natürliche Zahl mit einer entsprechend zu berechnenden Primfaktorzerlegung ist. Die gekürzte Darstellung der Proportion ist deshalb geboten, da der Ausdruck ansonsten „nicht wohldefiniert" wäre – je nach Wahl der Magnituden gäbe es mehrere Ergebnisse für ein und dasselbe Intervall.

Musikalische Bedeutung der Euler'schen Gradusfunktion: Je kleiner der Wert $\Gamma(m{:}n)$ ist, umso „konsonanter" ist das Intervall.

Der Name „Gradus suavitatis" bedeutet in wörtlicher Übersetzung „das Maß der Süße" – also der Grad der Annehmlichkeit (des Klangs).

Gute Konsonanzen erbringen auf diese Weise die reinen Intervalle Oktave (1:2), Quinte (2:3), Quart (3:4), große Terz 4:5 und die große Sext (3:5), um das einmal vorab zu sagen. Die Tab. 3.6 belegt dies mit konkreten Daten.

Bevor wir uns ein paar weitere Beispiele ansehen, wollen wir einige Rechenregeln für die Gradus-suavitatis-Funktion erstellen, durch welche die konkreten Rechnungen deutlich erleichtert werden; die Beweise sind allesamt elementarer Natur, und einige Details sind zum Festigen des Primzahlkalküls wärmstens empfohlen.

Tab. 3.6 Tabelle der
Euler'schen Konsonanzgrade
bis zum Grad 6

Γ	$(m{:}n)$ (Aufwärtsform)
1	$(1{:}1)$
2	$(1{:}2)$
3	$(1{:}3), (1{:}4)$
4	$(1{:}6), (2{:}3), (1{:}8)$
5	$(1{:}5), (1{:}9), (1{:}12), (3{:}4), (1{:}16)$
6	$(1{:}10), (2{:}5), (1{:}18), (2{:}9), (1{:}24), (3{:}8), (1{:}32)$

Theorem 3.6 (Theorie und Anwendung der Euler'schen Konsonanzfunktion)

(A) **Die Funktionalgleichung:** Die Euler'sche Konsonanzfunktion erfüllt die Regel

$$\Gamma(m * n) = \Gamma(m) + \Gamma(n) - 1$$

für alle natürlichen Zahlen $m, n \in \mathbb{N}$. Diese Formel lässt sich unmittelbar auf mehrfache Produkte ausweiten:

$$\Gamma(n_1 * \ldots * n_k) = \Gamma(n_1) + \ldots + \Gamma(n_k) - (k - 1),$$

für k beliebige natürliche Zahlen $n_1, \ldots, n_k \in \mathbb{N}$.

(B) **Formeln und Rechenregeln:** Sowohl als Folgerung aus der Funktional-gleichung als auch unmittelbar aus ihrer Definition finden wir eine Reihe nütz-licher Regeln:

(1) Generell ist $\Gamma(p) = p$ für jede Primzahl p.

Speziell: $\Gamma(1) = 1, \Gamma(2) = 2, \Gamma(3) = 3, \Gamma(5) = 5, \Gamma(7) = 7$.

(2) Für jede Primzahl und für jede Potenz $\alpha \geq 1$ gilt die Formel

$$\Gamma(p^\alpha) = 1 + \alpha(p - 1).$$

(3) Sind $p_1, \ldots, p_k$ beliebige Primzahlen, so gilt noch allgemeiner

$$\Gamma(p_1 * \ldots * p_k) = \left(\sum_{i=1}^{k} p_i \right) - (k - 1).$$

(4) Ist p eine Primzahl, so gilt für jede Zahl $n \in \mathbb{N}$

$$\Gamma(p * n) = \Gamma(n) + (p - 1),$$

und speziell haben wir die Formeln:

$$\Gamma(2n) = \Gamma(n) + 1 \text{ und } \Gamma(3n) = \Gamma(n) + 2.$$

(C) **Anwendung für musikalische Intervalle:** Die Euler'sche Gradusfunktion

$$\Gamma:\mathfrak{M}_{\text{harm}} \to \mathbb{N}$$

hat auf der Menge aller harmonisch-rationalen Intervalle diese Eigenschaften:

(1) **Berechnungsformel:** Ist $I = (m{:}n) \in \mathfrak{M}_{\text{harm}}$ in teilerfremder Form, so ist

$$\Gamma(I) = \Gamma(m{:}n) = \Gamma(m * n) = \Gamma(m) + \Gamma(n) - 1.$$

(2) **Symmetrie:** Für alle Intervalle ist der Konsonanzgrad invariant gegenüber der Invertierung der Richtung. Es ist also ganz gleich, ob ein Intervall „aufwärts" oder „abwärts" verstanden wird, in Formeln: Für alle $I \in \mathfrak{M}_{\text{harm}}$ gilt

$$\Gamma(I) = \Gamma\left(I^{\text{inv}}\right) = \Gamma(\ominus I).$$

(3) **Iterationsformel:** Für alle Intervalle $I \in \mathfrak{M}_{\text{harm}}$ und alle $k = 1, 2, \dots$ gilt

$$\Gamma(k * I) = \Gamma(\underbrace{X \oplus X \oplus \dots \oplus X}_{k-mal}) = k * \Gamma(I) - (k - 1).$$

Beweis Wir zeigen lediglich die Funktionalgleichung, denn alles andere folgt hieraus sowie aus der Definition der Euler-Funktion Γ. Seien also n und m zwei beliebige Zahlen, so haben beide jeweils eine eindeutige Produktdarstellung aus Primzahlen: Mit der bekannten sukzessiven Auflistung aller Primzahlen schreiben wir

$$m = p_1^{\alpha_1} \cdots p_k^{\alpha_k} \text{ und } n = p_1^{\beta_1} \cdots p_l^{\beta_l}.$$

Wie stets können wir $k = l$ annehmen – etwaige nicht auftretende Primzahlen erhalten den Exponenten $\alpha_i = 0$ oder $\beta_i = 0$, und sie liefern keinen Beitrag im Funktionsausdruck der Euler-Funktion. Dann ergibt sich leicht folgende Rechnung:

$$\Gamma(m * n) = \Gamma\left(\left(p_1^{\alpha_1} \cdots p_k^{\alpha_k}\right) * \left(p_1^{\beta_1} \cdots p_k^{\beta_k}\right)\right) = \Gamma\left(p_1^{\alpha_1+\beta_1} * \cdots * p_k^{\alpha_k+\beta_k}\right)$$

$$= 1 + \sum_{i=1}^{k} (\alpha_i + \beta_i)(p_i - 1) = 1 + \sum_{i=1}^{k} \alpha_i(p_i - 1) + \sum_{i=1}^{k} \beta_i(p_i - 1)$$

$$= \left(1 + \sum_{i=1}^{k} \alpha_i(p_i - 1)\right) + \left(1 + \sum_{i=1}^{k} \beta_i(p_i - 1)\right) - 1 = \Gamma(m) + \Gamma(n) - 1.$$

Hinweise: Für die Rechtfertigung der Regeln in Teil (B) muss man die gekürzte Form der Proportionen heranziehen, und dann folgt alles weitere aus der Funktionalgleichung. Zur Aussage (C-3) nutzt man, dass auch $\left(m^k{:}n^k\right)$ teilerfremd ist, wenn dies bereits für die Proportion $(m{:}n)$ so ist. Dann muss nur noch die Berechnungsformel oder auch die allgemeine Form der Funktionalgleichung genutzt werden – und das Ergebnis stellt sich erfolgreich ein. ▋

Nun folgen einige gerechnete Beispiele.

Beispiel 3.14 (Euler'scher Konsonanzgrad)

(1) $n = 12 \Rightarrow \Gamma(12) = \Gamma\left(2^2 * 3^1\right) = 1 + 2 * (2 - 1) + 1 * (3 - 1) = 5$.

Musikalische Anwendung: Die reine Quart 3:4 hat Gradus 5.

(2) $n = 60 = 2^2 * 3^1 * 5^1 \Rightarrow \Gamma(60) = 1 + 2(2 - 1) + 1(3 - 1) + 1(5 - 1) = 9$.

Musikalische Anwendung: Die kleine reine Dezime 5:12 hat Gradus 9.

(3) $m = 2, n = 3 \Rightarrow \Gamma(2{:}3) = \Gamma(6) = 1 + 1 * (2 - 1) + 1 * (3 - 1) = 4$.

Musikalische Anwendung: Die reine Quinte 2:3 hat den Konsonanzgrad 4.

(4) $m = 4, n = 6 \Rightarrow \Gamma(24) = \Gamma\left(2^3 * 3^1\right) = 1 + 3 * (2 - 1) + 3 - 1 = 6$.

Hieraus erkennt man übrigens unmittelbar, dass eine gekürzte Darstellung der Proportionen unerlässlich ist: $\Gamma(4 * 6) = 6$ ist verschieden von $\Gamma(2 * 3) = 4$; die Proportionen 4:6 beziehungsweise 2:3 sind dagegen ähnlich und repräsentieren beide das gleiche Intervall – nämlich die reine Quinte.

Merke: Die Euler-Funktion $\Gamma(m{:}n)$ ist nur dann wohldefiniert – sagen wir: widerspruchsfrei –, wenn die Proportion in teilerfremder Form gegeben ist!

(5) $\Gamma(8{:}9) = \Gamma(72) = \Gamma\left(2^3 * 3^2\right) = \Gamma\left(2^3\right) + \Gamma\left(3^2\right)$

$\quad = (1 + 3(2 - 1)) + (1 + 2(3 - 2)) - 1 = 4 + 5 - 1 = 8$.

Musikalische Anwendung: Der Tonos $T_+ \equiv (8{:}9)$ hat den Konsonanzgrad 8.

(6) $\Gamma(9{:}10) = \Gamma\left(2 * 3^2 * 5^1\right) = \Gamma(2) + \Gamma\left(3^2\right) + \Gamma\left(5^1\right) - 1 = 2 + 5 + 5 - 1 = 11$.

Musikalische Anwendung: Der kleine Ganzton $T_- \equiv (9{:}10)$ hat den Gradus 11.

(7) $\Gamma(64{:}80) = \Gamma(4{:}5) = \Gamma(20) = \Gamma\left(2^2 * 5^1\right) = 1 + 2(2 - 1) + 1(5 - 1) = 7$.

Musikalische Anwendung: Die reine große Terz (4:5) hat den Konsonanzgrad 7.

(8) $\Gamma(64{:}81) = \Gamma\left(2^6 * 3^4\right) = 1 + 6(2 - 1) + 4(3 - 1) = 15$.

Musikalische Anwendung: Die große pythagoräische Terz (64:81) hat den Konsonanzgrad 15. Und zur Überprüfung der Iterationsformel rechnen wir

$$15 = \Gamma(\text{Ditonos}) = \Gamma(2\text{Tonos}) = 2\Gamma(\text{Tonos}) - 1 = 2 * 8 - 1 = 15. \blacktriangleleft$$

Die letzten zwei Beispiele (7) und (8) zeigen – wenn auch auf dieser entlegenen Ebene, – dass die beiden großen Terzen einen enormen Werteunterschied aufweisen. Tatsächlich war es auch genau die musikalisch ebenfalls als signifikant empfundene Konsonanzendiskrepanz beider Terzen, welche letztendlich vom pythagoräischen System über das reine System zu den historischen Temperierungen führte.

Wie schon erwähnt, folgt die Konsonanztheorie von Euler der Vorstellung, dass je kleiner der Konsonanzgrad ist, je höherwertiger, sprich: besser, ist die Konsonanz einzustufen.

▶ *Es gibt also nicht die rigorose Klassifizierung: Genau dieses ist konsonant – jenes aber nicht, genauso wie es offenbar nach Euler keine sinnvolle Definition dieses Begriffs zu geben scheint.*

Dies knüpft auch an die parallel gelagerte Diskussion der „Reinheit" von Intervallen an.

In der Tab. 3.6 sehen wir die Euler'schen Konsonanzgrade bis zum Grad 6. Demnach gilt die Prim (1:1) als das konsonanteste Intervall (was nicht verwundert), direkt gefolgt von ausschließlich der Oktave (1:2), dann folgen Doppeloktave (1:4) und reine Duodezime (1:3) (= oktavierte Quinte), dann folgen Dreifachoktave (1:8), reine Quinte (2:3) und die oktavierte Duodezime (1:6), anschließend erst die reine Quarte (3:4) sowie unter anderem das Intervall (1:5), eine um zwei Oktaven erhöhte reine große Terz (4:5).

Die Symmetrie der Konsonanzfunktion in den Verhältnisvariablen (m, n) ergibt in der Tab. 3.6 natürlich ebenso viele hierzu inverse Proportionen; dies bedeutet musikalisch – wie bereits erwähnt –, dass ein „Abwärtsintervall" den gleichen Konsonanzgrad wie das gleich große „Aufwärtsintervall" besitzt.

▶ *Da hatte Leonhard Euler schon aufgepasst, denn anderes wäre sicher nicht schlüssig.*

Physikalische Wege

Andere Wege zur Beschreibung der Konsonanz finden wir im großen Netzwerk der akustischen Physik und bei den bedeutenden Vertretern dieser Wissenschaft – von der physikalischen Antike bis zur zeitaktuellen Forschung. Vor allem ist hier der große Akustiker **Hermann von Helmholtz** (1821–1894) zu nennen, dessen bahnbrechende Arbeiten die akustischen Gesetze entscheidend entwickelt haben. Unter den zahlreichen Literaturen möchten wir auf die Lektüren [7, 19, 34, 46 und 60] hinweisen – insbesondere widmet sich Julia Kursell in ihrer Habilitation sehr ausführlich den hörakustischen Aspekten der physikalischen Theorien von Hermann von Helmholtz.

3.7 Zugabe: Die Exponentialfunktion musikalischer Intervalle

Bekanntlich gehört es zu den Wesensmerkmalen der tatsächlich wichtigen Gegenstände einer Wissenschaft, dass man ihnen an jeder Straßenecke begegnet. Unverhofft zeigen sie sich als unverzichtbare Wegweiser, welche alle die Dinge regeln, die es zu regeln gibt.

In der Elementarmathematik der Funktionen hat diese Rolle die Exponentialfunktion inne; sie regiert nicht nur alle Gesetze der übrigen mathematischen Funktionswelt, sondern sie mischt sich so gut wie in alles ein, was mit Physik, Chemie, Technik – aber auch mit Ökonomie und derlei mehr (auch Musik?) zu tun hat. Und wenn wir jetzt der Versuchung nicht widerstehen würden, die Schönheiten ihrer Theorie und deren Anwendungen preisend zu beschreiben, nähme der Text unseres Buches sicher zweifellos einen ungeahnten Verlauf. Bleiben wir also – einstweilen – bei der Musik.

Es ist nicht bekannt, woher es rührt, dass auf einmal irgendwelche Fragen im Raum stehen, an die man nirgendwann gedacht hat. So taucht auch dieses gedankliche Experiment aus dem Nichts auf:

Ein Gedankenexperiment
Stellen wir uns vor, wir hätten die Folge der harmonisch-rationalen Intervalle

$$1 * \text{Oktave}(1{:}2) - 2 * \text{Quinte}(2{:}3) - 3 * \text{Quart}(3{:}4) - 4 * \text{Terz}(4{:}5) -$$

$$- \ldots - 8 * \text{Tonos}(8{:}9) - \ldots - 80 * \text{syntonische Kommata}(80{:}81) - \ldots,$$

und die Gesetzmäßigkeit dieser Konstruktion ist hoffentlich klar. Dann interessieren uns die Fragen:

▶ *Wie ist der Verlauf dieser Intervallfolge? Wächst sie und strebt sie ins Uferlose? Oder gibt es am Ende ein „Limes-Intervall", welches die Folge approximiert?*

Wir erinnern uns, dass wir ja schon im Abschn. 2.6 geklärt hatten, was es bedeutet, wenn Intervalle „konvergieren". Die voranstehende Folge hat offenbar die Struktur, dass ihre Folgenglieder jeweils aus einem einfach-superpartikularen Intervall (Δ_n) bestehen, welches seinem Proportionenindex (n) gemäß entsprechend oft adjungiert (vervielfacht) wird. Wir geben dieser Folge den Namen „Euler'sche Intervallfolge".

> **Definition 3.7 (Die Euler'sche Intervallfolge)**
> Die Folge der Intervalle
> $$(E_n)_{n=1,2,\ldots} \text{ mit } E_n = n * \Delta_n = \underbrace{\Delta_n \oplus \ldots \oplus \Delta_n}_{n-mal} = n * (n{:}n+1)$$
> heißt **Euler'sche Intervallfolge.** Es ist also
> $$E_1 = \text{Oktave}, E_2 = 2 \text{ Quinten}, E_3 = 3 \text{ Quarten}, E_4 = 4 \text{ Terzen usw.}$$

Wenn wir diesen voranstehenden Fragen nachgehen, so müssen wir die Maße dieser Intervalle betrachten, und aus gutem Grund verschmähen wir diesmal nicht das Frequenzmaß zugunsten des ansonsten wesentlich rechenfreundlicheren Centmaßes, und dann sehen wir schnell folgende Formel ein:

$$\mu_f(E_n) = |E_n| = \left(\frac{n+1}{n}\right)^n = \left(1 + \frac{1}{n}\right)^n.$$

Im Nu sind wir also bei der Exponentialfunktion beziehungsweise bei ihrer diskreten Exponentialfolge

$$e_n = \left(1 + \frac{1}{n}\right)^n, n = 1, 2, \ldots$$

angekommen – so schnell kann es gehen. Die Exponentialfunktion selber ist dabei – und das ist auch ein wenig Zauberei – die analytische Funktion, die (unter anderem!) durch die Formel

$$\exp(t) = e^t = \lim_{n \to \infty} \left(1 + \frac{t}{n}\right)^n$$

zu Ruhm und Ehre gelangt ist. Insbesondere erhalten wir für $t = 1$ die berühmte Formel der sogenannten „Euler'schen Zahl"

$$e = \exp(1) = \lim_{n \to \infty} \left(1 + \frac{1}{n}\right)^n = 2,7182\ldots,$$

deren numerischer Wert eine transzendente Zahl ist; das ist eine irrationale Zahl, welche noch nicht einmal als Nullstelle eines Polynoms mit ganzzahligen Koeffizienten berechenbar ist. Nun gehört es auch zu dem klassischen Kanon der Übungsaufgaben unserer mathematischen Erstsemester-Studierenden, sie mit der harten Nuss zu quälen, von dieser Exponentialfolge die signifikanten Eigenschaften

1) e_n *ist streng monoton wachsend – das heißt* $e_1 < e_n < e_{n+1} < \ldots,$
2) e_n *ist beschränkt – es gibt ein* $K > 0$ *mit* $1 < e_n < K$ *für alle* $n,$

zu beweisen, woraus tatsächlich die monotone Konvergenz

3) $e_n \nearrow e$

folgt. Wer sich für das Umfeld dieser Exponentialmathematik interessiert, wird in den Formelsammlungen [12] und in den allermeisten Grundlagenliteraturen zur Analysis [14 und 16] fündig. Weil nun diese Exponentialfolge eben genau die Frequenzmaßfolge unserer Euler-Intervallfolge ist, haben wir das schöne – aber auch vorher nicht erahnbare – Ergebnis gefunden:

Satz 3.4 (Das Euler-Intervall und die Euler'sche Intervallfolge)
Die Euler'sche Intervallfolge $(E_n)_{n=1,2,\ldots} \subset \mathfrak{M}_{\text{harm}}$ ist eine streng monoton wachsende Folge harmonisch-rationaler Intervalle, und es gibt ein Grenzintervall $E \in \mathfrak{M}_{\text{mus}}$, sodass

$$E_n \xrightarrow[n\to\infty]{} E$$

gilt. Dabei ist dieses musikalische Intervall E genau das Intervall, dessen Frequenzmaß die Euler'sche Zahl e ist

$$\mu_f(E) = \lim_{n\to\infty} \left(1 + \frac{1}{n}\right)^n = e.$$

Dieses Intervall nennen wir „**Euler-Intervall**". Allerdings ist dieses Grenzintervall selber nicht mehr harmonisch-rational, denn die Euler'sche Zahl ist nicht rational. Der musikalische Ort dieses Intervalls wird am besten durch sein Centmaß beschrieben, und dieses beträgt

$$ct(E) = 1200 \log_2(e) \approx 1731{,}23 \text{ ct.}$$

Somit ist diese eigenartige Folge von einfach-superpartikularen Intervallen geordnet, sie wächst streng monoton – beginnend bei der Oktave E_1, und das Grenzintervall, dem sich die Folge sukzessive annähert, ist das beschriebene Intervall E. Dank der Umrechnungsformel „Centmaß gegen Frequenzmaß" aus Theorem 1.3 und dem Einsatz des natürlichen Logarithmus erhalten wir das angegebene Centmaß,

$$ct(E) = 1200 * \log_2(e) = 1200 * \frac{\ln(e)}{\ln(2)} = \frac{1200}{\ln(2)} \approx 1731{,}23 \text{ ct}$$

$$\approx 1200 + 531 \text{ ct.}$$

Dieses Intervall E ist also die Oktavierung einer um einen knappen Drittel-Halbton vergrößerten Quarte, wenn wir die übliche gleichstufige Skala (ETS_{12}) heranziehen.

Und noch eine weitere Beobachtung möge beschrieben werden. Die „lapidar" und trocken-mathematisch erscheinende Eigenschaft, dass die Euler-Folge streng monoton aufsteigend sei, hat auch ihre vorteilhaften illustren Anwendungen:

▶   *Wer kann denn auf Anhieb sagen, dass*
    24 kleine Chroma (24:25) größer sind als 8 pythagoräische Ganztonschritte (8:9)?
    Wir wissen dies nun sofort, unvermittelt, und dies auch noch ohne jegliche
    Rechnung. Ähnliche Zaubereien können wir unter dem Beifall aller vorführen,
    indem wir ebenso schnell konstatieren, dass
    9 diatonische Ganztonschritte (9:10) kleiner als 15 diatonische Halbtonschritte
    (15:16) sind – und dass diese 15 Halbtonschritte wiederum kleiner als 80 syn-
    tonische Kommata (80:81) sind.

Dutzende andere Beispiele könnten folgen – ungläubiges Staunen allerseits. Nötig hierzu war aber lediglich der raffinierte Einsatz der Exponentialfolge, einer Zahlenfolge, die in so vielen wichtigen Anwendungen zuhause ist.

Schlussbemerkung: Aber das ist erst der Anfang!

Diese Reise kann aber tatsächlich noch weitergehen, viel weiter! Wir können nämlich nicht nur die Exponential<u>folge</u> mit den musikalischen Intervallen verheiraten – mit etwas Phantasie gelingt uns dies zweifellos auch mit der übergeordneten analytischen Exponential<u>funktion</u>, der Eulerschen Funktion. Hierzu definieren wir kurzerhand die Intervallfamilie $E(t) \subset \mathfrak{M}_{mus}$ durch ihr Frequenzmaß

$$\mu_f(E(t)) = e^t,$$

wodurch ja nach unserem zentralen Theorem 1.1 das Intervall $E(t)$ als musikalisches Intervall eindeutig festgelegt ist, und wir haben die **Euler'sche Exponentialfunktion musikalischer Intervalle** gewonnen. Interessant ist dann, dass diese Intervallfamilie eine „differenzierbare Intervallschar" ist, die überdies das einprägsame Strukturgesetz

$$E(t) \oplus E(s) = E(t + s)$$

der Additivität besitzt. Dieses Funktionsmodell passen wir auch noch durch einen einfachen Kniff an das Oktavgebäude der Intervalle an, indem wir statt der „natürlichen" Exponentialfunktion diejenige mit der Basis 2 wählen. So entsteht eine differenzierbare Intervallfamilie $X(t)$ mit der definierenden Festlegung

$$\mu_f(X(t)) = 2^t = e^{t*\ln 2}.$$

Nun zeigt es sich, dass beide Intervallfamilien tatsächlich lineare Strukturen besitzen, was wir zusammen mit einigen Eigenschaften in einem abschließenden Theorem festhalten wollen. Zuvor wollen wir aber noch unbedingt an die Definition 2.2 erinnern, wo wir erklärt haben, was ein beliebiges reelles Vielfaches $(t * Y)$ eines musikalischen Intervalls Y ist. Eingedenk dieser Klarstellung können wir nun sagen:

Theorem 3.7 (Die Euler'sche Intervall-Exponentialfunktion)

Für die beiden Exponentialfamilien

$$E(t), X(t): \mathbb{R} \to \mathfrak{M}_{mus}$$

gelten die einfachen Darstellungen einer linear-homogenen Struktur,

$$E(t) = t * E \text{ und } X(t) = t * \text{Oktave} - \text{für alle } t \in \mathbb{R},$$

und hierbei ist E das Euler-Intervall aus Satz 3.4. Daher sind beide Intervallfamilien im Sinne der Adjunktion und der Konvergenzeigenschaft musikalischer Intervalle auf $\mathfrak{M}_{mus}$ gemäß Definition 2.6 stetige, lineare – somit analytische – Funktionen des Parameters $t \in \mathbb{R}$. Insbesondere ergeben sich die Eigenschaften:

(A) **Exponentialform musikalischer Intervalle:** Jedes musikalische Intervall $I \in \mathfrak{M}_{mus}$ lässt sich eindeutig als Mitglied dieser Intervallfamilien $X(t)$ und $E(t)$ darstellen

$$I = X\big(\log_2(|I|)\big) = E(\ln(|I|)),$$

und es gilt die Äquivalenz der Formeln

$$X(t) = I \Leftrightarrow |I| = 2^t \text{ sowie } E(s) = I \Leftrightarrow |I| = e^s.$$

Speziell erhalten wir die normierten Werte

$$X(0) = \text{Prim}, X(1) = O(\text{Oktave}), X(n) = n * O \text{ für alle } n \in \mathbb{Z}.$$

(B) **Funktionalgleichung:** Für alle $t, s \in \mathbb{R}$ gilt das Gesetz der Additivität

$$X(t + s) = X(t) \oplus X(s) \text{ und } E(t + s) = E(t) \oplus E(s).$$

(C) **Evolutionsgesetz, Differentialgleichung:** Die beiden Intervallfamilien sind überall nach dem Parameter $t \in \mathbb{R}$ differenzierbar, und es gelten die Ableitungsregeln

$$\frac{d}{dt}X(t) = \text{const.} = \text{Oktave } O \text{ und } \frac{d}{dt}E(t) = \text{const.} = E.$$

(D) **Approximationseigenschaft:** Für alle $t \in \mathbb{R}$ gilt die Konvergenzformel

$$\lim_{n \to \infty} n * (n:(n + t)) = E(t) = t * E.$$

Folgerung: Es sei $m \in \mathbb{Z}$. Dann konvergiert die Intervallfolge

$$n * (n:(n + m)) = n * I\left(1 + \frac{m}{n}\right) = I\left(\left(1 + \frac{m}{n}\right)^n\right) \xrightarrow[n \to \infty]{} m * E.$$

Beweis Zunächst zeigen wir das Linearitätsgesetz, und dazu müssen wir lediglich erkennen, dass die Maße übereinstimmen. Für das an die Oktave angepasste System $X(t)$ ergibt sich nach den Gesetzen des Frequenzmaßes und der definitorischen Festlegung reeller Vielfache gemäß der bereits genannten Definition 2.2 die Gleichung

$$\mu_f(t * O) = \big(\mu_f(O)\big)^t = 2^t = \mu_f(X(t)) \Leftrightarrow t * O = X(t).$$

Analog zeigt man die Regel für die Familie $E(t)$. Nun folgen alle angegebenen Eigenschaften der Aussagen (A), (B) und (C) auf bequeme Art und Weise.

Zur Ableitung wollen wir einen kurzen Kommentar anfügen. Einerseits folgt aus abstrakten Gründen, dass die Ableitung einer homogen-linearen, stetigen Funktion

$$f: \mathbb{R} \to M, f(t) = t * Y$$

in eine topologische Menge M (wo man algebraisch rechnen kann und wo Konvergenz und Grenzwerte erklärt sind) ganz einfach der für alle Variable konstante Wert $f(1) = Y$ ist, so wie das bei unseren einfachen Nullpunktsgeraden der Schulzeit der Fall ist – wir erinnern uns ja gewiss an die Gleichungen $f(x) = a * x$. In unserem Fall ist dann mit $f(1) = $ Oktave die Behauptung für die Familie $X(t)$ gezeigt. Andererseits können wir die Formel dank der Funktionalgleichung auch schnell auf direktem Wege zeigen: Dann gilt zunächst für die Differenz die Bilanz

$$X(t + h) \ominus X(t) = X(h) = h * X(1) = h * O,$$

sodass für den Differenzenquotienten und dessen Grenzwert sofort die Formel

$$\lim_{h \to 0} \left(\frac{1}{h} * (X(t + h) \ominus X(t)) \right) = O$$

folgt. Schließlich ergibt sich die Konvergenzeigenschaft (D) aus der entsprechenden Eigenschaft der allgemeinen Exponentialfolge der Analysis:

$$\mu_f(n * I(1 + t/n)) = (1 + t/n)^n \xrightarrow[n \to \infty]{} e^t = \mu_f(E(t)),$$

denn diese Konvergenz ist in der Tat eine subtile Eigenschaft der reellen Exponentialfunktion. Nun folgt aus der Konvergenz der Frequenzmaße auch die Konvergenz der Centmaße und definitionsgemäß auch diejenige der Intervallfolge selber. Somit ist das Theorem bewiesen. ∎

Fazit Mithilfe dieser Funktionen $X(t)$ und $E(t)$ könnte man die (meisten) Iterationsprozesse musikalischer Intervalle auch analytisch beschreiben und analysieren, und dadurch hätte die Analysis in unsere Theorie Einzug gehalten. Auf diese Weise hätten wir dann auch diese modernen mathematischen Strukturen mit (musikalischen) Anwendungen verbunden, was die meisten von uns wohl so nicht vermutet hätten – eine Aufforderung an alle forschenden Geister!

Iterationen und ihre musik-mathematischen Gesetze

4

Die Mathematiker sind eine Art Franzosen: Redet man zu ihnen, so übersetzen sie es in ihre Sprache, und dann ist es alsobald etwas ganz anderes.

Johann Wolfgang von Goethe (1749–1832)

Introduktion

Die weitaus häufigste aller Methoden, Skalen zu konstruieren, besteht in der wiederholten Schichtung (Adjunktion und Subjunktion) eines oder mehrerer spezieller vorgegebener Intervalle unter Beteiligung der Oktave. Eine Iteration ist die beständige Wiederholung eines bestimmten Prozesses; dieser kann dabei sowohl in die Zukunft (vorwärts) als auch in die Vergangenheit (rückwärts) gerichtet sein; es kann sich um einen endlichen oder einen – zumindest gedanklich – unendlichen Prozess handeln. Wir entwickeln in diesem Abschnitt sowohl eine Algebra als auch eine Analysis dieser Iterationsprozesse.

Im Zentrum stehen daher die „Intervallalgebren"

$$\mathfrak{M}_{X_1,\dots,X_m} = \{n_1 X_1 \oplus \dots \oplus n_m X_m | n_1, \dots, n_m \in \mathbb{Z}\},$$

die aus dem unbeschränkten Iterieren – also Anfügen von positiven oder negativen Vielfachen gegebener musikalischer Intervalle $X_1, \dots, X_m$ – bestehen. Im ersten Abschnitt führen wir dies für nur zwei Intervalle durch; man denke an die Iterationen mit Quinten und Oktaven. Dann führt der Weg über den Begriff der **Abhängigkeit respektive Unabhängigkeit** des erzeugenden Intervallsystems $X_1, \dots, X_m$ – ohne den keine sinnhaften Aussagen möglich wären – zu den Iterationen mit beliebig vielen erzeugenden Intervallen. Das legendäre Euler-Gitter aller Terz-Quint-Oktav-Iterationen ist hier der Hauptnutznießer dieser Betrachtung; es wird Thema des Kap. 10 sein.

© Der/die Autor(en), exklusiv lizenziert an Springer-Verlag GmbH, DE, ein Teil von Springer Nature 2022
K. Schüffler, *Die Tonleiter und ihre Mathematik*,
https://doi.org/10.1007/978-3-662-64951-0_4

Wenn wir dann eine Theorie des Reoktavierungsoperators anbieten, so ist das zwar einerseits eine Fortführung des im Abschn. 1.6 bereits als „Hausmeister des Oktavgebäudes aller musikalischen Intervalle" bekannt gewordenen Operators – hier jedoch studieren wir seine Wirkmechanismen – eine **musikalische Funktionalanalysis.** Denn mittels dieser Eigenschaften gelangen wir zu einem Zentralsatz der Iterationstheorie, nämlich der vollständigen Beantwortung der

▶   **Frage:** Welcher Ton- respektive Intervallkomplex entsteht, wenn man unbeschränkt ein Sortiment gegebener Intervalle iteriert?
Anders gefragt: Welche Intervalle können entstehen, wenn zu deren Aufbau ausschließlich nur ganzzahlige Adjunktionen oder Subjunktionen von zwei oder mehreren fest gegebenen Erzeugerintervallen verwendet werden?

Das Resultat bildet den Inhalt des **Theorems von Levy-Poincaré.** Zweifellos stellt die Beweisführung dieses wunderschönen Theorems den gewiss anspruchsvollsten Teil unserer Lektüre dar – die Ermunterung, die Gedankengänge (dennoch) zu verfolgen, sei hiermit erneut ausgesprochen. Allein schon das Gefühl, was die Mathematik jenseits aller Zahlenarithmetik noch zur Geschlossenheit eines Themengebietes beitragen kann, ist es wert, dies einmal erfahren zu wollen.

Schließlich gehen wir im Folgeabschnitt noch einen Schritt weiter, indem wir im **„Zentraltheorem für harmonisch-rationale Intervalle"** aufzeigen, wo und welche Verbindungen der Musiktheorie zu den modernen Disziplinen der Mathematik bestehen. Wir hieven sozusagen die Zahlenarithmetik der Antike in die Sphären der modernen Wissenschaften.

Den Abschluss des Kapitels bildet die ausführliche analytische Herleitung und Diskussion der berühmten **„Quintenspirale".** Deren Erscheinungsbild sieht man zwar in allen möglichen Literaturen – allein, eine konkrete, auf berechenbaren Funktionstermen beruhende Analyse ist nicht so leicht auffindbar, wenn überhaupt. Allerdings kommen wir – wie könnte es anders sein – an den substantiell beteiligten Exponential- und trigonometrischen Funktionen nicht vorbei. Wobei wir uns durchaus nur in dem Maße derjenigen schulischen Kenntnisse bedienen, die diesen wichtigsten Funktionen des Alltags ohnehin gebühren sollte.

4.1   Iterationen zweier Intervalle und ihre harmonische Algebra

Die für eine Skalentheorie dominierende Form der Tongenerierung ist diejenige, mit einer gegebenen „Quinte" einen Iterationsprozess zu starten, welcher durch korrigierende Oktavierungen begleitet wird. Letztere sorgen dafür, dass die erreichten Zieltöne einer gewählten Grundoktave angehören. Es handelt sich also um eine „reoktavierte" Quinteniteration, die ihrerseits eine Adjunktionsfolge ist, welche sich in der Abfolge ausschließlich zweier Iterationsintervalle (Quinte und Oktave) bedient – sehen wir einmal von einem Wolfsquinten-Schließungsmechanismus ab, auf den wir ja noch ausführlich zu sprechen kommen.

Wir betrachten in diesem Abschnitt ganz allgemein die Situation, dass wir mittels zweier gegebener Intervalle $X_1, X_2 \in \mathfrak{M}_{mus}$ die Iterationsalgebra aller durch X_1, X_2 mittels ganzzahliger Iterationskoeffizienten $n_1, n_2 \in \mathbb{Z}$ generierten Intervalle

$$\mathfrak{M}_{X_1,X_2} = \{I = n_1 X_1 \oplus n_2 X_2 | n_1, n_2 \in \mathbb{Z}\}$$

gewinnen, und dann interessiert uns die Frage, wie die Intervalle dieses Komplexes untereinander abhängen. Insbesondere zielt dies auf das Problem:

▶ **Fragen:** *Angenommen, zwei Intervalle $Y_1, Y_2 \in \mathfrak{M}_{X_1,X_2}$ wären ausgewählt: Können dann – und wenn ja: unter welchen Voraussetzungen – auch mit diesen beiden neuen Intervallen alle übrigen Intervalle der Iterationsalgebra $\mathfrak{M}_{X_1,X_2}$ ebenfalls als ganzzahlige Iterationen gewonnen werden – und überhaupt: Wie berechnet man dann die neuen Iterationskoeffizienten?*

Im nachfolgenden Theorem 4.1 werden wir diesen Fragenkreis beantworten; dabei recherchieren wir die Abhängigkeiten recht „haarfein" – was insbesondere die Kommensurabilitätskonditionen betrifft. Dies hat seinen Grund darin, dass es im Bedarfsfall wirklich darauf ankommt, was gegeben ist, was erreicht werden soll und was wie begründet werden kann.

Unsere nachfolgende Beschreibung nutzt nun die systemische Form, die uns die lineare Algebra durch ihr Kalkül mit ordnenden Matrixdarstellungen geschenkt hat. Gerade im Hinblick auf noch allgemeinere, mehrparametrische Situationen, so, wie sie im späteren Abschn. 4.3 mit seinem Theorem 4.3 eintreten werden, ist eine solche Ordnung meist schon der erste Schritt, anstehenden Problemen und Fragen methodisch zu begegnen – vom Nutzen der inhaltlich-orientierten Theorie solcher Systeme einmal abgesehen. Und was nun dieses Matrizenlatein betrifft, so werden wir in der Erklärbox – Satz 4.1 zunächst einmal für diesen augenblicklichen elementaren Fall kleiner quadratischer 2×2-Systeme eine kurze Hilfestellung bereitstellen. Insbesondere benötigen wir den Begriff der unimodularen Matrizen – also den „ganzzahlig invertierbaren Matrizen" –, welcher gerade aufgrund der allenorts geforderten „Ganzzahligkeit" aller Additionsprozesse entstanden ist. Und im Falle dieser 2-parametrischen Situation ist die Erfassung dieser Vokabeln und einfachen Rechenvorgänge besonders leicht; ihr einziger Feind ist die Scheu, diesen Fabelwesen zu begegnen – sonst nichts.

Erklärbox – Satz 4.1 (Schnelles Invertierungsverfahren für 2×2-Matrizen)
Invertierbarkeit und unimodulare Matrizen
Eine quadratische 2×2-Matrix A ist ganzzahlig invertierbar (**„unimodular"**), wenn es eine ebenfalls ganzzahlige quadratische 2×2-Matrix B gibt, sodass das Produkt beider Matrizen die Einheitsmatrix (Id) ergibt, in Formeln heißt dies:

$$\begin{pmatrix} a_{11} & a_{12} \\ a_{21} & a_{22} \end{pmatrix} \circ \begin{pmatrix} b_{11} & b_{12} \\ b_{21} & b_{22} \end{pmatrix}$$

$$= \begin{pmatrix} a_{11}b_{11} + a_{12}b_{21} & a_{11}b_{12} + a_{12}b_{22} \\ a_{21}b_{11} + a_{22}b_{21} & a_{21}b_{12} + a_{22}b_{22} \end{pmatrix} = \begin{pmatrix} 1 & 0 \\ 0 & 1 \end{pmatrix}.$$

Man schreibt dann $B = A^{-1}$. Zu erwähnen wäre auch, dass für eine Gleichheit zweier Matrizen die naheliegende Festlegung gilt, dass dann alle ihre sich entsprechenden Koeffizienten gleich sind – das wären für 2×2-Matrizen vier Gleichungen. Die vorstehende Bedingung ist genau dann möglich, wenn ihre Determinante den Wert

$$\Delta \overset{\text{def}}{=} \det A = \det(A) = (a_{11}a_{22} - a_{21}a_{12}) = \pm 1$$

hat, weshalb dann aufgrund der bekannten Identität

$$\det(A) * \det(B) = \det(A \circ B) = \det(Id) = 1$$

folgt, dass auch $\det B = 1/\Delta = \Delta = \pm 1$ ist.

Schnelle Berechnung der inversen Matrix
Im Falle von unimodularen 2×2-Matrizen kann die Inverse $B = A^{-1}$ einer Matrix A durch einfaches Umstellen und „echt ohne Rechnung" aus dem Stand hingeschrieben werden,

$$B = A^{-1} = \frac{1}{\det A} \begin{pmatrix} a_{22} & -a_{12} \\ -a_{21} & a_{11} \end{pmatrix} = \Delta \begin{pmatrix} a_{22} & -a_{12} \\ -a_{21} & a_{11} \end{pmatrix},$$

ein äußerst einfacher Prozess, mit dessen Hilfe kleine 2×2-Systeme schnell gelöst werden können: Man vertauscht ganz einfach die Hauptdiagonalelemente (a_{11}, a_{22}) und multipliziert die Nebendiagonalelemente (a_{12}, a_{21}) mit (-1) – und dividiert alles durch die Determinante Δ.

Unimodularitätskriterium: Hieraus folgt für ganzzahlige Matrizen das Kriterium

$$A \text{ unimodular} \Leftrightarrow \det(A) = \pm 1,$$

welches dank der „Cramer'schen" Regel auch für ganzzahlige $n \times n$-Matrizen gilt.

Vertiefende Vertrautheit mit diesem systemischen Rechnen findet man in dem überaus weiten Feld der Literatur über Matrizenrechnungen, meist lineare Algebra genannt, siehe zum Beispiel [20, 23, 32, 33, 54, 58], wobei die letztere Referenz als geschwinde Nachschlagelektüre sowohl für das Rechnen als auch für alle Begriffe über Matrixsysteme hervorragend geeignet ist.

Mit diesem Hintergrundwissen bestens gerüstet, können wir nun das uns hier interessierende Theorem formulieren und seine rechenpraktischen Details verstehen.

Theorem 4.1 (Die Algebra für zweifache Iterationen musikalischer Intervalle)

Es seien $X_1, X_2 \in \mathfrak{M}_{\text{mus}}$ zwei musikalische Intervalle und

$$\mathfrak{M}_{X_1,X_2} = \{I = n_1 X_1 \oplus n_2 X_2 | n_1, n_2 \in \mathbb{Z}\}$$

ihre Iterationsalgebra. Für zwei Intervalle $Y_1, Y_2 \in \mathfrak{M}_{X_1,X_2}$ liegt also eine Darstellung in einer durch eine Matrix geordneten Form

$$\begin{pmatrix} Y_1 \\ Y_2 \end{pmatrix} = A \circ \begin{pmatrix} X_1 \\ X_2 \end{pmatrix} = \begin{pmatrix} a_{11} & a_{12} \\ a_{21} & a_{22} \end{pmatrix} \circ \begin{pmatrix} X_1 \\ X_2 \end{pmatrix} \xleftrightarrow{\text{konkret}} \begin{pmatrix} Y_1 = a_{11}X_1 \oplus a_{12}X_2 \\ Y_2 = a_{21}X_1 \oplus a_{22}X_2 \end{pmatrix}$$

vor. Dann gibt es hinsichtlich der Zusammenhänge $X_1, X_2 \leftrightarrow Y_1, Y_2$ folgende Aussagen:

(A) Die Basiseigenschaften der Standarditerationen

(1) Jedes Intervall, welches durch die Intervalle Y_1, Y_2 erzeugt wird, ist auch eine ganzzahlige Iteration der Erzeuger X_1, X_2 – das heißt, es gilt stets die Inklusion

$$\mathfrak{M}_{Y_1,Y_2} \subset \mathfrak{M}_{X_1,X_2}.$$

(2) Hinsichtlich der Gleichheit in Aussage (1) lässt sich die Äquivalenz zeigen: $\mathfrak{M}_{Y_1,Y_2} = \mathfrak{M}_{X_1,X_2} \Leftrightarrow$ die beiden erzeugenden Intervalle X_1, X_2 sind selber wieder durch Y_1, Y_2 ganzzahlig darstellbar, es gibt also deren Beschreibung durch eine Matrix B mit ganzzahligen Eintragungen $b_{ij}(1 \leq i, j \leq 2)$ in der geordneten Form

$$\begin{pmatrix} X_1 \\ X_2 \end{pmatrix} = B \circ \begin{pmatrix} Y_1 \\ Y_2 \end{pmatrix} = \begin{pmatrix} b_{11} & b_{12} \\ b_{21} & b_{22} \end{pmatrix} \circ \begin{pmatrix} Y_1 \\ Y_2 \end{pmatrix} \xleftrightarrow{\text{konkret}} \begin{pmatrix} X_1 = b_{11}Y_1 \oplus b_{12}Y_2 \\ X_2 = b_{21}Y_1 \oplus b_{22}Y_2 \end{pmatrix}.$$

(3) Der Zusammenhang zur Transformationsmatrix A besteht darin:

$$A \text{ ist unimodular} \Rightarrow \mathfrak{M}_{Y_1,Y_2} = \mathfrak{M}_{X_1,X_2}.$$

Dagegen ist die Umkehrung („$\Leftarrow$") im Allgemeinen falsch.

(4) Genau dann, wenn die Intervalle X_1, X_2 der alten Erzeugerbasis nicht-kommensurabel sind, ist die ganzzahlige Darstellung eines Intervalls der durch sie erzeugten Iterationsalgebra eindeutig.

(5) Wenn X_1, X_2 nicht-kommensurabel und die Iterationsalgebren gleich sind, so sind zwar auch die neuen erzeugenden Intervalle nicht-kommensurabel – aber nicht zwingend umgekehrt:

$$\left(X_1 \xleftrightarrow{\text{nicht-kom}} X_2 \text{ und } \mathfrak{M}_{Y_1,Y_2} = \mathfrak{M}_{X_1,X_2} \right) \Rightarrow Y_1 \xleftrightarrow{\text{nicht-kom}} Y_2.$$

Für die Umkehrung („$\Leftarrow$") gibt es Gegenbeispiele.

(6) Genau dann, wenn $\det A \neq 0$ oder $\det B \neq 0$ ist, überträgt sich eine vorausgesetzte Nicht-Kommensurabilität der Intervalle X_1, X_2 samt der Eindeutigkeitsaussage auch auf die neuen Intervalle Y_1, Y_2,

$$Y_1 \xleftrightarrow{\text{nicht-kom}} Y_2 \Leftrightarrow \det A = a_{11}a_{22} - a_{12}a_{21} \neq 0;$$

allerdings muss die Matrix A nicht unimodular (das heißt $\det A = \pm 1$) sein.

(B) **Das Modulbasiskriterium**

Seien X_1, X_2 nicht-kommensurabel. Dann sind im Falle, dass die Transformationsmatrizen A oder B unimodular sind, auch die Iterationsalgebren gleich, und umgekehrt:

$$A \text{ ist unimodular} \Leftrightarrow B = A^{-1} \Leftrightarrow \mathfrak{M}_{Y_1, Y_2} = \mathfrak{M}_{X_1, X_2}.$$

Außerdem sind die Intervalle Y_1, Y_2 ebenfalls nicht-kommensurabel. Dann sagt man dazu, dass die beiden Intervalle Y_1, Y_2 ebenso wie X_1, X_2 eine „**Modulbasis**" für die Iterationsalgebra $\mathfrak{M}_{X_1, X_2}$ bilden.

Alle Intervalle aus $\mathfrak{M}_{X_1, X_2}$ werden auch durch die neuen Intervalle Y_1, Y_2 in Form eindeutiger, ganzzahliger Adjunktionen ihrer Iterationen beschrieben.

(C) **Die Umrechnungsformeln**

Für den Fall, dass die Matrix A unimodular ist, berechnen sich die neuen Koeffizienten (k_1, k_2) hinsichtlich der Iterationsdarstellung durch die Intervalle Y_1, Y_2 aus den alten Daten (n_1, n_2) wie folgt:

$$I = n_1 X_1 \oplus n_2 X_2 = k_1 Y_1 \oplus k_2 Y_2$$
$$\Leftrightarrow (k_1, k_2) = (n_1, n_2) \circ A^{-1} \Leftrightarrow (n_1, n_2) = (k_1, k_2) \circ A.$$

Diese Formel (der „Links-Multiplikation") ist bei einer Darstellung als „Rechts-Multiplikation" in der vertrauten Form der Matrix-Vektor-Anwendung lesbar:

$$\begin{pmatrix} k_1 \\ k_2 \end{pmatrix} = \left(A^{tr} \right)^{-1} \begin{pmatrix} n_1 \\ n_2 \end{pmatrix} \Leftrightarrow \begin{pmatrix} n_1 \\ n_2 \end{pmatrix} = A^{tr} \begin{pmatrix} k_1 \\ k_2 \end{pmatrix}.$$

Konkret sind dies die zueinander äquivalenten Gleichungssysteme

$$\begin{pmatrix} k_1 = \Delta(a_{22}n_1 - a_{21}n_2) \\ k_2 = \Delta(-a_{12}n_1 + a_{11}n_2) \end{pmatrix} \Leftrightarrow \begin{pmatrix} n_1 = \Delta(a_{11}k_1 + a_{21}k_2) \\ n_2 = \Delta(a_{12}k_1 + a_{22}k_2) \end{pmatrix},$$

welche unter der gegebenen Voraussetzung $\Delta = \pm 1$ eindeutige ganzzahlige Lösungen darstellen.

Hinweis: Die Matrix A^{tr} ist die transponierte (gespiegelte) Matrix der Matrix A; anders gesagt vertauscht man Zeilen und Spalten. Dann ist $B^{tr} := (A^{tr})^{-1}$ automatisch die transponierte Matrix von A^{-1}, und die Matrizen A^{tr} und B^{tr} sind dann die **Regener-Matrizen** für diese Iterationsalgebra, siehe auch die Erklärbox – Satz 4.2.

Dieses Theorem beschreibt zwar den Spezialfall $m = 2$ des späteren Theorems 4.3, wir haben es aber unter anderem wegen seiner konkreten Berechnungsformeln und vor allem wegen seiner hier möglichen Tiefe im Detail notiert.

Beweis Wir starten mit dem Aussageblock Teil (A):

Zu (1): Jedes Intervall, das eine ganzzahlige Adjunktion von Y_1, Y_2 ist, ist auch eine ganzzahlige Summe von X_1, X_2, weil dies ja für Y_1, Y_2 angenommen ist, nichts anderes bedeutet die mengentheoretische Schreibweise

$$\mathfrak{M}_{Y_1,Y_2} \subset \mathfrak{M}_{X_1,X_2}.$$

Zu (2): Wenn die Iterationsalgebren

$$\mathfrak{M}_{Y_1,Y_2} = \mathfrak{M}_{X_1,X_2}$$

gleich sind, so lassen sich speziell auch die beiden Intervalle X_1, X_2 durch die Intervalle Y_1, Y_2 in Form einer ganzzahligen systemischen Gleichung

$$\begin{pmatrix} X_1 = b_{11}Y_1 \oplus b_{12}Y_2 \\ X_2 = b_{21}Y_1 \oplus b_{22}Y_2 \end{pmatrix}$$

ausdrücken. Gilt umgekehrt eine solche Gleichung, so liefert die Aussage (1) bei umgekehrtem Rollenspiel die Inklusion

$$\mathfrak{M}_{X_1,X_2} \subset \mathfrak{M}_{Y_1,Y_2},$$

und zusammen mit Aussage (1) folgt insgesamt die Gleichheit beider Mengen.

Zu (3): Wenn A unimodular ist, so sind die beiden Erzeuger X_1, X_2 durch Y_1, Y_2 ganzzahlig berechenbar, wir haben die Gleichung

$$\begin{pmatrix} X_1 \\ X_2 \end{pmatrix} = A^{-1} \circ \begin{pmatrix} Y_1 \\ Y_2 \end{pmatrix} = B \circ \begin{pmatrix} Y_1 \\ Y_2 \end{pmatrix} = \begin{pmatrix} b_{11} & b_{12} \\ b_{21} & b_{22} \end{pmatrix} \circ \begin{pmatrix} Y_1 \\ Y_2 \end{pmatrix}.$$

Dann aber gilt mit der Argumentation des Teils (1), dass die Inklusion

$$\mathfrak{M}_{X_1,X_2} \subset \mathfrak{M}_{Y_1,Y_2}$$

gilt, was wiederum zur Gleichheit beider Mengen führt. Warum gilt hierbei nun nicht die strenge Umkehrung, dass also aus der Gleichheit der Iterationsalgebren die Unimodularität der Matrizen A und B folgt? Hierzu dient ein einfaches Gegenbeispiel:

Gegenbeispiel 1: Wir wählen mit der Oktave O die Intervalle

$$(X_1, X_2) = (O, 2O) \text{ und } (Y_1, Y_2) = (X_1, X_2 - X_1) = (O, O) = (X_1, X_1).$$

Offenbar sind zwar die Iterationsalgebren gleich,

$$\mathfrak{M}_{X_1,X_2} = \mathfrak{M}_{Y_1,Y_2} = \mathfrak{M}_{X_1,} = \mathfrak{M}_O = \{k * O | k \in \mathbb{Z}\}.$$

Aber es gibt sogar – letztlich aufgrund der Kommensurabilität beider Intervallpaare – gleich unendlich viele unterschiedliche Systembeschreibungen, zum Beispiel diese

$$\begin{pmatrix} Y_1 \\ Y_2 \end{pmatrix} = \begin{pmatrix} 1 & 0 \\ -1 & 1 \end{pmatrix} \circ \begin{pmatrix} X_1 \\ X_2 \end{pmatrix} = \begin{pmatrix} 1 & 0 \\ 1 & 0 \end{pmatrix} \circ \begin{pmatrix} X_1 \\ X_2 \end{pmatrix} = \begin{pmatrix} 1 & 0 \\ -3 & 2 \end{pmatrix} \circ \begin{pmatrix} X_1 \\ X_2 \end{pmatrix}.$$

Nur die erste Matrix A ist unimodular, die zweite ist noch nicht einmal invertierbar, weil ihre Determinante verschwindet, die dritte ist zwar invertierbar – aber nicht ganzzahlig invertierbar, weil ihre Determinante den Wert 2 hat.

Die Aussage (4) haben wir nur zwecks Vervollständigung der Zusammenstellung aller gegenseitigen Beziehungen hinzugefügt: Gezeigt wurde diese im Übrigen unmittelbar einsehbare Eigenschaft bereits in Theorem 2.1 (6).

Jetzt kommen wir zum Punkt (5): Das geht ganz einfach indirekt: Wären nämlich Y_1, Y_2 kommensurabel, so würde das dank des Theorems 2.1 (9) für je zwei von der Prim verschiedene Intervalle ihrer erzeugten Algebra gelten. Sind nun beide Algebren gleich,

$$\mathfrak{M}_{X_1,X_2} = \mathfrak{M}_{Y_1,Y_2},$$

so wären auch X_1, X_2 kommensurabel – entgegen der Voraussetzung. Dass die Umkehrung trotz bester Voraussetzungen dennoch nicht zutreffen muss, zeigt wiederum ein Gegenbeispiel:

Gegenbeispiel 2: Seien X_1, X_2 zwei beliebige nicht-kommensurable Intervalle, und dann seien Y_1, Y_2 folgendermaßen festgelegt:

$$(Y_1, Y_2) = (X_1, 2X_2) \Leftrightarrow \begin{pmatrix} Y_1 \\ Y_2 \end{pmatrix} = \begin{pmatrix} 1 & 0 \\ 0 & 2 \end{pmatrix} \circ \begin{pmatrix} X_1 \\ X_2 \end{pmatrix}.$$

Diese Matrix ist zwar invertierbar, aber nicht ganzzahlig invertierbar – also nicht unimodular. Trivialerweise sind auch Y_1, Y_2 nicht-kommensurabel – ansonsten müsste dies auch für X_1, X_2 gelten, kurz:

$$m * Y_1 = n * Y_2 \Leftrightarrow m * X_1 = 2n * X_2 \Leftrightarrow n = m = 0,$$

aber die Algebren sind verschieden; die Inklusion $\mathfrak{M}_{Y_1,Y_2} \subset \mathfrak{M}_{X_1,X_2}$ ist strikt. So liegt beispielsweise das Intervall X_2 nicht in $\mathfrak{M}_{Y_1,Y_2}$: es gibt keine ganzzahlige Bilanz

$$X_2 = m * Y_1 \oplus n * Y_2 = m * X_1 \oplus 2n * X_2,$$

ansonsten wären wiederum X_1, X_2 kommensurabel.

Schließlich kommen wir zu Teil (6): Seien also $Y_1, Y_2 \in \mathfrak{M}_{\text{mus}}$ zwei von der Prim verschiedene Intervalle, die dem System

$$Y_1 = a_{11}X_1 \oplus a_{12}X_2$$
$$Y_2 = a_{21}X_1 \oplus a_{22}X_2$$

entspringen. Dann ist zunächst einmal keine der beiden Zeilen der Systemmatrix A die Nullzeile. Nun gilt folgendes Kriterium für die Determinante einer solchen Matrix:

Die Determinante $\det A$ verschwindet genau dann, wenn die erste Zeile ein Vielfaches der zweiten Zeile ist (oder umgekehrt). Dieses Vielfache ist rational und nicht Null. Das sehen wir auch mit etwas Hexerei:

$$\det A = a_{11}a_{22} - a_{12}a_{21} = 0 \Leftrightarrow \frac{a_{11}}{a_{21}} = \frac{a_{12}}{a_{22}} = \frac{n}{m}$$

$$\Leftrightarrow (a_{11}, a_{12}) = \frac{n}{m}(a_{21}, a_{22}) \Leftrightarrow m * (a_{11}, a_{12}) = n * (a_{21}, a_{22})$$

(wobei im Sonderfall $a_{21} = 0$ ein anderer Quotient gebildet wird). Das würde aber die Kommensurabilität $m * Y_1 = n * Y_2$ bedeuten. Die ganze Rechnung verläuft in Äquivalenzen – daher haben wir den ganzen Punkt (6) erledigt, denn der Zusatz zur nicht notwendigen Unimodularität wird ebenfalls durch das Gegenbeispiel 2 geliefert.

Es folgt das Basiskriterium (B): Die Richtung „$\Rightarrow$" haben wir mit Teil A (3) bereits gezeigt; jetzt geht es um die Umkehrung, die ja – wie dort gesehen – im Falle der Kommensurabilität nicht zwingend gelten muss. Nach Teil (2) können wir zunächst einmal die Erzeuger X_1, X_2 durch Y_1, Y_2 ganzzahlig ausdrücken,

$$\begin{pmatrix} X_1 \\ X_2 \end{pmatrix} = B \circ \begin{pmatrix} Y_1 \\ Y_2 \end{pmatrix} = \begin{pmatrix} b_{11} & b_{12} \\ b_{21} & b_{22} \end{pmatrix} \circ \begin{pmatrix} Y_1 \\ Y_2 \end{pmatrix} \Leftrightarrow \begin{pmatrix} X_1 = b_{11}Y_1 \oplus b_{12}Y_2 \\ X_2 = b_{21}Y_1 \oplus b_{22}Y_2 \end{pmatrix}.$$

Jetzt müssten wir nur noch sehen, dass diese Matrix B die Inverse zur Matrix A ist – dann wäre A ganzzahlig invertierbar und somit unimodular. Und das geht ganz konkret so: Es liegen offenbar die beiden Systeme mit ganzzahligen Koeffizienten

$$\begin{pmatrix} Y_1 = a_{11}X_1 \oplus a_{12}X_2 \\ Y_2 = a_{21}X_1 \oplus a_{22}X_2 \end{pmatrix} \text{ und } \begin{pmatrix} X_1 = b_{11}Y_1 \oplus b_{12}Y_2 \\ X_2 = b_{21}Y_1 \oplus b_{22}Y_2 \end{pmatrix}$$

vor. Jetzt machen wir uns einmal die Mühe und setzen in das hintere System die Gleichungen des vorderen Systems ein, dann ergibt sich zunächst das Formelunwesen

$$\begin{pmatrix} X_1 = b_{11}(a_{11}X_1 \oplus a_{12}X_2) \oplus b_{12}(a_{21}X_1 \oplus a_{22}X_2) \\ X_2 = b_{21}(a_{11}X_1 \oplus a_{12}X_2) \oplus b_{22}(a_{21}X_1 \oplus a_{22}X_2) \end{pmatrix}$$

$$\Leftrightarrow \begin{pmatrix} (1 - (b_{11}a_{11} + b_{12}a_{21})) * X_1 = (b_{11}a_{12} + b_{12}a_{22}) * X_2 \\ (b_{21}a_{11} + b_{21}a_{12}) * X_1 = (1 - (b_{22}a_{21} + b_{22}a_{22})) * X_2 \end{pmatrix}.$$

Sind nun X_1, X_2 nicht kommensurabel, so müssen alle Vorfaktoren der Intervalle X_1, X_2 verschwinden, und somit folgen hieraus die vier Gleichungen

$$b_{11}a_{11} + b_{12}a_{21} = 1, \quad b_{11}a_{12} + b_{12}a_{22} = 0,$$

$$b_{21}a_{11} + b_{21}a_{12} = 0, \quad b_{22}a_{21} + b_{22}a_{22} = 1,$$

welche nun aber genau ausdrücken, dass die Matrizen A und B invers zueinander sind, denn ihr Produkt ist die Einheitsmatrix Id – das heißt $B = A^{-1}$.

Die Rechnungen des Teils (C) sind konkrete Übertragungen der systemischen Gleichungen der erzeugenden Intervalle X_1, X_2 und Y_1, Y_2 untereinander, die wir allen Freunden der linearen Algebra nicht vorenthalten wollen:

$$I = n_1 X_1 \oplus n_2 X_2 = (n_1, n_2) \circ \begin{pmatrix} X_1 \\ X_2 \end{pmatrix} = (n_1, n_2) \circ B \circ \begin{pmatrix} Y_1 \\ Y_2 \end{pmatrix}$$

$$= k_1 Y_1 \oplus k_2 Y_2 = (k_1, k_2) \begin{pmatrix} Y_1 \\ Y_2 \end{pmatrix} \Leftrightarrow (n_1, n_2) \circ B = (k_1, k_2).$$

Damit wäre das Theorem zwar gezeigt ■ – wir belassen es aber nicht bei diesem „Expertenblick", sondern wir möchten anhand eines signifikanten Beispiels das voranstehende Bild einer formelbeladenen und abstrakt erscheinenden Mathematik durch ein „Aha – so ist das also" geraderücken.

Beispiel 4.1 (Apotome-Limma-Basis)

Wir nehmen einmal an, dass wir ein Iterationsintervall $Q \in \mathfrak{M}_{\text{mus}}$ haben, welches lediglich die Bedingung erfüllt, dass es nicht-kommensurabel zur Oktave ist. Mit diesem Intervall $(Q = X_2)$ und der Oktave $(O = X_1)$ kreieren wir dann die neuen Intervalle $A(Apotome), L(Limma) \in \mathfrak{M}_{O,Q}$ mittels der „pythagoräischen" Gleichungen

$$A = 7Q \ominus 4O,$$

$$L = 3O \ominus 5Q.$$

Dann ist zu entscheiden, ob wir alle möglichen Intervalle, die wir durch (Q, O)-Iterationen bilden können, auch durch die neuen Intervalle A, L in Form ganzzahliger Adjunktionen darstellen können – und dies auch noch in eindeutiger Weise. Mit anderen Worten: Gefragt ist, ob die Gleichheit

$$\mathfrak{M}_{O,Q} = \mathfrak{M}_{A,L}$$

gilt. Dazu genügt es, die Transformationsmatrix A auf Unimodularität zu testen. Unter sorgfältiger Wahrung der Reihenfolge lautet dieses System dann wie folgt:

$$\begin{pmatrix} A \\ L \end{pmatrix} = A \circ \begin{pmatrix} O \\ Q \end{pmatrix} = \begin{pmatrix} -4 & 7 \\ 3 & -5 \end{pmatrix} \circ \begin{pmatrix} O \\ Q \end{pmatrix}.$$

Das Weitere aber ist dann ein Kinderspiel: Die Determinante dieser Systemmatrix ist $(-4) * (-5) - 3 * 7 = -1$; somit ist diese Matrix unimodular, und unsere Frage hat eine positive Antwort. Im Übrigen finden wir leicht auch die umgekehrten ganzzahligen Darstellungen, denn die Invertierung (B) dieser Matrix ist schnell geschehen – siehe die Erklärbox – Satz 4.1:

$$\begin{pmatrix} O \\ Q \end{pmatrix} = B \circ \begin{pmatrix} A \\ L \end{pmatrix} = \begin{pmatrix} 5 & 7 \\ 3 & 4 \end{pmatrix} \circ \begin{pmatrix} A \\ L \end{pmatrix},$$

was natürlich mit den konkreten Formeln (den **„pythagoräischen Formeln"**)

$$O = 5A \oplus 7L,$$

$$Q = 3A \oplus 4L,$$

der Darstellung von Oktave und (abstrakter) Quinte durch die beiden (abstrakten) Semitonia Apotome und Limma übereinstimmt.

„Die Oktave bilanziert sich als eindeutige Summe von fünf Apotomen und sieben Limmas – die Quinte setzt sich genau aus drei Apotomen und vier Limmas zusammen."

Das ebenfalls abstrakte Intervall der Quarte ist dann sofort berechenbar,

$$q := O \ominus Q = 2A \oplus 3L.$$

Und auch der (abstrakte) Ganzton (T), dessen pythagoräisches Bildungsgesetz die Differenz zweier Quinten und einer Oktave beziehungsweise die Differenz von Quinte und Quarte ist, ist sofort durch die plausible Formel

$$T = 2Q \ominus O = Q \ominus q = A \oplus L$$

gegeben, die uns zeigt, dass sich der „Ganzton" aus diesen beiden „Semitonia" (A, L) zusammensetzt. Nicht vergessen dürfen wir aber, dass dies nur eine abstrakte Bilanz ist: Die Intervalle A, L könnten sehr groß sein, aufwärts oder abwärts verlaufen – der Willkür ist keine Grenze gesetzt. ◄

▶ *Wir sehen aber in diesem Beispiel auch, dass die pythagoräischen Formeln ausschließlich aus der Iterationsstruktur erwachsen – und nicht dem Umstand geschuldet sind, dass es sich um reine oder genauer: um das 2:3-Quint-Intervall handeln würde.*

Ist nämlich eine Quinte, welche nicht-kommensurabel zur Oktave ist, das Werkzeug, mit welchem ein Intervallsystem – sprich eine Skala – mittels Quint-Oktav-Iterationen geschaffen wird, so sind alle Strukturformeln von deren Größe unabhängig; sie folgen vielmehr ausschließlich diesen systemischen Gesetzen.

Und was uns ferner ebenfalls bemerkenswert erscheint, ist die Unsymmetrie der $A - L$-Anteile in der für die gesamte Musiktheorie profunden Oktavbilanz

$$O = 5A \oplus 7L.$$

▶ Diese unterschiedliche Anzahl und entsprechend unsymmetrische Anordnung und Verteilung der „Semitonia" Apotome – Limma in den Oktavraum ist allein dafür verantwortlich, dass es in allen (quintgenerierten) Skalen bunt und spannend zugeht, und auch die „Wolfsquinte" verdankt dieser $A - L$-Architektur ihre Existenz. Aber darüber wird noch zu berichten sein.

In einem weiteren Beispielblock beschreiben wir noch andere denkbare Basisstrukturen eines Quint-Oktav-Iterationssystems.

Beispiel 4.2 (Pythagoräisch-artige Modulbasen für Iterationsfamilien $\mathfrak{M}_{O,Q}$)

Wir nehmen wie im Beispiel 4.1 die Situation einer Erzeugerquinte $Q \in \mathfrak{M}_{\text{mus}}$ an, welche <u>nicht-kommensurabel</u> zur Oktave ist, und dann führen wir einige der gebräuchlichen Modulbasen an. Im Rahmen unserer vorgestellten Theorie sind wieder wie zuvor die Oktave $O = X_1$ und die Quinte $Q = X_2$ notiert.

(1) **Euler-Basis:** Die Oktave O und die Quinte Q sind als nicht-kommensurable und damit als ganzzahlig linear unabhängige Erzeuger von $\mathfrak{M}_{O,Q}$ auch eine Modulbasis. Die Regener-Transformation A ist dann die identische Abbildung, das heißt

$$A = \begin{pmatrix} 1 & 0 \\ 0 & 1 \end{pmatrix} = A^{-1} = B.$$

(2) **Semitonbasis:** Apotome A und Limma L bilden die Semitonbasis, wie in Beispiel 4.1 beschrieben: Die Regener-Transformation ist – wie dort dargelegt – die Matrix

$$A = \begin{pmatrix} -4 & 7 \\ 3 & -5 \end{pmatrix} \text{ mit ihrer Inversen } B = A^{-1} = \begin{pmatrix} 5 & 7 \\ 3 & 4 \end{pmatrix}.$$

(3) **Heptatonische Basis:** Als Folgerung aus dem Beispiel (2) sehen wir schnell ein, dass auch die beiden Stufenintervalle der Heptatonik, Tonos und Limma, eine Intervallbasis bilden. Nach diesem Beispiel haben wir zunächst einmal die Darstellung

$$T = 2Q \ominus O = A \oplus L.$$

Haben wir dann ein Intervall $I \in \mathfrak{M}_{O,Q}$ durch die Semitonia L und A beschrieben,

$$I = nL \oplus mA,$$

so ersetzen wir die Apotome einfach durch $A = T \ominus L$ und erhalten sofort mit

$$I = (n - m)L \oplus mT$$

die gewünschte Darstellung. Um ergänzend auch die Matrizen anzugeben:

$$A = \begin{pmatrix} -1 & 2 \\ 3 & -5 \end{pmatrix} \text{ mit der Inversen } B = A^{-1} = \begin{pmatrix} 5 & 2 \\ 3 & 1 \end{pmatrix}.$$

(4) **Limma-Komma-Basis:** Wir betrachten einmal ganz einfach das Intervall

$$\varepsilon_Q = 12Q \ominus 7O,$$

welches die Differenz von zwölf Quinten zu sieben Oktaven bildet. Dieses Intervall ist das (berühmte) Quintenkomma, und es ist Hauptgegenstand von Kap. 7 – und noch vielen weiteren Kontexten. Hier sehen wir zunächst einmal den Gleichungsverlauf

$$\varepsilon_Q = 12Q \ominus 7O = A \ominus L \Leftrightarrow A = L \oplus \varepsilon_Q,$$

und dann wird unmittelbar klar, dass jedes Intervall, das wir durch Apotome und Limma darstellen können, auch durch Limma und Komma ganzzahlig erzeugt werden kann; mithin bilden diese eine Modulbasis. Die Regener-Matrizen sind

$$A = \begin{pmatrix} 3 & -5 \\ -7 & 12 \end{pmatrix} \text{ und } B = A^{-1} = \begin{pmatrix} 12 & 5 \\ 7 & 3 \end{pmatrix},$$

und aus der B-Matrix könnten wir beispielsweise die speziellen Formeln ablesen

$$O = 12L \oplus 5\varepsilon_Q$$
$$Q = 7L \oplus 3\varepsilon_Q.$$

(5) **Quint-Quart-Basis:** Sehr häufig wird das durch Iterationen mit Quinten generierte-Tonsystem – wie das pythagoräische schlechthin – statt durch Quint-Oktav-Schritte durch Quint-Quart-Schritte aufgebaut. Weil die Oktave aus Quinte (Q) plus Quarte (q) besteht, ist es a priori evident, dass alle Töne so und dann auch eindeutig darstellbar sind, man setzt einfach für jede Oktave der Quint-Oktav-Darstellung die Summe $O = Q \oplus q$. Die Matrix B ergibt sich jetzt sofort zu

$$B = A^{-1} = \begin{pmatrix} 1 & 1 \\ 1 & 0 \end{pmatrix}, \text{ und somit ist } A = \begin{pmatrix} 0 & 1 \\ 1 & -1 \end{pmatrix},$$

wie es sein soll. Wir testen dies am Beispiel des Ditonos:

$$\text{Ditonos} = 2\text{Tonos} = (-2)O \oplus 4Q.$$

Dann sind die Daten mit der Quint-Quart-Basis nach Matrix-Kalkül

$$\begin{pmatrix} 1 & 1 \\ 1 & 0 \end{pmatrix} \begin{pmatrix} -2 \\ 4 \end{pmatrix} = \begin{pmatrix} 2 \\ -2 \end{pmatrix}$$

$$\Leftrightarrow \text{Ditonos} = 2Q \oplus (-2)q = 2(Q \ominus q) = 2\text{Tonos}.$$

(6) **Quint-Tonos-Basis:** Kann man auch mit der Quinte und dem zugehörigen Ganzton $T = 2Q \ominus O$ die gesamte Tonmenge $\mathfrak{M}_{O,Q}$ beschreiben? Dazu muss man lediglich noch die Oktave durch diese beiden Intervalle beschreiben können. Aus der einfachen Umstellung

$$O = 2Q \oplus (-1)T$$

finden wir dies bestätigt. Somit gilt für die Regener-Matrizen

$$B = \begin{pmatrix} 2 & -1 \\ 1 & 0 \end{pmatrix} \Rightarrow A = B^{-1} = \begin{pmatrix} 0 & 1 \\ -1 & 2 \end{pmatrix}.$$

Testbeispiel: Wie sehen die Quint-Tonos-Koordinaten des Limma L aus? Die Euler-Koordinaten von L sind – wie gesehen – $(3, -5)$. Dann ist

$$\begin{pmatrix} 2 & -1 \\ 1 & 0 \end{pmatrix} \begin{pmatrix} 3 \\ -5 \end{pmatrix} = \begin{pmatrix} 1 \\ -3 \end{pmatrix} \Leftrightarrow L = Q \ominus 3T$$

in völliger Übereinstimmung mit der späteren Formel $Q = 3T \oplus L$, die wir in dem Theorem 7.1 nachlesen können. Dieser Kontrolle bedarf es allerdings nicht: Setzen wir für den Tonos wieder die Quint-Oktav-Daten (Euler-Daten) ein, so ergibt sich die Identität

$$Q \ominus 3T = Q \ominus 3(2Q \ominus O) = 3O \ominus 5Q,$$

und dies bestätigt wieder, dass die Matrizen A, B invers zueinander sind.

(7)   **Frage:** Liefern auch die beiden Intervalle Oktave und Tonos eine Basis des Tonsystems $\mathfrak{M}_{O,Q}$? Dazu müsste speziell auch die Quinte durch beide Intervalle ganzzahlig dargestellt werden. Eingedenk der verbindenden Gleichung

$$2Q = O \oplus T$$

ist keine ganzzahlige Darstellung von Q zu erwarten – und aus Gründen der Eindeutigkeit auch nicht möglich. Wir brauchen also **nicht** nach ganzzahligen Lösungen der Gleichung

$$Q = nO \oplus mT$$

zu fahnden. Was sagt uns die Regener-Transformation? Nun, hier ist offenbar die Matrix A der Darstellung der neuen Intervalle (O, T) durch die Euler-Basis diese:

$$A = \begin{pmatrix} 1 & 0 \\ -1 & 2 \end{pmatrix},$$

denn es gilt ja die Darstellung

$$O = 1 * O \oplus 0 * Q, T = (-1) * O \oplus 2 * Q.$$

Zwar ist A invertierbar – aber wegen $\det A = 2$ nicht ganzzahlig invertierbar, denn das Unimodularitätskriterium ist verletzt. Somit gibt es keine ganzzahlige Matrix B, welche die Euler-Basis O, Q durch $X = O$ und $Y = T$ darstellt. ◀

Fazit Was wir als Resumée dieser Beispiele auf jeden Fall beachten wollen, ist die hoffentlich befreiende Feststellung, dass unsere Beschreibung der Iterationsalgebra durch diverse Erzeuger nicht der Einübung eines Matrizenkalküls oder zu dessen Rechtfertigung dient: Vielmehr gewährleistet die soeben gemachte Beobachtung, dass beispielsweise nicht nur die zwölf Töne einer hausbackenen Tonleiter, welche durch Quintschichtungen generiert wird, aus den Semitonia $A - L$ aufgebaut sind – was uns ja beim Blick auf die Tastatur beinahe als selbstverständlich erscheint –, sondern dass überhaupt alle irrwitzig vielen Töne und Intervalle, die auf diese Art und Weise entstehen (und die eben nicht auf der Tastatur auffindbar sind), durch eben diese beiden Semitonia in Form von **„Harmonischen Gleichungen"** beschreibbar sind. Wie wir in Abschn. 4.5 sehen werden, sind bei solchen Iterationsfamilien pro Oktavraum im generischen Fall nicht-kommensurabler Iterationsintervalle sogar unendlich viele – und überall dicht verteilte Töne mit submikroskopisch kleinen Abständen untereinander angeordnet. Dieses letztere Resultat samt seinen interessanten Anwendungen gehört zur Analysis der Theorie der Intervalle, und der Tonverteilungssatz von Levy-Poincaré (Theorem 4.5) wird zeigen, dass auch hier so etwas scheinbar *Entlegenes* wie

▶   *„Konvergenz, Approximation, Grenzwert"*

sinnvoll zu musikalischen Ergebnissen zusammengeführt werden kann.

4.2   Lineare Unabhängigkeit musikalischer Intervalle

Nun werden wir den antiken Begriff der Kommensurabilität in seiner musikalischen Anwendung mit unserer heutigen modernen Mathematik verbinden – einfach deshalb, um Gemeinsamkeiten zu entdecken, Ergebnisse einzuordnen sowie Ausblicke zu finden – aber auch, um theoretisch wie überhaupt grundsätzlich auch allgemeinere Situationen der Intervalliterationen mathematisch beschreiben und beurteilen zu können.

Die Kommensurabilität ist ein Spezialfall einer allgemeineren Situation, der wir uns in diesem Abschnitt zuwenden wollen – aber auch müssen: Denn zumindest dann, wenn wir davon sprechen, dass sich Intervallsysteme wie Skalen, Akkorde oder ganz einfach nur Klassen von Intervallen mit vorgegebenen Eigenschaften aus mehr als zwei „erzeugenden" Intervallen aufbauen, bedarf es derjenigen Mathematik, die sich mit der Theorie und dem Kalkül der „Systeme" auskennt und hierfür zuständig ist, nämlich der Matrixalgebra ganzzahliger Strukturen (Modulalgebra). Diese Rolle der Matrixalgebra haben wir im vorausgehenden Abschnitt ja schon reichlich kennengelernt.

Was wir – um einmal einen möglichen Schrecken vor diesen traumatischen Fabelwesen zu nehmen – von dieser Algebra in allererster Linie benötigen und durch sie profitieren, ist ganz zuvorderst ihre Rolle als „ordnende Hand"; Matrizen sind ja gerade deshalb erfunden worden, um mehrere Beziehungen von mehreren Dingen untereinander dem nach Übersicht suchenden forschenden Geist mundgerecht zu machen. Und das diesen Ordnungen gehorchende Rechnen gibt uns die passenden Werkzeuge zur Hand, manchen ausweglos erscheinenden Labyrinthen zu entgehen.

Dieser Abschnitt stellt diese Dinge einmal fürs Erste vor – wenn auch auf einer allgemeinen Ebene. Würden wir an Ort und Stelle die Bandbreite relevanter Anwendungen als stolzen Nachweis der Nützlichkeit oftmals als „grau" verpönten Theorie ausbreiten, wären manche nachfolgenden Abschnitte ihres Zentrums beraubt. Damit soll gesagt sein:

▶ *Der ganze Reichtum, welcher diese Theorie ermöglicht, soll und wird erst peu à peu zu Tage treten können – auch wird es durchaus so sein können, dass das, was wir jetzt unternehmen, erst in den späteren Abschnitten mit konkreteren Formen in einer Art Retroperspektive seine Daseinsberechtigung finden wird.*

Wenn wir eine intervallarithmetische Gleichung

$$m * X = n * Y$$

vorliegen haben, so führt ja die simple Umformung direkt auf die Darstellung

$$m * X \ominus n * Y = \text{Prim},$$

welche wir auch durch das positive Adjunktionssymbol $\oplus$ schreiben können, indem wir n durch $(-n)$ ersetzen. In der Sprache der Algebra würde man dann sagen, dass im nicht-trivialen Falle – also wenn $m \neq 0 \neq n$ ist – die beiden Intervalle „*ganzzahlig linear abhängig*" sind. Würde die vorstehende Primdarstellung nur durch die triviale Lösung $m = 0 = n$ realisierbar sein, so wären diese beiden Intervalle „ganzzahlig linear unabhängig"; sie wären womöglich Bestandteil einer sogenannten Modulbasis für ein gewisses Intervallsystem. Sind nun mehrere, jedenfalls aber nur endlich viele, musikalische Intervalle $X_1, \ldots, X_m$ gegeben, so ist die Gleichung

$$n_1 * X_1 \oplus n_2 * X_2 \oplus \ldots \oplus n_m * X_m = \text{Prim},$$

bei welcher die ganzzahligen Parameter $n_1, \ldots n_m$ die zu bestimmenden Größen sind, die konsequente Verallgemeinerung der obigen Kommensurabilitätsgleichung. Diese machte ja zunächst einmal nur für zwei Intervalle Sinn, und für mehrere Intervalle ermöglicht man die begriffliche Anwendung vermöge der „paarweisen" Handhabung. Also besteht die Verbindung der alten Begriffe genau in der vergleichenden Gegenüberstellung von

▶ *Kommensurabilität – Nicht-Kommensurabilität*

versus der Fundamentaleigenschaften von

▶ *lineare Abhängigkeit – lineare Unabhängigkeit*

für ein Intervallsystem $\{X_1, \ldots, X_m\} \subset \mathfrak{M}_{\text{mus}}$ unter dem Aspekt der Forderung nach Ganzzahligkeit des Koeffizientenbereichs. Im vorliegenden Fall lautet die Definition der linearen Abhängigkeit/Unabhängigkeit demnach so:

Definition 4.1 (Lineare Abhängigkeit und Unabhängigkeit für Intervallsysteme)
Ein Intervallsystem $\{X_1, \ldots, X_m\} \subset \mathfrak{M}_{\text{mus}}$ heißt (ganzzahlig) **linear abhängig,**
wenn eine Gleichung

$$n_1 * X_1 \oplus n_2 * X_2 \oplus \ldots \oplus n_m * X_m = \text{Prim}$$

mit ganzen Koeffizienten $(n_1, n_2, \ldots, n_m)$ erfüllt ist, bei welcher nicht alle dieser
Vielfachen n_j verschwinden. Das Intervall Prim besitzt also eine nicht-triviale Darstellung als Adjunktionskomplex aus den gegebenen Intervallen $X_1, \ldots, X_m$.

Erzwingt diese Gleichung jedoch, dass dies nur für $n_1 = n_2 = \ldots = n_m = 0$
(die triviale Lösung) möglich sei, so nennt man das Intervallsystem $\{X_1, \ldots, X_m\}$
(ganzzahlig) **linear unabhängig.**

Für den **Zusammenhang zur Kommensurabilität** bedeutet dies nun:

(1) Im Falle $m = 2$ gilt im gesamten Bereich $\mathfrak{M}_{\text{mus}}$ die Übereinstimmung:

$$X \overset{\text{kom}}{\leftrightarrow} Y \Leftrightarrow \{X, Y\} \text{ linear abhängig.}$$

(2) Für $m > 2$ gelten dagegen nur einseitige Implikationen:

a) $\{X_1, \ldots, X_m\}$ kommensurabel ($\overset{\Rightarrow}{\nLeftarrow}$) $\{X_1, \ldots, X_m\}$ linear abhängig.

b) $\{X_1, \ldots, X_m\}$ linear unabhängig ($\overset{\Rightarrow}{\nLeftarrow}$) kein Paar (X_k, X_j) mit $j \neq k$ ist
kommensurabel.

Kommentar: In den beiden Fällen „$\nLeftarrow$" können Gegenbeispiele hinsichtlich
einer in Erwägung gezogenen Implikation „$\Leftarrow$" gegeben werden – siehe dazu
Beispiel 4.3.

Genau genommen besteht also nur im Falle multipler Iterationen – also Schichtungen
mit mehr als zwei verschiedenen Intervallen – eine deutliche Unterscheidung von
„kommensurabel" und „linear abhängig". Für allgemeingültig angedachte Theoreme ist
dies schon ein nicht unbedeutender Umstand – gerne für Verdruss sorgend.

Diese Verallgemeinerung „kommensurabel → ganzzahlig linear abhängig" ist ein
wesentlicher Aspekt für die Einordnung des „Moduls" aller musikalischen Intervalle
$\mathfrak{M}_{\text{mus}}$ beziehungsweise passender Untermodule in den Kontext der modernen Algebra,
wo es darum geht, im Gewirr aller möglichen Objekte genau diejenigen zu finden,
durch welche alle übrigen eindeutig per Summenbildung konstruiert werden können –
man nennt dies die „Basisdarstellung" im betrachteten Modul. So verbindet also die
klassisch-antike Kommensurabilität die musikalischen Intervalle – bei welcher kein
Mensch zunächst an Vektoren und Zahlen denkt – mit der Mathematik der Algebra der
Vektorräume und Moduln.

Aber zunächst folgt erst einmal ein Beispiel; hierbei wird – ganz beiläufig – letztlich
auch die Situation des 12-Quinten-Kreises beleuchtet, was in beinahe allen Folgekapiteln

im Fokus unserer Betrachtungen steht. Es zeigt gleichzeitig ein wenig, wie sehr sich bei multiplen Variablenanzahlen manche Dinge in problematische Zonen verirren können. Gleichzeitig liefern wir hiermit sogar ein Gegenbeispiel zu den in der Definition 4.1 angedeuteten Unsymmetrien der Implikationen – und zwar simultan für beide dortigen Fälle a) und b).

Beispiel 4.3 (Lineare Abhängigkeit von Oktave, Quinte, Quarte)

Wir wissen: Die Oktave $O(1:2)$ und die Quinte $Q_{pyth}(2:3)$ sind nicht kommensurabel – das liegt an der Primzahlstruktur der Proportionen respektive des Frequenzmaßes; und dann lesen wir diese Behauptung im Theorem 3.2 nach – aber auch schon im Beispiel 2.1 haben wir dies bereits erkannt. So ist also nicht nur die „Gleichung"

$$12 * Q_{pyth} \overset{?}{\leftrightarrow} 7 * O$$

falsch – auch für keine noch so entlegenen natürlichen Zahlen m, n finden wir die Korrektheit der Schließungsbedingung

$$m * Q_{pyth} = n * O.$$

So weit, so gut. Nehmen wir die pythagoräische Quarte q_{pyth} (3:4) hinzu, so ist auch diese nicht-kommensurabel zur Oktave – ansonsten würde das ja wegen des Zusammenhangs

$$Q_{pyth} \oplus q_{pyth} = O$$

und dank unserer Transitivitätsgesetze aus Theorem 2.1 auch die Kommensurabilität von Quinte und Oktave nach sich ziehen. Aus dem gleichen Grund sind auch Quinte und Quarte nicht-kommensurabel. Aber genau diese Gleichung

$$1 * Q_{pyth} \oplus 1 * q_{pyth} \oplus (-1) * O = \text{Prim}$$

zeigt, dass diese drei Intervalle „ganzzahlig" linear abhängig sind. Keine der drei möglichen Paarungen (verschiedener Intervalle) ist dagegen kommensurabel. ◄

Als eine erste Verbindung stellen wir ein Theorem vor, dessen Anwendungen zuvorderst in der Algebra harmonisch-rationaler Intervalle – Oktaven – reinen Quinten – reinen Terzen und so fort – zu finden ist, weshalb wir uns hierbei auf die Algebra $\mathfrak{M}_{harm}$ beschränken wollen. Dabei knüpfen wir unmittelbar an das Theorem 3.1 an, in welchem uns klar geworden ist, dass wir jedes harmonisch-rationale Intervall durch die Eulerbasis aller (reoktavierten) Primzahl-Obertonintervalle, welche durch die Primzahlfolge $(p_k) = (1, 2, 3, 5, 7, 11, \ldots)$ definiert sind, gewinnen; und so ist

$$E_k = \omega(O_k) = \omega([1, p_k])$$
$$\Leftrightarrow \{E_k | k = 1, 2, 3 \ldots\} = \{E_1 = O, E_2 = Q_{pyth}, E_3 = \text{Terz}(4:5), \ldots\}$$

ein Basissystem (Euler-Basis), mittels dessen jedes rational harmonische Intervall eindeutig dargestellt werden kann. Insbesondere haben wir dort gesehen, dass für jeden Anzahlparameter $n \geq 1$ das n-gliedrige System

$$\{E_1, \ldots, E_n\}$$

ganzzahlig linear unabhängig ist – was ja schließlich zur Eindeutigkeit der Darstellung äquivalent ist.

Nun nehmen wir einfach einmal an, wir hätten $m \geq 2$ harmonisch-rationale Intervalle $(Y_1, \ldots, Y_m)$, wobei wir jedes dieser $Y_j, j = 1, \ldots, m$, durch die Euler-Basis darstellen. Weil nun alle Intervalle sicher jeweils durch eine unterschiedliche – aber immerhin durch eine endliche – Anzahl an reoktavierten Primzahl-Obertonintervallen E_k erzeugt werden, gibt es ein (gemeinsames) umfassendes $n \in \mathbb{N}$, sodass alle diese Intervalle in der Teilmenge $\mathfrak{M}_n$ aller durch diese ersten n Intervalle $E_k, k = 1, \ldots, n$ erzeugten Intervalle liegen. Das heißt, dass wir ein konkretes $n \times m$-System

$$\begin{pmatrix} Y_1 &=& a_{11}E_1 \oplus a_{12}E_2 \oplus \ldots \oplus a_{1n}E_n \\ Y_2 &=& a_{21}E_1 \oplus a_{22}E_2 \oplus \ldots \oplus a_{2n}E_n \\ \vdots & \vdots & \vdots \\ Y_m &=& a_{m1}E_1 \oplus a_{m2}E_2 \oplus \ldots \oplus a_{mn}E_n \end{pmatrix} \Leftrightarrow \begin{array}{l} \left(\vec{Y}\right)^{tr} = A \circ \left(\vec{E}\right)^{tr} \\[2mm] A = \left(a_{ij}\right)_{\substack{i = 1, \ldots m, \\ j = 1, \ldots, n}} \end{array}$$

mit einer ganzzahligen $n \times m$-Transformationsmatrix vorliegen haben. Für die Notationen, die man in der Matrixrechnung bei solchen systemischen linearen Gleichungen verwendet, haben wir im nächsten Abschn. 4.3 die Erklärbox – Satz 4.2 eingerichtet. Dann gilt folgendes Kriterium:

Theorem 4.2 (Lineare Unabhängigkeit harmonisch-rationaler Intervalle)
(A) **Die Euler-Basis von $\mathfrak{M}_{harm}$**
   Für jeden Anzahlparameter $n \geq 1$ ist das n-gliedrige System

$$\{E_1, \ldots, E_n\}$$

   der ersten n reoktavierten Primzahl-Obertonintervalle ganzzahlig linear unabhängig. Das ganze, unbeschränkte Intervallsystem $\{E_1, \ldots, E_n, \ldots\}$ bildet die Euler-Basis in $\mathfrak{M}_{harm}$.
(B) **Ganzzahlige lineare Unabhängigkeit**
   Die Intervalle $Y_1, \ldots, Y_m \in \mathfrak{M}_{harm}$ sind genau dann ganzzahlig linear unabhängig, wenn dies für die m Zeilen der Transformationsmatrix A gilt.
   Folgerung 1: Genau in diesem Fall ist die Gleichung

$$n_1 Y_1 \oplus \ldots \oplus n_m Y_m = \text{Prim}$$

   ganzzahlig nur durch $n_1 = \ldots = n_m = 0$ lösbar.

Folgerung 2: Haben die Intervalle $Y_1, \ldots, Y_m \in \mathfrak{M}_{\text{harm}}$ die Eigenschaft, dass jedes von ihnen in seiner Euler-Darstellung ein Primzahl-Obertonintervall besitzt, welches in keinem der anderen Intervalle als Strukturbestandteil vorkommt, so sind die Intervalle $Y_1, \ldots, Y_m$ ganzzahlig linear unabhängig.

(C) **Die Oktavschließungsgleichung**

Die Oktavschließungsgleichung

$$n_1 Y_1 \oplus \ldots \oplus n_m Y_m = k * \text{Oktave}$$

ist genau dann für ein $k \neq 0$ ganzzahlig lösbar, wenn die Systemgleichung

$$(n_1, \ldots, n_m) \circ A = \underbrace{(1, 0 \ldots, 0)}_{n-mal}.$$

einen rationalen Lösungsvektor $(n_1, \ldots, n_m) \in \mathbb{Q}^m$ besitzt. In diesem Fall lässt sich k als Hauptnenner dieser Daten wählen, und die Gleichung wird ganzzahlig.

Folgerung 3: Wenn für keines der Intervalle $Y_1, \ldots, Y_m$ die Oktave als Bestandteil seiner Euler-Darstellung vorkommt, dann hat die **Oktavschließungsgleichung**

$$n_1 Y_1 \oplus \ldots \oplus n_m Y_m = k * \text{Oktave}$$

für kein ganzzahliges $k \in \mathbb{Z}$, $k \neq 0$, eine ganzzahlige Lösung $(n_1, \ldots, n_m)$.

Beweis Den Teil (A) haben wir bereits dank des Theorems 3.1 begründet.

Zu (B): Die mathematische Bedingung liegt einerseits in den Tiefen der Theorie linearer Gleichungssysteme verborgen – man könnte dies in den angegebenen Literaturen zur linearen Algebra unter den Stichworten „Kern-Bild-Beziehungen, Rangtheorem oder Dualitätsprinzip" nachlesen, aber dies eingehender zu schildern, ist sicher nicht unsere momentane Absicht. Gleichwohl genügen ein paar simple Umformungen, um die Dinge zu erkennen. Wir prüfen die lineare Unabhängigkeit einfach durch die zu testende Gleichung! Dann entsteht die Sequenz

$$n_1 Y_1 \oplus \ldots \oplus n_m Y_m = \text{Prim}$$

$$\Leftrightarrow \sum_{i=1}^{m} n_i \left(\sum_{k=1}^{n} a_{ik} E_k \right) = \sum_{i=1}^{m} \left(\sum_{k=1}^{n} n_i a_{ik} E_k \right)$$

$$= \sum_{k=1}^{n} E_k \left(\sum_{i=1}^{m} n_i a_{ik} \right) = \text{Prim}.$$

Wir wissen, dass das Primzahl-Obertonintervallsystem ganzzahlig linear unabhängig ist, deshalb müssen alle Koeffizienten der Eulerbasis E_k verschwinden. Also bekommen wir eine auf lineare Gleichungen beruhende Bedingung

$$\left(\sum_{i=1}^{m} n_i a_{ik} \right) = 0 \ (\text{für } k = 1, \dots, n),$$

und diese m Gleichungen schreiben sich dann zusammengefasst in mathematischem Matrizenlatein in der Form

$$(n_1, \dots, n_m) \circ A = \underbrace{(0, \dots, 0)}_{n\text{-mal}}.$$

Hat diese Gleichung nur die triviale Lösung, so sind die Matrixzeilen linear unabhängig (und die Matrix hat vollen Rang), und die Intervalle sind ganzzahlig linear unabhängig.

Beweis zur Folgerung 2: Diese können wir zwar mittels des Theorems selber sehen, denn dann bedeutet die Voraussetzung, dass die Transformationsmatrix A eine quadratische $m \times m$ Untermatrix B besitzt, deren Spalten nach Umordnung und eventueller ganzzahliger Erweiterung ein Vielfaches der Einheitsmatrix bilden, welche den vollen Zeilenrang (m) besitzt. Denn die Voraussetzung bedeutet ja, dass es zumindest m Spalten gibt, die nur eine nicht-verschwindende ganzzahlige Eintragung haben, und jede hiervon steht an einer anderen Zeilenposition.

Aber es geht auch „direkt": Dazu nehmen wir an, es gäbe eine solche nicht-verschwindende Lösung $(n_1, \dots, n_m)$, und dann können wir ohne jegliche Einschränkung annehmen, dass der Koeffizient $n_1 \neq 0$ ist. Folglich besteht die Identität

$$n_1 Y_1 = (-n_2) Y_2 \oplus \dots \oplus (-n_m) Y_m =: X.$$

Nun besitzt das Intervall Y_1 in seiner Primzahlstruktur ein Primzahl-Obertonintervall, welches in keinem der übrigen Intervalle $Y_2, \dots, Y_m$ vorkommt – demnach auch nicht in deren Summe (X), dem Adjunktionsprozess der rechten Seite dieser Gleichung. Bestünde jedoch diese Gleichung, so wären die Intervalle (E_1, X) kommensurabel, was nach Theorem 3.2 aufgrund der vorausgesetzten Primzahlsituation ausgeschlossen ist.

Die Aussage (C) können wir beinahe wortgleich aus der Rechnung in Teil (B) übernehmen; der Koeffizient zum Primfaktorintervall E_1 muss dann 1 sein, und alle anderen müssen wieder verschwinden.

Für die Folgerung 3 kopieren wir kurzerhand den voranstehenden Beweis zur Folgerung 2: Jede nicht-verschwindende Gleichung

$$n_1 Y_1 = k * \text{Oktave} \ominus (n_2 Y_2 \oplus \dots \oplus n_m Y_m) =: X$$

würde in analoger Argumentation wie zuvor den Widerspruch heraufbeschwören, denn X besitzt den Primzahl-Obertonanteil E_1, das Intervall Y_1 aber nicht – entgegen der Eindeutigkeit der Darstellung durch die Euler-Basis. Sicher ist die Aussage aber auch nach Teil (B) klar, wenn nämlich nach dieser Voraussetzung die Matrix A als 1. Spalte den Nullvektor besitzt. Damit ist das Theorem auch schon bewiesen. ∎

Alle Argumentationen des Beweises sind letztlich Bestandteile einer wohlbekannten Theorie linearer Gleichungssysteme, welche sich unter dem Dach des sogenannten Rangtheorems befindet. Hierzu soll die nachfolgende Bemerkung dienen.

Bemerkung zum Begriff „Zeilenrang, Spaltenrang" einer Matrix

Der Zeilenrang einer Matrix ist die maximale Anzahl an linear unabhängigen Zeilenvektoren, und der Spaltenrang ist analog festgelegt. Wenn nun der Zeilenrang der Matrix identisch ist mit der Anzahl ihrer Zeilenvektoren, so ist das System dieser Zeilenvektoren linear unabhängig. Man sagt dann auch, dass die Matrix A den **vollen** Zeilenrang besitzt, ($rg(A) = m$). Nun will es die Theorie, dass für Matrizen stets die hemdsärmelige Gleichung

$$\text{Zeilenrang} = \text{Spaltenrang}$$

gilt; die maximale Anzahl linear unabhängiger Zeilen ist stets identisch mit derjenigen linear unabhängiger Spalten, ein kleines Wunder, das man auch als **„Rangtheorem"** bezeichnet (wobei es viele hierzu äquivalente Formen gibt). Dann ist die Aussage $rg(A) = m$ wiederum gleichbedeutend dazu, dass die Matrix eine surjektive Transformation $A \colon \mathbb{R}^n \to \mathbb{R}^m$ darstellt; jeder Vektor $y \in \mathbb{R}^m$ ist Lösung einer Gleichung

$$A(x) = y.$$

Eine mathematische Bedingung hierzu lautet:

$$A \colon \mathbb{R}^n \to \mathbb{R}^m \text{ ist surjektiv} \Leftrightarrow rg(A) = m$$
$$\Leftrightarrow \text{ für } x \in \mathbb{R}^m \text{ gilt die Äquivalenz } (x \circ A = 0 \Leftrightarrow x = 0)$$
$$\Leftrightarrow \left(A^{tr}(y) = 0 \Leftrightarrow y = 0\right) \Leftrightarrow \text{Kern}\left(A^{tr}\right) = \{0\}$$
$$\Leftrightarrow A^{tr} \colon \mathbb{R}^m \to \mathbb{R}^n \text{ ist injektiv}.$$

In diesem Sinne sind die vorangestellte Hauptaussage des Theorems sowie die 1. Folgerung zwar „tautologisch", aber nicht ohne Anwendungsbezug: Wir können – einmal unterstellt, dass wir mit dem vektoriellen Rechnen vertraut wären – hierdurch und mittels der Rangkriterien erkennen, ob ein musikalisches Intervallsystem die Eigenschaft einer inneren Unabhängigkeit besitzt oder nicht.

Das nachstehende Beispiel hat zwar erneut das Thema der Algebra $\mathfrak{M}_{\text{rein}}$ zum Gegenstand, wir wollen es aber als eine direkte Anwendung des Theorems betrachten.

Beispiel 4.4 (Das reine Terz-Quint-Oktav-System)

Wir wollen sehen, dass die Gleichung

$$m * Q_{\text{pyth}} \oplus n * \text{Terz}(4{:}5) = k * O$$

nur die Lösung $m = n = k = 0$ besitzt.

Warum ist das so? Hier können wir mit $Y_1 = Q_{\text{pyth}}(2{:}3)$ und $Y_2 = \text{Terz}(4{:}5)$ den Teil (B) des Theorems anwenden: Mit der Nummerierung der Primzahl-Obertonintervalle gemäß Abschn. 3.1 sind nämlich

$$Y_1 = E_2 \text{ und } Y_2 = E_3$$

die passenden Zerlegungen. Jedes der beiden Intervalle Y_1, Y_2 hat eine andere Primzahl-Obertonzerlegung als das andere, welche beide überdies nicht die Oktave $(O = E_1)$ sind. Daher garantiert das Theorem die geforderte Unmöglichkeit einer (nicht-verschwindenden) ganzzahligen Lösung, so wie behauptet. ◀

Wir vertiefen nun das systemische ganzzahlige Rechnen, indem wir uns darum kümmern, wie man denn Intervallgleichungen der einen Darstellung in diejenige einer anderen Darstellung überführt, sofern zwei linear unabhängige Intervallsysteme zur Beschreibung harmonisch-rationaler Intervalle konkurrierend zur Verfügung stehen. Vornehm formuliert gelangen wir so zu einer **„Theorie der Harmonischen Gleichungen"**. Dies geschieht dann im folgenden Abschnitt.

4.3 Die Theorie linearer harmonischer Gleichungssysteme

Nun folgt ein Theorem, welches uns den sowohl theoretischen als auch methodischen Hintergrund beschreibt, der die musikalisch relevanten Prozesse aller Intervalliterationen – und somit letztlich auch die meisten Temperierungsverfahren – begleitet. Dabei werden wir – Verzeihung – gleich die allgemeine Form vorstellen; konkrete und sich meist auf Iterationen mit zwei Intervallen (Oktave und Quinte) beschränkende iterative Intervallschichtungen sind dann in späteren Abschnitten eingestreut, und wir werden hierzu Verweise einrichten. Wir haben folgende Situation:

Gegeben sei ein System von m musikalischen Intervallen $\{X_1, \ldots, X_m\} \subset \mathfrak{M}_{\text{mus}}$, mit welchem wir die Iterationsalgebra

$$\mathfrak{M}_{X_1,\ldots,X_m} = \{n_1 X_1 \oplus \ldots \oplus n_m X_m \,|\, n_1, \ldots, n_m \in \mathbb{Z}\}$$

konstruieren. Die erste Frage ist nun

▶ (A) **Frage:** Unter welchen Bedingungen sind die ganzzahligen Iterationskoeffizienten $n_1, \ldots, n_m$ eindeutig?

Das will heißen, dass es keine unterschiedlichen Iterationen für ein und dasselbe Ergebnisintervall geben kann. Diese Frage mag auf den ersten Blick rein „akademisch" klingen – musikalisch hat sie allerdings eine nicht unerhebliche Bedeutung:

▶ Liegt nämlich ein Intervall $I \in \mathfrak{M}_{X_1,\ldots,X_m}$ vor und sind die Iterationskoeffizienten eindeutig, so verrät die definierende Beschreibung

$$I = n_1 X_1 \oplus \ldots \oplus n_m X_m$$

genauestens die „Herkunft" des Intervalls; der Weg seiner Entstehung als Konstruktion einer Adjunktionskette aus den vorgegebenen Bausteinen $X_1, \ldots, X_m$ liegt vor Augen.

Für den Fall $m = 2$ konnten wir das Problem dank der Kommensurabilitätstheorie lösen, die Antwort gibt uns das Theorem 2.1 (6). Jetzt geht es aber darum, auch für mehrere Iterationsintervalle ($m \geq 2$) ein Resultat zu finden.

Weiterhin seien $\{Y_1, \ldots, Y_m\}$ ebenfalls m Intervalle dieses Systems $\mathfrak{M}_{X_1, \ldots, X_m}$. Das bedeutet, dass jetzt ein quadratisches Transformationssystem vorliegt, welches ausführlich beziehungsweise symbolisch notiert so lautet:

$$
\begin{pmatrix}
Y_1 &=& a_{11}X_1 \oplus a_{12}X_2 \oplus \ldots \oplus a_{1m}X_m \\
Y_2 &=& a_{21}X_1 \oplus a_{22}X_2 \oplus \ldots \oplus a_{2m}X_m \\
\vdots & \vdots & \qquad\qquad \vdots \\
Y_m &=& a_{m1}X_1 \oplus a_{m2}X_2 \oplus \ldots \oplus a_{mm}X_m
\end{pmatrix}
\Leftrightarrow
\begin{array}{l}
\left(\vec{Y}\right)^{tr} = A \circ \left(\vec{X}\right)^{tr} \\[2mm]
A = \left(a_{ij}\right)_{\substack{i = 1, \ldots m, \\ j = 1, \ldots, m}}
\end{array}
$$

Diese quadratische $m \times m$-Matrix A, deren Eintragungen a_{ij} ganze Zahlen sind, beschreibt diesen Prozess der Darstellung des neuen Systems durch das alte System – A heißt dann die Transformationsmatrix bezüglich beider Intervallsysteme. Dann ergeben sich zwei weitere Fragen:

▶ (B) **Frage:** Unter welchen Bedingungen ist jedes Intervall der Iterationsalgebra $\mathfrak{M}_{X_1, \ldots, X_m}$ auch eine Iteration dieses neuen Intervallsystems $Y_1, \ldots, Y_m$?

Und falls dies zutrifft, ergibt sich dann auch zwangsläufig die praxisbezogene Frage:

▶ (C) **Frage:** Wie werden die neuen Iterationskoeffizienten berechnet, die man benötigt, um die Intervalle durch die Bausteine $Y_1, \ldots, Y_m$ zu beschreiben?

Genau diese Fragen werden nun in dem nächsten Theorem beantwortet.

Theorem 4.3 (Lineare Algebra multipler Intervalliterationen)

Gegeben sei ein System musikalischer Intervalle $\{X_1, \ldots, X_m\} \subset \mathfrak{M}_{\text{mus}}$, mit welchem wir die Iterationsalgebra

$$\mathfrak{M}_{X_1, \ldots, X_m} = \{n_1 X_1 \oplus \ldots \oplus n_m X_m | n_1, \ldots, n_m \in \mathbb{Z}\}$$

konstruieren. Dann gelten für die **harmonischen Gleichungssysteme** folgende Aussagen:

(A) **Eindeutigkeit der Iteration**

Die Darstellung eines Intervalls $I \in \mathfrak{M}_{X_1, \ldots, X_m}$ durch die Iterationskoeffizienten $n_1, \ldots, n_m \in \mathbb{Z}$ ist genau dann eindeutig, wenn das Intervallsystem $\{X_1, \ldots, X_m\}$ ganzzahlig linear unabhängig ist. Im Spezialfall $m = 2$ bedeutet dies die Nicht-Kommensurabilität von X_1 und X_2.

(B) Die Theorie des harmonischen Gleichungssystems

Es sei $\{Y_1, \ldots, Y_m\} \subset \mathfrak{M}_{X_1,\ldots,X_m}$ ein ebenfalls m-gliedriges Intervallsystem der gegebenen Iterationsalgebra, welches aus den Erzeugerintervallen $X_1, \ldots, X_m$ mittels der quadratischen $m \times m$-Matrix A hervorgeht. Dann sind äquivalent:

(1) Die m Erzeugerintervalle $X_1, \ldots, X_m$ der Iterationsalgebra $\mathfrak{M}_{X_1,\ldots,X_m}$ lassen sich als ganzzahlige Iterationen der Intervalle $Y_1, \ldots, Y_m$ zurückgewinnen.

(2) Die Iterationsalgebren beider Intervallsysteme sind identisch

$$\mathfrak{M}_{X_1,\ldots,X_m} = \mathfrak{M}_{Y_1,\ldots,Y_m};$$

jede ganzzahlige Iteration der Intervalle $X_1, \ldots, X_m$ ist auch eine ganzzahlige Iteration der Intervalle $Y_1, \ldots, Y_m$.

Wenn weiter vorausgesetzt wird, dass das System $X_1, \ldots, X_m$ ganzzahlig linear unabhängig ist, so ist die Unimodularität der Systemmatrix A äquivalent zu den vorgenannten Aussagen, das heißt in mathematischer Sprache:

(3) Die Transformationsmatrix $A = \left(a_{ij}\right)_{1 \leq i,j \leq m}$ ist ganzzahlig invertierbar.

Dies ist im Übrigen genau dann der Fall, wenn ihre Determinante $+1$ oder -1 ist, die Matrix ist unimodular.

Darüber hinaus gilt: Im Falle der Unimodularität der Matrix A ist die Iterationsdarstellung bezüglich der Intervalle $Y_1, \ldots, Y_m$ ebenfalls eindeutig, weil nämlich das System $Y_1, \ldots, Y_m$ dann ebenfalls linear unabhängig ist.

(C) Die Lösungen der harmonischen Gleichungen

Es sei $\{Y_1, \ldots, Y_m\} \subset \mathfrak{M}_{X_1,\ldots,X_m}$ ein Intervallsystem; die Transformationsmatrix A sei ganzzahlig invertierbar, also $|\det A| = 1$, und ihre Inverse sei die $m \times m$-Matrix B – somit

$$A = \left(a_{ij}\right)_{1 \leq i,j \leq m} \text{ und } B = A^{-1} = \left(b_{ij}\right)_{1 \leq i,j \leq m}.$$

Dann können wir nach (B) jedes Intervall der Iterationsalgebra in den Formen

$$I = n_1 X_1 \oplus \ldots \oplus n_m X_m = k_1 Y_1 \oplus \ldots \oplus k_m Y_m$$

schreiben. Man findet die Y-Daten $\vec{k} = (k_1, \ldots, k_m)$ aus den X-Daten $\vec{n} = (n_1, \ldots, n_m)$ – wie auch umgekehrt die X-Daten aus den Y-Daten – mittels der Matrixrechnungen

$$\left(\vec{k}\right)^{tr} = B^{tr} \circ (\vec{n})^{tr} \Leftrightarrow (\vec{n})^{tr} = A^{tr} \circ \left(\vec{k}\right)^{tr},$$

was im Detail das geordnete Berechnungssystem

$$\begin{pmatrix} k_1 \\ \vdots \\ k_m \end{pmatrix} = \begin{pmatrix} b_{11}n_1 + \ldots + b_{m1}n_m \\ \vdots \\ b_{1m}n_1 + \ldots + b_{mm}n_m \end{pmatrix} \Leftrightarrow \begin{pmatrix} n_1 \\ \vdots \\ n_m \end{pmatrix} = \begin{pmatrix} a_{11}k_1 + \ldots + a_{m1}k_m \\ \vdots \\ a_{1m}k_1 + \ldots + a_{mm}k_m \end{pmatrix}$$

bedeutet. Diese Matrizen A^{tr}, B^{tr} nennt man gelegentlich auch „**Regener-Matrizen**" der Iterationsalgebra.

Bevor wir zu den Beweisen kommen, wollen wir dem mathematischen Kauderwelsch seinen Zauber nehmen – alles Nötige ist in einer Erklärbox zusammengetragen:

Erklärbox – Satz 4.2 (Vektor-Matrix-Produkte und die Transponierte)

(1) Schreiben wir einen horizontal-notierten Vektor vertikal – er wandelt sich von einer Zeile zur Spalte –, so nennt man dies seine **Transponierte,** in Symbolen

$$(\vec{x})^{tr} = \begin{pmatrix} x_1 \\ \vdots \\ x_m \end{pmatrix} \Leftrightarrow \vec{x} = (x_1, \ldots, x_m).$$

Dies gilt auch umgekehrt. Dass man dies überhaupt unterscheidet, hat – zumindest auf der Kalkülebene – nur den Grund, hierdurch klug geordnete Rechenvorgänge zu gewinnen – eine tiefere Theorie (die es gleichwohl gibt) ist für unsere Zwecke hierzu keinesfalls erforderlich.

(2) Für eine gegebene $m \times n$-Matrix und einen Vektor $\vec{x} = (x_1, \ldots, x_m) \in \mathbb{R}^m$ ist die **„Anwendung der Matrix auf diesen Vektor"** – oder auch das „Produkt dieser Matrix mit diesem Vektor" – durch die folgende definierte Symbolik erklärt:

$$A(\vec{x}) = \begin{pmatrix} a_{11} & \cdots & a_{1m} \\ \vdots & \ddots & \vdots \\ a_{n1} & \cdots & a_{nm} \end{pmatrix} \begin{pmatrix} x_1 \\ \vdots \\ x_m \end{pmatrix} = \begin{pmatrix} a_{11}x_1 + \ldots + a_{1m}x_m \\ \vdots \\ a_{n1}x_1 + \ldots + a_{nm}x_m \end{pmatrix} = \begin{pmatrix} y_1 \\ \vdots \\ y_n \end{pmatrix} = (\vec{y})^{tr} \in \mathbb{R}^n.$$

(3) Ein **Matrizenprodukt** $(A \circ B)$ einer $m \times n$-Matrix A und einer $k \times m$-Matrix B ergibt sich, wenn man die Matrix A auf alle k Spalten der Matrix B nach der vorstehenden Regel (2) anwendet und diese (als Spalten geschriebenen) Ergebnisvektoren zu einer $k \times n$-Matrix $(A \circ B)$ zusammenstellt.

(4) Schreibt man bei einer Matrix alle Zeilen der Reihe nach als Spalten, so entsteht die **transponierte Matrix.** Ist eine Matrix **quadratisch** $(m = n)$, so ist ihre Transponierte simultan die an der Hauptdiagonale (von links oben nach rechts unten) gespiegelte Matrix.

(5) Für ein Produkt zweier Matrizen A und B (welches sich aus passenden **„Skalarprodukten"** von Zeilenvektoren und Spaltenvektoren

$$\left(a_{j1}, \ldots, a_{jm}\right) \circ \begin{pmatrix} b_{1k} \\ \vdots \\ b_{mk} \end{pmatrix} = a_{j1} * b_{1k} + a_{j2} * b_{2k} + \ldots + a_{jm} * b_{mk}$$

zusammensetzt), gilt für ihre Matrizenprodukte die **Transponierformel:**

$$(A \circ B)^{tr} = (B)^{tr} \circ (A)^{tr}.$$

Beachte also die Regeln:

1. Beim Transponieren kehrt sich die Produktreihenfolge um.
2. Darüber hinaus ist im Allgemeinen eine Umkehrung der Produktreihenfolge ($A \circ B \leftrightarrow B \circ A$ weder möglich noch richtig, auch dann nicht, wenn beide Produkte möglich wären. So ist also im Allgemeinen $A \circ B \neq B \circ A$; und im Falle, dass dennoch die Gleichheit $A \circ B = B \circ A$ gilt, nennt man die **Matrizen vertauschbar.**

Für weitere Details verweisen wir auf die Literatur, vgl. [23]. ☺

Für die vorliegenden Matrizen gilt demnach die Identität

$$A \circ B = \begin{pmatrix} a_{11} & \cdots & a_{1m} \\ \vdots & \ddots & \vdots \\ a_{m1} & \cdots & a_{mm} \end{pmatrix} \begin{pmatrix} b_{11} & \cdots & b_{1m} \\ \vdots & \ddots & \vdots \\ b_{m1} & \cdots & b_{mm} \end{pmatrix} = \begin{pmatrix} 1 & \cdots & 0 \\ \vdots & 1 & \vdots \\ 0 & \cdots & 1 \end{pmatrix}$$

ebenso wie für ihre transponierten Matrizen

$$B^{tr} \circ A^{tr} = \begin{pmatrix} b_{11} & \cdots & b_{m1} \\ \vdots & \ddots & \vdots \\ b_{1m} & \cdots & b_{mm} \end{pmatrix} \begin{pmatrix} a_{11} & \cdots & a_{m1} \\ \vdots & \ddots & \vdots \\ a_{1m} & \cdots & a_{mm} \end{pmatrix} = \begin{pmatrix} 1 & \cdots & 0 \\ \vdots & 1 & \vdots \\ 0 & \cdots & 1 \end{pmatrix}.$$

Beweis Zu (A): Nehmen wir einfach an, es sei

$$I = n_1 X_1 \oplus \ldots \oplus n_m X_m = k_1 X_1 \oplus \ldots \oplus k_m X_m,$$

so folgt durch die Subjunktion „linke Seite minus rechte Seite" die Primbilanz

$$(n_1 - k_1) * X_1 \oplus \ldots \oplus (n_m - k_m) * X_m = \text{Prim}.$$

Und genau dann, wenn alle Vorfaktoren $(n_j - k_j)$ verschwinden, ist die Darstellung des Intervalls eindeutig – wie auch andererseits das Intervallsystem $X_1, \ldots, X_m$ ganzzahlig linear unabhängig ist.

Zu (B): Die Eigenschaft (3) besagt, dass wir – die verkürzte Notation nutzend – eine ganzzahlige Iterationsgleichung

$$\left(\vec{X}\right)^{tr} = B \circ \left(\vec{Y}\right)^{tr}$$

haben. Dann ist aber die Matrix B die Inverse zur Matrix A, ganz einfach deshalb, weil wir ja hieraus die Komposition

$$\left(\vec{X}\right)^{tr} = B \circ \left(\vec{Y}\right)^{tr} = B \circ \left(A \circ (X)^{tr}\right) = (B \circ A) \circ (X)^{tr}$$

gewinnen. Deswegen ist $B \circ A = A \circ B = Id$, und die Eigenschaft (1) ist erfüllt. Die Aussage (2) enthält als Spezialfall die Aussage (3) wie auch umgekehrt richtig ist: Wird jedes der Intervalle $Y_1, \ldots, Y_m$ als ganzzahlige Iteration der Intervalle $X_1, \ldots, X_m$ erreicht, so auch jeder ganzzahlige Komplex aus diesen Intervallen $Y_1, \ldots, Y_m$.

Zu Aussage (C): Auch hier liefert die verkürzte Notation eine frappierend gestraffte Begründung: Es ist

$$I = k_1 Y_1 \oplus \ldots \oplus k_m Y_m = n_1 X_1 \oplus \ldots \oplus n_m X_m$$

$$\Leftrightarrow \vec{k} \circ \left(\vec{Y}\right)^{tr} = \vec{k} \circ A \circ \left(\vec{X}\right)^{tr} = \left(\vec{k} \circ A\right) \circ \left(\vec{X}\right)^{tr} = \vec{n} \circ \left(\vec{X}\right)^{tr}.$$

Weil die Transformationsmatrix unimodular ist, sind sowohl $\vec{X}$ als auch $\vec{Y}$ jeweils linear unabhängige Intervallsysteme. Deswegen gilt die weitergeführte Äquivalenz

$$\Leftrightarrow \left(\vec{k} \circ A\right) = \vec{n} \Leftrightarrow \vec{k} = \left(\vec{k} \circ A\right) \circ A^{-1} = \vec{n} \circ A^{-1}$$

$$\Leftrightarrow \left(\vec{k}\right)^{tr} = (A^{-1})^{tr} \circ (\vec{n})^{tr} = B^{tr} \circ (\vec{n})^{tr} \text{ und } (\vec{n})^{tr} = A^{tr} \circ \left(\vec{k}\right)^{tr},$$

wodurch unser Theorem bewiesen ist. ∎

Übrigens liefert die voranstehende Rechnung auch alle Äquivalenzen des abstrakten Teils (B) – man muss dazu nur entsprechend argumentieren. Die Abb. 4.1 zeigt die schematische Funktionsweise der Regener-Matrizen, welche die Daten (Koordinaten) zu zwei ausgewählten Basissortimenten $X_1, \ldots, X_m$ und $Y_1, \ldots, Y_m$ miteinander verbinden.

Sicher wollen wir nicht verschweigen, dass die gestraffte Herleitung dem alltäglichen Rechnen enteilt zu sein scheint – stimmt: Allerdings verbergen sich in diesen Symbolen ausschließlich geordnete Additionen und Multiplikationen, mehr nicht. Eine ausführlichere Darstellung würde sich ausgeschriebener Summen und zusätzlicher Indizierungen bedienen müssen – beide gehören sicher nicht zu den öffentlichen Sympathieträgern, und es ist fraglich, was nachhaltiger ist.

Koordinaten	Matrix A	Koordinaten	Matrix B
Y_1 - Daten $\rightarrow$ $\vdots$ Y_m - Daten $\rightarrow$	$\begin{pmatrix} a_{11} & \cdots & a_{1m} \\ \vdots & \ddots & \vdots \\ a_{m1} & \cdots & a_{mm} \end{pmatrix}$	X_1 - Daten $\rightarrow$ $\vdots$ X_m - Daten $\rightarrow$	$\begin{pmatrix} b_{11} & \cdots & b_{1m} \\ \vdots & \ddots & \vdots \\ b_{m1} & \cdots & b_{mm} \end{pmatrix}$
$\downarrow$ Basis $\rightarrow$	$\uparrow$ $\quad$ $\uparrow$ $X_1 \cdots\cdots\cdots X_m$	$\downarrow$ Basis $\rightarrow$	$\uparrow$ $\quad$ $\uparrow$ $Y_1 \quad \cdots \quad Y_m$

Abb. 4.1 Schema der Regener-Matrizen

Als Beispiele zu dieser Theorie haben wir nun die zurückliegenden Abschnitte dieses Kapitels zur Verfügung. Auch wird uns im Kap. 10 mit den harmonischen Gleichungen der klassischen sechs Kommata oder denjenigen der klassischen Semitonia noch reichlich Gelegenheit geboten, die Kraft geordneter Systemgleichungen zu erfahren, zu trainieren und zu nutzen. Gerade dieses Kapitel über das natürlich-harmonische System behandelt letztlich den numerischen Fall von drei linear unabhängigen Erzeugern des Intervallsystems $\mathfrak{M}_{\text{rein}}$, welches genau durch das System

$$(X_1 = E_1 = \text{Oktave}, X_2 = E_2 = \text{reine Quinte}, X_3 = E_3 = \text{reine große Terz})$$

aufgebaut ist, und die Aufgaben bestehen zumeist dann darin, das eine System in das andere umzurechnen. Die dabei entstehenden Formeln sind letztlich so vielfältig wie unüberblickbar – wie es von den Möglichkeiten her scheint. Merken kann (und sollte) man sich diese Gleichungen nie, und die Bewunderung gehört zweifellos denen, welche anscheinend mühelos einige prominente Exemplare aus diesen vielen Zusammenhängen rund um die Chromata, die Diësen, die Kommata und überhaupt um die Heerscharen an Halb-, Viertel- und Achteltönen einfach mal so aus dem Hut zaubern können:

▶ *Wer aber einzig das Matrixgleichungspaar unseres Theorems (C) kennt und damit rechnet, kann den Geheimnissen der harmonischen Gleichungen gelassen entgegentreten. Wobei zu den konkret erhaltenen Formeln noch das übergeordnete Wissen eines alles steuernden Prinzips hinzukommt.*

Ja – das kann unsere Mathematik tatsächlich leisten.

4.4 Das Operatormodell der Reoktavierung

In diesem Abschnitt verbinden wir die Unabhängigkeitskriterien von erzeugenden Intervallsystemen mit dem Prozess der Reoktavierung. Diese Reoktavierung haben wir im Abschn. 1.6 durch den „Operator" (ω), den **Hausmeister des Oktavengebäudes** aller musikalischen Intervalle, eingeführt.

In diesem Operatormodell geht es in erster Linie darum, ein mathematisches Konzept zu finden, welches auf Zuordnungen – Abbildungen, Operatoren – beruht und welches vor allem diese musikalischen Prozesse begleitet. Denn wenngleich dieser Vorgang zwar musikalisch einfach zu verstehen und zu handhaben ist, so ist die numerisch-rechnerische Behandlung keineswegs trivial; und ganz gleich, welches Modell man wählt, zeigt sich die mathematische Beschreibung stets als aufwendig und mühevoll.

Für die Theorie der Skalengenerierung dient nun das folgende Theorem, in welchem wir die Reoktavierungsmathematik des Abschn. 1.6 und der dort im Theorem 1.5 A aufgezählten Eigenschaften speziell für Iterationsalgebren untersuchen. Solche Iterationsalgebren sind ja die – zu gegebenen erzeugenden Intervallen $X_1, \ldots, X_n \in \mathfrak{M}_{\text{mus}}$ gebildeten Intervallkomplexe

$$\mathfrak{M}_{X_1,\ldots,X_n} = \{k_1 X_1 \oplus \ldots \oplus k_n X_n | k_1, \ldots, k_n \in \mathbb{Z}\},$$

und deren reoktavierte Bilder

$$\omega\big(\mathfrak{M}_{X_1,\ldots,X_n}\big) \subset \mathfrak{M}_{\text{mus}|0}$$

sind genau die durch passende Oktavierungen in die Grundoktave platzierten Intervalle respektive Töne dieser Iterationen. Hierbei setzen wir auch voraus, dass diese Intervalle $X_j, j = 1, \ldots, n$ allesamt von der Oktave verschieden sind, es entstünde ansonsten eine unnötige Nicht-Eindeutigkeit. Denn die Oktavierungsinvarianz des Operators ω nach Theorem 1.5 A bedeutet ja, dass die Intervallmengen

$$\omega\big(\mathfrak{M}_{X_1,\ldots,X_n}\big) = \omega\big(\mathfrak{M}_{O,X_1,\ldots,X_n}\big)$$

gleich sind – die Hinzunahme der Oktave als weiteres neues Iterationsintervall hat keinen Einfluss auf die dann reoktavierten Ergebnisintervalle. Die Voraussetzung, dass keines der Intervalle $X_k = $ Prim ist, muss nicht sonderlich begründet werden.

Um die Aussagekraft des nachfolgenden Theorems nicht durch eine mathematische Verschlüsselungsterminologie zu gefährden, sei einmal der Begriff der „Eineindeutigkeit" – man sagt hierzu die „Injektivität" – in einer Erklärbox formuliert:

Erklärbox – Satz 4.3 (Die Eineindeutigkeit (Injektivität) von Operatoren)

Eine Funktion (Operator, Abbildung u. Ä.) $F: M \to N$, welche – der Symbolik gehorchend – Elemente einer Urbildmenge M ($x \in M$) auf Elemente einer Zielmenge N ($y \in N$) abbildet (transportiert, umformt u. Ä.), heißt **injektiv** (eineindeutig), wenn *verschiedene* Elemente aus der Menge M auch auf *verschiedene* Elemente der Menge N abgebildet werden, wenn demnach verschiedene Urbilder auch verschiedene Bilder haben. Und das muss für je zwei herausgegriffene (beliebige verschiedene) Variable (Elemente) der Menge M stets zutreffen. Das drückt sich natürlich sehr griffig durch die Sprache der diesen Begriff definierenden Äquivalenz

$$(F: M \to N \text{ injektiv}) \Leftrightarrow (x_1 \neq x_2 \Leftrightarrow F(x_1) \neq F(x_2))$$

aus. In dieser gestrafften und für ungeübte Augen sicher auch erklärungs-
bedürftigen Aussageform verbirgt sich in der rechts aufgeführten Bedingung
stillschweigend dann auch die Präzisierung „*Wann immer $x_1 \neq x_2$ ist*, so ist auch
$F(x_1) \neq F(x_2)$ und umgekehrt". Wobei diese Umkehrung

$$F(x_1) \neq F(x_2) \Rightarrow x_1 \neq x_2$$

ganz von selbst für alle Funktionen schlechthin erfüllt ist: Einem einzigen Element
können *nicht* zwei verschiedene Werte zugewiesen werden – eine Grundeigenschaft aller Abbildungen, Funktionen, Operatoren! Häufig ist allerdings die
logische Umkehr dieser definierenden Eigenschaft zur konkreten Nutzung hilf-
reicher, demnach ist

$$(F\colon M \to N \text{ injektiv}) \Leftrightarrow (F(x_1) = F(x_2) \Leftrightarrow x_1 = x_2).$$

„Wenn die Bildpunkte gleich sind, müssen es auch die Punkte sein"; siehe für
diese Thematik zum Beispiel [20].

Nun sind wir für das nachfolgende Theorem gut aufgestellt:

Theorem 4.4 (Die Eindeutigkeitskriterien des Oktavierungsoperators)
Es sei $\{X_1, \ldots, X_n\} \subset \mathfrak{M}_{mus}$ ein Intervallsystem mit der Vereinbarung, dass für
kein $m \in \mathbb{Z}$ die Intervalle Oktavvielfache sind, das heißt, dass $X_k \neq m * O$ für alle
$1 \leq k \leq n$ ist.

Hauptkriterium: Zwischen der Struktur des erzeugenden Intervallsystems
$\{X_1, \ldots, X_n\}$ und dem Oktavierungsoperator (ω) besteht dann die Äquivalenz
  $\{X_1, \ldots, X_n, O\}$ ist ganzzahlig linear unabhängig
  $\Leftrightarrow \omega\colon \mathfrak{M}_{X_1,\ldots,X_n} \to \mathfrak{M}_{mus|0}$ ist injektiv (eineindeutig), und die erzeugende Inter-
vallfamilie $\{X_1, \ldots, X_n\}$ ist ganzzahlig linear unabhängig.

Folgerung: Das heißt im Falle der Unabhängigkeit des erzeugenden Systems:
Sind $I, J \in \mathfrak{M}_{X_1,\ldots,X_n}$ zwei beliebige durch die Familie $\{X_1, \ldots, X_n\}$ erzeugte Intervalle, dann gilt

$$\omega(I) = \omega(J) \Leftrightarrow I = J.$$

Spezialfall: Für einfache Iterationen ($n = 1$) gilt deshalb die Äquivalenz

  (X, O) ist nicht-kommensurabel $\Leftrightarrow \omega\colon \mathfrak{M}_X \to \mathfrak{M}_{mus|0}$ ist eineindeutig.

Dieser Zusammenhang besitzt viele Details, was die reoktavierte Intervallmenge
$\omega\big(\mathfrak{M}_{X_1,\ldots,X_n}\big)$ beziehungsweise die reoktavierte Zieltonmenge betrifft:

(A) Falls ω: $\mathfrak{M}_{X_1,\ldots,X_n} \to \mathfrak{M}_{\text{mus}}$ injektiv ist, so hat $\omega(\mathfrak{M}_{X_1,\ldots,X_n}) \subset \mathfrak{M}_{\text{mus}|0}$ unendlich viele (paarweise verschiedene) Intervalle beziehungsweise Zieltöne.

(B) Falls ω: $\mathfrak{M}_{X_1,\ldots,X_n} \to \mathfrak{M}_{\text{mus}}$ injektiv ist, so gibt es **kein** von der Prim verschiedenes Iterationsintervall $J \in \mathfrak{M}_{X_1,\ldots,X_n}$, dessen reoktavierte Iterationenfamilie $\omega(\mathfrak{M}_J)$ periodisch ist (also nach endlich vielen Vorwärts- oder Rückwärtsiterationen wieder zum Ausgangspunkt zurückkehrt).

Zusatz: Im Falle einfacher Iterationen ($n = 1$) gelten in den Aussagen (A) und (B) die jeweiligen Umkehrungen; außerdem gilt konsequenterweise dann auch die Äquivalenz $(A) \Leftrightarrow (B)$ beider Kriterien.

Im Falle multipler Iterationen ($n \geq 2$) gelten weder die Umkehrungen in den beiden Kriterien (A) und (B), noch sind beide gleichwertig. Im Einzelnen können wir für jeden dieser Fälle eine stattliche Liste an logisch zusammenhängenden Implikationen zeigen:

Einfache Iterationen: Es sei $\mathfrak{M}_X = \{m * X | m \in \mathbb{Z}\}$ die durch ein einziges Iterationsintervall $X \neq$ Prim erzeugte Intervallfamilie. Dann gelten in den Aussagen (A) und (B) auch deren jeweilige Umkehrungen. Dies führt summa summarum für einfache Iterationen auf folgendes Eindeutigkeitskriterium. Es sind gleichwertig:

(1) Der Operator ω: $\mathfrak{M}_X \to \mathfrak{M}_{\text{mus}}$ ist injektiv: Je zwei verschiedene Intervalle aus $\mathfrak{M}_X$ haben auch verschiedene Reoktavierungen.

(2) Die gesamte reoktavierte Intervallmenge aller Iterationen $\omega(\mathfrak{M}_X)$ ist eine unendliche Teilmenge von $\mathfrak{M}_{\text{mus}|0}$.

(3) Das Intervallpaar (X, O) ist nicht-kommensurabel.

Zusatz: Trifft eine dieser drei Eigenschaften zu, so liegt $\omega(\mathfrak{M}_X)$ sogar dicht in der Menge aller Suboktavintervalle $\mathfrak{M}_{\text{mus}|0}$ (siehe Abschn. 2.6 sowie Theorem 4.5).

Und die Aussage (B) führt im Umkehrschluss auf die Äquivalenzen:

(4) Der Operator ω: $\mathfrak{M}_X \to \mathfrak{M}_{\text{mus}}$ ist **nicht** injektiv.

(5) $\omega(\mathfrak{M}_X)$ ist eine endliche, periodische Oktavskala.

(6) Das Intervallpaar (X, O) ist kommensurabel, $X \overset{\text{kom}}{\leftrightarrow} O$.

Multiple Iterationen: Haben in einer multiplen Iterationsalgebra $\mathfrak{M}_{X_1,\ldots,X_n}$ zwei verschiedene Intervalle die gleiche Reoktavierung, so gibt es gleich unendlich viele Teiliterationen, die – reoktaviert – gleich sind. Im Detail finden wir die Äquivalenz der drei folgenden Kriterien:

(1) ω: $\mathfrak{M}_{X_1,\ldots,X_n} \to \mathfrak{M}_{\text{mus}}$ ist **nicht** injektiv.

(2) Es gibt (mindestens) ein Intervall $J \in \mathfrak{M}_{X_1,\ldots,X_n}$ mit $J = m * O$ und $m \neq 0$.

(3) Es gibt ein Intervall $J \in \mathfrak{M}_{X_1,\ldots,X_n}$ mit $J \neq \text{Prim}$, sodass für alle Intervalle $I \in \mathfrak{M}_{X_1,\ldots,X_n}$ und für alle unendlich vielen ganzen Vielfachen $k \in \mathbb{Z}$ die Gleichung

$$\omega(I \oplus kJ) = \omega(I)$$

gilt. Für dieses Intervall folgt dann auch die Darstellung

$$J = m_1 X_1 \oplus \ldots \oplus m_n X_n = m * O \text{ mit einem } m \neq 0.$$

Das bedeutet geometrisch, dass für jeden Ausgangspunkt $I \in \mathfrak{M}_{X_1,\ldots,X_n}$ einer Iteration die gesamte 1-parametrische Iterationsmenge

$$\mathfrak{G}(I) = \{I \oplus k * (mO) | k \in \mathbb{Z}\}$$

in der Gesamtalgebra $\mathfrak{M}_{X_1,\ldots,X_n}$ liegt und dort als „affine, durch den Zielton des Intervalls I verlaufende Gerade" geometrisch interpretiert werden kann. Alle Intervalle dieser Teiliteration $\mathfrak{G}(I)$ haben den gleichen Suboktavenanteil $\omega(I)$.

Beweis Zum Beweis des Hauptkriteriums starten wir mit der Richtung „⇒": Wenn $\{X_1, \ldots, X_n, O\}$ ganzzahlig linear unabhängig ist, so gilt dies erst recht für die Teilmenge $\{X_1, \ldots, X_n\}$. Das Wesentliche des Beweises ist dann der Beweis der Eineindeutigkeit des Operators ω: Dazu nehmen wir an, dass eine Gleichung

$$\omega(I) = \omega(m_1 X_1 \oplus \ldots \oplus m_n X_n) = \omega(k_1 X_1 \oplus \ldots \oplus k_n X_n) = \omega(J)$$

besteht, und dann müssen wir sehen, dass hieraus die Gleichheit $I = J$ folgt, so jedenfalls finden wir die Eineindeutigkeit in der voranstehenden Erklärbox verankert. Nach Theorem 1.5 A ist die Gleichung $\omega(I) = \omega(J)$ jedoch äquivalent zur Bilanz, dass sich I, J nur um Oktavvielfache unterscheiden, mithin erhalten wir die Darstellung

$$I \ominus J = (m_1 X_1 \oplus \ldots \oplus m_n X_n) \ominus (k_1 X_1 \oplus \ldots \oplus k_n X_n) = m * O$$
$$\Leftrightarrow (m_1 - k_1) X_1 \oplus \ldots \oplus (m_n - k_n) X_n = m * O$$
$$\Leftrightarrow s_1 X_1 \oplus \ldots \oplus s_n X_n = m * O.$$

Indem wir also voraussetzen, dass das komplette Intervallsystem $(X_1, \ldots, X_n, O)$ ganzzahlig linear unabhängig ist, hat diese Gleichung nur für

$$s_1 = \ldots = s_n = m = 0$$

Bestand, und die Injektivität des Operators ω ist gezeigt, denn dann ist $I = J$. Für die Umkehrung nehmen wir eine Bilanz

$$s_1 X_1 \oplus \ldots \oplus s_n X_n \oplus m * O = \text{Prim}$$

an, für die wir dann zeigen müssen, dass dies nur für $s_1 = \ldots = s_n = m = 0$ möglich ist. Dann wenden wir hierauf den Operator ω an und erhalten

$$\omega(s_1 X_1 \oplus \ldots \oplus s_n X_n \oplus m * O) = \omega(\text{Prim}) = \text{Prim}.$$

Andererseits gilt nach der Oktavierungsinvarianz von ω auch die Gleichung

$$\omega(s_1 X_1 \oplus \ldots \oplus s_n X_n) = \omega(s_1 X_1 \oplus \ldots \oplus s_n X_n \oplus k * O) = \text{Prim}$$

für alle beliebigen $k \in \mathbb{Z}$. Daher haben wir die beiden „homogenen" Gleichungen

$$\omega(s_1 X_1 \oplus \ldots \oplus s_n X_n) = \text{Prim} = \omega(\text{Prim}).$$

Jetzt tritt die Voraussetzung der Injektivität des Operators ω auf der Iterationsalgebra $\mathfrak{M}_{X_1,\ldots,X_n}$ auf den Plan, die dann sagt, dass dann zwingend

$$s_1 X_1 \oplus \ldots \oplus s_n X_n = \text{Prim}$$

sein muss. Dann aber impliziert die jetzt vorausgesetzte ganzzahlige lineare Unabhängigkeit des kleineren Systems $\{X_1, \ldots, X_n\}$, dass auch alle Koeffizienten $s_1, \ldots, s_n$ verschwinden, woraus wiederum aus der angenommenen Bilanzgleichung auch $m = 0$ sein muss. Folglich verschwinden alle Koeffizienten $(s_1, \ldots, s_n, m)$, und das erweiterte System $\{X_1, \ldots, X_n, O\}$ ist ganzzahlig linear unabhängig.

Die Aussage (A) folgt der allgemeinen Mengenlehre: Nach der Voraussetzung, dass ja beispielsweise $X_1 \neq \text{Prim}$ ist, enthält alleine schon die Iterationsfamilie $\mathfrak{M}_{X_1}$ unendlich viele Intervalle, und wegen der trivialen Enthaltenseinsbeziehung

$$\mathfrak{M}_{X_1} = \{k X_1 | k \in \mathbb{Z}\} \subset \{k_1 X_1 \oplus \ldots \oplus k_n X_n | k_1, \ldots, k_n \in \mathbb{Z}\} = \mathfrak{M}_{X_1,\ldots,X_n}$$

hat dann $\mathfrak{M}_{X_1,\ldots,X_n}$ erst recht unendlich viele Elemente. Dann aber gilt dies auch für die Bildmenge der als injektiv vorausgesetzten Abbildung

$$\omega\colon \mathfrak{M}_{X_1,\ldots,X_n} \to \mathfrak{M}_{\text{mus}|0},$$

denn verschiedene Urbilder werden ja unter einer injektiven Abbildung auf verschiedene Bilder transportiert, so die plausible Erklärung. Zur „gestrengen Erklärung" zitieren wir das zwar anschaulich scheinbar evidente – gleichwohl sehr subtile „Dirichlet'sche Schubfachprinzip" siehe [2].

▶ *Man kann nicht unendlich viele Objekte auf nur endlich viele Plätze verteilen, sodass auf jedem Platz höchstens eines dieser Objekte seinen Platz findet.*

Kleines Intermezzo: Der dabei für „endliche" Mengen formulierte Fall erzeugt tatsächlich Stirnrunzeln: Ist das denn nicht klar – muss man das wirklich beweisen?

▶ *Wenn wir des Abends sieben Personen zu Gast haben, denen wir sechs Sofas zum Platz anbieten, so müssen auf mindestens einem Sofa mindestens zwei Personen zusammensitzen (hoffentlich die passenden).*

Die Verteilung (Funktion), welche den Personen die Sofas zuordnet, kann also nicht injektiv sein, wenn es mehr Personen als Sofas gibt! Übrigens liegt die wirkliche Kraft dieses Prinzips tatsächlich und vor allem im Bereich der unendlichen Mengen – ein überaus spannendes Gebiet, das seit Georg Cantor (1845–1918) zu einer Grundsteinlegung der mathematischen Wissenschaften schlechthin geführt hat – dies nur mal so am Rande –, und mehr darüber können wir in der Geschichte vom

▶ *„Kongress der einfach-superpartikularen Intervalle"*

im 4. Satz der Symphonie vom Harmonischen Meer am Ende dieses Buches erfahren.

Wir fahren im Beweis des Theorems fort. Die Aussage (B) folgt indirekt: Gäbe es ein solches Intervall $J \in \mathfrak{M}_{X_1,\dots,X_n}$ mit $J \neq$ Prim und mit einer periodischen reoktavierten Iterationenfamilie

$$\mathfrak{M}_J = \{k * J \mid k \in \mathbb{Z}\},$$

so gäbe es eine Zahl $m > 1$, sodass zwar die Gleichheit $\omega(mJ) = \omega(J)$ eintritt – die Iteration wäre eine geschlossene Oktavskala –; aber weil $J \neq$ Prim ist, gilt ja $mJ \neq J$, und es entstünde ein Widerspruch zur vorausgesetzten Injektivität des Operators ω.

Bevor wir nun zu den Details in den beiden Fällen kommen, betrachten wir jedoch noch eine allgemeine Situation.

Sei $\omega \colon \mathfrak{M}_{X_1,\dots,X_n} \to \mathfrak{M}_{\text{mus}}$ **nicht injektiv**. Dann gibt es Intervalle $J_1, J_2 \in \mathfrak{M}_{X_1,\dots,X_n}$ mit

$$\omega(J_1) = \omega(J_2).$$

Nach dem Injektivitätskriterium unseres Theorems 1.5 A (D) unterscheiden sich beide Intervalle nur durch Oktaven; es gilt dann für die Differenz also die Gleichung

$$J := J_1 \ominus J_2 = m * O,$$

wobei wir $m > 0$ annehmen können – ansonsten wählen wir $J := J_2 \ominus J_1$. Entscheidend ist nun, dass auch das Differenzintervall J in der Modulalgebra $\mathfrak{M}_{X_1,\dots,X_n}$ liegt, es gilt ja mit der detaillierten Beschreibung

$$J_1 = k_1 X_1 \oplus \dots \oplus k_n X_n = \omega(J_1) \oplus n_1 * O$$
$$J_2 = l_1 X_1 \oplus \dots \oplus l_n X_n = \omega(J_2) \oplus n_2 * O$$

die Darstellung

$$J = J_1 \ominus J_2 = (k_1 - l_1)X_1 \oplus \dots \oplus (k_n - l_n)X_n = j_1 X_1 \oplus \dots \oplus j_n X_n.$$

Also ist $J \in \mathfrak{M}_{X_1,\dots,X_n}$. Somit ergibt sich die Intervallbilanz

$$J = j_1 X_1 \oplus \dots \oplus j_n X_n = m * O.$$

Nun unterscheiden wir den einfachen vom multiplen Fall und kommen zu den Details.

Sei $n = 1$ – also $\mathfrak{M}_{X_1,\dots,X_n} = \mathfrak{M}_X$ mit einem (Aufwärts-)Iterationsintervall X. Die Implikation (1) $\Rightarrow$ (2) ist die soeben bewiesene Aussage (A). Die Umkehrung erfolgt indirekt: Angenommen, die Menge $\omega(\mathfrak{M}_X)$ bestünde zwar aus unendlich vielen Intervallen, jedoch sei ω nicht injektiv. Dann gibt es – wie zuvor gezeigt – ein Intervall $J \in \mathfrak{M}_X$ – und demnach wäre $J = k * X$ mit einem passenden Iterationsparameter $k > 0$, und dann gilt jetzt die Gleichung

$$J = k * X = m * O.$$

Nun können wir per Division mit Rest jede positive ganze Zahl $j \in \mathbb{Z}$ in der Form

$$j = s * k + r \text{ mit } 0 \leq r < k \text{ und } s \in \mathbb{N}$$

schreiben; für negative Iterationsparameter j gilt eine analoge Einteilung. Dann beobachten wir, dass die Formel

$$\omega(j * X) = \omega((s * k + r) * X) = \omega(r * X \oplus s * O) = \omega(r * X)$$

bewirkt, dass die gesamte reoktavierte Intervallmenge $\omega(\mathfrak{M}_X)$ aus höchstens k verschiedenen Intervallen besteht – in der Tat ergibt sich die Auflistung

$$\omega(\mathfrak{M}_X) = \{\omega(jX) | j \in \mathbb{Z}\} = \{\text{Prim}, \omega(X),\ \omega(2X), \dots, \omega((k-1)X)\},$$

denn es gibt ja nur höchstens k mögliche Reste r – ein Widerspruch zur jetzigen Voraussetzung.

Zur Implikation (3) $\Rightarrow$ (4) nutzen wir ebenfalls dieses existente Intervall J mit der zur Gleichung äquivalenten Bedeutung

$$J = k * X = m * O \Leftrightarrow X \overset{\text{kom}}{\leftrightarrow} \text{Oktave},$$

und beide Parameter k und m sind dann auch positiv. Außerdem können wir – wie stets – mittels Kürzen erreichen und daher annehmen, dass k und m teilerfremd sind. Diese Gleichung erzwingt aber, dass die reoktavierte Iterationsmenge $\omega(\mathfrak{M}_X)$ endlich und periodisch ist, und sie lässt sich nach dem Kommensurabilitätsprinzip der Oktave aus Theorem 2.3 beziehungsweise gemäß unserem Beispiel 2.8 zu einer gleichstufigen Oktavskala mit k Stufen anordnen. Dabei ist das Stufenintervall dieser Skala das Intervall $E = ggT(X, O)$ des größten gemeinsamen Teilers. So kommen wir in Einklang mit dem übrigens auch im Kap. 11 der Gleichstufigkeitsskalen im dortigen Theorem 11.1 beschriebenen Ergebnis, dass

$$\omega(\mathfrak{M}_X) = \{ETS_k\} = \{\text{Prim} \rightarrow E \rightarrow 2E \rightarrow \dots \rightarrow kE = O\}$$

eine k-gleichstufige Oktavskala ist. Somit ist die Implikation (3) $\Rightarrow$ (4) gezeigt. Deren Umkehrung (4) $\Rightarrow$ (3) ist aber trivial, denn wenn $\omega(\mathfrak{M}_X)$ eine periodische Skala darstellt, so ist $\omega(\mathfrak{M}_X)$ als Ton- beziehungsweise als Intervallmenge endlich, was gemäß des bereits zitierten Dirichlet'schen Schubfachprinzips die Nicht-Injektivität von ω nach sich führt.

Im allgemeinen multiplen Fall $n > 1$ bleibt dagegen nur die Auswertung der Gleichung

$$J = j_1 I_1 \oplus \ldots \oplus j_n I_n = m * O.$$

Aus der bisherigen Betrachtung ist klar, dass die Äquivalenz (5) $\Leftrightarrow$ (6) besteht, denn wenn es ein solches Intervall $J = m * O \in \mathfrak{M}_{X_1,\ldots,X_n}$ gibt, so ist ja wegen $J \neq$ Prim und

$$\omega(\text{Prim}) = \omega(J) = \text{Prim}$$

diese Äquivalenz unmittelbar vor Augen. Ebenso ist die Implikation (7) $\Rightarrow$ (5) evident. Dann zeigen wir noch die Implikation (6) $\Rightarrow$ (7): Sei $I \in \mathfrak{M}_{X_1,\ldots,X_n}$. Dann folgt

$$\omega(I \oplus kJ) = \omega(I \oplus (km) * O) = \omega(I)$$

nach der Oktavierungsinvarianz unseres Operators ω wie auch aus dem bereits bewiesenen Teil (A) dieses Theorems. Mit der speziellen Wahl von $I =$ Prim wäre im Übrigen auch die Implikation (7) $\Rightarrow$ (6) gegeben. Damit ist das Theorem bewiesen. ∎

Nun beleuchten wir in einem anschließenden Beispiel eine zwar allgemeine Situation, die aber unmittelbar zu musikalischen Anwendungen – wie dem bekannten Euler'schen Terz-Quint-Gitter – passt.

Beispiel 4.5 (Lineare Unabhängigkeit von Primzahl-Intervallsystemen)

Es sei $\{X_1, \ldots, X_n\} \subset \mathfrak{M}_{\text{harm}}$ ein System harmonisch-rationaler Intervalle, welches die Eigenschaft besitzt:

Jedes erzeugende Intervall X_k besitzt in seinem Primzahl-Obertonaufbau gemäß Theorem 3.1 mindestens ein von der Oktave $(O = E_1)$ verschiedenes Intervall $E_{m(k)}$, das in keinem der übrigen Intervalle $X_j (j \neq k)$ vorkommt.

Dann ist das erweiterte System $\{X_1, \ldots, X_n, O\} \subset \mathfrak{M}_{\text{harm}}$ ganzzahlig linear unabhängig, der Oktavierungsoperator ist injektiv, und die Zieltonmenge der Algebra $\omega(\mathfrak{M}_{X_1,\ldots,X_n})$ ist unendlich (und nach dem späteren Theorem 4.5 in der Grundoktave dicht verteilt).

Speziell trifft dies auf das Euler'sche Terz-Quint-Gitter $\mathfrak{M}_{\text{rein}} = \mathfrak{M}_{X_1,X_2}$ mit

$$X_1 = Q_{\text{pyth}} = E_2 \text{ und } X_2 = \text{Terz}(4{:}5) = E_3$$

zu. Die Begründung dieses Sachverhalts ist denkbar einfach: Eine Gleichung der Form

$$s_1 X_1 \oplus \ldots \oplus s_n X_n \oplus m * O = \text{Prim}$$

erzwingt aufgrund der gegebenen Eigenschaft, dass alle Koeffizienten $s_k, k = 1, \ldots, n$, verschwinden, weshalb auch $m = 0$ sein muss. Denn da für jedes $k = 1, \ldots, n$ das Primzahl-Obertonintervall $E_{m(k)}$ auf der linken Seite der Gleichung ausnahmslos im Anteil X_k vorkommt, auf der rechten Seite dagegen nicht, muss aufgrund der Eindeutigkeit dieser Primzahl-Obertondarstellung der Koeffizient s_k verschwinden. ◄

Bemerkung

Das Operatormodell der Reoktavierung könnte letztendlich auch einem sogenannten *Äquivalenzmodell der Reoktavierung* dienen. Töne sind äquivalent, wenn sie sich nur um ganze Oktaven unterscheiden. Dann könnte man die „Klasse aller zueinander äquivalenten realen (physikalischen) Töne" als ein Abstraktum eines Tons deklarieren, eine Lage innerhalb einer bestimmten Oktave ist hierbei ausgeblendet. Musikalische Intervalle wären dann „Äquivalenzklassen dieser Äquivalenzklassen…".

▶   *Nicht abstrakt wäre dagegen die musikalisch geleitete Umsetzung dieses Äqui-*
    valenzmodells: Bedeutet doch „Äquivalenzklassenbildung" nichts anderes, als
    dass wir beispielsweise alle Tasten einer Klaviatur mit gleichem „Namen" identi-
    fizieren: Alle C-Tasten, alle Cis-Tasten, …, alle H-Tasten werden jeweils mit der ent-
    sprechenden Taste der Mitteloktavskala identifiziert.

Ein wesentlicher Vorteil unseres Operatormodells dagegen ist allerdings der, dass wir eine reale Oktave – eine irgendwie und irgendwann fest ausgewählte Grundoktave – als Modellierungsraum haben, wie auch der, dass wir hierdurch dem nicht gerade allseits bekannten Rechnen mit Äquivalenzklassen (statt mit konkreten Intervallen) aus dem Wege gehen und uns stattdessen an der vertrauten Intervallalgebra erfreuen.

4.5   Die Analysis der Iterationen und das Tonverteilungstheorem

Es mag durchaus sein, dass nur „Mathematiker" auf die Idee kommen, sich mit folgendem Problem zu befassen, wodurch die These, den realen Dingen der Welt entrücken zu wollen, auch nicht wirklich entkräftet wird.

Die Situation

Angenommen, wir haben zwei Iterationsintervalle $E_1, E_2 \in \mathfrak{M}_{\text{mus}}$, aus denen wir alle möglichen Intervallkombinationen

$$X = n_1 * E_1 \oplus n_2 * E_2$$

bilden – will sagen, mit denen wir die Iterationsalgebra $\mathfrak{M}_{E_1,E_2}$ konstruieren. In der Regel wird das eine Iteration mit Oktaven und Quinten sein, so wie sehr viele Skalenkonstruktionen der Temperierungstheorie verlaufen. Dann hätten wir es mit der Iterationsalgebra

$$\mathfrak{M}_{E_1,E_2} = \mathfrak{M}_{O,Q}$$

zu tun, bei der es ganz entscheidend auf die Wahl dieser „Quinte" ankommt. Nun wollen wir den nach Theorem 2.6 generischen Fall annehmen, dass die beiden erzeugenden Intervalle E_1, E_2 nicht-kommensurabel sind. Das bedeutet ja, wie wir im Theorem 2.1 (6) gesehen haben, dass je zwei Iterationen

$$X = n_1 * E_2 \oplus n_2 * E_2 \text{ und } Y = m_1 * E_2 \oplus m_2 * E_2$$

verschieden sind, sobald die Iterationsparameter dies ebenfalls sind:

$$X \neq Y \Leftrightarrow (n_1, n_2) \neq (m_1, m_2).$$

So entstehen also letztlich unendlich viele unterschiedlich große Intervalle, die sich allesamt im „Ozean der Harmonie" $\mathfrak{M}_{\text{mus}}$ tummeln. Die Frage, um die es nun geht, ist ganz einfach die naheliegende Neugier, wie sich die Algebra $\mathfrak{M}_{E_1, E_2}$ in der gesamten Intervallmenge $\mathfrak{M}_{\text{mus}}$ einfügt.

▶   *Ist das nur ein spezieller – in irgendeiner Ecke platzierter Teil, oder verteilen sich die Iterationsintervalle irgendwie gleichmäßig im Ganzen; gibt es am Ende vielleicht bevorzugte Lieblingsorte, an denen wir diese Intervalle antreffen; gibt es womöglich Bereiche, wo wir keines dieser Intervalle finden, und so fort.*

Das folgende Theorem gibt uns nun die beste aller möglichen Antworten:

▶   *Die Iterationsalgebra $\mathfrak{M}_{E_1, E_2}$ ist gleichmäßig und dicht in der Gesamtheit aller musikalischen Intervalle $\mathfrak{M}_{\text{mus}}$ verteilt.*

Diesen analytisch topologischen Begriff „dicht" haben wir ja bereits im Abschn. 2.6 dank der Werkzeuge der Definition 2.6 kennengelernt und erklärt. Und mittels dieser Werkzeuge können wir nun sagen:

Theorem 4.5 (Der Tonverteilungssatz – Theorem von Levy-Poincaré)
Es seien $E_1, E_2 \in \mathfrak{M}_{\text{mus}}$ zwei musikalische Intervalle. Dann sind äquivalent:

(A) E_1, E_2 sind nicht-kommensurabel.
(B) Die Iterationsalgebra $\mathfrak{M}_{E_1, E_2}$ liegt dicht in der gesamten Menge $\mathfrak{M}_{\text{mus}}$.

Das heißt für den Nicht-Kommensurabilitätsfall: Zu jedem beliebigen musikalischen Intervall $I \in \mathfrak{M}_{\text{mus}}$ gibt es eine unendliche Folge von Intervallen dieser Iterationsalgebra $\mathfrak{M}_{E_1, E_2}$, welche das Intervall I approximiert – in mathematischer Symbolik: Die Centmaß-Wertemenge

$$\text{ct}\big(\mathfrak{M}_{E_1, E_2}\big) \subset \text{ct}(\mathfrak{M}_{\text{mus}}) = \mathbb{R}$$

ist eine zwar „nur abzählbar unendliche" – jedoch überall dichte Teilmenge aller reellen Zahlen: In jedem noch so kleinen Subintervall $[a - \varepsilon, a + \varepsilon]$ des reellen Datenraums $\mathbb{R}$ zu jedem Centwert $a \in \mathbb{R}$ und für jede Ungenauigkeitsschranke $\varepsilon > 0$ liegen Centwerte von Iterationsintervallen der gegebenen Algebra $\mathfrak{M}_{E_1, E_2}$ – und zwar sogar gleich unendlich viele verschiedene.

Zusatz: Sind dagegen E_1, E_2 kommensurabel, so ist die gesamte Iterationsfamilie von E_1, E_2 die diskrete – im Sinne des Centmaßes arithmetische – Datenfolge der Iteration mit einem einzigen Intervall E_0,

$$\mathfrak{M}_{E_1, E_2} = \mathfrak{M}_{E_0} = \{n * E_0 | n = 0, \pm 1, \pm 2, \ldots\},$$

wobei nämlich dieses Intervall E_0 der größte gemeinsame kommensurable Teiler von E_1, E_2 ist, $E_0 = ggT(E_1, E_2)$, so wie es in Theorem 2.2 beschrieben ist.

Anwendung Bevor wir zum Beweis kommen, wollen wir die wohl wichtigste Anwendungssituation beschreiben:

▶   Ist eine Iterationsquinte Q nicht-kommensurabel zur Oktave, so liegen in jedem Oktavraum $[t \rightarrow t']$ eines beliebigen Tons t unendlich viele Töne, die man per $Q - O$-Iterationen gewinnen kann; hierbei kann als Start – beziehungsweise als Tonika – der Iterationsalgebra $\mathfrak{M}_{Q,O}$ jeder beliebige Ton gewählt werden. Und diese Tonmenge liegt (beispielsweise in ihren konkreten physikalischen Frequenzdaten) in jedem solchen Oktavraum dicht verteilt, sodass es für jeden beliebigen Ton x eine konvergente Folge von $Q - O$-Iterationen gibt, deren Zieltöne (das heißt die Frequenzen) gegen den Ton x – das heißt gegen dessen Frequenz – konvergieren.

Für die Instrumentenstimmer:
    „Man kann jeden x-beliebigen Ton mittels des Q-Intervalls und seinen Iterationen und passenden Oktavierungen beliebig genau stimmen."

Beweis Zunächst ist die Rückrichtung $(B) \Rightarrow (A)$ schnell erklärt: Wären E_1, E_2 kommensurabel, so wäre ja die Iterationsalgebra wie im Zusatz dargelegt die diskrete Intervallschichtung des ggT-Intervalls E_0, was auf der hierzu gleichwertigen Ebene der Centmaßwerte mit der Notation

$$x_0 = \mathrm{ct}(ggT(E_1, E_2)) = \mathrm{ct}(E_0)$$

die Datenmenge

$$\mathrm{ct}\big(\mathfrak{M}_{E_1, E_2}\big) = \{\ldots -2x_0, -x_0, 0, x_0, 2x_0, \ldots\} = x_0 * \mathbb{Z}$$

ergibt, welche alles andere als eine dichte Teilmenge der reellen Zahlen ist. Somit ergäbe diese Annahme einen Widerspruch zur Voraussetzung (*B*), und simultan haben wir den Zusatz nochmals erläutert.

Die entscheidende Aufgabe ist aber nun die Richtung (*A*) $\Rightarrow$ (*B*), dem eigentlichen Levy-Poincaré-Theorem. Um den technischen Schreibaufwand übersichtlicher zu gestalten, wählen wir die Notationen und die einschränkungslose Annahme

$$x_1 = \mathrm{ct}(E_1), x_2 = \mathrm{ct}(E_2) \text{ mit } 0 < x_1 < x_2.$$

Beide Intervalle sind aufwärtsführend, und das größere sei E_2; weil sich ja die Iterationen auch über negative Iterationsparameter hinweg erstrecken, würde ein Tausch $E_1 \leftrightarrow (\ominus E_1)$ diese erleichternde positiv orientierte Situation herbeiführen.

Eingedenk der Hauptanwendung dieses Theorems ermuntern wir gleichwohl zwecks Imagination, sich stets den Fall einer Quint-Oktav-Iteration vorzustellen: $E_1 = Q$ sei irgendein „quintähnliches" Intervall, während dann $E_2 = O$ die reine Oktave bedeutet.

Als Nächstes stratifizieren wir die reelle Zahlengerade in die fortlaufenden Subintervalle

$$M_n = [nx_2, (n+1)x_2[, n \in \mathbb{Z},$$

der konstanten Breite x_2; der obere Wert $(n+1)x_2$ gehört nicht dazu, der untere gleichwohl – eine unbedeutende Feinheit. Aus der Sicht der genannten Imagination bilden wir also alle aufeinander folgenden und sich nicht überschneidenden Oktavkorridore der Breite 1200 (ct). Dadurch gewinnen wir die Stratifizierung der Gesamtheit aller reellen Zahlen als eine aus beidseitig unendlich vielen untereinander schnittfremden („disjunkten") Fasern M_n bestehende Vereinigung

$$\mathbb{R} = \bigcup_{n \in \mathbb{Z}} M_n.$$

Das sagt eigentlich nichts anderes aus, als dass sich jede reelle Zahl in genau einem dieser Korridore befindet – eine triviale Sache (und der Hintergrund zur eben erwähnten „Feinheit"). Nun stratifizieren wir die Menge aller Intervalle der Iterationsalgebra $\mathfrak{M}_{E_1,E_2}$ ebenfalls und genau nach diesem Muster, nämlich je nachdem, in welchem Korridor M_n das Centmaß eines Intervalls $I = k_1 * E_1 \oplus k_2 * E_2$ liegt, und dann erhalten wir die „Faserung"

$$\mathfrak{M}_{E_1,E_2} = \bigcup_{n \in \mathbb{Z}} \{I = k_1 * E_1 \oplus k_2 * E_2 | \mathrm{ct}(I) \in M_n\} =: \bigcup_{n \in \mathbb{Z}} \mathfrak{M}_{E_1,E_2|n}$$

der gesamten Iterationsalgebra in eine beidseitig unendliche Familie von Fasern, die paarweise disjunkt sind, sich nicht überlappen, die somit leeren Durchschnitt haben, symbolisch:

$$\mathfrak{M}_{E_1,E_2|n} \cap \mathfrak{M}_{E_1,E_2|m} = \emptyset \text{ (für } n \neq m).$$

Diese Stratifikation entspricht im Übrigen genau dem Oktavenaufbau der Menge aller musikalischen Intervalle aus unserem Abschn. 1.6, falls das Intervall E_2 hierbei die Rolle der Oktave übernimmt. Insbesondere ist also der Anteil $\mathfrak{M}_{E_1,E_2|0}$ genau die Gesamtheit aller Iterationsintervalle I, deren Centmaß sich zwischen den Grenzen $0 \leq \mathrm{ct}(I) < x_2$ bewegt – in der Imagination wäre das mit $x_2 = 1200\,\mathrm{ct}$ der „Grundoktavraum", das „Erdgeschoss" der Faserung gemäß Theorem 1.5 B. Und noch eine weitere wichtige Beobachtung schließt sich an:

Kennen wir alle Iterationsintervalle dieses Erdgeschosses $\mathfrak{M}_{E_1,E_2|0}$, so kennen wir mittels eines simplen Tricks, den wir der Linearität des Centmaßes verdanken, auch alle anderen „Etagen" $\mathfrak{M}_{E_1,E_2|n}$ ($n \in \mathbb{Z}$) dieses Gebäudes, denn es gelten ganz offenbar die sich entsprechenden Formeln

$$\mathfrak{M}_{E_1,E_2|n} = \mathfrak{M}_{E_1,E_2|0} \oplus \{n * E_2\} \text{ und } M_n = M_0 + \{n * x_2\}.$$

Oktaviert man alle Töne aus $\mathfrak{M}_{E_1,E_2|n}$ um n Oktaven (genauer um n Iterationen E_2) ab (für $n \geq 1$) beziehungsweise auf (für $n \leq -1$), so gewinnt man die Töne des Grundraums $\mathfrak{M}_{E_1,E_2|0}$, und umgekehrt wird jeder Ton des Grundraums nach Addition von n Oktaven (alias von n Intervallen E_2) zu einem Ton (Intervall) der Faser $\mathfrak{M}_{E_1,E_2|n}$." Die beeindruckenden Formeln dieser beiden Faserungen

$$\mathfrak{M}_{E_1,E_2} = \bigcup_{n \in \mathbb{Z}} \left(\mathfrak{M}_{E_1,E_2|0} \oplus \{n * E_2\} \right) \text{ und } \mathbb{R} = \bigcup_{n \in \mathbb{Z}} \left(M_0 + \{n * x_2\} \right)$$

beschreiben diesen musikalischen Vorgang in mathematischer Lesart. Jetzt zeigen wir den inneren Kern der Sache, dass nämlich die Centwerte der Iterationsintervalle aus der Basisfaser $\mathfrak{M}_{E_1,E_2|0}$ eine dichte Teilmenge des reellen Intervalls $M_0 = [0, x_2[$, in welchem ja genau ihre Werte liegen, bilden. Dieses Ansinnen strukturieren wir in mehrere Schritte:

1. Behauptung: $\mathfrak{M}_{E_1,E_2|0}$ enthält unendlich viele Intervalle.

Warum? Wir erinnern uns der vorausgesetzten Nicht-Kommensurabilität: Für keine ganzen Zahlen k_1, k_2 kann eine Gleichung – sei sie intervallarithmetisch oder im Centmodus

$$k_1 * E_1 = k_2 * E_2 \Leftrightarrow (k_1 * x_1)\,\mathrm{ct} = (k_2 * x_2)\,\mathrm{ct}$$

– richtig sein. Daher führt folgender Weg zu einer Teilfolge in $\mathfrak{M}_{E_1,E_2|0}$ mit auch dort unendlich vielen paarweise verschiedenen Intervallen: Zu jedem natürlichen Parameter $m \in \mathbb{N}$ gibt es sicher genau eine ganze Zahl $n = n(m) \in \mathbb{N}$ mit den strikten Ungleichungen

$$(n-1)x_1 < mx_2 < nx_1 < (m+1)x_2.$$

Denn die Aufzählung der arithmetischen Abfolge $x_1, 2x_1, 3x_1, \ldots$ überschreitet an genau einer Stelle den gegebenen Schwellenwert (mx_2), was die ersten beiden Ungleichungen ausdrücken. Die dritte ist aber auch evident: Aus $x_1 < x_2$ folgt sofort

$$(n-1)x_1 < mx_2 \Leftrightarrow nx_1 < mx_2 + x_1 < mx_2 + x_2 = (m+1)x_2.$$

Warum machen wir das? Nun, die Tatsache, dass hieraus – vermöge Subtraktion von mx_2 – die Lagebeschreibung

$$0 < nx_1 - mx_2 < x_2$$

folgt, besagt musikalisch haargenau, dass das Iterationsintervall

$$I_m = n(m) * E_1 \ominus m * E_2$$

in $\mathfrak{M}_{E_1,E_2|0}$ liegt, denn es ist ja gerade $\text{ct}(I_m) = nx_1 - mx_2$. Somit haben wir eine unendliche Folge von paarweise verschiedenen Intervallen $I_m \in \mathfrak{M}_{E_1,E_2|0}$ gefunden, und für deren Centzahlfolge $(y_m)_{m\in\mathbb{N}}$ gilt dann definitionsgemäß, dass sie im kompakten Zahlenbereich $[0, x_2]$ liegt,

$$y_m := \text{ct}(I_m) \in [0, x_2[\subset [0, x_2].$$

Wir machen uns noch einmal klar, dass aufgrund der Eindeutigkeit zwischen Centzahl und Intervall auch diese Centmaß-Datenmenge $D_0 = \{y_m \,|\, m \in \mathbb{N}\}$ unendlich viele paarweise verschiedene Elemente – sprich reelle Werte – hat.

   Nun sind wir mitten in der Analysis gelandet – und die folgende Beweisführung befleißigt sich der typischen analytischen Argumentationsmuster – da führt kein Weg daran vorbei! So gelangen wir zum Zentrum des eigentlichen Beweises:

2. Behauptung: $\mathfrak{M}_{E_1,E_2|0}$ enthält eine konvergente Intervallfolge.

Warum? Jetzt kommt der wohl wichtigste Satz der Grundlagenanalysis auf den Plan: der Satz von Bolzano-Weierstraß (Bernhard Bolzano (1781–1848) und Karl Weierstraß (1815–1897)), das Fundament der Theorie der reellen Zahlen schlechthin; für eine Vertiefung siehe exemplarisch [14]. Der verkürzte Wortlaut dieses Theorems sagt aus:

▶   *„Jede beschränkte Folge reeller Zahlen hat mindestens eine konvergente Teilfolge." (Bolzano-Weierstraß-Theorem)*

Das bedeutet, dass es für die Datenmenge D_0 einen sogenannten „Häufungspunkt" $y_0 \in [0, x_2]$ geben muss. Dieser muss zwar nicht selbst zu D_0 gehören – aber definitionsgemäß gilt, dass es in jeder noch so kleinen Umgebung dieses Punktes y_0 Punkte der Datenmenge D_0 geben muss (und konsequenterweise dortselbst dann auch sogar unendlich viele). Wenn dem so ist, so gibt es auch simultan eine Teilfolge von $(y_k)_{k\in\mathbb{N}} \subset D_0$, welche den Punkt y_0 limitiert. Nennen wir diese Teilfolge einfach auch gleich $(y_k)_{k \in \mathbb{N}}$ – um eine technisch aufwendige Doppelindizierung zu vermeiden –, so gilt demnach die Konvergenz

$$\lim_{k \to \infty} y_k = y_0.$$

Nun ist jede konvergente Folge auch eine sogenannte „Cauchy-Folge", sie genügt dem Konvergenzkriterium von Augustin-Louis Cauchy (1789–1857). Wir entnehmen hieraus demnach folgende Information: Zu jedem vorgegebenen (und beliebig kleinen) Toleranzwert $\varepsilon > 0$ gibt es einen dazu passenden Index n_0, sodass

$$\left| y_k - y_j \right| < \varepsilon \text{ für alle Indizes } k, j \geq n_0$$

gilt. Diese konvergente Punktfolge (y_k) ist von Hause aus eine Teilfolge der Datenmenge D_0 – daher gehört zu jedem Maß y_k genau ein Iterationsintervall I_k der Teilfamilie $\mathfrak{M}_{E_1, E_2 | 0}$. Das bedeutet, dass wir eine Folge von Iterationsintervallen $I_k \in \mathfrak{M}_{E_1, E_2 | 0}$ gefunden haben, die wir folglich so schreiben können

$$(I_k)_{k \in \mathbb{N}} = (n(k) * E_1) \ominus (k * E_2), k = 1, 2, \ldots,$$

und diese Folge bildet via Centmaß eine konvergente Intervallfolge.

▶   *Darüber hinaus wäre sogar für jedes Intervall $I \in \mathfrak{M}_{E_1, E_2}$ die Iterationsfolge $(I \oplus I_k)_{k \in \mathbb{N}}$ eine konvergente Folge innerhalb der gesamten Iterationsalgebra, deren Grenzintervall wieder ein neuer (anderer) Häufungspunkt wäre: Mit einem einzigen Häufungspunkt gibt es dank dieser Fortpflanzung also gleich unendlich viele verschiedene Häufungspunkte der Iterationsalgebra.*

3. Behauptung: Die Centmaßmenge D_0 von $\mathfrak{M}_{E_1, E_2 | 0}$ liegt dicht im Intervall $[0, x_2]$

Warum? Um die Dichtheit der Centmaßmenge respektive Intervallmenge nachzuweisen, benötigen wir in unserem Fall tatsächlich nur die Existenz eines einzigen Häufungspunktes. Und so kommen wir an das Ziel: Mit den Intervallen I_k bilden wir einmal die Intervalldifferenzen

$$\mathcal{E}_k = I_k \ominus I_{k+1} \text{ beziehungsweise } \mathcal{E}_k = I_{k+1} \ominus I_k$$

derart, dass stets ein positives Centmaß entsteht. Dann sind alle Intervalle $\mathcal{E}_k \in \mathfrak{M}_{E_1, E_2 | 0}$, denn eine Differenz von $E_1 - E_2$-Iterationen ist selber wieder eine solche Iteration, und auch die Centmaßmenge dieser Differenzintervalle liegt im Bereich $M_0 = [0, x_2]$. Entscheidend ist nun, dass offenbar die Konvergenz

$$|\text{ct}(\mathcal{E}_k)| = |\text{ct}(I_k) - \text{ct}(I_{k+1})| = |x_k - x_{k+1}| \to 0 \text{ für } k \to \infty$$

vorliegt, was musikalisch bedeutet, dass die Intervalle $\mathcal{E}_k$ zur Prim hin konvergieren – im Centmaßsinn der Definition 2.6. Jetzt können wir mit einem Standardargument der Analysis den Beweis der Dichtheit vollenden:

Sei $\varepsilon > 0$ vorgegeben, dann gibt es genau wegen dieser Konvergenz gegen Null einen Index n_0, sodass

$$0 < \text{ct}(\mathcal{E}_k) < \varepsilon \text{ für alle } k > n_0$$

gilt. Das Intervall $\mathcal{E}_k$, das wir aus der Iterationsalgebra gefunden haben, ist demnach so klein, wie wir gewünscht haben – kleiner als eine frei wählbare Schranke $\varepsilon > 0$. Nun sei für irgendein $k > n_0$ das Intervall $\mathcal{E}_k$ ein solches Exemplar, dann überdeckt ein endlicher Teil der Iterationsfolge

$$\text{Prim} \to \mathcal{E}_k \to 2\mathcal{E}_k \to 3\mathcal{E}_k \to \dots \to n\mathcal{E}_k \to \dots$$

schließlich das komplette E_2-Intervall (alias Oktavintervall); hierzu hat man den Parameter $n \in \mathbb{N}$ ganz einfach nur gemäß der offenkundigen Abschätzung

$$n * \text{ct}(\mathcal{E}_k) \leq x_2 < (n + 1)\text{ct}(\mathcal{E}_k)$$

zu wählen. Die Centabstände dieser Zwischenpunkte sind jedoch kleiner als ε, sodass in jedem Subintervall des Zahlenraums $[0, x_2]$ der Länge ε ein ct-Wert eines Iterationsintervalls liegt. Somit liegt die Centmaßmenge aller Iterationen aus $\mathfrak{M}_{E_1,E_2|0}$ dicht im Werteintervall $[0, x_2]$, denn kein noch so kleines Subintervall hiervon wird ausgelassen.

Jetzt müssen wir nur noch dieses Resultat auch für die anderen Etagen $\mathfrak{M}_{E_1,E_2|n}$ einsehen, wenn der Etagenparameter $n \in \mathbb{Z}$ beliebig gegeben ist. Das aber ist dank der fasertreuen, eineindeutigen Zuordnung

$$\text{ct}: \left(\bigcup_{n \in \mathbb{Z}} \left(\mathfrak{M}_{E_1,E_2|0} \oplus \{n * E_2\} \right) \right) \to \left(\bigcup_{n \in \mathbb{Z}} (M_0 + \{n * x_2\}) \right),$$

welche den Intervallen ihre Centmaße zuordnet, bestens gegeben: Alles, was zwischen den „Erdgeschossen" $\mathfrak{M}_{E_1,E_2|0}$ und M_0 stattfindet, wird durch eine Adjunktion von $(n * E_2)$ einerseits und durch eine simple Centaddition von $(n * x_2)$ ct andererseits fasertreu auf die Fasern $\mathfrak{M}_{E_1,E_2|n}$ und M_n übertragen. Damit ist das Theorem bewiesen. ∎

Bemerkungen

(1) Die Eigenschaft der Dichtheit der Iterationsalgebra führt unweigerlich zu Konvergenz- und Approximationseigenschaften: Wir können im Falle der Nicht-Kommensurabilität zweier Erzeugerintervalle jedes beliebige Intervall von $\mathfrak{M}_{\text{mus}}$ durch die Iterationsintervalle der Algebra $\mathfrak{M}_{F_1,F_2|}$ beliebig genau approximieren.

(2) Ist $I \in \mathfrak{M}_{E_1,E_2}$ ein beliebiges Intervall der Iterationsalgebra, so ist die an dieses Intervall adjungierte Folge mit den im Beweis konstruierten Differenzintervallen

$$J_k = I \oplus \mathcal{E}_k,$$

eine ebenfalls konvergente Intervallfolge, welche gegen das gegebene Intervall I konvergiert; alle unendlich vielen Folgenglieder gehören selbst wieder zu $\mathfrak{M}_{E_1,E_2}$, und jedes Intervall I der Iterationsalgebra ist sogar selber wieder ein Häufungspunkt von $E_1 - E_2$-Iterationen; jeder dieser Häufungspunkte wird selber wiederum limitiert von einer konvergenten unendlichen Centdatenfolge. Es breitet sich sozusagen eine doppelte Unendlichkeit aus – unendlich viele Töne haben jeweils wieder unendlich viele sie approximierende Tonfolgen. Was im Übrigen kein Widerspruch zu den vorhandenen abzählbar unendlich vielen Möglichkeiten darstellt!

▶   *Spätestens seit Georg Cantor (1845–1918) wissen wir, dass man aus Mengen mit (abzählbar) unendlich vielen Elementen wieder (abzählbar) unendlich viele Teilmengen mit sogar jeweils ebenfalls (abzählbar) unendlich vielen Elementen herausnehmen kann. Das bringt der Unendlichkeitsbegriff halt so mit sich.*

(3) Die pythagoräische Iterationsfolge passt vorbildlich in die Theorie dieses Theorems: Die reine Quinte $Q(2{:}3)$ und die Oktave sind nicht-kommensurabel. Deshalb gilt für die Iterationsfolge mit pythagoräischen Quinten und reoktavierenden Oktaven, dass – musikalisch ausgedrückt – jeder Ton der Grundoktave durch $Q - O$-Iterationen approximiert werden kann.

(4) Dieses auf den ersten Blick sicher eher die Theoretiker denn die Praktiker interessierende Resultat hat gleichwohl im Ideenreichtum des Instrumentenbaus seinen Niederschlag gefunden: So wurden in der Ära des 18. und 19. Jahrhunderts, als man versuchte, mittels Vierteltontastaturen vieltönige Skalen zu gewinnen, die möglichst viele reine Quinten (und Terzen) enthielten, einige exotisch anmutende Instrumente erfunden. So enthält die Klaviatur von Bosanquet sogar 53 Töne/Oktave, ein Resultat, das man unter dem voranstehenden Aspekt einordnend sehen kann, siehe zum Beispiel [19].

Wir schließen ein explizites Beispiel an, welches im Zentrum der klassischen Temperierung steht und welches insbesondere die Temperierungen durch reine Terzen und Quinten – die natürlich-harmonische Temperierung – zum Gegenstand hat.

Beispiel 4.6 (Iterationen mit reinen Terzen und Quinten)

Die beiden Iterationsintervalle

$$E_1 = Q_{\text{pyth}}, E_2 = \text{Terz}(4{:}5)$$

sind aufgrund ihrer Primzahlstruktur nicht-kommensurabel – siehe Beispiel 3.5. Daher ist die Intervallalgebra

$$\mathfrak{M}_{\text{rein}} := \mathfrak{M}_{E_1, E_2} = \{I(m,n) = m * Q_{\text{pyth}} \oplus n * \text{Terz}(4{:}5) | m, n \in \mathbb{Z}\}$$

eine unendliche, im gesamten Oktavgebäude $\mathfrak{M}_{\text{mus}}$ aller musikalischen Intervalle dicht verteilte Intervallmenge, und die Zieltöne aller dieser Intervalle bilden hinsichtlich der Centmaße eine dichte Teilmenge aller reellen Zahlen $\mathbb{R}$, wie auch die Frequenzmaßmenge dicht in der Menge aller positiven reellen Zahlen liegt. Darüber hinaus ist die Beschreibung durch die Iterationsparameter (m, n) eindeutig:

$$(m_1, n_1) \neq (m_2, n_2) \Leftrightarrow I(m_1, n_1) \neq I(m_2, n_2),$$

verschiedene Iterationsparameter gehören auch zu verschiedenen Intervallen. ◀

Bemerkung

Ganz sicher führte uns der Beweis dieses Theorems ein wenig aus den Vertrautheiten der Schulmathematik – gleichwohl lohnt ein Blick in die Methoden, wie dieses Resultat gewonnen werden konnte. Mit der hier vorgestellten Methode konnten wir einen beinahe rein intervallarithmetischen Beweis führen, sozusagen einen „musikalischen" Beweis für allgegenwärtig approximierende Tonsysteme; in Anbetracht der Komplexität des Problems ist dies schon erstaunlich. Ebenso erstaunlich ist für uns Mathematiker jedoch, immer wieder zu erfahren, wie groß die Kraft und das Anwendungspotential des „Bolzano-Weierstraß-Theorems" doch sind – Lob seinen Schöpfern!

Neben unserer vorgestellten Methode lassen sich aber auch noch zwei weitere Methoden zur Gewinnung dieses Resultats anführen, und wir geben einen kurzen Abriss, ohne auf die Details eingehen zu wollen:

(1) Das Modell der Euler'schen Centfunktion

Modelliert man die Oktave als Kreis in der komplexen Zahlenebene, so ist dieses Periodenmodell ebenfalls bestens geeignet, iterierte Tonmengen als Punktemengen dieses Kreises zu beschreiben – die Periodizität beziehungsweise der unangenehm zu handhabende Prozess der Reoktavierung, welche wir in unserem voranstehenden Beweis dank eines „Fasermodells" für den Oktavierungsoperator erfolgreich einbeziehen konnten, ist bei diesem Modell auf natürliche Weise in die Kreisperiodizität eingearbeitet. Diese Methode nutzt und benötigt die komplexen Zahlen und ihre Euler-Form der Polarkoordinaten: Töne werden als Winkel erkannt – fast so ähnlich wie uns das der Quintenzirkel ja vormacht. Das Modell der (reoktavierten) Intervalle ist somit der Einheitskreis in der Ebene der komplexen Zahlen. Modellfunktion ist hierbei die Euler'sche Centfunktion; sie ist eine geniale Verbindung des Centmaßes mit der berühmten Euler'schen Kreisfunktion der komplexen Zahlen. Iterationen bedeuten dann Umläufe in diesem Kreis um ganz bestimmte Winkel. So entspricht beispielsweise der Quinte der Gleichstufigkeit mit ihren $700\,\mathrm{ct}$ genau der Winkel $210°$, dem $7/12$ des Vollkreises, und in der Abb. 4.2 entspräche dem dort skizzierten Winkel von $\alpha \approx 150°$ eine Quarte mit

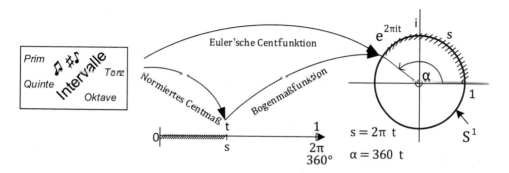

Abb. 4.2 Das Iterationsmodell der komplexen Euler'schen Centfunktion

rund 500 ct. Quarte und Quinte zusammen ergeben den Vollkreis, die Oktave. So wird Intervalladdition zur Winkeladdition.

Und dann ist folgende Beobachtung entscheidend: Ist das Gradmaß des Iterationswinkels irrational, so ist die Winkelfolge eine auf der Peripherie des Kreises gelegene dichte Punktfolge; ist das Gradmaß dagegen rational, so ergibt sich eine regelmäßige periodische Punktfolge. Eine ausführliche Diskussion dieser Methode findet man in [52] unter dem Stichwort der „Euler'schen Centfunktion".

(2) Das Modell des dynamischen Prozesses
Die zweifellos eleganteste – wie wohl auch modernste – Methode ist aber die Einbettung der Intervalliteration als ein besonderer, diskreter dynamischer Prozess. Hier gelingt mit dem berühmten „Wiederkehrsatz" von Henri Poincaré (1854–1912) eine brillante mathematische Beschreibung. Den Zugang zu diesem Zweig der Mathematik finden interessierte Leser in den Büchern über „Dynamische Systeme", und stellvertretend für viele sei [5] genannt. In dem Werk [52] wird dieses Verfahren ausführlich beschrieben.

4.6   Die mathematische Theorie der reinen Harmonik

Nachdem wir nun in den zurückliegenden Abschnitten dieses Kapitels eine Theorie für die allgemeinen Iterationssysteme

$$\mathfrak{M}_{X_1,\dots,X_m} = \{n_1 X_1 \oplus \dots \oplus n_m X_m | n_1,\dots,n_m \in \mathbb{Z}\} \subset \mathfrak{M}_{\text{mus}}$$

musikalischer Intervalle entwickelt haben, bündeln wir unsere Ergebnisse in einer Anwendung auf die klassisch-antiken Intervalle $\mathfrak{M}_{\text{harm}}$. In dem „Zentraltheorem" werden dann alle für die Theorie musikalischer Iterationen mit harmonisch-rationalen Intervallen signifikanten mathematischen Konzepte beschrieben und bewiesen.

Dabei wollen wir aber auch deutlich betonen, dass unsere Zielsetzung nicht nur die gewonnenen inhaltlichen Aussagen zum Gegenstand hat; sondern wir möchten auch der Einlösung des antiken Versprechens dienen, die Musiktheorie sei Teil der mathematischen Künste, wie es die „septem artes liberales" unserer Abbildung 0.1 am Buchanfang trefflich beschreiben.

Während in der Antike beinahe ausschließlich das Rechnen mit Verhältnissen – den „proportiones" – das verbindende Band des Quadriviums, der arithmetica, der geometria, der astronomia und der musica, bildete, so entdecken wir dank der Eintrittskarte, die uns Euler und Weierstraß, Cantor und Poincaré einmal geschenkt hatten, ein wunderbar weit gespanntes Netz sich gegenseitig befruchtender Zusammenhänge. Dieses umfassende Theorem zeigt nämlich ein äußerst bemerkenswertes Beziehungsgeflecht zwischen

▶   der „Musiktheorie der reinen Intervalle" und der „reinen Mathematik",

welches vor allem in den herausragenden mathematischen Bereichen der

- Topologie – der Lehre der Verbindung von Geometrie und Analysis,
- Zahlentheorie – der Lehre der Teilbarkeiten und algebraischen Strukturen,
- Analysis – der Lehre der infinitesimalen Größen,
- Geometrie – der Lehre der bildlichen Beziehungen der Objekte untereinander,
- Linearen Algebra – der Lehre der geordneten, systemischen Zusammenhänge

zum Ausdruck kommt. Nun wollen wir schnell zur Sache kommen.

Im Abschn. 3.1 haben wir das System aller harmonisch-rationalen Intervalle $\mathfrak{M}_{\mathrm{harm}}$ durch ein aufbauendes und expandierendes System von Primzahl-Intervallsystemen $\mathfrak{M}_n, n = 1, 2, 3, \ldots$ kennengelernt. Die zwar beeindruckende – jedoch harmlose Formel

$$\mathfrak{M}_{\mathrm{harm}} = \bigcup_{n=1}^{\infty} \mathfrak{M}_n$$

mit der Festlegung

$$\mathfrak{M}_n = \{(m_1 * E_1) \oplus (m_2 * E_2) \oplus \ldots \oplus (m_n * E_n) | m_1, \ldots, m_n \in \mathbb{Z}\}$$

mittels der reoktavierten Primzahlintervalle (alias „Euler-Basisintervalle")

$$E_1 = O(1{:}2), E_2 = Q_{\mathrm{pyth}}(2{:}3), E_3 = \mathrm{Terz}(4{:}5), E_4 = Sept(4{:}7) \ldots$$

und der offenkundig hierarchischen, strikt aufsteigenden Anordnung

$$\mathfrak{M}_n \subset \mathfrak{M}_{n+1} \ \mathrm{mit} \ \mathfrak{M}_n \neq \mathfrak{M}_{n+1}$$

hat uns eine verlässliche Ordnung der Strukturen der klassischen Musiklehre gegeben.

Daneben müssen wir noch kurz auf die Modellierung dieser Intervallfamilien eingehen. Wir fixieren eine Dimensionszahl $n > 1$ und betrachten die n-parametrische Gitterstruktur des Modulraums ganzer Zahlenvektoren

$$\mathbb{Z}^n = \mathbb{Z} \times \mathbb{Z} \times \ldots \times \mathbb{Z} = \{(m_1, m_2, \ldots, m_n) | m_1, m_2, \ldots, m_n \in \mathbb{Z}\}.$$

Dann ist aufgrund der ganzzahligen linearen Unabhängigkeit des kompletten Primzahl-Obertonsystems $\{E_1, E_2, \ldots\}$ für jedes $n > 1$ der **Koordinatenoperator τ**

$$\tau \colon \mathfrak{M}_n \to \mathbb{Z}^n, \ \tau(I) = \tau(m_1 E_1 \oplus \ldots \oplus m_n E_n) = (m_1, \ldots, m_n)$$

nach Theorem 4.2 (A) eineindeutig und invertierbar; sein inverser Operator, der **Modelloperator** $\sigma = \tau^{-1}$, ordnet demnach umgekehrt jedem Koeffizientenvektor das per Adjunktionen und Vervielfachungen entsprechend zusammengesetzte Intervall zu,

$$\sigma \colon \mathbb{Z}^n \to \mathfrak{M}_n, \ \sigma(m_1, \ldots, m_n) = m_1 E_1 \oplus \ldots \oplus m_n E_n.$$

Wohlgemerkt: Der Operator τ ordnet einem Intervall, welches in dieser Darstellung als Adjunktionskette mit genau diesen reoktavierten Primzahlintervallen $E_k = \omega(O_k)$ geschrieben ist, genau seine eindeutigen Iterationsparameter $(m_1, m_2, \ldots, m_n)$ zu. Insbesondere haben wir den Zusammenhang zur „kanonischen Basis" $\{e_1, \ldots, e_n\}$ von

$\mathbb{Z}^n$ (das sind die Koordinatenachsen) – notiert als Matrixsystem samt den wichtigen Umkehrgleichungen:

$$
\begin{pmatrix}
\tau(E_1) = e_1 = (1,0,\ldots,0) \\
\tau(E_2) = e_2 = (0,1,\ldots,0) \\
\vdots \qquad\qquad \vdots \\
\tau(E_n) = e_n = (0,\ldots,0,1)
\end{pmatrix}
\Leftrightarrow
\begin{pmatrix}
\sigma(e_1) = E_1 \\
\sigma(e_2) = E_2 \\
\vdots \qquad \vdots \\
\sigma(e_n) = E_n
\end{pmatrix}.
$$

Die gewählten Primzahlintervalle $E_1,\ldots,E_n$ entsprechen somit eineindeutig den Koordinaten-Einheitsvektoren $e_1,\ldots,e_n$ des ganzzahligen Koordinatensystems $\mathbb{Z}^n$.

Bei unseren Überlegungen wenden wir uns auch der Frage zu:

▶   *Was leistet die Tonfamilie $\mathfrak{M}_n$ – und was leistet sie nicht?*

Gleichzeitig wollen wir versuchen, alle folgenden <u>mathematischen</u> Aussagen auch hinsichtlich ihrer signifikanten <u>musikalischen</u> Anwendungen zu formulieren. Mit der in Abschn. 1.2 eingeführten Notation

$$\mu_f \colon \mathfrak{M}_{\mathrm{mus}} \to \mathbb{R}_+$$

der Frequenzmaßfunktion entsteht nun folgendes Theorem:

Theorem 4.6 (Das Zentraltheorem der harmonisch-rationalen Intervalle)

(A) **Die Topologie:** Für jedes $n > 1$ ist die Frequenzmaßmenge $\mathfrak{F}_n$ aller harmonisch-rationalen Intervalle der Teilmenge $\mathfrak{M}_n$ eine abzählbar unendliche Menge positiver rationaler Zahlen, und die Zuordnung

$$\mu_f \colon \mathfrak{M}_n \to \mathfrak{F}_n$$

ist eine bijektive (invertierbare, eineindeutige) Abbildung. Darüber hinaus gilt:

$\mathfrak{F}_n$ ist eine dichte Teilmenge von $\mathbb{R}_+$,

$\mathfrak{F}_n^* := \mu_f(\omega(\mathfrak{M}_n))$ ist eine dichte Teilmenge von $[1,2[\subset \mathbb{R}$.

Dabei ist $\mathfrak{F}_n^*$ die Frequenzmaßmenge aller reoktavierten Intervalle aus $\mathfrak{M}_n$. Entsprechendes gilt für die Menge aller Centmaße der Intervalle aus $\mathfrak{M}_{\mathrm{harm}}$.

Musikalisch: Die Gesamtheit aller durch die Primzahlintervalle $E_1,\ldots,E_n$ per Iteration gewonnenen Intervalle ist so durchwirkend verteilt, dass in der Frequenzmaßnähe (also auch in jeder Centmaßnähe) eines jeden beliebigen musikalischen Intervalls ein Intervall dieser Iterationsfamilie $\mathfrak{M}_n$ liegt.

(B) **Die Zahlenarithmetik:** Trotz dieser in Teil (A) beschriebenen „Allgegenwärtigkeit" der Iterationsfamilie $\mathfrak{M}_n$ gilt nun prinzipiell das

Unvollständigkeitstheorem: Für keinen Zerlegungsparameter $m \geq 2$ und für keines der Primzahlintervalle E_k, $k = 1, \ldots, n$, gibt es ein Intervall I aus der Intervallfamilie $\mathfrak{M}_{\text{harm}}$ derart, dass E_k durch m-fache Adjunktion dieses Intervalls I aufgebaut wäre – dass also gelten würde

$$E_k = mI = \underbrace{I \oplus I \oplus \ldots \oplus I}_{m\text{-mal}}.$$

Musikalisch: Es gibt zu keiner Stufenzahl $m \geq 2$ ein harmonisch-rationales Intervall, sodass beispielsweise eine Oktavskala aus m gleichen Stufenintervallen I aufgebaut wäre. Und was für die Oktave gilt, gilt auch für die reine Quinte, reine Terz, reine Sept und so fort.
Fazit: „Reine, gleichstufige Oktavskalen gibt es nicht."

(C) **Die Analysis:** Während zwar nach Teil (B) die Gleichung

$$m * I = E_k$$

für kein $m \geq 2$ und kein $k \geq 1$ eine Lösung im Modul $\mathfrak{M}_n$ besitzt, so ist diese Gleichung dennoch für jeden Zerlegungsparameter m „beliebig genau" (approximativ) lösbar:

Approximationseigenschaft: Beispielsweise gibt es im Fall der Oktave $E_1 = O$ zu jedem beliebig kleinen Ungenauigkeitsparameter $\varepsilon > 0$ ein Intervall $I = I(\varepsilon)$ aus $\mathfrak{M}_n$, sodass für das (bequemere) Centmaß gilt

$$-\varepsilon < \text{ct}(I \ominus \text{Oktave}) < \varepsilon.$$

Musikalisch: In der Praxis können wir eine Oktave (oder eines der anderen Primzahlintervalle E_k) beliebig genau durch Iterationen eines zusammengesetzten Primzahlintervalls I gewinnen; mehrfache Adjunktionen sind dabei beinahe identisch mit der Oktave; der Fehler (das „Komma") ist ein Mikrointervall von einer Centgröße unterhalb der vorgegebenen Toleranz ε.

(D) **Die Vektorgeometrie des Euler-Gitters:** Gegeben seien vier Intervalle $I_1, \ldots, I_4 \in \mathfrak{M}_{\text{harm}}$. Dann gibt es aufgrund der hierarchischen Anordnung der Module $\mathfrak{M}_n$ zunächst einmal ein gemeinsames $n > 1$ mit $I_1, \ldots, I_4 \in \mathfrak{M}_n$. Wir setzen voraus, dass diese Intervalle keine explizite Oktaviteration enthalten, und es seien

$$\tau(I_1) = \vec{\alpha} = (0, \alpha_2, \ldots, \alpha_n), \tau(I_2) = \vec{\beta} = (0, \beta_2, \ldots, \beta_n)$$
$$\tau(I_3) = \vec{\gamma} = (0, \gamma_2, \ldots, \gamma_n), \tau(I_4) = \vec{\delta} = (0, \delta_2, \ldots, \delta_n)$$

die Iterationskoeffizienten. Dann sind gleichwertig

(1) $I_1 \ominus I_2 = I_3 \ominus I_4$.

(2) $\vec{\alpha} - \vec{\beta} = \vec{\gamma} - \vec{\delta} \Leftrightarrow \left[(\alpha_2 - \beta_2) = (\gamma_2 - \delta_2), \ldots, (\alpha_n - \beta_n) = (\gamma_n - \delta_n) \right]$.

(3) Hinsichtlich der Reoktavierung trifft genau einer der drei Fälle zu:

$$\omega(I_1) \ominus \omega(I_2) = \begin{cases} \omega(I_3) \ominus \omega(I_4) \\ \omega(I_3) \ominus \omega(I_4) \ominus O \\ \omega(I_3) \ominus \omega(I_4) \oplus O \end{cases}.$$

Die Bedingung (2) besagt dabei, dass die Nicht-Oktav-Koeffizienten der Differenzintervalle parallele Vektoren in $\mathbb{Z}^{n-1}$ darstellen.

Musikalisch: Parallel verschobene Strecken im reoktavierten Koordinaten-gitter $\mathbb{Z}^{n-1}$ aller Iterationen mit den Euler-Basisintervallen $E_2, \ldots, E_n$ ent-sprechen entweder gleichen Intervallschritten oder (bei Richtungsänderung) deren Oktavkomplementen. Dies ist die Grundlage des in Abschn. 10.2 beschriebenen „Euler-Gitters".

(E) **Die Lineare Algebra:** Genau dann kann die Gesamtheit aller Intervalle aus $\mathfrak{M}_n$ durch eine Auswahl von (ebenfalls n) Intervallen $X_1, \ldots, X_n$ aus $\mathfrak{M}_n$ als Iterationsfamilie

$$I = m_1 X_1 \oplus m_2 X_2 \oplus \ldots \oplus m_n X_n$$

mit ganzzahligen Iterationsparametern gewonnen werden, wenn die Basis-Transformationsmatrix A (die „Regener-Matrix"), deren Spalten die Euler-Daten der Intervalle $X_1, \ldots, X_n$ sind, ganzzahlig invertierbar ist – wenn somit ihre Determinante $= \pm 1$ ist und sie folglich unimodular ist.

Musikalisch: Die Beschreibung des Aufbaus chromatischer oder anderer Skalen kann sinnvollerweise genau dann durch leitereigene (oder aus-gewählte andere) Intervalle des Gesamtsystems erfolgen, wenn sich auch die erzeugenden Primzahlintervalle $E_1, \ldots, E_n$ eindeutig durch diese als ganz-zahlige Iterationen aufbauen lassen.

Beweis Zum Beweis aller dieser Teiltheoreme müssen wir im Wesentlichen lediglich unsere bisherigen Ergebnisse abrufen.

Zu (A): Weil bereits das System

$$\mathfrak{M}_2 = \mathfrak{M}_{\text{pyth}} = \{ (k * O) \oplus (m * Q) | \text{mit } k, m, \in \mathbb{Z} \}$$

aufgrund des Theorems 4.5 eine dicht verteilte Frequenz- beziehungsweise Centmaßmenge hat, trifft dies erst recht für jede ihrer Obermengen $\mathfrak{M}_n$ und damit für die gesamte Algebra $\mathfrak{M}_{\text{harm}}$ zu.

Die Aussage (B) folgt sofort aus dem Primzahlkriterium in Theorem 3.3.

Die Aussage (C) wiederum ist eine direkte Konsequenz der Dichtheit: Da nämlich die Gleichung

$$m * I = E_k$$

in der kompletten Intervallalgebra $\mathfrak{M}_{mus}$ sehr wohl gelöst wird, wie wir nach Theorem 3.3 (A) wissen, können wir ein Approximationsargument verwenden: Wir approximieren diese Lösung durch Centmaße, die in der dicht verteilten Wertemenge $ct(\mathfrak{M}_{harm})$ liegen.

Zu Aussage (D): Zunächst zeigen wir eine Reoktavierungseigenschaft, die wir in einem Hilfssatz behandeln.

▶   *Hilfssätze werden von den Mathematikern oft als „Lemma" bezeichnet, wobei manche berühmten Sätze der Mathematik tatsächlich „nur" Lemmata sind: Im Hilfssatz steckt aber oft der eigentlich tiefere Grund für das angestrebte Ziel. In unserem Fall handelt es sich jedoch nur um eine simple Beobachtung:*

Lemma: Für zwei Intervalle $I, J \in \mathfrak{M}_n \subset \mathfrak{M}_{harm}$, welche keine freie Oktaveniteration haben, für welche also die Formeln

$$I = (m_2 * E_2) \oplus \ldots \oplus (m_n * E_n) \text{ und } J = (k_2 * E_2) \oplus \ldots \oplus (k_n * E_n)$$

gelten – was bedeutet, dass $m_1 = k_1 = 0$ ist –, gilt folgende Äquivalenz

$$\omega(I) = \omega(J) \Leftrightarrow I = J.$$

Beweis des Lemmas: Nach Theorem 1.5 A gelten die Oktavierungsformeln

$$I = \omega(I) \oplus m * O \text{ und } J = \omega(J) \oplus k * O$$

mit gewissen ganzen Zahlen m, k. Dann gilt im Falle der Gleichheit der reoktavierten Anteile $\omega(I), \omega(J)$ für die Differenz offenbar die Bilanz

$$I \ominus J = \omega(I) \ominus \omega(J) \oplus (m - k) * O = (m - k) * O.$$

Nun ist $I \ominus J$ selber wieder ein Intervall der Algebra $\mathfrak{M}_n$, und es besitzt daher wieder eine eindeutige Darstellung als Iteration der Basiskomponenten $E_1, \ldots, E_n$, was bedeutet, dass dieser Oktavenanteil nicht durch die Intervalle $E_2, \ldots, E_n$ erzeugt werden kann, sondern nur durch die E_1-Koeffizienten der Intervalle I, J. Somit ist

$$m - k = m_1 - k_1 = 0 \Leftrightarrow m = k \Leftrightarrow I = J,$$

und das Lemma ist bewiesen.

Nun kommen wir zum Beweis von (D): Die Äquivalenz (1) ⇔ (2) ist aufgrund der schon oft genannten Eindeutigkeit der Darstellung aller harmonisch-rationalen Intervalle durch die Primfaktorintervalle $E_1, \ldots, E_n$, klar. Dann steht die Aussage (1) ⇔ (3) zur Diskussion: Sei also mit (1) angenommen, es gelte die Differenzengleichheit, so wie es die Abb. 4.3 im vereinfachten Modell zweier Dimensionen zeigt.

Abb. 4.3 Zur
Vektorgeometrie des Euler-
Gitters

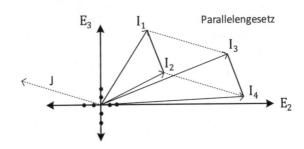

Dann können wir mit

$$J = I_1 \ominus I_3 = I_2 \ominus I_4$$

die Darstellungen

$$I_1 = I_3 \oplus J \text{ und } I_2 = I_4 \oplus J$$

gewinnen. Dann folgt aus Theorem 1.5 A mit den Regeln des Oktavierungsoperators ω

$$\omega(I_1) \ominus \omega(I_2) = \omega(I_3 \oplus J) \ominus \omega(I_4 \oplus J)$$

$$= (\omega(I_3) \oplus \omega(J) \oplus r * O) \ominus (\omega(I_4) \oplus \omega(J) \oplus s * O)$$

$$= \omega(I_3) \ominus \omega(I_4) \oplus (r - s) * O.$$

Hierbei können die beiden Koeffizienten (r, s) nach der Adjunktionsformel in Theorem 1.5 A nur die Werte $(0, 1)$ haben. Die Differenz $(r - s)$ kann somit nur die Werte $(0, 1, -1)$ besitzen, was der Behauptung (3) entspricht. Für die Umkehrung nutzen wir das Lemma und die Subjunktionsformel des Theorems 1.5 A, und zwar verläuft der Beweis dann so: Nehmen wir von den drei Möglichkeiten einmal den direkten Gleichheitsfall an, dass nämlich

$$\omega(I_1) \ominus \omega(I_2) = \omega(I_3) \ominus \omega(I_4)$$

gelten würde. Dann gelten mittels dieser Subjunktionsformel aus Theorem 1.5 A und zwei ganzen Zahlen m, k, die nur Null oder Eins sein können, die Gleichungen

$$\omega(I_1) \ominus \omega(I_2) = \omega(I_1 \ominus I_2) \oplus m * O,$$

$$\omega(I_3) \ominus \omega(I_4) = \omega(I_3 \ominus I_4) \oplus k * O.$$

Setzen wir diese Ausdrücke in die voranstehende Differenzengleichheit ein, so folgt

$$\omega(I_1 \ominus I_2) = \omega(I_3 \ominus I_4) \oplus (k - m) * O.$$

Dann muss offenbar $(k - m) = 0 \Leftrightarrow k = m = 0$, oder $k = m = 1$ sein, denn in allen anderen Fällen $((k, m) = (0, 1), (1, 0))$ ergibt sich ein Widerspruch zum Centwertebereich der linken Seite dieser Gleichung. Nun kommt das Lemma zur Anwendung, woraus wir die Behauptung

$$I_1 \ominus I_2 = I_3 \ominus I_4$$

gewinnen. Die zwei anderen Möglichkeiten behandelt man auf ähnliche Weise. Schließlich liefert das Theorem 4.3 den Beweis zur Aussage (E). Somit ist dieses abschließende Theorem bewiesen. ∎

Bemerkung

Der Teil (D) beschreibt eine abstrakte und für alle Dimensionen gültige Geometrie der Intervalliterationen, bei denen man die Oktaven ausblendet. Diese Technik ist in der Musiktheorie wohlbekannt, und sie wird vor allem – wie im Theorem erwähnt – im zweidimensionalen Modell aller Iterationen mit reinen Quinten und reinen Terzen

$$E_2 = Q_{\text{pyth}}, E_3 = \text{Terz}(4{:}5)$$

angewendet. Unser späteres Kap. 10 wird hiervon ausgiebig Gebrauch machen; dort werden aber auch an Ort und Stelle die benötigten Hilfen dank der bei zwei Dimensionen vertrauten Anschaulichkeit eigens hergeleitet.

Schlussbemerkung

Mittels dieses Theorems ist – letztlich – die antike Musiktheorie in die moderne Mathematik integriert. Und es darf durchaus die Parallele gesehen werden, dass nämlich die historische Verzahnung der Musiktheorie der reinen Intervalle (die griechische Tetrachordik und Skalenlehre) mit der Arithmetik der „Proportionenlehre" eine moderne Form heutiger mathematischer Strukturen gefunden hat.

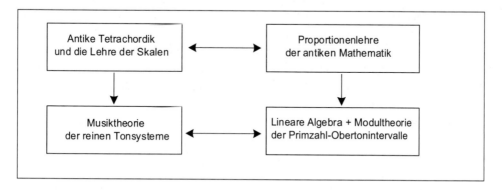

Dabei kann die Arithmetik der Proportionen, die ja zu den ältesten Formen des Rechnens gezählt werden darf, auch auf separatem Wege – die musikalischen Aspekte vollständig miteinschließend – mit der modernen Mathematik verbunden werden; siehe hierzu die Neuerscheinung [51].

4.7   Die Tonspirale – eine Einladung zur höheren Analysis

Dieser Abschnitt verbindet die Gesetzmäßigkeiten der Iterationen – vornehmlich die-jenigen der Quinteniterationen – mit der Schließungsproblematik der 12-Quinten-Temperierung. So müssten wir zwar einige erst später gewonnenen Ergebnisse in unsere Betrachtungen miteinbeziehen – allerdings genügt uns zur Schließungsproblematik eigentlich nur eine einzige Formel: Die 12-Quinten-Formel. Bereits im allerersten Kapitel haben wir mit dem Beispiel 1.7 ja schon das Viereck

$$\boxed{\begin{array}{c} Quinte\ Q \quad Oktave\ O \\ Komma\ \varepsilon_Q \\ Limma\ L \quad Apotome\ A \end{array}}$$

kennengelernt, in dessen Zentrum das Quintenkomma steht und welches durch die **„Hauptformel der Musiktheorie"**

$$12Q \ominus 7O = A \ominus L = \varepsilon_Q$$

zusammengehalten wird. Schnell ist hieraus klar, dass das Maß dieses Kommas sowohl qualitativ als auch quantitativ darüber befindet, ob und um wieviel die zwölf Quinten in ihrer Iteration über die Schließung mit sieben Oktaven über das Ziel hinausschießen, ob sie genau treffen oder ob ihnen noch zur Schließung ein Quäntchen fehlt.

Das Modell der „Tonspirale der Quinteniterationen" bedient sich nun genau dieser Charakterisierung – und mehr müssen wir vom „pythagoräischen Komma – alias Quintenkomma – eigentlich gar nicht wissen. So viel also einmal vorweg.

Wenn wir an die Erzeugung einer „Tonleiter" durch das fortgesetzte Anfügen von Quinten denken, so haben wir – eingedenk der allseits präsenten Tastaturskala – ohne es explizit zu wollen, ganz gewiss einen Quintenkreis vor Augen, so wie ihn uns die Abb. 4.6 zeigt. Jetzt wissen wir aus genau dieser 12-Quinten-Formel – und natürlich auch durch das spätere Theorem 7.2 –, dass die reoktavierte zwölffache Quinteniteration niemals wieder am Ausgang ankommt – den Sonderfall der Gleichstufigkeitsskala E_{12} einmal ausgeblendet. Aber das Modell eines periodischen Umlaufs verbindet nun einmal dermaßen stark das

- **Modell der Uhr und ihrer 12-h-Taktung**

mit allen erdenklichen Tonartenverwandtschaften, ihrer Harmonielehre und ihren zwölf – nach Tonika, Subdominante und Dominante geordneten – funktionalen Beziehungen, also dem

- **harmonischen Quintenzirkel,**

dass es uns irgendwie auch schwerfällt, in diesem Modell Ärgerliches zu vermuten.

▶ *Und wer von Kindesbeinen an seine linke Hand mit der Knopftastatur des Akkordeons vermählt hat, für den ist das periodische, quint-geordnete System der Tonarten ein musikalisches Gesetz geworden, auf Lebenszeit abrufbar.*

Aber es ist klar: Der Quinten-<u>Kreis</u> ist ein periodisches Modell der zwölf Tonarten – nicht aber ein Modell der realen Iterationsfolge

$$\mathfrak{M}_Q = \{m * Q | m \in \mathbb{Z}\}$$

oder ihrer reoktavierten Form $\omega(\mathfrak{M}_Q)$. Was also tritt an die Stelle des Quinten-*Kreises?*

Bevor wir eine klare Antwort geben können, formulieren wir die zwei essentiellen Regeln, die unser anvisiertes Iterationsmodell erfüllen soll:

1. Hinsichtlich der Winkellage sollen die Töne dem Uhrenmodell entsprechend fortlaufend in sukzessiven $(1/12)^{tel}$-Kreisschritten aufgetragen werden.
2. Die Radien sollen sich dabei aber so verändern, dass nach jedem 12ten Schritt der neue Ton zwar gemäß der 1. Regel auf dem gleichen „Stundenstrahl" liegt wie der jeweilige Ausgangston – jedoch soll sein relativer Abstand zu jenem genau dem Quintenkomma ε_Q der gegebenen Iterationsquinte $Q_q = [1, q]$ entsprechen.

Wenn man also beispielsweise bei Tonika-C (am Stundenstrahl 12 Uhr mit Radius R) beginnt und dann die reoktavierte Quintenfolge $C \to G \to \ldots \to F \to \tilde{C}$ startet, so liegt zwar der neue Ton $\tilde{C}$ in genau nördlicher Richtung – der 12-Uhr-Richtung –, allerdings ist sein Radius zum Nullpunkt des Koordinatensystems genau $R * \mu_f(\varepsilon_Q)$, sodass sich die beiden Töne $C, \tilde{C}$ um das Quintenkomma unterscheiden, (siehe Abb. 4.4):

$$[C, \tilde{C}] = (C \to \tilde{C}) = \varepsilon_Q = 12 Q_q \ominus 7O.$$

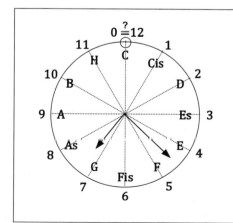

$$12 \, Stunden \, = \, 1 \, Oktave \, - \, 1200 \, ct$$

$$7 \, Stunden \, \cong \, 1 \, Quinte \, - \, 700 \, ct$$

$$1 \, Stunde \, \cong \, 1 \, Semitonium \, - \, 100 \, ct$$

$$\frac{1}{4} - Stunde \, \cong \, Quintenkomma \, - \, 24 \, ct$$

$$72 \, Sekunden \, \cong \, 1 \, Schisma \, - \, 2 \, ct$$

Abb. 4.4   Die Quintenuhr

Wenn wir nun stundenweise den Radius R des Modell-Quintenkreises im gleichen relativen Proporz verändern, sodass nach zwölf Schritten das Frequenzmaß $\mu_f(\varepsilon_Q)$ des Quintenkommas entsteht, so kann dies nur durch die zwölffache proportionale Teilung – also die 12te Wurzel des Endwertes – geschehen. Was kompliziert klingt, ist aber in Wirklichkeit und dank eines kleinen Tricks sehr einfach: Dieser Trick besteht nämlich darin, dass wir die Situation und alle sie betreffenden Intervalle der Gleichstufigkeit als Messlatte respektive Äqualsituation ansehen und alle Rechnungen relativ zu dieser Äquallage ausrichten. Das haben wir in einem anderen Zusammenhang im späteren Theorem 7.1 über quintgenerierte Elementarintervalle aufgeschrieben; die Idee des vergleichenden Rechnens mittels dieser Äquallage,

$$\mathrm{ct}(Q_{\mathrm{equal}}) = 700\,\mathrm{ct}\ \text{und}\ \mathrm{ct}(\varepsilon_{Q_{\mathrm{equal}}}) = 0\,\mathrm{ct},$$

jedenfalls lässt uns eine plausible „Tonspiralenfunktion" entwickeln. Dazu dient zuerst einmal der folgende Begriff des „Tonspiralenparameters":

Definition 4.2 (Tonspiralenparameter)
Für eine Iterationsquinte $Q = Q_q = [1, q]$ zum Frequenzmaß q sei

$$E = Q_q \ominus Q_{\mathrm{equal}}$$

das Differenzintervall zur Quinte der Gleichstufigkeit. Dann hat E die Maße

$$\mathrm{ct}(E) = (\mathrm{ct}(Q_q) - 700\,\mathrm{ct})\ \text{und}\ \mu_f(E) = |E| = q/q_{\mathrm{equal}} = q/2^{7/12}.$$

Dann heißt das Frequenzmaß dieser Quintendifferenz der **Tonspiralenparameter,** wir bezeichnen ihn mit $\rho(q)$ und haben die Gleichung

$$\rho(q) = \mu_f(E) = q/q_{\mathrm{equal}}.$$

Für diesen Tonspiralenparameter finden wir zunächst folgende Gesetzmäßigkeiten, welche für die weitere geometrische Beschreibung der Quintenspiralen von Bedeutung sind. Insbesondere zeigen wir eine hochinteressante Symmetrie des Parameters gegenüber der Äquallage, der Centlage zur Gleichstufigkeitsquinte:

Satz 4.4 (Analysis und Symmetrie des Tonspiralenparameters)
(1) **Zusammenhang zum Quintenkomma:** Es gilt die Gleichung

$$12E = \varepsilon_Q \Leftrightarrow (\rho(q))^{12} = \mu_f(\varepsilon_Q).$$

(2) **Spiralenkriterium:** Der Tonspiralenparameter ist eine linear-homogene Funktion des Frequenzmaßes q, und er hat folgende Eigenschaften:

$$\rho(q) \begin{cases} > 1 \Leftrightarrow q > q_{\mathrm{equal}} \\ = 1 \Leftrightarrow q = q_{\mathrm{equal}} \\ < 1 \Leftrightarrow q < q_{\mathrm{equal}} \end{cases}.$$

Diese Kriterien sind für das Expandieren oder Kontrahieren der Tonspiralen verantwortlich.

(3) **Wachstumsgesetz:** Für alle ganzzahligen Iterationsparameter $k \in \mathbb{Z}$ gilt

$$\rho^{k+12} = \left| \varepsilon_q \right| * \rho^k.$$

(4) **Symmetrie zur Gleichstufigkeit:** Es seien Q_1, Q_2 zwei Quinten mit den Frequenzmaßen q_1, q_2 und den Tonspiralenparametern ρ_1, ρ_2. Dann seien

$$\mathrm{ct}(Q_1) = 700 + x_1 \text{ und } \mathrm{ct}(Q_2) = 700 + x_2$$

die hinsichtlich der Gleichstufigkeitsquinte Q_{equal} entwickelten Centmaße beider Quinten. Dann sind äquivalent:

$$(x_2 = -x_1) \Leftrightarrow \left(q_1 * q_2 = q_{\text{equal}}^2 \right) \Leftrightarrow (\rho_1 = 1/\rho_2).$$

Beweis Zu (1): Tatsächlich haben wir die Darstellung

$$12E = 12Q_q \ominus 12Q_{\text{equal}} = 12Q_q \ominus (7O \oplus 7O) \ominus 12Q_{\text{equal}}$$
$$= \left(12Q_q \ominus 7O \right) \oplus \left(7O \ominus 12Q_{\text{equal}} \right) = \varepsilon_Q \oplus \mathrm{Prim} = \varepsilon_q.$$

Hieraus folgt auch sofort die dazu äquivalente Formel für die zwölffache Potenz des Tonspiralenparameters gemäß den Gesetzen des Frequenzmaßes. Die Aussage (2) ist evident, und auch Aussage (3) ergibt sich sofort aus Teil (1) mit der Gleichung

$$\rho^{k+12} = \rho^{12}\rho^k = \mu_f\left(\varepsilon_Q \right) \rho^k.$$

Nun kommen wir zum Symmetriegesetz (4): Zunächst gilt die Umformung

$$q_1 * q_2 = q_{\text{equal}}^2 \Leftrightarrow q_1/q_{\text{equal}} = q_{\text{equal}}/q_2 \Leftrightarrow \rho_1 = 1/\rho_2.$$

Die Äquivalenz zu der Centmaßsymmetrie erhalten wir nun so: Zunächst gilt dank der Umrechnungsformeln aus Theorem 1.3 (4) für beide Frequenzmaße die Formel:

$$q_{1,2} = 2^{(700 + x_{1,2}/1200)} = 2^{(700/1200)} * 2^{(x_{1,2}/1200)} = q_{\text{equal}} * 2^{(x_{1,2}/1200)}.$$

Und dann folgt die gewünschte Behauptung auf dem Fuße:

$$\left(q_1/q_{\text{equal}} = q_{\text{equal}}/q_2 \right) \Leftrightarrow (2^{(x_1/1200)} = 2^{(-x_2/1200)}) \Leftrightarrow (x_2 = -x_1),$$

und der Satz ist bewiesen. ∎

Nun können wir das Modell einer Iterationsfolge M(q) als Tonspirale vorstellen:

Theorem 4.7 (Die Tonspiralenfolge und die Tonspiralenfunktion)

(A) **Die Formel der Tonspirale:** Die beidseitige Punktfolge

$$T(q) = (P_n)_{n\in\mathbb{Z}} := \left((\rho(q))^n \left(\sin\left(\frac{2\pi n}{12}\right), \cos\left(\frac{2\pi n}{12}\right)\right)\right)_{n\in\mathbb{Z}}$$

modelliert die Iterationsfolge $M(q)$ als Punktfolge in der Koordinaten-ebene $\mathbb{R}\times\mathbb{R}$, und sie besteht aus einer zwölfstrahligen Punkte-menge, die nach dem Uhrenmodell aus regelmäßigen, um jeweils 30° versetzten Strahlen durch den Koordinatenursprung. besteht. Dabei besteht für $q \neq q_{\text{equal}}$ die direkte umkehrbar eineindeutige Zuordnung

$$M(q) \leftrightarrow T(q) \text{ durch } q^n \leftrightarrow (P_n)_{n\in\mathbb{Z}},$$

welche durch die Abbildung $q^n \leftrightarrow \rho^n = (q/q_{\text{equal}})^n$ geleistet wird. Definieren wir nun die kontinuierliche **Tonspiralenfunktion** durch

$$F_q: \mathbb{R} \to \mathbb{R}\times\mathbb{R} \text{ mit } F_q(t) := \rho^t\left(\sin\left(\frac{2\pi t}{12}\right), \cos\left(\frac{2\pi t}{12}\right)\right),$$

so ist deren Bild eine kontinuierliche Spirale, und die Iterationsfolge $M(q)$ ist offenbar die diskrete Bildmenge dieser Tonspiralenfunktion an allen ganz-zahligen Parameterwerten der Variablen $t \in \mathbb{R}$ – dann ist also

$$T(q) = F_q(\mathbb{Z}) = \{\dots T(-2), T(-1), T(0), T(1), T(2), \dots\}.$$

Zusatz: Eine komplexifizierte Form der Tonspiralenfunktion lautet

$$F_q: \mathbb{R} \to \mathbb{C} \text{ mit } F_q(t) = \rho^n * e^{\left(\frac{\pi i}{4} + \frac{-2\pi i * t}{12}\right)}.$$

(B) **Die Asymptotik:** Für den asymptotischen Verlauf der Tonspirale gilt:

(1) Die Spirale ist expandierend, wenn sie bei $t \to \infty$ nach außen ins Unend-liche verläuft. Das ist genau dann der Fall, wenn $\rho > 1 \Leftrightarrow q > q_{\text{equal}}$ ist.

(2) Die Spirale ist genau dann ein Kreis, wenn $\rho = 1 \Leftrightarrow q = q_{\text{equal}}$ ist.

(3) Die Spirale ist kontrahierend, wenn sie bei $t \to \infty$ zum Nullpunkt strebt. Das ist genau dann der Fall, wenn $\rho < 1 \Leftrightarrow q < q_{\text{equal}}$ ist.

Die Asymptotik bei $t \to -\infty$ verläuft offenbar in vertauschten Rollen.

(C) **Die Symmetrie:** Für zwei zur Gleichstufigkeitsquinte hinsichtlich des Centmaßes symmetrische Quinten gilt, dass die Graphen ihrer Tonspiralen an der vertikalen y-Achse des Koordinatensystems gespiegelt verlaufen, und die Umlaufrichtung ist entgegengesetzt. Das heißt in mathematischem Latein

$$ct(Q_1) = 700 + x \text{ und } ct(Q_2) = 700 - x$$

$$\Leftrightarrow \{F_{q_1}(t)|t \in \mathbb{R}\} = \{\sigma(F_{q_2}(t))|t \in \mathbb{R}\},$$

wobei $\sigma: \mathbb{R}\times\mathbb{R} \to \mathbb{R}\times\mathbb{R}$ die Achsenspiegelung $\sigma(x, y) = (-x, y)$ bedeutet.

(D) **Eindeutigkeitsanalyse:** Es sei $q \neq q_{equal} = 2^{\frac{7}{12}}$, sodass die Tonspiralenpunktfolge $(P_n)_{n \in \mathbb{Z}}$ doppelpunktfrei ist und dem streng monotonen Spiralenverlauf gehorcht. Dann sind äquivalent:

(1) Der Iterationsparameter q ist von der Kreisteilungsform,

$$q = 2^{k/m} \text{ mit } k/m \neq 7/12 \text{ (gekürzte Darstellung).}$$

(2) Die Tonspirale enthält oktaviert identische Töne – und zwar entsprechen dann alle um den Parameter $m \in \mathbb{Z}$ geshifteten Punkte

$$P_n \text{ und } P_{n+m} \text{ für alle } n \in \mathbb{Z}$$

oktavgleichen Tönen – das heißt, dass sie jeweils unter passender Oktavierung gleich sind.

Folgerung: In diesem Fall sind für **jeden** Punkt P_n der Tonspirale **alle** um beliebige Vielfache $m * k \in \mathbb{Z}$ geshifteten Punkte P_{n+km} oktavgleich.

(3) Die Menge aller reoktavierten Töne der Punktefolge $(P_n)_{n \in \mathbb{Z}}$ ist endlich, periodisch und bildet die m-gleichstufige Skala, die ETS-Skala E_m, mit dem Stufenintervall I_m zum Centmaß $ct(I_m) = 1200/m$.

Zusatz: Im Falle oktavgleicher Töne zeigt sich die Bedingung (2) in zweifacher Symmetrie: Sie ist

a) **rotationsinvariant:** Gilt die Oktavgleichheit für irgendein Punktepaar, so auch für alle um $30°$ ($60°$ …) versetzten Punktepaare des jeweiligen Spiralarms.

b) **homothetisch-invariant:** Gilt die Oktavgleichheit für irgendein Punktepaar, so auch für alle auf den entsprechenden Uhrzeigerstrahlen um gleich viele Schritte versetzten Punktepaare.

Beweis Zu Teil A, den Formeln: Die Darstellung der Folge $(P_n)_{n \in \mathbb{Z}}$ haben wir im Hinführungsteil des Theorems entwickelt.

Wir gehen – sozusagen im Kleingedruckten – doch noch ein wenig auf die komplexe Form der Tonspiralenfunktion ein. Dazu machen wir einen erfolgreichen Ausflug in die komplexe Ebene $\mathbb{C} \cong \mathbb{R} \times \mathbb{R}$. Dort gewinnen wir dank der Euler-Formel der komplexen Zahlen eine straffere Darstellung der Punktfolge dieser Tonspirale – und zwar punkten wir mit folgenden imposanten Gleichungen:

$$T(q) = \left((\rho(q))^n i e^{-2\pi i * n/12} \right)_{n \in \mathbb{Z}} = \left((\varepsilon_q)^{n/12} * i e^{-2\pi i * n/12} \right)_{n \in \mathbb{Z}}.$$

Zu deren Gewinnung wendet man nämlich einen etwas raffinierten Gebrauch der Euler'schen Formel

$$e^{ix} = \cos(x) + i * \sin(x) \text{ für alle } x \in \mathbb{R}$$

an und erhält den Ausdruck

$$ie^{-ix} = (\sin(x) + i * \cos(x)) = e^{\pi i/4} * e^{-ix} = e^{\pi i/4 - ix},$$

der dem elementaren Kalkül mit komplexen Zahlen entspringt – so ist beispielsweise die Multiplikation mit der imaginären Einheit i eine Linksdrehung um 90°. Demzufolge haben wir mittels der nachfolgenden Rechnung

$$F_q(t) = (\rho^t ie^{-2\pi i * t/12}) = 2^{t \log_2(\rho)} * ie^{-2\pi i * t/12} = 2^{t \log_2(\rho)} * e^{3\pi i - 2\pi i * t/12}$$
$$= e^{t\ln(\rho)} * ie^{-2\pi i * t/12} = e^{t\ln(\rho)} * e^{3\pi i - 2\pi i * t/12}$$
$$= e^{t*\ln(\varepsilon_\varrho)/12} * e^{3\pi i - 2\pi i * t/12} = e^{t(\ln(\varepsilon_\varrho) - 2\pi i) + 3\pi i/12}$$

auch die in komplexer Schreibweise prägnante Tonspiralenfunktion als eine exponentielle Darstellung zum Iterationsparameter $q = \mu_f(I)$ gefunden, es ist dann

$$F_q(t) = e^{\pi i/4 + t(\ln(\varepsilon_\varrho) - 2\pi i)/12} = e^{t(\ln(\rho(q)))} * e^{\pi i/4 + (-2\pi i * t/12)},$$

womit einmal die Formelwelt der komplexen Analysis zu ihrem Recht gekommen ist.

Kommen wir als Nächstes zum Beweis des Teil (C): Dies ist eine Konsequenz der Symmetrie der Tonspiralenparameter aus dem vorausgehenden Satz 4.4 (4). Weil dann ja die Tonspiralenparameter reziprok sind, folgt durch die Beziehung

$$\rho^t = (1/\rho)^{-t}$$

die Gleichheit der Graphen, weil wir den Parameter im ganzen reellen Bereich $-\infty < t < \infty$ zulassen. Der sich für positive Werte von t ergebende Radius des Graphen der einen Spirale stimmt mit demjenigen der sich für negative Werte ergebenden Kurve der anderen Spirale überein, und Gleiches gilt für den negativen Bereich. Dabei kommt noch eine Symmetrie zur vertikalen Achse hinzu, da beim Übergang von $t \to -t$ sich aufgrund der bekannten trigonometrischen Symmetriegesetze

$$\sin(-t) = -\sin(t) \text{ und } \cos(-t) = \cos(t) \text{ für alle } t \in \mathbb{R}$$

die Achsensymmetrie

$$\left(\sin\left(\frac{2\pi t}{12}\right), \cos\left(\frac{2\pi t}{12}\right)\right) \to \left(-\sin\left(\frac{2\pi t}{12}\right), \cos\left(\frac{2\pi t}{12}\right)\right)$$

ergibt: Die beiden Spiralen sind an der vertikalen Achse zueinander gespiegelt.

Zum Beweis des Teils (B) ist nicht viel zu sagen: Die Punkte $\left(\sin\left(\frac{2\pi n}{12}\right), \cos\left(\frac{2\pi n}{12}\right)\right)$ liegen alle auf dem Einheitskreis, ihr Betrag, welcher identisch mit dem Radius – also dem Abstand zum Nullpunkt – ist, hat nach dem „trigonometrischen Pythagoras" den Wert 1, und dann ergibt sich die Asymptotik aus dem monotonen Expandieren respektive Kontrahieren der Exponentialfolge $(\rho^n)_{n \in \mathbb{Z}}$.

Beweis zu Teil (D): Die Äquivalenz der Aussagen (1) und (3) ist bereits im Theorem 2.5 eingearbeitet und wird auch noch einmal im späteren Theorem 11.1 genannt werden. Die Aussage (2) folgt dabei aus der Korrespondenz der Tonspiralenpunkte $(P_n)_{n \in \mathbb{Z}}$ mit der Frequenzmaßfolge $(q^n)_{n \in \mathbb{Z}}$. Im Einzelnen sieht dies wie folgt aus:

Zwei Iterationstöne q^n und q^j sind genau dann oktavgleich, wenn eine Gleichung

$$q^n = q^j * 2^k$$

mit ganzzahligen Exponenten besteht. Dann wäre nämlich die Intervallbilanz

$$[1, q^n] = [1, q^j] \oplus k * O \Leftrightarrow n[1, q] = j[1, q] \oplus kO$$

gegeben. Das heißt aber, dass die Beziehung

$$q^{n-j} = q^m = 2^k \Leftrightarrow q = 2^{k/m}$$

gilt. Dies zeigt zum einen noch einmal die Tatsache, dass genau für Frequenzmaßparameter q in Kreisteilungsform Oktavgleichheiten entstehen wie auch deren gesetzmäßige Regelmäßigkeit: Dann ist ja automatisch für jeden beliebigen ganzzahligen Index $N \in \mathbb{Z}$ die Form

$$q^N = q^{N-m+m} = q^{N-m} * 2^k$$

gewonnen, und hieraus gewinnt man durch iterative Anwendung dieser Formel

$$q^N = q^{N-m} * 2^k = q^{(N-m)-m} * 2^k * 2^k = \dots$$

die Oktavgleichheit bei beliebigen Indexverschiebungen um ganzzahlige Vielfache des Nenners m der Kreisteilungsform für den Parameter q.

Die geometrische Symmetriebeschreibung erkennt man daran, dass für ein Punktepaar (P_i, P_j) der Tonspirale das Punktepaar (P_{i+n}, P_{j+n}) sich auf den um $n * 30°$ weitergedrehten Strahlenpaar liegt; insbesondere ist für den Fall $n = k * 12$ eine (k-fache) Vollumdrehung erreicht, und die Punktepaare (P_{i+12k}, P_{j+12k}) liegen für alle $k \in \mathbb{Z}$ auf dem gleichen Strahlenpaar wie (P_i, P_j). Damit ist das Theorem bewiesen. ∎

Die Abb. 4.5 zeigt beide charakteristischen Spiralformen – wenn auch in einer aus Sicht der Praxis sehr stark übertriebenen Radienveränderung, was die Öffnung (Expansion) und die Schließung (Kontraktion) betrifft. Das Bild gibt auch den Fall der Symmetrie wieder, so wie es im Theorem (C) angesprochen wurde, und man erkennt die Symmetrie zur „y-Achse".

▶ Diese Symmetrie finden wir in perfekter Form zwischen der pythagoräischen und der Silbermann'schen Temperierung. Im Abschn. 12.9 wird dies sicher nochmal thematisiert; dort ist das Thema „Silbermann-Stimmung" angesiedelt.

Wir schließen einige Beispiele an:

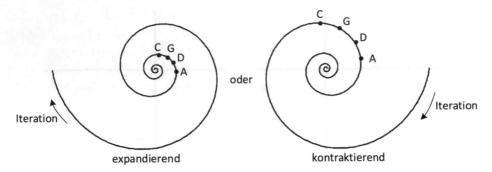

oder

Abb. 4.5 Expandierende und kontrahierende Tonspiralen

Beispiel 4.7 (Iteration mit der gleichstufig temperierten Quinte)

Hier liegt der Fall

$$q = q_{\text{equal}} = 2^{7/12} = 1{,}4983\ldots$$

vor, bei welchem der Tonspiralenparameter $\rho(q) = 1$ ist und die Spirale zu einem Kreis mutiert ist. Die reoktavierte Tonmenge $M^*(q)$ hat dann genau zwölf Töne und ist periodisch und identisch mit der bekanntesten aller Skalen, der gleichstufigen ETS-Skala E_{12}. Die Tonfolge $T(q)$ liegt somit auf einem geschlossenen Kreis, dem klassischen „Quintenzirkel", wie er in der Abb. 4.6 dargestellt ist. ◀

Also ist die Quintenspirale nur in dieser Ausnahmesituation ein Kreis, der während der Iteration unendlich oft durchlaufen wird, und bei welchem genau die Stundenmarkierungen im 30°-Abstand die zwölfperiodische immerwährende Iterationspunktmenge darstellt.

Im nächsten Beispiel geht es um den pythagoräischen Fall.

Abb. 4.6 Standard-12-Quinten-Kreis als konstante Quintenspirale

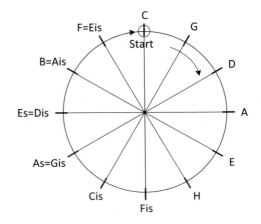

Beispiel 4.8 (Iteration mit der reinen (pythagoräischen) Quinte)

Wir haben das Frequenzmaß q der reinen Quinte $Q_{\text{pyth}} = (2:3)$

$$q = q_{\text{pyth}} = 3/2.$$

Die reoktavierte Tonmenge $M^*(q) = \omega(M(q))$ hat dann nach Theorem 2.5 unendlich viele, paarweise verschiedene Töne, welche nach dem Theorem von Levy-Poincaré, Theorem 4.5, in der Grundoktave auch dicht verteilt sind.

Nun ist $q_{\text{pyth}} > q_{\text{equal}} = 1,49830\ldots$, was man ja noch besser an den Centmaßen 701,955..ct gegenüber 700 ct schnell erkennt. Es entsteht – vor Reoktavierung – die Folge reiner Quinten, und es ist – nach Reoktavierung – nach der 12ten Iteration der Zielton „His"

$$(C \to His) = 12 Q_{\text{pyth}} \ominus 7O = 12E = \varepsilon_{Q_{\text{pyth}}}$$

$$\Leftrightarrow \mu_f(12E) = \left(q_{\text{pyth}}^{12}\right)^* = q^{12}/2^7 = 1,0136\ldots$$

entstanden. Das ist – wie gewünscht – das Intervall des pythagoräisches Kommas, denn dieses „His" ist dann identisch mit dem Punkt P_{12} der Tonspirale $T(q_{\text{pyth}})$, welche ja gerade so gebaut ist, dass der Radius nach einem Umlauf um diesen Faktor des pythagoräischen Kommas gewachsen ist. Das bedeutet, dass dieser 12. reoktavierte Iterationston His „knapp über" der Ausgangstonika (C) liegt. Die nächsten Quinteniterationen liegen demnach ebenfalls um diesen Faktor über den vorherigen entsprechenden Werten. Konsequenterweise öffnet sich die Spirale, skizziert in Abb. 4.7, sie expandiert bei positiver Iteration.

Wir beobachten diese Iteration einmal im Detail: Nach der 5. reoktavierten Iteration von C aus ist der Ton $H = H^{(0)}$ entstanden. Dieses H ist Leitton zu

Abb. 4.7 Iterationen an der pythagoräischen Tonspirale

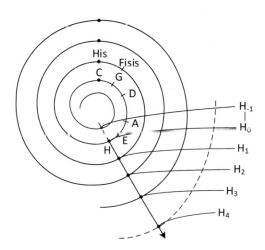

$C^1 = C \oplus O$, der Oktave der Ausgangstonika C. Das Intervall von $[H^{(0)}, C^1]$ ist nun das pythagoräische Limma mit rund 90,2 ct, mithin haben wir wie erwartet

$$\mathrm{ct}\big(H^{(0)} \to C^1\big) = 90{,}2\,\mathrm{ct}.$$

Wenn nun vier weitere Vollumdrehungen – das sind 48 weitere reoktavierte Quinteniterationen – hinzukommen und folglich 53 reoktavierte Quinteniterationen entstanden sind, so wächst $H^{(0)}$ längs der Iterationsspirale zu $H^{(4)}$ und liegt auf dem gleichen Stundenstrahl, sodass das Intervall $\big(H^{(0)} \to H^{(4)}\big)$ genau vier pythagoräische Kommata groß ist,

$$\mathrm{ct}\big(H^{(0)} \to H^{(4)}\big) = 4 * 23{,}4\,\mathrm{ct} = 93{,}6\,\mathrm{ct}.$$

Das bedeutet, dass dieses $H^{(4)}$ um 3,4 ct über C^1 liegt, denn es gilt ja die Bilanz

$$\big(H^{(4)} \to C^1\big) = \big(H^{(4)} \to H^{(0)}\big) \oplus \big(H^{(0)} \to C^1\big).$$

Deswegen gilt schließlich die Centbeziehung

$$\mathrm{ct}\big(H^{(4)} \to C^1\big) = -93{,}6 + 90{,}2 = -3{,}4\,\mathrm{ct}.$$

Dann regiert aber die Reoktavierungsvorschrift, und $H^{(4)}$ wird um eine Oktave erniedrigt und ist beinahe identisch mit dem Ausgangston C! Aus dem Leitton wird – gefühlt – eine neue Tonika. Die Abb. 4.7 zeigt diese Folge. ◄

Übrigens Dieses Beispiel zeigt uns auch, dass die Reoktavierungsprozesse bei iterierten Intervallfolgen so ihre Tücken haben – manchmal auch ihre angenehmen Überraschungen, wie das Bosanquet-Klavier zeigt:

▶   *Der Engländer Robert Bosanquet (1841–1912) schuf aufgrund dieser Beobachtung ein Harmonium mit genau 53 Tönen pro Oktave, das also fast (bis auf das Minikomma 3,4 ct) ein geschlossenes, periodisches Quintensystem bildete. Die Tatsache nämlich, dass $H^{(4)}$ beinahe gleich C^1 ist, führt bei ihm zu einer Klaviatur mit $53 = 48 + 5$ Tonstufen pro Oktave unter nahezu perfekter Reinstimmung, siehe auch (Fauvel, 2003).*

Die Abb. 4.7 zeigt die Situation der Folge der um jeweils ein Quintenkomma versetzten Folge $H^{(n)}$ der Septimentöne.

Schließlich sei das nächste Beispiel einer kontrahierenden Spirale gewidmet:

Beispiel 4.9 (Iteration mit der mitteltönigen Quinte Q_{mt}^{+})

Das Frequenzmaß der Quinte Q_{mt}^{+} beträgt (siehe zum Beispiel die Definition 9.1)

$$q = q_{\mathrm{mt}} = \sqrt[4]{5} \approx 1,49534\ldots \cong 696,58\,\mathrm{ct}.$$

Auch hier gilt wie im Beispiel 4.8, dass die Menge $M^*(q)$ unendlich viele, paarweise verschiedene und in der Grundoktave dicht verteilte Töne besitzt. Hier beachtet man, dass die mitteltönige Quinte kleiner als die gleichstufige Quinte ist. Die 12. reoktavierte Iteration (*His*) lautet nun

$$\left(q_{\mathrm{mt}}^{12}\right)^* = \frac{125}{64} = 1,953 < 2.$$

Hier liegt demnach der Zielton *His* der 12. reoktavierten Quinte etwas unter der Oktave des Ausgangstons – sodass die nächsten 12-Quinten-Iterationen genau um diesen Faktor „unter" den vorherigen Werten liegen. Konsequenterweise kontrahiert die Spirale, siehe Abb. 4.5. ◄

Als letztes Beispiel betrachten wir eine Tonspirale, welche zwar einen eindeutigen doppelpunktfreien expandierenden Verlauf hat, die aber zu einer Iterationsquinte gehört, deren Frequenzmaß ein Kreisteilungsparameter ist und die deshalb ganze Symmetriemuster oktavgleicher Töne besitzt.

Beispiel 4.10 (Iteration mit einer rational-centwertigen Quinte)

Die Iterationsquinte Q habe das Centmaß $\mathrm{ct}(Q) = 710\,\mathrm{ct}$. Dann besitzt das entsprechende Frequenzmaß die Kreisteilungsform, nämlich

$$\mu_f(Q) = q = 2^{71/120} = 1,50698\ldots$$

Somit ist die Tonspirale $T(q)$ expandierend, das Quintenkomma misst

$$\mathrm{ct}\left(\varepsilon_Q\right) = 120\,\mathrm{ct} \Leftrightarrow \mu_f\left(\varepsilon_Q\right) = 2^{(71*12/120-7)} = 2^{1/10} = 1,07177.$$

Das ist ein großer Wert – der Tonspiralenparameter ist aber immer noch prozentual sehr klein: $\rho = 1,00579\ldots$. Oktavgleiche Töne finden wir aus der ganzzahligen Gleichung

$$q^m = 2^k,$$

deren kleinste ganzzahlige Lösung $m = 120$, $k = 71$ ist – schließlich sind diese Parameter ja teilerfremd. Deshalb repräsentieren alle Punktepaare

$$(P_n, P_{n+120})$$

für alle Indizes $n \in \mathbb{Z}$ oktavgleiche Töne. Übrigens liegen diese Punktepaare „auf der gleichen Uhrzeit", da ja $120 = 10 * 12$ eine zehnmalige Vollumrundung bedeutet.

Anders gesagt: Sei P_n ein beliebiger Punkt der Tonspirale $T(q)$. Läuft man auf der Spirale genau zehn Mal im Uhrenkreis rechts (beziehungsweise links) herum, so landet man auf dem Punkt P_{n+120} (beziehungsweise P_{n-120}), und dieser Ton liegt auf dem gleichen Stundenstrahl um zehn Positionen nach außen (beziehungsweise nach innen) versetzt; reoktaviert stellen sie demnach gleiche Töne dar. Alle reoktavierten Töne zusammen bilden die gleichstufige Skala E_{120}, und diese ist eine

10-fache **_Verfeinerung_** der Skala E_{12}.

Ihr Stufenintervall ist mit $10\,\mathrm{ct}$ genau $1/10$ des üblichen Halbtons groß. Summa summarum hat diese Tonspirale – reoktaviert – also „nur" 120 verschiedene Töne. ◀

Zwei abschließende Bemerkungen

Erstens sehen wir, dass die entscheidenden Geometrien „Expandieren" oder „Kontrahieren" der Tonspiralen zwar mit den einfachen Bedingungen $q > q_{\mathrm{equal}}$ versus $q < q_{\mathrm{equal}}$ gekoppelt sind – aber dennoch gibt es bemerkenswerte darüber hinausgehende Eigenschaften. Zwei signifikante hierunter wollen wir erwähnen:

Zum einen können die Tonspiralen – entgegen ihrem optischen Erscheinungsbild – periodische Identifizierungsstrukturen haben; das ist genau dann so, wenn der Iterationsparameter q von der Kreisteilungsform

$$q = 2^{n/m} \text{ mit ganzen Zahlen } n, m \in \mathbb{Z}$$

ist. Das werden wir auch später noch einmal im Theorem 11.1 sowie in einigen anderen Zusammenhängen herausstellen. Und diese Form kommt sehr häufig vor: Genau dann, wenn nämlich das Centmaß des Iterationsintervalls rational ist, ist dies der Fall. Das Beispiel 4.10 hat davon einen Eindruck vermitteln können.

Zum anderen sorgt die ständige Erhöhung oder Erniedrigung eines Tons nach zwölf (reoktavierten) Iterationen dafür, dass im Laufe der Zeit die Grundoktave irgendwann überschritten wird: Dann aber sorgt die Reoktavierungsvorschrift für eine plötzliche Neupositionierung im Quintengefüge, so wie wir das in der detaillierten Diskussion im Beispiel 4.8 der pythagoräischen Quintenspirale gesehen haben.

Zum Zweiten erkennen wir, wie sensibel die Numerik die Gestaltung der Iterationsprozesse steuert; die Frequenzdaten der Iterationsquinten unserer drei Beispiele

$$q_{mt} = 1{,}49534\ldots < q_{\mathrm{equal}} = 1{,}49830\ldots < q_{\mathrm{pyth}} = 1{,}50000$$

belegen dies ja vorbildlich. Erst die dritte Nachkommastelle (!) entscheidet hier über die komplette Spiralengeometrie. Daher ist eine Centwertanalyse unbedingt flankierend angeraten; schließlich könnte sogar eine als harmlos erscheinende Rundung die Entscheidungsgeometrie „expandierend versus kontrahierend" geradezu auf den Kopf stellen.

Damit wollen wir den Ausflug in die Analysis der Iterationen wieder verlassen – obwohl: Die gedanklichen Spiele mit den ins Unendliche verlaufenden Prozessen bereiten jede Menge Freude, ist doch die Welt jenseits der Endlichkeit voller Überraschungen – siehe unsere vierte Geschichte der Symphonie vom Harmonischen Meer (Epilog).

Setzen wir einmal die Geschichte vom 12-Quintenland und 7-Oktavien mit dem 2.Satz der Symphonie vom Harmonischen Meer fort. Wie mag es hier weitergehen

Die Symphonie vom Harmonischen Meer (2. Satz – Allegro)

Die Ballade der Semitonia und der Kommata

Eine Zeit lang ging das gut, denn die meisten Quinten waren zufrieden mit dem, was sie früher bei den Oktaven gesehen hatten: Beutetöne fischen und sie zu Quinten zwingen.

Allerdings war schon früh erkennbar, dass ein innerer Unfriede ins Haus stand: Die Prima Tonica, die sich nach wie vor besser mit den Oktaven verstand, vermied es, auch den Quinten ein „Prinzip der Reinheit der Quinten" zu verordnen. Und so kam es, wie es kommen musste – wenn auch viel später nach langer, langer Zeit: Die Kultur der Quinten schoss ins Kraut, bar jeglicher Vernunft.

Anfangs jedoch befolgten sie – wohl aus Dummheit, sicher aber auch aus Faulheit – das Muster, das ihnen durch Quintilia, der Urquinte, vor Ohren war. Auch war ihnen der Quartwall heilig. Es gab keine Probleme zwischen Quintilien und Oktavien.

Eines Tages wagte es aber dennoch eine Quinte, den Quartwall zu übersteigen – doch halt, sie war alleine doch zu feige dazu und fand doch tatsächlich eine ihr gewogene Gefährtin, und beide waren so geschickt, dass sie sich aneinanderbinden konnten. Derart gewappnet, überstiegen sie in einem unbeobachteten Augenblick den Quartwall.

Niemand zu sehen – oder halt doch? Eine aber wirklich gouvernanten-gestrenge Oktave – es war wohl Oktaviana VII – erblickte die Eindringlinge, und was dann geschah, blieb sogar der Herrscherin Prima Tonica verborgen: Indem nämlich Oktaviana die Siebte sich das freche Quintenduo vornahm, verschwand sie selber sofort zu Staub wie auch das Quintenduo nicht ungeschoren davonkam, jedoch:

Ein Zwerg entstand, den herbeigeeilte Oktaven lauthals verlachten, wohlgemerkt: ohne dabei ihr Prinzip der Reinheit zu missachten. Der Zwerg war in der Tat klein, jedoch immer noch dick wie die untere der beiden Quinten, er glich wirklich einer Regentonne, und prompt erfand Oktaviana VIII. den passenden Namen: Tonos I. war geboren.

Was soll ich sagen! Jahrhunderte, ja selbst Jahrtausende vergingen, und die Zahl der Tonosse stieg und stieg. Es war selbst den Quinten zu viel, den Oktaven sowieso, jedoch misslangen alle Versuche des Quinten- und des Oktavenrats, für die Tonosse eine eigene Parzelle auf der schönen Insel zu finden. Keiner wollte was abgeben.

Nun war es mit dem Frieden vorbei; die Feindseligkeiten konnten nur mit größter Mühe durch den Quartwall eingedämmt werden. Denn auch ihm war es zusehends zu bunt geworden. Andauernd überquerten ihn Horden von Quinten wie umgekehrt auch die Oktaven immer dreister wurden, ohne allerdings ihr Prinzip der Reinheit zu missachten.

Einmal waren sogar fünf Quinten über die Grenze marschiert: Die Oktaven peilten die Gefahr, sahen aber schnell ein, dass es für eine von ihnen zu viele waren, auch zwei wollten sich mit ihnen nicht anlegen – und so teilten sich drei Oktaven die ihnen sicher erscheinende Beute. Was sie aber leider übersahen: Sie selbst verschwanden leider ebenfalls – es blieb von allen acht vormals stolzen Inselgrößen nur ein jämmerlicher Rest, den man „Limma" nannte.

Man ahnt es: Dem Limma I. folgte Limma II., und schließlich machten sich allenorts ganze Bataillone dieses neuen winzigen wie dreisten Ungeziefers breit. Manche Oktaven hatten beobachtet, dass die Limmas keine Scheu kannten; selbst um Quinten machten sie keinen großen Bogen.

Manche Tonosse sahen dies mit Grimm – hatten sie doch wie die Limmas die gleichen Eltern, und jetzt breiteten jene sich völlig ungeniert aus. Da musste was geschehen. Und so kam es, dass eines Tages ein Tonos (es war Tonos Dorios) einem Limma auflauerte. Es kam zum Kampf. Tonos Dorios war zunächst leichtsinnig, schließlich reichte ihm das hergelaufene Limma noch nicht einmal zur Hälfte, und fast sah es danach aus, als wollte das Limma sich dem Tonos aufstülpen, was aber eine herbeigeeilte Quinte verhinderte. Sie hatte nämlich entgegen allen bisher Dagewesenen eine Vision, nämlich die Vision einer Tertia minor, aus der ein unheilbringendes Geschlecht hervorgehen könnte, das Mollgeschlecht. So schubste sie das Limma kurzerhand vom Tonos – anderes wäre ihr nach allen leidvollen Erfahrungen auch nicht gut bekommen, ihre Reinheit wäre dahin gewesen. Jetzt aber ließ sich der Tonos nicht noch einmal überrumpeln – auf einmal war das Limma weg. Aber weg war leider auch der siegessichere Tonos, jedenfalls beinahe: Apotoma, die Erste, war nämlich erstanden.

Apotoma I. aber war friedfertig. An einem schönen sonnigen Vormittag überredete sie einmal ein Limma, mit ihr alsbald einen Tonos zu besuchen – schließlich braucht man ja auch irgendwann mal vertraute Verbündete. So trafen beide aneinander an den Händen haltend – hätten sie welche gehabt – einen ausnahmsweise einmal prächtig gelaunten Tonos, es war Tonos der XII. Zunächst herrschte vorsichtiges Schweigen – keine ihrer

Töne erklang: Aber siehe, als das Duo begann und Tonos XII. erwiderte, herrschte eine solche Eintönigkeit in ihrer Zweitönigkeit, dass sie beschlossen, zeitweilig stets als unzertrennliches Paar zusammen zu sein. Seither rühmte sich der Tonos, unteilbar zu sein. Immerhin gelang ihm dies eine beachtliche Zeit lang, trotz heftiger Gegenwehr späterer Neider…

Unterdessen entwickelten sich die Spannungen zwischen Oktavien und Quintilien ungeachtet gelegentlicher Freundschaften immer weiter zu beinahe kriegsähnlichen Zuständen. Ständig versuchten die Oktaven, die Tonosse, die verhext überall sich in ihrem Refugium breitmachten und dann zu allem Überfluss noch unreines Kleinzeug mitbrachten, des Nachts über den Quartwall nach Quintilien zu verbannen – allein, arglistige Quinten rächten sich am nächsten Tag, indem sie ein ganzes Dutzend frecher Limmas durch ein Loch im Quartwall nach Oktavien infiltrierten. Und aneinandergekettet – adjungiert nannte man das viel später – lehrten sie jeder Oktave das Grauen: Das Prinzip der Reinheit war spätestens ab jetzt in allerhöchster Gefahr.

Es gab nur einen Ausweg: Der Quinten- und der Oktavenrat musste entscheiden. Und so kamen beide Räte zusammen – allerdings wachsam getrennt durch den Quartwall, dem man die Rolle des Hüters übertragen hatte. Und wenn nicht auch Octaviana „Sub-Contra" ein tiefstes Machtwort hätte ertönen lassen, wäre folgender Beschluss nicht zustande gekommen:

▶   *Vereinbarung: Es sollten zwölf ausgesuchte Quinten gegen sieben willkürliche Oktaven antreten; wer verliert, bekommt für alle Zeiten das Ungeziefer aller Tonosse mit ihren Ab- und Unarten und die Auflage, selbiges im Zaum zu halten. Wenn das nicht gelänge, würde der Quartwall oktaviert und damit unüberwindbar.*

So kam es. Es war ein grausames Unternehmen, wobei es deshalb noch grausamer war, weil die zwölf ausgesuchten Quinten sich zuvor nicht einigen konnten, in welcher Reihenfolge sie sich adjungiert zur Schlachtstellung verbinden sollten. An jedem Tag stellten sie sich aufs Neue auf, aber bis alles ausprobiert war, vergingen ganze Zeitalter, übrigens sehr zur Freude der Tonosse. Als es nun endlich so weit war, ging aber alles dramatisch schnell.

Wie vom Blitz getroffen waren auf einmal alle sieben Oktaven weg, einfach so. Fast schon wollten die Bataillone der quengeligen Zuhörerquinten vielstimmig ihren Sieg bejubeln – ihnen war ja kein Reinheitsgebot geboten –, da gewahrten sie, dass auch von ihrem eigenen tapferen Dutzend nichts mehr übrig war. Doch – halt: Da war doch was, kaum erkennbar, dem Unisonischen zum Verwechseln ähnlich, und irgendwer aus den Reihen der Limmas verspottete unter großem Beifallgelächter den neuen Winzling als „Epsilon, das Komma".

Das Komma aber dachte: „Wartet nur ab", denn was nun geschah, stellte die Inselwelt auf den Kopf. Nicht nur, dass genau jenes Komma unentwegt und bei jeder sich bietenden Gelegenheit aber auch alles spielverderbend störte, was sich ihm zum

Schabernack anbot, es wagte sogar – wenn auch zunächst noch ohne Erfolg – das Reinheitsgebot der Oktaven zu kippen. Da musste was geschehen.

Und es geschah auch etwas, was nur als heimliche Absprache und leider nur in Bruchstücken überliefert wurde:

▶   *Die Quinten wurden von den Räten verurteilt, dass sie sich einen Wolf zähmten,*
   den „Quintenwolf", welcher jedem Epsilon, das sich hervorwagte, den Garaus
   machen sollte. Der Preis war allerdings hoch, denn jedes Mal fiel dabei auch eine
   Quinte dem Wolf zum Opfer, anders hätte man jenen nicht hierzu abrichten
   können. Wahrlich ein Problem, dieses Wolfsquinten-Quintenwolf-Problem.

Nun begab es sich, dass sich unter die Quinten einmal eine blitzgescheite mischte, keiner wusste, wie es dazu gekommen war. Ganz gleich, „Zarlina, die Siebte" gab jedenfalls vor, sich mit der Zahl Sieben bestens auszukennen, und sie würde das Wolfsquinten-Problem lösen – und zwar so, dass sowohl die Quinten wie auch die Oktaven schadlos blieben.

Was war ihre Lösung? Nun, sie schaffte es, dem verhassten Kleinzeug den Ärger mit den Kommas zu überlassen, und gezwungen durch die Tonosse, denen sie Verschonung versprach, wurde hinfort bei Aufkreuzen eines Kommas einem auffälligen Limma Folgendes auferlegt: Es sollte mit scheinheiligem Geschmeichel mit dem Komma anbändeln und dieses gefügig machen. Danach würde es nicht lange dauern, bis sich mit tödlicher Sicherheit eine gutmütige – leider aber zu neugierige – Apotoma zum Stelldichein einfände. Und dann wäre das Problem – jedenfalls für dieses Mal – restlos gelöst.

Und so war es auch. Die Quinten staunten ungläubig, und die hochnäsigen Oktaven erfreuten sich nun ihres ungetrübten Prinzips der Reinheit – ohne allerdings eine Spur einer Ahnung davon zu haben, wie das alles mit rechten Dingen zugehen konnte.

Fortsetzung in Teil III

Ja, liebe Leser, tatsächlich ist die Gleichung

$$\text{Apotome} = \text{Limma} + \text{Quintenkomma}$$

der Schlüssel schlechthin, die Geheimnisses der antiken – streng-pythagoräischen – Musik des harmonischen Meeres zu entzaubern.

Das harmonische Meer weiß aber noch viel mehr Rätselhaftes, um es als zu lösende Prüfungsaufgaben den musikalischen Wanderern in ihre Wege zu stellen.

Skalen und ihre Modelle

5

Mathematik? –
Ist zu 80 % Gewohnheitssache!

Robert Berger
(im Sommersemester 1970
Universität des Saarlandes)

Introduktion

In diesem Kapitel stellen wir die drei wichtigsten Modelle der „Tonleitern" vor, und dies sind

- das Tastaturmodell,
- das Stufenmodell,
- das Quintenkreismodell.

Im Rahmen einer für gewöhnlich zwölfstufigen („chromatischen") Oktavskala sind alle drei Modelle aufs Engste miteinander verwoben: Das Tastaturmodell gehört dem Musiker, der anhand seiner Klaviatur alles sehend verstehen möchte, das Stufenmodell gehört den Musiktheoretikern, die damit ihre unterschiedlichen Temperierungen – sprich ihre Vorstellungen über Aufbau, Architektur und musikalische Kompatibilität – beschreiben möchten. Schließlich gehört das Quintenkreismodell den Mathematikern, die damit die ausgetüftelten Stufenmodelle der Theoretiker begründend verstehen möchten. Unser Kapitel wird die Grundlagen zu diesem Spannungsbogen legen.

Ausgehend vom Tastaturmodell und seinen historischen Vorbildern, stellen wir die relevanten Begriffe rund um die Architekturen der Skalenlehre vor. Dann folgt eine Mathematik der leitereigenen und der skaleninternen Intervalle. Beides begleitet das Handling mit Skalen auf Schritt und Tritt, verdeutlicht beispielsweise durch die Frage:

K. Schüffler, *Die Tonleiter und ihre Mathematik*,
https://doi.org/10.1007/978-3-662-64951-0_5

▶   *„Wie viele reine Terzen, wie viele reine Quinten kann es in Skalen mit dieser oder*
    jener Architektur geben?"

Hierauf aufbauend, können wir die – aus Sicht der Theorie – wohl wesentlichste
Fundamentierung der Skalenarchitektur beweisen; dies ist die innige Verzahnung des

▶   Stufenmodells und des Quintenkreismodells.

Ihre Äquivalenz durchzieht – ebenso unbemerkt wie manche mathematischen Axiome
– die gesamte Theorie und Praxis der Temperierungstheorie. Das Kapitel schließt mit
Erkenntnissen über Periodizitäten von Stufenintervallanordnungen.

5.1   Das Tastaturmodell und das Skalenalphabet

Wenn wir an Töne, Intervalle, Skalen, Akkorde – überhaupt an konkret zu gestaltende
Musik – denken, so ist die innere Vorstellung einer Klaviatur ganz bestimmt das
nächstliegende Modell, dessen man sich zwecks Orientierung bedient. Dies gilt sicher
auch dann, wenn andere Instrumente im Mittelpunkt musikalischer Neigung und
Beschäftigung stehen. Die zwölfstufige Klaviatur mit dem typischen Schwarzweißmuster
ihrer Tastenarchitektur verrät dem „Kenner" dank des optischen Erscheinungsbildes
sofort, welche Griffe, welche Intervalle, welche Akkorde usw. wie klingen und überhaupt welche Töne wo liegen. Und greift man die Tasten cis + gis, so ist kein langes
Überlegen nötig, hierin eine „Quinte" zu sehen. Dabei bleibt die Quinte auch dann noch
als zutreffende Antwort, wenn das Klavier – wie so viele seiner Art – den jahrzehnte-
langen eigenen Verfall wie auch denjenigen ihrer Wirtshaus-Hinterzimmer ertragen
musste. Manche Halbtöne ähneln eher schlechten Primen, und das Prinzip der Reinheit
der Oktaven hatte wohl nur zu Zeiten der Erbauung einmal gegolten.

Aber auch in diesem grässlichen Fall hat die Tastatur ihren Wert – sie verkörpert
unbeschadet des Wohl- oder Unwohlklangs ihrer Töne – das 12-Stufen-Modell der
modernen chromatischen Skalen. Auf diese Weise ergibt sich eine Skala, die wir
„Tastaturskala" nennen wollen, welche losgelöst von jeglicher realen Temperierung
ein Modell der üblichen – mit Intervallen beschriebenen zwölfstufigen und periodisch
nach unten und oben fortgesetzten – Standardskala T_{12} darstellt. Obwohl sicher bestens
bekannt, zeigt uns die Abb. 5.1 das Muster der Tonanordnung. Die weißen Tasten bilden
dann eine heptatonische Teilskala T_7 von T_{12}, die „Ur-Durtonleiter"

$$C \rightarrow D \rightarrow E \rightarrow F \rightarrow G \rightarrow A \rightarrow H \rightarrow C^{'},$$

die den allerersten Musik- beziehungsweise Klavierunterricht begleitet.

Im Rahmen dieses Tastaturmodells gewinnen wir auch die ersten Vorstellungen über
„Ganz- und Halbtöne" sowie über weitere – aus diesen Stufen zusammengesetzte –
Intervalle. Die gängige Meinung ist, dass es von einer Taste zur nächsthöheren – schwarz

Abb. 5.1 Die Tastaturskalen T_7 und T_{12} über eine Oktave

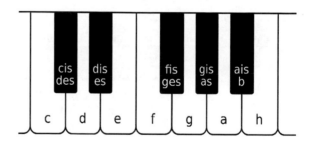

oder weiß – stets ein Halbtonschritt sei. Und konsequenterweise sind dann „Ganzton-schritte" stets Aneinanderfügungen von zwei Halbtonschritten; kleine Terzen sind deren drei, große dagegen vier und so fort. Schwierigkeiten der Enharmonik bleiben hierbei ausgeblendet – sie könnten in diesem simplen Modell auch nicht wirklich schlüssig erklärt werden.

▶ *Dass man zum Intervall $(C \rightarrow Dis)$ „übermäßige Sekunde", zum Intervall $(C \rightarrow Es)$ dagegen eher „kleine Terz" sagt, kümmert die Tonhöhen – sprich Intervallmaße – nicht; auch die spielenden Hände sehen keinen Unterschied. Lediglich die Notation des Tons im Notenbild sowie die aus höherer Warte betrachtete funktional-harmonische Bedeutung des Tonschritts lassen die unter-schiedlichen Intervallnamen samt ihren Einordnungen in Intervallschemata erklärbar erscheinen.*

Und so ist das Tastaturmodell T_{12} im Rahmen einer Temperierungstheorie leider ebenso hilfreich wie irreführend – in jedem Falle recht tückisch: Hilfreich, weil tatsächlich modellhafte Vorstellungen von Oktaven, Quinten, Quarten, Terzen und derlei jederzeit abrufbar sind und deshalb kompliziertere Zusammenhänge spontan in die praktizierbare Musikwelt transferiert werden können; irreführend, weil gleichzeitig die wichtigsten Intervalle – Kommata, Diësen und diverse Chromata samt dem Pluralismus innerhalb der Intervallklassen – nicht nur fehlen, sondern auch sogar als nicht wirklich wichtig – da real allem Anschein nach kaum existent – verschleiert werden. Diese Gefahr ist in der Tat beobachtbar. Zu sagen, diese und jene Halbtöne seien untereinander verschieden, verlangt dann schon eine beachtliche und mühevolle Beschäftigung. In der Tab. 5.1 wollen wir diese schablonenartige Einordnung der Tastaturintervalle in die Klassifikation der musikalischen Intervalle vornehmen; es versteht sich aber von der Sache her, dass Intervallmaßangaben hierzu nicht existieren – allenfalls numerische Korridore. Aber selbst diese wären problematisch:

▶ *Es gibt in der Musiktheorie größere „Vierteltöne" als Halbtöne: Der Partner des Euler-Halbtons $\left(5^2{:}3^3 = 25:27 \cong 133{,}2\,\text{ct}\right)$ im kleinen diatonischen Ganzton $(9{:}10 \approx 182{,}4\,\text{ct})$ – formal ein Halbtonschritt – hat das Maß $243{:}250 = 3^5{:}2*5^3 \cong 49{,}1\,\text{ct}$ und ist damit kleiner als die als Viertelton angesehene „Große Diësis" $\left(625{:}648 = 5^4{:}2^3 3^4 \cong 62{,}5\,\text{ct}\right).$*

Tab. 5.1 Die leitereigenen Intervalle der Tastaturskala T_{12}

Anzahl der Halbtonstufen	Intervallbeispiel	Bezeichnung als Tastaturintervall
0	$C \to C$	Prim
1	$C \to Cis/Des$	Halbtonschritt, übermäßige Prim/kleine Sekunde
2	$C \to D$	Ganztonschritt, große Sekunde
3	$C \to Dis/Es$	übermäßige Sekunde/kleine Terz
4	$C \to E$	große Terz
5	$C \to F$	Quart(e)
6	$C \to Fis/Ges$	Tritonus, übermäßige Quart/verminderte Quinte
7	$C \to G$	Quinte
8	$C \to Gis/As$	übermäßige Quinte/kleine Sext
9	$C \to A$	große Sext
10	$C \to Ais/B$	übermäßige Sext/kleine Septime
11	$C \to H$	große Septime
12	$C \to C^{\prime}$	Oktave

In der Tab. 5.1 geben wir eine Übersicht über die Tastaturintervalle, geordnet nach ihrer Stufenzahl und versehen mit der üblichen Bezeichnung des Musikunterrichts.

Skalen und die Familie ihrer Grundbegriffe

Töne und ihre Intervalle sind die Bausteine von „Skalen" – also von Tonleitern. Deshalb wollen wir auf die wichtigsten speziellen Grundbegriffe hierüber eingehen. Schließlich handelt dieses Buch ja von der Intervalltheorie der Skalen. Die folgende Definition versucht, eine gewisse Ordnung in die vielfältigen Begriffe zu geben, um somit auch eine Orientierung zu ermöglichen, was uns angesichts eines äußerst heterogenen Gebrauchs in historischen und aktuellen Literaturen als unbedingt erstrebenswert erscheint. Diese Ordnung ist notwendig, denn in den Folgeabschnitten widmen wir uns mittels eines eigenen und umfangreichen Gebiets der Mathematik um die zahlreichen kombinatorischen Fragestellungen, denen man dann jedenfalls begegnet, wenn man die Möglichkeiten der Skalengenerierung durch mittels Stufenintervallen gesteuerte Verteilungsprozesse ausloten und die anstehenden Fragen beantworten möchte.

Definition 5.1 (Skalenbegriffe)
- Eine **Skala** ist eine irgendwie festgelegte, definierte und strikt aufwärts – beziehungsweise strikt abwärts – verlaufende Abfolge einer gegebenen Anzahl von Tönen – gewöhnlich, aber nicht immer – innerhalb eines Oktavraums.
  Günstiger ist es oft, statt von einer Tonfolge von einer konsekutiven **Intervallstufenfolge** zu sprechen, dann bedeutet dies etwas präziser:

- Eine **n-stufige Skala** S_n ist die Aufeinanderfolge von n Stufenintervallen $I_1, \ldots, I_n \in \mathfrak{M}_{\text{mus}}$, welche alle simultan strikt aufwärts oder alle simultan strikt abwärts führen, symbolisch:

$$S_n \equiv I_1 \to I_2 \to \ldots \to I_{n-1} \to I_n,$$

und das Wörtchen „strikt" bedeutet, dass wir die Prim als Stufe ausschließen, denn anderes macht wenig Sinn, eher Verdruss.
- Die Skala heißt **harmonisch-rational,** falls alle Stufenintervalle harmonisch-rational sind, das heißt, wenn $I_1, \ldots, I_n \in \mathfrak{M}_{\text{harm}}$ gilt.
- Eine Subskala (oder auch **Teilskala**) einer Skala S_n ist eine m-stufige Skala S_m, wobei $1 \leq m \leq n$ ist, welche aus einer Auswahl von Tönen von S_n besteht. Die Stufen der Subskala bestehen demnach aus einzelnen oder aus einer bestimmten Anzahl von konsekutiven, adjungierten Stufenintervallen der Oberskala S_n. Und genau dann, wenn Stufen einer Skala S_n ohne Änderung ihrer Reihung zu einer neuen Stufe adjungiert werden, entsteht eine Subskala von S_n. Wir schreiben dann $S_m \subset S_n$. Notieren wir diese Anzahl, aus wie vielen Stufen der Oberskala S_n sich die j-te Stufe der Subskala S_m zusammensetzt, mit der **Stufenziffer** z_j, $j = 1, \ldots, m$, so entsteht der Stufenziffervektor $z = (z_1, z_2, \ldots, z_m)$ – besser: das Stufenziffermuster

$$(z_1 - z_2 - \ldots - z_m),$$

welches in einem anderen Zusammenhang das Tongeschlecht der Subskala beschreibt, siehe beispielsweise Tabelle 6.8 oder Beispiel 6.1.
- Zwei n-stufige Skalen S_n und T_n sind vom gleichen **Typus,** wenn die Mengen ihrer Stufenintervalle gleich sind; Anordnung wie auch die Anzahl einzelner Stufenintervalle können dabei aber differieren.
- Zwei n-stufige Skalen S_n und T_n sind „**Varianten**" eines (Stufen-)Typus, wenn sie zwar die gleichen Stufenintervalle haben und somit zum gleichen „Typus" gehören, wenn jedoch deren Reihung verschieden sein kann. Sie sind genau dann **gleich,** wenn zusätzlich auch die Stufenabfolgen übereinstimmen beziehungsweise wenn ihre Tonmengen identisch sind.
- Der **Umfang einer Skala** ist das Gesamtintervall $I = I_{\text{total}}$ vom Startton des ersten Stufenintervalls („**Tonika**") bis zum Zielton des letzten Stufenintervalls, das bedeutet die Bilanz aller Stufen,

$$I_{\text{total}} = I_1 \oplus I_2 \oplus \ldots \oplus I_{n-1} \oplus I_n.$$

Dabei kann dieser Zielton von I_{total} zur Skala gehören oder auch nicht – je nach dem Kontext wird dies unterschiedlich behandelt. Rechnen wir den Zielton nicht mit, so hat die Skala so viele Töne wie Stufen.
- Von einer **Oktavskala** spricht man, wenn der Zielton der letzten Stufe der Oktavton der Tonika ist, wenn also $I_{\text{total}} = O$ ist.

- Bei Oktavskalen definiert die Stufenzahl auch die **Gattung der Skala.**
  Im Rahmen einer Skalentheorie sind fast alle Skalen stets Oktavskalen – wenn
  nichts anderes gesagt wird. Die häufigsten Gattungen sind dann diese:
  - **pentatonisch** ⇔ sie hat genau 5 Stufen,
  - **heptatonisch** ⇔ sie hat genau 7 Stufen,
  - **oktatonisch** ⇔ sie hat genau 8 Stufen,
  - **dodekatonisch** ⇔ sie hat genau 12 Stufen.
- Die **Tonalität** (der Architektur) einer Skala drückt (unter anderem) aus, aus
  wie viel _verschiedenen_ Stufenintervallen („Stufentypen") die Skala besteht, und
  es bedeuten:
  - **unitonal** ⇔: alle Stufenintervalle sind identisch,
  - **bitonal** ⇔ die Skala besitzt 2 verschiedene Stufenintervalltypen,
  - **tritonal** ⇔die Skala besitzt 3 unterschiedliche Stufenintervalltypen.
  Der Begriff der Tonalität steht allerdings noch für andere substantielle
  musikalische Zusammenhänge, auf die wir im Moment nicht eingehen.

Die Tastaturskala T_7 mag als erstes Beispiel dienen: Die weißen Tasten der Klaviatur
von C bis H sind eine Skala mit sieben Tönen, und nehmen wir die Oktave des Starttons (C') als Zielton hinzu, so haben wir eine Oktavskala mit sieben Stufen, deren
oberste Stufe zum Zielton führt. Diese Oktavskala ist heptatonisch und bitonal – wenn
wir die Interpretation im Blick haben, dass sie aus fünf Ganztonschritten und zwei Halbtonschritten aufgebaut ist – und zwar unbeschadet davon, ob diese Tonschritte jeweils
völlig maßgleich sind oder nicht. Vom gleichen Typus wie diese C-Dur-Skala wäre die
parallele, natürliche a-moll-Skala – gespielt auf den weißen Tasten vom Ton A bis zu
seiner Oktave A'. Sie ist also eine Variante der C-Dur-Tonart.

Unter den Oktavskalen sind vor allem diejenigen ausgezeichnet, die eine besondere
historisch gewachsene Struktur besitzen, nämlich die heptatonischen – auch manchmal
„diatonisch" genannten – und die chromatischen Skalen. Dabei ist auch der Begriff
des „Tetrachords" nützlich, um den wir uns sogleich kümmern wollen und dabei auch
nochmal den Begriff „diatonisch" beleuchten – hierzu gibt es in der Literatur lebhafte
Differenzen in der Beschreibung dessen, was darunter zu verstehen ist. Fairerweise
muss aber auch betont werden, dass eine solche Festlegung erheblich durch Quellen,
Ansichten, Bezüge und derlei geprägt und abhängig ist.

Definition 5.2 (Tetrachorde, diatonische und chromatische Skalen)
- Ein **Tetrachord** ist eine dreistufige Skala vom Umfang einer Quarte. Historisch
  (in der Antike) handelt es sich hierbei ausnahmslos um die „reine Quarte"
  3 : 4. Man unterscheidet drei **„Tongeschlechter":** Diatonisch, chromatisch und
  enharmonisch:

- Ein Tetrachord heißt **diatonisch** ⇔ es enthält genau zwei Ganztonintervalle und ein Halbtonintervall als aufbauende Stufen.
- Ein Tetrachord heißt **chromatisch** ⇔ es enthält genau ein übermäßiges Ganztonintervall („Hiatus") und zwei Halbtonintervalle („Chromata") als aufbauende Stufen.
- Ein Tetrachord heißt **enharmonisch** ⇔ es enthält genau einen doppelten Ganztonschritt und zwei Mikrointervalle („Enharmonion") als Stufen.

Dabei können diese Ganztonintervalle untereinander durchaus unterschiedliche Größen haben, wie auch das Halbtonintervall nicht notwendigerweise die „Hälfte" eines der Ganztonintervalle zu sein braucht (und in der Regel auch nicht ist). Entsprechend ungenau sind erst recht alle Mikrointervalle beschreibbar.

- Eine heptatonische Oktavskala heißt **diatonisch** ⇔ sie ist aus zwei diatonischen Tetrachorden aufgebaut, welche durch einen Ganztonschritt (vorzugsweise der Proportion 8:9) verbunden sind. Sie hat somit genau fünf Ganzton- und zwei Halbtonintervalle.
- Eine dodekatonische Oktavskala heißt **chromatisch** ⇔ ihre zwölf Stufenintervalle sind vom Typ gewisser Halbtonintervalle (die im Allgemeinen auch unterschiedliche Größe untereinander haben können).

Diatonische Tetrachorde begegnen uns zum Beispiel und insbesondere im Abschn. 8.1 bei der pythagoräischen Urskala wieder. Außerdem findet der Begriff der „diatonischen" Oktavskala auch im Rahmen der Iterationstheorie der Skalen in Abschn. 7.4 eine besondere Betrachtung. Wir halten hierbei noch einmal fest, dass die Intervallbegriffe „Ganz-" (T) und „Halbtöne" (S) im Augenblick nur sehr vage beschrieben werden können: Alles, was in einem diatonischen Tetrachord nicht ein „Chroma" (Halbton, Semiton, Semitonium, Diatonon) genannt ist, ist ein Ganzton.

Es gibt in kombinatorischer Hinsicht zu jedem Tongeschlecht ebenfalls **drei Familien** von Tetrachorden, die sich durch eine Permutation der Anordnung der Stufen unterscheiden. Für den Fall der diatonischen Tetrachorde wechseln daher die Positionen der Ganz- und Semitonintervalle, und man erhält die drei Familien.

Bezeichnung	Stufenfolge
lydisch - diatonisch	$T_1 \to T_2 \to S$
dorisch - diatonisch	$T_1 \to S \to T_2$
phrygisch - diatonisch	$S \to T_1 \to T_2$

Weil die antike Oktavskala aus zwei Tetrachorden besteht, die durch einen Ganztonschritt verbunden sind, gibt es – formal – genau neun Varianten von heptatonisch diatonischen Oktavskalen, und so ist insbesondere die aus zwei – und durch einen Ganztonschritt verbundenen – lydischen Tetrachorden gebildete Skalenform

$$\underbrace{[T_1 \to T_2 \to S_1]}_{\text{Tetrachord}} \to T_3 \to \underbrace{[T_4 \to T_5 \to S_2]}_{\text{Tetrachord}}$$

mit fünf Ganztönen $T_1, \ldots, T_5$ und zwei Halbtönen S_1, S_2 der signifikante Haupttypus einer Oktavskala – nämlich der Typ der Durskala. Andere Varianten dieser Anordnungsmöglichkeiten führen uns zu den Moll- beziehungsweise kirchentonalen oder altgriechischen Skalen. Gelegentlich findet man allerdings auch noch die weitere Einschränkung, dass nämlich keine vier Ganztöne in Folge auftreten sollen – auch nicht bei „periodisch fortgesetzter" Oktavüberschreitung – dann verbleiben noch fünf Varianten, die wir in der Tab. 5.2 kurz skizzieren. Dabei beschränken wir uns auf die bloße Typenangabe S (Semitonus) und T (Ganzton); innerhalb einer Skala können diese jedoch durchaus variieren – unter Wahrung der Oktavbilanz.

Auffallend ist nun, dass diese Formen alle Ausschnitte einer „beidseitig periodisch fortgesetzten" Intervallfolge

$$\to \ldots \to T \to T \to S \to)T \to T \to S \to T \to T \to T \to S(\to T \to T \to S \to \ldots \to$$

der bekannten Durform sind. Dies hängt auch mit der Skalengewinnung als Iteration mit erzeugenden Quinten zusammen – wir kommen darauf im zentralen Kap. 7 zurück. Daher verankern wir zunächst einmal den Begriff der beidseitig periodischen Fortsetzung einer Intervallfolge in mathematischer Lesart. Und wenn es im Augenblick auch so ist, dass wir es beinahe stets mit zwölfgliedrigen Intervallanordnungen zu tun haben – zwölf Quinten, zwölf Halbtonstufen –, so sollten wir gleichwohl eine allgemeinere Situation beschreiben.

Tab. 5.2 Diatonisch – heptatonische Skalenvarianten

Stufenaufbau	diatonisches Muster	Modus
$[T \to T \to S] \to T \to [T \to T \to S]$	lydisch – lydisch	hypolydisch, ionisch, Dur
$[T \to T \to S] \to T \to [T \to S \to T]$	lydisch – dorisch	mixolydisch, hypoionisch
$[T \to S \to T] \to T \to [T \to S \to T]$	dorisch – dorisch	dorisch
$[T \to S \to T] \to T \to [S \to T \to T]$	dorisch – phrygisch	aeolisch, moll naturalis
$[S \to T \to T] \to T \to [S \to T \to T]$	phrygisch – phrygisch	phrygisch

Definition 5.3 (Die beidseitig periodische Fortsetzung einer Intervallfolge)
Es sei $(I_j)_{j=1,\ldots,n} = I_1, \ldots I_n$ eine n-gliedrige Intervallfolge. Definiert man dann

$$I_{j+kn} \overset{\text{def}}{=} I_j \text{ für alle } 1 \leq j < n \text{ und für alle } k = \pm 1, \pm 2, \pm 3, \ldots,$$

dann ist durch diese universelle Vorschrift für alle ganzzahligen Indizes eine **beidseitig periodisch fortgesetzte** Intervallfolge

$$(I_j)_{j \in \mathbb{Z}} = \ldots I_{-1}, I_0, I_1, \ldots I_n, I_{n+1}, I_{n+2}, \ldots$$

festgelegt, und diese ist dann eine sogenannte **n-periodische Intervallfolge**. Die iterative Festlegung

$$I_{j+n} = I_j \text{ für alle } j \in \mathbb{Z}$$

ist eine hierzu äquivalente, aber formal einfachere Periodizitätsbedingung.

Sind nun die Intervalle $I_1, \ldots I_n$ die Stufenintervalle einer Oktavskala S_n, so bezeichnen wir mit dem Symbol

$$\overleftrightarrow{S_n} \overset{\text{def}}{=} \ldots I_{-1} \to I_0 \to I_1 \to I_2 \to \ldots \to I_{n-1} \to I_n \to I_{n+1} \to I_{n+2} \to \ldots$$

die beidseitige **n-periodische Fortsetzung** dieser Skala. In anderem Kontext wird $\overleftrightarrow{S_n}$ auch als die „**Trägerskala**" eines Temperierungssystems bezeichnet.

Eine erste Anwendung dieser periodischen Fortsetzung finden wir im Kontext mit den „leitereigenen Intervallen", denen wir den eigenen folgenden Abschnitt einräumen. Im Übrigen besteht ein „Temperierungssystem" aus einer solchen – aus einem Oktavbereich resultierenden – beidseitig periodisch fortgesetzten Intervallfolge, siehe Definition 5.7.

▶   *Schließlich wollen wir nicht unerwähnt lassen, dass diese der Einteilung dienenden Begriffe sich an geometrischen, kombinatorischen und anderweitigen „mathematischen" Mustern orientiert; auf einem anderen Blatt stehen natürlich die musikalischen Aspekte. Wer eine gregorianische Melodie im phrygischen Modus (Tonus IV) erlebt, empfindet anders als wenn ein Hymnus im Tonus VII (Mixolydisch) angestimmt würde – mögen alle Halb- oder Ganztonstufen in Summe übereinstimmen oder auch nicht.*

5.2   Leitereigene und skaleninterne Intervalle

Auch der Terminus „leitereigen", der in der Musik an jeder Straßenkreuzung anzutreffen ist, bedarf einer Verankerung. Dabei zeigt sich, dass die periodische Fortsetzbarkeit von erzeugenden Intervallen sich auch unmittelbar auf diejenigen Intervalle überträgt, die

durch sie per Summenbildung definiert sind. Da die Anwendung dieses Begriffs so gut
wie ausschließlich im Refugium der Oktavskalen liegt, vermeiden wir hier eine unnötig
verallgemeinernde Theorie.

Definition 5.4 (Leitereigene Intervalle)

Es seien $I_1, I_2, \ldots, I_{12} \in \mathfrak{M}_{\mathrm{mus}}$ 12 Stufenintervalle eines Oktavraums, die wir uns
12-periodisch fortgesetzt denken, das heißt, dass wir gemäß der soeben getroffenen
Beschreibung in der Definition 5.3 die Festlegungen

$$I_{j+12} = I_j \text{ für alle } j \in \mathbb{Z}$$

haben. Ein Intervall, das aus k *konsekutiven* Stufen dieser periodisch fortgesetzten
Stufenfolge zusammengesetzt ist, heißt ein **k-stufiges leitereigenes Intervall** der
aus diesen Stufenintervallen zusammengesetzten Skala. Somit gibt es zu jedem
Stufenanzahlparameter $k \geq 1$ formal 12 leitereigene, aufwärts verlaufende Intervalle L_j^k, $j = 1, \ldots, 12$, die demnach den Formeln

$$L_j^k = \sum_{n=0}^{k-1} I_{j+n} = I_j \oplus I_{j+1} \oplus \ldots \oplus I_{j+(k-1)}$$

für $j = 1, \ldots, 12$ genügen. Eine andere – geringfügig allgemeinere – Formulierung
wäre die, dass jedes Intervall zweier Töne der beidseitig 12-periodisch fortgesetzten Skala leitereigen ist.

Diese Definition kann wortgleich auf den allgemeineren Fall einer n-stufigen
Oktavskala übertragen werden.

Dazu wollen wir einige Bemerkungen machen:

(1) Die Prim ($k = 0$) könnte man (als 0-stufiges) leitereigenes Intervall hinzunehmen –
wie man will. Wir werden dies gelegentlich so praktizieren. Ebenso wäre es eine
Überlegung wert, auch die abwärts gerichteten Intervalle hinzuzunehmen, was der
allgemeineren Formulierung entspräche.

(2) Die Nummerierung (j) der leitereigenen Intervalle folgt der chromatischen Semiton-
Nummerierungsfolge. Eine Nummerierung gemäß der Quintenfolge wäre möglich
und denkbar, und darauf kommen wir in Kürze zurück, wenn wir das Stufenmodell
einer Skala mit ihrem Quintenkreismodell verbinden.

(3) Alle leitereigenen Intervalle können dank der 12-periodischen Fortsetzung der
Stufen in naheliegender Weise ebenfalls selber wieder 12-periodisch fortgesetzt
werden, und es gilt dann ebenso das Periodengesetz

$$L_{j+12n}^k = L_j^k$$

für alle 12 Stufen $1 \leq j \leq 12$, alle Parameter $k \geq 1$ und alle ganzen Zahlen $n \in \mathbb{Z}$.
Ebenso ist auch die Formel

$$L_j^k = \sum_{n=0}^{k-1} I_{j+n}$$

dann konsequenterweise für jedes $j \in Z$ richtig. Diese 12-periodische Fortsetzung
aller Stufen und aller hieraus zusammengesetzten Intervalle entspricht voll und ganz
unserem Oktavengebäude aller musikalischen Intervalle $\mathfrak{M}_{mus}$ aus dem Abschn. 1.6
– wenn wir einmal unterstellen, dass die zwölf Stufen eine Oktave bilden.

(4) Eine (leitereigene) Quinte ist jedes Intervall L_j^7, eine leitereigene große Terz ist von
der Bauart L_j^4 und so fort, siehe Tab. 5.1, die uns die Tastaturstufenzahlen angibt.

Wir starten nun eine kleine Exkursion in das Rechnen mit verschachtelten Summen,
sozusagen in den Teil der Mathematik, zu dem viele Leute „trocken" sagen. Aber wie
das so ist: Erstens macht es die Gewohnheit (siehe unser Bonmot am Kapitelbeginn) und
zweitens die hoffentlich nicht nachlassende Akribie und möglicherweise auch drittens
der Wunsch nach endgültigem Durchdringen einer Sache – was auch immer, jedenfalls
bieten wir als Erstes eine Formel an, die man in den Oktavbilanzen immer mal wieder
antrifft – vielleicht sogar ohne explizit darüber nachzudenken, erscheint sie doch ganz
und gar naturgegeben.

So beweisen wir nun im folgenden Satz eine Universalformel, welche für alle leitereigenen Intervalle besteht. Zwar benötigen wir hierbei nur den Spezialfall leitereigener
Quinten – das sind demnach siebenstufige Intervalle. Die Unart der Mathematiker ver-
leitet uns aber, gleich das allgemeinst mögliche Resultat anzustreben. Und tatsächlich,
mit dem späteren Theorem 7.5 aus der Theorie leitereigener Intervalle in Wolfsquintenskalen tritt auf einmal – sozusagen unvorhergesehen – dieser „allgemeinste" Fall urplötzlich in die Szene. Also hat sich die Abstraktion wieder einmal bewährt und gelohnt.

Satz 5.1 (Stufenformeln leitereigener Intervalle)

Gegeben sei ein 12-periodisch fortgesetztes Stufenintervallsystem $I_1, \ldots, I_{12} \in \mathfrak{M}_{mus}$,
und $L_1^k, \ldots, L_{12}^k$ seien die leitereigenen Intervalle zur Stufenanzahl $k \geq 1$. Dann gelten:

(A)   **Stufenformel**

$$\sum_{j=1}^{12} L_j^k - k * \sum_{j=1}^{12} I_j.$$

Folgerung 1: Für jeden Stufenanzahlparameter $k \geq 1$ gilt die Äquivalenz

$$\sum_{j=1}^{12} I_j = O \Leftrightarrow \sum_{j=1}^{12} L_j^k = k * O.$$

Folgerung 2: Gilt die Oktavschließungsbilanz

$$\sum\nolimits_{j=1}^{12} L_j^k = k * O$$

für _einen_ Stufenanzahlparameter $k \geq 1$, so gilt die entsprechende Schließungsbilanz auch für _alle_ Stufenanzahlparameter $k \geq 1$.

Folgerung 3: Gilt die Oktavschließungsbilanz, so gilt für jeden Stufenanzahlparameter $k \geq 1$ die Äquivalenz

$$L_1^k = \ldots = L_{12}^k \Leftrightarrow \mathrm{ct}\left(L_j^k\right) = k * 100 \text{ ct}, j = 1, \ldots, 12.$$

Alle leitereigenen Intervalle zur Stufenzahl k sind genau dann gleich groß, wenn sie mit dem entsprechenden leitereigenen Intervall der gleichstufigen Skala (ETS_{12}) identisch sind.

(B)   **Adjunktionsformel**

Das passende Aneinanderheften von leitereigenen Intervallen genügt der Formel

$$L_m^n \oplus L_{m+n}^k = L_m^{n+k}$$

für beliebige Indizes $m \in \mathbb{Z}, n, k \in \mathbb{N}$.

Beweis Zu (A): Wir setzen die definierenden Gleichungen ein und erhalten sehr zügig das Ergebnis, was im Detail folgendermaßen aussieht:

$$\sum\nolimits_{j=1}^{12} L_j^k = \sum\nolimits_{j=1}^{12} \left(\sum\nolimits_{n=0}^{k-1} I_{j+n}\right) = \sum\nolimits_{n=0}^{k-1} \left(\sum\nolimits_{j=1}^{12} I_{j+n}\right).$$

Nach der 12-Periodizität sind aber für alle Verschiebeindizes $n \in \mathbb{Z}$ die inneren Summen gleich,

$$\sum\nolimits_{j=1}^{12} I_{j+n} = \sum\nolimits_{m=1}^{12} I_m,$$

denn jeder konsekutive Ablauf von zwölf Stufen enthält genau alle Stufen $I_1, \ldots, I_{12}$. Dann folgt aber die Behauptung auf dem Fuße, weil wir dann genau k Summen mit dem gleichen Summanden haben. Ist dieser Summand die Oktave, so liegt der Fall der Folgerung 1 vor, und Folgerung 2 liest man hieraus ab. Die Folgerung 3 ergibt sich aus der konkreten Summierung: Ist

$$L_j^k = I \text{ für alle } j = 1, \ldots, 12,$$

so folgt aus der Gleichung und ihrer Maßäquivalenz

$$k * O = \sum_{j=1}^{12} L_j^k = \sum_{j=1}^{12} I = 12 * I \Leftrightarrow 12 * ct(I) = k * 1200 \text{ ct}$$

die Behauptung, wobei die Umkehrung ohnehin trivial ist. Für die Formel (B) müssen wir lediglich die Summen detailliert ausschreiben, und dann finden wir die Bilanz

$$L_m^n \oplus L_{m+n}^k = \sum_{j=0}^{n-1} I_{m+j} \oplus \sum_{j=0}^{k-1} I_{(m+n)+j}$$

$$= \left(I_m \oplus \ldots \oplus I_{m+(n-1)} \right) \oplus \left(I_{m+n} \oplus \ldots \oplus I_{m+(n+k-1)} \right)$$

$$= \sum_{j=0}^{(n+k)-1} I_{m+j} = L_m^{n+k},$$

womit alle Formeln des Satzes bewiesen sind. ∎

- **Skaleninterne Intervalle**

Im Zusammenhang mit dem Begriff des „leitereigenen Intervalls" ergibt sich noch eine sinnvolle Spezifikation, nämlich der Begriff der „internen Intervalle" einer Skala. Hierbei handelt es sich um leitereigene Intervalle einer allgemeinen n-stufigen Oktavskala, die den Oktavraum <u>nicht</u> überschreiten, besser: deren Start- und Zieltöne durch Töne der Oktavskala definiert sind, und wobei wir – nicht einschränkend – aber sinnvollerweise an Aufwärtsintervalle denken, die Prim eingeschlossen. So kommt man zu der folgenden Definition:

Definition 5.5 (Skaleninterne Intervalle)
Es seien $I_1, \ldots, I_n \in \mathfrak{M}_{\text{mus}}$ die Stufenintervalle einer n-stufigen Oktavskala S_n,

$$I_1 \oplus \ldots \oplus I_n = O.$$

Ein **skaleninternes Intervall** (kurz: internes Intervall) ist jedes Intervall, welches aus konsekutiven Stufen genau dieser Intervalle (und nicht einer etwaigen periodischen Fortsetzung) zusammengesetzt ist; außerdem sei die Prim ebenfalls skalenintern. Das bedeutet, dass die Menge aller skaleninternen Intervalle genau aus der Prim und den Intervallen

$$I_{k,m} := I_k \oplus \ldots \oplus I_m = \sum_{j=k}^{m} I_j \text{ mit } 1 \leq k \leq m \leq n$$

besteht. Solche Intervalle $I_{k,m}$ kann man auch als (leitereigene) **Stufenketten** bezeichnen.

Skaleninterne Intervalle sind somit leitereigen – führen aber nicht aus dem Oktavraum hinaus. Alternativ kann dieser Prozess auch folgendermaßen beschrieben werden:

Die Intervallfolge (I_k), $k = 1, \ldots, n$, impliziert auf natürliche Weise vermöge des Anordnungsmusters

$$t_1 \to_{I_1} t_2 \to_{I_2} t_3 \ldots t_n \to_{I_n} t_{n+1}$$

eine Tonfolge der Oktavskala (t_k), $k = 1, \ldots, n + 1$. Der Ton t_{n+1} ist dann der Oktavton der Tonika t_1. Dann ist jedes Aufwärtsintervall, welches zwei (geordnete) Töne der Skala verbindet,

$$I = (t_k \to t_m) \text{ mit } 1 \le k \le m \le n,$$

ein skaleninternes Intervall, und im Sinne der Notation unserer Definition wäre dann für $k < m$ das Intervall $(t_k \to t_m)$ identisch mit der Stufenkette $I_{k,m-1}$. Und ist $k = m$, so ergibt sich trivialerweise die Prim.

Für diese Intervalle kann dann hinsichtlich ihrer Anzahl zumindest dies gesagt werden:

Theorem 5.1 (Anzahlen skaleninterner Intervalle einer Oktavskala)
Es sei S_n eine n-stufige Oktavskala. Dann gelten für die Anzahlen **verschiedener** – skaleninterner – Intervalle von S_n diese Aussagen:

(A) **Minimal- und Maximalwerte**

$$(n + 1) \le \text{Anzahl interner Intervalle von } S_n \le \left(\frac{1}{2}n(n + 1) + 1 \right),$$

und beide Randfälle können eintreten. Für diese gilt genauer:

(B) **Minimalwertekriterium**
Genau dann, wenn S_n gleichstufig ist, ist die Anzahl verschiedener interner Intervalle minimal, in Formeln – unter Verwendung des „Anzahl-Symbols" (#) ist –

$$(I_1 = \ldots = I_n) \Leftrightarrow \#(\text{verschiedene interne Intervalle}) = (n + 1).$$

(C) **Maximalwertekriterien**
Leider kann ein zu Teil (B) analoges und leicht prüfbares Resultat nicht gegeben werden, immerhin kann aber gesagt werden:

1) Falls die Stufenintervalle $I_1, \ldots, I_n$ ganzzahlig linear unabhängig sind, so ist die Anzahl skaleninterner Intervalle maximal. Die Umkehrung ist generell falsch.
2) Wenn die Anzahl interner Intervalle maximal ist, so sind alle Stufenintervalle paarweise verschieden. Die Umkehrung ist dagegen im Allgemeinen falsch.

Die ganzzahlige lineare Unabhängigkeit haben wir in der Definition 4.1 als eine Verallgemeinerung der Nicht-Kommensurabilität kennengelernt. Kurz sei noch einmal gesagt, dass im Falle einer solchen ganzzahligen linearen Unabhängigkeit der Intervalle $I_1, \ldots, I_n$ nicht zwei von ihnen kommensurabel sein können, was ja den speziellen Fall, dass zwei Stufen gleich wären, miteinbezieht, und dies alleine schließt schon einen beträchtlichen Beispielvorrat mit ein.

Beweis Zur Aussage (A): Die genannte Mindestanzahl ergibt sich, weil alleine schon die $(n + 1)$-Intervalle

$$(t_1 \to t_k), \ k = 1, \ldots, n + 1,$$

alle verschieden sind (denn wir schließen stillschweigend den Fall aus, dass eines der Stufenintervalle die Prim sei). Die Maximalzahl ergibt sich aus der Addition aller Möglichkeiten, strikt aufwärtsführende Tonverbindungen zu finden, die da sind:

$$(t_1 \to t_k), \ k = 2, \ldots, n + 1 \equiv n \text{ Intervalle}$$

$$(t_2 \to t_k), \ k = 3, \ldots, n + 1 \equiv (n - 1)\text{Intervalle}$$

$$\ldots$$

$$(t_n \to t_k), \ k = n + 1 \equiv 1 \text{ Intervall},$$

und dies sind nach der bekannten Summenformel von Gauß

$$n + (n - 1) + \ldots + 1 = \frac{1}{2}n(n + 1)$$

Möglichkeiten – und die Prim kommt noch hinzu, die ja in dieser Auflistung nicht dabei ist. Damit sind die Schranken für die Anzahl interner Intervalle gezeigt.

Zu (B): Wenn alle Stufenintervalle gleich sind, so besteht die Gesamtheit aller internen Intervalle in der Notation der Definition offenbar aus dem Sortiment

$$\{(t_1 \to t_1), (t_1 \to t_2), \ldots, (t_1 \to t_{n+1})\} = \{\text{Prim}, I_{1,1}, I_{1,2}, \ldots, I_{1,n}\},$$

und das sind genau $(n + 1)$ paarweise verschiedene Intervalle, die auch noch in dieser vorstehenden Auflistung der Größe nach geordnet erscheinen. Kommen wir zur Umkehrung. Warum ist eine n-stufige Skala gleichstufig, wenn es genau $(n + 1)$ verschiedene interne Intervalle gibt?

Nehmen wir dazu das Intervall $(t_2 \to t_3)$. Nach jetziger Voraussetzung ist es in der nach der Größe geordneten Liste

$$\{(t_1 \to t_1), (t_1 \to t_2), \ldots, (t_1 \to t_{n+1})\}$$

enthalten, die ja alle verschiedenen internen Intervalle enthält. Nun ist es ein echtes Teilintervall von $(t_1 \to t_3)$, denn $(t_1 \to t_3) = (t_1 \to t_2) \oplus (t_2 \to t_3)$. Daher ist sein Centwert identisch mit demjenigen von $(t_1 \to t_2)$ – ansonsten hätten wir ja mehr als diese $(n+1)$ internen Intervalle. Das bedeutet $I_2 = I_1$. In analoger Weise zeigt man die Gleichheit aller Stufenintervalle – um das Folgeglied dennoch kurz und leicht modifiziert vorzuführen:

Das Centmaß von $I_2 \oplus I_3$ liegt unterhalb des Centmaßes von $I_{1,3} = I_1 \oplus I_2 \oplus I_3$. Dann kann es nur mit demjenigen von $I_1 \oplus I_2$ übereinstimmen, ansonsten hätten wir wieder ein neues internes Intervall. Dann folgt aber aus dieser Sentenz

$$\mathrm{ct}(I_1 \oplus I_2) = 2\mathrm{ct}(I_1) = \mathrm{ct}(I_2 \oplus I_3) = \mathrm{ct}(I_1 \oplus I_3) \Rightarrow \mathrm{ct}(I_3) = \mathrm{ct}(I_1)$$

die Gleichheit $I_3 = I_1$.

Zur Aussage (C): Wir nehmen die Unabhängigkeit des Stufensystems an und beweisen, dass zwei gleich große interne Intervalle auch die gleichen Start- und Zieltöne haben müssen. Wenn dies nämlich so ist, dann besteht die Intervallfamilie $\left(I_{k,m}\right), 1 \le k \le m \le n$, aus differenten internen Intervallen, und zusammen mit der Prim ergibt sich die maximale Anzahl. Sei also

$$I_{k,m} = \sum\nolimits_{j=k}^{m} I_j = I_{i,l} = \sum\nolimits_{j=i}^{l} I_j,$$

dann gewinnen wir mit folgendem Trick eine einheitliche Summation über den kompletten Indexbereich $(1, \ldots, n)$: Wir setzen für $1 \le j \le n$

$$n_j = 1 \Leftrightarrow k \le j \le m, \text{ und für alle anderen Indizes sei } n_j = 0,$$

$$m_j = 1 \Leftrightarrow i \le j \le l, \text{ und für alle anderen Indizes sei } n_j = 0 \ m_j = 0.$$

Dann haben wir die einheitliche Summendarstellung

$$I_{k,m} = \sum\nolimits_{j=1}^{n} n_j I_j = I_{i,l} = \sum\nolimits_{j=1}^{n} m_j I_j.$$

Nun führt die Differenz auf die auswertbare Gleichung

$$\sum\nolimits_{j=1}^{n} (n_j - m_j) I_j = \text{Prim}.$$

Gemäß unserer Voraussetzung der Unabhängigkeit der Stufenintervalle gilt dann

$$n_j = m_j \text{ für } j = 1, \ldots, n,$$

woraus aber sofort ($k = i$ und $m = l$) folgt, wie gewünscht. Dagegen ist die zweite Aussage nahezu trivial: Sind zwei Stufen gleich, so reduziert sich die Anzahl verschiedener interner Intervalle um mindestens 1 – ist also weniger als die Maximalzahl. Zu den Umkehrungen beider Aussagen fügen wir Gegenbeispiele an. Damit ist das Theorem bewiesen. ∎

Beispiel 5.1 (Gegenbeispiele zur Maximalzahl interner Intervalle)

(1) Wir betrachten die (nur) dreistufige Oktavskala

$$I_1 \oplus I_2 \oplus I_3 = Q_{\text{pyth}} \oplus T_{\text{pyth}} \oplus \text{kleine Terz}_{\text{pyth}} = O$$

mit der reinen Quinte $I_1 = Q_{\text{pyth}}(2:3)$, dem pythagoräischen Ganzton $I_2 = T_{\text{pyth}}(8:9)$ und der kleinen pythagoräischen Terz $I_3 = \text{kleine Terz}_{\text{pyth}}(27:32)$. Dann gilt einerseits

$$Q_{\text{pyth}} = T_{\text{pyth}} \oplus \text{reine Quarte} = 2T_{\text{pyth}} \oplus \text{kleine Terz}_{\text{pyth}} \Leftrightarrow$$

$$1 * Q_{\text{pyth}} \ominus 2 * T_{\text{pyth}} \ominus 1 * \text{kleine Terz}_{\text{pyth}} = \text{Prim},$$

weshalb diese Stufenintervalle ganzzahlig abhängig – und nicht unabhängig – sind. Andererseits sind die skaleninternen Intervalle dieser mit passenden Tonnamen notierten Skala

$$S_3 = C \to G \to A \to C'$$

die Intervallfamilie

$$\left\{ (C \to G), (C \to A), C \to C', (G \to A), \left(G \to C'\right), \left(A \to C'\right) \right\},$$

was zusammen mit der Prim genau sieben verschiedene skaleninterne Intervalle ergibt, und dies ist die maximale Anzahl für $n = 3$.

(2) Wir wählen ein Basisintervall $I \in \mathfrak{M}_{\text{mus}}$ mit $\text{ct}(I) = 120$ ct, sodass die Gleichung

$$10 * I = O$$

erfüllt ist. Dann bilden wir diese vierstufige Oktavskala

$$I_1 \oplus I_2 \oplus I_3 \oplus I_4 = I \oplus 2I \oplus 3I \oplus 4I = O.$$

Nun gilt einerseits, dass alle Stufen paarweise verschieden sind, wenngleich sie alle kommensurabel zueinander sind. Andererseits finden wir folgende untereinander verschiedene skaleninterne Intervalle

$$\{\text{Prim}, I, 2I, 3I, 4I, 5I, 6I, 7I, 9I, 10I\}$$

mit genau zehn Mitgliedern; die Maximalzahl wäre allerdings für $n = 4$ die Zahl 11. ◀

Die Anzahlen interner Skalenintervalle hängen im Übrigen sehr sensibel von der Anzahl differenter Stufenintervalle sowie deren Lageverteilung innerhalb der Skala ab; eine explizite Formel hierüber wäre so kompliziert, dass ihre Lesbarkeit einem möglichen Nutzen hoffnungslos unterlegen wäre. Wir geben zu diesem Thema zwei Beispiele an:

Beispiel 5.2 (Skaleninterne Intervalle bitonaler Skalen)

Gegeben sei eine zwölfstufige („chromatische") Oktavskala, die aus zwei differenten Stufenintervallen (L, A) aufgebaut ist, welche nicht kommensurabel sind. Nun seien elf Stufen das L-Intervall, und eine Stufe sei das A-Intervall. Wir bemerken, dass aufgrund dieser Nicht-Kommensurabilität für alle Vielfachen k, m die Intervalle

$$(k * L) \text{und} (m * L \oplus A)$$

nie übereinstimmen können. Dann diskutieren wir drei Lageverteilungen:

(1) Der Aufbau der Skala sei folgendermaßen:

$$L \to L \to L \to L \to L \to L \to L \to L \to L \to L \to L \to A.$$

Dann besitzt die Skala 24 skaleninterne Intervalle. Dazu betrachten wir alle diese Intervalle, welche das Intervall A nicht enthalten, und dann alle solche, die das Intervall A enthalten. Die erste Teilfamilie besteht aus den Intervallen

$$L, 2L, 3L, \dots, 11L,$$

und die zweite aus den Intervallen

$$L \oplus A, 2L \oplus A, 3L \oplus A, \dots, 11L \oplus A.$$

Zusammen mit der Prim sind dies eingedenk ihrer Verschiedenheit gemäß der Vorbemerkung genau 23 differente skaleninterne Intervalle.

(2) Der nächste Aufbau sei dieser:

$$L \to L \to L \to L \to L \to L \to L \to L \to L \to L \to A \to L.$$

Strukturieren wir die Recherche ebenso wie im ersten Beispiel, so erhalten wir unter Beachtung der Kommutativität $L \oplus A = A \oplus L$ die beiden Familien

$$(L, 2L, 3L, \dots, 10L) \text{ und } (L \oplus A, 2L \oplus A, 3L \oplus A, \dots, 10L \oplus A),$$

welche jetzt zusammen mit der Prim genau 21 differente Intervalle umfasst.

(3) Im dritten Fall legen wir die Apotome A in die Skalenmitte, und dann haben wir das Muster

$$L \to L \to L \to L \to L \to L \to A \to L \to L \to L \to L \to L.$$

Jetzt ergibt sich folgende Bilanz

$$(L, 2L, \dots, 6L) \text{ und } (L \oplus A, 2L \oplus A, 3L \oplus A, \dots, 6L \oplus A),$$

was zusammen mit der Prim genau 13 differente skaleninterne Intervalle ergibt. ◄

Im nächsten Beispiel schildern wir die Situation für unsere vertraute heptatonische Durskala:

Beispiel 5.3 (Skaleninterne Intervalle der heptatonischen Dur-Moll-Skala)

Für die heptatonische bitonale Oktavskala

$$T \to T \to L \to T \to T \to T \to L$$

mit nicht-kommensurablen Ganzton- und Halbtonstufen (T, L) nach pythagoräischem Vorbild erhalten wir folgende skaleninterne Intervalle. Dabei klassifizieren wir die drei Teilfamilien je nachdem, ob sie kein, ein oder zwei Semitonia (L) enthalten, und dann ergibt sich das Sortiment:

$$(T, 2T, 3T) \text{ und } (L, T \oplus L, \ldots, 5T \oplus L) \text{ und } (3T \oplus 2L, \ldots, 5T \oplus 2L).$$

Zusammen mit der Prim sind dies $3 + 6 + 3 + 1 = 13$ Intervalle.

Nur so beiläufig streifen wir noch die natürliche Mollskala

$$T \to L \to T \to T \to L \to T \to T.$$

Bei ihr finden wir genau zwölf skaleninterne Intervalle. Nach unserem Satz wären für eine siebenstufige Skala der Minimalwert genau 8 Intervalle und der Maximalwert genau 29 Intervalle. ◄

Damit wollen wir den Ausflug in die Arithmetik kombinatorischer Stufenmodelle und ihrer leitereigenen Gesetze abschließen, und wir widmen uns nun dem profunden Zusammenspiel von

▶ Stufenaufbau
Quintenaufbau

der Tonleitern. Beide Methoden sind stark – zusammen jedoch regieren sie so gut wie alles, was mit Architektur und deren Kombinatorik, Geometrie, Anzahlarithmetik sowie ganz besonders deren Konstruktionsprinzipien zusammenhängt. Dabei spielen die leitereigenen Intervalle eine dominierende Rolle. Diese Verbindung stellt genau das dar, was man sich unter dem 12-Quinten-Kreis vorstellt. Jener aber ist das tragende Gerüst der funktionalen Harmonielehre.

5.3 Stufenturm- und Quintenkreis – gleichwertige Fundamente

Obwohl die Tastaturskala die wohl nachhaltigste Verankerung aller elementaren Intervallvorstellungen darstellt und diese begleitet, so ist sie dennoch für eine beschreibende Theorie beinahe gänzlich ungeeignet. Das müssen wir nicht sonderlich begründen – vielleicht eben doch dadurch, dass es in einer zwölfstufigen („chromatischen") Tonleiter mit ihren diversen Tonarten eine Gleichberechtigung weißer und schwarzer Tasten geben muss und dass diese Anordnung sich – sicher auch aufgrund dieser schwarz-weißen Unsymmetrie – dem Rechnen versperrt.

Es sind vor allem zwei Modelle, welche die Vorgänge – zumindest in den gebräuchlichen zwölfstufigen Oktavskalen – beschreibend untermauern:

- das Stufenmodell (der „Stufenturm"),
- das Quintenkreismodell (die „Quintenuhr").

Beide Modelle ergänzen sich und haben ihre ganz eigenen Anwendungsprioritäten. Zusätzlich – und das werden wir am Ende dieses Abschnitts im Theorem 5.2 zeigen – sind sie untereinander äquivalent, gleichwertig. Was dies genau bedeutet, erklären wir dann in diesem Theorem.

Im Stufenmodell gehen wir davon aus, dass in einer zwölfstufigen Oktavskala die „Halbtonschritte" $I_1, \ldots, I_{12} \in \mathfrak{M}_{mus}$, welche ja im Tastaturmodell von einem Ton zum nächsthöheren Ton führen, als gegebene Stufenintervalle alle Daten und Prozesse einer Skala beschreiben. Dabei nutzen wir

1) die **Bilanzformel:** Diese zeigt sich in der Gleichung

$$I_1 \oplus I_2 \oplus \ldots \oplus I_{11} \oplus I_{12} = \text{Oktave,}$$

weil es sich ja um eine „geschlossene Oktavskala" handelt sowie – meist stillschweigend – auch die Annahme, dass alle Stufen aufwärts verlaufen, demnach positive Centmaße besitzen;

2) die **beidseitige 12-periodische Fortsetzung der Stufenfolge:** Diese sowohl nach oben als auch nach unten weitergeführte Stufenfolge ist konsequenterweise nach dem „Prinzip der Reinheit der Oktaven" eingerichtet, siehe die Definition 5.7, und ganz gewiss entspricht dies der ebenfalls periodisch fortgesetzten Tastaturskala, in welcher alle „Oktavlagen" innerlich gleichklingend, da gleich-gestuft, sein sollten;

3) das **Anordnungsschema**

$$\ldots C \xrightarrow{I_1} Cis \xrightarrow{I_2} D \xrightarrow{I_3} Es \xrightarrow{I_4} E \xrightarrow{I_5} F \xrightarrow{I_6} Fis \xrightarrow{I_7} G \xrightarrow{I_8} As \xrightarrow{I_9} A \xrightarrow{I_{10}} B \xrightarrow{I_{11}} H \xrightarrow{I_{12}} C' \ldots,$$

wobei die äußeren Punkte die 12-periodische Fortsetzung andeuten. Der letzte Ton C' kann – bei Fortsetzung der Skala – ganz automatisch wieder aboktaviert werden; dies kommt auf den Kontext an – ansonsten folgen wir der Klaviatur. Natürlich definiert diese Reihung der Stufen die Töne der Skala. In der periodischen Fortsetzung beginnt dann nach dem rechten Zielton C' wieder die Stufe I_1 ebenso wie vor dem linken Startton C die Stufe I_{12} endet und so fort.

Im Quintenkreismodell dagegen werden alle „Quintschritte" als aufbauende Skalen-elemente betrachtet. Das bedeutet, dass zwölf Quinten $Q_1, \ldots, Q_{12} \in \mathfrak{M}_{mus}$ in auf-bauender Iteration die bekannten Töne des Quintenkreises festlegen. Wir nutzen hierbei

1) die **Bilanzformel:** Nach zwölf Quintiterationen sind sieben Oktaven umlaufen (ein Umstand, welcher auch zur Erklärung des Begriffs „Quinte" herangezogen werden könnte), was sich in der Gleichung

$$Q_1 \oplus Q_2 \oplus \ldots \oplus Q_{11} \oplus Q_{12} = 7 * \text{Oktave}$$

ausdrückt, weshalb diese Gleichung **„Quintenkreisgleichung"** heißt;

2) eine **12-periodische beidseitige Fortsetzung der Quintenfolge,** was bedeutet, dass es nach der letzten Iteration mit Q_{12} wieder mit der Aufwärtsiteration mit Q_1 weiter-geht und vor der ersten Iteration mit Q_1 mit der Abwärtsiteration mit Q_{12} und so fort;

3) das **Kreismodell** einer Uhr zur überaus inspirierenden Demonstration, siehe die Abb. 5.2. Hierbei sind in der Skizze alle eingezeichneten Quinten zwar Aufwärts-quinten – dazu überschreitet man nötigenfalls den Oktavraum –, stillschweigend wird der Zielton jedoch wieder aboktaviert, falls nötig („reoktaviert").

Wir werden dann im Theorem 5.2 beweisen, dass ein Datensatz von 12 Stufenintervallen eindeutig zu einem Datensatz von 12 Quinten führt und umgekehrt, wenn vorausgesetzt wird, dass beide Intervallfamilien ihre Oktavbilanzen erfüllen. Und dabei soll der grund-legende Zusammenhang gegeben sein:

1) Eine Quinte besteht aus genau sieben konsekutiven Semitonstufen, welche am Start-ton der Quinte beginnen und den Zielton der Quinte treffen, was im Einklang zu unserer Festlegung als leitereigenes Intervall der Tab. 5.1 steht.

2) Ein Halbtonschritt (Semitonium, Stufenintervall) besteht aus der Iteration von genau sieben konsekutiven Aufwärtsquinten, die am gleichen Startton beginnt,

Abb. 5.2 Das Quintenkreismodell der Oktavskala

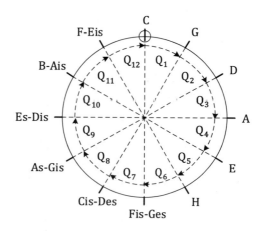

und vier Abwärtsoktaven, die sogenannte „Apotomeform", oder aber – was für geschlossene (!!!) Quintenkreise das Gleiche ist – aus der Iteration von drei Oktaven und fünf konsekutiven Abwärtsquinten, die „Limmaform".

Dass die beiden Semitoniumformen den gleichen Halbtonschritt definieren, liegt nach Betrachtung des <u>geschlossenen</u> Quintenkreises auf der Hand; nach Ein-rechnen von sieben Oktaven ist es gleich, ob man im Kreis von einem Punkt zu einem anderen rechtsherum oder linksherum läuft. Gleichwohl liefern wir im Beweis des anschließenden Theorems 5.2 auch hierzu die genaue Begründung. Die beiden Namen *„Apotomeform, Limmaform"* rühren daher, dass in der pythagoräischen Quintstimmung die Apotome durch sieben Aufwärtsquinten minus vier Oktaven gewonnen wird, ihr Semitonpartner, das pythagoräische Limma, erhält man dagegen als Iteration von drei Oktaven minus fünf Quinten; beide sind jedoch verschieden, da wir im Falle ausschließlich reiner, pythagoräischer Quinten keinen geschlossenen 12-Quinten-Kreis vorliegen haben. Dies wird in Abschn. 7.1 und 7.2 im späteren Kap. 7 noch detailliert besprochen.

Wenn auch die Klaviaturskala diese und viele andere Zusammenhänge beinahe als naturgegeben darstellen möchte, so ist die Begründung keineswegs trivial. Sie würde im Übrigen nicht gelingen, wenn wir statt der zwölf Semitonangaben die Daten aller zwölf Ganztonschritte (oder aller zwölf leitereigenen großen Terzen) mit der dazu passenden Bilanz von zwei Oktaven (beziehungsweisen vier Oktaven) vorgeben würden: Die Quintdaten wie auch folglich die Stufendaten ließen sich hieraus nicht ermitteln. Das werden wir im Beispiel 5.4 demonstrieren, und wir finden dies auch im Rahmen der historischen Temperierungen bestätigt, wenn wir das Beispiel 12.6 heranziehen.

Der Zusammenhang zwischen den indizierten Semitonia und den indizierten Quinten ist auf der einen Seite leicht durchschaubar:

▶   Quinten setzen sich modellgemäß aus sieben konsekutiven Semitonia zusammen wie umgekehrt die Semitonia im Apotomemodus sich wieder aus sieben konsekutiven Quinten bilden – all dies unter Berücksichtigung der 12-periodischen Anordnung und ihren beidseitigen Fortsetzungen.

Dagegen ist die rechentechnische Beschreibung dieser wechselseitigen Notationen keineswegs mühelos, wollen wir eine abstrakte Klassenbildung der ganzen Zahlen hin-sichtlich ihrer Teilbarkeit durch 12 und anschließender Restebildung,

$$\mathbb{Z} \bmod 12 * \mathbb{Z} = \{\overline{0}, \overline{1}, \overline{2}, \dots, \overline{11}\},$$

vermeiden – was zwar das Herz vieler Algebraiker höherschlagen ließe, den Unmut des großen Rests aber ebenso. Die nachfolgenden Zeilen kümmern sich um einige hilfreiche Indizierungszusammenhänge, welche den späteren Formeln unausweichlich innewohnen.

(1) Die Nummerierungsreihenfolge der Quinten ist für gewöhnlich dem vertrauten Ablauf des Uhrzeigermodells angepasst, so wie es in der Abb. 5.2 angegeben ist. Demnach besteht dank der 12-periodischen Fortsetzung aller Stufenintervalle in der Notation als leitereigene Intervalle zunächst der Zusammenhang

$$Q_j = L^7_{7(j-1)+1} = L^7_{7(j-1)+1(\mathrm{mod}\ 12)}\ (j = 1, \ldots, 12),$$

der sich 12-periodisch fortsetzen lässt und dann für alle Indizes $j \in \mathbb{Z}$ gilt.

(2) Diese Indizierung erscheint zwar etwas technisch kompliziert, ist es aber letztlich nicht, wenn wir den Ablauf des Quintenzirkels mit der chromatisch aufsteigenden Stufen- respektive Tonfolge im Blick haben: So entsprechen sich die Indexmengen

$$\underbrace{(1, 2, 3, 4, 5, 6, 7, 8, 9, 10, 11, 12)}\ \overset{\varphi}{\leftrightarrow}\ \underbrace{(1, 8, 3, 10, 5, 12, 7, 2, 9, 4, 11, 6)}$$

$$\text{Quinten−Nummerierung} \qquad\qquad \text{Semiton−Nummerierung}$$
$$\text{(alternativ : Semiton−Nummerierung)} \qquad \text{(alternativ : Quinten−Nummerierung)}$$

in eindeutiger Weise. Diese Zuordnung ist übrigens erstaunlicherweise invers zu sich selber: Wenn wir sie zweimal hintereinander anwenden, entsteht die Identität (modulo 12); so wird beispielsweise die Nummer 4 in 10, die Nummer 10 wieder in die Nummer 4 übergeführt. Es gilt nämlich für diese Nummerierungsfunktion

$$\varphi(j) = 7(j - 1) + 1$$

durch verschachteltes, sukzessives Einsetzen die Gleichung

$$\varphi(\varphi(j)) = 7(7(j - 1) + 1 - 1) + 1 = 49j - 48 = j + 12(4(j - 1)),$$

und da für die 12-periodischen Intervallfolgen aber definitionsgemäß alle ganzzahligen Vielfachen von 12 in der Indizierung entfallen können, hat man für alle möglichen Indizes die Identität

$$I_{\varphi(\varphi(j))} = I_j.$$

Ferner wäre noch die Beziehung $\varphi(j + 1) = \varphi(j) + 7$ zu nennen, welche bei manchen Summationen für eine konsekutive Weiterführung der Zählweise sorgt.

(3) Ebenso gilt die Formel

$$L^7_j = Q_{7(j-1)+1} = Q_{7(j-1)+1(\mathrm{mod}\ 12)}\ (j = 1, \ldots, 12),$$

was man unschwer am Quintenzirkel bestätigen kann und was zum gleichen Zuordnungsschema mit vertauschten Rollen führt – im Zuordnungsschema durch die Alternative („alternativ") gekennzeichnet. Auf den ersten Blick überrascht es allerdings tatsächlich, dass im technisch beschriebenen Zusammenhang beider Abfolgen die gleiche Indizierungssymbolik anzutreffen ist. Nun ja. Jedenfalls führt diese um sieben Schritte verschobene Indizierung unter Beachtung der Periodizität zu der ebenso hilfreichen wie raffinierten symmetrischen **Indexformel**

$$Q_{7(m-1)+n} = L^7_{7(n-1)+m},$$

die man erhält, wenn man den Parameter $j = 7(m-1) + n$ in den obigen Zusammenhang einsetzt und den dabei entstehenden Indexsummanden folgendermaßen umformt,

$$49(m-1) + 7(n-1) + 1 = 48(m-1) + 7(n-1+m),$$

weshalb der Anteil $48(m-1) = 12 * 4(m-1)$ vergessen werden kann.

Dies alles nutzend, können wir jetzt die Äquivalenz des Quintenkreismodells mit dem Stufenmodell beweisen.

Theorem 5.2 (Stufenmodell und Quintenkreismodell der Oktavskalen)

(A) Das Stufenmodell impliziert das Quintenkreismodell

Gegeben seien zwölf Stufenintervalle $I_1, \ldots, I_{12} \in \mathfrak{M}_{\text{mus}}$, welche die Oktavbilanz

$$\sum\nolimits_{j=1}^{12} I_j = I_1 \oplus \ldots \oplus I_{12} = O$$

erfüllen. Dann gelten für die zwölf Quintintervalle $Q_1, \ldots, Q_{12} \in \mathfrak{M}_{\text{mus}}$, wenn wir ihre Nummerierung gemäß der Abb. 5.2 zugrunde legen und welche dann durch die **Quint-Semiton-Formeln**

$$(*) \qquad Q_j = \sum\nolimits_{n=1}^{7} I_{7(j-1)+n} \text{ für } j = 1, \ldots, 12$$

festgelegt sind, diese beiden Aussagen:

(1) Die Intervalle $Q_1, \ldots, Q_{12}$ erfüllen die Schließungsbedingung einer Oktavskala

$$\sum\nolimits_{j=1}^{12} Q_j = Q_1 \oplus \ldots \oplus Q_{12} = 7 * O,$$

weshalb sie den Namen „Quintintervalle" einer Oktavskala verdienen.

(2) Die Stufenintervalle I_m ($m = 1, \ldots, 12$) lassen sich wiederum eindeutig aus diesen Quintintervallen Q_j zurückgewinnen, es gilt die Berechnungsformel

$$I_m = \left(\sum\nolimits_{n=1}^{7} Q_{7(m-1)+n} \right) \ominus 4O = \left(\sum\nolimits_{n=0}^{6} Q_{\varphi(m)+n} \right) \ominus 4O,$$

für welche hier ohne Einschränkung die Apotomeform gewählt wurde.

(B) **Das Quintenkreismodell impliziert das Stufenmodell**

Gegeben seien jetzt umgekehrt zwölf Quintintervalle $Q_1, \ldots, Q_{12} \in \mathfrak{M}_{\text{mus}}$, welche die Quintenkreisgleichung

$$\sum\nolimits_{j=1}^{12} Q_j = Q_1 \oplus \ldots \oplus Q_{12} = 7 * O$$

erfüllen. Dann gelten für die zwölf Stufenintervalle I_m $(m = 1, \ldots, 12)$, die dann mittels einer der beiden zueinander äquivalenten Formeln

$$(**)\ I_m = \left(\sum\nolimits_{n=1}^{7} Q_{7(m-1)+n}\right) \ominus 4O\ \textbf{Apotomeformel}$$

$$(***)\ I_m = 3O \ominus \left(\sum\nolimits_{n=1}^{5} Q_{7(m-1)-n}\right) \textbf{Limmaformel}$$

festgelegt sind, diese beiden Aussagen:

(3) Die Intervalle $I_1, \ldots, I_{12}$ erfüllen die Schließungsgleichung, das heißt

$$\sum\nolimits_{m=1}^{12} I_m = I_1 \oplus \ldots \oplus I_{12} = O,$$

weshalb sie als Stufenintervalle einer Oktavskala gelten können.

(4) Die Quintintervalle Q_j wiederum lassen sich eindeutig aus den durch sie berechneten Stufenintervallen I_m zurückgewinnen:

$$Q_j = \sum\nolimits_{n=1}^{7} I_{7(j-1)+n} = \sum\nolimits_{n=0}^{6} I_{\varphi(j)+n}\ \text{für } j = 1, \ldots, 12,$$

was wiederum die Form als leitereigenes Intervall darstellt.

Somit sind die Quint-Semiton-Formel $(*)$ und die Apotomeformel $(**)$ äquivalent und invers zueinander; diese beiden Zuordnungen $(*)$ und $(**)$ stellen dann eineindeutige Abbildungen dar, bei welcher jede die Umkehrung der anderen ist.

Aus einer etwas „höheren Sicht" können wir auch sagen, dass wir unter der jeweiligen Voraussetzung der Oktav- beziehungsweise der 7-Oktavbilanz – also den jeweiligen Schließungsbedingungen – die Gleichwertigkeit der beiden linearen 12×12-Matrixsysteme

$$\left(I_m = \left(\sum\nolimits_{n=1}^{7} Q_{7(m-1)+n}\right) \ominus 4O\right)_{m=1,\ldots,12} \Leftrightarrow \left(Q_j = \sum\nolimits_{n=1}^{7} I_{7(j-1)+n}\right)_{j=1,\ldots,12}$$

vorliegen und zu beweisen haben. Das aber bedeutet – bei Richtigkeit des Theorems – die vollständige Gleichwertigkeit des Stufen- und des Quintenkreismodells, symbolisch ausgedrückt durch die Äquivalenz der Formeln (∗) ⇔ (∗∗) ⇔ (∗ ∗ ∗).

Der nachfolgende Beweis verlangt eigentlich nur dies von uns, dass wir ein wenig die Scheu vor dem Summensymbol ablegen, denn wir können tatsächlich alle Aussagen durch eine etwas raffiniert zugeschnittene Summation bewerkstelligen. Und weniger versierten – aber neugierigen – Lesern wollen wir verraten, dass eine, die Rechnungen begleitende, Hilfestellung durchaus mittels der Tastaturskala zu finden ist.

Beweis Zu A (1): Nach augenblicklicher Festlegung sind die Quinten Q_j siebenstufige leitereigene Intervalle, und dabei ist auch die Quinten- und Stufennummerierung eingerichtet, das heißt, es gilt

$$Q_j = L^7_{7(j-1)+1}, j = 1, \ldots, 12.$$

Nach der voranstehenden Kommentierung über die Zusammenhänge der Quinten- und der Stufennummerierung, die sich in der Gesamtmenge $\{1, \ldots, 12\}$ eineindeutig entsprechen, gilt mit der Stufenformel aus Satz 5.1 die Gleichung

$$\sum\nolimits_{j=1}^{12} Q_j = \sum\nolimits_{j=1}^{12} L^7_{7(j-1)+1} = \sum\nolimits_{k=1}^{12} L^7_k = 7 * \sum\nolimits_{m=1}^{12} I_m.$$

Natürlich würde dies auch durch die konkrete Indexbeziehung geleistet – und dazu muss man die dabei auftretende Doppelsummation einfach entwickeln, und dann geht das ganz einfach so:

$$\sum\nolimits_{j=1}^{12} Q_j = \sum\nolimits_{j=1}^{12} \left(\sum\nolimits_{n=1}^{7} I_{7(j-1)+n} \right) = \sum\nolimits_{n=1}^{84} I_n$$

$$= \sum\nolimits_{j=1}^{7} \left(\sum\nolimits_{n=1}^{12} I_{12(j-1)+n} \right) = \sum\nolimits_{j=1}^{7} O = 7 * O,$$

denn für jeden beliebigen Index $(n = 7j)$ ist ja die Summe der zwölf konsekutiven Stufenintervalle $I_{n+k}, I_{n+k+1}, \ldots, I_{n+k+12}$ genau eine Oktave, das haben wir ja schon in der Stufenformel erkannt und genutzt. Wir haben also die Summe aller konsekutiven 84 Semitonia in die sieben konsekutiven Gruppen zu je zwölf konsekutiven Semitonia partioniert – das war eigentlich schon alles.

Zu A (2): Mithilfe der voranstehenden Indexformel sowie der mehrmaligen Anwendung der Adjunktionsformel (B) von Satz 5.1 erhalten wir die Bestätigung

$$\sum\nolimits_{n=1}^{7} Q_{7(m-1)+n} = \sum\nolimits_{n=1}^{7} L^7_{7(n-1)+m} = L^{49}_m$$

$$= \sum\nolimits_{i=0}^{48} I_{m+i} = I_m \oplus \sum\nolimits_{i=1}^{48} I_{m+i} = I_m \oplus 4O.$$

Die Äquivalenz von Apotome- und Limmaform des allgemeinen Semitoniums im Quintenkreis ergibt sich so: Sei $k \in \mathbb{Z}$ ein beliebiger Index, dann ist

$$\sum\nolimits_{j=0}^{6} Q_{k+j} \oplus \sum\nolimits_{j=1}^{5} Q_{k-j} = \sum\nolimits_{j=k-5}^{k+6} Q_j = \sum\nolimits_{n=1}^{12} Q_n = 7O$$

$$\Leftrightarrow \sum\nolimits_{j=0}^{6} Q_{k+j} \ominus 4O = 3O \ominus \sum\nolimits_{j=1}^{5} Q_{k-j},$$

denn die Summation der Quinten erstreckt sich dank der periodischen Fortführung ihrer Abfolge um einen kompletten Zyklus. (Für ungeübte Augen: Man setzt $k = (j - k) + 6$, dann geht die eine Summe in die andere über.) Hieraus folgt ersichtlich die angegebene Gleichheit von Apotome- und Limmaform.

Zu B (3): Bei dieser Vorführung gehen wir einmal ganz elementar vor und entwickeln die Doppelsummation ganz konkret, und dann ergibt sich mithilfe der Voraussetzung tatsächlich die Oktavbilanz der Semitonia:

$$\sum\nolimits_{m=1}^{12} I_m = \sum\nolimits_{m=1}^{12} \left(\sum\nolimits_{n=1}^{7} Q_{7(m-1)+n} \ominus 4O \right) = \left(\sum\nolimits_{i=1}^{84} Q_i \right) \ominus 48 * O$$

$$= \left(7 * \sum\nolimits_{j=1}^{12} Q_i \right) \ominus 48 * O = 49 * O \ominus 48 * O = O.$$

Denn die $84 = 7 * 12$ Quintiterationen bedeuten 49 Oktaviterationen, weil nach jetziger Voraussetzung jede Umrundung mit zwölf konsekutiven Quinten genau sieben Oktaven ergibt.

Zu B (4): Auch diese Identität können wir zeigen, indem wir die entstehende Doppelsumme konkretisieren und ausnutzen, dass $Q_{k+12*l} = Q_k$ ist. Dann folgt:

$$\sum\nolimits_{n=1}^{7} I_{7(j-1)+n} = \sum\nolimits_{n=1}^{7} \left(\sum\nolimits_{i=1}^{7} Q_{7(7(j-1)+n)-1)+i} \ominus 4O \right)$$

$$= \sum\nolimits_{n=1}^{7} \left(\sum\nolimits_{i=1}^{7} Q_{48(j-1)+7(n-1)+(j-1)+i} \ominus 4O \right) = \sum\nolimits_{i=0}^{48} Q_{j+i} \ominus 28\, O$$

$$= Q_j \oplus \sum\nolimits_{i=1}^{48} Q_{j+i} = Q_j \oplus (4 * 7) * O \ominus 28 * O = Q_j,$$

denn auch hier liefert die viermalige Umrundung des Kreises aufgrund der jetzigen Voraussetzung, dass nämlich zwölf konsekutive Quinten genau sieben Oktaven ergeben, die Bilanz von 28 Oktaven, die sich dann in der Zusammenfassung zur Prim „annullieren". Damit ist das Theorem bewiesen. ∎

Nun wollen wir das angekündigte Beispiel schildern, welches uns lehrt, dass eine ähnliche Betrachtung weder für Ganztonschritte – aber auch nicht für kleine oder große

Terzen, für kleine oder große Sexten – und auch nicht für die verminderte Septime möglich wäre.

Beispiel 5.4 (Die 2-periodische Symmetrieskala)

Angenommen, wir hätten zwei verschiedene Stufenintervalle, die Semitonia A und L, mit denen wir in absolut regelmäßigem Wechsel diese Skala errichten:

$$C \underset{A}{\to} Cis \underset{L}{\to} D \underset{A}{\to} Es \underset{L}{\to} E \underset{A}{\to} F \underset{L}{\to} Fis \underset{A}{\to} G \underset{L}{\to} As \underset{A}{\to} A \underset{L}{\to} B \underset{A}{\to} H \underset{L}{\to} C'.$$

Die beiden Stufen sollen gewiss auch Aufwärtsintervalle sein und – wie diese Skizze vorgibt – die Oktave füllen, was bedeutet, dass die Bilanz

$$6A \oplus 6L = 6(A \oplus L) = 6T = O$$

gilt. So folgt zunächst zwingend, dass alle Ganztonschritte gleich sind,

$$T = A \oplus L = L \oplus A \text{ und } \mathrm{ct}(T) = 200 \text{ ct}.$$

Was ist mit den Quinten? Nun, hier finden wir sofort – auch mittels der Quint-Semiton-Formel (aber auch durch Hinsehen) – die einzigen beiden Möglichkeiten

$$Q = 3T \oplus L \text{ oder } Q = 3T \oplus A,$$

von denen es auch jeweils sechs gibt. Nun können wir aber auf schier unendlich viele Art und Weisen diese Situation erreichen: Man gebe für ein beliebiges $0 \leq x < 100$ die beiden Stufenintervalle

$$A_x \text{ mit } \mathrm{ct}(A_x) = (100 + x) \text{ ct und } L_x \text{ mit } \mathrm{ct}(L_x) = (100 - x) \text{ ct}$$

vor, dann entsteht stets der gleiche Ganztonschritt T zu 200 ct für alle zwölf Skalenstufen. Übrigens sind auch alle zwölf großen Terzen konstant 400 ct-wertig. Daher können wir nie aus dem kompletten Datensatz aller zwölf Ganztöne der chromatischen Oktavskala die Stufen berechnen – somit auch nicht die Quarten und Quinten. ◄

Es gibt natürlich einen „mathematischen Hintergrund" für dieses Phänomen, und das liegt schlicht und ergreifend an den Teilbarkeitseigenschaften hinsichtlich der Stufenzahl 12:

▶ Genau die Parameter 1 (Semitonia), 5 (Quarten), 7 (Quinten) und 11 (große Septimen) sind teilerfremd (prim) zu 12; alle anderen (2, 3, 4, 6, 8, 9 und 10) sind dies nicht. Daher trifft man mit Iterationen von Quarten, Quinten und großen Septimen auf alle zwölf Töne (also auf alle zwölf Stufen) der Skala, mit den anderen ganz offensichtlich nicht.

Übrigens sehen wir dies ja auch bestens anhand der Tastaturskala. Zwei um einen Halbton versetzte sechsstufige Ganztonleitern teilen die Tastaturskala in zwei überschneidungsfreie Hälften. Drei um jeweils einen Halbton versetzte verminderte Septimakkorde – das sind vierstufige Oktavskalen, deren Stufen jeweils drei Semitonia betragen –, teilen die Skala in drei ebenfalls disjunkte Teilmengen – und so fort.

Bemerkung: die Zahl 12 in der Skalentheorie
Eine durchaus tief liegende Frage stellt sich im Übrigen sehr oft:

▶ *„Warum überhaupt ist unser (westliches) Tonsystem in einem solchen 12-halbtonstufigen Skalensystem verankert"?*

Mögliche Antworten finden wir in folgenden, fragmentarisch aufgeführten Aspekten:

1) **Die pythagoräisch begründete Musiktheorie:** Demnach weist ein Ganztonschritt – der Tonos – als Differenz zweier reiner Quinten 2:3 gegenüber der Oktave 1:2 die Proportion 8:9 auf; dann ergeben sich durch weitere Differenzen innerhalb des Tonos zwei Halbtonschritte (Limma und Apotome), die ihrerseits beinahe gleich groß sind; ihr Unterschied ist ja das pythagoräische Komma, siehe Abschn. 7.1. Und schnell zeigt eine einfache pythagoräische Arithmetik, dass in die Oktave genau fünf Ganztonschritte „Tonos" und zwei Limma passen. Und das ist eine heptatonische Skala vom groben Muster von zwölf Halbtonschritten. Weitere Aspekte zum pythagoräischen System findet man ansatzweise auch im Abschn. 8.3.

2) **Die altgriechische Tetrachordik:** Hiernach besteht eine Skala aus zwei durch einen Ganztonschritt verbundene Tetrachorde, wie in Abschn. 5.1 erläutert. Der schöne Spezialfall, dass diese Tetrachorde vom diatonischen Geschlecht sind, demnach zwei „Ganztöne" und einen Halbton enthalten, führt dann ebenfalls auf ein zwölfschrittiges „chromatisches" Stufensystem einer Oktavskala, welches als Hintergrundsystem – sprich Tonvorrat – für die einzelnen Skalen dient. Gleiches gilt im Übrigen auch für das chromatische Geschlecht.

3) **Die Harmonia perfecta maxima:** Einen weiteren Zusammenhang finden wir in der Proportionenlehre der Medietäten. Hier ist es vor allem die

heilige Proportionenkette des Abendlandes $6 - 8 - 9 - 12$,

welche als Medietätenkette von arithmetischem und harmonischem Mittel

$$6 : y_{\text{harm}}(6, 12) \ : \ x_{\text{arith}}(6, 12) : 12$$

interpretierbar ist. Auch hierbei spielt die Zahl 12 mit ihren Teilern eine wesentliche Rolle; diese Proportionenkette ist nämlich diejenige symmetrische Medietätenkette, die mit kleinstmöglichen ganzen Zahlen gebildet werden kann. Siehe auch die Neuerscheinung [51] sowie den Abschn. 1.5.

4) **Die Semitongleichung:** Eine andere Antwort gibt uns aber auch die moderne Mathematik mit ihren Gesetzen der Primzahlarithmetik sowie den Regeln der Kommensurabilität: Im Theorem 7.2 zeigen wir nämlich einen völlig neuen Aspekt, welcher das Zustandekommen der berühmten Quintenkreisgleichung

$$O = 7L \oplus 5A$$

unter dem Gesichtspunkt der Gesetzmäßigkeiten von reoktavierten Iterationen mit einer erzeugenden Quinte Q beleuchtet. Und in dieser Gleichung ist die 12-Stufigkeit schon mit Händen zu greifen.

5.4   Die Periodensymmetrien chromatischer Skalen

Nachdem wir nun im Theorem 5.2 gesehen haben, dass sich die Quintenuhr und das 12-Stufen-Modell eineindeutig entsprechen, ergibt sich ganz von selbst die Frage, ob und wie sich gegebene Symmetrien des einen Systems auch unmittelbar auf das andere System übertragen. Solche Symmetrien sind nun in erster Linie periodische Abläufe. Um bei dem letzten Beispiel 5.4 der 2-periodischen Symmetrieskala zu bleiben, würde sich die Frage stellen:

▶   *Ist auch die Quintenuhr 2-periodisch, das heißt, dass es ebenfalls nur zwei verschiedene Quinten (Q, W) gibt, die ebenso 2-periodisch in striktem Wechsel um den Quintenkreis herumlaufen,*

$$- \ldots - Q - W - Q - W - Q - \ldots -,$$

wenn die entsprechenden Stufenintervalle ebenfalls dieses Muster haben?

Oder von der anderen Seite her gefragt: Angenommen, ein Quintenkreis habe die periodische Untersymmetrie, wie sie die Abb. 5.3 zeigt: Was können wir dann über die Stufensymmetrien, über Anzahl und Art der leitereigenen Intervalle sagen?

Genau solche Fragen stehen aber im Zentrum der historischen Temperierungstheorie, wo es darum geht, im Quintenkreis einer gegebenen sogenannten erzeugenden Quinte gewisse „Ausgleichsquinten – Wolfsquinten" zum Zwecke der musikalischen Schließung des 12-Quinten-Kreises anzubringen, sodass sich gewünschte Tonsysteme ergeben. Wo setzt man diese Ausgleichsquinten in den Kreis ein, und wie wirken sich geometrische Symmetrien der manipulierten Quintenuhr auf die Skala aus?

Abb. 5.3 Mehrfacher
3-periodischer
Wolfsquintenkreis

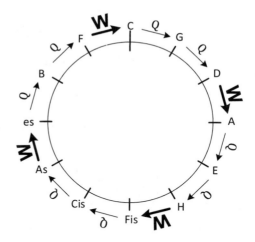

Definition 5.6 (Doppelt-periodische Intervallfolgen)

Gegeben sei eine n-gliedrige Intervallfolge $(I_j)_{j=1,\ldots,n} = I_1, \ldots I_n$, die wir gemäß Definition 5.3 als eine n-periodische Intervallfolge fortsetzen. Ist diese beidseitige Fortsetzung für einen anderen Parameter m mit $1 \le m < n$ ebenfalls periodisch, sodass demnach simultan die beiden iterativen Gleichungen

$$I_{j+n} = I_j \text{ und } I_{j+m} = I_j \text{ (für alle } j \in \mathbb{Z})$$

gelten, so nennen wir die Folge samt ihrer Fortsetzung „**doppelt-periodisch**".

Im Theorem 5.4 werden wir übrigens sehen, dass eine sowohl n-periodische als auch m-periodische Intervallfolge dann auch bereits d-periodisch ist, wenn

$$d = ggT(n, m)$$

der größte gemeinsame Teiler beider Periodizitäten ist – dies nur als Hinweis auf einen der kommenden Aspekte.

Wir interessieren uns aber in diesem Abschnitt für das Zusammenspiel der beiden tragenden Skalenmodelle Quintenuhr und Stufenturm, wenn eine solche doppelte Periodizität vorliegt.

Theorem 5.3 (Die Tastaturmodelle und ihre periodischen Symmetrien)

Gegeben seien die Stufenintervalle $I_1, I_2, \ldots, I_{12} \in \mathfrak{M}_{mus}$ einer zwölfstufigen Oktavskala S_{12}, welche mit der Quintenfolge $Q_1, Q_2, \ldots, Q_{12} \in \mathfrak{M}_{mus}$ gemäß den Quint-Semiton-Gleichungen des Theorems 5.2 eindeutig verbunden sind.

Dann gilt für die beiden 12-periodischen Intervallfamilien $(I_j)_{j \in \mathbb{Z}}$ und $(Q_j)_{j \in \mathbb{Z}}$:

$$(I_j)_{j \in \mathbb{Z}} \text{ ist } m\text{-periodisch} \Leftrightarrow (Q_j)_{j \in \mathbb{Z}} \text{ ist } m\text{-periodisch}.$$

Am Muster der Quintenuhr kann demnach eine Periodizität des Stufenaufbaus abgelesen werden, wie auch umgekehrt dessen periodische Schichtung auf den periodischen Ablauf des Quintenkreises hindeutet.

Beweis Zum Nachweis benötigen wir noch nicht einmal die konkrete Darstellung der Quinten durch die Semitonia wie auch umgekehrt der Semitonia durch die Quinten. Entscheidend ist vielmehr, dass

- jedes Stufenintervall durch Adjunktionen der Quinten,
- jede Quinte durch Adjunktionen der Stufen

dargestellt wird. Und das garantiert das Theorem 5.2. Dann bleibt nur noch die Beobachtung, dass jede Intervallfolge der Form

$$J_k = \sum_{j=1}^{12} n_j I_{k+j}$$

m-periodisch ist, wenn dies für die Stufenintervalle gilt, denn dann ist

$$J_k = \sum_{j=1}^{12} n_j I_{k+j} = \sum_{j=1}^{12} n_j I_{(k+m)+j} = J_{k+m}.$$

(Die Rolle der $(0 - 1)$-Koeffizienten n_j entnehmen wir dem Beweis zu Theorem 5.1.) Um den konkreten Fall dennoch einmal anzuführen: Wir haben nach dem Theorem 5.2. für jeden Index $k = 1, \ldots, 12$ die Gleichung

$$Q_k = \sum_{j=1}^{7} I_{7(k-1)+j},$$

welche zunächst einmal (nur) für alle Indizes $k = 1, \ldots, 12$ gilt. Dann argumentieren wir wie folgt: Die rechte Seite dieser Gleichung ist 12-periodisch – und zwar hinsichtlich der Indexnummerierung k. Die linke Seite ist dies ebenfalls, denn die Quintenfolge wurde definitionsgemäß als 12-periodische Folge etabliert. Wenn aber zwei gleichperiodische Folgen in einer kompletten Periodenlänge ($k = 1, \ldots, 12$) übereinstimmen, so stimmen sie überall überein, das bedeutet die Gleichheit

$$Q_k = \sum_{j=1}^{7} I_{7(k-1)+j} \text{ (für alle } k \in \mathbb{Z}).$$

Nun ist aber nach Voraussetzung wiederum die rechte Seite dieser Gleichung hinsichtlich des Index k auch eine m-periodische Folge – dann muss das aber trivialerweise auch für die linke Seite dieser Identität gelten. Somit gilt auch und insgesamt die Beziehung

$$Q_{k+m} = Q_k = \sum\nolimits_{j=1}^{7} I_{7(k-1)+j} = \sum\nolimits_{j=1}^{7} I_{7(k+m)-1)+j}.$$

Und ebenso wird die Übertragung beider Periodizitäten im Falle der umgekehrten Situation übertragen, wozu wir nur kurz die passende logisch begründende Gleichungskette hinschreiben:

$$I_{k+m} = I_k = \left(\sum\nolimits_{n=1}^{7} Q_{7(k-1)+n}\right) \ominus 4O$$

$$= \left(\sum\nolimits_{n=1}^{7} Q_{7(k-1)+n+7m}\right) \ominus 4O = \left(\sum\nolimits_{n=1}^{7} Q_{7(k+m-1)+n}\right) \ominus 4O.$$

Und die Gleichheit der äußeren Terme bedeutet dann die gewünschte m-Periodizität. Aber – wie gesagt: Dieser detaillierten Formeln bedarf es eigentlich gar nicht. Damit ist dieser Zusammenhang gezeigt und das Theorem bewiesen. ∎

Wir schließen ein Beispiel an – und zwar möge erneut die Situation der Symmetrieskala des Beispiels 5.4 zur Demonstration dienen. Wir haben also die 2-Periodizität vorliegen, welche für den Stufenturm die strikte Abfolge aller Semitonia (A, L) und für den Quintenkreis die Abfolge aller Quinten (Q, W) in der Wechselform

$$- \ldots - A - L - \ldots, - \quad \text{und} \quad - \ldots - Q - W - \ldots$$

bedeutet, die wir uns auch gleich 12-periodisch fortgesetzt denken. Dabei können sicher bei beiden Intervallpaaren die Partner verschieden sein – ansonsten wären die Folgen sogar 1-periodisch, was den Ergebnissen unserer Betrachtung zwar nicht widersprechen dürfte, aber die Ausnahme darstellt; die Skala wäre gleichstufig mit gleicher Erzeugerquinte $Q = W = Q_{\text{equal}}$.

Sei also eine Skala durch die 2-periodische Abfolge

$$\ldots C \xrightarrow[A]{} Cis \xrightarrow[L]{} D \xrightarrow[A]{} Es \xrightarrow[L]{} E \xrightarrow[A]{} F \xrightarrow[L]{} Fis \xrightarrow[A]{} G \xrightarrow[L]{} As \xrightarrow[A]{} A \xrightarrow[L]{} B \xrightarrow[A]{} H \xrightarrow[L]{} C' \ldots$$

festgelegt und beidseitig 12-periodisch fortgesetzt. Ist nun eine Quinte die Adjunktion von genau sieben konsekutiven Stufen, so gibt es offenbar genau zwei Typen:

a) Startet die Quinte mit der Stufe A, so gilt $Q = 4A \oplus 3L = 3(A \oplus L) \oplus A$
b) Startet sie mit der Stufe L, so gilt $W = 3A \oplus 4L = 3(A \oplus L) \oplus L$.

Damit ist logisch klar, was musikalisch längst evident war: Es gibt genau zwei Quinten (deren Unterschied derjenige ist, den die Semitonia besitzen). Warum sind sie nun in striktem 2-periodischen Wechsel in der Quintenuhr angeordnet? Wer jetzt nicht nachdenken will, zählt einfach die Quintenfolge (startend auf C, auf G, auf D,…, auf F) ab, ansonsten: Der Start einer Folgequinte ist stets um die ungerade Stufenzahl 7 versetzt, wenn wir eingedenk der beidseitigen 12-periodischen Fortsetzung immer weiterzählen. Mithin starten die Quinten auf den Stufen $1 - 8 - 15 - 22 - 29 - \ldots$, und dies wechselt stets in „ungerade $\leftrightarrow$ gerade". Auf einer Stufe mit ungerader Nummerierung beginnt die Quinte Q, auf derjenigen mit einer geraden Ziffer die Quinte W.

Wie ist es mit der Umkehrung? Nun, nach dem Grundzusammenhang unseres Theorems 5.2 ist ein Stufenintervall im Apotomemodus die Adjunktion von sieben konsekutiven Quinten der Quintenuhr minus vier Oktaven. Zwei mögliche Konstruktionen (Ketten) von sieben konsekutiven Quinten sind aufgrund der jetzigen Voraussetzung möglich:

$$A := (Q \oplus W \oplus Q \oplus W \oplus Q \oplus W \oplus Q) \ominus 4O = (4Q \oplus 3W) \ominus 4O,$$

$$L := (W \oplus Q \oplus W \oplus Q \oplus W \oplus Q \oplus W) \ominus 4O = (3Q \oplus 4W) \ominus 4O.$$

Es kann also nur zwei Stufentypen geben, und ihr Unterschied ist offenbar die Differenz beider Quinten. Der strikte 2-periodische Wechsel ergibt sich mit einem analogen Argument wie in der zuvor gezeigten Implikation – oder aber einfach so: Beide Quintenketten enden mit der gleichen Quinte, mit welcher sie starten. Daher beginnt die konsekutive (!) Folgekette stets auf der anderen Quinte als ihre Vorgängerin. Somit wechseln sich die beiden Semitonia im Aufbau ab, wie gewünscht.

5.5   Die Stufenarchitekturen für doppelt-periodische Skalen

Zur Architektur der Skalen gehört unbedingt auch die „Fortsetzung" einer Skala – sowohl nach oben wie auch nach unten –, und zwar nicht nur deswegen, weil die Musik sich selten innerhalb einer einzigen Oktavskala abspielt, sondern weil alle möglichen Konstruktionen und Überlegungen auch mal in die Außenbereiche einer gewählten Skala vordringen. Zumindest sind solche Prozesse äußerst hilfreich, wenn wir an die Verheftungen von Intervallen denken. Legen wir beispielsweise zwecks Gewinnung des Ganztons zwei Quinten an die Tonika und gehen wir dann eine Oktave zurück, so haben wir zwischenzeitlich eine „Fortsetzung" der Skala genutzt. Diese Fortsetzbarkeit haben wir auch schon im Abschn. 5.1 benötigt, als wir die bombastischen Formeln der Quinten- und Semitonreihen verglichen und ineinander umgerechnet haben, und in der Definition 5.3 ist ja die beidseitige periodische Fortsetzung bereits beschrieben worden. Nichtsdestotrotz gehen wir auf die Fortsetzbarkeit erneut ein und entwickeln ein allgemeines Konzept der Temperierungssysteme und ihren Trägerskalen.

Definition 5.7 (Trägerskala, Temperierungssystem, Prinzip der Reinheit der Oktaven)
Gegeben sei die aus den Stufenintervallen $I_j, j = 1, \ldots, n$ aufgebaute n-stufige
Skala

$$S_n = I_1 \to I_2 \to \ldots \to I_{n-1} \to I_n$$

vom Gesamtumfang

$$I_{\text{total}} = I_1 \oplus I_2 \oplus \ldots \oplus I_{n-1} \oplus I_n$$

Dann heißt die nach Definition 5.3 beidseitig n-periodisch fortgesetzte Skala

$$\overleftrightarrow{S_n} = \ldots I_{-1} \to I_0 \to I_1 \to I_2 \to \ldots \to I_{n-1} \to I_n \to I_{n+1} \to I_{n+2} \to \ldots$$

auch die **n-periodische Trägerskala** des durch die Grundskala S_n festgelegten
Temperierungssystems. Konstruktionsgemäß besitzt die Trägerskala in allen
Perioden das gleiche gegebene Ablaufmuster der gleichen Stufen. Insbesondere
gilt die Invarianz des Skalenumfangs hinsichtlich der Wahl eines beliebigen Starttons, denn wir haben die **Invarianzformel**

$$I_k \oplus I_{k+1} \oplus \ldots \oplus I_{k+n-1} = I_{\text{total}} \text{ für alle Indizes } k \in \mathbb{Z}.$$

Die für einen beliebigen ganzzahligen Verschiebeparameter $k \in \mathbb{Z}$ um $(k-1)$
Stufenpositionen geshiftete (verschobene) Skala

$$S_n^{(k)} = I_k \to I_{k+1} \to \ldots \to I_{k+n-2} \to I_{k+n-1}$$

hat die gleiche Trägerskala; das Temperierungssystem $\overleftrightarrow{S_n}$ ist also – von Natur aus
– invariant gegenüber solchen Verschiebungen, symbolisch durch die Gleichung

$$\overleftrightarrow{S_n} = \overleftrightarrow{S_n^{(k)}} \text{ für alle } k \in \mathbb{Z}$$

ausgedrückt. Nach den Terminologien des späteren Abschn. 6.3 heißen solche Verschiebungen auch **Transponierte** wie auch **Transformierte** von $S_n^{(1)} = S_n$.

Das Prinzip der Reinheit der Oktave: Für eine (im Allgemeinen 12-stufige,
chromatische) Oktavskala S_{12} nennt man dann die Invarianzformel

$$I_k \oplus I_{k+1} \oplus \ldots \oplus I_{k+11} = O \text{ für alle Indizes } k \in \mathbb{Z}$$

auch das **Prinzip der Reinheit der Oktaven.** Ganz gleich, wo man startet: Nach
zwölf konsekutiven Stufenschritten ergibt sich stets eine reine Oktave zum Startton.

Liegt also irgendeine Oktavskala vor, so erfährt sie nach dem Prinzip der Reinheit von
Oktaven vermöge Auf- oder Ab- Oktavierungen ihrer Töne eine beidseitig periodische
Fortsetzung – wobei hierbei gemeint ist, dass die Stufenintervallabfolge periodisch nach
rechts oder links weitergeführt ist.

Das Prinzip der Reinheit der Oktaven und die Klavierstimmung

Warum ist diese Formel ein „Prinzip"? Nun, die augenfälligste Antwort ist wohl diese: Angenommen, wir sollten nach einer gewissen Temperierungsvorgabe (Stichwort: alte Stimmung) ein klavieristisches Instrument – eine Orgel, ein Piano, ein Cembalo oder derlei – stimmen: Wie geht man dann vor? Ein sicher naheliegender Weg ist dann dieser: Wir stimmen zunächst eine einzige chromatische Oktavskala, sagen wir, diejenige von $C \rightarrow C'$ in der mittleren Lage. Wenn dies gelungen ist, werden wir dann ebenso die anderen Oktaven in Kopie des ersten Schrittes wie gewünscht einrichten? Die Antwort ist – wir ahnen es – nein! Sowohl einfacher, effektiver und erfolgreicher ist es nun, alle Töne „C" oktavrein zu dem gestimmten Mittel $-C$ zu stimmen, alle Töne „Cis" zu dem Cis der Mitteloktave oktavrein zu stimmen und so fort bis zum Leitton „H". Im Ergebnis haben alle Oktavperioden die gleichen Stufenabläufe und somit gleiche innere leitereigene Intervalle – ein Ergebnis letztlich auch des Viertöneprinzips unseres Theorems 1.1.

▶ *Dieser prinzipielle Weg der Stimmung einer Gesamttastatur nach Vorgabe einer einzigen Grundoktave und anschließender Anwendung des Prinzips der Reinheit aller Oktaven schließt natürlich nicht aus, dass professionelles und künstlerisches Vorgehen in der Stimmkunst noch ganz andere flankierende Methoden miteinbezieht. Und jeder, der einem versierten Meister zuhören und zuschauen konnte, wird staunend seine klanglichen Tricks bewundern.*

Jetzt wenden wir uns folgender Problematik zu, welche wir einmal in der klavieristischen Situation der periodisch fortgesetzten zwölfstufigen Oktavskala schildern. Wie gesehen, ist die Skalenfortsetzung so eingerichtet, dass von einem beliebigen Ton ausgehend die zwölfstufige Aufwärtsfolge ebenso eine Oktavskala ergibt; sie ist nach den später formulierten Begriffsbestimmungen in der Definition 6.1 und der Definition 6.2 vom gleichen Typus und daher im Allgemeinen lediglich eine sogenannte Variante der Ausgangsskala, die wir uns von Tonika $-C$ aus eingerichtet denken.

Eine interessante Frage, die man im Zusammenhang mit dem Begriff der „Tonartencharakteristik" diskutiert und welche wir im Abschn. 6.4 eingehender behandeln, ist nun diese:

▶ *Was würde es für die Stufenintervalle und ihre Anordnung bedeuten, wenn auch die – sagen wir – um vier Aufwärtsstufen transponierte Skala gleich ist mit der Ausgangsskala – wenn also beispielsweise E-Dur chromatisch die gleichen Stufen wie C -Dur chromatisch besäße?*

Und wie wir in Theorem 6.5 sehen werden, hat diese Frage einen eindeutigen Bezug zur Frage, was es bedeuten würde, wenn die periodisch fortgesetzte Skala neben der Symmetrie der 12-Periodizität noch eine andere Periodizität aufweisen würde.

So hätte beispielsweise eine aus den drei (unterschiedlichen) Stufen A, B, C mit der Bilanz

$$4A \oplus 4B \oplus 4C = O$$

aufgebaute chromatische Oktavskala S_{12}

$$(A \to B \to C) \to (A \to B \to C) \to (A \to B \to C) \to (A \to B \to C)$$

auch beim Beginn auf der 4. Stufe das gleiche Ablaufmuster, übertragen auf die periodisch fortgesetzte Trägerskala $\overleftrightarrow{S}_{12}$. Hat dies damit zu tun, dass die gegebene Skala sogar eine weitaus kleinere Unterperiode (3) besitzt?

Wie in der Mathematik eben üblich, stellen wir mal ein allgemeines Theorem voran. Dabei benutzen wir erneut – wie vielerorts in diesem Text – den für die Arithmetik zweier (oder mehrerer) positiver ganzen Zahlen unentbehrlichen Begriff des größten gemeinsamen Teilers $d = ggT(m, n)$.

Theorem 5.4 (Doppelt-periodische Skalen)

Gegeben seien die Stufenintervalle $I_1, I_2, \ldots, I_n \in \mathfrak{M}_{\mathrm{mus}}$ mit der n-stufigen Skala S_n,

$$S_n = I_1 \to I_2 \to \ldots \to I_{n-1} \to I_n,$$

deren beidseitig periodische Fortsetzung $\overleftrightarrow{S}_n$ konstruktionsgemäß n-periodisch ist. Angenommen, die Skala $\overleftrightarrow{S}_n$ wäre zusätzlich auch m-periodisch für eine andere Periodenzahl m, wobei ohne Einschränkung $1 \leq m < n$ sei, was bedeutet, dass dann die beiden Periodengleichungen

$$I_{k+n} = I_k \text{ und } I_{k+m} = I_k \text{ für alle } k \in \mathbb{Z}$$

simultan gültig sind. Dann wird behauptet, dass aber auch noch die erheblich allgemeinere Periodenbeziehung

$$I_{k+(im+jn)} = I_k \text{ für alle } i, j, k \in \mathbb{Z}$$

erfüllt ist. Das heißt, dass das Ablaufmuster $\overleftrightarrow{S}_n$ nicht nur n-periodisch und m-periodisch ist, sondern dass $\overleftrightarrow{S}_n$ sogar N-periodisch ist für jeden (positiven) Wert $N = im + jn$, den man mit beliebigen Koeffizienten $i, j \in \mathbb{Z}$ bilden und vorgeben kann. Darüber hinaus gilt nun sogar die Äquivalenz:

$$\overleftrightarrow{S}_n \text{ ist } m\text{-periodisch} \leftrightarrow \overleftrightarrow{S}_n \text{ ist } d \text{ periodisch},$$

wobei $d = ggT(m, n)$ der „größte gemeinsame Teiler" von (m, n) ist.

Folgerungen:

(1) Ist die Stufenzahl n einer Skala S_n eine Primzahl, so kann $\overleftrightarrow{S_n}$ keine andere Periodenlänge m haben (ausgenommen die Trivialfälle $m = k * n$) – es sei denn, S_n wäre gleichstufig, also $\underset{\longleftrightarrow}{I_1} = \ldots = I_n$, was $m = 1$ bedeutet.

(2) Im Falle, dass die Fortsetzung $\overleftrightarrow{S_n}$ auch m-periodisch und deshalb d-periodisch ist, sei zunächst einmal der „ggT-Co-Parameter" k dank der Faktorisierung $d * k = n$ festgelegt. Mit diesem Parameter $1 < k < n$ gelten dann folgende Details:

    a) **Die Subskalaformel:** Die Skala S_n hat selber wieder den symmetrischen Aufbau als Schichtung oder auch Abfolge von k identischen Subskalen S_d

$$S_n = \underbrace{S_d \to S_d \to \ldots \to S_d}_{k-\text{mal}},$$

    und es ist $\overleftrightarrow{S_n} = \overleftrightarrow{S_d}$.

    b) **Die Vielfachheiten der Stufenintervalle:** Bedeutet für $j = 1, \ldots, n$ die Zahl m_j die Anzahl, wie oft das Stufenintervall I_j in der Auflistung $\{I_1, I_2, \ldots, I_n\}$ aller Stufen von S_n vorkommt beziehungsweise, wie viele Stufenintervalle gleich groß wie I_j sind, so ist diese Anzahl ein Vielfaches des ggT-Parameters k, das heißt

$$m_j = k \text{ oder } m_j = 2k \text{ oder} \ldots \text{oder } m_j = dk = n.$$

    Genauer gilt: Ist r_j die Anzahl der Stufenintervalle in der Subskala S_d, welche gleich groß wie I_j sind, so ist

$$m_j = kr_j.$$

(3) **Unmöglichkeit doppelt-periodischer, harmonisch-rationaler Oktavskalen:** Keine harmonisch-rationale Oktavskala S_n kann doppelt-periodisch sein, sodass also ihre Fortsetzung $\overleftrightarrow{S_n}$ auch m-periodisch wäre, wobei $1 \leq m < n$ ist.

(4) **Doppelt-periodische chromatische Oktavskalen:**

    a) Eine Oktavskala S_{12}, welche aus mindestens zwei unterschiedlich großen Stufenintervallen aufgebaut ist, kann allenfalls für die Parameter $m = 2, 3, 4, 6$ (und Vielfachen hiervon) m-periodisch sein, sodass demnach für ihre periodische Fortsetzung die Gleichheit der Trägerskalen sowie die dazu gleichwertige Struktur als konsekutive Abfolge von Subskalen

$$\overleftrightarrow{S_{12}} = \overleftrightarrow{S_m} \Leftrightarrow S_{12} = \underbrace{S_m \to S_m \to \ldots \to S_m}_{k-\text{mal}}$$

    gilt, wobei hierbei $k * m = 12$ ist.

b) **Bitonale Skalen des pythagoräischen Iterationsmusters:** Eine Oktavskala S_{12}, welche aus sieben Stufenintervallen L und fünf Stufenintervallen A aufgebaut ist, kann – im Falle $L \neq A$ – für keinen Parameter $m < 12$ eine m-periodische Fortsetzung haben.

c) **Multitonale Skalen des Euler-Gittermusters:** Eine Oktavskala S_{12}, deren zwölf Stufenintervalle aus s verschiedenen Semitonia $X_1, \ldots, X_s$ aufgebaut ist, kann nur dann eine m-periodische Fortsetzung haben (mit $1 \leq m < 12$), wenn die Vielfachheiten $(m_1, \ldots, m_s)$ ihres Vorkommens in der Skala S_{12} nicht relativ prim zueinander sind – mithin einen gemeinsamen Faktor haben, welcher darüber hinaus nur die Werte $2, 3, 4$ oder 6 haben darf.

Beweis Wir zeigen zunächst die Periodenformel: Für beliebige ganzzahlige Parameter $i, j \in \mathbb{Z}$ ergibt sich aufgrund der gegebenen und der angenommenen Periodizität sofort

$$I_{k+(im+jn)} = I_{(k+im)+jn} = I_{(k+im)} = I_k \text{ für alle Indizes } k \in \mathbb{Z}.$$

Und zwar gilt das zweite Gleichheitszeichen aufgrund der n-Periodizität und das dritte aufgrund der vorausgesetzten m-Periodizität. Wir kommen damit zum entscheidenden Punkt: Es gibt im Gebiet der Zahlentheorie, ihrer Teilbarkeits- und Primzahlgesetze den „Satz vom größten gemeinsamen Teiler" (siehe ([32]). Dieser wichtige Satz besagt in unserem Fall, dass die Gleichung

$$d = x * n + y * m,$$

für den größten gemeinsamen Teiler $d = ggT(m, n)$ stets ganzzahlige Lösungen $x \in \mathbb{Z}, y \in \mathbb{Z}$ besitzt; wir sind ihm im Übrigen bereits in Theorem 2.2 anlässlich der Einführung des intervallischen ggT begegnet. Also gewinnen wir aus der oben gezeigten Periodizitätsformel als Spezialfall auch die Gleichung

$$I_{k+d} = I_k \text{ für alle } k \in \mathbb{Z},$$

was nichts anderes als die d-Periodizität der Fortsetzungsskala $\overleftrightarrow{S_n}$ bedeutet. Ist umgekehrt $d = ggT(n, m)$, so folgt aus der d-Periodizität trivialerweise auch die Periodizität aller ganzzahligen Vielfachen von d – also auch die m- und n-Periodizität.
Die Folgerung (1) ergibt sich ganz einfach deswegen, dass für jede natürliche Zahl m der größte gemeinsame Teiler von m und n genau $d = 1$ ist – schließlich soll ja n eine Primzahl sein, die bekanntlich nur 1 und sich selbst als Teiler hat. Ist nun $\overleftrightarrow{S_n}$ für ein $m \neq n$ tatsächlich m-periodisch, so ist $\overleftrightarrow{S_n}$ folglich 1-periodisch, was nichts anderes bedeutet, dass $\overleftrightarrow{S_n}$ die Abfolge eines einzigen Intervalls ist – anders gesagt: Alle Intervalle $I_1, \ldots, I_n$ sind gleich.
Die Folgerung (2a) sehen wir so: Die Skala S_d passt genau k-mal in die Skala S_n, weil ja $n = d * k$ ist. Die Periodizitätsformel

$$I_{k+d} = I_k \text{ für alle } k \in \mathbb{Z}$$

garantiert, dass das fortgesetzte Ablaufmuster der aneinandergefügten Subskalen S_d mit demjenigen der S_n-Skalen übereinstimmt.

Die Folgerung (2b) lesen wir unmittelbar an der Subskalaformel aus Teil a) ab: Kommt ein Stufenintervall in S_d r-mal vor, so kommt es in S_n genau (rk)-mal vor.

Nun kommen wir zum Beweis des Theorems über die Unmöglichkeit doppelt-periodischer, harmonisch-rationaler Oktavskalen: Wäre eine solche Skala S_n auch m-periodisch, so hätten wir mit $d = ggT(m, n)$ einen Aufbau von S_n in $k = n/d$ Sub-skalen S_d. Diese sind trivialerweise wieder harmonisch-rational; insbesondere gilt dies auch für den Umfang von S_d, das ist das Intervall

$$U_d = I_1 \oplus \ldots \oplus I_d$$

Dann bewirkt aber die Subskalaformel die Bilanzgleichung

$$\underbrace{U_d \oplus \ldots \oplus U_d}_{k-\text{mal}} = \text{Oktave},$$

sodass wir die Gleichung

$$k * X = \text{Oktave } O$$

harmonisch-rational gelöst hätten, im Widerspruch zu Theorem 3.3.

Alle Aussagen (4) sind nun direkte Konsequenzen und können bequem verstanden werden: Die Zahlen $1, 5, 7, 11$ sind genau diejenigen unterhalb 12, welche teilerfremd zu 12 sind. Der Rest besteht in einer Übertragung unserer Folgerungen, womit das Theorem bewiesen ist. ∎

Zu dieser Aussagengruppe (4) sei allerdings noch bemerkt, dass die Unmöglichkeit einer periodischen Unterstruktur nicht bedeutet, dass die Skala selber nicht Teilskala einer Oberskala sein könnte, die noch ganz andere Periodenmuster hat. Wäre zum Bei-spiel $L = 2A$, so wäre $\overleftrightarrow{S}_{12}$ Teilskala der 19-gleichstufigen Skala $\overleftrightarrow{S}_{19}$, deren Stufen aus dem Intervall A bestünden. Hier würde allenfalls die Nicht-Kommensurabilität beider Stufen (L, A) auch diese Möglichkeit ausschließen.

Ein Beispiel einer weiteren interessanten Anwendung auf mögliche Symmetrien in der Skalenarchitektur liefert (erneut) das Viertöneprinzip aus Theorem 1.1. Unsere gebräuch-lichen heptatonischen Skalen S_7 der kirchentonalen und der Dur- und Mollgattungen sind bekanntlich aus fünf Ganztonschritten und zwei Halbtonschritten aufgebaut – oftmals „diatonisch" genannt, so wie auch unsere Definition 5.2 dies ausweist –, und alle Stufen können dabei individuelle Bemaßungen haben. Für diese Situation können wir nun sagen:

Beispiel 5.5 (Das diatonische Prinzip)

Gegeben sei eine heptatonische (diatonische) Oktavskala S_7, die wir uns wieder beid-seitig periodisch nach oben oder nach unten zur Skala $\overleftrightarrow{S}_7$ fortgesetzt denken. Sie sei aus den fünf Ganztonschritten $T_1, \ldots, T_5$ und aus zwei Halbtonschritten H_1, H_2 als Stufenintervalle aufgebaut.

Definieren wir als „Quinte" – im Einklang mit dem semitonalen Aufbau als sieben-stufiges leitereigenes Intervall – jedes Intervall der Skala $\overleftrightarrow{S_7}$, welches aus genau drei Ganztonschritten und einem Halbtonschritt besteht, so gilt die Äquivalenz:

(1) Alle fünf Ganztonschritte $T_1, \ldots, T_5$ sind gleich groß, und die beiden Halbton-schritte H_1, H_2 sind ebenfalls gleich groß.

(2) Alle leitereigenen Quinten der Skala $\overleftrightarrow{S_7}$ sind gleich groß. ◄

Wieso ist das so? Nun, aus der Bedingung (1) folgt natürlich die Aussage (2) sofort. Für die Umkehrung sehen wir, wenn zum Beispiel die beiden (um einen Ganztonschritt geshifteten) Quinten

$$(T_1 \to T_2 \to H_1 \to T_3) \text{ und } (T_2 \to H_1 \to T_3 \to T_4)$$

gleich groß sind, dass nach dem „Viertöneprinzip" des Theorems 1.1 ebenso wie nach dem Theorem 1.2 (5) auch die Ganztöne T_1 und T_4 gleich groß sind, weil ja beiden Quinten das Teilintervall $T_2 \to H_1 \to T_3$ gemeinsam ist. Analog bekommt man alle weiteren Gleichheiten, wie auch immer eine Verteilung der Halb- und Ganztonschritte in S_7 vorgegeben wäre.

Kombinatorische Spiele rund um die Charakteristiken

6

Aber ich sage Euch: Während einer bloße Zahlen und Zeichen im Kopfe hat, kann er nicht dem Kausalzusammenhang auf die Spur kommen.

Arthur Schopenhauer (1788–1860)

Introduktion

Es gehört leider auch zu einer umfassenden Beschreibung der Tonleitern, dass wir uns mit dem Komplex aller sich ergebenden Möglichkeiten architektonischer Skalengeometrien beschäftigen müssen. Wenn beispielsweise eine heptatonische Skala fünf Ganztontypen und zwei Halbtonschritte hat – wie viele Möglichkeiten gibt es dann, diese Intervalle als Stufen von neuen Skalen zusammenzustellen – eine Frage von vielen. Aber auch diese Frage ist fundamental: Wie vergleicht man überhaupt Skalen untereinander?

Dieses Kapitel erklärt, was Skalenvarianten und Skalentypen sind, es erklärt die Kennzeichnungen der Geometrien durch Stufenzifferabfolgen, wie der bekannten Faustregel $(1 - 1 - 1/2 - 1 - 1 - 1 - 1/2)$ des Duralphabets, und es verbindet alle diese Dinge miteinander. Enthalten ist auch die Diskussion über Translatieren und Transponieren – beides sind Dinge, welche die kombinatorische Komplexität gegebener Trägerskalenstrukturen beschreiben können. Bei allen diesen Unternehmungen streifen wir eine wirkliche Formelwelt der Mathematik, die Kombinatorik als Wissenschaft der Permutationen und Arrangements mit oder ohne Nebenbedingungen. Wir werden diese Lektüre allerdings mit zahlreichen Beispielen und Vergleichen ausstatten – ansonsten würde sich die Kombinatorik möglicherweise als seelenloses Formelwesen outen. Und das will keiner.

Der letzte Abschnitt beschäftigt sich dann mit dem musiktheoretisch populären und hochinteressanten Begriff der Tonartencharakteristik, den wir als metrisch-architektonische Kenngröße einer Tonleiter verstehen und – durch zwei Theoreme begleitet –

K. Schüffler, *Die Tonleiter und ihre Mathematik*, https://doi.org/10.1007/978-3-662-64951-0_6

zu überraschenden Ergebnissen führen. Dieses Kapitel hält in der Tat die überraschende Feststellung bereit,

▶   *dass Lauten und Gitarren nur gleichstufig musikalisch konfliktfrei sein können,*

ein Ergebnis, welches wir im Abschn. 11.6 noch sehr ausführlich begründen werden. Auch dies wird der Lohn mancher Mühen sein:

▶   *Sind eine heptatonische Tonleiter und ihre Dominante oder Subdominante von gleicher Charakteristik, so sind alle fünf Ganztöne wie auch die beiden Halbtöne jeweils gleich.*

6.1   Kombinatorik der Skalenvarianten

Beim wissenschaftlichen Studium der Grundstrukturen musikalischer Skalen – aber nicht nur dort – begegnen wir vor allem diesen Skalengattungen, den

- pentatonischen Skalen – das sind Oktavskalen mit fünf Stufen,
- heptatonischen Skalen – das sind Oktavskalen mit sieben Stufen,
- oktatonischen Skalen – das sind Oktavskalen mit acht Stufen,
- dodekatonischen Skalen – das sind Oktavskalen mit zwölf Stufen

und sicher auch einer Reihe anderer.

▶   *So fußen bedeutende Kompositionen des Orgelkomponisten Olivier Messiaen auf einer oktatonischen Skala, wie sie in der Notenabbildung 6.4 gezeigt ist – so zum Beispiel seine Komposition „Le banquet celeste" aus dem Jahre 1928.*

Zweifellos lässt sich gewiss mühelos erklären, was solche Begriffe bedeuten – hier: Die oktatonische Oktavskala besitzt – ohne die oktavierte Tonika – acht Töne; mithin gibt es in Summe acht Stufenintervalle; und in diesem Fall setzen sie sich aus

- ausschließlich Ganz- und Halbtonschritten,
- gleich vielen Ganz- und Halbtonschritten,
- welche in striktem Wechsel aufeinander folgen,

zusammen. Dabei ist allerdings – vereinfacht – der Tonvorrat aus einer gleichstufig temperierten chromatischen (zwölfstufigen, dodekatonischen) Grundskala entnommen. Ansonsten müsste mit der Komposition auch noch ein eigenes Instrument mitgeliefert werden – nette Aussichten!

Wir wenden uns nun folgendem Problem – dem **Problem A** – zu:

Gegeben seien eine feste Stufenzahl n und n Stufenintervalle $J_1, J_2, \ldots, J_n$, die sich – beispielsweise – zu einer Oktavskala aufbauen lassen – kurz: Es gelte die Bilanz

$$J_1 \oplus J_2 \oplus \ldots \oplus J_n = O.$$

Wenn wir nun der Frage nachgehen wollen, wie viele (andere) ebenfalls n-stufige Skalen es gibt, die sich ebenfalls aus genau diesen n Stufenintervallen – und zwar vermöge einer Variation ihrer Aneinanderreihungen – zusammensetzen, so ist es hinsichtlich des Aspekts der Verschiedenartigkeit der erhaltenen Skalen auch wichtig zu berücksichtigen, welche unter den gegebenen Stufen $J_1, J_2, \ldots, J_n$ identisch sind.

Zum Beispiel werden wir in Abschn. 8.1 sehen, dass die gewöhnliche pythagoräische heptatonische Skala P_7 zwar sieben Stufenintervalle hat – es gibt aber hiervon nur zwei verschiedene, und das sind der Ganztonschritt Tonos T (8:9) und der Halbtonschritt Limma L (243:256), die sich zu der bekannten Durskala

$$P_7 \equiv T \to T \to L \to T \to T \to T \to L$$

mittels der Standard-Quinteniteration mit der reinen Quinte 2:3 in genau dieser Weise zusammenfügen. Würden wir hierin zwei dieser Intervalle T vertauschen, würde sich nichts ändern. Unterschiedliche „Varianten" der Skala mit gleicher Stufenzahl ergeben sich offenbar nur durch andere Anordnungen der $T-L$ Struktur. Mit anderen Worten: Eine Permutation identischer Stufen ergibt keine neuen Gebilde. Daher fassen wir nun gleiche Stufenintervalle unter den n gegebenen Stufen $J_1, J_2, \ldots, J_n$ unter einem gemeinsamen Symbol zusammen und formulieren das obige Problem in dieser präziseren Form:

▶ **Problem A:** Gegeben sei eine n-stufige Skala S_n, welche die k unterschied-lichen Intervalle $I_1, I_2, \ldots, I_k$ als Stufenintervalle besitzt, wobei diese dann auch mehrfach auftreten können (und zum Teil auch müssen, wenn $k < n$ ist). Sind dann $m_1, m_2, \ldots, m_k \geq 0$ diese Vielfachheitskoeffizienten, so ist die Skala aus genau m_1 Stufen I_1, aus genau m_2 Stufen $I_2, \ldots$ und aus genau m_k Stufen I_k aufgebaut, wir haben das Modell

$$\underbrace{I_1 \oplus \ldots \oplus I_1}_{m_1} \oplus \underbrace{I_2 \oplus \ldots \oplus I_2}_{m_2} \oplus \ldots \oplus \underbrace{I_k \oplus \ldots \oplus I_k}_{m_k} = O$$

mit der Vielfachheitenbilanz

$$m_1 + m_2 + \ldots + m_k = n.$$

Die Frage ist dann: Wie viele unterschiedliche n-stufige Skalen gibt es, die genau diese Stufenintervalle $I_1, I_2, \ldots, I_k$ samt deren Auftreten $m_1, m_2, \ldots, m_k$ besitzen – oder anders gesagt: Wie viele untereinander unterschiedliche **Varianten der Skala** S_n gibt es?

In dieser Problemstellung ist zwar bereits genau das formuliert, was wir unter dem Wort „Variante" verstehen, dem wir aber gleichwohl eine kurze und über die allgemeine Definition 5.1 hinausgehende Definition widmen.

Definition 6.1 (Varianten von Oktavskalen im System T_{12})

Sei $S_n \equiv I_1 \rightarrow I_2 \rightarrow \ldots \rightarrow I_n$ eine n-stufige Oktavskala, dann besteht das System aller **formalen Varianten** aus allen Skalen, welche aus S_n durch eine Permutation (Umordnung) ihrer Stufenintervalle $I_1, I_2, \ldots, I_n$ entstehen. Somit gibt es genau

$$n! = 1 * 2 * \ldots * n$$

formale Varianten. Eine Skala, welche eine solche formale Variante von S_n ist, heißt schlicht **Variante von S_n**, wenn sie sich aber auch in mindestens einem Ton von S_n unterscheidet, und zwei Varianten sind gleich, wenn sie die gleichen Töne besitzen.

Unterschiedliche Varianten haben daher eine unterschiedliche Reihung ihrer unterschiedlichen Stufenintervalle.

So würden wir uns im Falle des vorstehenden Beispiels der Skala P_7 fragen, wie viele und welche Umordnungen es in der Anordnung von genau 5 Intervallen T und genau 2 Intervallen L zu einer siebenstufigen Skala gibt. Beispielsweise wären ja die beiden Konstrukte

$$(T \rightarrow L \rightarrow T \rightarrow T \rightarrow T \rightarrow L \rightarrow T) \text{ und } (L \rightarrow T \rightarrow T \rightarrow T \rightarrow T \rightarrow T \rightarrow L)$$

Varianten der vorgegebenen Ausgangstonleiter – offenbar sind die Stufenabfolgen und somit auch einige Töne untereinander different.

Diese Frage entsteht insbesondere auch in der hierzu gleichwertigen Problematik, dass ein – vorzugsweise – zwölfstufiger (geschlossener) Quintenkreis aus k unterschiedlichen Quinten $Q_1, Q_2, \ldots, Q_k$ aufgebaut ist, die dort mit Vielfachheiten $m_1, m_2, \ldots, m_k \geq 0$ vorkommen, sodass die Quintenkreisformel

$$\underbrace{Q_1 \oplus \ldots \oplus Q_1}_{m_1} \oplus \underbrace{Q_2 \oplus \ldots \oplus Q_2}_{m_2} \oplus \ldots \oplus \underbrace{Q_k \oplus \ldots \oplus Q_k}_{m_k} = 7O$$

zusammen mit der Vielfachheitenbilanz

$$m_1 + m_2 + \ldots + m_k = n = 12$$

erfüllt ist. Wobei auch allgemeinere Quintenkreise ($n \neq 12$ mit anderen als sieben Oktavbilanzen) abstrakt denkbar wären – anzutreffen bei Skalen mit geteilten Tasten – sprich, mit enharmonischer Struktur. Die Frage, wie viele Möglichkeiten es gibt, eine gewisse Anzahl differenter Quinten in den geschlossenen Quintenkreis zu platzieren, ist im Übrigen eine kardinale Frage in der Theorie der Quintenkreistemperierungen – wir kommen in den Kap. 7 und 12 darauf zurück, und die Abb. 5.2 hält uns diese Situation deutlich vor Augen.

Im folgenden Theorem stellen wir eine Formel vor, welche einen numerischen Überblick über Aufbauvarianten von Oktavskalen liefert, bei denen die Gesamtanzahl (n), der Typ ihrer Stufenintervalle sowie deren jeweilige Häufigkeiten vorgegeben sind. Hierbei treten – wie bei solchen kombinatorischen Anzahlangaben üblich und eigentlich auch unumgänglich – die iterierten Multiplikationen („Fakultäten")

$$k! = 1 * 2 * 3 * \ldots * k \text{ (man liest „}k\text{-Fakultät") mit der Konvention } 0! = 1$$

für natürliche Zahlen $k \geq 0$ auf, mit welchen man die Binomialkoeffizienten

$$\binom{k}{j} = k!/j!(k-j)! \text{ für } 0 \leq j \leq k \text{ (man liest „k über j")}$$

sowie die zu gegebenen Parametern $m_1, m_2, \ldots, m_k \geq 0$ noch allgemeiner definierten „Multinomialkoeffizienten"

$$\binom{m_1 + m_2 + \ldots + m_k}{m_1, m_2, \ldots, m_k} = (m_1 + m_2 + \ldots + m_k)!/m_1! * m_2! * \ldots * m_k!$$

bildet. Binomialkoeffizienten sind auch multinomial – das erkennen wir an der Lesart

$$\binom{k}{j} = k!/j!(k-j)! = \binom{k}{j, k-j}.$$

Hier ist nicht „höhere Mathematik" im Spiel – vielmehr ermöglichen diese Symbole eine markante, übersichtliche und deshalb auch eine besser merkbare Formelstruktur für – zumeist – kombinatorische Angelegenheiten. Ganz sicher muss man sich aber hieran etwas gewöhnen.

▶ *Wollten wir es beispielsweise im Rahmen einer Clusterübung so einrichten, dass in einem Chor mit acht Personen oder Stimmgruppen jede Stimme genau einen der ebenfalls acht Töne einer komplettierten heptatonischen Oktavskala zugewiesen bekommt, dann ist die Frage: Wie viele spielerische Varianten der Zuordnung Ton ↔ Stimmgruppe gibt es hierzu? – Nun, es sind 8! = 40.320 Möglichkeiten – in einer einzigen Chorprobe nicht zu leisten.*

Und die Anzahl der Möglichkeiten, die zwölf Töne einer chromatischen Skala zu einer Melodie zu reihen, bei welcher alle Töne genau einmal vorkommen, ist mit $12! = 479.324.160$ noch um einiges gigantischer. Kein Wunder also, dass es eine solche reiche musikalische Literatur gibt. Und um auch noch ein Beispiel für die „abschreckend abstrakten Multinomialkoeffizienten" zu geben:

▶ *Stellen wir uns einmal vor, wir hätten eine Gruppe von 16 Choristen, die auch alle die gleiche Stimmlage besäßen. Wir möchten nun aber die Chorgruppe in vier Stimmgruppen zu je vier Personen aufteilen, um beispielsweise das berühmte vierstimmige „Ave Maria" von Johannes Brahms (sein Opus 12) in Angriff zu nehmen. Auf wie viele Arten kann das Ensemble hierzu zusammengestellt werden? Nun, es sind genau*

$$\binom{16}{4,4,4,4} = 16!/(4!)^4 = 1 * 2 * 3 * \ldots * 16/24^4 = 63.063.000$$

Möglichkeiten – und damit gut viereinhalbmal so viele wie die berühmte Lotterie-anzahl von „6 aus 49", deren numerischer Wert ja durch den Binomialkoeffizienten

$$\binom{49}{6} = \binom{49}{6,43} = 49!/6! * 43! = 44 * \ldots * 49/6! = 13.983.816$$

berechnet wird und sattsam bekannt ist. Gottlob gibt es da für uns Chorleiter noch andere Auswahlkriterien als diese statistischen Ungetüme.

Ganz sicher nicht wollen wir diese vorstehenden Illustrationen als ernsthafte „Anwendungen" von Mathematik unseren Lesern verkaufen – da gibt es weiß Gott Sinnvolleres. Das folgende Theorem 6.1 führt uns wieder dorthin, nämlich in die Kombinatorik der Skalentheorie. Dabei verwenden wir an einer etwas entlegenen Stelle dieses Theorems auch wieder den Begriff der ganzzahligen Abhängigkeit beziehungs-weise Unabhängigkeit von Intervallfamilien, den wir in der Definition 4.1 kennengelernt haben.

Theorem 6.1 (Kombinatorik der Skalenvarianten)

Gegeben seien k paarweise verschiedene Intervalle $I_1, I_2, \ldots, I_k \in \mathfrak{M}_{\text{mus}}$ und ihre Vielfachheitskoeffizienten $m_1, m_2, \ldots, m_k \geq 0$, und es sei dann

$$n = m_1 + m_2 + \ldots + m_k$$

die Stufenzahl einer Skala, deren Stufen genau aus m_1 Intervallen $I_1, \ldots,$ aus m_k Intervallen I_k bestehen – ganz gleich, in welcher Reihung der Stufenaufbau hierbei geschieht.

(1) **Die Variantenformel:** Es gibt genau

$$\text{var}(m_1, m_2, \ldots, m_k) := \binom{n}{m_1, m_2, \ldots, m_k} = n!/m_1! * m_2! * \ldots * m_k!$$

unterschiedliche n-stufige Skalen, welche alle aus genau m_1 Stufenintervallen I_1, aus genau m_2 Stufenintervallen $I_2, \ldots,$ aus genau m_k Stufenintervallen I_k auf-gebaut sind. Die Skalen unterscheiden sich lediglich durch die Reihung dieser Stufenintervalle. Und für je zwei Skalen gilt, dass sie sich – bei gleichem Start- und Zielton – in mindestens einem Ton des inneren Verlaufs unter-scheiden.

Spezialfall: Für eine bitonale Oktavskala ($k = 2$), die sich – sagen wir – aus m_1 Intervallen S und aus m_2 Intervallen T zusammensetzt, sodass folglich die Bilanz

$$O = m_1 S \oplus m_2 T$$

gültig ist und die Skala $n = m_1 + m_2$ Stufen hat, gibt es demnach genau

$$\text{var}(m_1, m_2) = \binom{n}{m_1} = \binom{n}{m_2} = \binom{n}{m_1, m_2} = n!/m_1! * m_2!$$

unterschiedliche Varianten, die alle ebenfalls aus genau m_1 Stufen S und m_2 Stufen T aufgebaut sind.

(2) **Die Töneformel:** Die Menge aller Intervalle, welche in der Gesamtheit aller Varianten einer Skala vom Stufentypus $(m_1 I_1 - m_2 I_2 - \ldots - m_k I_k)$ vorkommen und benötigt werden, ist der **Intervallkomplex**

$$\mathfrak{J} = \mathfrak{J}_{m_1, \ldots, m_k} = \{ x_1 I_1 \oplus \ldots \oplus x_k I_k | 0 \leq x_1 \leq m_1, \ldots, 0 \leq x_k \leq m_k \}.$$

Dann sei $\mathfrak{T} = \mathfrak{T}_{m_1, \ldots, m_k}$ die Gesamtheit der **Zieltöne** all dieser Intervalle dieses Komplexes (wobei der Startton jedes Intervalls die Tonika der Skala sein soll). Wir nennen diese Tonmenge den **Tonkomplex** des Stufentypus $(m_1 I_1 - m_2 I_2 - \ldots - m_k I_k)$. Sie ist parametrisiert über der ganzzahligen Gitterpunktmenge

$$P = \{ (x_1, x_2, \ldots, x_k) \in \mathbb{Z}^k | 0 \leq x_1 \leq m_1, \ldots, 0 \leq x_k \leq m_k \}$$

mittels der naheliegenden Zuordnung

$$\varphi \colon P \to \mathfrak{J} \text{ mit } \varphi(x_1, x_2, \ldots, x_k) = x_1 I_1 \oplus x_2 I_2 \oplus \ldots \oplus x_k I_k.$$

Offenbar stehen die beiden Gesamtheiten $\mathfrak{J}_{m_1, \ldots, m_k}$ und $\mathfrak{T}_{m_1, \ldots, m_k}$ auch in eindeutigem Bezug, weil ja alle Starttöne gleich der Tonika sind. Dann gilt für die Anzahl (#) der Töne des Tonkomplexes $\mathfrak{T}_{m_1, \ldots, m_k}$ beziehungsweise die Anzahl der Intervalle des Intervallkomplexes $\mathfrak{J}_{m_1, \ldots, m_k}$ folgende Abschätzung

$$\# \mathfrak{J}_{m_1, \ldots, m_k} = \# \mathfrak{T}_{m_1, \ldots, m_k} \leq (m_1 + 1) * \ldots * (m_k + 1).$$

Darüber hinaus lässt sich zeigen:

a) Sind die Intervalle $I_1, I_2, \ldots, I_k$ ganzzahlig unabhängig, so gilt die Gleichheit.

b) Sind die Intervalle $I_1, I_2, \ldots, I_k$ dagegen ganzzahlig abhängig, so können (leider) beide Fälle eintreten.

Zusatz: Alle angegebenen Formeln bleiben – bei passender Interpretation – gültig, wenn wir statt der Stufenmodellvoraussetzung ein Quintenkreismodell annehmen, bei dem die Quinten $Q_1, Q_2, \ldots, Q_k \in \mathfrak{M}_{\text{mus}}$ gegeben sind, welche dank der Schließungsgleichung

$$m_1 Q_1 \oplus m_2 Q_2 \oplus \ldots \oplus m_k Q_k = 7O$$

auf dem Kreis kombinatorisch verteilbar sind und dank des Theorems 5.2 die
gleichen Skalengesamtheiten erbringen wie die, welche mittels der durch sie
definierten Stufen gebildet werden.

Beweis Zu (1): Dieser Beweis ist eigentlich gar nicht so schwer, wie es beim Blick auf
die Multinomialformel den befürchteten Anschein hätte. Stellen wir uns einfach vor, alle
Intervalle wären formal unterscheidbar, sodass die Skala aus $n = m_1 + m_2 + \ldots + m_k$
unterschiedlichen Intervallen aufgebaut wäre. Dann gibt es genau $n! = 1 * 2 * \ldots * n$
solcher Anordnungen; das ist nämlich die Anzahl der Möglichkeiten, n Objekte auf
n Plätze zu verteilen. Sind nun – um den einfacheren Fall $k = 2$ vorwegzunehmen – m_1
dieser Intervalle (L) untereinander nicht mehr unterscheidbar, so reduziert sich faktoriell
diese Anzahl um diese Anzahl an Möglichkeiten, diese Intervalle L zu permutieren; und
dies wären $m_1!$ Möglichkeiten, weshalb wir zu dem Quotienten $n!/m_1!$ gelangen. Sind
auch weitere m_2 Intervalle (T) nicht mehr unterscheidbar, so wird auch diese Anzahl um
die Permutationsanzahl $m_2!$ faktoriell abnehmen. So gelangt man von der Gesamtper-
mutationszahl $n!$ zu dem Quotienten

$$n!/m_1! * m_2! = \binom{n}{m_1} = \binom{n}{m_2} = \binom{n}{m_1, m_2}$$

beziehungsweise allgemein zu den Multinomialbrüchen

$$n!/m_1! * m_2! * \ldots * m_k! = \binom{n}{m_1, m_2, \ldots, m_k},$$

von denen man übrigens weiß, dass sie stets ganzzahlig sind, wie ein Blick in die zahlreichen Formelsammlungen wie z. B. [12] zeigt.

Für den Beweis von Teil (2) wollen wir zeigen, dass hierbei eine wie auch immer
geartete Auflistung aller Skalenvarianten samt der mühseligen Berechnung aller ihrer
Töne und der anschließenden Entscheidung, wie viele verschiedene es denn nun seien,
absolut nicht zu befürchten ist – dies würde ja nur schwerlich möglich sein, da wir ja
überhaupt keine konkreten Intervalldaten kennen. Auch werden wir eine – wenig Freude
bringende – kombinatorisch-rechnerische Analyse aller Möglichkeiten meiden. Nein,
wir möchten zeigen, wie elegant die Mathematik selbst diese aufgeworfene Frage
beantworten kann.

Zunächst machen wir uns klar, dass alle $(n + 1)$ jeweiligen Töne der aus den Grundbausteinen $I_1, I_2, \ldots, I_k$ gebildeten Varianten sich als Zieltöne der Adjunktionen dieser
Intervalle schreiben lassen; dabei können diese Intervalle so oft auftreten, wie die vorgegebenen Vielfachheiten $m_1, m_2, \ldots, m_k$ des festgelegten Typus es zulassen. Somit ist

die gemeinsame Tonmenge aller $\mathfrak{T}$ Varianten per definitionem eine Teilmenge der Zieltöne aller Intervalle

$$\mathfrak{J} = \{I = x_1 I_1 \oplus x_2 I_2 \oplus \ldots \oplus x_k I_k \,|\, 0 \le x_1 \le m_1, \ldots, 0 \le x_k \le m_k\}.$$

Aber es gilt im Sinne der Zieltoninterpretation nicht nur die einfache Teilmengenbeziehung $\mathfrak{T} \subset \mathfrak{J}$, sondern auch die strikte Gleichheit: Ist nämlich ein Intervall I – respektive sein Zielton – in der Form

$$I = x_1 I_1 \oplus x_2 I_2 \oplus \ldots \oplus x_k I_k$$

gegeben, so konstruieren wir eine Skalenvariante, die diesen Ton enthält. Dazu bilden wir zunächst die Tonfolge

$$\text{Prim} \to \underbrace{I_1 \to \ldots \to I_1}_{x_1\text{-mal}} \to \ldots \to \underbrace{I_k \to \ldots \to I_k}_{x_k\text{-mal}},$$

dann ist nämlich der gegebene Ton erreicht. An diesen Ton fügen wir nun die zur Skala dieses Stufentyps noch fehlenden Stufen – ganz gleich, in welcher Reihung,

$$\underbrace{I_1 \to \ldots \to I_1}_{(m_1-x_1)\text{-mal}} \to \ldots \to \underbrace{I_k \to \ldots \to I_k}_{(m_k-x_k)\text{-mal}}.$$

Dann hat diese neue Skala genau m_1 Stufenintervalle I_1, genau m_2 Stufenintervalle I_2, ..., genau m_k Stufenintervalle I_k, und sie enthält den gegebenen Ton als Zielton einer leitereigenen Stufe. Somit gilt, da es sich um endliche Mengen handelt,

$$\mathfrak{T} \equiv \mathfrak{J} \Leftrightarrow \#\mathfrak{J} = \#\mathfrak{T}.$$

Der Rest ist nun einfache – wenn auch abstrakte – Mathematik: Ist

$$P = \{(x_1, x_2, \ldots, x_k) \in \mathbb{Z}^k \,|\, 0 \le x_1 \le m_1, \ldots, 0 \le x_k \le m_k\}$$

die für diesen Typus zulässige Parametermenge, dann sei $\varphi \colon P \to \mathfrak{J}$ die Abbildung

$$\varphi((x_1, x_2, \ldots, x_k)) = x_1 I_1 \oplus x_2 I_2 \oplus \ldots \oplus x_k I_k.$$

Offenbar ist diese Abbildung nach Konstruktion „surjektiv" – was nichts anderes bedeutet, als dass $\varphi(P) = \mathfrak{J}$ ist. Daher ist die Anzahl der Elemente von $\mathfrak{J}$ höchstens so groß wie diejenige von P – und dieser k-dimensionale Gitterwürfel hat genau $(m_1 + 1) * \ldots * (m_k + 1)$ Gitterpunkte, wodurch die Abschätzung

$$\#\mathfrak{J} \le (m_1 + 1) * \ldots * (m_k + 1)$$

gezeigt ist. Für den Fall der ganzzahligen Unabhängigkeit sehen wir nun, dass diese Zuordnung $\varphi \colon P \to \mathfrak{J}$ auch eineindeutig – man sagt dazu „injektiv" – ist. Aus

$$\varphi((x_1, x_2, \ldots, x_k)) = \varphi((y_1, y_2, \ldots, y_k))$$

folgt ja vermöge Differenzbildung die Gleichung

$$(x_1 - y_1)I_1 \oplus (x_2 - y_2)I_2 \oplus \ldots \oplus (x_k - y_k)I_k = \text{Prim},$$

welche nach der genannten Voraussetzung die Gleichheiten

$$x_1 = y_1, x_2 = y_2, \ldots, x_k = y_k$$

impliziert – was die Injektivität bedeutet. Zusammen mit der Surjektivität impliziert dies, dass diese Abbildung $\varphi \colon P \to \mathfrak{J}$ eine invertierbare Abbildung ist. Nach dem – zwar evident erscheinenden, jedoch äußerst subtilen – Dirichlet'schen Schubfachprinzip der Cantor'schen Mengenlehre enthalten dann die Parametermenge P und ihre Bildmengen $\mathfrak{J}$ und $\mathfrak{T}$ die gleiche Anzahl von Elementen – oder anders: Zwei Mengen mit jeweils endlich vielen Elementen, zwischen denen es eine eineindeutige, umkehrbare Zuordnung (Abbildung) gibt, haben stets die gleiche Anzahl an Elementen.

Im Falle ganzzahliger Abhängigkeit der Stufenintervalle zeigen Beispiele, dass der Tonkomplex sowohl genau $(m_1 + 1) * \ldots * (m_k + 1)$ verschiedene Töne haben kann wie aber auch, dass es weniger sein können. Dies hängt davon ab, ob die Parameter, welche die ganzzahlige Abhängigkeit beschreiben, zur zulässigen Parametermenge P gehören oder nicht. Im letzten Fall bleibt die Injektivität des Operators φ gewahrt, und es gilt folglich die Gleichheit.

Der Zusatz ist schnell erklärt: Der kombinatorischen Vielfalt ist es gleich, ob die Objekte mit ihren Vielfachheiten in einer Reihe nacheinander liegen (wie die Stufen einer Skala) oder aber ob sie sich zu einer Kreislinie zusammenschließen, so wie die Quintenkette. Damit ist unser Theorem bewiesen. ∎

Nun folgen etliche Beispiele.

Beispiel 6.1 (Varianten heptatonischer bitonaler Skalen: Stufentypus $(2L - 5T)$)

Gegeben sind zwei unterschiedliche Intervalle (L, T), für welche wir uns die musikalisch sinnvolle Voraussetzung $0 < \text{ct}(L) < \text{ct}(T)$ vorstellen können (die aber für die folgenden Rechnungen nicht zwingend so sein muss). In der Bilanz gelte die Gleichung

$$O = 2L \oplus 5T,$$

so wie dies für die quintgenerierten heptatonischen Skalen zutrifft, siehe Theorem 7.2. Deshalb bildet jede Abfolge von fünf Ganztonschritten (T) und zwei Semitonia (L) eine „bitonale heptatonische Oktavskala" S_7. So gehören beispielsweise alle diatonischen Skalen hierzu, siehe Definition 5.2. Dann finden wir folgende Anzahlen hinsichtlich aller möglichen Umordnungen der Stufenanordnungen und der Tongesamtheiten:

(1) Die Anzahl heptatonischer Oktavskalen mit genau zwei dieser Intervalle L und fünf dieser Intervalle T als Skalenstufen – also Skalen vom Stufentypus $(2L - 5T)$ – beträgt

$$\text{var}(2,5) = \binom{7}{2} = \binom{7}{5} = 7!/2!5! = 6 * 7/2 = 21.$$

(2) Sind (T, L) nicht-kommensurabel, so ist die Anzahl aller Töne des Oktavraums, die durch alle diese Varianten des siebenstufigen Typus $2L - 5T$ zusammen erzeugt werden,

$$\#\mathfrak{J} = (2 + 1) * (5 + 1) = 18.$$

So viele Tasten müsste eine Oktavskala haben, wenn man alle Varianten der beispielsweise pythagoräisch rein gestimmten heptatonischen Skalen auf ihr spielen möchte (stets auf gleicher Tonika beginnend und auf der Oktave endend).

(3) Dagegen gibt es nur genau drei Varianten der periodisch fortgesetzten Skalen $\overleftrightarrow{S_7}$, und diese kann man klassifizieren durch die größtmögliche Anzahl (k) von aufeinanderfolgenden Ganztönen (T). Dabei gibt es ausschließlich nur diese drei Möglichkeiten $k = 5, 4$ oder 3. Denn ein Fall $k = 2$ kann nicht eintreten, wenn es nur zwei Semitonia (L) gibt – eine elementare Überlegung. Aber auch für jeden dieser Parameter k gibt es nur ein einziges mögliches Ablaufmuster, und jedes hat per Translation genau sieben unterschiedliche Varianten, sodass alle 21 Varianten gemäß diesem Kriterium stratifiziert – sprich: eingeteilt – werden können. Mit der etwas einprägsameren Symbolik $1 \equiv T, 1/2 \equiv S$ sind diese Ablaufmuster die folgenden, und dabei stehen die Punkte für das beidseitig periodisch immer wieder wiederholte Anfugen des angegebenen Blocks, rechts wie links:

$k = 3$	$-\ldots-1-1-1-{}^1\!/_2-1-1-{}^1\!/_2-\ldots$	var $= 7$
$k = 4$	$-\ldots-1-1-1-1-{}^1\!/_2-1-{}^1\!/_2-\ldots$	var $= 7$
$k = 5$	$-\ldots\ 1-1-1-1-1-{}^1\!/_2-{}^1\!/_2-\ldots$	var $= 7$

So wären in dem wichtigen Spezialfall des Typs $k = 3$ die sieben Varianten genau diese sieben heptatonischen Skalen, die man „auf den weißen Tasten" des Klaviers vorfindet:

Varianten-Stufen-Muster für $k = 3$	Weiße Tasten	Geschlecht
$1 - 1 - 1 - {}^1\!/_2 - 1 - 1 - {}^1\!/_2$	$F \to F'$	Lydisch
$1 - 1 - {}^1\!/_2 - 1 - 1 - {}^1\!/_2 - 1$	$G \to G'$	Mixolydisch
$1 - {}^1\!/_2 - 1 - 1 - {}^1\!/_2 - 1 - 1$	$A \to A'$	Aeolisch (Moll)
${}^1\!/_2 - 1 - 1 - {}^1\!/_2 - 1 - 1 - 1$	$H \to H'$	Lokrisch
$1 - 1 - {}^1\!/_2 - 1 - 1 - 1 - {}^1\!/_2$	$C \to C'$	Ionisch (Dur)

Varianten-Stufen-Muster für $k = 3$	Weiße Tasten	Geschlecht
$1 - \frac{1}{2} - 1 - 1 - 1 - \frac{1}{2} - 1$	$D \to D'$	Dorisch
$\frac{1}{2} - 1 - 1 - 1 - \frac{1}{2} - 1 - 1$	$E \to E'$	Phrygisch

Jedes dieser Muster würde bei beidseitiger periodischer Fortführung zu ein und demselben Temperierungssystem $\overset{\leftrightarrow}{S}_7$

$$- \ldots 1 - 1 - 1 - \frac{1}{2} - 1 - 1 - \frac{1}{2} - 1 - 1 - 1 - \frac{1}{2} - 1 - 1 - \frac{1}{2} - \ldots$$

führen. Diatonisch im Sinne der Definition 5.2 sind hiervon fünf Skalen, lydisch und lokrisch entsprechen nicht dieser (engeren) Definition, weil kein Aufbau

$$\text{Tetrachord} - \text{Ganzton} - \text{Tetrachord}$$

vorliegt. Klassifizierungen, welche den Ganzton statt „zwischen" auch „vor oder nach" den Tetrachorden zulassen, erweitern natürlich diesen Bereich (vgl. [51]). ◄

Es gibt also für den heptatonischen Typus $(2S - 5T)$ genau 21 Varianten, Ganz- und Halbtonstufen zu einer Oktavskala anzuordnen, das zeigt uns jedenfalls die vorstehende Formel

$$\text{var}(2, 5) = \binom{7}{2, 5} = 7!/2! * 5! = 6 * 7/2 = 21.$$

Diesen Wert kann man übrigens auch durch fleißiges Durchzählen gewinnen: Geleitet durch eine systematische Anordnung der beiden Halbtöne S gewinnen wir sehr einprägsam nicht nur die gewünschte Anzahl der Skalenaufbauten, sondern auch deren Stufenstruktur! In der Tab. 6.1 listen wir einmal diese Systematik auf – dabei bedienen wir uns erneut der in der Musik üblichen und einprägsameren Stufenkürzel ($S = 1/2, T = 2S = 1$). Diese Systematik erreichen wir, indem wir die Aufzählung aller Skalenmöglichkeiten durch die Stufenposition des ersten Halbtons S übersichtlich steuern. Dabei ergibt sich die Anzahl dieser Möglichkeiten auch als folgende Summe, welche mit der Formel unseres Theorems 6.1 natürlich übereinstimmt, sich aber mittels der bekannten arithmetischen Formel über die Summe aufeinanderfolgender Zahlen auf eine ganz andere Weise ergibt: Wir lesen aus der Tab. 6.1 die Anzahlformel ab, indem wir der Grau-Unterlegung des vorderen Halbtonschritts folgen

$$6 + 5 + 4 + 3 + 2 + 1 = (6 + 1) * 6/2 = 7!/2! * 5! = \binom{7}{2} = 21.$$

Dieses Modell der systematischen Auflistung kann auch bei anderen Konstellationen adaptiert zur Anwendung kommen – will man der Mathematik der Kombinatorik und ihrer Multinomialkoeffizienten aus dem Wege gehen. Die Tab. 6.1 enthält auch die in der Tab. 5.2 bereits aufgeführten Varianten der diatonisch-heptatonischen Skalen.

Unser nächstes Beispiel beleuchtet die zwölfstufige chromatische Skalensituation.

Tab. 6.1 Varianten der bitonalen heptatonischen Skalen vom Stufentypus $2S-5T$

Stufe→ ↓Nummer	1.	2.	3.	4.	5.	6.	7.	Modus
1	½	½	1	1	1	1	1	–
2	½	1	½	1	1	1	1	–
3	½	1	1	½	1	1	1	Lokrisch
4	½	1	1	1	½	1	1	Phrygisch
5	½	1	1	1	1	½	1	–
6	½	1	1	1	1	1	½	–
7	1	½	½	1	1	1	1	–
8	1	½	1	½	1	1	1	–
9	1	½	1	1	½	1	1	Aeolisch, natürlich Moll
10	1	½	1	1	1	½	1	Dorisch
11	1	½	1	1	1	1	½	Melodisch Moll ↑
12	1	1	½	½	1	1	1	–
13	1	1	½	1	½	1	1	–
14	1	1	½	1	1	½	1	Mixolydisch
15	1	1	½	1	1	1	½	Ionisch, Dur
16	1	1	1	½	½	1	1	–
17	1	1	1	½	1	½	1	–
18	1	1	1	½	1	1	½	Lydisch
19	1	1	1	1	½	½	1	–
20	1	1	1	1	½	1	½	–
21	1	1	1	1	1	½	½	–

Beispiel 6.2 (Varianten dodekatonischer bitonaler Skalen, Stufentypus $(7L - 5A)$)

Für den Fall zwölfstufiger Skalen ergibt sich sowohl aus unserem Äquivalenzmodell des Theorems 5.2 – aber ebenso aus den später diskutierten Theorem 7.2, Theorem 7.3 und Theorem 7.4 – ein Stufenaufbau in der Form

$$O = 7L \oplus 5A$$

mit den Semitonia Limma und Apotome

$$L = 3O \ominus 5Q \text{ und } A = 7Q \ominus 4O$$

einer erzeugenden Quinte Q. Dann finden wir folgende Anzahlen hinsichtlich der kombinatorischen Umordnungen des Stufenaufbaus:

(1) Die Anzahl dodekatonischer Oktavskalen mit genau sieben Intervallen L und fünf Intervallen A als Skalenstufen – also Skalen vom Stufentypus $(7L - 5A)$ – beträgt

$$\binom{12}{5,7} = 12!/5!7! = 8*9*10*11*12/120 = 8*9*11 = 792,$$

eine gewaltige Zahl.

(2) Im Falle der pythagoräischen Situation sind die beiden Stufenintervalle L und A nicht-kommensurabel, wie wir im Beispiel 3.5 festgestellt haben. Jetzt dürfen wir schließen, dass die Gesamtzahl aller Töne, welche alle Varianten des zwölfstufigen Typus $(7L - 5A)$ zusammen besitzen,

$$\#\mathfrak{J} = (7+1)*(5+1) = 48$$

beträgt, was wiederum wenig im Vergleich zur Variantenzahl ist.

Bemerkung: Die Tonanzahl ist demnach – auch bei anderen Beziehungen zwischen den Halbtonstufen L und A – stets kleiner oder gleich 48.

Für den Sonderfall der gleichstufigen Temperierung $(A = L \Leftrightarrow T = 2L)$, welcher ja die Kommensurabilität schlechthin von L und A bedeutet, sind dies nur noch genau 12 Töne – die Töne unserer gewöhnlichen Klaviatur. Während die Anzahl der heptatonischen Skalen – hiervon unabhängig – immer 21 beträgt, schrumpft die Zahl der chromatischen Skalen von 792 auf 1, denn alle Stufen sind ja dann identisch. ◀

Das folgende Beispiel 6.3 beleuchtet den Variantenreichtum der reinen diatonischen heptatonischen Oktavskala R_7, welche aus den $k = 3$ historisch bedeutsamen Intervallen

▶ $I_1 = T = T_+ = 8{:}9$, dem großen pythagoräischen Ganzton („Tonos“),
        $I_2 = t = T_- = 9{:}10$, dem kleinen reinen Ganzton,
        $I_3 = S = 15{:}16$, dem diatonischen Halbton („Diatonon“),

aufgebaut ist und welche die Bilanz

$$O = 3T_+ \oplus 2T_- \oplus 2S$$

besitzt. Im Abschn. 10.4, Formel-Tab. 10.2 finden wir insbesondere das Anordnungsmodell

$$R_7 \equiv T_+ \to T_- \to S \to T_+ \to T_- \to T_+ \to S,$$

welches aus der Euler-Gitterkonstruktion heraus resultiert.

Auch diese drei Intervalle sind „ganzzahlig unabhängig“; wir wollen dies vorweg durch die folgende kurze Rechnung an Ort und Stelle begründen, wenn auch die strikte Anwendung der Primfaktorzerlegung samt und sonders des Theorems 3.2 uns den Nachweis erbringen würde. Unter Verwendung der übersichtlicheren Symbolik $(T - t - S)$ müssen wir dazu einfach zeigen, dass ein Intervall der Intervallfamilie

$$M = \{I = x_S S \oplus x_t t \oplus x_T T \,|\, 0 \le x_S \le 2, 0 \le x_t \le 2, 0 \le x_T \le 3\}$$

durch die Parameter x_S, x_t, x_T eindeutig beschrieben wird – und das geht so:
    Angenommen, es sei

$$x_S S \oplus x_t t \oplus x_T T = I = y_S S \oplus y_t t \oplus y_T T.$$

Dann muss zwingend folgen, dass $x_S = y_S, x_t = y_t, x_T = y_T$ ist. Warum? Bilden wir die Differenz, so entsteht die Bilanz

$$(x_S - y_S)S \oplus (x_t - y_t)t \oplus (x_T - y_T)T =: xS \oplus yt \oplus zT = \text{Prim}.$$

Indem wir das Frequenzmaß ins Spiel bringen, betritt nun die Primzahltheorie den Plan. Die Frequenzmaßbilanz der vorstehenden Gleichung lautet nämlich

$$\left(\frac{16}{15}\right)^x * \left(\frac{10}{9}\right)^y * \left(\frac{9}{8}\right)^z = \left(\frac{2^4}{3^1 5^1}\right)^x * \left(\frac{2^1 5^1}{3^2}\right)^y * \left(\frac{3^2}{2^3}\right)^z = 1.$$

Wir sortieren nach den Primfaktoren $2, 3$ und 5, und dann ergibt sich die Gleichung

$$2^{(4x+y-3z)} * 3^{(2z-2y-x)} * 5^{(y-x)} = 1 = 2^0 * 3^0 * 5^0.$$

Wenngleich dieser Ausdruck vielleicht trübe stimmt – die Sache ist dennoch ganz einfach: Nach dem berühmten Theorem über die Eindeutigkeit der Primzahldarstellung für natürliche Zahlen muss dann jeder der Exponenten der Primzahlen $2, 3$ und 5 verschwinden. Bei der Primzahl 5 sehen wir direkt, dass dann $y = x$ ist, und wenn wir dies in die verbleibenden Gleichungen einsetzen, ergibt sich das kleine simple lineare homogene 2×2-System

$$5x - 3z = 0, 2z - 3x = 0,$$

und es ist keine Kunst zu sehen, dass nur $x = z = 0$ dessen Lösung ist, somit ist auch $y = 0$. Sind aber die Parameter $x, y, z = 0$, so sind die Koeffizienten x_S, x_t, x_T und y_S, y_t, y_T gleich. Damit ist die ganzzahlige Unabhängigkeit gezeigt.
    Für diesen Stufentypus ergibt sich nun folgende Variantensituation:

Beispiel 6.3 (Varianten tritonaler heptatonischer Skalen vom Typus $(2S - 2t - 3T)$)

(1) Es gibt genau

$$\binom{7}{3, 2, 2} = 7!/3!2!2! = 7!/6 * 4 = 2 * 3 * 5 * 7 = 210$$

verschiedene tritonale heptatonische Skalen, welche jeweils aus drei Stufen T, aus zwei Stufen t und aus zwei Stufen S zu einer Oktavskala zusammengesetzt sind.

Diese Zahl schrumpft allerdings erheblich, wenn wir vorschreiben, dass der Halbtonschritt S – dem klassischen Duraufbau R_7 folgend – die Stufen 3 ($E \to F$) und 7 ($H \to C'$) einnehmen soll. Dann gibt es nur noch gerade mal diese zehn Skalen:

$T - t - S - T - t - T - S$	$T - T - S - t - t - T - S$
$T - t - S - T - T - t - S$	$t - T - S - T - T - t - S$
$T - t - S - t - T - T - S$	$t - T - S - T - t - T - S$
$T - T - S - T - t - t - S$	$t - T - S - t - T - T - S$
$T - T - S - t - T - t - S$	$t - t - S - T - T - T - S$

Von denen ist die voranstehende Skala R_7 die erste der linken Spalte. In den Moll- und Kirchentonarten setzt sich natürlich dieser Variantenreichtum fort.

(2) Weil – wie zuvor gesehen – diese Stufenintervalle S, t und T ganzzahlig unabhängig sind, besteht der Tonreichtum der formal bildbaren 1680 Töne aller reinen heptatonischen Spielvarianten zusammen – stets in der Modelloktave $C \to C'$ gespielt – aus genau

$$\#\mathfrak{J} = (2+1) * (2+1) * (3+1) = 36$$

paarweise verschiedenen Tönen. Ganz gleich, wie man also die drei gegebenen Stufenintervalle – unter Beachtung ihrer Häufigkeit – arrangiert, entstehen summa summarum genau 36 verschiedene Töne.

Anders gesagt: Eine Tastatur, auf welcher man alle diese 210 Varianten spielen könnte, müsste genau 36 Tasten/Oktave besitzen – Tonika und Oktave einbezogen. ◀

Wir möchten dieses Beispiel nutzen, um daran unser allgemeines Theorem 6.1 auch deutlich konkreter zu erklären – zumindest was den Teil betrifft, welcher die Anzahl der verschiedenen Töne des Tonkomplexes aller Varianten angibt. Wir haben also 210 Varianten an Skalen, welche jeweils – mit sieben Stufen gebaut – acht Töne besitzen, sodass die Tonwelt aller Skalen zunächst einmal aus 1680 Tönen besteht (die aber nicht alle verschieden sind – ohnehin sind ja Start- und Zielton stets gleich).

Zunächst machen wir uns klar, dass alle Töne der aus den drei Grundbausteinen T, t und S gebildeten heptatonischen Skalen dieses Beispiel 6.3 als Zieltöne von Intervallen der Form

$$I = m_S S \oplus m_t t \oplus m_T T$$

konstruiert werden, und dabei bewegen sich die variablen ganzzahligen Parameter in den vorgegebenen („zugelassenen") Schranken

$$0 \leq m_S \leq 2, 0 \leq m_t \leq 2, 0 \leq m_T \leq 3,$$

und die Menge aller solcher Intervalle haben wir mit

$$M = \{I = m_S S \oplus m_t t \oplus m_T T \,|\, 0 \leq m_S \leq 2, 0 \leq m_t \leq 2, 0 \leq m_T \leq 3\}$$

bezeichnet. Nun hat die Gitterpunktmenge aller zugelassenen ganzzahligen Parameter

$$P = \{(m_S, m_t, m_T) \in \mathbb{Z}^3 \,|\, 0 \leq m_S \leq 2, 0 \leq m_t \leq 2, 0 \leq m_T \leq 3\}$$

offenbar genau $36 = 3 * 3 * 4$ Elemente. Wir betrachten nun einfach die im Beweis bereits genutzte Zuordnungsfunktion

$$\varphi \colon P \to M, \text{ mit } \varphi(m_S, m_t, m_T) = m_S S \oplus m_t t \oplus m_T T$$

und zeigen, dass diese von Hause aus surjektive Zuordnung auch injektiv (sprich „eineindeutig") – und somit per definitionem bijektiv ist. Wenn das so ist, dann hat die Menge M genauso viele Elemente wie die Menge P – also 36.

Aber genau diese Eineindeutigkeit resultiert aus der ganzzahligen Unabhängigkeit, die ja soeben im Vorfeld des Beispiels gezeigt wurde; und in der mengentheoretischen Sprache dieser Situation haben wir ja gesehen, dass tatsächlich die Äquivalenz

$$\varphi(m_S, m_t, m_T) = \varphi(n_S, n_t, n_T) \Leftrightarrow (m_S, m_t, m_T) = (n_S, n_t, n_T)$$

besteht. Bleibt noch zu bemerken, dass wir mittels der Zuordnung φ diese tritonalen Skalen im Parameterraum P bequem beschreiben könnten. Dieser Parameterraum P ist zunächst einmal nichts anderes als ein dreidimensionales Gitter von der Form

$$P = \{0, 1, 2\} \times \{0, 1, 2\} \times \{0, 1, 2, 3\}.$$

Einer Skala entspricht eine Punktfolge $x_0, \ldots, x_7 \in P$ mit

$$x_0 = (0, 0, 0) \text{ und } x_7 = (2, 2, 3)$$

und der Eigenschaft, dass die Punktfolge „kantenparallel" verläuft – genauer:

$$x_{k+1} - x_k = (1, 0, 0) \text{ oder } (0, 1, 0) \text{ oder } (0, 0, 1).$$

Dann genau sind nämlich die Stufen der Skala $\varphi(x_0), \ldots, \varphi(x_7)$ einfache Schritte mit den Intervallen S, t, und T, und es ist

$$\varphi(x_0) = \text{Prim (Tonika) und } \varphi(x_7) = \varphi(2, 2, 3) = \text{Oktave.}$$

Als nächstes Beispiel beschreiben wir zwei bitonale Skalentypen mit kommensurablen Stufen, wobei wir sehen werden, dass der Tonkomplex der Varianten sowohl genauso viele wie aber auch weniger Intervalle wie die Parameteranzahl enthalten kann. In diesem Beispiel verwenden wir für gleichstufige Intervalle die suggestive Bezeichnung

$$I = J_k \Leftrightarrow \text{ das Centmaß des Intervalls } I \text{ beträgt } k * 100 \text{ ct;}$$

so sind J_2 ein gewöhnlicher Ganzton zu 200 ct und J_5 eine Quart mit 500 ct.

Beispiel 6.4 (Varianten bitonaler Modellskalen mit abhängigen Stufen)

(1) Die Oktave lässt sich ganz offensichtlich aus zwei Stufenintervallen J_5 und einem Stufenintervall J_2 aufbauen, die Bilanz

$$2J_5 \oplus J_2 = O$$

zeigt somit, dass $(2J_5 - J_2)$ ein Stufentypus einer dreistufigen Oktavskala ist. Wir haben nur die drei möglichen Varianten des Aufbaus

$$J_5 \to J_5 \to J_2 \text{ sowie } J_5 \to J_2 \to J_5 \text{ sowie } J_2 \to J_5 \to J_5.$$

Die Tonmenge $\mathfrak{J}$, die hierbei entsteht, besteht aus den Zieltönen der Intervalle mit den Centangaben

$$\mathfrak{J} \equiv ct(I) = 0 - 2 - 5 - 7 - 10 - 12 \,(\text{in } 100\,ct).$$

Das sind $6 = (2 + 1) * (1 + 1)$ Intervalle – der Gleichheitsfall mit der Parametermenge P ist realisiert. Hier sehen wir auch, dass die Abhängigkeitsparameter $(2, 5)$, die ja aus der evidenten Beziehung $2J_5 = 5J_2$ stammen, außerhalb der zulässigen Parametermenge

$$P = \{(0,0), (0,1), (1,0), (1,1), (2,0), (2,1)\}$$

liegen. Die Zuordnungsabbildung $\varphi\colon P \to \mathfrak{J}$ ist injektiv – also bijektiv.

(2) Die Oktave lässt sich aber auch ebenso aus den Stufen J_3 und J_2 gemäß der Bilanz

$$2J_3 \oplus 3J_2 = O$$

aufbauen. Der pentatonische Oktavtypus $(2J_3 - 3J_2)$ hat dann zehn Varianten – so will es ja die Formel des Theorems 6.1. Wie groß ist nun der Tonkomplex $\mathfrak{J}$ aller fünfstufigen Varianten? Die Antwort finden wir sehr schnell – und zwar durch einfaches Probieren:

$$\mathfrak{J} \equiv 0 - 2 - 3 - 4 - 5 - 6 - 7 - 8 - 9 - 10 - 12 \,(\text{in } 100\,ct).$$

Dies entspricht genau elf Tönen – die Intervalle J_1 mit $100\ ct$ und J_{11} mit $1100\ ct$ sind durch Schichtungen der gegebenen Stufen nicht realisierbar, wenn die zulässige Parametermenge beachtet wird. Diese Anzahl ist um 1 niedriger als der Maximalfall $(2 + 1) * (3 + 1) = 12$. Dieser Umstand korreliert in der Tat damit, dass auch genau ein Ton aus zwei Parameterkonstellationen stammt: Das ist der Zielton von J_6 – denn es ist ja

$$J_6 = 2 * J_3 = 3 * J_2 \Leftrightarrow \varphi((2,0)) = \varphi((0,3)) = J_6.$$

Und hier ist die Injektivität der Abbildung φ verletzt. Alle anderen Intervalle J_k des Tonkomplexes haben im zulässigen Bereich eine eindeutige Parameterbeschreibung. ◄

Schließlich wollen wir noch ein weiteres Beispiel beschreiben, bei dem die Stufen-intervalle ganzzahlig abhängig sind. Dabei handelt es sich um Skalen, die aus einer allgemeinen Quinteniteration gewinnbar sind und deren Bausteine demzufolge (wie im späteren Abschn. 7.1 ausgeführt) aus den Semitonia Limma, Apotome und deren Adjunktionen bestehen; sicher ist hierbei der pythagoräische Sonderfall der reinen Quinte 2:3 das wohl wichtigste Realisierungsbeispiel.

Beispiel 6.5 (Varianten tritonaler nonatonischer Skalen, Stufentypus $(4L - 2A - 3T)$)

Wir sehen sowohl aus unserer Modelläquivalenz Theorem 5.2 als auch aus den Bilanzgleichungen Theorem 7.2, in welcher Weise sich Limma und Apotome zu einer Oktave formieren, und die Bilanz

$$O = 7L \oplus 5A$$

ist uns schon oft begegnet; sie ist im Unabhängigkeitsfall ja auch eindeutig. Mit dem Ganzton $T = L \oplus A$ könnten wir diese Oktavbilanz aber auch so schreiben:

$$O = 4L \oplus 2A \oplus 3T.$$

Hierdurch ist jedoch ein neuer 9-stufiger Oktavskalentypus $(4L - 2A - 3T)$ definiert, dessen Stufenintervalle L, A und T augenscheinlich abhängig sind, wir haben ja die nicht-triviale Bilanz

$$L \oplus A \oplus (-1)T = \text{Prim}.$$

(1) Für den Fall unterschiedlicher Semitonia L und A gilt für die Variantenzahl

$$\text{var}(4, 2, 3) = \binom{9}{4, 2, 3} = 9!/4!2!3! = 5 * 6 * 7 * 8 * 9/2 * 6 = 1260.$$

(2) Für den Fall gleicher Semitonia L und A ist diese Anzahl an Varianten nur noch

$$\text{var}(6, 3) = \binom{9}{6, 3} = 9!/6!3! = 7 * 8 * 9/6 = 84.$$

(3) Für den Fall unabhängiger Semitonia L und A enthält das Tongebilde aller 1260 Varianten 36 verschiedene Töne, im Abhängigkeitsfall von L und A sind es weniger bis hin zum Gleichheitsfall $L = A$, wo wir wie erwartet nur zwölf ver-schiedene Töne – nämlich die Töne unserer üblichen Tastatur T_{12} – zum Spielen aller Varianten benötigen ◀

Wie subtil sich das Abhängigkeitsgefüge für die entstehenden Ton- oder Intervallgesamt-zahlen auswirkt, zeigen wir abschließend, indem wir auf den Punkt (3) dieses Beispiels eingehen.

Die Frage ist: Wie viele verschiedene Intervalle enthält die Menge

$$M = \{I = xL \oplus yA \oplus zT \,|\, 0 \le x \le 4, 0 \le y \le 2, 0 \le z \le 3\}$$

unter der Nebenbedingung, dass $T = L \oplus A$ ist?

Dazu substituieren wir diese Gleichung in die Intervalldarstellungen und fassen gleiche Intervallbausteine zusammen, woraus die Mengenbeschreibung

$$M = \{I = (x+z)L \oplus (y+z)A \,|\, 0 \le x \le 4, 0 \le y \le 2, 0 \le z \le 3\}$$

folgt. Dann verbleibt noch folgendes Problem: Was ist die Bildmenge (n, m) aller Zahlen, die sich als Gleichungen unter den Nebenbedingungen der Form

$$x + z = n \text{ mit } 0 \le x \le 4, \ 0 \le z \le 3,$$
$$y + z = m \text{ mit } 0 \le y \le 2, 0 \le z \le 3$$

gewinnen lassen? Offenbar gilt

$$0 \le n \le 7 \text{ und } 0 \le m \le 5,$$

aber längst nicht alle 48 Punkte (n, m) dieses Rechtecks

$$R = \{(n, m) \,|\, 0 \le n \le 7 \text{ und } 0 \le m \le 5\}$$

werden durch die Gleichungen unter den geforderten Einschränkungen realisiert. Bilden wir die Differenz beider Gleichungen, so ergibt sich die Bedingung

$$m - 2 \le n \le m + 4,$$

die einen Korridor K definiert, welcher parallel zur Winkelhalbierenden $n = m$ verläuft, und die gesuchte Bildmenge ist dann die Schnittmenge $K \cap R$ des Rechtecks und des Korridors; die Abb. 6.1 verdeutlicht dies. Nicht realisiert werden können demnach die 12 Daten

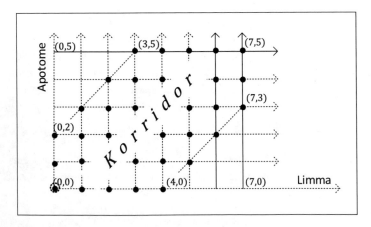

Abb. 6.1   Der zulässige Bereich der $L - A$-Parameter des Beispiels 6.3

$$\{(5,0),(6,0),(7,0),(6,1),(7,1),(7,2)\}$$
$$\text{und } \{(0,3),(0,4),(0,5),(1,4),(1,5),(2,5)\},$$

sodass noch 36 Gitterpunkte übrig bleiben.

Was noch zu bemerken wäre: Sicher sind Fragen dieser Art eher der Neugier derer geschuldet, welche an den Spielereien mit kombinatorischem Zahlenzauber ohnehin ihre Freude haben. Dennoch haben solche Fragen auch so manche Musiker interessiert: Im Bemühen, Instrumente zu bauen, welche dank eines über das 12-Stufen-Raster hinausgehenden Tastatursystems möglichst viele „rein intonierte" Intervalle – also Töne – ermöglichen, sind so einige Unikate entstanden, die man in manchen Instrumentenmuseen noch bewundern kann – so zum Beispiel das 53-stufige Instrument von Bosanquet, siehe [19], und sicher noch viele andere.

6.2 Kombinatorik der Stufentypen

Wir gehen nun einer zweiten kombinatorischen Frage nach. Dabei formulieren wir zunächst eine sehr allgemeine Form dieser Aufgabe:

Problem B: Angenommen, wir haben wieder k paarweise verschiedene Stufenintervalle $I_1, I_2, \ldots, I_k$, und dann bilden wir mit vorgegebenen ganzzahligen Vielfachheitskoeffizienten $m_1, m_2, \ldots, m_k \geq 0$ eine Skala S, welche genau diese Intervalle entsprechend oft vorkommend als Stufenintervalle hat. Der Ambitus dieser Skala ist dann das Intervall

$$I_0 = m_1 I_1 \oplus m_2 I_2 \oplus \ldots \oplus m_k I_k.$$

Die Aufgabe besteht nun darin, alle möglichen Skalentypen zu bestimmen, welche sich ebenfalls ausschließlich durch diese Stufenintervalle $I_1, \ldots, I_k$ aufbauen und I_0 als Ambitus haben. Wie oft die einzelnen Stufen $I_j, j = 1, \ldots, k$ aber vorkommen, soll offen (also variabel) sein. Mit Worten der Mathematik bedeutet das:

Finde alle ganzzahligen Koeffizienten $n_1, n_2, \ldots, n_k \geq 0$, sodass ebenfalls die Bilanz

$$I_0 = n_1 I_1 \oplus n_2 I_2 \oplus \ldots \oplus n_k I_k$$

gilt. Bilden wir die Differenz dieser Gleichungen für das Ambitusintervall I_0, so führt dies mit den Abkürzungen $m_j - n_j = x_j$ für $j = 1, \ldots, k$ zur dazu äquivalenten Aufgabe:

▶ Bestimme alle ganzzahligen Lösungen $x_1, \ldots, x_k \in \mathbb{Z}$ der Gleichung

$$x_1 I_1 \oplus x_2 I_2 \oplus \ldots \oplus x_k I_k = \text{Prim}.$$

Diese Aufgabe führt uns nun sehr tief in die Mathematik der ganzzahligen Linearen Algebra – und zwar in die Modultheorie, und im Abschn. 4.2 haben wir genau diese Gleichung bereits kennengelernt, eine Gleichung, die darüber entscheidet, ob das Intervallsystem $I_1, I_2, \ldots, I_k$ linear abhängig ist oder nicht. Gibt es außer der trivialen Lösung $(x_1, \ldots, x_k) = (0, \ldots, 0)$ keine andere Lösung, so sind die Intervalle unabhängig. Einfache Fälle zeigen nun jedoch, dass es ohne weitere konkretisierende Zusatzvoraussetzungen und Informationen über Zusammenhänge der Stufentypen $I_1, I_2, \ldots, I_k$ untereinander schwerlich eine für die Praxis zufriedenstellende Lösung in der gewünschten Allgemeinheit geben kann.

Wir spezialisieren daher das Problem auf eine Situation, welche für die musikalischen Aspekte und deren Anwendungen völlig ausreichend ist. Hierbei fixieren wir

- den Ambitus als eine Oktave, alle Skalen sind Oktavskalen,
- die Stufenintervalle als „Halbton-, Ganzton- und Anderthalbtonschritte",

denn aus diesen drei Intervallen sind – in der „gewöhnlichen Tastaturskala" – unsere Tonleitern stufig aufgebaut (unabhängig von einer für Nuancen verantwortlichen Temperierung). So kommen wir zum neuen

Problem B: Angenommen, wir haben unser übliches zwölfstufiges chromatisches Tonsystem „T_{12}", so wie es die Klaviertastatur abbildet. Die Oktave ist also stufig in „Halbtonschritten" aufgeteilt. Es ist im Folgenden nicht wichtig, ob diese Halbtonschritte untereinander wirklich gleich groß sind – ob also die Skala T_{12} die gleichstufig temperierte Skala E_{12} ist oder nicht. Vielmehr legen wir fest, dass wir ungeachtet eventueller cent-numerischer Unterschiede alle Halbtonschritte der symbolischen Tastatur durch ein gemeinsames Typensymbol S („Semitonium") kennzeichnen, und wir kommen somit zur symbolischen Gleichung

$$O = 12S.$$

Alle leitereigenen Intervalle dieser Skala drücken sich als ganzzahlige Vielfache dieses Semitons S aus; so ist beispielsweise ein beliebiger „Ganzton" T durch $T = 2S$ gekennzeichnet. Wir sprechen bei T_{12} daher von einem abstrakten oder auch generalisierten Zwölftonsystem.

Die Aufgabe lautet dann, eine Systematik über alle Oktavskalen zu entwerfen, die wir in diesem Tonsystem T_{12} konstruieren und spielen können und welche von einem gegebenen „Typus" sind. Hierzu geben wir als Stufenintervalle $I_1, \ldots, I_k$ folgende drei durch den Semiton S und seinen Vielfachen mS mit $m = 1, 2, 3$ innerhalb des Systems T_{12} gebildeten Intervallen als Stufentypen vor:

- Halbtonschritt, Semitonus ($I_1 = S$),
- Ganztonschritt, Tonus ($I_2 = T = 2S$),
- Anderthalbtonschritt, Hiatus, kleine Terz, übermäßige Sekunde ($I_3 = H = 3S$).

Dass wir uns auf diese drei Bausteine als Stufenintervalle beschränken, geschieht aus praktischen Erwägungen. Weil nämlich so gut wie alle unsere bekannten Dur- und Mollskalen aus diesen Elementen zusammengesetzt sind, wäre eine Einbeziehung noch größerer Stufen – wie großen Terzen ($4S$) oder gar Quarten ($5S$) – ohne praxisnahe Bedeutung. Mithin sind alle jetzt betrachteten Skalen aufgebaut aus einer gewissen Anzahl m_S an Semitonstufen, aus einer gewissen Anzahl m_T an Ganztonstufen sowie aus einer gewissen Anzahl m_H an Hiatusstufen – in welcher Reihung auch immer. Zum besseren Merken haben wir die Indizierung der Koeffizienten den Intervallsymbolen angepasst.

Bevor wir uns der Thematik dieses Abschnitts näher zuwenden, wollen wir die Begriffe rund um die „Typenvielfalt" von Skalen, wie wir dies in der Definition 5.1 bereits allgemein beschrieben haben, auf unsere spezielle Situation übertragen:

Definition 6.2 (Typus von Oktavskalen im System T_{12})
Besteht eine Skala im abstrakten Tonsystem T_{12} aus genau

$$m_S \text{ Stufenintervallen } S,$$
$$m_T \text{ Stufenintervallen } T,$$
$$m_H \text{ Stufenintervallen } H$$

mit den Koeffizienten $m_S \geq 0$, $m_T \geq 0$, $m_H \geq 0$, so legen die hiervon nicht-verschwindenden Koeffizienten den **Typus** der Skala fest – unbeschadet der Anordnung dieser entsprechend oft vorkommenden Stufenintervalle. Wir verwenden dann die Notationen

$$\text{Typus } (m_S S - m_T T - m_H H)) \text{ oder auch kurz Typus } (m_S - m_T - m_H).$$

Ist ein Koeffizient hierbei allerdings 0, sodass das entsprechende Intervall als Stufe gar nicht auftritt, so wird in der Notation der Anteil einfach weggelassen, was keine Einschränkung bedeutet. Somit gilt für Oktavskalen die Bilanzgleichung

$$m_S S \oplus m_T T \oplus m_H H = O,$$

und die **Stufenzahl** n der so gebildeten Skala ist die Zahl

$$n = m_S + m_T + m_H.$$

Ist also eine Skala von einem gegebenen Typus, so sind alle Skalen des gleichen Typus **Varianten** hiervon: Der Unterschied besteht lediglich in der Anordnung der Stufen – also in ihrer Reihenfolge beim Aufbau der Skala. Nach dem Theorem 6.1 beträgt für den Typus $(m_S - m_T - m_H)$ die Variantenzahl $\text{var}(m_S, m_T, m_H)$ genau

$$\text{var}(m_S, m_T, m_H) = \binom{n}{m_S, m_T, m_H} = (m_S + m_T + m_H)! / m_S! * m_T! * m_H!$$

Beispielsweise sind die Dur- und die natürliche Molltonleiter vom gleichen Typus – nämlich vom Typus $(2S - 5T)$. Daher sind Dur- und Mollvarianten ein und desselben bitonalen, siebenstufigen (heptatonischen) Oktavskalentyps, und insgesamt hat dieser Typus genau 21 Varianten, wie wir in Beispiel 6.1 gesehen haben.

Damit besteht unser momentanes Thema in der Beantwortung der

▶   **Frage:** Welche Typen von Oktavskalen gibt es im abstrakten Tonsystem T_{12}, deren Stufenintervalle diesen drei Grundtypen S, T und H angehören?

Das führt uns zur

▶   **musikalischen Aufgabe:** Bestimme alle möglichen **Typen** von Oktavskalen mit der Bilanzgleichung

$$m_S S \oplus m_T T \oplus m_H H = O$$

mit ganzzahligen Stufenparametern $m_S, m_T, m_H \geq 0$. Diese Skalen sind damit automatisch Teilskalen der dodekatonischen Skala T_{12}, und dabei ist die Stufenzahl

$$n = m_S + m_T + m_H$$

a priori nicht vorgegeben – sie ergibt sich aus den möglichen Zahlenkonstellationen, die man aus der Bilanzgleichung ermittelt.

Wie können wir diese Aufgabe geschickt lösen? Nun, wir erkennen grundsätzlich drei Methoden, wie wir das sicher beachtlich große System an Tonleitergattungen und deren Varianten berechnen, ordnen und beschreiben könnten. Allen Methoden ist gemeinsam, dass sie sich der – ins mathematische Kalkül übersetzten – Aufgabenform bedienen. Drücken wir in der musikalischen Bilanzgleichung die verabredeten Stufen T und H sowie die Oktave durch den Semitonus S aus, so ergibt sich die Gleichung

$$(m_S + 2m_T + 3m_H)S = 12S,$$

die uns sofort zur rechentechnischen Beschreibung des Problems B führt:

▶   **Problem B:** Gesucht sind alle ganzzahligen, nicht-negativen Koeffizienten m_S, m_T, m_H, welche der Bilanzgleichung

$$m_S + 2m_T + 3m_H = 12$$

genügen, wobei die natürlichen Begrenzungen

$$0 \leq m_S \leq 12 \text{ und } 0 \leq m_T \leq 6 \text{ und } 0 \leq m_H \leq 4$$

ganz automatisch gelten müssen.

Der Stufenparameter $n = (m_S + m_T + m_H)$ erfüllt dann konsequenterweise auch die Schrankenbedingung

$$4 \le n = (m_S + m_T + m_H) \le 12,$$

denn die Mindeststufenanzahl 4 wird genau mit vier Intervallen H realisiert, und die Höchststufenzahl wird genau durch die Skala mit zwölf Stufen S erreicht. Wir sehen das auch einfach durch folgenden Minitrick:

$$12 = m_S + 2m_T + 3m_H \le 3m_S + 3m_T + 3m_H = 3n,$$

deshalb ist $12 \le 3n$, und daher ist $n \ge 4$. Und dass $n \le 12$ ist, ist ohnehin klar.

Zur Lösung dieser Aufgabe wählen wir – unter einigen anderen ähnlichen – folgenden Weg, und der motivierende Gedanke ist dieser: Gibt man in der Bilanzgleichung zwei Werte vor, so ist der verbleibende dritte Wert vermöge dieser Gleichung eindeutig bestimmt. Es muss dann nur noch gewährleistet sein, dass alle Daten ganzzahlig sind und die BegrenzungsbedBeingungen erfüllen – was im Übrigen auf das Gleiche hinausläuft. Wir entscheiden uns, die Bilanzgleichung nach der Variablen m_S umzustellen und als eine Funktion φ von m_T und m_H zu beschreiben – das liefert die bruchfreie Form

$$m_S =: \varphi(m_T, m_H) = 12 - (2m_T + 3m_H),$$

und bei jeder ganzzahligen Wahl dieser beiden Variablen m_T, m_H ist dann auch m_S automatisch ganzzahlig. Eingedenk der Forderung, dass $m_S \ge 0$ sein muss, lautet unsere neue Aufgabe dann wie folgt:

▶ **Mathematische Aufgabe B:** Finde alle ganzzahligen Parameter m_T, m_H mit den Bedingungen

$$0 \le m_T \le 6 \text{ und } 0 \le m_H \le 4 \text{ und } 2m_T + 3m_H \le 12.$$

Dann ist die mit diesen drei Koeffizienten $(\varphi(m_T, m_H), m_T, m_H)$ gebildete Skala eine Oktavskala der Bauart

$$\varphi(m_T, m_H)S \oplus m_T T \oplus m_H H = O$$

mit den entsprechend oft vorkommenden Stufenintervallen S, T und H.

In diesem Gewand ist die Gewinnung der gewünschten Skalensystematik nicht mehr sehr schwer. Um nun nicht immer die geforderten Ungleichungen zitieren zu müssen, nennen wir im Folgenden alle Parameterpaare (x, y), welche die geforderten Beschränkungen erfüllen, zulässig und den Bereich aller solchen zulässigen Parameter den zulässigen Parameterbereich P, also

$$P = \{(x, y) \in \mathbb{R} \times \mathbb{R} \mid 0 \le x \le 6 \text{ und } 0 \le y \le 4 \text{ und } 2x + 3y \le 12\}.$$

Weil die Bedingung $2x + 3y \leq 12$ nichts anderes als

$$y \leq 4 - \frac{2}{3}x$$

bedeutet, bildet der zulässige Bereich in der Koordinatenebene $\mathbb{R} \times \mathbb{R}$ ein Dreieck mit den Ecken $(0, 0), (0, 4), (6, 0)$, und unsere gesuchten Parameter (m_T, m_H) bestehen aus allen ganzzahligen Gitterpunkten in diesem Dreieck inklusive seiner Berandung. Die Abb. 6.2 verdeutlicht diese Situation.

Auch sehen wir – wieder ohne jegliche Berechnung –, dass genau in den Eckpunkten die drei möglichen „**unitonalen**" Skalen situiert sind:

▶ $(m_T, m_H) = (0, 0) \Leftrightarrow$ die Skala ist die unitonale Semitonskala,
   $(m_T, m_H) = (0, 4) \Leftrightarrow$ die Skala ist die unitonale Hiatusskala,
   $(m_T, m_H) = (6, 0) \Leftrightarrow$ die Skala ist die unitonale Ganztonskala.

Alle anderen Gitterpunkte, die auf den Randlinien des Dreiecks liegen, verkörpern „**bitonale**" Skalen – einer der drei Koeffizienten verschwindet. Und genau die Gitterpunkte, welche im „Inneren" des Dreiecks liegen, liefern „**tritonale**" Skalen – alle drei Stufenintervalle S, T und H sind vertreten.

Wir ermitteln nun die zulässigen Parameter (m_T, m_H) durch einfaches Sortieren nach Vorgabe der Hiatusvariablen m_H in den Werten $0, 1, 2, 3, 4$ und der anschließenden Aufzählung der Werte m_T des zulässigen Bereichs. Daraus werden die Werte $m_S = \varphi(m_T, m_H)$ errechnet (was man positionsweise lesen muss), und wir fügen noch die Summe aller Koeffizienten – das ist die Stufenzahl – hinzu. Die Tab. 6.2 zeigt die Ergebnisse in kompakter Form. So ergibt beispielsweise die Datenvorgabe $m_H = 2$ mit dem möglichen Wert $m_T = 1$ den Parameter $m_S = 4$, und die Stufenzahl beträgt konsequenterweise $n = 7$.

Im nun folgenden Theorem 6.2 ordnen wir alle vorkommenden Skalentypen nach Tonalität und Stufenzahl und ergänzen die Angaben durch die Anzahl $\text{var}(m_S, m_T, m_H)$ der jeweils möglichen Varianten – wir wollen ja nicht vergessen, dass jeder Typus einer

Abb. 6.2 Der zulässige Bereich P der $H - T$-Parameter

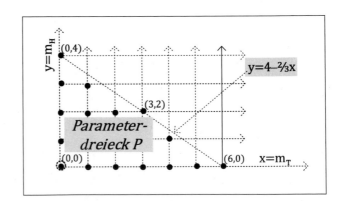

Tab. 6.2 Koeffizienten des zulässigen Bereichs aller $S - T - H$-Oktavskalen in T_{12}

Hiatus H	Ganzton T	errechneter Semitonus S	Stufenzahl n
$m_H = 0$	$m_T = 0, 1, 2, 3, 4, 5, 6$	$m_S = 12, 10, 8, 6, 4, 2, 0$	12, 11, 10, 9, 8, 7, 6
$m_H = 1$	$m_T = 0, 1, 2, 3, 4$	$m_S = 9, 7, 5, 3, 1$	10, 9, 8, 7, 6
$m_H = 2$	$m_T = 0, 1, 2, 3$	$m_S = 6, 4, 2, 0$	8, 7, 6, 5
$m_{II} = 3$	$m_T = 0, 1,$	$m_S = 3, 1$	6, 5
$m_H = 4$	$m_T = 0$	$m_S = 0$	4

Oktavskala in der Regel vermöge einer Permutation der Anordnung der jeweiligen Stufen zu vielen Varianten führt. Das haben wir ja in Theorem 6.1 gesehen. So wird eine Skala vom Typus $(m_S, m_T, m_H) = (4, 1, 2)$ die Variantenanzahl

$$\text{var}(4, 2, 1) = \binom{7}{4, 2, 1} = 7!/4!2!1! = 7 * 6 * 5/2! = 105$$

besitzen – und hinter dieser Zahl stehen ebenso viele verschiedene musikalische Formen und ihre Charakteristiken. Dem Spiel- und Probiertrieb sind offenbar keine Grenzen gesetzt.

Theorem 6.2 (Kombinatorik der Skalentypen)

Im abstrakten zwölfstufigen Tonmodell T_{12} betrachten wir die Menge aller Oktavskalen, welche aus den drei Grundbausteinen

$$\text{Semitonus } S, \text{Ganzton } T = 2S, \text{Hiatus } H = 3S$$

als Stufenintervalle aufgebaut sind. Es gibt dann genau 19 unterschiedliche Skalentypen als Teilskalen der abstrakten Tastaturskala T_{12}, welche das gestellte Problem B lösen – das heißt, dass es 19 verschiedene ganzzahlige Lösungen $m_S, m_T, m_H \geq 0$ der Gleichung

$$m_S + 2m_T + 3m_H = 12$$

gibt. Ordnen wir diese Typen nach Tonalität und Stufenzahl $n = m_1 + m_2 + m_3$ und ergänzen wir noch die jeweilige Variantenzahl des Skalentypus, so entsteht folgendes Bild:

(A) **Unitonale Skalen:** Hier gibt es genau die drei Typen $(12S)$, $(6T)$, $(4H)$.

Stufenzahl – Gattung	Typus $m_S S - m_T T - m_H H$	Varianten $\text{var}(m_S, m_T, m_H)$
4 – tetratonisch	$4H$	1
6 – hexatonisch	$6T$	1
12 – dodekatonisch	$12S$	1

(B)   **Bitonale Skalen:** Hier erhält man genau neun Typen.

Stufenzahl – Gattung	Typus $m_S S - m_T T - m_H H$	Varianten $\mathrm{var}(m_S, m_T, m_H)$
5 – pentatonisch	$3T - 2H$	10
6 – hexatonisch	$3S - 3H$	20
7 – heptatonisch	$2S - 5T$	21
8 – oktatonisch	$4S - 4T$	70
	$6S - 2H$	28
9 – nonatonisch	$6S - 3T$	84
10 – dekatonisch	$9S - H$	10
	$8S - 2T$	45
11 – undekatonisch	$10S - T$	11

(C)   **Tritonale Skalen:** In diesem Fall gibt es genau sieben Typen.

Stufenzahl – Gattung	Typus $m_S S - m_T T - m_H H$	Varianten $\mathrm{var}(m_S, m_T, m_H)$
5 – pentatonisch	$S - T - 3H$	20
6 – hexatonisch	$S - 4T - H$	30
	$2S - 2T - 2H$	90
7 – heptatonisch	$3S - 3T - H$	140
	$4S - T - 2H$	105
8 – oktatonisch	$5S - 2T - H$	168
9 – nonatonisch	$7S - T - H$	72

Dies sind in Summe 19 verschiedene Skalentypen mit insgesamt 946 verschiedenen Varianten. Unabhängig von einer zugrunde liegenden Temperierung könnten demnach auf der Tastatur T_{12} knapp 1000 Skalen unterschiedlicher Architektur konstruiert werden, deren Stufen ausschließlich aus den drei Intervalltypen S (Halbtonschritte), T (Ganztonschritte) und H (Anderthalbtonschritte) aufgebaut sind.

Beweis des Theorems   Wenngleich wir mit Blick auf den zulässigen Bereich P – und damit auf alle möglichen Vorgaben der Parameter m_T, m_H und der anschließenden Berechnung des m_S-Wertes – die Tabellen des Theorems bestätigen können, so wollen wir dies dennoch auf rechnerischem Wege vorführen. Es geht also um die Bestimmung aller ganzzahligen Daten $m_1, m_2, m_3 \geq 0$, welche die Bilanzgleichung

$$m_S + 2m_T + 3m_H = 12$$

erfüllen. Wir stellen hier zwei Methoden vor: Neben der Methode eines einfachen, aber geschickt systematischen Auswählens wollen wir auch einen Zusammenhang zur Linearen Algebra – also der Theorie linearer Gleichungen – geben.

1. Methode der systematischen Auswahl

Es bietet sich an, bei der Variablen m_H die möglichen Werte zu durchlaufen und dann die Möglichkeiten der beiden anderen Variablen aus der Bilanzgleichung zu bestimmen. Die Tab. 6.3 listet alle diese Kombinationsmöglichkeiten auf, und dies führt auf folgende Lösungen:

Für $m_H = 0$ lautet die Bilanzgleichung

$$m_S + 2m_T = 12,$$

woraus wir sofort erfahren, dass die Anzahl m_S der Halbtonschritte S stets gerade sein muss. Wenn wir nun für den Ganztonparameter m_T die Zahlen von 0 bis 6 durchlaufen lassen, gewinnen wir die vollständige Liste der Möglichkeiten

$$(m_S, m_T) = (0,6)|(2,5)|(4,4)|(6,3)|(8,2)|(10,1)|(12,0).$$

Für $m_H = 1$ ergibt sich die neue Bilanzgleichung für die Parameter m_S, m_T

$$m_S + 2m_T = 12 - 3 = 9,$$

und wir entnehmen dieser Gleichung, dass der Koeffizient m_S ungerade sein muss, und dann haben wir genau diese fünf Möglichkeiten

$$(m_S, m_T) = (1,4)|(3,3)|(5,2)|(7,1)|(9,0).$$

Der Fall $m_H = 2$ bedingt die Gleichung

$$m_S + 2m_T = 12 - 2*3 = 6$$

Tab. 6.3 Die 19 Skalentypen im Tonsystem T_{12}

m_H	Stufenmodell $m_S - m_T - m_H$	m_H	Stufenmodell $m_S - m_T - m_H$	m_H	Stufenmodell $m_S - m_T - m_H$
0	$0 - 6 - 0$	1	$1 - 4 - 1$	2	$0 - 3 - 2$
	$2 - 5 - 0$		$3 - 3 - 1$		$2 - 2 - 2$
	$4 - 4 - 0$		$5 - 2 - 1$		$4 - 1 - 2$
	$6 - 3 - 0$		$7 - 1 - 1$		$6 - 0 - 2$
	$8 - 2 - 0$		$9 - 0 - 1$	3	$1 - 1 - 3$
	$10 - 1 - 0$				$3 - 0 - 3$
	$12 - 0 - 0$			4	$0 - 0 - 4$

mit den vier möglichen Lösungen

$$(m_S, m_T) = (0,3)|(2,2)|(4,1)|(6,0).$$

Und der Fall $m_3 = 3$ mit der entsprechenden Bedingung

$$m_S + 2m_T = 12 - 3 * 3 = 3$$

liefert nur die zwei Lösungen

$$(m_S, m_T) = (1,1)|(3,0).$$

Schließlich führt der letzte Fall $m_H = 4$ auf die Gleichung

$$m_S + 2m_T = 12 - 4 * 3 = 0$$

mit der simplen Lösung $m_1 = m_2 = 0$, und wir haben die Hiatusskala T_4 als Lösung.

2. Methode der Linearen Algebra

Die gegebene Bilanzgleichung ist eine „inhomogene lineare Gleichung für die drei Variablen m_S, m_T, m_H", sie lässt sich beschreiben durch die lineare Abbildung

$$\psi \colon \mathbb{R}^3 \to \mathbb{R}, \text{ definiert durch } \psi(m_S, m_T, m_H) = m_S + 2m_T + 3m_H = 12,$$

und wir suchen zur inhomogenen linearen Gleichung

$$\psi(m_S, m_T, m_H) = 12$$

die Gesamtheit aller Lösungen (m_S, m_T, m_H) mit der Nebenbedingung, ganzzahlige und nicht-negative Koordinaten m_S, m_T, m_H zu haben.

Wenn wir für den Augenblick einmal diese Nebenbedingung außer Acht lassen, so ist die Lösungsmenge eine im Raum $\mathbb{R}^3$ gelegene affine (zweidimensionale) Ebene. Wenn man nun statt dieser inhomogenen Gleichung deren homogenes Pendant

$$\psi(m_S, m_T, m_H) = m_S + 2m_T + 3m_H = 0$$

betrachtet, so ist deren reelle Lösungsmenge ein zweidimensionaler linearer Unterraum von $\mathbb{R}^3$ – man nennt ihn den „Kern der Abbildung ψ",

$$\textit{Kern } \psi = \{(m_S, m_T, m_H) | \psi(m_S, m_T, m_H) = 0\}.$$

Die beiden Vektoren

$$(m_S, m_T, m_H) = (-3, 0, 1) \text{ und } (m_S, m_T, m_H) = (-2, 1, 0)$$

erfüllen offenbar diese homogene Gleichung, sie sind linear unabhängig (da sie keine Vielfachen voneinander sind), und deswegen produzieren sie per Linearkombination die komplette Lösungsmenge der homogenen Gleichung, sodass wir die Formel haben

$$\textit{Kern } \psi = \{\alpha(-2, 1, 0) + \beta(-3, 0, 1) | \alpha, \beta \in \mathbb{R}\}.$$

Weil nun der Koeffizientenvektor $(12, 0, 0)$ eine Lösung der inhomogenen Gleichung ist, stellen sich nach dem berühmten „Superpositionsprinzip linearer Gleichungssysteme" alle (reellen) Lösungen der inhomogenen Gleichung in der Form

$$\begin{pmatrix} x \\ y \\ z \end{pmatrix} = \begin{pmatrix} 12 \\ 0 \\ 0 \end{pmatrix} + \alpha \begin{pmatrix} -2 \\ 1 \\ 0 \end{pmatrix} + \beta \begin{pmatrix} -3 \\ 0 \\ 1 \end{pmatrix}$$

mit freien reellen Parametern α, β dar. Sind nun diese Parameter ganzzahlig, so gilt dies auch für den Lösungsvektor, und für $\alpha, \beta \geq 0$ sind dann aber auch $y = \alpha, z = \beta \geq 0$. Schließlich bedeutet die mittlerweile bekannte Bedingung

$$2\alpha + 3\beta \leq 12,$$

dass auch $x \geq 0$ gilt, und dann stellt der Vektor

$$\begin{pmatrix} m_S \\ m_T \\ m_H \end{pmatrix} = \begin{pmatrix} 12 \\ 0 \\ 0 \end{pmatrix} + \alpha \begin{pmatrix} -2 \\ 1 \\ 0 \end{pmatrix} + \beta \begin{pmatrix} -3 \\ 0 \\ 1 \end{pmatrix}$$

die gesuchte Lösungsmenge dar, und man muss lediglich die beiden beschreibenden Parameter α, β ganzzahlig wählen mit den Vorgaben $\alpha, \beta \geq 0$ und $2\alpha + 3\beta \leq 12$. Durchlaufen also diese Parameter diesen zulässigen Zahlenraum, so erhalten wir tatsächlich alle 19 zuvor angegebenen Skalentypen des Theorems, was hiermit doppelt bewiesen ist. ∎

Wir gehen nun auf einzelne Beispiele dieser Typen und auf einige ihrer wichtigsten Varianten ein. Das sind folgende Familien:

▶
    (1) unitonale Skalen,
    (2) bitonale Skalen vom Typus $(m_S S - m_T T)$,
    (3) bitonale Skalen vom Typus $(m_S S - m_H H)$,
    (4) bitonale Skalen vom Typus $(m_T T - m_H H)$,
    (5) tritonale Skalen vom Typus $(m_S S - m_T T - m_H H)$.

Dabei werfen wir bisweilen auch noch einmal einen Blick auf die – in den Einzelfällen meist unkomplizietere weil evidente – Gewinnung der Typenformen.

(1) Unitonale Skalen

Alle drei möglichen Fälle sind klar, und im Beispiel 6.6 sind alle Ergebnisse sichtbar.

Beispiel 6.6 (Unitonale Skalen)

Die drei möglichen unitonalen Skalen sind auf einer abstrakten Tastaturskala T_{12} wie folgt positioniert; dabei nehmen wir wie stets und einschränkungslos den Tonikastart bei C an:

Stufen	Tonfolge	Typus
S	$C - Cis - D - Dis - E - F - Fis - G - Gis - A - B - H - C'$	$12S$
T	$C - D - E - Fis - Gis - Ais\ (= B) - C'$	$6T$
H	$C - Dis\ (= Es) - Fis - A - C'$	$4H$

Die Skala aus den Halbtonschritten S ist definitionsgemäß die gegebene chromatische, zwölfstufige Tonskala T_{12}. Die aus dem Intervall T gebildete Skala ist die sechsstufige Ganztonleiter T_6, und die aus dem – auch als kleine Terz deutbaren – Intervall H gebildete vierstufige Skala T_4 ist auch als ein gewisser verminderter Septimenakkord interpretierbar und wohlbekannt. ◄

Für eine konkrete Wiedergabe der Hiatusskala – beziehungsweise einer ihrer verminderten Septimenakkorde – können wir uns das übliche System $T_{12} = E_{12}$ vorstellen; dann dienen die Notenbilder der Notenabbildung 6.3 und der Abb. 7.9 als musikalische Beispiele.

Die Hiatus-Skala und ihr verminderter Septimen-Akkord

Notenabbildung 6.3   Die Hiatusskala T_4 und der verminderte Septimenakkord D_3^v

Übrigens hätte eine Hinzunahme der großen Terz als Stufenintervall mit der kategoriellen Größe von $4S$ die dreistufige unitonale Oktavskala erbracht, deren Töne

$$C - E - Gis - C'$$

wir auch als bekannte Vorhaltform eines Quart-Sext-Akkordes kennen. Notenbilder dieser Akkorde findet man in Abb. 7.10.

(2) Bitonale Skalen vom Stufentypus $(m_S S - m_T T)$

Diese Skalenfamilie ist die häufigste Form aller abstrakten Skalenkonstruktionen; Dur und Moll wie auch beinahe alle griechischen Tonarten sowie ihre artverwandten Kirchentonarten bedienen sich der Stufentypen Ganz- und Halbton. In der Tab. 6.1 haben wir alle Varianten des speziellen – aber häufigsten – heptatonischen Typus $(2S - 5T)$ zusammengestellt.

Als weitere Beispielgruppe interessieren uns auch die oktatonischen Skalen. Es gibt nach Theorem 6.2 die beiden bitonalen Typen $(4S - 4T)$ und $(6S - 2H)$, von welchen der Typus $(4S - 4T)$ diatonische Varianten besitzt. Im folgenden Beispiel sind mittels der Notenabbildung 6.4 auch die Spezialfälle der oktatonischen Skalen von Olivier Messiaen vorgestellt.

Beispiel 6.7 (Bitonale, diatonisch-oktatonische Skalen)

Für oktatonische Skalen des diatonischen Typus $(4S - 4T)$ ergibt die Variantenformel

$$\text{var}(4,4) = \begin{pmatrix} 8 \\ 4,4 \end{pmatrix} = 8!/4!4! = 1*2*\ldots*8/(24)*(24) = 70$$

Möglichkeiten, Skalen durch unterschiedliche Reihung von genau vier Ganztonstufen T und vier Halbtonstufen S zu konstruieren. Gilt allerdings die massiv einschränkende Bedingung, dass sich T- und S-Stufen strikt abwechseln, so bleiben von diesen 70 Möglichkeiten nur die eingangs erwähnten beiden Skalen von Olivier Messiaen

$$T - S - T - S - T - S - T - S$$
$$S - T - S - T - S - T - S - T$$

übrig, wobei hier nur der Bezug zur Tonika eine Unterschiedlichkeit begründet. In der Notenabbildung 6.4 ist ein Modell dieser beiden Skalen vorgestellt. ◄

Notenabbildung 6.4 Oktatonische Skalen von Olivier Messiaen

(3) Bitonale Skalen vom Stufentypus $(m_S S - m_H H)$ („orientalische" Skalen)
In dieser Klasse treten also keine Ganztonschritte T als Stufenintervalle auf, es gilt also, dass der Koeffizient $m_T = 0$ ist. Die Äquivalenz

$$m_S S \oplus m_H H = O \Leftrightarrow m_S + 3m_H = 12$$

zeigt dann neben der (bekannten) Beobachtung, dass m_H nur die Werte 0, 1, 2, 3, 4 annehmen kann, dass der Koeffizient m_S konsequenterweise stets durch 3 teilbar ist. Die Randlagen $m_H = 0, m_H = 4$ führen dabei wieder sofort auf die bereits diskutierten

Tab. 6.4 Bitonale Skalen vom „orientalischen" Typus ($m_S S - m_H H$)

Typus $m_S S - m_H H$	Stufenzahl $m_S + m_H$	Gattung der Skala	Anzahl der Varianten
$3S - 3H$	6	hexatonisch	20
$6S - 2H$	8	oktatonisch	28
$9S - 1H$	10	dekatonisch	10

unitonalen Skalen. In der Tab. 6.4 listen wir die verbleibenden „orientalischen" Typen auf – jeweils ergänzt um die Variantenzahl, die wir wie stets mithilfe des Theorems 6.1 berechnen.

Nach dem Muster der oktatonischen Skalen von Messiaen sind unter den hexatonischen Skalen sicher diejenigen interessant, welche dem strikten Wechsel von Semiton und Hiatus folgen, wie das nächste Beispiel zeigt.

Beispiel 6.8 (Bitonale hexatonische Skalen)

Unter den 20 Varianten der hexatonischen Skalen des Stufentypus ($3S - 3H$) gibt es insbesondere die beiden Skalen

$$H - S - H - S - H - S,$$
$$S - H - S - H - S - H,$$

die den regelmäßigen Wechsel der Stufenfolge besitzen und deren Notenbild bei Wahl von Tonika $-C$ uns die Notenabbildung 6.5 zeigt.

Notenabbildung 6.5 Hexatonische orientalische Skalen vom Typus ($3S - 3H$)

Und wenn wir den musikalischen Effekt des permanenten Wechsels von Halbton (S) und dreimal größerem Hiatus (H) im inneren Ohr oder am Instrument wahrnehmen, so könnte der Stufenwechsel $H \leftrightarrow S$ auch für „Hinkende Skala" stehen. Bitte ausprobieren! Zweifellos sind jedoch auch andere Verteilungsvarianten von $3S$ und $3H$ zu einer Skala für manche Überraschungen und musikalische Wirkungen gut. ◀

(4) Bitonale Skalen vom Stufentypus ($m_T T - m_H H$)
Hier liegt nun der Fall $m_S = 0$ vor, und die Oktavbilanz liefert für die Koeffizienten die Gleichung

$$2m_T + 3m_H = 12,$$

welche offenbar nur wenige Lösungsmöglichkeiten zulässt: $3m_H$ muss nämlich gerade sein, was nur für $m_H = 0, 2, 4$ möglich ist; die Fälle $m_H = 0$ und $m_H = 4$ führen dabei wieder zu den unitonalen Skalen, was bedeutet, dass es überhaupt nur eine einzige bitonale Lösung gibt, und das ist das Koeffizientenpaar $(m_T, m_H) = (3, 2)$, und das Ergebnis ist in der Tab. 6.5 kompakt dargestellt.

Wir sehen nun dank dieser Tab. 6.5, dass es tatsächlich nur eine einzige mögliche Stufenzahl gibt, bei welcher Ganz- und Anderthalbtonstufen zu Oktavskalen führen – und das ist die fünfstufige Situation $3T \oplus 2H$. Diese Konstellation hat natürlich entsprechend viele Umordnungsvarianten, wie uns abermals das Theorem 6.1 zeigt. Formal gibt es hiervon wiederum genau zehn Varianten – allerdings lassen sich diese gemäß folgendem Unterscheidungsmerkmal in zwei Gruppen unterteilen:

▶   Die Skala, welche man sich periodisch nach oben oder unten unter Oktavierung fortgesetzt denken muss, enthält entweder nie zwei Hiatusschritte in Folge (**„einfacher Hiatus"**) oder doch (**„doppelter Hiatus"**).

Beide Gruppen haben je fünf Mitglieder, und die Skalen jeder Gruppe gehen – wenn wir Überschreitungen der Oktave durch oktavierte Fortsetzungen zulassen – durch Stufen-Translationen ineinander über – sind also quasi identisch. In der Tab. 6.6 zeigen wir die Gruppierung dieser zehn Varianten.

Das nächste Beispiel beschreibt eine Skala des Typus ($3T - 2H$) etwas eingehender.

Tab. 6.5 Bitonale pentatonische Skalen vom Stufentypus $3T - 2H$

Stufentypus $m_T T - m_H H$	Stufenzahl $m_T + m_H$	Gattung der Skala	Anzahl der Varianten
$3T - 2H$	5	pentatonisch	10

Tab. 6.6 Hauptgruppen pentatonischer Skalen und ihre zehn Varianten

Nummer	Gruppe I (einfacher H)	Nummer	Gruppe II (doppelter H)
$I - 1$	$T - H - T - T - H$	$II - 1$	$H - H - T - T - T$
$I - 2$	$T - H - T - H - T$	$II - 2$	$T - H - H - T - T$
$I - 3$	$H - T - H - T - T$	$II - 3$	$T - T - H - H - T$
$I - 4$	$H - T - T - H - T$	$II - 4$	$T - T - T - H - H$
$I - 5$	$T - T - H - T - H$	$II - 5$	$H - T - T - T - H$

Beispiel 6.9 (Bitonale pentatonische Skalen vom Stufentypus ($3T - 2H$))

Wir wählen aus der Tab. 6.6 die Skala $I - 5$ und setzen dieses Muster periodisch fort. Dann entsteht das Stufenmuster

$$\ldots T - T - H - T - H - T - T - H - T - H - T - T - H - \ldots$$

Nun genügt ein vergleichender Blick, um zu sehen, dass alle anderen Varianten dieses Haupttypus I hier auffindbar sind.

Wählen wir aus der Hauptgruppe II den erstgenannten Vertreter $II - 1$, so haben wir das fortgeführte Muster, welches aus der Abfolge eines Blocks zweier Hiatus-schritte und dreier Ganztonschritte besteht,

$$\ldots - H - H - T - T - T - H - H - T - T - T - H - H - T \ldots$$

Hier ist es besonders einfach, die Einbettung aller Varianten dieser Hauptgruppe im periodischen Ablauf zu entdecken. Notenmodelle zu diesen beiden Varianten bei Tonika $- C$ liefert nun die Notenabbildung 6.6.

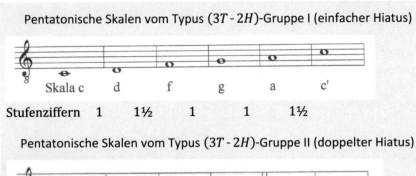

Pentatonische Skalen vom Typus ($3T$ - $2H$)-Gruppe I (einfacher Hiatus)

Skala c	d	f	g	a	c'

| Stufenziffern | 1 | 1½ | 1 | 1 | 1½ |

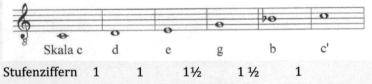

Pentatonische Skalen vom Typus ($3T$ - $2H$)-Gruppe II (doppelter Hiatus)

Skala c	d	e	g	b	c'

| Stufenziffern | 1 | 1 | 1½ | 1 ½ | 1 |

Notenabbildung 6.6 Hauptvarianten bitonaler pentatonischer Skalen ◀

Tab. 6.7 Tritonale Skalen vom Stufentypus $(m_S S - m_T T - m_H H)$

Hiatus Parameter	Stufentypus $m_S S - m_T T - m_H H$	Stufenzahl	Gattung der Skala	Anzahl der Varianten
$m_H = 1$	$S - 4T - H$	6	hexatonisch	30
	$3S - 3T - H$	7	heptatonisch	140
	$5S - 2T - H$	8	oktotonisch	168
	$7S - T - H$	9	nonatonisch	72
$m_H = 2$	$2S - 2T - 2H$	6	hexatonisch	90
	$4S - T - 2H$	7	heptatonisch	105
$m_H = 3$	$S - T - 3H$	5	pentatonisch	20

(5) Tritonale Skalen vom Typus $(m_S S - m_T T - m_H H)$

Die Tab. 6.7 liefert zunächst einmal eine Übersicht über die sieben möglichen Koeffizientenkonstellationen, bei denen alle drei Stufen vorkommen, geordnet nach dem Hiatusparameter m_H.

Unter diesen vielen Modellen mit den unübersehbar vielen Anordnungsvarianten gibt es gleichwohl sehr vertraute Objekte: Das sind die harmonischen Dur- und Molltonarten mit nur einem einzigen Anderthalbtonschritt, die wir im nächsten Beispiel mittels der Notenabbildung 6.7 zeigen.

Beispiel 6.10 (Tritonale heptatonische Skalen vom Stufentypus $(3S - 3T - 1H)$)

Wir wählen aus der Tab. 6.7 den Stufentypus $(3S - 3T - 1H)$, und dann gewinnen wir mit den Abfolgen

$$T - T - S - T - S - H - S$$
$$T - S - T - T - S - H - S$$

die unter den Namen „harmonisch Dur" und „harmonisch Moll" bekannten Skalen. Die Molltonart dürfte dabei bekannter als diese Form der Durtonart sein; letztere ist ja sozusagen eine Mischung aus der gewöhnlichen Durskala und der harmonischen Mollskala: Das erste Tetrachord ist „Dur", und das zweite – mit einem Ganztonschritt verbundene Tetrachord – ist harmonisches Moll. Die passenden Notenmodelle im Falle Tonika- C liefert die Notenabbildung 6.7.

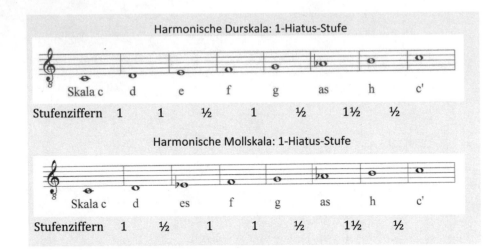

Notenabbildung 6.7   Tritonale Skalen: Harmonisches Dur und Moll ◄

Daneben gibt es die unter der Bezeichnung „Zigeuner-Dur" und „Zigeuner-Moll" bekannten Skalen mit zweifachem Anderthalbtonschritt. Diese wichtigsten und zum Grundkanon der Musikwelt gehörenden Hiatusskalen stellen wir in der Notenabbildung 6.8 vor. Gerade in den „Zigeuner-Tonarten" tritt das Charakteristikum von vier Halbtonschritten zusammen mit sogar zwei spannungserzeugenden Anderthalbtonschritten (Hiatusschritten) sehr markant zutage.

Beispiel 6.11 (Tritonale heptatonische Skalen vom Stufentypus $(4S - 1T - 2H)$)

Jetzt betrachten wir den Stufentypus $(3S - 3T - 1H)$ der Tab. 6.7 und wählen die heptatonischen Verlaufsarchitekturen

$$S - H - S - T - S - H - S$$
$$T - S - H - S - S - H - S.$$

Dann gewinnen wir die „Zigeuner-Tonarten" Dur und Moll. Die dazu beispielhafte passende Notenabbildung 6.8 zeigt die beiden Modelle im Notenbild.

Notenabbildung 6.8 Tritonale Skalen: Zigeuner-Dur und -Moll

Ein kurzer Blick genügt hierbei, um zu erkennen, dass jede dieser beiden Skalen lediglich durch eine Verrückung (Shift) aus der anderen hervorgeht, so wie es auch bei der gewöhnlichen Durskala und dem äolischen (natürlichen) Moll der Fall ist. Man erkennt dies leicht an ihrer offenbar gemeinsamen periodischen Fortsetzung

$$\cdots - S - H - S - T - S - H - S - S - S - T - \cdots$$

Und um im Notenbild dies zu erläutern: Beginnt man im Zigeuner-Dur auf der Subdominante (f), so entsteht bei oktavperiodischer Fortführung Zigeuner-Moll; und beginnen wir in der Zigeuner-Moll-Skala auf der Dominante (g), so liefert die über den Ton c' hinaus geshiftete Skala das Zigeuner-Dur. Wir werden später dazu sagen, dass die eine Skala eine Transformierte der anderen ist. Harmonisches Dur und Moll haben diese simple Symmetrie dagegen nicht. ◀

Als abschließendes Beispiel mögen die tritonalen pentatonischen Skalen dienen; das sind Skalen mit sogar drei Hiatusschritten.

Beispiel 6.12 (tritonale pentatonische Skala vom Stufentypus $(S - T - 3H)$)

Der Typus $(S - T - 3H)$ ist offenbar der einzige, welcher eine pentatonische Skala bildet, die gleich drei Hiatusschritte besitzt. Gleichwohl gibt es 20 Varianten dieser Stufenanordnung. Wir können hierbei die Systematik sinnvoll strukturieren, je nachdem, ob eine Skala den dreifachen Hiatus in Folge oder einen zweifachen Hiatusschritt oder nur einfache Hiatusschritte besitzt; beispielsweise sind die beiden Varianten

$$T - H - H - H - S \text{ und } S - H - H - H - T$$

mit dreifachem Hiatus in Folge konstruiert, und es gibt davon insgesamt sechs Varianten. Man kann schnell zeigen, dass jede andere Variante dieses Typus, welche ebenfalls drei Hiatusschritte in Folge hat, in einer der beiden periodisch fortgesetzten Skalen vorkommt. Beispiele für Varianten mit zweifachem Hiatus in Folge wären die Skalen

$$H - H - T - H - S \text{ oder } H - S - H - H - T,$$

bei welchen die eine die Fortführung der anderen ist. Von dieser Bauart gibt es insgesamt zwölf Varianten, die sicher auch ihre eigenen Gesetzmäßigkeiten und Symmetrien untereinander besitzen. Schließlich haben wir noch die zwei Formen

$$H - T - H - S - H \text{ und } H - S - H - T - H,$$

bei denen die Hiatusschritte im Wechsel stehen. Diesen beiden Skalen entsprächen die pentatonischen Skalenbeispiele, die sich – wie die Notenabbildung 6.9 zeigt – wie folgt kombinieren lassen:

Pentatonische Skalen vom Typus $(S - T - 3H)$

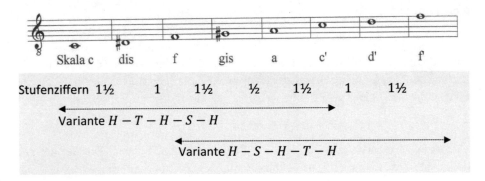

Notenabbildung 6.9 Tritonale pentatonische Skala vom Typus $(S - T - 3H)$

Interessant hierbei ist auch, dass sich durch diese fortgesetzte alternierende Stufenfolge – modulo Oktavierungen – alle Töne der Klaviaturskala gewinnen lassen; Probieren oder Nachdenken führt uns jedenfalls zu diesem Ergebnis. Diese beiden Skalen enthalten mit ihren leitereigenen Tönen bereits eine außerordentliche Fülle akkordischer Grundstrukturen der musikalischen Harmonielehre. ◄

Mit diesem Beispiel wollen wir dieses Gebiet verlassen – zweifellos liefert ein Blick in die Vielfalt der Skalen noch weit mehr Anwendungen – insbesondere, wenn wir den vertrauten mitteleuropäischen Raum verlassen würden, wie auch dann, wenn wir in die Skalenwelt altgriechischer und altorientalischer Formen eintauchen würden.

6.3 Transponieren – Transformieren und die Stufenziffercharakteristik

Im später folgenden Abschn. 6.4 wird es uns darum gehen, einzelne Skalen oder ganze Gruppen von Skalen hinsichtlich ihrer Stufengeometrie zu vergleichen. Einerseits beziehen sich solche Geometrien auf eine Art „Architektur", welche zumeist die

Zusammensetzung der Skalenstufen aus „Ganz- und Halbtonstufen" zum Gegenstand hat, andererseits spielt darüber hinaus aber auch die Einbeziehung genauer Maß-Übereinstimmungen der Stufen eine wichtige Rolle. Beide Aspekte – der architektonisch-qualitative wie auch der numerisch-quantitative – sind mit dem Begriff der Tonartencharakteristik aufs Engste verbunden.

Tatsächlich zeigt ein Blick in die Literatur – das allgegenwärtige Netz miteinbeziehend –, dass sich anlässlich dieses Begriffes eine ebenso weitverzweigte wie auch untereinander höchst differente Vorstellungswelt ausbreitet. Und so sind die beiden folgenden thematisch verbundenen Abschnitte dem Ziel gewidmet, mittels unserer mathematisch orientierten Methoden auch diesen musiktheoretischen Gegenstand durch Begriff und Regeln zu verankern.

Bevor wir eine Definition der „Charakteristik" wagen, müssen wir jedoch vor allem auf den Begriff des „Transponierens – Versetzens" von Subskalen (sprich „Tonleitern") eingehen, und das muss (leider) sehr präzise wie umfassend geschehen, wollen wir dem allgemeinen Charakter der Tonartencharakteristik als einem Element der qualitativen wie auch quantitativen Tonleiteranalyse gerecht werden. Während diese Vorgänge zwar aus musikalischer Sicht höchst vertraut erscheinen – schließlich begegnet uns praktizierenden Musikern – Organisten vorweg – die alltägliche Aufgabe, ein bekanntes Lied einmal in einer „tieferen" und ein andermal in einer „höheren" Tonart zu spielen, ja gar nicht so selten –, so ist leider die mathematische Seite nicht so pflegeleicht. Sie verlangt nämlich eine etwas ungewöhnliche und stark formalisierte vertiefte Betrachtung, was zum Teil daran liegt, dass eine Unterscheidung zwischen Ton- und Stufenverschiebungen, leitereigenen und nicht-leitereigenen Tönen die Sache zunächst einmal verkompliziert. In der Musiktheorie sind es vor allem die beiden Begriffe **„Transposition"** (das ist das **„Transponieren"**) und die **„Transformation"**, welche wohl zu unterscheiden sind (siehe [29]). Beide firmieren allerdings unter dem Dach der **„Translationen"**. Dies alles wollen wir zunächst anhand zweier Beispiele im vertrauten Tastaturmodell beschreiben.

Angenommen, wir hätten in der Tastaturskala $\overset{\leftrightarrow}{T}_{12}$

$$\overset{\leftrightarrow}{T}_{12} \equiv \ldots C \underset{1}{\to} Cis \underset{2}{\to} D \underset{3}{\to} Dis \underset{4}{\to} E \underset{5}{\to} F \underset{6}{\to} Fis \underset{7}{\to} G \underset{8}{\to} Gis \underset{9}{\to} A \underset{10}{\to} B \underset{11}{\to} H \underset{12}{\to} C' \ldots,$$

deren nicht näher präzisierte Stufen („Halbtonschritte") wir durch den zwölfperiodischen Zahlenzyklus $(1, 2, \ldots, 12)$ notieren, die heptatonische C-Dur-Tonleiter

$$S_7 \equiv C \underset{1+2}{\longrightarrow} D \underset{3+4}{\longrightarrow} E \underset{5}{\to} F \underset{6+7}{\longrightarrow} G \underset{8+9}{\longrightarrow} A \underset{10+11}{\longrightarrow} H \underset{12}{\to} C'.$$

Dann könnten wir sie beispielsweise auf der chromatischen (globalen) Skala $\overset{\leftrightarrow}{T}_{12}$ um zwei Stufen innerhalb von $\overset{\leftrightarrow}{T}_{12}$ (!) nach oben versetzen, indem wir <u>innerhalb des Tonvorrats</u> $\overset{\leftrightarrow}{T}_{12}$ alle Töne von S_7 um $k = 2$ Tonschritte weitergehen; die entsprechenden Stufen der Trägerskala $\overset{\leftrightarrow}{T}_{12}$ werden dann gegebenenfalls zu neuen Stufen der neuen Skala zusammengefügt. Dann ergibt sich die neue („transponierte") Skala

$$R_7 \equiv D \underset{3+4}{\longrightarrow} E \underset{5+6}{\longrightarrow} Fis \underset{7}{\to} G \underset{8+9}{\longrightarrow} A \underset{10+11}{\longrightarrow} H \underset{12+1}{\longrightarrow} Cis' \underset{2}{\to} D',$$

in welcher wir die vertraute D-Dur-Skala erkennen – einmal völlig losgelöst von den „tatsächlichen" Größen der symbolisch notierten Halbtonschritte von $\overleftrightarrow{T}_{12}$.

Daneben könnten wir aber auch jeden Ton von S_7 um eine Tonstufe <u>innerhalb des intrinsischen Untersystems</u> (!) $\overleftrightarrow{S}_7$ von $\overleftrightarrow{T}_{12}$ nach oben versetzen, und dann entstünde die Skala

$$T_7 \equiv D \xrightarrow[3+4]{} E \xrightarrow[5]{} F \xrightarrow[6+7]{} G \xrightarrow[8+9]{} A \xrightarrow[10+11]{} H \xrightarrow[12]{} C' \xrightarrow[1+2]{} D'.$$

Diese bedient sich nur der weißen Tasten – also des gleichen Tonvorrats wie die Subskala selber. Diese Skala ist formal die modale Kirchentonart D-dorisch.

Was ist der algorithmische Unterschied? Nun, im ersten Fall wird der Stufenanzahl-vektor der gegebenen Subskala C-Dur – das ist der Datenvektor

$$(2 - 2 - 1 - 2 - 2 - 2 - 1),$$

welcher angibt, aus wie vielen Stufen der Trägerskala die einzelnen Stufen der Subskala bestehen – beibehalten und an die gewünschte neue Tonposition $(3 = 1(\text{Tonika}) + 2)$ angesetzt. Im zweiten Fall wird dieser Stufenanzahlvektor, den wir uns auch periodisch fort-gesetzt denken können, um eine Nummerierung verschoben, und dann entsteht das Muster

$$\overbrace{\left([2] - \underbrace{2}_{\text{Neustart}} - 1 - 2 - 2 - 2 - 1\right)}^{\text{alte Skala}} \rightarrow \overbrace{\left(2 - 1 - 2 - 2 - 2 - 1 - [2]\right)}^{\text{neue Skala}}.$$

Sehen wir den Startton (D) der verschobenen Skalen als neue Tonika einer hepta-tonischen Oktavskala an, so ist

- im ersten Fall – der **Transponation** – das <u>Stufenanzahlmuster</u> zwar gleich geblieben, während sich die Tonmenge geändert hat,
- im zweiten Fall – der **Transformation** – die <u>Tonmenge</u> die gleiche geblieben (mög-liche Oktavierungen spielen hier keine Rolle), während sich das Stufenanzahlmuster geändert hat; das neue Muster ist vom gleichen Stufentypus, und es ist eine Variante des alten Musters, welche das gleiche 7-periodisch fortgesetzte Muster beschreibt.

Diese geordneten Anzahlen, aus wie vielen „Halbtonintervallen" der Trägerskala die Stufen der Subskala bestehen, werden traditionell noch durch 2 dividiert und heißen dann **Stufenziffern,** so wie wir das in der Definition 5.1 verankert haben.

▶   *So schreibt man also in unserer augenblicklichen Situation für eine Halbtonstufe das Symbol „½" und für Ganztonstufen, die sich aus zwei konsekutiven Stufen zur Stufe $(I_k \oplus I_{k+1})$ zusammensetzen, das Symbol „1"; ein Hiatus erhält als Stufe $(I_k \oplus I_{k+1} \oplus I_{k+2})$ das Symbol „1½" usw.*

Ist diese für eine m-stufige Subskala charakteristische Ziffernfolge mit $(n_1 \ldots, n_m)$ notiert, so kennzeichnet das geordnete Stufenziffermuster $(n_1 - n_2 - \ldots - n_m)$ das Ton-artengeschlecht dieser Subskala. So operieren die Ziffernfolgen als Merkemuster unserer bekannten Tongeschlechter, und die bekanntesten hierunter gibt uns die Tab. 6.8 wieder.

Tab. 6.8   Die Stufenziffermerkregeln der klassischen Tongeschlechter

Tongeschlecht	Merke-Ziffernfolge
Dur, ionisch	$1 - 1 - \frac{1}{2} - 1 - 1 - 1 - \frac{1}{2}$
Moll – naturalis, aeolisch	$1 - \frac{1}{2} - 1 - 1 - \frac{1}{2} - 1 - 1$
Moll – harmonisch	$1 - \frac{1}{2} - 1 - 1 - \frac{1}{2} - 1\frac{1}{2} - \frac{1}{2}$
Dorisch – kirchentonal	$1 - \frac{1}{2} - 1 - 1 - 1 - \frac{1}{2} - 1$
Phrygisch – kirchentonal	$\frac{1}{2} - 1 - 1 - 1 - \frac{1}{2} - 1 - 1$
Lydisch – kirchentonal	$1 - 1 - 1 - \frac{1}{2} - 1 - 1 - \frac{1}{2}$
Mixolydisch – kirchentonal	$1 - 1 - \frac{1}{2} - 1 - 1 - \frac{1}{2} - 1$
Chromatisch	$\frac{1}{2} - \frac{1}{2} - \frac{1}{2} - \ldots - \frac{1}{2} - \frac{1}{2} - \frac{1}{2}$

Diese Stufenziffernotation gehört zweifellos zu der markantesten Beschreibung der Tongeschlechter, und sie ist uns sicher aus der Tonleiterlehre des frühen schulischen Musikunterrichts vertraut. Unser vorgestelltes Modell ist in der Notenabbildung 6.10 des nachfolgenden Beispiels 6.13 in musikalischer Notenschrift wiedergegeben.

Beispiel 6.13 (Transformierte – Transponierte einer *C*-Dur-Tonleiter)

Wenn wir die gewöhnliche heptatonische *C*-Dur-Tonleiter als Subskala eines chromatischen (dodekatonischen) Temperierungssystems ansehen, so liefert die Notenabbildung 6.10 ein anschauliches Modell einer Transformierten wie auch einer transponierten Subskala dieser *C*-Dur-Skala.

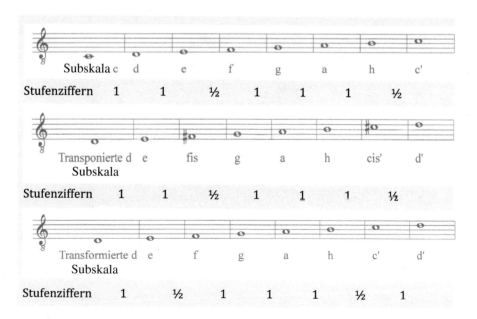

Notenabbildung 6.10   Translationen der *C*-Dur-Tonleiter ◀

Für das Transponieren kennt die Musiktheorie im Rahmen der Akkord-, sprich Harmonielehre, auch den Begriff der **modulierenden oder realen Sequenz,** dessen Übertragung auf „Skalen" rein formaler Natur wäre, denn Skalen und Akkorde sind in unserem Zusammenhang austauschbare musikalische Gegenstände. Und für die Transformation findet man den Begriff der **diatonischen oder tonalen Sequenz.** Auch zu diesen Begriffen siehe wieder [29]. Deshalb fügen wir einige diverse Bezeichnungen hinzu; sie sind möglicherweise auf den ersten Blick etwas abschreckend, jedoch resultieren diese Nennungen aus dem sehr heterogenen Wortschatz der einschlägigen Literatur. Nun wollen wir aber alle diese Prozesse formal beschreiben, und dann wird sich herausstellen, dass beide Begriffe und ihre Prozeduren – bei Lichte besehen – Spezialfälle ein und derselben Prozedur sind, nämlich der mathematischen Translation.

Das mathematische Konzept der Translation von Skalen
Ein mathematisches Konzept des Translatierens kann im Grunde genommen auf zweierlei Weisen geschehen: Es kann sich

1. auf die definierende Tonfolge einer Skala oder aber
2. auf ihre ebenfalls definierende Stufenintervallfolge

beziehen. Für $k = 1$ und für eine Datenfolge $X_1, \ldots, X_n$ (Zahlen, Intervalle, Töne) bedeutet die Vorschrift

$$\tau_n^1(X_1, \ldots, X_n) = (X_2, \ldots, X_n, X_1)$$

ganz allgemein die rotierende Translation um genau eine Position; für beliebig viele solcher Translationen wäre dann

$$\tau_n^k(X_1, \ldots, X_n) = \underbrace{\tau_n^1(\tau_n^1(\ldots \tau_n^1}_{k\text{-mal}}(X_1, \ldots, X_n)\ldots)$$

die wiederholt angewendete Prozedur – was auch für negative Parameter $k \in \mathbb{Z}$ erklärt werden kann. Mathematisch elegant wäre nun zwar die zweite Methode, die sich an den Stufenintervallen orientiert. Wenn wir jedoch als Musiker an den Vorgang des „Transponierens" denken, sehen wir eher die Shiftung der Töne nach oben oder unten als diejenige ihrer sie verbindenden Abstände (Intervalle). Deshalb folgt unsere nachfolgende Beschreibung weitestgehend diesem ersten Konzept – Querverbindungen ergeben sich jedoch aufgrund der Äquivalenz dieser beiden Betrachtungen unentwegt.

Gegeben sei also eine n-stufige Oktavskala S_n mit ihrer beidseitig n-periodischen Fortsetzung $\overleftrightarrow{S}_n$. Wir notieren die **„oktaviert-periodenkonform fortgesetzte"** Folge (s_j) ihrer Töne mit

$$\left(s_{j+in}\right) \text{ mit } 1 \leq j \leq n \text{ und } -\infty < i < \infty,$$

dabei soll ein beliebiger Ton s_{j+n} die Aufwärtsoktave des Tons s_j für jeden ganzzahligen Index $-\infty < j < \infty$ sein, wodurch mittels der gegebenen Töne $\left(s_j\right)_{1 \leq j \leq n}$ alle Töne des Trägersystems beschrieben sind, und es gilt dann automatisch die Konsistenz zwischen fortgesetzten Tönen und fortgesetzten Stufen, was sich in der Gleichung

$$I_{j+in} = \left(s_{j+in} \rightarrow s_{(j+1)+in}\right) = I_j \text{ (für alle } i,j \in \mathbb{Z})$$

äußert. Mit anderen Worten: Das oktavperiodische Muster der Stufenintervalle der Trägerskala $\overset{\leftrightarrow}{S}_n$ definiert die Tonfolge wie auch umgekehrt.

Nun definieren wir für einen gegebenen Translationsparameter $k \in \mathbb{Z}$ die translatierte Ton- beziehungsweise Intervallfolge durch den **Translations-** respektive Transponier-operator

$$\tau_n^k \colon \overset{\leftrightarrow}{S}_n \rightarrow \overset{\leftrightarrow}{S}_n,$$

den wir simultan sowohl für die Tondarstellung als auch für die Stufenintervalldar-stellung der Skala $\overset{\leftrightarrow}{S}_n$ verwenden, notieren und in folgender Weise festlegen: Für alle Indizes $-\infty < j < \infty$ sei

$$\tau_n^k\left(s_j\right) \overset{\text{def}}{=\!=} s_{j+k} \; \overleftarrow{beziehungsweise} \; \tau_n^k\left(I_j\right) \overset{\text{def}}{=\!=} I_{j+k}.$$

Dieser Operator verschiebt die Nummerierungen sowohl der Töne als auch der Stufenintervalle – und zwar in einer **konsistenten** Weise: Das Stufenintervall zweier verschobener konsekutiver Töne ist das verschobene Stufenintervall der nicht ver-schobenen konsekutiven Töne. Wer will, kann diese Beschreibung an der mathematisch formulierten **Konsistenzgleichung**

$$\tau_n^k\left(I_j\right) = \tau_n^k\left(s_j \rightarrow s_{j+1}\right) = \left(\tau_n^k\left(s_j\right) \rightarrow \tau_n^k\left(s_{j+1}\right)\right) = \left(s_{j+k} \rightarrow s_{j+k+1}\right) = I_{j+k}$$

erkennen Dabei müssen wir aus Gründen, welche bald geklärt werden, den zweiten Kennungsindex „n" leider mitführen – komplizierter wird die Mathematik dadurch (eigentlich) aber nicht. Diese Translation unter periodischer Wiederkehr ist auch als **„Rotation"** bekannt, die wir aus Kindheitstagen her kennen:

▶ *Wenn $n = 7$ Kinder am Turngerät in einer Wartereihe hintereinander stehen, dann reiht sich das 1. Kind, das gerade seine Übung absolviert hat, wieder als letztes in die Reihe ein, während gleichzeitig das 2. Kind an der Reihe ist. Die* **„rotierende Translation"** *um eine Position ist dann die Operation („shift").*

$$[1 - 2 - 3 - 4 - 5 - 6 - 7] \xrightarrow[\text{Translation } \tau_7^1]{\text{rotierende}} [2 - 3 - 4 - 5 - 6 - 7 - 1].$$

Allgemein erklärt sich hieraus, dass sich die Operation τ_n^k aus der iterierten Anwendung von k einzelnen Schritten τ_n^1 zusammensetzt; der „Operator" τ_n^k schreibt sich für $k \geq 1$ als Komposition (Hintereinanderausführung) mit ein wenig Begleitmusik

$$\tau_n^k = \underbrace{\tau_n^1 \circ \ldots \circ \tau_n^1}_{k\text{-mal}},$$

und des Weiteren ist

$$\tau_n^0 = id, \ \tau_n^{-k} = \left(\tau_n^k \right)^{inv},$$

womit die Übertragung auf alle Parameter $k \in \mathbb{Z}$ erreicht ist. Die folgende Definition fasst nun die wesentlichen Verankerungen der allgemeinen Skalentranslation fest:

Definition 6.3 (Die Skalentranslation)
Es sei S_n eine n-stufige Oktavskala mit ihrem zugehörigen Temperierungssystem $\overleftrightarrow{S_n}$ aller leitereigenen und periodisch fortgesetzten Stufenintervallen und zugehörigen oktaviert-periodisch fortgesetzten Tönen von S_n,

$$S_n \equiv I_1 - I_2 - \ldots - I_n = s_1 \xrightarrow[I_1]{} s_2 \xrightarrow[I_2]{} \cdots \xrightarrow[I_{n-1}]{} s_n \xrightarrow[I_n]{} s_{n+1},$$

und $k \in \mathbb{Z}$ sei ein gegebener Translationsparameter. Eine **Translation** von S_n innerhalb ihrer Trägerskala $\overleftrightarrow{S_n}$ zu diesem Translationsparameter ist die ebenfalls n-stufige Skala

$$T_n = \tau_n^k(S_n) \equiv I_{1+k} - I_{2+k} - \ldots - I_{n+k},$$

$$= s_{k+1} \xrightarrow[I_{k+1}]{} s_{k+2} \xrightarrow[I_{k+2}]{} \cdots \xrightarrow[I_{k+n-1}]{} s_{k+n} \xrightarrow[I_{k+n}]{} s_{k+1+n}.$$

Die **Translationsfamilie** von S_n besteht aus den n translatierten Skalen

$$\left\{ S_n = \tau_n^0(S_n), \tau_n^1(S_n), \ldots, \tau_n^{n-1}(S_n) \right\},$$

und sie ist die Menge aller **„translatierten Varianten von S_n"**; alle Translationen mit anderen Translationsparametern sind passende Oktavierungen dieser Skalen. Sie wären im Sinne der Stufenintervallinterpretation identisch mit entsprechenden Skalen dieser Familie, im Sinne der Tonfolgen entstünden um Oktaven versetzte Skalen, was sich durch die – dank der periodischen Fortsetzung evidente – Gleichung.

$$\tau_n^{k+n}(S_n) = I_{1+k+n} - \ldots - I_{n+k+n} = I_{1+k} - \ldots - I_{n+k} = \tau_n^k(S_n)$$

zusammen mit der zugehörigen oktaviert periodenkonform festgelegten Tonfolge ausdrückt.

Die Translation bewirkt demnach eine Shiftung der Nummerierung der Stufenindizes; sie stellt eine rotierende Translation der Stufenintervalle der Ausgangsskala S_n dar. Dabei gilt eine allgemeine Kompositionsregel, welche einen Zusammenhang zwischen allen Translationen $\tau_n^k, k \in \mathbb{Z}$, herstellt und die wir im nachfolgenden Satz 6.1 zeigen.

Jetzt wollen wir diese Translation auch auf Subskalen einer gegebenen Trägerskala anwenden. Die Stufenintervalle solcher Subskalen sind definitionsgemäß Adjunktionen konsekutiver Stufenintervalle der Trägerskala $\overset{\leftrightarrow}{S_n}$. Deswegen entsteht dann die Frage, ob die Translation ein Prozess ist, welcher diese Adjunktionen konform begleitet, das bedeutet,

▶ ob die Translation von zwei oder mehreren verhefteten (adjungierten) benachbarten (konsekutiven) Stufenintervallen wieder die Verheftung der einzelnen translatierten Stufenintervalle ist, welche ebenfalls wieder konsekutiv sind.

Keine Sorge: Diese Grundeigenschaft trifft zu, und wir formulieren auch dies in dem folgenden Satz, dessen einfacher Beweis sich bereits durch das ausführliche Hinschreiben der behaupteten Formel erledigt.

Satz 6.1 (Shiftformel für leitereigene Intervalle)

(1) **Kompositionsregel, Translationsarchitektur:** Hinsichtlich des Translationsparameters finden wir folgende algebraische Strukturgesetze

$$\tau_n^{k+l}(S_n) = \tau_n^k\left(\tau_n^l(S_n)\right) = \tau_n^l\left(\tau_n^k(S_n)\right) \text{ und } \tau_n^{-k}\left(\tau_n^k(S_n)\right) = \tau_n^0(S_n) = S_n,$$

die für alle Indizes $k, l \in \mathbb{Z}$ ihre Gültigkeit haben.

(2) **Shiftformel für leitereigene Intervalle:** Für alle $k, j \in \mathbb{Z}, l \geq 0$ gilt

$$\tau_n^k\left(I_j \oplus I_{j+1}\right) = \tau_n^k\left(I_j\right) \oplus \tau_n^k\left(I_{j+1}\right) = I_{j+k} \oplus I_{j+k+1},$$
$$\tau_n^k\left(I_j \oplus \ldots \oplus I_{j+l}\right) = \tau_n^k\left(I_j\right) \oplus \ldots \oplus \tau_n^k\left(I_{j+l}\right) = I_{j+k} \oplus \ldots \oplus I_{j+k+l}.$$

Folgerung: Die Translation τ_n^k erfüllt für alle leitereigenen Intervalle (I, J) von $\overset{\leftrightarrow}{S_n}$ die **Konsistenzbedingung**

$$\tau_n^k(I \oplus J) = \tau_n^k(I) \oplus \tau_n^k(J).$$

Wenn wir nun eine m-stufige Subskala $R_m \subset S_n \subset \overset{\leftrightarrow}{S}_n$ der gegebenen Skala S_n vorliegen haben, dann hat R_m zunächst einmal die Stufenstruktur

$$R_m \equiv J_1 - \ldots - J_m,$$

und jedes dieser Stufenintervalle $J_l (l = 1, \ldots, m)$ ist wieder aus konsekutiven Stufen I_j der Trägerskala $\overset{\leftrightarrow}{S}_n$ aufgebaut, in Formeln

$$J_l = I_{n(l)} \oplus I_{n(l)+1} \oplus \ldots \oplus I_{n(l)+j(l)},$$

mit gewissen vom Index l abhängenden Indizes $n(l) \in \mathbb{Z}, j(l) \geq 0$. Dabei ist die Gesamt-abfolge aller benötigten Stufenintervalle der Trägerskala ebenfalls wieder konsekutiv (was sich in dem Förmelchen $n(l + 1) = n(l) + j(l) + 1$ niederschlägt). Dann gibt es genau zwei Möglichkeiten, eine Translation auf R_m zu definieren:

a) Man behandelt R_m als eigene Skala und translatiert ihre eigenen Stufen gemäß der Definition 6.3 – dann entsteht der Prozess des Transformierens.

b) Man betrachtet R_m als Subskala und translatiert die Stufenintervalle der Trägerskala, und dann entsteht der Prozess des wohlbekannten Transponierens.

So entstehen zwei weitere – und für das Folgende entscheidende – Festlegungen:

Definition 6.4 (Die Skalentransformation und -transponation)

Es sei $R_m \subset S_n \subset \overset{\leftrightarrow}{S}_n$ eine m-stufige Subskala von S_n. Dann definieren wir

(1) **Die Transformation von Subskalen**

Eine m-stufige Skala T_m ist eine **Transformierte** der Subskala $R_m \Leftrightarrow T_m$ gehört zur Translationsfamilie der Skala R_m im Sinne der Definition 6.3. Das bedeutet, dass es einen ganzzahligen Translationsparameter $k \in \mathbb{Z}$ gibt, sodass

$$T_m = \tau_m^k(R_m) \equiv J_{1+k} - \ldots - J_{m+k} \text{ mit } \tau_m^k \colon \overset{\leftrightarrow}{R}_m \to \overset{\leftrightarrow}{R}_m$$

gilt. Hierbei wird also die Stufenintervallfolge $J_1 - \ldots - J_m$ beidseitig zur Trägerskala $\overset{\leftrightarrow}{R}_m$ fortgesetzt. Somit ist T_m die rotierende Translation der Stufen von R_m um k Positionen – also <u>innerhalb ihrer eigenen leitereigenen Trägerskala</u> $\overset{\leftrightarrow}{R}_m$.

(2) **Die Transponation von Subskalen**

Eine m-stufige Skala T_m ist eine **Transponierte** der Subskala $R_m \Leftrightarrow$ es gibt einen ganzzahligen Translationsparameter $k \in \mathbb{Z}$, sodass jetzt

$$T_m = \tau_n^k(R_m) \equiv \tau_n^k(J_1) - \ldots - \tau_n^k(J_m) \text{ mit } \tau_n^k \colon \overset{\leftrightarrow}{S}_n \to \overset{\leftrightarrow}{S}_n$$

gilt. Dabei werden diese Stufenintervalle $\tau_n^k(J_l)$ nach der Shiftformel des voranstehenden Satzes berechnet.

> Das bedeutet, dass jetzt T_m als rotierende Translation um k Tonpositionen der Töne und Stufen von R_m entsteht – diesmal also <u>bezogen auf die umgebende Trägerskala $\overleftrightarrow{S}_n$</u>.

Wir beachten bitte die Feinheit der Unterscheidung beider Prozesse, welche sich symbolisch lediglich in den Indizierungen „$n \leftrightarrow m$" der Translationsoperatoren unterscheiden. Musikalisch-inhaltlich ergibt sich jedoch ein ausschlaggebender Unterschied. Das sehen wir in einem ersten Beispiel bestätigt:

Beispiel 6.14 (Transformierte – Transponierte Subskalen)

Als Ausgangspunkt wählen wir die bekannte übliche Tastaturskala

$$S_{12} \equiv C \xrightarrow[I_1]{} Cis \xrightarrow[I_2]{} D \xrightarrow[I_3]{} Es \xrightarrow[I_4]{} E \xrightarrow[I_5]{} F \xrightarrow[I_6]{} Fis \xrightarrow[I_7]{} G \xrightarrow[I_8]{} As \xrightarrow[I_9]{} A \xrightarrow[I_{10}]{} B \xrightarrow[I_{11}]{} H \xrightarrow[I_{12}]{} C'.$$

(1) **Die Translation $\tau_{12}^1(S_{12})$:** Die beispielsweise um eine Stufe ($k = 1$) translatierte komplette chromatische Skala S_{12} lässt sich dann als chromatische zwölfstufige Tonleiter interpretieren, die sich – wenn wir sie bei der neuen Tonika Cis starten – auch der gleichen Tonmenge bedient wie die Ausgangstonleiter, denn dann ist

$$\tau_{12}^1(S_{12}) = Cis \xrightarrow[I_2]{} D \xrightarrow[I_3]{} Es \xrightarrow[I_4]{} E \xrightarrow[I_5]{} F \xrightarrow[I_6]{} Fis \xrightarrow[I_7]{} G \xrightarrow[I_8]{} As \xrightarrow[I_9]{} A \xrightarrow[I_{10}]{} B \xrightarrow[I_{11}]{} H \xrightarrow[I_{12}]{} C' \xrightarrow[I_1]{} Cis',$$

mit allen zuvor gegebenen Tönen. Denn es ist ja nach dem mathematischen Konzept der rotierenden Translation

$$\tau_{12}^1(I_1, \ldots, I_{12}) = (I_2, \ldots, I_{12}, I_1).$$

Ganz entsprechend sähe eine beliebige k-fache Translation aus.

(2) **Die Transformation $\tau_7^1(R_7)$:** Wir wählen jetzt die gewöhnliche heptatonische C-Dur-Tonleiter R_7

$$R_7 \equiv C \xrightarrow[J_1=I_1\oplus I_2]{} D \xrightarrow[J_2=I_3\oplus I_4]{} E \xrightarrow[J_3=I_5]{} F \xrightarrow[J_{4=I_6\oplus I_7}]{} G \xrightarrow[J_5=I_8\oplus I_9]{} A' \xrightarrow[J_6=I_{10}\oplus I_{11}]{} H \xrightarrow[J_7=I_{11}]{} C'$$

als heptatonische Subskala von S_{12} (genauer: von $\overleftrightarrow{S}_{12}$). Dagegen gilt für die ebenfalls mit $k = 1$ transformierte Skala die Abfolge

$$\tau_7^1(T_7) = D \xrightarrow[J_2]{} E \xrightarrow[J_3]{} F \xrightarrow[J_4]{} G \xrightarrow[J_5]{} A \xrightarrow[J_6]{} H \xrightarrow[J_7]{} C' \xrightarrow[J_1]{} D',$$

denn in diesem Fall ist ja die Translation nur im Stufensystem der Subskala tätig,

$$\tau_7^1(J_1, \ldots, J_7) = (J_2, \ldots, J_7, J_1).$$

(3) **Die Transponation** $\tau_{12}^1(R_7)$: Hierbei werden alle Intervalltranslationen der Trägerskala auf die Subskala übertragen, so wie es im Satz 6.1 erklärt ist, und deshalb erhalten wir für die transponierte Subskala das Ergebnis

$$\tau_{12}^1(T_7) = Cis \xrightarrow[I_2 \oplus I_3]{} Dis \xrightarrow[I_4 \oplus I_5]{} Eis \xrightarrow[I_6]{} Fis \xrightarrow[I_7 \oplus I_8]{} Gis \xrightarrow[I_9 \oplus I_{10}]{} Ais \xrightarrow[I_{11} \oplus I_{12}]{} His \xrightarrow[I_1]{} Cis',$$

das wir wieder durch die Wahl der Tonika Cis auf den Tönen der Trägerskala spielen können (was bei Wahl von C in der Regel zu gänzlich neuen Zieltönen in der weiteren Abfolge führen würde).

Schließlich erkennen wir für den Stufenziffervektor folgende bemerkenswerten Unterscheidungen: Im Falle der Transposition der Subskala ergibt sich die Invarianz des Stufenziffervektors,

$$z\big(\tau_{12}^1(T_7)\big) = \big(1, 1, {}^1\!/_2, 1, 1, 1, {}^1\!/_2\big) = z(T_7),$$

während für die transformierte Subskala die „Vertauschungsregel"

$$z\big(\tau_7^1(T_7)\big) = \big(1, {}^1\!/_2, 1, 1, 1, {}^1\!/_2, 1\big) = \tau_7^1(z(T_7))$$

von Stufenzifferoperation (z) und Translation $\big(\tau_7^1\big)$ gilt. ◄

Spielen wir also auf der gegebenen Tastaturskala $\overleftrightarrow{S}_{12}$ die bekannte C-Dur-Tonleiter (T_7) der weißen Tasten $C \to C'$, so ist die um vier Ton- oder Stufenpositionen der $\overleftrightarrow{T}_{12}$-Anordnung transponierte Skala $T_7^{(4)} = \tau_{12}^4(T_7)$ die auf dieser Tastatur gespielte E-Dur-Tonleiter. Dagegen wäre die transformierte Skala $\tau_7^2(T_7)$ die Abfolge aller weißen Tasten von $E \to E'$ – also die phrygische Kirchentonart. Und schließlich wäre die Transformierte $\tau_7^4(T_7)$ die mixolydische gregorianische Tonart, die wir jetzt auf den weißen Tasten von $G \to G'$ spielen. Weitere Beispiele finden wir in Beispiel 6.14 sowie im Block von Beispiel 6.15.

Die Stufenziffercharakteristik

Nun folgt noch die wichtige charakterisierende Beschreibung der Skalen und ihrer Translationen, Transformationen und Transponationen mithilfe der populären Stufenzifferabfolge. Dazu dient folgende Definition.

Definition 6.5 (Stufenziffercharakteristik)

Sei $R_m \subset \overleftrightarrow{S}_n$ eine m-stufige Suboktavskala,

$$S_n \equiv (I_1 \to I_2 \to \ldots \to I_n) \text{ und } R_m \equiv (J_1 \to J_2 \to \ldots \to J_m).$$

Dann setzt sich – wie bereits des Öfteren erwähnt – jedes der m Stufenintervalle von R_m aus (konsekutiv adjungierten) Stufenintervallen von S_n zusammen. Gibt die

Zahl n_j nun an, aus wie vielen Stufenintervallen I_l der Trägerskala das Stufenintervall J_j zusammengesetzt ist, so stellt der Datenvektor

$$z(R_m) := (n_1, \ldots, n_m)$$

diese Stufenzifferabfolge dar. Man dividiert ihn – wie eingangs beschrieben – vor allem im Fall $n = 12$ traditionell durch 2 und erhält dann den eingangs dieses Abschnitts beschriebenen Stufenziffernvektor, der ebenfalls mit $z(R_m)$ notiert sei. Seine Ziffernfolge ist als eine Art Erkennungskarte dieser Subskala deutbar – wir bezeichnen dieses Muster als **Stufenziffercharakteristik** von R_m, und dieses bezieht sich natürlich auf das – die Skala R_m umgebende – Temperierungssystem $\overleftrightarrow{S}_n$.

Wir sehen an unserem ersten Beispiel 6.14: Bei der transponierten Skala bleibt die Stufencharakteristik erhalten, während bei der transformierten Skala diese Stufenzifferangaben ebenfalls rotierend translatiert werden.

Einige Bemerkungen

Aus diesen Definitionen folgen recht plausible und einfach begründbare Kriterien, welche darüber aussagen, wann genau man Subskalen ineinander transponieren oder ineinander transformieren kann.

(1) Für den Fall $m = n$ fallen beide Prozesse „Transformation" und „Transponation" mit dem allgemeinen Prozess der „Translation" offenkundig zusammen.

(2) Für die konkrete Konstruktion der Transformierten ergibt sich folgende Darstellung, welche gleichzeitig zeigt, wie man die Gesamtheit aller Transformierten methodisch gewinnt: Ist nämlich

$$R_m \equiv r_1 \xrightarrow{J_1} r_2 \xrightarrow{J_2} \cdots \xrightarrow{J_{m-1}} r_m \xrightarrow{J_m} r_{1+m} = r_1'$$

die konkrete Ton- beziehungsweise Stufenabfolge einer Oktavskala R_m, so shiftet man auch die Tonika ebenfalls um entsprechend viele Stufen dieser Subskala, und dann bilden die Tonfolgen

$$T_m \equiv r_{1+k} \xrightarrow{J_{1+k}} r_{2+k} \xrightarrow{J_{2+k}} \cdots \xrightarrow{J_{m-1+k}} r_{m+k} \xrightarrow{J_{m+k}} r_{1+m+k} = r_{1+k}'$$
$$= t_1 \xrightarrow{J_{1+k}} t_2 \xrightarrow{J_2} \cdots \xrightarrow{J_{m-1+k}} t_m \xrightarrow{J_{m+k}} t_{1+m} = t_1'$$

die Gesamtheit aller transformierten Skalen von R_m, wenn der Parameter $k \in \mathbb{Z}$ alle ganzen Zahlen durchläuft. Allerdings genügt es, dass wir uns hierbei auf die Parametermenge $0 \le k \le m - 1$ beschränken, denn alle anderen Werte ergäben nur um Oktaven versetzte Kopien hiervon.

(3) Wenn wir diesen mit Formeln beladenen Erklärungen aus dem Wege gehen möchten, so finden wir quasi als inhaltlichen Extrakt folgende Charakterisierungen: Die **Transformation** einer Subskala entspricht einer Translation, bei welcher

1. durch Wahl einer passenden Tonika alle Töne in leitereigene Töne dieser Subskala,
2. alle Stufenintervalle in leitereigene Stufenintervalle dieser Subskala,
3. die – auf die Trägerskala bezogene – Stufenzifferfolge

geshiftet werden – und zwar simultan zum gleichen Translationsparameter und wegen der vorgegebenen periodischen beziehungsweise oktavperiodischen-konformen Fortsetzung in Form des rotierenden Verfahrens. Jedes dieser drei aufgezählten Merkmale bedingt im Übrigen die beiden anderen.

Das **Transponieren** einer Subskala entspricht dagegen einer Translation, bei der

1. alle Töne innerhalb der umgebenden Trägerskala geshiftet werden,
2. alle Stufen innerhalb der umgebenden Trägerskala geshiftet werden,
3. die Stufenzifferfolge invariant bleibt.

Auch hier gilt, dass jedes dieser drei Merkmale die beiden anderen impliziert. Setzt sich ein Stufenintervall einer Subskala aus einer gewissen Anzahl von Stufenintervallen der Trägerskala zusammen, so gilt dies auch für die entsprechende Stufe der transponierten Skala, während dies für die transformierte Skala nicht zutrifft – allenfalls in zufälligen Ausnahmen.

(4) Auch hinsichtlich der Klassifizierung von Skalen in Varianten- oder Typenfamilien gibt es Unterschiede: Zwei transformierte Skalen sind stets Varianten einer Skalenfamilie – und zwar sind es genau die Varianten, bei denen der periodische Verlauf der Stufenfolgen unter „Rotation" erhalten bleibt. Transponierte Skalen sind dagegen im Allgemeinen nicht Varianten voneinander – sogar der Typus kann verschieden sein. Gerade bei Temperierungssystemen – alias Trägerskalen – mit recht vielen unterschiedlich großen Stufen ist dieser Pluralismus die Regel; einzig besonders auf Symmetrie bedachte Trägerskalenarchitekturen, welche zum Beispiel mit Unterperioden versehen sind, erlauben hier Ausnahmen.

Nun formulieren wir das Theorem über die Stufenziffercharakteristik:

Theorem 6.3 (Theorem über die Stufenziffercharakteristik)
Es seien T_m und R_m zwei m-stufige Suboktavskalen eines Temperierungssystems $\overleftrightarrow{S_n}$, und $k \in \mathbb{Z}$ sei ein festgewählter Transformationsparameter.

(A) Transformieren und das Tonmengenkriterium

Die Skala T_m ist (zum Parameter $k \in \mathbb{Z}$) genau dann eine Transformation der Skala R_m, wenn beide Tonmengen durch eine rotierende Translation oktavenkonform ineinander übergehen; die Tonmengen sind also modulo etwaiger Oktavierungen identisch. Gleichzeitig unterscheidet sich der Stufenziffervektor $z(T_m)$ von $z(R_m)$ durch dieselbe rotierende Translation, mittels derer die Skala T_m aus R_m hervorgeht. Daher gilt die Äquivalenz

$$T_m = \tau_m^k(R_m) \Leftrightarrow \overset{\leftrightarrow}{T}_m = \overset{\leftrightarrow}{R}_m \Leftrightarrow z(T_m) = \tau_m^k(z(R_m)).$$

Dadurch ist der Prozess der Transformationen eindeutig charakterisiert.

Folgerung: Zu einer Subskala R_m von S_n gibt es genau m formal verschiedene Transformierte, und das ist die Skalenfamilie

$$\{R_m = \tau_m^0(R_m), \ldots, \tau_m^{m-1}(R_m)\} \subset \overset{\leftrightarrow}{R}_m;$$

alle übrigen sind Oktavierungen hiervon.

(B) Transponieren und das Stufenzifferkriterium

Die Skala T_m ist (zum Parameter $k \in \mathbb{Z}$) genau dann eine Transponierte der Skala R_m, wenn beide die gleiche Stufenziffercharakteristik haben. Man sagt hierzu, dass sie das gleiche Tonartengeschlecht haben. Dagegen unterscheiden sich im Allgemeinen ihre Tonmengen. Die Äquivalenz

$$T_m = \tau_n^k(R_m) \subset \overset{\leftrightarrow}{S}_n \Leftrightarrow z(T_m) = z(R_m)$$

beschreibt somit eindeutig den Prozess der Transponation.

Folgerung Zu einer gegebenen Subskala R_m gibt es genau n formal verschiedene Transponierte – nämlich die Skalen

$$\{R_m = \tau_n^0(R_m), \ldots, \tau_n^{n-1}(R_m)\} \subset \overset{\leftrightarrow}{R}_n,$$

und alle übrigen sind Oktavierungen hiervon.

(C) Stufenziffertheorem

Beim Transformieren ist die Tonmenge eine Invariante, beim Transponieren ist die Stufenziffercharakteristik eine Invariante.

Auf den Punkt gebracht wird dies durch die beiden **Funktionalgesetze:** Für alle Subskalen $R_m \subset \overset{\leftrightarrow}{S}_n$ und Parameter $k \in \mathbb{Z}$ gelten die beiden Regeln

(1) **Transformationsregel:** $z\left(\tau_m^k(R_m)\right) = \tau_m^k(z(R_m))$,

(2) **Transpositionsregel:** $z\left(\tau_n^k(R_m)\right) = z(R_m)$.

> Diese beiden Regeln stehen in eindeutiger Beziehung zu den definierenden Prozessen des Transformierens und des Transponierens.

Beweis Wir beginnen mit der Aussage (A): Angenommen, die Subskala T_m sei eine Transformierte von R_m, dann bestehen ihre Töne aus einer rotierenden Translation der Tonmenge von R_m, denn das besagt ja die definierende Gleichung $T_m = \tau_m^k(R_m)$. Daher gilt $T_m \subset \overleftrightarrow{R_m}$, und deshalb ist $\overleftrightarrow{T_m} \subset \overleftrightarrow{R_m}$. Nun ist aber ebenso R_m eine Transformierte von T_m, denn es ist ja

$$T_m = \tau_m^k(R_m) \Leftrightarrow R_m = \tau_m^{-k}(T_m).$$

Somit folgt ebenso $R_m \subset \overleftrightarrow{T_m}$ und deshalb auch $\overleftrightarrow{R_m} \subset \overleftrightarrow{T_m}$. Dann folgt die Gleichheit

$$\overleftrightarrow{T_m} = \overleftrightarrow{R_m}\,.$$

Wenn nun $\overleftrightarrow{T_m} = \overleftrightarrow{R_m}$ ist, dann haben beide Skalen T_m und R_m die gleiche Menge an m verschiedenen Tönen, sofern wir nötigenfalls noch Oktavierungen anbringen. Nun sind aber beide Subskalen auch Oktavskalen, ihr Ambitus ist eine Oktave, weshalb beide Tonmengen in ihrem eigenen Oktavintervall monoton aufzählbar sind. Dann ist die Tonika von T_m oder eine geeignete Oktavierung von ihr ein Skalenton der Subskala R_m – und ist dies der k^{te} Ton in deren Auflistung, so ist per definitionem

$$T_m = \tau_m^k(R_m).$$

Der Nachweis der zweiten Aussage (B) verläuft sehr ähnlich: Ist T_m eine Transponierte von R_m, so sind wieder nach deren Definition alle Töne um die gleiche Anzahl von Stufenpositionen translatiert – wohlgemerkt: Hier sind es die verfeinerten Stufen der Trägerskala $\overleftrightarrow{S_n}$, aus welcher ja auch die transponierten Töne stammen. Das erste Stufenintervall der transponierten Skala hat demnach genauso viele Bausteine aus Trägerskalenstufen wie die nicht-transponierte Skala und so fort. Mithin sind die alten Stufenziffern (diejenigen von R_m) identisch mit den neuen. Sind umgekehrt die Stufenziffern beider Subskalen gleich, so verschieben wir doch einfach einmal die Skala T_m derart, dass ihre Tonika auf die Tonika von R_m fällt: Was folgt? Nun, dann fallen der Reihe nach alle weiteren Töne von T_m nach Translation auf die Töne von R_m, weil ja beide die identischen Stufenziffern haben: Ist der zweite Ton von R_m um n_1 Trägerskalenstufen vom ersten Ton, der Tonika, entfernt, so gilt dies auch für die Skala T_m. Also trifft der zweite Ton von T_m nach Verschiebung genau auf den zweiten Ton der Referenzskala R_m. Und so geht das Schritt für Schritt.

Nun ist die dritte Aussage (C) nichts anderes als eine Synthese dieser zuvor beschriebenen Prozesse – allerdings zugegebenermaßen in recht ordentlichem mathematischen Latein verpackt. Damit ist dieses Theorem bewiesen. ∎

Die nun folgenden angekündigten Beispiele mögen diese vielleicht ungewohnt aufwendig notierten Beschreibungen ein wenig erhellend erläutern. Und sie können bequem
anhand unserer vertrauten Tastaturskala mit den kundigen Fingern mitgespielt werden –
bitte ausprobieren.

Beispiel 6.15 (Transponierte Tonarten in S_{12})

(1)   Für die chromatische komplette Skala S_{12}

$$S_{12} \equiv C \xrightarrow{I_1} Cis \xrightarrow{I_2} D \xrightarrow{I_3} Es \xrightarrow{I_4} E \xrightarrow{I_5} F \xrightarrow{I_6} Fis \xrightarrow{I_7} G \xrightarrow{I_8} Gis \xrightarrow{I_9} A \xrightarrow{I_{10}} B \xrightarrow{I_{11}} H \xrightarrow{I_{12}} C'$$

ist die um drei Stufen transponierte Skala $\tau_{12}^3(S_{12})$ die geshiftete Ton- beziehungsweise Stufenintervallfolge

$$\tau_{12}^3(S_{12}) \equiv Es \xrightarrow{I_4} E \xrightarrow{I_5} F \xrightarrow{I_6} \cdots \xrightarrow{I_{11}} H \xrightarrow{I_{12}} C' \xrightarrow{I_1} Cis' \xrightarrow{I_2} D' \xrightarrow{I_3} Es'.$$

(2)   Für die Subskala $S_7 - D$-dorisch,

$$S_7 \equiv D \xrightarrow{I_3 \oplus I_4} E \xrightarrow{I_5} F \xrightarrow{I_6 \oplus I_7} G \xrightarrow{I_8 \oplus I_9} A \xrightarrow{I_{10} \oplus I_{11}} H \xrightarrow{I_{12}} C' \xrightarrow{I_1 \oplus I_2} D',$$

wäre die von Tonika-C aus startende transponierte Skala $\tau_{12}^{-2}(S_7)$ diese:

$$\tau_{12}^{-2}(S_7) \equiv C \xrightarrow{I_1 \oplus I_2} D \xrightarrow{I_3} Es \xrightarrow{I_4 \oplus I_5} F \xrightarrow{I_6 \oplus I_7} G \xrightarrow{I_8 \oplus I_9} A \xrightarrow{I_{10}} B \xrightarrow{I_{11} \oplus I_{12}} C'.$$

Bei beiden Skalen erkennen wir die Übereinstimmung der Abfolge der Ganz-
und Halbtonschritte sowie die konsekutive Abfolge der Semitonia der Träger-
skala $\overset{\leftrightarrow}{S}_{12}$. Sicher hätten wir statt $k - -2$ auch den Vorwärtsschritt $k = 10$ mit
anschließender Aboktavierung machen können.

(3)   Jetzt sei S_7 die F-Dur-Tonleiter innerhalb der Trägerskala $\overset{\leftrightarrow}{S}_{12}$,

$$S_7 \equiv F \xrightarrow{I_6 \oplus I_7} G \xrightarrow{I_8 \oplus I_9} A \xrightarrow{I_{10}} B \xrightarrow{I_{11} \oplus I_{12}} C' \xrightarrow{I_1 \oplus I_2} D' \xrightarrow{I_3 \oplus I_4} E' \xrightarrow{I_5} F'.$$

Dann wäre die auf der gleichen Trägerskala gespielte As-Dur-Tonleiter die hierzu
um drei Nummerierungen auf $\overset{\leftrightarrow}{S}_{12}$ geshiftete Ton- beziehungsweise Stufenabfolge

$$\tau_{12}^3(S_7) \equiv As \xrightarrow{I_9 \oplus I_{10}} B \xrightarrow{I_{11} \oplus I_{12}} C' \xrightarrow{I_1} Des' \xrightarrow{I_2 \oplus I_3} Es' \xrightarrow{I_4 \oplus I_5} F' \xrightarrow{I_6 \oplus I_7} G' \xrightarrow{I_8} As'.$$

(4)   Nun sei S_7 die Subskala C-moll harmonisch auf der Trägerskala $\overset{\leftrightarrow}{S}_{12}$,

$$S_7 \equiv C \xrightarrow{I_1 \oplus I_2} D \xrightarrow{I_3} Es \xrightarrow{I_4 \oplus I_5} F \xrightarrow{I_6 \oplus I_7} G \xrightarrow{I_8} As \xrightarrow{I_9 \oplus I_{10} \oplus I_{11}} H \xrightarrow{I_{12}} C'.$$

Dann ist Cis-moll harmonisch die um eine Stufe aufwärts transponierte Skala

$$\tau_{12}^1(S_7) \equiv Cis \xrightarrow{I_2 \oplus I_3} Dis \xrightarrow{I_4} E \xrightarrow{I_5 \oplus I_6} Fis \xrightarrow{I_7 \oplus I_8} Gis \xrightarrow{I_9} A \xrightarrow{I_{10} \oplus I_{11} \oplus I_{12}} His' \xrightarrow{I_1} Cis'.$$

Diese können wir ohne Skrupel auch so notieren

$$Des \xrightarrow[I_2 \oplus I_3]{} Es \xrightarrow[I_4]{} Fes \xrightarrow[I_5 \oplus I_6]{} Ges \xrightarrow[I_7 \oplus I_8]{} As \xrightarrow[I_9]{} Heses \xrightarrow[I_{10} \oplus I_{11} \oplus I_{12}]{} C' \xrightarrow[I_1]{} Des',$$

denn wir bewegen uns ja auf der Tastaturskala $\overset{\leftrightarrow}{S}_{12}$ und somit außerhalb einer Enharmonik. ◄

Wir sehen an diesen Beispielen auch sehr deutlich, dass beim Transponieren die Reihenfolge aller Stufen der Trägerskala – ob einzeln oder aneinandergefügt – unter eventueller Berücksichtigung einer periodischen Fortsetzung nicht geändert wurde.

Was das Transformieren betrifft, so können wir als erstes Beispiel hierzu die Translations- (respektive Transformations-)Familie der C-Dur Tonleiter – als Subskalen des Klaviers $\overset{\leftrightarrow}{T}_{12}$ anführen: Das sind ganz einfach die sieben heptatonischen Oktavskalen der Abfolge der weißen Tasten

$$\big(C \text{ bis } C'\big), \big(D \text{ bis } D'\big), \big(E \text{ bis } E'\big), \dots, \big(H \text{ bis } H'\big).$$

Sie alle gehören dem Stufentypus $(2S - 5T)$ an und bilden darin die Unterfamilie der **Dur-Moll-Familie,** welche dem periodisch fortgesetzten Stufenziffermodell

$$\dots 1 - 1 - {}^1\!/_2 - 1 - 1 - 1 - {}^1\!/_2 - \dots$$

der Diatonik angehört und welches neben Dur und Moll unsere bekannten Kirchentonarten enthält; die Tab. 6.8 benennt diese Skalen in der vertrauten Weise. Dabei wird sehr deutlich, dass der Stufenziffervektor translatiert wird, die Tonmenge bleibt dagegen invariant.

Natürlich gehören Skalen, welche beispielsweise auf einer anderen Tonmenge – sprich Trägerskala – ebenfalls das Durablaufmuster besitzen, auch zum Geschlecht der Durtonarten; streng genommen lassen sie sich aber nicht ineinander transponieren. Wir beziehen uns im Moment aber auf einen vorgegebenen Tonvorrat $\overset{\leftrightarrow}{S}_{12}$ und halten fest, dass zwei heptatonische Oktavskalen als Subskalen dieser gegebenen Skala $\overset{\leftrightarrow}{S}_{12}$ genau dann zum gleichen Geschlecht gehören, wenn sie das gleiche Ziffernmuster ihrer Stufen unter Wahrung der Reihung innerhalb der Stufenfolge von $\overset{\leftrightarrow}{S}_{12}$ besitzen; klingt vielleicht etwas kompliziert – ist es aber letztlich nicht.

Das nächste Beispiel, welches diesem voranstehenden Sortiment entnommen ist, führt in die Gregorianik – wenn auch in die nicht-wirkliche, denn wir modellieren alle Verläufe an der Tastaturskala.

Beispiel 6.16 (Transformierte in der Gregorianik)

Wir betrachten die gewöhnliche heptatonische Skala

$$S_7 \equiv E \xrightarrow[S_1]{} F \xrightarrow[T_1]{} G \xrightarrow[T_2]{} A \xrightarrow[T_3]{} H \xrightarrow[S_2]{} C' \xrightarrow[T_4]{} D \xrightarrow[T_5]{} E'.$$

Hierbei haben wir einfach nur diese Töne, welche durch zwei Semitonia S_1, S_2 und fünf Ganztonstufen $T_1, \ldots, T_5$ zur Oktavskala zusammengefügt sind. Die Stufenmaße spielen hier zunächst einmal keine Rolle – aus historisch-musikalischer Sicht sollten die Halbtonschritte kleiner ausfallen als die Ganztonschritte, sodass ein diatonisches Geschlecht vorliegt. Dann ist S_7 die altgriechische Tonart „Phrygisch", und in der Gregorianik sprechen wir vom Urmodus **„Deuterus (authentus oder plagalis)"**, dem tonus III oder dem tonus IV. Eine um drei Tonpositionen nach oben versetzte Transformation ist dann die Skala

$$\tau_7^3(S_7) \equiv A \underset{T_3}{\to} H \underset{S_2}{\to} C' \underset{T_4}{\to} D \underset{T_5}{\to} E' \underset{S_1}{\to} F' \underset{T_1}{\to} G' \underset{T_2}{\to} A'.$$

Diese verläuft dann definitionsgemäß innerhalb dieses Systems $\overset{\leftrightarrow}{S_7}$; sie hat neben den alten Tönen auch die alten Stufen belassen – anderes wäre ohnehin ohne Sinn. Diese Skala ist die altgriechische Tonart „Aeolisch", interpretierbar als gregorianische Tonart im tonus II, **Protus plagalis** (je nach Lage von Finalis und Tenor). Hier ist der Transponieroperator τ_7^3 ausschließlich auf dem Tonvorrat $\overset{\leftrightarrow}{S_7}$ definiert und kommt auch nur dort zur Anwendung. ◄

Eine weitere interessante Anwendung finden wir aber auch auf dem Gebiet doppeltperiodischer Skalen, wo wir mithilfe der Translation Skalen mit gewissen vorgegebenen Anzahlen leitereigener Intervalle konstruieren können.

Beispiel 6.17 (Die Skala der Gleichstufigkeitsterzen)

Aufgabe: Wir suchen alle 12-stufigen chromatischen Skalen, bei welchen jeweils alle zwölf leitereigenen Terzen gleich groß sind – und somit dank Satz 5.1 das Maß $400\,\text{ct}$ besitzen.

Lösung: Es sei T_4 eine Terzskala vom Umfang der Gleichstufigkeitsterz T_{equal}, welche aus vier beliebigen Stufenintervallen aufgebaut ist,

$$T_{\text{equal}} = I_1 \oplus I_2 \oplus I_3 \oplus I_4 \Leftrightarrow T_4 \equiv I_1 - I_2 - I_3 - I_4.$$

Diese Skala setzen wir dann beidseitig periodisch zum System $\overset{\leftrightarrow}{T_4}$

$$\overset{\leftrightarrow}{T_4} \equiv \ldots (I_4) - I_1 - I_2 - I_3 - I_4 - (I_1) - \ldots$$

fort. Jetzt betrachten wir einfach die komplette Translationsfamilie $\tau_4^k(T_4)$, $k \in \mathbb{Z}$. Dann ist die gemeinsame Skala

$$S_{12} = \tau_4^0(T_4) - \tau_4^4(T_4) - \tau_4^8(T_4)$$

eine Skala mit ausschließlich gleichstufigen Terzen. Ebenso sieht man, dass offenbar jeder zwölfgliedrige konsekutive Ausschnitt aus der Abfolge $\overset{\leftrightarrow}{T_4}$ eine zwölfstufige Oktavskala liefert, deren große Terzen alle Gleichstufigkeitsterzen sind. Das heißt, dass alle Terzen gleich sind und 400 ct groß sind. Damit ist auch gewissermaßen die Umkehrung gezeigt, dass nämlich dieses Verfahren alle solchen zwölfstufigen Skalen liefert. Frei wählbar ist also der interne Stufenaufbau der Terz T_{equal}. ◄

Schließlich wollen wir noch auf einen Zusammenhang in der Thematik „Translation und Varianten" zu sprechen kommen, welcher gerade im fast allgegenwärtigen Fall chromatischer Skalen ($n = 12$) auftritt. Dabei kommen wir wieder auf die eindeutige Verbindung von Stufenturm- und Quintenuhrmodell zurück.

Bemerkung: Stufentranslation versus Quintentranslation

Im nachfolgenden Kap. 7 werden wir im Rahmen einer Wolfsquintentheorie wieder dem Umstand Rechnung tragen, dass eine Fortschreitung der Harmonik wie auch die Einbeziehung der heptatonischen Subskalenarchitektur weniger in Semitonschritten als vielmehr in Quintschritten abläuft. Dieser Prozess begleitet ja förmlich jegliches Eindringen in die Tonleiterlehre – bereits vom frühen Musikunterricht bis hin zu fortgeschrittenen Studien der Harmonielehre. Daher ergibt sich die Frage, wie denn eine mögliche Quintentranslation mit der soeben besprochenen Stufentranslation zusammenhängen würde.

Bei dieser Betrachtung reicht es aus naheliegenden Gründen, dass wir eine Shiftung mit nur einer Aufwärtsquinte ins Auge fassen. Geometrisch umfahren wir damit schrittweise den Quintenzirkel und gehen auf seiner modellierten 12-Quintenuhr stundenweise vorwärts. Ist dann S_{12} eine gegebene Skala mit ihrem Temperierungssystem $\overset{\leftrightarrow}{S}_{12}$, so sei analog zur Stufentranslation.

$$\sigma_{12}^1\colon \overset{\leftrightarrow}{S}_{12} \to \overset{\leftrightarrow}{S}_{12}$$

die Translation um eine Quinte. Würden wir die Skala $\overset{\leftrightarrow}{S}_{12}$ im Quintenablauf

$$S_{12} \equiv C \underset{Q_1}{\overrightarrow{\;\;}} G \underset{Q_2}{\overrightarrow{\;\;}} D \underset{Q_3}{\overrightarrow{\;\;}} A \underset{Q_4}{\overrightarrow{\;\;}} E \underset{Q_5}{\overrightarrow{\;\;}} H \underset{Q_6}{\overrightarrow{\;\;}} Fis \underset{Q_7}{\overrightarrow{\;\;}} Cis \underset{Q_8}{\overrightarrow{\;\;}} Gis \underset{Q_9}{\overrightarrow{\;\;}} Es \underset{Q_{10}}{\overrightarrow{\;\;}} B \underset{Q_{11}}{\overrightarrow{\;\;}} F \underset{Q_{12}}{\overrightarrow{\;\;}} C$$

notieren, so wäre die (reoktaviert gedachte) Translation die verschobene Abfolge

$$\sigma_{12}^1(S_{12}) \equiv G \underset{Q_2}{\overrightarrow{\;\;}} D \underset{Q_3}{\overrightarrow{\;\;}} A \underset{Q_4}{\overrightarrow{\;\;}} E \underset{Q_5}{\overrightarrow{\;\;}} H \underset{Q_6}{\overrightarrow{\;\;}} Fis \underset{Q_7}{\overrightarrow{\;\;}} Cis \underset{Q_8}{\overrightarrow{\;\;}} As \underset{Q_9}{\overrightarrow{\;\;}} Es \underset{Q_{10}}{\overrightarrow{\;\;}} B \underset{Q_{11}}{\overrightarrow{\;\;}} F \underset{Q_{12}}{\overrightarrow{\;\;}} C \underset{Q_1}{\overrightarrow{\;\;}} G.$$

Wiederholte Translationen dieser Art erklären dann den allgemeinen Prozess σ_{12}^k des Vorwärtstranslatierens um „k Stunden". Wenn wir den Zusammenhang zur Stufentranslation herstellen und deshalb die Skala in ihrem Stufenmodell

$$S_{12} \equiv C \underset{I_1}{\overrightarrow{\;\;}} Cis \underset{I_2}{\overrightarrow{\;\;}} D \underset{I_3}{\overrightarrow{\;\;}} Dis \underset{I_4}{\overrightarrow{\;\;}} E \underset{I_5}{\overrightarrow{\;\;}} F \underset{I_6}{\overrightarrow{\;\;}} Fis \underset{I_7}{\overrightarrow{\;\;}} G \underset{I_8}{\overrightarrow{\;\;}} Gis \underset{I_9}{\overrightarrow{\;\;}} A \underset{I_{10}}{\overrightarrow{\;\;}} B \underset{I_{11}}{\overrightarrow{\;\;}} H \underset{I_{12}}{\overrightarrow{\;\;}} C'$$

notieren, so ist zunächst einmal

$$\sigma_{12}^1(S_{12}) = \tau_{12}^7(S_{12}),$$

Tab. 6.9 Tonfolgennummerierungen im Stufen- und im Quintenkreismodell

j	0	1	2	3	4	5	6	7	8	9	10	11
Ton	C	G	D	A	E	H	Fis	Cis	As	Es	B	F
$\sigma(j)$	1	2	3	4	5	6	7	8	9	10	11	12
$\varphi(j)$	0	7	2	9	4	11	6	1	8	3	10	5
$\tau(j)$	1	8	3	10	5	12	7	2	9	4	11	6

denn ein Quintschritt ist ja durch sieben Semitonstufenschritte aufgebaut. Beide Skalen beginnen nämlich auf Tonika $-G$ und haben die chromatische Tonfolge gemeinsam. Eine Zuordnung der Tonfolgen verlangt jedoch noch eine Vertiefung in ein Spiel mit der Aufzählungsarithmetik beider Modelle. Dazu sei

$$(C - Cis - \ldots) = \tau(j) = (j + 1)_{j=0,\ldots,11}$$

die durchnummerierte Tonfolge des Tonmodells als Stufenskala. Daneben haben wir eine entsprechende durchnummerierte Tonfolge der nach Quinten aufgebauten Skala

$$(C - G - \ldots) = \sigma(j) = (j + 1)_{j=0,\ldots,11}.$$

Und dann besteht zwischen den Nummerierungen der Quintenstufen und der Semitonstufen mittels der Operation

$$\varphi : \{0, \ldots, 11\} \to \{0, \ldots, 11\}, \ \varphi(j) = 7j \ (\text{mod } 12)$$

diese definierte Zuordnung

$$\tau(j) = \varphi(\sigma(j) - 1) + 1 = \varphi(j) + 1, \ j = 0, \ldots, 11.$$

Das Addendum „modulo 12" meint, dass wir den größtmöglichen ganzzahligen Anteil eines Vielfachen von 12 subtrahieren – Stichwort: „Division mit Rest".
Eigenartigerweise ist diese Zuordnung eine Abbildung, welche zu sich selbst invers ist, denn es gilt die Gleichung $\varphi(\varphi(j)) = j (j = 0, \ldots, 11)$. Die Tab. 6.9 ist nach dem Quintensystem aufsteigend geordnet, und sie gibt diese Zuordnung wieder. Dabei erkennt man ohne Mühe den zueinander inversen Zuordnungsprozess: Würden wir eine aufsteigende Ordnung gemäß der Stufenabfolge einrichten, so ergäbe sich bei Vertauschung der Rollen von $\sigma(j)$ und $\tau(j)$ ein absolut identisches Datenbild.
Nach dieser Demonstration der beiden Prozesse „Transponieren und Transformieren" unter dem Dach der Translationen kommen wir nun zur Charakteristik von Skalen.

6.4 Skalen und ihre Tonartencharakteristik

Die „Tonartencharakteristik" – was ist das? Sowohl unsere einschlägigen Lexika, die Fachliteratur wie natürlich auch „Wikipedia" versorgen uns mit Informationen, die so bizarr wie unterschiedlich – und nebenbei auch erwähnt: so absurd – sein können, dass die Antworten auf die neugierige Frage purer Beliebigkeit – gepaart mit inhaltsleeren Verpackungen – ausgesetzt sind.

Gewiss: Ein Bezugspunkt – der meistgenannte – ist die Charakterisierung der zwölf chromatisch angeordneten Durtonarten samt ihren Mollvarianten im Sinne eines musikalisch-ästhetisch empfundenen Hörerlebnisses. So finden wir beispielsweise bei Michael Gassmann (https://www.faz.net/aktuell/wissen/portraet-zehn-tonarten-1356282-p2.html) die Beschreibungen

▶ *„C-Dur: Die Naive – D-Dur: Die Festliche – Es-Dur: Die Feierliche – F-Dur: Die Liebliche – A-Dur: Die Heitere – c-Moll: Die Düstere – d-Moll: Die Jenseitige – es-Moll: Die Abseitige – g-Moll: Die Altmodische – h-Moll: Die Ernste".*

Zahlreiche Komponisten haben so oder ähnlich die Tonarten des Quintenzirkels charakterisiert – Beethovens Fünfte bestätigt gleichermaßen dieses Bild, in welchem man den Tonarten ihre subjektiv empfundenen Charaktere zuordnete. Eine weitere Kostprobe dieser Interpretationen von „Charakteristik" möge ein anderer Beitrag aus dem großen www-Pool sein:

▶ *„...Die Tonartencharakteristik der Klassik, aufgrund derer die F-Dur-Sinfonie von Beethoven die "Pastorale", die(Sinfonie) in Es-Dur aber "Eroica" heißt, gehört auch zu diesem Thema. Da der Kammerton (festgelegte Tonhöhe, nach der alle ihre Instrumente stimmen) früher eine andere Frequenz hatte als heute, stimmen die Tonarten eigentlich nicht mehr wirklich. Barockensembles und Orchester, die sich mit "Originalinstrumenten" mit Musik der Klassik beschäftigen, führen die Stücke oft mit einem Kammerton a = 415 Hertz auf. Das ist ein Halbton unter den heute üblichen 440 Hz (moderne Orchester spielen eher auf 442 oder 443 Hz - je höher, desto strahlender), womit die Pastorale nach heutigen Maßstäben in E-Dur erklänge, und D-Dur die Tonart für Heroisches wäre! Für Bach, Mozart oder Beethoven waren die tieferen Kammertöne die Realität."*
https://www.meyer-gitarre.de/musiklehre/tonleitern/tonart/index.html

Dabei erscheint uns dieser Beitrag ja noch irgendwie vertraut und nachvollziehbar – wenn wir zum Vergleich einmal die Beschreibung des Theologen, Astrologen und Musiktheoretikers Abraham Bartolus (1578 – ~1630) zur F-Dur-Tonart heranziehen:

▶ *„Gleicher massen dass der Thon oder Clavis F dem Monden zugeeignet sey, wird auch aus dem erkennet, dass er zwar einen Weibischen vnd sittsamen, aber doch gleichwohl Weiberheroischen, vnd gleichsam Königischen Thon von sich gibet, Vnd auch einen halben vnd gleichsam Weibmännischen muth in den Menschen erreget, gleichwie auch der Mond der Sonnen, als des Gestirns Königes Weib ist, vnd auch ein gross ansehen vnd Licht, aber doch nicht das grösste, wie die Sonne hat. Eben solche affecten vnd bewegungen pfleget auch der Mond in seinen*

> *Kindern zu erregen, wie der Thon aus dem F zu erwecken pfleget, wenn ein gesang*
> *aus demselben gehet" (<u>Bartolus</u>, Die musica mathematica, 1614).*

Fürwahr – eine Welt und Wissenschaft für sich. Richtig ist – und da sind sich die Musiker im Großen und Ganzen sicher einig –, dass einzelne Tonarten in der Tat ihre individuellen Charakteristika haben. Dabei bezieht man sich jedoch nicht etwa darauf, dass es zwischen den einzelnen Tonarten Differenzen dadurch gäbe, dass die Abfolge leitereigener Intervalle unterschiedlich sei. Nein, zugrunde liegt – meist unausgesprochen – die gleichstufige Tonskala, bei welcher trivialerweise alle internen leitereigenen Intervalle jeweils für alle Tonarten stets gleich sind; ein „physikalisches" Hören nimmt also lediglich die differierenden absoluten Tonhöhen wahr. Und tatsächlich empfindet das musikalisch trainierte und gewöhnte Ohr so manche Tonarten als absolut. Nehmen wir ein Beispiel:

▶ *Anton Bruckner hat mit der vierstimmigen Motette „Locus iste" ein Monument in*
C-Dur geschaffen; unübertroffen und wie in Stein gemeißelt formen die gerad-
linigen Harmonien den Text („a Deo factus est") zu einem Klangerlebnis für die
Ewigkeit.
  Wehe aber dem Chorleiter, der – um seinen Sopranen die Höhen zu erleichtern
– dieses Stück in H-Dur singen ließe – so die Meinung des Autors!

Schon von Beethoven ist überliefert, dass er sich „denjenigen nicht ohne Gewalt nähert", die es wagen, eines seiner Lieder in der Tonart zu transponieren.

Kurzum, diese Interpretation von „Charakteristik" führt in ganz andere Bereiche der Musikwissenschaft, wie zum Beispiel in die Physiologie des Hörens (siehe [34]), wenn wir einmal von den ungezählten Abhandlungen, die dem Erklärmuster des oben zitierten Bartolus folgen, absehen wollen.

Dagegen beziehen sich die musiktheoretisch messbaren Kriterien zur Beschreibung dessen, was man (eigentlich) unter der „Tonartencharakteristik" versteht beziehungsweise verstehen sollte, auf das außerordentlich filigrane interne Gefüge der Temperierungen und dessen vergleichende Analyse. Dass diese inneren Strukturen für eine unterschiedliche hörphysiologische Ausprägung der einzelnen Tonarten verantwortlich sind, wussten natürlich auch schon die „Alten". So lesen wir bei Johann Mattheson (1681–1764), einem bedeutenden Musiktheoretiker in der Ära der Wohltemperierung:

▶ *„Weil im diatonischen Klang-Geschlechte die eine Ton-Art, in Ansehung der*
Endigungs-Note, von ihrer Nachbarin ordentlich so weit entfernet lieget, als das
Intervall eines gantzen oder grossen halben Tons ausmacht; so bekommen sie alle
24 daher die Benennungen der Tone oder Ton-Arten." ...„Diese Männer quälten
sich entsetzlich, die wolklingenden Intervalle in eine rechenmeisterische Form zu
bringen; vermogten es aber nicht." (Mattheson, Der vollkommene Capellmeister
(Neuntes Haupt-Stück. Von den Tonarten §.5))

Gerade Mattheson legte sich vehement mit den Wissenschaftlern seiner Zeit an und verteidigte das Bemühen, „eine gleichstufige Temperierung" einrichten zu wollen. Gleichzeitig gab er allerdings zu, dass ein solches Unterfangen aufgrund der „Vertrautheit der Sänger und Instrumentalisten mit den Unebenheiten der damaligen Temperierungen" allenorts zu „Miszklängen" führen müsse. Und neben anderen – köstlich nachzulesenden – Erörterungen wollen wir noch diese anführen, siehe [17, S. 89 ff.]:

▶ ...„fünfftens die Zuhörer, die ihre Ohren noch nicht nach den Zahlen temperiert haben und erst ein Dodekachordon zulegen müssen, dafern sie von der Sache Nutzen ziehen wollen: denn die Gewohnheit ist auch hiebey die andere Natur...".

Wir schließen uns der Vorstellung an, dass eine Tonartencharakteristik auf dem Vergleich verschiedener Tonarten, welche auf ein und derselben (und periodisch fortgesetzten) Tonskala gespielt werden, auf der Basis ihrer Stufenarithmetik beruht. Diese pflanzt sich ja in die harmonischen Klangbilder und Empfindungen unvermittelt fort. Unter dem Hintergrund unzähliger und untereinander konkurrierender Stimmungen – „Temperierungen" – drängt sich eine solche Auffassung ja geradezu auf.

▶ Warum klingt Bachs Dorische Toccata und Fuge d-moll BWV 538 trotz gleicher Stimmtonhöhe (Kammerton A zu 440 Hz) bei Silbermann anders als bei Kirnberger oder gar Werckmeister oder...? Und die „Klangfarbencharakteristik" der Vielfalt der Orgeln sei hierbei einmal ausgeblendet.

Und wo wir gerade beim Thema „Orgel" sind: Wenn auch beinahe im Verborgenen, so entwickelt sich nicht selten ein dafür umso lebhafterer Disput unter den Experten, Sachverständigen und den Interessenten darüber, wie denn ein eventueller Neubau oder eine Restaurierung oder die Rekonstruktion einer renommierten Orgel klanglich zu wünschen und zu realisieren sei. Dabei geht es oft um die Frage, nach welcher „Stimmung" die vielen tausend Töne des Instruments ausgerichtet werden sollten. Soll die Orgel „mitteltönig" sein, sollte sie der allen modernen Anforderungen genügenden Gleichstufigkeitstemperierung genügen, sollte sie eine möglichst Bach-adäquate Temperatur erhalten? Und so fort und so fort.

▶ „Wer jemals Frescobaldis Musik auf einem mitteltönigen Instrument mit seinen klar gemauerten Terzen oder einem Instrument, welches noch die seltene legendäre Valotti-Temperatur besitzt, gespielt oder erlebt hat, wird diese Musik nie wieder auf einem auf Kompromiss gestimmten Instrument hören wollen"...

Nun kommen wir zur Definition der Tonartencharakteristik:

Definition 6.6 (Tonartencharakteristik)

Gegeben sei eine beliebige zwölfstufige Oktavskala S_{12}, die wir uns wieder beidseitig oktavperiodisch zum Temperierungssystem $\overset{\leftrightarrow}{S}_{12}$ fortgesetzt denken.

Zwei m-stufige Subskalen S_m, T_m von $\overset{\leftrightarrow}{S}_{12}$, welche durch Transponieren ineinander übergehen (und folglich die gleiche Stufenziffercharakteristik besitzen), haben die gleiche Tonartencharakteristik, wenn ihre Stufenintervalle gleich – das heißt maßgleich – sind. Wir notieren diese Eigenschaft mit dem Symbol

$$S_m \overset{char}{\leftrightarrow} T_m.$$

Für Skalen gleicher Charakteristik ist also die Tonhöhe eines einzigen Tons (beispielsweise der Tonika) das einzige kennzeichnende Unterscheidungsmerkmal. Alle leitereigenen Intervalle, die sich hinsichtlich ihrer relativen Lage zur Tonika entsprechen, sind folglich gleich.

Die Tonartencharakteristik vermittelt für jeden Stufenparameter $1 \leq m \leq 12$ eine „Äquivalenzrelation" auf der Teilmenge aller m-stufigen Subskalen des Systems $\overset{\leftrightarrow}{S}_{12}$. Es gelten nämlich für alle Subskalen $R_m, S_m, T_m \subset \overset{\leftrightarrow}{S}_{12}$ die drei hierzu erforderlichen Charakteristika

$$S_m \overset{char}{\leftrightarrow} S_m \text{ (Reflexivität)},$$
$$S_m \overset{char}{\leftrightarrow} T_m \Leftrightarrow T_m \overset{char}{\leftrightarrow} S_m \text{ (Symmetrie)},$$
$$\left(S_m \overset{char}{\leftrightarrow} R_m \text{ und } R_m \overset{char}{\leftrightarrow} T_m \right) \Rightarrow \left(S_m \overset{char}{\leftrightarrow} T_m \right) \text{ (Transitivität, Vererbung)}.$$

Dies führt zu einer Partition aller m-stufigen Skalen gleichen Tongeschlechts in disjunkte Skalenklassen, deren Mitglieder sich nur durch ihre Tonikatonhöhe unterscheiden.

Wir haben bei dieser Definition die Gleichheit der Stufenziffercharakteristik vorausgesetzt; unbedingt erforderlich wäre dies zwar nicht, jedoch erspart es einige zwar theoretisch existente, aber praktisch irrelevante Konstruktionen. Eines kann auf jeden Fall schnell erkannt werden:

▶ *Wenn zwei Subskalen R_m und T_m eines Temperierungssystems $\overset{\leftrightarrow}{S}_n$ zwar die gleichen Stufenintervalle haben, so müssen sie aber nicht die gleichen Stufenzifferanzahlen relativ zu $\overset{\leftrightarrow}{S}_n$ haben! Ein Beispiel?*

Sei $\overset{\leftrightarrow}{T}_{12}$ unsere bekannte gleichstufige Klaviatur mit den in 100 ct-Schritten aufgebauten Stufen. In diesem System wählen wir die oktatonische Skala

$$\overset{\leftrightarrow}{S}_8 \equiv \ldots \leftarrow C \underset{T}{\to} D \underset{T}{\to} E \underset{S}{\to} F \underset{S}{\to} Fis \underset{S}{\to} G \underset{T}{\to} A \underset{T}{\to} H \underset{S}{\to} C' \to \ldots,$$

deren Stufen dann die Ganztonstufen ($T = 200\,\text{ct}$) und die Halbtonstufen ($S = 100\,\text{ct}$) sind. Nun betrachten wir die beiden Durakkorde

$$R_3 = \big(C - E - G - C'\big) \text{ und } T_3 = \big(G - H - D' - G'\big)$$

als dreistufige Subskalen von $\overset{\leftrightarrow}{S}_8$. Dann haben diese Akkorde, Skalen genau die gleichen Stufenintervalle, nämlich die Stufenfolge ($400\,\text{ct} - 300\,\text{ct} - 500\,\text{ct}$). Die Stufenziffervektoren beziehen sich aber auf ihre Trägerskala (hier: $\overset{\leftrightarrow}{S}_8$). Und dann ist

$$z(R_3) = (2,3,3) \neq (2,2,4) = z(T_3).$$

Hinsichtlich der Trägerskala $\overset{\leftrightarrow}{T}_{12}$ wären beide dagegen gleich.

Zur Tonartencharakteristik können wir nun zwei Theoreme formulieren; das erste zeigt uns – auf einer sehr allgemeinen Ebene – die Zusammenhänge zwischen den Translationsprozessen, der Charakteristik und den daraus folgenden Skalenarchitekturen. Dabei können wir äußerst überraschende Resultate beweisen:

Theorem 6.4 (Translationen und die Tonartencharakteristik)
Sei S_n eine Oktavskala mit ihrem zugehörigen Temperierungssystem $\overset{\leftrightarrow}{S}_n$.

(A) Die Transformationsinvarianz der Charakteristik
Es seien T_m und R_m zwei m-stufige Suboktavskalen des Temperierungssystems $\overset{\leftrightarrow}{S}_n$. Wenn dann T_m und R_m die gleiche Tonartencharakteristik haben, so gilt das auch für alle ihre m (leitereigen) transformierten Varianten – in Formeln:

$$R_m \overset{\text{char}}{\leftrightarrow} T_m \Leftrightarrow \tau_m^k(R_m) \overset{\text{char}}{\leftrightarrow} \tau_m^k(T_m) \text{ für alle } k = 0, 1, \ldots, m - 1.$$

Folgerung (Anwendungsbeispiel): Wenn die heptatonische C-Dur-Tonleiter und eine Transponierte hierzu – zum Beispiel die G-Dur-Tonleiter – die gleiche Charakteristik haben, so gilt das auch für alle ihre sieben transformierten Varianten und deren transponierte Korrespondenzen in der G-Dur-Subskala.

(B) Die Charakteristik und ihr Periodengesetz
Sei $k \in \mathbb{Z}, k \neq 0$ ein Translationsparameter. Dann gilt die Äquivalenz:

$$\tau_n^k(S_n) \overset{\text{char}}{\leftrightarrow} S_n \Leftrightarrow \overset{\leftrightarrow}{S}_n \text{ ist d-periodisch,}$$

wobei $d = ggT(k, n)$ der größtmögliche gemeinsame Teiler von n und $|k|$ ist.

(1) Folgerung: Es sind äquivalent:

$$\tau_n^k(S_n) \overset{\text{char}}{\leftrightarrow} S_n \Leftrightarrow \tau_n^{j+d}(S_n) \overset{\text{char}}{\leftrightarrow} \tau_n^j(S_n) \text{ für alle } j \in \mathbb{Z},$$

wobei wieder $d = ggT(k, n)$ ist. Je zwei Oktavskalen des Temperierungssystems $\overset{\leftrightarrow}{S_n}$, die um d Ton- oder Stufenpositionen zueinander translatiert sind, haben die gleiche Tonartencharakteristik, falls dies für ein einziges Skalenpaar der Fall ist.

(2) Folgerung: Ist n eine Primzahl wie zum Beispiel im Hauptfall heptatonischer Skalen ($n = 7$) , so hat keine (leitertreue) Transformation von S_n die gleiche Charakteristik wie S_n – es sei denn, alle n Stufenintervalle wären gleich und damit $S_n = E_n$.

Keine heptatonische Skala mit mindestens zwei unterschiedlichen Stufenintervalltypen erlaubt eine leitertreue Translation gleicher Charakteristik.

(3) Folgerung: Für zwölfstufige (chromatische) Oktavskalen S_{12} gilt insbesondere: Haben zwei chromatische Oktavskalen in $\overset{\leftrightarrow}{S_{12}}$ im Abstand einer Quinte (das ist hier eine Translation um $k = 7$ Tonschritte) die gleiche Charakteristik, so ist S_{12} zwingend gleichstufig – $S_{12} = E_{12}$. Gleiches gilt auch für zwei Skalen im Abstand einer Quarte ($k = 5$), einer kleinen Sekunde ($k = 1$) oder einer großen Septime ($k = 11$).

Beweis Die erste Aussage (A) ist evident, denn wenn die geordneten Stufen beider Skalen T_m und R_m paarweise gleich sind, so haben auch die transformierten Skalen gleich große Stufen an den gleichen Positionen, denn bei einer Transformation werden die Stufen zwar in ihrer Anordnung rotierend translatiert, was ihre Größe aber nicht ändert, und bei beiden Skalen bewirkt diese rotierende Translation ja die gleiche Umordnung der Stufen.

Zum Teil (B): Sei ohne Einschränkung $k > 0$. Angenommen, wir haben die Skalen

$$S_n \equiv s_1 \overset{\rightarrow}{\underset{I_1}{}} s_2 \overset{\rightarrow}{\underset{I_2}{}} \cdots \overset{\rightarrow}{\underset{I_{n-1}}{}} s_n \overset{\rightarrow}{\underset{I_n}{}} s_{1+n},$$

$$T_n := \tau_n^k(S_n) \equiv s_{k+1} \overset{\rightarrow}{\underset{I_{k+1}}{}} s_{k+2} \overset{\rightarrow}{\underset{I_{k+2}}{}} \cdots \overset{\rightarrow}{\underset{I_{k+n-1}}{}} s_{k+n} \overset{\rightarrow}{\underset{I_{k+n}}{}} s_{k+1+n}.$$

Gilt dann $T_n \overset{char}{\leftrightarrow} S_n$, dann lesen wir aus der Gleichheit der Stufen die Identitäten

$$I_1 = I_{1+k}, I_2 = I_{2+k}, \dots, I_n = I_{n+k}$$

ab. Aufgrund der n-Periodizität der Trägerskala $\overset{\leftrightarrow}{S_n}$ gilt diese Verschiebeeigenschaft überall auf der gesamten Klaviatur $\overset{\leftrightarrow}{S_n}$. Das bedeutet aber nichts anderes, als dass das gesamte Temperierungssystem $\overset{\leftrightarrow}{S_n}$ ebenfalls k-periodisch ist. Nach unserem Theorem 5.4 haben wir dann sogar die d-Periodizität, wenn d der gemeinsame Teiler beider Daten k, n ist. Die Umkehrung ist hierin ebenfalls sofort ablesbar. Für negative Verschiebeparameter vertauscht man einfach die Rollen der beiden Skalen.

Die erste Folgerung ergibt sich daraus, dass aus der nach (B) resultierenden $\overrightarrow{d}$-Periodizität von S_n folgt, dass eine beliebige konsekutive Intervallfolge die gleichen Intervalle hat wie ihr um d Positionen geshiftetes translatiertes Double. Die zweite Folgerung gilt, weil 7 eine Primzahl ist: Wäre für einen Translationsparameter $1 \le k \le 6$ eine um k Stufen translatierte Skala von gleicher Charakteristik, so wäre diese 1-periodisch, somit gleichstufig. Auch die dritte Folgerung resultiert aus der einfachen Beobachtung, dass 7 und 12 teilerfremd sind, sodass sich im Falle einer gleichen Charakteristik der auf der Dominante beginnenden <u>chromatischen</u> Oktavskala ebenfalls wieder die 1-Periodizität einstellt, und so ist das auch im Falle der Quarte, kleinen Sekunde und großen Septime, womit unser Theorem gezeigt ist. ∎

Musikalisches Intermezzo: die Gitarrenstimmung

Eine der bemerkenswertesten Konsequenzen dieser Homogenisierung der Stufen ist tatsächlich die überraschende Feststellung:

▶   *Eine Laute, welche sowohl der Minimalforderung des Reinheitsgebots der*
    Oktaven sowie derjenigen, dass alle ihre leitereigenen Töne einem zwölfstufigen
    Temperierungssystem $\overset{\leftrightarrow}{S}_{12}$ angehören, genügt, ist notgedrungen gleichstufig
    gestimmt.

Wir können dies in der Tat dank des vorstehenden Theorems 6.4 zeigen, weil Saiten, die im Quart- oder Quintabstand die Töne $\overset{\leftrightarrow}{S}_{12}$ erzeugen und untereinander bruchfrei periodisch weiterführen, dank der parallel wirkenden Bünde Transformationen von $\overset{\leftrightarrow}{S}_{12}$ darstellen, welche notgedrungen die gleichen Charakteristiken besitzen müssen. Dann sagt aber unser Theorem, dass die Stufenintervalle gleich groß sind – wunderbar.

Wir werden dieses Resultat im Abschn. 11.6 methodisch etwas anders behandeln – ein **„Capodaster-Theorem"** (Theorem 11.2) tritt an die Stelle unserer Translationsargumente; sehr verschieden sind beide Methoden jedoch nicht.

Der Zusammenhang: Tonartencharakteristik und Stufenarchitektur

Die folgende Diskussion dient zum Beispiel den Antworten auf Fragen folgender Art:

- Angenommen, zwei heptatonische transponierte Skalen haben die gleiche Tonartencharakteristik: Was bedeutet das für die Stufengeometrie des zugrunde liegenden Temperierungssystems?
- Angenommen, ein Temperierungssystem hat eine gewisse symmetrische oder anderweitig geordnete aufbauende Struktur seiner Stufen: Welche charakteristisch gleichen Skalen sind dann möglich?

Antworten finden wir nun in dem folgenden zweiten Theorem; dabei stoßen wir auch hier auf ein absolut verblüffendes wie auch spannendes Resultat:

Theorem 6.5 (Die Charakteristik der diatonischen Dur-Moll-Familien ($2S - 5T$))

Es sei R_7 eine heptatonische Durskala im chromatischen Temperierungssystem $\overset{\leftrightarrow}{S}_{12}$,

$$\overset{\leftrightarrow}{S}_{12} \equiv \dots C \underset{I_1}{\to} Cis \underset{I_2}{\to} D \underset{I_3}{\to} Dis \underset{I_4}{\to} E \underset{I_5}{\to} F \underset{I_6}{\to} Fis \underset{I_7}{\to} G \underset{I_8}{\to} Gis \underset{I_9}{\to} A \underset{I_{10}}{\to} B \underset{I_{11}}{\to} H \underset{I_{12}}{\to} C' \dots$$

Somit hat R_7 den wohlbekannten diatonischen Stufenaufbau

$$R_7 \equiv T_1 - T_2 - S_1 - T_3 - T_4 - T_5 - S_2$$

vom Stufentypus ($2S-5T$), wobei sich die „Ganztöne" (T_k) aus jeweils zwei konsekutiven Intervallen I_j zusammensetzen. Dann können wir zeigen:

Haben dann diese Durskala und ihre in $\overset{\leftrightarrow}{S}_{12}$ transponierte Dominant-Durtonart die gleiche Charakteristik, so ist R_7 bitonal, und das bedeutet genauer, dass bei beiden Skalen alle fünf Ganztonstufen ebenso wie die beiden Halbtonstufen untereinander gleich sind. Das System $\overset{\leftrightarrow}{S}_{12}$ selber hat dann mindestens sechs gleiche Ganztonstufen und drei gleiche Halbtonstufen.

Zusatz: Gleiches gilt auch im Falle einer Quartverschiebung, wenn also Tonart und Subdominante gleiche Tonartencharakteristik hätten. Außerdem überträgt sich die Gleichheit der Charakteristiken in Äquivalenz auf die gesamten jeweiligen Familien aller sieben leitereigenen Transformationen der beiden Durskalen, sodass dann auch Moll und alle kirchentonalen Skalen beispielsweise in C-Dur wie auch in G-Dur nur einen einzigen Ganztontypus und einen einzigen Halbtontypus aufweisen, sollte eine einzige heptatonische Skala mit ihrer (Sub-)Dominanten-Tonarten charakteristisch übereinstimmen.

Mathematisch drücken wir diese profunden Aussagen wie folgt aus: Es sind äquivalent:

(1) $R_7 \overset{\text{char}}{\leftrightarrow} \tau_{12}^7(R_7)$,

(2) $\tau_7^j(R_7) \overset{\text{char}}{\leftrightarrow} \tau_7^j\big(\tau_{12}^7(R_7)\big)$ für alle Transformationsparameter $j \in \mathbb{Z}$,

(3) $T_1 = T_2 = T_3 = T_4 = T_5 = T_6$ und $S_1 = S_2 = S_3$.

Wobei der obere Exponent „7" (der Translationsparameter) auch durch den Exponenten „5" ersetzt werden könnte (Subdominantenfall).

Fazit: Sind eine diatonische Tonart (vom Stufentypus ($2S - 5T$)) oder eine ihrer leitereigenen Translationen und ihre in die Dominante/Subdominante transponierte Tonart von gleicher Charakteristik, so haben sie konstante Ganz- und Halbtonstufen – sie sind bitonal, quasi „gleichstufig"; allerdings stehen Semitonus S und Tonus T nicht notwendigerweise in der 1:2-Proportion. Ferner gilt:

Alle leitereigenen Terzen, Quarten, Quinten, Sexten und Septimen, welche durch die gemeinsame Tonmenge beider Skalen gebildet werden, sind jeweils gleich.

Beweis Der Gegenstand dieser Aussage hat leider nicht den generalisierenden Charakter wie dies im ersten Theorem 6.4 der Fall war – das werden wir im Anschluss kurz darlegen. Der Beweis beruht ganz schlicht und einfach auf einer konkreten und vergleichenden Intervallrechnung. Dabei zeigt es sich, dass wir nicht alles und jedes in der ausführlichen Stufendarstellung des Systems $\overleftrightarrow{S}_{12}$ durchführen müssen. Nehmen wir die C-Dur-Tonleiter mit ihrer Dominante G-Dur auf der 7. Stufe als Modell – der allgemeine Fall ergibt sich dann durch simple Transformation unter Anwendung der Invarianz der Charakteristik gemäß Theorem 6.4 (A). Dazu schreiben wir die Skalen analog zur Tastensituation versetzt untereinander und nehmen die gleiche Charakteristik an, was den identischen Ablauf der beiden Stufenfolgen bedeutet,

$$C \underset{T_1}{\overrightarrow{}} D \underset{T_2}{\overrightarrow{}} E \underset{S_1}{\overrightarrow{}} F \underset{T_3}{\overrightarrow{}} G \underset{T_4}{\overrightarrow{}} A \underset{T_5}{\overrightarrow{}} H \underset{S_2}{\overrightarrow{}} C' \underset{T_1}{\overrightarrow{}} D' \underset{T_2}{\overrightarrow{}} E' \underset{S_1}{\overrightarrow{}} F \underset{T_3}{\overrightarrow{}} G \ldots$$

$$C \underset{T_3}{\overrightarrow{}} D' \underset{T_4}{\overrightarrow{}} E' \underset{T_4}{\overrightarrow{}} Fis \underset{S_3}{\overrightarrow{}} G \underset{T_1}{\overrightarrow{}} A \underset{T_2}{\overrightarrow{}} H \underset{S_1}{\overrightarrow{}} C' \underset{T_3}{\overrightarrow{}} D' \underset{T_4}{\overrightarrow{}} E' \underset{T_5}{\overrightarrow{}} Fis \underset{S_2}{\overrightarrow{}} G' \ldots$$

Dann müssen die übereinanderstehenden Stufen gleich sein, und dann folgen schnell die Übereinstimmungen

$$T_1(C \to D) = T_1(G \to A) = T_4(G \to A),$$
$$T_2(D \to E) = T_2(A \to H) = T_5(A \to H),$$
$$T_3(F \to G) = T_3(C' \to D') = T_1(C' \to D'),$$

woraus alle Gleichheiten der Ganztonschritte folgen, und wegen des Vergleichs

$$S_1(E \to F) = S_2(H \to C')$$

sind dann auch die beiden Semitonia identisch. Mithin haben wir tatsächlich 6 identische Ganztonschritte $(C \to D), (D \to E), (F \to G), (G \to A), (A \to H)$ sowie $(E \to Fis)$ und die 3 identischen Semitonia $(E \to F), (H \to C')$ sowie $(Fis \to G)$. Damit ist auch dieses Theorem gezeigt. ∎

Bemerkungen

(1) Liegt in einem Temperierungssystem $\overleftrightarrow{S}_{12}$ der Fall vor, dass Tonika und (Sub-) Dominante charakteristikgleiche Durskalen (oder Transformierte hiervon) haben, so sind die Freiheitsparameter dieses Systems schon enorm eingeschränkt: Mit T und S liegen alle sieben Töne $(C), D, E, F, Fis, G, A, H$, fest; es verbleiben nur noch diese vier Freiheiten: Des, Es, As und B, die man variieren könnte, ohne die Charakteristik des Durpaares auf C und G zu stören. Hinzu kommt, dass vermöge der Oktavbilanz

$$2S \oplus 5T = \text{Oktave}$$

noch ein weiterer Freiheitsparameter wegfällt; beide Tonstufen können nur im Rahmen dieser Bilanz gewählt werden.

(2) Dieses Resultat gilt <u>nicht</u> notwendigerweise, wenn wir eine andere als die Quint- oder Quartpaarung zur Referenzskala (alias Dominant/-Subdominant-situation) hätten.

Anders gesagt: Wenn beispielsweise die heptatonischen Durskalen C-Dur und D-Dur die gleiche Charakteristik besäßen, so müssten ihre Ganz- und Halbtonschritte keineswegs jeweils gleich groß sein!

(3) Dieses Resultat gilt <u>nicht für alle</u> Skalen, welche vom Stufentypus $(2S - 5T)$ sind. Sortieren wir nämlich die heptatonischen Skalen dieses Stufentypus gemäß der Architektur der Verteilung von Semiton und Ganzton, so gibt es genau diese drei Skalenklassen, deren periodische Verläufe der rotierenden Transformationen wie folgt aussehen:

$$(A)\ \overset{\leftrightarrow}{S_7} \equiv \ldots S - (T - T - S - T - T - T - S) - T \ldots$$

$$(B)\ \overset{\leftrightarrow}{S_7} \equiv \ldots T - (T - S - T - S - T - T - T) - T \ldots$$

$$(C)\ \overset{\leftrightarrow}{S_7} \equiv \ldots T - (S - S - T - T - T - T - T) - S \ldots$$

Bei dem diatonischen Modell (A) liegen im periodischen Stufenmusterablauf zwischen zwei Semitonia S genau 2 oder 3 T-Schritte, bei (B) sind dies 1 oder 4 und bei (C) sind dies 0 oder 5, womit alle möglichen Konstellationen beschrieben sind. Die im Theorem vorkommende Dur-Moll-Familie mit ihren transponierten Kirchentonarten gehört zum diatonischen Typ (A). Bei den Typen (B) und (C) gehört die Dominante als 7. Semitonstufe der Trägerskala $\overset{\leftrightarrow}{S}_{12}$ nicht als leitereigener Ton zur Skala (was unser Ergebnis nicht behindern müsste); allerdings zeigen leicht zu konstruierende Gegenbeispiele die erwähnte Diskrepanz.

(4) Unser Resultat schließt auch das bereits im Beispiel 5.5 formulierte „Diatonische Prinzip" mit ein. Im konkreten Fall der charakteristischen Gleichheit von Tonika- und Dominant-Durskala (beispielsweise C-Dur und G-Dur) sind sogar alle sieben Quinten (!) auf den Tönen der Tonika-Durskala

$$\left(C \to G, D \to A, E \to H, F \to C', G \to D', A \to E', H \to Fis'\right)$$

gleich groß; für G-Dur sind es dagegen nur die sechs leitereigenen Quinten

$$\left(C \to G, D \to A, E \to H, G \to D', A \to E', H \to Fis'\right).$$

Resümee

Was bleibt uns nun als Resümee aller dieser Formeln und ihrer Konstruktionen und Architekturen allgemeiner Skalen? Nun, hätten wir uns der Auffassung angeschlossen, die Charakteristik einer Tonart definiere sich über ihre musikalische Ausdruckskraft, über ihre Wirkung auf die Empfindungen in unseren musikalischen Seelen oder ihre Fähigkeit, differenzierte Eindrücke musikalischer Vorgänge wahrnehmen zu lassen, so hätten wir uns das ganze Alphabet der Kombinatorik und dem Multinomialunwesen sowie den vertieften Prozessen der Intervall- und Tonfolgenanalysen ersparen können.

▶ *Wir wollten es aber nicht anders. Denn weder das „Lautentheorem" noch das „Diatonische Prinzip" wären andernfalls entdeckt und erobert worden; und auch zu sagen, was Charakteristik bedeutet, wäre uns schwergefallen. So hat alles seinen Preis.*

Tröstlich zu wissen, dass unser nächstes Kapitel nun endlich in die wohl vertrautere Welt der Tonleitern führt. *Wobei…*

Diatonik und Chromatik der Wolfsquintenkreise

Könnte man gleich ein Mittel finden, diesen Wölffen den Rachen in etwas zuzustopfen, so wäre die Sache doch noch nicht völlig gehoben.

Es gefällt auch Werckmeistero, sich einer ungleichen Temperatur meistens nur deswegen zu bedienen, weil dadurch das Genus Diatonicus desto reiner gelassen wird als welches man allenthalben am meisten zu martern pflegt.

Johann Georg Neidhardt (1680–1739)

Introduktion

Zentraler Gegenstand dieses Kapitels ist die Theorie der durch Quintiterationen gewonnenen Oktavskalen – und zwar untersuchen wir insbesondere

- heptatonische diatonische siebenstufige Skalen,
- chromatische („halbtönige") zwölfstufige Skalen.

Während wir mit den Theoremen 5.2, 5.3 und 5.4 die <u>mathematische Äquivalenz</u> der Verbindungen von

▶ geschlossenen Quintenkreisen ↔ 12-stufigen Oktavskalen.

einschließlich eventueller periodischer und symmetrischer Unterstrukturen diskutiert haben, geht es nun in diesem Kapitel um die <u>Musik selber.</u>

Dabei ist die Grundsituation diese, dass der Quintenkreis durch – zunächst einmal – eine einzige Quinte gebildet („erzeugt") werden soll – was jedoch nur in dem Ausnahmefall der 700 ct-Quinte Q_{equal} möglich ist, soll der Quintenkreis geschlossen sein

K. Schüffler, *Die Tonleiter und ihre Mathematik,*
https://doi.org/10.1007/978-3-662-64951-0_7

und die entstehende Skala die Oktave bilden. So deutet es ja das abstrakte Theorem 5.2. bereits an. Es muss daher eine (oder auch mehrere) der zwölf Quinten durch eine andere „Quinte" ersetzt werden, welche den Kreis schließt. Und genau diese nennt man „Wolfsquinte" und den durch sie geschlossenen 12-Quinten-Kreis den „Wolfsquintenkreis".

- Dieses Kapitel ist die Theorie der Wolfsquintenkreise und der in ihnen musikalisch wirkenden Elementarintervalle, allen voran die Semitonia als Stufen, ihre Differenzen und ihre Synthese zu leitereigenen Konstruktionen.

Genau genommen dreht sich alle Diskussion um das Zusammenspiel der durch die vorgegebene erzeugende Quinte Q nach pythagoräischem Vorbild gewonnenen Elementarintervalle

> *Ganzton Tonos* (T) – *die Semitonia Limma* (L) *und Apotome* (A) –
>
> *das Quintenkomma* (ε_Q) *und die Wolfsquinte* (W).

Dieses Zusammenspiel genau dieser Grundbausteine ist das Herzstück der Musiktheorie der Skalen schlechthin. Wir entwickeln hieraus die Theorie der Chromatik und Heptatonik – und zwar anhand von sechs signifikanten Theoremen, deren geordnete Thematik sich durch folgenden **„Fragenkreis im Quintenkreis"** ergibt:

- Welche Bedingungen sind an eine Iterationsquinte zu stellen, damit eine musikalisch sinnvolle heptatonische oder eine chromatische Skala überhaupt entstehen kann?
- Welche Intervalle treten im Iterationsprozess auf und was ist ihre Rolle für die durch sie zu bildenden Skalen?
- Welche Stufenstrukturen und Muster besitzen zwölfstufige Quintenkreisskalen, die durch eine einzige Ausgleichsquinte (Wolfsquinte) zu Oktavskalen werden?
- Wie hängt der innere Aufbau einer solchen quintgenerierten Skala von der erzeugenden Quinte ab und welche Rolle spielen hierbei die Defizitgrößen Komma und Wolfsquinte?
- Wie bestimmt die Lage der Wolfsquinte die Charakteristik heptatonischer Teilskalen als Einbettung in eine chromatische Wolfsquintenskala?
- Gibt es universelle Gesetzmäßigkeiten hinsichtlich Anzahl und Vorkommen der leitereigenen Intervalle? Wie viele unterschiedlich große Terzen beispielsweise kann eine Wolfsquintenskala haben – mindestens und höchstens?
- Welche Architekturen entstehen, wenn quintgenerierte Skalen gleich mehrere Wolfsquinten als Ausgleichsquinten besitzen?

Fazit Wir entwickeln eine Theorie des 12-Quinten-Kreises. Sie ist manifestiert in sechs Theoremen, die über Numerik, Architektur und Charakteristik sowie über das Verhältnis von Heptatonik und Chromatik berichten. Dabei spielt die

▶   Methode der diatonisch- versus enharmonisch-heptatonischen Halbkreise und deren Bedeutung für die Tonartencharakteristik eine große Rolle. Sicher ist der „Stolz dieses Kapitels" das Theorem 7.5 über die Strukturen und Anzahlen leitereigener Intervalle aller Skalen, deren Stufen durch Quinten erzeugt werden.

Das Kapitel enthält schließlich am Ende des vorletzten Abschn. 7.6 auch ein umfassendes Beispiel zur Anwendung eines Wolfsquinten-Temperierungssystems (Silbermann-Sorge-System) in der musikalischen Praxis.

7.1   Die Elementarintervalle der einfachen Quinteniteration

Die zweifellos unmittelbarste Art der „Iteration von Intervallen" ist durch den Aufbau des pythagoräischen Quintensystems zu erfahren. Wir stellen uns vor, dass wir mittels „der" Quinte $Q_{\text{pyth}}(2{:}3)$ alle anderen Intervalle erzeugen, welche im Erscheinungsbild von einfachen heptatonischen Oktavskalen bis hin zu zwölfstufigen chromatischen Skalen und vielleicht auch darüber hinaus eine Rolle spielen. Dabei geschieht der Ablauf dieser Iteration, bei welcher zwangsläufig auch die Oktave „korrigierend" eingreift, meist gemäß dem in der Abb. 7.1 gezeigten Muster.

Hinzu kommen also noch abwärtsführende („reoktavierende") Oktaven – und wir wissen ja längst, dass diese – durch reine Quinten und Oktaven zusammengesetzte – Iteration zu keiner geschlossenen Skala führt, was unter anderem auch ein Ergebnis des sogenannten Kommensurabilitätsprinzips der Oktave ist, siehe Theorem 2.4.

Unbeschadet dieser Problematik sind in alter Zeit aus dieser Quinteniteration die Intervalle entstanden, die unmittelbar die Geometrien und Architekturen dieser quinterzeugten Skalen – aber letztlich auch aller anderen – definieren. Diese wollen wir nun nennen – dabei aber nicht nur die pythagoräische Situation einer reinen Quinte (2:3) in Betracht ziehen – vielmehr ist auch diese ein Teil einer allgemeinen Methode. Daher sei im Folgenden Q ein (größeres) Intervall (genannt „Quinte") mit dem (kleineren) oktavkomplementären Intervall q (genannt „Quarte"); sie bilden das Ausgangsschema.

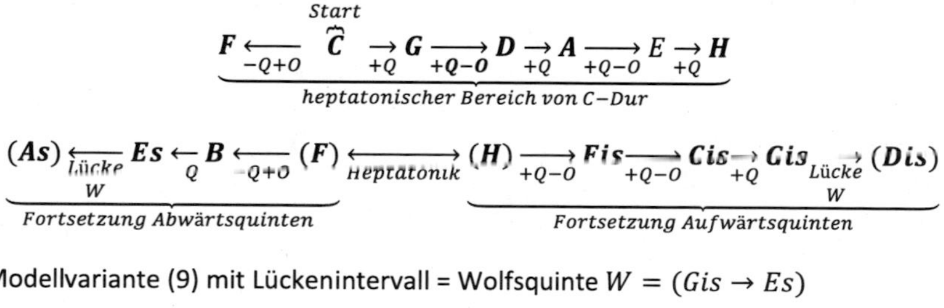

$$F \xleftarrow[-Q+O]{} \overset{Start}{\tilde{C}} \xrightarrow[+Q]{} G \xrightarrow[+Q-O]{} D \xrightarrow[+Q]{} A \xrightarrow[+Q-O]{} E \xrightarrow[+Q]{} H$$

$$\underbrace{\phantom{F \xleftarrow{} \tilde{C} \xrightarrow{} G \xrightarrow{} D \xrightarrow{} A \xrightarrow{} E \xrightarrow{} H}}_{heptatonischer\ Bereich\ von\ C-Dur}$$

$$(As) \xleftarrow[\substack{L\ddot{u}cke \\ W}]{} Es \xleftarrow[Q]{} B \xleftarrow[-Q+O]{} (F) \xleftrightarrow[Heptatonik]{} (H) \xrightarrow[+Q-O]{} Fis \xrightarrow[+Q-O]{} Cis \xrightarrow[+Q]{} Gis \xrightarrow[\substack{L\ddot{u}cke \\ W}]{} (Dis)$$

$$\underbrace{\phantom{(As) \xleftarrow{} Es \xleftarrow{} B \xleftarrow{} (F)}}_{Fortsetzung\ Abw\ddot{a}rtsquinten} \qquad \underbrace{\phantom{(H) \xrightarrow{} Fis \xrightarrow{} Cis \xrightarrow{} Gis \xrightarrow{} (Dis)}}_{Fortsetzung\ Aufw\ddot{a}rtsquinten}$$

Modellvariante (9) mit Lückenintervall = Wolfsquinte $W = (Gis \to Es)$

Abb. 7.1   Schema einer Quinteniteration in der Heptatonik/Chromatik

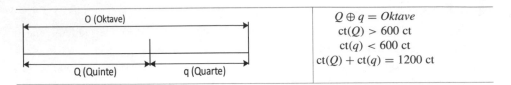

$$Q \oplus q = Oktave$$
$$\mathrm{ct}(Q) > 600 \text{ ct}$$
$$\mathrm{ct}(q) < 600 \text{ ct}$$
$$\mathrm{ct}(Q) + \mathrm{ct}(q) = 1200 \text{ ct}$$

Den Gleichheitsfall $\mathrm{ct}(Q) = \mathrm{ct}(q) = 600$ ct schließen wir aus; er würde nur zu einer trivialen wie auch unbrauchbaren Situation führen – daher: „größer und kleiner".

Mittels dieses gegebenen Intervalls Q definieren wir nun zusammen mit der Oktave einige weitere Intervalle, die wir **„Elementarintervalle"** nennen wollen; und dies sind

▶   der Ganzton **„Tonos"**,
         die Semitonia **„Apotome"** und **„Limma"**
         sowie im erweiterten Sinn auch das **„Quintenkomma"** und die **„Wolfs-quinte"**.

Sie sind nicht nur die Bausteine aller quintgenerierten chromatischen (zwölfstufigen) Skalen schlechthin, sondern sie führen auch systematisch in die Theorie der Intervalle ein, je nachdem, welchen Zugang man wählt. Die folgende Definition legt nun diese Elementarintervalle in der intervallarithmetischen Form und Sprache fest:

Definition 7.1 (Die Elementarintervalle der Quinteniteration)

Die zu einer gegebenen Quinte $Q \in \mathfrak{M}_{\mathrm{mus}}$ sowie der Oktave per Iteration (respektive durch mehrfache Adjunktionen) definierten „Elementarintervalle der Quinteniteration" lassen sich wie folgt beschreiben; dabei haben sie neben der Festlegung durch ihre Iterationsdaten (den Euler-Daten) auch eine hierzu gleichwertige „übliche" Definition, welche in aller Regel eine Differenzbildung bedeutet. Dies sind neben der **Quarte** (dem Oktavkomplement der Quinte) noch der **Tonos** (Ganzton) und die beiden Semitonia **„Limma"** und **„Apotome"**.

Übliche Konstruktion als Differenz	$O - Q -$ Iterationsdaten, Euler $-$ Basis	Bezeichnung, Name
$q : \overset{\mathrm{def}}{=} O \ominus Q$	$O \ominus Q$	Quart, (Quarte)
$T : \overset{\mathrm{def}}{=} Q \ominus q$	$2Q \ominus O$	Tonos, Ganzton
$L : \overset{\mathrm{def}}{=} q \ominus 2T$	$3O \ominus 5Q$	Limma, heptatonischer Halbton
$A : \overset{\mathrm{def}}{=} T \ominus L$	$7Q \ominus 4O$	Apotome, chromatischer Halbton

Mit diesen Elementarintervallen stehen noch das **„Quintenkomma"** und die **„Wolfsquinte"** in direktem Zusammenhang:

$\varepsilon_Q : \overset{\text{def}}{=} A \ominus L$	$12Q \ominus 7O$	Quintenkomma
$W : \overset{\text{def}}{=} Q \ominus \varepsilon_Q$	$7O \ominus 11Q$	Wolfsquinte, Ausgleichsquinte

Die mittlere Spalte enthält die Gleichungen beziehungsweise die Basisdarstellung in den Erzeugerintervallen Oktave (O) und gegebener Quinte (Q). Diese beiden Intervalle bilden die **„Euler-Basis"** für das durch sie beschriebene Intervallsystem.

$$\mathfrak{M}_{Q,O} = \{nO \oplus mQ | n, m \in \mathbb{Z}\}.$$

Nach unserem Theorem 2.1 (6) ist diese Darstellung genau dann eindeutig, wenn (Q, O) nicht-kommensurabel sind. Im anderen Fall hat jedes Intervall $I \in \mathfrak{M}_{Q,O}$ gleich unendlich viele Beschreibungsformen – wie im Theorem 2.1 (5) dargelegt.

Sicher sind die Formeln der „üblichen Festlegung" identisch mit der Euler-Basisdarstellung; man setzt einfach diese Euler-Daten in die „übliche Gleichung" unter Verwendung der bereits bekannten Zusammenhänge ein – ein Kinderspiel. Ein herausragendes Beispiel sei erlaubt:

$$\varepsilon_Q : \overset{\text{def}}{=} A \ominus L = (7Q \ominus 4O) \ominus (3O \ominus 5Q) = 12Q \ominus 7O.$$

Und genauso sieht man alle anderen Identitäten zwischen der „üblichen Definition" und der „Euler-Darstellung". Und wer die Definition des Quintenkommas als Differenz von zwölf Quinten und sieben Oktaven vorfindet, erkennt über die gleiche Brücke, dass dieses Komma simultan ja auch die Differenz der beiden – ebenfalls durch diese Erzeugerquinte festgelegten – Semitonia Apotome und Limma (A, L) ist.

Nebenbei sei angemerkt, dass das Verfahren der „iterativen" Differenzenbildung in der historischen Musiktheorie ein durchaus übliches Verfahren war, durch diese erzwungene, fortgesetzte Teilung eine Schachtelung herbeizuführen, die zu immer kleineren Subintervallen geführt hat und auf diese Weise den Mikrokosmos aller – meist harmonisch-rationaler – Elemente ermöglichte und dadurch gleichzeitig auch definierte. Und alles, was nicht auf diese Art und Weise aus „Differenzen" erschaffen werden konnte, hatte im Reich der musikalischen Grundstrukturen meistens auch „nichts verloren", siehe hierzu [13].

Schließlich halten wir uns auch diese soeben „bewiesene" Grundtatsache, dass nämlich die Differenz der Semitonia simultan das Defizit der Quintenkreisschließung bedeutet, noch einmal vor Augen:

▶   *Es kann nämlich nicht nachdrücklich genug betont werden, dass ausgerechnet
    diese „triviale" Gleichung*

$$\varepsilon_Q = \text{Apotome (A)} \ominus \text{Limma (L)} = 12 \text{ Quinten (Q)} \ominus 7 \text{ Oktaven (O)}$$

*das Herzstück aller Formeln der Musiktheorie der Skalen ist. Keine andere durch-
wirkt so immanent wie subtil die gesamte Theorie der Intervalle und ihrer
Temperierungssysteme – vom Altertum bis in die Moderne. Ohne Ausnahme.*

Aus diesen Festlegungen gewinnen wir nun sehr schnell weitere Beziehungen, die letztlich eine Art Rechenbasis im Umgang mit einfach-generierten Iterationen beziehungsweise Skalen bilden.

Zunächst ist erkennbar, dass man die numerischen Daten – die Centdaten – aller
dieser Elementarintervalle – berechnen könnte, wenn – neben der Oktave selbstverständlich – auch nur ein einziges der anderen Intervalle gegeben wäre; diese Umrechnung
ist in der Tat trivial, und nur der Vollständigkeit halber werden wir das im nächsten
Theorem 7.1 ergänzend anführen. Dagegen ist die ganzzahlige intervallarithmetische
Gewinnung der Elementarintervalle durch andere nicht uneingeschränkt möglich – nur
im Falle der Nicht-Kommensurabilität von Oktave und Erzeugerquinte trifft dies zu – das
haben wir im Beispiel 4.1 explizit festgehalten.

Interessant ist nun auch die – numerisch geleitete – Frage, wann und warum die
Bezeichnung als „Halbtonschritte" für das Limma und die Apotome ihre Berechtigung
findet. Kann es nicht doch sein, dass die Apotome größer als der Ganzton ist, das Limma
demzufolge ein absteigendes Intervall darstellt – ihre Summe wäre definitionsgemäß
gleichwohl der Ganzton? Wann – und dann unter welchen Bedingungen an die Erzeugerquinte – diese unbehagliche Situation auftritt, wollen wir als Nächstes untersuchen, und
wir formulieren die Ergebnisse hierzu ebenfalls im kommenden Theorem 7.1, dem wir
ein zu dieser Frage passendes Beispiel voranstellen.

Beispiel 7.1 (Iterationsquinten und ihre Elementarintervalle)

Wir betrachten die vier Erzeugerquinten $Q_1, \ldots, Q_4 \in \mathfrak{M}_{\text{mus}}$ mit den Centdaten

$$650 \text{ ct} - 680 \text{ ct} - 700 \text{ ct} - 720 \text{ ct}.$$

Dann berechnen wir die jeweiligen Elementarintervalle in tabellarischer Form:

Erzeugerquinte	Tonos T	Limma L	Apotome A	Komma ε_Q
$Q_1 \equiv 650$ ct	100 ct	(+)350 ct	−250 ct	−600 ct
$Q_2 \equiv 680$ ct	160 ct	200 ct	−40 ct	−240 ct
$Q_3 \equiv 700$ ct	200 ct	100 ct	100 ct	0 ct
$Q_4 \equiv 720$ ct	240 ct	0 ct	240 ct	240 ct

Die Quinte $Q_3 = Q_{\text{equal}}$ ist die Quinte der gleichstufigen Oktavskala; das Komma ist verschwunden, die Semitonia (A, L) sind gleich groß und halbieren demzufolge den Ganzton (T). Die geschlossene 12-Quinten-Gleichung

$$12 Q_{\text{equal}} = 7O$$

charakterisiert diese Quinte und bewirkt, dass sie als „Normal-Null" – oder als Vergleichsintervall – benutzt werden kann, siehe auch das nachfolgende Theorem 7.1. In allen anderen Fällen erkennt man schon die angesprochene Problematik. ◀

Es leuchtet ein, dass sicher in einer Nachbarschaft – sprich: in einer offenen Umgebung – der Gleichstufigkeitsquinte Q_{equal} die Situationen zu finden sind, für welche die soeben konstruierten Elementarintervalle sowohl aufwärtsführen als auch der üblichen Größenvorstellung weitestgehend entsprechen. Beides ist bei Lichte besehen miteinander gekoppelt. Wenn wir nämlich verlangen, dass der Ganzton (Tonos) sowie beide Semitonia (Apotome und Limma) Aufwärtsintervalle sind, also positiv centwertig sind, so sind sie offenbar auch „echte" Teilungen dieses Ganztons, da ihre Summe jenen ausfüllt. Diese beiden Bedingungen kann man nun sehr leicht formulieren und numerisch auswerten:

Theorem 7.1 (Numerik der quintgenerierten Elementarintervalle)
Gegeben sei ein musikalisches Intervall $Q \in \mathfrak{M}_{\text{mus}}$, bei welchem wir bei aller Beliebigkeit lediglich fordern, dass es die größere Hälfte einer Oktave ist, $ct(Q) > 600$ ct. Dann gelten:

(A) Die Centmaß-Umrechnungsformeln
Jedes der durch Q erzeugten Elementarintervalle $\left(Q, q, T, L, A, \varepsilon_Q \text{ und } W\right)$ lässt sich durch jedes beliebige andere von ihnen unter Anwendung der Frequenzmaß-Centmaß-Kriterien aus Theorem 1.1 und 1.3 eindeutig berechnen – wenn auch nicht ganzzahlig intervallarithmetisch sondern nur via Frequenz- beziehungsweise Centmaßberechnung. Dies geschieht zum Beispiel dadurch, dass man die Formeln der Elementarintervalle nach Q umstellt:

$$2Q = T \oplus O \;\Leftrightarrow\; ct(Q) = 600\,ct + \frac{1}{2} * ct(T)$$

$$5Q = 3O \ominus L \;\Leftrightarrow\; ct(Q) = 720\,ct - \frac{1}{5} * ct(L)$$

$$7Q = 4O \oplus A \;\Leftrightarrow\; ct(Q) = 700\,ct + \frac{1}{7} * (ct(A) - 100\,ct)$$

$$11Q = 7O \ominus W \;\Leftrightarrow\; ct(Q) = 700\,ct + \frac{1}{11}(700\,ct - ct(W))$$

$$12Q = 7O \oplus \varepsilon_Q \;\Leftrightarrow\; ct(Q) = 700\,ct + \frac{1}{12} * ct\!\left(\varepsilon_Q\right)$$

Ist also nur eine der Größen $T, L, A, W, \varepsilon_Q$, bekannt, so ist $ct(Q)$ – also Q – im Centmaß bekannt und somit wieder die Centmaße aller übrigen durch diese Quinte erzeugten Größen.

(B) Die Gleichstufigkeit als Äqualmaßstab

Die Elementarintervalle der Gleichstufigkeitsquinte Q_{equal} können als markante Vergleichsmaßstäbe wie auch als bequeme Berechnungshilfen dienen. Dazu schreiben wir die gegebene Quinte in der Form

$$Q = Q_{\text{equal}} \oplus X \Leftrightarrow ct(Q) = (700 + x)\ ct \Leftrightarrow x = ct(Q) - 700\ ct.$$

Hieraus erhalten wir die intervallarithmetischen wie auch simultan die centmaß-orientierten Formeln der durch Q erzeugten Elementarintervalle:

$$T = T_{equal} \oplus 2*X \Leftrightarrow ct(T) = (200 + 2x)\ ct$$

$$L = L_{equal} \ominus 5*X \Leftrightarrow ct(L) = (100 - 5x)\ ct$$

$$A = A_{equal} \oplus 7*X \Leftrightarrow ct(A) = (100 + 7x)\ ct$$

$$W = Q_{equal} \ominus 11*X \Leftrightarrow ct(W) = (700 - 11x)\ ct$$

$$\varepsilon_Q = 12*X \Leftrightarrow ct(\varepsilon_Q) = (12x)\ ct$$

Insbesondere empfiehlt sich die **Quintenkommaformel**

$$ct(\varepsilon_Q) = 12*(ct\ (Q) - 700\ ct)$$

als ein Werkzeug, welches zur schnellen Beurteilung der Quantitäten als auch der Qualitäten einer quintgenerierten chromatischen Oktavskala taugt.

(C) Die Semitonbedingung

Für die Elementarintervalle T, L, A gibt es folgende Centmaßbereiche für die erzeugende Quinte, in denen diese Intervalle aufwärtsführend sind:

(1) $ct(T) > 0 \Leftrightarrow ct(Q) > 600\ ct$,

(2) $ct(L) > 0 \Leftrightarrow ct(Q) < 720\ ct$,

(3) $ct(A) > 0 \Leftrightarrow ct(Q) > \frac{4}{7}*1200\ ct \cong 685{,}714\ ct$.

Folgerung (Semitonbedingung, Semitonungleichung):

Eine für die Heptatonik und Chromatik musikalisch sinnvolle Stufenarchitektur entsteht, wenn die Centzahl der erzeugenden Quinte aus dem Semitonkorridor

$$\left(\frac{4}{7} * 1200\ ct < ct(Q) < 720\ ct \right) \Leftrightarrow (0 < ct(L) < ct(T))$$

gewählt ist, denn genau dort sind beide Semitonia L, A Aufwärtsintervalle.

Also genau dann, wenn die vorgegebene Erzeugerquinte Q aus dem **Centkorridor**

$$\approx 685{,}715 \, \text{ct} < \text{ct}(Q) < 720 \, \text{ct}$$

ist, sind ihre Elementarintervalle musikalisch sinnvoll, weil beide Semitonia aufwärts-führende Stufenintervalle einer möglichen 7- oder 12-stufigen Skala sind, was wir auch sehr schön an der Abb. 7.2 erkennen können. Schließlich zerlegen sie dann auch den Ganzton in zwei kleinere Intervalle („Halbtöne"). Fällt die Quinte aus diesem Korridor, so entstehen – trotz der Richtigkeit aller abstrakten Formeln – gleichwohl musikalisch unbrauchbare Skalenbestandteile.

Beweis Die einfachen Rechnungen des Teils (A) können wir übergehen; für die Formel-gruppe (B) greifen wir uns exemplarisch die Quintenkommaformel heraus, alle anderen verlaufen nach dem gleichen Muster – könnten aber auch dann mit der Quintenkomma-formel selber wieder gezeigt werden. Das geschieht mit einem kleinen Rechentrick, dem wir in diesem Buch öfters begegnen: Wir ersetzen einfach sieben Oktaven durch zwölf Gleichstufigkeitsquinten – das ist alles:

$$\varepsilon_Q = 12Q \ominus 7O = 12Q \ominus 12Q_{\text{equal}} = 12 * \left(Q \ominus Q_{\text{equal}}\right) = 12 * X.$$

Der dritte Teil (C) beruht auf einer simplen Ungleichungsrechnung, nämlich

$$\text{ct}(T) > 0 \Leftrightarrow \text{ct}(2Q) - 1200 \, \text{ct} > 0 \Leftrightarrow 2 \, \text{ct}(Q) > 1200 \, \text{ct}.$$

Genauso einfach gelingen die Abschätzungen für die Semitonia:

$$\text{ct}(L) > 0 \Leftrightarrow 3 * 1200 \, \text{ct} - \text{ct}(5Q) > 0 \Leftrightarrow 5 \, \text{ct}(Q) < 3600 \, \text{ct},$$

Abb. 7.2 Der Semitonkorridor für Limma, Apotome, Tonos

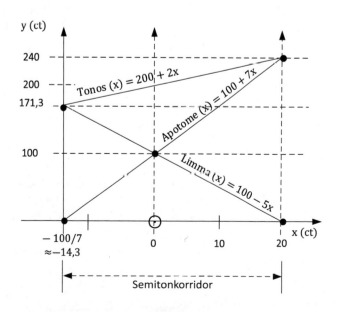

$$\mathrm{ct}(A) > 0 \Leftrightarrow \mathrm{ct}(7Q) - 4 * 1200 \, \mathrm{ct} > 0 \Leftrightarrow 7 \, \mathrm{ct}(Q) > 4 * 1200 \, \mathrm{ct}.$$

Nun folgt die angegebene Äquivalenz unvermittelt dank der definitorisch gegebenen Bilanz, dass die beiden Semitonia den Ganztonschritt bilden, wie die Skizze zeigt.

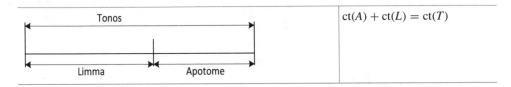

$$\mathrm{ct}(A) + \mathrm{ct}(L) = \mathrm{ct}(T)$$

An dieser Stelle wollen wir noch einmal dankbar die Möglichkeiten des Centmaßes zur Kenntnis nehmen. Man stelle sich einmal vor, das Ganze sollte mittels des <u>Frequenzmaßes</u> beschrieben werden – grauenhaft! So aber sind alle Rechnungen im Trivialen verankert, und das Theorem ist gezeigt. ∎

Bemerkung zum Semitonkorridor

Wenn wir die Möglichkeiten der Äquallage nutzen und demzufolge alle Intervalle und ihre Centmaße als Funktionen der Abweichungen (x) von dieser Gleichgewichtslage gemäß den Formeln des Theorems (Teil B) beschreiben, dann gelangen wir zu dem Diagramm der Funktionsverläufe der Semitonia; in der Abb. 7.2 sind diese Verläufe ausgeführt, und man kann die Skizze selber als definierendes Element des Semitonkorridors ansehen. (Beachte: y-Achse und x-Achse differieren im Wertemaßstab um den Faktor 5.) Darin erkennt man auch sehr schön die Sonderfälle, welche insbesondere durch die Randlagen entstehen und die wir als Nächstes beschreiben:

1. Sonderfall: $\mathrm{ct}(Q) = \frac{8}{7} * 600 \, \mathrm{ct} \cong 685,7\ldots \mathrm{ct}$: Nach der Semitonungleichung des Theorems ist dann die Apotome zur Prim mutiert, $\mathrm{ct}(A) = 0$. Nun bewirkt aber die Definition der Apotome, dass dann die Gleichung

$$7 * Q = 4 * O$$

   gilt und deshalb die Kommensurabilität von Quinte und Oktave gegeben ist. Für ihren größten gemeinsamen kommensurablen Teiler gilt dann

$$E = ggT(Q, O) \Leftrightarrow 7 * E = O \Leftrightarrow \mathrm{ct}(E) = \frac{1}{7} * 1200 \, \mathrm{ct} \approx 171,4 \, \mathrm{ct},$$

   und nach dem Kommensurabilitätsprinzip der Oktave (Theorem 2.4) erhalten wir mittels der Quinteniteration eine (beidseitig fortgesetzte) 7-gleichstufige Skala $\overleftrightarrow{ETS}_7$ mit dem Stufenintervall E, einem gefühlten Anderthalb-Halbton.

2. Sonderfall $\mathrm{ct}(Q) = 720 \, \mathrm{ct}$: In diesem Fall ist das Limma verschwunden, die Gleichung $\mathrm{ct}(L) = 0$ bedeutet dann die intervallarithmetische Bilanz

$$5 * Q = 3 * O.$$

Auch hier liegt der Kommensurabilitätsfall vor, und mittels des ggT-Intervalls

$$E = ggT(Q, O) \Leftrightarrow 5 * E = O \Leftrightarrow \mathrm{ct}(E) = \frac{1}{5} * 1200 \text{ ct} = 240 \text{ ct}$$

ergibt sich wieder eine beidseitig fortgesetzte 5-gleichstufige Skala $\overleftrightarrow{ETS}_5$ mit dem großen Stufenintervall E zu 240 ct.

3. Sonderfall $\mathrm{ct}(Q) = 700$ ct: Hier liegt der Fall $L = A$ vor, und demnach gilt:

$$L = A \Leftrightarrow 3O \ominus 5Q = 7Q \ominus 4O \Leftrightarrow 12Q = 7O.$$

Diese Gleichung drückt aber dann auch wieder die Kommensurabilität von (Q, O) aus; für das Intervall $E = ggT(Q, O)$ ist in diesem Fall

$$E = L = A = \frac{1}{12} * O \Leftrightarrow \mathrm{ct}(E) = 100 \text{ ct};$$

man erhält die Standardskala der modernen Musik, die beidseitig fortgesetzte 12-gleichstufige Skala $\overleftrightarrow{ETS}_{12}$ mit den Stufenintervallen zu je 100 ct, siehe Beispiel 2.8.

Numerisch mag dieser Semitonkorridor der Erzeugerquinte klein erscheinen, musikalisch ist er dennoch sehr groß – schließlich umfasst er ja alle bekannten Quintskalen. Man sieht das auch an den Randlagen, die wir soeben besprochen haben – hier verschwindet sogar einer der beiden Halbtöne, und der restliche Halbton ist identisch mit dem Ganzton.

Das nachfolgende Beispiel beleuchtet die Situation aus der praktisch-historischen Sicht; die hier aufgeführten Quinten sind in späteren eigenen Abschnitten Gegenstände der Diskussionen – und werden dort auch wieder definiert und diskutiert, weshalb wir hier nicht auf nähere Erklärungen eingehen.

Beispiel 7.2 (Iterationsquinten historischer Skalen)

Einige der bekanntesten Quinten der Musikgeschichte, mit denen die Elementarintervalle und somit auch ihre zugehörigen chromatischen Skalen gebildet wurden, sind die folgenden; dabei geben wir auch noch die entsprechenden Semitonia Limma und Apotome (in meist ganzzahlig gerundeten Centangaben) an:

Temperierung	Erzeugerquinte	Limma	Apotome
pythagoräisch	$\mathrm{ct}\left(Q_{\mathrm{pyth}}\right) = 702$ ct	90 ct	114 ct
gleichstufig	$\mathrm{ct}\left(Q_{\mathrm{equal}}\right) = 700$ ct	100 ct	100 ct
Silbermann-Sorge	$\mathrm{ct}\left(Q_{\mathrm{Silbermann}}\right) = 698$ ct	114 ct	90 ct
Großterz-Mitteltönigkeit	$\mathrm{ct}\left(Q_{mt}^{+}\right) = 696{,}5$ ct	117 ct	76 ct
Zarlino	$\mathrm{ct}(Q_{\mathrm{Zarlino}}) = 695{,}9$ ct	121 ct	71 ct
Kleinterz-Mitteltönigkeit	$\mathrm{ct}\left(Q_{mt}^{-}\right) = 694{,}7$ ct	126 ct	63 ct

◄

Allgemein kann gesagt werden, dass so gut wie alle bekannten Iterationsquinten (Erzeugerquinten) der Musikgeschichte im numerischen Bereich

$$693 \text{ ct} < \text{ct}(Q) \leq 702 \text{ ct}$$

liegen – Ausgleichsquinten (Wolfsquinten) natürlich ausgenommen; diese können unter Umständen sogar bis zu einem halben Semitonium ($\approx$ 50 ct) und mehr von ihren erzeugenden Quinten differieren. Schwächere Iterationsquinten als die letztere (Q_{mt}^-) sind nämlich nicht bekannt – die Unbrauchbarkeit infolge fortwährender Defizite der Iteration würde zu groß. Vielmehr gruppieren sich die praktikablen Temperierungen um den ungefähren Korridormittelpunkt von 700 ct – der Idealverteilung –, zumindest aus der Sicht optimaler Symmetrie.

Man erkennt deutlich die Zunahme der Limmawerte bei gleichzeitig fallenden Quintwerten wie auch das simultane Anwachsen der Apotomewerte. Die Unsymmetrie dieser Teilung des Ganztons ist im Übrigen ein **eindeutiges Charakteristikum** der entsprechenden quinterzeugten Temperierung.

Schließlich fügen wir noch ein Beispiel zur „schnellen Centrechnung" an, ein einfaches Rechenverfahren, welches aus den Vergleichen mit den Äquallagen der Elementarintervalle zur Gleichstufigkeit resultiert:

Beispiel 7.3 (Zur Cent-Schnellrechnung)

Wir nehmen die Beispielgruppe der Elementarintervalle zur mitteltönigen Quinte $Q = Q_{mt}^+$ mit dem Wert

$$\text{ct}(Q_{mt}^+) = 696{,}57 \text{ ct} = (700 + (-3{,}43)) \text{ ct}.$$

Dann ergeben sich die Daten

$$\text{ct}(\varepsilon_{Q_{mt}^+}) = 12*(-3{,}43) \text{ ct} = 41{,}16 \text{ ct} = \text{ct}(\varepsilon_{klein-di\ddot{e}sis}),$$

und das ist die gerundete Centzahl des Quintenkommas der mitteltönigen Quinte. Sie stimmt mit derjenigen der kleinen Diësis nicht nur numerisch gerundet, sondern auch abstrakt intervallarithmetisch überein, siehe Theorem 9.1. Des Weiteren ist

$$\text{ct}(L_{mt}^+) = (100 - 5*(-3{,}43)) \text{ ct} = 117{,}15 \text{ ct},$$

$$\text{ct}(A_{mt}^+) = (100 + 7*(-3{,}43)) \text{ ct} = 76{,}0 \text{ ct}.$$

Und für den Ganzton erhalten wir mit der noch schnelleren Rechnungsalternative:

$$\text{ct}(T_{mt}^+) = 2*(600 + 96{,}57) - 1200 \text{ ct} = 2*96{,}57 = 193{,}14 \text{ ct}.$$

Hier haben wir einfach den Überschuss über 600 ct verarbeiten können. ◄

Wer in 12-Quinten-Kreisen viel unterwegs ist, kann von dieser Form des Kalküls sehr profitieren – und das gilt ganz unabhängig davon, ob der Taschenrechner stets mit von der Partie ist oder nicht; eine gesunde Mischung von beidem dürfte für sowohl theoretische als auch numerische Sicherheit die beste Methode sein.

7.2   Die Quintenkreisformeln der Heptatonik und Chromatik

Nach diesem kurzen Ausflug in die numerische Datenanalyse schließen wir ein Theorem an, das trotz seines absolut elementaren Charakters an vorderster Stelle der allgemeinen Tonleiterlehre steht: Am Anfang steht die

▶   *Frage: Wie sieht die Architektur einer heptatonischen Skala aus, die man durch die Elementarintervalle und hierbei auch ausschließlich durch die reoktavierte Quinteniteration gewinnt? Und was ergibt sich im Falle der weitergeführten chromatischen Skala?*

Diese allgemeine Frage gliedern wir in zwei miteinander verwobene Probleme:

▶   **Frage 1**: In welchen Anzahlen an Bausteinen setzen sich quintgenerierte Oktavskalen – seien es heptatonische oder chromatische – zusammen?
Frage 2: Wie ist dann darüber hinaus der Stufenaufbau festgelegt, in welchem Stufenmuster formieren sich die semitonischen Bausteine zur Oktavskala?

Auf die erste Frage gibt das folgende Theorem einige Antworten, während wir uns im Folgeabschnitt mit seinem Theorem 7.3 der zweiten Frage zuwenden werden.

Theorem 7.2 (Die Quintenkreisformeln der Heptatonik und Chromatik)

Gegeben sei eine Quinte $Q \in \mathfrak{M}_{mus}$, mittels derer die definierten Elementarintervalle konstruiert werden. Die Architekturen der Heptatonik und der Chromatik werden dann durch folgende Gesetzmäßigkeiten bestimmt:

(A) **Die Quint-Oktav-Formeln der Heptatonik und Chromatik**

Die mittels der Erzeugerintervalle (O, Q) in Definition 7.1 gegebenen Gleichungen der Semitonia (A, L) sind gleichwertig zu den Bilanzen

$$Q = 3T \oplus L \text{ und } O = 5T \oplus 2L \text{ (heptatonische Situation)},$$

$$Q = 4L \oplus 3A \text{ und } O = 7L \oplus 5A \text{ (dodekatonische Situation)}.$$

Zusatz: Die beiden Formelpaare sind genau dann eindeutig, wenn (Q, O) nicht-kommensurabel sind. Das heißt, dass genau dann Bilanzen mit anderen ganzzahligen Vorzahlen von (T, L) respektive (L, A) ebenfalls nicht möglich sind.

(B) **Satz über die Semitonbilanzen**

Im Fall, dass (Q, O) kommensurabel sind, gibt es dagegen in allen Formeln von Teil (A) ganzzahlige 1-parametrische Lösungsscharen der Bilanzgleichungen. Wenn die Kommensurabilität $nQ = mO$ vorliegt, so besteht die Gesamtheit aller Möglichkeiten der Darstellungen von Quinte und Oktave durch die Elementarintervalle (L, T) beziehungsweise (L, A) in den Gleichungen:

a) Im heptatonischen Fall ist für jede beliebige ganze Zahl $k \in \mathbb{Z}$

$$Q = (3 + k(3n - 5m)) * T \oplus (1 + k(n - 2m)) * L,$$

$$O = (5 + k(3n - 5m)) * T \oplus (2 + k(n - 2m)) * L.$$

b) Im chromatischen Fall ist für jede beliebige ganze Zahl $k \in \mathbb{Z}$

$$Q = (4 + k(4n - 7m)) * L \oplus (3 + k(3n - 5m)) * A,$$

$$O = (7 + k(4n - 7m)) * L \oplus (5 + k(3n - 5m)) * A.$$

(C) Satz vom 12-Stufen-Gesetz

Gilt allerdings die Zusatzannahme, dass für die Quinte beziehungsweise für die Oktave die gleichen Stufengesamtzahlen 4 und 7 (im heptatonischen Fall) beziehungsweise 7 und 12 (im chromatischen Fall) bestehen, so sind dann auch nur die gleichen Anzahlen oder Koeffizientenverteilungen – wie in der Formel (A) angegeben – möglich. Hierbei sind nur die beiden trivialen Sonderfälle $T = L$ (im heptatonischen Fall) und $A = L$ (im chromatischen Fall) ausgenommen. In mathematischer Symbolik formuliert bedeutet dies demnach:

a) Heptatonischer Fall: Sei $T \neq L$, dann gilt:

$$Q = mT \oplus nL \ mit \ (m + n) = 4 \Rightarrow m = 3, n = 1,$$

$$O = mT \oplus nL \ mit \ (m + n) = 7 \Rightarrow m = 5, n = 2.$$

b) Chromatischer Fall: Sei $L \neq A$, dann gilt:

$$Q = mL \oplus nA \ mit \ (m + n) = 7 \Rightarrow m = 4, n = 3,$$

$$O = mL \oplus nA \ mit \ (m + n) = 12 \Rightarrow m = 7, n = 5.$$

Insbesondere lässt sich eine Oktave nur in der Konstellation „7 Limma und 5 Apotome" aufbauen, wenn die Anzahl der Stufen 12 sein soll (**„12-Stufen-Gesetz"**).

(D) Quintenkreis- und Wolfsquintenformeln:

Für die Wolfsquinte, die „Schließungsquinte" des „12-Quinten-Kreises" und für das Quintenkomma gelten die für die gesamte Skalenlehre wichtigen Gleichungen

$$\varepsilon_Q = 12Q \ominus 7O,$$

$$11Q \oplus W = 7O,$$

$$W = Q \ominus \varepsilon_Q = 2T \oplus 3L = 5L \oplus 2A.$$

Eindeutigkeit der Formeln: Auch hier sind im Falle der Nicht-Kommensurabilität von (Q, O) die Koeffizienten eindeutig, während im Kommensurabilitätsfall die im Theorem 2.1 (6) beschriebenen Koeffizienten-konstellationen hinzukommen, die man aus dem Teil (B) entsprechend modifiziert übernehmen kann.

Beweis Alle Formeln in (A) gewinnen wir durch Einsetzen der in der Definition 7.1 festgelegten Gleichungen:

$$3T \oplus L = 3 * (2Q \ominus O) \oplus (3O \ominus 5Q) = Q,$$
$$5T \oplus 2L = 5 * (2Q \ominus O) \oplus 2 * (3O \ominus 5Q) = O,$$
$$4L \oplus 3A = 4 * (3O \ominus 5Q) \oplus 3 * (7Q \ominus 4O) = Q,$$
$$7L \oplus 5A = 7 * (3O \ominus 5Q) \oplus 5 * (7Q \ominus 4O) = O.$$

Der Zusatz ist eine unmittelbare Anwendung des Resultats aus Theorem 2.1 (6). Ebenso sind die Quintenkreisformeln sowie die Wolfsquintenformeln (D) sofort aus den Definitionen ablesbar.

Zu Teil (B): Was den Kommensurabilitätsfall betrifft, so beachten wir, dass nach unseren Grundregeln aus Theorem 2.1 (9) die Äquivalenz der Kommensurabilitäten

$$O \overset{\text{kom}}{\longleftrightarrow} Q \Leftrightarrow T \overset{\text{kom}}{\longleftrightarrow} L \Leftrightarrow A \overset{\text{kom}}{\longleftrightarrow} L$$

besteht. Konkret erhalten wir die Kommensurabilitätsgleichungen zwischen T, L und zwischen L, A wie folgt:

$$nQ = mO \Leftrightarrow (3n - 5m)T = (2m - n)L,$$
$$nQ = mO \Leftrightarrow (4n - 7m)L = (5m - 3n)A.$$

Adjungiert man dann in den Gleichungen von Teil (A) die sich für alle beliebigen ganzzahligen Vielfachen k einstellende Prim

$$Prim = k * Prim = k((3n - 5m)T \oplus (n - 2m)L),$$
$$Prim = k * Prim = k((4n - 7m)L \oplus (3n - 5m)A),$$

so sind die Formeln des Teils (B) gefunden. Dass darüber hinaus keine anderen Darstellungen als die 1-parametrische Schar möglich sind, folgt wiederum aus Theorem 2.1 (5) und (6).

Zu Teil (C): Wir zeigen nun die Eindeutigkeit der Koeffizienten des Teils (A) unter der Zusatzannahme, dass die Gesamtstufenzahlen invariant sind. Dazu müssen wir ebenfalls den Kommensurabilitätsfall voraussetzen, ansonsten wären die Formeln des Teils (A) ja eindeutig, und es wäre $k = 0$ und die Behauptung wäre trivialerweise erfüllt. Wir demonstrieren die Beweisführung nun für beide Oktavgleichungen.

a) Für den heptatonischen Fall gilt zunächst die Rechnung

$$(5 + k(3n - 5m)) + (2 + k(n - 2m)) = 7 \Leftrightarrow k(4n - 7m) = 0$$

$$\Leftrightarrow k = 0 \text{ oder } 4n = 7m.$$

Wenn nun $4n = 7m$ ist, so folgt aus der obigen Kommensurabilität zwischen (L, A), dass $A = Prim$ ist. Das heißt, dass der heptatonische Gleichstufigkeitsfall $T = L$ eintritt. Schließen wir diesen Grenzfall aus, welcher im Übrigen der Kommensurabilität $7Q = 4O$ entspricht – der linken Randlage des Semitonkorridors –, so ist $k = 0$.
b) Für den chromatischen Fall erfolgt eine analoge, sehr kurze Begründung.

Bemerkungen
Unter diesen „Formeln" des Theorems sind insbesondere die Oktavformeln bedeutsam. Die Oktavformel der Heptatonik respektive der Diatonik,

$$O = 5T \oplus 2L,$$

ist nämlich nicht nur eine „Centbilanz", sondern sie drückt auch aus, dass eine heptatonische respektive diatonische, quintgenerierte Skala aus genau fünf Ganztönen T und zwei Halbtönen vom Typ des „Limma" L besteht. Die weiterführende Oktavformel der Chromatik,

$$O = 7L \oplus 5A,$$

führt uns dagegen schon ein Stück in die Halbtonstruktur der zwölftönigen Skala, und ihre nähere innere Struktur, die wir noch im Theorem 7.3 untersuchen werden, wird im allgemeinen die Tonartencharakteristik definieren, siehe Definition 6.6.
    Wir unterstreichen noch einmal das Resultat, dass die Koeffizientenkonstellationen $(5, 2) - (7, 5)$ hierbei gewissermaßen „Invarianten" sind, wenn man die jeweilige Gesamtanzahl an Stufen $(7 - 12)$ vorschreibt. Dies stellt gewissermaßen die Umkehrung der Frage nach der Begründung der 12-Ton-Struktur unseres chromatischen Systems dar:

▶   *Wenn es schon zwölf Stufen sein sollen, dann bitte schön genau sieben Limmata*
     und fünf Apotome – vorausgesetzt, die Skala wird durch eine Erzeugerquinte
     definiert.

Wenngleich die „Wolfsquintengleichung" als ein mathematisches Rechenobjekt vorgestellt wurde – eine Gleichung halt –, so ist sie in Wahrheit der geometrisch-architektonisch inspirierende Motor der gesamten Tonleiterlehre, angefangen bei den einfachsten Zusammenhängen der Tonartenverwandtschaften bis hin zum Studium besonderer architektonischer Konstellationen und ihren numerischen Daten. Hilfreich sind dann Quintenkreisskizzen, die in beinahe allen Literaturen die Untersuchungen

Abb. 7.3 Die Variante „11"
eines Wolfsquintenkreises

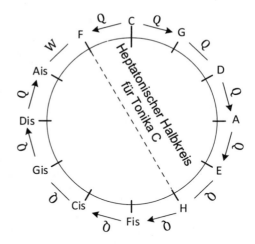

visuell unterstützen, so wie es beispielsweise die Abb. 7.3 zeigt. Hier nimmt die Wolfsquinte bei Zählrichtung im Uhrzeigersinn, beginnend bei 12 Uhr – der Tonika – die 11.
Position ein, und was es dort mit dem geheimnisvollen

▶   „heptatonischen Halbkreis"

auf sich hat, verrät uns die spätere Definition 7.2 und ihr Themenumfeld des Abschn. 7.4.
Hierzu ähnliche Skizzen werden unsere Lektüre häufig begleiten.

Mit dem nachfolgenden Satz verlassen wir vorübergehend die Algebra der
ganzen Zahlen und zeigen, dass es in der „Nähe" des Gleichstufigkeitsfalls
$A = L \leftrightarrow ct(Q) - 700$ ct gar keine Kommensurabilitäten geben kann, die zu anderen
nicht-negativen Oktavbilanzen als die $(7L - 5A)$-Konstellation führen. Dabei spielt die
Gesamtanzahl keine Rolle.

Satz 7.1 (Die Eindeutigkeit der $O = 7L \oplus 5A$-Struktur der quintgenerierten Skala)
Für alle Erzeugerquinten $Q \in \mathfrak{M}_{mus}$, die hinreichend nahe an der Quinte Q_{equal}
liegen, ist der Oktavaufbau

$$O = 7L \oplus 5A$$

mit den durch sie definierten Semitonia A, L der einzig mögliche unter allen
Gleichungen der Form

$$O = nL \oplus mA,$$

wenn nicht-negative, ganzzahlige Koeffizienten (n, m) verlangt sind. Ausgenommen ist lediglich der Grenzfall $Q = Q_{equal}$, für welchen $A = L$ ist und wo
diese Betrachtung hinfällig ist.

Beweis Wenn A, L nicht kommensurabel sind, so ist die $7 - 5$-Formel nach Theorem 7.2 die einzig mögliche. Nun müssen wir nur noch den Fall der Kommensurabilität von (A, L), aus welcher ja auch diejenige von (Q, O) folgt, untersuchen. Sei also

$$nL = mA \Leftrightarrow mA \ominus nL = Prim,$$

wobei wir den Fall $n = m$ ausschließen. Dann beachten wir, dass $n, m > 0$ gilt, denn für Quinten, die in der Nähe der 700 ct-Quinte mit deren Semitonia $ct\left(A_{\text{equal}}\right) = ct\left(L_{\text{equal}}\right) = 100$ ct liegen, differieren die Semitonia (A, L) auch nicht wesentlich von diesen Werten, und da wir dies später noch etwas genauer benötigen, gewinnen wir für die Konvergenz im Centmaßsinn die Differenzen:

$$L = 3O \ominus 5Q \text{ und } L_{\text{equal}} = 3O \ominus 5Q_{\text{equal}}$$

$$\Rightarrow ct\left(L \ominus L_{\text{equal}}\right) = 5\left(ct(Q) - ct\left(Q_{\text{equal}}\right)\right).$$

Entsprechendes sieht man auch für die Apotome. Dann schreiben wir die $7 - 5$-Formel manipulativ wie folgt: Für jedes $k \in \mathbb{Z}$ gilt

$$O = 7L \oplus 5A = 7L \oplus 5A \oplus k(mA \ominus nL)$$

$$= (7 - kn)L \oplus (5 + km)A.$$

Die Vorfaktoren sollen nun nicht-negativ sein, das bedeutet, dass die Ungleichungen

$$(7 - kn) \geq 0 \text{ und } (5 + km) \geq 0$$

bestehen. Diese Bedingungen zusammen mit der Nähe zur Gleichstufigkeitsquinte schränken nun die Möglichkeiten der Kommensurabilitätsparameter (m, n) erheblich ein. Wenn der Parameter $k \neq 0$ ist, sehen wir zwei Fälle:

$$k \geq 1: \text{Dann ist } 0 < n \leq 7,$$

$$k \leq -1: \text{Dann ist } 0 < m \leq 5.$$

In jedem Fall ist einer der beiden Parameter auf wenige Zahlen eingeschränkt. Nun folgt hieraus aber der entscheidende Gedanke, der die Konvergenz nutzt:

$$Q \to Q_{\text{equal}} \Rightarrow L \to L_{\text{equal}} \text{ und } A \to A_{\text{equal}} = L_{\text{equal}} \Rightarrow L \to A \Rightarrow n/m \to 1.$$

Es ist nun zwar ein ebenso plausibles wie aber leider im Detail technisch etwas aufwendig zu zeigendes Argument, das uns sagt: Wenn eine Folge von Brüchen gegen die Zahl 1 strebt (ohne selber $= 1$ zu sein), so streben sowohl die Zähler als auch die Nenner gegen Unendlich. Dies ist aber nach den geschilderten Schrankenbedingungen an n, m ausgeschlossen. Somit kommt nur der Fall $k = 0$ in Frage, was aber unseren Satz beweist. Für diese tiefliegende Konvergenzeigenschaft rationaler Zahlen empfehlen wir bei Bedarf das Werk von Hasse (1950, [26]). ∎

Wir werden mit zwei Beispielen dieses Seitenthema abrunden:

Beispiel 7.4 (Zur Nicht-Eindeutigkeit der $O = 7L \oplus 5A$-Struktur)

Die mittels einer Quinte Q erzeugten Semitonia (A, L) seien kommensurabel, und dieses Kommensurabilitätsverhältnis sei einmal durch die Gleichung

$$10 * A = 3 * L$$

gegeben, was eine recht deutliche Asymmetrie der Zerlegung des Ganztons in seine beiden Semitonia bedeutet. Dann können wir zunächst alle Centmaße bestimmen, und das geht so:

$$O = 7L \oplus 5A \Leftrightarrow 2O = 14L \oplus 10A = 14L \oplus 3L = 17L.$$

Hieraus gewinnen wir die Centdaten

$$\mathrm{ct}(L) = \frac{1}{17} 2400 \text{ ct} \approx 141{,}2 \text{ ct und } \mathrm{ct}(A) = \frac{3}{170} 2400 \text{ ct} \approx 42{,}3 \text{ ct.}$$

Dann findet man aus der Quintenformel $Q = 4L \oplus 3A$ auch den Quintencentwert. Aber noch eine zweite Möglichkeit ergibt sich, welche gleichzeitig auch das Kommensurabilitätsverhältnis von Quinte und Oktave beschreibt: Indem wir ein gemeinsames Vielfaches dieser beiden Semitongleichungen von Quinte und Oktave beispielsweise durch das Intervall A ausdrücken, erhalten wir die Gleichungen

$$3O = 3 * 7L \oplus 3 * 5A = 7 * 3L \oplus 15A = 85A,$$

$$3Q = 3 * 4\,L \oplus 3 * 3\,A = 4 * 3\,L \oplus 9\,A = 49\,A.$$

Hieraus entsteht sofort die Kommensurabilität

$$85 * Q = 49 * O,$$

was zur rationalen Centzahl $\mathrm{ct}(Q) = \frac{49}{85} * 1200 \approx 691{,}764$ ct führt. Das ist zwar keine sehr brauchbare Quinte – aber immerhin liegt sie noch im „Semitonkorridor" musikalisch sinnvoller Quinten, wie in Theorem 7.1 festgelegt. Nun ergeben sich die Oktavbilanzen

$$O = 7\,L \oplus 5A = 7\,L \oplus 5\,A \oplus k * (10A \ominus 3L)$$

$$= (7 - 3k) * L \oplus (5 + 10k) * A.$$

Jetzt erkennen wir, dass für $k = -1, -2 \ldots$) der A-Koeffizient negativ ist, und für positive Werte bleiben nur $k = 1$ und $k = 2$ übrig, ansonsten wäre der L-Koeffizient negativ. Daher haben wir summa summarum diese drei Aufbauformen ($k = 0, 1, 2$) mit positiven ganzzahligen Adjunktionskoeffizienten positiv-centwertiger Stufen (A, L):

$$O = 7L \oplus 5A = 4L \oplus 15A = 1L \oplus 25A.$$

Die Bilanzen sind zwar gleich; der Stufenaufbau aus den gleichen Stufentypen enthält jedoch andere Stufenanzahlen, nämlich 12, 19 *und* 26, sodass die Behauptung Zusatz 2 des Theorems nicht verletzt ist. ◄

Wie inzwischen klargeworden ist, beschreibt der Unterschied der beiden Elementarintervalle (A, L) – in der Differenz durch das Quintenkomma ε_Q ausgedrückt – die gesamte Architektur wie auch die numerischen Daten der durch die zugehörige Quinte erzeugten Iteration beziehungsweise der entsprechend dank der Wolfsquinte geschlossenen Skala. Dabei ist leicht zu beobachten, dass – je kleiner die Quinte ist – umso kleiner auch die Apotome ausfällt, wogegen das Limma wächst. Daher ist das Größenverhältnis von Apotome zu Limma ein dem Quintenkomma letztlich ebenbürtiges Maß. In unserem augenblicklichen Gegenstand spielt nur das ganzzahlige Verhältnis der beiden Semitonia eine Rolle. Ebenso sollen ja beide Semitonia Aufwärtsintervalle sein, weshalb wir es dann mit einer positiv formulierten Kommensurabilität zu tun haben, so wie im obigen Beispiel praktiziert.

Für das nachfolgende Beispiel einer exakten Drittelung des Tonos durch seine beiden Semitonia wollen wir zu Vergleichszwecken einmal die im späteren Abschn. 9.3. diskutierte mitteltönige Kleinterzquinte Q_{mt}^- auf den Plan rufen.

Die Skalengenerierung durch die Quinte Q_{mt}^- bewirkt die (A, L)-Daten

$$\mathrm{ct}(A) = \mathrm{ct}\big(A_{mt}^-\big) \approx 63 \text{ ct und } \mathrm{ct}(L) = \mathrm{ct}\big(L_{mt}^-\big) \approx 126 \text{ ct,}$$

und dies sieht nach einer Drittelung des Ganztons aus – was es aus theoretischer Sicht zwar nicht wirklich, aus praktischer Sicht aber beinahe perfekt ist. Nur so beiläufig wollen wir kurz begründen, warum diese Drittelung nur genähert gelten kann. Nun, die Drittelung des Ganztons $T = A \oplus L$ bedeutet die Kommensurabilität

$$2A = L \Leftrightarrow T = 3A.$$

Sind aber (A, L) kommensurabel, so sind dies auch gemäß unseres Theorems 2.1 (6) Quinte und Oktave, da sie aufgrund des obigen Theorems 7.2 ja Adjunktionen dieser beiden sind. Das Centmaß der mitteltönigen Mollterzquinte Q_{mt}^- ist dagegen irrational; sie ist über die Forderung

$$3 * X = 2 * O \ominus Terz(5{:}6) \Leftrightarrow |X| = \sqrt[3]{10/3} \Leftrightarrow \mathrm{ct}(X) \approx 694{,}78 \text{ ct}$$

festgelegt, und die Irrationalität des Centmaßes der kleinen reinen Terz ist deshalb auch klar, weil ansonsten dieses Intervall kommensurabel zur Oktave wäre, ein Widerspruch zur Primfaktordarstellung, wie wir das im Beispiel 3.5 bemerkt haben. Aufgrund dieser Nicht-Kommensurabilität kann die Oktavenformel auch nur die eine Lösung

$$O = 7 * L_{mt}^- \oplus 5 * A_{mt}^-$$

haben. Deshalb werden wir im nächsten Beispiel einmal schauen, was passiert, wenn wir die „exakte" Ganztondrittelung zugrunde legen würden:

Beispiel 7.5 (Die Oktavengleichung für die Drittelungsquinte)

Wir nehmen für (A, L) die Kommensurabilität

$$2A = L$$

an, was der exakten Drittelung des Ganztons entspricht. Wir fragen:

a) Wie groß ist die zugehörige erzeugende Quinte?
b) Welche Oktavgleichungen $O = m * L \oplus n * A$ sind möglich?

Dazu starten wir mit den bekannten Bilanzgleichungen des Theorems, substituieren L durch A und erhalten

$$Q = 4\,L \oplus 3\,A = 11\,A$$

$$O = 7\,L \oplus 5\,A = 19\,A.$$

Und schon sind die Kommensurabilität von (Q, O) sowie die daraus berechenbare Centgröße der Quinte gewonnen:

$$19 * Q = 11 * O \Leftrightarrow \mathrm{ct}(Q) = \frac{11}{19}1200\ \mathrm{ct} = 694{,}736\ldots\mathrm{ct}.$$

Dieser Wert stimmt in kaum noch unterscheidbarer Weise mit dem Wert der Quinte Q_{mt}^- überein. Die Vielfalt der Oktavbilanzen gewinnen wir nun durch die Gleichungsschar

$$O = 7L \oplus 5A \oplus k(2A \ominus L) = (7 - k)L \oplus (5 + 2k)A.$$

Hier kann der Parameter $k \in \mathbb{Z}$ tatsächlich alle 10 Werte $k = -2, -1, 0, 1, \ldots, 7$ annehmen, bei denen alle Vorzahlen der Semitonia nicht-negativ sind, und dann entstehen die Oktavbilanzen mit den Stufenanzahlen (in Klammern notiert)

$$O = 0 * L \oplus 19 * A\ (19),$$

$$O = 1 * L \oplus 17 * A\ (18),$$

$$\vdots$$

$$O = 9 * L \oplus 1 * A\,(10).$$

Hierbei ist für $k = 0$ die 12-Stufen-Skala $O = 7 * L \oplus 5 * A$ nur eine von vielen, wenn auch die wichtigste. ◄

Fazit Wieder einmal hat es sich gezeigt, dass das Merkmal der

▶   Kommensurabilität versus Nicht-Kommensurabilität

für Theorie (Eindeutigkeit von Bilanzen) und Praxis (Vielfalt architektonischer
Strukturen) ein alles entscheidendes Kriterium ist. Wir sehen auch, dass das eine ebenso
unvermittelt eintreten kann wie das andere: Während der mitteltönigen Mollterzquinte
Q_{mt}^- das Phänomen der Vieldeutigkeiten fremd ist, gestattet die Drittelungsquinte des
vorstehenden Beispiels, die ja nur um den Bruchteil eines Millimeters von der ersteren
abweicht, eine ganze Palette an rechnerischen wie auch konstruierbaren Bilanzen. Sicher
wundert uns das Resultat nicht, wenn wir nochmal einen Blick auf das Theorem 2.6
werfen, welches uns zeigt, dass die Kommensurabilität und ihr Gegenteil allenorts und
in kleinsten Bereichen verteilt anzutreffen sind. Einzig der Satz 7.1 liefert die Ausnahme,
dass nämlich die Eindeutigkeit der berühmten Oktavgleichung pythagoräischen Vorbilds

$$Oktave = 7 * Limma \oplus 5 * Apotome$$

stabil ist, wenn die Erzeugerquinte Q, aus welcher Apotome und Limma gemäß der
Formeln der Definition 7.1 entstehen, nicht allzu weit von der Gleichstufigkeitsquinte
Q_{equal} entfernt liegt – oder aber, dass die Gesamtanzahl (12) der Stufen bestehen soll, wie
das Theorem 7.2 lehrt.

7.3   Die Wolfsquinte und die quintgenerierte Chromatik

Das Ziel dieses Abschnitts ist es jetzt, einer Tonfolge, welche einem Iterationsprozess
mit einer gegebenen Quinte entspringt und bei welcher wir mittels einer einzigen
Ausgleichsquinte – der Wolfsquinte – einen geschlossenen Quintenkreis erzeugen,
strukturelle – das heißt allgemeine – Gesetzmäßigkeiten anzusehen.

So sei also $Q \in \mathfrak{M}_{mus}$ eine Quinte, welche im Centkorridor aufwärtsführender
Semitonia liegt, so wie dies im Theorem 7.1 geschildert ist. Wir können die Gleichung

$$11Q \oplus W = 7O$$

auf genau zwölffache Art und Weise realisieren. Die Position der Wolfsquinte kann dabei
im Modellquintenkreis die Positionen $(C \rightarrow G), \dots, (F \rightarrow C)$ einnehmen, so wie es
die Abb. 7.1 nahelegt. Und rechts herum im Modellkreis fortschreitend haben wir somit
auch genau zwölf Varianten der durch die Quinteniterationen definierten Oktavskalen.
Wenn wir hierbei die Quintenreihung angeben, so verbindet diese solche Töne, die erst
durch diese Anordnung entstehen, kurz: Bei Vorgabe der Iterationsfolge, welche bei der
Tonika (C) beginnt und auch dort unter Oktavierungen endet – der Geschlossenheit des

Kreises sei gedankt –, entstehen die Töne als Ergebnis dieser Intervalladjunktionen. So formt sich also eine zwölfteilige Iterationsfolge

$$Q \to \oplus Q \to \ldots \to (\oplus W) \ldots \to \oplus Q$$

unter Reoktavierung zu einem geschlossenen Quintenkreis respektive zu einem Wolfsquintenkreis. Im Ergebnis erhalten wir zwölfstufige Skalen, von denen es demnach genau zwölf Varianten gibt; sie sind mit dem Symbol $S_{12}^{(k)}$ gekennzeichnet, wobei der Kennungsindex (k) die Lage der Wolfsquinte angibt – siehe die Abb. 7.4.

Alle diese Varianten sind durch die beiden Semitonia (A, L) als Stufenintervalle aufgebaut; und wir wissen, dass die Gleichung

$$O = 7L \oplus 5O$$

besteht, und die Anzahlen an Limmata (7) sowie an Apotomen (5) ist fix, ein Ergebnis des Theorems 7.2. So weit, so gut. In diesem Abschnitt interessieren uns aber ganz speziell die

▶ ***Fragen:*** *Gibt es Gesetzmäßigkeiten im architektonischen Semitonaufbau dieser Skalenvarianten? Welche Rolle spielt hierbei die Wolfsquinte beziehungsweise ihr Oktavkomplement, die Wolfsquarte?*

Diese Fragen sind längst nicht „akademisch“: Sind die Semitonia sehr verschieden – ihr Unterschied, das Quintenkomma, ist dann groß –, so „hinkt“ diese Skala aufgrund des unregelmäßigen Ablaufs. Gleichzeitig ist klar, dass manche Intervalle wie Terzen und Quarten samt ihren Akkorden stark differieren könn(t)en. Von daher ist die Beurteilung der Problematik für die Praxis das Allerwichtigste, was es hierbei zu diskutieren gibt.

Abb. 7.4 Quintenkreismodell
mit Wolfsquinte
($Cis \to As = Position$ 8)

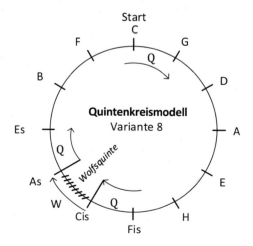

▶   *So waren die lebhaften Streitereien, die es reichlich gab, wenn das Thema der*
„rechten Art zu temperiren" zur Sprache kam, genau diesen Fragen gewidmet. In
den Literaturen [17, 30, 31, 53] entdeckt man Geschichten und Anektoten um diese
lebendige Streitkultur der damals rivalisierenden Musikwissenschaftler, die zeigen,
wie spannend und mit welcher Hervorhebung diese Probleme die Musikgeschichte
bereicherten. Dass hierbei eine eigenartige Mixtur aus Glauben, Wissen, Nicht-
wissen aber Vermuten, beharrlich Richtiges bestreiten, Falsches leider auch falsch
begründet ablehnen und so weiter, entstand, macht die Lektüre dieser Zeit zu
einem wirklichen Vergnügen.

Das Bonmot der „Tonartencharakteristik" tritt also auf den Plan; wir hatten uns ja bereits
in der Thematik kombinatorischer Aspekte mit dieser Geheimwissenschaft beschäftigen
können, siehe Abschn. 6.4.

   Das folgende Theorem befasst sich mit der Semitonarchitektur aller „Skalenvarianten
eines Wolfsquintenkreismodells". Sein Beweis enthält auch Regeln, welche den semitonischen Aufbau dieser Skalen steuern – zum Teil auch charakterisieren.

Theorem 7.3 (Quintgenerierte chromatische Skalen – Theorem der Wolfsquinte)
Sei Q eine Quinte im Centkorridor gemäß Theorem 7.1, sodass die durch Q
erzeugten Elementarintervalle (A, L) aufsteigende Stufensemitonia sind. Mit dieser
Quinte und ihrer Wolfsquinte bilden wir den geschlossenen (!) Quintenkreis,

$$11Q \oplus W = 7O,$$

wobei die Position der Wolfsquinte W im Quintenkreis beliebig sei. Dann gilt:

(1) **Das Theorem der Wolfsquinte**
   Die Wolfsquinte W und die Wolfsquarte $w = O \ominus W$ haben die Bilanzen

$$W = 5L \oplus 2A \text{ und } w = 2L \oplus 3A.$$

   Dabei gilt für den Stufenaufbau folgende genauere Architektur:

$$\left(\underbrace{L \to L \to A \to L \to A \to L \to L}_{\text{Wolfsquinte } W}\right) \text{ und } \left(\underbrace{A - L \to A \to L \to A}_{\text{Wolfsquarte } w}\right).$$

(2) **Die Stufengeometrie quintgenerierter chromatischer Skalen**
   Es gibt genau zwölf Varianten dieses Quintenkreises, die sich durch die Lage
   der Wolfsquinte definieren. Einer Verteilungsvariante, für welche die Wolfsquinte an der – im Uhrzeigersinn gezählten – k^{ten} Position die Quinte Q
   substituiert, entspricht – per Reoktavierung und Anordnung – genau eine
   zwölfstufige chromatische Oktavskala S_{12}^k. Diese ist aus genau sieben Stufen
   (L) und fünf Stufen (A) aufgebaut. Für die Struktur dieses Aufbaus gilt nun,

dass die Abfolge der Semitonia von S_{12}^k stets ein zwölfgliedriger zusammenhängender Ausschnitt aus dem beidseitig periodisch fortgesetzten Wolfsquintenmuster

$$\overleftrightarrow{W \to w} \equiv \cdots \leftarrow \underbrace{L \to L \to A \to L \to A \to L \to L}_{\textit{Wolfsquinte}\,W} \to \underbrace{A \to L \to A \to L \to A}_{\textit{Wolfquarte}\,w} \to \cdots$$

ist. Das heißt, dass alle Skalen $S_{12}^{(k)}\,(k = 1,\ldots,12)$ dem gleichen Temperierungssystem $\overleftrightarrow{W \to w}$ angehören, symbolisch ausgedrückt durch

$$S_{12}^{(k)} \subset \overleftrightarrow{W \to w} \;\textit{für alle } k = 1,\ldots,12.$$

(3) **Satz von der Charakteristik chromatischer quinterzeugter Skalen**
Je zwei verschiedene Skalen $S_{12}^{(k)}$ und $S_{12}^{(m)}$ haben verschiedene Charakteristiken,
sofern Q nicht die Gleichstufigkeitsquinte ist. Das Semitonmuster einer Skala
S_{12}^k des Quintenkreises gibt eindeutig die Lage der Wolfsquinte bekannt. Weiß
man umgekehrt, zwischen welchen Tönen einer Skala die Wolfsquinte platziert
ist, so sind allein aus dieser Kenntnis alle Stufengeometrien – das heißt der
$A - L$-Ablauf – dieser chromatischen Tonleiter bekannt.
Vorgehensweise: Beginnt die Wolfsquinte auf dem k^{ten} Ton einer Skala

$$C \to Cis \to D \to Es \to E \to F \to Fis \to G \to As \to A \to B \to H \to C',$$

so translatiert man das $\overleftrightarrow{W \to w}$-Muster an diese k^{te} Position, ergänzt und
schneidet passend ab. Dann ist das $A - L$-Stufenmuster gewonnen.

(4) **Die Charakterisierung quintgenerierter chromatischer Skalen**
Eine zwölfstufige bitonale Oktavskala ist genau dann durch eine Erzeugerquinte generiert, wenn die Abfolge der beiden Stufensemitonia dem periodisch
fortgesetzten $\overleftrightarrow{W \to w}$-Muster angehört. Die Erzeugerquinte ist dann das Intervall $Q = 4\,L \oplus 3\,A$. Hierbei ist L diejenige Stufe, die im Muster genau sieben-
mal pro Oktave auftritt beziehungsweise die dort zweimal als konsekutives
Paar vorkommt.

Eine musikalische Analyse der Wolfsquintenskalen liefert dagegen das Theorem 7.5, in
welchem insbesondere berichtet wird, wie häufig und in wie vielen Varianten allgemeine
leitereigene Intervalle vorkommen:

▶   Wie viele Arten an Ganztönen, an kleinen, großen Terzen, an kleinen, großen
    Sexten und so fort sind in der Trägerskala anzutreffen?

Beweis Zu (1): Die Bilanzformel der Wolfsquinte W kennen wir schon, siehe Theorem 7.2, und diejenige der Wolfsquarte ergibt sich sofort als Differenz zur Oktave. Was wir wirklich beweisen müssen, ist die Ablauffolge der Semitonia von W und w. Dazu lassen wir unsere Überlegungen durch die Skizze in Abb. 7.4 eines der möglichen Quintenkreismodelle begleiten, wobei die spezielle Lage der Wolfsquinte – hier Position/Variante 8 – für alles weitere keine Bedeutung hat.

Zunächst einmal beachten wir, dass es keine Rolle spielt, ob wir im oder gegen den Uhrzeigersinn laufen, wenn wir das Intervall zwischen zwei Tönen bestimmen wollen; das liegt einfach daran, dass der Kreis geschlossen ist. So würde beispielsweise das Intervall $(C \to Cis)$ bei Rechtsumlauf $7Q$-Iterationen benötigen, was bei Abzug der reoktavierenden Oktaven eine Apotome A bedeutet. Bei Linksumlauf ist aber von den fünf nötigen Quintschritten eine Wolfsquinte mit dabei, deshalb gilt mit $L = 3O \ominus 5Q$ bei Ausblenden der reoktavierenden Oktaven

$$(C \to Cis) = \ominus 4Q \ominus W = \ominus 4Q \ominus (Q \ominus \varepsilon_Q)$$
$$= \ominus 5Q \oplus (A \ominus L) = L \oplus (A \ominus L) = A.$$

Allgemein können wir festhalten, dass

a) sieben Quintschritte rechts herum ohne W ein A – mit W dagegen ein L ergeben,
b) fünf Quintschritte links herum ohne W ein L – mit W dagegen ein A ergeben,

wenn man den 7-Oktaven-Umlauf unberücksichtigt lässt. Beide Richtungen sind konkordant, schließlich liegt ja in jedem Fall eine Wolfsquinte auf genau einem der Wege. Im Übrigen entsprechen diese Beobachtung und ihre Rechtfertigung der Äquivalenz der bereits im Theorem 5.2 gezeigten Gleichwertigkeit von „Apotome- und Limmaform" der Semitonia. Deshalb können wir uns bei der Berechnung der Semitonia auf einen einheitlichen Umlaufsinn verständigen. Am elegantesten erscheint der Linksumlauf, und dann gewinnen wir diese Merkregeln:

1. 5 konsekutive Quintschritte (links herum) ergeben genau dann ein Limma (L), wenn die Wolfsquinte (W) nicht dazugehört; im anderen Fall ergibt dies eine Apotome (A), Oktaven unberücksichtigt.
2. Eine Abfolge $A \to A$ ist nicht möglich.
3. Eine Abfolge $L \to L \to L$ ist nicht möglich.
4. Eine Abfolge $L \to L \to A \to L \to L$ ist nicht möglich.

▶   Eingedenk der voranstehenden Regeln bedeutet dies, dass in einem Block von fünf Semitonia nicht vier Limma (L) auftreten können beziehungsweise nur eine Apotome (A) mit dabei sein kann.

Die 1. Regel haben wir zuvor exemplarisch bewiesen; ersetzt man eine Quinte Q durch ihre Wolfsquinte, so wechselt der Semiton von A zu L oder umgekehrt.

Die 2. Regel folgt daraus, dass bei zwei Folge-Apotomen nach Regel 1 auch zwei Wolfsquinten nötig wären, was bei insgesamt $10 = 2 * 5$ Quintschritten nicht möglich ist.

Für die 3. Regel argumentieren wir analog: Alle $15 = 3 * 5$ konsekutiven Quintschritte können nicht ohne Wolfsquinte sein.

Auch die 4. Regel kann wie die 3. Regel bewiesen werden. Es sind $25 = 5 * 5$ konsekutive Quintschritte in direkter Folge zu absolvieren. Dabei kann es nicht so sein, dass nur einmal die Wolfsquinte als Iterationsquinte erscheint.

So sind also alle Regeln gezeigt – sie sind ein rechenfreies kombinatorisches Spiel, das wir mit einem begleitenden Blick wie auf eine Uhr argumentativ äquivalent bestätigen könnten.

Nun können wir die Strukturen von W, w sehr leicht bestimmen. Das gelingt uns mittels dieser Regeln – zur Illustration werden wir aber auch noch eine konkrete „Berechnung" ergänzen. Kommen wir zu den theoretischen Überlegungen, und die Aufgabe ist, im Modellsemitonblock der Wolfsquinte

$$W \equiv X_1 \rightarrow X_2 \rightarrow X_3 \rightarrow X_4 \rightarrow X_5 \rightarrow X_6 \rightarrow X_7$$

über die Zuweisungen $X_k = A$ oder L zu entscheiden; wobei es genau zweimal das Stufenintervall A und fünfmal das Stufenintervall L sein muss, denn das ist ja die Bilanz einer Wolfsquinte nach unseren Quintenkreisformeln aus Theorem 7.2 (B).

1. Beobachtung: $X_1 = X_2 = L$, ansonsten bliebe nach Regel 2 nur eine Kombination LA oder AL übrig. Dann würde aber der restliche Block aus fünf Intervallen nur einmal die Stufe A und viermal die Stufe L enthalten, was entweder einen Unterblock LLL benötigt oder aber nur noch den Block $LLALL$ zulässt. Ersteres verbietet die Regel 3, Letzteres die Regel 4.
2. Beobachtung $X_3 = A$, ansonsten wäre $X_1 X_2 X_3 = LLL$.
3. Beobachtung: $X_4 = L$, ansonsten wäre $X_3 X_4 = AA$.
4. Beobachtung: $X_5 = A$, ansonsten wäre $X_1 X_2 X_3 X_4 X_5 = LLALL$.
5. Beobachtung: $X_6 = X_7 = L$, denn nur diese beiden Intervalle bleiben übrig.

Damit ist das Wolfsquintenmuster gefunden. Schließen wir beispielsweise an die rechte Seite des Wolfsquintenmusters dasjenige der Wolfsquarte an, so muss dieses dank der Regel 3 mit dem Intervall $X_8 = A$ beginnen und wegen Regel 2 mit $X_9 = L$ weitergehen. Dann folgt hierauf wieder das Intervall $X_{10} = A$, denn wäre $X_{10} = L$, so wäre auch der überlappende Block $X_6 X_7 X_8 X_9 X_{10} = LLALL$, was ja nach Regel 4 verboten ist. Nun ist auch der Rest trivial geworden: Aus $X_{10} = A$ folgt mit Regel 2, dass $X_{11} = L$ ist, und dann verbleibt für die letzte Stufe nur noch $X_{12} = A$. Damit ist das Theorem der Wolfsquinte (1) gezeigt.

Bevor wir die restlichen Aussagen des Theorems analysieren, konkretisieren wir – wie angekündigt – diese Schritte am Modell der 8. Wolfsquintenvariante, das uns die Abb. 7.4 vermittelt. Um die Semitonia der dortigen Wolfsquinte ($Cis \to As$) zu finden, müssen wir Linksschritte zu je fünf Quinten durchführen und einfach nachsehen, ob auf dem Weg eine Wolfsquinte liegt oder nicht. Tut sie es, so handelt es sich um ein Limma, ansonsten um eine Apotome:

Semitonschritt	Iterationsquinten	resultierendes Intervall
$Cis \to D$	$5Q$	$(Cis \to D) = L$
$D \to Es$	$5Q$	$(D \to Es) = L$
$Es \to E$	$1W, 4Q$	$(Es \to E) = A$
$E \to F$	$5Q$	$(E \to F) = L$
$F \to Fis$	$1W, 4Q$	$(F \to Fis) = A$
$Fis \to G$	$5Q$	$(Fis \to G) = L$
$G \to As$	$5Q$	$(G \to As) = L$

Wir sehen sofort, dass der Ablauf der Semitonia in der 3. Spalte unserem Resultat entspricht. Die Rotationssymmetrie des Quintenkreises garantiert, dass dieses konkrete Beispiel der 8. Variante natürlich für jede andere Lage der Wolfsquinte zum gleichen Ergebnis führen müsste – es würde nur ein Austausch der Tonnamen erfolgen, sonst nichts.

Zu Aussage (2): Nach unserer Überlegung trägt demnach die Trägerskala – respektive das Temperierungssystem – das beidseitig fortgesetzte Muster des Semitonverlaufs von $(W \oplus w)$ oder einer beliebigen Translation dieser Semitonabfolge. Das spezielle Muster

$$L \to L \to A \to L \to A \to L \to L \to A \to L \to A \to L \to A$$

stellt den Semitonablauf der Skala $S_{12}^{(1)}$ dar; das ist die chromatische Skala mit Tonika C und Wolfsquinte $W = (C \to G)$. Die Skala $S_{12}^{(2)}$ ist die chromatische Skala mit Tonika C, wobei die Wolfsquinte auf die 2. Position im Quintenkreis wechselt, das heißt $W = (G \to D')$. Zu ihr gehört dann der Ablauf

$$\underbrace{L \to L}_{\dots Wolfsquinte} \to \underbrace{A \to L \to A \to L \to A}_{Wolfsquarte} \to \underbrace{L \to L \to A \to L \to A(\to)}_{Wolfsquinte\dots}.$$

Dies ist ein Shift des Musters der vorherigen Skala $S_{12}^{(1)}$ um sieben Positionen nach rechts.

Zu Aussage (3): Der Ablauf des Semitonmusters hat keine Unterperiode – das erkennen wir durch bloßes Hinsehen, keine Translation (Shiftung) führt das Muster in sich über. Deshalb hat jede der zwölf möglichen Varianten $S_{12}^{(k)}$ eine andere Charakteristik als jede der übrigen.

Zu Aussage (4): Dies ist eine Zusammenfassung der Details aus den Aussagen (1) und (2): Hat eine Skala dieses Muster der $A - L$-Abfolge, so stellt sie eine der Varianten $S_{12}^{(k)}$ dar, und die Position der Wolfsquinte, die man am in Teil (2) beschriebenen Muster erkennt, legt die Nummerierung $k \in \{1, \dots, 12\}$ fest. Die erzeugende Quinte Q genügt dann der Bilanz

$$Q = W \oplus (A \ominus L) = 5L \oplus 2A \oplus (A \ominus L) = 4L \oplus 3A.$$

Die Umkehrung folgt auch aus der Aussage (2): Eine quintgenerierte chromatische Oktavskala, bei welcher alle Töne durch eine Quinte bestimmt werden, ist bitonal, und die Semitonabfolge hat die Wolfsquintenstruktur. Die Feststellung, dass in der Tat alle Töne (Stufen) durch diese Quinte bestimmt werden, ist deswegen klar, weil sie entweder rechts oder links herum im Wolfsquintenkreis durch eine Iteration mit der Quinte Q selbst definierbar sind. Je nachdem, wo die Wolfsquinte positioniert ist, wählt man den Weg von der Tonika ausgehend, der die Wolfsquinte nicht enthält. Damit haben wir das Theorem gezeigt. ∎

Es lohnt sich, die auch im Beweis erreichten „Zwischenresultate" noch einmal als für diesen Typus chromatischer Skalen charakteristisch herauszustellen.

▶   1. **Merkregel:** Für eine chromatische (quintgenerierte) Skala vom Wolfs-
   quintentypus gilt hinsichtlich der Abfolge ihrer Halbtonschritte A, L:
   – Es stehen nie zwei A-Intervalle in Folge,
   – es stehen nie drei L-Intervalle in Folge,
   – es stehen nie vier L-Intervalle in einem 5er-Block – also einer Quarte.

Und was die Wolfsquinte selbst betrifft, so ist sie in diesem Quintenkreismodell ganz eindeutig charakterisierbar:

▶   2. **Merkregel:** Es gibt zwei L-Intervalle in Folge ausschließlich genau am
   Beginn und am Ende der Wolfsquinte. Die Wolfsquinte hat eine symmetrische Semitonarchitektur:

$$\underbrace{L \to L \to A \to L \to A \to L \to L}_{W} \; \textit{Architektur der Wolfsquinte.}$$

   Und hieraus ergibt sich natürlich das ebenfalls symmetrische Ablaufmuster
   der Wolfsquarte $(A \to L \to A \to L \to A)$. Diese 2. Regel folgt aus der 1.
   Merkregel.

Die Beschäftigung mit Wolfsquintenkreisen ist im Rahmen der Tonleiteranalysen als dermaßen zentral anzusehen, dass das Merken und Erkennen der gewonnenen Wolfsquintenarchitektur eine unglaublich effektive flankierende Hilfe bedeutet. Wie kann man sich das Semitonmuster der Wolfsquinte nachhaltig merken?

▶   *Ein lustiger Nebengedanke möchte an dieser Stelle geäußert werden: Wir stellen*
   uns einen trochäischen Rhythmus im 4/4-Takt (alla breve) vor und deklinieren

$$|\acute{L} - L - \acute{A} - L|\acute{A} - L - \acute{L} - /|\acute{A} - L - \acute{A} - L|\acute{A} - / - / - /|.$$

   Eine Melodie hierzu könnten wir auch noch anbieten – überlassen dies aber gerne
   dem Einfallsreichtum aller Leser. Es lohnt!

Ein erstes Beispiel dient der Konstruktion einer Wolfsquintenskala bei vorgegebener Variantenzahl, was bedeutet, dass die Lage der Wolfsquinte vorgegeben ist.

Beispiel 7.6 (Stufenmodell für eine Wolfsquintenskala der Variante 6)

Die Leiter zur Variante 6 sei zu konstruieren. Das heißt, dass die Wolfsquinte das Intervall $(H \to Fis')$ bildet. Dann legen wir das $\overleftrightarrow{W} \to w$-Muster zugrunde und passen die Tonnamen derart an, dass der erste Semitonschritt auf dem Ton H beginnt. Es ergibt sich dann die Abfolge

$$'H \underset{L}{\longrightarrow} C \underset{L}{\longrightarrow} Cis \underset{A}{\longrightarrow} D \underset{L}{\longrightarrow} Es \underset{A}{\longrightarrow} E \underset{L}{\longrightarrow} F \underset{L}{\longrightarrow} Fis \mid \underset{A}{\longrightarrow} G \underset{L}{\longrightarrow} As \underset{A}{\longrightarrow} A \underset{L}{\longrightarrow} B \underset{A}{\longrightarrow} H \mid$$

$$\underbrace{\hphantom{xxxxxxxxxxxxxxxxxxxxxxxxxxxxxxxxxxx}}_{Wolfsquinte} \quad \underbrace{\hphantom{xxxxxxxxxxxxxxxxxxx}}_{Wolfsquarte}$$

und das ergibt die Oktavskala von $C \to C'$,

$$C \underset{L}{\to} Cis \underset{A}{\to} D \underset{L}{\to} Es \underset{A}{\to} E \underset{L}{\to} F \underset{L}{\to} Fis \mid \underset{A}{\to} G \underset{L}{\to} As \underset{A}{\to} A \underset{L}{\to} B \underset{A}{\to} H \mid \underset{L}{\to} C' .$$

$$\underbrace{\hphantom{xxxxxxxxxxxxxxxxxxxxxxxxxxx}}_{\to quinte} \quad \underbrace{\hphantom{xxxxxxxxxxxxxxxx}}_{Wolfsquarte} \quad \underbrace{\hphantom{xx}}_{Wolfs\to}$$

Sie ist als die Variante $S_{12}^{(6)}$ des Temperierungssystems $\overleftrightarrow{W} \to w$ anzusehen. ◀

Wir schließen nun ein Beispiel aus der Praxis der Temperierungen an. Hier treffen wir auf eine Situation, welche es doch erfordert, neben möglicherweise bereitliegenden Tabellen über die Architektur einer Skala doch eine individuelle Beurteilung über ein ebenfalls individuelles Problem anfertigen zu müssen.

▶   *Angenommen, wir würden zu einem Konzert an eine berühmte Orgel in einer berühmten Stadt eingeladen. Und vielleicht ist diese Orgel gerade deshalb so berühmt, weil sie über eine – aus heutiger Sicht – exotische Stimmung verfügt. Nehmen wir mal an, es sei eine Wolfsquintentemperierung: elf gleiche Quinten mit einer den Quintenkreis schließenden Wolfsquinte. Und irgendjemand weiß sogar, dass die Wolfsquinte vom Erbauer unverändert zwischen Gis und Dis regiert und das Spielen dort nicht sonderlich erleichtert. Dringend gewünscht ist nun, auch auf dieser Orgel einen Bestseller zu spielen, nämlich Johann Sebastian Bachs „Pièce d'orgue (BWV 572)", seine Fantasie in G -Dur (Abb. 7.5). Auf welches Abenteuer lassen wir uns da ein? Wie mag das klingen? Überwiegen die schönen barocken Register dieses Instruments oder lassen die möglichen Schwächen der temperierungsbedingten Tonartencharakteristik das Ganze zu einem Fiasko werden, das dann so ähnlich aussieht, als wolle man ein lyrisches Nocturne von Frédéric Chopin auf einem schon seit Jahrzehnten nicht mehr gestimmten Wirtshaus-Hinterzimmerklavier spielen?*

Kurzum: Wir müssen uns einen Überblick über die Abfolge der Semitonia machen; aus ihm wird sehr schnell klar, welche Akkorde „schön" klingen könnten oder welche nicht. Oder sollten wir am Ende das ganze Opus nach A-Dur transponieren – frei nach dem Motto: „Dem Ingenieur ist nichts zu schwör"?

Abb. 7.5   Johann Sebastian Bach: Pièce d`orgue BWV 572

Beispiel 7.7 (Charakteristik der chromatischen quintgenerierten Skala $S_{12}^{(9)}$)

Gegeben sei eine erzeugende Quinte Q, welche über einen Wolfsquintenkreis ein Temperierungssystem definiert. Sie sei aus dem Semitonkorridor, sodass zumindest eine musikalisch sinnvolle Skala mit akzeptablen Halbtonschritten A, L entstehen kann. Man weiß, dass die Wolfsquinte zwischen $(As \to Es')$ eingerichtet ist. Dann lautet die

Aufgabe:

1. Bestimme den Semitonverlauf dieser chromatischen Skala $S_{12}^{(9)}$.
2. Prüfe, ob die diatonische Subskala G-Dur in dieser Stimmung sinnvoll spielbar ist.
3. Demonstriere dies für die beiden Fälle pythagoräischer Quinten und mitteltöniger (Dur-Terz-)Quinten.

Lösung: Zur 1. Aufgabe beginnen wir ganz einfach mit dem $\overleftarrow{W} \to \overrightarrow{w}$-Muster

$$\underbrace{L \to L \to A \to L \to A \to L \to L}_{\text{Wolfsquinte } W} \to \underbrace{A \to L \to A \to L \to A}_{\text{Wolfquarte } w}.$$

Startet die Wolfsquinte auf dem Ton As, so müssen wir unter dieses Muster die chromatische Tonnamenfolge so anordnen, dass der erste Wolfsquintensemiton auf As ansetzt. Im Ergebnis entsteht so die zwischen $(C \to C')$ notierte Skala $S_{12}^{(9)}$

$$\underbrace{C \underset{A}{\to} Cis \underset{L}{\to} D \underset{L}{\to} Es \mid}_{\to quinte} \underbrace{\underset{A}{\to} E \underset{L}{\to} F \underset{A}{\to} Fis \underset{L}{\to} G \underset{A}{\to} As \mid}_{Wolfsquarte} \underbrace{\underset{L}{\to} A \underset{L}{\to} B \underset{A}{\to} H \underset{L}{\to} C'}_{Wolfs \to},$$

sodass der erste Teil der Aufgabe gelöst ist. Für den zweiten Teil notieren wir die sich aus dieser Skala $S_{12}^{(9)}$ leicht ablesbare Subskala der G-Dur-Tonart

$$G \underset{L \oplus A}{\longrightarrow} A \underset{A \oplus L}{\longrightarrow} H \underset{L}{\longrightarrow} C \underset{A \oplus L}{\longrightarrow} D \underset{A \oplus L}{\longrightarrow} E \underset{L \oplus A}{\longrightarrow} Fis \underset{L}{\longrightarrow} G.$$

Hier sehen wir, dass diese Skala diatonisch ist, sie ist vom bitonalen Typus $(2S - 5T)$ mit dem einzigen leitereigenen Ganztonschritt $T = A \oplus L$ und dem Limma $S = L$ als einzigem Semitonium, was natürlich auch eine Konsequenz des diatonischen Prinzips (Beispiel 5.5) beziehungsweise des Viertöneprinzips (Theorem 1.1) ist.

Damit ist auch die dritte Frage erreicht und schnell beantwortet: Mit gerundeten Cent-werten erhalten wir für die pythagoräische Quinte Q_{pyth} und die mitteltönige Quinte Q_{mt}^{+} die Daten

$$\text{ct}(Q_{\text{pyth}}) = 702 \text{ ct und ct}(L_{\text{pyth}}) = 90 \text{ ct und ct}(T_{\text{pyth}}) = 204 \text{ ct,}$$

$$\text{ct}(Q_{\text{mt}}^{+}) = 696{,}57 \text{ ct und ct}(L_{\text{mt}}^{+}) = 117{,}15 \text{ ct und ct}(T_{\text{mt}}^{+}) = 193{,}14 \text{ ct.}$$

Hierbei sind die Daten der mitteltönige Quinte Q_{mt}^{+} entweder sofort aus ihrer Definition errechenbar; wir haben aber schon in früheren Beispielen – insbesondere im Beispiel 2.4 – Bekanntschaft mit ihr gemacht. ◀

Fazit In jedem Fall wäre die G-Dur-Phantasie von Bach BWV 572 bei beiden Temperierungen ein Abenteuer; die Chromatik des Werkes liefert sicher noch spannende Momente.

7.4   Die Wolfsquinte und die quintgenerierte Heptatonik

Im Verhältnis

▶   „Diatonik versus Chromatik" – oder „Heptatonik versus Dodekatonik" –

gibt es sicher zwei Standpunkte: War erst die siebenstufige Durskala da, die dann durch weitere Iterationen, Verfeinerungen („Einfügen von schwarzen Tasten") zur Chromatik erweitert wurde – oder war die Chromatik schon da und man selektiert ganz einfach eine „Subskala", die dann das bekannte Stufenmuster aus Ganz- und Halbtonschritten als architektonisches Merkmal hat oder einfach anderen Ablaufmechanismen gehorchen soll? Schließlich ist die Spielwiese der Tonarten beträchtlich, wenn wir an die vielen Moll- und kirchentonalen Modi etc. etc. denken. Nicht vergessen sollten wir auch die Exoten wie zum Beispiel die „Oktatonik", die es irgendwo dazwischen gibt.

Kein Zweifel: Vor den schwarzen Tasten der Klaviatur waren nur die weißen auf dem Plan, genauso, wie es der traditionelle Klavierunterricht auch vermittelt. Nach längerer Zeit des Übens gesellt sich erst ein „*Fis*" hinzu, dann ein „*B*", und so geht das weiter.

▶   *Eine berühmte Ausnahme dürfte der „Floh-Walzer" sein, ein Fis-Dur-Gehopse auf den schwarzen Tasten für neugierige Kinderhände.*

Sicher würde auch die Theorie der Intervalle diesen Weg vorzeichnen; man kümmert sich erst um Skalen mit nur wenigen Tönen, um dann die komplexer erscheinende Chromatik hinzuzunehmen. Genauso würden wir das auch machen, wäre da nicht die umfassende Kenntnis des geschlossenen Quintenkreises! So bietet es sich zumindest im Fall „quintgenerierter" Skalen tatsächlich an, die für die Chromatik bekannten

Wolfsquintenstrukturen zu nutzen, um auch hiermit die heptatonischen quintgenerierten Skalen zu studieren. Denn in diesem Lichte sind die letzteren ja Auswahlen bereits vorhandener Objekte, über die wir dank des Theorems 7.3 Umfassendes wissen.

Eine Frage ist nämlich schnell beantwortet: Gegeben sei ein 12-Quinten-Kreis einer Erzeugerquinte mitsamt ihrer kreisschließenden Wolfsquinte.

▶   Wo genau im Kreis sind die Töne auffindbar, die zu einer heptatonischen – und: bitonalen – Skala gehören? Und dann noch: Welche heptatonischen Skalen sind aus diesem Kreis heraus unter Wahrung eines gegebenen Musters gewinnbar?

Dazu betrachten wir ein 12-Quinten-Kreis-Modell, wobei wir die Rotationssymmetrie der Gesetzmäßigkeiten im Blick behalten, die uns nämlich intuitiv garantieren, dass der Modellfall bereits der allgemeine Fall in allen entscheidenden Argumenten mit sich führt. In der Abb. 7.6 sehen wir eine Einteilung des Quintenkreises in zwei Halbkreise, einen „diatonisch" genannten und einen hierzu komplementären, den wir mit dem Attribut „enharmonisch" notiert haben.

Der diatonisch genannte Halbkreis enthält alle Töne der C-Dur-Tonleiter oder die Töne aller Skalen, die man auf den weißen Tasten des Pianos spielen kann, Dur, Moll und all das andere – es sind offenbar sieben Varianten. Die Wolfsquinte liegt nun außerhalb dieses Halbkreises, und wir erkennen genau fünf Ganztonschritte, bedingt durch die zweifache Iteration mit der Quinte Q; das sind die Intervalle

$$(C \to D), (D \to E) \; sowie \; (F \to G), (G \to A), (A \to H).$$

Die Limma-Iteration (Linksumlauf) mit je fünf Quinten Q ergibt die Semitonia

$$(E \to F) \; und \; (H \to C').$$

Abb. 7.6 Ein diatonischer Bereich in einem 12-Quinten-Kreis

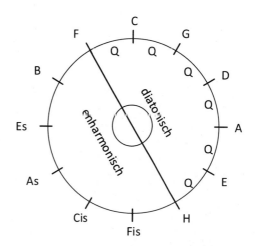

Somit kommt es zu der bitonalen Skala

$$C \xrightarrow{T} D \xrightarrow{T} E \xrightarrow{L} F \xrightarrow{T} G \xrightarrow{T} A \xrightarrow{T} H \xrightarrow{L} C',$$

in welcher wir unsere vertrauteste Skala, die C-Dur-Tonleiter, wiedersehen. Natürlich hätte auch der konsequente Rechtsumlauf der Apotomeform die gleichen Semitonia hervorgebracht: Die Iteration mit sieben Quinten ergibt das Limma – nämlich dann, wenn eine Quinte hiervon die Wolfsquinte ist, symbolisch nochmals in Erinnerung gerufen:

$$6Q \oplus W \ominus 4O = (7Q \ominus 4O) \oplus (W \ominus Q) = A \oplus (L \ominus A) = L.$$

Es liegt uns aber daran, die Iterationen nur im ausgewählten Halbkreis auszuführen, eine Vorgehensweise, die bald klar wird.

Geleitet durch diese Vorbetrachtung stellen wir nun ein neues Konzept vor, wie sich die Heptatonik in die Chromatik des Wolfsquintenkreises einbetten lässt.

Das Konzept der heptatonischen Halbkreise

Gegeben sei ein beliebiger Wolfsquintenkreis – also ein durch eine Iterationsquinte Q aufgebauter 12-Quinten-Kreis, bei welchem an einer der zwölf möglichen Positionen die Wolfsquinte zwecks Kreisschließung substituiert wurde. Dann gibt es genau diese sechs Möglichkeiten diametral positionierter Tonpaare:

$$(F \leftrightarrow H), (C \leftrightarrow Fis), (G \leftrightarrow Cis), (D \leftrightarrow As), (A \leftrightarrow Es), (E \leftrightarrow B).$$

Jedes solche Tonpaar teilt den Quintenkreis in zwei sogenannte heptatonische Halbkreise, welche die beiden Endpunkte gemeinsam haben, und jeder Halbkreis hat sieben Töne des Quintenkreises – beziehungsweise jeder Halbkreis besteht aus einer konsekutiven zusammenhängenden sechsteiligen Quintenkette, und zusammen bilden sie den kompletten 12-Quinten-Kreis. Nun sieht man, dass genau einer dieser beiden heptatonischen Halbkreise die Wolfsquinte enthält, und diese simple Unterscheidung genügt, um der gesamten folgenden Diskussion eine charakterisierende Struktur zu geben, was in der nachfolgenden Definition geschieht.

Definition 7.2 (Heptatonische Bereiche (Halbkreise))
In einem Wolfsquintenkreis definieren zwei diametrale Töne zwei heptatonische, komplementäre Halbkreise, welche das ausgewählte diametrale Tonpaar gemeinsam haben. Dann heißt der heptatonische Halbkreis, dem die Wolfsquinte nicht angehört, der **diatonische Bereich** oder Halbkreis, und derjenige, welcher die Wolfsquinte enthält, wird mit **enharmonischem** Bereich beziehungsweise Halbkreis bezeichnet. Im Wolfsquintenkreis gibt es demnach genau 6 Möglichkeiten, einen diatonischen und komplementären enharmonischen Halbkreis auszuwählen.

In unserem Eingangsbeispiel bilden die Töne $(F \to C \to G \to D \to A \to E \to H)$ den diatonischen Halbkreis für die Tonart C-Dur, und die Fortführung $(H \to Fis \to Cis \to As \to Es \to B \to F)$ inklusive der Verbindungstöne stellt den dazu komplementären enharmonischen Halbkreis dar. Hier bildet das Tonpaar (Cis, As) die Wolfsquinte $W = (Cis \to As)$ des Kreises. Für das Weitere wollen wir – zwecks Vereinfachung und Vereinheitlichung – die Ton- respektive Quintintervallpositionen im Sinne der rechtsumlaufenden Aufzählung nummerieren. Im Eingangsbeispiel entsprächen sich demnach

$$\text{im diatonischen Halbkreis} \, (1 = F), (2 = C), \ldots, (7 = H)$$

$$\text{im enharmonischen Halbkreis} \, (1 = H), (2 = Fis), \ldots, (7 = F).$$

Nun entstehen ja bei Translation einer Durtonleiter innerhalb des gleichen heptatonischen Tonvorrats – sprich gleicher heptatonischer Trägerskala – genau sieben Tongeschlechter. Spielen wir – um im vertrauten Modell zu bleiben – mit den weißen Tasten der C-Dur-Tonleiter die geshifteten Skalen, so entstehen diese Grundmodelle, bei denen wir die Positionen der jeweiligen Tonika im diatonischen Kreis der C-Dur-Skala hinzufügen.

Diese Positionen sind relativ und innerhalb jedes – einer Durtonart zugeordneten – heptatonischen Halbkreises – diatonisch oder enharmonisch – invariant. Wir haben auch in jedem heptatonischen Halbkreis die rechtsherum orientierte Reihenfolge der Quintschritte, welche letztlich einer schrittweisen Zunahme der Iterationsquinten (W, Q) entspricht.

Bevor wir jetzt das angestrebte Theorem vorstellen, welches uns Auskunft über die Skalenstrukturen der Heptatonik beider Halbkreise geben wird, studieren wir einfach mal ein weiteres Beispiel, welches die Architekturen beider Halbkreise vorstellt und welches dadurch unseren Blick für die allgemein zu erwartenden Regeln öffnet.

Die Aufgabe ist: Bestimme in der Temperierung des Wolfsquintenkreises $S_{12}^{(8)}$ einer gegebenen Quinte $Q \in \mathfrak{M}_{\mathrm{mus}}$ sowohl das Muster der B-Dur-Skala als auch dasjenige der E-Dur-Skala. Dazu nehmen wir die Halbkreisauswahl gemäß der Abb. 7.7; dort nimmt die Tonika in beiden Fällen die Position 2 ihres heptatonischen Halbkreises ein, und diese Positionierung ist genau deshalb nötig, da dann alle zu erreichenden Zieltöne dem jeweiligen Halbkreis angehören. Sie entspricht natürlich unserer Tab. 7.1.

Im diatonischen Halbkreis finden wir die heptatonische Skala B-Dur in perfekter Kopie des Eingangsbeispiels der C-Dur-Tonleiter. Alle Ganz- und Semitonschritte bestehen dank der ausschließlichen Iteration mit der erzeugenden Quinte Q aus dem Tonos T und dem Limma L; der Ton B übernimmt hier vorübergehend die Rolle der „Tonika", und er nimmt auf seinem Halbkreis die Position 2 ein – genauso wie dies im Fall des Eingangsbeispiels für Tonika C gegolten hat. Wir haben erneut eine bitonale, heptatonische Durskala

$$'B \xrightarrow{T} C \xrightarrow{T} D \xrightarrow{L} Es \xrightarrow{T} F \xrightarrow{T} G \xrightarrow{T} A \xrightarrow{L} B$$

Tab. 7.1 Positionstabelle der translatierten Heptatonik

Tongeschlecht	Modelltonika	Position
Dur (ionisch)	$C \to C'$	2
dorisch	$D \to D'$	4
phrygisch	$E \to E'$	6
lydisch	$F \to F'$	1
mixolydisch	$G \to G'$	3
aeolisch (moll nat.)	$A \to A'$	5
lokrisch	$H \to H'$	7

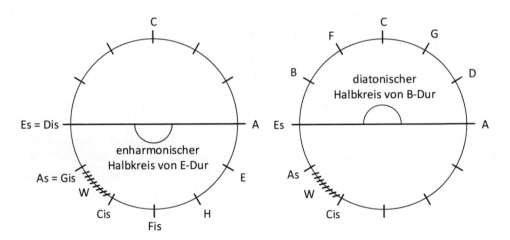

Abb. 7.7 Diatonische und enharmonische Halbkreise in $S_{12}^{(8)}$ für E- und B-Dur

vom Skalentypus $(2S - 5T)$. Wie sieht es nun mit der – ebenfalls auf Position 2 startenden – Skala des enharmonischen Kreises aus, wenn wir – beinahe in Kopie – die gleichen Ganz- und Halbton-orientierten Iterationen vornehmen? Nun, das Ergebnis ist förmlich ablesbar, wenn wir uns erneut vergewissern, welche Wirkung erzielt wird, wenn bei einer Q-Iteration eine Quinte Q durch die Wolfsquinte W substituiert wird. Für die Semitonia haben wir dies schon mehrmals genutzt, und der Mechanismus ist – wenn nötig – auch im Beweis des Theorems 7.3 nachlesbar. Für den Ganzton sehen wir mit dem nun bekannten Trick schnell folgende Architektur entstehen:

$$Q \oplus W \ominus O = (2Q \ominus O) \oplus (W \ominus Q) = T \oplus (L \ominus A) = 2L.$$

Dieser doppelte Limmaschritt ist im Übrigen genau einer der beiden Semitonfolgen der Wolfsquinte, deren Aufbaustruktur ja dies ausweist, siehe Theorem 7.3. So entsteht also folgende „E-Dur-Tonleiter":

$$E \xrightarrow[A \oplus L]{} Fis \xrightarrow[L \oplus L]{} Gis \xrightarrow[A]{} A \xrightarrow[A \oplus L]{} H \xrightarrow[A \oplus L]{} Cis' \xrightarrow[L \oplus L]{} Dis' \xrightarrow[A]{} E'.$$

Neben dem bekannten Ganzton $T = A \oplus L = 2Q \ominus O$ der Elementarintervalle kommt noch ein weiterer hierzu differenter „Ganzton" hinzu,

$$\tilde{T} = L \oplus L = 6 * O \ominus 10 * Q.$$

Diese neue Skala ist also tritonal geworden. Außerdem entsteht mit der mikrotonalen Differenz der beiden Ganztöne

$$T \ominus \tilde{T} = A \ominus L = \varepsilon_Q$$

erneut wieder – es überrascht hoffentlich nicht – das Quintenkomma dieser vorgegebenen erzeugenden Quinte. Hieraus leitet sich dann auch unser Begriff des „enharmonischen" Halbkreises ab: Im Unterschied zum diatonischen Halbkreis begegnen uns hier filigranere Skalenstrukturen, „Vierteltönigkeiten" in Form von Differenzen leitereigener Intervalle. Das wird auch in einem weiteren Beispiel deutlich, welches uns einen weiteren vertiefenden Blick in die Zusammenhänge ermöglicht.

Beispiel 7.8 (Heptatonischer Halbkreis von A-Dur im System $S_{12}^{(8)}$).

Die **Aufgabe** ist diese: Bestimme im Temperierungssystem der Trägerskala $\overleftrightarrow{S}_{12}^{(8)}$ die Daten der Tonart A-Dur.

Zur **Lösung** gehen wir wie folgt vor: Wenn der Ton A die Tonika der Durtonart sein soll, so nimmt A im passenden heptatonischen Kreis, welcher alle übrigen Töne dieser heptatonischen Durtonart enthält, wieder die Position 2 ein. Das bedeutet, dass der heptatonische Halbkreis das Segment $(D \to Gis)$ rechtsumlaufend darstellt. Hierin nimmt die Wolfsquinte die letzte Position $(Cis \to Gis)$ ein, und die Tonart verläuft im enharmonischen Halbkreis. Um eine Übersicht zu gewinnen, schreiben wir – statt des Kreismodells – die Quintenreihung einfach auf:

$$D \xrightarrow{Q} A \xrightarrow{Q} E \xrightarrow{Q} H \xrightarrow{Q} Fis \xrightarrow{Q} Cis \xrightarrow{W} Gis.$$

Und dann ergibt sich wie von selbst das Stufenmuster

$$A \xrightarrow{A \oplus L} H \xrightarrow{A \oplus L} Cis \xrightarrow{L} D \xrightarrow{A \oplus L} E \xrightarrow{A \oplus L} Fis \xrightarrow{A \oplus L} Gis \xrightarrow{A} A',$$

denn dazu brauchen wir nur auf das Iterationsmuster zu schauen und die Regeln zu berücksichtigen, wenn die Wolfsquinte substituiert wird. So erreicht man den Semitonschritt $(Cis \to D)$ beispielsweise im Limmamodus von Cis aus durch fünf (Abwärts-)Quinten Q, was ein Limma ergibt, während der Semitonschritt $(Gis \to A)$ von Gis aus abwärts (Limmaform) zur Apotome führt, da ja eine Wolfsquinte substituiert ist. Natürlich führt der Apotomemodus (Rechtsumlauf) zum gleichen Resultat.

Fazit: Diese Tonleiter besitzt zwei unterschiedliche Ganztontypen wie aber auch zwei verschiedene Semitonia; sie ist quadrotonal, und von Ruhe kann da keine Rede sein. ◀

Wer das Spiel der Iterationen mit/ohne Wolfsquinte durchschaut hat, ahnt auch, wieso sich – bei gleichem Temperierungssystem und bei Beteiligung der Wolfsquinte in beiden Fällen – die Geometrie der *E*-Dur Skala (tritonal) von derjenigen der *A*-Dur-Skala (quadrotonal) unterscheidet. Es ist genau der Umstand, dass die Änderung eines Ganztons $A \oplus L$ in die Form $L \oplus L$ einen Wechsel des Semitons nach sich führt: Hier wechselt L zu A – schließlich muss ja die Gesamtbilanz der Oktave als Aufbau von genau fünf Apotomen und sieben Limmata stimmen, siehe erneut das Theorem 7.3. Die Randlage der Wolfsquinte im enharmonischen Halbkreis ist dann – in diesem Beispiel zumindest – dafür verantwortlich, ob es dabei zu zwei oder nur zu einem Wechsel des Ganztons kommt – eines von beiden muss eintreten, das ist klar. Denn wir wissen ja auch schon, dass eine Dopplung $L \oplus L$ im gesamten Quintenkreis genau zweimal vorkommt (nämlich an den Rändern der Wolfsquinte) – alle anderen Ganztonkonstellationen sind normale Elementarmuster $A \oplus L$; die Konstellation $A \oplus A$ scheidet ja aus, wie wir im Beweis des Theorems der Wolfsquinte gesehen haben.

Dass diese Beobachtungen nun im Allgemeinen ebenso verlaufen, liegt beinahe auf der Hand, und ein Theorem möchte uns hierüber umfassend informieren.

Theorem 7.4 (Die Architektur heptatonischer Wolfsquintskalen)

(A) Die Charakterisierung als quintgenerierte Skala

Jede bitonale heptatonische Oktavskala S_7, welche mit aufsteigenden Stufen (T, L) sowie der musikalisch sinnvollen Ordnung $0 < \mathrm{ct}(L) < \mathrm{ct}(T)$ die Stufenform

$$S_7 \equiv T \to T \to L \to T \to T \to T \to L$$

besitzt, wird durch die Quinte $Q := 3T \oplus L$ generiert, das heißt, dass sie in einem der sechs möglichen diatonischen Bereiche des Wolfsquintenkreises zu dieser Quinte Q liegt. Gemäß Theorem 7.1 liegt diese Quinte numerisch dann auch im Semitonkorridor.

(B) Die Architektur der heptatonischen Wolfsquintskalen

Liegt in Umkehrung zu Teil (A) eine gegebene Quinte Q im Semitonkorridor, so ist jede heptatonische Skala des diatonischen Bereichs des Wolfsquintenkreises zu dieser Quinte eine bitonale Subskala der beidseitig fortgesetzten Trägerskala,

$$\overleftrightarrow{S_7} \equiv \cdots \to T \to T \to L \to T \to T \to T \to L \to \cdots .$$

Dagegen sind alle heptatonischen Skalen der sechs möglichen enharmonischen Bereiche entweder tritonal oder quadrotonal. Im Detail gilt:

(1) Alle Skalen haben die Struktur von fünf Ganzton- und zwei Semitonstufen.

(2) Alle Skalen besitzen stets zwei verschiedene Ganztonstufen: die Stufe $T = A \oplus L$ der Diatonik und den Ganzton $\tilde{T} = 2L$ des Wolfsquintenaufbaus.

(3) Der Ganztonschritt $\tilde{T}$ kommt in jeder Skala entweder einmal oder zweimal vor.

(4) Bei zweimaligem Vorkommen des Ganztons $\tilde{T}$ sind die beiden Semitonia identisch, und sie sind die Apotome A zur Quinte Q; die Skala ist dann tritonal.

(5) Das einmalige Auftreten von $\tilde{T}$ findet genau dann statt, wenn die Wolfsquinte am Anfang oder am Ende des heptatonischen Halbkreises angeordnet ist. Dann sind auch die zwei Semitonia unterschiedlich, beide Formen A, L sind je einmal vorhanden; die Skala ist quadrotonal.

(6) Ebenfalls bei einmaligem Auftreten des Ganztons – also nach (5) bei Randlage der Wolfsquinte – steht der Ganzton $\tilde{T}$ an der Verbindungsstelle der beiden Tetrachorde, und es entsteht die Architektur

$$(T - T - A) - \tilde{T} - (T - T - L).$$

(C) **Hauptsatz der Tonartencharakteristik**

(1) Die sechs heptatonischen Durskalen der sechs möglichen diatonischen Bereiche des Wolfsquintenkreises zur Quinte Q haben alle die gleiche Charakteristik.

Folgerung: Entsprechendes gilt für die hieraus hervorgehenden translatierten Skalen der gleichen Trägerskala (Transformationen): ionisch (Dur), dorisch, phrygisch, lydisch, mixolydisch, aeolisch (moll naturalis), lokrisch.

(2) Dagegen haben die Durskalen aller sechs enharmonischen Bereiche ausnahmslos unterschiedliche Charakteristiken, welche insbesondere auch von derjenigen der diatonischen Bereiche differieren.

Beweis des Theorems Zu (A): Die Skala S_7 sei in der vorausgesetzten Form gegeben – dann ist dies die Durform, bei welcher die Tonika im heptatonischen Halbkreis die Position 2 einnimmt. Mit der angegebenen Quinte $Q = 3T \ominus L$ als Iterationsquinte berechnen wir dann innerhalb des heptatonischen Halbkreises die Stufenintervallfolge und nutzen dabei die Oktavbilanz $O = 5T \oplus 2L$, welche ja aus der Voraussetzung ablesbar ist und welche uns überdies auch mitteilt, wann zwecks Reoktavierung eine Oktave sub- oder adjungiert werden muss. Die Berechnung erfolgt dann ganz konkret über die Schritte

1. Prim ($=$ Ton C),
2. Prim $\ominus$ Q $\oplus$ O $= 5T \oplus 2L \ominus 3T \ominus L = 2T \oplus L$ ($=$ Ton F),
3. Prim $\oplus$ Q $= 3T \oplus L$ ($=$ Ton G),

4. $\text{Prim} \oplus 2Q \ominus O = 6T \oplus 2L \ominus 5T \ominus 2L = T \ (= \text{Ton D})$,
5. $\text{Prim} \oplus 3Q \ominus O = 9T \oplus 3L \ominus 5T \ominus 2L = 4T \oplus L \ (= \text{Ton A})$,
6. $\text{Prim} \oplus 4Q \ominus 2O = 12T \oplus 4L \ominus 10T \ominus 4L = 2T \ (= \text{Ton E})$,
7. $\text{Prim} \oplus 5Q \ominus 2O = 15T \oplus 5L \ominus 10T \ominus 4L = 5T \oplus L \ (= \text{Ton H})$.

Daraus resultiert zusammen mit dem Oktavton zur Prim eine aufsteigende Reihenfolge

$$\text{Prim} \to T \to 2T \to 2T \oplus L \to 3T \oplus L \to 4T \oplus L \to 5T \oplus L \to O = 5T \oplus 2L,$$

sodass die Differenzen benachbarter Töne hierbei tatsächlich das Stufenmuster

$$T - T - L - T - T - T - L$$

mit aufsteigenden Stufen nach sich führen. Diese Stufen und ihre Anordnung sind nun identisch mit der gegebenen Skala – somit ist sie durch diese Quinte erzeugt; sie gehört einem diatonischen Halbkreis zu dieser Quinte an. Das Centmaß der Quinte $Q = 3T \ominus L$ muss dem Semitonkorridor gemäß Theorem 7.1 angehören – ansonsten würden ja die von ihr erzeugten Elementarintervalle T, L nicht der Bedingung $0 < \text{ct}(L) < \text{ct}(T)$ genügen können.

Zu (B): Wegen des angegebenen Korridors sind die Intervalle L und T, welche wir jetzt durch die bekannten pythagoräischen Gleichungen der Definition 7.1

$$T = 2Q \ominus O \text{ und } L = 3O \ominus 5Q$$

definieren, ebenfalls nach Theorem 7.1 zunächst einmal Aufwärtsintervalle. Wenn wir nun ausschließlich im diatonischen Halbkreis iterieren, so entsteht eine Stufenfolge, welche dem Muster der angegebenen Trägerskala angehört. Das hat ja die Auswertung der Iterationenfolge, die wir gerade durchgeführt haben, gezeigt.

Befinden wir uns dagegen in einem enharmonischen Halbkreis, so bewirkt die Substitution einer Quinte (Q) durch ihre Wolfsquinte (W), dass bei der Limmaform der Semitoniteration von fünf Quinten minus drei Oktaven ein Limma zur Apotome wird – sollte auf diesem Weg die Wolfsquinte an der Iteration beteiligt sein. Analog gilt dies für die zweifache Quintenschichtung zur Erzeugung des Ganztonschritts: Ohne Wolfsquinte erhalten wir definitionsgemäß den diatonischen Ganzton $T = A \oplus L$; ist dagegen eine der beiden Quinten die Wolfsquinte, so ist das Resultat der hierzu differente Ganzton $\tilde{T} = 2L$. Die Schilderung der Details (1) – (6) sind sehr leicht einer Betrachtung am Halbkreis zu entnehmen; ebenso mögen die Beispiele sowie die Tab. 7.2 zur Begründung genügen.

Die Aussagen (C) zur Charakteristik sind nun Folgerungen und zum einen evident, zumindest was die diatonischen Bereiche betrifft – alle haben das gleiche bitonale Stufenmuster. Was nun die enharmonischen Bereiche angeht, so erkennt man schnell, dass die relative Position der Wolfsquinte bei jedem dieser sechs möglichen Bereiche anders ist – es findet eine systematische Verschiebung statt, die sehr plausibel begründet, dass die beiden Durskalen zu zwei unterschiedlichen enharmonischen Halbkreisen eine unterschiedliche Anordnung des Stufenverlaufs haben müssen – ja, es

Tab. 7.2 Charakteristiken aller Durtonarten im Temperierungssystem $S_{12}^{(8)}$

Tonart	Stufenmuster	heptatonischer Halbkreis	Quintenfolge im heptaton. Bereich (Uhrzeigersinn)
heptatonisch-diatonische Halbkreise			
Es-Dur	T T L – T – T T L	$As \to A$	$Q \to Q \to Q \to Q \to Q \to Q$
B-Dur	T T L – T – T T L	$Es \to E$	$Q \to Q \to Q \to Q \to Q \to Q$
F-Dur	T T L – T – T T L	$B \to H$	$Q \to Q \to Q \to Q \to Q \to Q$
C-Dur	T T L – T – T T L	$F \to Fis$	$Q \to Q \to Q \to Q \to Q \to Q$
G-Dur	T T L – T – T T L	$C \to Cis$	$Q \to Q \to Q \to Q \to Q \to Q$
D-Dur	T T L – T – T T L	$G \to As$	$Q \to Q \to Q \to Q \to Q \to Q$
heptatonisch-enharmonische Halbkreise			
A-Dur	T T L – T – T $\tilde{T}$ A	$D \to Es$	$Q \to Q \to Q \to Q \to Q \to W$
E-Dur	T $\tilde{T}$ A – T – T $\tilde{T}$ A	$A \to B$	$Q \to Q \to Q \to Q \to W \to Q$
H-Dur	T $\tilde{T}$ A – T – $\tilde{T}$ T A	$E \to F$	$Q \to Q \to Q \to W \to Q \to Q$
Fis-Dur	$\tilde{T}$ T A – T – $\tilde{T}$ T A	$H \to C$	$Q \to Q \to W \to Q \to Q \to Q$
Cis-Dur	$\tilde{T}$ T A – $\tilde{T}$ – T T A	$Fis \to G$	$Q \to W \to Q \to Q \to Q \to Q$
As-Dur	T T A – $\tilde{T}$ – T T L	$Cis \to D$	$W \to Q \to Q \to Q \to Q \to Q$

können auch unterschiedliche Anzahlen der einzelnen Stufentypen $\left(T, \tilde{T}, A, S\right)$ vorkommen, wie die Beispiele gezeigt haben. Wir haben in der Tab. 7.2 eine komplette Zusammenstellung aller zwölf Durformen eines fixierten Wolfsquinten-Temperierungssystems aufgelistet – sie ist untergliedert in die beiden Gruppen der diatonischen und der enharmonischen Untersysteme. Hier werden die Zusammenhänge sehr schnell klar, und dank der Rotationssymmetrie aller Anordnungen und Betrachtungen können wir alle Ergebnisse, die hier für den Fall der Skala $S_{12}^{(8)}$ zu sehen sind, auf jedes andere System $S_{12}^{(k)}, k = 1, \ldots, 12$ übertragen. Es ändern sich nur die Tonnamen, wobei auch hierbei nur eine „rotierende Translation" aller Namen und Objekte vonstattengeht. Damit ist auch dieses Theorem bewiesen. ■

Die Tab. 7.2 lässt sehr gut erkennen, wie die Skalenmuster von der relativen Position der Wolfsquinte im jeweiligen heptatonischen Halbkreis abhängen. Nimmt sie die beiden Randlagen ein, so entsteht nur ein (1) neuer Ganztonschritt, und konsequenterweise haben wir auch zwei unterschiedliche Semitonia, sodass genau hier die quadrotonale Situation eintritt.

In einem abschließenden Beispiel stellen wir uns einmal die Aufgabe, auf dem Ton E eine lydische heptatonische Tonleiter aufzubauen, und unser Tastatursystem gehöre wie die Beispiele zuvor ebenfalls dem Temperierungssystem $S_{12}^{(8)}$ an. Eine solche

Aufgabe ist – sofern die Stufenstruktur bekannt ist – zumindest im fortgeschrittenen Stadium sicher kein Problem. Den Gesetzen dieser Tonleiter, dem Stufenziffervektor

$$1 - 1 - 1 - \tfrac{1}{2} - 1 - 1 - \tfrac{1}{2}$$

folgend, finden unsere Finger auf dem Piano ganz bestimmt sofort zur Tonfolge

$$E \to Fis \to Gis \to Ais \to H \to Cis \to Dis \to E'.$$

So weit, so gut. Unser Interesse ist jetzt aber den Fragen gewidmet, die bezüglich der Maße, Symmetrien, Intervalltypen dieser Skala eine Antwort suchen. Diese Fragen sind nun keineswegs akademisch: Wenn ein Instrument – sagen wir eine Orgel – mitteltönig oder quintenrein oder sonst wie gestimmt ist, so ist es schon interessant, wie wohl eine kirchentonale Tonart darauf klingen mag – wenn man sie beispielsweise ausgerechnet auf den Startton E (oder an anderer Stelle) transponiert anzuwenden hat, eine zweifellos höhere Aufgabe der Praxis.

Beispiel 7.9 (Die lydische Kirchentonart im System $S_{12}^{(8)}$)

Die Aufgabe: Bestimme die charakteristischen Daten einer auf dem Ton E startenden lydisch-heptatonischen Tonart im Temperierungssystem $S_{12}^{(8)}$.

   Die Lösung: Bei der Analyse des für die lydische Skala zu absolvierenden Stufenablaufs erkennt man schnell, dass sie – würde sie auf weißen Tasten gespielt – den Tönen von F bis F' folgen. Sie nimmt demnach – wie auch in der Tab. 7.1 nachlesbar – im heptatonischen Halbkreis die Position 1 inne. Aus Sicht der C-Dur-Tonleiter (Position 2) beginnt man auf der Quarte – also eine Quinte unter Tonika -C. Folglich ist der heptatonische Bereich, in welchem diese Skala realisiert wird, der Halbkreis

$$E \xrightarrow{Q} H \xrightarrow{Q} Fis \xrightarrow{Q} Cis \xrightarrow{W} Gis \xrightarrow{Q} Dis(Es) \xrightarrow{Q} Ais(B),$$

und schon befinden wir uns im enharmonischen Bereich. Jetzt aber ist die Arbeit bald getan: Wir schauen einfach nach, welche Iterationen nötig sind, sodass die gewünschte in Stufen geordnete Skala entsteht. Dazu schreiben wir die Modelltonfolge des Lydischen hin und ermitteln die Quintiteration, indem wir bei Ganztönen nach der Abfolge $(Q \oplus Q)$ oder $(W \oplus Q)$ unterscheiden, bei den Semitonia ist das ja schon mehrfach angesprochen worden. Auf diese Weise ergibt sich das Resultat

$$E \xrightarrow{L \oplus A} Fis \xrightarrow{L \oplus L} Gis \xrightarrow{A \oplus L} Ais \xrightarrow{A} H \xrightarrow{L \oplus A} Cis \xrightarrow{L \oplus L} Dis \xrightarrow{A} E'.$$

Somit hat diese lydische Tonleiter die Abfolge

$$T - \tilde{T} - T - A - T - \tilde{T} - A$$

mit den beiden Ganztönen $T, \tilde{T}$; numerische Daten könnten nun nach Bedarf hinzugefügt werden.

Alternativ – aber äquivalent hierzu – könnten wir natürlich auch ähnlich wie im Beispiel 7.6 das Muster der Skala $S_{12}^{(8)}$ gemäß dem Wolfsquintenmodell erstellen, und dann würden wir den Skalenablauf erhalten

$$C \underset{A}{\to} \mid Cis \underset{L}{\to} D \underset{L}{\to} Dis \underset{A}{\to} E \underset{L}{\to} F \underset{A}{\to} Fis \underset{L}{\to} G \underset{L}{\to} Gis \mid \underset{A}{\to} A \underset{L}{\to} Ais \underset{A}{\to} H \underset{L}{\to} C'$$

$\underbrace{}_{\to quarte} \qquad \underbrace{}_{Wolfsquinte} \qquad \underbrace{}_{Wolfs \to}$

Wenn wir dann die dem lydischen Ablaufmuster, dem Stufenziffervektor, gehorchenden Stufenschritte auswählen, bei Tonika E beginnend, so ergibt sich das gesuchte Stufenmuster wie zuvor.

Die musikalische Analyse: Sie richtet sich ganz sicher nach der numerischen Situation: Ist die Quinte Q klein, sagen wir deutlich unter 700 ct, wie es zum Beispiel in manchen mitteltönigen Temperierungen der Fall ist, so ist auch die Apotome klein, wie wir sowieso an der Abb. 7.2 oder an den Formeln des Theorems 7.1 ablesen können. Dann sind die Leittonintervalle (A) der Skala „knapp" bemessen, und die Leittöne stehen im Lydischen eng vor Dominante und Tonikaoktave – aber auch der Unterschied der beiden Ganztöne wächst mit kleiner werdenden Quinten, sodass der Charakter dreier Ganztöne in Folge – das Charakteristikum des Lydischen – darunter beeinflusst wird – ob positiv oder negativ: Das ist dann dem eigenen Geschmack überlassen. ◄

Wir haben in diesem Abschnitt die komplette Architektur aller heptatonischen Skalen begründen und demonstrieren können – hier lag allerdings der verhältnismäßig einfache Fall vor, wo zwecks Kreisschließung unter konsequenter Anwendung des Prinzips der Erhaltung der Tonika und reiner Oktaven nur <u>eine</u> „Ausgleichsquinte" – die Wolfsquinte – substituiert wurde. Die Verteilung des Kommata auf mehrere Schultern führt zweifellos zu deutlich heterogeneren Stufenarchitekturen. Eine einheitliche Theorie, so wie sie jetzt im Modellfall einer Wolfsquinte vorliegt, wäre zwar „grundsätzlich" möglich – aber gewiss ganz und gar unmöglich im Sinne einer überblickbaren Anwendung. Gleichwohl haben wir im letzten Abschn. 7.7 eine Theorie auch dieser komplexeren Gebilde anzubieten. Aber auch im folgenden Abschnitt wird der Fall mehrfacher Wolfsquinten miteinbezogen. Im Allgemeinen helfen hier zumeist jedoch nur präzise Studien in den einzelnen speziellen Situationen. Das Anwendungs Kap. 12 wird solche mehrgliedrigen Verteilmechanismen enthalten, worunter unter anderen das Bach-Kellner-System, das Valotti-System sowie das Neidhardt-System zählen, um nur die prominentesten zu nennen.

7.5   Theorie und Analyse leitereigener Intervalle der Wolfsquintenchromatiken

Wenn man mit ein, zwei Sätzen beschreiben sollte, was in den zurückliegenden Abschnitten dieses Kapitels erzählt wurde, so zumindest dies,

▶   *dass durch die Größe der Quinte (Q) und die Positionierung ihrer Ausgleichsquinte (W) die entstehende geschlossene zwölfstufige Oktavskala vollständig bestimmt ist. Denn die Stufensemitonia (A, L) sind von der Größe und ihrem Ablauf her bekannt und eindeutig festgelegt – wie auch umgekehrt durch Geometrie und Maß der Semitonia sowohl wieder die Quinte als auch die Wolfsquinten-positionierung festgelegt sind.*

Eine typisch mathematische Feststellung. Und gewöhnlich ist nach einem solchen Statement ein gewisser Abschluss erreicht, das Opus ist vollendet. Es wurde ja ein auf Äquivalenz beruhender eineindeutiger Zusammenhang einer Situation mit einer anderen hergestellt, aus welcher man alle weitergehenden und detaillierten Betrachtungen der einen Seite mit entsprechenden Eigenschaften der anderen Seite vergleichen kann.

Die Arbeit ist für uns Mathematiker also getan. Was aber sagen wir Musiker dazu? Auch wenn wir uns nur der **„musica theoretica"** befleißigen, so möchte man neben den Zahlen – den Centdaten – auch noch ein wenig mehr zur **„musica practica"** erfahren – beispielsweise, was denn so alles dem sich nach wohlklingenden Akkorden sehnenden Ohr widerfährt – oder widerfahren könnte, wenn die Klippen einer Temperierung wenig kenntnisreich missachtet würden.

Nun kennen wir sicher alle das schöne Bonmot

▶   *„Probieren geht über Studieren",*

das es ganz gewiss zu Recht zur ruhmvollen Universalregel gebracht hat. Wer kann, möge eine sich aus Tabellenwerten erschließende Tonleiter auf einem passenden Instrument – wie es par exemplum moderne Keyboards oder Handy-Apps ermöglichen – installieren und dann munter drauflosspielen. Aber – ehrlich gesagt – gleicht das nicht ein wenig dem „Stochern im Nebel"? Wenn was nicht gefällt: Wo und was müsste geändert werden, „damit dem Ohr Gnade erwysen werde", so formulierten es jedenfalls die Alten. Und so erinnern wir uns einer ebenfalls zu Recht zu Ruhm und Ehre gelangten zweiten Universalregel, nämlich der allbekannten Maxime

▶   *„Wissen schadet nicht",*

weshalb wir nun versuchen, etwas mehr Musik in dem Zahlenspiel des Skalenspiels zu entdecken. So wollen wir ein wenig mehr über einzelne, für die musikalische

Praxis relevanten Intervall- und Akkordverbindungen wissen, wenn wir uns in einer quintgenerierten Wolfsquintenskala bewegen. Aber auch hierbei – Verzeihung – wird unser Bemühen wieder durch ein auf Allgemeingültigkeit bedachtes „Theorem" überwacht.

Für eine Quinte Q im Semitonkorridor gemäß Theorem 7.1 sei also $S_{12}^{(k)}$ die Wolfsquintenskala zur Variante $k \in \{1, \ldots, 12\}$, und wir denken sie uns bei Bedarf oktavperiodisch in das für alle Parameter $k \in \{1, \ldots, 12\}$ gleiche Trägertemperierungssystem $\overleftrightarrow{S}_{12}$ fortgesetzt. Weil es bei den nun folgenden Aussagen nicht auf die spezielle Wahl der Positionierung der Wolfsquinte ankommt, unterdrücken wir den Positionsindex k, und dann liegt gemäß Theorem 7.3 der beidseitig periodisch fortgesetzte Semitonablauf vor, den wir modellhaft für $k = 1$ notieren:

$$\ldots C \xrightarrow{L} Cis \xrightarrow{L} D \xrightarrow{A} Es \xrightarrow{L} E \xrightarrow{A} F \xrightarrow{L} Fis \xrightarrow{L} \underbrace{G \xrightarrow{A} As \xrightarrow{L} A \xrightarrow{A} B \xrightarrow{L} H \xrightarrow{A} C'} \ldots$$
$$\underbrace{\phantom{C \xrightarrow{L} Cis \xrightarrow{L} D \xrightarrow{A} Es \xrightarrow{L} E \xrightarrow{A} F \xrightarrow{L} Fis}}_{Wolfsquinte} \quad \underbrace{\phantom{G \xrightarrow{A} As \xrightarrow{L} A \xrightarrow{A} B \xrightarrow{L} H \xrightarrow{A} C'}}_{Wolfquarte}$$

Von jedem dieser Töne startet ein Semiton, ein Ganzton, eine kleine Terz, eine große Terz und so fort, sodass wir beispielsweise von „12 großen Terzen" einer Oktavskala sprechen können, wenn auch hierbei eine etwaige Oktavüberschreitung erfolgt.

Intervalle, deren Start- und Zielton dieser fortgesetzten Skala $\overleftrightarrow{S}_{12}$ angehören, heißen bekanntlich leitereigene Intervalle, siehe Abschn. 5.2. Bei der Analyse solcher leitereigenen Intervalle genügt es aus naheliegenden Gründen, sich auf diejenigen zu beschränken, die kleiner als eine Oktave sind. Diese leitereigenen Intervalle sind dann klassifiziert über den Semiton-Stufenanzahlparameter $k = 1, \ldots, 11$, der angibt, aus wie vielen Halbtonschritten (A, L) sie zusammengesetzt sind. Oktavkomplementäre leitereigene Intervalle haben erkennbar auch zur Zahl 12 komplementäre Parameter wie $1 - 11, 2 - 10, 3 - 9, \ldots$ und so fort.

Im Folgenden verwenden wir wieder – wie im Abschn. 6.1 eingeführt – das „Anzahlsymbol" (#X), welches hierbei angibt, wie oft das Intervall X als leitereigenes Intervall vorkommt, wenn man als Start alle zwölf möglichen Töne der Skala $(C, Cis, \ldots, H)$ einer Grundoktave bei erlaubter Oktavüberschreitung wählt.

Bezüglich Lage, Anzahl und Größe der musikalisch relevanten und akkordbildenden Intervalle Ganztöne, kleine Terzen (Mollterz) und große Terzen (Durterz) – aber auch aller anderen leitereigenen Intervalle der zwölfstufigen Wolfsquintenskala – gibt nun das folgende Theorem Auskunft. Außerdem beschreibt es die Situation „mehrfacher Wolfsquinten", was darin begründet liegt, dass wir uns mit einem Wechselspiel der Daten leitereigener Intervalle auseinandersetzen, wenn wir Skalen vergleichen, welche aus zwei Quintenprototypen aufgebaut sind. Ansonsten werden diese Systeme erst im letzten Abschnitt dieses Kapitels behandelt.

Theorem 7.5 (Die leitereigene Architektur chromatischer Wolfsquintskalen)

Es sei $Q \in \mathfrak{M}_{mus}$ eine Quinte aus dem Semitonkorridor. Dann gelten für jede Oktavskala des durch sie erzeugten zwölfstufigen Temperierungssystems $\overleftrightarrow{S}_{12}$:

(A) **Kombinatorische Architektur der leitereigenen Intervalle**

Zu jeder Semitonstufenanzahl $k \in \{1, \ldots, 11\}$ gibt es genau zwei differente k-stufige leitereigene Intervallvarianten (X_k, Y_k), die sich folglich nur im semitonalen Aufbau unterscheiden. Auf jedem der zwölf Töne $C, Cis, \ldots H$ setzt daher entweder X_k oder Y_k als leitereigenes k-stufiges Intervall an. Dann seien (n_k, m_k) die Anzahlen, wie oft die Intervalle X_k, Y_k unter diesen zwölf Intervallen vorkommen. Dann gelten diese Formeln:

$$n_k + m_k := (\#X_k) + (\#Y_k) = 12,$$

$$n_k * X_k \oplus m_k * Y_k = k * O,$$

und diese Oktavbilanz kann in den meisten der elf Fälle noch gekürzt werden.

Folgerung 1: Genau eine der beiden Varianten ist kleiner als das entsprechende Gleichstufigkeitsintervall, in Formeln

$$\mathrm{ct}(X_k) < k * 100 \ \mathrm{ct} < \mathrm{ct}(Y_k),$$

oder aber Y_k und X_k vertauschen in dieser Ungleichung die Rollen.

Folgerung 2: Man kann die Bezeichnungszuordnungen stets so wählen, dass sowohl (X_k, X_{12-k}) als auch (Y_k, Y_{12-k}) oktavkomplementäre Paare sind,

$$X_{12-k} = O \ominus X_k \text{ und } Y_{12-k} = O \ominus Y_k.$$

Folgerung 3: Weil oktavkomplementäre Intervalle gleich oft vorkommen, ist mit Folgerung 2 auch die Koeffizientensymmetrie

$$n_{12-k} = n_k \text{ und } m_{12-k} = m_k, k = 1, \ldots, 11$$

gegeben.

(B) **Quintenkommaregel**

Die beiden Varianten einer Stufenklasse unterscheiden sich durch das Quintenkomma, das bedeutet, dass für jedes $k = 1, \ldots, 11$ alternativ gilt:

$$X_k \ominus Y_k = \varepsilon_Q \text{ oder } Y_k \ominus X_k = \varepsilon_Q.$$

(C) **Charakterisierung quintgenerierter Temperierungssysteme**

Gegeben sei eine Skala $\overleftrightarrow{S}_{12}$, von welcher man die erzeugende Quinte Q zunächst einmal nicht kennt. Dann gilt:

Ist für nur eine einzige Stufe (k) dieser Skala auch nur eines der beiden Intervalle (X_k, Y_k) (zum Beispiel im Centmaß) bekannt, so sind genau zwei mögliche Erzeugerquinten berechenbar.

Und wäre darüber hinaus auch die Anzahl n_k des Vorkommens dieses Intervalls bekannt, so ist die Erzeugerquinte auch eindeutig berechenbar, und das gesamte Temperierungssystem ist somit als Wolfsquintenmodell $\overleftrightarrow{S}_{12}$ festgelegt.

(D) **Symmetriegesetz der mehrfachen Wolfsquintskalen**

Es seien Q und W zwei Quinten, mit denen wir jeweils ihre geschlossenen 12-Wolfsquinten-Kreise mitsamt ihren leitereigenen Intervallen bilden können.

Dann haben wir gemäß Teil (A) für jeden der Quintenkreise die für jede Stufenanzahl $1 \leq k \leq 11$ in zwei Varianten auftretenden leitereigenen Intervalle (X_k, Y_k) des Temperierungssystems $\overleftrightarrow{S}_{12}(Q)$ und (U_k, V_k) des Systems $\overleftrightarrow{S}_{12}(W)$, und für jeden Parameter $k \in \{1, \ldots, 11\}$ sind die jeweiligen Anzahlen $(n_k, m_k) = (n_k, (12 - n_k))$ in jedem der beiden Systeme gleich.

Für jeden Parameter $k \in \{1, \ldots, 11\}$ gilt nun folgende Symmetrie:

$$\underbrace{n_k Q \oplus (12 - n_k)W = 7O}_{12-Quinten-Ausgleichsformel} \Leftrightarrow \underbrace{Y_k = U_k \Leftrightarrow Y_{12-k} = U_{12-k}}_{Anti-Symmetrie-Gesetze}$$

und bei Vertauschung der Oktav-Ausgleichskoeffizienten ergibt sich die hierzu komplementäre Symmetriesituation

$$\underbrace{(12 - n_k)Q \oplus n_k W = 7O}_{12-Quinten-Ausgleichsformel} \Leftrightarrow \underbrace{X_k = V_k \Leftrightarrow X_{12-k} = V_{12-k}}_{Anti-Symmetrie-Gesetze}.$$

Fazit: Das Wolfsintervall des einen Systems ist identisch mit dem gewöhnlichen Intervall des anderen Systems, falls eine entsprechende Ausgleichsbilanz der beiden Quinten eingerichtet ist.

Erläuterung Oktavkomplementäre Intervallklassen haben – wie im Theorem beschrieben – stets die gleichen Anzahlen differenter Vertreter. So gelangt man zu entsprechenden Aussagen über kleine und große Sexten, kleine und große Septimen. Und für die Semitonia, die Quarten und Quinten ist die Sache ohnehin klar. Für die halbe Oktave, den Tritonus, gilt dies ebenso: Auch er kann nur in den beiden Formen

$$Tritonus = 4L \oplus 2A \quad \text{oder} \quad Tritonus = 3L \oplus 3A$$

vorkommen; beide Varianten kommen je sechsmal vor, was auch plausibel erscheint.

Die Tab. 7.3 zeigt die vollständige Architektur aller leitereigenen Intervalle sowie deren Anzahlen für eine beliebige Wolfsquintenskala. Wir haben dabei auf die Indizierung nach dem Semitonstufenparameter „k" verzichtet.

Beweis Zu Teil (A): Trotz der Länge dieser Ausführungen ist ein wesentlicher Teil des Beweises reduzierbar auf das für jede Intervallklasse (große Sekunden, kleine Terzen, große Terzen und so fort) gesonderte bloße Nachzählen anhand des dem Theorem vorangestellten Semitonmusters für das Temperierungssystem $S_{12}^{(1)}$. Hieraus folgen auch alle Angaben über die Zusammensetzung aller Intervalle (X_k, Y_k) aus den Semitoniabausteinen. Auch die diversen Angaben über die Lage der jeweiligen Intervalltypen kann dort bequem abgelesen werden. Wir empfehlen den einen oder anderen nachprüfenden Blick. Die Tab. 7.3 gibt uns die vollständige Beschreibung aller intrinsischen Architekturen einer allgemeinen Wolfsquintenskala. Zur Systematik dieser Tabelle sei darauf hingewiesen, dass man sich für eine Zuweisungsordnung entscheiden muss: Was ist X_k und was ist Y_k? Wir haben eine Einheitlichkeit dadurch gewonnen, dass wir bei jeder der beiden Kategorien $\{X_k\}$ und $\{Y_k\}$ dafür gesorgt haben, dass in jeder der beiden eine oktavkomplementäre Eigenschaft eingehalten wird, sodass stets

$$X_k \oplus X_{12-k} = O \text{ wie auch } Y_k \oplus Y_{12-k} = O$$

gilt, was in der Folgerung 2 zum Ausdruck kommt. So lassen sich in der Tabelle wohlgeordnete symmetrische, komplementäre Situationen in Anzahl und Aufbau wiederfinden, so wie die allgemeinen Regeln des Theorems es vorgeben beziehungsweise was diese beweisen. So sind die Anzahlen der Intervalle mit den Semitonstufenzahlen k und $(12 - k)$ und der gleichen Aufbauform X beziehungsweise der gleichen Aufbauform Y identisch. Auch die Gültigkeit der angegebenen Oktavkomplementarität und der

Tab. 7.3 Anzahlen (#) und Semitonarchitekturen aller leitereigenen Suboktavintervalle der einfachen chromatischen Wolfsquintenskalen

k	Intervalle	2 Varianten $X - Y$	#X − #Y	Oktavbilanzen
1	Semitonia	$A - L$	$5 - 7$	$5X \oplus 7Y = O$
2	Ganztöne	$L \oplus A - 2L$	$10 - 2$	$5X \oplus Y = O$
3	kleine Terzen	$2L \oplus A - L \oplus 2A$	$9 - 3$	$3X \oplus Y = O$
4	große Terzen	$2L \oplus 2A - 3L \oplus A$	$8 - 4$	$2X \oplus Y = O$
5	Quarten	$3L \oplus 2A - 2L \oplus 3A$	$11 - 1$	$11X \oplus Y = 5O$
6	Tritonus	$4L \oplus 2A - 3L \oplus 3A$	$6 - 6$	$X \oplus Y = O$
7	Quinten	$4L \oplus 3A - 5L \oplus 2A$	$11 - 1$	$11X \oplus Y = 7O$
8	kleine Sexten	$5L \oplus 3A - 4L \oplus 4A$	$8 - 4$	$2X \oplus Y = 2O$
9	große Sexten	$5L \oplus 4A - 6L \oplus 3A$	$9 - 3$	$3X \oplus Y = 3O$
10	kleine Septimen	$6L \oplus 4A - 5L \oplus 5A$	$10 - 2$	$5X \oplus Y = 5O$
11	große Septimen	$7L \oplus 4A - 6L \oplus 5A$	$5 - 7$	$5X \oplus 7Y = 11O$

Bilanzen kann durch einfaches Einsetzen in die behaupteten Gleichungen verifiziert werden; dabei wird ständig die wichtige Gleichung

$$5A \oplus 7\,L = O$$

benutzt. Die Bilanz

$$n_k X_k \oplus m_k Y_k = kO$$

ist eine Konsequenz der Stufenformel für leitereigene Intervalle des Satzes 5.1.

Die Folgerung 1 ergibt sich sofort, wenn wir das Gegenteil annähmen: Wären beide Varianten im Centmaß beispielsweise kleiner als $k * 100$ ct, so wäre

$$\mathrm{ct}(n_k X_k \oplus m_k Y_k) = n_k \mathrm{ct}(X_k) + m_k \mathrm{ct}(Y_k)$$

$$< (k * 100)(n_k + m_k) = k * 1200\ \mathrm{ct}$$

im Gegensatz zur bestätigten Oktavbilanz. Die Folgerung 2 haben wir schon in der Hinführung zum Theorem erkannt. Die Folgerung 3 lesen wir aus der Tabelle ab – jedoch ist sie selber die Konsequenz daraus, dass zu jedem Intervall genau ein oktavkomplementäres Intervall gehört, somit müssen die Anzahlen (n_k, n_{12-k}) gleich sein wie es auch für (m_k, m_{12-k}) so sein muss.

Wenn auch keine Sekunde lang daran gezweifelt werden kann, dass ein solches Nachprüfen per Nachzählen hinreichende Beweiskraft hat, so wollen wir versichern, dass es neben dieser niederen Art des Argumentierens auch eine etwas höhere Einsicht in die Logik dieser Aussagen gibt – frei nach dem Motto: „Ganz gleich, was ich aus der Tabelle zusammenzähle – es muss ja so sein." Um dies zu demonstrieren, nehmen wir das Beispiel der großen Terzen.

Eine große Terz besteht aus vier Semitonia A, L in Folge. Da nach den Merkregeln im Nachgang zu Theorem 7.2 weder eine Doppelfolge zweier Apotome (AA) noch eine Dreiergruppe aus Limmata (LLL) möglich ist, liegt die Anzahl der vorkommenden Intervalle A in einer Gruppe aus vier Semitonia zwischen 1 und 2, die der Limmata konsequenterweise zwischen 2 und 3. Nun ergeben drei Terzen eine Oktave: Deshalb können die Terzen nicht gleich groß – also die gleiche Zusammensetzung haben, denn die Bilanz der Oktave weist – wie wir mit Theorem 7.2 sehen – genau $7L, 5A$ aus, und keine andere Anzahlkombination ist hierbei möglich. Bei gleicher Terzbeschaffenheit wären dann 7 und 5 durch 3 teilbar. Also dürfen nicht alle drei Terzen gleich sein, mindestens eine schert aus. Wegen der angegebenen Schranken der Semitonia einer Terz und der Bilanz, dass in Summe sieben Limmata wie auch simultan fünf Apotome entstehen müssen, kann und muss genau eine der Terzen drei Limmata tragen, während die anderen beiden Terzen je zwei haben müssen. Somit haben wir durch diese Art des Bilanzierens gezeigt, dass eine Akkordkette zwingend den Terzaufbau

$$(3L \oplus A) \oplus (2L \oplus 2A) \oplus (2L \oplus 2A) = 7L \oplus 5A = O$$

zweier gleicher Ditonos-Terzen $(2L \oplus 2A)$ und einer um das Quintenkomma reduzierten Terz

$$(3L \oplus A) = (2L \oplus 2A) \ominus (A \ominus L) = (2L \oplus 2A) \ominus \varepsilon_Q$$

haben muss, und das gilt für jede der vier möglichen und untereinander disjunkten Akkordketten, die zusammen alle zwölf Töne der Chromatik erreichen.

So oder zumindest so ähnlich kann man auch in allen anderen Fällen verfahren, und alle, die mit Eifer dem tieferen Nachdenken erlegen sind, sind herzlich eingeladen, die Materie auch auf diese Art und Weise zu durchdringen.

Den Teil (B) entnehmen wir ebenfalls der Tabelle: Jede der Differenzen der beiden Varianten ist entweder $A \ominus L$ oder $L \ominus A$. In unserer Anordnung der Partnerintervalle (X_k, Y_k) ist dabei genauer

$$X_k \ominus Y_k = \varepsilon_Q \Leftrightarrow k = 1, 2, 4, 7, 9;$$

für die übrigen (oktavkomplementären) Fälle gilt folglich

$$X_k \ominus Y_k = (\ominus \varepsilon_Q) \Leftrightarrow k = 3, 5, 6, 8, 10, 11.$$

Wie sieht man nun die Behauptung (C)? Nun, wenn wir wissen, dass ein Intervall (I) als ein k-stufiges leitereigenes Intervall einer – zunächst unbekannten – Wolfsquintenskala vorkommt, so gibt es die beiden Möglichkeiten

$$I = X_k \text{ oder } I = Y_k.$$

Entscheiden wir uns beispielsweise für X_k, so kennen wir aus der Tabelle den Anzahlparameter n_k und können aus der Oktavbilanz die Partnervariante Y_k berechnen, wobei wir anhand der Tabelle auch entscheiden können, welcher der beiden Fälle

$$\varepsilon_Q = X_k \ominus Y_k \text{ oder } \varepsilon_Q = Y_k \ominus X_k$$

zutrifft. Dann ergibt sich aus der Quintenkreisformel

$$12 * Q = 7 * O \oplus \varepsilon_Q$$

der Centwert der Quinte, womit das Temperierungssystem festgelegt ist. Ist aber zusätzlich auch klar, wie oft das Intervall I als Stufenintervall vorhanden ist, so liegt ja anhand der Tabelle fest, ob diese Anzahl mit n_k oder m_k übereinstimmt – eines von beidem muss ja eintreten, sonst würde es sich nicht um eine Wolfsquintenskala handeln. Dann liegt aber fest, ob das Intervall zur X-Klasse oder zur Y-Klasse gehört.

Zum Beweis der Symmetrieregel Teil (D) brauchen wir nur eine der beiden Formelgruppen zu zeigen, denn die andere geht durch Rollentausch der Quinten aus dieser hervor. Zeigen wir also einschränkungsfrei die erste Formelgruppe. Dabei ist auch klar, dass wir uns auf die Fälle $k = 1, \ldots, 6$ beschränken können, denn die restlichen Fälle $k = 7, \ldots, 11$ bekommen wir simultan durch Übergang zu den Oktavkomplementen. Weil wir leider keine allgemeine Formel für das Bildungsgesetz zu den leitereigenen Varianten besitzen – was zwar möglich, jedoch mehr Aufwand erfordert als Nutzen bringen würde –, diskutieren wir diese Fälle „von Hand" – wobei das Schema der Beweisführung stets das gleiche ist.

Seien also (X_k, Y_k) die Intervallpaare des Temperierungssystems $\overleftrightarrow{S}_{12}(Q)$ und (U_k, V_k) diejenigen des Systems $\overleftrightarrow{S}_{12}(W)$. Für beide gelten die Formeln der Tab. 7.3. Apotome und Limma kennzeichnen wir mit der Indizierung der Erzeugerquinte.

- Fall $k = 1$(und $k = 11$). Für Semitonia (und große Septimen) sagt die Tabelle

$$Y_1 = L_Q = 3O \ominus 5Q \text{ und } U_1 = A_W = 7W \ominus 4O.$$

Dann folgt die Äquivalenz

$$Y_1 = U_1 \Leftrightarrow 3O \ominus 5Q = 7W \ominus 4O \Leftrightarrow 5Q \oplus 7W = 7O.$$

Und diese Gleichung entspricht der Oktavbilanz der Tabelle für $k = 1$. Wegen

$$U_{11} = O \ominus U_1 = O \ominus Y_1 = Y_{11} \Leftrightarrow Y_1 = U_1$$

haben wir auch den Fall $k = 11$ erledigt.

- Fall $k = 2$(und $k = 10$). Für Ganztöne (und kleine Septimen) gilt nach der Tabelle

$$Y_2 = 2L_Q = 6O \ominus 10Q \text{ und } U_2 = L_W \oplus A_W = 2W \ominus O.$$

Dann folgt die Äquivalenz

$$Y_2 = U_2 \Leftrightarrow 6O \ominus 10Q = 2W \ominus O \Leftrightarrow 10Q \oplus 2W = 7O.$$

Auch dies entspricht der Oktavbilanz der Tabelle für $k = 2$. Über die Komplementbildung analog zum Fall $k = 1$ bekommen wir das Ergebnis für $k = 10$.
- Fall $k = 3$(und $k = 9$). Für kleine Terzen (und große Sexten) sind die Daten:

$$Y_3 = L_Q \oplus 2A_Q = 9Q \ominus 5Q \text{ und } U_3 = 2L_W \oplus A_W = 2O \ominus 3W.$$

Dann folgt die Äquivalenz

$$Y_3 = U_3 \Leftrightarrow 9Q \ominus 5O = 2O \ominus 3W \Leftrightarrow 9Q \oplus 3W = 7O,$$

und dies entspricht erneut der Oktavbilanz der Tabelle für $k = 3$.
- Fall $k = 4$(und $k = 8$). Für große Terzen (und kleine Sexten) lesen wir ab:

$$Y_4 = 3L_Q \oplus A_Q = 5O \ominus 8Q \text{ und } U_4 = 2L_W \oplus 2A_W = 4W \ominus 2O.$$

Dann folgt die Äquivalenz

$$Y_4 = U_4 \Leftrightarrow 5O \ominus 8Q = 4W \ominus 2O \Leftrightarrow 8Q \oplus 4W = 7O,$$

was ebenfalls mit der Angabe der Tabelle übereinstimmt.
- Fall $k = 5$(und $k = 7$). Für Quarten (und Quinten) folgt Bekanntes:

$$Y_5 = 2L_Q \oplus 3A_Q = 11Q \ominus 6O \text{ und } U_5 = 3L_W \oplus 2A_W = O \ominus W.$$

Dann folgt die Äquivalenz

$$Y_5 = U_5 \Leftrightarrow 11Q \ominus 6O = O \ominus W \Leftrightarrow 11Q \oplus W = 7O,$$

was ebenfalls mit der Angabe der Tabelle übereinstimmt und simultan die Situation des Wolfsquintenkreises der Erzeugerquinte Q beschreibt.

- Fall $k = 6$. Für den Tritonus und seine beiden Varianten haben wir schließlich

$$Y_6 = 3\left(L_Q \oplus A_Q\right) = 6Q \ominus 3O \text{ und } U_6 = 4L_W \oplus 2A_W = 4O \ominus 6W.$$

Dann folgt die Äquivalenz

$$Y_6 = U_6 \Leftrightarrow 6Q \ominus 3O = 4O \ominus 6W \Leftrightarrow 6Q \oplus 6W = 7O,$$

was ebenfalls mit der Angabe der Tabelle übereinstimmt. Damit ist das Theorem vollständig bewiesen. ∎

Wir beschäftigen uns nun mit den Hauptbeispielen: Ganztöne, kleine und große Terzen und beginnen mit der Ganztonleiter als Subskala einer gegebenen chromatischen Wolfsquintentemperierung.

Beispiel 7.10 (Musikalische Analyse der Ganztöne einer Wolfquintskala)

Für die zwölf Ganztonschritte gelten folgende Details: Sie bestehen aus den zwei Intervalltypen

$$T = A \oplus L \text{ mit den 2 Varianten } (AL, LA),$$

$$\tilde{T} = 2L \text{ mit der einen Variante } (LL).$$

Dabei kommt T genau zehnmal und $\tilde{T}$ genau zweimal vor, sie unterscheiden sich um das Quintenkomma, und wir haben dann die Gleichungen

$$5 * T \oplus \tilde{T} = O \text{ und } T \ominus \tilde{T} = \varepsilon_Q.$$

Lage: Die beiden Ausnahme-Ganztöne $\tilde{T}$ liegen nach dem Theorem der Wolfsquinte am Anfang und am Ende der Wolfsquinte und wechseln daher in der Trägerskala in einer Quart-Quint-Folge.

Die Skala S_{12} lässt sich zerlegen in die zwei beidseitig periodisch fortsetzbaren Ganztonketten, die im Orgelbau auch die „C-Seite" und die „Cis-Seite" heißen,

$$C \to D \to E \to Fis \to Gis \to B \to C',$$

$$Cis \to Dis \to F \to G \to A \to H \to Cis',$$

und dann enthält jede dieser beiden ton-disjunkten Ganztonketten genau einen (LL)-Schritt und genau fünf normale (AL)-Schritte. Die Notenabbildung 7.8 zeigt uns das bekannte Notenbild dieser beiden Ganztonleitern.

Notenabbildung 7.8   Die Ganztonskalen der Chromatik

Als Akkorde betrachtet, sprechen wir bei beiden Subskalen von „Ganztonclustern". ◀

Die für die Dur-Moll-Harmonik zuständigen „Terzen" sind die wichtigsten Charakteristika eines Temperierungssystems; in den beiden folgenden Beispielen beschreiben wir ihre Architekturen gemäß dem voranstehenden Theorem und ergänzen hierzu noch die passenden Notendiagramme. Beginnen wollen wir mit den kleinen Terzen.

Beispiel 7.11 (Musikalische Analyse der kleinen Terzen einer Wolfsquintenskala)

Unter den zwölf Hiatusschritten – also den kleinen Terzen – gibt es wieder zwei Typen:

$$H = 2L \oplus A \text{ mit den 3 Varianten } (LLA, AL, ALL),$$

$$\tilde{H} = 2A \oplus L \text{ mit der 1 Variante } (ALA).$$

Der Hiatus H kommt genau neunmal und $\tilde{H}$ demnach dreimal vor. Sie unterscheiden sich um das Quintenkomma, und wir haben die Gleichungen

$$3 * H \oplus \tilde{H} = O \text{ und } \tilde{H} \ominus H = \varepsilon_Q.$$

<u>Lage:</u> Der Hiatus $\tilde{H}$ befindet sich einmal in der Mitte der Wolfsquinte, wo er die beiden (LL)-Ganztöne verbindet, sowie am Anfang und am Ende der Wolfsquart.

Die Skala S_{12} lässt sich bei passender oktavperiodischer Fortsetzung in drei tondisjunkte Akkordketten aus je vier kleinen Terzen zerlegen,

$$C \rightarrow Es \rightarrow Fis \rightarrow A \rightarrow C',$$

$$Cis \rightarrow E \rightarrow G \rightarrow B \rightarrow Cis',$$

$$D \rightarrow F \rightarrow As \rightarrow H \rightarrow D'.$$

Jede dieser drei untereinander disjunkten und in Halbtonschritten versetzten (translatierten) Subskalen enthält genau einmal den Hiatus $\tilde{H}$. In der Notenabbildung 7.9 sehen wir ihre praktischen Formen.

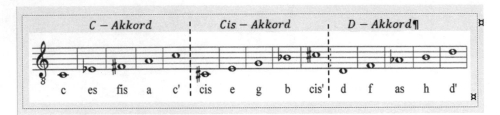

Notenabbildung 7.9 Die Kleinterz- (Hiatus-)Skalen der Chromatik

Die akkordischen Ausführungen dieser Subskalen sind als „verminderte Septimakkorde" (D^v) musikalische Hauptelemente der Harmonielehre, und sie sind in der
musikalischen Praxis auf Schritt und Tritt anzutreffen, vergleiche auch Amon (2005,
[4]). ◀

Bei den großen Terzen ist die Situation natürlich ganz ähnlich. Wer möchte, kann es als
eine Übungsaufgabe ansehen, die Analyse zunächst einmal selbst zu versuchen, um dann
hoffentlich den Gleichklang zu unserem nächsten Beispiel zu finden.

Beispiel 7.12 (Musikalische Analyse der großen Terzen einer Wolfsquintenskala)

Die Skala enthält unter den zwölf großen Terzen genau diese zwei Typen

$$Terz = 2T = 2A \oplus 2L \text{ mit den 3 Varianten } (ALLA, LALA, ALAL),$$

$$\widetilde{Terz} = T \oplus \tilde{T} = A \oplus 3L \text{ mit den 2 Varianten } (LALL, LLAL).$$

Die *Ditonos* − *Terz*(2T) kommt dabei genau achtmal vor und die *Wolfsterz* $T \oplus \tilde{T}$
demnach viermal. Sie unterscheiden sich wie die kleinen Terzen ebenfalls durch das
Quintenkomma, sodass die Gleichungen gelten:

$$2 * Terz \oplus \widetilde{Terz} = O \text{ und } Terz \ominus \widetilde{Terz} = \varepsilon_Q.$$

Lage: Jeder der beiden *LL*-Ganztonschritte $\tilde{T}$ der Wolfsquinte ist Anfang oder
Ende einer $\tilde{T}T$−beziehungsweise einer $T\tilde{T}$ − *Wolfsterz* ($\widetilde{Terz}$).
Die Skala S_{12} lässt sich ebenfalls bei passender oktavperiodischen Fortsetzung in
vier ton-disjunkte Akkordketten aus je drei großen Terzen zerlegen,

$$C \rightarrow E \rightarrow Gis \rightarrow C',$$

$$Cis \rightarrow F \rightarrow A \rightarrow Cis',$$

$$D \rightarrow Fis \rightarrow Ais \rightarrow D',$$

$$Es \rightarrow G \rightarrow H \rightarrow Es'.$$

Jeder dieser vier übermäßigen Vierklänge enthält genau einmal die große Terz ($\widetilde{Terz}$).
In der Notenabbildung 7.10 sind die vier möglichen Großterzakkorde angegeben.

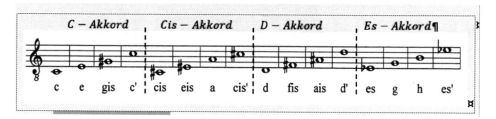

Notenabbildung 7.10   Die Großterzskalen der Chromatik

Unter Vernachlässigung des oktavierten Starttons handelt es sich bei diesen Akkorden um sogenannte „übermäßige Dreiklänge" $(D^{5<})$, siehe Amon (2005, [4]). ◄

Anwendungen

Nun wenden wir uns einmal den Anwendungen dieser Resultate zu. Ein Theorem bewiesen zu haben, ist ja sehr schön – der Zeitgeist fordert aber stets und immer stringenter, dass der Frage, *„was man denn damit anfangen könne"*, schnell eine gescheite Antwort gegeben werden muss.

Die beiden abschließenden Beispiele werden durch ihre ebenso überraschenden wie auch frappierend prägnant begründbaren Resultate zeigen, dass sich die Mühen unserer theoretischen Strukturen aufs Trefflichste gelohnt haben.

Stellen wir uns einmal vor, es käme jemand auf die Idee, uns mit folgendem Rätsel die Nachtruhe zu rauben. Da heißt es:

▶ *Das Terzenrätsel: „Angenommen, Du weißt, dass es in einer Tonleiter, die von einem übermäßig gefräßigen Wolf bewacht wird, zumindest eine reine große Terz geschafft hat, zwei Töne miteinander zu verbinden. Dann haben es sogleich acht andere von ihrer Zunft ebenfalls geschafft. Wie ist das möglich?*

Tatsächlich wird die Klärung dieses Rätsels eine wesentliche Charakterisierung der Mitteltontemperierung sein, nämlich als derjenigen, welche genau acht reine große Terzen besitzt. Wohlgemerkt: Wir setzen voraus, dass eine quintgenerierte und durch die entsprechende Wolfsquinte geschlossene zwölfstufige Skala als Temperierungssystem vorliegt – und dann soll man berechnen, dass es gleich acht reine Terzen gibt, wenn auch nur eine einzige reine unter den leitereigenen Intervallen ausfindig gemacht werden kann.

Wer sich dem Centmaß- oder gar dem Frequenzmaßkalkül ausliefert, wird hier sicher auch mit dem allerbesten Rechenhelferlein nicht wirklich fündig und glücklich. Dagegen liefern wir mit dem folgenden Beispiel die Antwort des Rätsels auf dem Präsentierteller, und dabei gewinnen wir schon einen Einblick in die Theorie multipler Ausgleichsquinten, was im übernächsten Abschn. 7.7 Thema sein wird.

Beispiel 7.13 (Reine Terzen in der Wolfsquintenskala – das Terzentheorem)

Terzentheorem: Angenommen, es gäbe in einer quintgenerierten (einfachen) Wolfsquintskala $S_{12}(Q)$, deren Erzeugerquinte Q wir zunächst einmal nicht kennen, auf jeden Fall eine reine große Terz (4:5) als leitereigenes Intervall. Dann tritt genau einer der beiden Fälle ein:

(A) Es gibt die Maximalzahl von acht reinen großen Terzen, und dies ist genau dann der Fall, wenn $Q = Q_{mt}^+$ die Gleichung erfüllt

$$4Q_{mt}^+ = 2O \oplus Terz \ (4{:}5).$$

(B) Es gibt genau vier reine große Terzen, und dies ist genau dann der Fall, wenn $Q = \widetilde{Q_{mt}^+}$ die Gleichung erfüllt

$$8\widetilde{Q_{mt}^+} = 5O \ominus Terz \ (4{:}5).$$

Für diese beiden Quinten gilt:

(1) Q_{mt}^+ ist die mitteltönige Quinte der ¼-Komma-Temperierung, sie hat die Maße

$$\left| Q_{mt}^+ \right| = \sqrt[4]{5} \equiv 696{,}578 \ \text{ct.}$$

(2) $\widetilde{Q_{mt}^+}$ ist eine sogenannte multiple Ausgleichsquinte zu Q_{mt}^+ – nämlich die achtfache Wolfsquinte zu Q_{mt}^+, denn es gilt die Quintenkreisgleichung

$$4Q_{mt}^+ \oplus 8\widetilde{Q_{mt}^+} = 7O,$$

und ihre Maßzahl ist

$$\left| \widetilde{Q_{mt}^+} \right| = \sqrt[8]{2^7/5} \equiv 701{,}710 \ \text{ct.} \ \blacktriangleleft$$

Begründung

Von den zwölf Terzen $(C \rightarrow E), (Cis \rightarrow F), \ldots, (H \rightarrow Dis)$ sind nach unserem Theorem 7.5 genau acht Terzen von der Bauart $X = 2L \oplus 2A = 2T$ und genau vier Terzen von der Form $\tilde{X} = 3L \oplus A = T \oplus 2L$. Daher muss nach unserer Voraussetzung entweder

$$X = (4{:}5) \ \text{oder} \ \tilde{X} = (4{:}5)$$

sein. Nun berechnen wir mittels der Euler-Daten ganz einfach die zugehörigen Quinten: Im ersten Fall ist

$$X = 2T = 4Q \ominus 2O = Terz(4{:}5) \Leftrightarrow 4Q = 2O \oplus Terz(4{:}5),$$

und Q ist folglich die mitteltönige Quinte Q_{mt}^+. Im zweiten Fall ergibt sich ähnlich

$$\tilde{X} = T \oplus 2L = (2Q \ominus O) \oplus 2(3O \ominus 5Q) = 5O \ominus 8Q = \text{Terz}(4:5)$$

$$\Leftrightarrow 8Q = 5O \ominus \text{Terz}(4:5).$$

Dies ist eigentlich schon die ganze Arbeit; die Berechnung der Maße gehört ins Reich des Trivialen. Von großem Interesse ist natürlich noch der Zusammenhang der beiden Quinten: Aus beiden Quintengleichungen eliminieren wir die Terz,

$$4Q_{\text{mt}}^+ \ominus 2O = \text{Terz}(4:5) = 5O \ominus 8\widetilde{Q_{\text{mt}}^+},$$

und dann liegt das Ergebnis als Quintenkreisgleichung in (2) unmittelbar vor.

Ist nun damit das Rätsel gelöst?

Nun, eigentlich gibt es ja die beiden Quinten – die eine erzeugt genau acht, die andere genau vier reine große Terzen. Die Lösung des Rätsels ist aber trotzdem „8" – aber warum? Ja – das liegt an der sibyllinischen Beschreibung des Wolfs: Er sei „übermäßig". Die Quinte Q_{mt}^+ ist deutlich kleiner als die Gleichstufigkeitsquinte – daher ist ihre Wolfsquinte deutlich größer als jene; die Rechnung mittels der Quintenkreisformel ergibt sehr schnell den atemberaubend großen Wert $\text{ct}\left(W\left(Q_{\text{mt}}^+\right)\right) = 737{,}6$ ct. Dagegen hat die Quinte $\widetilde{Q_{\text{mt}}^+}$, die ja größer als die Gleichstufigkeitsquinte ist, folglich auch eine deutlich kleinere Wolfsquinte, nämlich $\text{ct}\left(W\left(\widetilde{Q_{\text{mt}}^+}\right)\right) = 681{,}2$ ct, ein magerer Wolf.

Bemerkung

Wenn wir diesen Mechanismus durchschaut haben, so wird es uns nicht wundern, wenn auch für alle anderen leitereigenen Intervalle entsprechende Resultate gewonnen werden könnten. So stellen wir einfach einmal die Aufgabe, dieses Resultat für den Fall kleiner reiner Terzen (5:6) zu übertragen:

Gibt es in der Skala mindestens eine solche reine kleine Terz, so sind es entweder die maximal möglichen neun oder es sind genau drei reine kleine Terzen. Die hierzu berechneten Quinten sind die mitteltönige Quinte Q_{mt}^- der „Mollterztemperierung" – alias 1/3-Komma-Temperierung – mit ihrer neunfachen Ausgleichsquinte $\widetilde{Q_{\text{mt}}^-}$, die zusammen das Band

$$3Q_{\text{mt}}^- \oplus 9\widetilde{Q_{\text{mt}}^-} = 7O$$

verbindet und eine multiple Wolfsquintenkreisgleichung erfüllen.

Für eine ausführlichere Diskussion dieses Beispiels siehe das Beispiel 9.1 aus dem Kapitel über Mitteltönigkeiten – *Lob der Theorie*.

Wir kommen nun zu einem weiteren interessanten **Anwendungsbeispiel:** Soeben haben wir gesehen, dass die multiple Ausgleichsquinte $\widetilde{Q_{\text{mt}}^+}$ genau vier reine Großterzen erzeugt: Musikalisch liegt diese Quinte aber so nahe bei der pythagoräischen Quinte – was ist schon der Abstand von rund 0,24 ct? –, dass man glauben möchte, dass auch die pythagoräische Quinte vier *„fast-reine"* große Terzen besitzen muss. Tut sie auch – aber wir werden sogar noch mehr sehen: Dabei gehen wir von folgenden Fragen aus:

▶   ***Fragen:*** *Wie sehen die großen Terzen der pythagoräischen Quintenkreis-temperierung aus? Kann man es so einrichten, dass beinahe reine Durakkorde entstehen? Und wenn ja, kann man ihre Lage vorgeben?*

Der Hintergrund dieser Fragen ist wohl der, dass wir sehr wohl wissen, dass der pythagoräische Ditonos

$$Terz = T \oplus T = 2L \oplus 2A, \mathrm{ct}(2T) = 408 \text{ ct}$$

wegen seines sehr großen Maßes der reinen Terz (4:5) mit dem Centwert ct(*Terz* 4:5) = 386 ct „ästhetisch" weit unterlegen ist. Nach der soeben angestellten Überlegung gibt es aber im Wolfsquintenkreis neben dem Ditonos noch vier andere Terzen, und diese sind um das Komma $\varepsilon_{\mathrm{pyth}}$ mit 23,5 ct kleiner als der Ditonos, womit sie gerade mal gerundete 384,5 ct besitzen – von reinen Terzen eigentlich kaum unterscheidbar.

Eine Zwischenbemerkung

Wir wollen mal kurz an Ort und Stelle diese kleine Differenz zwischen der pythagoräischen Wolfsterz $\widetilde{Terz}$ und der reinen *Terz* (4:5) beleuchten: Man nennt den Unterschied zwischen pythagoräischer Terz „Ditonos" (64:81) und reiner Terz (4:5 = 64:80) das „syntonische Komma",

$$\varepsilon_{synt} = (64{:}81) \ominus (64{:}80) = (80{:}81), ct\big(\varepsilon_{synt}\big) \cong 21,5 \text{ ct}.$$

Dann ist der Unterschied von reiner Terz und $\widetilde{Terz}$ simultan die Differenz von pythagoräischem Komma und syntonischem Komma,

$$Terz(4{:}5) \ominus \widetilde{Terz} = \varepsilon_{\mathrm{pyth}} \ominus \varepsilon_{synt} = \varepsilon_{schisma}.$$

Und dieses „Schisma", diese Differenz dieser beiden prominenten Kommata, war in der Antike als das kleinste Intervall angesehen. Bis auf die Differenz (2 ct) dieses winzigen Schismas im Terzton wären also die beiden Durakkorde

$$Prim \to Terz(4{:}5) \to Quinte(2{:}3)$$

$$Prim \to \widetilde{Terz} \to Quinte(2{:}3)$$

gleich („quasi-gleich") – in der musikalischen Praxis gewiss wenig unterscheidbar!

▶   *Wir kommen auf die Kommata in* Abschn. 10.3 *allerdings noch sehr ausführlich zurück; dabei wird insbesondere auch die Rolle des Schismas in der Musiktheorie gewürdigt.*

Nach dieser kurzen Hintergrundinformation fahren wir in unserem Thema fort und fragen uns:

▶ *Es wäre doch sicher schön, wenn man einen Durakkord aus einer fast-reinen Terz und der reinen Quinte finden könnte – kann man das?*
Und wo müsste dann die Wolfsquinte liegen, damit ein solcher Durakkord – wenn er dann möglich ist – in einer vorgegebenen Tonart erklingen kann?

Wir zeigen nun folgendes überraschende musikalische Ergebnis:

Beispiel 7.14 (Quasi-reine Durakkorde in der pythagoräischen Stimmung)

Theorem: (Das Harmoniewunder der pythagoräischen Quinte)

Es gibt in jeder der zwölf Varianten des von der Quinte Q_{pyth} erzeugten Wolfsquinten-Temperierungssystems $\overleftrightarrow{P}_{12} = \overleftrightarrow{S}_{12}\left(Q_{\text{pyth}}\right)$ genau drei quasi-reine Durakkorde,

$$Prim \to \widetilde{Terz} \to Q_{\text{pyth}} \approx 4{:}5{:}6.$$

Sie liegen im Quintenkreis direkt benachbart und lassen sich demzufolge als (quasi-) rein temperierte Dursequenz des Harmoniesystems

$$Tonika - Dominante - Subdominante$$

deuten und nutzen. Die Lage der Tonika ist dabei genau ein Ganztonschritt $\left(\tilde{T}\right)$ unter dem Wolfsquinten-Startton. Dabei beträgt die Abweichung von der theoretischen reinen Temperierung in den Durterzen gerade mal ein Schisma zu $2ct$.

Folgerung: Will man bei einer vorgegebenen Tonart in der Funktion einer Tonika erreichen, dass eine fast reine Durakkordik im Tonika-Dominant-Subdominant-System entsteht, und ist man an ein durch eine reine Quinte erzeugtes Wolfsquintensystem gebunden, so muss die Wolfsquinte ab dem Ganzton über der Tonika starten. ◀

Begründung

Die im pythagoräischen Fall kleineren der großen Terzen, also die Terzen $\left(\widetilde{Terz}\right)$, findet man in einer Modellvariante, der Skala $P_{12}^{(1)}$, bei welcher die Wolfsquinte in der Position $(C \to G)$ eingerichtet ist, gemäß der Beschreibung im Theorem 7.5. Dann wären dies die Tonschritte

$$(C \to E), (B \to D), (Es \to G), (F \to A),$$

die sich ja um die *LL*-Positionen der Wolfsquinte $C \to G$ wie geschildert einstellen. Die erste Terz $(C \to E)$ scheidet für unser Ziel aus, da die Quinte $(C \to G)$ ja nicht die reine

Quinte, sondern ausgerechnet die Wolfsquinte ist. Aber sowohl auf B, Es als auch auf F bauen reine Quinten auf. So erklingen dann die drei benachbarten Akkorde

$$(B \to D \to F), (Es \to G \to B) \text{ und } (F \to A \to C)$$

wie in reiner Temperierung gespielte Durakkorde, denn die Mittelterzen sind ja mit der reinen Terz (4:5) im Rahmen unserer ermöglichten Toleranz eines Schismas beinahe identisch. Im System $S_{12}^{(1)}$ sind daher der B-Dur-Akkord, der F-Dur-Akkord und der Es-Dur-Akkord also quasi-rein. Nun sind wir so gut wie fertig: Da sich mit einer Positions-änderung der Wolfsquinte das komplette Ablaufmuster der Trägerskala des Systems $S_{12} = P_{12}$ um eine entsprechend gleiche Anzahl von Stufen rotierend verschiebt, ist unsere Überlegung ausschließlich relativen Charakters. Die Tonikalage (B) gegenüber der Wolfsquintenposition (C) unseres realen Argumentationsmodells verschiebt sich in gleichem Maße. Damit ist alles gezeigt.

Wollen wir also eine quasi-reine Tonika-H-Dur erreichen, muss die Wolfsquinte das Intervall $(Cis - Gis)$ des Quintenkreises sein – und diese Lage ist ja tatsächlich in historischen Stimmungen eine bevorzugte Platzierung der Wolfsquinte. Umgekehrt gesagt: Im System $P_{12}^{(8)}$ erklingen die Durakkorde

$$(H \to Dis \to Fis) - (Fis \to Ais \to Cis) - (E \to Gis \to H)$$

des Tonika-Dominant-Subdominant-Systems als fast rein gestimmte Dreiklände.

▶　**Fazit:** *In der Musik von **Johann Sebastian Bach** ist dieses Phänomen wahrlich anzutreffen: Hat doch der Meister in seinen großen Werken – vornehmlich in den h-moll-Werken – mit dem strahlenden, ruhenden, majestätischen H-Dur-Schluss-akkord Monumentales geschaffen.*

7.6　Musikalische Anwendung der Methode heptatonischer Halbkreise und ihrer Tonartencharakteristiken

Wir widmen uns in diesem Abschnitt einer Temperierungssituation, so wie sie in der Praxis vorliegen könnte, und dabei schließen wir alle uns wichtig erscheinenden begleitenden Aspekte einmal mit ein.

Es geht in diesem umfassenden Beispiel um eine Wolfsquintenstimmung, nämlich um eine von Gottfried Silbermann eingerichtete Temperierung, wie man sie vor allem in manchen historischen Orgeln im sächsischen Raum noch einige Male antrifft. So unter anderem im sächsischen Örtchen Helbigsdorf.

Die **Helbigsdorfer Orgel** *ist Silbermanns kleinstes zweimanualiges Instrument mit 17 Registern auf zwei Manualen und Pedal; und sie ist nahezu unverändert erhalten – für uns ein dankbares Objekt, die Verhältnisse einmal konkret durchzuspielen.*

Die Silbermann-Sorge-Stimmung wird zwar erst im Abschn. 12.9 eigens beschrieben – gleichwohl wollen wir sie und ihre auf unsere Zwecke bezogenen Aspekte kurz vorstellen, um die kompakte Darstellung nicht zu unterbrechen.

Die Silbermann-Sorge-Temperatur

Die Erzeugung aller Intervalle geschieht durch die „Silbermann-Quinte" $Q_{\text{Silbermann}}$, die das Spiegelbild zur pythagoräischen Quinte darstellt – wenn die Gleichstufigkeitsquinte Q_{equal} als Spiegelebene beziehungsweise als Äquallage benutzt wird. Das liegt an ihrer Definition: Das, was bei der pythagoräischen Quinte Q_{pyth} gegenüber Q_{equal} zu viel ist, hat die Silbermann-Quinte zu wenig – und dies bedeutet

$$Q_{\text{Silbermann}} = Q_{\text{pyth}} \ominus \frac{1}{6}\varepsilon_{\text{pyth}} = Q_{\text{equal}} \ominus \frac{1}{12}\varepsilon_{\text{pyth}} = Q_{\text{equal}} \oplus \frac{1}{12}\varepsilon_{\text{Silbermann}},$$

und alle von $Q_{\text{Silbermann}}$ erzeugten Elementarintervalle sind ebenfalls an den entsprechenden Intervallen der Gleichstufigkeitsquinte gespiegelt – und zwar intervallarithmetisch wie cent-numerisch. Insbesondere sehen wir das an den Centdaten der Stufenintervalle, wobei uns die ganzzahlige Rundung zur Demonstration genügt.

System	Intervall	Quinte	Apotome	Limma	Komma	Wolfsquinte
Silbermann-		698 ct	86 ct	110 ct	–24 ct	722 ct
Gleichstufig		700 ct	100 ct	100 ct	0 ct	700 ct
Pythagoras		702 ct	114 ct	90 ct	24 ct	678 ct

Die Silbermann'sche Wolfsquinte ist also recht groß, und sie sorgt in ihrem enharmonischen Wirkungsbereich sicher für unschöne Akkorde.

Wie die meisten (leider) als „mitteltönig" genannten quintgenerierten Stimmungen ist auch bei dieser Temperierung die Wolfsquinte im Intervall (*Gis = As → Dis = Es*) eingerichtet, womit wir das in der Abb. 7.11 gezeigte Variantenmodell $S_{12}^{(9)}$ haben.

Den dazugehörenden passenden chromatischen Ablauf der Skala haben wir bereits im Beispiel 7.7 hinsichtlich der Charakteristik untersucht, die Skala hat demnach den numerischen Centdatenaufbau:

$$C \xrightarrow{86} Cis \xrightarrow{110} D \xrightarrow{110} Es \xrightarrow{110} E \xrightarrow{110} F \xrightarrow{86} Fis \xrightarrow{110} G \xrightarrow{86} As \xrightarrow{110} A \xrightarrow{110} B \xrightarrow{86} H \xrightarrow{110} C'.$$

An dieser Stelle wollen wir nochmal betonen, was es praktisch bedeutet, eine Wolfsquinte hier oder dorthin zu platzieren, wie es so häufig heißt: Nicht die Wolfsquinte wird platziert – sondern man iteriert elfmal mit der gewählten erzeugenden Quinte, und in die letzte Lücke zur Oktavschließung ergibt sich dann zwangsläufig genau das Intervall,

Abb. 7.11 Wolfsquintenkreis
der Variante $S_{12}^{(9)}$

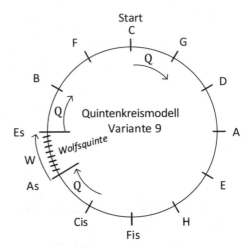

welches dann „die Wolfsquinte" genannt wird. In der jetzt aktuellen Variante würde man
demnach

- die reoktavierten rückwärtigen Iterationen $C \rightarrow F \rightarrow B \rightarrow Es$,
- die reoktavierten Vorwärtsiterationen $C \rightarrow G \rightarrow \cdots \rightarrow Cis \rightarrow Gis (= As)$

mit der Quinte $Q_{Silbermann}$ ausführen, und dann entstünde – bei sorgfältiger Arbeit – in
der Lücke genau die Wolfsquinte $W_{Silbermann}$. Und als Nächstes wollen wir einmal sehen,
wie sich diese Wolfsquinte in der physikalisch-praktischen Tonhöhenanalyse bemerkbar
macht.

Tonhöhenanalyse

Wenn beispielsweise die Stimmtonhöhe mit $A \equiv 440$ Hz angegeben ist, so ist die Frage,
welche Schwingungsfrequenz der Ton As und der Quintenton Es unter der Wolfsquinte
besitzen – und wie weit dies von der reinen pythagoräischen Quinte entfernt wäre,
womit der Charakter der aus der Differenz resultierenden Schwebungen einschätzbar
ist. Letztere sind ja in Umkehrung der Vorgehensweise sogar ein Regularium, Tonhöhen
wunschgemäß einzurichten, wie wir im Beispiel 1.4 kurz demonstriert haben. Aus dem
Wolfsquintenmuster

$$(L - L - A - L - A - L - L)$$

gemäß dem Theorem der Wolfsquinte erkennen wir, dass der erste Semiton zu Beginn
der Wolfsquinte ein Silbermann-Limma sein muss, daher ist

$$\mathrm{ct}(As \rightarrow A) = \mathrm{ct}(L_{\text{Silbermann}}) = 110 \text{ ct}.$$

Es seien nun die Tonhöhenfrequenzen von (As, A, Es) mit (x, y, z) bezeichnet, und dann
wäre $y = 440$ Hz. Nach der Definition des Frequenzmaßes $|I|$ eines Intervalls I als
Quotient von Ziel- und Startfrequenz ergeben sich dann über die Formeln

$$|L_{\text{Silbermann}}| = \frac{y}{x} \ und \ |Q_{\text{Silbermann}}| = \frac{z}{x}$$

die Werte, die ein wenig Taschenrechnerkalkül benötigen. Mit den bekannten Centdaten und dem Umrechnungsformalismus „Cent zu Frequenzmaß" folgt dann schnell:

$$x = \frac{y}{|L_{\text{Silbermann}}|} = 440 * 2^{-110/1200} \ \text{Hz} = 412{,}91 \ \text{Hz},$$

und ebenso erhält man

$$z = x * |Q_{\text{Silbermann}}| = 412{,}91 * 2^{698/1200}\text{Hz} = 617{,}55 \ \text{Hz}.$$

Im Unterschied hierzu hätte die reine Quinte – auf dem Ton *As* angesetzt – die Zielfrequenz

$$\tilde{z} = x * |Q_{rein}| = 412{,}91 * 1{,}5 \ \text{Hz} = 619{,}37 \ \text{Hz}$$

erbracht. Somit ergibt sich eine Schwebung von rund 2 Hz, die auch in der realen Tonphysik vernehmlich hörbar wird – schließlich setzen sich Töne aus Obertonfolgen zusammen, welche im Idealfall reine Oktaven, reine oktavierte Quinten und derlei enthalten, und diese Hintergrundtöne bilden dann mit dem Silbermann'schen Quintenton (und dessen Obertönen) wieder diffuse Schwebungsmuster.

Dennoch erscheint dieser Unterschied vielleicht nicht sehr gravierend – wenn wir jedoch auf die Ebene der Halb- und Ganztonschritte gehen, dürften deutlichere Verhältnisse zu erwarten sein. Denn das numerisch sehr lebhaft-differente (A, L)-Muster der Semitonia und der durch sie bedingten Ganztondaten ist gerade bei dieser Temperierung hierzu prädestiniert. Der zu Beginn der Wolfsquinte gelegene Ganztonschritt ist ein Doppel-Limma-Schritt; und bei $2 * 110 = 220$ ct ist dieser Ganzton im Centmaß um satte 10 % größer als der gewöhnliche Ganztonschritt der Durchschnittstemperierung ETS_{12} zu 200 ct. Wir finden diese beiden Ganztonschritte, die ja gemäß des nun bekannten obigen Musters stets zu Beginn und vor Ende dieser Ausgleichsquinte liegen, in den Tonschritten $(As \rightarrow B)$ und $(Des - Es)$. Jetzt machen wir wieder den Frequenzdatenvergleich. Demnach wäre

$$x * |(As \rightarrow B)| = 412{,}91 * 2^{220/1200} \ \text{Hz} = 468{,}86 \ \text{Hz}.$$

Würde nun – bei unisonisch gestimmtem Ton *As* – ein gleichstufig gestimmtes Instrument ebenfalls den Ton *B* spielen, so ergäbe sich die Frequenz des Zieltons (B)

$$x * |(As \rightarrow B)| = 412{,}91 * 2^{200/1200} \ \text{Hz} = 463{,}47 \ \text{Hz}.$$

Das ist deutlich, und gemeinsam sollten die Instrumente tunlichst nicht koalieren, will man die nicht sehr schmeichelhafte Kritik

▶   *„Spielen die aber heute falsch!"*

nicht provozieren.

Natürlich ist dies nur ein Gedankenexperiment – aber es demonstriert, wie empfindlich die Tonhöhenphysik auf ein Temperierungssystem reagieren kann. Und bedauerlicherweise wird dieser Umstand nicht allenthalben berücksichtigt – vermutlich sind wohl die Details dieser filigranen Architekturen entweder nicht bekannt oder erscheinen bedeutungslos – oder am Ende zu kompliziert.

▶   *So enthalten die allermeisten Beschreibungen historischer Instrumente zwar eine Fülle an Informationen rund um ihre Entstehungsgeschichte, welche Materialen verwendet wurden, welche besonderen Bauformen zu bewundern sind, welche innere Technik die Tastaturübertragung steuert, welche äußere Gestaltung von wem künstlerisch entworfen wurde – und gelegentlich ist auch noch angegeben, auf welcher Hertz-Höhe das „A" gestimmt ist. All dies sagt aber nichts aus, wie das Instrument klingt – sehen wir einmal von den Klangfarben der Register ab. Und wenn das Instrument nicht „normal" klingt, so sagen manche Leute (und das sind nicht wenige) dazu, es läge wohl eine „mitteltönige Stimmung" vor.*

Jetzt schauen wir uns einmal die harmonischen Möglichkeiten an, welche der aktuelle Quintenkreis dieses Temperierungssystems anbietet und welche Konstellationen hiervon problematisch sein könnten.

Ein kurzer Ausflug in die Harmonielehre
Das einfachste harmonische Grundmuster einer musikalischen harmonischen Bewegung ist das nachbarschaftliche Trio aus

$$Subdominante \leftarrow Tonika \rightarrow Dominante,$$

und „beinahe alle" Volkslieder, beinahe alle Kirchenlieder sowie vieles drum herum kommen mit diesem harmonischen Grundgerüst aus. Dort ist der Quintenzirkel zur *musikalischen Dreieinigkeit*

$$F - Dur \leftrightarrow C - Dur \leftrightarrow G - Dur$$

zusammengeschrumpft, und ein Gang durch die weite unbekannte harmonische Welt liegt in weiter Ferne. Ein wenig reicher wäre der Tisch aber gedeckt, wenn wir zu den Molltonarten kommen. Und wenn es auch hier nur zu spärlichen Bewegungen käme – so könnte es doch zu einem kostbaren harmonisch-melodischem Kleinod kommen.

Ein vorzügliches Beispiel liefert uns der weltberühmte **Walzer Nr. 2** (aus der Suite für Varieté-Orchester) von Dmitri Schostakowitsch (1906–1975), den wir uns in d-moll vorstellen, siehe Notenabbildung 7.12. Hierbei ergibt sich (im Wesentlichen) zusammen mit den Dominant-Sept-Akkorden und den parallelen Durformen ein harmonischer Gang durch die Tonarten

$$D^7 \leftrightarrow g \leftrightarrow d \leftrightarrow A^7 \text{ und } F \leftrightarrow C^7$$

Notenabbildung 7.12   Der d-moll-Walzer von Schostakowitsch

(kleine Buchstaben stehen traditionell für „moll"-, große für „Dur"-Tonarten; die Ziffer „7" bedeutet die Hinzunahme der kleinen Septime als harmonischer Spannungsbogen zur Subdominante in deren vorübergehender neuen Funktion als Tonika).

Können wir nun dieses Stück musikalisch konfliktfrei im vorgegebenen Temperierungssystem spielen? Anders gefragt: Stören die unliebsamen Intervalle der Wolfsquinte das Vergnügen an dieser schönen Musik?

Diese Frage ist nun schnell beantwortet: Wir müssen offenbar nur schauen, ob die den vorstehend genannten Tonarten entsprechenden heptatonischen Halbkreise diatonisch sind oder nicht.

Heptatonische Halbkreise für die Harmonien des Schostakowitsch-Walzers

Dazu muss man lediglich die Töne der beteiligten Skalen kennen. Was die – mit der kleinen (verminderten) Septime gespielten – Dominant-Sept-Akkorde betrifft, so sind deren Töne identisch mit einer Auswahl aus ihrer jeweiligen Zieltonart:

$$C^7 = C - E - G - B \ (Skala \ F - Dur),$$

$$D^7 = D - Fis - A - C \ (Skala \ G - Dur),$$

$$A^7 = A - Cis - E - G \ (Skala \ D - Dur).$$

Die heptatonischen Halbkreise sind nun detailliert aufgeführt:

Harmonietonarten	heptatonischer Bereich	Geschlecht
$d - moll$-	$B \rightarrow \cdots (\rightarrow D) \rightarrow \cdots \rightarrow E$	diatonisch
$g - moll$	$Es \rightarrow \cdots (\rightarrow G) \rightarrow \cdots \rightarrow A$	diatonisch
$F - Dur \ und \ C^7$	$B \rightarrow (F) \rightarrow \cdots \rightarrow E$	diatonisch
$G - Dur \ und \ D^7$	$C \rightarrow (G) \rightarrow \cdots \rightarrow Fis$	diatonisch
$D - Dur \ und \ A^7$	$G \rightarrow (D) \rightarrow \cdots \rightarrow Cis$	diatonisch
Gemeinsam	$Es \rightarrow B \rightarrow \cdots \rightarrow Fis \rightarrow Cis$	diatonisch

Fazit

Im Rahmen dieses harmonischen Bildes kann das Musikstück außerhalb der Wolfsquinte und ihrem Wirkungsbereich gespielt werden; alle Melodietöne und ihre harmonisch (unbedingt) benötigten Begleitakkorde gehören der Intervallfamilie an, welche keine

Wolfsquinte enthält. Geprägt wird diese lyrische d-moll-Melodie auch von einem ganz-taktigen markanten Vorhalteton – nämlich ($Gis \to A$); die Grundharmonik bleibt aber hierbei im $d - moll$, sodass auch hier keine Störung durch einen „bösen Wolf" eintritt.

▶   *Ob allerdings der Walzer von Schostakowitsch ausgerechnet auf einer Dorforgel*
      mit Silbermann-Sorge-Temperatur zur Aufführung kommen sollte!

Aber warum eigentlich nicht?

7.7   Chromatische Quintenkreise mit mehrfachen Wolfsquinten

Unsere Darlegungen wären unvollkommen, würden wir nicht auf eine wichtige Ver-allgemeinerung des Wolfsquintenkonzepts eingehen, die nicht nur wegen der abstrakten Systematik, sondern vor allem auch wegen ihres häufigen Vorkommens in der historischen Temperierungstheorie beschrieben werden möchte.

Was haben wir bisher gemacht? Nun, aus Sicht eines eigenen kombinatorischen Spiels haben wir in einen 12-Quinten-Kreis genau elf Quinten platziert – wodurch alle zwölf Töne der hieraus gebildeten Chromatik bestimmt wurden – und haben dann an eine beliebige der zwölf möglichen Positionen eine neue 12te Quinte eingefügt, die den Intervallkreis „schließt" mit der beabsichtigten Konsequenz, dass

▶   Iterationen mit m $(0 \leq m \leq 12)$ Schritten rechts herum zu den gleichen
      Tönen führen wie solche, die mit $(12 - m)$ Schritten links herum laufen –
      passende Reoktavierungen eingerechnet.

Dieses Konzept und sein Ergebnis ist die Umsetzung der Wolfsquintengleichung

$$11 * Q \oplus W = 7 * O$$

in die musikalische Realisierung eines Temperierungssystems, und beide sind eindeutig miteinander verbunden. Die Frage ist jetzt:

▶   *Warum muss es denn nur eine einzige Ausgleichsquinte sein, welche die Last des*
      Quintenkommas, des Defizits der 12-Quinten-Iteration zu sieben Oktaven, trägt?

Nein, das muss keineswegs so sein, und in die Sprache der Gleichungen übertragen, ver-allgemeinern wir demzufolge das bisherige Wolfsquinten-Ausgleichskonzept einer ein-zigen „die Last des Kommas tragenden" Ausgleichsquinte über den nächsten Schritt zweier allerdings identischer Wolfsquinten,

$$10 * Q \oplus 2 * W = 7 * O,$$

zu der allgemeinen Situation mehrerer ebenfalls gleich großer Ausgleichsquinten

$$(12 - m) * Q \oplus m * W = 7 * O (m = 1, 2, \ldots, 11).$$

Es macht Sinn, diese Schließungsquinte, welche an m Stellen des 12-Quinten-Kreises die Iterationsquinte Q substituiert, für diese allgemeine Situation mit dem Symbol $W^{(m)}$ zu notieren. Natürlich ließe die Verallgemeinerungsmaschine es auch zu, dass unsere Ausgleichsquinten sich individuell untereinander unterscheiden könnten – das jedoch öffnet dem Wildwuchs nicht mehr beschreibbarer und kontrollierbarer Möglichkeiten so sehr Tür und Tor, dass wir hiervon tunlichst die Finger lassen.

▶   Mehrfache Wolfsquinten sollen also mehrfach vorkommende Exemplare einer Wolfsquinte sein.

Solche Quintenkreise haben mit wachsendem Anzahlparameter m auch eine zunächst wachsende Zahl an differierenden Größen einzelner Intervalltypen. Liegen im Fall $m = 2$ die beiden Wolfsquinten konsekutiv nebeneinander, so gibt es beispielsweise schon einmal diese Ganztonvarianten

$$(2Q \ominus O), (Q \oplus W \ominus O), (2W \ominus O).$$

Liegen die beiden Quinten W aber <u>nicht</u> nebeneinander, so entfällt die letzte der drei Möglichkeiten, siehe hierzu Abb. 7.13. Dies zeigt schon in diesem einfachen Fall, dass eine einheitliche Theorie recht komplizierter Beschreibungen bedarf – um wie viel mehr, wenn gleich drei oder vier Ausgleichsquinten in diffuser Kreisverteilung die Architektur bestimmen. Daher macht es eher Sinn, in Kenntnis der zugrunde liegenden

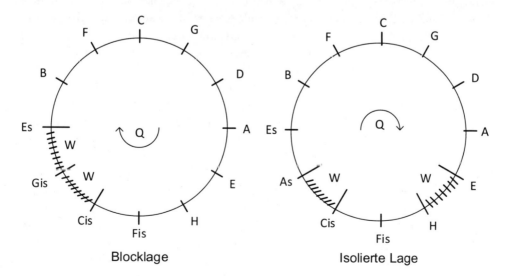

Blocklage   Isolierte Lage

Abb. 7.13 Quintenkreise mit zweifachen Wolfsquinten

Mechanismen aus den elementaren Quintenkreiskonstruktionen – wie zum Beispiel: „Sieben Quinten in Folge ergeben reoktaviert eine Apotome" – diesen Pluralismus an Varianten im konkreten Fall zu studieren.

Ungeachtet dieser komplexen Situationen im Einzelnen kann man doch einige Dinge an gemeinsamen Merkmalen anführen, was unser nächstes Theorem übernimmt. Zuvor müssen wir den Begriff der multiplen Wolfsquinte etwas festigen.

Definition 7.3 (Mehrfache Wolfsquinten und die 1/m-Komma-Temperierung)

Es sei $Q \in \mathfrak{M}_{mus}$ eine vorgegebene Iterationsquinte, und es sei $1 \leq m \leq 11$ ein gegebener Verteilungsparameter. Dann heißt das Ausgleichsintervall $W^{(m)} \in \mathfrak{M}_{mus}$ **multiple (m-fache)** Wolfsquinte für die Erzeugerquinte Q, wenn ihre m-fache Substitution den 12-Quinten-Kreis schließt, wenn demnach die multiple **Wolfsquintengleichung**

$$(12 - m) * Q \oplus m * W^{(m)} = 7O$$

erfüllt ist. Hierbei können die Ausgleichsquinten an beliebigen Positionen des Quintenkreises eingesetzt werden. Die durch diesen geschlossenen Quintenkreis festgelegte Stimmung heißt **„1/m-Komma-Temperierung"**.

Die historisch bedingte Namensgebung „1/m-Komma-Temperierung" bedarf allerdings einer näheren Erläuterung – vor allem deshalb, weil sich in der historischen Praxis und Literatur mehr oder weniger unbemerkt doppeldeutige Interpretationen ergeben haben. Hierauf werden wir nach dem zuständigen Theorem 7.6 noch einmal zurückkommen.

Was die in der Definition angesprochenen Verteilungsmöglichkeiten betrifft, so dürfte die kompakte Lage (sogenannte Blocklage), bei welcher alle m Wolfsquinten direkt aufeinanderfolgen, eine markante Rolle spielen. Das können wir bei **Arnold Schlick** (mitteltönige Modelle) und **Henricus Grammateus** (pythagoräische Modelle) sehen. Und in der Tat begegnen wir gerade diesem Anordnungsmodell häufiger als den Modellen diffuser Verteilungen – aber auch diese kommen vor, wie wir noch sehen werden. Der Fall $m = 1$ ist Gegenstand aller bisherigen Abschnitte dieses Kapitels gewesen, für den Fall $m = 11$ können wir von einem Rollentausch der beiden Intervalle $Q, W = W^{(11)}$ sprechen, sodass alles so ist wie bei einer einzigen Wolfsquinte; der Fall $m = 12$ schließlich fällt aus der Betrachtung, die Quinte Q wäre im Kreis nicht mehr vorhanden, und demnach wäre die formal multiple Wolfsquinte $W^{(12)}$ die Gleichstufigkeitsquinte Q_{equal} zu 700 ct – weshalb wir diese Fälle $m = 12$ wie auch $m = 0$ a priori ausgespart haben. Eingedenk des etwaigen Rollentauschs von Quinte und Ausgleichsquinte interessieren somit letztlich die Fälle $2 \leq m \leq 6$.

Im folgenden Theorem kommt noch einmal der bei allen kombinatorischen Vorgängen unentbehrliche „Binomialkoeffizient" zu Wort, dessen Bestandteile sich aus den „Fakultäten", den iterierten Produkten, zusammensetzen – und wir verweisen hierzu auf den Abschn. 6.1.

Theorem 7.6 (Multiple Wolfsquinten und ihre Skalenarchitekturen)

Es sei $Q \in \mathfrak{M}_{\mathrm{mus}}$ eine gegebene Iterationsquinte (vorzugsweise – aber nicht zwingend – im Centbereich positiv-centwertiger Semitonia gemäß Theorem 7.1), und $1 \leq m \leq 11$ sei ein gegebener Verteilungsparameter.

(A) **Variantenzahl**

Die Anzahl aller Verteilungen von m Schließungsquinten $W^{(m)}$ auf den 12-Quinten-Kreis beläuft sich auf genau

$$var(12, m) = \binom{12}{m} = 12!/m!(12 - m)!$$

Möglichkeiten, und genauso viele paarweise differente $1/m$-Temperierungen gibt es, welche alle zur Erzeugerquinte Q gehören.

(B) **Die Kommaformel multipler Wolfsquinten**

Für die Schließungsquinten $W^{(m)}$ gilt die zur multiplen Wolfsquintengleichung aus der Definition 7.3 äquivalente Darstellung

$$W^{(m)} = Q \ominus \left(\frac{1}{m} * \varepsilon_Q \right).$$

(C) **Kommensurabilität multipler Wolfsquinten**

Für jeden beliebigen Verteilungsparameter $1 \leq m \leq 11$ gelten die Äquivalenzen

$$Q \overset{\mathrm{kom}}{\longleftrightarrow} O \Leftrightarrow W^{(m)} \overset{\mathrm{kom}}{\longleftrightarrow} O \Leftrightarrow W^{(m)} \overset{\mathrm{kom}}{\longleftrightarrow} Q.$$

(D) **Algebra multipler Wolfsquinten**

Die Frage, ob multiple Wolfsquinten so wie stets im Falle $m = 1$ zur Modulalgebra $\mathfrak{M}_{O,Q}$ gehören – mithin Elementarintervalle sein können –, wird so beantwortet:

Für alle Parameter m mit $2 \leq m \leq 11$ gilt

$$W^{(m)} \in \mathfrak{M}_{O,Q} \Rightarrow Q \overset{\mathrm{kom}}{\longleftrightarrow} O.$$

Oder gleichwertig hierzu: Sind (Q, O) **nicht** kommensurabel, so können multiple Wolfsquinten $W^{(m)}$ **nicht** durch Oktave und Quinte erzeugt werden, $W^{(m)} \notin \mathfrak{M}_{O,Q}$. Die Umkehrung gilt dagegen nicht: Wenn $Q \overset{\mathrm{kom}}{\longleftrightarrow} O$ ist, so gibt es Beispiele dazu, dass $W^{(m)} \in \mathfrak{M}_{O,Q}$ zutrifft, als auch solche für dessen Gegenteil $W^{(m)} \notin \mathfrak{M}_{O,Q}$.

(E) **Anzahlen der leitereigenen Intervalle**

Mit Ausnahme des Falles $m = 1$ und seines symmetrischen Pendants $m = 11$, bei denen es gemäß Theorem 7.5 stets zwei Varianten eines leitereigenen Intervalls gibt, sowie den ohnehin trivialen Fällen der Gleichstufigkeit $m = 0, 12$ kann über die Anzahlen einzelner Intervalltypen (Ganztöne, Terzen) Folgendes gesagt werden:

(1) **Ganztonschritte:** Es können für alle Verteilungsparameter $2 \le m \le 10$ höchstens drei unterschiedliche Ganztonschritte entstehen, und folgende detaillierte Angaben können gemacht werden:

   a) Für $2 \le m \le 10$ gilt: Genau dann, wenn alle Wolfsquinten $W^{(m)}$ vereinzelt positioniert sind, gibt es genau zwei unterschiedliche Ganztonschritte.

   b) Für $7 \le m \le 10$ gilt: Genau dann, wenn alle Quinten Q vereinzelt positioniert sind, gibt es zwei unterschiedliche Ganztonschritte.

   c) Für $m = 6$ gilt: Genau dann, wenn alle Wolfsquinten $W^{(6)}$ vereinzelt positioniert sind, sind auch die sechs Quinten vereinzelt positioniert, und beide folgen im Quintenkreis in regelmäßiger Abfolge. Genau in diesem Fall gibt es nur eine einzige Variante des Ganztonschritts. In allen anderen Fällen gibt es stets drei Varianten.

(2) **Große Terzen:** Es können bis zu fünf unterschiedlich große Terzen im Quintenkreis entstehen; für $m = 2$ gibt es maximal drei und für $m = 3$ maximal vier unterschiedlich große leitereigene große Terzen.

(3) **Semitonia:** Die Anzahl der möglichen unterschiedlichen Semitonia ist recht groß: Bei $m = 2$ können es allerdings auch nur maximal drei sein.

(4) Für $m = 2$ gilt für alle leitereigenen Intervalltypen, dass ihre Anzahl maximal 3 ist, wobei im Falle zusammenliegender Wolfsquinten diese Maximalanzahl 3 immer vorliegt.

(5) Im allgemeinen Fall $2 \le m \le 10$ werden die Maximalzahlen dann erreicht, wenn die Wolfsquinten oder die Erzeugerquinten als hinreichend große Blöcke zusammenliegen.

Beweis Die Aussage (A) entnehmen wir direkt der Variantenformel aus Theorem 6.1. Zu (B): Wir formen mit dem „7-Oktaven-Trick" die definierende Gleichung um:

$$(12 - m) * Q \oplus m * W^{(m)} = 7O = 12 * Q \ominus \varepsilon_Q$$

$$\Leftrightarrow m * \left(W^{(m)} \ominus Q\right) = \varepsilon_Q \Leftrightarrow W^{(m)} = Q \ominus \left(\frac{1}{m} * \varepsilon_Q\right).$$

Zu (C): Diese Aussage gewinnen wir mit den bekannten Regeln der Kommensurabilität aus Theorem 2.1 (Regeln 7 und 8). Wir setzen hierzu

$$Y = (12 - m) * Q \; und \; X = m * W^{(m)},$$

dann sind (Y, Q) und $(X, W^{(m)})$ kommensurabel. Nun folgt aber aus den Gleichungen

$$X \oplus Y = 7O \Leftrightarrow X = 7O \ominus Y \Leftrightarrow Y = 7O \ominus X$$

mit den genannten Regeln sofort die Äquivalenz der Kommensurabilitätseigenschaft

$$X \xleftrightarrow{\text{kom}} O \Leftrightarrow Y \xleftrightarrow{\text{kom}} O.$$

Die Gleichwertigkeit zur Kommensurabilität von Quinte und Wolfsquinte leiten wir aus der Quintenkreisgleichung ab, was man analog zum Voranstehenden oder auf direktem Wege und ebenfalls wieder dank der Quintenkreisgleichung findet.

Zu (D): Wenn wir $W^{(m)} \in \mathfrak{M}_{O,Q}$ annehmen, so gibt es ganzzahlige Iterationsparameter (x, y), sodass die Darstellung

$$W^{(m)} = x * O \oplus y * Q$$

gilt. Dann setzen wir diese Formel in die Wolfsquintengleichung aus der Definition 7.3 ein und erhalten die zusammengefasste Bilanz

$$m * (x * O \oplus y * Q) = 7 * O \ominus (12 - m) * Q$$

$$\Leftrightarrow (mx - 7) * O = (m - my - 12) * Q.$$

Weil jetzt $m \neq 1$ ist, kann $(mx - 7)$ nicht verschwinden, sonst wäre 7 keine Primzahl. Trivialerweise kann dann der Vorfaktor der Quinte ebenfalls nicht verschwinden – daher präsentiert uns diese Gleichung die Kommensurabilität von Quinte und Oktave.

Die Frage, ob auch die Umkehrung gilt, können wir dadurch verneinen, dass wir zwei Beispiele finden, die zu unterschiedlichen Ergebnissen führen. Dies demonstrieren wir im Anschluss an den Beweis dieses Theorems im Beispiel 7.15.

Im Teil (E) besteht die Bestätigung darin, dass man für die Zusammensetzung eines Intervalls überlegt, wie viele Möglichkeiten es gibt, sodass die Quintenzusammensetzung soundso viele Intervalle Q oder W enthält. Bei Ganztönen, die ja genau aus zwei konsekutiven Quintenschritten im 12-Quinten-Kreis entstehen, können das die Kombinationen

$$Q - Q \text{ oder } Q - W, W - Q \text{ oder } W - W$$

sein. Bei den vereinzelten Lagen scheidet die Kombination $W \to W$ beziehungsweise die Kombination $Q \to Q$ aus, und es bleiben genau zwei übrig. Im Symmetriefall $m = 6$ genügt ein Blick auf die dann möglichen Konstellationen. Bei großen Terzen, die aus vier Quinten bestehen, wären dann maximal diese fünf Konstellationen

$$4Q, 3Q - W, 2Q - 2W, 1Q - 3W, 4W$$

denkbar und je nach Anzahl (m) und Anordnung möglich. Die mühseligen Details, die den geometrischen Anordnungen der Ausgleichsquinten Rechnung tragen – ob sie in

Blocks oder vereinzelt zusammengestellt sind und derlei mehr –, wollen wir jedoch übergehen. Eingedenk des nachfolgenden Gegenbeispiels in der Aussage (D) ist unser Theorem damit im Großen und Ganzen erklärt. ■

Nun kommt das angekündigte Gegenbeispiel – und zwar hinsichtlich der zwei entgegengesetzten Möglichkeiten, dass eine Wolfsquinte $W^{(m)}$ im Falle einer Kommensurabilität $Q \xrightarrow{\text{kom}} O$ zur Iterationsalgebra $\mathfrak{M}_{O,Q}$ gehören kann oder nicht, und das folgende Doppelbeispiel gibt hierauf die Antwort.

Beispiel 7.15 (Zugehörigkeit multipler Wolfsquinten zur Iterationsalgebra)

(1) Sei $ct(Q) = 696$ ct. Dann ist $Q \xleftrightarrow{\text{kom}} O$, weil ja das Centmaß rational (sogar ganzzahlig) ist, siehe Beispiel 2.2. Das Quintenkomma beträgt hierbei

$$ct(\varepsilon_Q) = -12 * (700 - 696) \text{ ct} = -48 \text{ ct}.$$

Dann ist für $m = 3$ das Centmaß der Wolfsquinte $W^{(3)}$ durch

$$ct(W^{(3)}) = (696 + 1/3 * 48) \text{ ct} = 712 \text{ ct}$$

gegeben. Kann aber $W^{(3)} = x * O \oplus y * Q$ sein? Nein, das geht nicht, sonst wäre

$$712 \text{ ct} = (x * 1200 + y * 696) \text{ ct}.$$

Diese Gleichung hat aber keine ganzzahligen Lösungen (x, y), denn die rechte Seite ist durch 3 teilbar, die linke Seite nicht, sodass wir uns alle Rechnerei sparen können.

(2) Jetzt wählen wir eine Quinte Q mit $ct(Q) = 690$ ct. Das Komma hat die Centzahl

$$ct(\varepsilon_Q) = -12 * (700 - 690) \text{ ct} = -120 \text{ ct},$$

und für $m = 2$ hat die zweifache Wolfsquinte $W^{(2)}$ das Centmaß

$$ct(W^{(2)}) = 696 + 60 = 750 \text{ ct}.$$

Suchen wir eine Iterationsdarstellung $W^{(2)} = x * O \oplus y * Q$, so finden wir über die Centmaße zu der Gleichung.

$$750 \text{ ct} = (x * 1200 + y * 690) \text{ ct},$$

und diese führt (nach Kürzen durch 30) zur Zahlengleichung

$$25 = x * 40 + y * 23.$$

Hat diese Gleichung ganzzahlige Lösungen? Ja – hat sie. Weil nämlich $(40, 23)$ relativ prim zueinander sind – sie haben ja keinen gemeinsamen Teiler –, ist $ggT(40, 23) = 1$. Dann aber lehrt uns der bereits öfter zitierte Satz vom größten gemeinsamen Teiler, dass solche Gleichungen lösbar sind (vgl. Kochendörffer, 1974 [32]). (Eine Lösung von vielen anderen ist $(x, y) = (15, -25)$).

Fazit: Im ersten Beispiel gilt $W^{(3)} \notin \mathfrak{M}_{O,Q}$, im zweiten dagegen $W^{(2)} \in \mathfrak{M}_{O,Q}$, und in beiden Fällen lag die Kommensurabilität von Quinte und Oktave vor. Dieses Resultat bedingt sich auch nicht durch die spezielle Wahl der Wolfsquintenparameters $m = 2, m = 3$. ◀

Bemerkung zu den „$1/m$-Komma-Stimmungen"

Jetzt verstehen wir gut, wie es zu dieser Namensgebung einer 1/m-Komma-Stimmung gekommen ist. Allerdings ist diese Bezeichnung ein wenig „tautologisch": Jede alleinige Wolfsquinte übernimmt als Ausgleichsquinte ohnehin die gesamte Quintenkomma-differenz. Sind es mehrere gleich große, so weichen sie von der erzeugenden Quinte (Q) um den entsprechend geteilten Kommabetrag ab. Daher wären Nennungen wie

▶   m-fache Wolfsquintentemperierung

oder ähnliche Formen sinnvoller. Dies gilt nämlich deshalb, weil unter „1/m-Komma-Stimmung" auch ein – methodisch anders gelagerter – Fall beschrieben wird. So versteht man im Fachjargon beispielsweise unter

▶   „¼-Komma-Stimmung"

zumeist die Urform der mitteltönigen Stimmung. Mit der mitteltönigen Quinte $Q = Q_{\text{mt}}^{+}$ wird eine ganz gewöhnliche Wolfsquintenstimmung erzeugt – und zwar mit einer einzigen Wolfsquinte, die das beträchtliche Defizit dieser Erzeugerquinte ausgleicht. (Das Defizit ist in diesem Fall die kleine Diësis zu 41 ct, wie im Theorem 9.1 beschrieben wird). Hier begründet sich die Namensgebung auch daraus, dass wir für diese mittel-tönige Quinte die Gleichung

$$Q_{\text{mt}}^{+} = Q_{\text{pyth}} \ominus \frac{1}{4} * \varepsilon_{\text{synt}}$$

haben, deren Herleitung wir in Abschn. 9.2 sehen werden. Das schon des Öfteren vorkommende Komma, das syntonische Komma $\varepsilon_{\text{synt}}$, ist dabei die Differenz des pythagoräischen Ditonos (64:81) zur reinen Terz (64:80), und es steht in der Hierarchie der Berühmtheiten an zweiter Stelle, direkt hinter dem pythagoräischen Komma $\varepsilon_{\text{pyth}}$.

Folgende zwei Familien verallgemeinerter Temperierungen bestimmen im Wesent-lichen die Klassifikation aller möglichen quintgenerierten Temperierungen,

• die Familie aller mitteltönigen 1/n-Komma-Stimmungen,
• die Familie aller pythagoräischen 1/n-Komma-Stimmungen.

Im ersten Fall ist die Erzeugerquinte Q durch die Festlegung und ihre Notation

$$Q = Q_{\text{pyth}} \ominus \frac{1}{n} * \varepsilon_{\text{synt}} \Leftrightarrow Q = Q_{\text{mt}}^{(n)}$$

gegeben. Solche Quinten gehören also allesamt zur Familie der mitteltönigen Quinten, wobei nur Parameter $n \geq 3$ musikalisch Sinn machen, die Abweichungen wären sonst zu groß. Im zweiten Fall ist die Erzeugerquinte Q durch die Definition

$$Q = Q_{\text{pyth}} \text{ oder } Q = Q_{\text{pyth}} \ominus \frac{1}{n} * \varepsilon_{\text{pyth}} \Leftrightarrow Q = Q_{\text{pyth}}^{(n)}$$

festgelegt, wobei auch hier die Parameter $n < 3$ aus jeglichem nutzbaren Bereich herausfallen würden.

Und bei all diesen gegebenen Erzeugerquinten kommen dann jeweils eine oder mehrere schließende Wolfsquinten hinzu, welche das Komma ε_Q dieser Quinte ausgleichen; und wenn es deren m wären, so hätten wir eine geschachtelte Kombination einer $1/n$-Komma-Quinte, die als Erzeugerquinte in eine $1/m$-Komma-Teilung mit m Wolfsquinten integriert ist, was – im beinahe permanenten Fall, dass die pythagoräische Quinte der Ausgangspunkt zur Bestimmung der erzeugenden Quinte Q ist – auf die 2-parametrische Gleichung einer einzelnen Wolfsquinte respektive Ausgleichsquinte

$$W = W_{mt-n}^{(m)} = Q_{\text{mt}}^{(n)} \ominus \frac{1}{m} \varepsilon_{Q_{\text{mt}}^{(n)}}$$

hinausläuft. Der Unterschied ist demnach klar: Das eine richtet sich nach der Erzeugerquinte Q – um welchen *Anteil* $(1/n)$ des (meist) syntonischen Kommas sie von der reinen Quinte abweicht –, das andere ist die *Anzahl* (m) an Ausgleichswolfsquinten, die man für die so gewählte Erzeugerquinte zwecks Kreisschließung substituiert. Ein wenig kompliziert ist das gewiss schon – die Quintenkreisformeln, die Semitonia und derlei wären zweifelsohne beste Objekte, in Klausuren die Not groß werden zu lassen. Wir machen ein Beispiel:

Beispiel 7.16 (Kombination einer 1/3- und einer 1/4-Komma-Stimmung)

Aufgabe: Berechne die Wolfsquinten zur (mitteltönigen) 1/3-Komma-Quinte, wenn der Ausgleich durch $m = 4$ Wolfsquinten erfolgen soll.

Lösung: Die Gleichung der Erzeugerquinte (der 1/3-Komma-Quinte) ist.

$$Q = Q_{\text{mt}}^{(3)} = Q_{\text{pyth}} \ominus \frac{1}{3} * \varepsilon_{\text{synt}},$$

und die Gleichung der Wolfsquinte zu dieser Quinte Q ist nach unserem Theorem (B)

$$W = W_{mt-3}^{(4)} = Q_{\text{mt}}^{(3)} \ominus \left(\frac{1}{4} * \varepsilon_{Q_{\text{mt}}^{(3)}} \right).$$

Jetzt kann man entweder zunächst die Centwerte der Erzeugerquinte Q bestimmen (das sind 694,8 ct), dann deren Defizit ε_Q berechnen (das sind 62 ct), dann dies in die Wolfsquintengleichung einsetzen, und dann besteht der Rest aus einer Taschenrechner-Kalkulation mit dem Ergebnis 710,4 ct.

Interessant wäre aber auch, eine geschlossene Formel zu gewinnen. Hierzu multiplizieren wir die 2. Gleichung mit 12 und erhalten mit dem „7-Oktaven-Trick"

$$12 * W^{(4)}_{mt-3} = 12 * \left(Q^{(3)}_{mt} \ominus \left(\frac{1}{4} * \varepsilon_{Q^{(3)}_{mt}} \right) \right) = 12 * Q^{(3)}_{mt} \ominus 3 * \varepsilon_{Q^{(3)}_{mt}}$$

$$= 12 * Q^{(3)}_{mt} \ominus 3 * \left(12 * Q^{(3)}_{mt} \ominus 7O \right) = 3 * 7O \ominus 24 * Q^{(3)}_{mt}$$

$$= 3 * \left(12 * Q_{pyth} \ominus \varepsilon_{pyth} \right) \ominus 24 * \left(Q_{pyth} \ominus \frac{1}{3} * \varepsilon_{synt} \right)$$

$$= 12 * Q_{pyth} \oplus 8 * \varepsilon_{synt} \ominus 3 * \varepsilon_{pyth}.$$

Und daraus folgt durch Division die Endform

$$W^{(4)}_{mt-3} = Q_{pyth} \oplus \frac{1}{12} \left(8 * \varepsilon_{synt} \ominus 3 * \varepsilon_{pyth} \right).$$

Wenn wir uns nicht verrechnet haben, müsste auch hier der gleiche Centwert erscheinen – tut es auch, und das Ergebnis lautet $\mathrm{ct}\left(W^{(4)}_{mt-3} \right) = 710,45$ ct.

Kommentar:

(1) Eine einfache Wolfsquinte $W^{(1)}_{mt-3}$ wäre dagegen mit rund 756,8 ct riesengroß und musikalisch kaum nutzbar – weshalb es diese Temperierung nicht aufs Podest geschafft hat. Vier Ausgleichsquinten sind jedoch anders einzuordnen.

(2) Die obige Erzeugerquinte Q ist übrigens die „mitteltönige Quinte zur Mollterz" $\left(Q^-_{mt} \right)$; ihr enorm großes Quintenkomma ist die große Diёsis $\varepsilon_{groß-diёsis}$, welche simultan das Defizit von vier kleinen reinen Terzen (5:6) zur Oktave ist. Mehr hierüber in Abschn. 9.3. ◄

Der Abschn. 8.2 wird das Thema der pythagoräischen 1/n-Komma-Temperierungen zum Gegenstand haben. Ein vertieftes Studium der historischen Temperierungen zeigt, dass die Verteilung des Quintenkommas zu einer vorgegebenen Erzeugerquinte auf mehrere Ausgleichsquinten keineswegs die Ausnahme war – vielmehr war das fast zur Regel geworden. Demzufolge waren diese Temperaturen in ihrer Konstruktion äußerst komplex; und dadurch wurden sie für die allermeisten Zeitgenossen immer undurchschaubarer.

▶ *Ihren Status als geheime Rezeptur für die „richtige Art des Temperyrens" würde*
   man heutzutage mit einem Patentrecht schützen wollen und die Mixtur der
   kryptischen Kommadifferenzen und ihrer Centzahlen wären streng gehütete
   Geheimnisse.

Die Aufzählungen der Tab. 7.4 enthalten einige signifikante Beispiele für für diese
Mischformen der Komma- und Quintenkreisteilungen und somit für Temperierungen mit
mehrfachen Wolfsquinten.

   Auffallend ist, dass die meisten dieser Temperaturen kompakte Wolfsquintanordnungen
haben, sie liegen beinahe gänzlich in Reihe – was natürlich auch das Rechnen erleichtert.
Allerdings treten bei Kompaktlagen für jeden Intervalltyp die meisten unterschiedlichen
Ausprägungen auf, wie im Theorem 7.6 geschildert. Einige dieser Stimmungen sind in
dem Kap. 12 über Historische Temperaturen zu finden.

Resumee Wenn es nicht gerade Auswahltemperaturen am Gitter aller reoktavierten
reinen Quint- und Terziterationen sind, so sind viele der bekannten Temperaturen – wie
bereits erwähnt – Mischformen, die sowohl eine Kommateilung des pythagoräischen

Tab. 7.4 Temperierungen mit mehrfachen Wolfsquinten

m	Quelle	Erzeugerquinte Q	Lage der m Wolfsquinten (im Original)
2	Grammateus (1516)	Q_{pyth}	$\left(H \xrightarrow{W} Fis\right)$ und $\left(B \xrightarrow{W} F\right)$
	Kirnberger II (1766)	Q_{pyth}	$\left(D \xrightarrow{W} A \xrightarrow{W} E\right)$
3	Stanhope (1801)	Q_{pyth}	$\left(G \xrightarrow{3mal\,W} E\right)$
4	Werckmeister III (1691)	Q_{pyth}	$\left(C \xrightarrow{3mal\,W} A\right)$ und $\left(H \xrightarrow{W} Fis\right)$
5	Bach-Kellner (1977)	Q_{pyth}	$\left(C \xrightarrow{4mal\,W} E\right)$ und $\left(H \xrightarrow{W} Fis\right)$
6	Valotti (1754)	Q_{pyth}	$\left(F \xrightarrow{6mal\,W} H\right)$
7	Lambert (1774)	Q_{pyth}	$\left(F \xrightarrow{7mal\,W} Fis\right)$
8	Barnes (1971)	Q_{pyth}	$\left(F \xrightarrow{7mal\,W} Fis\right)$ und $\left(As \xrightarrow{W} Es\right)$
2	Arnold Schlick (1511)	$Q^{(4)}_{\text{mitteltönig}}$	$\left(Des \xrightarrow{W} As \xrightarrow{W} Es\right)$

Kommas, des syntonischen Kommas für die Erzeugerquinte als auch eine mehrfache Verteilung der dabei entstehenden neuen Quintenkommata auf mehrere Wolfsquinten vorsehen. Hierzu zählen Silbermann-Temperaturen, einige Kirnberger-Temperaturen sowie auch die an die mitteltönige Quinte angelehnten Mischformen von Werckmeister. Hier beginnen auch die Bereiche äußerst individueller Kreationen, und eine tabellarisch-schematische Einteilung wird zusehends erschwerter, wenn nicht sogar sinnloser. Eine dennoch aussagefähige Beschreibung findet man in [53, 17, 30, 31].

Teil III

Mathematische Temperierungstheorie

*Passend zum nun folgenden Thema hat sich im Harmonischen Meer
auch diese tragische Geschichte zugetragen*

Die Symphonie vom Harmonischen Meer (3. Satz – Vivace)

Die unendliche Sage von den siebenhundertundeins Oktaven

Im Ozean der Harmonie begab es sich vor alter Zeit, dass die Quinten und die
Oktaven sich ihres ständigen Streits müde waren. Und so suchten sie einen Weisen
auf, Aristoxenes von Tarent, um bei ihm die Lösung des Rätsels ihrer Zwistigkeiten zu
finden.

▶   *„Wie können wir zusammenfinden?"*

war dann auch ihre gemeinsam gefundene Frage an den Gelehrten. Tatsächlich hatten sie
diese Frage schon in grauer Vorzeit anderen gelehrten Meistern vorgebracht – allen voran
Pythagoras, der ihnen jedoch ebenso wie viele seiner Zunft die Antwort gab:

▶   *„Versucht es nur oft genug: Hinreichend viele von euch Quinten werden sicher
     irgendwann zu einigen der Oktaven ebenbürtig sein."*

Schließlich huldigte Pythagoras unbeirrbar der heiligen Lex Commensurabilitatis, und
deshalb musste das ja so sein. Gelungen war ihnen dies indes nie – und so waren alle
gespannt auf Aristoxenes.

Aristoxenes streifte die Quinten mit strengem, wissendem Blick – und er erkannte,
dass sie rein waren, und anders als seine Vorgänger dämmerte ihm, dass für sie niemals

das Kommensurabilitätsgesetz zuträfe. Das, was sich ihm vor Augen anbot, war das Wunder einer nie für möglich gehaltenen und in früheren Zeiten verbotenen (weil niemals beobachteten) Unkommensurabilität.

▶   *„So kann es niemals ein Zusammenfinden geben!"*

lautete seine Antwort. Nun flehten die Quinten: „Was können wir denn tun?" Da riet Aristoxenes ihnen, ihren Anspruch, stets und überall rein zu sein, aufzugeben. Bei den Oktaven wäre jedenfalls ein solcher Rat zwecklos gewesen; sie waren ja dem Reinheitsgebot zwangsverpflichtet.

▶   *„Wenn ihr es klug anstellt, merkt keiner irgend etwas, und ihr müsst euch auch nicht als Durchschnittsquinten demütigen lassen. Sorgt also für das passende Maß, so könnten sich heuer 1200 von euch Quinten mit 701 von euch Oktaven auf Augenhöhe treffen."*

Sprach's und verschwand, sich höheren Aufgaben hingebend. Und irgendwann gingen die Quinten und Oktaven ans Werk. Es war ausgemacht, dass die Oktaven beginnen sollten. Und so stellte sich die erste auf einen gut gewählten stabilen Grundton und sang ihren Oktavton hierzu, sodass die nächste – diesen neuen Ton zu ihrem Grundton wählend – ihre eigene Oktave darüber erklingen ließ. Ja, und so ging das weiter…
    Es ist nicht bekannt, ob sie irgendwann einmal ihre eigenen Töne nicht mehr hören konnten; denn wie sie die 701-malige Verdopplung der Tonhöhe jemals bewerkstelligen sollten – das hatten sie leider vergessen, dem Meister zu entlocken.

Fortsetzung im Epilog

Wir dürfen annehmen, dass der Bau der 701 Oktaven noch nicht zu Ende gekommen ist; schließlich muss ja am Ende die Frequenz von

$$1{,}052027180309675 * 10^{211} * \text{Frequenz des stabilen Grundtons (Hz)}$$

erklommen und gehört werden. Wie man kürzlich erfahren hat, sind die Oktaven mittlerweile unserer galaktischen Materie enteilt – jene mochte nichts von einem derartigen schwingenden Hin und Her ihrer Substanzen wissen.

Theorie versus Praxis – was soll man mehr dazu sagen!

Das pythagoräische Intervallsystem

8

Alles ist Zahl.
Pythagoras (6. Jh. v. Chr.)
– so die Legende

Introduktion

Dieses Kapitel führt uns in die historischen Fakten, Motivationen und Verflechtungen im griechisch antiken Entstehungsprozess der pythagoräischen Quintenskalen, welche über zweitausend Jahre als die dominierende musiktheoretische Grundlage gelten kann. Wir entwickeln zunächst die älteste „wissenschaftliche" Skala, die Skala des Pythagoras. Hieraus erschließen wir ihre im Rahmen der mathematischen Temperierungstheorie sich formenden Varianten und Verallgemeinerungen. Indem wir die Ergebnisse der Theorie des voranstehenden Kapitels nutzen, kommen wir zu generellen „1/n-Komma-Temperierungen" und zu pythagoräischen Wolfsquintenkreisen mit mehrfachen Ausgleichungen. Ein kurzer Überblick über die historischen Aspekte des pythagoräischen Systems beschließt das Thema – und das Kapitel endet mit dem Traum des Pythagoras.

8.1 Das pythagoräische Ursystem

Das diatonische pythagoräische System ist das zugleich älteste wie auch das am längsten gebräuchliche Tonsystem im abendländischen Kulturraum. Seine Vorherrschaft begann etwa 500 v. Chr. und währte bis knapp 1500 n. Chr. – somit 2000 Jahre lang –, wobei doch bereits ab dem Mittelalter um 1100, 1200 n. Chr. zunächst die rein-harmonische Skala in verschiedenen Ansätzen hinzukam und die pythagoräischen Skalen allmählich verdrängte. Später – zur Blütezeit der Renaissance bis zum Bach-Zeitalter – folgte dann die Ära der Mitteltönigkeit mit dem ganzen Pluralismus und Reichtum ungezählter Intervalle und ihren Temperierungen.

Deswegen wundert es nicht, dass es um die Entstehung, um seine Vormachtstellung und seine vielfältigen Verbindungen zur damaligen Kultur, Wissenschaft, Philosophie und Religion weitaus mehr Zusammenhänge, Geschichten, Legenden und Anekdoten sowie Theorien gibt als das – anfänglich einfach gestrickte – Intervallsystem Töne hat.

Das pythagoräische Ton- beziehungsweise Temperierungssystem besteht in einer Forderung,

▶   *nur diejenigen Zahlen als Magnituden zu den „proportiones" zuzulassen, die aus den Urbausteinen* 1 — 2 — 3 *bestehen – und sonst keine anderen!*

Diese Maxime ist ein Teil der sogenannten **pythagoräischen Doktrin**, *bei welcher darüber hinaus noch die Forderung der allgegenwärtigen Kommensurabilität hinzugezählt wird.*

Am Anfang stehen somit

Prim (1:1), Oktave (1:2) und Quinte (2:3)

als die Intervalle, die diesen drei heiligen Zahlen im Sinne der uralten Lehre der Proportionen entsprechen. Alle weiteren Intervalle müssen sich aus diesen ergeben. In alter Zeit drückte man dies so aus, dass durch „fortwährende Differenzenbildung" die musikalische Welt an erlaubten Intervallen zu entstehen habe. Dies sehen wir in den „historischen" Differenzengleichungen.

Die historischen Gleichungen der pythagoräischen Lehre

Oktave minus Quinte = Quarte
Quinte minus Quarte = Tonos major
Quarte minus Tonos major = Ditonos minor
Ditonos minor minus Tonos major = Semitonus Limma
Quarte minus Semitonus Limma = Ditonos major
Tonos major minus Semitonus Limma = Semitonus Apotoma
Apotoma minus Limma = Komma

Wenn dann noch die große Septime als Differenz von Oktave und Limma und die große Sexte als Differenz von großer Septime und Tonos hinzukämen, wäre die heptatonische Skala perfekt. Es bedarf dann nur noch der beim Tonos beginnenden und einer nach erkennbaren Größen geordneten Reihe

(Prim) → Tonos → Ditonos major → Quarte → Quinte → Sext → Sept → (Oktav), und dann verläuft deren Stufung nach dem bekannten Muster des Aufbaus zweier lydisch-diatonischer Tetrachorde,

$$\text{Tonos} \to \text{Tonos} \to \text{Limma} \to \text{Tonos} \to \text{Tonos} \to \text{Tonos} \to \text{Limma},$$

vergleiche hierzu den Abschn. 5.1. Zu dieser Stufenreihe kommt man auch anders sehr leicht, wenn man die Differenzen – beim Intervall Limma beginnend – rückwärtig einsetzt und dabei ein lydisches Tetrachordmuster anstrebt.

Ob zur damaligen Zeit die **Prim** wirklich als existentes Intervall neben Quinte und Oktave getreten ist, kann sicher unterschiedlich wie auch als nicht sehr gesichert betrachtet werden. Die Prim hat ja im Reich der Intervalle die Rolle der „Null" übernommen – und bekanntlich ist diese erst zu den Zahlen hinzugekommen, als man (die „Mathematiker") sie „erfand" und sie als Zahl für unbedingt notwendig erachtete. So geht es auch der Prim: Gäbe es sie nicht als ein Objekt, welches man „musikalisches Intervall" nennt – was wäre dann die Differenz von Oktave minus Oktave? Und auch die Summe einer Abwärtsquinte und einer Aufwärtsquinte wäre Hokuspokus. Kurzum: Das Rechnen wäre uns verleidet.

Über die Rolle des **„Commas"** ist nichts Verlässliches bekannt: Seine Konstruktion als Differenz von Apotome und Limma erscheint uns jedoch wahrscheinlicher als seine Rolle, Differenz von zwölf Quinten und sieben Oktaven zu sein – was hätten Pythagoras und die Seinen denn damit anzufangen gewusst –, haben wir doch im Rahmen unserer Theorie heptatonischer wie auch chromatischer Skalen gesehen, wie profund gerade das „Comma" die Verantwortung für alle numerischen als auch strukturell-architektonischen Merkmale trägt. Wären diese Dinge auch nur ansatzweise im Denken der damaligen Zeit möglich gewesen, so wären aller Wahrscheinlichkeit nach die gesamten hochemotionalen wie wissenschaftspolitischen Diskussionen über die

▶   *Teilbarkeit des Tonos,*

die sich über Jahrhunderte hinzogen, von Anbeginn an gegenstandslos gewesen. Denn auch dies hängt mit genau diesem „Quintencomma" ebenso zusammen wie die Problematik der Kommensurabilität, wie wir ja mittlerweile wissen.

Ebenso wie in Konsequenz zu dem soeben Gesagten bleibt auch die **Apotome** selber im Rahmen pythagoräischer Heptatonik im Verborgenen – sie tritt ja erst dann auf den Plan, wenn im Rahmen der Chromatik eines zu schließenden 12-Quinten-Kreises beide Semitonia zu zwar differenten, jedoch gleichberechtigten Stufenintervallen avancieren.

Die Konstruktion der pythagoräischen Skalen

Mittels der antiken pythagoräischen Intervalle „Tonos und Limma" wird zunächst die pythagoräische heptatonische Skala gebaut – so ist ja auch die historische Chronologie. Und aus dem Blickwinkel, den wir nun dank der allgemeingültigen Zusammenhänge am 12-Quinten-Kreis im Kap. 7 gewonnen haben, ist diese heptatonische Skala – im folgenden mit P_7 notiert – ein einfacher, gewöhnlicher Fall einer durch eine Quinte generierten diatonischen Skala, und dabei ist diese Quinte die „Beste von allen", nämlich die reine, „pythagoräisch" genannte, Quinte $Q_{pyth} = (2:3)$. Demnach ist das Daten- und Strukturmuster der heptatonischen pythagoräischen Skala $\boldsymbol{P_7}$ schnell in der nachfolgenden Formel-Tabelle 8.1 angegeben:

$$\boldsymbol{P_7} \qquad C \xrightarrow{T} D \xrightarrow{T} E \xrightarrow{L} F \xrightarrow{T} G \xrightarrow{T} A \xrightarrow{T} H \xrightarrow{L} C'$$

$$\begin{array}{ccccccc} 8:9 & 8:9 & 243:256 & 8:9 & 8:9 & 8:9 & 243:256 \\ 204\,ct & 204\,ct & 90\,ct & 204\,ct & 204\,ct & 204\,ct & 90\,ct \end{array}$$

Formel-Tabelle 8.1: Heptatonische pythagoräische Skala $\boldsymbol{P_7}$

Nichts hiervon müssten wir neu berechnen – allenfalls die numerischen Daten der Elementarintervalle der pythagoräischen Familie, was man – um nicht aus der Übung zu kommen – gerade für diesen signifikanten Fall – stets aufs Neue sich zur Aufgabe machen sollte. Denn dabei liegen diese Werte sehr schnell vor:

$$\text{Tonos}_{pyth} = 2 * Q_{pyth} \ominus O \Leftrightarrow \left|T_{pyth}\right| = \frac{(3/2)^2}{2} = \frac{3^2}{2^3} \equiv 8:9,$$

$$\text{Limma}_{pyth} = 3 * O \ominus 5 * Q_{pyth} \Leftrightarrow \left|L_{pyth}\right| = \frac{2^3}{(3/2)^5} = \frac{2^8}{3^5} \equiv 243:256.$$

Für die Apotome machen wir uns nicht mehr diese Mühe, sondern bilden einfach die Differenz von Tonos und Limma – was die Quotientbildung der Frequenzmaße bedeutet, und das berühmte „pythagoräische Komma" kann als die Differenz dieser beiden Semitonia – natürlich auch und ebenso bequem als die Differenz von zwölf Quinten minus sieben Oktaven – gewonnen werden. Das verschafft uns die Werte

$$\text{Apotome}_{pyth} = T_{pyth} \ominus L_{pyth} \Leftrightarrow \left|A_{pyth}\right| = \frac{3^2}{2^3} / \frac{2^8}{3^5} \equiv \frac{3^7}{2^{11}} \equiv 2048:2187,$$

$$\varepsilon_{pyth} = 12 * Q_{pyth} \ominus 7 * O \Leftrightarrow \left|\varepsilon_{pyth}\right| = \frac{3^{12}}{2^{12}} / 2^7 \equiv \frac{3^{12}}{2^{19}} \equiv 524288:531441.$$

Mit dem hinreichend bekannten Centwert $ct(Q_{pyth}) = 701{,}955\,ct \cong 702\,ct$ lassen sich dann alle Centdaten dieser Elementarintervalle sofort gewinnen – und hier sei noch einmal an die schnelle, überschlägige Rechenmethode des Theorems 7.1 erinnert.

Q_{pyth}	T_{pyth}	L_{pyth}	A_{pyth}	W_{pyth}	ε_{pyth}
701,95 ct	203,91 ct	90,22 ct	113,68 ct	678,50 ct	23,46 ct

Der Zusammenhang der Basisgrößen lässt sich durch die Symbolik

$$\underbrace{\text{Apotome } 114\,ct \oplus \text{Limma } 90\,ct}_{\text{Tonos } 204\,ct} \text{ und } \underbrace{\text{Apotome } 114\,ct \ominus \text{Limma } 90\,ct}_{\text{Komma } \varepsilon_{pyth}\, 23{,}5ct}$$

nochmals prägnant darstellen. Wir fügen die nachfolgende zusammenfassende Auflistung dieser wesentlichen Bausteine der pythagoräischen Architektur aus Gründen einer kompakten Darstellung noch hinzu; gleichwohl sind alle diese Elemente in verschiedenen Aspekten und Beispielen früherer Abschnitte immer mal wieder Gegenstand mannigfacher Betrachtungen gewesen – seien es die Fragen hinsichtlich der Kommensurabilitäten oder die Fragen bezüglich architektonischer Strukturen allgemeiner Wolfsquintskalen.

Definition 8.1 (Die pythagoräische Quinte und ihre Elementarintervalle)
Die reine Quinte

$$Q_{\text{pyth}} \equiv 2{:}3$$

heißt **pythagoräische Quinte**. Sie hat das gerundete Centmaß

$$\text{ct}(Q_{\text{pyth}}) = 701{,}955 \text{ ct}.$$

Durch diese Quinte werden gemäß Definition 7.1 die ihr entsprechenden Elementarintervalle definiert, das sind dann

(1) der **pythagoräische Ganzton „Tonos"**

$$T_{\text{pyth}} = 2Q_{\text{pyth}} \ominus O \equiv (8{:}9) \equiv 203{,}91 \text{ ct,}$$

(2) die Semitonia **pythagoräische Limma** und **pythagoräische Apotome**

$$L_{pyth} = 3O \ominus 5Q_{\text{pyth}} \equiv 243{:}256 \equiv 90{,}22 \text{ ct,}$$

$$A_{\text{pyth}} = 7Q_{\text{pyth}} \ominus 4O \equiv 2048{:}2187 \equiv 113{,}68 \text{ ct,}$$

(3) das **pythagoräische Komma**

$$\varepsilon_{\text{pyth}} = 12Q_{\text{pyth}} \ominus 7O \equiv 524.288 : 531.441 \equiv 23{,}46 \text{ ct,}$$

(4) die **pythagoräische Wolfsquinte**

$$W_{\text{pyth}} = Q_{\text{pyth}} \ominus \varepsilon_{\text{pyth}} \equiv 678{,}49 \text{ ct.}$$

Nun wenden wir uns der Erweiterung dieser heptatonischen Skala zur chromatischen, dodekatonischen Skala zu.

Die chromatische pythagoräische Skala
Nach dem Muster der fortgesetzten Quinteniterationen und der indirekten Schließung des Quintenkreises durch eine 12te neue, ausgleichende Quinte – der pythagoräischen Wolfsquinte – bekommen wir dann je nach Lage dieser Ausgleichsquinte zwölf Varianten einer pythagoräischen Chromatik, und wir notieren in der Formel-Tab. 8.2 diejenige, für welche die Wolfsquinte den Platz (*As* → *Es*) hat – das ist die 9. Wolfsquinten-

variante – in ihren gerundeten metrischen Daten. Die Lage der Wolfsquinte (Start- und Zielton) ist zur Veranschaulichung durch das Pfeilsymbol gekennzeichnet.

$$P_{12}^{(9)} \qquad C \xrightarrow[114]{A} Cis \xrightarrow[90]{L} D \xrightarrow[90]{L} \overleftarrow{Es} \xrightarrow[114]{A} E \xrightarrow[90]{L} F \xrightarrow[114]{A} Fis \xrightarrow[90]{L} G \xrightarrow[114]{A} \overrightarrow{As} \xrightarrow[90]{L} A \xrightarrow[90]{L} B \xrightarrow[114]{A} H \xrightarrow[90]{L} C'$$

Formel-Tabelle 8.2 Pythagoräische chromatische Skala P_{12} (Variante 9)

Diese pythagoräische Skala hat trotz ihrer sehr ausgefallenen Wolfsquinte durchaus vorteilhafte musikalische Konstellationen, wie wir bereits in dem Beispiel 7.14 festgestellt haben und was wir nochmal kurz anreißen: Die klassische pythagoräische Terz, die als Ditonos mit der Proportion (64:81) $\cong$ 407,8 ct zu den als wenig akzeptablen Intervallen zählte und die deswegen mitschuldig war, dass die reine Terz (4:5) = (64:80) $\cong$ 386,3 ct für eine Ablösung des pythagoräischen Systems sorgte, ist nicht die alleinige Terz in diesem System. Bedingt durch die Wolfsquinte entstehen gleich mehrere – nämlich aufgrund unseres allgemeinen Theorems 7.5 genau vier – quasi reine Terzen, welche dem Ideal der reinen Terz sehr nahekommen: Es sind nämlich jene, welche die Bilanz

$$\text{Terz} = 3L \oplus A = (\text{Ditonos}) \ominus \varepsilon_{\text{pyth}}$$

aufweisen. Diese sind in der symbolischen Notation sehr schnell herausgefunden; es sind für diese Skala genau diese vier kleineren großen Terzen zum Centwert 384,36 ct

$$(Cis \to F), (Fis \to Ais), (Gis \to C), (H \to Dis).$$

Hiervon bildet das Tonika-Dominant-Subdominant-Dur-Dreiklang-System

$$(Fis \to Ais \to Cis), (Cis \to Eis \to Gis), (H \to Dis \to Fis)$$

ein in „quasi-reiner" Temperierung klingendes Akkordsystem. Die vierte quasi-reine Terz $(Gis \to C)$ wird dagegen durch die Wolfsquinte $(Gis \to Dis)$ dreiklangakkordisch abgeschlossen, sodass von einem reinen Durakkord keine Rede mehr sein kann. Somit ist insbesondere der H-Dur-Akkord $(H \to Dis \to Fis)$ in annähernd perfekter reiner Stimmung zu hören: Die Quinte ist rein, und die große Terz nur um die Winzigkeit eines $\varepsilon_{\text{schisma}} \approx 2$ ct von der wirklich reinen Terz entfernt; wir haben ja diese intervallische Differenz

$$\varepsilon_{\text{schisma}} = \varepsilon_{\text{pyth}} \ominus \varepsilon_{\text{synt}} \text{ mit } ct(\varepsilon_{\text{schisma}}) = 2 \text{ ct}$$

bereits im Vorfeld unseres Theorems 7.5 schon ein wenig studiert. Und diese voranstehende Beobachtung haben wir im Beispiel 7.14 zurecht als das „Harmoniewunder der pythagoräischen Quinte" bezeichnet.

In dem Büchlein [53] kommentiert der Autor, dass er glaube, dass es gerade die „Schönheit" des sich in dieser Stimmung zeigenden H-Dur-Akkords Johann Sebastian Bach angetan habe; schließlich enden viele seiner h-moll-Werke (wie zum Beispiel einige Abschnitte der h-moll-Messe) immer wieder in majestätisch-reinem H-Dur (wie auch in Fis-Dur) – vollkommene Ruhe ausstrahlend.

Wenn das kein Grund war, alte, charakteristikbehaftete Tonarten gegen eine aufkommende Gleichstufigkeit zu verteidigen?

Die Theorie der pythagoräischen Intervalle und Skalen

Wir erkennen sehr leicht, dass diese Intervallfamilie statt durch Tonos und Limma ebenso durch ganzzahlige Summen oder Differenzen der „Erzeuger" Oktave und Quinte gegeben ist – nämlich als die klassischen Elementarintervalle, so wie sie im Abschn. 7.1 vorgestellt wurden. Die antike pythagoräische Intervallfamilie der Elementarintervalle ist somit Teil der unbeschränkten Iterationsalgebra

$$\mathfrak{M}_{\text{pyth}} = \{I = m * \text{Oktave} \oplus n * reine\ \text{Quinte} | \text{wobei}\ n, m \in \mathbb{Z}\}$$

aller durch die reine Quinte und die Oktave erzeugten Intervalle. Dieses Konglomerat wird als die Menge aller pythagoräischen Intervalle angesehen, und wir verankern dies in der folgenden Festlegung:

Definition 8.2 (Pythagoräische Intervalle)

Ein **pythagoräisches Intervall** ist jedes Intervall, welches durch ganzzahlige Iterationen mit reinen Quinten $Q_{\text{pyth}} = (2:3)$ und Oktaven $O = (1:2)$ erzeugt wird. Das bedeutet, dass eine Darstellung

$$I = m * O \oplus n * Q_{\text{pyth}}$$

mit ganzzahligen Koeffizienten $m, n \in \mathbb{Z}$ vorliegt. Die Gesamtheit aller dieser Intervalle notieren wir mit

$$\mathfrak{M}_{\text{pyth}} = \{I = m * O \oplus n * Q_{\text{pyth}} | m, n \in \mathbb{Z}\}.$$

Diese Intervallfamilie ist ein sogenannter **freier Modulraum** über dem Ring der ganzen Zahlen. Und man kann nach Herzenslust mit den Rechenregeln der Intervalladjunktion Intervalle des Modulraums addieren oder subtrahieren oder ganzzahlig vervielfachen, und das Ergebnis ist dann selber wieder ein Element dieser Familie. Die **Iterationsparameter** $m, n \in \mathbb{Z}$ eines Intervalls in dieser $O - Q_{\text{pyth}}$-Darstellung nennt man die „**Euler-Daten**" oder auch **Euler-Parameter** des Intervalls.

Unmittelbar an diese Definition schildern wir im kommenden Theorem einige Dinge, welche alle wesentlichen Hintergründe zur pythagoräischen Stimmung und ihrem direkten Umfeld erklärend darstellen.

Theorem 8.1 (Mathematik und Musik der pythagoräischen Intervallfamilie)

(A) **Eindeutigkeit der Iterationsdarstellungen**

Die Euler-Daten jedes Intervalls $I \in \mathfrak{M}_{pyth}$ sind eindeutig, und $\{O, Q_{pyth}\}$ ist deshalb eine Intervallbasis der Intervallalgebra $\mathfrak{M}_{pyth}$.

Andere Basen von $\mathfrak{M}_{pyth}ss$ sind

$$\text{die Semitonbasis}: \{A_{pyth}, L_{pyth}\}$$
$$\text{die heptatonische Basis}: \{T_{pyth}, L_{pyth}\},$$

sodass sich jedes Intervall der Menge $\mathfrak{M}_{pyth}$ ebenfalls eindeutig durch die jeweiligen zwei Basisintervalle darstellen lässt. Speziell kennen wir die Darstellung der Euler-Basis selber durch diese beiden Systeme

$$O = 5A_{pyth} \oplus 7L_{pyth}, \ O = 5T_{pyth} \oplus 2L_{pyth},$$
$$Q = 3A_{pyth} \oplus 4L_{pyth}, \ Q = 3T_{pyth} \oplus 1L_{pyth},$$

und alle beliebigen Intervalle von $\mathfrak{M}_{pyth}$ sind dann dank dieser Formeln unmittelbar berechenbar. Abstrakt geschieht diese Umrechnung der Iterationsparameter mittels der Regener-Matrizen und kann im Theorem 4.1 sowie im Beispiel 4.2 nachgelesen werden. Die Semitonbasis dient vornehmlich den zwölfstufigen chromatischen Skalen, die zweite den heptatonischen Skalen.

(B) **Analytische Struktur: Poincaré-Levy-Theorem**

Die Intervallgesamtheit $\mathfrak{M}_{pyth}$ liegt in der Menge aller Intervalle $\mathfrak{M}_{mus}$ dicht verteilt. Das bedeutet: Mit einer Iteration ausschließlich aus Oktaven und reinen Quinten kann jedes musikalische Intervall so genau, wie man will, approximiert werden – siehe Theorem 4.5.

(C) **Musikalische Strukturen**

Die Erzeugerquinte Q_{pyth} und die durch sie bestimmte Wolfsquinte W_{pyth} definieren mittels des 12-Quinten-Kreises

$$11Q_{pyth} \oplus W_{pyth} = 7O$$

das pythagoräische Temperierungssystem $\overleftrightarrow{P}_{12}$, welches durch die Semitonia $L = L_{pyth}, A = A_{pyth}$ als aufbauende Stufenintervalle beschrieben wird. Das System

$$\overleftrightarrow{P}_{12} = \ldots (L - L - A - L - A - L - L) - (A - L - A - L - A) \ldots$$

enthält alle zwölf chromatischen Wolfsquintskalen $P_{12}^{(k)}, k = 1, \ldots, 12$, als Varianten und ist eingebettet in die Intervallfamilie $\mathfrak{M}_{pyth}$.

In den heptatonisch diatonischen Halbkreisen der Varianten liegen alle sieben heptatonischen Subskalen, welche als Transformierte aus P_7 hervorgehen. Die

Architektur der Skalen folgt den Regeln des Theorems 7.3 und des Theorems 7.4.

In den chromatischen 12-Stufen-Skalen $P_{12}^{(k)}$ treten die leitereigenen Intervalle zur gleichen Stufenzahl (große Terzen, kleine Terzen usw.) jeweils stets in zwei Varianten auf, und beide Varianten unterscheiden sich um das pythagoräische Komma $\varepsilon_{\text{pyth}}$, wie das Theorem 7.5 näher ausführt.

(D) **Universalität der reinen Quinte**

Für jede chromatische 12-stufige Wolfsquintenskala $S_{12}(Q)$ gilt: Kommt die reine Quinte Q_{pyth} als leitereigenes Intervall vor, so kommt sie entweder elf-mal vor oder nur einmal. Im ersten Fall ist $S_{12}(Q)$ eine Variante der 12-stufigen pythagoräischen Wolfsquintskala,

$$Q = Q_{\text{pyth}}, S_{12}(Q) = P_{12}^{(k)}$$

für ein geeignetes k mit k<12. Im zweiten Fall ist die erzeugende Quinte „fast" gleichstufig, und ihre Wolfsquinte ist die einzige reine Quinte dieser Skala,

$$\text{ct}(Q) = 699{,}82 \text{ ct und } W = Q_{\text{pyth}}.$$

Begründung Zu (A): Die reine Quinte Q_{pyth} und die Oktave sind nicht-kommensurabel, wie in Theorem 3.2 und den anschließenden Beispielen gesehen. Deswegen sind nach Beispiel 2.1 und 2.2, Theorem 1.1 die Euler-Daten eines Intervalls eindeutig. Wir haben in dem Beispiel 4.2 gesehen, dass sowohl die beiden Intervallpaare $(A_{\text{pyth}}, L_{\text{pyth}})$ als auch $(T_{\text{pyth}}, L_{\text{pyth}})$ die geforderten Eigenschaften einer Basis haben.

Die Aussagen (B, C) können wir den dort angegebenen Zitaten entnehmen (Theorem 4.5 und 7.5) – deren Anwendbarkeit wird im Wesentlichen durch die Nicht-Kommensurabilität von reiner Quinte und Oktave gewährleistet.

Schließlich folgt Teil (D) ebenfalls aus Theorem 7.5, wonach es nur genau zwei Möglichkeiten für leitereigene Quinten geben kann, die dann in den Anzahlen 11 und 1 auftreten können. Das Centmaß der Quinte für den 2. Fall errechnen wir aus der Quintenkreisgleichung,

$$11Q = 7O \ominus Q_{\text{pyth}} \Leftrightarrow \text{ct}(Q) = \frac{1}{11}(8400 - 701{,}95) = 699{,}82 \text{ ct},$$

womit wir das Theorem bewiesen haben. ∎

Fazit Wenn also eine Skala durch eine Quinte samt Schließungsquinte erzeugt ist, so ist die Suche nach eventuellen reinen Quinten in den Datentabellen dieser Skala vergeblich wie überflüssig, wenn klar ist, dass nicht die pythagoräische Quinte die Erzeugerquinte ist und der Abstand zur Gleichstufigkeitsquinte doch etwas größer als knapp 0,2 ct ist.

8.2   Die allgemeine pythagoräische 1/n-Komma-Temperierung

Schauen wir uns einige Temperierungen an, so wird schnell klar, dass für eine nicht geringe Zahl von ihnen die pythagoräische Urform als einfacher Wolfsquintenkreis mit der reinen Quinte als erzeugenden Quinte in mannigfacher Weise verfeinert, verändert und musikalischen Wünschen angepasst wurde. Schon am Ende des Abschn. 7.7 haben wir diese Weiterentwicklung des einfachen zum multiplen Wolfsquintenmodell im Zusammenhang mit der „Kommateilung" bereits angesprochen. In diesem Abschnitt werden wir die dort im Ansatz beschriebenen Formen der Skalengenerierung konkretisieren. Das heißt, dass wir die signifikanten Skalenobjekte – Komma und Wolfsquinte(n) – als Formelpakete entwickeln.

Keineswegs sollte damit gemeint sein, dass nur die Kundigen solcher Formeln sich zu den Experten zählen dürften – mitnichten. Vielmehr wollen wir durch diese Art der Präzisierung dazu beitragen, dass die Begriffe, denen es in der Literatur leider oftmals an klaren Festlegungen mangelt, auf verlässlichem Boden verankert und in ihre anwendende Formelwelt geführt werden. Darüber hinaus mag das Ganze auch als eine

▶   *Rechenkunst im Quintenkreis*

angesehen werden, sozusagen als eine „Übung für Fortgeschrittene". (Zu diesen zählen übrigens alle, die das Kap. 7 gründlich und erfolgreich durchgearbeitet haben.)

Bei unserer angestrebten Verallgemeinerung bewegen wir uns dennoch „nur" im 2-Quinten-Modell. Das heißt, dass der 12-Quinten-Kreis stets nur zwei unterschiedliche Quinten kennt: eine „erzeugende Quinte (Q)" und eine gewisse Anzahl (m) von gleich großen „Ausgleichsquinten W": Somit liegt der geschlossene Quintenkreis

$$(12 - m)Q \oplus mW = 7O$$

bei allen Überlegungen zugrunde – ebenso, dass zumindest in diesem Abschnitt die erzeugende Quinte mit der pythagoräischen Quinte zu tun hat. Und an dieser Stelle hat die Verallgemeinerung der Urform des pythagoräischen Systems formal zwei zunächst unterschiedlich erscheinende Modellformen:

▶   **Modell A:** Die Erzeugerquinte Q ist stets die pythagoräische Quinte Q_{pyth}, und der Quintenkreis besitzt m Wolfsquinten $W^{(m)}$, welche sich das „Komma" gleichmäßig und gerecht aufteilen.

   Modell B: Die neue Erzeugerquinte Q ist die um einen Bruchteil $(1/n)$ des pythagoräischen Kommas $\varepsilon_{\text{pyth}}$ erniedrigte reine Quinte Q_{pyth}; ebenso wie im Modell A sollen dann m Ausgleichsquinten $W^{(m)}$ den Quintenkreis füllen; sie gleichen dann zusammen das Quintenkomma ε_Q der neuen Erzeugerquinte aus.

Deshalb finden wir im Einklang mit der Wolfsquintenformel des Theorems 7.6 die Ausgangsgleichungen

$$W^{(m)} = Q \ominus \left(\frac{1}{m} * \varepsilon_Q \right),$$

und dann gelten für die Erzeugerquinte die alternativen Daten

$$Q = Q_{\text{pyth}} (\text{Modell } A),$$

$$Q = Q^{(n)} = Q_{\text{pyth}} \ominus \frac{1}{n} * \varepsilon_{\text{pyth}} (\text{Modell } B).$$

Wie schon im Abschn. 7.7 betont wurde, findet man die Bezeichnung „1/n-Komma-Stimmung" sowohl für die Form A als auch für die Form B; dabei würde bei letzterer konsequenterweise die 2-parametrische Nennung (m, n) vonnöten sein. Sicher hängen beide Dinge zusammen; der nachfolgende Satz beschreibt diese Zusammenhänge in intervallarithmetischen Formeln:

Satz 8.1 (Die pythagoräischen 1/n-Komma-Teilungen und ihre Quintenkreise)

(A) **Modell A: Multiple Wolfsquinten für die Quinte Q_{pyth}**

Im Falle der Erzeugerquinte $Q = Q_{\text{pyth}}$ gilt für die Wolfsquinten $W^{(m)}$ zum Vielfachheitsparameter $m \geq 1$ die Formel

$$W^{(m)} = Q_{\text{pyth}} \ominus \frac{1}{m} * \varepsilon_{\text{pyth}}.$$

(B) **Modell B: Multiple Wolfsquinten für die Quinten $Q^{(n)}$**

Im Falle der Erzeugerquinte $Q^{(n)}$ genügen das zugehörige Quintenkomma $\varepsilon_{Q^{(n)}}$ und die m Ausgleichsquinten $W^{(m;n)}$ den Gleichungen:

$$\varepsilon_{Q^{(n)}} = 12 \, Q^{(n)} \ominus 7O = \frac{n - 12}{n} \varepsilon_{\text{pyth}},$$

$$W^{(m;n)} = Q_{\text{pyth}} \oplus \frac{12 - (n + m)}{nm} * \varepsilon_{\text{pyth}}.$$

(C) **Der Zusammenhang der Modelle A und B**

Die pythagoräische $1/n$-Komma-Teilung strebt für jeden Ausgleichsparameter m bei $n \to \infty$ zum multiplen Wolfsquintenmodell der pythagoräischen Quinte, denn es gelten die Konvergenzen

$$Q^{(n)} \xrightarrow[n \to \infty]{} Q_{\text{pyth}}, \varepsilon_{Q^{(n)}} \xrightarrow[n \to \infty]{} \varepsilon_{\text{pyth}}, W^{(m;n)} \xrightarrow[n \to \infty]{} W^{(m)}.$$

Somit ist der Modellfall A der Grenzfall „$n \to \infty$" des Modells B.

Beweis Die Aussage (A) ist ein Spezialfall von Theorem 7.6 (B) und ist im Übrigen sofort aus der Quintenkreisgleichung ablesbar:

$$(12 - m)Q_{\text{pyth}} \oplus mW^{(m)} = 7O = 12Q_{\text{pyth}} \ominus \varepsilon_{\text{pyth}}$$

$$\Leftrightarrow m * \left(W^{(m)} \ominus Q_{\text{pyth}}\right) = \ominus \varepsilon_{\text{pyth}}.$$

Zu (B): Hier rechnen wir zunächst das Quintenkomma von $Q^{(n)}$ aus; demnach gilt nach dessen Definition – und wie so häufig mithilfe des 7-Oktaven-Tricks:

$$\varepsilon_{Q^{(n)}} = 12Q^{(n)} \ominus 7O = 12 * \left(Q_{\text{pyth}} \ominus \frac{1}{n} * \varepsilon_{\text{pyth}}\right) \ominus 7O$$

$$= 12 * \left(Q_{\text{pyth}} \ominus \frac{1}{n} * \varepsilon_{\text{pyth}}\right) \ominus \left(12Q_{\text{pyth}} \ominus \varepsilon_{\text{pyth}}\right) = \frac{n-12}{n}\varepsilon_{\text{pyth}}.$$

Hieraus gewinnen wir recht mühelos auch die Gleichung der m-fachen Wolfsquinte,

$$W^{(m;n)} = Q^{(n)} \ominus \left(\frac{1}{m} * \varepsilon_{Q^{(n)}}\right) = \left(Q_{\text{pyth}} \ominus \frac{1}{n} * \varepsilon_{\text{pyth}}\right) \ominus \left(\frac{1}{m} * \frac{n-12}{n}\varepsilon_{\text{pyth}}\right)$$

$$= Q_{\text{pyth}} \ominus \left(\frac{1}{n} + \frac{1}{m} * \frac{n-12}{n}\right)\varepsilon_{\text{pyth}} = Q_{\text{pyth}} \ominus \left(\frac{n+m-12}{mn}\right)\varepsilon_{\text{pyth}},$$

womit auch diese Rechnung gezeigt ist. Die Probe

$$(12 - m) * Q^{(n)} \oplus m * W^{(m;n)} = 7O$$

sei zur Übung im Umgang mit diesen algebraischen Rechenvorgängen empfohlen.

Zur Aussage (C): Die Analysis musikalischer Intervalle haben wir ja bereits in der Definition 2.6 verankert. Demnach gilt ganz sicher die Konvergenz

$$\frac{1}{n} * \varepsilon_{\text{pyth}} \underset{n \to \infty}{\longrightarrow} \text{Prim},$$

aus welcher letztlich alles Weitere folgt: Daraus folgt nämlich zunächst die Konvergenz

$$Q^{(n)} \underset{n \to \infty}{\longrightarrow} Q_{\text{pyth}}.$$

Und weil in der Arithmetik der Brüche diese einfach zu verstehenden Grenzwerte

$$\left(\frac{n-12}{n} = \left(1 - \frac{12}{n}\right) \underset{n \to \infty}{\longrightarrow} 1\right) \text{ sowie } \left(\frac{n+m-12}{mn} = \left(\frac{1}{m} + \frac{m-12}{mn}\right) \underset{n \to \infty}{\longrightarrow} \frac{1}{m}\right)$$

vorliegen, können wir alle Aussagen geschwind als bestätigt ansehen. ∎

Jetzt stellen wir ein Beispiel vor, das sich mit der 2-parametrischen, komplexeren Situation ($n = 6$, $m = 3$) befasst und bei welchem wir die drei Wolfsquinten aus reiner Experimentierfreude regelmäßig im Quintenkreis verteilen, wie in der Abb. 8.1 gezeigt.

Die gewählte Symmetrie lässt auf interessante Intervallkonstellationen hoffen; die isolierte Lage der Wolfsquinten gestattet jedenfalls nach unseren abstrakten Resultaten in Theorem 7.6 nur zwei Ganztonvarianten; und bei Lichte besehen dürfte es sogar nur eine einzige große Terz geben, welche – der Symmetrie sei es gedankt – genau ein Drittel der Oktave ausmacht.

Was wir dank Theorem 5.3 wissen, ist, dass mit der offensichtlichen 4-Periodizität des Quintenkreises auch die 4-Periodizität der Skala folgt. Somit ist diese Skala aufgebaut aus $3 = 12/4$ identischen Subskalen vom Umfang einer großen Terz, welche konsequenterweise 400 ct groß sein muss. Aus dieser doppelten Periodizität ließen sich noch weitere Daten gewinnen – sozusagen fern jeder Rechnung. Wir führen im Beispiel 8.1 einige Details aus:

Beispiel 8.1 (Pythagoräische 1/6-Komma-Stimmung mit drei Wolfsquinten)

Aufgabe: Berechne das Temperierungssystem, bei welchem die Erzeugerquinte Q die Silbermann-/Valotti-Quinte

$$Q = Q_{\text{Silbermann}} = Q_S \overset{\text{def}}{=} Q_{\text{pyth}} \ominus \frac{1}{6} * \varepsilon_{\text{pyth}}$$

ist und wobei drei Wolfsquinten $W = W_{\text{pyth}}^{(3;6)}$ das Quintenkomma von Q_S ausgleichen. Dabei seien die Wolfsquinten geometrisch regelmäßig im Quintenkreis angeordnet,

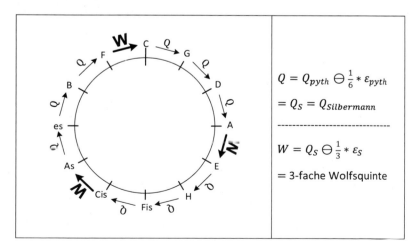

$$Q = Q_{pyth} \ominus \frac{1}{6} * \varepsilon_{pyth}$$

$$= Q_S = Q_{Silbermann}$$

- - - - - - - - - - - - - - - - -

$$W = Q_S \ominus \frac{1}{3} * \varepsilon_S$$

$$= \text{3-fache Wolfsquinte}$$

Abb. 8.1 Pythagoräische 1/6-Komma-Stimmung mit drei Wolfsquinten

wie es die Abb. 8.1 zeigt, womit das beidseitig fortgesetzte 12-periodische Quinten-kreismodell der Skala sogar die 4-periodische Abfolge

$$\rightarrow \cdots \rightarrow Q_S \rightarrow Q_S \rightarrow Q_S \rightarrow W \rightarrow \cdots \rightarrow$$

besitzt. Wir wählen zur Demonstration in diesem rotationssymmetrischen Modell unter den offenbar vier möglichen Varianten diejenige, bei welcher dieses Muster auf Tonika C startet; dann bilden die Wolfsquinten die drei Intervalle

$$W = (A \rightarrow E), W = (Cis \rightarrow Gis), W = \left(F \rightarrow C'\right).$$

Alle anderen neun Quinten sind die erzeugenden Silbermann-Quinten Q_S.

Lösung: Es wird sich als sehr hilfreich erweisen, auch die Intervalle der Gleichstufigkeitsquinte Q_{equal} in die Formeln zu integrieren. Die Gleichung der Erzeugerquinte ist dann

$$Q_{Silbermann} = Q_{pyth} \ominus \frac{1}{6} * \varepsilon_{pyth} = Q_{equal} \ominus \frac{1}{12} * \varepsilon_{pyth}.$$

Deshalb ist das Quintenkomma zu dieser Quinte das entgegengerichtete Komma der pythagoräischen Quinte, in Formel

$$\varepsilon_{Silbermann} = \ominus \varepsilon_{pyth},$$

im Einklang mit der Formel des Satzes. Die Gleichung der drei Wolfsquinten zu dieser Quinte Q_S ist dann per definitionem durch die Gleichung

$$W = Q_S \ominus \frac{1}{3} * \varepsilon_S = Q_{pyth} \oplus \frac{1}{6} * \varepsilon_{pyth} = Q_{equal} \oplus \frac{3}{12} * \varepsilon_{pyth}$$

gegeben, was ebenfalls den Angaben des Satzes entspricht, wenn wir dort die aktuellen Parameter ($n = 6$, $m = 3$) einsetzen. Wir erkennen auch die Beziehung

$$Q_{Silbermann} \oplus W = 2Q_{pyth}.$$

Was die Ganztonschritte der zu bildenden Skala betrifft, so wissen wir ad hoc – aber auch gemäß Theorem 7.6 –, dass es nur die beiden Varianten

$$T_S = (2Q_S \ominus O) = \left(2Q_{equal} \ominus O\right) \ominus \frac{1}{6} * \varepsilon_{pyth} = T_{equal} \ominus \frac{1}{6} * \varepsilon_{pyth},$$

$$T_W = (Q_S \oplus W \ominus O) = T_{equal} \oplus \frac{1}{6} * \varepsilon_{pyth}$$

geben kann, und deren Centwerte sind durch die Daten

$$ct(T_S) = 196{,}09 \text{ ct und } ct(T_W) = 203{,}91 \text{ ct}$$

gegeben. Hierbei haben wir den Gleichstufigkeits-Ganzton

$$T_{\text{equal}} = 2Q_{\text{equal}} \ominus O \text{ mit } \text{ct}(T_{\text{equal}}) = 200 \text{ ct}$$

als hilfreiche Messlatte benutzt. Beide Ganztöne ergeben nun in Summe numerisch exakt und abstrakt genauso viel wie zwei dieser Gleichstufigkeits-Ganztonschritte

$$T_S \oplus T_W = 2T_{\text{equal}} = \text{Terz}_{\text{equal}} \text{ mit } \text{ct}(T_S \oplus T_W) = 400 \text{ ct.}$$

Die chromatische zwölfstufige Skala gewinnen wir nun, indem wir alle dort vorkommenden Stufenintervalle – also die Semitonia – herausfinden.

Wenn wir diese Semitonia nach dem Apotomemodus des allgemeinen Theorems 5.2, welcher ja im geschlossenen Quintenkreis äquivalent zum Limmamodus ist, berechnen, so gehen wir im Uhrzeigersinn sieben konsekutive Quinten weiter und subjungieren dann noch vier Oktaven, kurz

$$\text{Semiton} = 7 * [Q] \ominus 4O,$$

und in der eckigen Klammer stehen dann Quinten Q_S und Wolfsquinten W, je nachdem, wie viele auf dem Iterationsweg vorkommen. Ein einfacher Blick genügt aber, um zu sehen: Bei den neun Starttönen Cis, D, Dis, F, Fis, G, A, B, H liegen genau zwei Wolfsquinten auf dem 7-gliedrigen Iterationsweg, für die restlichen drei Starttöne (C, E, Gis) gibt es nur eine Wolfsquinte. Daher haben wir nur die beiden – sowohl in Apotome- als auch in äquivalenter Limmaform geschriebenen – Varianten

$$L = 5Q_S \oplus 2W \ominus 4O = 3O \ominus (4Q_S \oplus W) = L_{\text{equal}} \oplus \frac{1}{12} * \varepsilon_{\text{pyth}},$$

$$A = 6Q_S \oplus W \ominus 4O = 3O \ominus (3Q_S \oplus 2W) = A_{\text{equal}} \ominus \frac{1}{4} * \varepsilon_{\text{pyth}}.$$

Diese Formen gewinnen wir ebenfalls bequem durch die Darstellung mithilfe der Gleichstufigkeitsquinte und ihrem erzeugten Standardsemiton

$$A_{\text{equal}} = 7Q_{\text{equal}} \ominus 4O = 3O \ominus 5Q_{\text{equal}} = L_{\text{equal}}.$$

Mit deren Maßen

$$\text{ct}(A_{\text{equal}}) = \text{ct}(L_{\text{equal}}) = 100 \text{ ct}$$

ergeben sich dann die Angaben

$$\text{ct}(L) = 101{,}95 \text{ ct und } \text{ct}(A) = 94{,}13 \text{ ct.}$$

Zur Kontrolle der Rechnungen sehen wir beiläufig auch, dass die intervallarithmetischen als auch (notwendigerweise) die Centbilanzen

$$A \oplus L = T_S \text{ und } 2L = T_W$$

gelten, wie uns die Theorie voraussagt.

Erwähnenswert scheint vor allem auch die Situation der großen Terzen zu sein: Vier konsekutive Iterationsquinten enthalten stets genau eine Wolfsquinte; daher gibt es tatsächlich nur eine einzige Variante einer großen Terz,

$$\text{Terz}_S = 3Q_S \oplus W = 3L \oplus A = 4Q_{\text{equal}}.$$

◀ Damit besitzt diese Skala sage und schreibe zwölf leitereigene Terzen zu je 400 ct, sie sind identisch mit den Terzen der Gleichstufigkeitsskala ETS_{12}!

Natürlich steht dies im Einklang mit unserer Beobachtung der 4-Periodizität dieser Skala. Jetzt können wir den architektonischen Aufbau vollenden und notieren das Stufenintervallmodell:

$$C \longrightarrow Cis \longrightarrow D \longrightarrow \overleftarrow{Es} \longrightarrow E \longrightarrow F \longrightarrow Fis \longrightarrow G \longrightarrow \overrightarrow{Gis} \longrightarrow A \longrightarrow B \longrightarrow H \xrightarrow{\quad'\quad} C$$

	A	L	L	L	A	L	L	L	A	L	L	L
	94	102	102	102	94	102	102	102	94	102	102	102

$\underbrace{\qquad}_{T_S=196ct}$ $\underbrace{\qquad}_{T_W=204\,\text{ct}}$ $\underbrace{\quad}_{A}$ $\underbrace{\qquad}_{T_W=204\,\text{ct}}$ $\underbrace{\qquad}_{T_S=196\,\text{ct}}$ $\underbrace{\qquad}_{T_W=204\,\text{ct}}$ $\underbrace{\quad}_{L}$

Fazit: Diese Skala hat also drei Subskalen vom Ambitus einer Gleichstufigkeitsterz; sie haben den semitonischen Aufbau $(A \to L \to L \to L)$ und für das 12-periodische Temperierungssystem gilt die Gruppierung:

$$\overleftrightarrow{S_{12}} = \overleftrightarrow{S_4} = \overleftrightarrow{A} \to L \to L \to L. \blacktriangleleft$$

Dieses Beispiel lehrt uns gleich mehrere Dinge: Zum einen wird erneut schnell klar, dass die Vielfalt entstehender leitereigener Intervallvarianten extrem sensibel von der Anzahl und der Lagegeometrie der Ausgleichsquinten abhängt. Würden wir nur eine einzige Wolfsquinte in eine Position im Quintenkreis versetzen, so wäre nicht nur die gesamte Symmetrie zerstört, will heißen, dass die Skala ihre doppelte Periodizität verlöre, wodurch auch die Struktur von $\overleftrightarrow{S_{12}}$ als Synthese von drei 4-periodischen Subskalen $\overleftrightarrow{S_4}$ dahin wäre. Vielmehr sieht man sehr schnell ein, dass es dann zwar immer noch nur zwei Varianten des Ganztons gäbe, jedoch entstünden schon drei Semitonia, drei große Terzen und sicher noch viele weitere signifikante Änderungen.

Eine Hausaufgabe

Schließlich fällt uns noch eine interessante Hausaufgabe ein. Der Centwert des obigen Ganztons T_W ist auffallend nahe am Centwert des pythagoräischen Ganztons – so nahe, dass beide Werte jedenfalls bis auf zwei Nachkommastellen identisch sind. Sind die Intervalle am Ende sogar identisch? Beweise oder widerlege also

$$T_W = T_{\text{pyth}}.$$

Hilfestellung: Die Gleichung stimmt – und der Nachweis ist nicht schwierig –, aber: Hätten wir auf die

▶   ***Frage:*** *Gibt es außer der Gleichstufigkeitsskala noch eine andere, bei welcher alle*
    zwölf leitereigenen großen Terzen Gleichstufigkeitsterzen sind – vor allem, wenn
    sie durch eine Quinteniteration entstanden ist?

nicht vehement mit „Nein" geantwortet? Zwar zeigt uns das Beispiel 6.17 durchaus
einen Weg, eine nicht-gleichstufige Skala mit zwölf gleichstufigen großen Terzen zu
konstruieren – aber eine Wolfsquintenskala? Die Welt ist voller Überraschungen.

8.3   Das pythagoräische System im historischen Licht

Unter den vielen Fragen, denen man öfters begegnet als Antworten möglich sind, gehört
insbesondere diese:

▶   *„Wie hat Pythagoras seine Musik erfunden"?*

Dazu gehört dann mit großer Verlässlichkeit ein bunter Laden an Schilderungen der
historischen Entwicklung dieser streng auf dem Trio der heiligen Zahlen $1 - 2 - 3$
beruhenden Theorien weltanschaulicher Dimensionen.

Wie hat Pythagoras seine Musik erfunden – darüber gibt es in der Tat in vielen
Büchern viel Lesenswertes, und fragmentarisch seien folgende Meinungen aufgezählt.

1. **Das Monochordmodell**
   These: Die pythagoräischen Intervalle werden am Monochord hergeleitet.

   Kommentar: Dagegen spricht allerdings, dass ansonsten die reine Terz ($4:5 = 64:80$)
   statt der im heptatonischen System P_7 verankerten Terz Ditonos ($64:81$) im System
   vorkommen müsste, welche durch Quart-Quint-Schritte aber nicht erreichbar ist.
   Lediglich Oktave ($1:2$) und Quinte ($2:3$) wären „monochordisch".

2. **Die Legende**
   These: Pythagoras soll die Intervalle bei der Beobachtung von Schmiedehämmern
   gefunden haben. „Pythagoräisch" bedeutet dann, dass ganzzahlige Verhältnisse der
   Hammermassen ganzzahligen Proportionen der Töne entsprechen, vgl. [19].

   Kommentar: Wir können aber des festen Glaubens sein, dass dieser Aspekt ins Reich
   der Fabeln gehört. Die diese Fabeln begleitenden Illustrationen vermitteln den Eindruck, die Klangproportionen seien simultan die Größenproportionen ihrer Erzeuger,
   die da sind: Schmiedehämmer beziehungsweise die Ambosse – oder in einer anderen
   Variante: Glocken. Richtig ist: Bei linearen Klangerzeugern und physikalischen
   Transversalschwingungen wie bei Saiteninstrumenten genügt die Tonhöhe in der Tat
   linear umgekehrt proportionalen Gesetzen: doppelte Länge = halbe Frequenz. Das
   sind unsere bekannten Monochordregeln, siehe Satz 1.1. Bei Glocken und anderen
   dreidimensionalen Klangerzeugern ist die Physik jedoch viel diffiziler, und von

linearen Zusammenhängen kann keine Rede mehr sein. Ein doppelt so schwerer Amboss klingt bei einem Hammerschlag nicht eine Oktave tiefer. Die Tonhöhenabhängigkeiten sind bei realen dreidimensionalen Massen erheblich komplexer als der Modellfall des linearen Monochords. Aber dies in der nötigen Sorgfalt zu verfolgen, erfordert ein eigenes Eintauchen in die Lehre der Akustik mit ihren nicht gerade alltäglichen Differentialgleichungen. Die umfangreiche Spezialliteratur zur theoretischen und musikalischen Akustik birgt jedenfalls die Gefahren in sich, dass man sich wochenlang in spannende und entlegene Bereiche hineinbegibt und hierbei die Zeit vergisst. Einen guten Einstieg hierbei liefern die klassischen Lehrbücher [7, 8, 38].

3. **Das Prinzip der Harmonia perfecta maxima**

   These: Schon von urdenklichen Zeiten her faszinierte die Proportionenkette

$$6 : 8 : 9 : 12$$

durch ihre zahlreichen Symmetrien wie auch durch ihre unmittelbare Nähe zur pythagoräischen Doktrin. Sie definiert die pythagoräischen Elementarintervalle.

Kommentar: Diese Zahlenfolge stellt eine Proportionenkette dar, die in aufsteigender Ordnung die sie betreffenden Dinge zum Vergleich bringt. Sie galt schon bei den Babyloniern als das Tor zur Wissenschaft der Dinge – wie Musik und Astronomie. Enthalten sind nämlich hierin die Oktave ($1{:}2 \cong 6{:}12$), die Quinte ($6{:}9 \cong 8{:}12$) und deren Komplementärintervall, die Quarte: ($6{:}8 \cong 9{:}12$). Enthalten ist vor allem auch der Tonos ($8{:}9$), also der pythagoräische Ganzton. Erstaunlicherweise gilt nun außerdem, dass in dieser Proportionenkette

die Zahl 9 als das **arithmetische** Mittel aus 6 und 12,

die Zahl 8 als das **harmonische** Mittel aus 6 und 12

als mittlere Proportionale vorkommen, weshalb diese Proportionenkette zu einer **„Medietätenkette"** avanciert, siehe hierzu unseren Abschn. 1.5. Und aus dieser Verbindung erwächst eine – ja, man kann das wirklich so sagen – eine wunderschöne Theorie der Symmetrie zwischen Zahlen und Musik (siehe hierzu auch das Buch [51]). Deshalb haben wir hier eine – genauer – die Verbindung schlechthin der antiken Musiktheorie mit der Lehre der Medietäten, der Mittelwerte. Diese erstaunliche Zahlenkombination, welche den musikalischen pythagoräischen Kosmos beschreiben kann, nannte man dann die

„Harmonia perfecta maxima",

was vor allem auf die Musiktheoretiker des Altertums, Iamblichos (245–325 n. Chr.) und Nikomachus (ca. 60–120 n. Chr.), zurückgeht.

4. **Die Tetractys des Pythagoras**

   These: Die pythagoräischen Grundintervalle Oktave, Quinte, Quarte sind aus der Tetractys entstanden.

Kommentar: Dabei handelt es sich um ein Spiel mit den Zahlen $1 - 2 - 3 - 4$, mit dem eine Vielzahl alltäglicher Zusammenhänge der antiken Zahlenwelt begründet wurde – mystische und religiöse Weltanschauungen inklusive. Jedenfalls begründet die Lehre der Tetractys die Einheit von Oktave, Quinte und Quarte und verbindet dies mit der Dogmatik, alles Weitere dürfe nur durch „Ableitungen" dieser Einheit gefunden werden. Die Abb. 8.2 vermittelt das hintergründige Schema dieser Weltanschauung.

5. **Die Tetrachordtheorie**

These: Das pythagoräische System ist aus der Tetrachordik der altgriechischen Musik entstanden, und insbesondere ist die Gattung lydisch-diatonisch das Modell hierzu.

Kommentar: Das Aufeinandersetzen zweier „Tetrachorde" im Ganztonabstand stellt – wie bereits im Abschn. 7.1 näher beleuchtet – die bekannteste Form der Leiterbildung dar; die Schrittfolge

$$\left(1 \to 1 \to \frac{1}{2}\right) \to 1 \to \left(1 \to 1 \to \frac{1}{2}\right)$$

dient schon im frühen musikalischen Unterricht als Merkregel für den Aufbau „der Durtonleiter". Sicher steht hierbei das Symbol $\frac{1}{2}$ nicht für den „halbierten" Ganztonschritt 1, die Unmöglichkeit der rational-harmonischen Halbierung im pythagoräischen wie in diversen anderen Fällen ist ja (zumindest heute) bestens bekannt, siehe unseren Abschn. 3.3 und dortselbst das Beispiel 3.6. Es gibt allerdings die überdeutliche Parallele der heptatonischen Skala des Pythagoras zu dieser formal bitonal erscheinenden Tetrachordkonstruktion, wenn wir das Muster

$$(T \to T \to L) \to T \to (T \to T \to L)$$

mit der lydisch-diatonischen tetrachordischen Vorlage vergleichen, siehe Tab. 3.2.

Die geschichtliche Entwicklung des pythagoräischen Tonsystems

Hierzu schildern wir einige der markanten Stationen durch die Jahrhunderte.

Station 1, die Pythagoräer Gesichert ist, dass die Musik nicht „klanglich – sinnlich" empfunden und geschaffen wurde, sie ist vielmehr entstanden als „Verklanglichung von Zahlenverhältnissen". Man unterschied (bis in unsere Zeit) zwischen der

$$musica\ prattica \leftrightarrow musica\ theoretica.$$

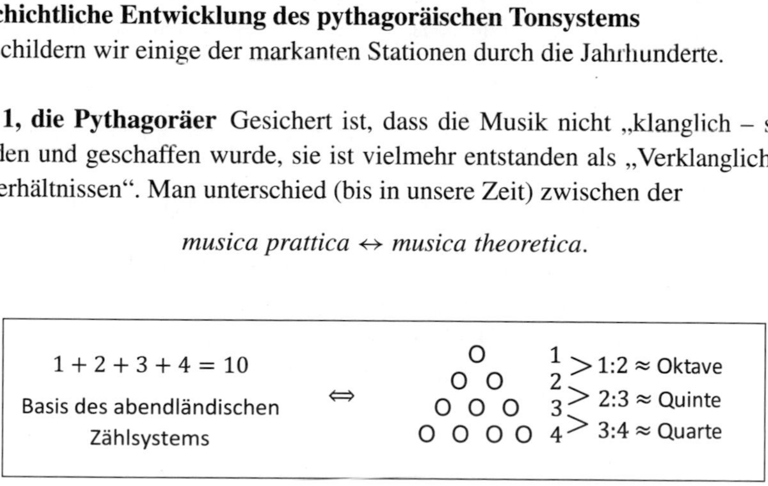

$1 + 2 + 3 + 4 = 10$		O $\quad$ 1 $> 1{:}2 \approx$ Oktave
		O O $\quad$ 2
Basis des abendländischen	$\Leftrightarrow$	O O O $\quad$ 3 $>$ 2:3 $\approx$ Quinte
Zählsystems		O O O O $\quad$ 4 $>$ 3:4 $\approx$ Quarte

Abb. 8.2 Die pythagoräische Tetractys des Abendlandes

Und dabei gab es einige Gesetze (deren Nichtbefolgung schlimme Folgen haben konnte), von denen die drei markantesten aufgeführt seien:

1. Regel Die Intervalle, welche die Pythagoräer kannten (besser: die sie als musikalische Intervalle zuließen), waren ausschließlich solche, welche

(1) sich unmittelbar aus der Tetractys errechnen ließen (die „Consonantiae"), und die wichtigsten hierunter sind nachfolgend aufgeführt:

antiker Name	Proportionenmaß	heutiger Intervallname
diapason	1:2	Oktave
diapente	2:3	Quinte
diatesseron	3:4	Quart

(2) sich dann aus diesen als „Differenzen" ergaben (abgeleitete Consonantiae):

antiker Name	Proportionenmaß	definierende Konstruktion
Tonos	8:9	Quinte $\ominus$ Quarte
Ditonos minor	27:32	Quarte $\ominus$ Tonos
Limma, Semitonus	243:256	Quarte $\ominus$ Ditonos minor
Ditonos major	64:81	Quarte $\ominus$ Limma
Apotome	2048:2187	Tonos $\ominus$ Limma
Comma	524288:531441	Apotome $\ominus$ Limma

Archytas (ca. 4. Jh. v. Chr.) entwickelte dieses Differenzensystem zum bekannten Intervallsystem: Aber auch schon die **superpartikularen** Intervalle n : (n + 1) galten bei ihm als nicht (hälftig) teilbar, womit er ja auch die pythagoräisch-unerlaubten Bereiche betreten hatte, und seine Ächtung folgte auf dem Fuße (siehe Abschn. 3.4).

2. Regel Das Comma ist die kleinste aller Consonantiae in der antiken Theorie.

3. Regel Der Tonos ist **nicht teilbar** (in zwei gleiche Teile), da er superpartikular ist.

Station 2, Ptolemäus Claudius Ptolemäus (2. Jh. n. Chr.) „erkannte" ebenfalls schon – zumindest in einfachen, speziellen Fällen –, dass die einfachen **„superpartikularen"** Intervalle n : (n + 1) nicht in gleiche Hälften teilbar waren, was bedeutete, dass er darlegte, dass die Wurzel aus dem Frequenzmaß (n + 1)/n nicht rational (kommensurabel) sein konnte.

Station 3, Boethius Anitius Manlius Severinus Boethius (5. Jh. n. Chr.) zählt zu den zentralen Figuren der abendländischen Wissenschaften des frühen Mittelalters. Er verbindet Altertum und Mittelalter. Er verteidigte und systematisierte die pythagoräische Tetractys-Musik, geleitet durch die wissenschaftliche Strenge des Aristoteles. Er erweiterte den Begriff „Consonantia", indem er auch allgemein

einfach überteilige Zahlverhältnisse: $n : (n + 1)$

musikalisch als Consonantiae zuließ. Sie gelten für ihn ebenfalls als unteilbar (was Boethius in einem leider abenteuerlich falschen Beweis für den Fall des prominenten Intervalls Tonos (8:9) begründen wollte, eine eigene Geschichte; die Bruchrechnung war ja auch noch nicht so weit entwickelt wie heuer – was manche mittlerweile aber bestreiten). Dagegen gelten mehrfach überteilige Consonantiae, welche sich von den beiden Formen

$$n : (m * n + 1) \text{ mit } m > 1 \text{ oder } n : (n + m) \text{ mit } 1 < m < n$$

herleiten lassen, als „weniger" konsonant. Man findet zu diesem Begriff leider viele unterschiedliche Beschreibungen. Boethius erkannte ferner die Bilanz

$$6 \text{ Tonos} \ominus \text{Oktave} = 1 \text{ Comma}$$

und vermutete dann auch noch den Größenvergleich

$$3 \text{ Comma} < \text{semitonium Limma} < 4 \text{ Comma},$$

wobei der „Größenvergleich" auf einem Proportionenkalkül beruht, welches recht mühsam nachvollziehbar ist. Schließlich fand er per fortgesetzter Differenzenbildung noch viele weitere, zwar „exotische", dennoch pythagoräisch genannte Intervalle, Töne. Das zeigt, dass es sehr schwer sein wird, zu sagen, diese oder jene Töne (Intervalle) stammen von Pythagoras und diese nicht.

Station 4, Johannes de Muris Johannes de Muris war Mönch und lebte im 13. Jahrhundert. Ihm schreibt man zu, die Universalgültigkeit des pythagoräischen Systems „beendet" zu haben. Das mag auch daran gelegen haben, dass er mittels geometrischer Mittelung die „Wurzel aus der Zahl 2 ziehen konnte" –, und auf die Musik übertragen bedeutet das ja, dass er die

Oktave (1:2) in zwei gleiche Hälften geteilt hätte.

Das durfte aber nach alten Regeln nicht sein – wir haben ja weiter oben erwähnt, dass der große Gelehrte Boethius die Consonantiae $(n : n + 1)$– also auch die Proportion 1:2 – als nicht teilbar erklärt hatte, und es war ebenso schwer wie sträflich, solchen Lehrmeinungen zu widersprechen. Gleichwohl erweiterte Johannes de Muris (dennoch) konsequent die pythagoräische Theorie der „Consonantiae".

Station 5, Arnaut de Zwolle Arnaut de Zwolle (15. Jh. n. Chr.) war ein flämischer Arzt und Astronom. Reine Quintenstimmungen sind bis zum (späteren) Mittelalter allenorts in Anwendung. Im Rahmen der überwiegend einstimmigen Musik wie zum Beispiel der Gregorianik war dies auch durchaus möglich; problematische Situationen waren weitgehend verdeckt, teilweise auch nicht bekannt und folglich nicht erkannt worden. So finden wir in Arnaut de Zwolle noch einen der letzten Vertreter der pythagoräischen Stimmung – trotz ihrer recht unbrauchbar gewordenen Wolfsquinte. Näheres ist in Abschn. 12.2 beschrieben.

Diese Stationen sind nur ein kleiner Ausschnitt aus einer umfangreichen Literatur, einer Literatur, welche viele Schwerpunkte und Betrachtungsweisen vorgibt: politische und gesellschaftsrelevante, fachlich-musiktheoretische, historisch einordnende. Aber auch unterhaltsame und den Anekdoten nicht abgeneigte Geschichten mögen noch zu entdecken sein – wie die nachfolgende Erzählung, die uns der Zauberer „Zarlino der Große" im Traum eingegeben hat und die doch tatsächlich an der 1001ten Station der Zugfahrt durch den Erlebnispark der pythagoräischen Welt auf uns wartet:

8.4   Zugabe: Der Traum des Pythagoras

Station 1001: Nicht verbürgt ist die Geschichte, dass Pythagoras das allererste Weinfest der Menschheitsgeschichte mit einem tiefen seligen Schlaf beendet hatte. Dabei begegnete ihm **Leonhard Euler,** der – wie er selber – in einem langen engelhaften Mantel am Rande des Harmonischen Ozeans umherschritt. In dessen rechter Tasche zwängten sich die Euler'schen Gleichungen zur Variationsrechnung, und einige von ihnen drohten, dem verbindenden Band der anderen verloren zu gehen. In der anderen Manteltasche verbarg sich die Euler'sche Konsonanzfunktion – (wir haben sie ja schon im Abschn. 3.6 entdecken dürfen) –, und Euler stellte Pythagoras vor die Wahl, er müsse sich, um sein Leben zu retten, für eines seiner Geschöpfe entscheiden. Und als sich Pythagoras zunächst mit der Variationsrechnung auseinandersetzte, geriet der Traum zusehends zum Albtraum, aus dem es kein Entrinnen zu geben schien. Da kam ihm **Anilius Boethius** – auf einer Wolke schwebend – zu Hilfe und riet ihm, es doch mit der Konsonanzfunktion zu versuchen, schließlich gebe es dort keine Integrale und auch kein differentielles Teufelszeug.

Und so kam es, dass Pythagoras den himmlischen Euler um seine Konsonanzfunktion bat. Allerdings war durch die zermürbende Beschäftigung mit der Variationsrechnung schon so viel Zeit verstrichen, dass seine inneren Weinvorräte allmählich zur Neige gingen, sodass es ihm nur noch möglich war, sich vor dem erlösenden Aufwachen nur noch mit dem Anfang der Euler'schen Konsonanz einen Eroberungskampf zu liefern.

Am Anfang aber standen – (wie die Tab. 3.6 zeigt, die Red.) – nur die Prim, die Oktave und die Quinte – mehr konnte Pythagoras nicht erfahren, er kam leider nur bis zur Stelle, an der das geheimnisvolle Γ den Wert 3 haben konnte; höhere Werte blieben ihm verschlossen, denn durch ein unachtsam umherirrendes spitzwinkliges Dreieck wurde er diesem Traum jäh entrissen und erwachte schweißgebadet.

▶   *Nicht auszudenken, wie die Musikgeschichte verlaufen wäre, hätte Pythagoras alle Primzahlen von Euler weitergeträumt –*

Es hätte aber tatsächlich noch anders kommen können, wie uns Zarlino berichtet, und mit nicht geringer Hervorhebung seiner eigenen Bedeutung und Schlauheit schildert er uns unter dem Schwur der Wahrhaftigkeit folgende Begebenheit:

Pythagoras und die Kreiszahl π

Station 2022: Als Pythagoras im weisen Alter noch einmal über alle seine Taten nachdachte, dämmerte ihm, dass seine Musik der drei Zahlen 1-2-3 womöglich doch noch sehr unvollkommen sei. Und so überlegte er ernsthaft, ob er seine Thesen nicht doch klammheimlich diesem Spiel der neuen Gedanken preisgeben sollte. Seine indoktrinierte Gemeinde wollte er natürlich nicht damit behelligen – schließlich stand ja dann alles auf dem Spiel, was in Jahrzehnten gewachsen war und den Weltenverlauf bestimmt hatte. So also suchte Pythagoras einen Weisen auf – und der Weise weissagte Pythagoras folgendes Schicksal:

„Wenn du tatsächlich deine These widerrufst, dass alles in der Musik nur durch die Dreieinigkeit 1-2-3 zu geschehen habe, droht dir höchstes Ungemach.

Du wirst der spanischen Inquisition in die Hände fallen – ganz gleich, ob lebend oder tot –, und sie werden deinen Frevel, sich von der alten Lehre abzuwenden, bitter strafen. Im besten Fall droht dir die Folter, denn der Tod wäre zu milde – allenfalls ein langsames grausames Ende würden sie dir verordnen.

Sie werden sich für dich aber eine ganz besondere Strafe ausdenken. Hast du nicht zeitlebens erklärt, alles sei kommensurabel? Siehst du – so ist ja auch der Kreisumfang zum Durchmesser kommensurabel, wie du meinen müsstest, wären deine Gedanken ehrlich. Aber niemand konnte bisher sagen, in welchem Verhältnis sie denn stünden – und die Spanier – der Mathematik unkundig, aber der Satanei zugetan – werden dich verurteilen, dieses Verhältnis im Kerker zu bestimmen – und möge es so lange dauern, wie es will.

Nun gut – verehrter Pythagoras, das wäre zwar nicht schlimm, aber weißt du, du wirst schmählich nie zu Ende kommen. Es wird nämlich jemand kommen – Heinrich Lambert nennt er sich – und frech behaupten, diese Kreiszahl sei gar nicht kommensurabel zur Einheit – schlimmer noch, ein gewisser Lindemann wird noch beweisen wollen, dass man sie auch noch nicht einmal mit rechten Gleichungen genau berechnen kann, sie sei nämlich transzendent.

Dir droht also das Schicksal ewigen Rechnens. Solltest du darin aber geschwind sein, so kannst du vielleicht in einem künftigen Jahr, was man in fernen Zeiten „2021 nach Christus" nennen wird, deine Rechnungen mit denen, die dann von seltsamen denkenden

Wesen ausgespuckt werden, vergleichen – aber sieh dich vor, es sollen dann sogar mehr Zahlen sein als wir hier bei Rhodos Sandkörner haben. Aber das Schlimme ist: Auch dann bist du noch nicht fertig, sondern du stehst erst ganz am Anfang deiner verordneten Strafe."

▶   Nach dieser Weissagung zog sich Pythagoras zurück und dachte nach.

Ja – wenn er alleine schon alle im Jahre 2021 n. Chr. gefundenen 62,8 Billionen Nachkommastellen von π – genauer (*):

$$62.831.853.071.796 – \underline{\text{Stellen}} \text{ hinter dem Komma (!!!)}$$

berechnen und aufschreiben würde – des Nachweises wegen –, seine Lebenszeit müsste bis dahin mindestens schon mal zwei Millionen Jahre sein, sollte er eine Ziffer pro Sekunde berechnen und aufschreiben können. Und um mit den seltsamen Geräten gleichzuziehen, müsste er seine Schreibgeschwindigkeit auf rund tausend Ziffern pro Sekunde erhöhen. Gäbe es überhaupt genug Papyrus?

▶   *Mag sein, dass Pythagoras dieses grauenhafte Zahlenmartyrium im Kopf hatte – und so kam es, dass er doch lieber bei seiner Doktrin blieb: Die Musik hat nur mit der Dreiheit 1-2-3 zu tun – alles andere führt ins Unheil.*

(*) Diese aktuell neueste Computerleistung der Berechnung von 62,8 Billionen Nachkommastellen von π ist in den „Mitteilungen der DMV (2021–4)" nachlesbar; der Rekord verbessert den alten Rekord aus dem Jahre 2020 um sage und schreibe rund 12,8 Billionen Stellen (!).

Empfehlenswert ist in diesem Zusammenhang auch das Buch „π – die Story" von Jean-Paul Delahaye, Basel-Boston-Berlin, Birkhäuser Verlag (1997).

Die Mitteltönigkeit

9

Optimum est temperamentum in chordarum systemate, cum ex diapente quarta pars commatis ubique deciditur.

Christiaan Huygens (1629–1695) (*)

Introduktion

In diesem Kapitel beschreiben wir, wie das pythagoräische System durch das terz-orientierte System der Mitteltönigkeit abgelöst wurde. Dieses System besteht darin, dass eine neue erzeugende Quinte gefunden wird, deren einfacher Wolfsquintenkreis reine große Terzen enthält, und nach der Theorie des Kap. 7 mit seinem Theorem 7.5 gibt es dann sofort auch die maximal mögliche Anzahl (8) an leitereigenen reinen großen Terzen.

Dieser neuen mitteltönigen Quinte kommt dabei eine beinahe gleichrangige Bedeutung zu wie der pythagoräischen Quinte: Sie dient als Modell für zahlreiche manipulative Varianten, und dies führt zu mannigfachen Verallgemeinerungen wie auch Mischformen des Mitteltönigkeitskonzepts, wie man dies historisch in den verschiedenen *„1/n-Komma-Temperierungen"* vorfindet.

Aufbauend auf den vertrauten intervallarithmetisch formulierten, mathematisierten Beschreibungen aller Begriffe rund um die „Mitteltönigkeit(en)" entdecken wir dank abstrakter Muster nicht nur methodische Gesetzmäßigkeiten – wie zum Beispiel das Dur-Terz-Prinzip oder das Moll-Terz-Prinzip –, sondern gewinnen auch Einblicke in die Zusammenhänge zur allgemeinen Semiton- und Viertelton-Enharmonik im Euler-Gitter der reinen Intervalle. Somit steht eine Systematik <u>aller</u> mitteltönigen Temperierungen im Mittelpunkt unserer Überlegungen.

K. Schüffler, *Die Tonleiter und ihre Mathematik*,
https://doi.org/10.1007/978-3-662-64951-0_9

▶ *(*) Auch der niederländische Physiker Christaan Huygens, dessen Schaffen sich
   neben der Astronomie und Mathematik vor allem auf die Wellenlehre und Akustik
   bezieht, pflichtet der als „mitteltönige Temperatur" von Salinas und Zarlino
   bekannt gewordenen Stimmung bei, indem er das „Optimum" darin sieht, dass
   von „vier Quinten das Komma zu subtrahieren sei", so wie es die Mitteltönigkeit
   nach großen Terz vorsieht.*

9.1   Wege zur Mitteltönigkeit

Lange Zeit ging alles gut; jahrhundertelang – ja über Jahrtausende – regierte das
pythagoräische Musiksystem im Reich der Töne.

Solange nämlich die Einstimmigkeit – verbunden mit streng kirchentonalen
Strukturen – die vorherrschende Musikform war, genügte die pythagoräische Skala zur
Quinte (2:3) durchaus den meisten Anforderungen – wenn solche überhaupt formulierbar
waren. Schließlich benötigt man ja in einer Heptatonik nur wenige Quintbewegungen,
um den Tonvorrat zu definieren; in der Gregorianik kennt man (zumindest in der Ver-
schriftlichung der Neumen durch die Notennotation) auch nur in einziges „Vorzeichen" –
das ist der Ton „Si-bemolle", den man in moderner Interpretation als ein um einen
„Halbtonschritt" erniedrigtes *H* („Si-naturale") auffassen könnte (aber was er gewiss
nicht wirklich sein kann – eindeutige Halbtöne gab es damals nicht). Im Übrigen trat das
reale Defizit der Quintenkreisschließung, was sich in einer zwölften nicht wirklich rein
klingenden Wolfsquinte

$$W_{\text{pyth}} = Q_{\text{pyth}} \ominus \varepsilon_{\text{pyth}} \cong 678\,\text{ct}$$

auswirkt, in dieser damaligen musikalischen Praxis eher weniger auf.

Aber spätestens im Zeitalter der Renaissance zeigte das zunehmende Aufkommen
an mehrstimmiger Musik, dass der Wunsch nach anderen Tonskalen sowohl seine
Berechtigung als leider auch eine Vielzahl von nicht immer miteinander verträglichen
Umständen mit sich führte.

1. Konnte man Skalen finden, die nur „reine" – sprich rational-harmonische – Intervalle
   als leitereigene Bestandteile besitzen und deren Stufen jedoch „gleichmäßig" – sprich
   „gleichstufig" – sein sollen?
2. Konnte man Skalen finden, deren Quinten überwiegend rein – deren große Terzen
   aber mehrheitlich auch rein sein sollten?
3. Konnte man überhaupt Quinten finden, deren Wolfsquintskalen „erträglich" anzuhören waren, deren leitereigene Intervalle wie kleine oder große Terzen die neuen
   musikalischen Anforderungen an eine Mehrstimmigkeit ermöglichten?

Wir kennen schon einige Antworten auf diese Fragen und können auch letztlich dank
der Kommensurabilitätstheorie mit seinem Theorem 2.4 sowie der Erkenntnis der Archi-

tekturen in Wolfsquintenkreisen mit dem Theorem 7.5 die ersten beiden Problemfelder abhaken: Es geht nicht. Die letzte Frage hiervon führt uns nun zur Mitteltönigkeit und ihren diversen Systemen.

▶ *Was sind die Quellen zur „Mitteltönigkeit" und was sind ihre definitorischen Wesensmerkmale?*

Bei der Schichtung von Intervallen zu „Akkorden" trat vor allem die Klangvorstellung der reinen – daher schwebungsarmen, wenn nicht gar schwebungsfreien – 4:5-Terz als Leitforderung hervor.

❖ Weil diese reine große Terz (64:80) in der Obertonreihe als 5. Partialton (= 4. Oberton) enthalten ist, ergibt sich mit der pythagoräischen Terz Ditonos (64:81) eine Schwebung. Das Schwebungsintervall ist das syntonische Komma $\varepsilon_{\text{synt}}$ mit den Maßen (80:81) beziehungsweise mit $\text{ct}(\varepsilon_{\text{synt}}) = 21{,}5$ ct. Genau dieses Komma ist dafür verantwortlich, dass der pythagoräische Durdreiklang, der durch die ganzzahlige Proportionenkette

$$64:81:96$$

beschrieben ist, tremolierend (kurz: unschön) klingt gegenüber dem Durakkord der reinen Stimmung, der die wesentlich einfachere Proportionenkette

$$64:80:96 \cong 4:5:6$$

besitzt und welche dem Aufbau

$$\text{reine große Terz} \oplus \text{reine kleine Terz} = \text{reine Quinte}$$

entspricht und folglich das elementare pythagoräische Primzahlendreieck $(1 - 2 - 3)$ um die nächste Primzahl (5) erweitert.

Aus diesem Klangideal des schwebungsfreieren 4:5:6-Dur-Akkords wurde die Mittelton-temperatur geboren.

Allerdings setzte damit gleichzeitig ein über Jahrhunderte ausgetragener Diskurs ein; denn eingedenk der leider negativ zu beantwortenden 2. Frage begann das Wetteifern um die Hoheit über die Kompetenz hinsichtlich der Probleme

▶ was sind „möglichst viele" reine Terzen, was sind „möglichst viele fast reine" Quinten, die zusammen mit den Terzen diese klang ästhetischen Ideale realisieren sollen. Und: Wie sollte man – und wie nicht – dies alles im 12-Quinten-Kreis verteilen?

Auf einmal kamen also Fragen über Fragen auf; Probleme, die niemand vorher kannte, entstanden aus dem Nichts; und wenn jemand die Ursache zu dem einen Rätsel heraus-gefunden hatte, entstand hierdurch meist wieder ein anderes, neues Problem – wäre man doch mit dem geradlinigen Pythagoras zufrieden gewesen!

> ▶ *Hätten sich aber die Terzen mit den Quinten vertragen, hätte es wohl keine Temperierungsthematik gegeben. So aber war leider mal wieder die Mathematik schuld, die verboten hatte, dass sich Quinten (reine!) mit Terzen (reinen!) zu einem wohlgefälligen 12-Quinten-Kreis einfänden, bei dem jeder auf seinen ihm maximal zustehenden Bestand kommt. Schlimmer noch: Selbst, wenn man die heilige Stufenzahl 12 dem Pluralismus und der barbarischen Willkür geopfert hätte, auch nicht im 12x12-tönigen System und auch nicht im märchenhaften System von tausendundeins Tönen hätten sie sich vertragen, ohne dass einer hätte nachgeben müssen.*
>
> *Erst Leonhard Euler hatte es geschafft, dass beide von ihren Maximalforderungen nachließen – und siehe da, wundersame Quintenkreise entstanden. Über sie wird aber erst im späteren Kap. 10 zu erzählen sein.*

Ausgetragen wurden viele der Konflikte in Musik und Bau der Orgel. In Deutschland begann die Orgelbaukunst etwa im 14./15. Jahrhundert, und es entstand zwangsläufig die Problematik,

▶   *„wie denn zu temperiren sey, so vil das Gehör es recht wohl leyden mag"* (Arnold Schlick, siehe [17], S. 26).

Hier wie anderswo – insbesondere in Italien – begann man, das pythagoräische System zu überwinden, geleitet durch die neuen akkordischen Klangvorstellungen „besserer Terzen".

Arnold Schlick (1460–1521), dem wir das obige Zitat verdanken, gab als einer der Ersten eine Temperatur an, welche als das Grundmodell der Mitteltönigkeit anzusehen ist, das jedoch letztlich auf Praetorius zurückgeht. Allerdings ist diese Temperatur auch schon einer weitergehenden Ausgleichung unterworfen. Für die Urform der Mitteltönigkeit steht die ***praetorianische Temperatur;*** für sie gilt:

▶   Die Mitteltönigkeit nach dem Prinzip möglichst vieler reiner großen Terzen führt zu einer zwölfstufigen Wolfsquintskala,

   • welche durch eine Erzeugerquinte Q_{mt}^+ generiert ist, die man mitteltönige Quinte oder auch „¼-Komma-Quinte" nennt,
   • wobei die Größe dieser Quinte Q_{mt}^+ durch die Forderung festgelegt ist, dass vier solcher Quinten (reoktaviert) eine reine große Terz ergeben.

Aus den Architekturgesetzen des Kap. 7 ergibt es sich dann unmittelbar, dass eine solche Skala die Eigenschaft hat,

- dass ihre diatonischen Ganztöne die große Terz(4:5) hälftig teilen, wodurch es zu den Begriffen **„Mittelton"** und **„Mitteltönigkeit"** kommt.

Diese Teilung ist zugleich das Charakteristikum der diesem Prinzip genügenden Mitteltonskala.

Neben dieser „Mitteltontemperatur" gibt es noch diejenige, die ebenfalls als Quinteniteration entsteht, wobei aber statt der Reinheit großer Terzen die Reinheit kleiner Terzen gefordert wird. Diese Temperatur geht auf Zarlino zurück, und sie wird im Abschn. 9.3 beschrieben.

Schließlich stellen wir ein allgemeines Modell der Mitteltönigkeiten vor, welches die bekannten und historisch entwickelten ebenfalls als

$$^1/_n\text{-Komma-Stimmungen}$$

genannten Temperierungen enthält und welches durch eine geordnete „Teilung des syntonischen Kommas" seine Systematik gewinnt. Hier finden wir die klassischen Mitteltontemperaturen als spezielle Fälle wieder – was uns natürlich auch befähigt, alle diese Temperaturen nicht nur quantitativ, sondern vor allem auch musikalisch-analytisch qualitativ zu vergleichen. Ersteres besorgen Centtabellen, zweiteres schenkt uns jedoch die Theorie.

In etlichen historischen Beschreibungen sind so manche raffinierten Rechenmaschinen wie auch abenteuerlich anmutende „zur Temperatur" zu entdecken, mittels derer man diese „neue(n) Temperatur(en)" sowohl beschreiben als auch ermöglichen wollte. Denn wie sollte man in der Praxis des Instrumentenbaus und des Temperierens (des „Stimmens") eigentlich die „Hälfte" eines Intervalls (den Mittelton) finden? Das, was uns heutzutage seltsam anmuten mag, überhaupt ein Problem darzustellen, genau dies war jedoch in der Historie der Anlass zur Schaffung einer nahezu unüberschaubaren Fülle an Tonleitermodellen bis hin zu vieltönigen Skalen und Instrumenten mit Vierteltontechniken. Gleichzeitig erlebte auch die Musikwissenschaft selbst – bedingt durch eine lebhafte Diskussion neuer Denkmodelle rund um die „Mitteltönigkeit" – eine Blütezeit ihrer Entwicklung.

9.2   Die Mitteltönigkeit zur reinen großen Terz

Wie wir gerade erwähnt haben, ist die mitteltönige Temperatur, die „¼-Komma-Temperatur", eine durch die Erzeugerquinte (Q_{mt}^+) generierte chromatische Wolfsquintskala; und das Regelwerk aller betreffenden Daten, Architekturen und Gesetzen genügt der im Kap. 7 vorgestellten Theorie. Dabei ist diese Quinte so gewählt, dass in ihren Wolfsquintenkreisen die höchstmögliche Zahl (8) an reinen Terzen (4:5) entsteht.

Wenn wir jetzt diese Erzeugerquinte noch angeben, wäre ja eigentlich dank der Theoreme und Regeln unseres Kap. 7 alles gesagt. Aber es bleiben dennoch einige Dinge übrig, über die das Nachdenken lohnt.

Definition 9.1 (Mitteltönige Quinte)

Das Intervall $Q_{mt}^+ \in \mathfrak{M}_{mus}$ heißt **mitteltönige Quinte** (Quinte zur reinen großen Terz oder auch **„1/4-Komma-Quinte"**), wenn die Bestimmungsgleichung

$$4 * Q_{mt}^+ = 2 * O \oplus \text{Terz}(4{:}5)$$

erfüllt ist. Somit hat diese Quinte die Maße

$$\mu_f(Q_{mt}^+) = |Q_{mt}^+| = \sqrt[4]{5} \approx 1{,}4953\ldots \Leftrightarrow \text{ct}(Q_{mt}^+) \cong 696{,}578\,\text{ct}.$$

Beide Maße sind Irrationalzahlen, $Q_{mt}^+ \notin \mathfrak{M}_{harm}$, und die Intervalle (Q_{mt}^+, O) sind folglich nicht-kommensurabel.

Die genannten Irrationalitäten wie auch die Nicht-Kommensurabilität sind leicht zu sehen; ansonsten – um Letzteres auch unabhängig von der Irrationalität an Ort und Stelle zu begründen – wäre aufgrund der Quintendefinition auch die reine große Terz kommensurabel zur Oktave: Aber dies verbieten die Primzahlfaktoren, und wir zitieren das Theorem 3.2. Und noch eine weitere Bemerkung bietet sich an: Man sieht, dass das Frequenzmaß noch nicht einmal 3‰ vom Maß der reinen Quinte (1,500) entfernt ist – dennoch entsteht eine ganz andere musikalische Welt als diejenige der pythagoräischen Welt, ebenso wie zur Gleichstufigkeitsmusik; deren Quinte mit dem Frequenzfaktor $2^{7/12} = 1{,}4983$ sogar um nur rund 2‰ von der Mitteltönigkeit entfernt ist.

▶   *Wer also mit Frequenzfaktoren rechnet, muss die feinste Numerik mitführen.*

Auf den Namen „1/4-Komma-Quinte" oder „1/4-Komma-Temperierung" gehen wir an späterer Stelle, Theorem 9.1 und 9.3, noch ausführlicher ein. Klar ist zunächst, dass diese Iterationsquinte doch deutlich unter der Gleichstufigkeitsgrenze liegt; sie wird ein ordentlich negatives Komma haben, weshalb ihre Wolfsquinte ein ebenso deutliches XXL-Format haben wird. Wir schauen uns also als Erstes die Daten der durch Q_{mt}^+ erzeugten Elementarintervalle an, die wir nach den bekannten Formeln aus Definition 7.1 ausrechnen und in der Tab. 9.1 zusammentragen; wobei uns auf zwei Nachkommastellen gerundete Werte genügen.

Mit diesen Elementarintervallen entstehen dann alle zwölf Varianten der chromatischen Wolfsquintskalen $M_{12}^{(k)}, k = 1, \ldots, 12$. Diejenige, bei welcher die Wolfsquinte im Intervall $(As \rightarrow Es)$ liegt – das ist die Variante 9 –, war historisch die häufigste; man wollte die völlig unbrauchbar große Wolfsquinte in eine „entlegene" Ecke des Quintenzirkels verbannen. Ihre detaillierte Ablaufstruktur sowie die im diatonischen

Tab. 9.1 Die Elementarintervalle der mitteltönigen Quinte Q_{mt}^+

Elementarintervall	Centdaten
mitteltönige Quinte Q_{mt}^+	696,58 ct
mitteltöniger Ganzton T_{mt}^+	193,16 ct
mitteltöniges Limma L_{mt}^+	117,11 ct
mitteltönige Apotome A_{mt}^+	76,05 ct
Quintenkomma $\varepsilon_{Q_{mt}^+}$	−41,06 ct
Wolfsquinte W_{mt}^+	737,63 ct

Halbkreis befindliche heptatonische C-Dur-Skala sind in der nachfolgenden Formel-Tabelle 9.2 angegeben; die Pfeile kennzeichnen – wie bekannt – die Lage der Wolfs-quinte im Quintenkreis.

$$C \xrightarrow[\substack{A_{mt}^+ \\ 76}]{} Cis \xrightarrow[\substack{L_{mt}^+ \\ 117}]{} D \xrightarrow[\substack{L_{mt}^+ \\ 117}]{} \overleftarrow{Es} \xrightarrow[\substack{A_{mt}^+ \\ 76}]{} E \xrightarrow[\substack{L_{mt}^+ \\ 117}]{} F \xrightarrow[\substack{A_{mt}^+ \\ 76}]{} Fis \xrightarrow[\substack{L_{mt}^+ \\ 117}]{} G \xrightarrow[\substack{A_{mt}^+ \\ 76}]{} \overrightarrow{As} \xrightarrow[\substack{L_{mt}^+ \\ 117}]{} A \xrightarrow[\substack{L_{mt}^+ \\ 117}]{} B \xrightarrow[\substack{A_{mt}^+ \\ 76}]{} H \xrightarrow[\substack{L_{mt}^+ \\ 117}]{} C'$$

$$\underbrace{\quad}_{T_{mt}^+=193\,ct} \quad \underbrace{\quad}_{T_{mt}^+=193\,ct} \quad {}_{117\,ct} \quad \underbrace{\quad}_{T_{mt}^+=193\,ct} \quad \underbrace{\quad}_{T_{mt}^+=193\,ct} \quad \underbrace{\quad}_{T_{mt}^+=193\,ct} \quad {}_{117\,ct}$$

Formel-Tabelle 9.2 Mitteltönige ¼-Komma Temperierung M_{12} der Variante 9

Bemerkung

Zur musikalischen Brauchbarkeit der Skalen $M_{12}^{(k)}$ kann zunächst einmal Folgendes beobachtet werden: Nach der allgemeinen Theorie unseres Theorems 7.5 gibt es in der chromatischen Skala von jedem Intervalltypus zwei leitereigene Varianten; neben dem knapp bemessenen Ganzton T_{mt}^+ gibt es also noch den zweimal vorkommenden Ganzton

$$\widetilde{T_{mt}^+} = L_{mt}^+ \oplus L_{mt}^+ \text{ mit } ct\left(\widetilde{T_{mt}^+}\right) = 234{,}2 \text{ ct.}$$

▶ *Würde jemand beispielsweise in diesem System $M_{12}^{(9)}$ wider besseres Wissen die Heptatonik $Cis - Dur$ spielen wollen, so wären diese beiden übergroßen Ganz-töne ($Cis \to Dis$) und ($Gis \to Ais$) mit von der Partie – und gleichzeitig ist die innen liegende Wolfsquarte ($Dis \to Gis$) mit ihren rund 462 ct weit vom ver-trauten Hörerlebnis einer um 500 ct erwarteten Quarte entfernt. Jedenfalls ist dies ein hoher Preis, der für die vielen reinen Terzen dieser Skala zu zahlen ist.*

Die großen Terzen treten in den zwei Formen

$$\text{Terz}(4{:}5) = T_{mt}^+ \oplus T_{mt}^+ = 2L_{mt}^+ \oplus 2A_{mt}^+ \text{ und } ct(\text{Terz}) \cong 386{,}3 \text{ ct,}$$

$$\widetilde{\text{Terz}} = T_{mt}^+ \oplus \widetilde{T_{mt}^+} = 3L_{mt}^+ \oplus A_{mt}^+ \text{ und } ct\left(\widetilde{\text{Terz}}\right) \cong 427{,}3 \text{ ct}$$

auf, und wenn wir das konkrete Modell der Formel-Tabelle 9.2 durchforsten, sehen wir, an welchen Positionen die eine oder die andere Terz leitereigen vorkommt, wenn alle zwölf Töne der Skala als Starttöne genommen werden – will heißen, dass wir Oktavüberschreitungen mit einkalkulieren. Das heißt, dass es genau acht reine Terzen und folglich vier übermäßige Terzen sein müssten, wie uns das Theorem 7.5 prophezeit hat. Und dies stimmt auch – *Lob der Theorie.*

Nun kennen wir also alle Werte, die Maße, die Verteilung der Intervalle und die Rolle der Wolfsquinte als irgendwohin zu platzierende Ausgleichsquinte, sodass damit die praktischen Aspekte wie das „vorausschauende Temperieren, Stimmen" ihre Datengrundlagen haben. Die „Mitteltönigkeit" bedeutet aber mehr als nur eine bloße Befolgung einer Centtabelle, die irgendwer sich ausgedacht und ausgerechnet hat.

Denn was die reine Quinte für die pythagoräische Temperatur bedeutet, das übernimmt in nicht minderem Maße die reine große Terz für die Mitteltönigkeit und deren gesamtes Gefolge.

▶ *Intermezzo: Musikalisches Schachspiel*
Was aber König und Dame für das Schachspiel sind, das haben reine Quinte und reine Terz für das Spiel der Intervalle übernommen.

Um in diesem Bild zu bleiben: Die Quinte ist darin gewiss der König – und lange Zeit hat Pythagoras nur mit dem König und einigen unbedeutenden Bauern gespielt. Weit kam er nicht.

Denn erst, als die Dame in Gestalt der reinen Terz dazukam, wurde das Schachbrett ordentlich durchmischt, und die Semitonia flogen hin und her. Und die Dame schaffte Querverbindungen, die dem König nicht erlaubt waren. Einzig noch der Springer – meistens nicht unähnlich der Sieben alias reine Septime – konnte noch gesonderte Wege gehen.

Was mag in diesem Bild aber die Oktave sein – sie ist doch die wichtigste von allen? Nun, liebe Leser, es ist das Brett, das Schachbrett, auf dem sich alles abspielt: Ohne? – geht nicht!

Das folgende Theorem befasst sich also mit dem Netzwerk, das durch die Mitteltönigkeit im Gebäude aller musikalischen Intervalle entstanden ist.

Theorem 9.1 (Die Theorie der ¼-Komma-Mitteltönigkeit)

(1) **Gleichung des mitteltönigen Quintenkommas**

Für das Quintenkomma zur mitteltönigen Quinte Q_{mt}^+ gilt die Gleichung

$$\varepsilon_{Q_{mt}^+} = \ominus \, \varepsilon_{klein-diësis} = 3\text{Terz} \ominus O.$$

Für das Centmaß folgt – wie auch nach der 12-Quinten-Formel – der Wert

$$ct(\varepsilon_{Q_{mt}^+}) = -41{,}05 \; ct.$$

Folgerung: Quintenkreisformel der ¼-Komma-Mitteltönigkeit

$$12 Q_{mt}^+ = 7O \ominus \varepsilon_{\text{klein–diësis}}.$$

Damit liegen zwölf mitteltönige Quinten fast doppelt so weit unter sieben Oktaven wie zwölf reine Quinten darüberliegen.

(2) **Wolfsquintengleichung**

$$11\, Q_{mt}^+ \oplus \underbrace{Q_{mt}^+ \oplus \varepsilon_{\text{klein - diesis}}}_{\text{Wolfsquinte } W_{mt}^+} = 7O.$$

Die mitteltönige Wolfsquinte W_{mt}^+ hat die Centzahl

$$\text{ct}(W_{mt}^+) = 737{,}628\ \text{ct},$$

und sie stellt hierdurch musikalisch eine große Herausforderung dar.

(3) **Der Zusammenhang zum pythagoräischen System**

$$Q_{mt}^+ = Q_{\text{pyth}} \ominus \frac{1}{4} * \varepsilon_{\text{synt}}.$$

Das kann man auch so ausdrücken, dass das syntonische Komma die Brücke zwischen der pythagoräischen Welt reiner Quinten und der mitteltönigen Welt reiner Terzen herstellt.

(4) **Prinzip der reinen Terzstimmung**

Für eine durch eine Erzeugerquinte Q generierte Skala $S_{12}(Q)$ sind äquivalent:

a) $S_{12}(Q)$ enthält genau acht reine große Terzen (4:5) und damit die in allen zwölfstufigen Oktavskalen maximal mögliche Anzahl,

b)   die Erzeugerquinte Q ist die Mitteltonquinte Q_{mt}^+.

(5) **Die Mitteltoneigenschaft**

Der Ganzton T_{mt}^+ ist die hälftige Teilung der Terz (4:5), es gilt die Gleichung

$$2 * T_{mt}^+ = \text{Terz } (4{:}5) = T_+(8{:}9) \oplus T_-(9{:}10).$$

T_{mt}^+ „mittelt" also die Adjunktion der beiden Ganztöne der reinen Heptatonik – zu deren Definition siehe auch Abschn. 10.5. Dies führt auch zur symmetrischen Proportionenkette der **Harmonia perfecta maxima**

$$72{:}80{:}81{:}90$$

für die reine Terz $(4{:}5 \cong 72{:}90)$ – siehe auch die nachfolgende Bemerkung.

Beweis Beginnen wir mit der ersten Aussage:

$$12\, Q_{mt}^+ = 3*(4\, Q_{mt}^+) = 3 * (2O \oplus \text{Terz}(4{:}5) = 6 * O \oplus 3 * \text{Terz}$$
$$= 7 * O \ominus (O \ominus 3 * \text{Terz}) = 7 * O \ominus \varepsilon_{\text{klein - diësis}}.$$

Somit sind die Aussagen (1) und (2) dank der allgemeinen Strukturen aus Theorem 7.2 und 7.3 gezeigt.

Jetzt kommen wir zum Zusammenhang zur pythagoräischen Quinte: Dabei kann dies auf vielfältige Weise geschehen, zum Beispiel, dass man abermals den „7-Oktaven-Trick" anwendet. Wir wählen folgende Wendung, wobei wir benutzen, dass eine der hauptsächlichsten Definitionen des syntonischen Kommas diejenige ist, dass es die Differenz der pythagoräischen Terz Ditonos zur reinen Terz ist. Und dies verwerten wir dann – ebenfalls durch Eliminieren der Oktaven – wie folgt:

$$4Q_{mt}^{+} = 2O \oplus \text{Terz} = \left(4Q_{pyth} \ominus \text{Ditonos}\right) \oplus \text{Terz}$$
$$= 4Q_{pyth} \oplus (\text{Terz} \ominus \text{Ditonos}) = 4Q_{pyth} \ominus \varepsilon_{synt}.$$

Die Aussage (4) ist justament das in Beispiel 7.13 als Terzenrätsel bekannt gewordene und dort bewiesene Phänomen.

Zu Aussage (5) muss nicht viel gesagt werden; die Gleichung des Ganztons als Elementarintervall der Quinte Q_{mt}^{+} bringt es dank deren Definition auf den Punkt:

$$2T_{mt}^{+} = 2 * \left(2Q_{mt}^{+} \ominus O\right) = 4Q_{mt}^{+} \ominus 2O = \text{Terz}(4{:}5).$$

Damit sind Inhalte und auch die Formeln dieses Theorems schnell erklärt. ■

Fazit Der mitteltönige Ganzton teilt (hälftig!) – aus der Sicht des Frequenzmaßes im „geometrischen Mittel" und aus der Sicht des Centmaßes im „arithmetischen Mittel" – die reine Terz beziehungsweise er stellt eine gleichstufige Ersetzung der beiden reinen Ganztöne (8:9) und (9:10) dar.

▶   *Hierauf beruht der Begriff „Mitteltönige Stimmung".*

Bemerkung

Interessant ist an dieser Stelle ein Aspekt, der uns erneut in die Theorie der Proportionenlehre führt. Die reine große Terz (4:5 $\cong$ 72:90) ist also in die zwei einfach-superpartikularen Ganztonstufen

Großer Ganzton(8:9)und kleiner Ganzton(9:10)

nach dem Prinzip der Mittelwerteteilung des Theorems 3.5 zerlegt, und diese Zerlegung kann auf genau zwei Weisen angeordnet werden:

Terz(4:5) = großer Ganzton(8:9) $\oplus$ kleiner Ganzton(9:10),

Terz(4:5) = kleiner Ganzton(9:10) $\oplus$ großer Ganzton(8:9)

Dies führt beide Male durch Zusammenfügen der Proportionen auf die beiden Proportionenketten

$$D = 8{:}9{:}10 \cong 72{:}81{:}90 \text{ und } M = 36{:}40{:}45 \cong 72{:}80{:}90,$$

welche sich zum gemeinsamen Kettenkomplex

$$D \cup M = V = 72{:}80{:}81{:}90$$

anordnen lassen. Wir lesen in dieser verbundenen Kette in der mittleren Proportion 80:81 das syntonische Komma ε_{synt} ab, es ist ja gerade der Unterschied beider Ganztöne. Wir machen nun folgende Beobachtung:

Die Kette D ist „arithmetisch" – die mittlere Magnitude ist das arithmetische Mittel der beiden äußeren.

Nun ist die Kette M reziprok zur Kette D – denn die Reihenfolge der angeordneten Proportionen respektive Intervalle wurde vertauscht. Jetzt sagt ein allgemeiner Satz (vgl. [51]), dass dann ebenso richtig ist:

▶   Die Kette M ist „harmonisch", was bedeutet, dass die mittlere Magnitude das harmonische Mittel der äußeren Magnituden ist.

In der Tat können wir die simple Rechnung

$$80 * 81 = 72 * 90$$

direkt nachvollziehen – das Produkt der beiden Mittelwerte ist das Produkt der äußeren Magnituden – ein überaus bequemes Kriterium für den Nachweis der harmonischen Mittelwerteigenschaft einer Magnitude. Deshalb ist die Kette V eine sogenannte **„musikalische Proportionenkette"**, welche den Symmetriegesetzen der **„Harmonia perfecta maxima"** genügt. Die Rolle des mitteltönigen Ganztons T_{mt}^{+} entspricht nun genau dem geometrischen Mittel dieser Proportionenkette, welches als Symmetriezentrum der Kette V fungiert. Seine Lage ist zwischen dem harmonischen Mittel und dem arithmetischen Mittel

$$y_{\text{harm}}(72, 90) = 80, \ x_{\text{arith}}(72, 90) = 81$$

der Terzmagnituden 72 und 90, und die kurze Rechnung zeigt uns auch den Wert

$$z_{\text{geom}}(72, 90) = \sqrt{72 * 90} = 36\sqrt{5} = 80{,}498,$$

welcher annähernd mittig zwischen den beiden inneren Medietäten liegt. Dieses geometrische Mittel entspricht nun unserem mitteltönigen Ganzton T_{mt}^{+} – die Berechnung des Centwertes, die wir eigentlich überflüssigerweise durchführen, ergibt den Wert

$$\text{ct}\left(72 : z_{\text{geom}}\right) = 1200 * \log_2\left(\frac{80{,}498}{72}\right) = 193{,}156\ldots \text{ct},$$

in vollständiger Übereinstimmung mit den Angaben der Tab. 9.1. Daher ist

$$V = V_{\text{mus}} = \begin{pmatrix} a \\ 72 \end{pmatrix} : \begin{pmatrix} y_{\text{harm}} \\ 80 \end{pmatrix} : \begin{pmatrix} z_{\text{geom}} \\ 80{,}49 \end{pmatrix} : \begin{pmatrix} x_{\text{arith}} \\ 81 \end{pmatrix} : \begin{pmatrix} b \\ 90 \end{pmatrix}$$

eine „musikalische Proportionenkette", welche der mitteltönigen Skala entspricht. Eine solche Medietätenproportionenkette nennt man also „musikalische Proportionenkette", und sie wird auch als „Harmonia perfecta maxima der reinen großen Terz (4:5)" bezeichnet. Sie zeichnet sich durch zahlreiche Symmetrien und interne Vernetzungen aus, wie man in [51] nachlesen kann.

▶ *Somit konnten wir auch eine Brücke zwischen der musikalischen Proportionenkette $(D - M - V)$ und der Deutschen Mathematiker-Vereinigung (DMV) schlagen – wer hätte das gedacht!*

Bemerkung: die Mitteltönigkeit und die $\sqrt{5}$

Wie gesehen, verbinden sich viele Maße rund um die Mitteltönigkeit um die „$\sqrt{5}$" oder sogar zu deren Wurzel. Insbesondere ist der mitteltönige Ganzton ganz eng mit dieser Zahl verbunden, einer Zahl, die natürlich auch außerhalb der Musik eine besondere Rolle spielt – zumal sich ähnliche historische Parallelen entdecken lassen. Diese Zusammenhänge assoziieren sich insbesondere mit

- der Geometrie besonderer Figuren,
- dem Goldenen Schnitt,
- der Fibonacci-Folge.

Darüber wollen wir in der Folge ein wenig erfahren.

Mitteltönigkeit und Geometrie

Das Frequenzmaß $\left(\frac{1}{2}\sqrt{5}\right)$ des Ganztons der Mitteltönigkeit zur großen Terz ist mittels des Satzes von Pythagoras leicht zu konstruieren:

1. Im Dreieck mit den Katheten 1 und 2 liefert die Hypothenuse den Wert $\sqrt{5}$.

Hierbei überrascht, dass es in der pythagoräischen Antike diese Konstruktion eigentlich nicht gab, was allerdings vor dem Hintergrund, dass nur das *„Zahl ist, was kommensurabel (rational) ist"*, wiederum verständlich ist.	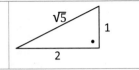

2. Im pythagoräischen Fünfstern gilt das Proportionengesetz:

$$\text{Diagonale} : \text{Seite} = \frac{1}{2}\left(1 + \sqrt{5}\right) : 1.$$

Daher ist auch hier die Größe $\frac{1}{2}\sqrt{5}$ auf naheliegende Weise „sichtbar".

Auch in diesem geometrischen Objekt wurde die Nicht-Kommensurabilität von Diagonale und Seite in der pythagoräischen Schule nicht erkannt – oder beim Anschein ihrer Entdeckung aufs Heftigste bekämpft; es ranken sich viele Geschichten um diese Form der $\sqrt{5}$, angefangen von amüsanten Anekdoten bis hin zu weltanschaulichen Auseinandersetzungen.

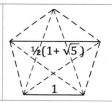

Mitteltönigkeit und Goldener Schnitt

Bekanntlich stehen zwei Seiten a und b im Verhältnis des „Goldenen Schnitts", wenn die Proportionalitätsbeziehung

$$(a + b) : a = a : b$$

gilt. Setzen wir $x = a/b$, so erzwingt diese geforderte Proportion die Gleichung des Goldenen Schnitts.

$$x = 1 + {}^{1}\!/_{x} \Leftrightarrow x^2 - x = 1.$$

Daraus errechnet man leicht die beiden Lösungen $x_{1,2} = \phi_{\pm}$, und dann ist

$$\phi_+ = \frac{a}{b} = \frac{1}{2}\left(\sqrt{5} + 1\right) \approx 1{,}618\ldots \text{ und } \phi_- = \frac{a}{b} = \frac{1}{2}\left(\sqrt{5} - 1\right) = 0{,}618;$$

und beide Zahlen sind offenbar reziprok zueinander,

$$\phi_+ * \phi_- = 1.$$

Wir sehen übrigens auch, dass ϕ_+ die Proportion „(Diagonale : Seite)" des pythagoräischen „Fünfsterns" ist – so eng liegt alles beieinander.

Eine **„musikalische Anwendung"** könnte nun darin bestehen, diejenigen Intervalle zu bestimmen, deren Töne im Verhältnis des Goldenen Schnitts stehen. Das wollen wir in der Tat einmal kurzerhand analysieren:

Wir definieren die beiden Intervalle $I^+_{\text{golden}}, I^-_{\text{golden}} \in \mathfrak{M}_{\text{mus}}$ einfach durch die Frequenzmaßidentität

$$\left|I^+_{\text{golden}}\right| = \phi_+ = \frac{1}{2}\left(\sqrt{5} + 1\right) \text{ und } \left|I^-_{\text{golden}}\right| = \phi_- = \frac{1}{2}\left(\sqrt{5} - 1\right).$$

Dann gilt ganz ohne Rechnung, dass I^-_{golden} das Abwärtsintervall von I^+_{golden} ist,

$$I^+_{\text{golden}} \oplus I^-_{\text{golden}} = \text{Prim},$$

denn das Produkt ihrer Frequenzmaße ist ja schließlich 1 – und dann wenden wir nur noch die Elementargesetze aus Theorem 1.2 (7) an. Mit dem simplen Trick

$$I^+_{\text{golden}} \oplus \left(I^-_{\text{golden}} \oplus \text{Oktave}\right) = \text{Oktave } O$$

sehen wir, dass das um eine Oktave vergrößerte Intervall $\left(I^-_{\text{golden}} \oplus O\right)$ das Oktavkomplement des Intervalls I^+_{golden} ist. Somit können wir mit Stolz, Fug und Recht behaupten,

▶   *„dass wir die* **Oktave im Goldenen Schnitt geteilt** *hätten, wobei die Teilungen gewisse Modifikationen mitteltöniger Intervalle seien".*

Wir berechnen jetzt einmal die Centwerte, um einzuschätzen, wo denn – bitte schön – diese Intervalle überhaupt liegen. Und da kommt Folgendes heraus:

$$\text{ct}\left(I^\pm_{\text{golden}}\right) = 1200 * \log_2\left(\frac{1}{2}\left(\sqrt{5} \pm 1\right)\right) = \pm 833{,}09 \text{ ct.}$$

Und damit liegen beide ziemlich schräg in der Skalenlandschaft, es sind recht ordentlich übermäßige kleine Aufwärts- oder Abwärtssexten, so zwischen *As* und *A*, von der Tonika *C* aus im Aufwärtsfall betrachtet. Das Oktavkomplement hat mit 366,91 ct konsequenterweise ebenfalls eine ungewöhnliche Lage, ziemlich mittig zwischen kleiner und großer Terz.

Es lassen sich noch eine Reihe anderer Spiele mit diesen Intervallen spielen – diese Anregung zum Experimentieren mag aber genügen.

Was den Zusammenhang zu den **Fibonacci-Zahlen** betrifft, so wollen wir zunächst erwähnen, dass auch hier die Zahl „$\sqrt{5}$" die Verbindung herstellt. Diese legendäre Folge hat das bemerkenswerte Bildungsgesetz, dass – angefangen bei den beiden Startzahlen $a_1 = 1$, $a_2 = 2$ – die Folgezahl stets die Summe der beiden vorangehenden sein soll. So entsteht das rekursiv geschriebene Gesetz

$$a_{n+2} = a_{n+1} + a_n \text{ mit } a_1 = 1, a_2 = 2.$$

Diese Folge, die nach ihrem Entdecker „Fibonacci" Leonardo da Pisa (1170–1240) genannt wurde, berechnet sich dank dieses Bildungsgesetzes äußerst bequem,

$$(a_n)_{n\in\mathbb{N}} = 1, 2, 3, 5, 8, 13, 21, \ldots$$

Nun kann sehr leicht gezeigt werden, dass die Quotientenfolge von Nachfolger und Vorgänger zweier Fibonacci-Zahlen gegen die Goldene Schnittzahl ϕ_+ strebt,

$$\lim_{n\to\infty} {}^{a_{n+1}}\!/_{a_n} = \phi_+ = \frac{1}{2}\left(\sqrt{5} + 1\right).$$

Ein weiterer Zusammenhang der Fibonacci-Folge mit musikalischen Formen wird erkennbar, wenn diese Zahlenfolge mit einer Stufenzahlfolge verglichen wird, sodass hierbei die Intervallfolge

▶   kleine Sekunde, große Sekunde, kleine Terz, Quart, kleine Sext, kleine None,
     große Oktavsext und so fort…

entsteht. Manche Leute sehen in manchen Musikstücken diese Intervallfolge als einen
inneren Schlüssel, der den Verlauf einer Melodie entschlüsselt, siehe [46].

▶   *Aber was ist nicht alles über Johann Sebastian Bachs Zahlenmystik seiner Werke
     schon geschrieben worden!*

Ein anderer Vergleich bietet sich auch an, wenn wir die Quotientfolge

$$\frac{2}{1} - \frac{3}{2} - \frac{5}{3} - \frac{8}{5} - \frac{13}{8} - \frac{21}{13} - \cdots$$

in der Interpretation von Proportionen- beziehungsweise Frequenzmaßen den entsprechenden dazugehörigen harmonisch-rationalen Intervallen gegenüberstellen, dann
entstünde die Reihe

> Oktave - reine Quinte - große reine Sext - kleine reine Sext -
>
> tridezimale große Sext - tridezimale kleine Sext.

Die Konvergenz der Fibonacci-Folge zur Goldenen Schnittzahl bestätigt sich ein wenig
in der musikalischen Beschreibung dieser Folge: Sie bewegt sich offenbar auf eine recht
exotische Sext zu, und diese ist dann bewiesenermaßen die

> Goldene Sext I_{golden}^{+} mit ihren 833 ct.

So wird dank der Fibonacci-Folge dieses Zahlenspiel stimmig abgerundet.

▶   *Auf jeden Fall taugt dieser Stoff zur populärwissenschaftlichen Schilderung
     mystischer Zusammenhänge von Musik und Mathematik.*

9.3   Die Mitteltönigkeit zur reinen kleinen Terz

Weil es nach unserem Theorem 9.1 in der mitteltönigen Skala zwar die höchstmögliche
Zahl von acht reinen großen Terzen gibt – dagegen keine einzige reine Quinte –, kann es
auch keine einzige reine kleine Terz (5:6) geben.

▶   „Eine reine Mollterz ist in der ¼-Komma-Mittelton-Temperatur nicht möglich."

Dabei war die Forderung nach reinen kleinen Terzen nur indirekt gegeben; vor allem der
Spanier Francisco Salinas (1530–1590) und der Italiener Guiseppo Zarlino (1517–1590)
sahen eher in der Reinheit großer Sexten – dem Oktavkomplement reiner kleiner Terzen –

ein anzustrebendes Klangideal. Nun wandelt aber das unumstößliche Reinheitsgebot der Oktave diese Forderung nach reinen großen Sexten sofort und gleichwertig um in diejenige nach reinen kleinen Terzen. Diese lässt sich bisweilen etwas bequemer ausdiskutieren und umsetzen als das Rechnen mit großen Sexten. Und so kommt es, dass man eher an kleine Terzen denkt als an große Sexten.

Gleichwohl lässt sich die Forderung nach der Reinheit möglichst vieler großer Sexten unmittelbar in die Definition der Erzeugerquinte einarbeiten, und wir erhalten folgende definierende Konstruktion:

Auf der üblichen zwölfstufigen Tastatur treffen drei Quinten $\left(C \to G \to D' \to A' \right)$ auf einen Ton, der eine große Sext über der 1. Oktave des Starttons (C) liegt. Dieser Ton liegt simultan eine kleine Terz unter der 2. Oktave des Starttons. Verlangen wir also, dass (diese) kleine Terz „rein" sein – also das Proportionenmaß (5:6) haben – soll, so folgt für diese neue Quinte, die wir mit Q_{mt}^- bezeichnen werden, diese Definition:

Definition 9.2 (Mitteltönige Mollterz-Quinte und -Quarte)

Die mitteltönige Mollterz-Quinte Q_{mt}^- ist definiert aus der Forderung.

$$3Q_{\mathrm{mt}}^- = 2O \ominus \text{reine kleine Terz (5:6)},$$

was äquivalent zur Forderung

$$3Q_{\mathrm{mt}}^- = O \oplus \text{reine große Sext (3:5)}$$

ist. Dann ergeben sich für ihre Maße die Werte

$$\left| Q_{mt}^- \right|^3 = 4 * \frac{5}{6} = \frac{10}{3} \Rightarrow \left| Q_{mt}^- \right| = \sqrt[3]{\frac{10}{3}} = 1{,}493801 \ldots \cong 694{,}786 \text{ ct}.$$

Hierzu äquivalent wäre auch diese charakterisierende Definition:
Die mitteltönige Mollterz-Quarte $q_{\mathrm{mt}}^- = O \ominus Q_{\mathrm{mt}}^-$ erfüllt die Gleichung

$$3q_{\mathrm{mt}}^- = O \oplus \text{kleine Terz (5:6)}.$$

Drei Quarten stimmen mit der reinen kleinen Dezime 5:3 überein.

Diese Konstruktion geht unter anderem auf Gioseffo Zarlino (1517–1590) zurück, der mit dieser Quinte die „½-Komma-Stimmung" einführte. Allerdings hatte er sich im Gefolge noch weitere Stimmungen ausgedacht.

Tatsächlich begann mit der praetorianischen ¼-Komma-Temperatur in der damaligen Zeit eine Ära, die man sich nicht lebendig genug vorstellen kann. Stärken und Schwächen der Mitteltönigkeit mutierten allenorts zu Streitobjekten und förderten alle möglichen Anstrengungen und Überlegungen, wie denn die *„richtige Art des Temperyrens zu finden sei"*.

In der Tat war ein außerordentlicher Mangel der ¼-Komma-Temperatur die Qualität vieler kleinen Terzen. Wenn wir nur einmal ihre Centwerte dem Skalendiagramm aus dem Abschn. 9.2 entnehmen, so kommen wir für die beiden Varianten zu dem Bild

$$\text{Variante } X = 2L \oplus A \Rightarrow \text{ct}(X) \cong 310 \text{ ct},$$

$$\text{Variante } Y = L \oplus 2A \Rightarrow \text{ct}(Y) \cong 269 \text{ ct}.$$

Während also die neun X-Terzen durchaus brauchbar erscheinen – schließlich liegen sie ja nur um 5ct unter den reinen kleinen Terzen (5:6) –, so haben wohl vor allem die drei Y-Varianten für Ärger gesorgt. Und auch diesen Intervallen gab man den Beinamen „Wolf". Eine kleine Kostprobe dieser lebendigen Diskussionskultur gefällig?

▶   … „*Darumb dann auch die Alten das f-gis den Wulf gennenet haben, dieweil diese beiden Claves (wenn zu Zeiten Secundus Modus ein Ton niedriger aussm f, oder sonsten etwas fictè und Chromaticè durch die Semitonia solle und müsse geschlagen oder tractiret werden) eine falsche Tertiam minorem geben: Und damit ihnen gleichwol in etwas geholfen würde, haben sie allen anderen Clavibus ein gar geringes abgebrochen, und die Tertiam majorem e-gis nicht zu gar reine , sondern etwas weiter von einander gezogen, damit das gis ein wenig in der Höhe dem a näher, dem f aber weiter kommen, und also fast, wie wol nicht gar pro Tertia minore zur Noth könne gebraucht werden*" (Michael Praetorius (aus [17], s. 37)).

Auch diese Mitteltonquinte Q_{mt}^- liegt also im Semitonkorridor. Nun bilden wir die Quintenfolge mit dieser Iterationsquinte. Wie jede Quinteniteration generiert auch diese Konstruktion mittels der neuen Mollterz-Quinte Q_{mt}^- ihre Elementarintervalle gemäß unserer allgemeinen Definition 7.1, und dann zeigt die Tab. 9.3 die bekannten Bausteine der durch diese Quinte erzeugten Skalen:

Wie im mitteltönigen Dur-Terz-Fall verwenden wir zwecks Skalenkonstruktion das Iterationszentrum so, dass im konkreten Realisierungsfall die zu erwartende Unstimmigkeit (Wolfsquinte) an „entlegener" Stelle vorzufinden ist, beispielsweise wie in der 9. Variante.

Tab. 9.3 Die Elementarintervalle der mitteltönigen Quinte Q_{mt}^-

Elementarintervall	Centdaten
mitteltönige Quinte Q_{mt}^-	694,78 ct
mitteltöniger Ganzton T_{mt}^-	189,57 ct
mitteltöniges Limma L_{mt}^-	126,08 ct
mitteltönige Apotome A_{mt}^-	63,50 ct
Quintenkomma $\varepsilon_{Q_{\text{mt}}^-}$	−62,565 ct
Wolfsquinte W_{mt}^-	758,286 ct

(Die Pfeile kennzeichnen die Lage ($As \rightarrow Es$) der Wolfsquinte.) So entsteht die mitteltönige $^1/_3$-Komma-Temperierung M_{12} der Variante 9, deren Formel-Tabelle 9.4 so lautet:

$$C \xrightarrow[\underset{63,5}{A_{mt}^-}]{} Cis \xrightarrow[\underset{126}{L_{mt}^-}]{} D \xrightarrow[\underset{126}{L_{mt}^-}]{} \overleftarrow{Es} \xrightarrow[\underset{63,5}{A_{mt}^-}]{} E \xrightarrow[\underset{126}{L_{mt}^-}]{} F \xrightarrow[\underset{63,5}{A_{mt}^-}]{} Fis \xrightarrow[\underset{126}{L_{mt}^-}]{} G \xrightarrow[\underset{63,5}{A_{mt}^-}]{} \overrightarrow{Gis} \xrightarrow[\underset{126}{L_{mt}^-}]{} A \xrightarrow[\underset{126}{L_{mt}^-}]{} B \xrightarrow[\underset{63,5}{A_{mt}^-}]{} H \xrightarrow[\underset{126}{L_{mt}^-}]{} C'$$

$$\underbrace{\qquad}_{T_{mt}^-=189\,ct} \underbrace{\qquad}_{T_{mt}^-=189\,ct} {}_{126\,ct} \underbrace{\qquad}_{T_{mt}^-=189\,ct} \underbrace{\qquad}_{T_{mt}^-=189\,ct} \underbrace{\qquad}_{T_{mt}^-=189\,ct} {}_{126\,ct}$$

Formel-Tab. 9.4 Mitteltönige 1/3-Komma-Temperierung M_{12} der Variante 9

Reine kleine Terzen sind nach Konstruktion alle Intervalle der Bilanz

$$2O \ominus 3T_{mt}^- = X = 2L_{mt}^- \oplus A_{mt}^- \equiv 315{,}64 \text{ ct,}$$

und dann gibt es – wie es das Theorem 7.5 als auch die Tab. 7.3 vorhersagt – genau neun
solche leitereigene reine kleine Terzen. In der voranstehenden Variante 9 sind dies die
kleinen Terzen auf den Stufen

$$C, Cis, D, E, Fis, G, Gis, A, H,$$

während die restlichen drei kleinen Terzen von der Aufbauform

$$Y = 2A_{mt}^- \oplus L_{mt}^-, \text{ct}(Y) \equiv 253{,}08 \text{ ct}$$

sind. Dieses Intervall kann sich aber offenbar nicht entscheiden, ob es ein übergroßer
Ganzton ist oder doch lieber eine erheblich zu klein geratene Mini-Kleinterz. Jedenfalls
erkennen wir in der Variante 9 ihre Positionen auf den Tönen

$$Es, F \text{ und } B.$$

In diesen Tonarten wäre der Molldreiklang wohl ziemlich abenteuerlich.

▶   **Frage:** Wie weit sind As und Gis auseinander?
Antwort: Sogar eine große Diësis ($\sim 62{,}56$ ct).

Das folgende Theorem erklärt uns diese Antwort, und es fasst alle wesentlichen
Merkmale dieser ebenfalls „mitteltönig" bezeichneten Temperierung zusammen.

Theorem 9.2 (Die Theorie der $^1/_3$-Komma-Mitteltönigkeit)

(1) **Gleichung des mitteltönigen Quintenkommas**

Für das Quintenkomma zur mitteltönigen Quinte Q_{mt}^- gilt die Gleichung

$$\varepsilon_{Q_{mt}^-} = \ominus\, \varepsilon_{groß-diësis} = O \ominus 4 \text{ kleine Terz (5:6)}$$

mit dem Centmaß $\text{ct}(\varepsilon_{Q_{mt}^-}) = -62{,}56$ ct.

Folgerung: Quintenkreisformel der ½-Komma-Mitteltönigkeit

$$12\, Q_{mt}^- = 7O \ominus \varepsilon_{groß-diësis}.$$

(2) Wolfsquintengleichung

$$11\, Q_{\mathrm{mt}}^- \oplus \underbrace{Q_{\mathrm{mt}}^- \oplus \varepsilon_{\mathrm{groß-diësis}}}_{\text{Wolfsquinte } W_{\mathrm{mt}}^-} = 7O.$$

Diese mitteltönige Wolfsquinte W_{mt}^- hat die Centzahl $ct(W_{\mathrm{mt}}^-) = 758{,}286\ ct$.

(3) Der Zusammenhang zum pythagoräischen System

$$Q_{\mathrm{mt}}^- = Q_{\mathrm{pyth}} \ominus \frac{1}{3} * \varepsilon_{\mathrm{synt}}.$$

Diese Gleichung kann als Ursache zur Namensgebung „1/3-Komma-Stimmung" angesehen werden.

(4) Der Zusammenhang zur ¼-Komma-Mitteltönigkeit

$$Q_{\mathrm{mt}}^+ \ominus Q_{\mathrm{mt}}^- = \frac{1}{12}\varepsilon_{\mathrm{synt}}.$$

(5) Prinzip der reinen kleinen Terzenstimmung

Für eine durch eine Erzeugerquinte Q generierte Skala $S_{12}(Q)$ sind äquivalent:

a) $S_{12}(Q)$ enthält genau neun reine kleine Terzen (5:6) und damit die in allen zwölfstufigen Oktavskalen maximal mögliche Anzahl,

b)   die Erzeugerquinte Q ist die $^1/_3$-Komma-Mittelton-Quinte Q_{mt}^-.

(6) Die Ganztondrittelung

Der Ganzton T_{mt}^- wird durch die beiden Semitonia $A_{\mathrm{mt}}^-, L_{\mathrm{mt}}^-$ so gut wie perfekt im Verhältnis ist 1:2 geteilt und damit gedrittelt:

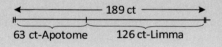

Beweis Zu (1 und 2): Wir schreiben die Definition des Quintenkommas hin und integrieren hier die Definition der „Mollterz-Quinte" geschickt hinein:

$$\varepsilon_{Q_{\mathrm{mt}}^-} = 12\, Q_{\mathrm{mt}}^- \ominus 7O = 4 * 3 Q_{\mathrm{mt}}^- \ominus 7O = 4 * (2O \ominus Terz(5{:}6)) \ominus 7O$$
$$= O \ominus 4\ \text{kleine Terz}(5{:}6) = \ominus\, \varepsilon_{\mathrm{groß\text{-}diësis}},$$

wobei diese letzte Gleichung die definierende Festlegung des Intervalls ist, das man große Diësis nennt. Zur Systematik der Terz-Quint-Kommata können wir aber auch den Satz von der großen Diësis in den harmonischen Gleichungen des Theorems 10.6. nachschlagen.

Zu (3): Auch hier startet man mit einer Bilanzierung, die eine bruchfreie, ganzzahlige Arithmetik erlaubt:

$$
\begin{aligned}
3\left(Q_{\text{pyth}} \ominus Q_{\text{mt}}^-\right) &= 3Q_{\text{pyth}} \ominus (2O \ominus \text{Terz}(5{:}6)) \\
&= 3Q_{\text{pyth}} \ominus \left(2O \ominus \left(Q_{\text{pyth}} \ominus \text{Terz}(4{:}5)\right)\right) \\
&= \left(4Q_{\text{pyth}} \ominus 2O\right) \ominus \text{Terz}(4{:}5) = \text{Ditonos}_{\text{pyth}} \ominus \text{Terz}_{\text{rein}} = \varepsilon_{\text{synt}}.
\end{aligned}
$$

Zu (4): Schließlich folgt auch diese Gleichung, indem wir mit Teil (1) und dem Theorem 9.1 die bekannten Quintenkreisgleichungen nutzen:

$$
\begin{aligned}
12\, Q_{\text{mt}}^+ \ominus 12\, Q_{\text{mt}}^- &= \left(7O \ominus \varepsilon_{\text{klein - diësis}}\right) \ominus \left(7O \ominus \varepsilon_{\text{groß–diësis}}\right) \\
&= \varepsilon_{\text{groß–diësis}} \ominus \varepsilon_{\text{klein - diësis}} = \varepsilon_{\text{synt}},
\end{aligned}
$$

womit die Differenz mitteltöniger Quinten gezeigt ist – wenn klar ist, dass diese letzte Differenz der beiden Diësen ebenfalls das syntonische Komma ist. Keine Sorge, das stimmt, und wir wollen das auch an Ort und Stelle schnell noch einsehen, um sowohl das Nachschlagen zu vermeiden aber auch, um zu demonstrieren, wie vorteilhaft das intervallarithmetische Rechnen doch ist. Demnach gilt mit der Definition dieser Kommata (die man im Abschn. 10.3 natürlich nachlesen kann):

$$
\begin{aligned}
\varepsilon_{\text{groß–diësis}} \ominus \varepsilon_{\text{klein - diësis}} &= (4\,\text{Terz}\,(5{:}6) \ominus O) \ominus (O \ominus 3\,\text{Terz}\,(4{:}5)) \\
&= \left(4\left(Q_{\text{pyth}} \ominus \text{Terz}\,(4{:}5)\right) \ominus O\right) \ominus (O \ominus 3\,\text{Terz}\,(4{:}5)) \\
&= \left(4Q_{\text{pyth}} \ominus 2O\right) \ominus \text{Terz}\,(4{:}5) = \text{Ditonos}_{\text{pyth}} \ominus \text{Terz}_{\text{rein}} = \varepsilon_{\text{synt}}.
\end{aligned}
$$

Zu (5): Dieser Teil ist eine direkte Konsequenz des Theorems 7.5, wonach jede quintgenerierte Wolfsquintskala zwei Varianten einer kleinen Terz hat, welche stets in der Anzahlkombination $(9-3)$ vorkommen. Ist die reine kleine Terz eine der neun Terzen, so sind alle diese neun kleinen Terzen reine $(5{:}6)$-Terzen, und dann ist die Erzeugerquinte genau diese Quinte Q_{mt}^-. Gibt es dagegen nur drei reine kleine Terzen $(5{:}6)$, so sind die übrigen neun kleinen Terzen andere, und die Erzeugerquinte ist nicht mehr Q_{mt}^- (sondern welche Quinte?). Damit ist das Theorem gezeigt. ∎

Wir wollen in Form eines Beispiels die soeben gestellte Frage beantworten.

Beispiel 9.1 (Zur Charakterisierung der $1/3$-Komma-Stimmung)

Angenommen, in einer quintgenerierten Skala $S_{12}^{(k)}(Q)$ gäbe es nicht neun, sondern (konsequenterweise) genau drei kleine Terzen $(5{:}6)$.

Frage: Was ist die zugehörige erzeugende Quinte Q?

Wir nehmen wieder Bezug zum Theorem 7.5 und seiner Tab. 7.3, wonach dann dieses Intervall die Variante $Y = 2A \oplus L$ und nicht die Variante $X = 2L \oplus A$ ist. Wie können wir dann hieraus die Quinte Q berechnen?

Antwort: Wir drücken Y durch die unbekannte erzeugende Quinte mittels der Formeln der Elementarintervalle aus und erhalten

$$Y = 2(7Q \ominus 4O) \oplus (3O \ominus 5Q) = 9Q \ominus 5O = \text{Terz}(5{:}6).$$

Daraus folgt

$$9Q = 5O \oplus \text{Terz}(5{:}6)$$
$$\Leftrightarrow \text{ct}(9Q) = 9 * \text{ct}(Q) = (6000 + 315{,}641)\text{ct},$$

und dann liegt das Ergebnis vor:

$$\text{ct}(Q) = 701{,}737 \text{ ct}.$$

Bemerkung: In Einklang mit der Theorie ist auch diese Quinte größer als die Quinte Q_{equal} der Gleichstufigkeit; sie ist beinahe auch identisch mit der reinen Quinte, da fehlt nicht mehr viel. Ihre neun kleinen Terzen $X = 2L \oplus A$ müssten demnach auch nicht sehr weit entfernt von den kleinen pythagoräischen X-Terzen $\left(X_{\text{pyth}}\right)$ sein. Der kurze Check zeigt

$$X = 2L \oplus A = 2O - 3Q$$
$$\Leftrightarrow \text{ct}(X) = (2400 - 3 * 701{,}737)\text{ct} = 294{,}786 \text{ ct}.$$

Der Wert der pythagoräischen kleinen Terz

$$X_{\text{pyth}} = Q_{\text{pyth}} \ominus \text{Ditonos}_{\text{pyth}} = 2O \ominus 3Q_{\text{pyth}}$$

beträgt tatsächlich 294,135 ct; beide Daten sind musikalisch kaum unterscheidbar. ◀

Auch dieses Beispiel unterstreicht und bestätigt die Ergebnisse der Theorie der leitereigenen Intervalle unseres Abschn. 7.5 aufs Vortrefflichste.

9.4   Die allgemeine mitteltönige 1/*n*-Komma-Temperierung

Wir haben im Abschn. 9.2 die Hauptform der Mitteltönigkeit kennengelernt, nämlich die Mitteltönigkeit, die sich aus der Forderung nach „möglichst vielen reinen großen Terzen" ganz zwangsläufig als die sogenannte „$\frac{1}{4}$-Komma-Stimmung" eingestellt hat. Die Forderung nach „möglichst vielen reinen kleinen Terzen" (respektive großen Sexten) hat uns die $\frac{1}{3}$-Komma-Stimmung beschert. Dann ergibt sich die Frage:

▶   *Gibt es da noch mehr – und wenn ja: Findet man auch musikalische Anwendungen über diese anderen und „verallgemeinerten Mitteltönigkeiten"?*

Es stellt sich in der Tat heraus, dass es neben diesen beiden Formen durchaus noch viele weitere andere – nämlich unendlich viele – gibt:

▶   *Beispielsweise steht in der niederländischen Stadt Hattem in der Grote of St.*
    *Andreaskerk eine Orgel, deren Temperierung mit „¹/₅-**Komma-Stimmung**"*
    angegeben ist. Was hat es denn nun damit auf sich?

Nun, eingedenk der Gleichungen der ¼- und der ¹/₃-Komma-Stimmungen ist ganz
bestimmt diese Festlegung naheliegend

$$\left[\text{Mitteltönige Quinte } Q_{\text{mt}}^{(5)}\right] = [\text{Reine Quinte}] \ominus \frac{1}{5}\left[\text{syntonisches Komma}\right],$$

aus welcher sich die Quintdaten und somit alle durch sie generierten Skalenangaben
gewinnen lassen. Diese Festlegung verallgemeinern wir nun in der folgenden Definition:

Definition 9.3 (Mitteltönige Quinten zur allgemeinen $1/n$-Komma-Teilung)
Für einen gegebenen Parameter $n = 1, 2, 3, \ldots$ definieren wir die allgemeine
mitteltönige Quinte $Q_{\text{mt}}^{(n)}$ durch die Gleichung

$$Q_{\text{mt}}^{(n)} = Q_{\text{pyth}} \ominus \frac{1}{n}\varepsilon_{\text{synt}},$$

sodass daraus die zu dieser Gleichung äquivalente ganzzahlige Bilanz

$$n * Q_{\text{mt}}^{(n)} = n * Q_{\text{pyth}} \ominus \varepsilon_{\text{synt}}$$

folgt, welche eigentlich den stimmtechnischen Vorgang beschreibt:

Der nach der Iteration mit n reinen Quinten gefundene Ton wird um ein syntonisches
Komma erniedrigt – was dadurch gelingt, dass man nach $(n-4)$ Iterationen mit reinen
Quinten eine reine Terz adjungiert und dann noch um zwei Oktaven erhöht.

Für das Centmaß ergibt sich sofort die praktikable überschlägige Rechnung

$$\text{ct}\left(Q_{\text{mt}}^{(n)}\right) = \text{ct}(Q_{\text{pyth}}) - \frac{1}{n} * \text{ct}\left(\varepsilon_{\text{synt}}\right) \approx \left(701{,}95 - \frac{1}{n} * 21{,}5\right)\text{ct}.$$

An dieser Stelle ist zur Namensgebung noch ein Wort zu sagen. Bei dem historischen
und bis heute verwendeten Wort „Kommateilung" ist offenbar das syntonische Komma
$\varepsilon_{\text{synt}} = (80{:}81) \cong 21{,}5$ ct gemeint. An anderen Stellen verbirgt sich dagegen unter
„Komma" sehr häufig das Quintenkomma der reinen Quinte, also das pythagoräische
Komma $\varepsilon_{\text{pyth}} \cong 23{,}46$ ct. Man könnte nun meinen, aufgrund der unbedeutend
erscheinenden Differenz wäre das nicht sonderlich wichtig. Ja, es mag sein, dass im
Groben einige Skalenwerte noch nicht einmal sehr weit voneinander differieren, wenn
nicht allzu viele Quinteniterationen vorliegen. Allerdings leidet in jedem Falle das Verständnis innerer Zusammenhänge und die Vielzahl diverser Querverbindungen.

Tab. 9.5 Die Centdaten für die mitteltönigen 1/n-Komma-Quinten $Q_{mt}^{(n)}$

n	Quinte $Q_{mt}^{(n)}$	Komma $\varepsilon_{Q_{mt}^{(n)}}$	Wolfsquinte $W_{mt}^{(n)}$
2	691,19 ct	−105,72 ct	796,91 ct
3	694,78 ct	−62,56 ct	757,34 ct
4	696,57 ct	−41,06 ct	737,63 ct
5	697,65 ct	−28,2 ct	725,85 ct
6	698,36 ct	−19,6 ct	717,96 ct
11	699,999 ct	−0,01 ct	700,01 ct
12	700,16 ct	1,9 ct	698,26 ct
100	701,735 ct	20,82 ct	680,92 ct

Hätten wir zum Beispiel bei der ¼-Komma-Mitteltönigkeit diese Verwechslung zugelassen, wäre demnach die mitteltönige Quinte durch

$$Q = Q_{pyth} \ominus \frac{1}{4}\varepsilon_{pyth} \neq Q_{mt}^{(4)} = Q_{mt}^{+}$$

gegeben, so wäre deren Quintenkomma ε_Q niemals die kleine Diësis $\varepsilon_{klein\text{-}diësis}$ gewesen, wenn auch der neue numerische Wert wegen $ct(Q) = 701,95 - 5,865 = 696,084$ ct mit $ct(\varepsilon_Q) = 46,980$ ct noch in der Nähe von $ct(\varepsilon_{klein\text{-}diësis}) = 41,058$ ct liegt. Aber eine Differenz ist es allemal.

Die Tab. 9.5 führt die metrischen Daten einiger Quinten dieser Folge, ihrer Quintenkommata sowie ihrer Wolfsquinten auf:

Hierbei fällt auf, dass offenbar für den Teilungsparameter $n = 11$ die Quinte $Q_{mt}^{(11)}$ kaum noch von der Gleichstufigkeitsquinte Q_{equal} unterscheidbar ist; dies ist wohl die beste Näherung dieser Quintenreihe an die Temperierung der Gleichstufigkeit. Die genaue Begründung hierzu finden wir im nachfolgenden Theorem 9.3, was auch die signifikanten metrischen Daten der solcherart parametrisierten Temperierungen zusammenstellt.

Theorem 9.3 (Mitteltönigkeiten und die Analysis der 1/n-Komma-Stimmungen)

(1) **Praktische Berechnungsformeln der Elementarintervalle**

Die Elementarintervalle können durch folgendes Formelgeflecht mit denjenigen der pythagoräischen und der gleichstufigen Temperierung verglichen werden:

$$Q_{mt}^{(n)} = Q_{pyth} \ominus \frac{1}{n}\varepsilon_{synt} = Q_{equal} \oplus \frac{1}{12}\varepsilon_{pyth} \ominus \frac{1}{n}\varepsilon_{synt},$$

$$T_{mt}^{(n)} = T_{pyth} \ominus \frac{2}{n}\varepsilon_{synt} = T_{equal} \oplus \frac{2}{12}\varepsilon_{pyth} \ominus \frac{2}{n}\varepsilon_{synt},$$

$$L_{\mathrm{mt}}^{(n)} = L_{\mathrm{pyth}} \oplus \frac{5}{n}\varepsilon_{\mathrm{synt}} = L_{\mathrm{equal}} \ominus \frac{5}{12}\varepsilon_{\mathrm{pyth}} \oplus \frac{5}{n}\varepsilon_{\mathrm{synt}},$$

$$A_{\mathrm{mt}}^{(n)} = A_{\mathrm{pyth}} \ominus \frac{7}{n}\varepsilon_{\mathrm{synt}} = A_{\mathrm{equal}} \oplus \frac{7}{12}\varepsilon_{\mathrm{pyth}} \ominus \frac{7}{n}\varepsilon_{\mathrm{synt}},$$

$$W_{\mathrm{mt}}^{(n)} = W_{\mathrm{pyth}} \oplus \frac{11}{n}\varepsilon_{\mathrm{synt}} = Q_{\mathrm{equal}} \ominus \frac{11}{12}\varepsilon_{\mathrm{pyth}} \oplus \frac{11}{n}\varepsilon_{\mathrm{synt}},$$

$$\varepsilon_{Q_{\mathrm{mt}}^{(n)}} = 12\left(Q_{\mathrm{mt}}^{(n)} \ominus Q_{\mathrm{equal}}\right) = \varepsilon_{\mathrm{pyth}} \ominus \frac{12}{n}\varepsilon_{\mathrm{synt}}.$$

(2) **Monotonie und Konvergenz der mitteltönigen Quintenfolge**

Die Quintenfolge $Q_{\mathrm{mt}}^{(n)}$) strebt bei $n \to \infty$ streng monoton wachsend zur reinen Quinte Q_{pyth}. Für $1 < n < k$ gilt nämlich für die Folge der Centmaßzahlen:

$$680{,}5 \text{ ct} = \mathrm{ct}\left(Q_{\mathrm{mt}}^{(1)}\right) < \mathrm{ct}\left(Q_{\mathrm{mt}}^{(n)}\right) < \mathrm{ct}\left(Q_{\mathrm{mt}}^{(k)}\right) \xrightarrow[k\to\infty]{} ct(Q_{\mathrm{pyth}}) = 702 \text{ ct}.$$

(3) **Fast gleichstufige Mitteltönigkeit**

Die Frage sei gestellt: Für welchen Teilungsparameter (n) kommt die Quinte $Q_{\mathrm{mt}}^{(n)}$ der gleichstufigen Quinte Q_{equal} mit ihren 700 ct am nächsten?

Die Antwort entnehmen wir den numerischen Werten der Tab. 9.5. Für beide Parameter $n = 11, 12$ ergeben sich sehr genaue Übereinstimmungen, wobei der Parameter $n = 11$ fast perfekt die Gleichstufigkeit erreicht. In der Tat gilt

$$\mathrm{ct}\left(Q_{\mathrm{mt}}^{(11)}\right) = 699{,}9998 \text{ ct und } \mathrm{ct}\left(Q_{\mathrm{mt}}^{(12)}\right) = 700{,}162 \text{ ct.}$$

Genauere Näherungswerte könnte es aufgrund der strengen Monotonie der Centwertfolge aber nicht geben, denn die Quinte $Q_{\mathrm{mt}}^{(12)}$ ist ja schon wieder weiter entfernt. Und aus der Sicht der Praxis wäre die Quinte im Falle des Parameters $n = 11$ nicht mehr unterscheidbar von der gleichstufigen – sogar nicht einmal nach tausend (1000) Iterationen!

Beweis Der Beweis aller Formeln aus (1) ist gar nicht schwer: Man nutzt im Wesentlichen lediglich den Zusammenhang

$$Q_{\mathrm{pyth}} = Q_{\mathrm{equal}} \oplus \frac{1}{12}\varepsilon_{\mathrm{pyth}},$$

und diese Formel ergibt sich mit dem 7-Oktaven-Trick:

$$\varepsilon_{\mathrm{pyth}} = 12Q_{\mathrm{pyth}} \ominus 7O = 12Q_{\mathrm{pyth}} \ominus 12Q_{\mathrm{equal}},$$

denn für die Gleichstufigkeitsquinte Q_{equal} sind ja zwölf Quinten gleich sieben Oktaven. Jetzt folgen alle Formeln, indem man die Elementarintervalle gemäß ihrer Definition 7.1 durch Oktave und Quinte $Q_{\text{mt}}^{(n)}$ ausdrückt, Letztere wiederum durch ihre Definition mittels der pythagoräischen Quinte und schließlich diese wieder durch die Quinte der Gleichstufigkeit. Die Limmaformel möge als Beispiel stellvertretend für alle übrigen dienen:

$$
\begin{aligned}
L_{\text{mt}}^{(n)} &= 3O \ominus 5Q_{\text{mt}}^{(n)} = 3O \ominus 5\left(Q_{\text{pyth}} \ominus \frac{1}{n}\varepsilon_{\text{synt}}\right) \\
&= \left(3O \ominus 5Q_{\text{pyth}}\right) \oplus \frac{5}{n}\varepsilon_{\text{synt}} = L_{\text{pyth}} \oplus \frac{5}{n}\varepsilon_{\text{synt}} \\
&= 3O \ominus 5\left(Q_{\text{equal}} \oplus \frac{1}{12}\varepsilon_{\text{pyth}}\right) \oplus \frac{5}{n}\varepsilon_{\text{synt}} \\
&= 3O \ominus 5Q_{\text{equal}} \ominus \frac{5}{12}\varepsilon_{\text{pyth}} \oplus \frac{5}{n}\varepsilon_{\text{synt}} = L_{\text{equal}} \ominus \frac{5}{12}\varepsilon_{\text{pyth}} \oplus \frac{5}{n}\varepsilon_{\text{synt}}.
\end{aligned}
$$

Die Aussage (2) ist evident, und dann folgt auch die Aussage (3) unvermittelt, womit das Theorem bewiesen ist. ∎

Bemerkung

Warum haben wir darauf Wert gelegt, in diesen Formeln auch die Gleichstufigkeitsintervalle einzuarbeiten? Nun, die Antwort ist einfach: Die Centdaten dieser Intervalle sind glatt und wohlbekannt:

$$
\begin{aligned}
\text{ct}\left(L_{\text{equal}}\right) &= \text{ct}\left(A_{\text{equal}}\right) = 100 \text{ ct}, \; \text{ct}\left(T_{\text{equal}}\right) = 200 \text{ ct}, \\
\text{ct}\left(Q_{\text{equal}}\right) &= \text{ct}\left(W_{\text{equal}}\right) = 700 \,\text{ct}.
\end{aligned}
$$

Dann müssen wir nur noch die beiden Hauptkommata $\varepsilon_{\text{pyth}}$ und $\varepsilon_{\text{synt}}$ mit ihren 23,46 ct beziehungsweise 21,50 ct abrufen können – und schon können wir alle Daten der abstrakten mitteltönigen Skalen leicht ermitteln. Wobei auch hierbei die Centangaben den Frequenzmaßen haushoch überlegen sind. Ersteres geht (beinahe) per Kopfrechnen, Letzteres mitnichten.

Wir überprüfen unsere Formeln anhand der ¹/₄-Komma-Temperierung, die ja im Abschn. 9.2 schon vorgestellt wurde:

Die Quinte $Q_{\text{mt}}^{(4)}$ hat nach der Formel des Theorems 9.3 das Centmaß

$$
\text{ct}\left(Q_{\text{mt}}^{(4)}\right) = 700 + \frac{1}{12} * 23,46 - \frac{1}{4} * 21,5 = 696,57 \text{ ct} = \text{ct}\left(Q_{\text{mt}}^{+}\right),
$$

und für die Wolfsquinte finden wir den Wert

$$\mathrm{ct}\left(W_{\mathrm{mt}}^{(4)}\right) = 700 - \frac{11}{12} * 23{,}46 + \frac{11}{4} * 21{,}50 = 737{,}62 \ \mathrm{ct} = \mathrm{ct}\left(W_{\mathrm{mt}}^{+}\right).$$

Beide Werte stimmen mit den dortigen Angaben der Tab. 9.1 perfekt überein (wobei wir ja nur Näherungswerte der beiden Kommata verwendet haben).

Beispiel 9.2 (Die mitteltönige $^{1}/_{5}$-Komma-Stimmung)

Wie eingangs erwähnt, finden wir in der **Grote of St. Andreaskerk** des niederländischen Städtchens Hattem eine Orgel mit dieser „$^{1}/_{5}$-Komma-Stimmung" – jedenfalls wird diese Orgelstimmung dort als eine solche beschrieben. Wir konkretisieren dann zunächst die Centdaten der Elementarintervalle

$Q_{\mathrm{mt}}^{(5)}$	$L_{\mathrm{mt}}^{(5)}$	$A_{\mathrm{mt}}^{(5)}$	$W_{\mathrm{mt}}^{(5)}$	$\varepsilon_{Q_{\mathrm{mt}}^{(5)}}$
697,65 ct	111,75 ct	83,55 ct	725,85 ct	−28,2 ct

sowie die $X - Y$-Daten und ihre Anzahlen der leitereigenen Ganztöne und Terzen, wozu wir die Architekturformeln der Tab. 7.3 heranziehen:

Ganztonschritte		kleine Terzen		große Terzen	
$X - 10$	$Y - 2$	$X - 9$	$Y - 3$	$X - 8$	$Y - 4$
195,3 ct	223,3 ct	307,05 ct	278,85 ct	390,6 ct	418,8 ct

Die acht großen Terzen der X-Bauart sind also etwas größer – die neun kleinen Terzen der X-Bauart dagegen etwas kleiner als die entsprechenden reinen Intervalle: große Terz $(4:5) = 386{,}3$ ct und reine kleine Terz $(5:6) = 315{,}6$ ct. ◄

Abschließend lässt sich noch ergänzend bemerken, dass durchaus noch weitere Verallgemeinerungen vorkommen können: Man könnte ja auch Quinten der Form

$$Q_{\mathrm{mt}}^{(n,k)} = Q_{\mathrm{pyth}} \ominus \frac{k}{n}\varepsilon_{\mathrm{synt}}, \ n = 1, 2, 3 \ldots, k = 1, \ldots, n$$

mit den <u>beiden</u> Parametern k und n in Erwägung ziehen. Damit wäre eine gewissermaßen allgemeinste Form der Mitteltönigkeit erreicht, und prinzipiell ließe sich der zuvor geschilderte Hauptfall der Stammbrüche $1/n$ in analoger Vorgehensweise auf diese erweiterten Formen übertragen. Damit wären wir dann in einer ähnlichen Thematik wie diejenige des Abschn. 7.7 angekommen.

Als ein signifikantes Beispiel einer solchen Sichtweise könnte die recht merkwürdige

▶ 2/7-Komma-Temperierung von Zarlino

zählen; ihr werden wir im Abschn. 12.8 begegnen, sodass unter diesem Aspekt die Zarlino-Temperatur als eine „mitteltönige" zählt, was ansonsten nicht die übliche Interpretation ist.

Das natürlich-harmonische System und die Enharmonik

10

Das Schisma und die Musiktheorie – eine Schicksalsgemeinschaft.

Anonymus, 21. Jh. (*)

Introduktion

Wenn es überhaupt ein zentrales Gebiet musikalischer Intervalltheorie gibt, dann ist es das Spiel mit reinen Terzen, Quinten und Oktaven. In diesem Kapitel wird dieses Spiel systematisch gespielt. Nach einer kurzen historischen Einführung stellen wir das zweidimensionale Modell der (Oktav-), Terz-Quint-Iterationen – das Tongitter von Leonhard Euler – vor. Dieses Modell erlaubt es, Tonzusammenhänge, Intervalle und Skalen regelrecht zu „sehen"; es ist die legendäre und einzigartige Verbindung von

▶ *visueller Vektorgeometrie und musikalischer Intervallarithmetik.*

Als unmittelbare Anwendung folgt eine Übersicht über die (6) klassischen Kommata der reinen Harmonik, den Diësen, Schismen und namenlosen anderen. Wir stellen dann sehr ausführlich eine chromatische, natürlich-harmonische Skala vor, die Skala von Leonhard Euler. Daran wird der Reichtum semitonaler Strukturen der reinen Temperierung deutlich sichtbar. In den Folgeabschnitten erarbeiten wir die klassischen Aufbauelemente des Terz-Quint-Systems. Dabei stehen die Semitonia, dann deren Synthesen zu Ganztonintervallen und schließlich erneut noch einmal die bekannten Kommata als ihre Differenzen im Zentrum der Betrachtungen. Neben einem „Wust" an verbindenden Formeln – den **„harmonischen Gleichungen"** –, denen wir eine ordnende Systematik verabreichen, bieten wir auch eine **funktional-musikalische Theorie** der klassischen Mikrointervalle an. Das Kapitel schließt mit einem „Addendum" – nämlich der Anwendung einer algebraisch orientierten Mathematik, welche die linearen, musiktheoretischen Vorgänge

© Der/die Autor(en), exklusiv lizenziert an Springer-Verlag GmbH, DE, ein Teil von Springer Nature 2022
K. Schüffler, *Die Tonleiter und ihre Mathematik*,
https://doi.org/10.1007/978-3-662-64951-0_10

in der Modulalgebra $\mathfrak{M}_{rein}$ aller durch Oktaven, reine Quinten und große Terzen erzeugten musikalischen Intervalle formuliert, beweist und anwendet.

▶   *(*) Wie das zu verstehen ist, sehen wir am Ende des Abschn. 10.8: Die Enharmonik und ihre funktionale Harmonik.*

10.1   Wege zum rein-natürlich-harmonischen System

Wir beginnen mit einer einfach erscheinenden Frage:

▶   *Was bedeutet „Reine Temperierung"?*

Für die im Folgenden beschriebenen Temperierungssysteme sind gleich mehrere Namen in Gebrauch: Man findet unter anderem die Bezeichnungen

- reine Skalen (siehe zum Beispiel [41]),
- natürlich-harmonische Skalen (siehe zum Beispiel [30]),
- diatonische Skalen (zum Beispiel bei [11]).

Im Abschn. 3.1 haben wir bereits über den Begriff „reine Intervalle" gesprochen und einige seiner genetischen Quellen vorgestellt. Wir beleuchten diesen Begriff dennoch noch einmal – jedoch unter einem anderen Gesichtspunkt:

▶   Es ließe sich definieren, dass ein Intervall I rein heißt, falls I in der Oberton-reihe seines Grundtons enthalten beziehungsweise hieraus ableitbar ist. In der Regel sollen auch die Frequenzverhältnisse eher kleinere Zahlen enthalten – eine historisch bedingte Zusatzforderung, die sicher keine mathematisch klar formulierbare Beschreibung zulässt.

So gelten jedenfalls als „reine" Intervalle

▶   die Prim (1:1), die Oktave (1:2), die Quinte (2:3), die Quart (3:4), die große und die kleine Terz (4:5) und (5:6), die Ganztöne (8:9) und (9:10), der Semiton (15:16) – aber auch die harmonische Septime (4:7), welche allerdings nicht mehr zu $\mathfrak{M}_{rein}$ gehört, siehe Abschn. 3.1.

Mit Ausnahme dieser Septime und der Prim sind dies gleichzeitig auch „einfach-super-partikulare" Intervalle, die wir ja bereits im Abschn. 3.4 besprochen haben. Trotz der in Abschn. 3.1 beschriebenen Problematik hinsichtlich dieses Begriffs „rein" kann man – sozusagen als gemeinsamen Mittelweg der Literatur wie auch der gängigen Auffassung folgend – beinahe genau die voranstehenden Intervalle als „die reinen Intervalle" des Intervallsystems $\mathfrak{M}_{harm} \subset \mathfrak{M}_{mus}$ benennen.

▶ *Wenn jemand „reine große Terz" – oder auch „große reine Terz" – sagt, so ist damit zweifellos die Terz (4:5) gemeint – und nicht etwa die pythagoräische Terz „Ditonos" (64:81).*

Während also das pythagoräische System ausschließlich durch die Primzahlen $(1, 2, 3)$ entsteht – wenn wir einmal die Einheit 1 ohne große Skrupel hinzunehmen –, taucht mit den beiden reinen Terzen auch die Primzahl 5 in der Riege der erlauchten „proportiones" auf. Dagegen ist der Primzahl 7 und erst recht allen anderen, die sich in höheren Schichten finden lassen, der Zutritt zur „musica harmonica" verwehrt. Die Logik spricht eigentlich nicht dafür – antike Zahlvorstellungen gleichwohl.

So kommt es, dass das **natürlich-harmonische** (alias „reine") **Intervallsystem** das Konglomerat aller Intervalle ist,

▶ die aus Oktaven, reinen Quinten und reinen großen Terzen zusammengefügt werden, deren Proportionen sich demnach aus den Primzahlen $1, 2, 3$ und 5 zusammensetzen

und was wir heute – aber nicht genauer – durch die Modulalgebra

$$\mathfrak{M}_{rein} = \mathfrak{M}_{2, 3, 5} = \{I = (k * O) \oplus (m * Q) \oplus (n * \text{Terz}) | k, m, n \in \mathbb{Z}\}$$

in modernem mathematischen Latein ausdrücken.

▶ Natürlich-harmonische Temperierungssysteme
↔ Skalenaufbau geschieht durch $\underbrace{(1:2)}_{\text{Oktaven}}$, $\underbrace{(2:3)}_{\text{Quinten}}$ und $\underbrace{(4:5)}_{\text{Terzen}}$ Schritte.

Und jetzt erahnen wir vielleicht schon den grundsätzlichen Unterschied zwischen den beiden Hauptmethoden der Temperierungstheorie, die wir einmal zusammenfassend und dabei Bekanntes wiederholend beschreiben:

(A) **Die Methode der Quintengenerierung und der Wolfsquintenkreis-Schließung**
Sie beruht darauf, eine Erzeugerquinte zu wählen und mit dieser über die Generierung der Elementarintervalle – vornehmlich der beiden Semitonia Apotome-Limma – gemäß den Gesetzen des Wolfsquintenkreises einer einfachen oder auch multiplen Wolfsquinte die Skala beziehungsweise ihr Trägersystem zu erbauen. Die Wahl der Erzeugerquinte geschieht dabei nach musikalischen und individuell gewünschten Anforderungen. Im Ergebnis ist dann hierdurch das komplette System determiniert – einzig die Wahl der Anzahl ausgleichender Wolfsquinten sowie deren Lage in der Quintenuhr ermöglicht noch Varianten innerhalb dieses Skalensystems.

(B) Die Methode des Terz-Quint-Gitters

Hier geschieht die Skalengenerierung ausnahmslos innerhalb der Menge aller freien Oktav-Quint-Terz-Iterationen, indem innerhalb der Gesamtheit dieses Intervallkomplexes der Quintaufbau beziehungsweise der semitonale Aufbau derart selektiert wird, dass die gewünschten Intervallkonstellationen entstehen – sofern diese Wünsche auch erfüllbar sind (!). Der Erfolg dieser Methode beruht darauf, dass das ganze System

$$\mathfrak{M}_{\mathrm{rein}} \subset \mathfrak{M}_{\mathrm{harm}} \subset \mathfrak{M}_{\mathrm{mus}}$$

nach dem Theorem von Levy-Poincaré (Theorem 4.5) dicht in der Menge aller musikalischen Intervalle liegt. Jede gewünschte Intervallgröße kann – zumindest approximativ – mit ausschließlich den Terz-Quint-Oktav-Iterationen angehörenden Prozessen realisiert werden. Wohlgemerkt: Alle Iterationen gehören der Algebra $\mathfrak{M}_{\mathrm{rein}}$ aller mit reiner Oktave (1:2), reiner Quinte (2:3) und reiner Terz (4:5) ganzzahlig zusammengefügten Intervalle an.

Das Prinzip dieses sehr allgemein formulierten Verfahrens (B) wollen wir sogleich einmal in seiner einfachsten Form vorstellen, indem wir eine – allerdings von mehreren möglichen – heptatonische Skala konstruieren.

Philosophie der Terz-Quint-Konstruktion

Der Ausgangspunkt möge die Tonika (C) einer zu konstruierenden heptatonischen Skala sein. Über reine Quinten $Q_{\mathrm{pyth}}(2:3)$ gewinnen wir im ersten Schritt die Subdominante (F) und die Dominante (G), wobei wir die Oktavierung zur Subdominante stillschweigend miteinbeziehen. Auf diesen drei Stammtönen ($C \to F \to G$) errichten wir dann jeweils eine <u>reine</u> große Terz, erhalten die Töne (E, A, H). Den restlichen Ton (D) verschaffen wir uns – beispielsweise – als aboktavierte reine Quinte über G. Dann sind alle Töne ($C \to D \to E \to F \to G \to A \to H$) der heptatonischen Skala zusammen. Das Schema der Abb. 10.1 hält uns dieses Verfahren vor Augen.

Wenn wir noch geschwind die Proportionen der Stufungen ausrechnen, wäre demnach auf diesem Wege die heptatonische, natürlich-harmonische Skala R_7 gewonnen, dargestellt in der Formel-Tabelle 10.1.

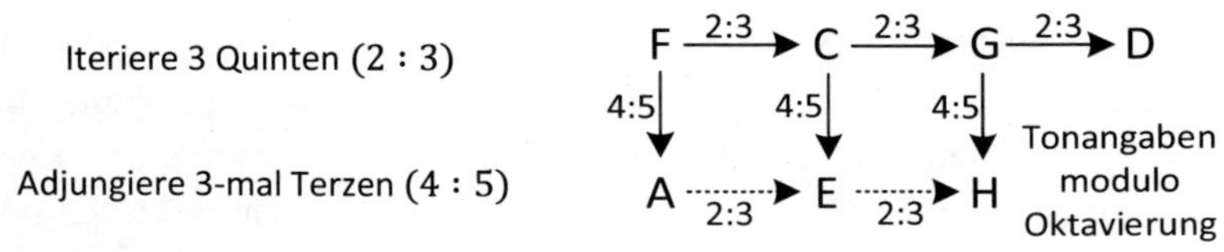

Abb. 10.1   Schema der reinen Heptatonik nach Euler

$$R_7 \qquad C \xrightarrow[\substack{T_+ \\ 8:9}]{} D \xrightarrow[\substack{T_- \\ 9:10}]{} E \xrightarrow[\substack{S \\ 15:16}]{} F \xrightarrow[\substack{T_+ \\ 8:9}]{} G \xrightarrow[\substack{T_- \\ 9:10}]{} A \xrightarrow[\substack{T_+ \\ 8:9}]{} H \xrightarrow[\substack{S \\ 15:16}]{} C'$$

Formel-Tabelle 10.1   Die heptatonische natürlich-harmonische Skala R_7 nach Euler

So weit – so gut. Bekanntlich treten Probleme aber gerne genau dann erst auf den Plan, wenn irgendwer eine „dumme Frage" stellt. Diese dumme Frage könnte sein:

▶ *Hätten wir den Ton „D" nicht besser als Abwärtsquinte von A festlegen können – schließlich wäre ja dann die Quinte (D → A) garantiert rein, pythagoräisch? Denn wenn wir an „d-moll" oder „d-dorisch" mit deren ungezählten prominenten Werken denken, bei denen genau diese Quinte wie aus Stein gemeißelt den musikalischen Impetus bildet, so wäre doch diese Wahl die einzig richtige – oder nicht? Bachs d-moll-Toccata lässt grüßen!*

Warum entsteht diese Frage überhaupt? Ist denn das Intervall $(D \to A)$, das wir dem Schema entnehmen, nicht doch eine schöne reine Quinte?

Nun, da wir das intervallarithmetische Rechnen perfekt trainiert und den Zahlensalat verbannt haben, ist die Antwort sehr leicht, und wir bilanzieren inklusive aller nötigen Oktavierungen, indem wir den Weg von D nach A im Schema verfolgen und dann zielorientiert das folgende trickreiche Kalkül ausführen:

$$
\begin{aligned}
(D \to A) &= (D \to G) \oplus (G \to C) \oplus (C \to F) \oplus (F \to A) \\
&= \left(O \ominus Q_{\text{pyth}}\right) \ominus Q_{\text{pyth}} \oplus \left(O \ominus Q_{\text{pyth}}\right) \oplus \text{Terz}(4{:}5) \\
&= 2\,O \ominus 3 Q_{\text{pyth}} \oplus \text{Terz}(4{:}5) = Q_{\text{pyth}} \oplus \left(2\,O \ominus 4\,Q_{\text{pyth}}\right) \oplus \text{Terz}(4{:}5) \\
&= Q_{\text{pyth}} \ominus 2\left(2\,Q_{\text{pyth}} \ominus O\right) \oplus \text{Terz}(4{:}5) \\
&= Q_{\text{pyth}} \ominus (\text{Ditonos} \ominus \text{Terz}(4{:}5)) = Q_{\text{pyth}} \ominus \varepsilon_{\text{synt}}.
\end{aligned}
$$

Und siehe da, auf einmal taucht der Unterschied von pythagoräischer Terz Ditonos zur reinen Terz – das berühmt berüchtigte syntonische Komma – wie aus dem Nichts auf die Bühne. Ihm sind wir ja schon oft begegnet, so zum Beispiel im gesamten Kap. 9, wo es um die Mitteltönigkeit ging, die sich ja an den reinen Terzen orientierte. Es schadet aber nicht, wenn dieses in der Musiktheorie wohl wichtigste Charakterintervall an dieser Stelle noch einmal „definiert" wird:

Definition 10.1 (Syntonisches Komma)

Die Differenz von pythagoräischer Terz (Ditonos) und reiner Terz heißt **syntonisches Komma**

$$\varepsilon_{\text{synt}} = \text{Terz Ditonos}(64{:}81) \ominus \text{Terz}(4{:}5 \cong 64{:}80).$$

Deshalb hat das syntonische Komma die Proportion 80:81, und dies entspricht der Intervallgröße ct $\left(\varepsilon_{\text{synt}}\right) = 21{,}506$ ct.

Andere Namen für das syntonische Komma sind „Didymisches Komma" und sehr häufig auch „Terz-Quint-Komma".

Leider trifft man gelegentlich auch die Bezeichnung „Terzenkomma" an, was jedoch irritierend erscheint und der wahren Bedeutung nicht gerecht würde; dieser Name steht eigentlich der kleinen Diësis zu; mit ihr haben wir ja bereits im Rahmen der Mitteltönigkeitsquinte Bekanntschaft gemacht. Die Begründung zu dieser Meinung wird aber erst im späteren Theorem 10.6 so richtig klar, wenn wir die harmonisch-funktionalen Bedeutungen der Kommata beleuchten.

Das syntonische Komma verkürzt die auf diese Weise konstruierte Quinte $(D \to A)$ um satte $21,5$ ct gegenüber der reinen Quinte, daher ist deren Maß gerundet

$$\mathrm{ct}(\text{Quinte } (D \to A)) = (702 - 21,5) \,\mathrm{ct} = 680,5 \,\mathrm{ct}$$

und sicher auch dem geduldigsten Ohr nicht mehr wohlgefällig, wie man das ehedem formuliert hätte.

Aber es droht auch anderswo Ungemach, und um gleich zu Beginn eine mögliche irrige Annahme auszuräumen: Keineswegs müssen durch diese Iterationen immer wieder reine Terzen oder Oktaven entstehen; das Quintendilemma kam ja gerade zum Vorschein: Vier große Terzen übereinander ergeben beileibe keine reine Dezime (2:5), drei große reine Terzen verfehlen nämlich die Oktave um die nicht gerade zu bagatellisierende kleine Diësis,

$$\varepsilon_{klein-di\ddot{e}sis} = O \ominus 3 * \mathrm{Terz}(4{:}5) = (125{:}128) \cong 41 \,\mathrm{ct},$$

welche ja simultan das Quintenkomma der mitteltönigen Quinte Q_{mt}^+ ist.

▶   *Im Lande der Terz-Quint-Iterationen sind die meisten der historisch berühmten*
     Semitonia, der Kommata als deren Differenzen und der mikrotonalen Exoten
     der klassischen Intervalltheorie beheimatet, und die **Enharmonik** *hat hier ihr*
     Zuhause.

Die kommenden Abschnitte werden darüber berichten.

Streifzug durch die Historie

Bereits in der griechischen Antike wurde erkannt, dass der Dreiklang – gemeint ist die heute als Durdreiklang verstandene Sequenz

$$\text{Tonika} \to \text{Terz} \to \text{Dominante},$$

deren Terz der pythagoräische Ditonos ist, dem Ohr weniger gefällt als der „naturtönige" Dreiklang, bei welchem die Terz die reine große Terz (4:5) ist. Es stehen sich also die Verhältnisse

$$64{:}81{:}96 \,(\text{pythagoräisch}) \leftrightarrow 4{:}5{:}6 = 64{:}80{:}96 \,(\text{natürlich})$$

gegenüber. Da die Quinte bei beiden Akkorden die gleiche reine pythagoräische Quinte ist, suchen wir die Ursache zurecht bei den Terzen. So ist sicher das dem Griechen Aristoxenes zugeschriebene Zitat

▶ *„Gehör geht vor Zahl"*

zu deuten, womit ausgedrückt wird, dass das wohlklingendere Intervall 4:5 der „Zahl vorzuziehen sei", was verständlich wird, da ja die „Zahl 5" keine von der pythagoräischen Dynastie erlaubte musikalische Zahl war. Aristoxenes war aber zunächst einmal selber ein Pythagoräer – wagte es aber, pythagoräische Regeln zu hinterfragen.

▶ *Möglicherweise war Aristoxenes der allererste Musik-Mathematiker der griechisch-europäischen Antike: Fehlende oder schwammige Definitionen seiner Vorgänger verspottete er als „Orakel" und forderte im Bereich der Musik „akribische" Definitionen, Axiome und Beweise.*
Dieses vollständige musik-mathematische Konzept verwirklichte er ohne Vorbild in seinen Harmonischen Elementen und in seinen Rhythmischen Elementen.

Aus unserer heutigen Kenntnis der Obertonreihe eines Tons und der Vorstellung, dass der „Gradus suavitatis" – sprich Wohlklang – umso optimaler ausfällt, je häufiger (Ober-) Tonperioden zusammenfallen, ist diese alte Erkenntnis unmittelbar nachvollziehbar (siehe hierzu die Passagen der Abschn. 1.1 und 1.4).

Im Falle der pythagoräischen Terz Ditonos mit ihrer Proportion 64:81 ist die Periodizität des gemeinsamen Schwingungsmusters – also die Überlagerung beider Schwingungen – wesentlich tief-frequenter als im Fall der reinen Terz zur Proportion 4:5. Wir erinnern auch noch einmal an den Euler'schen Konsonanzgrad, den wir im Abschn. 3.6 für beide Terzen berechnet hatten – mit dem Ergebnis, dass wegen

$$\Gamma(64:80) = \Gamma(4:5) = 7 \leftrightarrow \Gamma(64:81) = 15$$

sehr deutlich die Unterschiedlichkeit beider Terzen durch die Euler'sche Primzahl-arithmetik zutage tritt. Tatsächlich werden die Intervallverhältnisse dieses natürlich-harmonischen Systems ausgesprochen signifikant vom Unterschied beider Terzen beschrieben. Genau dies haben wir ja soeben beim Bau unserer ersten heptatonischen natürlich-harmonischen Skala demonstrieren können. Merkwürdigerweise wurde andererseits aber noch bis zu Beginn der Renaissance bestritten, dass das Verhältnis 4:5 zu den „Consonantiae" zählt, da dieses nicht „pythagoräisch" ist.

Antike Wegbereiter einer „Erweiterung pythagoräischer Töne" waren unter anderen:

- Aristoxenos (~ 330 v. Chr.)   „Gehör geht vor Zahl"

- Archytas (~ 380 v. Chr.)   ⎫
- Eratosthenes (3. Jh. v. Chr.)   ⎬   5-Teilung des Monochords
- Didymus (30 v. Chr.)   ⎪   und „Entdeckung" der
- Ptolemäus (150 n. Chr.)   ⎭   reinen Terz

Allerdings war die Bedeutung solcher Tonerweiterungen allein schon deshalb eher gering, weil ja zu jener Zeit bereits eine Vielfalt von tetrachordischen Skalen existierte, deren Proportionen alles andere als pythagoräisch waren. Ein kurzer Ausflug in die altgriechische Tetrachordik lehrt uns, dass

- es für Tetrachorde drei Familien und drei Geschlechter gab,
- die Anordnung von Tetrachorden zu Skalen zu vielfältigen Tonarten führte.

Schauen wir uns einmal die Tab. 3.2 an, so kommt man ja wahrlich ins Staunen, wenn man sich diese absonderlichsten Proportionen anschaut. Sicher stellen sich hierbei viele Fragen: War das alle nur „theoretisch" – oder wie sollte man solche Intervalle überhaupt musikalisch-praktisch umsetzen? Spannend – aber wir betreten tunlichst nicht dieses Terrain, sonst sucht sich unser Text unfreiwillig einen neuen ausufernden Weg. Im Rahmen der Thematik als überwiegend durch einfach-superpartikulare Intervalle konstruierte Intervallfolgen haben wir ja im Abschn. 3.4 ohnehin schon einiges hierzu gesagt.

Jedenfalls hat Archytas die große Terz 4:5 nur im enharmonischen Geschlecht benutzt, und Eratosthenes kennt die kleine Terz 5:6 nur im chromatischen Geschlecht. Erst Didymus führte sie im diatonischen Geschlecht ein.

Dennoch dauerte es lange, bis die Starrheit der diatonisch-pythagoräischen Systematik neuen Wegen gewichen war: Sicher war dies ein – wie auch immer zu würdigendes – Verdienst des großen Gelehrten und Bewahrers des Altertums:

- Anitius Manlius Torquatus Severinus Boethius (um 500 n. Chr.),

um einmal alle seine bekannten Vornamen zu nennen. Boethius war wesentlich geprägt durch die wissenschaftstheoretischen Prinzipien des Aristoteles. Er festigte allerdings auch die pythagoräische Lehre der Diatonik und begründete eine Theorie der „Consonantiae". Dabei bedeutete für ihn „konsonant", wenn das Intervall aus der pythagoräischen Tetractys ableitbar war.

Ab etwa 1300 wurde dennoch die „Reine Stimmung" in Konkurrenz zur vorherrschenden pythagoräischen Stimmung zunehmend bedeutsamer. Wegbereiter dieser Entwicklung waren:

- Walter Odington (um 1300),
- Franco von Köln (Ende 13. Jahrhundert),
- Marchettus von Padua (14. Jahrhundert),
- Jacobus von Lüttich (14. Jahrhundert),
- Bartolomeo Ramis de Pareja (15. Jahrhundert),
- Franchinus Gafurius (1451–1522: erste direkt angegebene reine Temperatur),
- Gioseffo Zarlino (1517–1590).

Allerdings steckt die „Reine Stimmung", die – verkürzt gesagt – in einer wie auch immer gearteten Zusammenführung sowohl reiner großer Terzen (4:5) als auch reiner Quinten (2:3) und „reiner" Oktaven (1:2) besteht, nun selber in sehr großen Schwierigkeiten: Zeigt es sich doch, dass die Fülle innerer Unverträglichkeiten noch deutlich gegenüber dem pythagoräischen System zunimmt.

Für diese Unverträglichkeiten ist die Primzahlarithmetik verantwortlich, wollen wir den moderneren mathematischen Hintergrund anführen.

▶ Diese Unverträglichkeiten äußern sich vor allem in einem wahrhaftigen Zoo aus neuen Intervallen, semitonischen sowie enharmonischen Mikrointervallen.

Die unterschiedlichsten „Kommata" und deren Beziehungen untereinander erscheinen uns wie eine eigene Wissenschaft, die wohl nur wenigen Experten vertraut zu sein scheint. Denn eine Einheitlichkeit im rechnerischen Gebrauch von Mikrointervallen ist dabei – verständlicherweise – leider kaum zu beobachten. Dabei hat es allerdings der „Aufbruch in die mehrdimensionale Intervalliteration" selber erst ermöglicht, dass der später einsetzende Reichtum vielfältiger Temperierungssysteme erblühen konnte.

Ein weiterer wichtiger Punkt darf in diesem Zusammenhang nicht vergessen werden: Das ist die Frage:

▶ „Wie stimme ich ein Intervall?"

In Zeiten, in denen es keine hochgerüsteten Tuning-Computer gab, war dieser Frage nur durch eine Allianz aus

$$\text{Wissen} + \text{Hören} + \text{Musikempfinden} + \text{handwerkliche Kunst}$$

zu begegnen. Hierbei spielt die Reinheit eines Intervalls keineswegs die entscheidende Rolle – und das erklärt sich ganz einfach aus einer weiteren „Allianz", nämlich derjenigen aus den Hintergrundattributen der „Consonantiae":

$$\text{Ganzzahligkeit} + \text{Obertoncharakteristik (Spektrum)} + \text{Schwebungen,}$$

was uns zu der kommentierenden Bemerkung führt:

▶ *Bewundernswert die Fähigkeit so mancher Klavierstimmer und Intonateure, durch bloßes Heraushören von Schwebungen entlegener Obertöne zweier Töne untereinander nicht nur deren Abstand, sondern auch die Ästhetik ihres Zusammenklingens bestimmen und einrichten zu können.*

Als eindrucksvolle Lektüre sei hier das Büchlein „Lehrgang der Stimmkunst" von Josef Nix empfohlen (siehe [42]). Das alles klingt schon nach Zauberei.

Ziele und Methoden

Wir beschreiben in diesem Kapitel zum einen die wichtigsten Skalen des natürlich-harmonischen respektive rein-harmonischen Systems. Dabei wurde eingedenk der bereits erwähnten Schließungsdefizite – historisch – sehr ausgiebig auch die Beschränkung auf „nur zwölf Töne" fallen gelassen: Es entstanden Vieltonskalen; einige davon werden wir vorstellen.

Zum anderen entwerfen wir eine „Algebra" des rein-harmonischen Tonsystems mit dem Ziel, die Vielzahl der historisch erwachsenen Intervallstrukturen, ihre semitonalen Differenzen, Vierteltönigkeiten und Kommata zu kategorisieren, zu verstehen und einer Gleichungssystematik unterzuordnen.

▶   *So können wir der weiter oben beklagten Uneinheitlichkeit im Verbund mit ent-sprechender Unübersichtlichkeit aller wesentlichen klassischen semi- und mikro-tonalen Elemente des rein-harmonischen Systems durch*

   die moderne Algebra ganzzahliger linearer Gleichungssysteme

   begegnen. Damit gewinnen wir nicht nur eine Systematik des Systems aller harmonischen Gleichungen dieses Betreffs, sondern es stellen sich auch musik-mathematische Kriterien ein, die über die Einordnung der Signifikanzen einzelner semitonaler und mikrotonaler Elemente aussagen.

Die Stärken dieser Modulalgebra liegen also vor allem in der Entwicklung und dem Verstehen des Formelkalküls, der sich mit den Gesetzen der Skalenstrukturen und ihren Differenzen untereinander befasst, den „harmonischen Gleichungen".

Bei allem ist es sehr entscheidend, welche methodische Beschreibung für den Komplex dieser 2-, letztlich aber dank der freien Oktaven sogar 3-parametrischen Adjunktionsketten der Terz-Quinten-Iterationen verwendet wird. Solche methodischen Möglichkeiten sind

- die Frequenzmaßbeschreibung und ihre Arithmetik,
- die geometrische Iteration (das Euler'sche Tongitter),
- die Algebra im Modulraum aller rein-harmonischen Intervalle.

Jede dieser Methoden hat ihre eigenen Vorzüge und ihre anwendungsrelevanten Präferenzen. So ist das Euler'sche Tongitter, dessen Wegbereiter der große Mathematiker Leonhard Euler (1707–1783) war und nach welchem das formale Schema dieser Iterationsprozesse benannt wurde, ein vorzügliches methodisches Instrument, Skalen und ihre intrinsischen Intervallbeziehungen zu studieren, wobei hierbei die Frequenzmaßbeschreibungen eingearbeitet sind. Daher bietet sich diese bekannte wie auch beliebte Methode auch an vorderster Stelle an.

10.2   Das Tongitter von Leonhard Euler

Die Konstruktion einer heptatonischen reinen Skala unseres Einführungstextes Abschn. 10.1 besitzt im Kern bereits den Grundgedanken, doch gleich in Gänze die für die natürlich-harmonischen Systeme relevante komplette Ton-/Intervallmenge $\mathfrak{M}_{\text{rein}}$ durch ein System horizontal angeordneter Quintiterationen und vertikal angeordneter Terziterationen zu beschreiben – wobei die nicht ganz überflüssigen Oktaven hierbei geeignet berücksichtigt werden müssen, wenn wir eine dritte Iterationsebene samt einer in die Dreidimensionalität verbannte Veranschaulichung vermeiden wollen.

Auf Leonhard Euler (1707–1783) geht nun das folgende zweidimensionale Gittermodell zurück, welches uns in den nachfolgenden Abschnitten dieses Kapitels zur Konstruktion sowohl der herkömmlichen heptatonisch-dodekatonischen Skalen R_7, R_{12} – aber auch gewisser Vielton-Oktavskalen wie beispielsweise den enharmonischen Skalen R_{19}, R_{31} von Mersenne und anderen – eine große Hilfe sein wird.

Wir zeichnen ein kartesisches ganzzahliges ebenes Punktegitter, das Koordinatenkreuz

$$\mathbb{Z} \times \mathbb{Z} = \{(m,n)|m \in \mathbb{Z}, n \in \mathbb{Z}\}.$$

Die erste Koordinate verstehen wir ganz klassisch schulgeometrisch als Koordinate der horizontalen x-Achse mit der ganzzahligen Variablen (m), und dann ist die vertikale y-Achse der Zuständigkeitsbereich der 2. ganzzahligen Koordinate (n). Ist nun ein Ausgangston als Tonika angedacht – und wie üblich sei diese Tonika mit C bezeichnet –, dann „legen wie diesen Startton Tonika–C in den Nullpunkt $(0,0)$ des Gitters". So haben wir die erste entscheidende Verbindung von Mathematik (das Gitter) mit der Musik (der Tonika als Bezugspunkt einer Tonfamilie) erreicht.

Nun erschließen zwei scheinbar winzige – jedoch eminent wichtige – Beobachtungen den Gesamtzusammenhang aller Gitterpunkte mit der Iterationsalgebra $\mathfrak{M}_{\text{rein}}$ aller Quinten und Terzen – hier noch einmal notiert,

$$\mathfrak{M}_{\text{rein}} := \mathfrak{M}_{Q(2:3),\text{Terz}(4:5)} = \big\{ m * Q_{\text{pyth}} \oplus n * \text{Terz} | m,n \in \mathbb{Z} \big\}.$$

Als Erstes beobachten wir: Wenn wir zu einem Intervall

$$I(m,n) := m * Q_{\text{pyth}} \oplus n * \text{Terz}$$

erst eine Quinte adjungieren und dann eine Terz hinzufügen, so ist das Ergebnis dasselbe, als hätten wir den Vorgang in der anderen Reihenfolge gemacht; dies ist ja das längstens vertraute Kommutativgesetz des Rechnens mit Intervallen aus unserer Werkzeugkiste aller Elementarregeln des Theorems 1.2.

Und bevor sich jetzt viele von uns verwundert fragen, was wohl hieran als bedeutsam herauszulesen sei, möge das Geheimnis gelüftet werden:

Gitterpunkte kann man ebenfalls addieren, und die naheliegende Regel

$$(m,n) + (p,q) = (m+p, n+q)$$

ist nichts anderes als die „Vektoraddition", welche einfach koordinatenweise vonstatten geht und welche alle bekannten algebraischen Rechengesetze wie zum Beispiel die Kommutativität und die Assoziativität befolgt. Aber auch Intervalle kann man addieren, wie wir hinlänglich wissen,

$$\left(m * Q_{\text{pyth}} \oplus n * \text{Terz}\right) \oplus \left(p * Q_{\text{pyth}} \oplus q * \text{Terz}\right)$$
$$= (m + p) * Q_{\text{pyth}} \oplus (n + q) * \text{Terz}.$$

Wenn also wie weiter oben $I(m, n)$ als Adjunktion von m Quinten und n Terzen definiert ist, so sehen wir unvermittelt, dass sich die Adjunktion für diese Intervalle einerseits und die Vektoraddition für diese Gitterpunkte andererseits bestens „entsprechen", das heißt in Formeldeutsch

$$I(m, n) \oplus I(p, q) = I(m + p, n + q).$$

Dies ist einer der beiden Schlüssel zum Begriff „Euler-Gitter".

Die zweite Beobachtung ist diese: Wenn zwei Terz-Quint-Intervalle gleich sind, so sind auch ihre Iterationsparameter gleich, in Formeln

$$\left(m * Q_{\text{pyth}} \oplus n * \text{Terz} = p * Q_{\text{pyth}} \oplus q * \text{Terz}\right) \Leftrightarrow (m = p, n = q).$$

Und dieses Spiel müssen wir beileibe nicht mehr begründen, sind doch Q_{pyth} und Terz(4:5) nicht-kommensurabel, siehe Beispiel 3.5. Daher ist eine Zuordnung der Gitterpunkte mit den Iterationsintervallen eindeutig. Beide Beobachtungen fließen dann in die „Wohldefiniertheit" des Euler-Gitters ein, und wir formulieren sodann:

Definition 10.2 (Freies Euler-Gitter aller Terz-Quint-Iterationen)
Die Zuordnung

$$\varphi : \mathbb{Z} \times \mathbb{Z} \to \mathfrak{M}_{\text{rein}}$$

$$\varphi(m, n) = I(m, n) = m * Q_{\text{pyth}} \oplus n * \text{Terz}(4:5)$$

stellt eine eineindeutige (invertierbare) Abbildung zwischen dem Gitter und der Intervallalgebra aller durch reine Quinten und Terzen erzeugten Intervalle dar. Sie ist die Modellierung des **„freien Euler-Gitters aller Terz-Quint-Iterationen"**. Diese Zuordnung ist strukturverträglich, das bedeutet, dass sich die Vektoraddition in der Gitterebene $\mathbb{Z} \times \mathbb{Z}$ und die Intervalladjunktion in $\mathfrak{M}_{\text{mus}}$,

$$\varphi(m + p, n + q) = \varphi(m, n) \oplus \varphi(p, q),$$

mitsamt allen jeweiligen algebraischen Rechengesetzen entsprechen. Ferner gilt die Verankerung

$$\varphi(0, 0) = \text{Prim} \equiv \text{Tonika } C,$$

und die kanonische Koordinatenbasis des Gitters $(1, 0)$ *und* $(0, 1)$ wird in die Euler-Basis $\left(Q_{\text{pyth}}, \text{Terz}\right)$ dieses Intervallsystems übergeführt, will sagen

$$\varphi(1,0) = Q_{\text{pyth}}(2{:}3) \text{ und } \varphi(0,1) = \text{Terz } (4{:}5).$$

Werden die Gitterpunkte (m, n) mit ihren Intervallnamen oder auch mit deren Zieltönen versehen beziehungsweise identifiziert, so setzen wir

$$\mathfrak{Eg}_{\text{rein}} = \{(m,\ n) \in \mathbb{Z} \times \mathbb{Z}\ |\text{in } (m,\ n) \text{ ist der Zielton von } I(m,n)\}$$

und meinen hiermit ebenfalls das **freie Euler-Gitter.**

Nach dem „Viertönesatz" (Theorem 1.1) wie auch nach Konstruktion sind *alle* horizontalen Gitterlinien Quintfolgen, und ebenso sind *alle* vertikalen Gitterlinien Terzfolgen. In diesem Modell ist eine ebenfalls „freie Iteration mit Oktaven" zunächst einmal ausgeblendet; sie spielt im Zusammenhang mit der Skalengenerierung ja ausschließlich die Rolle der Reoktavierung aller Iterationen in einen gegebenen Grundoktavraum; in dieser Funktion werden wir sie später hinzunehmen.

Das freie Euler'sche Terz-Quint-Gitter wird also als geometrisch angeordnetes Intervall- oder Tonnetz beschrieben, dem das ganzzahlige Gitter $\mathbb{Z} \times \mathbb{Z}$ als Modellraum dient und welches die Verbindung zwischen Iterationsgeometrie, Iterationsalgebra, aber auch den Frequenzmaßen darstellt; die Abb. 10.2 veranschaulicht die Gitterebene als Modellraum der Intervallalgebra.

In der Regel verteilt man in einer sinnvollen Umgebung des Ursprungs $C \equiv \text{Prim} = I(0,0)$ gewöhnliche Tonnamen; weiter „draußen" macht dies allerdings wenig Sinn. Diese Namensgebung will nämlich wohlbeachtet sein: Wird man beispielsweise den Ton im Punkt $(0, 1)$ als E bezeichnen – er ist ja eine reine Terz über Tonika–C –, so wäre der Ton im Punkt $(5, 0)$ auch ein „E", und wenn wir um zwei Oktaven aboktavieren, liegt dieser Ton auch innerhalb der Oktave über C. Beide Töne E differieren aber erheblich: Das reoktavierte pythagoräische $E(5, 0)$ ist um rund

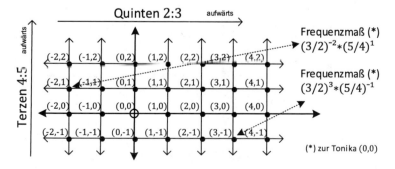

Abb. 10.2 Freies Euler'sches Terz-Quint-Gitter $\mathfrak{M}_{\text{rein}}$

21 ct (dem syntonischen Komma) beachtlich höher als das reine $E(0, 1)$, siehe die
Definition 10.1. Gelegentlich findet man daher an den Tonnamen des Gitters zusätzliche Symbole, welche die Lage im Gitter (zum Beispiel die Nummer der Quintenreihe
wie in Abb. 10.3) angeben. So ist der Gebrauch von Tonnamen für die Gittertöne nicht
unproblematisch und bei exakter Behandlung auch sehr aufwendig. Bevorzugen sollte
man daher statt der Tonnamen – oder zumindest zusätzlich – die Intervallbeziehungen
(auf die wir noch zu sprechen kommen).

Zu diesen Beschreibungen gesellt sich – wie soeben angedeutet – der **Prozess der
Reoktavierung** der Tonmenge $\mathfrak{Eg}_{\text{rein}}$ in den fixierten Grundoktavraum, so wie wir
dies schon früher (und auch im Abschn. 1.6) eingerichtet haben. Denn wenn wir mit
den Gitterpunktintervallen eine Tonskala bilden möchten, so sind wir gezwungen,
Iterationen, die über den Oktavraum hinausführen, freundlich – jedoch beharrlich –
passend zu oktavieren, ab oder auf – je nachdem.

▶ *Und dazu erinnern wir uns des „Hausmeisters des Oktavgebäudes" $\mathfrak{M}_{\text{mus}}$, dessen
   Aufgabe es ja geradezu ist, den Platz eines jeden Intervalls im Rez de Chaussee,
   dem Erdgeschoss, zu bestimmen und dabei die Etagennummer für alle Fälle parat
   zu haben, sollte sie vonnöten sein.*

Dieser Hausmeister hatte den Namen „Oktavierungsoperator", von dessen universeller
Eigenschaft wir nun reichlich profitieren werden. Von mehreren Möglichkeiten, diese
Oktavierungsprozesse dem Formalismus zuzuführen, wählen wir genau diese musikalische,
intervallarithmetische Form; damit entrinnen wir einer überbordenden Frequenzmaß- oder
Centmaßmanipulation. Man denke zum Beispiel, wenn ein Agglomerat von 17 Quinten
minus sieben Terzen entstünde und dann dessen Frequenzmaß

$$\left|17 * Q_{\text{pyth}} \ominus 7 * \text{Terz(4:5)}\right| = 2^{-3}3^{17}5^{-7}$$

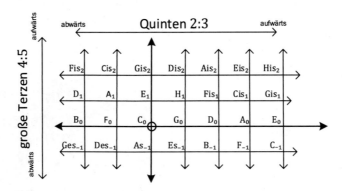

Abb. 10.3 Reoktaviertes Euler-Gitter $\mathfrak{Eg}^*_{\text{rein}}$ der Terz-Quint-Iterationen

zur Begutachtung anstünde, und bei dem wir dann noch einen passenden 2^x-Faktor anbringen müssten, um das Gesamtintervall per Oktavierung im Frequenzmaßbereich zwischen 1 und 2 etablieren zu können! Und diese ganze Prozedur müsste dann noch im Euler-Gitter gekennzeichnet werden – schaurig. Auch bei den Centmaßen hätten wir nicht allzu viel gewonnen. Wir brechen also wieder einmal eine Lanze für die abstrakte, systematisierte musik-arithmetische Form, welche im Abschn. 1.6 vorbereitet und im dortigen Theorem 1.5 A erläutert ist. Demnach wird jedes Intervall eindeutig in seine Suboktav- und Oktavenanteile

$$I = \omega(I) \oplus \gamma(I) * O = I^* \oplus m * O$$

zerlegt, worin der Anteil I^* in der Grundoktave liegt und die Reoktavierung des Intervalls I respektive seines Zieltons erreicht ist. Reoktavieren wir mittels des Operators ω alle Intervalle des Gitters $\mathfrak{M}_{\text{rein}}$, so entsteht die Intervall- beziehungsweise die Tonmenge

$$\mathfrak{M}^*_{\text{rein}} = \omega(\mathfrak{M}_{\text{rein}}) \text{ und } \mathfrak{Eg}^*_{\text{rein}} = \text{Zieltonmenge von } \mathfrak{M}^*_{\text{rein}}.$$

Das Schöne hierbei ist, dass dieser Operator ω auch eineindeutig (injektiv) ist, denn das lesen wir am Hauptkriterium in Theorem 4.4 sowie am Beispiel 4.5 ab; schließlich haben ja Oktave, Quinte und Terz paarweise verschiedene Primfaktoren, sie bilden zusammen mit der Oktave ein ganzzahlig linear unabhängiges Intervallsystem. Mithin stellt die Abbildungsmaschine

$$\mathbb{Z} \times \mathbb{Z} \xrightarrow[\text{Euler-Gitteroperator } \varphi]{} \mathfrak{M}_{\text{rein}} \xrightarrow[\text{Oktavierungsoperator } \omega]{} \mathfrak{M}_{O,Q,\text{Terz}|0}$$

das <u>perfekte</u> Modell des reoktavierten Euler-Gitters dar. Dabei haben wir den Bildraum

$$\mathfrak{M}_{O,Q,\text{Terz}|0} = \{I = k * O \oplus m * Q_{\text{pyth}} \oplus n * \text{Terz} \mid 1 \le |I| < 2\}$$

so passend gewählt, dass diese Abbildungsmaschine ($\omega \circ \varphi$) auch noch surjektiv ist, was heißen will, dass jedes Intervall der Grundoktave, welches durch Oktaven, reine Quinten und reine Terzen gebildet ist, auch tatsächlich einem Gitterpunkt entspricht, und die Eineindeutigkeit garantiert, dass dieser Gitterpunkt der einzige hierbei ist.

▶   **Intermezzo:** „Ist das wirklich so – und wenn ja: Wieso?" Kein Problem: Dazu sei

$$I = \left(k * O \oplus m * Q_{\text{pyth}} \oplus n * \text{Terz} \right) \in \mathfrak{M}_{O,Q,\text{Terz}|0}$$

ein beliebiges Intervall dieser Zusammensetzung, welches in der Grundoktave liegt. Dann gilt für diese Parameter (m, n)

$$\varphi(m, n) = \left(m * Q_{\text{pyth}} \oplus n * \text{Terz} \right) \in \mathfrak{M}_{O,Q,\text{Terz}}.$$

Wenden wir hierauf den Operator ω an, so fügt er – seiner Profession folgend – eine eindeutige Anzahl $(\widetilde{k})$ an Auf- oder Ab-Oktaven an dieses Intervall, und zwar so viele, bis das Resultat in der Grundoktave und somit in $\mathfrak{M}_{O,Q,\mathrm{Terz}|0}$ liegt. Da das herausgegriffene Intervall I definitionsgemäß dieser Grundoktave ja selber angehört, ist $\tilde{k} = k$, und folglich ergibt sich das gewünschte Resultat

$$\omega(\varphi(m,n)) = \big(m * Q_{\mathrm{pyth}} \oplus n * \mathrm{Terz}\big) \oplus k * O = I,$$

und die Surjektivität ist mit diesem Intermezzo bewiesen.

Damit ist sie (die „Abbildungsmaschine") sogar eine ideale Bijektion zwischen den mathematischen Gitterpunkten $\mathbb{Z} \times \mathbb{Z}$ und aller durch Quinte und Terz erzeugten musikalischen Intervalle beziehungsweise ihrer Zieltöne, welche durch passende Oktavierung zu Intervallen respektive zu Tönen der Grundoktave gemacht werden. Und um die Perfektion unseres Modells auf die Spitze zu treiben, ist dann letztendlich auch die Tonmenge

$$\mathfrak{Eg}_{\mathrm{rein}}^{*} = (\omega \circ \varphi)^{-1}\big(\mathfrak{M}_{O,Q,\mathrm{Terz}|0}\big)$$

die mathematisch exakte Beschreibung dessen, was die Leute für gewöhnlich „**Euler'sches Terz-Quint-Gitter**" nennen.

   Zugegeben, diese Formel ist keine leichte Kost – aber: Wenn sie sprachlich vorgetragen würde, wäre es doch hoffentlich kein Problem – oder? Versuchen wir es einfach mal:

▶   *„Das reoktavierte Euler'sche Terz-Quint-Gitter $\mathfrak{Eg}_{\mathrm{rein}}^{*}$ besteht genau aus allen ganzzahligen Gitterpunkten des Gitters $\mathbb{Z} \times \mathbb{Z}$. Dabei wird ein Gitterpunkt (m,n) als Zielton eines Intervalls identifiziert, welches genau diese Quint-Terz-Iterationsparameter (m,n) besitzt und wobei zusätzlich eine passende Oktavierung dafür sorgt, dass das freie Iterationsintervall zu einem Intervall der Grundoktave wird."*

Fazit   Auf diese Weise entsteht das in der Abb. 10.3 skizzierte „eigentliche" Euler-Gitter $\mathfrak{Eg}_{\mathrm{rein}}^{*}$ der Zieltöne aller reoktavierten Terz-Quint-Iterationen.

   Der ganz besondere Vorteil des freien, wie aber auch des reoktavierten Gittermodells resultiert aus der bereits erwähnten Entsprechung der Gitterpunkteaddition und der Adjunktion der zugehörigen Intervalle,

$$I(m_1, n_1) \oplus I(m_2, n_2) = I(m_1 + m_2, n_1 + n_2).$$

Diese Korrespondenz führt nun zur vielleicht wichtigsten Anwendungskomponente des Euler-Gitters schlechthin, den **Parallelitätsregeln.**

▶   *Im freien (nicht-reoktavierten) Gitter $\mathfrak{Eg}_{\mathrm{rein}}$ gilt: Je zwei Punktepaare – sprich Tonpaare – bilden genau dann das gleiche Intervall, wenn sie – als Strecken im Euler'schen Tongitter aufgefasst – durch Parallelverschiebung ineinander überführt werden können.*

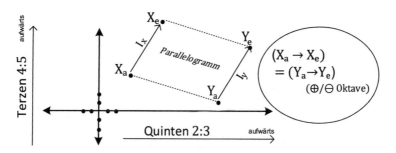

Abb. 10.4 Skizze zur Euler-Gitterregel

Die Parallelverschiebung bedeutet ja – geometrisch – nichts anderes, als dass die korrespondierenden Punkte (Anfangstöne und Endtöne der beiden Differenzintervalle) ein Parallelogramm bilden, und sie bedeutet musikalisch, dass die Tonpaare durch die gleiche Terz-Quint-Iteration ineinander übergehen – und dann folgt die Aussage geradewegs aus dem Viertönesatz des Theorems 1.1.

Im reoktavierten Gitter jedoch kann es durch eine korrigierende Oktavierung offenbar zu Modifizierungen hiervon kommen; eine Oktavierung bringt das oktavkomplementäre Intervall ins Spiel, und aus der Funktionalgleichung der musik-mathematischen Regeln des Theorems 1.5 A lesen wir die Zuordnungen samt ihren beiden Adjunktionsmöglichkeiten ab, deren geometrische Konsequenzen im nachfolgenden Theorem 10.1 eine Rolle spielen. In den vielen nachfolgenden Beispielen zu diesem Theorem wird vor allem auch der Nutzen des Modells erkennbar, den es aus dieser geometrischen Strukturverträglichkeit erhält und die in der enorm anwendungsstarken Euler-Gitterregel zum Ausdruck kommt. Diese wird auch sogleich vorgestellt. Begleitend zu den geometrischen Beschreibungen möge auch die Skizze der Abb. 10.4 dienen. Nun erklären wir die

▶ *Brücke zwischen Vektorgeometrie und Musik,*

die Methode des Euler'schen Terz-Quint-Gitters. Diese Brücke haben wir zwar in allgemeinster Dimension bereits durch das Theorem 4.6 (D) erfahren – hier geht es uns aber um eine wesentlich detailliertere Darstellung.

Theorem 10.1 (Euler-Gittertheorem)

(A) Geometrie: Die Euler-Gitterregel („Parallelogrammregel")

Es seien X_a, X_e zwei Töne des Gitters $\mathfrak{E}g^*_{rein}$, und es seien Y_a, Y_e zwei weitere Töne, welche aus dem Paar (X_a, X_e) durch Parallelverschiebung im Modellraum $\mathbb{Z} \times \mathbb{Z}$ hervorgehen – wobei hierbei X_a in Y_a und X_e in Y_e übergehen soll, wie es die

Abb. 10.4 andeutet. Dann gelten in Äquivalenz zu dieser Parallelogrammgeometrie für die beiden Differenzintervalle

$$I_x = (X_a \to X_e) \text{ und } I_y = (Y_a \to Y_e)$$

folgende Alternativen

a) I_x und I_y sind simultan Auf- oder Abwärtsintervalle. Dann gilt $I_x = I_y$.
b) I_x ist Aufwärts- und I_y ist Abwärtsintervall. Dann gilt $I_x = I_y \oplus$ O.
c) I_x ist Abwärts- und I_y ist Aufwärtsintervall. Dann gilt $I_x = I_y \ominus$ O.

(B) Analysis: Analytische Eigenschaften des Euler-Gittermodells

Die Intervallmenge $\mathfrak{M}^*_{\text{rein}}$ beziehungsweise ihre Zieltonmenge $\mathfrak{Eg}^*_{\text{rein}}$ besteht aus abzählbar unendlich vielen, paarweise verschiedenen Intervallen beziehungsweise Tönen, welche in der Grundoktave im Sinne der Definition 2.6 dicht verteilt sind. Verschiedene Gitterparameterpaare (m, n) bedeuten stets auch verschiedene Töne beziehungsweise Intervalle $I(m, n)$.

Einige **nützliche Interpretationen** dieses Theorems wären beispielsweise:

▶ *„Die Differenzintervalle sich entsprechender Töne zweier parallel verschobener Strecken sind entweder gleich groß oder oktavkomplementär."*
„Die Tonpaare zweier gleich großer oder oktavkomplementärer Differenzintervalle liegen auf zwei parallelverschobenen Strecken des Gitters $\mathfrak{Eg}^*_{\text{rein}}$."
„Zu jedem vorgegebenen Intervall $I \in \mathfrak{M}_{\text{mus}}$ des Grundoktavraums gibt es in jeder numerischen Nähe einen Ton des reoktavierten Tongitters – somit auch eine Intervallfolge in $\mathfrak{M}^*_{\text{rein}}$ beziehungsweise eine Tonfolge im Gitter $\mathfrak{Eg}^*_{\text{rein}}$, welche das Intervall I beziehungsweise dessen Zielton approximiert."

Aber auch eine Warnung möge erklingen: Die **„Länge"** eines Vektors – das ist sein euklidischer Abstand zum Koordinatenursprung – sagt nichts über die **Größe** des musikalischen Intervalls aus! So stehen im reoktavierten Euler-Gitter der Vektor $(1, 0)$ für die Quinte und $(12, 0)$ für das pythagoräische Komma.

Der Koordinatenpunkt $(1000, -1817)$ - das sind 1000 Quinten minus 1817 Terzen – ergeben ein Mini-Intervall zu rund 23 ct, während der euklidische Abstand mit $d = \sqrt{1000^2 + 1817^2} \cong 2074$ gigantisch ist.

Beweis Zu (A): Für die Euler-Gitterregel ziehen wir die Abb. 10.4 zur Demonstration heran. Betrachten wir für den Augenblick die an gleicher Position stehenden nicht-reoktavierten Töne, dann wären nach dem Viertönesatz – wie wir weiter oben schon bemerkt haben – die beiden Intervalle I_x und I_y gleich. Da sich aber reoktavierte Töne von ihren Stammtönen nur durch eine ganzzahlige Oktavenadjunktion unterscheiden, differieren auch die Intervalle I_x und I_y jeweils nur durch eine ganzzahlige Oktavenadjunktion von ihren nicht-reoktavierten Vertretern. Sind letztere aber gleich, so folgt für die reoktavierten Intervalle die Gleichung

$$I_x = I_y \oplus m * O \text{ beziehungsweise } I_x \ominus I_y = m * O,$$

wobei m ein gewisser ganzzahliger Parameter ist. Nun gilt: Dieser Parameter m kann aber nur die Werte $0, 1$ oder -1 annehmen. Warum? Nun, die gegebenen Töne X_a, X_e, Y_a, Y_e des Gitters $\mathfrak{E}g^*_{\text{rein}}$ liegen per definitionem innerhalb der Oktave zur Tonika; daher gilt für das Centmaß der Differenzintervalle I_x und I_y, dass beide im Korridor

$$-1200 \text{ ct} < \text{ct}(I_x), \ \text{ct}(I_y) < 1200 \text{ ct}$$

liegen. Folglich gilt dann aber auch für die Differenz dieser Intervalle die Ungleichung

$$-2400 \text{ ct} < \text{ct}\left(I_x \ominus I_y\right) < 2400 \text{ ct}.$$

Nun ist andererseits $\text{ct}\left(I_x \ominus I_y\right) = \text{ct}(m * O) = m * 1200 \text{ ct}$, wie soeben bemerkt. Daher ist nur für die angegebenen drei Werte $0, 1$ oder -1 diese Lagebedingung möglich. Wir zeigen jetzt zunächst für $m = 0$ – also für $I_x = I_y$ – die Äquivalenz:

▶ $m = 0 \Leftrightarrow I_x, I_y$ sind Aufwärts- oder beide sind Abwärtsintervalle.

Ist $m = 0$, so sind die Intervalle I_x und I_y gleich. Sind umgekehrt beide Intervalle Aufwärtsintervalle – mithin aus dem Centkorridor

$$0 < \text{ct}(I_x), \ \ \text{ct}\left(I_y\right) < 1200 \text{ ct}$$

einer Oktave –, so ist ihre Differenz offenbar aus dem schmalen Centkorridor

$$-1200 \text{ ct} < \text{ct}\left(I_x \ominus I_y\right) = m * 1200 \text{ ct} < 1200 \text{ ct}$$

zweier Oktaven, sodass auch nur $m = 0$ möglich ist. Man beachte, dass die beiden Randwerte $\pm 1200 \ ct$ ausgeschlossen sind. Die Abwärtssituation verläuft analog.

Der gemischte Fall ist nun ganz einfach: Nur die Fälle $m = \pm 1$ sind jetzt noch möglich. Ist I_x ein Aufwärts- und I_y ein Abwärtsintervall, so ist $I_x \ominus I_y = m * O$ ein Aufwärtsintervall und demnach identisch mit der Aufwärtsoktave O. Damit sind die äquivalenten Gleichungen

$$I_x = I_y \oplus O \Leftrightarrow I_x \ominus I_y = O \Leftrightarrow I_y = I_x \ominus O \Leftrightarrow I_y \ominus I_x = \ominus O$$

gezeigt, die auf diese Weise (nach Vertauschung der Rollen) auch den Fall $m = -1$ mitbehandeln.

Zu Teil (B): Die Eindeutigkeit ist bereits oft genug erwähnt worden, Oktave, reine Terz und Quinte sind ganzzahlig linear unabhängig, siehe Theorem 4.4 sowie Beispiel 4.5. Und weil die als „Abbildungsmaschine" genannte Zuordnung

$$\mathbb{Z} \times \mathbb{Z} \xrightarrow[\text{Eulergitteroperator } \varphi]{} \mathfrak{M}_{rein} \xrightarrow[\text{Oktavierungsoperator } \omega]{} \mathfrak{M}_{O,Q,Terz|\,0}$$

auch eineindeutig ist, ist die Bildpunktmenge dieses Operators ebenfalls unendlich; die Zieltonmenge ist eine abzählbar unendliche Tonmenge im Grundoktavraum.

▶   *„Abzählbar unendlich" sagt man, weil die Menge aller Gitterpunkte tatsächlich „abzählbar" – das heißt durchnummerierbar* $(1, 2, 3, \ldots)$ *– ist, eine nette Wissensecke der Cantor'schen Mengenlehre.* Siehe zum Beispiel [3].

Dass diese Intervallmenge samt ihrer Zieltonmenge „dicht" liegt, ist ein Verdienst des Tonverteilungstheorems 4.5 von Levy-Poincaré, und im Beispiel 4.6 wurde dies bereits vorgestellt. Somit haben wir das Theorem erklären können. ∎

Wir kommen nun zu einer Reihe von Beispielen:

Beispiel 10.1 (Euler-Gitterregel: kleine Terzen, große Sexten)

Frage: Wo finden wir im Euler-Gitter $\mathfrak{E}\mathfrak{g}^*_{rein}$ die reine kleine Terz (5:6)?

Zur **Lösung** gehen wir einmal anders vor: Ausgehend von der Definition

$$\textbf{reine} \text{ kleine Terz} = \textbf{reine} \text{ Quinte} \ominus \textbf{reine} \text{ große Terz}$$

finden wir die vektorielle Darstellung am Euler-Gitter sofort so: Wir gehen von einem Gitterpunkt X_a eine Einheit nach rechts und eine Einheit nach unten zum Endpunkt X_e. Dann ist das resultierende Intervall $I_x = [X_a, X_e]$ eine reine kleine Terz – oder die Umkehrung, deren Oktavkomplement, und dann ist $[X_a, X_e]$ die reine große Abwärtssexte (5:3). Also sind alle Wege nach „Südwesten bis zum nächsten Gitterpunkt" reine kleine Terzen (5:6) oder absteigende große Sexten (5:3).

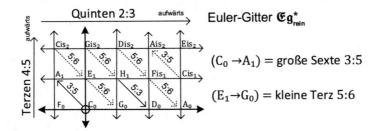

Fazit: Der Vektor $(1, -1)$ und alle seine Translationen bilden im freien Euler-Gitter $\mathfrak{E}\mathfrak{g}_{rein}$ eine kleine Terz und im reoktavierten Gitter $\mathfrak{E}\mathfrak{g}^*_{rein}$ eine kleine Terz oder deren abwärts gerichtetes Oktavkomplement, die große Sext abwärts. ◀

Im nächsten Beispiel erkunden wir die Lage des reinen diatonischen Halbtons und seines Komplementärintervalls, der großen reinen Septime.

Beispiel 10.2 (Euler-Gitterregel: Semitonium und diatonische große Septime)

Für den häufigen Fall der parallelen Punktepaare

$$X_a = (m, n) \text{ und } X_e = (m - 1, n - 1),$$
$$Y_a = (p, q) \text{ und } Y_e = (p - 1, q - 1)$$

gilt, dass die Intervalle $I_x = [X_a, X_e]$ und $I_y = [Y_a, Y_e]$ entweder das Intervall

$$\text{Semitonus minor } S = O \ominus Q_{\text{pyth}} \ominus \text{Terz}(4{:}5) \equiv (15{:}16)$$

des diatonischen Halbtons S oder das Abwärtsintervall seines Oktavkomplements, die reine großen Septime $O \ominus S \equiv (15{:}8)$, darstellen.

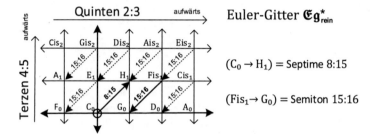

Fazit: Der Vektor $(-1, -1)$ und alle seine Translationen bildet im Euler-Gitter $\mathfrak{E}\mathfrak{g}_{\text{rein}}$ den Semitonus minor S und im reoktavierten Gitter $\mathfrak{E}\mathfrak{g}^*_{\text{rein}}$ diesen Halbtonschritt S oder dessen Oktavkomplement, die große Septime abwärts. ◀

Im nächsten Beispiel entdecken wir im Euler-Gitter die Semitonia „kleines und großes Chroma". Diese Intervalle entstehen in den chromatischen Skalen als „natürliche" Stufenintervalle, und wir kommen in den Abschn. 10.4 sowie 10.5 darauf zurück.

Beispiel 10.3 (Euler-Gitterregel: kleines und großes Chroma)

Jetzt betrachten wir gleich zwei Fälle paralleler Punktepaare: Als Erstes sei

$$X_a = (m, n) \text{ und } X_e = (m - 1, n + 2),$$
$$Y_a = (p, q) \text{ und } Y_e = (p - 1, q + 2).$$

Dann sind die beiden möglichen Intervalle $I_x = [X_a, X_e], I_y = [Y_a, Y_e]$ das „kleine Chroma" $(24{:}25)$ oder dessen Oktavkomplement als Abwärtsintervall $(48{:}25)$. Das kleine Chroma entsteht nämlich aus einer Abwärtsquinte und zwei Aufwärtsterzen:

$$\text{kleines Chroma } ch = 2 * \text{Terz}(4{:}5) \ominus Q_{\text{pyth}} \equiv (24{:}25).$$

Auch das nächste Intervall kommt in den diatonischen Skalenkonstruktionen häufig vor, und hierbei handelt es sich um die Punktepaare

$$U_a = (m, n) \text{ und } U_e = (m + 3, n + 1),$$

$$V_a = (p, q) \text{ und } V_e = (p + 3, q + 1).$$

In diesem Fall sind die Intervalle $I_u = [U_a, U_e]$ und $I_v = [V_a, V_e]$ von der Bauart des großen Chromas oder dessen Abwärtsoktav-Komplement,

$$\text{großes Chroma } CH = 3 * Q_{\text{pyth}} \oplus \text{Terz } (4\!:\!5) \ominus 2 * O \equiv (128\!:\!135)$$

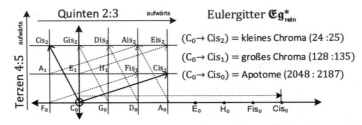

Fazit: Der Vektor $(-1, 2)$ und alle seine Translationen repräsentiert das kleine Chroma ch beziehungsweise dessen Abwärtsoktav-Komplement, und der Vektor $(3, 1)$ und alle seine Translationen gehört zum großen Chroma CH beziehungsweise zu dessen Abwärtsoktav-Komplement. Horizontale Vektoren repräsentieren rein pythagoräische Intervalle, wie zum Beispiel die gezeichnete Apotome $(7, 0)$. ◄

Im kommenden Beispiel zeigen wir, dass das pythagoräische Tonsystem Teil des zwei-dimensionalen Gittersystems ist – das ist zwar sonnenklar. Gleichwohl gestattet die neue geometrisch orientierte Sichtweise der Skalenaufbauten einen anderen – vom Quinten-kreis differenten – Zugang zur Thematik der Skalencharakteristik. Sehr schön lässt sich hierbei die Vektorrechnung des Euler-Gitters am Beispiel der pythagoräischen P_{12}-Skala in der Wolfsquintenvariante 10 demonstrieren, auch wenn alle Vektoren auf der „horizontalen x-Achse" verlaufen.

Beispiel 10.4 (Euler-Gitterregel – pythagoräische Skala P_{12})

Wir betrachten also die pythagoräische chromatische Skala P_{12} der Wolfsquinten-variante 10. Gemäß den Formeln für die Semitonia Apotome-Limma,

$$\text{Apotome } A_{\text{pyth}} = 7 * Q_{\text{pyth}} \ominus 4 * O,$$

$$\text{Limma } L_{\text{pyth}} = 3 \, O \ominus 5 * Q_{\text{pyth}} 4 * O,$$

welche den Vektoren

$$A_{\text{pyth}} \leftrightarrow (7, 0) \text{ und } L_{\text{pyth}} \leftrightarrow (-5, 0)$$

des Euler-Gitters entsprechen, sehen wir den chromatischen Aufbau der Skala im Euler-Gitter $\mathfrak{E}\mathfrak{g}^*_{\text{rein}}$ als (reoktavierte) Abfolge von Translationen dieser beiden

Vektoren. Starten wir bei $C_0 \equiv (0,0)$, so haben wir den Gitterpunktverlauf, an welchem man die Additionen von $(+7)$ und (-5) in der vorderen Gitterkoordinate sehr gut mitverfolgen kann.

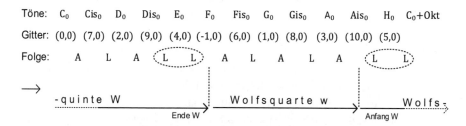

Töne: C_0 Cis_0 D_0 Dis_0 E_0 F_0 Fis_0 G_0 Gis_0 A_0 Ais_0 H_0 C_0+Okt

Gitter: (0,0)   (7,0)   (2,0)   (9,0)   (4,0)   (-1,0)   (6,0)   (1,0)   (8,0)   (3,0)   (10,0)   (5,0)

Folge: A   L   A   L   L   A   L   A   L   A   L   L

-quinte W   Wolfsquarte w   Wolfs-
                    Ende W   Anfang W

Pythagoräische Skala P_{12} der Wolfsquintenvariante 10

Übrigens: Das pythagoräische Komma $\varepsilon_{\mathrm{pyth}} = 12\,Q_{\mathrm{pyth}} \ominus 7O$ besitzt offenbar den Gittervektor $(12,0)$; und so kommen dann auch die intervallarithmetische Gleichung und die vektoriell-geometrische Gleichung zusammen,

$$\varepsilon_{\mathrm{pyth}} = A_{\mathrm{pyth}} \ominus L_{\mathrm{pyth}} \leftrightarrow (12,0) = (7,0) - (-5,0),$$

ein weiteres Beispiel für das fruchtbare Zusammenspiel von Intervallarithmetik und vektorieller Geometrie. ◄

Der vermehrte Nutzen der geometrischen Intervallbestimmung zeigt sich vor allem in den wirklich zweidimensional verlaufenden Skalenmodellen, wenn der vektorielle Verlauf sofort den Intervallverlauf erkennen lässt, so wie dies in den ersten Beispielen bereits der Fall war.

▶ *Auf diese Weise gerät eine Skalenanalyse zu einer ausschließlich vektoriell-geo-metrischen Methode. Wenn dann noch eine durch Übung gewonnene numerische Kenntnis anhand der „Lage der Pfeile" – vorwiegend im Centmaßmodus – hinzu-kommt, so gelingen Skalenarchitekturen im Fluge, bar jeglicher Rechnung, also wie durch Zauberhand.*

Und auch dies wäre dann ein Beispiel der Synthese von Musik und Mathematik.

10.3   Das Kommatasystem der klassischen Enharmonik

Nun werden wir – sozusagen als ein herausgehobenes Beispiel der vektorgeometrischen Verbindung von Musik und Mathematik – die Topographie aller sechs klassischen Kommata des natürlich-harmonischen Temperierungssystems im Euler-Gitter vorstellen. Damit ist gemeint, dass wir für diese Kommata-Intervalle ihre Lage im Euler-Gitter, die Symmetrien und letztlich ihre musik-funktionalen Zusammenhänge untersuchen werden.

▶ *Soviel kann aber jetzt schon gesagt werden: Es ergibt sich dabei ein wunderbares*
    System, ein Netz aus miteinander verbundenen und verschachtelten Parallelo-
    grammen, die sich im Euler-Gitter $\mathfrak{E}g^*_{\text{rein}}$ studieren lassen und die beinahe sämt-
    liche Gleichungen, Definitionen und Interpretationen dieser allenorts präsenten
    „Kommata" in Form vertrauter geometrischer Gesetze erscheinen lassen.

Die Anzahl der Gleichungen, die diese Kommata erfüllen beziehungsweise in welche
diese involviert sind, ist nahezu unerschöpflich. Konsequenterweise gleichen auch die
definitorischen Festlegungen, die man hier und da in den zahlreichen Büchern und ihren
modernen virtuellen Konkurrenten vorfindet, einem bunten Allerlei.

Es fällt in der Tat schwer, sich auf eine Lesart zu einigen; vieles ist von den Zielen der
Darstellungen oder ihren faktischen Vorbereitungen und Voraussetzungen abhängig. Am
wenigsten wäre jedoch der Sache gedient, wenn man via Tabelle lediglich die Maßzahlen
festlegen würde. Es würde ja auch niemand auf die Idee kommen, eine Oktave als „das
Intervall zu 1200 Cent" erklären zu wollen.

Wir stellen in diesem Buch zwei Herangehensweisen vor, welche – selbstverständlich –
kompatibel sein müssen und dies natürlich auch sind:

- Zum einen stellen wir die Kommata als Geschöpfe der beiden „Hauptkommata"
  $\varepsilon_{\text{pyth}}$ und $\varepsilon_{\text{synt}}$ vor, woraus ihre Euler-Daten sowie ihre Euler-Koordinaten folgen.
- Zum anderen werden wir im späteren Abschn. 10.7 die Definitionen aus den Gesetzen
  der funktionalen Harmonik herleiten und diese Verfahren miteinander vergleichen.

Dieses erste Konzept mag auf den ersten Blick etwas ungewöhnlich erscheinen, allein:
Es vermittelt aber eine Methodik, welche eine neue Sichtweise ermöglicht. Wir setzen
dies nun in der kommenden Definition um.

Definition 10.3 (Die sechs klassischen Kommata der reinen Enharmonik)
Mittels des pythagoräischen und des syntonischen Kommas werden noch weitere
vier „Kommata" festgelegt:

$$\varepsilon_{\text{schisma}} = \varepsilon_{\text{pyth}} \ominus \varepsilon_{\text{synt}},$$

$$\varepsilon_{\text{diaschisma}} = 2\varepsilon_{\text{synt}} \ominus \varepsilon_{\text{pyth}},$$

$$\varepsilon_{\text{klein-diësis}} = 3\varepsilon_{\text{synt}} \ominus \varepsilon_{\text{pyth}},$$

$$\varepsilon_{\text{groß-diësis}} = 4\varepsilon_{\text{synt}} \ominus \varepsilon_{\text{pyth}}.$$

Zusammen mit $\varepsilon_{\text{pyth}}$ und $\varepsilon_{\text{synt}}$ bilden sie die Familie der **sechs klassischen
Kommata** des Euler-Gitters beziehungsweise der reinen Temperierung oder
Enharmonik.

Aus dieser Definition wird sofort ersichtlich, dass die definierten Kommata eine „arithmetisch geordnete Kette" bilden, sofern wir das Schisma abwärts orientieren. Denn es ist augenscheinlich, dass sich in dieser Kette

$$(\ominus\varepsilon_{\text{schisma}}) \xrightarrow[\oplus\ \varepsilon_{\text{synt}}]{} \varepsilon_{\text{diaschisma}} \xrightarrow[\oplus\ \varepsilon_{\text{synt}}]{} \varepsilon_{\text{klein-diësis}} \xrightarrow[\oplus\ \varepsilon_{\text{synt}}]{} \varepsilon_{\text{groß-diësis}}$$

von Schritt zu Schritt ein syntonisches Komma addiert. Für jedes nachfolgende Intervall erhöht sich also das Centmaß um dessen Centzahl 21,5 ct – eine enorme Erleichterung für das überschlägige Rechnen, welches die Skalenarithmetik begleitet.

Während diese Beobachtung sich also eher auf die Größen dieser Mikrointervalle bezieht, gibt es nun eine durchaus tiefergehende Analyse, welche die Geometrie und ihre Symmetrien in unserem Euler-Gittermodell miteinbezieht. Dazu dient das folgende Theorem, dessen Bedeutung weniger in schwierig zu beweisenden Aussagen liegt als vielmehr in der Kraft der Verbindung von Intervallarithmetik und elementarer Vektorgeometrie:

Theorem 10.2 (Geometrie, Gleichungen und Numerik der sechs klassischen Kommata)

(A) **Die Basisdaten der Kommata**

Aus den Gleichungen der Definition 10.3 folgen die Euler-Daten und die Koordinaten der Kommata, und diese lauten:

Intervall	Euler-Daten	Koordinaten in $\mathfrak{E}\mathfrak{g}^*_{\text{rein}}$
$\varepsilon_{\text{pyth}}$	$12Q_{\text{pyth}} \ominus 7O$	$(12, 0)$
$\varepsilon_{\text{synt}}$	$(4Q_{\text{pyth}} \ominus 2O) \ominus \text{Terz}$	$(4, -1)$
$\varepsilon_{\text{klein- diësis}}$	$O \ominus 3\text{Terz}$	$(0, -3)$
$\varepsilon_{\text{groß-diësis}}$	$4\,(Q_{\text{pyth}} \ominus \text{Terz}) \ominus O$	$(4, -4)$
$\varepsilon_{\text{diaschisma}}$	$3O \ominus 4Q_{\text{pyth}} \ominus 2\text{Terz}$	$(-4, -2)$
$\varepsilon_{\text{schisma}}$	$8Q_{\text{pyth}} \oplus \text{Terz} \ominus 5O$	$(8, 1)$

(B) **Die Parallelogrammgeometrie**

Die sechs klassischen Kommata bilden im Modellraum des Euler-Gitters $\mathfrak{E}\mathfrak{g}^*_{\text{rein}}$ geordnete, miteinander verbundene Parallelogramme, in welchen sie als Seiten oder Diagonalen fungieren. Aus jedem dieser vielfältig auswählbaren Parallelogramme können alle anderen entwickelt werden. Alle Gleichungen der Kommata untereinander können aus dieser Parallelogrammstruktur und in völliger Äquivalenz zu den intervallarithmetischen Rechnungen gewonnen werden. In der Abb. 10.6 und in der Abb. 10.16 sind diese Parallelogramme dargestellt.

(C) **Harmonische Gleichungen**

Alle sechs Kommata sind durch ein System vielfältiger Gleichungen miteinander verbunden, insbesondere gelten die Gleichungspaare

$$\varepsilon_{\text{synt}} \oplus \varepsilon_{\text{schisma}} = \varepsilon_{\text{pyth}},$$

$$\varepsilon_{\text{synt}} \ominus \varepsilon_{\text{schisma}} = \varepsilon_{\text{diaschisma}},$$

und

$$\varepsilon_{\text{klein-diësis}} \oplus \varepsilon_{\text{synt}} = \varepsilon_{\text{groß-diësis}},$$

$$\varepsilon_{\text{klein-diësis}} \ominus \varepsilon_{\text{synt}} = \varepsilon_{\text{diaschisma}}.$$

Ebenso wie durch das definierende Kommapaar $\left(\varepsilon_{\text{synt}}, \varepsilon_{\text{pyth}}\right)$ lassen sich alle Kommata auch durch die Paare $(\varepsilon_{\text{schisma}}, \varepsilon_{\text{diaschisma}})$ und $\left(\varepsilon_{\text{klein-diësis}}, \varepsilon_{\text{groß-diësis}}\right)$ ganzzahlig ausdrücken; speziell gelten hierbei die Basisumformungen

$$\varepsilon_{\text{synt}} = \varepsilon_{\text{diaschisma}} \oplus \varepsilon_{\text{schisma}},$$

$$\varepsilon_{\text{pyth}} = \varepsilon_{\text{diaschisma}} \oplus 2\varepsilon_{\text{schisma}}$$

sowie diejenige durch die beiden Diësen

$$\varepsilon_{\text{synt}} = \varepsilon_{\text{groß-diësis}} \ominus \varepsilon_{\text{klein-diësis}},$$

$$\varepsilon_{\text{pyth}} = 3\varepsilon_{\text{groß-diësis}} \ominus 4\varepsilon_{\text{klein-diësis}}.$$

Alle Gleichungen entsprechen sowohl den vektorgeometrischen als auch den intervallarithmetischen Gesetzen.

(D) Numerische Daten der Kommata

Die nachfolgende Zusammenstellung zeigt die Maßzahlennumerik der Kommata, wobei die Centmaße auf eine Nachkommastelle gerundet sind:

Komma	Proportion	Frequenzmaß	Centmaß
$\varepsilon_{\text{schisma}}$	32768:32805	$3^8 5/2^{15}$	1,95 ct
$\varepsilon_{\text{diaschisma}}$	2025:2048	$2^{11}/3^4 5^2$	19,5 ct
$\varepsilon_{\text{synt}}$	80:81	$3^4/2^4 5^1$	21,5 ct
$\varepsilon_{\text{pyth}}$	524 288:531 441	$3^{12}/2^{19}$	23,5 ct
$\varepsilon_{\text{klein-diësis}}$	125:128	$2^7/5^3$	41 ct
$\varepsilon_{\text{groß-diësis}}$	625:648	$2^3 3^4/5^4$	62,5 ct

Beweis Für den Teil (A) müssen wir nur die Euler-Daten der vier Kommata aus den bekannten Daten von $\varepsilon_{\text{pyth}}$, $\varepsilon_{\text{synt}}$ zusammenstellen, so wie es die augenblickliche Definition verlangt – ein Kinderspiel. So ist beispielsweise

$$\varepsilon_{\text{groß−diësis}} = 4\big((4Q_{\text{pyth}} \ominus 2O) \ominus \text{Terz}\big) \ominus (12Q_{\text{pyth}} \ominus 7O)$$
$$= \ominus O \oplus 4Q_{\text{pyth}} \ominus 4\,\text{Terz} = 4(Q_{\text{pyth}} \ominus \text{Terz}) \ominus O,$$

und diese letzte Zusammenstellung entspricht dann wieder der Interpretation als Differenz von vier reinen kleinen Terzen (5:6) zur Oktave.

Der Teil (B) ist die geometrische Auswertung der Abb. 10.6; sie steht in Äquivalenz zu allen Rechnungen des Teils (A) und des Teils (C). Zeichnet man die Koordinaten aus Teil (A) in das Gitter ein, so entdeckt man eine Landschaft aus Parallelogrammen – mal mehr, mal weniger spontan. Hierbei fließt auch ein, welche Rolle die Diagonalen eines Parallelogramms spielen, und dazu wollen wir mittels der Abb. 10.5 eine kleine Erinnerungsskizze aus der Schulzeit heranziehen.

Zu (C): In der Tat können alle aufgeführten Gleichungen an der Parallelogramm-struktur erkannt werden; einige sind sofort ablesbar, bei anderen geschieht dies durch Einführung passender Hilfslinien, eine sportive Aufgabe. Daneben führt aber auch die intervallarithmetische Rechnung zum Ziel wie auch die Bestätigung durch den Vergleich der Euler-Daten oder der Gitterkoordinaten. Beispielsweise folgt die Gleichung der Darstellung des pythagoräischen Kommas durch die beiden Diësen so: Zunächst liegt die Beziehung

$$\varepsilon_{\text{synt}} = \varepsilon_{\text{groß−diësis}} \ominus \varepsilon_{\text{klein−diësis}}$$

auf der Hand. Aus der arithmetisch fortschreitenden Kommakette erkennen wir auch die Darstellung

$$\varepsilon_{\text{schisma}} = 2\varepsilon_{\text{synt}} \ominus \varepsilon_{\text{klein−diësis}} = 2\varepsilon_{\text{groß−diësis}} \ominus 3\varepsilon_{\text{klein−diësis}},$$

sodass mit der Bilanz

$$\varepsilon_{\text{pyth}} = \varepsilon_{\text{synt}} \oplus \varepsilon_{\text{schisma}}$$

die geforderte Gleichung

$$\varepsilon_{\text{pyth}} = \big(\varepsilon_{\text{groß−diësis}} \ominus \varepsilon_{\text{klein−diësis}}\big) \oplus \big(2\varepsilon_{\text{groß−diësis}} \ominus 3\varepsilon_{\text{klein-diësis}}\big)$$
$$= 3\varepsilon_{\text{groß−diësis}} \ominus 4\varepsilon_{\text{klein−diësis}}$$

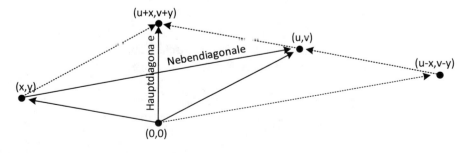

Abb. 10.5 Zur Geometrie des Parallelogramms

folgt. Auf diese Weise erhält man alle anderen Gleichungen, auch solche, die in diesem Sortiment nicht genannt sind. Am Ende dieser einfachen Erklärungen kann aber dennoch etwas „höhere Mathematik" hinzukommen: Die Frage wäre nämlich

▶   *„Kann man durch je zwei Kommata alle anderen Kommata ganzzahlig erzeugen?"*

Eine Fleißaufgabe könnte zwar womöglich die Antwort bringen – allein: Die Möglichkeiten der ganzzahligen Gleichungssysteme schenkt uns hier eine profundere Antwort: Wenn wir die definierenden Gleichungen der Definition 10.3 als System schreiben, erhalten wir die 2×6-Matrix

$$
M = \begin{pmatrix} 1 & 0 \\ 0 & 1 \\ 1 & -1 \\ -1 & 2 \\ -1 & 3 \\ -1 & 4 \end{pmatrix}
\begin{matrix}
\leftarrow \varepsilon_{pyth} \\
\leftarrow \varepsilon_{synt} \\
\leftarrow \varepsilon_{schisma} \\
\leftarrow \varepsilon_{diaschisma} \\
\leftarrow \varepsilon_{klein-di\ddot{e}sis} \\
\leftarrow \varepsilon_{gro\ss-di\ddot{e}sis}
\end{matrix}
$$

$$
\begin{matrix} \uparrow & \uparrow \\ \varepsilon_{pyth} & \varepsilon_{synt} \end{matrix}
$$

Wenn dann U eine quadratische 2×2-Untermatrix dieser Systemmatrix M ist, deren Determinante ± 1 ist, so ist sie unimodular, wie wir mittlerweile wissen. Mit den beiden Intervallen, welche zu den ausgewählten zwei Zeilen gehören, können dann zunächst die Basisintervalle $\left(\varepsilon_{pyth}, \varepsilon_{synt} \right)$ ganzzahlig dargestellt werden, weil dann U ganzzahlig invertierbar ist. Dann kann aber auch jedes andere Komma-Intervall ganzzahlig erreicht werden. Sowohl für die beiden Diësen als auch für Schisma und Diaschisma sind diese Voraussetzungen gegeben, weshalb unsere voranstehenden Rechnungen gelungen sind. Aber für das Kommapaar $\left(\varepsilon_{pyth}, \varepsilon_{klein-di\ddot{e}sis} \right)$ beispielsweise wäre dies nicht möglich; die entsprechende Untermatrix hat die Determinante $\det U = 1 * 3 - (-1) * 0 = 3$ und wäre somit nicht mehr ganzzahlig invertierbar. Weitere Negativbeispiele sind leicht herausfindbar. Wir finden im Satz 10.1 hierfür noch weitergehende Angaben. Schließlich finden wir die Daten aus den Gleichungsbeziehungen untereinander sowie den Daten der beiden Hauptkommata ε_{synt} und ε_{pyth}. Damit ist das Theorem inklusive seiner Zusatzüberlegungen gezeigt. ∎

Wir werden an späterer Stelle einige musikalischen Aspekte dieser Kommata erörtern, im Moment interessiert uns in erster Linie die geometrische Anordnung im Tongitter, wo ihre Verbindungen die Ton- respektive Intervalldifferenzen prägnant beschreiben.

▶   *Wenn aber das Auge diese Zusammenhänge bildhaft erkennt, ist es bis zur algebraischen Gleichung nicht mehr weit, das hat uns das Theorem gezeigt.*

Nun folgen noch einige Beispiele, und wir stellen ein ausführliches Paradebeispiel voran. Dabei liegt diesem die simple Beobachtung zugrunde, dass durch die Diagonalen eines Parallelogramms Dreiecke entstehen, deren Seiten als Vektoradditionen oder Differenzen interpretierbar sind und die dann konsequenterweise dank des Theorems 10.1 wiederum als Intervalladjunktionen deutbar sind.

Beispiel 10.5 (Euler-Gitterregel und die Kommadreiecke)

Mit den Gitterdaten der drei Kommata

$$\varepsilon_{\text{synt}} \leftrightarrow (4, -1), \varepsilon_{\text{klein-diësis}} \leftrightarrow (0, -3), \varepsilon_{\text{diaschisma}} \leftrightarrow (-4, -2),$$

ergibt die vektorielle Addition sofort die Gleichung

$$(4, -1) + (-4, -2) = (0, -3),$$

die wir am rechten Dreieck des Diagramms ablesen. Wir haben dabei den Koordinatenursprung (Tonika) als Ausgangspunkt gewählt, man kann sich aber das Diagramm durch jeden anderen translatierten Punkt des Gitters (als Startton) verschoben vorstellen.

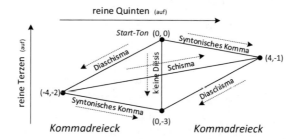

Bei einer Punktspiegelung des rechten Dreiecks am Mittelpunkt $(0, -1, 5)$ der Vertikalen „kleine Diësis" entsteht das Parallelogramm, das demnach noch den zusätzlichen Eckpunkt $(-4, -2)$ enthält. Die eine Diagonale entspricht der kleinen Diësis und die andere Diagonale durch die Punkte $(-4, -2)$ und $(4, -1)$ dem Schisma, und wir lesen – auch aus dem oberen Dreieck des Parallelogramms durch die Punkte $(-4, -2) - ((4, 1) - (0, 0))$ – die Vektorgleichung ab,

$$(4, -1) - (-4, -2) = (8, 1),$$

Daraus haben wir dann das intervallarithmetische Gleichungspaar

$$\varepsilon_{\text{synt}} \oplus \varepsilon_{\text{diaschisma}} = \varepsilon_{\text{klein-diësis}},$$
$$\varepsilon_{\text{synt}} \ominus \varepsilon_{\text{diaschisma}} = \varepsilon_{\text{schisma}}$$

gefunden. ◄

Das folgende Beispiel enthält zwei ähnlich gelagerte Situationen; teilweise bedingen diese sich gegenseitig, was natürlich an den zusammenhängenden und symmetrischen Parallelogrammstrukturen der geometrischen Gittermodelle der Kommata liegt.

Beispiel 10.6 (Die Parallelogrammgeometrie der klassischen Kommata)

Wir orientieren uns wieder an der Abb. 10.6.

Beispiel 1: Parallelogramm $1 \equiv (0, -3) - (4, -4) - (4, -1) - (0, 0)$

$$\text{Seiten} : \left(\varepsilon_{\text{synt}}, \varepsilon_{\text{klein–diësis}} \right) - \text{Diagonalen} : \left(\varepsilon_{\text{diaschisma}}, \varepsilon_{\text{groß–diësis}} \right).$$

Jetzt folgen die Gleichungen

$$\varepsilon_{\text{klein–diësis}} \oplus \varepsilon_{\text{synt}} = \varepsilon_{\text{groß–diësis}},$$

$$\varepsilon_{\text{klein–diësis}} \ominus \varepsilon_{\text{synt}} = \varepsilon_{\text{diaschisma}}.$$

Beispiel 2: Parallelogramm $2 \equiv (4, -1) - (12, 0) - (8, 1) - (0, 0)$

$$\text{Seiten} : \left(\varepsilon_{\text{synt}}, \varepsilon_{\text{schisma}} \right) - \text{Diagonalen} : \left(\varepsilon_{\text{diaschisma}}, \varepsilon_{\text{pyth}} \right).$$

Hier stellen sich die Gleichungen ein:

$$\varepsilon_{\text{synt}} \oplus \varepsilon_{\text{schisma}} = \varepsilon_{\text{pyth}},$$

$$\varepsilon_{\text{synt}} \ominus \varepsilon_{\text{schisma}} = \varepsilon_{\text{diaschisma}}. \quad \blacktriangleleft$$

Natürlich lassen sich im Gesamtdiagramm noch weitere Parallelogramme zusammenstellen – jedoch führen ihre Gleichungen zu den bereits gefundenen. Wir sehen auch, dass die Argumentation mittels geeignet herausgegriffener Kommadreiecke das ganze Geschehen steuert.

Gerade die Tonbeziehungen der chromatischen wie auch der enharmonischen Skalen des Tongitters $\mathfrak{E}\mathfrak{g}^*_{\text{rein}}$ werden neben den zahlreichen Semitonia vor allem durch diese

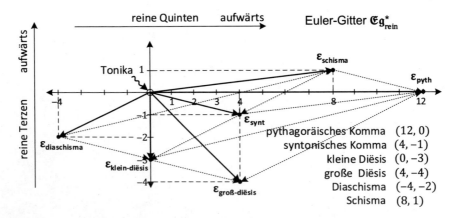

Abb. 10.6 Die Parallelogrammstruktur der klassischen sechs Kommata

sechs klassischen Kommata beschrieben und musikalisch bewertet. Die Symmetrien der Parallelogramme führen – wie im Kommadreieck des voranstehenden Beispiels gesehen und im Theorem besprochen – zu einem System intervallarithmetischer Gleichungen – den harmonischen Gleichungen. Hierdurch rückt eine Einheitlichkeit der Intervall- und Skalenbeschreibungen deutlich näher. Insofern sind die voranstehenden Beispiele die möglicherweise effektivste Anwendung der Euler-Gitterregeln.

10.4   Die Euler-Skalen: diatonisch – chromatisch – enharmonisch

Nachdem wir in den vorangegangenen Abschnitten die musikalische Vektorgeometrie des Euler-Gitters kennengelernt haben, widmen wir uns jetzt konsequent ihrer Anwendung. Im Zentrum steht hierbei die Entwicklung einer chromatischen natürlich-harmonischen Skala aus der Substanz der Heptatonik. Dabei konzentrieren wir uns ausschließlich auf eine Variante – die Variante von Leonhard Euler.

Es kommt uns in erster Linie darauf an, die geometrisch-visuellen Vorzüge des Euler-Gitters herauszustellen. Denn wenn diese Methodik gut verstanden ist, lassen sich folglich die allermeisten historischen Terz-Quint-Systeme im Handumdrehen nachhaltig verstehen, untereinander vergleichen – vielleicht sogar musikalisch einordnen. Beginnen werden wir gleichwohl bei der bereits kurz vorgestellten natürlich-harmonischen Heptatonik, dann kommen wir zur Chromatik. Und im Anschluss geben wir einen Einblick darin, wie ausgehend von einer zwölfstufigen Tonleiter natürlich-harmonische Systeme entstehen können, die weitaus mehr Töne pro Oktavraum besitzen. Somit ist das kommende Programm klar: Wir folgen ganz konkret den Stationen einer

- siebenstufigen (heptatonischen, diatonischen) Skala R_7,
- zwölfstufigen (chromatischen) Skala R_{12},
- 19-stufigen (enharmonischen) Skala R_{19}

als schrittweise Abfolge geometrisch inspirierter Erweiterungen.

Die siebenstufige (heptatonische, diatonische) Skala R_7

Bereits im Einführungsabschnitt dieses Kapitels haben wir eine heptatonische reine Skala vorgestellt. Dabei ist uns auch klar geworden, dass wir zurecht nur von „einer" Skala sprechen und nicht etwa von „der" Skala. Die Architektur einer natürlich-harmonischen Skala erfolgt durch eine

▶   *Selektion der Töne des Euler-Gitters,*

und dabei sind der Phantasie keine Grenzen gesetzt – der Sinnhaftigkeit gleichwohl. So macht es musikalisch gesehen durchaus Sinn, den Pfeilern der Harmonik und modalen Grundsystems

Subdominante ← Tonika → Dominante

die reine, pythagoräische Quinte zu verordnen, um ihren darauf verankerten Dur-akkorden anschließend aber die gewünschte reine Terz zu gönnen. Insofern ist das bereits vorgestellte Muster beinahe „kanonisch", und die Freiheiten, die das Euler-Gitter ermöglicht, stellen sich erst ein, wenn neue, chromatische und auch enharmonische Schritte hinzukommen. Wir halten fest:

Philosophie der reinen Heptatonik Das modale Grundsystem soll sich im pythagoräischen Quintabstand befinden, und die darauf aufbauenden Terzen sollen rein sein. Hierdurch sind alle Töne – bis auf den ersten Ganztonschritt – festgelegt, und dessen Auswahl liegt im individuellen Ermessen.

Die konkrete **Konstruktion** inklusive ihrer inneren Intervallbeziehungen, die sich aus dem Viertönesatz wie simultan aus den Euler-Gitterregeln ergeben, zeigt uns noch ein-mal die Abb. 10.7; hierbei deuten die eingeklammerten Töne an, dass ihre Festlegung bereits erfolgt ist.

Unter Beachtung aller Pfeilrichtungen entnehmen wir der Abb. 10.7, dass

- die drei horizontalen Proportionenketten 6:8:9 pythagoräisch sind,
- die drei vertikalen Proportionenketten 4:5:6 reine Durdreiklänge sind.

Ordnen wir die Töne aufsteigend, so entsteht die Skala, die wir bereits in der Formel-Tabelle 10.1 vorgestellt haben; in der Formel-Tabelle 10.2 fügen wir noch die metrischen Daten sowie die hier gut durchführbare geschlossene Gesamtproportionenkette hinzu:

Die auf diese Weise gebildete Tonleiter R_7 besitzt bereits folgende signifikante Merkmale, die sie von der pythagoräischen Skala P_7 unterscheidbar machen:

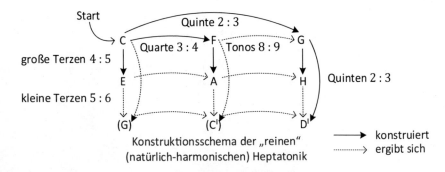

Abb. 10.7 Konstruktionsschema der reinen Heptatonik nach Euler

$$\mathbf{R_7} \qquad \overset{24\,:}{\widehat{C}} \xrightarrow[\substack{8:9\\204\ ct}]{T_+} \overset{27\,:}{\widehat{D}} \xrightarrow[\substack{9:10\\182\ ct}]{T_-} \overset{30\,:}{\widehat{E}} \xrightarrow[\substack{15:16\\112\ ct}]{S} \overset{32\,:}{\widehat{F}} \xrightarrow[\substack{8:9\\204\ ct}]{T_+} \overset{36\,:}{\widehat{G}} \xrightarrow[\substack{9:10\\182\ ct}]{T_-} \overset{40\,:}{\widehat{A}} \xrightarrow[\substack{8:9\\204\ ct}]{T_+} \overset{45\,:}{\widehat{H}} \xrightarrow[\substack{15:16\\112\ ct}]{S} \overset{48}{\widehat{C}'}$$

Formel-Tabelle 10.2   Die reine heptatonische Skala R_7 nach Euler

1. Es gibt genau zwei verschiedene Ganztontypen: großer Ganzton $T_{\mathrm{pyth}} = T_+(8:9) \sim 203{,}9$ ct und (reiner) kleiner Ganzton $T_-(9:10) \sim 182{,}4$ ct. Beide zusammen ergeben die reine große Terz

$$T_+ \oplus T_- = \text{Terz } (4:5).$$

2. Die Skala R_7 hat zwei gleich große Halbtonschritte – den reinen diatonischen Halbton $S = (15:16) \sim 111{,}7$ ct; er ist um rund 21,5 ct größer als das pythagoräische Limma; beide unterscheiden sich durch das syntonische Komma.

Wenn wir das kurz checken wollen, könnten wir das sowohl am Euler-Gitter ablesen oder auch intervallarithmetisch überprüfen, und Letzteres möge auf unserem Wunschzettel stehen. Das pythagoräische Limma ist die Differenz einer reinen Quart und einer pythagoräischen Terz Ditonos, und der diatonische Halbton ist die Differenz von reiner Quart minus reiner Terz: Also ist die Differenz von diatonischem Halbton und Limma die Differenz der beiden Terzen – das syntonische Komma, eh bien, und das Ganze ging ohne Formel!

3. Die nach Euler derart konstruierte diatonische Skala R_7 besitzt die Stufenfolge

$$T_+ \to T_- \to S \to T_+ \to T_- \to T_+ \to S$$

und erfüllt demnach die Bilanzen

$$(3T_+ \oplus 2T_- \oplus 2S = O) \text{ und } \left(2T_+ \oplus T_- \oplus S = Q_{\mathrm{pyth}}\right).$$

4. Die Skala R_7 besitzt an weiteren leitereigenen Intervallen
   - drei kleine Terzen $(5:6) \sim 315{,}6$ ct – auf E, A, H,
   - drei große Terzen $(4:5) \sim 386{,}3$ ct – auf C, F, G,
   - fünf reine Quarten $(3:4) \sim 498$ ct – auf C, D, E, G, H,
   - fünf reine Quinten $(2:3) \sim 702$ ct   auf C, E, F, G, A,
   - drei reine kleine Sexten $(5:8) \sim 813{,}7$ ct – auf E, A, H,
   - drei reine große Sexten $(3:5) \sim 884{,}4$ ct – auf C, D, G.

Die sehr unreine Quinte $(D \to A) \equiv (40:27) \sim 680{,}5$ ct ist (ebenfalls) um das syntonische Komma kleiner als die reine Quinte, was ähnlich begründet werden kann wie die Ganztonanalyse – was wir aber schon in Abschn. 7.1 erledigt haben.

Musikalische Analyse der heptatonischen Skala

Auf einer solchen Tastatur, die ja nur aus den weißen Tasten bestünde, wären die harmonischen Möglichkeiten wie folgt gegeben: Alle drei möglichen Durdreiklänge Tonika (*C*-Dur), Dominante (*G*-Dur) und Subdominante (*F*-Dur) erklingen in der perfekten schwebungsfreien „reinen" Temperierung. Bei den drei möglichen Moll-akkorden sieht es dagegen etwas anders aus: *e*-moll und *a*-moll sind zwar ebenfalls rein; dagegen ist der *d*-moll-Akkord ($D \to F \to A$) wenig brauchbar – die Quinte ($D \to A$) ist ja die Defizitquinte, und sie ist mit ihren rund 680 ct um ein gutes Fünftel eines gewöhnlichen Halbtons zu klein. Dies führt in der musikalischen Praxis natürlich neben den Tonhöhen-Unzulänglichkeiten auch zu unangenehmen – und eigentlich nicht mehr tolerierbaren – Überlagerungsschwebungen.

Die chromatischen Skalen

Jetzt kommen wir zu den zwölfstufigen (chromatischen) Skalen, welche im Wesentlichen auf der reinen Heptatonik beziehungsweise auf Varianten hiervon aufbauen. Ausführlich und exemplarisch beschreiben wir hierbei die Skala von Euler, die aufgrund ihrer besonders markanten 4×3-Matrixstruktur ihres Iterationstableaus auch die

▶   **Rechteckskala von Euler**

heißt. Wir wollen dabei gleich mehreren methodischen Betrachtungen über Typus, Stufenarchitektur, Anzahl und Lage leitereigener Intervalle den nötigen Raum geben. Dabei ist der geometrischen Methode, bei welcher die Vektorrechnung unseres Gitter-modells samt und sonders der genialen Möglichkeiten des Kommadreiecks bestens zur Geltung kommt, ein eigener Platz reserviert. Die Grundidee der Gewinnung einer reinen chromatischen Skala ist dabei, das Quint-Terz-Verfahren der Heptatonik „iteriert" fortzu-setzen.

▶   **Frage:** Ist das überhaupt möglich und wenn ja, welche Wege (im Euler-Gitter) sollte man hierbei beschreiten? Kann dieses Verfahren zum Beispiel – aus-gehend von der Quintenkette $A \to E \to H$ – fortgeführt werden?

Die Antwort ist „Ja", und dies kann überdies auf recht vielfältige Weisen geschehen.

Wir verfolgen in diesem Abschnitt – wie erwähnt – zwar das Verfahren von Euler; in späteren Abschnitten stellen wir jedoch auch andere Auswahlsysteme vor, die darin bestehen, innerhalb des Euler-Gitters andere geeignete Iterationswege zu wählen. Unter den bekanntesten historisch interessanten Varianten befinden sich die

R_{12} – Skala von Anonymus (um 1490),
R_{12} – Skala von Ramos de Pareja (1440–1491),
R_{12} – Skala von Johannes Kepler (1571–1630),
R_{12} – Skala von Johann Mattheson (um 1719).

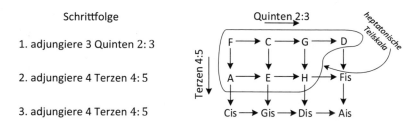

Abb. 10.8 Konstruktionsschema der reinen Chromatik nach Euler

Nun schauen wir uns das Verfahren von Leonhard Euler an:

Philosophie der Euler'schen Chromatik

Eingedenk der für die Chromatik zuständigen Zahl $12 = 4 * 3$ wählt Euler folgenden konsequenten Weg: Auf vier durch jeweils drei Quinten verbundene Töne $(F \rightarrow C \rightarrow G \rightarrow D)$ setzt er jeweils zwei konsekutive Terzen – dann sind zwölf Töne definiert, wie es die Abb. 10.8 zeigt.

Nach Ordnen aller (reoktavierten) Töne entsteht eine zwölfstufige Skala R_{12}, in welcher per Konstruktion die Euler'sche heptatonische Skala R_7 als Teilskala enthalten ist; wir wollen sie in der Formel-Tabelle 10.3 vorstellen. Dabei treten als Stufenintervalle neue Namen in Erscheinung (E, CH, ch), die aber sogleich im Anschluss erklärt werden und denen im Übrigen an späterer Stelle eine eigene Diskussion gewidmet wird.

Wir sehen es dieser Skala förmlich an, dass sie voller Ungleichmäßigkeiten steckt, nicht nur, dass es gleich vier differente Stufenintervalle gibt – diese sind auch noch ohne erkennbare Regelmäßigkeit angeordnet. Es fällt überhaupt nicht schwer, zu konstatieren, dass

▶ je zwei verschiedene heptatonische Durtonarten als Subskalen dieses Temperierungssystems $\overleftrightarrow{R}_{12}$ verschiedene Tonartencharakteristiken haben.

Wir schauen uns in der Folge die leitereigenen Strukturen an, und dazu nehmen wir das Euler'sche Tableau, das 4×3-Rechteck aller zwölf Skalentöne, zu Hilfe. Dabei wählen wir die Orientierung der Achsen als Ausschnitt des allgemeinen Euler'schen Tongitters $\mathfrak{Eg}^*_{\text{rein}}$ gemäß der Abb. 10.9.

Dann kommen wir als Erstes zu den Stufen, den Semitonia der Euler'schen Skala R_{12}.

$$R_{12} \quad C \xrightarrow[ch]{} Cis \xrightarrow[E]{} D \xrightarrow[ch]{} Es \xrightarrow[S]{} E \xrightarrow[S]{} F \xrightarrow[CH]{} Fis \xrightarrow[S]{} G \xrightarrow[ch]{} As \xrightarrow[S]{} A \xrightarrow[CH]{} B \xrightarrow[S]{} H \xrightarrow[S]{} C'$$
$$\quad\quad 71 \quad\quad 133 \quad\quad 71 \quad\quad 112 \quad 112 \quad\; 92 \quad\quad 112 \quad\quad 71 \quad\quad 112 \quad\; 92 \quad\quad 112 \quad 112$$

Formel-Tabelle 10.3 Reine chromatische Skala R_{12} nach Euler

	$Cis - Gis - Dis - Ais$
Wege der Skala R_{12}	$A - E - H - Fis$
im Euler-Gitter $\mathfrak{Eg}^*_{rein}$	$F - C - G - D - (\tilde{A})$
	$(\tilde{B})$

Abb. 10.9 Rechtecktableau des Euler'schen Systems R_{12}

1. **Die Semitonia:** Das Euler'sche Temperierungssystem $\overleftrightarrow{R}_{12}$ besitzt vier leitereigene Halbtontypen als Stufenintervalle:
   - 70,6 ct : kleines Chroma ch $\equiv$ (24:25),
   - 92,2 ct : großes Chroma CH $\equiv$ (128:135),
   - 111,7 ct : Semitonus minor, reiner(diatonischer) Halbton $S \equiv$ (15:16),
   - 133,2 ct : Semitonus major oder Euler $-$ Halbton $S_{\text{Euler}} = E \equiv$ (25:27).

Nicht nur aufgrund dieser gerundeten Werte, sondern auch auf abstraktem Wege und unter Zuhilfenahme des Viertönesatzes des Theorems 1.1 zeigt man leicht, dass es tatsächlich genau vier Halbtontypen gibt. Die Tonpaare, die im Konstruktionsdiagramm durch eine Parallelverschiebung entstehen, bilden gleich große Intervalle oder sind komplementär – das lehrt uns das Theorem 10.1. So ist aus dem Rechtecktableau der Abb. 10.9 – rein geometrisch und ohne Rechnung – die ebenfalls dort aufgeführte Semitonstruktur ablesbar, denn alle entsprechenden Verbindungspfeile gehen unter Parallelverschiebung in dem Raster aller 4×3 Töne ineinander über, und alle Euler-Daten sind aus den Iterationen heraus sowie aus einer einfachen Oktavierungsbestimmung sehr leicht zu gewinnen. Zählen wir alle Stufenintervalle zusammen, so ergibt sich die Oktavbilanz

$$6S \oplus 3\text{ch} \oplus 2\text{CH} \oplus E = O,$$

und diese Formel ist in der Tat auch hinsichtlich ihrer Ziffern $6 - 3 - 2 - 1$ sehr bemerkenswert, schließlich ist ja die Zahl $6 = 3 + 2 + 1$ die Summe ihrer Teiler, eine sogenannte „vollkommene Zahl" (Tab. 10.4).

Als Nächstes kommen wir zu den Ganztonschritten dieses Systems.

Tab. 10.4 Die Semitonia der chromatischen Euler-Skala R_{12}

Semiton	Eulergitter-Daten	Position auf
ch - kleines Chroma	$2\text{Terz} \ominus Q_{\text{pyth}}$	C, D, G
CH - großes Chroma	$\text{Terz} \oplus 3Q_{\text{pyth}} \ominus 2O$	F, A
S - Semitonus minor	$O \ominus \left(\text{Terz} \oplus Q_{\text{pyth}}\right)$	$Dis, E, Fis, Gis, Ais, H,$
E - Semitonus major	$3Q_{\text{pyth}} \ominus (2\text{Terz} \oplus O)$	Cis

2. **Die Ganztonstufen:** Es gibt genau drei Ganztontypen, und diese sind:
- 182,4 ct : kleiner Ganzton $T_- = S \oplus ch \equiv (9{:}10)$,
- 203,9 ct : großer Ganzton $T_+ = S \oplus CH = E \oplus ch \equiv (8{:}9)$,
- 223,5 ct : Euler $-$ Ganzton $T_{\text{Euler}} = S \oplus S \equiv (225{:}256)$.

Wenn in einer Skala vier Semitonstufenintervalle auftreten, so könnten eigentlich unter formalen Gesichtspunkten und unter Beachtung der Kommutativität justament zehn Kombinationen zu Ganztonschritten hieraus auftreten. Tatsächlich gäbe es sogar acht verschieden große Kombinationen. Als leitereigene Ganztonschritte sehen wir jedoch „nur" vier Konstellationen, welche aus den zwei Folgesemitonia aufgebaut sind, nämlich

$$E \oplus ch - S \oplus ch - S \oplus S - S \oplus CH.$$

Wobei anhand der Euler-Daten schnell klar wird, dass aufgrund der Identität

$$E \oplus ch = S \oplus CH \Leftrightarrow E \ominus S = CH \ominus ch = \varepsilon_{\text{synt}}$$

nur noch genau drei Typen übrig bleiben, denn diese Äquivalenz ist richtig, weil die Chromadifferenz ja in der Tat dem syntonischen Komma entspricht. Diese Identität wird uns übrigens in der weiteren Analyse auf Schritt und Tritt begleiten. Die Tab. 10.5 stellt die wesentlichen Daten dieser drei leitereigenen Ganztöne zusammen.

Bemerkenswert hierbei sind auch die teilweise sehr groben Unsymmetrien in diesen Ganztonteilungen, zum Beispiel ist in der Situation

$$C \xrightarrow[ch = 71\,\text{ct}]{} Cis \xrightarrow[E = 133\,\text{ct}]{} D$$

fast eine Drittelung des Ganztonschritts ($C \to D$) erreicht.

3. **Die großen Terzen:** Das System enthält – trotz relativ vieler Semitonia und Ganzton-schritte – doch nur zwei differente große Terztypen:
- 386,3 ct, reine Terz $= 2ch \oplus E \oplus S = ch \oplus CH \oplus 2S \equiv (4{:}5)$,
- 427,4 ct, Terz$_{\text{Euler}} = ch \oplus E \oplus 2S = CH \oplus 3S \equiv (25{:}32)$.

Wenn wir die Situation hinsichtlich der harmonisch signifikant relevanten großen Terzen untersuchen wollen, so könnten wir einerseits die Ablaufstruktur in der Formel-Tabelle 10.3 dahingehend untersuchen – oder aber wir kennen die Antwort

Tab. 10.5 Die Ganztonschritte der Eulerschen Skala R_{12}

Ganzton	Stufenaufbau	Eulergitter-Aufbau	Position auf
T_-	$S \oplus ch$	$O \ominus 2Q_{\text{pyth}} \oplus \text{Terz}$	D, Fis, G, H
T_+	$S \oplus CH, E \oplus ch$	$2Q_{\text{pyth}} \ominus O$	C, Cis, E, F, As, A
T_{Euler}	$S \oplus S$	$2O \ominus 2Q_{\text{pyth}} \ominus 2\text{Terz}$	Es, B

sofort ohne größere Recherchen – und zwar anhand der Eulerschen Konstruktion. In der unteren Zeile der Tab. 10.4 wird sichtbar, dass auf den unteren beiden Zeilen des Eulergitters jeweils reine Terzen ansetzen. verfolgen wir die Vertikalen, so ergeben sich Schließungssequenzen dadurch, dass das Intervall der oberen Zeile zum Ton der unteren Zeile wieder eine dritte konsekutive große Terz ist, welche die Oktav-Bilanz erfüllt; so sehen wir beispielsweise die Terzensequenz

$$F \xrightarrow[\text{Terz}(4:5)]{} A \xrightarrow[\text{Terz}(4:5)]{} Cis \xrightarrow[\text{Schließungs}-\text{Terz}\,X]{} F$$

und die Rechnung ergibt sofort

$$2 \text{ Terz } (4:5) \oplus X = \text{Oktave} \Leftrightarrow X = (25:32), \ \text{ct}(X) = 427,4 \text{ ct.}$$

Diese Schließungsterz nennt man **große Euler-Terz,** und da ein weiteres Komma – die kleine Diësis – bekanntlich genau die Lücke von drei reinen großen Terzen zur Oktave füllt, was wir ja schon während der Diskussion rund um die Mitteltönigkeiten erfahren haben, ist die Gleichung

$$\text{(große) Terz}_{\text{Euler}}(25:32) = \text{Terz } (4:5) \oplus \varepsilon_{\text{klein}-\text{diësis}}(125:128)$$

kein Buch mit sieben Siegeln mehr. Und es gibt offenbar genau vier solche übergroßen Terzen, sodass die Terzdaten der Skala R_{12} wohlbekannt sind: Die Tab. 10.6 zeigt die acht reinen großen Terzen und die vier übermäßig großen Euler-Terzen als leitereigene große Terzen dieser Skala.

4. **Die kleinen Terzen:** Für die kleinen Terzen finden wir – sei es nach Tabelle, sei es mittels der Theorie der Konstruktion –, dass es drei differente leitereigene Typen gibt:
   - 274,6 ct, kleine Eulerterz(64:75),
   - 294,1 ct, kleine pythagoräische Terz(27:32),
   - 315,6 ct, reine kleine Terz (5:6).

Diese kleinen Terzen stehen in lebhafter Weise untereinander und mit ihren größeren Schwestern in Beziehung, so sind beispielsweise folgende Differenzen herleitbar:

$$\text{kleine Terz}_{\text{pyth}} \ominus \text{kleine Terz}_{\text{Euler}} = \varepsilon_{\text{diaschisma}},$$

$$\text{kleine Terz}_{\text{rein}} \ominus \text{kleine Terz}_{\text{pyth}} = \varepsilon_{\text{synt}}.$$

Tab. 10.6 Die großen Terzen der Euler'schen Skala R_{12}

große Terz	Stufenaufbau		Euler-Gitteraufbau	Position auf
Terz	$2ch \oplus E \oplus S$		Terz	$F, \ C, \ G, \ D, \ A, \ E, \ H, \ Fis$
	$ch \oplus CH \oplus 2S$			
Terz$_{\text{Euler}}$	$E \oplus ch \oplus 2S$		$O \ominus 2\text{Terz}$	$Cis, \ Gis, \ Es, B$
	$CH \oplus 3S$			

Daraus folgt dann auch zwingend und mittels der Kommabeziehungen die Differenz

$$\text{kleine Terz}_{\text{rein}} \ominus \text{kleineTerz}_{\text{Euler}} = \varepsilon_{\text{synt}} \oplus \varepsilon_{\text{diaschisma}} = \varepsilon_{\text{klein−diësis}}.$$

Außerdem gilt die namensgebende Bilanz

$$\text{kleine Terz}_{\text{Euler}} \oplus \text{große Terz}_{\text{Euler}} = Q_{\text{pyth}},$$

die sich mit Ditonos = (große)Terz$_{\text{pyth}}$ nahtlos in die hierzu analogen Gleichungen

$$\text{kleine Terz}_{\text{pyth}} \oplus \text{große Terz}_{\text{pyth}} = Q_{\text{pyth}},$$

$$\text{kleine Terz}_{\text{rein}} \oplus \text{große Terz}_{\text{rein}} = Q_{\text{pyth}}$$

einreiht. Die Tab. 10.7 gibt die Übersicht über die skalenrelevanten Daten.

5. **Die Quinten:** Welche Quinten sind vorhanden? Diese ebenfalls harmonisch-relevante Frage findet folgende Antwort: Es gibt diese drei Quintentypen:

- 680,5 ct, schwache Quinte $= Q_{\text{pyth}} \ominus \varepsilon_{\text{synt}} \equiv (27{:}40)$,
- 702,0 ct, reine Quinte $Q_{\text{pyth}} \equiv (2{:}3)$,
- 721,5 ct, übermäßige Quinte $Q_{\text{pyth}} \oplus \varepsilon_{\text{diaschisma}} \equiv (675{:}1024)$

Diese Untersuchungen wollen wir dieses Mal rein geometrisch durchführen und dadurch einmal demonstrieren, wie man dank der Vektoraddition – bar jeglicher Rechnung – alle Maße und Lagen bestimmen kann. Einzig die Lagegeometrie der Kommata ist im Hinterkopf bereit zu halten.

Schauen wir auf das Konstruktionsschema, so ist klar, dass es genau neun reine Quinten gibt. Und zwar starten diese genau auf den neun Tönen der ersten drei Spalten des Euler'schen Rechtecks, denn von jedem dieser Töne führt eine iterierte reine Quinte horizontal nach rechts zum Zielton. Jetzt bleiben noch die drei Töne der 4. Spalte als Starttöne übrig. Nehmen wir den Startton D. Seine Quinte hat den Zielton (A), welcher auf der 1. Spalte an zweitunterster Position steht. Wie weit ist es von D bis zu diesem A? Nun, wir könnten natürlich die Euler-Daten sammeln – eine Terz aufwärts und dann drei Quinten

Tab. 10.7 Die kleinen Terzen der Euler'schen Skala R_{12}

kleine Terz	Stufenmuster	Euler-Gitteraufbau	Position auf
kleine Terz$_{\text{Euler}}$	$2ch \oplus E$	$Q_{\text{pyth}} \oplus 2\,\text{Terz} \ominus O$	C, F, G
	$ch \oplus CH \oplus S$		
kleine Terz$_{\text{pyth}}$	$ch \oplus 2S$	$2O \ominus 3Q_{\text{pyth}}$	D, Fis, B
kleine Terz$_{\text{rein}}$	$ch \oplus E \oplus S$	$Q_{\text{pyth}} \ominus \text{Terz}$	Cis, Es, E, As, A, H
	$CH \oplus 2S$		

abwärts, passend oktaviert – aber wie gesagt: Wir wollen ja das Rechnen umgehen. Jetzt verwenden wir folgenden Trick, welcher das Kommadreieck nutzt:

Angenommen, wir würden vom Ton D aus nach rechts noch eine reine Quinte weiter-gehen, dann entstünde ebenfalls ein „A", nennen wir es einfach $\tilde{A}$. Nun sehen wir jedoch anhand des Kommadreiecks, dass das Intervall

$$\left(A \to \tilde{A}\right) = \varepsilon_{\text{synt}}$$

ist, denn es ist eine Parallelstrecke zum syntonischen Komma. Deshalb ist die Quinte $(D \to A)$ um genau dieses Komma kleiner als die reine Quinte $\left(D \to \tilde{A}\right)$, womit auch das Centmaß vor Augen liegt. Die Quinte $\left(\text{Fis} \to \text{Cis}'\right)$ ist streckenparallel zur Quinte $(D \to A)$, und daher ist sie genauso groß.

Anders ist es mit unserer letzten Quinte $(B = \text{Ais} \to F')$. Was tun? Nun, auch hier gibt es einen Trick, den wir jetzt unter dem Siegel der Verschwiegenheit und nur an die Leser dieses Buches preisgeben:

Angenommen, wir würden – ebenfalls vom rechten unteren Ton D aus – noch eine weitere reine Terz abwärts iterieren, also vertikal nach unten das Rechteck in der Spalte um einen neuen Zielton ergänzen, dann entstünde auch ein Ton „B" – nennen wir ihn $\tilde{B}$. Jetzt ist – bei passender Oktavierung – das Intervall $\left(\tilde{B} \to F'\right)$ jedoch auch eine Quinte, welche genauso groß wie die Quinte $(D \to A)$ ist, denn sie liegt ja streckenparallel hierzu. Jetzt sehen wir aber auch, dass $\left(B \to \tilde{B}\right)$ eine kleine Diësis groß ist; der Ton B liegt um dieses Komma niedriger als der Hilfston $\tilde{B}$; sie werden ja – geometrisch – durch die Strecke der kleinen Diësis miteinander verbunden. Deshalb vergrößert sich der Abstand $(B \to F')$ gegenüber $\left(\tilde{B} \to F'\right)$ genau um dieses Komma.

▶   Übrigens: Genau dieser Ton $\tilde{B}$ wird in der Skala von Mattheson, die wir im Abschn. 10.5 besprechen werden, auf den Plan treten und den allerdings ein-zigen Unterschied zur Euler-Skala darstellen.

Somit ist der Zusammenhang

$$\left(B \to F'\right) = \left(Q_{\text{pyth}} \ominus \varepsilon_{\text{synt}}\right) \oplus \varepsilon_{\text{klein}-\text{diësis}} = Q_{\text{pyth}} \oplus \varepsilon_{\text{diaschisma}}$$

klar, weshalb die Centzahl schnell bestimmt ist:

$$\text{ct}\left(\left(B \to F'\right)\right) = (702 - 21{,}5 + 41) \, \text{ct} = 721{,}5 \, \text{ct}.$$

Und aus den bekannten Proportionen dieser an der Adjunktion beteiligten Intervalle folgt auch die eben formulierte Proportionenangabe $(675 = 25 * 27 : 2^{10} = 1024)$.

Wer jetzt genau hinschaut, erkennt, dass wir das Kommadreieck aus Beispiel 10.5 in die Geometrie hineinmanipuliert haben. Die Tab. 10.8 zeigt die Einzelheiten.

Tab. 10.8 Die Quinten der Euler'schen Skala R_{12}

Quinte	Stufenaufbau	Euler-Gitterdaten	Position auf
Schwache Quinte	$2ch \oplus E \oplus CH \oplus 3S$	$2O \ominus 3Q_{pyth} \oplus$ Terz	A, Fis
	$2ch \oplus CH \oplus 4S$		
Q_{pyth}	$2ch \oplus E \oplus CH \oplus 2S$	Q_{pyth}	F, C, G, A, E, H, Cis, As, Es
	$ch \oplus 2CH \oplus 3S$		
Übermäßige Quinte	$2ch \oplus E \oplus 4S$	$3O \ominus 3Q_{pyth} \ominus 2$Terz	B
	$ch \oplus CH \oplus 5S$		

Die Informationen über alle sonstigen leitereigenen Intervalle findet man über die Komplementbildung zur Oktave, ausgenommen sind natürlich die beiden Tritonusintervalle mit den Strukturen

$$(C \to Fis) = 2ch \oplus E \oplus CH \oplus 2S = ch \oplus 2CH \oplus 3S,$$

$$\left(Fis \to C'\right) = ch \oplus CH \oplus 4S.$$

Fazit Das Euler'sche Tableau führt von der heptatonischen Skala zu einem äußerst filigranen chromatischen Temperierungssystem. Dieses System enthält neue, zuvor nicht bekannte Intervalle, die **Euler-Intervalle**, die wir in kompakter Darstellung noch einmal nennen wollen:

- Euler - Halbton oder Semitonus major - $S_{Euler}(E) = (25:27)$,
- Euler - Ganzton - $T_{Euler} = (225:256)$,
- kleine Eulerterz - kl. Terz$_{Euler} = (64:75)$,
- große Euler - Terz - Terz$_{Euler} = (25:32)$,
- kleine Euler - Sext - kl. Sext$_{Euler} = (16:25)$,
- große Euler - Sext - gr. Sext$_{Euler} = (75:128)$.

Ihre Lage im Euler-Gitter zeigt die Abb. 10.10.

Eine Erläuterung: An dieser Stelle wollen wir die Handhabung dieses und ähnlicher Diagramme noch einmal im Sinne des Theorems 10.1 erläutern: Der angegebene Pfeil stellt das angegebene Intervall (I) dar, und Startton ist der Fußpunkt des Vektors, Zielton ist die Pfeilspitze dieses Vektors – aber nur dann, wenn der Zielton über dem Startton liegt (was letztlich aus den reoktavierten Daten der Gitterpunkte hervorgeht). Ist das jedoch nicht der Fall, so ist die umgekehrte Richtung des Vektors das Oktavkomplement dieses angegebenen Intervalls.

Wir stellen im folgenden Beispiel die chromatische Skala von Euler in kompakter, übersichtlicher Form noch einmal zusammen.

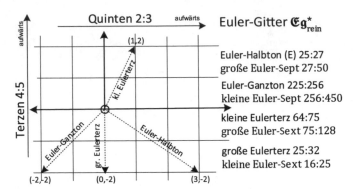

Euler-Intervalle und ihre OktavKomplemente

Abb. 10.10   Die Euler-Intervalle und ihre Oktavkomplemente

Beispiel 10.7 (R_{12}-Skala von Leonhard Euler (1707–1783))

Das Iterationsschema wird in der Skizze sichtbar; die geklammerten Töne sind gelegentlich anzutreffende Alternativen.

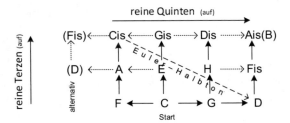

Tableau und Iterationsweg der R_{12}-Skala von Leonhard Euler

Diese R_{12}-Skala von Euler hat die Semitonstufenstruktur

$$C \rightarrow \underset{ch}{\underbrace{Cis}} \rightarrow \underset{E}{\underbrace{D}} \rightarrow \underset{ch}{\underbrace{Es}} \rightarrow \underset{S}{\underbrace{E}} \rightarrow \underset{S}{\underbrace{F}} \rightarrow \underset{CH}{\underbrace{Fis}} \rightarrow \underset{S}{\underbrace{G}} \rightarrow \underset{ch}{\underbrace{Gis}} \rightarrow \underset{S}{\underbrace{A}} \rightarrow \underset{CH}{\underbrace{B}} \rightarrow \underset{S}{\underbrace{H}} \rightarrow C',$$

$$\underbrace{}_{T_+=203{,}9\,\text{ct}} \quad \underbrace{}_{T_-=182{,}4\,\text{ct}} \quad \underbrace{}_{111{,}7\,\text{ct}} \quad \underbrace{}_{T_+=203{,}9\,\text{ct}} \quad \underbrace{}_{T_-=182{,}4\text{ct}} \quad \underbrace{}_{T_+=203{,}9\,\text{ct}} \quad \underbrace{}_{111{,}9\,\text{ct}}$$

wobei wir ihre heptatonische Subskala R_7 eingearbeitet haben. Diese Skala hat vier verschiedene Semitontypen:

    diatonischer Halbton S (15:16),
    kleines Chroma ch (24:25),
    großes Chroma CH (128:135)
    Euler'scher Halbton E (25:27).

Im Falle der geklammerten Alternative wäre der Euler'sche Halbton gemäß unserer Euler-Gitterregel das Intervall (Fis → G). ◄

Wir haben diese Euler'sche Skala sehr ausführlich analysiert – sie steht modellhaft für eine Reihe anderer Skalen, welche ebenfalls Auswahlen aus dem zweidimensionalen reoktavierten Euler-Gitter $\mathfrak{E}\mathfrak{g}^{*}_{rein}$ sind. Hierbei gibt es Beispiele, bei denen auch weniger differente Semitonia auftreten; stattdessen kann sich aber die Zahl der Terzen wiederum erhöhen. Die Faustregel gilt: Je großzügiger der Radius um das Tonikazentrum angelegt ist, um so höher ist die Anzahl der Semitonia, und in der Regel werden dann auch die leitereigenen Intervalle immer facettenreicher. Wir werden im Abschn. 12.4 einige andere Temperierungen im Kontrast zur Euler'schen Skala beschreiben – und zwar die Skalen von „Anonymus" und Johannes Kepler, und in den Abschn. 10.5 und 10.6 folgen noch die Skalen von Mattheson und Ramos de Pareja.

Zum Schluss dieses Abschnitts geben wir einen gestrafften Einblick in die Werkstatt ungezählter Experimentierer vergangener Jahrhunderte, welche ausgehend von der zwölfschrittigen (chromatischen) Auswahl zu multitonalen, enharmonischen Skalen streben wollten, um durch eine Vielzahl an Tönen sowohl eine hohe Anzahl an reinen Quinten als auch an reinen Terzen zu gewinnen. Hierzu war natürlich auch der Einfallsreichtum der Instrumentenbauer gefragt, ging es doch darum, im Falle eines Klaviers und seiner Familie die herkömmliche Tastatur so zu erweitern, dass die neuen Töne irgendwo und irgendwie Platz finden konnten.

▶   *Und spielen sollte man darauf ja auch können!*

Das konnte beispielsweise durch Teilungen mancher Tasten oder durch Schachtelung mehrerer Manuale geschehen. In einigen Musikinstrumentenmuseen dieser Welt kann man – wenn man dem Pioniergeist nachgehen möchte – so manches dieser exotischen Instrumente bestaunen.

Die 19-stufige (enharmonische) Skala R_{19}
Die Philosophie ihrer Konstruktion besteht darin, eine passende Variante der Skala R_{12} nochmal so zu erweitern, dass der Mangel aufgrund der übergroßen Terzen beseitigt wird. Die Abb. 10.11 zeigt das Schema dieser Erweiterung, und die Tab. 10.9 die Regieanweisung zur Erweiterung. Ausgangspunkt ist das Euler'sche Tableau R_{12} aus der Abb. 10.9 mit den dort angegebenen Tonbezeichnungen der Chromatik. Bei der nun folgenden Erweiterung dieser Tonmenge in enharmonische Bereiche treten dann erstmalig auch die bekannten Unterschiedlichkeiten („*Des ↔ Cis, Gis ↔ As*" und ähnliche) auf, und auf die Frage:

▶   Sind die Tonpaare (Des und Cis), (As und Gis), (Es und Dis) jeweils gleich?

hätten wir also vorher ohne Strafe mit „Ja" antworten können – in der Enharmonik verzweigen sich diese Dinge – aber erst hier!

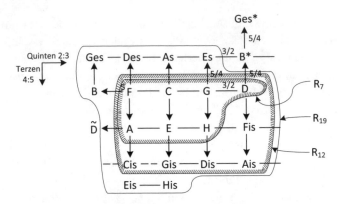

Abb. 10.11 Heptatonik, Chromatik und Enharmonik im Euler-Gitter $\mathfrak{E}\mathfrak{g}^*_{rein}$

Tab. 10.9 Schema des Prinzips der Erweiterung der R_{12} zur Skala R_{19}

Konstruktionsanweisung	neuer Ton	mit dem Ergebnis:
Füge zu den vorhandenen Tönen von R_{12} zunächst diese neuen Töne hinzu: *Des, Es, Eis, As.*	*Des*	$(Des \rightarrow F) =$ Terz (4:5)
	Es	$(Es \rightarrow G) =$ Terz (4:5)
	Eis	$(Cis \rightarrow Eis) =$ Terz (4:5)
	As	$\left(As \rightarrow C'\right) =$ Terz (4:5)
Dazu alternativ die Töne *B* oder *B**	*B*	$(F \rightarrow B) =$ reine Quart (3:4)
	B*	$\left(B^* \rightarrow D'\right) =$ Terz (4:5)
Dazu alternativ die Töne *Ges* oder *Ges**	*Ges*	$(Ges \rightarrow B) =$ Terz (4:5)
	Ges*	$(Ges^* \rightarrow B^*) =$ Terz (4:5)
Dazu den Ton *His*	*His*	$(Gis \rightarrow His) =$ Terz (4:5)

Im Ergebnis entstehen (infolge der Alternative) gleich zwei Skalen R_{19} und R_{19}^*, zu denen man in aller Kürze dies bemerken kann:

1. Diese Modelle zeigen die alte Bedeutung des bekannten Begriffs „**enharmonisch**" in eindrucksvoller Weise. Eine konkretisierende Tastatur besäße nämlich
   - eine Teilung aller schwarzen Tasten,
   - eine Teilung der beiden weißen Tasten *F* und *C* in $(Eis + F)$ und in $(His + C)$ (beziehungsweise der weißen Tasten *E* und *H* in $(E + Eis)$ und in $(H + His)$), sodass eine Tastatur einer 19-stufigen enharmonischen Skala wohl so aussähe:

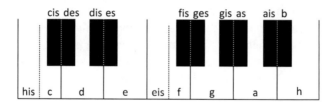

2. Die enharmonischen Skalen R_{19} und R_{19}^* haben genau vier Typen von Halb-, besser: von Vierteltönen, jedoch mit enormen Ungleichmäßigkeiten, denn ihre Spanne reicht von 20 ct bis 92 ct, also von einem „Achtelton" bis zu einem „Halbton".
3. Die bisherigen drei Modelle der reinen Skalen sind konsekutiv geschachtelt,

$$R_7 \subset R_{12} \subset R_{19},$$

was man an der Darstellung im Euler-Gitter der Abb. 10.11 gut erkennt.

Wir wollen auch auf eine detaillierte Centberechnung dieser enharmonischen Skala R_{19} verzichten; im Bedarfsfall sehen wir durchaus den sportiven Geist gefordert. Für weitergehende vertiefende Betrachtungen wie zum Beispiel für solche hinsichtlich der von dem berühmten Mathematiker und Musikwissenschaftler Marin Mersenne (1588–1648) erdachten 31-stufigen Skala R_{31} und anderer Exoten verweisen wir auf die Literaturen [6, 19, 51]. In dem lohnenswerten Büchlein [17] sind ebenfalls einige vieltönige Exoten beschrieben – zumindest hinsichtlich ihrer historischen Einordnung.

10.5 Die Stufenintervalle der klassischen Diatonik und Chromatik

Die Euler'sche Chromatik hat uns gezeigt, dass der Aufbau dieser natürlichharmonischen Chromatik ganze vier unterschiedliche Semitonia beansprucht. Wobei die beiden pythagoräischen Halbtonschritte, Limma und Apotome, noch nicht einmal mit von der Partie sind, obwohl sie ja auch „Halbtöne" des Terz-Quint-Systems $\mathfrak{M}_{\text{rein}}$ sind. Wir verstehen aber jetzt, warum diese beiden in der Euler'schen Skala nicht enthalten sind: Es wäre nämlich eine Iteration von fünf konsekutiven reoktavierten (Abwärts-) Quinten nötig, um ein Limma zu erzeugen; allein, das Euler'sche Rechteck lässt nur drei Quinten in Folge zu. Und sicher hat jeder, der sich in die Beschreibungen der chromatischen Verhältnisse der Tonskalen vertieft und hierbei insbesondere die reinen Terz-Quint-Skalen im Auge hat, schon einmal die Erfahrung machen müssen, dass die Vielfalt an „Halbtönen" sowie deren Differenzen – die „Kommata" – den Betrachtungsgegenstand sehr leicht als allzu unübersichtlich erscheinen lässt.

Wir entwickeln daher im Folgenden eine algebraisch-orientierte Systematik der Semitonia – also der „Halbtöne" – und beschreiben hierdurch neue Möglichkeiten, das Tongefüge untereinander besser und nachhaltiger zu verstehen. Dabei lassen wir uns von der schon in der pythagoräischen Quinteniteration unternommenen Strukturierung der Skalen durch die beiden Semitonia Limma und seinem Komplementärhalbton Apotome leiten. Und in der Tat führt auch hier diese Methode zu einer einheitlichen Beschreibung inklusive ihrer Formelwelt für die reinen chromatischen Skalen und ihre Intervalle – zumindest was die bekannten historischen Konstruktionen betrifft.

Ein kurzer Rückblick

Als wir in den Abschn. 7.2 und 7.3 die Strukturen chromatischer quintgenerierter Skalen studierten, ist uns aufgefallen, dass der semitonale Aufbau dadurch entstanden ist, dass zu dem im Rahmen der Heptatonik allein auftretenden Semiton – dem Limma – lediglich sein Ganztonkomplement – die Apotome – hinzugekommen ist, um alle möglichen chromatischen Skalen dieser Art als Stufenintervalle zu erzeugen. Und es kommt noch was anderes hinzu: Das Beispiel 4.1 hat uns auch gezeigt, dass für Quinten, welche nicht kommensurabel zur Oktave sind, gilt, dass:

1. jede chromatische, quintgenerierte Skala in Summe genau sieben L- und A-Stufen aufweist, deren Abfolge die Charakteristik der Tonart beschreibt;
2. jedes Intervall der Quinteniteration $I = mO \oplus nQ \in \mathfrak{M}_{O,Q}$ sich eindeutig als ganzzahlige Summe $I = kL \oplus jA$ der Semitonia (L,A) schreiben lässt und dass dies auch umgekehrt so ist. In mathematischem Latein heißt das

$$\mathfrak{M}_{O,Q} = \mathfrak{M}_{L,A}.$$

Hierzu haben wir gesagt, dass L und A eine Intervallbasis des Intervallsystems $\mathfrak{M}_{O,Q}$ bilden, die Semitonbasis. Gesteuert ist dieser Prozess durch die gegenseitigen, eineindeutigen und zueinander inversen Adjunktionsformeln der Basisintervallpaare (O, Q) und (L, A), also der Umkehrbeziehungen zwischen Euler- und Semitonbasis:

$$\begin{pmatrix} O = 7L \oplus 5A \\ Q = 4L \oplus 3A \end{pmatrix} \Leftrightarrow \begin{pmatrix} L = 3O \oplus (-5)Q \\ A = (-4)O \oplus 7Q \end{pmatrix}.$$

Diese Gleichungen hatten uns dank des Theorems 4.1 zu den unimodularen und zueinander inversen (quadratischen 2×2-) Regener-Matrizen geführt, um einmal diese Dinge in der Sprache der Linearen Algebra zu nennen.

▶ **Die Frage ist nun:** Wie gestalten sich diese Dinge im nun erweiterten Fall einer 2-, besser: 3-parametrischen Iteration mit der Quinte Q, der Terz sowie der Oktave O?

Die Antwort ist: Selbstverständlich lassen sich die Strukturen sämtlicher Konstrukte letztlich durch eine denkbar einprägsame Semitonbasis beschreiben: Und zwar ist dies eine Basis aus dem leitereigenen Semiton S – dem diatonischen Halbton – zusammen mit seinen beiden komplementären Halbtönen in den beiden Ganztönen – dem großen und kleinen Chroma CH, ch. Daneben gibt es allerdings auch noch weitere Semitonbasen, wie zum Beispiel diejenige aus Limma (L), Apotome (A) und diatonischem Semiton (S).

Wir gehen bei allem wieder vom „reinen" 3-parametrischen Euler-Gitter $\mathfrak{M}_{\text{rein}}$

$$\mathfrak{M}_{\text{rein}} = \big\{ k * O \oplus m * Q_{\text{pyth}} \oplus n * \text{Terz} | \text{mit } k, m, n \in \mathbb{Z} \big\}$$

aller aufwärts und abwärts führenden Iterationen mit ausschließlich reinen Oktaven $O(1{:}2)$, reinen Quinten $Q_{\text{pyth}}(2{:}3)$ und reinen großen Terzen $\text{Terz}(4{:}5)$ und seiner reoktavierten Tongitterform $\mathfrak{Eg}^*_{\text{rein}}$ aus.

Das Differenzenmodell der sechs klassischen Semitonia
Nun beginnen wir damit, die Semitonia systematisch aus den heptatonischen Skalen und ihren Ganztönen zu entwickeln, und dies geschieht dadurch, indem wir konsequent alle Intervalle aus einem Differenzenmodell heraus erklären können, dem in der historischen Musiktheorie bekannten und üblichen Verfahren.

In der heptatonischen **pythagoräischen Skala** P_7, die ja ganz speziell auch zu diesem System $\mathfrak{Eg}^*_{\text{rein}}$ gehört, haben wir also den leitereigenen Ganzton

- Tonus $T = 2Q_{\text{pyth}} \ominus O \equiv (8{:}9)$

und den leitereigenen Halbton, welcher sich auch als Differenz definieren lässt, nämlich als Differenz von Tetrachordquarte minus großer Terz „Ditonos":

- Limma $L = \big(O \ominus Q_{\text{pyth}} \big) \ominus (2T) = 3O \ominus 5Q_{\text{pyth}} \equiv (243{:}256)$.

Wenn dann die zwölfstufige chromatische Skala P_{12} durch weitergehende Iterationen konstruiert wird, kommt das in P_7 nicht leitereigene Komplementärintervall des Limma im Ganzton hinzu, der Halbton

- Apotome $A = T \ominus L = 7Q_{\text{pyth}} \ominus 4O, \equiv (2048{:}2187)$,

und die Skala P_{12} ist genau aus diesen beiden Semitonia (L, A) aufgebaut.

In der heptatonischen **natürlich-harmonischen (reinen) Skala** R_7 finden wir nun als leitereigene Intervalle den großen Ganzton $(8{:}9)$ und den kleinen Ganzton $(9{:}10)$

- tonus major $T_+ = T_{\text{pyth}} = 2Q_{\text{pyth}} \ominus O \equiv (8{:}9)$,
- tonus minor $T_- = T_{\text{diaton}} = \text{Terz} \ominus \big(2Q_{\text{pyth}} \ominus O \big) \equiv (9{:}10)$

und den reinen oder auch diatonischen Halbton, welcher sich ebenfalls als „Differenz" definieren lässt, nämlich als Differenz von Tetrachordquarte und reiner Terz,

- Semitonus (minor) $S = \big(O \ominus Q_{\text{pyth}} \big) \ominus \text{Terz} \equiv (15{:}16)$.

Bei einer Erweiterung dieser heptatonischen Skala zu einer chromatischen Skala R_{12} kommen jedoch schon zwei weitere Semitonia hinzu, nämlich die beiden Komplementärintervalle dieses diatonischen Halbtons S in den beiden Ganztönen,

- großes Chroma $CH = T_+ \ominus S \equiv (128{:}135)$,
- kleines Chroma $ch = T_- \ominus S \equiv (24{:}25)$.

Möglicherweise liefert dieser Umstand eine Erklärung zur Bezeichnung einer Skala als „chromatisch" wie auch umgekehrt zur Bezeichnung dieser beiden Komplementärhalbtöne, welche ja nur in den chromatischen Skalen leitereigen sind.

Im Wechselspiel der Komplementärintervalle mit den beiden Ganztönen ergibt sich jedoch noch ein weiteres Semitonium, das Komplementärintervall des kleinen Chroma (24:25) im großen Ganzton (8:9),

- Semitonus major (Euler − Halbton) $E = T_+ \ominus ch \equiv (25{:}27)$.

Der Euler-Halbton tritt nämlich in der chromatischen Skala R_{12} von Euler im ersten Ganztonschritt $(C \to D) \equiv (8{:}9)$ als zweiter Teilschritt $(Cis \to D)$ auf und hat das kleine Chroma (24:25) im Tonschritt $(C \to Cis)$ als komplementären Partner. In einigen Skalen von Zarlino, Mersenne ist er ebenfalls zu finden. Mit 133 ct ist er aber beachtlich groß und führt zusammen mit dem komplementären kleinen Chroma mit 71 ct zu einer nahezu exakten Drittelung des großen Ganztons mit seinen 204 ct. Wenn dieser Halbton nun aber an das große Chroma anschließt, so entsteht ein übermäßig großer Ganzton von 223,4 ct, der Euler-Ganzton. Wir erhalten mit dem Euler-Halbton E also den sechsten Halbton der klassischen reinen Chromatik.

Die Abb. 10.12 verdeutlicht die Definitionen sowie den gegenseitigen Vergleich dieser sechs klassischen Halbtonschritte des Terz-Quint-Systems $\mathfrak{M}_{rein}$. Dabei erkennen wir erneut die dominante Rolle des syntonischen Kommas ε_{synt}, weil nämlich beinahe alle Differenzen untereinander durch dieses eine Intervall beschrieben werden können; das

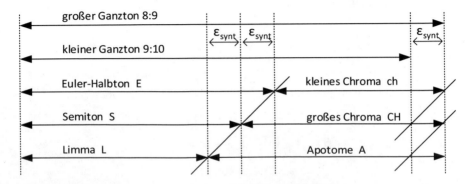

Abb. 10.12 Die klassischen sechs Semitonia des Terz-Quint-Systems $\mathfrak{M}_{rein}$

pythagoräische Komma $\varepsilon_{\text{pyth}}$ als Differenz von Apotome und Limma tritt jedenfalls nicht so signifikant in Erscheinung wie dieses Bindeglied, welches

▶   *„das von der Primzahl 3 geleitete" pythagoräische Intervallsystem mit dem durch die Primzahl 5 erweiterten Terz-Quint-System verbindet.*

Fazit Im Euler-Gitter der reinen Quint- und Terziterationen sind in den zwölfstufigen Skalen in summa sechs – teilweise leitereigene – Semitonia auffindbar, die durch Differenzenbildung aus den zwei klassischen Ganztönen, dem pythagoräischen Tonos $T_+ = T_{\text{pyth}} \equiv (8{:}9)$ und dem „kleinen" diatonischen Ganzton $T_- = T_{\text{diaton}} \equiv (9{:}10)$, entstanden sind. In der Tab. 10.10 sind sie mit ihren Euler-Daten und Centmaßen zusammengestellt. Eingedenk des Theorems 4.5 und seiner Konsequenz in Theorem 10.1 (B) soll aber nicht unerwähnt bleiben, dass es noch Millionen anderer „Halbtöne" gibt. Es sind jedoch *„namenlose Wesen"* gegenüber diesen sechs prominenten Vertretern der historischen Szene.

Die klassischen Ganztonstufen der natürlich-harmonischen Chromatik
Zwischen den „Halbtönen" und den „Ganztönen" entwickelt sich nun ein merkwürdiges Wechselspiel: Aus ursprünglich zwei Ganztönen sind im Zuge dieser Differenzenkonstruktionen – und unter Mitwirkung der Oktave – zunächst einmal diese sechs Semitonia entstanden, die wir als die „klassischen" bezeichnet haben. Aber getreu nach dem Motto

▶   *„Halbtöne sind halbe Ganztöne"*

kann nun tatsächlich auch ein umgekehrter Prozess starten: Wählen wir nämlich zwei beliebige Halbtonschritte (X, Y) dieser Kollektion aus und fügen sie zu einem Ganztonschritt $X \oplus Y$ zusammen, dann entstehen auf diese Weise etliche Neukonstruktionen, und aus kombinatorischen Gründen erhalten wir von den 36 möglichen Adjunktionen zweier klassischer Semitonia dank der Kommutativität $X \oplus Y = Y \oplus X$ immerhin noch 18

Tab. 10.10 Die sechs klassischen Semitonia des reinen Terz-Quint-Systems $\mathfrak{M}_{\text{rein}}$

Name, Symbol	Koordinaten (O, Q, Terz)	übliche Definition	Proportion	Centmaß
Limma L	$(3, -5, 0)$	$(Q \ominus T_+) \ominus 2T_+$	243:256	90, 2 ct
Apotome A	$(-4, 7, 0)$	$T_+ \ominus L$	2048:2187	113, 7 ct
diatonischer Halbton S	$(1, -1, -1)$	$(O \ominus Q) \ominus \text{Terz}$	15:16	111, 7 ct
großes Chroma CH	$(-2, 3, 1)$	$T_+ \ominus S$	128:135	92, 2 ct
kleines Chroma ch	$(0, -1, 2)$	$T_- \ominus S$	24:25	70, 7 ct
Euler-Halbton E	$(-1, 3, -2)$	$T_+ \ominus ch$	25:27	133, 2 ct

formal unterschiedlich zusammengesetzte Adjunktionen. Allerdings sind auch bei diesen einige untereinander ganz sicher gleich.

Auch kommen im Rahmen musikalisch sinnvoller und durch algorithmische Konstruktionsvorgänge geleiteter Skalengenerierungen nicht alle Kombinationen hiervon vor; so wissen wir, dass es im speziellen Fall ausschließlicher Quintiterationen keine leitereigenen Ganztöne der Form $(A \oplus A)$ gibt, wohl aber neben dem üblichen Ganztonschritt $T_{\mathrm{pyth}} = A \oplus L$ auch das Intervall

$$T = L \oplus L,$$

welches ja den Beginn und das Ende der Wolfsquinte bildet und welches nach Theorem 7.5 in jeder dodekatonischen Wolfsquintenskala genau zweimal leitereigen auftritt. Ebenso wird man die Bildung eines Ganztons der Form

$$T = E \oplus E \text{ mit } \mathrm{ct}(T) = 266{,}4 \text{ ct}$$

nicht wirklich in Erwägung ziehen; er käme ja einer kleinen Terz näher als einem vertrauten Ganztonschritt.

Tatsache aber ist, dass es bereits in den relativ wenigen historischen Skalen des Euler'schen Terz-Quint-Systems ebenfalls auch sechs leitereigene Ganztöne gibt, die sich aus ganz bestimmten Paarbildungen konsekutiver Semitonia zusammensetzen. Nicht alle hiervon tragen einen eigenen charakteristischen Namen; bekannt sind lediglich die Namen „pythagoräischer Ganzton" (Tonos), „kleiner oder diatonischer Ganzton" und „Euler-Ganzton". Daher haben wir allen Symbolen eine charakterisierende Indizierung gegeben – und zwar eine solche, die den semitonalen Aufbau am trefflichsten angibt. Beim Tonos beispielsweise entspräche dies der Notation

$$T_{A+L} = T_{\mathrm{pyth}} = T_{+},$$

weil jener – in allererster Linie – aus pythagoräischem Limma und Apotome aufgebaut ist. Demgegenüber hat das Kürzel T_{+} in anderen Zusammenhängen seine Vorteile, und wir haben es ja auch schon reichlich genutzt. Die Tab. 10.11 zeigt nun sechs Ganztöne mit ihren Euler-Basisdaten sowie den daraus resultierenden Euler-Gitterkoordinaten und Centmaßen. Die semitonale Zusammensetzung erkennen wir also an der verabredeten

Tab. 10.11 Die sechs klassischen Ganztonschritte der reinen Terz-Quint-Chromatik

Ganztonsymbol	Koordinaten	Proportion	Centmaß
$T_{L+L} = T_{\mathrm{klein-pyth}-GT}$	$(6, -10, 0)$	59.045:65.536	180,4 ct
$T_{S+\mathrm{ch}} = T_{-} = T_{\mathrm{diaton}}$	$(1, -2, 1)$	9:10	182,4 ct
$T_{L+S} = T_{\mathrm{verm.\ Euler}-GT}$	$(4, -6, -1)$	3645:4096	201,9 ct
$T_{A+L} = T_{+} = T_{\mathrm{pyth}}$	$(-1, 2, 0)$	8:9	203,9 ct
$T_{E+L} = T_{\mathrm{Euler}}$	$(2, -2, -2)$	225:256	223,4 ct
$T_{E+S} = T_{\mathrm{überm.-Euler}-GT}$	$(0, 2, -3)$	125:144	244,9 ct

Notation, und aus diesem Aufbau leitet man auch logischerweise die Euler-Basisdarstellung aus Oktave, Quinte und Terz her.

Im Teil (B) des nachfolgenden Theorems 10.3 werden diese Zusammenstellungen der Semitonia zu Ganztönen näher beschrieben; ihren gegenseitigen intervallarithmetischen Vergleich finden wir in der Abb. 10.13. Darüber hinaus zeigt uns noch die Abb. 10.15 die ebenfalls erstaunliche Parallelogrammstruktur, die auch diese sechs Intervalle im Euler-Gitter besitzen und welche ihrerseits dank des Theorems 10.1 wieder zu einer Unzahl an Differenzengleichheiten führt.

Im Theorem 10.3 führen wir nun die Informationen über die Semitonia und ihre Ganztonkonstruktionen zusammen, und dabei beschränken wir uns aus guten Gründen auf diese „klassisch" genannten Semitonia und den Ganztonkonstruktionen. Dabei zeigen wir im Teil (A) die Symmetrien, welche in diesen semitonalen Intervallen eingearbeitet sind und die in ihrer geometrischen Form der Parallelogrammstruktur der Semitonia in der Abb. 10.14 sichtbar werden. Im zweiten Teil (B) gewinnen wir als

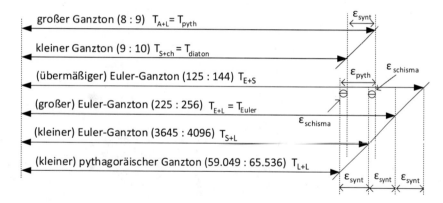

Abb. 10.13   Die klassischen sechs Ganztonschritte des Terz-Quint-Gitters $\mathfrak{M}_{rein}$

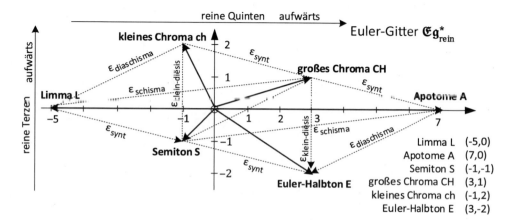

Abb. 10.14   Die Parallelogrammstruktur der klassischen Semitonia

Folgerung die möglichen Aufbauformen der leitereigenen Ganztöne, die man in den historischen Temperierungen findet.

Theorem 10.3 (Die klassischen Semitonia und die semitonale Ganztonarchitektur)

(A) Das semitonale Differenzensystem

Unter den zahlreichen wechselseitigen Beziehungen der klassischen Halbtonstufen des Euler'schen Terz-Quint-Systems $\mathfrak{M}_{\text{rein}}$ führen wir folgende – nach gleicher Größe zusammengefasste – Differenzen der Semitonia an:

(1) $E \ominus S = S \ominus L = A \ominus CH = CH \ominus ch = \varepsilon_{\text{synt}},$

(2) $L \ominus ch = S \ominus CH = E \ominus A = 2\varepsilon_{\text{synt}} \ominus \varepsilon_{\text{pyth}} = \varepsilon_{\text{diaschisma}},$

(3) $S \ominus ch = E \ominus CH = 3\varepsilon_{\text{synt}} \ominus \varepsilon_{\text{pyth}} = \varepsilon_{\text{klein-diësis}},$

(4) $CH \ominus L = A \ominus S = \varepsilon_{\text{pyth}} \ominus \varepsilon_{\text{synt}} = \varepsilon_{\text{schisma}},$

(5) $E \ominus ch = 4\varepsilon_{\text{synt}} \ominus \varepsilon_{\text{pyth}} = \varepsilon_{\text{groß-diësis}}.$

(B) Der semitonale Ganztonaufbau

Die Subjunktionsgleichheiten in (A) sind äquivalent zu entsprechend umgeformten Adjunktionsgleichheiten; insbesondere folgen hieraus genau diese Aufbaumöglichkeiten für die sechs klassischen Ganztonschritte des Terz-Quint-Systems:

Ganztonstufe	Stufenarchitekturen
$T_{A+L} = T_{\text{pyth}} = T_+$	$A \oplus L = S \oplus CH = E \oplus ch$
$T_{S+ch} = T_{\text{diaton}} = T_-$	$S \oplus ch = L \oplus CH$
$T_{E+L} = T_{\text{Euler}}$	$E \oplus L = S \oplus S$
$T_{L+S} = T_{\text{verm. Euler - GT}}$	$S \oplus L$
$T_{L+L} = T_{\text{klein - pyth - GT}}$	$L \oplus L$
$T_{E+S} = T_{\text{überm.-Euler-}GT}$	$E \oplus S$

Dieses Ganztonsystem ist partiell wie folgt geordnet

$$T_{L+L} \xrightarrow[\oplus \varepsilon_{\text{synt}}]{} T_{L+S} \xrightarrow[\oplus \varepsilon_{\text{synt}}]{} T_{\text{Euler}} \xrightarrow[\oplus \varepsilon_{\text{synt}}]{} T_{E+S}$$

$$T_{\text{diaton}} \xrightarrow[\oplus \varepsilon_{\text{synt}}]{} T_{\text{pyth}}$$

$$T_{L+L} \xrightarrow[\oplus \varepsilon_{\text{pyth}}]{} T_{\text{pyth}} \xrightarrow[\oplus \varepsilon_{\text{klein-diësis}}]{} T_{E+S},$$

sodass vor allem das syntonische Komma eine im Sinne der Intervallarithmetik partiell-arithmetische Aufbaufolge festlegt. Ordnet man alle Ganztöne in eine

Reihe, so entsteht in Einklang mit den Kommaformeln aus Beispiel 10.6 die Abfolge

$$T_{L+L} \underset{\oplus \,\varepsilon_{\text{schisma}}}{\longrightarrow} T_{\text{diaton}} \underset{\oplus \,\varepsilon_{\text{diaschisma}}}{\longrightarrow} T_{L+S} \underset{\oplus \,\varepsilon_{\text{schisma}}}{\longrightarrow} T_{\text{pyth}} \underset{\oplus \,\varepsilon_{\text{diaschisma}}}{\longrightarrow} T_{\text{Euler}} \underset{\oplus \,\varepsilon_{\text{synt}}}{\longrightarrow} T_{E+S}.$$

Diese Ganztöne kommen alle als leitereigene Intervalle in den historischen Skalen vor.

Folgerung: Aus den Identitäten der Ganztöne lassen sich konsequenterweise auch Identitäten für die aus zwei Ganztönen zusammengesetzten großen Terzen finden. So gilt stellvertretend für viele andere Formeln die Gleichung

$$T_- \oplus T_{E+S} = T_+ \oplus T_{Euler},$$

die beim Aufbau von natürlich-harmonischen Skalen zum Einsatz kommt.

Beweis Wir starten mit den Darstellungen für den pythagoräischen Ganzton T_+ aus Teil (B), welche alle rein definitorischer Natur sind: Demnach gilt

$$T_{\text{pyth}} = A \oplus L = S \oplus CH = E \oplus ch,$$

und diese Gleichheiten führen zu den Differenzen

$$S \ominus L = A \ominus CH \text{ und } E \ominus S = CH \ominus ch.$$

Nun beachten wir, dass die Chromadifferenz das syntonische Komma ergibt, und um dies einmal ausführlich vorzurechnen, führen wir diese Gleichungskette an, welche uns bis zur ursprünglichen Definition des syntonischen Kommas (Definition 10.1) führt:

$$CH \ominus ch = (S \oplus CH) \ominus (S \oplus ch) = T_+ \ominus T_- = 2T_+ \ominus (T_+ \oplus T_-)$$
$$= \text{Ditonos} \ominus \text{Terz} = \varepsilon_{\text{synt}},$$

wie gewünscht. Für die Differenzen $S \ominus L = A \ominus CH$ finden wir ebenso schnell

$$S \ominus L = \big((O \ominus Q_{\text{pyth}}) \ominus \text{Terz} \big) \ominus \big((O \ominus Q_{\text{pyth}}) \ominus \text{Ditonos} \big)$$
$$= \text{Ditonos} \ominus \text{Terz} = \varepsilon_{\text{synt}},$$

womit die Gleichheit aller Differenzen samt dem Differenzenintervall in A(1) gezeigt ist. Gleichzeitig ist dabei auch die Bilanz des diatonischen Ganztons aus Teil (B) bewiesen, denn es ist ja

$$T_- = S \oplus ch = \big(L \oplus \varepsilon_{\text{synt}} \big) \oplus ch = L \oplus (CH \ominus ch) \oplus ch = L \oplus CH.$$

Dann erhalten wir auch die beiden Möglichkeiten des Aufbaus für den Euler-Ganzton:

$$T_{\text{Euler}} = E \oplus L = \big(S \oplus \varepsilon_{\text{synt}} \big) \oplus \big(S \ominus \varepsilon_{\text{synt}} \big) = 2S.$$

Als Nächstes beweisen wir mit A(1) die Differenzen in A(4): Zunächst gilt wegen

$$S \ominus L = A \ominus CH \Leftrightarrow A \ominus S = CH \ominus L$$

die Gleichheit beider Differenzen. Nun erhalten wir das Differenzenintervall über einen einfachen Trick, den wir am bequemsten bei der Differenz $A \ominus S$ anwenden können:

$$A \ominus S = (A \ominus L) \ominus (S \ominus L) = \varepsilon_{\text{pyth}} \ominus \varepsilon_{\text{synt}} = \varepsilon_{\text{schisma}}.$$

Jetzt kommen wir zu den Differenzen in A(2): Ihre Gleichheit untereinander ist evident, wie man wiederum aus den Formeln A(1) erkennt:

$$E \ominus S = A \ominus CH \Leftrightarrow E \ominus A = S \ominus CH,$$
$$CH \ominus ch = S \ominus L \Leftrightarrow L \ominus ch = S \ominus CH.$$

Das Differenzenintervall finden wieder mit dem Trick, der die bestätigten Ergebnisse A(1) und A(4) nutzt und den wir auf die Differenz $L \ominus ch$ anwenden:

$$L \ominus ch = (CH \ominus ch) \oplus (L \ominus CH) = \varepsilon_{\text{synt}} \ominus \varepsilon_{\text{schisma}} = \varepsilon_{\text{diaschisma}}.$$

Schließlich wollen wir noch die restlichen Differenzen A(3) sowie die Differenz A(5) einsehen, und wir beginnen mit A(3): Ihre Gleichheit folgt aus der Definition des Euler-Ganztons und der Chroma-Semitonia,

$$E \oplus ch = T_{\text{pyth}} = S \oplus CH \Leftrightarrow S \ominus ch = E \ominus CH.$$

Und jetzt haben wir uns an das trickreiche Rechnen gewöhnt: Mit A(1) und A(2) gewinnen wir auch hier das Differenzenintervall

$$S \ominus ch = (S \ominus L) \oplus (L \ominus ch) = \varepsilon_{\text{synt}} \oplus \varepsilon_{\text{diaschisma}} = \varepsilon_{\text{klein-diësis}}.$$

Dann erreichen wir auch sehr schnell die Differenz A(5), und es folgt:

$$E \ominus ch = (E \ominus CH) \ominus (ch \ominus CH)$$
$$= \varepsilon_{\text{klein-diësis}} \ominus \left(\ominus \varepsilon_{\text{synt}} \right) = \varepsilon_{\text{klein-diësis}} \oplus \varepsilon_{\text{synt}} = \varepsilon_{\text{groß-diësis}}.$$

Als Letztes bliebe noch, die Ordnung der Ganztonkette und ihre Differenzen zu prüfen: Dazu schreiben wir die Aufbaukette gemäß der beteiligten Semitonia in Reihe, wobei wir zwecks Vergleichs folgende geschickte Form wählen:

$$L \oplus L \to (L \oplus CH) \to (L \oplus S) \to (L \oplus A) \to (L \oplus E) \to (E \oplus S).$$

Wenn wir nun die Differenzen aufeinanderfolgender Intervalle bilden, so ergeben sich mit den passenden Differenzen aus dem Block (A) alle behaupteten Stufen.

Die Folgerung finden wir durch Einsetzen der gefundenen semitonalen Aufbauten beziehungsweise durch die zur Gleichung äquivalenten Differenzen

$$T_+ \ominus T_- = T_{E+S} \ominus T_{Euler} = \varepsilon_{\text{synt}}.$$

Damit ist das Theorem bewiesen. ■

Bemerkung

Es gibt durchaus Alternativen, diese und ähnlich gelagerte Gleichungen zu verstehen; zweifellos ist die vorgestellte intervallarithmetische Form aber besonders effizient, da sie den mühseligen Frequenzmaßrechnungen aus dem Wege geht – wenn auch gesagt werden muss, dass deren Beweiskraft so lange gewährleistet ist, wie die Exaktheit der Maße in Form ihrer Primfaktorzerlegung gewahrt wird. Am letzten Beispiel der Formel (4) wollen wir zwei Alternativen kurz angeben:

1. **Numerisch:** Die Frequenzmaße ergeben die Bilanz

$$|CH \ominus L| = \frac{135}{128} * \frac{243}{256} = \left(\frac{3}{2}\right)^8 * \frac{5}{4} * (2)^{-5} = |8Q_{\text{pyth}} \oplus \text{Terz} \ominus 5O| = |\varepsilon_{\text{schisma}}|.$$

Dabei haben wir ganz geschickt die Frequenzmaße der Basisbausteine eingearbeitet – so fällt nämlich die Analyse leichter. Eine Centmaßübereinstimmung – und wäre sie noch so genau – wäre aufgrund der numerischen Irrationalitäten ohne abstrakte Beweiskraft. Zumindest aber bekräftigen auch diese Centwerte das Ergebnis:

$$\text{ct}(CH \ominus L) = \text{ct}(CH) - \text{ct}(L) \approx (92 - 90)\,\text{ct} = 2\,\text{ct} \approx \text{ct}(\varepsilon_{\text{schisma}}).$$

Und wären die Centmaße auch unterscheidbar unterschiedlich, dann wären auch die Intervalle verschieden – Irrationalität hin oder her.

2. **Graphisch:** Die beiden Intervalle werden im Tongitter $\mathfrak{E}\mathfrak{g}^*_{\text{rein}}$ durch die Punkte

$$CH \leftrightarrow (3,1) \text{ und } L \leftrightarrow (-5,0)$$

beschrieben; das entnehmen wir ihren Euler-Daten. Daher gilt für die Differenz

$$CH \ominus L \leftrightarrow ((3,1) - (-5,0)) = (8,1),$$

und dann erkennen wir aus der Abb. 10.6, dass dieser Vektor dem Schisma gehört. Aufgrund der Centwerte erübrigt sich auch die lästige Frage, ob der Vektor dem Intervall selbst oder seinem Oktavkomplement entspricht.

Tatsächlich können wir die gezeigten Identitäten in der Abb. 10.14 als Parallelogramme entdecken, wodurch das Theorem 10.1 wieder zur Anwendung kommt. Überhaupt lohnt eine eingehende Betrachtung dieser Abbildung. Dank der eingezeichneten Hilfslinien eröffnet sich auf einmal der Blick auf eine unglaublich markante Symmetrie. Das Liniennetz besteht alleine schon aus drei nicht-kongruenten Parallelogrammen, die sich in einer einzigartigen Weise zu einem Ganzen zusammenfügen. Daher wundert es nicht, dass die harmonischen Gleichungen der Semitonia in diesem Parallelenfeld ein absolut äquivalentes geometrisches Pendant gefunden haben. Und deren geometrische Aussagekraft ist dank der eineindeutigen Beziehungen des Euler-Gittertheorems Theorem 10.1 den gerechneten Formeln unbedingt ebenbürtig – und was deren inhaltliche Bedeutung betrifft, gewiss noch um einiges überlegener.

▶   *Man kann alle Formeln sehen – die Differenzen wie die Summen!*

Genauso verhält es sich auch mit dem Netzwerk der sechs klassischen Ganztonschritte. Auch hier entdecken wir eine Landschaft aus Parallelogrammen, welche alle
Beziehungen untereinander durch das Auge allein erkennen lässt, siehe die Abb. 10.15.
Beziehen wir noch die Diagonalen der Parallelogramme in die Betrachtungen ein, so
eröffnen sich noch weitergehende Aussagen, denn:

▶   *Die geometrische Vektorsumme zweier Parallelogrammseiten ergibt ihre*
    Diagonale – die Adjunktion zweier Ganztonschritte führt zu einer Terz, und das
    Euler-Gittertheorem verbindet das eine mit dem anderen, nämlich
    die Vektorgeometrie mit der Intervallarithmetik!

Folglich lassen sich diese geometrischen Überlegungen weiterführen, und wir könnten
das Sammelsurium aller möglichen anderen leitereigenen Intervalle wie vor allem der
Terzen und Quinten am Euler-Gitter konstruieren.

Anwendungsbeispiel: die Skala von Johann Mattheson Nun wollen wir zeigen,
wie hilfreich diese visuell-geometrischen Aspekte des Euler-Gitters und seiner Grundstrukturen in der Praxis der Temperierungstheorie zur Anwendung kommen, und dazu
wählen wir die Skala von Mattheson aus.
    Johann Mattheson (1681–1764) gehörte zu den bedeutendsten Musiktheoretikern des
Bach-Zeitalters. Auch von ihm wurde eine „reine Skala" entwickelt. Wie sich herausstellt,
differiert sie allerdings von der Skala von Euler unbedeutend, elf der zwölf Töne sind in
beiden Skalen identisch. Nun wäre es sicher nicht lohnend, diese – aus heutiger Sicht –
gewiss unbedeutende Feinheit zu analysieren: Jedoch kommt es uns auf die Methodik an.
    Dabei gehen wir einmal von einer Darstellung der Mattheson-Skala aus, wie man dies
für gewöhnlich in der Literatur und den undurchschaubar vielen Internetseiten vorfindet,

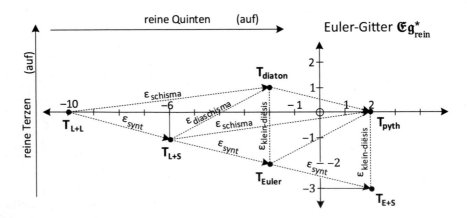

Abb. 10.15   Die Parallelogrammstruktur der klassischen Ganztonschritte

und wir folgen den Angaben in [31]. Dort finden wir auf der Seite 34 die Skala wie folgt vorgestellt:

$$C \to Cis \to D \to Es \to E \to F \to Fis \to G \to As \to A \to B \to H \to C'$$
$$\frac{1}{1} \quad \frac{25}{24} \quad \frac{9}{8} \quad \frac{75}{64} \quad \frac{5}{4} \quad \frac{4}{3} \quad \frac{45}{32} \quad \frac{3}{2} \quad \frac{25}{16} \quad \frac{5}{3} \quad \frac{9}{5} \quad \frac{15}{8} \quad \frac{2}{1}$$

Hierbei gibt die unter einem Ton X stehende Bruchzahl das Frequenzmaß zur Tonika, also den Wert $|(C \to X)|$, an. Natürlich könnten aus diesen Daten alle leitereigenen Intervalle der Skala $(X \to Y)$ berechnet und beschrieben werden – übersichtlich ist dieses Unterfangen aber nicht, und der Eindruck macht sich breit, dass nur diejenigen noch durchblicken, die mit der Fibel der Bruchrechnung unter dem Kopfkissen schlafen gehen. Wir stellen uns folgende Aufgaben:

1. Berechne das semitonale Stufenmuster der Mattheson-Skala.
2. Bestimme das Tableau des Euler-Gitters der Terz-Quint-Iterationen.

Die 1. Aufgabe ist zunächst einmal dadurch gelöst, indem wir die Proportionen – sprich die Frequenzmaße – der Stufen berechnen, was bedeutet, dass wir die Quotienten benachbarter Daten der vorliegenden Tabelle berechnen – eine reine Fleißaufgabe. Es entsteht dann die Skala der Formel-Tabelle 10.12.

Wir haben dabei natürlich darauf geachtet, dass wir die gekürzte Bruchform notiert haben; eine dezimale Darstellung oder eine Centmaßumrechnung ergäbe zwar eine zwecks Umsetzung geeignete Form – allein: Jegliche Systematik wäre verloren. Nicht zuletzt im Hinblick auf die 2. Aufgabe ordnen wir dieser Tabelle die dank der Tabelle 10.4 deutlich erkennbaren klassischen Semitonia zu und erhalten die Skala von Mattheson in der vertrauten Form, welche die Stufen mit den Semitonia identifiziert,

$$C \xrightarrow{ch} Cis \xrightarrow{E} D \xrightarrow{ch} Es \xrightarrow{S} E \xrightarrow{S} F \xrightarrow{CH} Fis \xrightarrow{S} G \xrightarrow{ch} As \xrightarrow{S} A \xrightarrow{E} B \xrightarrow{ch} H \xrightarrow{S} C'.$$

Der Vergleich mit der Euler-Skala

$$C \xrightarrow{ch} Cis \xrightarrow{E} D \xrightarrow{ch} Es \xrightarrow{S} E \xrightarrow{S} F \xrightarrow{CH} Fis \xrightarrow{S} G \xrightarrow{ch} As \xrightarrow{S} A \xrightarrow{CH} B \xrightarrow{S} H \xrightarrow{S} C$$

zeigt dann sehr schnell, dass alle Stufen übereinstimmen bis auf die semitonale Teilung des Ganztonschritts $(A \to H)$, und wir finden die Gegenüberstellung

$$A \xrightarrow{E} B \xrightarrow{ch} H \text{ (Mattheson) gegenüber } A \xrightarrow{CH} B \xrightarrow{S} H \text{ (Euler)},$$

$$R_{12} \quad C \xrightarrow{\frac{25}{24}} Cis \xrightarrow{\frac{27}{25}} D \xrightarrow{\frac{25}{24}} Es \xrightarrow{\frac{16}{15}} E \xrightarrow{\frac{16}{15}} F \xrightarrow{\frac{135}{128}} Fis \xrightarrow{\frac{16}{15}} G \xrightarrow{\frac{25}{24}} As \xrightarrow{\frac{16}{15}} A \xrightarrow{\frac{27}{25}} B \xrightarrow{\frac{25}{24}} H \xrightarrow{\frac{16}{15}} C'$$

Formel-Tabelle 10.12 Reine chromatische Skala R_{12} (nach Mattheson)

wobei die Bilanz die gleiche ist, es gilt ja nach Theorem 10.3 glücklicherweise die Identität

$$E \oplus ch = CH \oplus S.$$

Deshalb ist der einzige Unterschied beider Skalen die Festlegung des Tons B – alle anderen Töne sind identisch. Deswegen können wir die 2. Aufgabe sehr schnell dadurch beantworten, indem wir vom Ton A der Euler-Skala statt des vektoriellen Schritts eines großen Chroma einen Euler'schen Semitonschritt („drei Quinten nach rechts und zwei Terzen nach unten" – siehe Abb. 10.14) anlegen und das Euler'sche „(B)" gegen das neue „B" austauschen. Alle anderen Töne bleiben erhalten. Zur Kontrolle sehen wir ebenfalls mithilfe der Abb. 10.14, dass die vektorielle Verbindung $(B \to H)$ tatsächlich ein kleines Chroma ch darstellt („eine Quinte nach links (abwärts) und zwei Terzen nach oben (aufwärts)"), und die Welt ist in Ordnung.

So gewinnen wir also das gewünschte Tableau, welches wir zusammen mit dem Stufenaufbau in der abschließenden Zusammenstellung notieren wollen.

Beispiel 10.8 (R_{12}-Skala von Johann Mattheson (1681–1764))

Das Tableau der Quint-Terz-Auswahl im Euler-Gitter besteht in der Anordnung.

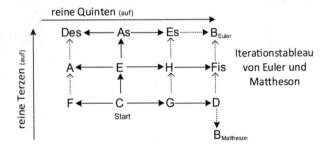

Tableau und Iterationsweg der R_{12}-Skala von Johann Mattheson

Der Stufenaufbau der chromatischen Skala samt ihrer auf Tonika C startenden heptatonischen Teilskala lautet dann in ganzzahlig gerundeten Semitoncentzahlen:

$$C \longrightarrow Cis \longrightarrow D \longrightarrow Es \longrightarrow E \longrightarrow F \longrightarrow Fis \longrightarrow G \longrightarrow As \longrightarrow A \longrightarrow B \longrightarrow H \longrightarrow C'$$

	ch	E	ch	S	S	CH	S	ch	S	E	ch	S
	71	133	71	112	112	92	112	71	112	133	71	112

$T_+ = 203{,}9$ ct $\quad$ $T_- = 182{,}4$ ct $\quad$ $111{,}7$ ct $\quad$ $T_+ = 203{,}9$ ct $\quad$ $T_- = 182{,}4$ ct $\quad$ $T_+ = 203{,}9$ ct $\quad$ $111{,}7$ ct

Somit sind diese heptatonischen C-Dur-Skalen bei Euler und Mattheson identisch. Ebenfalls identisch sind die vier vorkommenden Stufensemitonia (S, ch, CH, E), die lediglich in den Anzahlen differieren. ◀

Bleibt zu bemerken, dass wir dieses Verfahren aufbauend auf der gegebenen Tonika Schritt für Schritt hätten durchführen können und müssen, wäre nicht die bereits bekannte Euler'sche Skala zusammen mit ihrem Tableau zur Stelle gewesen.

10.6 Der semitonale Aufbau des Terz-Quint-Systems

Wir wollen nun das umgekehrte Ziel verfolgen, dass nämlich auch die **Euler-Daten** „Oktave, Quinte und Terz" durch gewisse Semitonia ausgedrückt werden können – und zwar dann eindeutig, wenn wir genau drei geeignete dieser Semitonia vorgeben.

Diese akademisch erscheinende Tugend hat jedoch ganz praktikable Konsequenzen. Wenn jemand beispielsweise die Frage stellen würde,

▶   *„ob man mit diesem oder jenem Sortiment an gegebenen Semitonintervallen eine chromatische Oktavskala bauen kann, die zumindest eine reine Quinte und eine reine Terz enthält",*

dann kann eine Antwort tatsächlich dann gegeben werden, wenn von diesen Intervallen bekannt ist, dass sie eine „Basis" des Systems $\mathfrak{M}_{\text{rein}}$ im Sinne ganzzahliger Adjunktionen bilden oder nicht. Dass es übrigens genau drei sein sollen, liegt daran, dass auch die frei agierende Euler-Basis aus Oktave, Quinte und Terz drei Variable besitzt, und aus einem plausiblen (und beweisbaren) Dimensionsprinzip der Linearen Algebra (genauer: dem sogenannten „Rangtheorem") müssen äquivalente lineare Systeme auch die gleiche Anzahl an freien Erzeugern („Variablen") haben. Der rein pythagoräische Fall mit seiner Apotome-Limma-Basis, wie im Beispiel 4.1 vorgeführt, wäre ja mangels einer reinen Terz hier ausgeschlossen. Bei dieser Auswahl – 3 aus 6 – gäbe es sehr viele Möglichkeiten, und genau genommen wären dies 20 an der Zahl, was man ohne viel Theorie und Mühe herausfindet. Es bietet sich vor allem auch im Hinblick auf den Aufbau reiner Skalen tatsächlich an, die drei Halbtöne

- diatonischer Halbton (S), großes und kleines Chroma (CH und ch)

als neue Basis zur Beschreibung intervallischer Beziehungen heranziehen zu wollen, was auch tatsächlich funktioniert. Daneben ist noch eine andere Semitonbasis für verschiedene Beschreibung geeignet und hilfreich – und das ist die Intervallbasis

- pythagoräisches Limma und Apotome (L und A), diatonischer Halbton (S).

Der Mechanismus, ob – und wenn ja: wie – und mittels welcher Umrechnungen die Zusammenhänge zwischen den Euler-Daten und den Semitonintervallen erfolgen, wird nun im weiteren Text entwickelt. Hierzu setzen wir die Mathematik in erster Linie dazu ein, die strukturellen Fakten des systemischen, linearen Zusammenhangs herauszustellen. Ausgangspunkt aller Daten ist die Tab. 10.10. Dabei unterstützt die Abb. 10.14, welche die Lage dieser sechs Semitonia in den Koordinaten des reoktavierten Tongitters $\mathfrak{E}\mathfrak{g}^{*}_{\text{rein}}$ anzeigt, alle Formeln, die in den anstehenden Gleichungen benötigt werden.

Die Gleichungen der sechs klassischen Semitonia durch ihre Naturdaten, den Euler-Koordinaten   Oktave(O) − Quinte$(Q := Q_\mathrm{pyth})$ − Terz,   stellen   ein   lineares 3×6-dimensioniertes Gleichungssystem dar, welches in der Semitonreihenfolge der Tab. 10.10 und in der Reihung $O - Q -$ Terz der Euler-Variablen und unter Verwendung der $\pm$-Symbolik (anstelle der $\oplus/\ominus$-Notation) folgende Gestalt hat.

$$
\begin{pmatrix} L \\ A \\ S \\ CH \\ ch \\ E \end{pmatrix} = \begin{pmatrix} 3O - 5Q \\ -4O + 7Q \\ O - Q - \mathrm{Terz} \\ -2O + 3Q + \mathrm{Terz} \\ -Q + 2\mathrm{Terz} \\ -O + 3Q - 2\mathrm{Terz} \end{pmatrix} = \begin{pmatrix} 3 & -5 & 0 \\ -4 & 7 & 0 \\ 1 & -1 & -1 \\ -2 & 3 & 1 \\ 0 & -1 & 2 \\ -1 & 3 & -2 \end{pmatrix} \begin{pmatrix} O \\ Q \\ \mathrm{Terz} \end{pmatrix}.
$$

Der linke Anteil des Systems ergibt bei horizontaler („zeilenweiser") Lesart die Gleichung des entsprechenden Semitonintervalls durch die $O - Q -$ Terz-Intervalle. Die rechte Seite entspricht der in der Matrizenrechnung üblichen Notation genau dieser zusammengefassten Gleichungen, siehe auch die Erklärbox − Satz 4.2.

Merke

Alle Beziehungen der Semitonia untereinander sowie die Verflechtungen mit den Euler-Daten ebenso wie alle Fragen hinsichtlich der Beschreibung der Intervalle des Euler-Gitters durch die Wahl neuer Basisintervalle werden ausschließlich − theoretisch wie rechnerisch − durch diese 3×6-System-Matrix gesteuert!

Dieser Prozess erfährt nun mittels „Transponierens" dieser Gleichungen einen ersten Schritt zur rechentechnischen Anwendung. Dazu erklären wir Spalten zu Zeilen und schreiben mit dieser transponierten 6×3-Matrix M

$$
M = \begin{pmatrix} 3 & -4 & 1 & -2 & 0 & -1 \\ -5 & 7 & -1 & 3 & -1 & 3 \\ 0 & 0 & -1 & 1 & 2 & -2 \end{pmatrix} \begin{matrix} \leftarrow & \textit{Oktaven} \\ \leftarrow & \textit{Quinten} \\ \leftarrow & \textit{Terzen} \end{matrix}
$$

$$
\begin{matrix} \uparrow & \uparrow & \uparrow & \uparrow & \uparrow & \uparrow \\ L & A & S & CH & ch & E \end{matrix}
$$

folgendes Gleichungssystem

$$
\begin{pmatrix} y_O \\ y_Q \\ y_{Tz} \end{pmatrix} = x_L \begin{pmatrix} 3 \\ -5 \\ 0 \end{pmatrix} + x_A \begin{pmatrix} -4 \\ 7 \\ 0 \end{pmatrix} + x_S \begin{pmatrix} 1 \\ -1 \\ -1 \end{pmatrix} + x_{CH} \begin{pmatrix} -2 \\ 3 \\ 1 \end{pmatrix} + x_{ch} \begin{pmatrix} 0 \\ -1 \\ 2 \end{pmatrix} + x_E \begin{pmatrix} -1 \\ 3 \\ -2 \end{pmatrix}
$$

auf. Dieses System hat dann genau diese Bedeutung: Ist I eine Summe ganzzahliger Vielfachen von Semitonia-Intervallen, was durch einen Koeffizientenvektor ganzer Zahlen $x = (x_L, \dots, x_E) \in \mathbb{Z}^6$ als Adjunktionssumme definiert ist, das heißt, dass

$$
I = x_L L \oplus x_A A \oplus x_S S \oplus x_{CH} CH \oplus x_{ch} ch \oplus x_E E,
$$

gilt, so erhalten wir den Koeffizientenvektor $y = (y_O, y_Q, y_{Tz})$ der Euler-Darstellung des gleichen Intervalls

$$I = y_O O \oplus y_Q Q \oplus y_{Tz} \text{Terz}$$

durch die Ausführung des voranstehenden Gleichungssystems in zeilenweiser Aufsummierung (der Anwendung der Matrix M auf den Vektor x, siehe erneut die Erklärbox – Satz 4.2), und in Kurzform schreibt man dazu

$$x = (x_L, \ldots, x_E) \Rightarrow y = (y_O, y_Q, y_{Tz}) = M(x).$$

Praktisch bedeutet dieser Prozess nichts anderes, als dass wir für jedes dieser Semitonia (L, A, S, CH, ch, E) seine Euler-Darstellung einsetzen, und dann sortieren wir die Bilanz nach der Gesamtanzahl an Oktaven, an Quinten und an Terzen.

Interessant und anvisiertes Ziel ist nun der umgekehrte Prozess. Wir möchten ein gegebenes Intervall, das uns in seinen Oktav-Quint-Terz-Daten vorliegt, als ein Intervall schreiben, das aus ganz bestimmten Semitonia aufgebaut ist. Dann fragen wir uns:

▶   Geht das überhaupt – und wenn ja: Für welche Auswahlen an Semitonia wäre das möglich, und wie rechnet man das aus?

Diese Fragen beantwortet das folgende Theorem als „mathematischer Hintergrund":

Theorem 10.4 (Die Theorie der klassischen Semitongleichungen)

Die 6×3-dimensionierte Systemmatrix M, welche den Semitonvariablen die Euler-Variablen zuordnet, besitzt in ihrer Rolle als „*linearer Operator*"

$$M : \mathbb{R}^6 \to \mathbb{R}^3,$$

den wir auf die umfassenderen reellen Vektorräume einsetzen, diese Eigenschaften:

(1) **Linearitätsgesetze:** Sie führt ganzzahlige Vektoren in ganzzahlige Vektoren über, das bedeutet die Mengeninklusion $M(\mathbb{Z}^6) \subset \mathbb{Z}^3$, und es gelten die Rechenregeln

$$M(x + \tilde{x}) = M(x) + M(\tilde{x}) \text{ und } M(n * x) = n * M(x) \text{ für alle } n \in \mathbb{Z}.$$

(2) **Surjektivität:** Die drei Zeilen von M sind linear unabhängig. Somit hat die Matrix M den Rang 3, und sie stellt daher einen „surjektiven" Operator dar; der Lösungsraum des homogenen Gleichungssystems ist 3-dimensional. Das bedeutet:

Für jeden Vektor $y \in \mathbb{Z}^3$ hat die Matrixgleichung

$$M(x) = y$$

genau einen 3-dimensionalen affin linearen Lösungsraum in $\mathbb{R}^6$.

(3) **Basisauswahl:** Die Matrix M besitzt genau 20 auswählbare 3×3-Unter-
matrizen U. Mit Ausnahme der zwei 3×3-Untermatrizen aus den Spalten
$L - S - E$ und $A - CH - ch$ sind alle anderen 18 dieser 3×3-Untermatrizen
von M invertierbar, und hiervon sind sogar genau 12 unimodular, denn sie
haben die Determinante ± 1, und deshalb ist ihre inverse Matrix dann ebenfalls
ganzzahlig. Ist U eine solche unimodulare 3×3-Untermatrix von M, so hat das
Gleichungssystem

$$U(x) = y$$

für jeden beliebig vorgegebenen Euler-Basisvektor $y \in \mathbb{Z}^3$ eine eindeutige
Lösung $x \in \mathbb{R}^3$, welche – wie verlangt – auch ganzzahlig ist, will heißen, dass
die Lösung $x \in \mathbb{Z}^3$ ist. Dieser Lösungsvektor $x \in \mathbb{Z}^3$ ist dann der gesuchte
Koeffizientenvektor hinsichtlich der Semitonauswahl, welche der Untermatrix
U entspricht.

Fazit: Ist für drei herausgegriffene Semitonia (X, Y, Z) diese Bedingung der
Unimodularität der ihr entsprechenden Untermatrix erfüllt, so kann jedes Intervall des natürlich-harmonischen Systems $\mathfrak{M}_{\text{rein}}$ durch diese drei Semitonia eindeutig ganzzahlig beschrieben werden, in Formeln

$$\mathfrak{M}_{X,Y,Z} = \mathfrak{M}_{O,Q_{\text{pyth}},\text{Terz}} = \mathfrak{M}_{\text{rein}}.$$

Beweis Zu (1): Die ganzzahlige Addition ganzzahliger Produkte führt zu ganzzahligen Ergebnissen. Deshalb führt die Systemmatrix ganzzahlige Vektoren in ganzzahlige Vektoren über. Die Rechengesetze der Matrizenrechnung sind „linear" – es
sind geordnete Zusammenfassungen des „Dreisatzes" aus dem Rechenalltag. Für einen
begleitenden Blick auf diese Dinge empfehlen wir die Lektüre [23] oder [33] oder [54].

Zu (2): Weil ja bereits die vordere 3×3-Untermatrix U zu den Semitonia $L - A - S$,

$$U = \begin{pmatrix} 3 & -4 & 1 \\ -5 & 7 & -1 \\ 0 & 0 & -1 \end{pmatrix},$$

die Determinante (-1) hat, sind deren Spalten wie auch ihre Zeilen über den reellen
Zahlen unabhängig – dann gilt das erst recht für die ganze Matrix M.

Zu (3): Die beiden Ausnahmematrizen sind

$$U = \begin{pmatrix} 3 & 1 & -1 \\ -5 & -1 & 3 \\ 0 & -1 & -2 \end{pmatrix} \text{ und } U = \begin{pmatrix} -4 & -2 & 0 \\ 7 & 3 & -1 \\ 0 & 1 & 2 \end{pmatrix},$$

von denen man unschwer nachrechnet, dass ihre Determinanten verschwinden. Im Einklang hierzu steht bei der vorderen Matrix, welche der Semitonauswahl $L - S - E$ entspricht, die Beobachtung, dass die 1. Spalte gleich der doppelten 2. Spalte minus der
3. Spalte ist. Intervallarithmetisch entspricht dies der musikalischen Gleichung

$$L = 2S \ominus E \Leftrightarrow E \ominus S = S \ominus L,$$

die wir ja in der vorangehenden Bemerkung bereits diskutiert haben, zuletzt im Theorem 10.3. Bei der zweiten Matrix, der Auswahlmatrix $A - CH - ch$, ist dies analog: Hier steht die Identität

$$A = 2CH \ominus ch \Leftrightarrow CH \ominus ch = A \ominus CH$$

in Äquivalenz zur Abhängigkeit der Spalten dieser Untermatrix.

Dass alle 18 übrigen 3×3-Untermatrizen nicht-verschwindende Determinanten haben, von denen 12 auch noch den Wert (± 1) haben, ist das Ergebnis einer zwar fleißigen – jedoch einfach zu bewerkstelligenden – Aufgabe, die wir hier übergehen. Die als wesentlich zu nennende Aussage über die Eindeutigkeit und ganzzahlige Existenz der Lösung einer Gleichung

$$y = U(x) \Leftrightarrow x = U^{-1}(y)$$

ist dann eine (besser: die!) zentrale Konsequenz aus der Theorie der Linearen Algebra, ihrer Determinanten- und Gleichungssysteme. Das Fazit dieser Betrachtung resultiert nun einfach aus der Beobachtung, dass, wenn Oktave, Quinte und Terz durch drei Semitonia ganzzahlig dargestellt werden können, dann auch jedes beliebige Intervall, welches sich seinerseits ganzzahlig aus Oktave, Quinte und Terz zusammensetzt. Damit ist das Theorem besprochen. ∎

▶   *Es ist im Übrigen ein weiteres wundervolles Beispiel für die Durchdringung von „Musik und Mathematik" – verbindet es doch jetzt auch die Theorie der reinen Terz-Quint-Intervalle mit ihrer Primzahlarithmetik und der Theorie linearer Gleichungssysteme mit ganzzahligen Koeffizienten und führt auf diese Weise in die mathematische Modultheorie.*

Wir greifen die zwei bereits angedeuteten signifikanten Basisauswahlen auf, und als Erstes diskutieren wir die $L - A - S -$ Basis:

Beispiel 10.9 (Die Limmabasis ($L - A - S-$Basis))

Die aus den ersten drei Spalten L, A, S gebildete 3×3-Untermatrix von M

$$U = \begin{pmatrix} 3 & -4 & 1 \\ -5 & 7 & -1 \\ 0 & 0 & -1 \end{pmatrix}$$

ist unimodular, ihre Determinante ist (-1); daher ist sie ganzzahlig invertierbar. Die Berechnung ihrer inversen 3×3-Matrix $V = U^{-1}$ ist dabei eine praktische Grundaufgabe der Linearen Algebra – man kann hierzu den populären „Gauß-Algorithmus" benutzen, siehe hierzu [23] und [54]. Für uns genügt es – die Kenntnisse über Matrixmultiplikationen, die in der Erklärbox – Satz 4.2 des Abschn. 4.3 kurz erläutert werden, für den Moment einmal unterstellt –, nachzurechnen, dass die Produkt-beziehung

$$
U \circ V = \begin{pmatrix} 3 & -4 & 1 \\ -5 & 7 & -1 \\ 0 & 0 & -1 \end{pmatrix} \circ \begin{pmatrix} 7 & 4 & 3 \\ 5 & 3 & 2 \\ 0 & 0 & -1 \end{pmatrix} = \begin{pmatrix} 1 & 0 & 0 \\ 0 & 1 & 0 \\ 0 & 0 & 1 \end{pmatrix}
$$

gilt, was genau bedeutet, dass $V = U^{-1}$ ist. Daher bildet das Intervallsystem aus Limma (L), Apotome (A) und Semiton (S) eine Intervallbasis des kompletten, durch die Euler-Daten $O - Q -$ Terz beschriebenen Modulraums $\mathfrak{M}_{\text{rein}}$.

Umrechnungsformeln: Für jedes beliebige Intervall l des Euler-Gitters $\mathfrak{M}_{\text{rein}}$ gilt

$$
I = y_O O \oplus y_Q Q \oplus y_{\text{Tz}} \text{Terz} \Leftrightarrow I = x_L L \oplus x_A A \oplus x_S S,
$$

und dann gilt die Umrechnung der Koordinaten in der modernen Form

$$
\begin{pmatrix} x_L \\ x_A \\ x_S \end{pmatrix} = \begin{pmatrix} 7 & 4 & 3 \\ 5 & 3 & 2 \\ 0 & 0 & -1 \end{pmatrix} \begin{pmatrix} y_O \\ y_Q \\ y_S \end{pmatrix} \Leftrightarrow \begin{pmatrix} y_O \\ y_Q \\ y_S \end{pmatrix} = \begin{pmatrix} 3 & -4 & 1 \\ -5 & 7 & -1 \\ 0 & 0 & -1 \end{pmatrix} \begin{pmatrix} x_L \\ x_A \\ x_S \end{pmatrix}.
$$

Indem wir in das vordere System speziell die kanonischen Basisvektoren

$$
y = (1, 0, 0) \text{ oder } y = (0, 1, 0) \text{ oder } y = (0, 0, 1)
$$

einsetzen – was ja den Basisintervallen $O, Q,$ Terz entspricht –, erhalten wir auf diese Weise und quasi zur Kontrolle die bekannten Gleichungen der Euler-Basis durch die gewählten Semitonia

$$
O = 7L \oplus 5A,
$$
$$
Q = 4L \oplus 3A,
$$
$$
\text{Terz} = 3L \oplus 2A \ominus S.
$$

Diese kann man zur Umrechnung von der Euler-Basis in die ($L - A - S-$)-Basis sicher auch durch direktes Einsetzen nutzen. Wenn wir dagegen im hinteren System die kanonische Basis einsetzen, bekommen wir umgekehrt die Darstellung von Limma, Apotome und Semitonium durch Oktave, Quinte und Terz, und dies dient sozusagen zur Kontrolle der Matrixarchitektur. ◄

Jetzt kommen wir zu einer versprochenen Anwendung dieser „Theorie": Es könnte vielleicht eine „Prüfungsfrage" sein – oder eine vom Himmel gefallene:

▶   **Frage:** *Gibt es eine dodekatonische Skala des Euler-Gitters* $\mathfrak{M}_{\text{rein}}$*, deren Stufen ausschließlich aus den Semitonia* ($L - A - S$) *bestehen und die nicht rein pythagoräisch ist?*

Antwort: Wie kann man diese Frage beantworten? Sollen wir am Ende mit emsiger Recherche und gefühlt unzähligen Bastelversuchen am geometrischen Euler-Gitter einen derartig gewünschten Skalenaufbau herausfinden wollen? Nein, alle Mühe wäre leider umsonst, denn eine solche Skala kann es nicht geben. Nehmen wir nämlich das Gegenteil an, so gäbe es aufgrund des gefundenen Skalenaufbaus einen Stufenaufbau

$$O = x * L \oplus y * A \oplus z * S$$

mit positiven ganzen Zahlen (x, y, z) und $x + y + z = 12$. Auf der anderen Seite besteht ja auch die bekannte Gleichung.

$$O = 7 * L \oplus 5 * A \oplus 0 * S,$$

denn das ist ja die pythagoräische Oktavgleichung, siehe beispielsweise unser Theorem 8.1. Jetzt kommt das entscheidende Argument, dass nämlich $(L - A - S)$ eine <u>Intervallbasis</u> von $\mathfrak{M}_{\text{rein}}$ ist, weshalb die Darstellung eines jeden Intervalls aus $\mathfrak{M}_{\text{rein}}$ durch diese drei Intervalle eindeutig ist. Dann ist aber $x = 7, y = 5$ und $z = 0$, und die Skala ist pythagoräisch und somit eine Wolfsquintvariante von P_{12}. Die obige Frage hat also die Antwort „nein".

Jetzt folgt die ähnlich gelagerte Diskussion hinsichtlich der „Chromabasis":

Beispiel 10.10 (Die Chromabasis ($S - CH - ch$–Basis))

Wählen wir aus den Spalten der Matrix M diejenigen aus, welche zu S, CH, ch gehören, so entsteht diesmal die 3×3-Untermatrix von M

$$U = \begin{pmatrix} 1 & -2 & 0 \\ -1 & 3 & -1 \\ -1 & 1 & 2 \end{pmatrix}.$$

Auch diese Matrix ist unimodular, denn ihre Determinante ist $(+1)$; und sie ist daher ebenfalls ganzzahlig invertierbar. Wir finden ihre Inverse wie im Beispiel 10.9, und das Ergebnis kann wieder durch die Matrixgleichung

$$U \circ V = \begin{pmatrix} 1 & -2 & 0 \\ -1 & 3 & -1 \\ -1 & 1 & 2 \end{pmatrix} \circ \begin{pmatrix} 7 & 4 & 2 \\ 3 & 2 & 1 \\ 2 & 1 & 1 \end{pmatrix} = \begin{pmatrix} 1 & 0 & 0 \\ 0 & 1 & 0 \\ 0 & 0 & 1 \end{pmatrix}$$

bestätigt werden. Somit ist die Matrix V die Inverse der Matrix U. Deshalb bildet jetzt das Intervallsystem aus Semiton (S), großem Chroma (CH) und kleinem Chroma (ch) eine Intervallbasis des kompletten Modulraums $\mathfrak{M}_{\text{rein}}$; für jedes beliebige Intervall l des Euler-Gitters $\mathfrak{M}_{\text{rein}}$ gibt es eine äquivalente Beschreibung

$$I = y_O O \oplus y_Q Q \oplus y_{\text{Tz}} \text{Terz} \Leftrightarrow I = x_S S \oplus x_{CH} CH \oplus x_{ch} ch.$$

In diesem Fall lauten die Umrechnungsformeln

$$\begin{pmatrix} x_S \\ x_{CH} \\ x_{ch} \end{pmatrix} = \begin{pmatrix} 7 & 4 & 2 \\ 3 & 2 & 1 \\ 2 & 1 & 1 \end{pmatrix} \begin{pmatrix} y_O \\ y_Q \\ y_S \end{pmatrix} \Leftrightarrow \begin{pmatrix} y_O \\ y_Q \\ y_S \end{pmatrix} = \begin{pmatrix} 1 & -2 & 0 \\ -1 & 3 & -1 \\ -1 & 1 & 2 \end{pmatrix} \begin{pmatrix} x_S \\ x_{CH} \\ x_{ch} \end{pmatrix}.$$

Speziell ergibt sich wieder durch Einsetzen der kanonischen Basisvektoren $(1, 0, 0), (0, 1, 0), (0, 0, 1)$ in das linke System die Darstellung der Euler-Basis durch die Semitonia S, CH, ch,

$$O = 7S \oplus 3CH \oplus 2ch,$$

$$Q = 4S \oplus 2CH \oplus ch,$$

$$\text{Terz} = 2S \oplus CH \oplus ch.$$

Ebenso ergibt das Einsetzen der kanonischen Basis in das rechte System wieder die Beschreibung dieser Semitonia durch die Euler-Basis. ◄

Ein Anwendungsbeispiel

Wir wollen diesen Umrechnungsformalismus einmal von einer anderen Seite her vorstellen und ein Beispiel präsentieren, das zeigt, wie man von der einen zur anderen Darstellung kommt.

Wie wir soeben gesehen haben, besteht zwischen den Euler-Daten eines Intervalls und den Daten der Chromabasis ein „linearer" Zusammenhang: Die drei Daten $y = (y_O, y_Q, y_{Tz})$ der Euler-Basis werden mit den drei Daten $x = (x_S, x_{CH}, x_{ch})$ der Chromabasis durch drei Gleichungen bestimmt und umgekehrt. Dieser Zusammenhang wird durch den im Theorem beschriebenen Matrizenkalkül beschrieben, und wir werden dies einmal ausführlich erläutern. Wir lesen jedenfalls hieraus ab, dass die Matrix

$$V = \begin{pmatrix} 7 & 4 & 2 \\ 3 & 2 & 1 \\ 2 & 1 & 1 \end{pmatrix}$$

die Euler-Daten in die Chromadaten überführt. Das bedeutet: Ist ein Intervall I in den Euler-Daten gegeben,

$$I = y_O O \oplus y_Q Q \oplus y_{Tz} \text{Terz},$$

so liefert die Matrixanwendung

$$\begin{pmatrix} 7 & 4 & 2 \\ 3 & 2 & 1 \\ 2 & 1 & 1 \end{pmatrix} \begin{pmatrix} y_O \\ y_Q \\ y_{Tz} \end{pmatrix} = \begin{pmatrix} 7y_O + 4y_Q + 2y_{Tz} \\ 3y_O + 2y_Q + y_{Tz} \\ 2y_O + y_Q + y_{TzO} \end{pmatrix} \begin{matrix} \leftarrow & \#S - \text{Intervalle von } I \\ \leftarrow & \#CH - \text{Intervalle von } I \\ \leftarrow & \#ch - \text{Intervalle von } I \end{matrix}$$

das fertige Ergebnis als vertikal geschriebenen Vektor.

▶   *Das „musikalische" Symbol # hat auch hier seinen mathematischen Platz gefunden; es wird wie im Kap. 1 für die Bedeutung „Anzahl von…" eingesetzt.*

Und umgekehrt vollzieht sich die gleiche Prozedur: Die Matrix

$$U = \begin{pmatrix} 1 & -2 & 0 \\ -1 & 3 & -1 \\ -1 & 1 & 2 \end{pmatrix}$$

führt die Chromadaten in die Euler-Daten über. Das bedeutet: Ist ein Intervall I in den Chromadaten gegeben,

$$I = x_S S \oplus x_{CH} CH \oplus x_{ch} ch,$$

so liefert jetzt die Matrixanwendung

$$\begin{pmatrix} 1 & -2 & 0 \\ -1 & 3 & -1 \\ -1 & 1 & 2 \end{pmatrix} \begin{pmatrix} x_S \\ x_{CH} \\ x_{ch} \end{pmatrix} = \begin{pmatrix} x_S - 2x_{CH} \\ -x_S + 3x_{CH} - x_{ch} \\ -x_S + x_{CH} + 2x_{ch} \end{pmatrix} \begin{matrix} \leftarrow & \#O - \text{Intervalle von } I \\ \leftarrow & \#Q - \text{Intervalle von } I \\ \leftarrow & \#\text{Terz} - \text{Intervalle von } I \end{matrix}$$

die Daten in der Euler-Basis. Dann ist übrigens auch automatisch $V = U^{-1}$. Konkret haben wir dies ja im Beweis zum Theorem nachgerechnet. Genauso verhält es sich mit der Limmabasis oder jeder anderen unimodularen 3×3-Auswahlmatrix von M. Wir zeigen dies an dem konkreten Beispiel des syntonischen Kommas:

Beispiel 10.11 (Basiswechsel für das syntonische Komma ε_{synt})

Angenommen, wir möchten die Limmadaten des syntonischen Kommas berechnen, welches durch seine natürliche Definition

$$\varepsilon_{\text{synt}} = \text{Ditonos} \ominus \text{Terz} = 2T_+ \ominus (T_+ \oplus T_-) = T_+ \ominus T_- = CH \ominus ch$$

sozusagen automatisch in der Chromabasis formulierbar ist. Nun führen viele Wege nach Rom – wir könnten beispielsweise mittels der Tab. 10.13 die beiden Chroma durch die Limmadaten ausdrücken, und dann wären wir fertig, im Detail

$$\varepsilon_{\text{synt}} = CH \ominus ch = (L \oplus A \ominus S) \ominus (2L \oplus A \ominus 2S) = \ominus L \oplus S = S \ominus L.$$

Sollten wir aber auf die Idee kommen, zunächst einmal die Standarddarstellung – das sind die Euler-Daten – zu finden, so kann dies beispielsweise nach Tab. 10.13 zwar auch geschehen,

$$CH \ominus ch = (\ominus 2O \oplus 3Q \oplus \text{Terz}) \ominus (\ominus Q \oplus 2\text{Terz})$$
$$= \ominus 2O \oplus 4Q \ominus \text{Terz},$$

allerdings haben wir dann dieses Ergebnis noch in die Limmabasis umzuwandeln. Wäre uns der geordnete systematische Umgang fremd, so würden wir die Oktave, die Quinte und die Terz durch die $L - A - S$-Daten ausdrücken mit einer anschließenden Bilanzierung. Das ist sicher ein Weg – jedoch provoziert dies alles auch längere Rechnungen. Wie sieht dagegen eine systemische Rechnung aus? Nun, wir wissen, dass die Matrix

$$U = \begin{pmatrix} 1 & -2 & 0 \\ -1 & 3 & -1 \\ -1 & 1 & 2 \end{pmatrix}$$

die Chromadaten in die Euler-Daten überführt – und zwischendurch sei dann bemerkt, dass sich die Euler-Daten des syntonischen Kommas aus der Rechnung

$$\begin{pmatrix} 1 & -2 & 0 \\ -1 & 3 & -1 \\ -1 & 1 & 2 \end{pmatrix} \begin{pmatrix} 0 \\ 1 \\ -1 \end{pmatrix} = \begin{pmatrix} -2 \\ 3-(-1) \\ 1-2 \end{pmatrix} = \begin{pmatrix} -2 \\ 4 \\ -1 \end{pmatrix}$$

ergeben, in völliger Übereinstimmung mit der zuvor gefundenen Formel. Wenn wir dies nun in die Limmadaten verwandeln, so geschieht dies mit der Matrix

$$\begin{pmatrix} 7 & 4 & 3 \\ 5 & 3 & 2 \\ 0 & 0 & -1 \end{pmatrix},$$

welche die Euler-Daten in die Limmadaten transformiert. Dann folgt das Ergebnis

$$\begin{pmatrix} 7 & 4 & 3 \\ 5 & 3 & 2 \\ 0 & 0 & -1 \end{pmatrix} \begin{pmatrix} -2 \\ 4 \\ -1 \end{pmatrix} = \begin{pmatrix} -1 \\ 0 \\ 1 \end{pmatrix},$$

welches unserer bereits anfangs gefundenen Formel $\varepsilon_{\text{synt}} = S \ominus L$ entspricht; sie ist uns ja auch schon im Theorem 10.3 über den Weg gelaufen. Erhalten wir dieses Ergebnis auch mittels der Matrizenrechnung? Nun, die Chromadaten von $CH \ominus ch$ schreiben sich ja gerade definitionsgemäß in vektorieller Darstellung in der Form

$$CH \ominus ch \leftrightarrow (0, 1, -1);$$

dann ergibt unsere vorstehende Matrixrechnung

$$\begin{pmatrix} 1 & -2 & 0 \\ -1 & 3 & -1 \\ -1 & 1 & 2 \end{pmatrix} \begin{pmatrix} 0 \\ 1 \\ -1 \end{pmatrix} = \begin{pmatrix} -2 \\ 3-(-1) \\ 1-2 \end{pmatrix} = \begin{pmatrix} -2 \\ 4 \\ -1 \end{pmatrix}$$

in perfekter Übereinstimmung mit der Angabe der Tab. 10.13. ◄

Resümierend lässt sich nun sagen: Sollten wir also die Aufgabe haben, gleich mehrere Intervalle aus der Chroma- in die Limmaform zu überführen, kann dies in einem einzigen Schritt geschehen: Ist

$$I = x_S S \oplus x_{CH} CH \oplus x_{ch} ch,$$

ein gegebenes Intervall, so entspricht die Hintereinanderschaltung des Prozesses

(Chromadaten) $\rightarrow$ (Euler-Daten) $\rightarrow$ (Limmadaten)

einer entsprechenden Matrixmultiplikation, sodass wir in Konsequenz die Formel

$$\begin{pmatrix} x_L \\ x_A \\ x_S \end{pmatrix} = \begin{pmatrix} 7 & 4 & 3 \\ 5 & 3 & 2 \\ 0 & 0 & -1 \end{pmatrix} \begin{pmatrix} 1 & -2 & 0 \\ -1 & 3 & -1 \\ -1 & 1 & 2 \end{pmatrix} \begin{pmatrix} x_S \\ x_{CH} \\ x_{ch} \end{pmatrix} = \begin{pmatrix} 0 & 1 & 2 \\ 0 & 1 & 1 \\ 1 & -1 & -2 \end{pmatrix} \begin{pmatrix} x_S \\ x_{CH} \\ x_{ch} \end{pmatrix}$$

erhalten. Für unser Beispiel des syntonischen Kommas würde dies dann die Rechnung

$$\begin{pmatrix} x_L \\ x_A \\ x_S \end{pmatrix} = \begin{pmatrix} 0 & 1 & 2 \\ 0 & 1 & 1 \\ 1 & -1 & -2 \end{pmatrix} \begin{pmatrix} 0 \\ 1 \\ -1 \end{pmatrix} = \begin{pmatrix} -1 \\ 0 \\ 1 \end{pmatrix}$$

bedeuten, und dieses Resultat stimmt mit der bereits gefundenen Lösung überein.

▶ *Fazit:* Der Prozess, Intervalle eindeutig durch verschiedene „Intervallsysteme"
   zu beschreiben, ist die „musikalische Form" der in der Mathematik der Linearen
   Systeme bekannten „Basistransformationen"; hier wie dort geschieht dies durch
   die Koppelung von Matrizen, welche diesen Transformationen zugeordnet sind.

Die Skala von Ramos de Pareja

Im letzten Beispiel dieses Abschnitts kommen wir wieder zu den traditionellen
historischen Skalen, die uns in die Ideenwelt ihrer Erbauer einführen. In dem
Abschn. 10.4 haben wir die Skala von Euler und im Abschn. 10.5 diejenige von
Mattheson kennengelernt. Jetzt studieren wir die Skala von Ramos de Pareja, die auch
schon sehr früh im Renaissance-Zeitalter entstanden ist und die in Konkurrenz zu den
Mittelton-Quinten-Skalen von Praetorius und dessen Schule stand. Zusammen mit den
Skalen von Anonymus und Kepler, die im Kompendium Kap. 12 der bedeutendsten
repräsentativen Temperierungen erscheinen werden, haben wir dann alle berühmten
reinen Skalen kennengelernt.

Die Skala dieses italienischen Mathematikers und Musiktheoretikers aus dem Jahre
1482 hat eine außerordentlich simple Struktur: Sie besteht aus zwei um zwei Quinten
gegeneinander versetzte 5er-Quintenketten im vertikalen Abstand einer Terz. Deshalb kann es auch keine Semitonia geben, welche im Euler-Gitter zwei oder mehrere
Terzkoordinaten haben; das kleine Chroma (ch) und der Euler-Halbton (E) sind somit
ausgeschlossen. Aber schauen wir einmal:

Beispiel 10.12 (R_{12}-Skala von Ramos de Pareja (1440–1491))

Das Konstruktionsschema dieser Tonauswahl sieht folgendermaßen aus:

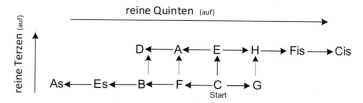

Iterationsweg der R_{12}-Skala von Ramos de Pareja

Nutzen wir die übersichtlichen vektoriellen Intervallbeziehungen des Tongitters aus Abschn. 10.2, so kommen wir – quasi ohne Rechnung – zu folgender Semitonstruktur dieser Skala und ihrer heptatonischen, auf der Tonika startenden Subskala:

$$
\begin{array}{ccccccccccccc}
C & \to & Cis & \to & D & \to & Es & \to & E & \to & F & \to & Fis & \to & G & \to & Gis & \to & A & \to & B & \to & H & \to & C' \\
& CH & & L & & S & & CH & & S & & CH & & S & & L & & CH & & S & & CH & & S \\
& 92 & & 90 & & 112 & & 92 & & 112 & & 92 & & 112 & & 90 & & 92 & & 112 & & 92 & & 112
\end{array}
$$

$$
\underbrace{\qquad}_{T_-=182,4\ \text{ct}} \quad \underbrace{\qquad}_{T_+=203,9\ \text{ct}} \quad \underbrace{}_{111,7\ \text{ct}} \quad \underbrace{\qquad}_{T_+=203,9\ \text{ct}} \quad \underbrace{\qquad}_{T_-=182,4\ \text{ct}} \quad \underbrace{\qquad}_{T_+=203,9\ \text{ct}} \quad \underbrace{}_{111,7\ \text{ct}}
$$

Die Skala ist demnach aus den drei Semitonia S (15:16), dem großen Chroma CH (128:135) und dem pythagoräischen Limma L (243:256) als Stufenintervalle aufgebaut. Als Ganztonschritte nehmen wir ebenfalls nur drei Intervalle wahr:

$$T_+ = T_{\text{pyth}} = S \oplus CH \equiv 203,9\ \text{ct} - \text{auf } D,\ Es,\ E,\ F,\ Gis,\ A,\ B,\ H,$$

$$T_- = T_{\text{diaton}} = L \oplus CH \equiv 182,4\ \text{ct} - \text{auf } C,\ G,$$

$$T_{L+S} = T_{\text{verm. Euler-GT}} = L \oplus S \equiv 201,9\ \text{ct} - \text{auf } Cis,\ Fis.$$

Um nun den Zusammenhang zum Thema dieses Abschnitts zu demonstrieren, stellen wir fest, dass auch diese Semitonia (S, CH, L) eine Basis der Algebra $\mathfrak{M}_{\text{rein}}$ darstellen. Denn die aus den Spalten $(L - S - CH)$ gebildete 3×3-Untermatrix von M

$$
U = \begin{pmatrix} 3 & 1 & -2 \\ -5 & -1 & 3 \\ 0 & -1 & 1 \end{pmatrix}
$$

hat den Determinantenwert $(+1)$ und ist demnach unimodular. Wir haben die eindeutige Oktavdarstellung

$$O = 5S \oplus 5CH \oplus 2L,$$

die wir zu Übungszwecken auch noch in die Chromabasis umrechnen könnten, und dann wäre

$$5S \oplus 5CH \oplus 2L = 5S \oplus 5CH \oplus 2(S \oplus ch \ominus CH),$$

$$= 7S \oplus 3CH \oplus 2\text{ch} = O,$$

was das Theorems samt seiner Umrechnungsmaschinerie sehr schön bestätigt. ◄

Am Ende dieses Abschnitts vervollständigen wir unsere Betrachtungen durch die Tab. 10.13, welche die Euler-Daten, die Limmadaten sowie die Chromadaten für die wichtigsten Intervalle des Euler-Gitters enthält. Im Prinzip wären alle diese Daten genau so berechenbar, wie wir dies im Beispiel 10.11 gesehen haben.

Tab. 10.13 Semiton-Basisdaten der wichtigsten Intervalle der reinen Chromatik

Intervall	Symbol	Euler-Daten (y_O, y_Q, y_{Tz})	Limma-Daten (x_L, x_A, x_S)	Chroma-Daten (x_S, x_{CH}, x_{ch})
Schisma	$\varepsilon_{\text{schisma}}$	$(-5, 8, 1)$	$(0, 1, -1)$	$(-1, 2, -1)$
Pythagoräisches Komma	$\varepsilon_{\text{pyth}}$	$(-7, 12, 0)$	$(-1, 1, 0)$	$(-1, 3, -2)$
Syntonisches Komma	$\varepsilon_{\text{synt}}$	$(-2, 4, -1)$	$(-1, 0, 1)$	$(0, 1, -1)$
Kleine Diësis	$\varepsilon_{\text{klein}-\text{diësis}}$	$(1, 0, -3)$	$(-2, -1, 3)$	$(1, 0, -1)$
Große Diësis	$\varepsilon_{\text{groß}-\text{diësis}}$	$(-1, 4, -4)$	$(-3, -1, 4)$	$(1, 1, -2)$
Limma	$L = L_{\text{pyth}}$	$(3, -5, 0)$	$(1, 0, 0)$	$(1, -1, 1)$
Apotome	$A = A_{\text{pyth}}$	$(-4, 7, 0)$	$(0, 1, 0)$	$(0, 2, -1)$
Diaton. Halbton	S	$(1, -1, -1)$	$(0, 0, 1)$	$(1, 0, 0,)$
Kleines Chroma	ch	$(0, -1, 2)$	$(2, 1, -2)$	$(0, 0, 1)$
Großes Chroma	CH	$(-2, 3, 1)$	$(1, 1, -1)$	$(0, 1, 0)$
Euler-Halbton	E	$(-1, 3, -2)$	$(-1, 0, 2)$	$(1, 1, -1)$
Kleiner Ganzton	T_-	$(1, -2, 1)$	$(2, 1, -1)$	$(1, 0, 1)$
Großer Ganzton	T_+	$(-1, 2, 0)$	$(1, 1, 0)$	$(1, 1, 0)$
Reine kleine Terz	kl.Terz	$(0, 1, -1)$	$(1, 1, 1)$	$(2, 1, 0)$
Reine große Terz	Terz	$(0, 0, 1)$	$(3, 2, -1)$	$(2, 1, 1)$
Reine Quinte	Q_{pyth}	$(0, 1, 0)$	$(4, 3, 0)$	$(4, 2, 1)$
Oktave	O	$(1, 0, 0)$	$(7, 5, 0)$	$(7, 3, 2)$

10.7 Die harmonischen Gleichungen der Chromatik und Enharmonik

Eine Frage wollen wir gleich zu Beginn aufwerfen:

▶ *„Was ist ein musikalisches Komma?"*

Ja, diese Frage stellt sich durchaus. Im Abschn. 10.4 haben wir uns zwar schon recht ausführlich mit diesen „Kommata" befasst, wir haben Definitionen und Gleichungen sowie ihr vektorgeometrisches Kalkül studiert – aber der Frage, was „Kommata" sind, sind wir wohl aus dem Wege gegangen. Dabei steuert gerade die Beantwortung dieser Frage die Mechanismen, die es zwischen der Enharmonik – damit ist im Augenblick die filigrane Struktur der Terz-Quint-Iterationen gemeint – und der Chromatik gibt; und bei letzterer ist das klassische Ganzton- und Halbtonsystem gemeint, das in die Beschreibungen der antiken Skalen Eingang gefunden hat.

Kehren wir einmal ganz kurz zum Anfang zurück: Dort haben wir in der Definition 7.1 zusammen mit dem Theorem 7.2 gesehen, dass das pythagoräische Komma – festgelegt als Maß der unsymmetrischen Teilung des Ganztons (8:9) durch die beiden unterschiedlich großen Semitonia Limma (243:256) und Apotome (2048:2187) – in

Äquivalenz zu eben dieser Festlegung ganz entscheidend dafür verantwortlich ist, dass sich der Kreis zwölf reiner Quinten nicht schließt. Und so kommt es, dass das pythagoräische Komma eher als

▶   *Defizit der 12 Quinten zur 7-fachen Oktave*

bekannt ist, als dass es den Unterschied zweier Halbtonschritte beschreibt – zumal deren Bekanntheitsgrad gewiss überschaubar ist. Mathematisch ausgedrückt, bedeutet dies die „Unverträglichkeit des Primzahl-3-Systems der Quinten mit dem Primzahl-2-System der Oktaven".

Mit den reinen Systemen haben wir nun solche, welche auf den beiden Primzahlen 5 („Terzen") und 3 („Quinten") sowie der Oktavprimzahl 2 aufgebaut sind. Was nun die reinen Terzen betrifft, so gehen sie ja bekanntlich ebenso wenig eine Schließung mit den Oktaven ein wie die Quinten, siehe Abschn. 3.2 mit seinem Beispiel 3.5. Das „Komma", welches das Defizit der Terzen mit den Oktaven beschreibt, ist uns längst bekannt – es ist die kleine Diësis, sie ist das

▶   *Defizit von 3 Terzen zur 1-fachen Oktave.*

Und die große Diësis wäre wohl das

▶   *Defizit von 4 kleinen Terzen zur 1-fachen Oktave,*

wobei hier aber auch schon die Primzahl 3 involviert ist; bei der kleinen Diësis sind nur die Primzahlen 2 und 5 am Schließungs- beziehungsweise am Kommensurabilitätsgeschehen beteiligt, wenn auch erfolglos. Diese Rollen haben wir im Rahmen der beiden Mitteltönigkeiten kennengelernt. Dann ergibt sich die

▶   **Frage:** *Sind auch diese „Kommata" Differenzen von Halbtonschritten des Terz-Quint-Systems?*

Auch hier ist die **Antwort:** „Ja" – und das sehen wir in den zahlreichen Formeln des Teils (A) von Theorem 10.3.

Schließlich ist noch ein weiteres „Komma" aufgetaucht: Das syntonische Komma. Es ist das Intervall der Differenz der pythagoräischen Terz zur reinen Terz – so jedenfalls haben wir dies in der Definition 10.1 festgelegt und in vielen früheren Betrachtungen auch so benutzt. Und auch diese Differenz ist eine Differenz zweier Semitonia, nämlich derjenigen von großem und kleinem Chroma. Und wenn wir uns das Theorem 10.3 anschauen, entdecken wir, dass auch das Schisma und das Diaschisma Differenzen von klassischen Halbtonschritten des Terz-Quint-Systems sind.

Für die Semitonia haben wir das Konzept entwickelt, diese „Halbtonschritte" als Teilungen und Differenzen im System der übergeordneten Ganztöne zu sehen. Und so ist die Idee entstanden, die Kommata – zumindest die klassischen – ebenfalls als Differenzen höher gegliederter Strukturen zu entdecken und zu definieren.

So tritt neben der Auffassung, Kommata seien „Schließungsdefizite", auch eine methodische Systematik einer ganzheitlichen Betrachtung. Kurzum: Die Definitionen der Kommata als Kombinationen der beiden Prinzipale – syntonisches und pythagoräisches Komma – werden nun übertragen wie auch gleichwertig ersetzt durch ihren analytischen Aufbau der übergeordneten Semitonia. So kommen wir zu einem neuen Zugang der Vierteltönigkeiten.

Ein neuer systematischer Zugang

Die reine diatonische Skala R_7 kennt also die zwei Ganztöne (8:9 und 9:10) sowie den Halbton (15:16) als leitereigene Intervalle. Hieraus haben wir ausschließlich durch Differenzenbildungen insgesamt sechs Semitonia der reinen Euler'schen Skala R_{12} gefunden, die wir in der Tab. 10.10 aufgelistet haben.

Wenn wir nun dies als „Komma" erklären wollen, was wiederum als Differenz von Halbtönen entsteht – wobei man stets den kleineren vom größeren subjungiert, um triviale Dopplungen zu vermeiden –, so zeigt eine einfache kombinatorische Überlegung, dass es 15 solcher Differenzen gäbe. Wenn wir die sechs klassischen Semitonia der Größe nach ordnen, entsteht die Sequenz, die wir als Tab. 10.14 angeben. Dabei bedienen wir uns insbesondere auch der Chromabasis, wie sie im Abschn. 10.5 vorgestellt wurde.

Die 15 Differenzen erhält man nun, indem von einem Semiton alle darunter stehenden subtrahiert werden. Natürlich sieht dies auf den ersten Blick so aus, als ob sich daraufhin ein ganzer unüberschaubarer Zoo von Vierteltönigkeiten ergäbe.

Diesen ersten Gedanken können wir jedoch sorglos verwerfen – ist doch folgende einfache Überlegung klar: Angenommen, wir hätten sechs der Größe nach geordnete Daten

$$x_1 < x_2 < x_3 < x_4 < x_5 < x_6,$$

so lassen sich alle Differenzen $x_n - x_m, (n, m = 1, \dots, 6)$ durch die speziellen Differenzen benachbarter Glieder $x_{n+1} - x_n (n = 1, \dots, 5)$ ausdrücken. So ist – beispielsweise –

$$x_6 - x_1 = (x_6 - x_5) + (x_5 - x_4) + (x_4 - x_3) + (x_3 - x_2) + (x_2 - x_1),$$

was man „Teleskopsummentechnik" nennt.

Tab. 10.14 Die klassischen Semitonia der reinen Chromatik nach Größe geordnet

Symbol Bezeichnung	Chroma-Daten	Euler-Daten	Centmaß
kleines Chroma *ch*	*ch*	2Terz $\ominus Q$	70,7 ct
Limma *L*	$S \ominus CH \oplus ch$	$3O \ominus 5Q$	90,2 ct
großes Chroma *CH*	*CH*	$3Q \oplus$ Terz $\ominus 2O$	92,2 ct
diatonischer Halbton S	*S*	$O \ominus Q \ominus$ Terz	111,7 ct
Apotome A	$2CH \ominus ch$	$7Q \ominus 4O$	113,7 ct
Euler-Halbton *E*	$S \oplus CH \ominus ch$	$3Q \ominus 2$Terz $\ominus O$	133,2 ct

Tab. 10.15 Werte-Matrix der cent-numerischen Differenzen der Semitonia der reinen Chromatik

Semiton X	$E \ominus X$	$A \ominus X$	$S \ominus X$	$CH \ominus X$	$L \ominus X$
Apotome A	19,5	-	-	-	-
diatonischer Halbton S	21,5	2,0	-	-	-
großes Chroma CH	41,0	21,5	19,5	-	-
Limma L	43,0	23,5	21,5	2,0	-
kleines Chroma ch	62,5	43,0	41,0	21,5	19,5

Im Theorem 10.3. haben wir nun entdeckt, dass etliche Semitoniadifferenzen abstrakt gleich sind. Daher wird es nicht verwundern, dass wir nicht nur deutlich weniger numerische respektive intervallarithmetische Differenzdaten bekommen, sondern dass diese sich auch in einer erklärlichen Ordnung untereinander einstellen. Um all dies herauszufinden, beschreiben wir die Differenzsystematik mittels einer Tabelle. Dazu werden wir die cent-numerischen Daten – gerundet auf die erste Nachkommastelle – in der Tab. 10.15 zusammenstellen. Dabei zeigt es sich, dass es unter den 15 möglichen Differenzenwerten genau sieben verschiedene gibt, nämlich die Daten

$$2 \text{ ct} - 19{,}5 \text{ ct} - 21{,}5 \text{ ct} - 23{,}5 \text{ ct} - 41 \text{ ct} - 43 \text{ ct} - 62{,}5 \text{ ct}.$$

Dabei fällt eine ausgesprochen bemerkenswerte symmetrische Ordnung dieser Menge gemeinsamer Daten auf: Betrachten wir nämlich in der Tab. 10.15 die Diagonalen des 5×5-Rasters der Daten, so können wir alle Gemeinsamkeiten samt deren Anordnungen mit bequemen Blick erfassen; überdies ist die Wertematrix an der Nebendiagonalen „gespiegelt".

Demnach stellen sich die Identitäten sortiert wie folgt dar:

(1) $E \ominus A = S \ominus CH = L \ominus ch \equiv 19{,}5$ ct,
(2) $E \ominus S = A \ominus CH = S \ominus L = CH \ominus ch \equiv 21{,}5$ ct,
(3) $E \ominus CH = S \ominus ch \equiv 41$ ct,
(4) $E \ominus L = A \ominus ch \equiv 43$ ct,
(5) $A \ominus S = CH \ominus L \equiv 2$ ct,
(6) $A \ominus L \equiv 23{,}5$ ct,
(7) $E \ominus ch \equiv 62{,}5$ ct.

Dass diese Identitäten nicht zufällig oder nur durch Rundung der Werte entstanden sind, ist uns dank des Theorems 10.3 sonnenklar; alle Differenzen – mit Ausnahme der Differenzen unter (4) – sind dort bewiesen, und die letztere ist ohnehin nur eine simple Konsequenz von (2), wie man unschwer sieht:

$$E \ominus L = (E \ominus S) \oplus (S \ominus L) \equiv 2 * 21{,}5 \text{ ct}.$$

Bei diesem letzten Wert handelt es sich offenbar um das 2-fache syntonische Komma – weshalb dieser Wert fürderhin keine Rolle mehr spielt – wir sprechen also von sechs unterschiedlichen Differenzen. In Konsequenz ergibt sich, dass wir mit diesen Zahlenwerten und ihren dahinterstehenden Symboliken justament sechs Kommata definieren können, und dies geschieht nun im Rahmen der folgenden Definition 10.4:

Definition 10.4 (Die sechs klassischen Kommata als Differenzintervalle)

Die sechs klassischen Kommata sind – wie später gezeigt wird – durch folgende Charakterisierungen als semitonale Differenzen eindeutig beschrieben:

1. Das **pythagoräische Komma** ist die Differenz der beiden Halbtöne Limma und Apotome des großen pythagoräischen Ganztons 8:9,

$$\varepsilon_{\text{pyth}} = A \ominus L.$$

2. Das **syntonische Komma** ist die Differenz der beiden chromatischen Halbtöne großes und kleines Chroma, und es ist simultan

$$\varepsilon_{\text{synt}} = CH \ominus ch = E \ominus S = A \ominus CH = S \ominus L.$$

3. Das **Diaschisma** ist die Differenz von diatonischem Semitonium und großem Chroma, und es ist simultan

$$\varepsilon_{\text{diaschisma}} = S \ominus CH = L \ominus ch.$$

4. Das **Schisma** ist die Differenz von Apotome und diatonischem Semitonium, und es ist simultan

$$\varepsilon_{\text{schisma}} = A \ominus S = CH \ominus L.$$

5. Die **kleine Diësis** ist die Differenz von diatonischem Halbton und kleinem Chroma, und es ist simultan

$$\varepsilon_{\text{klein-diesis}} = S \ominus ch = E \ominus CH.$$

6. Die **große Diësis** ist die Differenz von Euler'schem Halbton und kleinem Chroma,

$$\varepsilon_{\text{groß-diesis}} = E \ominus ch.$$

Weil eine Differenz $Y \ominus X$ eines größeren Intervalls Y und eines kleineren Intervalls X trivialerweise auch das aufwärtsführende Komplementärintervall des kleineren im größeren ist, denn schließlich ist ja

$$Y = X \oplus (Y \ominus X),$$

wäre eine Interpretation der „Kommata" als „Differenzen" oder als „Komplemente" austauschbar.

Die Tab. 10.16 zeigt dann eine Übersicht über die wichtigsten Daten dieser „Mikrointervalle der reinen Enharmonik" – also dem System der durch Oktaven, reinen Quinten und Terzen aufgebauten Intervallstrukturen, welche – grob gesagt – mittels „vierteltöniger Schritte" die zwölfstufige reine Chromatik erweitern. Dadurch werden letztendlich die Fragen rund um die Themen

$$,, Es = Dis?'' \text{ oder } Fisis = G?$$

und so fort ihre Erklärungen finden. Diese Daten finden wir jetzt, indem wir in den Gleichungen der Kommata gemäß unserer neuen Definition 10.4 entweder die Euler-Daten (Oktave − Quinte − Terz) beziehungsweise die Chromadaten $(S − CH − ch)$ sowie die Maßzahlen für die beteiligten Semitonia einsetzen – oder aber die zahlreichen Differenzengleichungen des Theorems 10.3 nutzen.

Wenn wir die Oktavdaten unterdrücken beziehungsweise wenn wir stillschweigend eine in den Grundoktavraum passende Reoktavierung hinzudenken, erreichen wir anhand der Euler-Daten aus dieser Tab. 10.16 die sehr einprägsame „vektorielle Darstellung" der Kommata im Euler-Gitter $\mathfrak{Eg}^*_{\text{rein}}$. Dies ist in der Abb. 10.16 realisiert; sie zeigt uns diese geometrischen Lagen der Kommata, die – wie im Abschn. 10.3 gesehen – eine verschachtelte Parallelogrammstruktur definieren. Denn so viel kann jetzt schon

Tab. 10.16   Die 6 klassischen Kommata der reinen Enharmonik

Komma	Chroma--Daten	Euler-Daten	Frequenzmaß	Centmaß
$\varepsilon_{\text{schisma}}$	$2CH \ominus ch \ominus S$	$8Q \oplus \text{Terz} \ominus 5O$	$3^8 * 5/2^{15}$	1,95 ct
$\varepsilon_{\text{diaschisma}}$	$S \ominus CH$	$3O \ominus 4Q \ominus 2\text{Terz}$	$2^{11}/3^4 5^2$	19,55 ct
$\varepsilon_{\text{synt}}$	$CH \ominus ch$	$4Q \ominus \text{Terz} \ominus 2O$	$3^4/(2^4 * 5)$	21,50 ct
$\varepsilon_{\text{pyth}}$	$3CH \ominus 2ch \ominus S$	$12Q \ominus 7O$	$3^{12}/2^{19}$	23,46 ct
$\varepsilon_{\text{klein−diësis}}$	$S \ominus ch$	$O \ominus 3\text{Terz}$	$2^7/5^3$	41,06 ct
$\varepsilon_{\text{groß−diësis}}$	$S \oplus CH \ominus 2ch$	$4(Q \ominus \text{Terz}) \ominus O$	$2^3 3^4/5^4$	62,56 ct

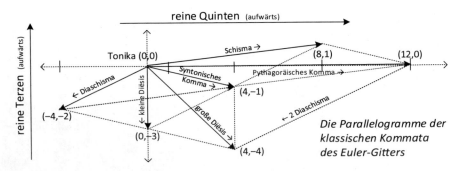

Abb. 10.16   Funktionales Netz der sechs klassischen Kommata der reinen Enharmonik

gesagt werden: Die soeben definierten Kommata sind dieselben wie die klassischen Kommata, die wir im Abschn. 10.3 auf ganz anderem Wege hergeleitet haben – anderes wäre uns wohl auch höchst unangenehm.

▶ *Warum sind sie gleich? – Weil nach unserem Theorem 10.2 alle Basisdarstellungen durch die Euler-Daten übereinstimmen!*

Daher überrascht es nicht, dass sich die Abb. 10.12 und die Abb. 10.16 lediglich im Layout unterscheiden; alle Daten, Linien und Querverbindungen sind identisch.

Schon im Abschn. 10.3 haben wir einige Gleichungen der Kommata untereinander vorgestellt, und diese Liste wollen wir nun ergänzen und stellen dies unter verschiedenen Gesichtspunkten in einem Block zusammen. Dabei kann es zwangsläufig zu zahlreichen untereinander äquivalenten Formen kommen, was nicht wundert, denn schließlich lassen sich alle Kommata aus der „Urdefinition" Definition 10.3 aus dem Kommapaar $\left(\varepsilon_{\mathrm{pyth}}, \varepsilon_{\mathrm{synt}}\right)$ durch vier unabhängige Gleichungen gewinnen.

Satz 10.1 (Die harmonischen Gleichungen der klassischen Kommata)
Die sechs klassischen Kommata unterliegen untereinander einer großen Anzahl innerer Zusammenhänge, welche sich im Sinne der Intervall- oder Centzahlarithmetik als linear erweisen. Die Rolle des syntonischen Kommas wird dabei ganz besonders betont:

$$\varepsilon_{\mathrm{synt}} = \varepsilon_{\mathrm{gro\beta-di\ddot{e}sis}} \ominus \varepsilon_{\mathrm{klein-di\ddot{e}sis}},$$

$$\varepsilon_{\mathrm{synt}} = \varepsilon_{\mathrm{klein-di\ddot{e}sis}} \ominus \varepsilon_{\mathrm{diaschisma}},$$

$$\varepsilon_{\mathrm{synt}} = \varepsilon_{\mathrm{pyth}} \ominus \varepsilon_{\mathrm{schisma}},$$

$$\varepsilon_{\mathrm{synt}} = \varepsilon_{\mathrm{diaschisma}} \oplus \varepsilon_{\mathrm{schisma}}.$$

Folgerungen: Die Intervallfolge

$$\ominus\varepsilon_{\mathrm{schisma}} \xrightarrow[\varepsilon_{\mathrm{synt}}]{} \varepsilon_{\mathrm{diaschisma}} \xrightarrow[\varepsilon_{\mathrm{synt}}]{} \varepsilon_{\mathrm{klein-di\ddot{e}sis}} \xrightarrow[\varepsilon_{\mathrm{synt}}]{} \varepsilon_{\mathrm{gro\beta-di\ddot{e}sis}}$$

ist eine arithmetische Progression; bei jedem Schritt kommt ein syntonisches Komma hinzu, was wieder dazu gleichbedeutend ist, dass die Zusammenhänge

$$\varepsilon_{\mathrm{gro\beta-di\ddot{e}sis}} = 3\varepsilon_{\mathrm{synt}} \ominus \varepsilon_{\mathrm{schisma}},$$

$$\varepsilon_{\mathrm{klein-di\ddot{e}sis}} = 2\varepsilon_{\mathrm{synt}} \ominus \varepsilon_{\mathrm{schisma}},$$

$$\varepsilon_{\mathrm{diaschisma}} = \varepsilon_{\mathrm{synt}} \ominus \varepsilon_{\mathrm{schisma}}$$

gelten. Nehmen wir noch die Gleichung

$$\varepsilon_{\mathrm{pyth}} = \varepsilon_{\mathrm{synt}} \oplus \varepsilon_{\mathrm{schisma}}$$

hinzu, so haben wir alle Kommata durch die beiden speziellen Mikrointervalle $\varepsilon_{\text{synt}}$ und $\varepsilon_{\text{schisma}}$ ausgedrückt. Und diese Formeln erzeugen wiederum weitere Beziehungen untereinander – wie zum Beispiel diese geordnete Sequenz

$$\varepsilon_{\text{pyth}} \oplus (\ominus \varepsilon_{\text{schisma}}) = \varepsilon_{\text{synt}},$$

$$\varepsilon_{\text{pyth}} \oplus \varepsilon_{\text{diaschisma}} = 2\varepsilon_{\text{synt}},$$

$$\varepsilon_{\text{pyth}} \oplus \varepsilon_{\text{klein}-\text{diësis}} = 3\varepsilon_{\text{synt}},$$

$$\varepsilon_{\text{pyth}} \oplus \varepsilon_{\text{groß}-\text{diësis}} = 4\varepsilon_{\text{synt}}.$$

Die Formelsystematik: Über den Formelreichtum lässt sich allgemeiner Folgendes sagen: Von den 15 Möglichkeiten, unter den sechs Kommata genau zwei auszuwählen, gibt es genau neun Konstellationen, mit denen man jeweils alle restlichen vier Kommata als ganzzahlige Adjunktionen beschreiben kann. Diese neun Paare sind

$$\varepsilon_{\text{synt}} \text{ und } \left(\varepsilon_{\text{schisma}} | \varepsilon_{\text{diaschisma}} | \varepsilon_{\text{pyth}} | \varepsilon_{\text{klein}-\text{diësis}} | \varepsilon_{\text{groß}-\text{diësis}} \right),$$

$$\varepsilon_{\text{schisma}} \text{ und } \left(\varepsilon_{\text{diaschisma}} | \varepsilon_{\text{pyth}} \right),$$

$$\varepsilon_{\text{diaschisma}} \text{ und } \varepsilon_{\text{klein - diësis}},$$

$$\varepsilon_{\text{klein - diësis}} \text{ und } \varepsilon_{\text{groß}-\text{diësis}},$$

wobei der vertikale Trennstrich ein ausschließendes „oder" ausdrückt.

Beweis Wir wollen auf die Herleitungen dieser Gleichungen gänzlich verzichten; zum einen ist dies zum Teil bereits im Theorem 10.3 geschehen, zum anderen sind alle Gleichungen recht einfache Umformungen und ergeben sich durch kreuzweises, gegenseitiges Einsetzen. Ein Nachweis per Euler-Daten wäre ebenso möglich (aber recht mühsam) wie auch ein Vergleich der vektoriellen Gitterkoordinaten.

Zur Systematik: Die Begründung dazu, dass mit den angegebenen neun Paaren eine Basis gegeben ist und mit den restlichen sechs Paarungen nicht, ist zwar Gegenstand einer abstrakteren späteren Betrachtung – siehe Theorem 10.5 –, wir wollen gleichwohl unsere Darlegungen durch einen Einblick begleiten lassen. Demnach könnte die Rechtfertigung entweder so verlaufen, dass man für alle neun Fälle die Formeln berechnet – die beiden Fälle ($\varepsilon_{\text{synt}}$ und $\varepsilon_{\text{schisma}} | \varepsilon_{\text{pyth}}$) haben wir ja bereits vorgestellt; aber dann müsste man sehen, dass die verbleibenden sechs Möglichkeiten nicht zum Erfolg führen – eine ganzzahlige Darstellung misslingt. Im Einzelfall ist dieser „elementare" Weg sicher gangbar – allein aber die Fülle der Möglichkeiten und ihrer Rechnungen würde etliche Notizblätter verbrauchen, von der Rechengeduld einmal abgesehen.

Aber auch hier hilft uns die Mathematik. Um uns von dem – in diesem Fall wohl eher hinderlichen – Bezeichnungsballast zu befreien, notieren wir folgende Variable und weisen dem Paar $\left(\varepsilon_{\text{synt}}, \varepsilon_{\text{schisma}} \right)$ einmal die Rolle der Basis zu, was ja möglich ist,

$$x_1 = \varepsilon_{\text{synt}}, x_2 = \varepsilon_{\text{schisma}},$$

$$x_3 = \varepsilon_{\text{diaschisma}}, x_4 = \varepsilon_{\text{pyth}}, x_5 = \varepsilon_{\text{klein}-\text{diësis}}, x_6 = \varepsilon_{\text{groß}-\text{diësis}}.$$

Damit schreiben sich die linearen Gleichungen der Darstellung aller Kommata als ganz-zahlige Summen von x_1 und x_2 als ein 2×6-dimensioniertes lineares System,

$$\begin{pmatrix} x_1 \\ x_2 \\ x_3 \\ x_4 \\ x_5 \\ x_6 \end{pmatrix} = M(x_1, x_2) = \begin{pmatrix} 1 & 0 \\ 0 & 1 \\ 1 & -1 \\ 1 & 1 \\ 2 & -1 \\ 3 & -1 \end{pmatrix} (x_1, x_2).$$

Genau dann ist ein Variablenpaar (x_j, x_k) geeignet, alle anderen Variable linear ganzzahlig zu beschreiben, wenn dadurch speziell auch x_1, x_2 berechnet werden kann. Hat man näm-lich diese als ganzzahlige Summen von x_j und x_k dargestellt, so auch alle übrigen, da sich alle ja selber durch x_1 und x_2 ganzzahlig ausdrücken lassen. Fixieren wir nun ein solches Indexpaar (j, k), so gelingt die ganzzahlige Auflösung genau dann, wenn die betreffende 2×2-Untermatrix $M_{j,k}$ der Gleichungssystemmatrix M (die dadurch entsteht, dass man die j-te und k-te Zeile der großen 2×6-Matrix zu einer 2×2-Matrix selektiert) „unimodular" ist. Das heißt wie bekannt, dass ihre Determinante (± 1) ist – was für 2×2-Matrizen eine Bagatelle darstellt.

Um ein Beispiel zu machen: Für $(j, k) = (5, 6)$ ist dies die Untermatrix

$$M_{5,6} = \begin{pmatrix} 2 & -1 \\ 3 & -1 \end{pmatrix} \text{ mit } \det(M_{5,6}) = 2 * (-1) - 3 * (-1) = 1.$$

Diese Matrix ist also unimodular; die Variablen $x_1 = \varepsilon_{\text{synt}}$ und $x_2 = \varepsilon_{\text{schisma}}$ können demnach eindeutig durch die Variablen $x_5 = \varepsilon_{\text{klein-diësis}}$ und $x_6 = \varepsilon_{\text{groß–diësis}}$ ganzzahlig ausgedrückt werden, weshalb dann die beiden Diësen tatsächlich auch alle anderen Kommata beschreiben. Wir werden das im nachfolgenden Beispiel 10.13 konkretisieren.

Nun gehen wir einfach systematisch alle Fälle ebenso durch, wobei wir in Kopie des geschilderten Falls die Ergebnisse tabellisiert beschreiben. Dann ergibt sich das Bild:

j, k	$1, 2$	$1, 3$	$1, 4$	$1, 5$	$1, 6$	$2, 3$	$2, 4$	$3, 5$	$5, 6$
$M_{j,k}$	1 0	1 0	1 0	1 0	1 0	0 1	0 1	1 -1	2 -1
	0 1	1 -1	1 1	2 -1	3 -1	1 -1	1 1	2 -1	3 -1
$\det M_{j,k}$	1	-1	1	-1	-1	-1	-1	1	1

Diese neun Fälle sind unimodular; die restlichen sechs Möglichkeiten dagegen nicht.

j, k	$2, 5$	$2, 6$	$3, 4$	$3, 6$	$4, 5$	$4, 6$
$M_{j,k}$	0 1	0 1	1 -1	1 -1	1 1	1 1
	2 -1	3 -1	1 1	3 -1	2 -1	3 -1
$\det M_{j,k}$	-2	-3	2	2	-3	-4

So wäre also eine komplette Darstellung aller Kommata mittels $x_3 = \varepsilon_{\text{diaschisma}}$ und $x_4 = \varepsilon_{\text{pyth}}$ nicht möglich. In der Tat haben wir die zwar eindeutige Gleichung

$$2 * \varepsilon_{\text{synt}} = \varepsilon_{\text{diaschisma}} \oplus \varepsilon_{\text{pyth}};$$

sie kann aber offenbar nicht nach $\varepsilon_{\text{synt}}$ als ebenfalls ganzzahlige Summe von $\varepsilon_{\text{diaschisma}}$ und $\varepsilon_{\text{pyth}}$ aufgelöst werden. Die Halbierung führt im Frequenzmaß auf die Quadratwurzel – womit der Bereich der reinen, auf den ganzzahligen Produkten mit den Primzahlen 2, 3 und 5 beruhenden Intervalle verlassen würde.

Und wirklich nur noch ganz, ganz nebenbei, sozusagen im Kleingedruckten, sei erwähnt, dass dieses Ergebnis des Satzes und der geschilderten Systematik nicht von der speziellen Wahl der Ausgangsbasis $x_1 = \varepsilon_{\text{synt}}$ und $x_2 = \varepsilon_{\text{schisma}}$ abhängt; eine andere Wahl von möglichen Basiskommapaaren, führt zwar zu einer anderen 2×6-System-matrix $\tilde{M}$ – gleichwohl werden deren 2×2-Untermatrizen bei angepasster Zuordnung der Indizierung die ganzzahlige Invertierbarkeit (Unimodularität) beibehalten – wie auch das Gegenteilige invariant bleibt. Und für die ganz besonders Wissbegierigen unter uns sei die Begründung kurz angeheftet:

▶ Sind nämlich x_m und x_n diese neuen ausgewählten Basisvariable, so gilt der mit der obigen 2×2-Untermatrix $M_{m,n}$ gebildete mathematische Zusammen-hang

$$M = \tilde{M} \circ M_{m,n} \text{ beziehungsweise } \tilde{M} = M \circ (M_{m,n})^{inv}.$$

Für alle selektierten 2×2-Untermatrizen $\tilde{M}_{i,j}$ von $\tilde{M}$ gilt daher die Formel

$$\tilde{M}_{i,j} = M_{i,j} \circ (M_{m,n})^{inv}.$$

Das Invertieren von und das Multiplizieren mit unimodularen Matrizen ist aber für diese Eigenschaft der Unimodularität eine Invariante: Was ist, bleibt, was nicht ist, bleibt es auch. Wir werden in dem Beispiel 10.13 einmal diesen Matrixzusammenhang behandeln. Somit haben wir auch diesen Satz bewiesen. ∎

Beispiel 10.13 (Die Kommabasis aus kleiner und großer Diësis)

Wir möchten die vier Kommata $\varepsilon_{\text{schisma}}, \varepsilon_{\text{diaschisma}}, \varepsilon_{\text{synt}}$ und $\varepsilon_{\text{pyth}}$ durch die beiden Diësen $\varepsilon_{\text{klein-diësis}}$, und $\varepsilon_{\text{groß-diësis}}$ beschreiben. Dies wollen wir auf zweifache Weise vorexerzieren.

a) **Der elementare Weg:**

Bereits in Theorem 10.2 haben wir die Kommata $\varepsilon_{\text{synt}}$ und $\varepsilon_{\text{pyth}}$ durch $\varepsilon_{\text{klein-diësis}}$, und $\varepsilon_{\text{groß-diësis}}$ ausgedrückt. Weil Schisma und Diaschisma urdefinitorisch sich aus $\varepsilon_{\text{synt}}$

und $\varepsilon_{\text{pyth}}$ gewinnen lassen, sind wir schnell am Ziel, und das gesamte Ergebnis besteht in dem System geordneter harmonischer Gleichungen

$$\varepsilon_{\text{synt}} = \ominus\, \varepsilon_{\text{klein–diësis}} \oplus \varepsilon_{\text{groß–diësis}},$$

$$\varepsilon_{\text{schisma}} = \ominus\, 3\varepsilon_{\text{klein–diësis}} \oplus 2\varepsilon_{\text{groß–diësis}},$$

$$\varepsilon_{\text{diaschisma}} = 2\varepsilon_{\text{klein–diësis}} \ominus \varepsilon_{\text{groß–diësis}},$$

$$\varepsilon_{\text{pyth}} = \ominus\, 4\varepsilon_{\text{klein–diësis}} \oplus 3\varepsilon_{\text{groß–diësis}}.$$

Eine Überprüfung mit den numerischen Werten, die wir „sicherheitshalber" und die Theorie begleitend im Auge haben, bestätigt dies: Beispielsweise hätten wir im Falle des Schismas die Centwerte $2*62{,}5\,\text{ct} - 3*41\,\text{ct} = 2\,\text{ct}$, was die voranstehende Rechnung „bestätigt".

b) **Die Matrixtransformation:**
Für Freunde des Matrizenkalküls und ihrer Linearen Algebra führen wir den abstrakten Weg des Beweises einmal konkret vor. Wir gehen von der obigen 2×6-Matrix M aus, welche alle Kommata durch die Daten $x_1 = \varepsilon_{\text{synt}}$ und $x_2 = \varepsilon_{\text{schisma}}$ darstellt. Nach der dortigen Formel müssen wir nun ihre 2×2-Untermatrix $M_{5,6}$ nehmen und deren Inverse berechnen mit dem Resultat

$$M_{5,6} = \begin{pmatrix} 2 & -1 \\ 3 & -1 \end{pmatrix} \Leftrightarrow (M_{5,6})^{inv} = \begin{pmatrix} -1 & 1 \\ -3 & 2 \end{pmatrix}.$$

Nun gewinnen wir die gesuchte 2×6-Systemmatrix $\tilde{M}$ durch die angegebene Transformation

$$M \bigcirc (M_{5,6})^{inv} = \tilde{M};$$

und die Rechnung hierzu sieht ausführlich wie folgt aus:

$$\begin{pmatrix} 1 & 0 \\ 0 & 1 \\ 1 & -1 \\ 1 & 1 \\ 2 & -1 \\ 3 & -1 \end{pmatrix} \circ \begin{pmatrix} -1 & 1 \\ -3 & 2 \end{pmatrix} = \begin{pmatrix} -1 & 1 \\ -3 & 2 \\ 2 & -1 \\ -4 & 3 \\ 1 & 0 \\ 0 & 1 \end{pmatrix},$$

im Einklang mit den nach a) elementar gefundenen Formeln: Die oberen vier Zeilen der gefundenen Matrix rechterhand sind – zeilenweise gelesen – nämlich genau die Koeffizienten der in a) angegebenen Formeln in gleicher Reihung – schließlich haben wir die Reihenfolge der Variablen $x_1, \ldots, x_6$ strikt beachtet. ◄

Für ein zweites Beispiel wählen wir das Kommapaar $\left(\varepsilon_{\text{synt}}, \varepsilon_{\text{diaschisma}}\right)$ als neue Basis und erhalten auf diese Weise erneut eine weitere Formelpalette:

Beispiel 10.14 (Die Kommabasis aus syntonischem Komma und Diaschisma)

Die Untermatrix, welche dem Kommapaar $\left(\varepsilon_{\text{synt}}, \varepsilon_{\text{diaschisma}}\right) \equiv (x_1, x_3)$ entspricht, ist die Auswahlmatrix

$$M_{1,3} = \begin{pmatrix} 1 & 0 \\ 1 & -1 \end{pmatrix} \text{ mit det } (M_{1,3}) = 1 * (-1) - 1 * 0 = -1,$$

und diese ist wieder unimodular – ganzzahlig invertierbar. Ihre Inverse ist mit dem schnellen Invertierungsverfahren aus Erklärbox – Satz 4.1 auch schnell hingeschrieben:

$$\left(M_{1,3}\right)^{-1} = \begin{pmatrix} 1 & 0 \\ 1 & -1 \end{pmatrix} = M_{1,3}.$$

Diese Matrix ist also sogar identisch mit ihrer Inversen, eine sogenannte **„involutorische Matrix".** Die Darstellung aller Kommata durch das Paar $\left(\varepsilon_{\text{synt}}, \varepsilon_{\text{diaschisma}}\right)$ ist eindeutig möglich, und man findet sowohl mittels Matrixkalkül wie im vorangehenden Beispiel als auch auf elementarem Wege die vier Gleichungen

$$\varepsilon_{\text{pyth}} = 2\varepsilon_{\text{synt}} \ominus \varepsilon_{\text{diaschisma}},$$

$$\varepsilon_{\text{schisma}} = \varepsilon_{\text{synt}} \ominus \varepsilon_{\text{diaschisma}},$$

$$\varepsilon_{\text{klein}-\text{diësis}} = \varepsilon_{\text{synt}} \oplus \varepsilon_{\text{diaschisma}},$$

$$\varepsilon_{\text{groß}-\text{diësis}} = 2\varepsilon_{\text{synt}} \oplus \varepsilon_{\text{diaschisma}},$$

welche die Zusammenhänge der Kommata wieder in einer anderen Form wiedergeben. ◀

Bemerkung: „Formeln – Wissen = Formelwissen"

An dieser Stelle unserer Ausführungen scheint ein versöhnliches Wort angemessen: Die Menge aller Formeln rund um die Kommata ist sicher beeindruckend – so sehr, dass womöglich ein nicht beabsichtigter Eindruck hierüber entstehen könnte.

- *Sind diese Formeln wirklich so wichtig?*
- *Und warum haben wir sie gleich auf mehrfache Weise begründet? Wäre nicht die elementare, intervallarithmetische Umstellung, um von einer Systematik zur anderen zu kommen, völlig ausreichend?*

Nein, diese Formeln sind nicht so wichtig – sie begleiten halt in der Hauptsache das arithmetische Intervallgefüge der reinen Oktav-Quint-Terz-Temperierung auf Schritt und Tritt. Wir haben die Ausführlichkeit gewählt, um ihre Symmetrien aus allen möglichen verschiedenen Blickwinkeln zu entdecken.

▶   *Bitte also niemals auswendig erlernen wollen – dagegen sollten die Methoden zur*
    Berechnung die Früchte unserer Darlegungen sein.

Selbstredend ist es auch augenscheinlich, dass die einfachen Definitionen ebenfalls
mit entsprechenden einfachen Umstellungen und durch gegenseitiges geschicktes Einsetzen – also mit schulischem Rechnen – gewonnen werden können und jederzeit einem
theorielastigen *Rechenmonster* vorzuziehen sind. Warum wir dennoch diese Monster
aus dem Hut gezaubert haben, ist schnell gesagt: Man lernt dabei, sollte es einmal
komplizierter werden. Vergessen wir nämlich nicht, dass wir es in diesem Abschnitt bei
den Primzahlen 3 (Quinte) und 5 (Terz) belassen haben:

   Erweitert sich aber der Kreis der reinen Intervalle – beispielsweise nur allein schon
durch die septimale Komponente der Primzahl 7 –, so explodiert förmlich der Kanon
aller Semitonia und Ganztöne und ganz besonders die Möglichkeiten aller ihrer
Differenzen. Und Millionen an Kommata entstehen. So wird am Ende des Tages die
Theorie möglicherweise den Hut aufbehalten, wer weiß das schon?

   Um aber für diese Eventualitäten gewappnet zu sein, studieren wir nun tatsächlich die

Theorie der harmonischen Gleichungen der Kommata
Am Anfang einer vertieften Betrachtung über die Zusammenhänge der Intervallkategorien „Kommata, Semitonia" könnte die Frage stehen:

▶   **Frage:** *Wir haben aus drei Daten, den Chromadaten* $(S - CH - ch)$*, oder alter-*
    nativ den Euler-Daten (Oktave – Quinte – Terz) die sechs klassischen Kommata
    gewonnen. Kann man dann umgekehrt auch die Semitonia aus den Daten der
    Kommata wieder zurückgewinnen?

Wir werden uns hierzu der inner-mathematischen Struktur der Gleichungsbeziehungen
dieser klassischen sechs Kommata widmen, und hoffentlich können wir dann auch die
gestellte Frage beantworten.

   Wenn wir uns noch einmal die Definition 10.4 ansehen, so wird aus der dortigen
zusammenfassenden Tabelle klar, dass die sechs Kommata ein lineares System bilden,
welches mit drei Variablen gebildet wird. Diese Variablen können einerseits die
ursprünglichen Euler-Daten oder aber auch die speziellen Semitondaten sein; beide
Betrachtungen lassen sich ja ineinander überführen, wie das Theorem 10.4 gezeigt hat.
Wir wählen für die folgenden Überlegungen die Beschreibung durch die Chromadaten,
weil sich nämlich hierbei die einfachste Numerik einstellen wird. Demnach ergibt sich
zunächst ein geordnetes lineares Gleichungssystem, das wir aus Gründen einer besseren
Übersicht in der vertrauten ±-Symbolik notieren; dabei geben wir der Systemmatrix

erneut das Symbol „M" – mit der Bitte, dieses im folgenden Kontext nicht mit einer der früheren Systemmatrizen zu verwechseln. So entsteht das System

$$
\begin{pmatrix} \varepsilon_{\text{schisma}} \\ \varepsilon_{\text{diaschisma}} \\ \varepsilon_{\text{synt}} \\ \varepsilon_{\text{pyth}} \\ \varepsilon_{\text{klein-diesis}} \\ \varepsilon_{\text{groß-diesis}} \end{pmatrix} = \begin{pmatrix} -S + 2CH - ch \\ S - CH \\ CH - ch \\ -S + 3CH - 2ch \\ S - ch \\ S + CH - 2ch \end{pmatrix} \begin{pmatrix} -1 & 2 & -1 \\ 1 & -1 & 0 \\ 0 & 1 & -1 \\ -1 & 3 & -2 \\ 1 & 0 & -1 \\ 1 & 1 & -2 \end{pmatrix} \begin{pmatrix} S \\ CH \\ ch \end{pmatrix} = M \begin{pmatrix} S \\ CH \\ ch \end{pmatrix}.
$$

Wollen wir beispielsweise aus diesen sechs Gleichungen die Variablen S, CH, ch gewinnen, so bedeutet das, dass wir diese sechs Gleichungen nach diesen Variablen auflösen müssten, und sie würden sich dann als Funktionen der Kommata darstellen. Und weil es gemessen an der Variablenanzahl (3) recht viele Gleichungen (6) gibt, könnte man vermuten, dass dieses Unterfangen möglich ist. Andererseits haben wir aber schon gezeigt, dass die sechs Kommata selber bereits durch zwei unter ihnen ausdrückbar sind – zumindest gilt dies ja für neun von 15 Konstellationsvorgaben. Man hätte dann die (3) Semitonia durch zwei Variable beschrieben. Dann ist aber auch – intuitiv wie auch erwiesenermaßen – klar, dass die Semitonia keinen freien, 3-dimensionalen Parameterraum mehr bilden könnten. Tatsächlich ist es so, wie diese letzte Vermutung es andeutet:

Theorem 10.5 (Theorie der harmonischen Gleichungen der Kommata)

Die 3×6-Transformationsmatrix M, welche die Kommata als lineare Funktionen der Chromavariablen $(S - CH - ch)$ ausdrückt, hat **nur** den Rang 2. Das heißt, dass die drei Spalten der Matrix M linear abhängig sind.

Je zwei Zeilen der Matrix sind allerdings linear unabhängig, da sie keine Vielfachen voneinander sind. Je drei oder mehr Zeilen sind dagegen stets linear abhängig.

Folgerungen:

(1) Das 3×6-lineare Gleichungssystem ist **nicht** nach den Variablen S, CH, ch auflösbar.

(2) Der Bildraum der Matrix M stellt – geometrisch gesprochen – eine lediglich 2-dimensionale Ebene E (im 6-dimensionalen Vektorraum $\mathbb{R}^6$) dar.
Folgerung: Die sechs Kommata und alle ihre ganzzahligen Summen entsprechen ganzzahligen Gitterpunkten, die in dieser Ebene E liegen!

(3) Es gibt **keine** Auswahl von drei Kommata, die eine Intervallbasis des Modulraums $\mathfrak{M}_{\text{rein}}$ aller Terz-Quint-Oktav-Iterationen bilden würde, wodurch also jedes Intervall dieser Algebra $\mathfrak{M}_{\text{rein}}$ eindeutig und ganzzahlig durch sie dargestellt würde.

(4) Unter Verzicht auf die Ganzzahligkeit gilt aber gleichwohl und uneingeschränkt: Mit je zwei der sechs Kommavariablen lassen sich alle weiteren
<u>numerisch</u> ausdrücken. Bei neun Auswahlpaaren ist diese Auflösung ganz-
zahlig, bei den restlichen sechs Auswahlpaaren nicht. Die Auflösung ist genau
dann ganzzahlig, wenn bei der entsprechenden 3×2-Untermatrix von M
alle drei quadratischen 2×2-Untermatrizen unimodular sind – also den
Determinantenwert (± 1) besitzen.

Beweis Wir erkennen folgende vektorielle Bilanz der Spaltenvektoren der Matrix M:

$$\begin{pmatrix} -1 \\ 1 \\ 0 \\ -1 \\ 1 \\ 1 \end{pmatrix} = - \begin{pmatrix} 2 \\ -1 \\ 1 \\ 3 \\ 0 \\ 1 \end{pmatrix} - \begin{pmatrix} -1 \\ 0 \\ -1 \\ -2 \\ -1 \\ -2 \end{pmatrix},$$

weil die Summe der drei Spalten den Nullvektor ergibt. Weil die Spalten einer Matrix
deren Bildraum aufspannen (erzeugen), ist dieser Bildraum – den wir im Theorem mit
E bezeichnet haben – ein genau 2-dimensionaler Unterraum des Komplettraums $\mathbb{R}^6$, in
welchen die Matrix hinein abbildet. Er ist beispielsweise als die Summe aller Vielfachen
der beiden rechts stehenden Vektoren beschreibbar. Der „Spaltenrang" von M ist somit 2.
Dies zeigt gleichzeitig auch die Folgerung (2).

Nun sagt der „Rangsatz" – eines der bemerkenswertesten Theoreme der Theorie
linearer Gleichungssysteme –, dass dann auch der sogenannte „Zeilenrang" gleich 2
sein muss. Drei oder mehr Zeilenvektoren sind stets linear abhängig – man kann immer
einen der drei Vektoren als Summe mit Vielfachen der anderen zwei schreiben, so wie
das für die drei Spalten weiter oben der Fall ist. Somit kann es keine invertierbare 3×3-
Untermatrix von M geben – die gäbe es jedoch, wenn man die sechs Gleichungen der
Kommata nach den drei Semitonvariablen (welche ja nach Beispiel 10.10 eine Basis des
3-dimensionalen Raums $\mathfrak{M}_{\text{rein}}$ bilden) auflösen könnte. Damit ist auch die Folgerung (1)
gezeigt. Hieraus ergibt sich auch die Folgerung (3), denn dann wäre die Chromabasis
$(S - CH - ch)$ ja ebenfalls durch drei Kommata beschreibbar. Die angefügte ergänzende
Bemerkung beleuchtet diesen Sachverhalt noch etwas konkreter.

Dass bei zwei Zeilen dieser Matrix nie die eine ein Vielfaches der anderen ist, zeigt ein
einfacher prüfender Blick auf M. Das erklärt, dass mit zwei Zeilen – also zwei Kommata –
alle anderen Zeilen per linearer Summenbildung mit jedenfalls zumindest rationalen
Koeffizienten darstellbar sind. Im Falle der Existenz von unimodularen 2×2-Teil-
matrizen der ausgewählten zwei Zeilen – dies wiederum betrachtet als eine 2×2-Unter-
matrix von M – ergibt sich auch die Ganzzahligkeit dieser Darstellung. Letztlich ist dies

dadurch einsehbar, wenn wir die „Cramer'sche Regel" zur Lösung des entsprechenden Gleichungssystems verwenden würden; daselbst stehen lediglich die Determinanten der Untermatrizen im Nenner aller Lösungsformeln – bei Determinanten mit dem Wert ± 1 bleibt ganzzahlig, was vorher ganzzahlig war. Soweit die Begründung des Theorems in Form dieser hinweisenden Andeutungen. Die dabei alles und jedes begleitende Hintergrundtheorie – das ist die Lineare Algebra und das Handling mit Matrizen – kann man in den abertausenden Lehrwerken hierüber finden; die angegebenen und empfehlenswerten Literaturen [20, 23, 54, 58] bilden hier nur eine verschwindend kleine Auswahl. ∎

Bemerkung

Ähnlich wie wir dies im Falle der Semitonia im Abschn. 10.5 sehr detailliert beschrieben haben, lässt sich auch im Falle der vorliegenden Gleichungen eine übersichtliche Struktur gewinnen. Dazu schreiben wir das 3×6-System ebenfalls in der hierzu „transponierten" 6×3-Form und kommen zu dem Matrixschema

$$
M^t = \begin{pmatrix} -1 & 1 & 0 & -1 & 1 & 1 \\ 2 & -1 & 1 & 3 & 0 & 1 \\ -1 & 0 & -1 & -2 & -1 & -2 \end{pmatrix} \begin{matrix} \leftarrow & diat.\,Halbton\,S \\ \leftarrow & gro\beta es\,Chroma \\ \leftarrow & kleines\,Chroma \end{matrix}
$$

$$
\begin{matrix} \uparrow & \uparrow & \uparrow & \uparrow & \uparrow & \uparrow \\ \varepsilon_{schisma} & \varepsilon_{diaschisma} & \varepsilon_{synt} & \varepsilon_{pyth} & \varepsilon_{klein-di\ddot{e}sis} & \varepsilon_{gro\beta-di\ddot{e}sis} \end{matrix}
$$

Wenn wir nun die Kommavariablen mit der Nummerierung

$$
x_1 = \varepsilon_{\text{schisma}}, x_2 = \varepsilon_{\text{diaschisma}}, x_3 = \varepsilon_{\text{synt}}, x_4 = \varepsilon_{\text{pyth}},
$$

$$
x_5 = \varepsilon_{\text{klein-di\ddot{e}sis}}, x_6 = \varepsilon_{\text{gro\beta-di\ddot{e}sis}}
$$

versehen, so erhalten wir mit $\vec{x} = (x_1, \ldots, x_6)$ das Gleichungssystem

$$
\begin{pmatrix} x_S \\ x_{CH} \\ x_{ch} \end{pmatrix} = M^t(\vec{x}^t) = (\vec{x} \circ M)^t \Leftrightarrow
$$

$$
\begin{pmatrix} x_S \\ x_{CH} \\ x_{ch} \end{pmatrix} = x_1 \begin{pmatrix} -1 \\ 2 \\ -1 \end{pmatrix} + x_2 \begin{pmatrix} 1 \\ -1 \\ 0 \end{pmatrix} + x_3 \begin{pmatrix} 0 \\ 1 \\ -1 \end{pmatrix} + x_4 \begin{pmatrix} -1 \\ 3 \\ -2 \end{pmatrix} + x_5 \begin{pmatrix} 0 \\ 1 \\ -1 \end{pmatrix} + x_6 \begin{pmatrix} 1 \\ 1 \\ -2 \end{pmatrix}.
$$

Eine Auflösung nach den Chromabasis-Variablen x_S, x_{CH}, x_{ch} würde bedeuten, dass jede der drei Gleichungen

$$
M^t(x_1, \ldots, x_6)^t = \begin{pmatrix} 1 \\ 0 \\ 0 \end{pmatrix} \text{ oder } \begin{pmatrix} 0 \\ 1 \\ 0 \end{pmatrix} \text{ oder } \begin{pmatrix} 0 \\ 0 \\ 1 \end{pmatrix}
$$

lösbar wäre. Dann hätte aber die Matrix M^t die Bildraumdimension 3 – ein Widerspruch, da der Zeilenrang von M identisch mit dem Spaltenrang von M^t ist. Und deshalb ist die Bildraumdimension von M^t nur 2, wie im Theorem ausgesagt.

Fazit: Die Vielzahl der Gleichungen rund um die sechs klassischen Kommata der reinen Enharmonik beruht genau darauf, dass die sechs Spalten der Systemmatrix M^t so extrem stark linear abhängig sind; grob ausgedrückt, kann man mit je zweien von ihnen alle anderen (bei Zulassen von Brüchen) darstellen – und das gleich in vielfachen Formen.

10.8   Die Enharmonik und ihre funktionale Harmonik

▶   *Nun kommen wir – Gott sei es gedankt – wieder auf den Pfad der musikalischen Tugenden zurück.*

Das folgende Theorem zählt ganz sicher zu den populärsten seiner Art; es enthält den Bedeutungskanon der Kommata der historischen Musiktheorie. Dieser Bedeutungskanon zielt darauf ab, welche **„Funktion"** die einzelnen Kommata im Rahmen der Lehre der Skalen und ihrer Akkorde besitzen. Das drücken wir so aus, dass wir nun die Gesetze der

▶   **funktionalen Harmonik**

im Blick haben, Gesetze, die von alters her das Wesen, die Gleichungen und die musikalische Deutung mikrotonaler Strukturen als eigene Wissenschaft prägten und welche in ihrem Zusammenwirken ein signifikantes Kerngebiet jeder allgemeinen Musiktheorie darstellen, früher – heute – morgen.

Bei diesem Regelwerk sind alle Formeln und Gesetze („Regeln") selber wieder gleichwertig zu den ursprünglichen Definitionen – seien es die Differenzendefinitionen oder die Basisdarstellungen durch Basispaare wie $\left(\varepsilon_{\text{pyth}}, \varepsilon_{\text{synt}}\right)$ oder andere geeignete Formen. Deshalb kommt es häufig vor, dass die eine oder andere Regel in der einen oder anderen Literatur auch <u>definitorisch</u> verwendet wird.

▶   *Das, was wir herleiten (beweisen), wird anderswo „definiert", und was wir definieren, wird anderswo „genannt"*

Dabei ist dieser Umstand keineswegs so beiläufig, trivial oder unbedeutend, wie es auf den ersten Blick scheinen mag; auf jeden Fall bewirken zunehmende unterschiedliche Nennungen einzelner Begriffe eine ebenso zunehmende Orientierungslosigkeit bei gleichzeitigem abnehmenden Durchblick der Zusammenhänge. Zwecks Verdeutlichung verwenden wir im kommenden Theorem die unmissverständliche Notation Terz$_{\text{rein}}$ für die reine große Terz (4 : 5).

Theorem 10.6 (Die funktionale Harmonik der klassischen Kommata)

(1) **Satz vom pythagoräischen Komma**

$$\varepsilon_{\text{pyth}} = 12Q_{\text{pyth}} \ominus 7O = 3\text{Terz}_{\text{pyth}} \ominus O = 3\text{Ditonos} \ominus O.$$

Musikalische Interpretation: Das ist die bekannte 12-Quinten-Kreis-Gleichung.

(2) **Satz vom syntonischen Komma**

$$\varepsilon_{\text{synt}} = \text{Terz}_{\text{pyth}} \ominus \text{Terz}_{\text{rein}} = T_+ \ominus T_-.$$

Musikalische Interpretation: Das syntonische Komma ist die Differenz der beiden Ganzzöne (8:9) und (9:10) der natürlich-harmonischen Temperierung.

(3) **Satz vom Schisma**

$$\varepsilon_{\text{schisma}} = \varepsilon_{\text{pyth}} \ominus \varepsilon_{\text{synt}}.$$

Musikalische Interpretation: Das Schisma ist der Unterschied von pythagoräischem und syntonischem Komma.

(4) **Satz von der kleinen Diësis**

$$\varepsilon_{\text{klein}-\text{diësis}} = O \ominus 3\text{Terz}_{\text{rein}}.$$

Musikalische Interpretation: Die kleine Diësis ist das Defizit von drei reinen großen Terzen (4:5) zur Oktave. Man nennt es daher auch **„Terzenkomma".**
Folgerung: Für die die mitteltönige Dur-Terz-Quinte Q_{mt}^+ gilt die Quintenkreisformel

$$\varepsilon_{\text{klein}-\text{diësis}} = 7O \ominus 12Q_{\text{mt}}^+ \Leftrightarrow \varepsilon_{Q_{\text{mt}}^+} = \ominus \varepsilon_{\text{klein}-\text{diësis}}.$$

Musikalische Interpretation: Die kleine Diësis (genauer: $\ominus\varepsilon_{\text{klein}-\text{diësis}}$) ist simultan das „Quintenkomma" der $\frac{1}{4}$-Komma-Mitteltönigkeit, siehe Abschn. 9.2.

(5) **Satz von der großen Diësis**

$$\varepsilon_{\text{groß}-\text{diësis}} = 4\big(Q_{\text{pyth}} \ominus \text{Terz}_{\text{rein}}\big) \ominus O.$$

Musikalische Interpretation: Die große Diësis ist das Defizit von einer Oktave gegenüber vier reinen kleinen Terzen (5:6).
Folgerung: Für die mitteltönige Moll-Terz-Quinte Q_{mt}^- gilt die Quintenkreisformel

$$\varepsilon_{\text{groß}-\text{diësis}} = 7O \ominus 12Q_{\text{mt}}^- \Leftrightarrow \varepsilon_{Q_{\text{mt}}^-} = \ominus \varepsilon_{\text{groß}-\text{diësis}}.$$

Musikalische Interpretation: Die große Diësis (genauer: $\ominus\varepsilon_{\text{groß}-\text{diësis}}$) ist simultan das „Quintenkomma" der $\frac{1}{3}$-Komma-Mitteltönigkeit, siehe Abschn. 9.3.

(6) Satz über die Mitteltönigkeitsquinten

Mit den beiden in (4), (5) (erneut) definierten Mitteltönigkeitsquinten gilt

$$Q_{\text{pyth}} \ominus Q_{\text{mt}}^{+} = \frac{1}{12}\left(\varepsilon_{\text{pyth}} \oplus \varepsilon_{\text{klein--diësis}}\right)$$

$$Q_{\text{pyth}} \ominus Q_{\text{mt}}^{-} = \frac{1}{12}\left(\varepsilon_{\text{pyth}} \oplus \varepsilon_{\text{groß--diësis}}\right).$$

Diese Gleichungen stellen die Verbindungen zwischen den erzeugenden Iterationsquinten und ihren Quintenkommata her, und sie sind Spezialfälle der allgemeinen Gleichung: Für je zwei Quinten $Q_1, Q_2 \in \mathfrak{M}_{\text{mus}}$ gilt

$$Q_1 \ominus Q_2 = \frac{1}{12}\left(\varepsilon_{Q_1} \ominus \varepsilon_{Q_2}\right).$$

Musikalische Interpretation: Die Differenz zweier Quinten ist stets ein Zwölftel der Differenz ihrer Quintenkommata.

Zusatz: Für jede beliebige zwölfstufige Skala in $\mathfrak{M}_{\text{rein}}$, welche die kleine Diësis (beziehungsweise die große Diësis) nicht als leitereigenes Intervall enthält, gilt: Die Maximalzahl reiner großer Terzen (4:5) ist 8 (beziehungsweise diejenige reiner kleiner Terzen (5:6) ist 9).

Beweis Der Satz vom pythagoräischen Komma ist wohlbekannt, bevor wir jedoch lange nachschlagen – hier noch einmal diese zentrale wie triviale Begründung: Mittels der Euler-Basis nach Tab. 10.14 und mit der Definition des Tonos $T = 2Q \ominus O$ gemäß der Definition 7.1 folgt die wohl wichtigste Quintenkreisformel der ganzen Musiktheorie,

$$\varepsilon_{\text{pyth}} = A \ominus L = \left(7Q_{\text{pyth}} \ominus 4O\right) \ominus \left(3O \ominus 5Q_{\text{pyth}}\right) = 12Q_{\text{pyth}} \ominus 7O$$
$$= 3\left(4Q_{\text{pyth}} \ominus 2O\right) \ominus O,$$

die wir jetzt einmal auf anderem Wege erhalten haben.

Der Satz vom syntonischen Komma ist ebenso einfach wie einprägsam zu zeigen: Verwenden wir die Chromabasis, so gilt:

$$\varepsilon_{\text{synt}} = CH \ominus ch = (S \oplus CH) \ominus (S \oplus ch)$$
$$= T_+ \ominus T_- = (T_+ \oplus T_+) \ominus (T_+ \oplus T_-) = \text{Terz}_{\text{pyth}} \ominus \text{Terz}_{\text{rein}},$$

eine Herleitung, die wir ja schon kennen. Der Satz vom Schisma ist identisch mit der Definition 10.3.

Der Satz von der kleinen Diësis folgt so:

$$\varepsilon_{\text{klein--diësis}} = S \ominus ch = \left(O \ominus Q_{\text{pyth}} \ominus \text{Terz}_{\text{rein}}\right) \ominus \left(2\text{Terz}_{\text{rein}} \ominus Q_{\text{pyth}}\right)$$
$$= O \ominus 3\text{Terz}_{\text{rein}}.$$

Die Folgerung ist anlässlich der Diskussion der Mitteltönigkeit schon gezeigt, siehe Theorem 9.1; im Rahmen unserer augenblicklichen Betrachtung fügen wir die kurze Rechnung jedoch hinzu:

$$12Q_m^+ = (3*4)Q_m^+ = 3(2O \oplus \text{Terz}_{\text{rein}}) = 6O \oplus 3\text{Terz}_{\text{rein}})$$
$$= 7O \oplus (3\text{Terz}_{\text{rein}} \ominus O) = 7O \ominus (O \ominus 3\text{Terz}_{\text{rein}}) = 7O \ominus \varepsilon_{\text{klein}-\text{diësis}}.$$

Und schließlich ergibt sich die Formel für die große Diësis auf analogem Wege; das Theorem 9.2 hat ja auch dies bereits formuliert und gezeigt. Gleichwohl wollen wir beweisen, dass dies auch eine Äquivalenz zum Satz von der kleinen Diësis darstellt – wenngleich dieser Weg auch etwas trickreich erscheint. Wir starten mit dem Zusammenhang beider Diësen, nutzen den soeben bewiesenen Satz von der kleinen Diësis und formen anschließend geschickt um, indem wir mit vier Quinten erweitern:

$$\varepsilon_{\text{groß}-\text{diësis}} = \varepsilon_{\text{klein}-\text{diësis}} \oplus \varepsilon_{\text{synt}}$$
$$= (O \ominus 3\text{Terz}_{\text{rein}}) \oplus (\text{Terz}_{\text{pyth}} \ominus \text{Terz}_{\text{rein}})$$
$$= (O \ominus 4\text{Terz}_{\text{rein}}) \oplus \text{Terz}_{\text{pyth}}$$
$$= (4Q_{\text{pyth}} \ominus 4\text{Terz}_{\text{rein}}) \oplus (O \ominus 4Q_{\text{pyth}} \oplus \text{Terz}_{\text{pyth}})$$
$$= 4(Q_{\text{pyth}} \ominus \text{Terz}_{\text{rein}}) \oplus (O \ominus 4Q_{\text{pyth}} \oplus (4Q_{\text{pyth}} \ominus 2O))$$
$$= 4(Q_{\text{pyth}} \ominus \text{Terz}_{\text{rein}}) \ominus O = 4 \text{ reine kleine Terz} \ominus \text{Oktave}.$$

Auch hier ergibt sich die Quintenkreisgleichung mit der Moll-Terz-Quinte ähnlich wie zuvor:

$$12Q_m^- = 4*3Q_m^- = 4(2O \ominus \text{kleine Terz}) = 8O \ominus 4 \text{ kleine Terz}$$
$$= 7O \oplus (O \ominus 4 \text{ kleine Terz}) = 7O \ominus \varepsilon_{\text{groß}-\text{diësis}}.$$

Zu (6): Für den Satz über die Mitteltönigkeitsquinten schreiben wir die Formeln aus (1) und die Folgerungen zu Punkt (4) und (5) einfach anders auf:

$$12Q_{\text{pyth}} \ominus 12Q_{\text{mt}}^+ = (7O \oplus \varepsilon_{\text{pyth}}) \ominus (7O \ominus \varepsilon_{\text{klein}-\text{diësis}}) = \varepsilon_{\text{pyth}} \oplus \varepsilon_{\text{klein}-\text{diësis}}$$
$$12Q_{\text{pyth}} \ominus 12Q_{\text{mt}}^- = (7O \oplus \varepsilon_{\text{pyth}}) \ominus (7O \ominus \varepsilon_{\text{groß}-\text{diësis}}) = \varepsilon_{\text{pyth}} \oplus \varepsilon_{\text{groß}-\text{diësis}},$$

und die Formeln sind bewiesen. Natürlich ist die angegebene Formel ja auch ein Spezialfall der allgemeinen Gleichung, welche man ihrerseits sofort aus der Differenz der beiden betreffenden 12-Quinten-Kreis-Gleichungen erhält.

Beweis des Zusatzes

Da die kleine Diësis kein leitereigenes Intervall ist, kann es keine 3er-Kette aus reinen großen Terzen (also Adjunktionen von drei Terzen) geben – allenfalls nur 2er-Ketten. Eine solche 2er-Kette – also eine Schichtung von zwei reinen großen Terzen – hat drei aufsteigende Töne (wenn wir das Überspringen der Tonika-Oktave zulassen). Dann gilt für je zwei solcher 2er-Ketten: Wenn sie einen Ton gemeinsam haben, so auch alle anderen (modulo einer möglichen Oktavierung). Warum? Ganz einfach: Ansonsten entstünde durch passendes Zusammenfügen eine 3er-Kette. Daher kann es nicht mehr als vier verschiedene 2er-Ketten geben – denn bei vier Ketten sind ja dann bereits alle zwölf Töne der Skala in Terzen eingebunden. Eine zusätzliche Terz, die von diesen acht Terzen verschieden wäre, würde eine 3er-Kette herstellen.

Analog verfährt man im Fall kleiner Terzen: Hier sind 4er-Ketten nach Voraussetzung ausgeschlossen, 3er-Ketten sind aus dem gleichen Grunde entweder disjunkt oder identisch. Deshalb enthalten drei verschiedene 3er Ketten bereits alle zwölf Töne; eine weitere kleine Terz ergäbe dann eine 4er-Kette.

Anmerkung Wäre aber beispielsweise das Intervall $(C \to Cis)$ eine kleine Diësis, D und Dis darüber irgendwie (aber unterhalb einer reinen großen Terz) gegeben, und konstruiert man auf den Tönen C, Cis, D und Dis jeweils 2er-Ketten reiner großer Terzen, so hätte man eine Skala mit mindestens neun reinen großen Terzen, weil dann nämlich $(Cis \to F \to A \to C')$ tatsächlich eine 3er-Kette wäre, denn $(A \to C')$ wäre dann ja eine große Terz. Damit ist das Theorem bewiesen. ∎

Wie kann man sich das alles merken?

Wer nicht ständig mit diesen Vokabeln rund um die vorgestellten Kommata umgeht, könnte schnell die Übersicht verlieren. Denn ein „Merken" anhand der Definitionen oder anhand einiger der gezeigten Formeln kann schnell zu Verwechslungen führen. Hier helfen zwei Sichtweisen: Zum einen sind es vor allem die funktionalen Formeln mit ihren Bilanzen, welche das Verstehen wie auch manche definitorischen Zusammenhänge fördern.

▶   Tatsächlich ist es aber auch hilfreich, ausgehend von der Zahlenkette der gerundeten Centdaten

$$2 - 19{,}5 - 21{,}5 - 23{,}5 - 41 - 62{,}5$$

wieder auf die zugeordneten Kommata zu schließen: Die kleinste Zahl ist das Schisma, die beiden Werte 21,5 ct, 23,5 gehören dem wichtigen Kommapaar „syntonisches Komma, pythagoräische Komma" – es folgen die beiden Diësen, und für das Diaschisma bleibt dann nur noch der Wert 19,5 ct übrig.

Interessant und uns auch längst bekannt, ist, dass alle Zahlenzusammenhänge aber auch abstrakt gelten; so ist ja 23,5 ct $= 21{,}5 + 2$ ct im Gleichklang mit der Formel des Theorems, dass nämlich das pythagoräische Komma die Summe von syntonischem Komma und Schisma ist. Doch Vorsicht ist geboten: Zwischen „numerischer" und „abstrakter" Gleichheit kann es leider sehr schnell zu fehlgeleiteten Schnellschüssen kommen. Dazu können wir anhand der Kommata sehr schöne Beispiele geben.

▶   *Wir erfahren beispielsweise in [17], dass es in der Antike bis hin zu unserem Zeit-*
    alter durchaus versierte Musiktheoretiker gab, für welche syntonisches und
    pythagoräisches Komma als gleich galten. Nicht auszudenken, wenn das wirklich
    so wäre…! Das Schisma wäre zu einem Nichts geschrumpft.

In der Tat können wir anhand des Schismas so manches Gedankenexperiment starten,
dessen ungebremstes Spiel zu grotesken Fabulierungen fähig wäre.

▶   *„Was wäre, wenn"?*

Diese Frage läutet ja nicht selten den unheilvollen Verlauf ein, der dem freien Duktus der
Logik zwangsläufig gehorchen muss.

▶   *So hat der Autor dieses Buches zahllosen hartnäckigen Leugnern drastisch wie*
    heilsam klarmachen können: „Alle Zahlen sind gleich groß" – sollte es nämlich
    wirklich zutreffen, dass

$$0,\overline{9} \neq 1$$

wäre. Letzteres glauben nämlich gefühlt neunundneunzig Hundertstel
der Welt um uns herum. Ein Taschenspielertrick zeigt aber die Äquivalenz
$\left(0,\overline{9} \neq 1\right) \Leftrightarrow (10 = 1)$, *aus der sich alles weitere blitzartig ergibt.*

Um einen möglichen und vermuteten Wissenshunger zu stillen, bitte schön:
    Man nimmt die Differenz $\varepsilon = \left(1 - 0,\overline{9}\right)$, die nach Annahme nicht Null wäre, multi-
pliziert sie mit 10 und subtrahiert die beiden Gleichungen unter Nutzung, dass ja
$10 * \left(0,\overline{9}\right) = 9 + 0,\overline{9}$ ist, erhält dann die Merkwürdigkeit $10\varepsilon = \varepsilon$ und teilt dann durch ε
(was man ja nach Annahme darf!).
    Ähnliches können wir auch vom Schisma lernen, wie das folgende Beispiel zeigen
wird.

Beispiel 10.15 (Numerische versus abstrakte Gleichheiten)

Beim Blick auf die Centwerte

$$\varepsilon_{\text{schisma}} \cong 1,95\ldots ct, \varepsilon_{\text{pyth}} \cong 23{,}460\ldots \text{ct}$$

kann man sehr geschwind vermuten, dass das Schisma 1/12 des Quintenkommas sei,

$$12\varepsilon_{\text{schisma}} \overset{?}{\leftrightarrow} \varepsilon_{\text{pyth}},$$

schließlich ist ja $12 * 1,95\ ct = 23,4\ ct$ – im Zehntel-Centbereich herrscht demnach
die Identität. Ist also die abstrakte Gleichheit implizierbar? Mitnichten!

Es gibt mehrere Argumente – eines ist dieses: Die Frequenzfaktordarstellungen von $\varepsilon_{\text{schisma}}$ und $\varepsilon_{\text{pyth}}$ lauten nach der Tab. 10.16

$$\varepsilon_{\text{schisma}} = 3^8 * 5/2^{15} \text{ und } \varepsilon_{pyth} = 3^{12}/2^{19}.$$

Deshalb hat auch das Intervall $12\varepsilon_{\text{schisma}}$ den Primfaktor 5 – schließlich ist wegen der Multiplikativität des Frequenzmaßes dessen Maß das Produkt

$$12\varepsilon_{\text{schisma}} = 3^{96} * 5^{12}/2^{180},$$

welches man ganz sicher nicht ausrechnen möchte, um leider festzustellen, dass ein numerischer Unterschied zum Komma kaum verlässlich ermittelbar ist. Nein, hier hilft nur die abstrakte Mathematik: Zahlen mit unterschiedlichen Primfaktoren sind verschieden – was auch via „Über-Kreuz-Multiplikation" mit den Nennern für gekürzte Brüche richtig ist. Richtig ist also das Abstraktum

$$12\varepsilon_{\text{schisma}} \neq \varepsilon_{\text{pyth}}. \;\blacktriangleleft$$

Ist das wirklich wichtig? Denn sogar ein genauerer Dezimalwert des Centmaßes ergäbe ja die Beinahe-Gleichheit

$$12\varepsilon_{\text{schisma}} \equiv 23{,}4446\ldots \text{ct},$$

und der Fehler zum Komma beträgt hier knapp 0,015 ct. Ein Defizitintervall dieser winzigen Größe kann doch für die Praxis keine Rolle spielen! Oder wären am Ende bei Leugnung der Primzahlargumentation beide Intervalle sogar gleich, und etwaige winzige Differenzen wären lediglich numerischen Ungenauigkeiten oder Rundungen zu verdanken? Klar, das ist beileibe richtig: Zwei Töne, die sich um den winzigen Wert 0,015 ct ihres Differenzintervalls unterscheiden, sind so was von gleich, gleicher geht's nicht – bitte ausprobieren, wieviel Hertz-Differenzen in der mittleren Oktave das überhaupt ausmachen würde.

Das Schisma und die Musiktheorie

Wenn aber tatsächlich $12\varepsilon_{\text{schisma}} = \varepsilon_{\text{pyth}}$ wäre, so wäre auch

$$12\varepsilon_{\text{synt}} = 11\varepsilon_{\text{pyth}},$$

weil ja $\varepsilon_{\text{synt}} - \varepsilon_{\text{pyth}} \ominus \varepsilon_{\text{schisma}}$ ist. Und dann würde folglich auch das syntonische Komma nicht mehr den Primfaktor 5 in seinem Frequenzmaß tragen – entgegen seiner definitorischen Herkunft.

▶   So wären also syntonisches Komma und pythagoräisches Komma kommensurabel.

Jetzt haben wir aber eine gefährliche Lawine ins Rollen gebracht:

▶   *Dann wären nach den Regeln der Kommensurabilität alle Kommata kommensurabel.*

▶   *Dann wären aber auch alle Semitonia kommensurabel, weil ihre Differenzen – die*
    Kommata – kommensurabel sind.
    Dann wären alle Skalen des Euler-Gitters periodisch, weil alle Intervalle Vielfache
    ihres größten gemeinsamen kommensurablen Teilers wären.
    Dann wären alle Intervalle aller durch Oktave, Quinte und Terz erzeugten Skalen
    und somit die gesamte Intervallalgebra $\mathfrak{M}_{rein}$ kommensurabel.
    Dann wären reine Quinte und Oktave kommensurabel.
    Dann wäre der Primzahlsatz von Euklid ungültig.

Dann wäre entweder so gut wie alles falsch, was in diesem Buche bis zu dieser Seite aufgeschrieben wurde – oder aber dieses Buch wäre nie geschrieben worden.

Nichts anderes als der Katastrophenfall wäre eingetreten, wären zwölf Schismen
gleich mit dem Quintenkomma.

▶   *So trägt also der Winzling „Schisma" das ganze Gebäude der Musik!*

10.9   Zugabe: Diatonische Algebra des Terz-Quint-Gitters

In diesem Abschnitt – den wir als Addendum zu diesem Kapitel sehen und welcher in
seinem mathematischen Vokabular deutlich die Schulmathematik verlassen muss –
dringen wir noch etwas mehr in die Hintergründe der Beschreibungen des natürlich-
harmonischen Intervallsystems

$$\mathfrak{M}_{rein} = \{(k * O) \oplus (m * Q) \oplus (n * \text{Terz}) | \text{mit } k, m, n \in \mathbb{Z}\}$$

ein. Methodisch gesehen erweitern wir den Prozess der 2-parametrischen
(pythagoräischen) Intervallfamilie, so wie wir das im Abschn. 4.1 durchgeführt
haben, um eine freie Komponente. Gleichzeitig stellen unsere Ausführungen eine
Konkretisierung der allgemeinen Matrixtheorie des Abschn. 4.3 für den Dimensionsfall
$n = 3$ dar. Allerdings gehen wir den erklärenden Weg vom Beginn bis zu seinem Ziel
in einer von der allgemeinen Theorie im Wesentlichen unabhängigen Weise, damit die
Rechentechnik der systemischen Zusammenhänge und ihren Gleichungen in der über-
schaubareren Situation ad hoc einsehbar ist und nicht am Ende als ein Abfallprodukt
einer grauen Hintergrundtheorie „vom Himmel fällt".

Es geht also um die musik-mathematische Verbindung und Beschreibung

▶   *der Familie aller natürlich-harmonischen Intervalle als Unterfamilie aller rational-*
    harmonischen Intervalle als Objekt einer modernen Algebra, der Modulalgebra
    mit ihren ganzzahlig operierenden Transformationen.

Zuvorderst stehen die Fragen:

(1) Wann genau trifft es zu, dass drei Intervalle X, Y *und* Z eine Basis der Intervall-algebra $\mathfrak{M}_{\text{rein}}$ sind?
(2) Und wenn dies zuträfe: Wie gestalten sich dann die Mechanismen der Beschreibung aller (reinen) Intervalle durch dieses neue Basissystem?

Wie im pythagoräischen Fall, der im Übrigen in dieser Betrachtung miteinbezogen ist, kann die Antwort auf Frage (1) sofort formuliert werden:

▶   Genau dann, wenn speziell auch die Euler-Basis (Oktave, reine Quinte, reine große Terz) durch diese neuen Intervalle ganzzahlig darstellbar ist.

Denn setzt man diese Darstellungen für O, Q_{pyth} *und* Terz ein, so kann jedes in Euler-Daten geschriebene Intervall auch durch X, Y und Z ausgedrückt werden. Dagegen würde die Antwort „Genau dann, wenn die Intervalle X, Y und Z ganzzahlig linear unabhängig sind" leider nicht ausreichen – eine Konsequenz der strikten Forderung nach Ganzzahligkeit.

▶   **Zur Notation:** Wir vereinbaren für den Rest dieses Abschnitts, für die reine Quinte $Q_{\text{pyth}} \equiv (2:3)$ das für viele Formeln und Rechnungen übersichtlichere Symbol Q zu schreiben. Das Symbol # bedeutet wie zuvor „Anzahl der…".

Das angesprochene Problem führt nun zu folgendem Matrixformalismus: Seien also

$$X = x_1 O \oplus x_2 Q \oplus x_3 \text{Terz}$$
$$Y = y_1 O \oplus y_2 Q \oplus y_3 \text{Terz}$$
$$Z = z_1 O \oplus z_2 Q \oplus z_3 \text{Terz}$$

drei Intervalle in der Euler-Darstellung. Dann bilden wir die Matrix A ihrer Euler-Daten, die wir spaltenweise eintragen:

$$A = \begin{pmatrix} x_1 & y_1 & z_1 \\ x_2 & y_2 & z_2 \\ x_3 & y_3 & z_3 \end{pmatrix}.$$

Diese Matrix hat dann folgende rechentechnische Bedeutung: Ist I irgendein Inter-vall, welches aus einer Iteration aus diesen drei Intervallen X, Y und Z besteht, also die Zusammensetzung

$$I = n_1 X \oplus n_2 Y \oplus n_3 Z$$

besitzt, so gilt nach den Regeln der ordnenden Matrixrechnung:

$$
\begin{pmatrix} x_1 & y_1 & z_1 \\ x_2 & y_2 & z_2 \\ x_3 & y_3 & z_3 \end{pmatrix} \begin{pmatrix} n_1 \\ n_2 \\ n_3 \end{pmatrix} = \begin{pmatrix} x_1 n_1 + y_1 n_2 + z_1 n_3 \\ x_2 n_1 + y_2 n_2 + z_2 n_3 \\ x_3 n_1 + y_3 n_2 + z_3 n_3 \end{pmatrix} = \begin{pmatrix} m_1 \\ m_2 \\ m_3 \end{pmatrix} \equiv \begin{pmatrix} \#\text{Oktaven von } I \\ \#\text{Quinten von } I \\ \#\text{Terzen von } I \end{pmatrix},
$$

und deshalb ist

$$
I = m_1 O \oplus m_2 Q \oplus m_3 Terz
$$

die daraus resultierende Euler-Darstellung. Ist nun die Matrix A ganzzahlig invertierbar und wäre dann $B = A^{-1}$ ihre Inverse, so ist mit der Notation

$$
B = \begin{pmatrix} o_1 & q_1 & t_1 \\ o_2 & q_2 & t_2 \\ o_3 & q_3 & t_3 \end{pmatrix}
$$

die Transformation gefunden, welche den umgekehrten Prozess steuert: Ist nämlich

$$
I = m_1 O \oplus m_2 Q \oplus m_3 Terz
$$

ein beliebiges Intervall in der Euler-Darstellung, so liefert uns die Matrixanwendung

$$
\begin{pmatrix} o_1 & q_1 & t_1 \\ o_2 & q_2 & t_2 \\ o_3 & q_3 & t_3 \end{pmatrix} \begin{pmatrix} m_1 \\ m_2 \\ m_3 \end{pmatrix} = \begin{pmatrix} o_1 m_1 + q_1 m_2 + t_1 m_3 \\ o_2 m_1 + q_2 m_2 + t_2 m_3 \\ o_3 m_1 + q_3 m_2 + t_3 m_3 \end{pmatrix} = \begin{pmatrix} n_1 \\ n_2 \\ n_3 \end{pmatrix} \equiv \begin{pmatrix} \#\text{Intervalle } X \text{ von } I \\ \#\text{Intervalle } Y \text{ von } I \\ \#\text{Intervalle } Z \text{ von } I \end{pmatrix}
$$

die Darstellung von I in der neuen Basis. Damit dies alles so funktioniert, reicht es lediglich, dass die Transformationsmatrix A (oder B) ganzzahlig invertierbar ist. Dies ist genau dann der Fall, wenn ihre Determinante ± 1 ist. Sie heißt dann unimodular im Ring $\mathbb{Z}$ der ganzen Zahlen – das haben wir schon sehr oft so oder so ähnlich formuliert. Und diesen profunden Zusammenhang halten wir nun fest im

---

Satz 10.2 (Basiskriterien im Modulraum der reinen Intervalle – Regener-Matrizen)
Verwenden wir den vorstehenden Formalismus, so sind äquivalent:

(1) Drei Intervalle X, Y und Z bilden eine Basis von $\mathfrak{M}_{\text{rein}}$.
(2) Alle Intervalle aus $\mathfrak{M}_{\text{rein}}$ lassen sich eindeutig durch X, Y und Z darstellen,

$$
\mathfrak{M}_{\text{rein}} = \{(kX) \oplus (mY) \oplus (nZ) | k, m, n \in \mathbb{Z}\}.
$$

(3) Die Matrix A ist ganzzahlig invertierbar (und ihre Inverse ist die Matrix B).
(4) Die Matrix B ist ganzzahlig invertierbar (und ihre Inverse ist die Matrix A).
(5) Die Matrix A ist unimodular (ihre Determinante ist $= \pm 1$).
(6) Die Matrix B ist unimodular (ihre Determinante ist $= \pm 1$).

Die Matrizen A und B heißen im Fall ihrer Unimodularität **Regener-Matrizen**.

- **Das Rechenschema der Regener-Matrizen**

Nehmen wir an, dass drei Intervalle X, Y *und* Z in ihren Euler-Daten vorliegen,

$$X = x_1 O \oplus x_2 Q \oplus x_3 \text{Terz}$$

$$Y = y_1 O \oplus y_2 Q \oplus y_3 \text{Terz}$$

$$Z = z_1 O \oplus z_2 Q \oplus z_3 \text{Terz}.$$

Dann bilden wir mit diesen Koeffizienten – spaltenweise angeordnet – die Matrix A. Ist deren Determinante ± 1, so invertieren wir A (zum Beispiel mit dem Gauß'schen Algorithmus) und erhalten die zu A inverse Matrix B. Dann entsteht das Diagramm:

	Matrix A				**Matrix B**	
$O - Koordinaten \rightarrow$	$\begin{pmatrix} x_1 & y_1 & z_1 \\ x_2 & y_2 & z_2 \\ x_3 & y_3 & z_3 \end{pmatrix}$		$X - Koordinaten \rightarrow$	$\begin{pmatrix} o_1 & q_1 & t_1 \\ o_2 & q_2 & t_2 \\ o_3 & q_3 & t_3 \end{pmatrix}$		
$Q - Koordinaten \rightarrow$			$Y - Koordinaten \rightarrow$			
$Terz - Koordinaten \rightarrow$			$Z - Koordinaten \rightarrow$			

$$\text{für} \qquad \begin{matrix} \uparrow & \uparrow & \uparrow \\ X & Y & Z \end{matrix} \qquad\qquad \begin{matrix} \uparrow & \uparrow & \uparrow \\ O & Q & \text{Terz} \end{matrix}$$

Bevor wir uns mehrere Beispiele ansehen, möchten wir erwähnen, dass ein wenig „Hintergrund-Mathematik" die eine oder andere Zahlenrechnerei überflüssig machen kann. So befindet sich unter den vielen Regeln für das Rechnen mit Determinanten auch diejenige, dass eine Determinante unverändert bleibt, wenn man zu einer Spalte (oder Zeile) Vielfache einer oder mehrerer anderer Spalten (oder Zeilen) addiert. Insbesondere kann also die Differenz zweier Spalten eine der beiden ersetzen:

Musikalisch ersetzen wir in einer Basis X, Y und Z beispielsweise das Intervall Y durch $X \ominus Y$ und/oder das Intervall Z durch $Y \ominus Z$ und gewinnen eine neue Basis. Aber auch ohne Determinantenkalkül wäre dieser Basiswechsel einleuchtend: Alles, was man durch X, Y ; und Z erzeugen kann, kann man auch ganzzahlig durch $X, X \ominus Y$ und $Y \ominus Z$ ausdrücken, denn es ist ja umgekehrt

$$Y = X \ominus (X \ominus Y) \text{ ; und } Z = Y \ominus (Y \ominus Z),$$

eine einfache Sache. Ist demnach eine Matrix A unimodular, so sind dies auch alle anderen Matrizen, welche durch den Prozess entstehen, dass zu einer Spalte Vielfache der beiden anderen Spalten addiert werden. Darüber hinaus gilt:

Geht eine Matrix $\tilde{A}$ aus einer anderen Matrix A durch einen solchen Spaltenmanipulationsprozess hervor, so gewinnt man die Inverse $\tilde{B} = \tilde{A}^{-1}$, indem dieser Prozess in der Umkehrung beschrieben wird; beide Prozesse lassen sich rein rechentechnisch – durch Anwendung (Multiplikation) einer Übergangsmatrix und deren Inversen – beschreiben. Im kommenden Beispiel 10.16 (6) gehen wir hierauf ein.

Nun zählen wir im folgenden Beispielblock einige der markanten Modulbasen auf:

Beispiel 10.16 (Modulbasen für die Familie reiner Intervalle $\mathfrak{M}_{rein}$)

(1) **Euler-Basis** $\left(O - Q_{\text{pyth}} - \text{Terz}\right)$: Die Oktave O, die reine Quinte Q_{pyth} und die Terz sind als linear ganzzahlig unabhängige Erzeuger von $\mathfrak{M}_{rein}$ die „kanonische" Modulbasis. Die Regener-Transformation ist trivialerweise die identische Abbildung, ihre repräsentierende Matrix A ist die Einheitsmatrix (E, id),

$$A = \begin{pmatrix} 1\ 0\ 0 \\ 0\ 1\ 0 \\ 0\ 0\ 1 \end{pmatrix} = B = A^{-1}.$$

(2) **Chromabasis** $(S - CH - ch)$: Diese Basis haben wir bereits in Beispiel 10.10 besprochen, und hier lauten die Systemmatrizen

$$A = \begin{pmatrix} 1 & -2 & 0 \\ -1 & 3 & -1 \\ -1 & 1 & 2 \end{pmatrix} \text{ mit der Inversen } B = A^{-1} = \begin{pmatrix} 7\ 4\ 2 \\ 3\ 2\ 1 \\ 2\ 1\ 1 \end{pmatrix}.$$

(3) **Limmabasis** $(L - A - S)$: Diese Basis finden wir im Beispiel 10.9 vorgestellt, sie wird durch diese Systemmatrizen beschrieben:

$$A = \begin{pmatrix} 3 & -4 & 1 \\ -5 & 7 & -1 \\ 0 & 0 & -1 \end{pmatrix} \text{ mit der Inversen } B = A^{-1} = \begin{pmatrix} 7 & 4 & 3 \\ 5 & 3 & 2 \\ 0 & 0 & -1 \end{pmatrix}.$$

(4) **Diatonische Basis** $(T_+ - T_- - S)$: Die Stufenintervalle der heptatonischen Skala bilden sicher eine Basis, denn die Euler-Basis kann durch sie ausgedrückt werden:

$$O = 3T_+ \oplus 2T_- \oplus 2S, Q = 2T_+ \oplus T_- \oplus S, Terz = T_+ \oplus T_-.$$

Wir lesen hieraus sofort die B-Matrix ab, und deren Inverse ergibt sich aus den umgestellten Basisdarstellungen

$$B = \begin{pmatrix} 3\ 2\ 1 \\ 2\ 1\ 1 \\ 2\ 1\ 0 \end{pmatrix} \text{ und } A = \begin{pmatrix} -1 & 1 & 1 \\ 2 & -2 & -1 \\ 0 & 1 & -1 \end{pmatrix}.$$

Beide Matrizen sind – wie die Rechnung zeigt – invers zueinander, $A = B^{-1}$.

(5) **Kommabasis** $\left(\varepsilon_{pyth} - \varepsilon_{synt} - S\right)$: Wir untersuchen, ob auch die prominenten Kommata zusammen mit dem diatonischen Halbton eine Intervallbasis bilden. Nach den in der Tab. 10.16 ablesbaren Euler-Daten finden wir die Matrix A, deren Determinante tatsächlich den Wert -1 hat. Somit ist sie ganzzahlig invertierbar. Die Inverse finden wir durch den Algorithmus der Linearen Algebra,

$$A = \begin{pmatrix} -7 & -2 & 1 \\ 12 & 4 & -1 \\ 0 & -1 & -1 \end{pmatrix} \text{ und } B = A^{-1} = \begin{pmatrix} 5 & 4 & 2 \\ -12 & -7 & -5 \\ 12 & 7 & 4 \end{pmatrix}.$$

(6) **Diaschisma-Komma-Basis** $\left(S - \varepsilon_{\text{diaschisma}} - \varepsilon_{\text{synt}}\right)$: Hier wenden wir einmal die Vorgehensweise der Spalten-Zeilen-Manipulation für die neuen Variablen

- Semiton (S),
- Diaschisma ($\varepsilon_{\text{diaschisma}} = S \ominus CH$),
- syntonisches Komma $\left(\varepsilon_{\text{synt}} = CH \ominus ch\right)$

auf die Chromavariablen S, CH *und* ch des Beispiels (2) an. Die Regener-Matrizen sind dann diese:

$$A = \begin{pmatrix} 1 & 3 & -2 \\ -1 & -4 & 4 \\ -1 & -2 & -1 \end{pmatrix} \text{ und } B = A^{-1} = \begin{pmatrix} 12 & 7 & 4 \\ -5 & -3 & -2 \\ -2 & -1 & -1 \end{pmatrix}.$$

Warum? Nun, wir haben die Matrix A erhalten, indem wir in der Matrix A des Beispiels (2) von Beispiel 10.10 die zweite Spalte durch die Differenz (1. minus 2. Spalte) und die 3. Spalte durch die Differenz (2. minus 3. Spalte) ersetzt und die 1. Spalte beibehalten haben; dies entspricht ja unserer Wahl der neuen Basisintervalle, wie die voranstehenden Formeln für $\varepsilon_{\text{diaschisma}}$ und $\varepsilon_{\text{synt}}$, ausgedrückt durch die Semitonia S, CH und ch, ja gerade zeigen. Die inverse Matrix B haben wir ebenfalls aus derjenigen des Beispiels (2) gewonnen: Eingedenk der Bedeutung der Spalten von B als Basisdarstellung der Euler-Basis durch die entsprechenden transformierten Basisintervalle X, Y und Z ersetzen wir die dortigen Intervalle S, CH und ch durch die neuen Intervalle S, Diaschisma und syntonisches Komma gemäß den voranstehenden Transformationen als Differenzen. Das können wir sicher auch mithilfe des Matrizenkalküls berechnen: Demnach führt die Matrix

$$T = \begin{pmatrix} 1 & 1 & 0 \\ 0 & -1 & 1 \\ 0 & 0 & -1 \end{pmatrix}$$

die neuen Basisvariablen in die alten über. Deswegen gilt der Zusammenhang

$$A_{\text{neu}} = A_{\text{alt}} \circ T = \begin{pmatrix} 1 & 3 & -2 \\ -1 & -4 & 4 \\ -1 & -2 & -1 \end{pmatrix} \circ \begin{pmatrix} 1 & 1 & 0 \\ 0 & -1 & 1 \\ 0 & 0 & -1 \end{pmatrix} = \begin{pmatrix} 1 & 3 & -2 \\ -1 & -4 & 4 \\ -1 & -2 & -1 \end{pmatrix},$$

und deshalb ist die Inverse

$$B_{\text{neu}} = T^{-1} \circ B_{\text{alt}} = \begin{pmatrix} 1 & 1 & 1 \\ 0 & -1 & -1 \\ 0 & 0 & -1 \end{pmatrix} \circ \begin{pmatrix} 7 & 4 & 2 \\ 3 & 2 & 1 \\ 2 & 1 & 1 \end{pmatrix} = \begin{pmatrix} 12 & 7 & 4 \\ -5 & -3 & -2 \\ -2 & -1 & -1 \end{pmatrix},$$

so wollen es jedenfalls die elementaren Strukturgesetze des Matrixkalküls. Die Rechtsmultiplizierung der Matrix A mit der Übergangsmatrix T entspricht übrigens voll und ganz der beschriebenen Spaltenaddition; die Linksmultiplikation mit der Inversen bewirkt genau das, was wir weiter oben verbal erklärt haben (sie führt die alten Variablen in die neuen über). ◀

Um dieses Sortiment an positiven Beispielen einmal durch eine andere Variante des Themas abzurunden, stellen wir uns die Frage: Wäre auch eine Basis aus den drei klassischen Kommata

- kleine Diësis ($\varepsilon_{\text{klein}-\text{diësis}}$),
- syntonisches Komma ($\varepsilon_{\text{synt}}$),
- pythagoräisches Komma ($\varepsilon_{\text{pyth}}$)

möglich? Die Antwort müsste „nein" lauten – schließlich kennen wir bereits den Zusammenhang aus der harmonischen Gleichung

$$\varepsilon_{\text{klein}-\text{diësis}} = 3\varepsilon_{\text{synt}} \ominus \varepsilon_{\text{pyth}}.$$

Daher sind diese drei Kommata untereinander ganzzahlig abhängig. Und in der Tat liefern die Euler-Daten die Transformationsmatrix A

$$A = \begin{pmatrix} 1 & -2 & -7 \\ 0 & 4 & 12 \\ -3 & -1 & 0 \end{pmatrix},$$

aus der wir wegen $det\, A = 0$ ihre Nicht-Invertierbarkeit erkennen – erst recht ist sie nicht unimodular. Und im Einklang hierzu steht der Zusammenhang

$$\begin{pmatrix} 1 \\ 0 \\ -3 \end{pmatrix} = 3 \begin{pmatrix} -2 \\ 4 \\ -1 \end{pmatrix} - \begin{pmatrix} -7 \\ 12 \\ 0 \end{pmatrix},$$

welcher die lineare Abhängigkeit der Spalten ausdrückt und im Koordinatenraum $\mathbb{Z}^3$ der Euler-Daten vektoriell genau die obige harmonische Gleichung beschreibt.

Jetzt verfolgen wir den Weg der Theorie weiter und kümmern uns um die (zugegeben!) abstrakten Mechanismen zwischen den verschiedenartigen Beschreibungen der Intervallalgebra $\mathfrak{M}_{\text{rein}}$

- **Modulhomomorphismen**

Der im Vorangehenden beschriebene Aspekt der Beschreibung musikalischer Intervalle durch diverse Basissysteme und deren – sie definierenden – Gleichungs- beziehungsweise Matrixsysteme ist bei Lichte besehen eine konkretisierte Situation eines allgemeinen mathematischen Konzepts: dem Konzept linearer Transformationen. Wobei die „Linearität" sich nur auf ganzzahlige Summenbildungen bezieht, besser: beziehen darf. Wir werden nebenbei auch sehen, dass diese „eingeschränkte" Linearität schwächere Eigenschaften bewirkt als eine Vektorraum-Linearität, bei welcher die Vielfachen (Skalare) dem kompletten Körper $\mathbb{R}$ angehören (also Inverse besitzen).

Wir skizzieren nun ein für unsere Zwecke dienliches Konzept $\mathbb{Z}$-linearer Abbildungen

$$\varphi : \mathfrak{M}_{\text{rein}} \to \mathfrak{M}_{\text{rein}},$$

welche – im Falle ihrer Invertierbarkeit – konsequenterweise auch **Regener-Transformationen** genannt werden.

Definition 10.5 ($\mathbb{Z}$-lineare Abbildungen und ihre Grundeigenschaften)

Eine Abbildung $\varphi : \mathfrak{M}_{rein} \to \mathfrak{M}_{rein}$ heißt $\mathbb{Z}$-**lineare Abbildung,** wenn sie mit den Moduloperationen $\oplus$ und $\ominus$ verträglich ist – das heißt, wenn die Strukturgesetze

$$\varphi(I \oplus J) = \varphi(I) \oplus \varphi(J),$$

für alle Intervalle I und J aus dem Modulraum $\mathfrak{M}_{rein}$ erfüllt sind. Speziell folgt hieraus die sogenannte $\mathbb{Z}$-Linearität

$$\varphi(m * I) = m * \varphi(I) \text{ für alle } m \in \mathbb{Z} \text{ und alle Intervalle } I \in \mathfrak{M}_{rein}.$$

Solche Abbildungen nennt man auch „**Modulhomomorphismen**", und die Strukturgesetze heißen dann **Homomorphismus-Regeln.** Es gilt vor allem das

Fundamentalgesetz der linearen Fortsetzung:

Ist $\{X, Y, Z\}$ eine Basis des Modulraums $\mathfrak{M}_{rein}$, so ist eine solche strukturverträgliche Abbildung φ allein schon dadurch eindeutig bestimmt, dass lediglich genau die drei Bildintervalle $\varphi(X), \varphi(Y)$ *und* $\varphi(Z)$ angegeben sind. Das allerdings führt auf das wichtige **Eindeutigkeitsprinzip:**

Stimmen zwei Homomorphismen

$$\varphi : \mathfrak{M}_{rein} \to \mathfrak{M}_{rein} \text{ und } \psi : \mathfrak{M}_{rein} \to \mathfrak{M}_{rein}$$

auf einer Basis des Modulraums überein, so sind sie identisch.

Denn ist I ein Intervall aus $\mathfrak{M}_{rein}$, so hat I die Basisdarstellung

$$I = n_1 X \oplus n_2 Y \oplus n_3 Z,$$

und dann folgt aus der Homomorphismus-Eigenschaft die Identität

$$\varphi(I) = \varphi(n_1 X \oplus n_2 Y \oplus n_3 Z) = n_1 \varphi(X) \oplus n_2 \varphi(Y) \oplus n_3 \varphi(Z),$$

sodass dieses wichtige Grundgesetz einsehbar geworden ist.

Wie diese abstrakten Gebilde sich mit konkretem Rechnen verbinden, soll nun dargelegt werden. Dazu müssen wir aber folgende mathematische Maschine in Betrieb nehmen: Sie besteht aus den drei Bestandteilen:

(1) Jedem Intervall ordnen wir seinen Koordinatenvektor zu.
(2) Jede ganzzahlige Matrix definiert einen Modulhomomorphismus.
(3) Jeder Modulhomomorphismus generiert eine ihn beschreibende Matrix.

Zu (1): Der Prozess, dass sich ein Intervall eindeutig durch seine Daten bezüglich einer gewählten Intervallbasis darstellen lässt, kann elegant als eine mathematische Abbildung erklärt werden: Wir definieren einfach die Zuordnung

$$\tau : \mathfrak{M}_{\text{rein}} \to \mathbb{Z}^3$$

durch die Festlegung

$$\tau(I) = (m_1, m_2, m_3) \Leftrightarrow I = m_1 O \oplus m_2 Q \oplus m_3 \textit{Terz}.$$

Somit ordnet dieser **Koordinaten-Zuweisungsoperator** τ jedem Intervall aus $\mathfrak{M}_{\text{rein}}$ seine Euler-Daten zu; er ist genau deshalb wohldefiniert, weil es für ein Intervall keine zwei unterschiedlichen Beschreibungsmöglichkeiten durch die Euler-Basis O, Q und Terz gibt. Nicht zuletzt aus diesem Grund gilt auch die Regel der Strukturerhaltung:

$$\tau(I \oplus J) = \tau(I) \oplus \tau(I)$$

(„die Koordinaten einer Summe sind die Summen der Koordinaten"). Somit ist dieser Operator selber ein – sogar invertierbarer – Homomorphismus zwischen den Modulräumen $\mathfrak{M}_{\text{rein}}$ und $\mathbb{Z}^3$ – und dies gilt dann auch für seinen inversen Operator,

$$\tau^{-1} : \mathbb{Z}^3 \to \mathfrak{M}_{\text{rein}},$$

definiert durch die Vorschrift

$$\tau^{-1}(m_1, m_2, m_3) = m_1 O \oplus m_2 Q \oplus m_3 \text{Terz},$$

welcher einem Tripel (m_1, m_2, m_3) ganzer Zahlen die entsprechende Adjunktion von Intervallen mit iterierten (vervielfachten) Oktaven, Quinten und Terzen zuordnet. Insbesondere sind die Basisdarstellungen von Operator und seiner Inversen,

$$\tau(\text{Oktave}) = (1, 0, 0), \tau(\text{Quinte}) = (0, 1, 0), \tau(\textit{Terz}) = (0, 0, 1)$$

$$\tau^{-1}(1, \, 0, \, 0) = \text{Oktave}, \; \tau^{-1}(0, \, 1, \, 0) = \text{Quinte}, \; \tau^{-1}(0, \, 0, \, 1) = \text{Terz},$$

entscheidend, denn alles andere setzt sich hieraus nach den Gesetzen der linearen Fortsetzung additiv zusammen.

Zu (2): Sei A eine ganzzahlige 3×3-Matrix,

$$A = \begin{pmatrix} x_1 & y_1 & z_1 \\ x_2 & y_2 & z_2 \\ x_3 & y_3 & z_3 \end{pmatrix}.$$

Dann definieren wir eine $\mathbb{Z}$-lineare Abbildung

$$\varphi_A : \mathfrak{M}_{\text{rein}} \to \mathfrak{M}_{\text{rein}}$$

durch folgende Vorschrift: Für ein Intervall I, welches wir (ohne Einschränkung – aber der Einfachheit halber) in seinen Euler-Daten angeben,

$$I = m_1 O \oplus m_2 Q \oplus m_3 \text{Terz},$$

sei die Abbildungsvorschrift

$$\varphi_A(I) = \varphi_A(m_1 O \oplus m_2 Q \oplus m_3 Terz) = n_1 O \oplus n_2 Q \oplus n_3 \text{Terz}$$

gegeben, welche ausführlich notiert so lautet:

$$\begin{pmatrix} n_1 \\ n_2 \\ n_3 \end{pmatrix} = A \begin{pmatrix} m_1 \\ m_2 \\ m_3 \end{pmatrix} = m_1 \begin{pmatrix} x_1 \\ x_2 \\ x_3 \end{pmatrix} + m_2 \begin{pmatrix} y_1 \\ y_2 \\ y_3 \end{pmatrix} + m_3 \begin{pmatrix} z_1 \\ z_2 \\ z_3 \end{pmatrix} = \begin{pmatrix} x_1 m_1 + y_1 m_2 + z_1 m_3 \\ x_2 m_1 + y_2 m_2 + z_2 m_3 \\ x_3 m_1 + y_3 m_2 + z_3 m_3 \end{pmatrix}.$$

Somit ist die Abbildung durch die Matrixanwendung auf den Euler-Datenvektor (m_1, m_1, m_3) festgelegt. Der Nachweis, dass durch diese Vorschrift die Homomorphismus-Eigenschaft erfüllt ist und dadurch die $\mathbb{Z}$-Linearität von φ_A gegeben ist, ist sehr einfach durchschaubar und beruht auf der Linearität der Matrixanwendung. Wir wollen aber eigens festhalten, dass die Spalten der Matrix die Matrixanwendung auf die kanonische Basis $(1, 0, 0)$, $(0, 1, 0)$ und $(0, 0, 1)$ darstellen. Mithin sind

$$X = x_1 O \oplus x_2 Q \oplus x_3 Terz = \varphi_A(\text{Oktave}),$$
$$Y = y_1 O \oplus y_2 Q \oplus y_3 Terz = \varphi_A(\text{Quinte}),$$
$$Z = z_1 O \oplus z_2 Q \oplus z_3 Terz = \varphi_A(\text{Terz})$$

die aus der Matrix A unmittelbar ablesbaren Bildintervalle der Euler-Basis.

Zu (3): Sei nun umgekehrt die Abbildung $\varphi : \mathfrak{M}_{\text{rein}} \to \mathfrak{M}_{\text{rein}}$ ein Modulhomomorphismus. Dann definieren wir die dazu passende (und zur Euler-Basis gehörende) Matrix $A = A_\varphi$ wie folgt: Sind die musikalischen Intervalle

$$X = x_1 O \oplus x_2 Q \oplus x_3 Terz = \varphi(\text{Oktave } O),$$
$$Y = y_1 O \oplus y_2 Q \oplus y_3 Terz = \varphi(\text{Quinte } Q),$$
$$Z = z_1 O \oplus z_2 Q \oplus z_3 Terz = \varphi(\text{Terz})$$

die Bilder der Euler-Basis, so bilden wir die Matrix A dadurch, dass ihre Spalten der Reihe nach diese Euler-Daten von X, Y und Z sind, das heißt, dass

$$A_\varphi = \begin{pmatrix} x_1 & y_1 & z_1 \\ x_2 & y_2 & z_2 \\ x_3 & y_3 & z_3 \end{pmatrix}$$

ist. Dann gilt nach dieser Konstruktion speziell auch die Gleichung

$$A_\varphi \begin{pmatrix} 1 \\ 0 \\ 0 \end{pmatrix} = \begin{pmatrix} x_1 \\ x_2 \\ x_3 \end{pmatrix} = \tau(X) = \tau(\varphi(O)) = \tau \circ \varphi \circ \tau^{-1} \begin{pmatrix} 1 \\ 0 \\ 0 \end{pmatrix}.$$

Und ebenso stimmen die beiden Homomorphismen A_φ und $\tau \circ \varphi \circ \tau^{-1}$ auf den beiden anderen Basisvektoren $(0, 1, 0)$ und $(0, 0, 1)$ überein und folglich sind sie aufgrund des Fundamentalgesetzes der linearen Fortsetzung auf ganz $\mathbb{Z}^3$ identisch.

Im folgenden Satz halten wir diesen Zusammenhang fest:

Satz 10.3 (Homomorphismen im Modulraum $\mathfrak{M}_{\text{rein}}$)
Jeder Modulhomomorphismus (oder auch $\mathbb{Z}$-lineare Abbildung)

$$\varphi : \mathfrak{M}_{\text{rein}} \to \mathfrak{M}_{\text{rein}}$$

besitzt mittels des Koordinaten-Zuweisungsoperators τ die Struktur

$$\varphi = \tau^{-1} \circ A \circ \tau \Leftrightarrow A = \tau \circ \varphi \circ \tau^{-1},$$

wobei die ganzzahlige 3×3-Matrix A gemäß vorstehender Festlegung eindeutig bestimmt ist. Umgekehrt definiert jede ganzzahlige Matrix A auf diese Weise einen Homomorphismus $\varphi : \mathfrak{M}_{\text{rein}} \to \mathfrak{M}_{\text{rein}}$.

Diesen Zusammenhang drücken wir durch die Notationen $\varphi = \varphi_A$ beziehungsweise $A = A_\varphi$ aus. Die Matrix A heißt die **Repräsentante** der Abbildung φ. Im Detail wirkt also die Abbildungskette

$$\varphi : \mathfrak{M}_{rein} \left(\underbrace{\xrightarrow{\hspace{2cm}}}_{\text{Übergangsoperator } \tau} \mathbb{Z}^3 \underbrace{\xrightarrow{\hspace{1cm}}}_{\text{Matrix } A} \mathbb{Z}^3 \underbrace{\xrightarrow{\hspace{2cm}}}_{\text{Übergangsoperator } \tau^{-1}} \right) \mathfrak{M}_{\text{rein}}$$

als ein aus den drei Bausteinen zusammengesetzter Operator.

Bemerkung

Bevor wir unser zentrales Ergebnis dieses Abschnitts formulieren, wollen wir auf einen signifikanten Unterschied aufmerksam machen: Die allgegenwärtige Forderung nach Ganzzahligkeiten beziehungsweise der Verzicht auf inverse Elemente (Brüche) hat schon ihren Preis. So sind vertraute Beziehungen im Umfeld der Matrizentheorie, wie sie üblicherweise in der reellen linearen Algebra bekannt sind, nicht ohne weiteres übertragbar und teilweise auch falsch. Betrachten wir als Beispiel die 2×2-Matrix

$$A = \begin{pmatrix} 1 & -1 \\ 0 & 2 \end{pmatrix},$$

der wir auch schon bei der pythagoräischen Intervallfamilie $\mathfrak{M}_{\text{pyth}}$ begegnet sind. Die Spalten bilden die Euler-Daten von Oktave und Ganzton Tonos. Offenbar sind beide Spalten von A zwar linear unabhängig, und die Determinante hat den Wert 2 – somit verkörpert A eine eineindeutige (injektive) Abbildung; dagegen ist

$$A : \mathbb{Z}^2 \to \mathbb{Z}^2$$

zwar wohldefiniert, aber nicht invertierbar (denn dies müsste ganzzahlig möglich sein); so hat auch der Vektor $(0, 1)$, welcher der Quinte entspricht, kein Urbild in $\mathbb{Z}^2$ – will sagen, dass das Gleichungssystem

$$x - y = 0 \text{ und } 2y = 1$$

keine ganzzahlige Lösung hat, was uns zur Aussage veranlasst, dass durch die beiden Intervalle Oktave und Tonos das System $\mathfrak{M}_{\text{pyth}}$ nicht vollständig durch adjungierte Iterationen dargestellt werden kann.

Im folgenden Theorem verankern wir einige substantielle Zusammenhänge zwischen

- den abstrakten Homomorphismen,
- ihren Matrizenrepräsentanten
- sowie den Modulbasen im Raum $\mathfrak{M}_{\text{rein}}$

und erhalten damit eine mathematische Basis für alle Regener-Transformationen – den sowohl struktur-verträglichen als auch eineindeutigen Intervalltransformationen in der Iterationsfamilie $\mathfrak{M}_{\text{rein}}$.

Theorem 10.7 (Modulraum der reinen Intervalle – Regener-Transformation)
Für einen Modulhomomorphismus $\varphi : \mathfrak{M}_{\text{rein}} \to \mathfrak{M}_{\text{rein}}$ sind folgende fünf Bedingungen äquivalent:

(1) φ ist invertierbar und besitzt demnach einen inversen Homomorphismus

$$\varphi^{-1} : \mathfrak{M}_{\text{rein}} \to \mathfrak{M}_{\text{rein}}.$$

(2) Die zugehörige Matrix A_φ ist unimodular.

Erläuterung: Diese Bedingung (2) bedeutet, wie schon oft betont, dass $det\, A_\varphi = \pm 1$ ist, und dies bedeutet wiederum, dass A_φ ganzzahlig invertierbar ist.

In diesem Fall ist die inverse Matrix von A_φ simultan auch die repräsentierende Matrix des inversen Homomorphismus φ^{-1}, und das drückt sich in der prägnanten – wenn auch gewöhnungsbedürftig abstrakten – Gleichung so aus:

$$\left(A_\varphi\right)^{-1} = A_{\varphi^{-1}}.$$

(3) Die durch den Operator φ definierten Intervalle

$$X := \varphi(O), \ Y := \varphi(Q), \ Z := \varphi(\text{Terz})$$

sind eine Basis von $\mathfrak{M}_{\text{rein}}$.
Folgerung: Falls (3) eintrifft, so gilt für alle Intervalle $I \in \mathfrak{M}_{\text{rein}}$ die Formel:

$$I = m_1 O \oplus m_2 Q \oplus m_3 \text{Terz} \Leftrightarrow \varphi(I) = m_1 X \oplus m_2 Y \oplus m_3 Z.$$

Erläuterung: Die Bedingung (3) sagt aus, dass „die Euler-Daten eines Intervalls I genau die Koordinaten des Bildintervalls $\varphi(I)$ bezüglich der Basis $X, Y, Z = \varphi(\text{Euler} - \text{Basis})$" sind. Speziell gilt auch dieser Zusammenhang:

▶   Die Euler-Daten von X, Y, Z sind genau die Spalten der Matrix A_φ.

(4) Der Operator φ ist surjektiv – das heißt: Zu jedem Intervall $I \in \mathfrak{M}_{\text{rein}}$ gibt es ein Intervall $J \in \mathfrak{M}_{\text{rein}}$ mit $\varphi(J) = I$.

Ergänzung: Dagegen gilt **nicht** die Implikation (φ injektiv $\Rightarrow$ φ invertierbar), wie dies ja bekanntlich in der Vektorraumsituation endlich-dimensionaler Strukturen gelten würde!

(5) Es gibt Intervalle U, V und $W \in \mathfrak{M}_{\text{rein}}$, sodass gilt:

$$O = \varphi(U), Q = \varphi(V) \text{ und } Terz = \varphi(W).$$

Erläuterung: Die Euler-Basisintervalle O, Q und Terz sind also selber Bildintervalle unter dem Operator φ. In diesem Fall sind die Euler-Daten von U, V und W genau die Spalten der Matrix $\left(A_\varphi\right)^{-1}$, und diese sind gleichzeitig die Koordinaten der Euler-Basisintervalle O, Q und Terz bezüglich der neuen Basis X, Y und Z.

Fazit: Ein solcher Operator φ: $\mathfrak{M}_{\text{rein}} \to \mathfrak{M}_{\text{rein}}$ heißt **Regener-Transformation;** er ist demnach signifikant durch jedes dieser fünf Merkmale eindeutig charakterisiert.

Beweis (1) $\Rightarrow$ (2): Für die Matrix A gilt nach Satz 10.3 die definierende Formel

$$A = \tau \circ \varphi \circ \tau^{-1}.$$

Ist nun φ invertierbar, so ist auch die Kompositionsabbildung

$$\tau \circ \varphi \circ \tau^{-1} : \mathbb{Z}^3 \to \mathbb{Z}^3$$

invertierbar, da die Koordinaten-Zuweisungsoperatoren von Hause aus ja invertierbar sind. Deshalb ist A ganzzahlig invertierbar – deshalb auch unimodular, weil dann $det A = \pm 1$ sein muss. Außerdem haben wir im Invertierbarkeitsfall die Formel

$$A^{-1} = \left(\tau \circ \varphi \circ \tau^{-1}\right)^{-1} = \left(\tau^{-1}\right)^{-1} \circ \varphi^{-1} \circ \tau^{-1} = \tau \circ \varphi^{-1} \circ \tau^{-1},$$

woraus ebenfalls mittels des Satzes 10.3 erkennbar ist, dass die ganzzahlige, inverse Matrix A^{-1} simultan auch die Matrixrepräsentante von φ^{-1} ist.

In einer kleinen Nebenbemerkung wollen wir erwähnen, dass sich die Reihenfolge umkehrt, wenn man verkettete Abbildungen invertiert, will heißen, dass für zwei invertierbare Abbildungen das Gesetz

$$(f \circ g)^{-1} = g^{-1} \circ f^{-1}$$

zu beachten ist (was aber aus der Grundlagen-Mathematik bekannt ist).
$(2) \Rightarrow (1)$: Hier wenden wir einfach die Formel

$$\varphi = \tau^{-1} \circ A \circ \tau$$

an. Ist nun A unimodular, so ist $A : \mathbb{Z}^3 \to \mathbb{Z}^3$ invertierbar, somit ist φ eine Komposition invertierbarer Abbildungen – mithin selber wieder invertierbar, und es gilt

$$\varphi^{-1} = \left(\tau^{-1} \circ A \circ \tau\right)^{-1} = \tau^{-1} \circ A^{-1} \circ \tau.$$

$(1) \Rightarrow (3)$: Sei I gegeben, und $J = \varphi^{-1}(I)$ sei das nach Voraussetzung existierende Urbild von I. Nun hat das Intervall J eine übliche Euler-Darstellung

$$J = m_1 O \oplus m_2 Q \oplus m_3 Terz.$$

Dann folgt aber nach dem Gesetz der linearen Fortsetzung für Homomorphismen

$$I = \varphi(J) = \varphi(m_1 O \oplus m_2 Q \oplus m_3 Terz)$$
$$= m_1 \varphi(O) \oplus m_2 \varphi(Q) \oplus m_3 \varphi(Terz) = m_1 X \oplus m_2 Y \oplus m_3 Z.$$

$(3) \Rightarrow (4)$: Sei $I \in \mathfrak{M}_{rein}$, dann können wir nach Voraussetzung schreiben

$$I = m_1 X \oplus m_2 Y \oplus m_3 Z = m_1 \varphi(O) \oplus m_2 \varphi(Q) \oplus m_3 \varphi(Terz)$$
$$= \varphi(m_1 O \oplus m_2 Q \oplus m_3 Terz) = \varphi(J),$$

und J ist ein Intervall aus $\mathfrak{M}_{rein}$, somit ist φ surjektiv.

$(4) \Rightarrow (5)$: Die Aussage (5) ist ein Spezialfall von Aussage (4), da nach dieser Voraussetzung jedes Element aus $\mathfrak{M}_{rein}$ ein Urbild aus $\mathfrak{M}_{rein}$ hat – insbesondere gilt dies auch für die Oktave, die Quinte und die Terz.

$(5) \Rightarrow (4)$: Sei $I = m_1 O \oplus m_2 Q \oplus m_3 Terz$, und es seien $U, V\ W \in \mathfrak{M}_{rein}$ mit

$$O = \varphi(U), Q = \varphi(V) \text{ und } Terz = \varphi(W).$$

Dann ist die Adjunktion

$$J = m_1 U \oplus m_2 V \oplus m_3 W$$

ein Intervall aus $\mathfrak{M}_{rein}$; da ja U, V und W zu $\mathfrak{M}_{rein}$ gehören, so auch deren iterierte Summe. Offenbar gilt aber aufgrund der Homomorphie-Eigenschaft

$$\varphi(J) = \varphi(m_1 U \oplus m_2 V \oplus m_3 W) = m_1 \varphi(U) \oplus m_2 \varphi(V) \oplus m_3 \varphi(W) = I.$$

Somit ist gezeigt, dass es zu jedem $I \in \mathfrak{M}_{rein}$ ein $J \in \mathfrak{M}_{rein}$ gibt mit $\varphi(J) = I$.

(5) $\Rightarrow$ (2): Seien $U, V, W \in \mathfrak{M}_{rein}$ Urbilder von Oktave, Quinte und Terz, also mit

$$O = \varphi(U), Q = \varphi(V) \text{ und Terz} = \varphi(W).$$

Diese drei Intervalle sind im Übrigen ganzzahlig unabhängig, denn aus einer Bilanz

$$n_1 U \oplus n_2 V \oplus n_3 W = \text{Prim}$$

folgt durch Anwendung des Operators φ die Bilanz

$$\varphi(n_1 U \oplus n_2 V \oplus n_3 W) = n_1 O \oplus n_2 Q \oplus n_3 \text{Terz} = \varphi(\text{Prim}) = \text{Prim},$$

denn die letzte Gleichung gilt trivialerweise für jeden Modulhomomorphismus. Und diese Bilanz ist nur für $n_1 = n_2 = n_3 = 0$ möglich, da ja Oktave, Quinte und Terz ganzzahlig unabhängig sind. Nun definieren wir eine Abbildung

$$\psi : \mathfrak{M}_{rein} \rightarrow \mathfrak{M}_{rein}$$

durch die Festlegung

$$\psi(O) = U, \psi(Q) = V \text{ und } \psi(\text{Terz}) = W,$$

und für ein beliebiges Intervall $I = n_1 O \oplus n_2 Q \oplus n_3 \text{Terz}$ setzen wir dann

$$\psi(I) = n_1 U \oplus n_2 V \oplus n_3 W.$$

Dann ist diese Abbildung tatsächlich ein Homomorphismus. Wir erkennen nun unmittelbar, dass die Gleichung $\varphi \circ \psi = id$ (die Identität auf $\mathfrak{M}_{rein}$) erfüllt ist – ausführlich hingeschrieben bedeutet das die Identität:

$$\varphi \circ \psi(I) = I \text{ für alle } I \in \mathfrak{M}_{rein}.$$

Somit ist ψ „rechts-invers" zu φ, und φ ist „links-invers" zu ψ. Wir schließen jetzt, dass auch die vertauschte Identität $\psi \circ \varphi = id$ gilt – und zwar auf folgendem Weg:

Sei $B = A_\psi$ die repräsentierende Matrix von ψ und A diejenige von φ. Die Spalten von B sind also die Euler-Daten von U, V und W,

$$B = \begin{pmatrix} u_1 & v_1 & w_1 \\ u_2 & v_2 & w_2 \\ u_3 & v_3 & w_3 \end{pmatrix},$$

wobei die Spalten diese Festlegungen

$$\begin{pmatrix} u_1 \\ u_2 \\ u_3 \end{pmatrix} = \tau(U), \begin{pmatrix} v_1 \\ v_2 \\ v_3 \end{pmatrix} = \tau(V) \text{ und } \begin{pmatrix} w_1 \\ w_2 \\ w_3 \end{pmatrix} = \tau(W)$$

bedeuten, und diese sind gleichzeitig (nach der Aussage (3)) die Koordinaten von

$$O = \varphi(U), Q = \varphi(V) \text{ und Terz} = \varphi(W)$$

bezüglich der Basis $X = \varphi(O), Y = \varphi(Q)$ und $W = \varphi(\text{Terz})$. Deren Euler-Daten bilden wiederum die Spalten der Matrix A,

$$A = \begin{pmatrix} x_1 & y_1 & z_1 \\ x_2 & y_2 & z_2 \\ x_3 & y_3 & z_3 \end{pmatrix},$$

wobei jetzt der Zusammenhang

$$\begin{pmatrix} x_1 \\ x_2 \\ x_3 \end{pmatrix} = \varphi(O), \begin{pmatrix} y_1 \\ y_2 \\ y_3 \end{pmatrix} = (Q) \begin{pmatrix} z_1 \\ z_2 \\ z_3 \end{pmatrix} = \varphi(\text{Terz})$$

gilt. Dann gilt mittels des Bezugs zu den repräsentierenden Matrizen

$$\varphi \circ \psi = \left(\tau^{-1} \circ A \circ \tau \right) \circ \left(\tau^{-1} \circ B \circ \tau \right) = \tau^{-1} \circ A \circ B \circ \tau = id.$$

Für alle Intervalle $I = n_1 O \oplus n_2 Q \oplus n_3 \text{Terz}$ haben wir daher die Gleichung

$$I = \tau^{-1} \circ A \circ B \circ \tau(I) \Leftrightarrow \tau(I) = A \circ B(\tau(I))$$

$$\Leftrightarrow (n_1, n_2, n_3) = A \circ B(n_1, n_2, n_3) \text{ für alle } (n_1, n_2, n_3) \in \mathbb{Z}^3$$

Diese letzte Gleichung bedeutet jedoch nichts anderes, als dass das Matrixprodukt $A \circ B$ die Identität auf $\mathbb{Z}^3$ ist – das heißt ausführlich, dass die systemische Gleichung

$$\begin{pmatrix} x_1 & y_1 & z_1 \\ x_2 & y_2 & z_2 \\ x_3 & y_3 & z_3 \end{pmatrix} \circ \begin{pmatrix} u_1 & v_1 & w_1 \\ u_2 & v_2 & w_2 \\ u_3 & v_3 & w_3 \end{pmatrix} = \begin{pmatrix} 1 & 0 & 0 \\ 0 & 1 & 0 \\ 0 & 0 & 1 \end{pmatrix}$$

erfüllt ist. Daher gilt für die Determinanten, dass deren Produkt die Gleichung

$$det(A) * det(B) = 1$$

erfüllt. Nach Konstruktion sind aber beide Determinanten ganzzahlig. Das ist nur möglich wenn die einzelnen Determinantenwerte gleich sind und dann nur die Werte ± 1 haben können. Somit sind die beiden ganzzahligen Matrizen A und B unimodular, und sie sind invers zueinander. Fazit: Auch die Operatoren φ als auch ψ sind invertierbar, und sie sind zueinander invers.

Folglich sind alle Äquivalenzen gezeigt. Die an die Aussage (4) anschließende Bemerkung erkennen wir aufgrund der Vorbetrachtung – oder auch mittels dieses Spontanbeispiels: Die Transformation

$$\varphi = \left(\tau^{-1} \circ A \circ \tau \right) \text{ mit } A = \begin{pmatrix} 1 & 0 & 0 \\ 0 & 1 & 0 \\ 0 & 0 & 2 \end{pmatrix}$$

ist injektiv; aber A ist nicht ganzzahlig invertierbar; so hat zum Beispiel das Intervall $I = 1 * \text{Terz}$ kein „Urbild" in $\mathfrak{M}_{\text{rein}}$; einfacher gesagt: Die Gleichung

$$\varphi(X) = \text{Terz}$$

hat keine ganzzahlige Lösung; ein Urbild respektive eine Lösung wäre nämlich das Intervall $X = {}^1\!/_2 \, \text{Terz}$ mit dem irrationalen Frequenzmaß $|X| = \sqrt{{}^5\!/_4} = {}^1\!/_2 \, \sqrt{5}$, welches nicht mehr in der Iterationsfamilie $\mathfrak{M}_{\text{rein}}$ liegen kann. Damit ist unser Theorem bewiesen. ∎

Fazit

▶   Mathematik und Musik verbinden sich hier mit einer sehr abstrakten Form der Linearen Algebra – der Modultheorie, zusammen mit der fundamentalen Primzahltheorie. Die Lineare Algebra steuert hierbei zwar das Rechnen mit Matrizen, die geforderte Bedingung ganzzahliger Verhältnisse bringt jedoch zusätzliche Aspekte ein. Im Fall des pythagoräischen Systems sind dies nur kleine 2×2-Systeme; bei Hinzunahme einer weiteren unabhängigen Iteration (mit reinen Terzen) erhalten wir quadratische 3×3-Formen. Und bei Hinzunahme der Primzahl 7 und ihrer septimalen Intervalle erreichen wir bereits quadratische 4×4-Systeme.

Für alle, die dennoch das Wörtchen „abstrakt" stört, sei (mutig) hinzugefügt:

Je abstrakter jedoch zwei Dinge zusammenhängen, um so profunder ist ihr gemeinsames gedankliches Gebäude!

Die Gleichstufigkeit und ihr spannendes Umfeld

11

Mit der ganzen Algebra der Welt ist man oftmals nur ein Narr, wenn man nicht noch etwas anderes weiß

Friedrich der Große
(1712–1786)

Introduktion

In diesem Kapitel wird die gleichstufige Temperierung vorgestellt. Sie ist die Temperierung, bei der im Falle der üblichen chromatischen, dodekatonischen Skala alle „Halbtonschritte" identisch sind. Weder Kommata noch Wölfe noch andere enharmonische Zwistigkeiten sind in Sicht. Alles schließt sich in scheinbar selbstverständlicher Weise, und da diese Skala mittlerweile die gerundet einhundertprozentige Alleinherrschaft im tonalen Geschehen hat, nimmt es nicht wunder, dass der Glaube an diese geschlossene und stets als konfliktfrei angesehene Harmonie alles das verdrängt hat, was uns die „Reinheit" der Intervalle mit ihren seltsamen Primzahlverbindungen eingebrockt hat.

Die gleichstufige Temperierung ist allerdings nicht nur ein trivial erscheinender Sonderfall der Temperierung, welcher zum Standardfall unserer heutigen Musikpraxis geworden ist: Wir beleuchten in diesem Kapitel diese Sonderrolle durch eine Reihe mathematisch formulierbarer Alleinstellungsmerkmale, und wir dehnen die Theorie auch auf den Fall beliebig-stufiger Skalen aus. Dies öffnet den Blick auf einige tatsächlich überraschende Entdeckungen, wie zum Beispiel die exotisch anmutende 31-gleichstufige Skala, der man in der experimentellen modernen Musikpraxis begegnet und bei welcher wir erfahren, dass sie die antike Mitteltönigkeit beherbergt.

Rund um die Gleichstufigkeit gibt es in der Tat eine Fülle mathematischer Betrachtungen, die man in Literaturen, Essays und Fachartikeln findet. Dabei reichen die Beziehungen von einfachsten zähl-algorithmischen Beobachtungen bis hin zu Elementen

© Der/die Autor(en), exklusiv lizenziert an Springer-Verlag GmbH, DE, ein Teil von Springer Nature 2022
K. Schüffler, *Die Tonleiter und ihre Mathematik,*
https://doi.org/10.1007/978-3-662-64951-0_11

wirklich weit oben angesiedelter mathematischer Betrachtungen, wie zum Beispiel die Erklärungen zum Iterationsalgorithmus des sächsischen Musiktheoretikers und Organisten Christoph Gottlieb Schröter (1699–1782). Hier kommt sogar eine Fixpunkt-theorie diskret-dynamischer Matrixiterationen ins Spiel, siehe [6, 52].

Wir wollen allerdings auf die Darstellung der allermeisten dieser Ergebnisse ver-zichten; sie gehören sehr verstreut liegenden mathematischen Teildisziplinen an, und eine Erarbeitung würde leicht unseren gesetzten thematischen Rahmen überschreiten.

Was wir aber als ein in der Tat überraschendes Resultat unserer Theoreme vorstellen werden, ist die „Theorie" der Gitarren- und Lautenstimmung, welche mittels einer

▶   *raffinierten mathematischen Anwendung des musikpraktischen Capodasters*

zu einem verblüffenden Theorem führt, welches die Lautenstimmung mit der Gleichstufigkeit verbindet. Dass wir diesem Abschnitt noch die „geniale Gitarren-stimmung" von Daniel Stråhle voranstellen, liegt vor allem daran, dass diese sowohl eine gleichsam logische Umkehrung zum Capodaster-Theorem als auch eine fruchtbare Anwendung schulmathematischer Analysis darstellt.

11.1   Über die Gleichberechtigung im Reich der Töne

Diese Frage wird oft gestellt:

▶   *„Wer hat die gleichstufige 12-Ton-Skala erfunden?"*

Die Antworten dazu sind dagegen nicht so schnell zu geben. Denn heißt „erfunden" auch schon „praktiziert"? Und bedeutet umgekehrt ein „Ausgleichen der Kommata" auto-matisch eine gleichstufige Skala inklusive deren Berechnungsmaterial?

Je nach Sichtweise können demnach unterschiedliche Meinungen und Antworten gegeben werden, und vieles hiervon findet man bei [17].

- Maurice Courant hat in seinen Forschungen über chinesische Musik festgestellt, dass „die Stimmung des Ho Tchtung-Thyen ($\sim$ 250 v. Chr.) gleichmäßig sei – nicht ungleichstufig wie unsere".
- In Europa gibt es im Mittelalter die Theoretiker Gafurius (1451–1522) und Ramis de Pareja (1440–1500), welche die Gleichstufigkeit gekannt haben sollen, wobei sie sich der griechischen Antike bedienten. Dort soll nämlich
- Aristoxenos (um 360–300 v. Chr.) das Tetrachord in $24 + 24 + 12$ („gleiche") Teile geteilt haben. Wenn nun das Limma (12 Teile) genau die Hälfte des Tonos (24 Teile) ist, „so besteht die Oktave aus genau 12 gleichen Limma, denn die Oktave ist die Intervallsumme 2er Tetrachorde und eines Tonos".

- Auch die „Ausgleichstemperierungen" der frühen Neuzeit (insbesondere des Früh-barocks) lassen – jedenfalls teilweise – das Wort „Gleichstufigkeit" zu. So ist doch bereits in der Mitteltönigkeit eine Halbierung der reinen Terzen gelungen – ein charakterisierendes Merkmal „gleicher Stufen".

Nein, zwischen Gleichstufigkeit und klassischen Tonskalen sind die Grenzen sehr fließend. Wobei im Übrigen beides ja eigentlich „unvereinbar" ist: Alle klassischen Skalen (pythagoräisch, rein, mitteltönig, Varianten) sind ja letztlich nach den Natur-tonprinzipien gebaut – wir wissen sehr wohl, dass kein 12-Stufen-System aus rationalen Frequenzfaktoren gleicher Größe existiert bzw. geschlossen, periodisch sein kann. Darüber hinaus ist die Geschichte über die Entstehung und Verbreitung der Gleichstufigkeit reich, kompliziert – auch spannend und voller Dramen und Streitlust vieler großer und kleiner Musiker, Theoretiker und experimentierender Zeitgenossen – darunter auch prominente Mathematiker.

Diese Spannungen rühren daher, dass die „Gleichstufigkeit" musikalisch-ästhetische und praktische Prinzipien in ihrer gleichzeitigen Geltung erheblich behindert – wenn nicht sogar unmöglich macht:

- Die Tonartencharakteristik existiert genau deswegen, weil Tonleitern auf ver-schiedenen Stufen (G - Dur und E – Dur oder a – moll und b – moll) auch ver-schiedene Stufenabfolgen ihrer Semitonia (beispielsweise Apotome und Limma) haben. Das haben wir im Fall quintgenerierter Temperierungen insbesondere im Kap. 7 – und zwar im dortigen Wolfsquintentheorem 7.3 – gesehen.
- Die Ästhetik sowohl reiner Terzen als auch reiner Quinten war jahrhundertelang (auch bis heute) ein allerhöchst geschätztes Ziel – teilweise sogar unantastbar.

Demgegenüber steht aber nun:

- Die Entwicklung der chromatischen Harmonik ist quasi undenkbar, wenn ver-schiedene Leitern verschiedene interne Mikrostrukturen haben. Spielt man nämlich ein Musikstück in verschiedenen Tonarten, so klingt es anders. Das Transponieren ist geradezu unmöglich. Ein Durchwandern der Harmonik durch den Quintenzirkel wäre ebenfalls ein Abenteuer.
- Eine feste Tasten-/Tonzahl pro Oktavraum verlangt danach, dass gemäß einem „ton-höhenunabhängigen" Prinzip Tonfrequenzen festgelegt werden müssen – was letzt-endlich die Gleichstufigkeit bedeutet. „Transponieren wird ermöglicht."

Und um es graphisch auszudrücken: Je gleichmäßiger eine Temperatur ist, umso „unreiner" werden die Hauptintervalle Terz und Quint und damit die „Dur-/Moll-akkorde" (summarisch betrachtet). Ebenso verschwindet naturgemäß im gleichen Maße auch die Tonartencharakteristik.

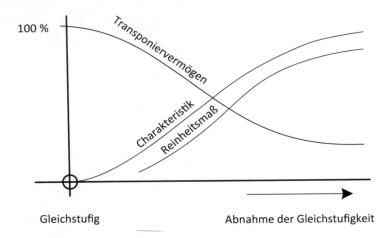

Abb. 11.1 Charakteristik und Gleichstufigkeit

Sicher kann die angedeutete Graphik der Abb. 11.1 nur als nicht-quantifizierbares Schema gelten – aber es ist gleichwohl zu vermuten und verständlich, warum irgendwann im Jahre 1700 + x nicht alle Welt gerufen hat:

▶   „Prima, alles wird gleichstufig; keine Kommata, keine Wölfe, jeder Ton ist ‚gleichberechtigt' und so weiter".

Und auch heute noch wird (mitunter) erbittert gestritten: Soll man diese oder jene Orgel so oder so stimmen (Stichwort „Dresdner Frauenkirche …")?

Gerade im Orgelbau und ihrer Musik ist die Frage der Temperierung („gleichstufig oder nicht") die unter Umständen entscheidendste, und sie wird heute bei den „Experten" gewiss ebenso emotional und kontrovers geführt wie zu Bachs Zeiten. Bei Billeter lesen wir das Zitat:

▶   *„Wer jemals Frescobaldis Musik auf einem mitteltönigen Instrument gespielt hat, wird die Gleichstufigkeit mit anderen Augen sehen bzw. mit anderen Ohren hören"* (siehe [9]).

Das ist nur eines von abertausenden, und im Büchlein [17] entdeckt man eine eindrucksvolle Beschreibung der historischen Ansichten und Kontroversen über Sinn und Unsinn der Gleichstufigkeit.

11.2 Die Prinzipien der Gleichstufigkeit

An vielen Stellen dieses Buches haben wir schon von „Gleichstufigkeit" gesprochen; der Begriff ist ja so klar gefasst, dass jedermann und jedefrau den Sinn sofort erfassen kann. Aber wie das mit mathematischen Texten so ist – irgendwo und irgendwann siegt das Verlangen, alles und jedem seine Verankerung zu gönnen. Und so beginnen wir mit der Definition der „Gleichstufigkeit" einer allgemeinen Skala mit n Stufen.

> **Definition 11.1 (Gleichstufigkeitsskalen (ETS-Skalen))**
> Eine n-stufige, aus den **Stufenintervallen** $I_k, k = 1, \ldots, n$, aufgebaute (Oktav-)Skala
> $$I_1 \oplus I_2 \oplus \ldots \oplus I_n = O$$
> heißt **gleichstufig** – kurz „n-gleichstufig" –, wenn alle Stufenintervalle gleich sind, wenn also
> $$I_j = I_k \text{ für alle } j, k = 1, \ldots, n$$
> gilt. Wir schreiben dann für alle einheitlichen Stufenintervalle dieser Skala das Symbol I_n, um damit den charakteristischen Stufenanzahlparameter (n) zu kennzeichnen. Für eine n-**gleichstufige** Oktavskala steht im Folgenden auch das Kürzel **ETS-Skala** E_n („equal temperament scale").

Gleichstufige Skalen sind Ausnahmeskalen. Wenn alle Stufen gleich sind, sind auch alle artgleichen Konstrukte aus diesen Stufen gleich, alle Quinten sind gleich, alle Terzen sind gleich; niemand ragt aus der Menge heraus – Langeweile überall?

Die Antwort, ob die Gleichstufigkeit dank dieser Langeweile und dem Ebenmaß ihrer Strukturen überhaupt ein nennenswertes eigenes Profil besitzt, fällt gleichwohl positiv aus. Dazu zählt – im Grunde genommen – auch die musikhistorisch exorbitante Auseinandersetzung über ihren musikalisch-ästhetischen Wert an sich. An dieser Auseinandersetzung waren ja gleichermaßen nahezu alle Theoretiker sowie Praktiker des Wohltemperierungszeitalters beteiligt, beginnend mit Praetorius und endend mit Schönberg. Alleine dieser Umstand vermittelt dieser Temperierung ein Alleinstellungsmerkmal, das keinem anderen System (pythagoräisch – rein – mitteltönig) zukommt.

Was die mathematischen Aspekte angeht, so ist man sicher anfänglich versucht zu sagen, dass mit der Festlegung einer Stufengröße für alle anderen Skalenintervalle gewiss alle weiteren Informationen obsolet – weil offenkundig – wären. Stimmt – und stimmt auch wieder nicht. Einiges hierüber werden wir jedenfalls erfahren.

Das folgende Theorem fasst die wesentlichen Gegebenheiten allgemeiner gleichstufiger Skalen zusammen – wobei klar ist, dass in erster Linie nur das zwölfstufige System die tonale Plattform unserer heutigen Tonsysteme darstellt.

Indem wir viele Textpassagen vergangener Abschnitte zusammenführen, können wir über die n-Gleichstufigkeit (zunächst) folgende Charakteristika anführen:

Theorem 11.1 (Die Prinzipien der Gleichstufigkeit)

(A) **Existenz und Eindeutigkeit**

Zu jedem Stufenparameter $n \in \mathbb{N}$ gibt es genau eine n-gleichstufige Oktavskala (E_n).

(B) **Charakteristika der gleichstufigen Architektur**

Für eine n-stufige Oktavskala S_n sind folgende Kriterien gleichwertig:

(1) S_n ist gleichstufig – das heißt: $S_n = E_n$.

(2) Alle n Stufenintervalle haben das gleiche Maß; für alle $k = 1, \ldots, n$ ist

$$|I_k| = |I_n| = 2^{1/n} \Leftrightarrow \mathrm{ct}(I_k) = \mathrm{ct}(I_n) = \frac{1}{n} 1200 \text{ ct.}$$

(3) S_n wird generiert durch jedes Intervall I, welches selber aus m gleichen Stufenintervallen I_n aufgebaut ist,

$$I = m * I_n = \underbrace{I_n \oplus I_n \oplus \ldots \oplus I_n}_{m-mal},$$

sofern der Parameter $1 \leq m < n$ teilerfremd zu n ist. Hierbei wirkt natürlich die Oktave reoktavierend mit.

(4) S_n wird generiert durch das Intervall X, welches die eindeutige Lösung der Kommensurabilitäts-Teilungsgleichung

$$n * X = O$$

ist, und $X = I_n$ ist dann das einheitliche Stufenintervall von S_n.

(5) S_n wird generiert durch jedes Intervall Y, welches eine Gleichung

$$n * Y = m * O$$

erfüllt, wobei m teilerfremd zu n sein muss.

(6) S_n ist die Tonmenge einer einfachen reoktavierten Iteration eines Intervalls I,

$$S_n = \omega(\mathfrak{M}_I) = \omega\{k * I | k \in \mathbb{Z}\} = \{k * I \oplus \gamma(k) * O | k \in \mathbb{Z}\},$$

und diese Iteration ist oktavperiodisch mit der kleinstmöglichen Periode n.

(C) **Eigenschaft der universellen Charakteristik**

Genau dann, wenn eine Skala S_n gleichstufig ist, hat jede Translation um $k \in \mathbb{Z}$ Stufen die gleiche Charakteristik. Mit den Notationen aus Abschn. 5.3 gilt also:

$$\overleftrightarrow{S_n} = \overleftrightarrow{E_n} \Leftrightarrow \overleftrightarrow{S_n} \text{ ist } 1 - \text{periodisch} \Leftrightarrow S_n^{(k)} \stackrel{\text{char}}{\longleftrightarrow} S_n \text{ für alle } k \in \mathbb{Z},$$

und hierbei ist $S_n^{(k)} = \tau_n^k(S_n) \subset \overleftrightarrow{S_n}$ die zum Parameter $k \in \mathbb{Z}$ um k Stufen innerhalb der Trägerskala $\overleftrightarrow{S_n}$ translatierte (transformierte) Skala S_n.

(D) **Minimierungseigenschaft des skaleninternen Intervallsystems**

Unter allen n-stufigen Oktavskalen sind die n-gleichstufigen genau diejenigen, welche die Minimalanzahl an verschiedenen skaleninternen Aufwärtsintervallen besitzen, in Formeln,

$$S_n = E_n \Leftrightarrow \#(\text{interne Intervalle}) = n + 1.$$

Für jede nicht-gleichstufige n-stufige Skala ist diese Anzahl größer.

Beweis Wie bereits erwähnt, ist dieses Theorem im Großen und Ganzen ein thematischer Extrakt aus einer Vielzahl einzelner Zwischenergebnisse unseres Textes.

Zu (A): Indem wir ein Intervall I_n durch sein Maß

$$|I_n| = 2^{1/n} \Leftrightarrow \text{ct}(n_k) = \frac{1}{n} 1200 \text{ ct}$$

als einheitliches Stufenintervall wählen, erhalten wir sofort eine n-gleichstufige Oktavskala S_n, und dass zwei n-gleichstufige Oktavskalen identisch sind, liegt daran, dass beide Stufenintervalle identisch sind, eine Konsequenz aus Teil B (2).

Zu (B): Die Aussageäquivalenz (1) $\Leftrightarrow$ (2) ist trivial; die Äquivalenz (1) $\Leftrightarrow$ (4) ist evident, und die Aussagenkette (3) $\Leftrightarrow$ (4) $\Leftrightarrow$ (5) $\Leftrightarrow$ (6) entnehmen wir dem Theorem 3.3 und dem Theorem 2.5, da es sich vornehmlich um einige angepasste Umformulierungen handelt. Um dennoch in aller Kürze die Brücke zwischen den unterschiedlichen Beschreibungsformen zu schlagen: Sind (m, n) teilerfremd und ist

$$n * Y = m * O,$$

so ist $X = ggT(Y, O)$ genau das Intervall, welches die Gleichung

$$n * X = O$$

erfüllt. Alles Weitere folgt aus der zitierten Theorie.

Zu (C): Die Behauptung lesen wir im Theorem 6.4 (B) ab – in unserer Situation ist der ggT-Parameter $d = 1$.

Zu (D): Die Aussage ist wortgleich mit der Aussage (B) aus Theorem 5.1.

Somit ist dieses Theorem begründet. ∎

Eine unmittelbare Anwendung des Teils A (3) dieses Theorems im allgegenwärtigen Fall der 12-Stufigkeit sehen wir zum Beispiel darin, dass die 12-Stufen-Skala durch genau diese skaleninternen Intervalle per reoktavierter Iteration gewonnen werden kann,

▶ dem Stufenintervall „kleine Sekunde" $ct(I_{12}) = 100$ ct,
der Quarte $ct(5 * I_{12}) = 500$ ct,
der Quinte $ct(7 * I_{12}) = 700$ ct,
der großen Septime $ct(11 * I_{12}) = 1100$ ct.

Alle anderen skaleninternen Iterationen ($m = 2, 3, 4, 6, 8, 9$) würden zu echten Teilskalen der Skala E_{12} führen. Natürlich würden auch kleine Nonen (zu 1300 ct) wie auch unendlich viele andere zu 12 teilerfremden Partionierungen unter Reoktavierung die bekannte 12-gleichstufige Skala E_{12} erzeugen; sie müssen ja nicht skalenintern sein.

Beispiel 11.1 (Die klassische 12-Stufen-ETS E_{12})

Die Formeltabelle der 12-gleichstufigen Skala E_{12} ist diese:

$$C \longrightarrow Cis \longrightarrow D \longrightarrow Es \longrightarrow E \longrightarrow F \longrightarrow Fis \longrightarrow G \longrightarrow As \longrightarrow A \longrightarrow B \longrightarrow H \longrightarrow C'$$

100	100	100	100	100	100	100	100	100	100	100	100
100	200	300	400	500	600	700	800	900	1000	1100	1200

Die Stufenfolge hat den konstanten Frequenzfaktor $q = \sqrt[12]{2} = 1{,}0594\ldots$, und die wichtigsten Intervalle (Quinte, Terz, Ganzton, Halbton) haben demnach die Daten:

Internes Intervall	*Centmaß* [ct]	*Frequenzmaß*
Halbton S_{equal}	100 ct	$2^{1/12} = 1{,}05946\ldots$
Ganzton T_{equal}	200 ct	$2^{2/12} = 1{,}1224\ldots$
große Terz $Terz_{equal}$	400 ct	$2^{4/12} = 1{,}2597\ldots$
Quinte Q_{equal}	700 ct	$2^{7/12} = 1{,}4983\ldots$

Es gibt nur einen einzigen Halbtontyp: Die quintgenerierten Semitonia Limma und Apotome sind gleich groß; der Ganzton der Skala ist also exakt hälftig geteilt; ein Komma existiert nicht mehr – besser gesagt: Sein Centwert ist 0, und es ist eine reine Prim; die Wolfsquinte ist eine Quinte von 700 ct wie alle anderen. ◀

Musiktheoretisch herrscht also Trivialität und gähnende Langeweile – oder?

Auf der anderen Seite gelten diese Daten als die normierten Richtgrößen schlechthin und dienen bei allen Skalen – heptatonisch oder dodekatonisch – als numerisch-musikalische Orientierungen. Die simple Arithmetik

$$ct(X) = \frac{1}{n} 1200 \text{ ct}$$

ermöglicht also im Nu und auf Dreisatzniveau, die Centdaten aller Stufen für jede x-beliebige *n*-gleichstufige Skala anzugeben. Während also dieser Teil der Betrachtung tatsächlich dem Trivialen angehört, ist die musikalische Umsetzung dagegen in dem einen oder anderen Fall vielleicht von hohem Interesse.

▶ *Wie exotisch mag eine exakt 7-gleichstufige heptatonische Skala E_7 klingen? Ihre Stufenschritte mit* 171,4 ct *liegen abseits aller Hörgewohnheiten.*

Bemerkung: über die Häufigkeit gleichstufiger Iterationsskalen
Während also auf der einen Seite die gleichstufigen Skalen als „Ausnahme"-Skalen betrachtet werden können – schließlich ist ja der Aufbau in gleichen Stufen eine Besonderheit wie auch die Tatsache, dass die Skala durch ein Intervall mit einem Frequenzfaktor der Form $2^{m/n}$ generiert ist –, so sieht man doch auf der anderen Seite, dass die folgende merkwürdige Feststellung gilt:

▶ *„In der Nähe jeder Iterationsskala liegt eine gleichstufige Skala, die diese Skala als Subskala enthält."*

Warum?
Hat ein Iterationsintervall nämlich ein rationales Centmaß $ct(I)$, so ist die Iteration mit *I* periodisch und umgekehrt. Das ist die zentrale Aussage des abstrakten Theorems 2.5! Und bekanntlich liegt in jeder Nähe einer beliebigen reellen Zahl immer eine rationale Zahl, ein Bruch! Allerdings ist möglicherweise die Anzahl der Töne pro Oktave unter Umständen gewaltig, sehr sogar! Hierzu geben wir ein Beispiel:

Beispiel 11.2 (Eine gleichstufige Skala mit 200 Stufen)

Es sei *Q* die Quinte mit genau 702 ct (kaum unterscheidbar von der Quinte Q_{pyth}). Dann erzeugt *Q* per reoktavierter Iteration eine gleichstufige Skala, und zwar ergibt sich eine Oktavskala mit sage und schreibe 200 Stufen, beziehungsweise mit 200 (201) Tönen. Warum? Dazu starten wir mit der Centwertgleichung

$$1200 * 702 \text{ ct} = 702 * 1200 \text{ ct},$$

welche noch durch 6 teilbar ist, und dann interpretieren wir die neue Gleichung

$$200 * ct(Q) = \left(\frac{702}{6}\right) * ct(O) = 117 * ct(O).$$

So können wir sagen: 200 Quinten sind identisch mit 117 Oktaven. Und da nun die beiden Iterationsparameter 117 und 200 prim – sprich: teilerfremd – zueinander sind, treffen die Quinten wirklich erst nach 200 Iterationen auf die Oktavfolge, nicht früher. Deshalb sind die Centwerte aller reoktavierten Töne, dargestellt durch den Reoktavierungsoperator und seine Oktavenzählfunktion γ der Definition 1.9,

$$S := \text{ct}\big(\omega(\mathfrak{M}_Q)\big) = \text{ct}(\{\omega(kQ \ominus \gamma(kQ) * O))|k = 0,\ldots,199\}$$
$$= \{k * 702 \, ct - ct(\gamma(kQ) * O)|k = 0,\ldots,199\}$$

paarweise verschieden und liefern 200 Töne der Grundoktave. Weil 702 durch 6 teilbar ist, ist auch jede Centzahl dieser Töne (Intervalle) durch 6 teilbar – schließlich entstehen diese ja als Summen von Vielfachen von 702 vermindert um entsprechende reoktavierende Vielfache von $1200 = 6 * 200$.

Der Nachweis der Gleichstufigkeit scheint dennoch sehr heikel zu werden – ist es aber nicht, denn jetzt kommt ein wenig Mathematik ins Spiel: Wir nehmen einfach einmal die Gleichstufigkeitsskala E_{200} in die Betrachtung mit auf. Sie hat das Stufenintervall I_{200} mit den winzigen 6 Cent. Dann sind die Centwerte dieser Skala E_{200} die arithmetisch fortschreitende Centfolge

$$\text{ct}(E_{200}) = \{k * 6 \, \text{ct}|k = 0,\ldots,199\}.$$

Offenbar ist nun die obige Menge S eine Teilmenge von $\text{ct}(E_{200})$. Beide haben aber gleich viele Töne – also sind beide identisch, ein Argument, welches bei endlichen Mengen richtig ist, sogar äußerst trivial erscheint – keineswegs aber einfach zu beweisen ist (und bei unendlichen Mengen im Allgemeinen auch falsch ist). ◄

Schlussbemerkung: Gleichstufigkeit und Exponentialfunktion
ETS-Skalen werden mathematisch durch die Exponentialfunktion

$$y = 2^x$$

beschrieben, wobei hier die y-Werte die Frequenzmaße eines Intervalls I und die x-Werte die „arithmetischen Anteile" des Intervalls I an der Oktave sind. Die Umkehrfunktion zur Exponentialfunktion zur Basis 2 ist dann auch der Logarithmus zur Basis 2, und diese Funktion

$$x = \log_2(y) = \frac{\text{ct}(I)}{1200} = \text{nct}(I)$$

ordnet den Frequenzmaßen die **normierten Centwerte (nct)** zu, siehe Definition 1.6. Wir benutzen also die einfache, sinnvolle **„Skalierung"** des bekannten Centmaßes, was bedeutet, dass das übliche Centmaß durch 1200 geteilt wird. Eine Oktave besitzt den nct-Wert 1 und die Prim (Tonika) den nct-Wert 0. Die Graphik der Abb. 11.2 zeigt den Zusammenhang zwischen Gleichstufigkeit und Exponentialfunktion.

▶   Die Exponentialfunktion sowie ihre Umkehrfunktion

$$y = 2^x = e^{x \ln 2} \Leftrightarrow x = \log_2(y) = \frac{1}{\ln 2} * \ln(y)$$

stellen somit die natürlichen analytischen Beschreibungen der gleichstufigen Temperierung dar.

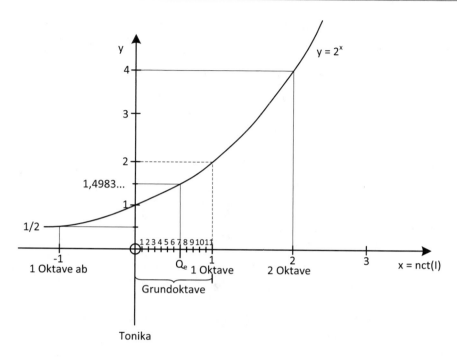

Abb. 11.2 Skizze zur Exponentialfunktion 2^x

Es ist auch eine Bemerkung wert, festzustellen, dass diese Möglichkeit der Beschreibung einer Temperierung durch diese analytische Funktion die gleichstufige Temperierung unter den anderen auszeichnet.

Diese Nähe zur Exponentialfunktion eröffnet nun dank der Universalität der Exponentialfunktion in Natur und Technik, in Gesellschaft und Ökonomie und wer weiß, wo sonst noch, außerordentlich viele wie illustre Möglichkeiten, die musikalischen Geschehnisse eins zu eins auf scheinbar entlegene andere Gebiete zu übertragen. So ist es dem Autor dieser Zeilen gelungen, die Mechanismen des Frequenzmaßes (die „Funktionalgleichung") als auch des Centmaßes einem Publikum gerade dadurch erklären zu können, dass das Wachstum des Bankguthabens unter Zinseszins – man denke an alte Zeiten – genauso funktioniert wie das Aneinanderfügen von musikalischen Intervallen durch Frequenz- und Centmaßrechnung.

▶ *„Warum potenziert sich das Frequenzmaß beim Iterieren von Intervallen? Warum addiert sich das Centmaß?"*

Die Details mögen in der Folge kurz betrachtet werden:

Musik und Ökonomie: das Exponentielle Wachstum und die Gleichstufigkeit

Vielleicht mag es amüsant erscheinen: Aber die Struktur einer chromatischen gleich-stufigen Skala aus zwölf Stufen (und 13 Tönen) ließe sich auch völlig losgelöst von musikalischen Zusammenhängen und Begriffen erklären – zum Beispiel „ökonomisch":

▶ Eine **Standardaufgabe** der Zinsrechnung lautet bekanntlich folgendermaßen: Wie hoch muss ein Zinssatz (p) sein, sodass sich unter Zinseszins nach zwölf Jahren der Einsatz (K) verdoppelt hat?
   Lösung: Setzen wir $q = 1 + \frac{p}{100}$ (das ist der **„Aufzinsfaktor"**), so gilt offenbar

   $$Kq^{12} = 2K \iff q^{12} = 2,$$

   sodass wir auch hier den berühmten Stufenfaktor

   $$q = \sqrt[12]{2} = 2^{1/12} \approx 1{,}05946$$

   erhalten. Der gefragte und von der Höhe des Kapitals unabhängige Zinssatz p beträgt somit numerisch runde $(105{,}946 - 100) = 5{,}946\dots\%$.

Auf der anderen Seite ist – wie im **Theorem** 11.1 und im konkreten **Beispiel** 11.1 gesehen – genau diese Gleichung

$$x^{12} = 2 \iff x = \mu_f(I_{12}) = |I_{12}| = 2^{1/12}$$

diejenige, die uns zur Gleichstufigkeitsskala mit zwölf Stufen geführt hat. Aufzinsfaktor und Frequenzfaktor gehorchen also den gleichen Wachstumsprozessen einer sogenannten **geometrischen Progression.**

Wie sehr die Exponentialfunktion die Gleichstufigkeit begleitet, erfahren wir – ganz praktisch – auch im Rahmen der Stimmung von Gitarren- und Lauteninstrumenten.

11.3   Die 31-gleichstufige Skala und die Mitteltönigkeit

Gegensätzlicher kann eine Überschrift kaum klingen: Eine Oktavskala mit seltsam anmutenden und exotischen 31 gleich großen Stufen und eine annähernd mittelalterliche, nur älteren Orgelinstrumenten eigene und gewöhnungsbedürftige Stimmung. Wie passt denn das zusammen?

Im Beispiel 2.10 haben wir – wenn auch aus ganz anderen Gründen – von einer 31-gleichstufigen Skala E_{31} gesprochen. Wenn es dort auch so aussieht, als sei dies ein akademisches Beispiel für den Fall einer entlegenen Primzahlsituation, so mag es umso mehr überraschen, dass es in der modernen Musik Experimente in Konzert und Medien gibt, wo man erfährt, dass es sich um Tonleitern handeln würde, die mit sage und schreibe 31 Stufen den Ausbruch aus allem Gewohnten erfahren lassen.

Wir erfahren auch, dass es bei dieser Art Musik zu Klängen kommen kann, die an die frühe Mitteltönigkeit erinnern würden – wie das?

Nun, wir beginnen einfach einmal damit, dass wir das 31-gleichstufige Elementarintervall I_{31} berechnen, ein Kinderspiel:

$$31 * X = O \Leftrightarrow \text{ct}(X) = \frac{1}{31} 1200 \text{ ct} \Leftrightarrow \text{ct}(I_{31}) \cong 38{,}71 \text{ ct.}$$

Auf den ersten Blick deutet diese Centzahl auf ein wohl komisches Intervall hin; es ist weder ein wirklicher Viertelton noch ein ungefährer Drittelton eines normalen und üblichen Halbtonschritts. Wenn wir aber den halben Wert verzehnfachen, so kommen wir zu einer Zahlensituation, die uns eine erste nette Überraschung beschert: Bei der Zahl 193 ct klingeln doch unsere Ohren: Der Wert ist auf ewig mit dem heptatonischen Ganztonschritt der $\frac{1}{4}$-Komma-Mitteltönigkeit verbunden. Wir sehen mit der Tab. 9.1, dass tatsächlich diese erstaunliche Fast-Gleichheit

$$\text{ct}(5 * I_{31}) \cong 193{,}55 \text{ ct} \approx 193{,}13 \text{ ct} = \text{ct}\left(T_{\text{mt}}^{+}\right)$$

besteht. Neugierig geworden, suchen wir noch nach anderen Übereinstimmungen – wobei wir sicher vermeiden möchten, die Centwerte aller 31 Stufen aufschreiben zu wollen: Aber schon der Blick auf diese Tabelle zeigt uns schnell eine zweite Übereinstimmung: Auch der heptatonische Halbtonschritt „Limma" der Mitteltönigkeit kommt einer Stufe der Skala E_{31} verdächtig nahe:

$$\text{ct}(3 * I_{31}) \cong 116{,}13 \text{ ct} \approx 117{,}11 \text{ ct} = \text{ct}\left(L_{\text{mt}}^{+}\right).$$

Und in der Praxis würde die Differenz von einem einzigen Cent, dem halben Schisma, ohnehin durch die Ungenauigkeiten der Praxis verrauschen. Jetzt sind wir aber noch mehr motiviert, die Gemeinsamkeiten dieser anfänglich gegensätzlich erscheinenden Wesen zu ergründen. Also rechnen wir noch weitere Intervalle dieser mitteltönigen Skala vergleichend nach – oder doch lieber nicht?

Nein, das Nachrechnen können wir uns ersparen – am Ende würden wir womöglich noch über so viele Zufälligkeiten staunen! Die Theorie hilft uns nämlich, das ganze Rätsel und seine Geheimnisse zu lösen und zu verstehen.

Wir haben also die Beinahe-Gleichungen

$$T_{\text{mt}}^{+} \cong 5 * I_{31} \text{ und } L_{\text{mt}}^{+} \cong 3 * I_{31}.$$

War es nicht so gewesen, dass die mitteltönige chromatische Skala M_{12} quintgeneriert ist? Ja – das ist so, und deshalb gelten alle Formeln der quintgenerierten Skalen, und insbesondere wissen wir, dass sogar jedes Intervall des unendlichen mitteltönigen Systems

$$\mathfrak{M}_{O,Q_{\text{mt}}^{+}} = \{m * Q_{\text{mt}}^{+} \oplus k * O | m, k \in \mathbb{Z}\}$$

sich durch die Intervallbasis aus Limma $\left(L_{\text{mt}}^{+}\right)$ und Ganzton $\left(T_{\text{mt}}^{+}\right)$ ganzzahlig darstellen lässt, in Formeln

$$\mathfrak{M}_{O,Q_{\text{mt}}^{+}} = \{m * L_{\text{mt}}^{+} \oplus k * T_{\text{mt}}^{+} | m, k \in \mathbb{Z}\}.$$

Denn ganz speziell sind ja Quinte und Oktave dank der Formeln aus Theorem 7.2 selber wieder Adjunktionen beider heptatonischer Stufen, und die bekannte Universalformel

$$\text{Quinte} = 3 \text{ Ganzton} \oplus \text{Limma} \Leftrightarrow Q_{mt}^+ = 3 * T_{mt}^+ \oplus 1 * L_{mt}^+$$

führt uns dann auf die Vermutung

$$Q_{mt}^+ \cong 3 * (5 * I_{31}) \oplus 1 * (3 * I_{31}) = 18 * I_{31}?$$

So müsste es sein, wenn die Theorie stimmt. Sie stimmt – wir können jetzt gezielt vergleichen und finden den atemberaubend approximativen Wert

$$\text{ct}(18 * I_{31}) \cong 696{,}78 \text{ ct} \approx 696{,}58 \text{ ct} = \text{ct}\big(Q_{mt}^+\big),$$

die mit einem Fünftel Cent so nahe zusammenkommen, dass selbst das historische winzige 2-centige Schisma beinahe 10-mal so groß ist. Aus Sicht der Praxis sind sie somit identisch. Wenn aber auch die Quinte eine ganzzahlige Stufung des Elementarintervalls I_{31} ist, so stimmt das auch für jedes andere Intervall der kompletten Skala M_{12}, denn die Anzahlen nötiger Quinteniterationen respektive Adjunktionen der Semitonbausteine Limma und Apotome bewegen sich im 1-stelligen Bereich und können offenbar diese Approximationen kaum nennenswert stören. Wir haben die Semitonia

$$L_{mt}^+ \cong 3 * I_{31} \text{ und } A_{mt}^+ = T_{mt}^+ \ominus L_{mt}^+ \cong (5 - 3) * I_{31} = 2 * I_{31},$$

und deshalb sind die heptatonische wie auch die chromatische Mitteltonskala durch denkbar einfache ganzzahlige Schrittfolgen mit dem Elementarintervall I_{31} aufgebaut. So ergibt sich für die Wolfsquintenvariante 9 die in der Formel-Tabelle 11.1 gezeigte „Einbettung der chromatischen Mitteltonskala in die 31-gleichstufige Skala I_{31}". (Hierbei geben die Stufenziffern 2 und 3 den Aufbau der betreffenden Semitonstufe der chromatischen Skala durch Vielfache des Intervalls I_{31} an.)

$$C \underset{2}{\to} Cis \underset{3}{\to} D \underset{3}{\to} \overleftarrow{Es} \underset{2}{\to} E \underset{3}{\to} F \underset{2}{\to} Fis \underset{3}{\to} G \underset{2}{\to} \overrightarrow{Gis} \underset{3}{\to} A \underset{3}{\to} B \underset{2}{\to} H \underset{3}{\to} C$$

Formel-Tabelle 11.1 Einbettung der mitteltönigen Skala M_{12}^+ in die 31-gleichstufige Skala E_{31}

Fazit Die altehrwürdige Mitteltonskala der Dur-Terz-Temperierung, die Skala des Michael Praetorius, lässt sich – bei Vernachlässigung kaum wahrnehmbarer numerischer Maßungenauigkeiten – als Subskala der 31-gleichstufigen Skala deuten. Umgekehrt ausgedrückt, liefert diese Skala eine „Verfeinerung der Mitteltönigkeit", was sicher ein Grund ist, dass sich das Experimentieren mit dieser Skala lohnt. Eine Musik auf dieser exotischen vieltönigen Skala enthält demnach fast-perfekte mitteltönige Klangelemente – und könnte sogar, wenn man nur die Tasten

$$1 - 3 - 6 - 9 - 11 - 14 - 16 - 19 - 21 - 24 - 27 - 29 - (32 = 1)$$

benutzen würde, pur mitteltönig sein. Zum Schluss ein Blick in die Praxis:

Alle Vögel sind schon da ("Finkostar")

In der Komposition **"Finkostar"** von David Dornig (2014) kann man diese Musik nach-hören; auf der Internetseite http://www.david-dornig.at/blog/finkostar-2014 sind weiter-hin Notennotationen samt einem Katalog an Sondervorzeichen und weitere interessante Dinge rund um diese Experimentalmusik geschildert. Anhören lohnt, vielleicht auch, weil wir jetzt gespannt die versteckte Mitteltönigkeit alter Instrumente heraushören möchten; schließlich wissen wir ja mit dem Lesen dieser Zeilen, wo und wie das alles zusammenpasst. Und sicher gibt es außer diesen genannten Gemeinsamkeiten noch mehr zu entdecken.

▶ *Spielen? – Alles eine Frage der Übung!*
   Hören? – Alles eine Frage der Gewohnheit!

11.4 Chromatische Wunder

Zugegeben – so manche kleine Entdeckung entsteht im freien Spiel der Gedanken oder aber auch beim Basteln mit Zahlen. Als wir die Skalen untersuchten, die durch die reine Quinte und reine Terz – im Euler-Gitter sichtbar – entstehen, entdeckten wir im Theorem 10.4, dass die Grundstrukturen jener Skalen und Intervalle sich neben den Euler-Daten aus Oktave, Quinte und Terz vor allem mittels der Chromabasis aus den drei Semitonia

- dem reinen Halbton S (15:16),
- dem zu S im Ganzton (9:10) komplementären kleinen Chroma ch (24:25),
- dem zu S im Ganzton (8:9) komplementären großen Chroma CH (128:135)

beschreiben ließen. Dabei haben wir im Beispiel 10.10 gesehen, dass es für die Oktave außer der Gleichung

$$O = 7S \oplus 3\,CH \oplus 2\,ch$$

keine andere Bilanz aus diesen Intervallen geben kann; keine andere Schließung der Oktave mit diesen Halbtonintervallen (oder daraus zusammengesetzten) ist möglich. Zu allem Überfluss wissen wir auch aus der Theorie – nämlich aus Theorem 2.5 und Theorem 11.1 –, dass wir für keine Stufenzahl $m > 1$ eine m-gleichstufige Skala

$$O = \underbrace{I \oplus I \oplus \ldots \oplus I}_{m-mal}$$

mit einem Stufenintervall $I \in \mathfrak{M}_{\text{harm}}$ – also einem Intervall mit rationalem Frequenzmaß – konstruieren können. Dann ist das auch für jedes der Semitonia S, CH oder ch nicht möglich! So weit die Theorie. Was sagt die Praxis dazu?

Die Skala des kleinen Chroma

Wir stellen uns einfach mal die

▶   **Frage:** Wie viele kleine Chroma passen eigentlich in die Oktave? Und wie groß
       oder wie klein wäre der unvermeidliche „Rest"?

Die **Antwort** gibt (diesmal) der Taschenrechner: Ausgehend von dem Centwert des
kleinen Chroma sagt die überschlägige Schätzung, dass wohl 17 dieser kleinen Chroma
in die Oktave passen. Tatsächlich sehen wir

$$17 * \mathrm{ct}(ch) = 17 * 70{,}6724\ldots\mathrm{ct} = 1201{,}4312\ldots\mathrm{ct}.$$

Das bedeutet doch, dass eine 17-stufige Adjunktion des kleinen Chroma die Oktave so
„punktgenau" trifft, dass der überschüssige Fehler mit seinen lumpigen $1{,}43\ldots$ ct sogar
noch unterhalb des Schisma $\varepsilon_{\mathrm{schisma}}$ liegt. Und wer würde – selbst bei einer Oktave –
diesen Unterschied bemerken können! Wobei gewiss hinzukommt, dass die Praxis der
Instrumentenstimmung wohl deutlich größere Schwankungen bedingt. Jedenfalls liegt
das Frequenzmaß dieses Mini-Intervalls hautnahe bei der Prim,

$$X = 17\, ch \ominus O \Rightarrow |X| \cong 1{,}000827.$$

Das bedeutet einen Frequenzmaßunterschied zur Prim von einem knappen Promille.

Wir können also sagen: Mit dem kleinen Chroma kann eine gleichstufige ETS-Skala
aus 17 Stufen gebaut werden, denn man hat ja beinahe die Formel

$$\underbrace{ch \oplus ch \oplus \ldots \oplus ch}_{17-\mathrm{mal}} \cong O$$

gewonnen. Ihre Stufenfolge ist mit Schritten von rund 70 ct wohl recht ungewöhnlich. Dennoch finden wir mit dem Intervall $Q = 10\, ch$ eine „Beinahe-Quinte" mit der
Centzahl $\mathrm{ct}(Q) = 706{,}7\ldots$ ct, welche nach oben noch weniger von der reinen Quinte
abweicht, als dies die mitteltönigen Quinten nach unten hin tun. An die Klänge kleiner
und großer Terzen (4 ch und 5 ch oder 6 ch) müsste man sich aber erst noch gewöhnen.
Dagegen wäre ein Schritt 3 ch ($\cong$ 212 ct) nahe dem großen pythagoräischen Ganzton
(8:9), und dieser wäre durch diese ch-Stufen sogar annähernd gedrittelt.

Schließlich könnten wir natürlich auch – beispielsweise durch Verminderung eines
einzelnen Chroma um dieses Fehlerintervall

$$X = 17\, ch \ominus O$$

die Skala exakt machen. Indem wir also ein „Wolfschroma"

$$ch_w = ch \ominus X \text{ mit } \mathrm{ct}(ch_w) = 69{,}241 \text{ ct}$$

definieren, erhalten wir die geschlossene 17-fast-gleichstufige „**Klein-Chroma-Skala**".

17-stufige ETS-Skala des kleinen Chroma $E_{17-\text{kleines Chroma}} = \underbrace{ch \to ch \to \cdots \to ch}_{16-\text{mal}} \to ch_w$

Wobei die Lage des von der Gleichstufigkeit nur bedeutungslos abweichenden Wolfs-chromas an jeder beliebigen Stufenposition erfolgen kann. Von einer „Charakteristik" lässt sich aber wohl nicht wirklich sprechen. Ebenso würde die praktisch kaum messbare Verteilung des Fehlers auf alle 17 Stufen – was den ebenfalls bedeutungslosen Wert von 0.084 ct/Stufe ausmacht – zu einer exotischen, jedoch exakt gleichstufigen ETS-Skala des kleinen Chroma führen.

Die Skala des großen Chroma

Nun sind wir sicher auch neugierig, ob sich auch bei dem **großen Chroma** mit rund 92,17 Cent eine ähnliche Überraschung zeigt. Jetzt zeigt die überschlägige Schätzung, dass es wohl 13 dieser Intervalle sein könnten, welche die Oktave – wenn zwar nicht exakt, so doch vielleicht mit geringem Fehler Y – füllen. Ja, in der Tat zeigt sich auch hier der erstaunliche Wert:

$$13 * \text{ct}(CH) = 13 * 92,|17871646 \text{ ct} = 1198,3233 \text{ ct.}$$

Auch dies ist beinahe ein Volltreffer; ganze 1,6766...ct fehlen zur geschlossenen Oktave – diesmal als unterschüssiges Defizit und ein geringes, nahezu identisch verschwindendes Kommaintervall Y wie im Fall des kleinen Chroma.

Indem wir also eine analoge Argumentation nutzen, können wir für die „Praxis" die ungefähre Formel herausgeben:

$$\underbrace{CH \oplus CH \oplus \ldots \oplus CH}_{13-\text{mal}} \cong O.$$

Und auch hier würde ein einziges, um das winzige Schließungsdefizit

$$Y = 13 * CH \ominus O \text{ mit ct}(Y) = -1,6766 \text{ ct}$$

verändertes großes Chroma, also ebenfalls ein „*Wolfschroma*",

$$CH_w = CH \ominus Y \text{ mit ct}(CH_w) = 93,854 \text{ ct,}$$

die Skala exakt machen, wir erhalten die 13-fast gleichstufige „**Groß-Chroma-Skala**".

13-stufige ETS-Skala des großen Chroma $E_{13-\text{großes Chroma}} = \underbrace{CH \to CH \to \cdots \to CH}_{12-\text{mal}} \to CH_w$

Aber anders als bei der Skala des kleinen Chroma erwischt man mit Vielfachen von CH keine wirklich diskutable Quinte – auch bei den Terzen stellt sich keine Freude ein.

▶   *Möglicherweise liegt das aber an der Unglückszahl 13, wer weiß!*

Man darf jedenfalls gespannt sein, wie diese Skalen – die 17-stufige wie auch die 13-stufige – klingen mögen.

11.5   Die gleichstufige Gitarrenstimmung von Daniel Stråhle

In kaum einem anderen Spiel tritt die Verbindung analytischer Elementarmathematik der Schule mit praktischer Musiktheorie so unvermittelt zutage wie in der folgenden

▶   **Aufgabe:** Wir möchten die Bünde einer Gitarre so einrichten, dass die Stufen-
    folge eine 12-gleichstufige Skala ergibt.

Eingedenk der Erkenntnis aus unseren Monochordregeln, dass Frequenzen und Saitenlängen umgekehrt proportional zueinander sind, müssen wir demnach den Semitonstufenparameter der 12-Gleichstufigkeit

$$q = \sqrt[12]{2}$$

in die Bundgeometrie einbeziehen, und dann lautet die Aufgabe etwas konkreter:

▶   **Aufgabe:** Eine gegebene Saite (der Länge $L = L_0$) soll so eingeteilt werden,
    dass die Frequenzfaktoren benachbarter Töne stets den einheitlichen Wert q
    haben.

Lösung: Wir betrachten eine hierzu geeignete Skizze mit auf 1 normierter Länge L_0.

Und dann verläuft die Argumentation wie folgt: Soll der Ton über der Saitenlänge L_1 um den Frequenzfaktor q höher sein als über der freien Saite L_0, so muss nach der Monochordformel (Satz 1.1) gelten:

$$L_0 : L_1 = q : 1 \Leftrightarrow L_1 = L_0 * \frac{1}{q}.$$

Genauso muss dann auch

$$L_1 : L_2 = q : 1 \Leftrightarrow L_2 = L_1 * \frac{1}{q} = L_0 * \frac{1}{q^2}$$

sein, und daraus folgt induktiv die Längenformel

$$L_k = L_0 * \frac{1}{q^k} = L_0 * q^{-k}, (k = 1, 2, 3, \ldots, 12, \ldots),$$

welche somit die freien Saitenlängen als eine exponentiell abnehmende Folge beschreibt. Wollen wir noch die Bund-Distanzfolge

$$d_k = L_{k-1} - L_k \text{ für } k = 1, 2, 3, \ldots$$

studieren, so finden wir durch Einsetzen der Längenformel schließlich über die rekursive Form die explizite Darstellung

$$d_{k+1} = d_k/q \Leftrightarrow d_k = L_0 (q - 1) * \frac{1}{q^k} \text{ für alle } k = 1, 2, \ldots.$$

Verwenden wir zur Vereinheitlichung der Bezeichnungen die Abkürzung

$$d_0 := L_0 * (q - 1) = L_0 * \left(\sqrt[12]{2} - 1 \right),$$

somit können wir auch diese ebenfalls exponentiell abnehmend verlaufende Bundfolge einer Oktave durch die Datenfolge

$$d_k = d_0 * \frac{1}{q^k} \text{(für } k = 1, \ldots, 12) \text{ (\textbf{Bundformel})}$$

beschreiben. Mit einem Taschenrechner bewaffnet könnte nun die Einteilung eines Gitarrenstegs in die gleichstufige Chromatik zumindest rechnerisch geschehen.

Nun war in früheren Zeiten handwerklich orientierten Gitarrenbauern vieles bekannt – Iterationsfolgen mit $\sqrt[12]{2}$-Faktoren dürften jedoch eher wenigen Eingeweihten vertraut gewesen sein. Gleichwohl lieferten Tradition, Erfahrung und das „richtige Händchen" brauchbare Ergebnisse, wobei insbesondere geometrische Konstruktionen angestrebt waren, Stichwort Planzeichnungen.

Daniel Stråhle – eine Geschichte

Es war ein „einfacher schwedischer Handwerker", Daniel Stråhle, der im Jahre 1743 eine überraschend einfache Methode beschrieb, wie das Gitarrenbundproblem zu lösen sei.

▶ *Bedauerlicherweise wurde ausgerechnet von einem Mathematiker (Faggot, 1776) die Konstruktion von Stråhle verworfen – angeblich, weil der Fehler dieser Methode zu groß sei: 17% sei jener – also musikalisch unakzeptabel. Nur: Der Fehler lag bei Faggot und nicht bei Stråhle; eine simple Winkeladdition geriet ihm nämlich zum Fiasko. Allerdings blieb dies bis Mitte des 20. Jahrhunderts unbemerkt – weshalb auch die Stråhle-Methode niemanden interessierte.*

Erst im Jahre 1957 entdeckte James Murray Barbour das Stråhle-Verfahren und konnte zeigen, dass seine Methode ebenso genial wie auch äußerst genau (wenn auch geometrisch genähert) den exponentiell verlaufenden Gitarrenbundprozess beschrieb.

Die Konstruktion von Daniel Stråhle

Wir betrachten die Skizze der Abb. 11.3, und dann erfolgen diese Schritte:

1. Errichte über einer gegebenen Grundseite AB der Länge $L = |AB|$ ein gleichschenkliges Dreieck ABC mit $|AC| = |BC| = 2\,L$.
2. Teile die Grundseite AB in zwölf gleiche Teile.
3. Markiere den 7. Teilpunkt von A aus und zeichne den Kreis um A mit dem Radius $r = \frac{7}{12} * L$.
4. Es entsteht genau ein Schnittpunkt S auf der Seite AC.
5. Verbinde B und S und verlängere über S bis zum Punkt M, wobei dessen Lage durch die Bedingung $|MB| = 2|SB|$ festgelegt ist. (Dann ist der Ton über MS eine Oktave höher als der Ton über MB.)
6. Ziehe dann von dem Schenkelschnitt C aus alle 11 Verbindungen zu den 11 inneren Teilpunkten von AB.
7. Diese Linien schneiden die Strecke BS, und dann ist die Strecke MB gleichstufig geteilt – und zwar so, dass sich bei Abgreifen der Punktfolge von B bis S die 12-gleichstufige Aufwärtsoktavskala einstellt.

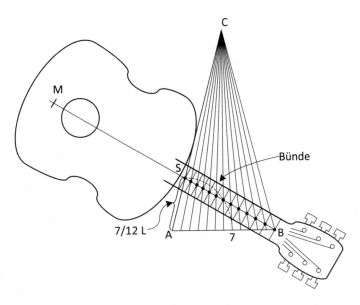

Abb. 11.3 Zur Konstruktion von Daniel Stråhle

Bemerkung

Eine trigonometrisch untermauerte „genaue" Berechnung der Teilungspunkte auf der Linie $\overline{MB}$ ist gar nicht so einfach, und auch die Frage, wieso Stråhle den 7. Basispunkt zum Konstruieren nahm, bleibt zunächst einmal im Dunkeln. Wenn wir – in aller gebotenen Kürze – dennoch umreißen, wie sich Stråhles Konstruktion rechtfertigen lässt, so geschieht das so:

In der Abb. 11.4, einem Ausschnitt aus der Abb. 11.2, sehen wir die Temperierungsfunktion $y_{equal} = 2^x$, die wir jetzt im relevanten Variablenbereich ($0 \leq x \leq 1 \Leftrightarrow 1 \leq y \leq 2$) diskutieren, wozu wir die auf Normierung $f_0 = 1$ gebrachte und zur Saitenlängenfunktion reziproke Frequenzfaktorfunktion $f_k = 1 * q^k$ nutzen. Dabei ist x das normierte Centmaß, und y_{equal} ist das Frequenzmaß.

Nun kann man zeigen, dass die verschachtelte Projektion – nämlich der Schnitt zweier Strahlenpaare in der Stråhle-Konstruktion (Zentrum C und Zentrum B) bei passender Koordinatenanpassung einer Funktionsgleichung der gebrochen-linearen Form

$$y(x) = (ax + b)/(cx + d)$$

genügt. Jetzt hat Stråhle vier geeignete Parameter bestimmt, und er hat die Werte

$$\underbrace{a = 10, \; b = d = 24 \text{ und } c = -7}_{\text{Stråhle - Parameter}}$$

angegeben. Diese „Stråhle-Parameter" lassen sich zwar nicht „eindeutig" berechnen – jedoch gelingt es unter zusätzlichen Annahmen, diese Parameter als die „Besten" innerhalb einer gewissen zugelassenen geeigneten Konkurrenzklasse zu gewinnen.

Abb. 11.4 Skizze zur
Temperierungsfunktion $y = 2^x$

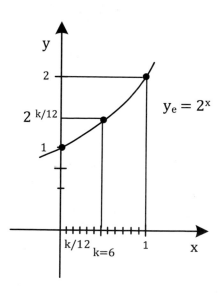

Wir wollen diese Prozedur kurz umreißen: Zunächst bewirkt eine Anpassung an die Variablenbereiche, dass das Stråhle-Modell wie unser 2^x-Modell im Variablenquadrat

$$0 \leq x \leq 1 \text{ und } 1 \leq y \leq 2$$

angeordnet werden kann. (Nehme hierzu die Grundlinie AB (Länge 1!) als x-Bereich und die Linie MB (mit M im Nullpunkt) in den y-Bereich mit Stauchung auf Länge 2.)

Dann fordern wir zunächst, dass beide Funktionen $y(x)$ und $y_{equal}(x)$ an den Rändern dieses Definitionsbereichs übereinstimmen, und das ergibt die beiden Gleichungen

$$y(0) = 1 \text{ und } y(1) = 2.$$

Setzen wir diese Bedingungen in den Funktionsausdruck für $y(x)$ ein, so ergibt sich sofort eine Äquivalenz zu dieser Parameterbedingung:

$$b = d \text{ und } a = 2c + b,$$

sodass die zu suchende Funktion nur noch durch zwei freie Parameter beschrieben wird, und nach Einsetzen dieser Beziehung erreichen wir die Formel

$$y(x) = 1 + \frac{(c+b)x}{cx + b}.$$

Es gäbe jetzt mehrere Optionen, eine weitere sinnvolle Anpassungsbedingung zu formulieren, um die Parameterzahl weiter zu reduzieren. Vorab wollen wir allerdings festhalten, dass eine Eindeutigkeit nie erreichbar sein wird, denn man könnte ja alle Parameter a, b, c, d mit einer Konstanten λ multiplizieren, ohne dass sich $y(x)$ ändern würde. Daher kann es nur das Ziel sein, eine passende Proportion $(b : c)$ oder $(a : c)$ zu finden, von der wir noch die Ganzzahligkeit anstreben – und zwar eine solche, bei der die Magnituden möglichst „kleine" ganze Zahlen sind.

An dieser Stelle bieten sich nun mehrere Vorgehensweisen an. In der Literatur findet man leider nicht immer ganz schlüssige Vorgehensweisen; der Wunsch nach Erreichen des gewünschten Ziels lässt leider die Sorgfalt der Argumente ein wenig im Stich. Während eine der Möglichkeiten sich mit dem Steigungsverhalten – also der „Ableitung" der Funktionen – befasst, werden wir im Folgenden die Punkte-Interpolation weiterverfolgen.

Wir fordern nämlich lediglich noch eine möglichst gute Übereinstimmung beider Funktionen an einem weiteren Punkt – und das soll der Intervallmittelpunkt $x = 1/2$ sein, für den ja der Funktionswert der Exponentialfunktion immerhin noch elementar bestimmbar ist. Weshalb diese Wahl aber nur im Modus „möglichst gut" realisierbar ist, wird schnell klar, wenn wir beachten, dass alle Werte

$$y_{equal}\left(\frac{k}{12}\right) = 2^{\frac{k}{12}} = \sqrt[12]{2^k}, k = 1, \ldots, 11$$

irrational sind, während die Werte der Ausgleichsfunktion an diesen rationalen Variablenwerten wieder rational sind, sollten die gesuchten Parameter a, b, c, d selber rational sein. Daher formulieren wir diese Bedingung in der Form

$$y\left(\frac{1}{2}\right) \approx y_{\text{equal}}\left(\frac{1}{2}\right) = \sqrt{2}.$$

Nun ergeben sich durch einfaches Einsetzen und Rechnen folgende Äquivalenzen:

$$y\left(\frac{1}{2}\right) \approx \sqrt{2} \Leftrightarrow (b + c) \approx \left(\sqrt{2} - 1\right)(2b + c)$$

$$\Leftrightarrow \frac{b}{c} \approx \frac{\sqrt{2} - 2}{3 - 2\sqrt{2}} \Leftrightarrow \frac{a}{c} \approx \frac{4 - 3\sqrt{2}}{3 - 2\sqrt{2}} = \frac{4 - 3\sqrt{2}}{3 - 2\sqrt{2}} * \frac{3 + 2\sqrt{2}}{3 + 2\sqrt{2}} = -\sqrt{2},$$

womit wir einmal den trickreichen Umgang mit diesen algebraischen Zahlenausdrücken gezeigt haben. Wenn aber dann

$$\frac{c}{a} \approx \frac{-1}{\sqrt{2}} = -\frac{1}{2}\sqrt{2} \approx -0{,}707\ldots$$

ist, wäre eine ganzzahlige Näherung dieser Proportion offenbar durch $c = -7$, $a = 10$ gefunden, die nur um rund 1% abweicht. Dann folgt hieraus $b = d = 24$, und wir erhalten die Stråhle-Funktion, dargestellt in Abb. 11.5. Wir prüfen die Güte der Approximation des Funktionswertes in der Intervallmitte und erhalten mit

$$y\left(\frac{1}{2}\right) = \frac{58}{41} = 1{,}41463\ldots \approx 1{,}41421\ldots = \sqrt{2} = y_{\text{equal}}\left(\frac{1}{2}\right)$$

eine frappierend genaue Übereinstimmung, sie liegt sogar im Tausendstelbereich. Darüber hinaus sind diese Daten für a, c aber auch die bestmöglichen unter den

Abb. 11.5 Stråhle-Funktion

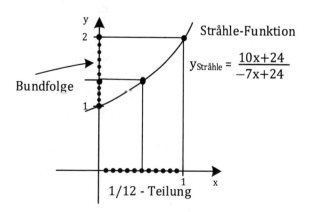

1-stelligen ganzen Zahlen, die diese Aufgabe erfüllen, und Probieren mag dies bestätigen. Wir können nun unser bewiesenes Resultat formulieren:

Satz 11.1 (Satz von Stråhle)

Unter allen Funktionen $y(x)$ der Form

$$y(x) = \frac{ax + b}{cx + d}$$

mit ganzen Koeffizienten a, b, c, d ist die Funktion (**Stråhle-Funktion**)

$$y_{\text{Stråhle}}(x) = \frac{10x + 24}{-7x + 24}$$

diejenige, welche die Werte der Exponentialfunktion $y_{\text{equal}} = 2^x$ am besten interpoliert, sofern die Parameter a, c noch dem 1-stelligen Zahlbereich zuzurechnen sind, will heißen, dass $|a|, |c| \leq 10$ ist.

Sicher bleibt aber noch die Feststellung, dass die approximative Übereinstimmung beider Funktionen auch an den anderen Teilungspunkten des Intervalls noch überprüft werden müsste. Hier wäre natürlich eine taschenrechner-geleitete Fleißarbeit eine Option. Eine andere Möglichkeit schenkt uns die Analysis der Funktionsdiskussionen, was nur kurz umrissen werden soll:

Beide Funktionen stimmen am Rande des reellen Intervalls $[0, 1]$ überein, beide sind streng konvex (links-gekrümmt), und im Mittelpunkt sind die Funktionswerte beinahe identisch. Nun kann man mit dem Mittelwertsatz der Differentialrechnung und seinem Gefolge eine bestätigende graphische Nähe beider Funktionen im ganzen Intervall begründen und die Fehlertoleranzen auch abschätzen. Im Übrigen und im Einklang hierzu sind an den Rändern die Steigungen beider Funktionen ebenfalls „beinahe" gleich; man findet mit dem aus der Schule bekannten Ableitungskalkül die grob gerundeten Werte

$$\frac{d}{dx}\left(y_{\text{equal}}\right)(0) = \ln(2) \approx 0{,}693 \text{ und } \frac{d}{dx}\left(y_{\text{equal}}\right)(1) = 2 * \ln(2) \approx 1{,}386,$$

$$\frac{d}{dx}(y_{\text{Stråhle}})(0) = 17/24 \approx 0{,}708 \text{ und } \frac{d}{dx}(y_{\text{Stråhle}})(1) = 24/17 \approx 1{,}411.$$

Überhaupt überrascht das Spiel mit den Zahlen

$$17 = 10 + 7 = 24 - 7 \text{ und } 24 = 10 + 2 * 7$$

mit der Beobachtung, dass der Quotient aus ihren Quotienten fast perfekt 2 oder dessen Kehrwert 1/2 ist, womit im Zusammenhang mit unserer Aufgabe die Bastelstunde eröffnet ist. Weitere, andere Details hierzu findet man in [6].

Abschließende Bemerkung
Durch dieses Resultat wird – im Nachhinein – die Stråhle-Methode jedenfalls voll rehabilitiert.

Wie eingangs vorhergesagt, zeigt dieses Beispiel aber auch, in welch enger Verzahnung die Problematik der Temperierungen mit mathematischen Rechnungen, Konstruktionen aus Algebra, Funktionslehre und Geometrie stand (und steht). Dabei ist stets zu bedenken, dass zu jenen Zeiten alle Begriffe, deren Benutzung wir heute als selbstverständlich ansehen, nur sehr spärlich entwickelt waren. Das gilt insbesondere für das beinahe gesamte Spektrum unserer heutigen „Differentialrechnung", mit deren Hilfe man ja bekanntlich äußerst effizient auf die Suche nach „optimalen" Lösungen eines Problems gehen kann – und in der Regel auch geht...

11.6 Lautenmusik und Gleichstufigkeit – beinahe unzertrennlich

Nun haben wir soeben im Abschn. 11.5 erfahren, mit welchem trickreich geometrisch-analytischen Verfahren es gelungen ist, die Gleichstufigkeit für ein mehrsaitiges Instrument, wie es Gitarren oder Lauten sind, einzurichten.

In diesem Abschnitt werden wir in Umkehr dessen dagegen zeigen, dass gewisse Instrumente auch tatsächlich der gleichstufigen Temperatur **notwendigerweise** bedürfen – jedenfalls unter wenigen nötigen und plausiblen Voraussetzungen. Dies betrifft alle Instrumente, welche das diskrete zwölfstufige Skalenraster besitzen und bei denen sich der Stufencharakter auf *parallel geshiftete* Tongebungen überträgt – wobei einige triviale Symmetrien auszuschließen sind. Wie das gemeint ist, werden wir in Kürze sehen. Konkret betrachten wir Lauten, Gitarren und ihre Familie, deren Halbtonstufen durch „Bünde" auf die gespannten Saiten übertragen werden.

▶   *Rein logisch bedeutet das natürlich im Umkehrschluss, dass eine Gitarre – besäße sie eine andere Stimmung, sprich Bundfolge, als diejenige, die der Gleichstufigkeit entspricht – am Ende nur zu einer in sich widersprüchlichen Musizierweise fähig wäre. Und um es vorwegzunehmen: Tatsächlich ließe sich das "Prinzip der Reinheit der Oktave" kaum oder nur sehr eingeschränkt beibehalten.*

Wie wir in [17] nachlesen können, spielt die Lautenstimmung als Wegbereiter zur Gleichstufigkeit eine enorm große Rolle, und sozusagen „zwischen den Zeilen" erfährt man, dass die erträglich gestimmte Laute sehr „zur Beschleunigung des Übergangs von den Kirchentonarten zu den Dur-Moll-Systemen" zu tun hat. Am Ende dieses Abschnitts wollen wir auch mit einem vielsagenden Zitat des großen Michael Praetorius (1571–1621) das Thema dieses Kapitels ausklingen lassen. Jedenfalls werden wir nun das, was in früheren Jahrhunderten der Erfahrung zugeflossen ist, in begründetes Wissen – also in Erkenntnis – verwandeln:

▶   „Lauten und Gitarren – das geht nur gleichstufig"!

Tatsächlich haben wir bereits mit der Folgerung (3) unseres Theorems 6.4 zur Tonartencharakteristik den Beweis erbracht, dass unter der Voraussetzung einer Translationsinvarianz hinsichtlich eines Parameters, welcher teilerfremd zu 12 ist, die Gleichstufigkeit der Laute vorliegen muss, soll das Prinzip der Reinheit von Oktaven gültig bleiben. Diese Grundsituation ist tatsächlich und „von Natur aus" bei mehrsaitigen Instrumenten unter wenigen einschränkenden Voraussetzungen und bei Unterdrücken von trivialen Sonderfällen gegeben. Der vorliegende Abschnitt zeigt nun parallel zum abstrakten Argument des Theorems das angestrebte Ergebnis. Dass wir dies nochmal eigens beweisen und nicht kurzerhand das Theorem zur Begründung zitieren, liegt daran, dass Letzteres doch auf recht mühseligem Wege mittels einiger aufwendig technisch begleitender Hilfsmittel gezeigt wurde – erinnert sei an die Mathematik der dortigen Translationsoperatoren. Hier dagegen argumentieren wir aus den **musikalischen Möglichkeiten** des Instruments heraus.

▶   *„Wer aber genau hinsieht, wird erkennen, dass beide Betrachtungen dennoch einen gemeinsamen tieferen Gedanken verfolgen – den Gedanken einer zwingend existenten doppelten periodischen Tonleiter."*

Das Modell

Zur Schilderung prinzipieller Fakten ist es nahezu ausreichend, dass wir das Modell einer lediglich zweisaitigen Laute (**Duochord**) wählen. Dieses bestehe aus zwei gespannten Saiten (X – tiefer klingend und Y – höher klingend) mit gleich langen freien Schwinglängen. Eine parallele Bundfolge definiere die aufsteigenden konkreten Tonfolgen

$$(X_0, Y_0) = \text{leere Saiten, „Grundtöne"} \rightarrow (X_1, Y_1) \rightarrow (X_2, Y_2) \rightarrow \text{...usw.}$$

Ab dem 12. Bund (der Oktave zu den Grundtönen) soll sich die musikalische Intervallstufenfolge auch wiederholen – sie ist gedanklich 12-periodisch. Das hat zur Folge, dass die Summe von zwölf aufeinanderfolgenden Halbtonstufen stets eine Oktave bildet, ganz gleich, wo man beginnt – sofern es noch reale definierende Bünde gibt.

Nach den jahrtausendealten Rechnungen am Monochord wissen wir, dass unabhängig davon, welche Grundtöne (X_0, Y_0) die Saiten X und Y haben, alle parallel gegriffenen

Intervalle an den Bünden $(X_1 \to Y_1), (X_2 \to Y_2) \ldots$ gleich groß und identisch mit dem Intervall $(X_0 \to Y_0)$ der leeren Saiten sind. Natürlich ist dies auch eine Anwendung der Monochordformel des Satzes 1.1. Denn die Intervalle $(X_0 \to X_n)$ und $(Y_0 \to Y_n)$ sind nach diesen Monochordregeln beide identisch, da ihr Maß gleich dem Längenverhältnis „leere Saite zu restlicher Saite" ist; den Rest besorgt der Viertönesatz, Theorem 1.1. Aus dem gleichen Grund sind für jedes $n = 1, 2 \ldots$ die beiden Stufenintervalle $(X_{n-1} \to X_n)$ und $(Y_{n-1} \to Y_n)$ gleich – also von der Tonhöhe der gespannten Saiten völlig unabhängig. Wir nennen diese Intervalle

$$S_n = (X_{n-1} \to X_n) = (Y_{n-1} \to Y_n)$$

die **Bundstufen (Intervalle)**. Die Bundstufenfolge $S_1, S_2, \ldots, S_{12}, \ldots$ ist daher 12-periodisch: Nach jeweils zwölf Bundschritten entstehen wieder die gleichen Schritte. Die Abb. 11.6 verdeutlicht die Geometrie dieser Zusammenhänge.

Nun formulieren wir eine Bedingung an das Instrument, welche letztlich der Forderung nach der **Reinheit von Oktaven und Primen** geschuldet ist und somit sinnvollen wie auch plausiblen musikalischen Erfordernissen nachkommt: Es handelt sich um die

▶ **Konsistenzbedingung:** Alle Töne des Instruments gehören einem Tonsystem an, welches aus einer einzigen eindeutigen zwölfstufigen Oktavskala (periodisch fortgesetzt) aufgebaut ist.

Das bedeutet insbesondere, dass es von einem beliebigen Ton aus nur eine einzige semitonale zwölfstufige Skala bis zu seiner Oktave gibt – ganz gleich, auf welchen Saiten hierzu gespielt wird.

Nun ergibt sich unter dieser Bedingung ein höchst interessantes Spiel in der Geometrie der Bundstufen – wozu wir aber nicht ganz ohne Mathematik auskommen: Und dazu dient das **Lauten-Lemma:** Die Konsistenzbedingung hat nämlich für unser Lauten-Modell folgende Konsequenzen:

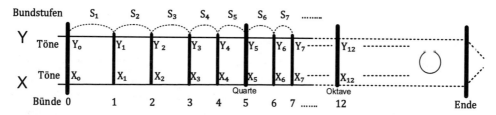

Abb. 11.6 Das Bundstufenmodell des Duochords

Satz 11.2 (Lauten-Lemma)

Aus der Konsistenzbedingung folgt:

Es existiert ein bestimmter Ton (X_m) der (tieferen) X-Saite, der mit dem Grundton (Y_0) der (höheren) Y-Saite übereinstimmt – mehr noch: Alle Folgetöne der Y-Saite ab dem Bund 0 sind die gleichen wie die Folgetöne der X-Saite ab dem Bund m. Dieser Parameter (m) – wir können ihn zwischen 0 und 12 annehmen – heißt **Saiten-Stufen-Parameter** (der Saite Y zur Grundsaite X).

Durch diese Verheftung an den beiden identischen Verbindungstönen X_m und Y_0 (oder ihren geshifteten Folgetönen) sind beide Saiten wechselseitige bruchfreie Fortsetzungen der jeweils anderen – nach oben oder nach unten, je nachdem. Dank dieser Eigenschaft wird uns klar, dass unser Bundstufensystem **periodisch mit der Periode m** ist: Nach jeweils m Stufenschritten wiederholt sich die Stufenabfolge. Übrigens gilt sogar noch mehr (was wir aber letztlich nicht zwingend benötigen): Die Abfolge der Bundstufen ist überraschenderweise auch noch $(12{-}m)$**-periodisch.**

▶   *Wenn diese Bundstufenfolge aber simultan* 12 − periodisch, m − periodisch *und* (12−m) − periodisch *ist, so ist sie dank des Theorems 5.4 bereits periodisch mit der Periode des größten gemeinsamen Teilers (ggT) dieser drei Zahlen* 12, m *und* (12−m), *und das ist der ggT der Zahlen* 12 *und* m. *In den allermeisten Fällen der Praxis ist der ggT die Zahl* 1: *Dann wären aber mit Theorem   11.1 alle Bundstufen gleich –* **die Stufenfolge ist gleichstufig!**

Ist beispielsweise die Y-Saite eine Quarte über der X-Saite ($m = 5$), so ist der ggT in der Tat 1, und die Gleichstufigkeit ergibt sich. Wie kommt es zu diesen Symmetrien?

Beweis des Lauten-Lemmas:

Zunächst ist klar, dass der Grundton Y_0 auch einer der Töne der X-Saite sein muss, so verlangt es die Konsistenzbedingung. Für ein ganz bestimmtes m ist demnach

$$Y_0 = X_m.$$

Das Gleiche gilt auch für die anderen Töne dieser Saite, zumindest wenn sie im Bundsystem durch Töne der X-Saite noch erfasst werden. Warum aber nun Schritt für Schritt die Abläufe m − und $(12{-}m)$-periodisch geordnet sind, das erkennen wir durch folgende trickreiche Argumentation: Stellen wir uns vor, wir bilden auf dem Grundton X_0 der X-Saite eine chromatische Oktavskala, so können wir das, wie die Skizze verdeutlicht, auf zweierlei Weise tun:

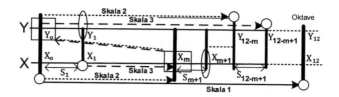

a) Längs der Skala *1: von* X_0 *auf der X-Saite bis* X_{12},

b) Längs der Skala *2: von* X_0 *auf der X-Saite nur bis zum Ton* X_m, *der ja identisch mit* Y_0
   ist, wechseln zur Y-Saite und dort von Y_1 *bis zum Ton* Y_{12-m}.

Beide Male haben wir eine zwölfstufige chromatische Skala auf ein und demselben
Ton (X_0) errichtet. Dann sagt aber die Konsistenzbedingung, dass die Skalen identisch
sind. Speziell sind also auch die direkten Folgetöne Y_1 und X_{1+m} der Verbindungstöne
identisch – und gleiches gilt für alle weiteren Töne. Das bedeutet also, dass die erste
Bundstufe gleich der $(m + 1)^{\text{ten}}$ Bundstufe ist – in Formeln

$$S_1 = (X_0 \rightarrow X_1) = (Y_0 \rightarrow Y_1) = (X_m \rightarrow X_{m+1}) = S_{m+1}.$$

Und obwohl wir hieraus auch relativ schnell zum periodischen Ablauf der Bundstufenfolge kämen, wollen wir dennoch ein interessantes methodisches Argument vorstellen –
sozusagen die **musikalische Variante** des bekannten mathematischen Prinzips der schrittweisen
Begründung, des „**Prinzips der vollständigen Induktion**", nämlich das trefflich genannte

▶ **Capodaster-Argument:** Legen wir auf den 1ten Bund einen **Klemmbügel** (den
   „Capodaster"), so verkürzen wir die Laute – beobachten aber, dass die neue
   Y-Saite ebenfalls den Saiten-Stufen-Parameter m hat, weil ja der neue Grundton (Y_1) der neuen Y-Saite identisch mit dem Ton X_{m+1} am neuen m^{ten} Bund
   der neuen X-Saite ist. Das haben wir ja soeben gezeigt. Und jetzt können wir
   wieder wie zuvor schließen: Die (neue) 1te Bundstufe (S_2) ist gleich der (neuen)
   $(m + 1)^{\text{ten}}$ Bundstufe (S_{m+2}).

Auf iterativem Wege finden wir dann das m-Periodengesetz

$$S_k = S_{k+m} \text{ für alle } k = 1, 2, 3, \ldots,$$

woraus letztlich die Behauptung des Lauten-Lemmas folgt. Um uns in dieser
„Capodaster-Argumentation" zu üben, untersuchen wir aber auch noch die Begründung
zur genannten oktavkomplementären $(12-m)$-Periodizität.

Dazu betrachten wir neben der Skala 2 noch die Skala 3, welche von X_1 über $X_m = Y_0$
bis $Y_{(12-m)+1}$ verläuft. Dann besteht die gesamte Distanz von X_0 bis $Y_{(12-m)+1}$ aus 13
Stufen und ist demnach eine kleine None (N), und beide Oktavskalen sind hierin – versetzt – enthalten. Jetzt kommt der Trick: Subtrahieren wir von dieser None die obere
Oktave $O = (X_1 \rightarrow Y_{(12-m)+1})$, so bleibt das Intervall

$$(X_0 \rightarrow X_1) = S_1$$

übrig; subtrahieren wir dagegen die untere Oktave $O = \left(X_0 \to Y_{(12-m)} \right)$, so bleibt

$$\left(Y_{12-m} \to Y_{(12-1)+1} \right) = S_{(12-m)+1}$$

übrig. Also ist die Gleichheit

$$S_1 = S_{(12-m)+1}$$

erreicht. Dann wenden wir wieder das **Capodaster-Argument** an und kommen hierüber ebenfalls zur Periodengleichung

$$S_k = S_{(12-m)+k} \text{ für alle } k = 1, 2, 3, \ldots$$

Selbstredend ist diese Gleichung nur real, solange Bünde verfügbar sind – bei zwölf Bünden und meist teilerfremden Saiten-Stufen-Parametern führt es jedoch zu den genannten Stufensymmetrien. ∎

Ein Beispiel Wir nehmen den (in der Praxis realisierten) Fall an, dass die Y-Saite zwei Quarten über der Grundsaite X steht. Dann ist $m = 10$ und $(12-m) = 2$, sodass unsere Bundstufenfolge sogar 2-periodisch ist. Die Gitarrenskala ist also in der regelmäßigen Bundstufenabfolge $A-B-A-B\ldots$ aufgebaut, und alle (12) Ganzton-schritte T haben den Aufbau

$$T = A \oplus B \text{ oder } T = B \oplus A$$

und sind folglich gleich groß. Daher ist unsere Skala zumindest schon mal ganz-tönig-gleichstufig aufgebaut; die Oktave besteht aus sechs gleichstufigen Ganztönen T, die deshalb genau 200 ct oder das Frequenzmaß $|T| = \sqrt[6]{2}$ besitzen. Allerdings könnten die Semitonia A und B völlig unterschiedlich sein – lediglich der Summenwert $ct(A) + ct(B) = 200$ ct muss stimmen.

Jetzt bleibt nur noch die Überlegung, wann auch noch $A = B$ eintreten müsste. Dazu nehmen wir jetzt an, dass noch eine weitere Saite Y da ist und dass sie als Quarte (fünf Stufen) über der X-Saite gestimmt sei. Dann ist $Y_0 = X_5$, und nach dem Lauten-Lemma ist die Stufenfolge 5-periodisch: Der 6. Schritt (das wäre das Intervall B) ist wieder wie der erste (das ist das Intervall A) – also $A = B$, und wir haben die Gleichstufigkeit erreicht!

▶ *So, das wäre geschafft, ein wenig Mathematik hat's doch gebraucht. Bevor wir aber die Früchte im anschließenden „Lauten-Theorem" einfahren, müssen wir noch einige Sonderfälle behandeln.*

Hätte die Laute zum Beispiel vier Saiten im Abstand kleiner Terzen (Saiten-Stufen-Para-meter 3, 6, 9), so wäre für jede beliebige Wahl der drei Bundstufen A, B, C, für welche lediglich der Summenwert $ct(A \oplus B \oplus C) = 300$ ct (eine gleichstufige kleine Terz) erfüllt sein muss, die Skala

$$(A \to B \to C) \to (A \to B \to C) \to (A \to B \to C) \to (A \to B \to C)$$

zwar in vier gleich großen kleinen Terzschritten aufgebaut, wäre aber innerhalb dieser Blocks – und damit insgesamt – nicht gleichstufig. Gleichwohl ist diese 3-periodische Skala mit der Konsistenzbedingung verträglich und widerspruchsfrei spielbar. Andere Konstellationen – wie zum Beispiel drei Blocks gleich großer Großterzen zu je vier Stufen $A \to B \to C \to D$ der Gesamtcentzahl 400 ct – sind ebenso widerspruchsfrei möglich.

Wir fassen unsere Ergebnisse in einem „Lauten-Theorem" zusammen; dabei liege die allgemeine Situation eines Instruments mit „beliebig vielen" Saiten vor, und die Konsistenzbedingung sei erfüllt.

Theorem 11.2 (Lauten-Theorem)

Gegeben sei eine Laute mit den in aufsteigender Tonhöhenanordnung aufgezählten $(n+1)$ Saiten $X^0, X^1, X^2, \dots, X^n$, wobei die instrumentalen Voraussetzungen analog zu denen des obigen Modells des Duochords seien. Es gelte die zuvor beschriebene

Konsistenzbedingung:

keine Enharmonik, Reinheit von Prim und Oktave! Das Tonsystem des Instruments soll der Trägerskala einer zwölfstufigen Skala angehören.

Dann ist für $1 \leq k \leq n$ der Grundton X_0^k der Saite X^k mit einem gewissen Stufenton der Vorsaite X^{k-1} identisch. Wir können diese Verheftungen aber ebenso auf die einheitlich gewählte tiefste Grundsaite X^0 beziehen und dann sagen, dass jeder Grundton X_0^k einer Saite $X^k, k = 1, \dots n$, mit irgendeinem Stufenton $X_{m_k}^0$ der Grundsaite X^0 übereinstimmt, in Formeln

$$X_0^k = X_{m_k}^0, k = 1, \dots, n.$$

Das von Hause aus 12-periodische Semitonstufenmuster $S_1 \dots, S_{12}$ ist dann nach dem Lauten-Lemma sowohl m_k- als auch $(12-m_k)$-periodisch. Dies gilt also für jeden dieser n Saiten-Stufen-Parameter $m_1, \dots, m_n$ (der X^k-Saiten zur X^0-Saite).

Die Periodizität p der Bundstufenabfolge $S_1, \dots, S_{12}$ ist folglich die Zahl

$$p = ggT(m_1, \dots, m_n, 12),$$

der größte gemeinsame Teiler der $(n+1)$ Zahlen $(m_1, \dots, m_n, 12)$.

Dann ist nur in Symmetrieausnahmen $p \neq 1$; und „$p = 1$" bedeutet, dass die Laute gleichstufig gestimmt sein muss, soll die Konsistenzbedingung erfüllt sein.

Ein widerspruchfreies Instrument mit der geschilderten Minimalvoraussetzung der Konsistenzbedingung ist also zwingend **gleichstufig temperiert.**
Dies ist beispielsweise der Fall, falls

- (sogar nur) zwei Saiten im Quartabstand oder im Quintabstand stehen,
- oder zwei Saitenpaare im Groß- und Kleinterzabstand zueinanderstehen.

Der Beweis zu diesem Theorem folgt offenbar unmittelbar aus dem einfachen Fall des Duochords – mithin aus dem Lauten-Lemma.

Bemerkungen

(1) Es mag sein, dass diese Erkenntnis den Hintergrund dazu bildete, dass schon seit jeher das Bestreben bestand, Lauten und Gitarren so zu konstruieren, dass eine möglichst zufriedenstellende Gleichstufigkeit entsteht. Dazu müssen die Bünde wiederum einem ganz bestimmten Proportionengesetz genügen, das wir bereits kennen: Aufgrund der umgekehrt reziproken Abhängigkeit von Frequenz und Länge (l_0) der frei schwingenden Saite, die uns die Monochordregel beschert, kommen wir – um das noch einmal zu beleuchten – schnell zum Exponentialgesetz:
Die Bundfolgenbreiten (d_k), $k = 1, 2, \ldots$ erfüllen untereinander – wie im Abschn. 11.5 hergeleitet – die Bundformel

$$d_k = l_0 \left(\sqrt[12]{2} - 1 \right) * (\sqrt[12]{2})^{-k} = d_0 (\sqrt[12]{2})^{-k} = d_0 \left(\tfrac{1}{q} \right)^k (k = 1, 2, 3, \ldots).$$

In der Tat finden wir in der frühen Neuzeit eine interessante Palette an Ideen, diese **Exponentialfolge des Gleichstufigkeitsparameters** konstruktiv zu berechnen beziehungsweise geschickt in die Bundanordnung zu implantieren – wie wir ja im Abschn. 11.5 erstaunt bei dem Schweden Daniel Stråhle sehen konnten.

(2) Diese „streng mathematische Gleichstufigkeit" einer Laute verhindert aber nicht, dass dennoch eine individuelle Spielweise unbeschadet dieser Bundgeometrie deutliche Nuancen in den Tonbeziehungen zulassen kann. Die Tonhöhenphysik hängt ja unglaublich sensibel von Saitenlängen und -spannung ab, sodass eine künstlerische Hand hierbei noch so manche Klänge hervorzaubern kann, die ganz gewiss dem strengen Gleichstufigkeitsmaß ein wenig entrissen sind.

Nun wollen wir – wie versprochen – nach den Mühen der Analysen das Kapitel mit den Worten von Michael Praetorius ausklingen lassen, wonach seine Meinung über die Gleichstufigkeit von Lauten, Violen und Gitarren klar erkennbar ist. Wir lesen in [17], S. 70, in der schönen alten Sprache:

▶   *„Dieweil auf den Violen de Gamba und den Lauten, die Bünde alle gleichweit (doch je näher dem Steg, je enger, welches sich ohne das verstehet) von einander abgetheilet, und also die Semitonia, weder majora noch minora, sondern vielmehr intermedia sein können und müssen genennet werden…so scheint und lautet das Semitonium majus sowol, als das minus auf dem einige Bunde, als wenn es zu beiden Theilen recht einstimmte, und kann der Unterschied nicht so bald observiret und deprehendiret werden".*

Ja, liebe Leser, das *„deprehendiret"* wäre also jetzt geschafft.

Historische Temperaturen – Methodik und Theorie

12

...wie denn zu temperiren sey, so vil das Gehör es recht wohl leyden mag.

Arnold Schlick (1460–1521)

Introduktion

In diesem Kapitel werden zunächst die drei wichtigsten Methoden zur Skalenbildung unter historischer Sicht beschrieben. Dann folgt eine Auflistung der bedeutendsten Vertreter dieser Temperierungsmethoden und ihrer Skalen,

▶ angefangen bei Arnaut de Zwolle, über Arnold Schlick, Johannes Kepler, Andreas Werckmeister, Johann Philipp Kirnberger, Alexander Malcolm, Gioseffo Zarlino, Gottfried Silbermann, Francesco Valotti, Johann Georg Neidhardt bis hin zur Bach-Kellner-Systematik.

Diese Beschreibungen sind allesamt als Früchte unserer mathematischen Theorie gestaltet. Im Vordergrund steht stets die Frage, mit welcher Methodik und nach welchen Prinzipien diese oder jene Stimmung erbaut wurde. So bildet die

▶ methodische Kategorisierung der Skalentemperierungen

den eigentlichen thematischen Schwerpunkt dieses Kapitels. Dies zeigt sich gerade darin, dass wir vor allem die Temperierungen von Silbermann, Valotti, Neidhardt und Bach-Kellner als umfassende komplexe Systeme entdecken, welche in einer methodischen Ordnung zueinander stehen, sodass sie teilweise als gegenseitige Spezialfälle erkannt werden können. So entsteht eine mathematische Strukturierung insbesondere der Systeme

K. Schüffler, *Die Tonleiter und ihre Mathematik,* https://doi.org/10.1007/978-3-662-64951-0_12

▶   Valotti-System – Neidhardt-System – Bach-Kellner-System,

deren Wesensmerkmale intervallarithmetisch mittels der Theoreme des Kap. 7 dargelegt werden können und wobei eine vergleichende Gegenüberstellung dieser Systeme ermöglicht wird.

Die Frage der Berechnung aller denkbaren Stufenmaße oder gar ihrer leitereigenen Intervallsysteme spielt dagegen für uns keine vorrangige Rolle – diese numerischen Details sind einerseits in den bekannten Literaturen als auch in Internet-Bibliotheken nachlesbar – andererseits erlaubt ja gerade die Kenntnis der musik-mathematischen Architektur eine eventuell genauer gewünschte Numerik im Handumdrehen. Ja, man kann es gewissermaßen als eines der Ziele unseres Buches ansehen, historische Skalen eben nicht als eine Ansammlung von zwölf Stufenintervall-Centzahlen zu verstehen, die man am Ende womöglich noch mühselig fehlerfrei aufsagen kann. Wenn wir aber wissen, wie eine quintgenerierte Skala durch ihr Wolfsquintenmuster der Abfolge von Apotome und Limma oder wie eine Euler-Gitterauswahl aufgebaut ist, erübrigt sich der ganze Zahlensalat und die Ödnis seiner Tabellen.

12.1   Die Temperierung – ein Optimierungsproblem?

Die Epoche der „historischen Temperaturen" reicht vom 14. bis zum 18. – ja, auch bis zum 19. Jahrhundert. Begonnen hatte es damit, dass die Entwicklung der mehrstimmigen Musik den damaligen Praktikern und Theoretikern gar keine andere Möglichkeit ließ, als immer wieder die Frage der „bestmöglichen" Temperatur beantworten zu wollen. Denn natürlich war den Meistern jener Zeit klar, dass beispielsweise

- eine pythagoräische, quintenreine,
- eine mitteltönige, terzreine

Temperatur nicht im zwölfgliedrigen Quintenkreis konfliktfrei unterzubringen war. Das Komma – oder auch die Wolfsquinte – stand stets im Wege.

Wie gesagt: Bei „sparsamen" harmonischen Bewegungen und bei kluger Tonikawahl treten ja auch keine merklich störenden Probleme auf. Eine bewegtere Harmonik muss jedoch zwangsläufig im Wolfsquintenbereich beziehungsweise in enharmonischen Labyrinthen landen und dort zu eher merkwürdigen Akkordklängen führen.

Die Methoden
In der Historie begegnen wir einer außerordentlichen Fülle an Temperierungen. Insbesondere im Zeitalter der Renaissance und des Barock entstand eine Unmenge an Skalen, und darüber hinaus gab es oftmals skurrile Kreationen mit vieltönigen Instrumenten (31 oder 53 und mehr Tasten/Oktave), und es ist oftmals spannend, zu erkunden, wie vehement und leidenschaftlich hierüber gestritten wurde.

▶ *Das zeigt uns aber auch, wie hoch der kulturell-philosophische wie auch der wissenschaftliche Rang der Theorie der Töne zur damaligen Zeit war – denn gibt es ein besseres Maß hierfür als die Leidenschaft, um ihre Wahrheiten zu ringen?*

Wir können in methodischer Sicht diese Vielfalt an Stimmungen in etwa folgendermaßen einteilen:

• **Temperierungen durch Iterationen mit neuen Quinten**
   Da gibt es „neue Quinten", mittels derer man „Quintenkreise" zusammenbaut und berechnet – in der Hoffnung, „der Wolf würde nicht zu arg heulen".
• **Ausgleichstemperierungen**
   Hier gibt es als Erstes einmal die Methode, bei welcher man zumeist ausgehend von der pythagoräischen Temperierung versucht, das Quintenkomma statt auf eine einzige Quinte (nämlich der Wolfsquinte) gleich auf mehrere Quinten zu verteilen. Zum anderen gibt es Methoden, durch Mittelwertekalkül eine gewünschte Ton- respektive Intervallverteilung zu gewinnen.
• **Auswahltemperierungen**
   Da gibt es Versuche, bekannte Temperierungen (die Pythagoräische, die Reine, die Mitteltönige) zu vermischen – um sozusagen von jeder das Brauchbarste (im Sinne der eigenen Geschmacksvorstellung) zu nutzen. Hierzu zählen vor allem auch die Euler-Gitterauswahlen.

So kamen im Verlaufe weniger Jahrzehnte hunderte Temperierungen auf; fast jeder Instrumentenbauer wie auch viele Musiker erfanden ihre „eigene" Stimmung.

▶ *So wie es in jedem Städtchen ein eigenes Bier gab, so war das auch mit der Stimmung, beinahe.*

Es verwundert daher nicht, dass diese Vielfalt auch reich an Konflikten war, an Lob und Tadel, an Hohn und Spott – nett verpackte Gemeinheiten eingeschlossen.

Temperierung – ein mathematisches Optimierungsproblem?
Dass es zu diesem Sammelsurium an Temperierungen überhaupt kam, liegt aber auch daran, welche klanglichen Ideale bevorzugt werden sollten. Denn gesteuert wurden alle diese Dinge durch die Forderungen nach

(1) möglichst vielen „ungefähr reinen Terzen",
(2) möglichst vielen „ungefähr reinen Quinten",
(3) möglichst gutem Transponiervermögen,
(4) möglichst bequemer handwerklicher Realisierbarkeit.

So bedeutet die Bedingung (3), dass – wenn es schon nicht gänzlich vermeidbar ist, dass es in der chromatischen Skala unterschiedlich große Halbtonintervalle (Semitonia) gibt – diese wenigstens nicht allzu stark differieren sollen. Denn es ist ja auf der anderen Seite klar, dass unterschiedlich große Halbtonschritte einer Skala zu diatonischen Skalen führen, die an vergleichbaren Stufen beispielsweise unterschiedlich große Leiterintervalle haben. Wir haben dies in den Abschn. 6.3 und 6.4 ja auch sehr ausführlich untersucht – Stichwort: Tonartencharakteristik.

Die Forderung (4) meint, dass es kaum etwas genutzt hätte, eine präzise Intervallgröße berechnen zu können – etwa:

$$\text{„für } I = [C, D] \text{ soll } |I| = \sqrt[6]{2} = 1{,}122\ldots \equiv 200{,}0 \text{ Cent betragen“},$$

woraus dann zwar folgt, dass der Ton D auf 296,3299 Hz zu stimmen ist, wenn C genau 264,0 Hz hätte. Nur: Wie stimmt man denn dann dieses D auf diese Frequenz? Referenztöne einer Obertonreihe inklusive einer Schwebungsanalyse – prinzipiell zwar immer nutzbar – lassen auf recht komplizierte Vorgänge schließen, weit davon entfernt, auch von tüchtigen Musikern vor Ort geleistet werden zu können.

So findet man in den alten Literaturen und denen zur Geschichte der musikalischen Temperierungen nicht nur geheimnisvolle Tabellen mit zunächst kompliziert erscheinenden Maßen und Frequenzdaten, sondern auch

▶   *„Anweysungen, wie man die angegebene Temperatur auch finden kann“.*

Wobei zur Befolgung dieser „Anweysungen" jede Menge Phantasie und handwerkliches Geschick erforderlich waren und auch immer noch sind, Fortune nicht ausgeschlossen.

▶   *„Man stimme die Quinte $D \to A$ um ein Siebtel des syntonischen Kommas kleiner".*

– Et cetera et cetera. Später kamen dann noch Centtabellen hinzu, welche zumindest einen besseren Vergleich und damit auch einen besseren Überblick über das Geflecht verschiedener Temperierungen untereinander zuließen.

Jedenfalls liest sich der obige Forderungskatalog des *„möglichst so oder so"* wie ein Anforderungsprofil eines modernen ingenieur-mathematischen Problems oder dasjenige eines ökonomischen Projekts.

Schließlich wollen wir noch eine Bemerkung zu Formulierungen der Art

▶   *Werckmeister, Neidhardt und wer weiß, wer noch „erhöht den Ton X um ein Fünftel des Kommas $\varepsilon\ldots$*

anfügen. Es ist die Redeweise, der man in allen gängigen Beschreibungen über historische Stimmungen auf Schritt und Tritt begegnet. Eigentlich ist völlig klar, was damit gemeint ist. Allerdings kann man „Töne zu Intervallen" nicht „addieren" – daher müssen wir in Einklang mit unserer Algebra diesen Sprachgebrauch kurz verankern:

▶ Ein Ton (X) wird um das Intervall (I) verändert – erhöht oder erniedrigt – genau dann, wenn er durch einen Ton (Y) ersetzt wird, für den die Gleichung

$$(X \rightarrow Y) = I \text{ oder auch } (X \rightarrow Y) = (X \rightarrow X) \oplus I$$

gilt. Beide Formen sind natürlich identisch. Ist das Intervall I aufsteigend, also $\mathrm{ct}(I) > 0$, so sprechen wir von „erhöhen", im anderen Fall von „erniedrigen".

Nun sind wir gewappnet, einen Teil des Spektrums der historischen Temperierungen zu erforschen.

12.2 Henri Arnaut de Zwolle: der Pythagoräiker

Henri Arnaut de Zwolle (1400–1466) setzte noch gegen 1440 die pythagoräische Stimmung um. Dies zeigt, dass der Einfluss der altertümlichen Musiklehre des Pythagoras tatsächlich noch bis zum Beginn der Renaissance die musikalische Theorie und Praxis beeinflusste – ja, sogar dominierte. Gestützt wurde diese Festung durch eine Reihe antiker, früh- und spätmittelalterlicher Gelehrter – wie etwa von Anitius Manlius Severinus **Boethius** (6. Jh. n. Chr.), dem großen Gelehrten des ausgehenden Altertums.

Arnaut de Zwolle vereinbarte in seinen Stimmanweisungen konkret, dass

▶ 11 Quinten als „reine Quinten"

vorkommen müssten. Unter den Schließungsbedingungen des Quintenkreises ist demnach die 12. Quinte die Wolfsquinte, welche um das pythagoräische Komma $\left(\varepsilon_{pyth} \sim 23,5 \text{ ct}\right)$ kleiner ist; es liegt eine mustergültige Wolfsquintenstimmung nach Lehrbuch vor. Die Wahl dieser Schließungs- beziehungsweise Wolfsquinte ist generell zwar frei – wir finden sie bei der gegen 1440 von Arnaut de Zwolle entworfenen Temperierung den Quellen nach in der Quintenkreissituation $(H \rightarrow Fis)$, siehe [31]. Die Abb. 12.1 zeigt das entsprechende Wolfsquintenmodell – das ist die „Variante 6" –, und wir haben hierin den zur Tonart C-Dur gehörenden heptatonischen Halbkreis eingezeichnet.

$$P_7 \qquad C \xrightarrow{T} D \xrightarrow{T} E \xrightarrow{L} F \xrightarrow{T} G \xrightarrow{T} A \xrightarrow{T} H \xrightarrow{L} C'$$

$$\begin{array}{cccccccc} & 8:9 & 8:9 & 243:256 & 8:9 & 8:9 & 8:9 & 243:256 \\ & 204\,ct & 204\,ct & 90\,ct & 204\,ct & 204\,ct & 204\,ct & 90\,ct \end{array}$$

Formel-Tabelle 12.1 Die heptatonische Skala P_7 von Arnaut de Zwolle

$$P_{12}^{(6)} \quad C \underset{90}{\vec{L}} Cis \underset{114}{\vec{A}} D \underset{90}{\vec{L}} Es \underset{114}{\vec{A}} E \underset{90}{\vec{L}} F \underset{90}{\vec{L}} \overset{\leftarrow}{Fis} \underset{114}{\vec{A}} G \underset{90}{\vec{L}} As \underset{114}{\vec{A}} A \underset{90}{\vec{L}} B \underset{114}{\vec{A}} \vec{H} \underset{90}{\vec{L}} C'$$

Formel-Tabelle 12.2   Die chromatische Skala P_{12} von Arnaut de Zwolle

Die Position der Wolfsquinte ($H \to Fis$) ist gerade noch hinreichend, dass die weißen Tasten ($F \to C \to G \to D \to A \to E \to H$) der Klaviatur einen heptatonischen Halbkreis reiner Quintbeziehungen bilden, so wie wir dies in unserer Definition 7.2 festgelegt haben. Die Formel-Tabelle 12.1 zeigt den Stufenaufbau der auf Tonika-C startenden heptatonischen Skala.

Genau die sechs heptatonischen Durtonarten

$$C, F, B, Es, As \text{ und } Des$$

haben alle den gleichen Stufenablauf und besitzen demnach die gleiche Tonartencharakteristik, denn ihre heptatonischen Halbkreise enthalten die Wolfsquinte nicht. Alle sechs anderen Durtonarten – auch bereits die C-Dur-Dominante G-Dur – weichen hiervon ab. Dies lesen wir sehr leicht an der Abb. 12.1 wie auch an der chromatischen Struktur der Skala $P_{12}^{(6)}$ in der Formel-Tabelle 12.2 ab, in die wir wie gewohnt die Lage der Wolfsquinte durch Pfeile markiert haben. Hierbei finden wir natürlich die bekannten Wolfsquinten- und Wolfsquartenmuster

$$W \equiv L \to L \to A \to L \to A \to L \to L \text{ und } w \equiv A \to L \to A \to L \to A$$

wieder, wie sie das „Theorem der Wolfsquinte" im Theorem 7.3 vorhergesagt hat.

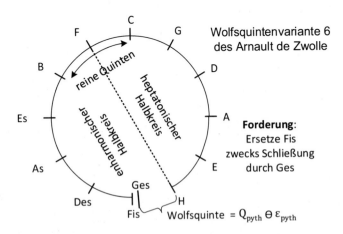

Abb. 12.1   Der Wolfsquintenkreis von Arnaut de Zwolle

Insbesondere können wir auch alle Gesetzmäßigkeiten über Anzahlen und Lagen leitereigener Intervalle (vor allem auch die der großen und kleinen Terzen) aus dem Theorem 7.5 beziehungsweise aus der detaillierten Tab. 7.3 ersehen. So gibt es beispielsweise auf den Tönen

$$Des, As, Es, B, F, C, G \text{ und } Fis$$

die acht Terzen vom dort genannten X-Typ, das sind hier pythagoräische Terzen

$$\text{Terz}_{pyth} = 2\,L \oplus 2\,A \equiv (64{:}81) \text{ mit ct}\left(\text{Terz}_{pyth}\right) = 407{,}8 \text{ ct},$$

während die restlichen vier Terzen vom Y-Typ als nahezu reine Terzen

$$\widetilde{\text{Terz}} = (3L \oplus A) \text{ mit ct}\left(\widetilde{\text{Terz}}\right) = 384{,}3 \text{ ct}$$

auf den verbleibenden Stufen

$$D, A, E \text{ und } H$$

zu finden sind. Sie sind demnach um das pythagoräische Quintenkomma ε_{pyth} kleiner als die acht voranstehenden Ditonos-Terzen. Diese Information zusammen mit der entsprechenden Quintensituation mag hilfreich sein, wenn zu entscheiden wäre, welche musikalische Literatur in welcher Tonart vorteilhaft klingt und welche nicht. Im Besonderen erkennen wir erneut die Besonderheit der pythagoräischen Wolfsquintentemperierung, dass es einen harmonischen Bereich Subdominante – Tonika – Dominante gibt, in welchem es eine fast-reine Stimmung gibt – das ist hier offenbar der Harmoniekreis

$$D - \text{Dur} \leftarrow A - \text{Dur} \rightarrow E - \text{Dur},$$

was wir ja schon unter dem Stichwort „Harmoniewunder" in Beispiel 7.14 staunend herausgefunden hatten.

12.3   Arnold Schlick: Mitteltönigkeit mit zwei Wolfsquinten

Der Ausgangspunkt der von Arnold Schlick (1455–1521) – und auch einigen anderen – gegebenen Temperierung ist zunächst einmal die mitteltönige Temperatur, die – genauso wie die pythagoräische – als reoktavierte Quinteniteration mit der mitteltönigen Quinte Q_{mt}^{+} konstruiert ist und die wir im Abschn. 9.2 eingehend besprochen haben. Dabei bildet die kleine Abwärtsdiësis mit rund (-41 ct) die unvermeidliche Schließungslücke, wie wir im Theorem 9.1 gesehen haben; sie führt zu einer recht unbrauchbar großen Wolfsquinte W_{mt}^{+} mit dem Wert von 737,6 ct.

Die Schlick'sche Temperatur kann nun als eine erste Ausgleichung der mitteltönigen chromatischen Skala M_{12} betrachtet werden: Dabei verwendet Arnold Schlick zwei konsekutive Wolfsquinten $W := W^{(2)}$ statt einer einzigen – womit das große

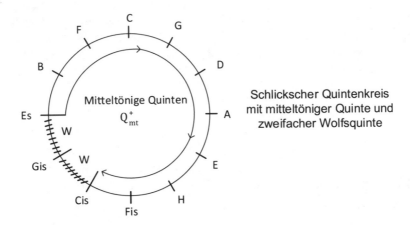

Abb. 12.2 Der Wolfsquintenkreis von Arnold Schlick

Quintenkomma auf „zwei Schultern" gleichmäßig verteilt wird. Damit entspricht es dem Quintenkreismodell, welches in der Abb. 12.2 zu sehen ist und welches auch schon in der Abb. 7.13 als Modell diente.

Somit ist die Schlick'sche Quintenkreisgleichung durch die Formel

$$10 * Q_{mt}^+ \oplus 2 * W = 7 * O$$

gegeben, und wir haben die im Abschn. 7.7 beschriebene Situation mehrerer ausgleichender Wolfsquinten vorliegen. Die aus dieser Gleichung einfach zu berechnende Wolfsquintengröße beträgt demnach

$$ct(W) = \frac{1}{2}(8400 - 6965{,}8)\,ct = 717{,}1\,ct.$$

In der Temperierung von Arnold Schlick liegen diese beiden zusammenhängenden Ausgleichsquinten zwischen den Quintstufen

$$Cis \xrightarrow{W} Gis \xrightarrow{W} Es.$$

Weil nun die beiden Töne Cis, Dis = Es durch die Iteration mit Q_{mt}^+ festliegen, wird der (neue) Ton Gis durch eine der beiden äquivalenten Gleichungen

$$(Cis \to Cis = As) = W \Leftrightarrow (Gis \to Dis = Es) = W$$

festgelegt. Nun ist in dieser Situation das erste Semitonstufenintervall $(C \to Cis)$ eine mitteltönige Apotome – so will es nämlich die Geometrie des Quintenkreises. Deshalb haben wir als Resultat für den Ausgleichston Gis

$$(C \to Gis = As) = A_{mt}^+ \oplus W$$
$$\Leftrightarrow ct(C \to Gis) = (76{,}05 + 717{,}1)\,ct = 793{,}15\,ct,$$

$$S_{12} \quad C \xrightarrow[76]{A} Cis \xrightarrow[117]{L} D \xrightarrow[117]{L} Es \xrightarrow[76]{A} E \xrightarrow[117]{L} F \xrightarrow[76]{A} Fis \xrightarrow[117]{L} G \xrightarrow[96,5]{S} Gis \xrightarrow[96,5]{S} A \xrightarrow[117]{L} B \xrightarrow[76]{A} H \xrightarrow[117]{L} C'$$

Formel-Tabelle 12.3 Die chromatische Skala S_{12} von Arnold Schlick

wenn wir ihn im Abstand von der Tonika berechnen wollten. Insgesamt ergibt sich in der Formel-Tabelle 12.3 für diese chromatische Skala das dort gezeigte Aufbaudiagramm.

Hierbei sind also drei Semitonia erkennbar:

$$A \equiv A_{mt}^+ \text{ mit } ct\big(A_{mt}^+\big) = 76{,}05 \text{ ct (mitteltönige Apotome)},$$

$$L \equiv L_{mt}^+ \text{ mit } ct\big(L_{mt}^+\big) = 117{,}11 \text{ ct (mitteltöniges Limma)},$$

$$S = S_{\text{Schlick}} \text{ mit } ct(S_{\text{Schlick}}) = 96{,}57 \text{ ct (Schlickscher Semiton)}.$$

Die Daten des Schlick'schen Semitons gewinnen wir dabei aus der Differenz

$$ct(G \to Gis) = ct(C \to Gis) - ct(C \to G) = (793{,}15 - 696{,}58) \text{ ct}$$

beziehungsweise aus der konstruktionsbedingten Bilanz in der Apotomeform

$$S_{\text{Schlick}} = (G \to Gis) = (Gis \to A) = \big(6Q_{mt}^+ \oplus W\big) \ominus 4O.$$

Fazit Arnold Schlick verteilt die „kleine Diësis $(-)41$ ct" auf zwei Quinten mit dem Ergebnis: Statt elf mitteltöniger Quinten Q_{mt}^+ zu $\sim 696{,}58$ ct und einer „üblen" Wolfsquinte W_{mt}^+ zu $737{,}64$ ct gibt es also genau zehn Quinten Q_{mt}^+ und zwei Wolfsquinten $W^{(2)}$ zu je $\sim 717{,}1$ ct.

Wie hat Arnold Schlick diese Temperatur gewonnen?

Ganz gewiss gab es weder um 1400 noch einige Jahrhunderte später keinerlei elektronische Frequenzmesser und rein gar nichts aus unseren vertrauten physikalischen Wunderkisten. Wie kann also nun eine solche Temperatur überhaupt realisiert werden? Nun, die Angaben von Schlick und seiner Zeitgenossen waren auch (noch) nicht in der Art einer „Centtabelle" – allenfalls waren einzelne Frequenzanalysen zum Beispiel aufgrund der Vorgabe reiner Terzen (4:5) möglich.

Vielmehr erschöpfte sich die Festlegung der Temperatur in verbalen Anweisungen, von denen wir eine Kostprobe geben:

▶ *„Nym ffuut darnach iiij. quinten vber einander, so gibt die letzst das ist alamire ein tertz perfekt oder doppel decima vnd doppel sext zü hoch gegen den ffuut vnd csolfaut et cetera"* –

zu „deutsch": *„Lege 4 Quinten (reine!) übereinander und nimm von jeder so viel weg, dass du eine reine Terz über der zweiten Oktave bekommst …"* (siehe [17]).

Kein Zweifel, dass dieses „Wegnehmen" ein (mühseliges) Ergebnis von Gehör, Erfahrung, Talent und intuitivem Wissen um das Dilemma der reinen Temperierung und ihrer Kommata war. Gleichwohl wurde die Schlick'sche Temperierungsanweisung lange Zeit erfolgreich angewendet – dank ihrer klar formulierten Systematik:

1. Schritt: Bilde vier konsekutive, reine Quinten über dem (Start-)Ton F,

$$(F \to C \to G \to D \to A).$$

2. Schritt: Erniedrige den erreichten Ton A, bis A „terzrein" zu F ist, das heißt, dass $(F \to A) \cong (1:5)$ eine reine Oberterz werden soll.
3. Schritt: Versuche dann eine gleichmäßige Erniedrigung von D, G, C, derart, dass diese vier Quinten $(F \to C), (C \to G), (G \to D), (D \to A)$ gleich groß erscheinen.
4. Schritt: Alle weiteren Töne der Skala lassen sich nun mit (4:5)-Terzen bilden.

Diese Vorgehensweise von Schlick wird in dem folgenden Diagramm erkennbar, das uns das Schema der Schlick'schen Stimmung für die diatonische Skala zeigt:

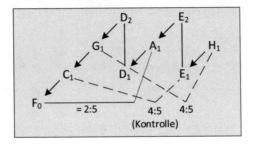

Einen anderen Weg der Stimmanweisung finden wir bei dem Florentiner Aron (siehe [17], S. 30). Aron gibt im 41. Kapitel seines „Toscanello" ($\sim$ 1523) eine Beschreibung der

▶   *„Participatione del Monochorde per tuori et semituoni naturali et accidentali".*

Er fängt bei dem Tonikaton C an, stimmt die Oktave C' rein und E mit $(C \to E) \cong (4:5)$. Darauf nimmt er die Quinte $(C \to G)$ „un poco sparsa", geht um einen weiteren Quintenschritt zum Ton D', nimmt dazu die Unteroktave und dazu die Quinte, um den Ton A zu erhalten; dieser Ton A muss nun (bei korrekter Stimmung) eine mitteltönige Quinte zu D als auch eine Unterquinte zu E' bilden. Die schematische Darstellung der Aron-Stimmung für die diatonische mitteltönige Skala zeigt das folgende Bild:

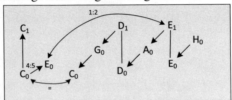

Diese Beobachtungen sind natürlich nur ein winziger, jedoch typischer Ausschnitt aus den überzahlreichen Überlegungen der damaligen Zeit, die pythagoräische Quintenstimmung durch die Forderungen nach schöneren Terzen zu eliminieren.

12.4 Johannes Kepler: Astronomia trifft Musica

Zweifellos liegt es an der Einordnung der Musica als eine der vier mathematischen Künste der „septem artes liberales", dass auch große Naturwissenschaftler und Mathematiker sich mit deren inneren Zusammenhängen befassten.

Hinsichtlich der Temperierung hielten sowohl Leonhard Euler (1707–1783) als auch der nicht minder berühmte Johannes Kepler (1571–1630) am „Reinen System" – gebaut aus Folgen reiner Quinten und Terzen – fest. Ähnlich werden wir es später auch bei Kirnberger feststellen – jedenfalls teilweise.

Im Abschn. 10.4 haben wir die Skala von Leonhard Euler ausgiebig diskutiert, und ihre Variante, die Skala von Johann Mattheson, wurde im Folgeabschnitt 10.5 gegenüberstellend besprochen. Ferner haben wir im Beispiel 10.12. auch schon die Skala von Ramos de Pareja kennengelernt. Nun wenden wir uns zwei weiteren Beispielen zu und stellen zwei bekannte Skalen vor, die Skalen von Johannes Kepler und „Anonymus".

Sicher gehört es ins Reich der Spekulation, ob Johannes Kepler astronomische Gedanken und Assoziationen mit musikalischen Tugenden vereinen wollte: Tatsache aber ist, dass seine bahnbrechenden Ideen zur Astronomie – verankert in den

▶   *„Kepler'schen Gesetzen"*

– der alten Proportionen-Mathematik durchaus nicht unähnlich ist – so lautet zum Beispiel die berühmte 3. Kepler'sche Regel:

▶   *„Die Quadrate der Umlaufzeiten zweier Planeten verhalten sich wie die dritten*
     Potenzen der großen Halbachsen ihrer Bahnen",

nachlesbar in [8] und in beinahe allen Physik-Lehrbüchern dieser Welt. Dass also Kepler als Verfechter der natürlich-harmonischen Musik zu betrachten ist, verwundert uns daher nicht. Sehen wir uns die „septem artes liberales" der Abb. 0.1 am Anfang des Buches an, so entdecken wir, dass auch Astronomie und Musik ein antikes Paar bildeten,

▶   *Harmonie des Weltalls – Harmonie der Töne.*

So ist die Frage durchaus erlaubt, ob wir in Keplers musikalischen Konstruktionen astronomische Parallelen finden – ein gewiss spannendes Gebiet, und in den Archiven uralter Schriften warten womöglich überraschende Antworten.

▶   *Jedenfalls möchten wir die amüsante Beobachtung anfügen, dass wir dem 3. Kepler'schen Gesetz unbeschadet esoterischer Nebengedanken eine musikalische Note abgewinnen können: Logarithmieren wir nämlich die in seinem 3. Gesetz verankerte Kepler-Proportion*

$$(T_1)^2 : (T_2)^2 \cong (R_1)^3 : (R_2)^3$$

zwischen den Umlaufzeiten T_1, T_2 und den großen Halbachsen R_1, R_2 zweier Planeten und ihrer Bahnen, so gewinnen wir die Gleichung

$$\log(R_1/R_2) : \log(T_1/T_2) \cong 2{:}3 \equiv Q_{\text{pyth}}.$$

Und wir sehen die erhabene reine Quinte im himmlischen Weltall, wie sie die Planetenbahnen dirigiert.

Wir bescheiden uns aber mit der Schilderung des Auswahltableaus und der hieraus resultierenden zwölfstufigen Skala von Johannes Kepler.

Beispiel 12.1 (Die R_{12}-Skala von Johannes Kepler (1571–1630))

Sie erfordert drei parallele Quintenreihen, und ihr Konstruktionsprinzip im Euler-Gitter erfolgt gemäß folgender Skizze.
Tableau und Iterationsweg der R_{12}-Skala von Johannes Kepler

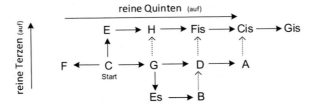

Diese R_{12}-Skala von Kepler hat tatsächlich – wie die Skala von Ramos de Pareja – nur die Mindestanzahl an möglichen Halbtonstufentypen – jedoch andere, nämlich

diatonischer Halbton S, kleines Chroma ch, großes Chroma CH.

Der Aufbau ergibt sich dann in der Form

$$C \longrightarrow Cis \longrightarrow D \longrightarrow Es \longrightarrow E \longrightarrow F \longrightarrow Fis \longrightarrow G \longrightarrow As \longrightarrow A \longrightarrow B \longrightarrow H \overset{'}{\longrightarrow} C.$$

CH	S	S	ch	S	CH	S	CH	S	S	Ch	S
92	112	112	71	112	92	112	92	112	112	71	112

$\underbrace{\qquad}_{T_+=203,9\,ct}$ $\underbrace{\qquad}_{T_-=182,4\,ct}$ $\underbrace{\;}_{111,7\,ct}$ $\underbrace{\qquad}_{T_+=203,9\,ct}$ $\underbrace{\qquad}_{T_+=203,9\,ct}$ $\underbrace{\qquad}_{T_-=182,4\,ct}$ $\underbrace{\;}_{111,7\,ct}$

Damit hat die auf Tonika C beginnende heptatonische Skala zwar ebenfalls wie die Skala von Euler nur die beiden klassischen Ganztonschritte T_+ und T_- – aber in einer leicht modifizierten Reihenfolge. Jedoch besitzt die chromatische Skala drei leitereigene Ganztonintervalle – und zwar T_+, T_- und T_{Euler}, die auf den Tönen starten:

C	Cis	D	Es	E	F	Fis	G	As	A	B	H
T_+	T_{Euler}	T_-	T_-	T_+	T_+	T_+	T_+	T_{Euler}	T_-	T_-	T_+

(Erklärung: Hierbei startet das Ganzton-Intervall auf dem darüber notierten Ton.) ◄

Wie wir sehen, besitzt diese Skala gleich zwei der übergroßen Ganztonschritte T_{Euler} (223,4ct) – zweifellos einer der Gründe, warum diese Skala nicht sonderlich beliebt wurde; Spötter – darunter der Musiktheoretiker Friedrich Wilhelm Marpurg – bemerkten denn auch eifrig,

▶   *„dass der berühmte Kepler ein größerer Mathematiker denn als Tonkünstler sey"*
       (siehe [17], S. 66).

Die Skala von „Anonymus"

Gegenüber der Skala von Kepler besitzt diese Skala – nach „Anonymus" benannt – gleich die Maximalanzahl an auftretenden Semitonia dieses klassischen Sortiments. Es gilt nämlich die einfach zu sehende Beobachtung: Ist eine Skala des Euler'schen Terz-Quint-Gitters nicht pythagoräisch – das heißt, dass sie mindestens eine Terziteration besitzt –, so ist die Anzahl an Semitonia im Minimum 3 und im Maximum 5. Dies ist jedenfalls eine Konsequenz unserer Semiton-Basis-Darstellungen des Theorems 10.4 wie auch einfacher kombinatorischer Überlegungen: Allein eine Apotome verbraucht schon sieben reine Iterationsquinten – für fünf weitere differente klassische Semitonia des Gitters gäbe es da keinen Platz mehr.

Beispiel 12.2 (Die R_{12}-Skala von Anonymus (um 1490))

Diese Skala nutzt gleich 4 parallele Quintengeraden, weshalb nicht nur Defizite von 3 syntonischen Kommata auftreten, sondern auch gleich 5 (!) unterschiedliche Semitontypen die Stufen der Skala bilden, und das sind

> diatonischer Halbton $S \equiv (15{:}16)$
> kleines Chroma $ch \equiv (24{:}25)$ und großes Chroma $CH \equiv (128{:}135)$
> pythagoräisches Limma $L \equiv (243{:}256)$
> Euler'scher Halbton $E \equiv (25{:}27)$.

Tableau – Iterationsweg der R_{12}-Skala von Anonymus

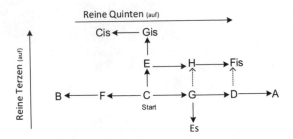

Das Ablaufdiagramm der Semitonstrukturen der R_{12}-Skala von Anonymus sieht dann folgendermaßen aus:

$$
\begin{array}{ccccccccccccc}
C & \longrightarrow & \text{Cis} & \longrightarrow & D & \longrightarrow & \text{Es} & \longrightarrow & E & \longrightarrow & F & \longrightarrow & \text{Fis} & \longrightarrow & G & \longrightarrow & \text{Gis} & \longrightarrow & A & \longrightarrow & B & \longrightarrow & H & \overset{\prime}{\longrightarrow} & C. \\
ch & & E & & S & & ch & & S & & CH & & S & & ch & & E & & L & & CH & & S \\
71 & & 133 & & 112 & & 71 & & 112 & & 92 & & 112 & & 72 & & 133 & & 90 & & 92 & & 112
\end{array}
$$

$$
\underbrace{\qquad}_{T_+=203,9\,ct} \quad \underbrace{\qquad}_{T_-=182,4\,ct} \quad \underset{111,7\,ct}{} \quad \underbrace{\qquad}_{T_+=203,9\,ct} \quad \underbrace{\qquad}_{T_+=203,9\,ct} \quad \underbrace{\qquad}_{T_-=182,4\,ct} \quad \underset{111,7\,ct}{}
$$

Welche Ganztonschritte gibt es? Hierzu müssen wir den Katalog der möglichen Paarbildungen des Theorems 10.3 (B) zu Rate ziehen, und dann erkennen wir, dass es vier Ganztontypen gibt, die in der Übersicht notiert sind.

C	Cis	D	Es	E	F	Fis	G	As	A	B	H
T_+	T_{E+S}	T_-	T_-	T_+	T_+	T_-	T_+	T_{Euler}	T_-	T_+	T_-

(Vom angegebenen Ton startet das darunter stehende Ganzton-Intervall.) ◄

Somit kommt hier der große Euler'sche Ganzton vor – allerdings auch noch der erheblich größere „übermäßige Euler-Ganzton" T_{E+S} zu 244,9 ct. Aber auch so manches andere leitereigene Intervall gerät in dieser sehr unruhig gestalteten Skala von Anonymus ein wenig aus den Fugen. Wir berechnen einmal alle vorkommenden leitereigenen Terzen:

Terz-Aufbau	Centmaß	Koordinaten	Startton
$T_- \oplus T_-$	365 ct	$(-4, 2)$	A
$T_- \oplus T_+$	386 ct	$(0, 1)$	C, D, Es, E, G
$T_- \oplus T_{Euler}$	406 ct	$(-4, -1)$	Fis
$T_+ \oplus T_+$	408 ct	$(4, 0)$	F, B
$T_- \oplus T_{E+S}$	427 ct	$(0, -2)$	Cis, As, H

Hierbei haben wir auch die Identität

$$
T_- \oplus T_{E+S} = T_+ \oplus T_{Euler}
$$

genutzt, die wir bereits in der Folgerung von Theorem 10.3 erwähnt haben. Die Terz auf As hat nämlich die Stufung $T_{Euler} \oplus T_+$, die deshalb mit den Terzen auf Cis und H identisch ist.

Diese letzte Betrachtung kann übrigens auch ganz hervorragend die Verbindung von Vektorgeometrie und Intervallarithmetik demonstrieren: Schauen wir uns das Konstruktionsschema an, so werden die beiden Töne der Terz (Cis → F) justament durch den angegebenen Euler-Gittervektor verbunden, denn es ist ja

$$(\text{Cis} \rightarrow F) \equiv (-1,\, 2) \rightarrow (-1,\, 0) \Leftrightarrow (-1,\, 0) - (-1,\, 2) = (0,\, -2).$$

Simultan wäre auch diese intervallarithmetische Bilanz erkennbar: Der Vektor $(0, -2)$ steht im Euler-Gitter für das (reoktavierte) Intervall ($\ominus$ 2 Terz), und dann erhalten wir unter Nutzung des Oktavierungsoperators ω die Gleichung

$$\text{Terz (Cis} \rightarrow F) = \omega(\ominus\, 2\text{Terz}) = O \ominus 2\text{Terz} = \text{Terz} \oplus \varepsilon_{\text{klein–diësis}},$$

denn dies ist genau die ursprüngliche Definition der kleinen Diësis: Sie ist die Differenz von Oktave zu drei reinen Terzen, was wir ja auch ausführlich im Theorem 10.6 über die funktionale Harmonik der Kommata herausgestellt haben. Folglich ist hierdurch auch simultan die Gleichung

$$T_- \oplus T_{E+S} = T_+ \oplus T_{\text{Euler}} = \text{Terz} \oplus \varepsilon_{\text{klein–diësis}}$$

bewiesen. So kommt es jetzt – auf anderem Wege – zu der angegebenen Centzahl:

$$\text{ct}((\text{Cis} \rightarrow F)) = \text{ct(Terz)} + \text{ct}(\varepsilon_{\text{klein–diësis}}) \approx (386 + 41 = 427)\, \text{ct}.$$

Und erneut ist das Euler-Gitter zur Spielwiese der Intervallarithmetik und ihrer Skalenkonstruktionen geworden. Musikalisches Hantieren ist zum geometrischen Knobeln mutiert.

Fazit Klar ist, dass durch den Gebrauch von drei oder gar vier (parallelen) Quintenreihen doppelte beziehungsweise dreifache syntonische Kommadefizite entstehen – beide Temperaturen sind zwar bequem einrichtbar (da nur reine Terzen und reine Quinten zu bilden sind), liefern aber unangenehme Wölfe und anderes Ungemach.

Somit blieben diese – und viele ähnliche andere – reinen Temperaturen letztlich unbedeutend – im Gegensatz zu dem deutlich überlegeneren Auswahlsystem von Kirnberger, welches allerdings in praktikableren Modifizierungen auch Ausgleichungen besaß – somit also aus dem Tongitter reiner Quinten und Terzen ausscherte. Wir beschreiben die Kirnberger'sche Methode im späteren Abschn. 12.6.

12.5   Andreas Werckmeister: Meister der Ausgleichung

Andreas Werckmeister lebte von 1645–1706 in Mitteldeutschland. Er war Organist und Musiktheoretiker. Methodisch besteht seine Vorgehensweise darin, einige reine Quinten zwecks Kreisschließung durch „Ausgleichsquinten" zu ersetzen.

Von Andreas Werckmeister sind mehrere Varianten dieser Ausgleichstemperierung bekannt – insgesamt kennt man sogar sechs Stimmungen, die den Namen „Werckmeister" tragen. Man nennt sie in Fachkreisen kurz „Werckmeister I" bis „Werckmeister VI". Wir wollen einige kurz skizzieren; die hierbei gewählte Reihenfolge (II−I−III−IV) entspricht weitgehend der Komplexitätszunahme der Ausgleichungsmaßnahmen.

Das allgemeine und allen Varianten gemeinsame Konzept besteht also darin, in einer 12er-Kette reiner Quinten, die in der Regel – aber auch ohne Einschränkung der Allgemeinheit – im (nicht geschlossenen Quintenkreis) von $As \rightarrow Gis$ führt, einige Quinten so zu verändern, dass das pythagoräische Komma $\varepsilon_{pyth} \simeq 23{,}46$ ct ausgeglichen ist – will sagen, dass der neue Quintenkreis geschlossen ist. Damit verschwindet die Enharmonik, und es ist Gis ≡ As und Es ≡ Dis und so weiter. Das Anordnungsschema sieht also folgendermaßen aus:

As ──► Es ──► B ──► F ──► C ──► G ──► D ──► A ──► E ──► H ──► Fis ──► Cis ──► (Gis)

──────► ⊕ reine Quinte

= 7 Oktaven ⊕ pythagoräisches Komma (ε_{pyth})

Welche Quinten man wie verändert – dies geschieht dann in verschiedenen Modellen, was zu den Varianten des Werckmeister'schen Temperierungssystems führt.

In den folgenden Tabellen sind die ganzzahlig gerundeten Centdaten der Stufen (obere Zahl) sowie der aufsummierten Stufen (untere Zahl) angegeben. Die unter Zahl ist somit das Centmaß des Intervalls $(C \rightarrow X)$, wenn der Ton X der rechts darüberstehende Zielton ist.

Werckmeister II (die sogenannte „Werckmeister-Temperatur"): Die Stimmungsanweisung lautet:

(1) Verändere folgende vier Quinten um jeweils $\left(\ominus \frac{1}{4} \, \varepsilon_{pyth}\right)$:

$$(C \rightarrow G), (G \rightarrow D), (D \rightarrow A) \text{ und } (H \rightarrow Fis).$$

(2) Alle übrigen acht Quinten bleiben rein.

Dann ist der Quintenkreis geschlossen, es entsteht eine chromatische Oktavskala, und die Formel-Tabelle 12.4 zeigt diese **Werckmeister-II-Skala:**

$$C \xrightarrow[90]{90} Cis \xrightarrow[192]{102} D \xrightarrow[294]{102} Es \xrightarrow[390]{96} E \xrightarrow[498]{108} F \xrightarrow[588]{90} Fis \xrightarrow[696]{108} G \xrightarrow[792]{96} As \xrightarrow[888]{96} A \xrightarrow[996]{108} B \xrightarrow[1092]{96} H \xrightarrow[1200]{108} C'$$

Formel-Tabelle 12.4 Die Werckmeister- II-Skala

$$C \xrightarrow[82]{82} Cis \xrightarrow[196]{114} D \xrightarrow[294]{98} Es \xrightarrow[392]{98} E \xrightarrow[498]{106} F \xrightarrow[588]{90} Fis \xrightarrow[694]{106} G \xrightarrow[784]{90} As \xrightarrow[890]{106} A \xrightarrow[1004]{114} B \xrightarrow[1086]{82} H \xrightarrow[1200]{114} C'$$

Formel-Tabelle 12.5 Die Werckmeister-I-Skala

Werckmeister I Hier lesen wir in den Originalbeschreibungen die Anweisung:

(1) Verändere diese fünf Quinten um $\left(\ominus \frac{1}{3}\varepsilon_{pyth}\right)$:

$$(C \to G), \ (D \to A), \ (E \to H), (Fis \to Cis) \text{ und } (B \to F).$$

(2) Verändere diese zwei Quinten um $\left(\oplus \frac{1}{3}\varepsilon_{pyth}\right)$:

$$(Gis \to Dis) = (As \to Es) \text{ und } (Es \to B).$$

(3) Alle übrigen fünf Quinten bleiben rein.

Dann ist der Quintenkreis geschlossen, und es entsteht die **Werckmeister-I-Skala:**

Werckmeister III Die Temperaturanweisungen lauten in diesem Fall:

(1) Verändere diese fünf Quinten um $\left(\ominus \frac{1}{4}\varepsilon_{pyth}\right)$:

$$(D \to A), (A \to E), (Fis \to Cis), (Cis \to Gis) \text{ und } (F \to C).$$

(2) Verändere eine Quinte um $\left(\oplus \frac{1}{4}\varepsilon_{pyth}\right)$:

$$(Gis \to Dis) = (As \to Es).$$

(3) Alle übrigen sechs Quinten bleiben rein.

Dann ist der Quintenkreis geschlossen, und es entsteht die **Werckmeister-III-Skala**, die wir in der Formel-Tabelle 12.6 sehen.

Diese Stimmung hat die Besonderheit, dass sie im ganzzahlig gerundeten Centbereich teilweise gleichstufig temperiert ist. Der Tritonus $(C \to Fis)$ halbiert die Oktave, die vier kleinen Terzen $(C \to Es)$, $(Es \to Fis)$, $(Fis \to A)$ und $\left(A \to C'\right)$ sind gleich groß.

$$C \xrightarrow[96]{96} Cis \xrightarrow[204]{108} D \xrightarrow[300]{96} Es \xrightarrow[396]{96} E \xrightarrow[504]{108} F \xrightarrow[600]{96} Fis \xrightarrow[702]{102} G \xrightarrow[792]{90} As \xrightarrow[900]{108} A \xrightarrow[1002]{102} B \xrightarrow[1098]{96} H \xrightarrow[1200]{102} C'$$

Formel-Tabelle 12.6 Die Werckmeister- III-Skala

$$C \xrightarrow[90]{90} Cis \xrightarrow[187]{97} D \xrightarrow[298]{111} Es \xrightarrow[395]{97} E \xrightarrow[498]{103} F \xrightarrow[595]{97} Fis \xrightarrow[698]{103} G \xrightarrow[792]{94} As \xrightarrow[893]{101} A \xrightarrow[1000]{107} B \xrightarrow[1097]{97} H \xrightarrow[1200]{103} C'$$

Formel-Tabelle 12.7 Die Werckmeister- IV-Skala

Werckmeister IV Hier sieht die Liste der Anweisungen wie folgt aus:

(1) Verändere diese drei Quinten um $\left(\ominus \frac{1}{7}\varepsilon_{pyth}\right)$:

$$(C \to G), (B \to F) \text{ und } (H \to Fis).$$

(2) Verändere diese Quinte um $\left(\ominus \frac{2}{7}\varepsilon_{pyth}\right)$:

$$(Fis \to \text{Cis}).$$

(3) Verändere diese Quinte um $\left(\ominus \frac{4}{7}\varepsilon_{pyth}\right)$:

$$(G \to D).$$

(4) Verändere diese zwei Quinten um $\left(\oplus \frac{1}{7}\varepsilon_{pyth}\right)$:

$$(D \to A), (As \to Es) = (\text{Gis} - \text{Dis}).$$

Dann ist der Quintenkreis geschlossen, und es entsteht die **Werckmeister-IV-Skala.**

Diese Werckmeister-IV-Stimmung enthält beispielsweise eine annähernd gleichstufige Kette von drei großen Terzen $(\text{Es} \to G \to H \to \text{Es}')$ zu je 400 ct. Im Rahmen des ganzzahlig gerundeten Centbereichs wären sie also kaum zu unterscheiden von der exakten gleichstufigen Terzschichtung.

Bemerkung

Die Nummerierungsangaben der Werckmeister-Temperierungen I – IV werden in der Literatur teils sehr unterschiedlich benutzt. Darüber hinaus werden ihm noch weitere Temperierungen ähnlicher Art zugeschrieben. Siehe [17, 31].

12.6   Johann Philipp Kirnberger: das geniale Auswahlsystem

Johann Philipp Kirnberger (1721–1783) geht grundsätzlich einen anderen Weg der „Komma-Ausgleichung" als Andreas Werckmeister und viele andere. Auch von ihm stammen gleich mehrere Temperaturen, was ganz sicher auch die rege Auseinandersetzung innerhalb der damaligen Fachwelt über das Für und Wider der einen oder anderen Lösung des Temperaturproblems bekundet. Wir besprechen im Folgenden einige seiner markanten Stimmungen: „Kirnberger I" und ihre modifizierte Fassung II sowie die neuartige, berühmte „Kirnberger-III-Temperatur".

Die Kirnberger-I-Temperatur

Sie resultiert ausschließlich aus einem sehr einfach zu beschreibenden Weg im Euler-Gitter der reinen Terzen und reinen Quinten, nämlich aus einem einmaligen Wechsel zweier um eine Terz versetzte Quintiterationen. Kirnbergers Idee ist dabei diese

▶   **Beobachtung:** Das syntonische Komma ε_{synt} als Unterschied zwischen reiner Terz und pythagoräischer Terz ist nur um ein „Schisma" $\varepsilon_{schisma} \cong 2$ ct vom pythagoräischen Komma ε_{synt} entfernt (siehe Definition 10.3).

Würde man in der pythagoräischen Kette reiner Quinten eine dieser Quinten um das syntonische Komma verkleinern, entstünden einerseits einige reine Terzen, und andererseits müsste auch nur noch eine weitere Quinte um dieses Schisma korrigiert werden. Dann ist nämlich nach der Quintenkommaformel (siehe Abschn. 1.3, Beispiel 1.7) die Gesamtbilanz aller 12 Quinten gleich 7 Oktaven, und der neue Quintenkreis ist geschlossen. Und so wählt Kirnberger im Euler-Gitter folgende Sequenz:

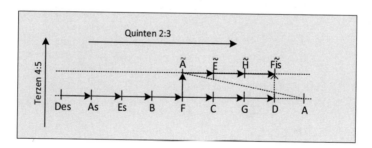

Er bildet also sieben reine Quinten vom Startton Des bis zum Zielton D, dann zu F die reine Terz mit Zielton $\tilde{A}$, dann von $\tilde{A}$ aus drei weitere reine Quinten mit Zielton $\widetilde{Fis}$ (all dies mit den nötigen Reoktavierungen). Dann ist das Intervall von $\widetilde{Fis}$ bis zur Oktave des Starttons $Des\prime$ eine nur um das 2 ct-Schisma verkleinerte reine Quinte, in Formeln:

$$Q := \left(\widetilde{Fis} \rightarrow Des\right) \oplus O = O \ominus \left(Des \rightarrow \widetilde{Fis}\right) = Q_{pyth} \ominus \varepsilon_{schisma}.$$

Warum? Nun, hier wollen wir einmal mehr die bewährte Intervallarithmetik einsetzen. Die Überlegung ist die, dass wir von Des nach $\widetilde{Fis}$ ebenso gelangen, wenn wir statt über den Brückenton $\tilde{A}$ über den Brückenton D gehen. Wenn wir diesen Gedanken in die Formelsprache umsetzen, entstehen diese Gleichungen

$$\left(Des \rightarrow \widetilde{Fis}\right) = (Des \rightarrow D) \oplus \left(D \rightarrow \widetilde{Fis}\right) = A_{pyth} \oplus \text{Terz}.$$

Denn der Schritt $(Des \to D)$ besteht aus sieben reinen Aufwärtsquinten (minus vier reoktavierenden Oktaven) – und das ist eine Apotome, wie uns die Grundgleichungen aus Definition 7.1 lehren. Trickreich ersetzen wir nun die reine Terz durch den pythagoräischen Ditonos minus dem syntonischen Komma – und dann geht alles Weitere wie geschmiert:

$$A_{pyth} \oplus \text{Terz} = A_{pyth} \oplus (\text{Ditonos}) \ominus \varepsilon_{\text{synt}}$$
$$= A_{pyth} \oplus \left(2A_{pyth} \oplus 2L_{pyth}\right) \ominus \left(\varepsilon_{pyth} \ominus \varepsilon_{schisma}\right)$$
$$= \left(3A_{pyth} \oplus 2L_{pyth}\right) \ominus \left(A_{pyth} \ominus L_{pyth}\right) \oplus \varepsilon_{schisma}\right)$$
$$= \left(2A_{pyth} \oplus 3L_{pyth}\right) \oplus \varepsilon_{schisma} = \left(O \ominus Q_{pyth}\right) \oplus \varepsilon_{schisma}$$
$$= O \ominus \left(Q_{pyth} \ominus \varepsilon_{schisma}\right).$$

Dann ergibt der direkte Vergleich mit der Ausgangsgleichung die Behauptung, nämlich

$$O \ominus \left(Q_{pyth} \ominus \varepsilon_{\text{schisma}}\right) = (Des \to \widetilde{Fis}) = O \ominus Q$$
$$\Leftrightarrow Q = Q_{pyth} \ominus \varepsilon_{\text{schisma}}.$$

Eine alternative Möglichkeit sehen wir in dieser Rechnung, bei welcher wir das Intervall $(\widetilde{Fis} \to Des')$ wieder in Form einer Teleskopsumme zerlegen und die vektorgeometrische Gleichung des Schismas aus der Abb. 10.6 anwenden, und dann erhalten wir die mit der Gleichungskette

$$(\widetilde{Fis} \to Des') = (\widetilde{Fis} \to Des) \oplus (Des \to Des')$$
$$= O \ominus (Des \to \widetilde{Fis})$$
$$= O \ominus ((Des \to \widetilde{Cis}) \oplus (\widetilde{Cis} \to \widetilde{Fis}))$$
$$= O \ominus \varepsilon_{\text{schisma}} \ominus (O \ominus (\widetilde{Fis} \to \widetilde{Cis}')) = (\widetilde{Fis} \to \widetilde{Cis}') \ominus \varepsilon_{\text{schisma}}$$
$$= Q_{pyth} \ominus \varepsilon_{\text{schisma}}$$

das gleiche gewünschte Ergebnis. Wir erkennen auch, dass das Intervall $(D \to \widetilde{A})$ eine um das syntonische Komma verkleinerte reine Quinte ist, denn $(F \to A)$ wäre eine pythagoräische Terz – oder einfacher: $(\tilde{A} \to A)$ ist ja ein Intervall von der Größe des syntonischen Kommas, und dann wenden wir den Viertönesatz (Theorem 1.1) an.

Das bedeutet insgesamt, dass wir dieses Gitter-Auswahlverfahren auch als eine Quinteniteration mit zehn reinen Quinten Q_{pyth} und zwei ausgleichenden Wolfsquinten

$$W_1 = Q_{pyth} \ominus \varepsilon_{\text{synt}}, W_2 = Q_{pyth} \ominus \varepsilon_{\text{schisma}}$$

ansehen können; aufgrund der harmonischen Gleichung

$$\varepsilon_{pyth} = \varepsilon_{\text{synt}} \oplus \varepsilon_{\text{schisma}}$$

ist dieser Quinteniteration ja ein geschlossener Quintenkreis. Die Abb. 12.3 zeigt die Quintenkreisanordnung dieser Temperatur.

$$C \xrightarrow[L]{} Cis \xrightarrow[A]{} D \xrightarrow[L]{} Es \xrightarrow[CH]{} E \xrightarrow[S]{} F \xrightarrow[CH]{} Fis \xrightarrow[S]{} G \xrightarrow[L]{} As \xrightarrow[CH]{} A \xrightarrow[S]{} B \xrightarrow[CH]{} H \xrightarrow[S]{} C'$$

90	114	90	92	112	92	112	90	92	112	92	112
90	204	294	386	498	590	702	792	884	996	1088	1200

Formel-Tabelle 12.8 Die Kirnberger-I-Skala

Die 12-Ton-Skala der Kirnberger-*I*-Temperatur enthält demnach unter anderem

- 4 reine große Terzen (auf C, D, F und G),
- 10 reine Quinten (auf $Cis (= Des)$, As, Es, B, F, C, G, $\tilde{A}, \tilde{E}$ und $\tilde{H}$),
- 1 „fast gleichstufig temperierte" Quinte ($\widetilde{Fis} \to Des$) zu rund 700 ct,
- 1 Wolfsquinte ($D \to \tilde{A}$), die mit 680 ct allerdings recht auffällig ist.

Wir erkennen – bequem und rechnungsfrei – mit einem prüfenden Blick in die Abb. 10.14 die Lage der Semitonia aus ihrer vektoriell-geometrischen Position im Tableau der Kirnberger-*I*-Temperierung. Daraus gewinnen wir sofort den semitonalen Ablauf der **Kirnberger-I-Skala,** den wir in der Formel-Tabelle 12.8 zeigen:

Die unteren Daten geben die aufsummierten Centwerte an, und bei den Tonnamen haben wir die Symbolik „∼" unterdrückt, da dies ja nur in der Konstruktionsanweisung als unterscheidendes Charakteristikum benötigt wird; die endgültig gewonnene Skala bedient sich dann nur der standardisierten Symbole, wie gewohnt.

Der Verlust der anfänglichen pythagoräischen „Apotome-Limma"-Struktur (90 ct − 114 ct) gegenüber dem Semitonwechsel zu $CH − S$, 92 ct − 112 ct erklärt sich leicht aus der durch das Schisma 2 ct verkleinerten Quinte $(Fis \to Cis')$ bzw. der deswegen um 2 ct vergrößerten Quarte $(Cis \to Fis)$.

Natürlich könnte unter Beibehaltung des Wegeschemas ein anderer Start als „*Des*" gewählt werden; auch könnte man sich den Terzsprung – also den Übergang auf die parallele Kette reiner Quinten – an einer anderen Stelle als nach der 4. Quinte (F) wie zuvor vorstellen. Die Intervalltypen der Stufen $(L, A, S$ und $CH)$ blieben jedoch

Abb. 12.3 Die Kirnberger-*I*-Temperierung als 12-Quinten-Kreis

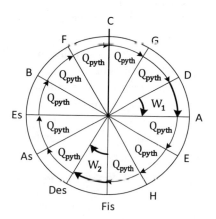

erhalten, lediglich ihre Positionen im 12-Ton-Gefüge würden variieren. So kämen wir zu **Varianten der Kirnberger-I-Temperatur,** die sicher in der einen oder anderen Literatur vorkommen können.

Die Kirnberger-II-Temperatur

Wegen der in der Kirnberger *I* auftretenden musikalisch unbrauchbaren Wolfsquinte $(D \to \widetilde{A})$ mit der sehr kleinen Centzahl von 680 ct wurde Kirnbergers System vielfach abgelehnt. Kirnberger selbst variierte daraufhin seine Temperierung *I* mehrmals. Zunächst veränderte er den Ton $\widetilde{A}$, indem er ihn durch den Ton A_{neu} ersetzte, welchen er um etwa die Hälfte des syntonischen Kommas – als um etwa 11 ct – anhob, um dies einmal mit den in der Literatur üblichen Worten zu nennen. Hiermit ist in Einklang mit unserer allgemeinen Erklärung des einleitenden Abschn. 11.1 genau genommen gemeint, dass die Terz $(F \to A_{neu})$ um 11 ct größer ist als die alte reine Terz $(F \to \widetilde{A})$. Damit liegt die Quinte $(D \to A_{neu})$ in der arithmetischen Centmitte von Wolfsquinte $(D \to \widetilde{A})$ und reiner Quinte $(D \to A)$. Nun ergeben sich vor allem zwei Möglichkeiten:

a) Alle übrigen Töne bleiben unverändert.

Dann hat also die neue Quinte $(D \to A_{neu})$ genau 691 ct, und gleichzeitig verkleinert sich aber auch die vormals reine Quinte $(\widetilde{A} \to \widetilde{E}^1)$ mit ihren 702 ct zur ebenfalls nur noch 691 *ct*-wertigen Quinte $(A_{neu} \to \widetilde{E}^1)$.

Die vormals reine Terz $(F \to \widetilde{A})$ vergrößert sich – wie schon beschrieben – um diese 11 ct, und somit steht die neue Terz $(F \to A_{neu})$ in der Centmitte zwischen reiner Terz und pythagoräischem Ditonos.

b) Alle Quinteniterationen mit reinen Quinten bleiben erhalten.

Dann ändern sich mit dem Ton $\widetilde{A}$ auch die drei weiteren Töne $\widetilde{E}$, $\widetilde{H}$ und $\widetilde{Fis}$, die sich alle um 11 ct erhöhen (will sagen, dass sich beispielsweise die Intervalle $(C \to \widetilde{E})$, $(C \to \widetilde{H})$ und $(C \to \widetilde{Fis})$ um 11 ct erhöhen). Insbesondere vergrößert sich die Quarte $(Des \to \widetilde{Fis})$ um 11 ct, was bedeutet, dass sich die Quinte $(\widetilde{Fis} \to Des^1)$ um 11 ct verkleinert.

Diese Stimmung in der Form b) nennt man die **Kirnberger-II-Temperatur.**

Die Tab. 12.9 zeigt diese modifizierte Kirnberger-Temperatur, in welcher $\widetilde{A}$ durch A_{neu} ersetzt wird unter Beibehaltung aller zehn Quinteniterationen mit ausschließlich reinen Quinten. Sie zeigt auch die Stufenabfolge (Charakteristik) einzelner heptatonisch-diatonischer Subskalen.

Alle Abfolgen sind untereinander verschieden; ein geschultes Ohr könnte also durch Abspielen der Skalen die Kirnberger-II-Stimmung erkennen mitsamt der Tonart! Und es ist nicht auszuschließen, dass ehedem dies durchaus möglich war – so manche der um diese Thematik äußerst streithaft geführten Diskussionen deuten darauf hin.

Tab. 12.9 Tonartencharakteristik für einige Durtonarten für Kirnberger II

Stufen→	$1 \to 2$	$2 \to 3$	$3 \to 4$	$4 \to 5$	$5 \to 6$	$6 \to 7$	$7 \to 8$
C − Dur	204	182	112	204	193	193	112
G − Dur	193	193	112	204	182	204	112
D − Dur	182	204	102	193	193	202	114
A − Dur	193	202	114	182	204	202	103
E − Dur	204	202	103	193	202	204	92
F − Dur	204	193	101	204	204	182	112

Die Kirnberger-III-Temperatur

Diese Temperatur gehört zweifellos zu den populärsten historischen Stimmungen. Das liegt vor allem daran, dass sie

- sehr leicht einzurichten ist,
- $\frac{1}{4}$-Komma-Mitteltönigkeit und Reinheit einzigartig miteinander verbindet,
- eine Wolfsquinte besitzt, die (fast) identisch mit der Gleichstufigkeitsquinte ist.

Daher wollen wir uns näher mit ihr befassen. Wir stellen uns selbst einmal folgende

Aufgabe Angenommen, wir wollten eine quintgenerierte Skala finden,

- welche mit Ausnahme einer Schließungsquinte (also der Wolfsquinte) nur mitteltönige und reine Quinten enthält,
- für welche diese Wolfsquinte beinahe identisch mit der Quinte der gleichstufigen Temperatur (700 ct) ist – sodass sie sich also fast mittig zwischen den beiden Erzeugerquinten (696,5 ct und 702 ct) befindet.

Frage Ist diese Aufgabe überhaupt lösbar, und wie viele mitteltönige und wie viele reine Quinten muss man iterieren – und schließlich: Wie baut man dann die Skala auf?

Lösung Ist m die Anzahl der mitteltönigen Quinten Q_{mt}^+ und r diejenige der reinen Quinten Q_{pyth}, so ist die Quintenkreisgleichung

$$m * Q_{\mathrm{mt}}^+ \oplus r * Q_{pyth} \oplus W = 7*O$$

unter der Nebenbedingung $m + r + 1 = 12$

mit positiven ganzen Zahlen m und r zu lösen. Und in Anbetracht dieser geforderten Ganzzahligkeit ist auch schnell klar, dass hierzu die genäherten Maßangaben

$$\mathrm{ct}(Q_{\mathrm{mt}}^+) \cong (700 - 3{,}5)\,\mathrm{ct} \text{ und } \mathrm{ct}(Q_{pyth}) \cong (700 + 2)\,\mathrm{ct},$$

$$\mathrm{ct}(W) \cong 700\,\mathrm{ct}$$

genügen würden, was einer Rundung im Bereich von etwa $1/10$ ct entspricht. Weil nun $\mathrm{ct}(7O) = 12 * 700$ ct ist, wandelt sich die Quintenkreisgleichung beim Übergang zur Centmaßgleichung sofort in das kleine quadratische 2×2-Gleichungssystem

$$\begin{pmatrix} 2r - 3{,}5m & = & 0 \\ r + m & = & 11 \end{pmatrix} \Leftrightarrow \begin{pmatrix} 4r - 7m & = & 0 \\ r + m & = & 11 \end{pmatrix}$$

um. Wir setzen $r = (11 - m)$ in die obere Gleichung ein und erhalten das Ergebnis

$$4 * (11 - m) - 7m = 0 \Leftrightarrow 44 - 11m = 0 \Leftrightarrow (m = 4, r = 7),$$

welches die einzige Lösung des Gleichungssystems ist.

Fazit Unsere Aufgabe hat sogar eine eindeutige Lösung:

▶   Vier mitteltönige und sieben reine Quinten ergeben eine Skala, deren Wolfs-
    quinte (beinahe exakt) die Quinte der Gleichstufigkeit ist,

sodass wir auf diesem Wege die folgende Gleichung – die **Kirnberger'sche Gleichung** – gefunden haben:

Satz 12.1 (Kirnberger-III-Gleichung)

Die Gleichung

$$4Q_{mt}^+ \oplus 7Q_{pyth} \oplus Q_{equal} = 7O$$

ist eine „fast perfekte" Quintenkreisgleichung. Die Gleichung gilt zwar nicht abstrakt – jedoch numerisch bis auf einen unglaublich kleinen Fehler, der im Bereich von einem Tausendstel Cent liegt,

$$\mathrm{ct}(4Q_{mt}^+ \oplus 7Q_{pyth} \oplus Q_{equal} \ominus 7O) = 0{,}0012\,\mathrm{ct},$$

und sie stellt die eindeutige positiv-ganzzahlige Lösung der Bilanzgleichung

$$mQ_{mt}^+ \oplus rQ_{pyth} \oplus Q_{equal} = 7O$$

dar, wenn hierbei eine Toleranz der Centwerte im Zehntelbereich zulässig ist.

Beweis Da wir die $(4 - 7 - 1)$-Verteilung der Quinten bereits begründet haben, genügt es, diese fast unglaublich genaue Approximation der Oktavenschließung nachzurechnen. Rechnen wir exakt, so folgt aus der Darstellung

$$4Q_{\mathrm{mt}}^{+} \oplus 7Q_{pyth} \oplus W = 7O \Leftrightarrow W = 7O \ominus (4Q_{\mathrm{mt}}^{+} \oplus 7Q_{pyth})$$

tatsächlich das hieraus ermittelbare Wolfsquintenmaß: Mit den genauen definitorischen Frequenzmaßen $|4\,Q_{\mathrm{mt}}^{+}| = 5$ sowie $|Q_{pyth}| = 3/2$ folgt der genaue Frequenzmaßwert der Wolfsquinte

$$|W| = 2^{14}/3^{7}5 = 1{,}498308185\ldots \Leftrightarrow \mathrm{ct}(W) = 700{,}0012\ldots\mathrm{ct},$$

welcher die im Satz beschriebene Genauigkeitsschranke begründet. ∎

Konstruktion der Kirnberger-III-Temperatur

Eine Konstruktion, bei welcher die vier mitteltönigen Quinten konsekutiv (im Block) von der Tonika aus starten, und bei der die 7. Quinte (*Fis → Cis*) des Quintenkreises die Wolfsquinte ist, verläuft (bei fortwährender Reoktavierung) so:

1. Die vier mitteltönigen Quinten werden zusammen (im Block) iteriert, und zwar genau gemäß ihrer Definition als Ausgleich des Intervalls $I = 2O \oplus$ Terz.
2. Auf diese vier mitteltönigen Quinten – das heißt auf die reine Terz zur Tonika – setzt man dann zwei reine Quinten.
3. Vom Skalenende (der Oktave zur Tonika) bildet man nun fünf reine Abwärtsquinten.

Dann wird die Lücke zwischen Schritt 2 und Schritt 3 durch die Schließungsquinte W geschlossen, welche sich somit zwangsläufig als nahezu perfekte Quinte der Gleichstufigkeit entpuppt hat. Der 12-Quinten-Kreis der Kirnberger-*III*-Temperatur hat dann diese mögliche Anordnung:

Schema der Kirnberger-III-Temperatur (m $\equiv Q_{\mathrm{mt}}$, $r \equiv Q_{pyth}$)

$$C \xrightarrow{m} G \xrightarrow{m} D \xrightarrow{m} A \xrightarrow{m} E \xrightarrow{r} H \xrightarrow{r} Fis \xleftrightarrow{(W)} Des \xleftarrow{r} As \xleftarrow{r} Es \xleftarrow{r} B \xleftarrow{r} F \xleftarrow{r} C^{1}$$

Einige Bemerkungen

1) Während die Anzahlen 4 und 7 der beiden Quintengrundtypen eindeutig feststehen, bietet die Konstruktionsanordnung noch reichlich Raum zur Modifikation – mit dem Ziel, eigene Klangvorstellungen zu realisieren. Wichtig ist lediglich, dass die Kirnberger-Gleichung erfüllt ist. So begegnet man in der Praxis der **Orgeltemperierungen** gelegentlich auch analog konstruierten Skalen, bei denen die Konstruktionskette entweder innerhalb der Skala verschoben ist oder bei denen die Aufteilung der Iterationen mit der reinen Quinte so geschieht, dass die Wolfsquinte an anderer Stelle liegt. Die Anzahl dieser Möglichkeiten der Aufteilung des 12-Quinten-Kreises mit dem Kirnberger'schen Quintensortiment ist jedenfalls gewaltig: Erlauben

wir alle denkbaren Verteilungen, so ergäben sich nach den Grundaufgaben der Kombinatorik – wie in unserem Theorem 6.1 (Zusatz) geschildert – genau

$$\text{var}(4,7,1) = \binom{12}{4,7} = 12!/4! * 7! = 3 * 9 * 10 * 11 = 2970$$

Möglichkeiten der Realisierung der Kirnberger-Gleichung.

2) Im historischen Praxisfall bilden die vier mitteltönigen Aufwärtsquinten jedoch eine zusammenhängende Einheit (damit die reine Terz entstehen kann). Ihre Position in der Skala kann variieren – und zwar ist jede Position möglich, bei welcher die Ausgangstonika wie auch deren Oktave nicht mit mitteltönigen Quinten erreicht würde. Damit schrumpft die Variantenzahl schon ganz erheblich; unter dieser Bedingung gibt es aber immer noch

$$\text{var}(1,7,1) = \binom{9}{7,1,1} = \binom{9}{7} = 36$$

Möglichkeiten, eine immer noch stattliche Zahl. Wenn wir an einem Instrument also eine Kirnberger-III-Temperierung vorfinden, so ist sie sicher eine von 36 Varianten dieses obigen Modells – keineswegs sind demnach die Intervalle „nach Tabelle" zwingend ablesbar! Man muss herausfinden, wo sich der 4er-Block der mitteltönigen Quinten befindet, was man an der einzigen reinen großen Terz der Skala erkennt. Dann erfolgt das Ausloten, welche von den 8 restlichen Quinten nicht rein ist – dies ist dann die Wolfsquinte. Ihre Nähe mit 700 ct zur reinen Quinte erschwert allerdings diese Entscheidung nicht unerheblich; sind doch Eintrübungen von 1 ct – 2 ct in der physikalischen Praxis beinahe unvermeidbar.

3) Die Wahl von Abwärtsquinten dient lediglich zur Festlegung der Position der Wolfs-quinte. Demzufolge kann die Abfolge der Aufwärts- und Abwärtsiterationen mit reinen Quinten von dem voranstehenden $2 - W - 5$-Modell unter Wahrung der Gesamtbilanz von sieben reinen Quinten abweichen. So ergeben sich alleine für das Modell, bei dem die geschlossene 4er-Kette der mitteltönigen Quinten bei der Tonika (C) ansetzt, insgesamt 8 Realisierungen der Kirnberger-*III*-Temperatur:

$$C \underset{m}{\to} G \underset{m}{\to} D \underset{m}{\to} A \underset{m}{\to} E \underset{(W)}{\longleftrightarrow} H \underset{r}{\leftarrow} Fis \underset{r}{\leftarrow} Des \underset{r}{\leftarrow} As \underset{r}{\leftarrow} Es \underset{r}{\leftarrow} B \underset{r}{\leftarrow} F \underset{r}{\leftarrow} C^1$$

$$C \underset{m}{\to} G \underset{m}{\to} D \underset{m}{\to} A \underset{m}{\to} E \underset{r}{\to} H \underset{(W)}{\longleftrightarrow} Fis \underset{r}{\leftarrow} Des \underset{r}{\leftarrow} As \underset{r}{\leftarrow} Es \underset{r}{\leftarrow} B \underset{r}{\leftarrow} F \underset{r}{\leftarrow} C^1$$

$$C \underset{m}{\to} G \underset{m}{\to} D \underset{m}{\to} A \underset{m}{\to} E \underset{r}{\to} H \underset{r}{\to} Fis \underset{(W)}{\longleftrightarrow} Des \underset{r}{\leftarrow} As \underset{r}{\leftarrow} Es \underset{r}{\leftarrow} B \underset{r}{\leftarrow} F \underset{r}{\leftarrow} C^1$$

$$\vdots \qquad\qquad\qquad\qquad \vdots \qquad\qquad\qquad\qquad \vdots$$

$$C \underset{m}{\to} G \underset{m}{\to} D \underset{m}{\to} A \underset{m}{\to} E \underset{r}{\to} H \underset{r}{\to} Fis \underset{r}{\to} Des \underset{r}{\to} As \underset{r}{\to} Es \underset{r}{\to} B \underset{r}{\to} F \underset{(W)}{\longleftrightarrow} C^1$$

Die Lage der Wolfsquinte lässt sich also in den Intervallen $(E \to H)$ über $(H \to Fis^1)$, $(Fis \to Cis^1)$, $(Cis \to Gis)$ und so weiter bis $(F \to C^1)$ festlegen.

Man sieht: Ein riesiges Experimentierfeld hat sich ausgebreitet.

12.7 Alexander Malcolm: die superpartikulare Teilung

Alexander Malcolm (1685–1763), ein schottischer Gelehrter, beschreibt einen Weg, wie man die reine heptatonische Skala durch ein mathematisches Spiel zu einer zwölf-stufigen Skala „verfeinern" kann. Dazu benutzt er ein Verfahren, welches in der Mathematik unter dem Namen „Teleskopsummen" oder „Teleskopprodukte" für die eine oder andere trickreiche Rechenhilfe zuständig ist. Dieses Verfahren ist uns ja im Text bereits an der einen oder anderen Stelle über den Weg gelaufen. Gleichwohl wollen wir dies an den konkreten Objekten der Intervallteilungen erneut demonstrieren.

Angenommen, wir wollen den großen Ganzton Tonos (8:9) in zwei Halbtöne teilen, die – wenn möglich – nicht allzu viel untereinander differieren sollen. Außerdem wollen wir dies auf der Ebene der Frequenzmaße – somit mittels geeigneter Proportionen, die überdies noch ganzzahlig sein sollen – bewerkstelligen. Dann ist der einfache Trick dieser: Wir zerlegen den Quotienten

$$\frac{9}{8} = \frac{18}{16} = \frac{18}{17} * \frac{17}{16}.$$

Man nennt dieses Produkt ein „Teleskopprodukt" – weil sich beim Lesen von rechts nach links der Endwert des Produktes offenbar nicht dadurch ergibt, dass man die einzelnen Faktoren (womöglich noch numerisch mittels eines Rechners) ermittelt, sondern weil sich durch fortgesetztes Kürzen die Aufgabe wie von selbst erledigt. Eine Rechnung wie beispielsweise

$$\frac{16}{15} * \frac{17}{16} * \frac{18}{17} * \frac{19}{18} * \frac{20}{19} = \frac{20}{15} = \frac{4}{3}$$

ist ein Kinderspiel, wenn man die Teleskopstruktur erkennt. Natürlich wissen wir, dass die Teilung des Tonos in die beiden „Halbtöne"

$$[8:9] = [16:17] \oplus [17:18]$$

zwar nicht die hälftige Teilung bringt, immerhin sind die Partner aber nicht weit auseinander, denn die gerundeten Centmaße

$$ct([16:17]) = 104{,}955 \, ct \text{ und } ct([17:18]) = 98{,}954 \, ct$$

stellen keine wirklich großen Unterschiede dar, da haben wir schon ganz andere Dinge gesehen. Ebenso wird auch der kleinere Ganzton der reinen Skala R_7 geteilt:

$$[9:10] = [18:20] = [18:19] \oplus [19:20],$$

und dann ergeben sich die Maße der noch etwas kleineren Semitonia zu

$$ct([18:19]) = 93{,}603 \, ct \text{ und } ct([19:20]) = 88{,}800 \, ct.$$

Und genau diese Teilungen verwendet Malcolm, indem er alle Ganztonschritte der reinen heptatonischen Skala R_7 in solche Semitonanteile zerlegt. So entsteht aus der 7–stufigen Skala die 12–stufige Skala.

Beispiel 12.3 (Skala von Alexander Malcolm)

Die heptatonische Skala hat diesen Verlauf

$$C \xrightarrow{9/8} D \xrightarrow{10/9} E \xrightarrow{16/15} F \xrightarrow{9/8} G \xrightarrow{10/9} A \xrightarrow{9/8} H \xrightarrow{16/15} C',$$

und die hieraus durch Teleskopprodukte verfeinerte chromatische Skala besitzt die Struktur

$$C \longrightarrow Cis \longrightarrow D \longrightarrow Es \longrightarrow E \longrightarrow F \longrightarrow Fis \longrightarrow G \longrightarrow As \longrightarrow A \longrightarrow B \longrightarrow H \longrightarrow C'$$

$\frac{17}{16}$	$\frac{18}{17}$	$\frac{19}{18}$	$\frac{20}{19}$	$\frac{16}{15}$	$\frac{17}{16}$	$\frac{18}{17}$	$\frac{19}{18}$	$\frac{20}{19}$	$\frac{17}{16}$	$\frac{18}{17}$	$\frac{16}{15}$
105	99	93,6	88,8	111,7	105	99	93,6	88,8	105	99	111,7

◀

Dieses Verfahren wurde allerdings von den Musiktheoretikern der damaligen Zeit für wenig ersprießlich gehalten. Wir zitieren Friedrich Wilhelm Marpurg, ein deutscher Musiktheoretiker (1718–1795):

▶   *„Diese Temperatur ist häßlich, so artig Herr Malcolm mit den Rationen 15:16, 16:17, 17:18, 18:19, 19:20 gespielet hat"*… [31], S. 35.

Dabei zeigt ein Blick auf die Centzahlen, dass die Malcolm-Skala eine beachtenswerte Ausgewogenheit wie auch innere Symmetrien besitzt. Und noch eines kommt hinzu: Unter den vielen Skalen und ihren äußerst verwinkelten Konstruktionen genießt die Malcolm-Skala ein erwähnenswertes Alleinstellungsmerkmal: ihre konsequente und gut merkbare Konstruktion, welche wir noch einmal musikalisch ausdrücken:

▶   **Musikalische Konstruktion der Malcolm-Skala:** Wir gehen von der heptatonischen reinen Skala R_7 in der Form von Euler aus, wozu wir uns lediglich die Ganz- und Halbtonfolge mit dem großen und kleinen Ganzton sowie dem Semitonium $S(15:16)$ merken müssen:

$$(8:9) \rightarrow (9:10) \rightarrow S(15:16) \rightarrow (8:9) \rightarrow (9:10) \rightarrow (8:9) \rightarrow S(15:16).$$

Anschließend werden alle Ganztonschritte – wie weiter oben und wie in Abschn. 3.4 besprochen – jeweils in zwei einfach superpartikulare Semitonia konsonant geteilt, und die Skala ist fertig.

Natürlich: Wer vermag ein Intervall in der musikalischen Praxis nach der Anweisung 19:20 stimmen, wenn nur das Ohr oder ein Monochordium zur Hand ist! Dieses Teleskopverfahren kann natürlich gedanklich weitergeführt werden, und im Ergebnis steht eine zwar interessante – musikalisch aber wohl wenig brauchbare Skala:

Man schreibt die Proportion (1:2) der Oktave als zwölffaches Teleskopprodukt von ganzzahligen (einfach-superpartikularen) Faktoren. Und zwar sieht das dann so aus:

$$\frac{2}{1} = \frac{13}{12} * \frac{14}{13} * \frac{15}{14} * \frac{16}{15} * \frac{17}{16} * \frac{18}{17} * \frac{19}{18} * \frac{20}{19} * \frac{21}{20} * \frac{22}{21} * \frac{23}{22} * \frac{24}{23}.$$

Dies sind dann in der Tat zwölf Stufen, welche in einer harmonischen Folge monoton abnehmend die Oktave füllen, die dann so – oder modifiziert – verlaufen könnte:

Beispiel 12.4 (Maramurese-Skala oder auch „Teleskop"-Skala)

Die gleichmäßig harmonisch monoton verlaufende und einfach superpartikulare Frequenzfaktorfolge

$$\left(\frac{k+1}{k}\right) = \left(1 + \frac{1}{k}\right), \; k = 12, \ldots, 23$$

führt auf eine zwölfstufige Oktavskala, deren Stufenanordnung – wenn sie in dieser streng monoton abnehmenden Reihung verläuft – zu der merkwürdigen Skala

$$C \longrightarrow Cis \longrightarrow D \longrightarrow Es \longrightarrow E \longrightarrow F \longrightarrow Fis \longrightarrow G \longrightarrow As \longrightarrow A \longrightarrow B \longrightarrow H \longrightarrow C'$$

$\frac{13}{12}$	$\frac{14}{13}$	$\frac{15}{14}$	$\frac{16}{15}$	$\frac{17}{16}$	$\frac{18}{17}$	$\frac{19}{18}$	$\frac{20}{19}$	$\frac{21}{20}$	$\frac{22}{21}$	$\frac{23}{22}$	$\frac{24}{23}$
138	128	119	112	105	99	94	89	84	80	77	74

führt. Hierbei bildet also die Centmaßfolge der Stufen eine monoton fallende Folge. ◄

Man erkennt, dass die Malcolm-Skala ein Ausschnitt aus dieser Maramurese-Skala ist; Malcolm wendet das Teleskopprinzip jedoch nur auf die Ganztöne und deren Teilung an; es kommt allerdings gleichwohl in der fünfstufigen Semitonfolge der Quarte ($E \to A$) zu einer konsequenten Teleskopfolge.

12.8 Gioseffo Zarlino: Zauberer der Siebtelteilung

Auch der italienische Komponist und Musikwissenschaftler Gioseffo Zarlino (1517–1590) ist – wie viele andere Musiktheoretiker seiner Zeit – auf der Suche nach einer praktikablen „Ausgleichstemperatur" – um die „Wölfe zu vermeiden", die in der mitteltönigen Temperatur vorliegen. Seine Überlegungen starten mit der Beobachtung, dass

▶   „eine reine kleine Dezime – das ist eine Oktave plus eine reine kleine Terz – um ein syntonisches Komma größer ist als drei reine Quarten".

Diese historische Formulierung ist eine weitere unter den zahlreichen anderen Möglich-keiten, die Rolle des syntonischen Kommas zu beschreiben. Wir sehen diese Behauptung sehr schnell ein, wie die kurze intervallarithmetische Rechnung zeigt:

$$\bigl(O \oplus (Q_{pyth} \ominus \text{Terz})\bigr) \ominus 3\bigl(O \ominus Q_{pyth}\bigr)$$
$$= \bigl(4Q_{pyth} \ominus 2O\bigr) \ominus \text{Terz} = \text{Ditonos} \ominus \text{Terz} = \varepsilon_{pyth}.$$

Das Ausgleichsprinzip von Zarlino lautet nun folgendermaßen, wenn wir exemplarisch eine Situation mit ausschließlich weißen Klaviaturtasten wählen würden:

1. Bilde von dem gegebenen fixierten Ton D^0 drei reine Quarten aufwärts
$$\bigl(D^0 \to G^0 \to C^1 \to F^1\bigr).$$

2. Vergrößere jede dieser drei geschichteten reinen Quarten um $\frac{2}{7}\varepsilon_{\text{synt}}$ (~ 6 ct) –
$$\left(D^0 \to \widetilde{G}^0 \to \widetilde{C}^1 \to \widetilde{F}^1\right).$$

3. Bilde die kleine reine Terz $\bigl(D^0 \to F^0\bigr)$.
4. Erniedrige $\bigl(D^0 \to F^0\bigr)$ um $\frac{1}{7}\varepsilon_{\text{synt}}$ (~ 3 ct) und erhalte das Intervall $\left(D^0 \to \widetilde{F}^0\right)$.

Konsequenz Die beiden Töne $\left(\widetilde{F}^0, \widetilde{F}^1\right)$ bilden eine Oktave, und aus den neuen Tönen lässt sich per neuer Quinteniteration mit der Quinte $Q_{\text{Zarlino}} = \left(\widetilde{F}^0 \to \widetilde{C}^1\right)$ eine Skala finden, **die Zarlino-Skala.**

Wir bemerken, dass diese Vorgehensweise tatsächlich korrekt ist, denn betrachten wir die zuvor gezeigte Bilanz einer reinen Dezime und drei reinen Quarten, so liefert diese geschickte Zusammenführung

$$\bigl(O \oplus (Q_{pyth} \ominus \text{Terz})\bigr) \ominus 3\bigl(O \ominus Q_{pyth}\bigr) = \varepsilon_{\text{synt}}$$
$$\Leftrightarrow 3(O \ominus (Q_{pyth} \ominus \tfrac{2}{7}\varepsilon_{\text{synt}})) \ominus ((Q_{pyth} \ominus \text{Terz}) \ominus \tfrac{1}{7}\varepsilon_{\text{synt}}) = O$$

genau die Bestätigung des Intervalls $\left(\widetilde{F}^0 \to \widetilde{F}^1\right)$ als Oktave. Gleichzeitig bietet sich mit dem Intervall

$$Q_Z \overset{\text{def}}{=} Q_{pyth} \ominus \frac{2}{7}\,\varepsilon_{\text{synt}}$$

eine neue Quinte an, die **Zarlino-Quinte.** In der Tat ist das Intervall $\left(\widetilde{F}^0 \to \widetilde{C}^1\right)$ genau diese Quinte, was unsere kurze Rechnung beweist. Wir bilden nun die Zerlegung in Form einer Teleskopsumme,

$$\left(\widetilde{F}^0 \to \widetilde{C}^1\right) = \left(\widetilde{F}^0 \to \widetilde{F}^0\right) \oplus (F^0 \to D^0) \oplus \left(D^0 \to \widetilde{G}^0\right) \oplus \left(\widetilde{G}^0 \to \widetilde{C}^1\right),$$

und setzen dann in die rechte Seite der Gleichung die geforderten Intervalle ein, und dann ergibt sich der Aufbau

$$\left(\widetilde{F}^0 \to \widetilde{C}^1\right) = \tfrac{1}{7}\varepsilon_{\text{synt}} \ominus \left(Q_{pyth} \ominus \text{Terz}\right) \oplus 2(O \ominus (Q_{pyth} \ominus \tfrac{2}{7}\varepsilon_{\text{synt}}))$$
$$= \tfrac{5}{7}\varepsilon_{\text{synt}} \ominus 3Q_{pyth} \oplus (2O \oplus \text{Terz}).$$

Jetzt erinnern wir uns, dass das Intervall $(2O \oplus \text{Terz})$ um ein syntonisches Komma kleiner ist als die um zwei Oktaven erhöhte pythagoräische Terz (Ditonos), was bedeutet

$$2O \oplus \text{Terz} = 4Q_{pyth} \ominus \varepsilon_{\text{synt}}.$$

Diesen Umstand integrieren wir geschickt in die obige Gleichung und erhalten

$$\left(\widetilde{F}^0 \to \widetilde{C}^1\right) = \frac{5}{7}\varepsilon_{\text{synt}} \ominus 3Q_{pyth} \oplus \left(4Q_{pyth} \ominus \varepsilon_{\text{synt}}\right) = Q_{pyth} \ominus \frac{2}{7}\varepsilon_{\text{synt}},$$

wie gewünscht. Schematisch stellen wir das Konstruktionsprinzip von Zarlino in der Abb. 12.4 dar.

Skalenkonstruktion Zarlino konstruiert also mit „seiner" Quinte die diatonische (wie auch die chromatische) Skala durch iterierte, reoktavierte Quinten gemäß den Strukturgesetzen quintiterierter Wolfsquintskalen. Zur rein historisch-rechentechnischen Ausführung bemerken wir, dass eine „Erniedrigung" eines Intervalls um zwei Siebtel eines syntonischen Kommas Folgendes bedeutet:

Im Frequenzmaß gilt:

$$|\ominus\varepsilon_{\text{synt}}| = \frac{80}{81} = \frac{80*7}{81*7} = \frac{560}{567} < 1 = \frac{567}{567}.$$

Daher bewirken $2/7$ der Differenz zu 1 in etwa den Frequenzfaktorwert $\frac{565}{567}$, was durch eine Mittelung der Zählerdifferenz im Verhältnis 2:5 entsteht. Denn die korrekte geo-

Abb. 12.4 Schema des Konstruktionsprinzips von Zarlino

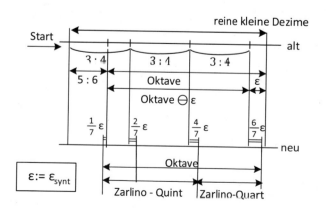

metrische Mittelung weicht hier so minimal von der arithmetischen Zählermittelung ab, dass dies weit unterhalb einer praktischen Bedeutung wäre.

Im Sinne einer modernen Darstellung wollen wir nun alles zusammenfassen und die *Zarlino-Skala* als Quinteniteration beschreiben; dabei werden wir die Skalentheorie des Kap. 7 heranziehen.

Definition 12.1 (Die Zarlino-Quinte und ihre Elementarintervalle)
Die Quinte

$$Q_Z = Q_{pyth} \ominus \frac{2}{7}\varepsilon_{\text{synt}}$$

heißt **Zarlino-Quinte.** Sie hat das auf drei Nachkommastellen gerundete Centmaß

$$\text{ct}(Q_Z) = (701{,}995 - \tfrac{2}{7} * 21{,}506)\ \text{ct} = 695{,}850\ \text{ct}.$$

Durch diese Quinte werden gemäß Definition 7.1 die ihr entsprechenden Elementarintervalle definiert, das sind dann

(1)   der **Zarlino-Ganzton**

$$T_Z = 2Q_Z \ominus O \cong 191{,}7\ \text{ct},$$

(2)   das **Zarlino-Limma** und die **Zarlino-Apotome**

$$L_Z = 3O \ominus 5Q_Z \cong 120{,}75\ \text{ct und}\ A_Z = 7Q_Z \ominus 4O \cong 70{,}95\ \text{ct},$$

(3)   das **Zarlino-Komma,** das Quintenkomma der Zarlino-Quinte

$$\varepsilon_Z = 12Q_Z \ominus 7O = A_Z \ominus L_Z \cong -49{,}8\ \text{ct},$$

(4)   die **Zarlino-Wolfsquinte**

$$W_Z = Q_Z \ominus \varepsilon_Z \cong 745{,}65\ \text{ct}.$$

Somit ist der Zarlino-Ganzton durch seine Semitonia im Verhältnis 12:7 geteilt, fast eine Drittelung, welche einhergeht mit der besonders großen Wolfsquinte.

Diese Intervalle sind dann gemäß unserer allgemeinen Gesetze der Quintiteration die Bausteine der heptatonischen Skala und der verfeinerten dodekatonischen Skala von Zarlino. Dann formulieren wir in der nachfolgenden Formel-Tabelle 12.10 die sich konsequent ergebenden Daten für eine Wolfsquintenskala der Variante 8, bei welcher (Cis → Gis) das Wolfsquintenintervall ist; und ganzzahlig gerundete Werte mögen hierbei genügen. Indem wir also dem Theorem 7.3 folgen, finden wir das Ergebnis:

Formel-Tabelle 12.10 Heptatonische und dodekatonische Skalen von Zarlino

$$C \xrightarrow[192]{T_Z} D \xrightarrow[192]{T_Z} E \xrightarrow[121]{L_Z} F \xrightarrow[192]{T_Z} G \xrightarrow[192]{T_Z} A \xrightarrow[192]{T_Z} H \xrightarrow[121]{L_Z} C'$$

$$C \xrightarrow[\substack{A_Z \\ 71 \\ 71}]{\overrightarrow{Cis}} \xrightarrow[\substack{L_Z \\ 121 \\ 192}]{} D \xrightarrow[\substack{L_Z \\ 121 \\ 313}]{} Es \xrightarrow[\substack{A_Z \\ 71 \\ 384}]{} E \xrightarrow[\substack{L_Z \\ 121 \\ 505}]{} F \xrightarrow[\substack{A_Z \\ 71 \\ 576}]{} Fis \xrightarrow[\substack{L_Z \\ 121 \\ 696}]{} G \xrightarrow[\substack{L_Z \\ 121 \\ 817}]{} \overleftarrow{Gis} \xrightarrow[\substack{A_Z \\ 71 \\ 888}]{} A \xrightarrow[\substack{L_Z \\ 121 \\ 1009}]{} B \xrightarrow[\substack{A_Z \\ 71 \\ 1080}]{} H \xrightarrow[\substack{L_Z \\ 121 \\ 1200}]{} C'$$

Einige Bemerkungen

1. Für das Zarlino-Quintenkomma ε_Z kann man folgende Gleichung herleiten:

$$\varepsilon_Z = \varepsilon_{pyth} \ominus \tfrac{24}{7}\varepsilon_{synt}.$$

Das sehen wir nämlich so:

$$\varepsilon_Z = 12\,Q_Z \ominus 7O = 12\big(Q_{pyth} \ominus \tfrac{24}{7}\varepsilon_{synt}\big) \ominus 7O$$

$$= \big(12\,Q_{pyth} \ominus 7O\big) \ominus \tfrac{24}{7}\varepsilon_{synt} = \varepsilon_{pyth} \ominus \tfrac{24}{7}\varepsilon_{synt}.$$

2. Die Zarlino-Quinte reiht sich in die mitteltönigen Quinten wie folgt ein:

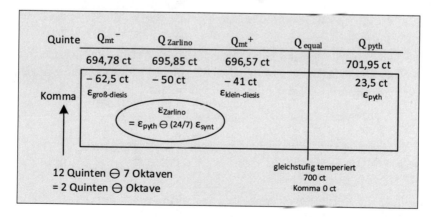

3. Zarlinos Temperierung besitzt mit Ausnahme von Prim und Oktave keine leiter-eigenen Intervalle aus der Algebra $\mathfrak{M}_{harm}$ aller harmonisch-rationalen Intervalle; sie hat also keine leitereigenen „reinen" Intervalle. Dennoch gibt es einige „fast-reine" Intervalle wie beispielsweise im Fall kleiner Terzen. Gemäß unserem Theorem 7.5 gibt es ja genau zwei Klassen (X, Y) kleiner Terzen mit neun beziehungsweise drei Mitgliedern:

Die 3 Terzen $(Es \rightarrow Fis)$, $(As \rightarrow H)$ und $(B \rightarrow Cis')$ haben je 262 ct,
alle 9 anderen kleinen Terzen haben jeweils 313 ct und sind somit von der reinen
kleinen Terz zu 315,6 ct nur wenig entfernt.

4. Die Zarlino-Temperierung stellt – historisch betrachtet – eine der ersten Ausgleichstemperierungen dar. Dieser „Ausgleich" besteht genau genommen darin: In der reinen
diatonischen Temperierung haben wir die beiden Ganztöne

Großer Ganzton $T_+ \equiv (8{:}9)$ und kleiner Ganzton $T_- \equiv (9{:}10)$

mit der bekannten Bilanz

$$T_+ \ominus T_- = \varepsilon_{\mathrm{synt}} \Leftrightarrow T_+ = T_- \oplus \varepsilon_{\mathrm{synt}}.$$

Dann ergibt sich für den Zarlino-Ganzton folgende Gleichungssentenz:

$$T_Z = 2Q_Z \ominus O = 2(Q_{pyth} \ominus \tfrac{2}{7}\varepsilon_{\mathrm{synt}}) \ominus O = \left(2Q_{pyth} \ominus O\right) \ominus \tfrac{4}{7}\varepsilon_{\mathrm{synt}}$$
$$= T_+ \ominus \tfrac{4}{7}\varepsilon_{\mathrm{synt}} = \left(T_- \oplus \varepsilon_{\mathrm{synt}}\right) \ominus \tfrac{4}{7}\varepsilon_{\mathrm{synt}} = T_- \oplus \tfrac{3}{7}\varepsilon_{\mathrm{synt}},$$

sodass der Zarlino-Ganzton T_Z die beiden reinen Ganztöne im Verhältnis 3:4 „aus-
gleicht": Der große Ganzton wird um $\tfrac{4}{7}\varepsilon_{\mathrm{synt}}$ verkleinert, der kleine Ganzton wird um
$\tfrac{3}{7}\varepsilon_{\mathrm{synt}}$ vergrößert, wie das Diagramm verdeutlicht.

$$T_- \xrightarrow[\oplus \frac{3}{7}\,\varepsilon_{\mathrm{synt}}]{} T_Z \xrightarrow[\oplus \frac{4}{7}\,\varepsilon_{\mathrm{synt}}]{} T_+$$

Fazit Die heptatonische Zarlino-Leiter ist eine Skala, welche eine Ausgleichung der
reinen diatonischen Skala darstellt – was auch die voranstehende Rechnung bestätigt und
was wir in dem folgenden Schema nochmal visualisieren.

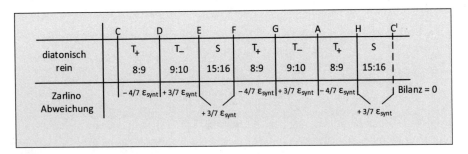

Zarlino hat also mit der Märchenzahl „7" seine musikalische Welt geschaffen – aber das
ist nicht sein einziger Beitrag zur mathematischen Musiktheorie, siehe auch [17].

12.9 Gottfried Silbermann: der gespiegelte Pythagoras

Von Gottfried Silbermann (1683–1753), dem bekannten sächsischen Orgelbauer und Zeitgenossen des großen Johann Sebastian Bach (1685–1750), sind zwei Temperierungen bekannt, von denen die zweite eine Modifizierung der ersten ist, und man spricht von der Silbermann *I* oder auch von der Silbermann-Sorge-Stimmung. Wir haben zwar am Ende des Abschn. 7.6 diese Silbermann-Sorge-Temperatur und ihre Anwendung auf die dort beschriebene Theorie in Form eines musikalischen Beispiels vorgestellt, dennoch werden wir hiervon losgelöst die Silbermann'schen Konstruktionen erneut beschreiben.

Das Konstruktionsmodell von Silbermann

Alle (11) reinen Quinten der Iterationsfolge, welche im Block bei Tonika Es starten,

$$Es \xrightarrow{1} B \xrightarrow{2} F \xrightarrow{3} C \xrightarrow{4} G \xrightarrow{5} D \xrightarrow{6} A \xrightarrow{7} E \xrightarrow{8} H \xrightarrow{9} Fis \xrightarrow{10} Cis \xrightarrow{11} Gis \xrightarrow{(12)} (Dis),$$

werden je um ein Sechstel des pythagoräischen Kommas verkleinert. Damit dann die Schließungsbedingung erfüllt ist, muss „die 12. Quinte" $(Gis \to Dis')$ um $\frac{5}{6}$ des pythagoräischen Kommas größer sein. Sie übernimmt damit die Rolle der Wolfsquinte. Man bestätigt nun leicht die Angabe über den Überschuss dieser 12. Quinte: Mit den Intervallen

$$W_s = (Gis \to Dis) \text{ und einer neuen Quinte } Q_S = Q \ominus \frac{1}{6}\varepsilon_{pyth}$$

gelten nämlich – dank der 12-Quinten-Formel der reinen Quinte – tatsächlich die Umformungen für die Silbermann'sche 12-Quinten-Formel, wie die Rechnung

$$W_s = 7O \ominus 11Q_S = \left(12Q \ominus \varepsilon_{pyth}\right) \ominus 11Q_S = 11(Q \ominus Q_S) \oplus \left(Q \ominus \varepsilon_{pyth}\right)$$

$$= \frac{11}{6}\varepsilon_{pyth} \oplus \left(Q \ominus \varepsilon_{pyth}\right) = Q \oplus \frac{5}{6}\varepsilon_{pyth}$$

zeigt. Starten wir nun den Iterationsprozess mit dieser neuen Quinte Q_S die reoktavierte Iteration – und zwar gemäß dem Wolfsquintentyp 9, was bedeutet, dass wir vom üblichen Iterationszentrum Tonika $-C$ genau acht Quinten Q_S aufwärts und drei Quinten Q_S abwärts reoktavierend iterieren –, dann entsteht die in der folgenden Formel-Tabelle 12.11 dargestellte Skala, bei welcher die Wolfsquinte W_S zwischen As und Es liegt.

$$C \xrightarrow{86} Cis \xrightarrow{110} D \xrightarrow{110} \overleftarrow{Es} \xrightarrow{86} E \xrightarrow{110} F \xrightarrow{86} Fis \xrightarrow{110} G \xrightarrow{86} \overrightarrow{As} \xrightarrow{110} A \xrightarrow{110} B \xrightarrow{86} H \xrightarrow{110} C'$$
$$\hspace{0.5em} 86 \hspace{2em} 196 \hspace{2em} 306 \hspace{2em} 392 \hspace{2em} 502 \hspace{2em} 588 \hspace{2em} 698 \hspace{2em} 784 \hspace{2em} 894 \hspace{2em} 1004 \hspace{2em} 1090 \hspace{2em} 1200$$

Formel-Tabelle 12.11 Die Silbermann-I-Skala

Bemerkung

In der chromatischen Leiter von Silbermann I ergibt sich natürlich eine „Apotome-Limma"-Abfolgestruktur, wie wir sie in den allgemeinen theoretischen Ergebnissen des Theorems 7.3 hergeleitet haben. In der folgenden Definition präzisieren wir für diesen Fall der Silbermann'schen Quinteniteration die maßgeblichen Elementarintervalle, die ja die Bausteine der Silbermann'schen Skalenstrukturen sind.

Definition 12.2 (Die Silbermann-Quinte und ihre Elementarintervalle)

Die Quinte

$$Q_{\text{Silbermann}} = Q_S = Q_{pyth} \ominus \frac{1}{6}\varepsilon_{pyth}$$

heißt **Silbermann-Quinte**. Sie hat die Maße

$$|Q_S| = \frac{4}{3}\sqrt[6]{2} \cong 1{,}4966 \ldots \cong 698{,}045\,\text{ct}.$$

Durch diese Quinte werden gemäß der Definition 7.1 die ihr entsprechenden Elementarintervalle definiert, das sind dann

(1) der **Silbermann-Ganzton T_S**

$$T_S = 2Q_S \ominus O \cong 196{,}09\,\text{ct},$$

(2) das **Silbermann-Limma L_S** und die **Silbermann-Apotome A_S**

$$L_S = 3O \ominus 5Q_S \cong 109{,}77\,\text{ct} \; und \; A_S = 7Q_S \ominus 4O \cong 86{,}32\,\text{ct},$$

(3) das **Silbermann-Komma ε_S**

$$\varepsilon_S = 12Q_S \ominus 7O = A_S \ominus L_S \cong -23{,}45\,\text{ct},$$

(4) die **Silbermann-Wolfsquinte W_S**

$$W_S = Q_S \ominus \varepsilon_S \cong 721{,}505\,\text{ct}.$$

Ein flüchtiger Blick auf die Werte dieser Elementarintervalle zeigt, dass ihre Cent-daten folgende bemerkenswerte Symmetrie aufweisen: Ihre Differenzen zu den entsprechenden Daten der gleichstufigen Temperierung E_{12} sind offenbar genauso groß wie diejenigen der ihnen entsprechenden reinen pythagoräischen Intervalle – allerdings das Vorzeichen umkehrend. Dass dies kein numerischer „Rundungszufall" ist, beleuchtet folgender Satz:

Satz 12.2 (Spiegelsymmetrie der Silbermann-Intervalle)

Die Silbermann-Quinte Q_S erfüllt die Gleichung

$$Q_S = Q_{\text{equal}} \ominus \frac{1}{12}\varepsilon_{pyth}.$$

Weil die reine (pythagoräische) Quinte $Q = Q_{pyth}$ die hierzu gespiegelte Formel

$$Q_{pyth} = Q_{\text{equal}} \oplus \frac{1}{12}\varepsilon_{pyth}$$

besitzt, bilden die drei Quinten $Q_{\text{Silbermann}}, Q_{\text{equal}}, Q_{pyth}$ in der Anordnung

$$Q_{\text{Silbermann}} \xleftarrow[\ominus\frac{1}{12}\varepsilon_{pyth}]{} Q_{\text{equal}} \xrightarrow[\oplus\frac{1}{12}\varepsilon_{pyth}]{} Q_{pyth}$$

hinsichtlich des Centmaßes eine arithmetische Folge. Diese Spiegelsymmetrie überträgt sich auf alle anderen Elementarintervalle – und darüber hinaus auf alle leitereigenen Intervalle, sofern beide dodekatonische Skalen (Silbermann und Pythagoras) hinsichtlich der gleichen Wolfsquintenvariante aufgebaut sind. Speziell finden wir die Symmetrien, ausgedrückt durch die Intervalle der Gleichstufigkeit:

Intervall	Silbermann	Gleichstufig	Pythagoras
Quinte	$Q_{\text{equal}} \ominus \frac{1}{12}\varepsilon_{pyth}$	$Q_{\text{equal}} = 700\,\text{ct}$	$Q_{\text{equal}} \oplus \frac{1}{12}\varepsilon_{pyth}$
Ganzton	$T_{\text{equal}} \ominus \frac{2}{12}\varepsilon_{pyth}$	$T_{\text{equal}} = 200\,\text{ct}$	$T_{\text{equal}} \oplus \frac{2}{12}\varepsilon_{pyth}$
Limma	$L_{\text{equal}} \oplus \frac{5}{12}\varepsilon_{pyth}$	$L_{\text{equal}} = 100\,\text{ct}$	$L_{\text{equal}} \ominus \frac{5}{12}\varepsilon_{pyth}$
Apotome	$A_{\text{equal}} \ominus \frac{7}{12}\varepsilon_{pyth}$	$A_{\text{equal}} = 100\,\text{ct}$	$A_{\text{equal}} \oplus \frac{7}{12}\varepsilon_{pyth}$
Wolfsquinte	$W_{\text{equal}} \oplus \frac{11}{12}\varepsilon_{pyth}$	$W_{\text{equal}} = 700\,\text{ct}$	$W_{\text{equal}} \ominus \frac{11}{12}\varepsilon_{pyth}$

Allgemein sehen wir folgenden Zusammenhang:

Sind $n, m \in \mathbb{Z}$ beliebige ganzzahlige Parameter, so gilt für alle Intervalle, die sich aus ganzzahligen Adjunktionen der Semitonia Limma und Apotome zusammensetzen – somit auch insbesondere für alle leitereigenen Intervalle beider Skalen – die Symmetrie:

$$I_S = n * L_S \oplus m * A_S = I_{equal} \oplus \frac{5n - 7m}{12}\varepsilon_{pyth},$$

$$I_{pyth} = n * L_{pyth} \oplus m * A_{pyth} = I_{equal} \ominus \frac{5n - 7m}{12}\varepsilon_{pyth},$$

sodass die allgemeine Symmetrieformel lautet:

$$I_{\text{Silbermann}} \xleftarrow[\oplus\frac{5n-7m}{12}\varepsilon_{pyth}]{} \left(I_{equal} = \frac{n+m}{12} * Oktave \right) \xrightarrow[\ominus\frac{5n-7m}{12}\varepsilon_{pyth}]{} I_{pyth}.$$

Diese Spiegelsymmetrie drückt sich auch in einer griffigen Formel aus: Ist X ein Intervall, welches aus den Elementarbausteinen Limma und Apotome aufgebaut ist, und sind $X_{\text{Silbermann}}, X_{\text{equal}}$ und X_{pyth} die entsprechenden Formen, so gilt die exakte Intervallgleichung

$$X_{\text{Silbermann}} \oplus X_{pyth} = 2X_{\text{equal}},$$

welche dann auch auf die Maßzusammenhänge führt.

Beweis Wir rechnen die Symmetriebeziehungen zunächst für die Quinte und dann für die beiden Semitonia Limma und Apotome nach, dann ergibt sich der Rest durch Summierung. Zunächst einmal ist die Formel der Quinte richtig, denn nach unserer Definition 12.2 wie auch wegen der Gleichheit $12Q_{\text{equal}} = 7O$ finden wir mit einer trickreichen Rechnung

$$
\begin{aligned}
Q_S &= Q_{pyth} \ominus \tfrac{1}{6}\varepsilon_{pyth} = \left(Q_{pyth} \ominus \tfrac{1}{12}\varepsilon_{pyth}\right) \ominus \tfrac{1}{12}\varepsilon_{pyth} \\
&= \left(Q_{pyth} \ominus \tfrac{1}{12}\left(12Q_{pyth} \ominus 7O\right)\right) \ominus \tfrac{1}{12}\varepsilon_{pyth} = \tfrac{7}{12}O \ominus \tfrac{1}{12}\varepsilon_{pyth} \\
&= \tfrac{12}{12}Q_{\text{equal}} \ominus \tfrac{1}{12}\varepsilon_{pyth} = Q_{\text{equal}} \ominus \tfrac{1}{12}\varepsilon_{pyth}.
\end{aligned}
$$

Daraus lesen wir übrigens auch die Formeln

$$
Q_{pyth} \ominus \frac{1}{6}\varepsilon_{pyth} = Q_{\text{equal}} \ominus \frac{1}{12}\varepsilon_{pyth} \Leftrightarrow Q_{pyth} = Q_{\text{equal}} \oplus \frac{1}{12}\varepsilon_{pyth}
$$

ab, wodurch die Quintensymmetrie gezeigt ist. Nun folgt beispielsweise für das Limma die Beziehung

$$
\begin{aligned}
L_S &= 3O \ominus 5Q_S = 3O \ominus 5\left(Q_{\text{equal}} \ominus \tfrac{1}{12}\varepsilon_{pyth}\right) \\
&= \left(3O \ominus 5Q_{\text{equal}}\right) \ominus \frac{5}{12}\varepsilon_{pyth} = L_{\text{equal}} \ominus \frac{5}{12}\varepsilon_{pyth}.
\end{aligned}
$$

Völlig analog verlaufen die Gleichungen für die Apotome und für alle anderen Elementarintervalle – sowohl für die Silbermann'schen als auch für die pythagoräischen: Man setzt einfach die beiden Quintenformeln

$$
Q_S = Q_{\text{equal}} \ominus \frac{1}{12}\varepsilon_{pyth} \text{ und } Q_{pyth} = Q_{\text{equal}} \oplus \frac{1}{12}\varepsilon_{pyth}
$$

in die definierenden Gleichungen ein. Die allgemeine Intervallsymmetrie ergibt sich dann wie von selbst: Bilden wir zu zwei beliebigen Parametern $n, m \in \mathbb{Z}$ in beiden Fällen die aus den Semitonia Limma und Apotome gebildeten Adjunktionen

$$
I_S = n\, L_S \oplus m\, A_S \text{ und } I_{pyth} = n\, L_{pyth} \oplus m\, A_{pyth},
$$

so folgt

$$
\begin{aligned}
I_S &= n\left(L_{\text{equal}} \ominus \tfrac{5}{12}\varepsilon_{pyth}\right) \oplus m\left(A_{\text{equal}} \oplus \tfrac{7}{12}\varepsilon_{pyth}\right) \\
&= nL_{\text{equal}} \oplus mA_{\text{equal}} \ominus \tfrac{5n}{12}\varepsilon_{pyth} \oplus \tfrac{7n}{12}\varepsilon_{pyth} = I_{\text{equal}} \ominus \tfrac{5n-7m}{12}\varepsilon_{pyth}.
\end{aligned}
$$

Hierbei ist natürlich das gleichstufige Intervall

$$I_{\text{equal}} = (n + m)\frac{1}{12}\text{Oktave} = \frac{n + m}{12}\text{Oktave}$$

das Intervall aus $(n + m)$ gewöhnlichen Halbtonschritten zu je 100 ct. Die Rechnung für den pytharoräischen Fall verläuft analog – es ist nur eine Frage des Vorzeichens:

$$I_{pyth} = n\left(L_{\text{equal}} \oplus \frac{5}{12}\varepsilon_{pyth}\right) \oplus m\left(A_{\text{equal}} \ominus \frac{7}{12}\varepsilon_{pyth}\right)$$

$$= n\,L_{\text{equal}} \oplus m\,A_{\text{equal}} \oplus \frac{5n}{12}\varepsilon_{pyth} \ominus \frac{7m}{12}\varepsilon_{pyth} = I_{\text{equal}} \oplus \frac{5n - 7m}{12}\varepsilon_{pyth},$$

womit der Satz bewiesen ist. ∎

Wir stellen in der Tab. 12.12 noch einmal die Centmaße der Hauptintervalle der beiden gespiegelten Temperierungen einander gegenüber.

Bemerkungen

(1) Insgesamt zeigt die Silbermann-Temperierung eine deutliche Nähe zur Mitteltönigkeit – ohne allerdings eine einzige reine Terz zu besitzen.

(2) Wir erkennen aus der Tab. 12.12 sofort die symmetrische Abweichung von Silbermann I und pythagoräischer Temperatur gegenüber der „Ruhelage" der Gleichstufigkeit. Dies ist – wie bewiesen – keine zufällige Erscheinung aufgrund der gerundeten Daten dieser Tabelle, sondern **diese Spiegelsymmetrie ist exakt.**

(3) Schließlich zeigt sich die Grundsymmetrie „Silbermann – gleichstufig – pythagoräisch" auch in den beiden (besser: drei) Tonspiralen, die dann auch aufgrund unseres Theorems 4.7 „gespiegelt" verlaufen, wie man in der Abb. 12.5 eindrucksvoll erkennt. Denn die Tonspiralenparameter von pythagoräischer Quinte und Silbermann-Quinte sind ja dank Satz 12.2 an der Gleichstufigkeitsquinte gespiegelt und deshalb nach Satz 4.4 reziprok zueinander. Das „Komma" der Silbermann-Quintenspirale ist also geometrisch genau das Inverse des Kommas der pythagoräischen Spirale, wie auch die Tab. 12.12 zeigt. Siehe hierzu auch den Abschn. 4.6.

Fazit

Vielleicht ist es diese konsequente Symmetrie – verbunden mit der Nähe zur Mitteltönigkeit –, die Gottfried Silbermann veranlasst hat, an seiner Temperierung (im Wesentlichen) festzuhalten, obwohl eine sehr kontrovers geführte Korrespondenz hierüber geführt wurde. In diesem Zusammenhang wird auch immer wieder das Verhältnis von Silbermann zu Bach diskutiert, und es ranken sich etliche Anekdoten über ihre Beziehung zueinander. Beispielsweise kursierte folgende nette Geschichte:

Tab. 12.12 Elementarintervalle für Silbermann – gleichstufig – pythagoräisch

Elementar-Intervalle	Silbermann	Gleichstufig	Pythagoräisch
Apotome	$A_S = 86{,}32$ ct	100 ct	$A_{pyth} = 113{,}68$ ct
Quinte	$Q_S = 698{,}045$ ct	700 ct	$Q_{pyth} = 701{,}95$ ct
Limma	$L_S = 109{,}77$ ct	100 ct	$L_{pyth} = 90{,}22$ ct
Großer Ganzton	$T_S = 196{,}09$ ct	200 ct	$T_{pyth} = 203{,}91$ ct
Quintenkomma	$\varepsilon_S = -23{,}46$ ct	0 ct	$\varepsilon_{pyth} = 23{,}46$ ct
Wolfsquinte	$W_S = 721{,}50$ ct	700 ct	$W = 678{,}50$ ct

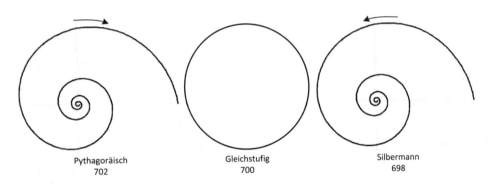

Pythagoräisch
702

Gleichstufig
700

Silbermann
698

Abb. 12.5 Tonspiralenmodelle Silbermann – gleichstufig – Pythagoras

▶ *Anlässlich der Orgeleinweihung einer von Silbermann erbauten Orgel durch Johann Sebastian Bach soll dieser sich folgenden Scherz erlaubt haben. Um nämlich zu demonstrieren, dass die von Silbermann verwendete Temperierung nicht sonderlich den harmonischen Anforderungen Stand halten würde – man sollte ja schließlich nur den Charakteristiken folgend brave Tonarten der älteren Meister verwenden –, spielte Bach in der Tat eines jener älteren Werke: Bedauerlicherweise transponierte er aber um einen halben Ton (was für sich genommen gewiss eine beachtliche Leistung war). Nun traten aber in diesen Tonarten (wie zum Beispiel in Cis—Dur) jede Menge „Wölfe" mit sicher miserabel klingenden Akkorden auf. War das nun ein dezenter Hinweis Bachs an den von ihm gleichwohl sehr geschätzten Herrn Orgelbauer, sich das Ganze mit seiner ihm eigenen Temperierung nochmal durch den Kopf gehen zu lassen?*
Man weiß nichts Genaues hierüber, wie das bei solchen Anekdoten halt so ist.

12.10 Francesco Valotti: die paritätische Quintenverteilung

Francesco Antonio Valotti (1697–1780), italienischer Organist, Komponist und Priester in Padua, gelangt zu einer – nach ihm benannten – Stimmung durch folgende Überlegung:

> „*Wenn 12 pythagoräische Quinten gegenüber 7 Oktaven um das pythagoräische Komma zu groß sind, wie wäre es dann bestellt, wenn man im Quintenkreis genau 6 Quinten um jeweils ein Sechstel dieses Kommas verkleinern würde?*"

Die offenkundige Bilanz

$$6 * Q_{pyth} \oplus 6 * \left(Q_{pyth} \ominus \tfrac{1}{6} * \varepsilon_{pyth} \right) = 7 * O$$

zeigt dann den geschlossenen Quintenkreis, und beide Quinten generieren ein Temperierungssystem, das wir das Valotti-System nennen werden. Dabei hat Valotti – so viel scheint bekannt zu sein – nur eine einzige konkrete Temperierung mittels dieser zwei Quinten angegeben, die als „Valotti-Stimmung" in den Literaturen und elektronischen Medien auffindbar ist. Ähnlich wie es bei der riesigen Familie an Bach-Kellner-Temperierungen sein wird und die wir im Abschn. 12.12 besprechen werden, so kommt es auch in dieser Valotti-Familie dank zahlreicher Varianten zu einem außerordentlich großen Temperierungskomplex.

Definition 12.3 (Die Valotti-Quinte und das Valotti-System)

Die Quinte $Q_V = Q_{\text{Valotti}}$, welche die Schließungsgleichung (**Valotti-Gleichung**)

$$6Q_V \oplus 6Q_{pyth} = 7O$$

erfüllt, heißt **Valotti-Quinte.** Aus der intervallarithmetischen Gleichung

$$Q_V = \frac{1}{6}\left(7O \ominus 6Q_{pyth} \right) = \left(O \ominus Q_{pyth} \right) \oplus \frac{1}{6}O = \text{Quarte(3:4)} \oplus \frac{1}{6}O$$

gewinnen wir ohne lange Rechnung die Maße

$$|Q_V| = \frac{4}{3} * \sqrt[6]{2} = 1{,}496616\ldots \equiv 698{,}045 \text{ ct}$$

Ein anderer äquivalenter und definierender Ausdruck besteht in der **Valotti-Formel**

$$Q_V = Q_{pyth} \ominus \frac{1}{6} * \varepsilon_{pyth},$$

welche die symmetrische Lage zur Gleichstufigkeitsquinte in der Sentenz

$$Q_V \xrightarrow[\oplus \frac{1}{12}\varepsilon_{pyth}]{} Q_{\text{equal}} \xrightarrow[\oplus \frac{1}{12}\varepsilon_{pyth}]{} Q_{pyth}$$

sehr schön beschreibt. Offenbar ist demnach die Gleichheit

$$Q_{\text{Valotti}} = Q_{\text{Silbermann}}$$

gegeben. Die Valotti-Quinte ist identisch mit der Silbermann-Quinte.

Das **Valotti-Temperierungssystem** ist die Menge aller chromatischen Oktavskalen, deren Quintenkreis aus genau sechs Valotti-Quinten und sechs reinen Quinten besteht. Dieses System besteht aus genau 924 Skalenvarianten (!).

Die Quinten von Valotti und Silbermann sind also gleich – dennoch sind ihre Temperierungen völlig verschieden: Während Silbermann seinen Quintenkreis aus genau elf dieser Quinten und einer passenden Schließungs-Wolfsquinte bastelt, verteilt Valotti seine Quinte auf sechs Plätze und füllt die restlichen mit den reinen Quinten aus – oder auch anders ausgedrückt:

▶ *Die Valotti-Stimmung ist eine multiple Wolfsquintenkreis-Temperierung mit dem Intervall Q_{pyth} als erzeugender Quinte und bei welcher man das pythagoräische Quintenkomma auf sechs Wolfsquinten gleichmäßig verteilt.*

Während es bei Silbermann daraufhin nur zwölf Varianten gibt – nämlich die möglichen Positionierungen der sehr großen Wolfsquinte

$$W_{\text{Silbermann}} = Q_{pyth} \oplus \frac{5}{6}\varepsilon_{pyth} \cong 722\,\text{ct}$$

auf die zwölf Positionen des Quintenkreises, haben wir es bei Valotti mit sage und schreibe 924 Varianten zu tun. Zuständig für diese Anzahl ist die Variantenformel unseres Theorems 6.1, das wir auf diese Situation ja auch in folgender Weise anwenden können: Der 12-Quinten-Kreis möge als Reihe

$$C \xrightarrow{Q} G \xrightarrow{Q} D \xrightarrow{Q} A \xrightarrow{Q} E \xrightarrow{Q} H \xrightarrow{Q} Fis \xrightarrow{Q} Cis \xrightarrow{Q} As \xrightarrow{Q} Es \xrightarrow{Q} B \xrightarrow{Q} F \xrightarrow{Q} C$$

skizziert sein, dann ist es unsere Aufgabe, genau sechs der Symbole Q mit Q_V zu belegen, und die restlichen sechs Symbole sind dann die reinen Quinten Q_{pyth}. Daher erhält man mit diesem Theorem und seinem Zusatz justament

$$\text{var}(6;6) = \binom{12}{6} = \frac{12!}{6! * 6!} = 7 * 11 * 12 = 924$$

Möglichkeiten einer Verteilung dieser beiden Quinten.

Wir wollen nun der Frage nachgehen, welche und wie viele Typen es an Ganzton- und Halbtonschritten gibt, sodass uns ein Eindruck über die Charakteristiken dieser überaus großen Skalenfamilie erwächst.

Beginnen wir mit den **Ganztonschritten.** Ein solcher Tonschritt entsteht ja genau dann, wenn wir im 12-Quinten-Kreis um zwei Quintenschritte im Uhrzeigersinn weitergehen; die entstehende große None wird dann unter Reoktavierung zur große

Sekunde, dem Ganztonschritt. Offenbar gibt es nun – je nach Verteilung – genau diese drei Möglichkeiten:

$$T_1 = Q_{Valotti} \oplus Q_{Valotti} \ominus \text{Oktave},$$

$$T_2 = Q_{pyth} \oplus Q_{Valotti} \ominus \text{Oktave},$$

$$T_3 = Q_{pyth} \oplus Q_{pyth} \ominus \text{Oktave}.$$

Diese drei Ganztonschritte bilden eine aufsteigende Folge mit den Zusammenhängen:

$$T_1 = T_{Silbermann} = T_{equal} \ominus \frac{1}{6}\varepsilon_{pyth} \text{ und ct}(T_1) \cong 196 \text{ ct},$$

$$T_2 = T_{equal} \text{ und ct}(T_2) = 200 \text{ ct},$$

$$T_3 = T_{pyth} = T_{equal} \oplus \frac{1}{6}\varepsilon_{pyth} \text{ und ct}(T_3) \cong 204 \text{ ct}.$$

Konsequenterweise gibt es dann auch diese fünf Typen **großer Terzen**

$$2T_1(392\,\text{ct}) - T_1 \oplus T_2(396\,\text{ct}) - T_1 \oplus T_3 = 2T_2(400\,\text{ct}) - T_2 \oplus T_3(404\,\text{ct}) - 2T_3(408\,\text{ct}),$$

welche auch tatsächlich alle vorkommen können. Darüber hinaus kann man leicht zeigen, dass mit Ausnahme einer einzigen Valotti-Temperierung, die wir im Beispiel 12.6 behandeln werden, alle 923 anderen Varianten stets genau drei Ganztontypen enthalten; die Ausnahme enthält dagegen nur den Ganzton $T_2 = T_{\text{equal}}$ der Gleichstufigkeit.

Bei den Semitonia verfolgen wir eine analoge Strategie: Jeder in der Skala auftretende Halbtonschritt lässt sich gemäß Theorem 4.1 als Iteration von 7 Quinten (abzüglich 4 Oktaven) gewinnen – das ist die Apotomeform, welche ja dank des geschlossenen Quintenkreises zur Limmaform von 3 Oktaven minus 5 Quinten äquivalent ist. Und jetzt bleibt noch die Fleißaufgabe, alle Fälle aufzulisten, die infolge unterschiedlicher Anordnungen dieser Quinten auftreten können. Unter diesen 7 Quinten können maximal 6 Exemplare von jeder der beiden Quinten dabei sein, und die folgenden Fälle können alle realisiert werden. Wir setzen mittels der Apotomeform

$$H_k = k * Q_{\text{Valotti}} \oplus (7 - k) * Q_{pyth} \ominus 4 * \text{Oktave}, k = 1, 2, \ldots, 6.$$

Das sind genau sieben verschiedene Typen von Halbtonschritten, für die wir mit folgender Rechnung sehr schnell ihre Architekturen und Maße gewinnen; für $k = 1, 2, \ldots, 6$ gilt:

$$H_k = k\left(Q_{pyth} \ominus \frac{1}{6}\varepsilon_{pyth}\right) \oplus (7 - k)Q_{pyth} \ominus 4O$$

$$= \left(7Q_{pyth} \ominus 4O\right) \ominus \frac{k}{6}\varepsilon_{pyth} = \text{Apotome}_{pyth} \ominus \frac{k}{6}\varepsilon_{pyth}$$

$$= \left(7\left(Q_{\text{equal}} \oplus \frac{1}{12}\varepsilon_{pyth}\right) \ominus 4O\right) \ominus \frac{k}{6}\varepsilon_{pyth} = \text{Apotome}_{\text{equal}} \oplus \frac{7-2k}{12}\varepsilon_{pyth}.$$

Dann erkennen wir auch hier eine arithmetische Folge im Sinne geordneter Centzahlen beziehungsweise im Sinne einer intervallarithmetischen Darstellung. Mit dem bekannten Wert des gleichstufigen Halbtonschritts $\mathrm{ct}(\mathrm{Apotome}_{\mathrm{equal}}) = 100\,\mathrm{ct}$ sowie dem fast genauen Centwert des Zwölftelkommas,

$$\mathrm{ct}\left(\frac{1}{12}\varepsilon_{pyth}\right) = \frac{1}{12} * 24\,\mathrm{ct} = 2\,\mathrm{ct},$$

ergibt sich in der Abfolge $k = 1, 2, \ldots, 6$ für diese sechs Halbtonschritte die ganzzahlig-gerundete Centmaßfolge

$$110\,\mathrm{ct} - 106\,\mathrm{ct} - 102\,\mathrm{ct} - 98\,\mathrm{ct} - 94\,\mathrm{ct} - 90\,\mathrm{ct},$$

wobei für $k = 6$ das Intervall H_6 auch tatsächlich das pythagoräische Limma_{pyth} bedeutet und nicht nur im gerundeten Centwert von $90\,\mathrm{ct}$ mit ihm übereinstimmt, denn für $k = 6$ ist ja

$$H_6 = \mathrm{Apotome}_{pyth} \ominus \varepsilon_{pyth} = \mathrm{Limma}_{pyth},$$

was unsere obigen Rechnungen wiederum bestätigt.

An dieser Stelle könnte man meinen, dass aus der Kombination dieser vielen Halbtonschritte doch deutlich mehr Ganztöne entstehen müssten – es wären eingedenk der arithmetischen Symmetrie und ihrer Kommutativität immerhin noch genau elf unterschiedliche Intervalle, die in 4-Cent-Schritten von $180\,\mathrm{ct}$ bis $220\,\mathrm{ct}$ inklusive verliefen; allerdings können aufgrund der Anzahlvorgaben der beiden Quinten nicht alle Konstellationen zusammentreffen. Wir sehen das daran, dass zur Adjunktion zweier Semitonia genau 14 Aufwärts-Quintschritte nötig sind, und ganz gleich, wie diese verteilt sind: 12 Quinten ergeben stets 7 Oktaven – so will es ja die Valotti-Formel.

Von den vielen Varianten stellen wir nun zwei Formen vor, welche die Komplexität des Valotti-Systems dank ihrer extrem-differenten Architektur recht deutlich ausleuchten. Zwecks prägnanterer und übersichtlicher Darstellung bedienen wir uns dabei dieser eingehenden Symbolik

$$V \equiv \mathrm{Valotti} - \mathrm{Quinte}\ Q_V \text{ und } P \equiv \text{pythagoräische Quinte } Q_{pyth},$$

und dann formulieren wir ein erstes Beispiel:

Beispiel 12.5 (Klassische Valotti-Temperierung V_{12})

Bei der in der Literatur bekannten „Valotti-Stimmung" sind die Quinten V und P im schematisierten Quintenkreis in folgender „Blockform" angeordnet:

$$\ldots C \xrightarrow{V} G \xrightarrow{V} D \xrightarrow{V} A \xrightarrow{V} E \xrightarrow{V} H \xrightarrow{P} Fis \xrightarrow{P} Cis \xrightarrow{P} As \xrightarrow{P} Es \xrightarrow{P} B \xrightarrow{P} F \xrightarrow{V} C \ldots$$

Die weißen Tasten der Klaviatur (C, D, E, F, G, A) sind also allesamt Starttöne zu Valotti-Quinten, welche kompakt in strikter Abfolge angeordnet sind. Wir entnehmen dieser Anordnungsskizze sehr bequem, wo welche Ganztonschritte liegen. Diese sind nach der voranstehenden Systematik anhand der drei möglichen Konstellationen

$$V \oplus V \ und \ V \oplus P = P \oplus V \ und \ P \oplus P$$

sofort erkennbar.

Was die Semitonia betrifft, so wissen wir aus der Theorie, dass in der Blocklage alle möglichen Semitonia entstehen, siehe Abschn. 7.7. Für die Halbtonschritte gehen wir in 7er-Schritten weiter, wobei wir das Schema als periodisch fortgesetzt ansehen. Beispielsweise erkennen wir für den ersten Schritt die Beziehung

$$(C \rightarrow Cis) = 5V \oplus 2P \ominus 4O = H_5.$$

Es ist nicht schwer, auf diese Weise – und ohne Rechnung – alle Intervalldaten dieser Valotti-Skala zu finden, denn die Indizierung k bei H_k entspricht simultan der Anzahl der im Schema in einer 7er-Kette vorkommenden Symbole „V". Und nur der Vollständigkeit halber listen wir den chromatischen Stufenaufbau auf. Die angegebenen Ganztöne starten dabei auf den links über ihnen notierten Tönen

$C \longrightarrow$	$Cis \longrightarrow$	$D \longrightarrow$	$Es \longrightarrow$	$E \longrightarrow$	$F \longrightarrow$	$Fis \longrightarrow$	$G \longrightarrow$	$As \longrightarrow$	$A \longrightarrow$	$B \longrightarrow$	$H \longrightarrow$	C'
H_5	H_3	H_3	H_5	H_1	H_6	H_2	H_4	H_4	H_2	H_6	H_1	
T_1	T_3	T_1	T_3	T_2	T_1	T_3	T_1	T_3	T_1	T_2	T_3	

Wir erkennen auch mittels unserer voranstehenden Systematik – und quasi zur Kontrolle –, dass die Summe der Halbtonschritte tatsächlich den entsprechenden Ganztonschritt ergibt. So ist beispielsweise

$$T_3 = (Es \rightarrow F) = (Es \rightarrow E) \oplus (E \rightarrow F) = H_5 \oplus H_1,$$

und in der Tat ergeben diese beiden Halbtonschritte den pythagoräischen Ganzton T_3 zu 204 ct, was wir unschwer der obigen Systematik entnehmen.

Die Valotti-Skala $\mathbf{V}_{12}$ (die „**Blockskala von Valotti**") enthält also alle drei Ganzton- und alle sechs Halbtontypen, die theoretisch möglich sind, und auch die für die Harmonie mitentscheidende Terzstruktur wäre sehr schnell ablesbar. Die numerische (gerundete) Stufentabelle mit den aufsummierten Skalendaten sieht wie folgt aus:

$C \longrightarrow$	$Cis \longrightarrow$	$D \longrightarrow$	$Es \longrightarrow$	$E \longrightarrow$	$F \longrightarrow$	$Fis \longrightarrow$	$G \longrightarrow$	$As \longrightarrow$	$A \longrightarrow$	$B \longrightarrow$	$H \longrightarrow$	C'
94	102	102	94	110	90	106	98	98	106	90	110	
94	196	298	392	502	592	698	796	894	1000	1090	1200	

Wir sehen an dieser Stufung ebenso, dass die Skala für keinen Parameter $1 \leq m < 12$ eine m-Periodizität besitzt, und:

Keine zwei chromatischen Tonarten besitzen die gleiche chromatische Tonartencharakteristik, siehe Theorem 6.4. ◄

Während in diesem Beispiel die beiden Quintentypen sich nicht durchmischen, sondern jeweilige komplette Halbkreise des 12-Quinten-Kreises belegen,

$$V: \text{Quintenkreis von } (F \to H) \text{ und } P : \text{Quintenkreis von } (H \to F),$$

zeigt das nächste Beispiel eine hierzu diametrale Situation. Wir fragen uns nämlich, wie wohl eine Skala aussähe, wenn sie die Merkmale der vollkommensten architektonischen Symmetrie besäße – wenn ihr Aufbau durch eine regelmäßige 2–periodische Quinten-reihung erfolgen würde. Nun lehrt uns das Theorem 5.3, dass dann automatisch auch das Stufenmuster 2–periodisch sein muss. Im Folgebeispiel tun wir aber einmal so, als wenn wir diesen theoretischen Hintergrund vergessen hätten – und entdecken ihn erneut wieder.

Beispiel 12.6 (Die „fast-gleichstufige" Valotti-Temperatur)

Wir ordnen die Folge der Quintenadjunktionen in striktem Wechsel an und starten beispielsweise mit der pythagoräischen Quinte,

$$\ldots C \xrightarrow{P} G \xrightarrow{V} D \xrightarrow{P} A \xrightarrow{V} E \xrightarrow{P} H \xrightarrow{V} Fis \xrightarrow{P} Cis \xrightarrow{V} As \xrightarrow{P} Es \xrightarrow{V} B \xrightarrow{P} F \xrightarrow{V} C \ldots$$

Als Erstes erkennen wir, dass es in dieser Skala nur den einzigen Ganztontyp $T_2 = T_{\text{equal}}$ gibt. Auf jedem Ton startet also der Gleichstufigkeitsganzton zu 200 ct, welcher die Oktavteilung

$$6 * T_2 = \text{Oktave}$$

bewirkt. Sowohl beim Start auf C als auch auf Cis beginnt eine gleichstufige Ganz-tonleiter.

Wie sieht es mit den Halbtonschritten aus? Nun, die 7-Stufen-Abzählung ergibt genau zwei Typen, die ebenso wie die Quinten in striktem Wechsel auftreten:

$$H_3 = 3V \oplus 4P \ominus 4O \text{ mit ct}(H_3) = 102 \text{ ct,}$$
$$H_4 = 4V \oplus 3P \ominus 4O \text{ mit ct}(H_4) = 98 \text{ ct.}$$

Wir staunen, denn mit diesen beiden Semitonia, welche zusammen den Gleichstufigkeitsganzton T_2 aufbauen, ist unsere Skala beinahe vollkommen chromatisch gleichstufig geworden – ein winziger Unterschied von ± 2ct gegenüber dem 100ct-Halbtonschritt könnte schon als unmerkliche Verunreinigung der Skala ETS_{12} durchgehen. Und so sieht dann die Stufentabelle aus:

$$C \xrightarrow{102} Cis \xrightarrow{98} D \xrightarrow{102} Dis \xrightarrow{98} E \xrightarrow{102} F \xrightarrow{98} Fis \xrightarrow{102} G \xrightarrow{98} Gis \xrightarrow{102} A \xrightarrow{98} B \xrightarrow{102} H \xrightarrow{98} C'.$$

Diese Skala – die **„Symmetrieskala von Valotti"** – erfreut sich also der 2-Periodizi-tät, genauso, wie es das Theorem 5.3 vorhergesagt hat. Daraus folgt, dass die jeweils um einen Ganztonschritt transponierten sechs heptatonischen Tonarten der beiden Tonikafamilien

$$(C - D - E - Fis - As - B) \text{ und } (Des - Es - F - G - A - H)$$

in allen modalen Formen (Dur, Moll, kirchentonal usw.) die gleiche Charakteristik besitzen. Sie haben untereinander stets das gleiche numerische Stufenmuster – wobei die Ganztonabfolge sogar 1-periodisch (konstant in beiden Familien) abläuft. ◄

Bemerkung

Das Valotti-System beherbergt – unter anderem dank der arithmetisch geordneten Sortimente seiner Ganz- und Halbtonstufen und allen hieraus abgeleiteten Skalenintervallen – eine Fülle systematisch berechenbarer Strukturen.

Das Modell der Quintenverteilung der Symmetrieskala erklärt auch schnell, warum jede Abweichung sofort zu drei Ganztontypen führt: Wenn es nämlich irgendwo im Quinten-Verlauf eine $V - V$-Konstellation gibt, so gibt es aufgrund der Valotti-Gleichung auch zwingend eine $P - P$-Konstellation. Deswegen enthalten alle 923 anderen Skalenvarianten stets drei unterschiedliche Ganztonschritte. Auch für die Semitonsituation ist die Symmetrieskala mit ausschließlich zwei unterschiedlichen Semitontypen die einzige Ausnahme. Wie das im Detail aussieht, mag als Knobelaufgabe den kombinatorischen Recherchen anheimgestellt sein.

Das verallgemeinerte Valotti-System

Tatsächlich können wir das Valotti-System noch einmal wesentlich verallgemeinern, indem wir die zentrale Idee seiner Konstruktion analysieren. Wir sehen nämlich, dass alle architektonischen Gesetzmäßigkeiten keineswegs von der speziellen Wahl der Quinte Q_{pyth} und ihrem Pendant, der Valotti-Quinte, abhängen – vielmehr sind hierzu ausschließlich zwei Dinge entscheidend:

1. Gegeben ist eine Quinte $Q_{+\delta}$ mit dem Centmaß $ct(Q_{+\delta}) = (700 + \delta)$ ct.
2. Wir wählen dann die Quinte $Q_{-\delta}$ mit $ct(Q_{-\delta}) = (700 - \delta)$ ct.
3. Dann erreichen wir dank der „**verallgemeinerten Valotti-Gleichung**"

$$6Q_{+\delta} \oplus 6Q_{-\delta} = 7O$$

den geschlossenen Quintenkreis, und das System aller 924 Varianten dieser Skalenfamilie besitzt die nämlichen Eigenschaften wie das spezielle Valotti-System, welches von der pythagoräischen Quinte $Q_{+\delta} = Q_{pyth}$ ausgegangen war. Lediglich die numerischen Daten ändern sich – aber nur hinsichtlich der Zahlenwerte; alle Berechnungen können kopiert werden, indem man die Centzahl

$$2 \cong \tfrac{1}{12}\varepsilon_{pyth} \text{ durch } \delta = \tfrac{1}{12}\varepsilon_{Q_{+\delta}}$$

ersetzt; hierbei ist erwartungsgemäß

$$\varepsilon_{Q_{+\delta}} = 12 Q_{+\delta} \ominus 7O$$

das Quintenkomma der Quinte $Q_{+\delta}$. So überträgt sich die Ordnung des speziellen Vallotti-Systems der reinen Quinte auf jedes andere System, welches diesem Konzept genügt.

12.11 Johann Georg Neidhardt: symmetrisches Dreiquintenspiel

Johann Georg Neidhardt (1680–1739), Organist und Komponist in Königsberg, stand inmitten der Zeit der bewegten Auseinandersetzungen um die „richtige Art und Weyse des Temperirens". Das Spannungsfeld erstreckte sich zu jener Zeit von den Verfechtern der pythagoräischen Doktrin über die Praetorianer, den Anhängern der Mitteltönigkeiten, bis zu den Protagonisten der immer stärker verlangten Gleichstufigkeit. Der Beschreibung nach (Kelletat, 1981, siehe [31]) soll Neidhardt sich zwar zur Gleichstufigkeit bekannt haben, liebäugelte aber gleichwohl mit der Enharmonik und dem Spiel der unterschiedlichen Semitonia. Mehrere Temperierungen von ihm sind bekannt – seine erste („Neidhardt I") zeigt aber am deutlichsten die Methodik seiner Konstruktionen.

Kurz und bündig besteht diese Methode darin, die 12-Quinten-Bilanz

$$(4 * Q_{\text{Silbermann}}) \oplus (4 * Q_{pyth}) \oplus (4 * Q_{equal}) = 7 * \text{Oktave}$$

zu realisieren. Hierbei ist die Silbermann-Quinte $Q_{\text{Silbermann}}$ sicher nicht über ihren Namensgeber in die Neidhardt'sche Überlegungen eingeflossen, vielmehr ist wohl der vertraute Zusammenhang

$$Q_{\text{equal}} = Q_{pyth} \ominus \frac{1}{12}\varepsilon_{pyth}$$

eingeflossen, aus welcher man die obige Gleichung gewinnt, wenn man darauf bedacht ist, zwischen der (Silbermann'schen) Mitteltönigkeit, der Gleichstufigkeit und der pythagoräischen Urform zu vermitteln. Denn dann würde die Bilanz

$$4 * \left(Q_{pyth} \ominus \frac{1}{6}\varepsilon_{pyth}\right) \oplus 4 * Q_{pyth} \oplus 4 * \left(Q_{pyth} \ominus \frac{1}{12}\varepsilon_{pyth}\right)$$
$$= 12 * Q_{pyth} \ominus \varepsilon_{pyth} = 7 * O$$

tatsächlich einen geschlossenen Quinteniterationskreis nach sich ziehen. In der Philosophie Neidhardts sind dabei die beiden Quinten

$$P \equiv Q_{pyth} \quad \text{und} \quad S \equiv \left(Q_{pyth} \ominus \frac{1}{6}\varepsilon_{pyth}\right)$$

zwei zu installierende (vorgegebene) Quinten zu je – und das ist hierbei charakteristisch – gleich vielen Exemplaren, zu denen dann entsprechend viele Ausgleichsquinten einer Größe – Wolfsquinten W – zwecks Schließung gewählt werden müssen. Dass dann diese einheitliche Wolfsquinte genau die Quinte der Gleichstufigkeit $W \equiv Q_{equal}$ ist, wird durch die einfache voranstehende Bilanz klar.

Die Hauptbeispielgruppe besteht dann durch Quintenanordnungen im

$$4S - 4\,P - 4W - \text{Modell},$$

so wie es beispielsweise in der „Neidhardt I"-Temperierung zu finden ist. Aber auch Anordnungen im

$$3S - 3P - 6W - \text{Modell}$$

sind bekannt, wie die „Neidhardt III"- Stimmung zeigt. Was bleibt, ist also die Frage, in welchen genaueren Anordnungen der 12-Quinten-Kreis mit diesen Quinten ausgestattet wird. Bevorzugt man zum Beispiel im $4S - 4P - 4W$-Modell den strikten Wechsel, oder schaltet man die Quinten blockweise hintereinander?

Im folgenden Satz manifestieren wir das Neidhardt'sche Quintensystem in der prägnanten Sprache der Mathematik:

Satz 12.3 (Theorie der Neidhardt-Temperierungen)

Das komplette Neidhardt'sche Temperierungssystem N_{12} besteht aus der Gesamtheit aller möglichen Quintenkreisarchitekturen mit den drei Quintentypen

$$\text{Quinte } P = Q_{pyth} \text{ mit } ct(P) \cong 702 \text{ ct,}$$

$$\text{Quinte } S = \left(Q_{pyth} \ominus \frac{1}{6}\varepsilon_{pyth} \right) = Q_{\text{Silbermann}} \text{ mit } ct(S) \cong 698 \text{ ct,}$$

$$\text{Quinte } W = \left(Q_{pyth} \ominus \frac{1}{12}\varepsilon_{pyth} \right) = Q_{equal} \text{ mit } ct(W) = 700 \text{ ct,}$$

welche ausschließlich in der symmetrischen Anzahl gleich vieler pythagoräischer wie Silbermann-Quinten vorkommen; die restlichen Quinten sind als Wolfsquinten identisch mit der Gleichstufigkeitsquinte. Daher gibt es formal für jeden Parameter $m = 1, \ldots, 6$ genau dieses mögliche Anzahlmodell:

$$mS - mP - (12 - 2m)W - \text{Modell.}$$

Die Grundlage dieses Modells liefert die generalisierte Quintenkreisgleichung

$$m * S \oplus m * P \oplus (12 - 2m) * W = 7 * O \; (\textbf{Neidhardt – Gleichung}).$$

Jedes Modell gestattet eine beachtliche Variantenzahl an möglichen Verteilungen

$$\text{var}(m, m, 12 - 2m) = \binom{12}{m, m, 12 - 2m} = 12! / m! * m! * (12 - 2m)!.$$

Die Centzahlen der Stufensemitonia der Varianten des Modells zum Parameter m gehören zur (ganzzahlig recht genau gerundeten) Intervallmenge

$$\{I | ct(I) = 100 - 2m, 100 - 2m + 2, \ldots, 100, \ldots, 100 + 2m\},$$

die eine in 2 ct-Abständen arithmetisch geordnete Reihe bilden. Dabei kann die Maximalzahl von $2m + 1$ unterschiedlichen Semitonia auftreten – je nach Verteilungsvariante. Jede Variante enthält jedoch mindestens fünf unterschiedlich große Stufenintervalle; ausgenommen ist der Randfall $m = 1$, bei dem nur die drei Stufentypen 98 ct – 100 ct – 102 ct möglich – aber auch stets vertreten sind.

Die in dieser Allgemeinheit beschriebene Methodik umfasst formal mit $m = 0$ die Gleichstufigkeit E_{12} und für den zweiten Randfall $m = 6$ auch das komplette Valotti-System V_{12}, das wir im Abschn. 12.10 beschrieben haben.

Beweis Wir betrachten exemplarisch das $4S - 4P - 4W$-Modell, dessen numerische Details nochmal im Beispiel 12.7 nachlesbar wären. Die Richtigkeit der Neidhardt'schen Quintenkreisgleichung haben wir bereits im Vorfeld gesehen; was bliebe, wäre die Angabe, dass die Semitonia aus dem angegebenen Centvorrat resultieren. Das aber ist einfacher als es auf den ersten Blick aussieht. Weil nämlich die annähernd ganzzahligen Quintencentwerte die arithmetische Sentenz

$$ct(S) = 698\,ct \rightarrow ct(W) = 700\,ct \rightarrow ct(P) = 702\,ct$$

haben und weil der Apotome-Aufwärtsschritt der Chromatik aus 7 Quinteniterationen in direkter Folge besteht, ergeben sich alle numerischen Unterschiede als Vielfache von 2 ct. Weil bei dieser 7-gliedrigen Iterationsfolge im 12-Quinten-Kreis maximal vier S-Quinten dabei sein können, ist der Minimalwert der Centzahlen gerade $92 = 100 - 4 * 2$, und aus dem gleichen Grund ist der Maximalwert genau $108 = 100 + 4 * 2$; alle anderen Stufen liegen in ihren Centzahlen im 2 ct-Abständen dazwischen, und alle diese Daten sind durch geeignete Quintverteilungen realisierbar.

Die tatsächliche rechnerisch mögliche Anzahl der Varianten für alle möglichen Verteilungen für dieses Quintensystem berechnet sich nach der Variantenformel des Theorems 6.1 mittels des angegebenen Multinomialkoeffizienten. Schließlich folgen die Angaben der möglichen Semitonia – auch im allgemeinen Fall $m \in \{2, \ldots, 5\}$ – einer elementaren kombinatorischen Überlegung, die wir übergehen möchten. ∎

Die von Neidhardt überlieferten Modelle sind diejenigen, die zu den Modelltypen $m = 4$ und $m = 3$ gehören; wir wählen hieraus zwei Beispiele:

Beispiel 12.7 (Die Neidhardt-I-Temperierung)

Die Neidhardt-Skala gehört zum $4S - 4P - 4W$-Modell, und bei dieser Temperierung kommt folgende Quintenverteilung zur Anwendung:

$$C \xrightarrow{S} G \xrightarrow{S} D \xrightarrow{S} A \xrightarrow{S} E \xrightarrow{W} H \xrightarrow{W} Fis \xrightarrow{P} Cis \xrightarrow{P} As \xrightarrow{W} Es \xrightarrow{W} B \xrightarrow{P} F \xrightarrow{P} C.$$

Diese Skala besitzt demnach folgenden Semitonverlauf

$$C \xrightarrow{94} Cis \xrightarrow{102} D \xrightarrow{100} Es \xrightarrow{96} E \xrightarrow{106} F \xrightarrow{94} Fis \xrightarrow{104} G \xrightarrow{98} As \xrightarrow{98} A \xrightarrow{102} B \xrightarrow{96} H \xrightarrow{108} C.$$

Dies sind von den formal neun möglichen bereits acht unterschiedliche Stufentypen; lediglich das Intervall zu 92 ct ist nicht dabei. Dieses würde bei einer Verteilung entstehen, bei welcher vier Quinten S und drei Quinten W in direkter Folge stünden. Die Anzahl möglicher Varianten ist die beachtliche Zahl

$$\mathrm{var}(4,4,4) = \binom{12}{4,4,4} = 12!/4! * 4! * 4! = 34.650.$$

Andere Verteilungen können dabei zu weniger Stufentypen führen, wobei auch die Varianten vermieden werden können, deren Halbtonstufen vom Gleichstufigkeitshalbton weiter entfernt liegen. ◄

Diese spezielle Neidhardt-I-Temperatur ist in der Abb. 12.6 als Quintenkreismodell skizziert.

Das nächste Beispiel zeigt eine deutlich größere Nähe zur Gleichstufigkeit, was nicht wundert, da die Anzahl der W-Quinten größer ist.

Beispiel 12.8 (Die Neidhardt-III-Temperierung)

Die Neidhardt-III-Skala gehört zum $3S - 3P - 6W$-Modell, und Neidhardt hat seine Quinten wie folgt verteilt:

$$C \xrightarrow{S} G \xrightarrow{S} D \xrightarrow{S} A \xrightarrow{W} E \xrightarrow{P} H \xrightarrow{W} Fis \xrightarrow{W} Cis \xrightarrow{W} As \xrightarrow{P} Es \xrightarrow{W} B \xrightarrow{W} F \xrightarrow{P} C.$$

Hier erreichen wir auch die Minimalzahl von nur fünf unterschiedlich großen Stufentypen, und das Stufenmuster sieht folgendermaßen aus:

$$C \xrightarrow{96} Cis \xrightarrow{100} D \xrightarrow{102} Es \xrightarrow{96} E \xrightarrow{104} F \xrightarrow{98} Fis \xrightarrow{102} G \xrightarrow{98} As \xrightarrow{98} A \xrightarrow{104} B \xrightarrow{98} H \xrightarrow{104} C.$$

Auch hier können die Semitonangaben wie im Beispiel zuvor sehr schnell überprüft werden, indem man einfach untersucht, welche Quinten in der betreffenden 7-fachen rechts herum verlaufenden Iteration vorkommen; S-Quinten bewirken jeweils eine

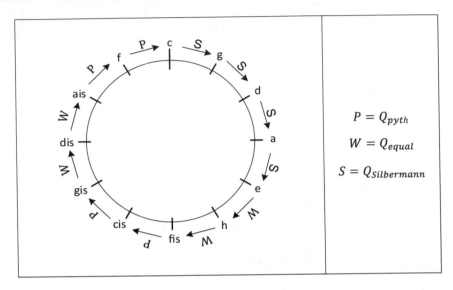

$$P = Q_{pyth}$$
$$W = Q_{equal}$$
$$S = Q_{Silbermann}$$

Abb. 12.6   Das $4S - 4W - 4P$-Modell der Neidhardt-I-Stimmung

Abnahme – P-Quinten dagegen eine Zunahme um 2 ct gegenüber dem 100 ct-Wert des W-Semitons.

Für die Konstellationen des $3S - 6W - 3P$-Modells gelten die vergleichbaren Angaben: Es gibt immerhin noch sage und schreibe

$$\mathrm{var}(3,6,3) = \binom{12}{3,6,3} = 12!/3! * 6! * 3! = 18.480$$

Varianten dieser Quintenanordnungen; alle möglichen Semitonia gehören dabei dem Centvorrat der Intervalle

$$\{I \,|\, ct(I) = 94 - 96 - 98 - 100 - 102 - 104 - 106\}$$

an, wobei alle sieben verschiedenen Werte durchaus vorkommen können, je nachdem, wie man diese Quinten im 12-Quinten-Kreis installiert. ◀

Fazit Der Reiz der Neidhardt'schen Methode, reine Quinten und ihre gespiegelten Quinten – die Silbermann-Quinten – in gleichen Anzahlen zu verteilen, was für die restlichen Ausgleichsquinten sofort zur Gleichstufigkeitsquinte führt, überzeugt durch eine sehr bequeme Berechenbarkeit der Semitonia. Mithin kann auch die Brauchbarkeit – sprich: „Charakteristik" – der jeweiligen Temperierung im Rahmen einer musikalischen Praxis schnell herausgefunden werden.

Wie bereits erwähnt, überschneidet sich diese Methode auch mit derjenigen von Francesco Valotti (siehe Abschn. 12.10); auch er hat ja die an der Gleichstufigkeitsquinte gespiegelte pythagoräische Quinte

$$Q_{\text{Valotti}} = Q_{pyth} \ominus \frac{1}{6}\varepsilon_{pyth} = Q_{\text{Silbermann}}$$

benutzt, indem er den geschlossenen Quintenkreis aus Varianten der Anordnungen

$$6Q_{\text{Valotti}} \oplus 6Q_{pyth} = 7O$$

zur Skalenerzeugung wählte. Daher ist die Valotti-Temperierung selber wieder ein Spezialfall der Neidhardt-Methodik, wenn im dortigen System der Parameter $m = 6$ gesetzt ist – jedenfalls aus dieser methodisch generalisierten Sicht.

12.12 Bach-Kellner: merkwürdige 7:5-Verteilungen

In diesem Abschnitt stellen wir eine weitere Methode vor, wie durch eine geschickte Kreation einer neuen Iterationsquinte Temperierungen konstruiert werden, die den individuell gegebenen Vorgaben Rechnung tragen möchten. Während es bei Pythagoras, Schlick, Zarlino, Silbermann und einigen mehr so ist, dass eine Quinte als 11-fache Iterationsquinte dient, um dann mittels einer einzigen Schließungsquinte, eben der Wolfsquinte, den Quintenkreis zu schließen, so ist bei den Systemen Valotti und Neidhardt und einigen anderen der mehrfache Wolfsquintenkreis der methodische Ausgangspunkt ihrer Temperierungssysteme.

Speziell finden wir hierbei die bilanzierende Forderung, dass bei gegebener Quinte Q_X eine zweite Quinte Q_Y so bestimmt werden soll, dass die Gleichung

$$nQ_Y \oplus (12 - n)Q_X = 7O$$

erfüllt ist; der Häufigkeitsparameter n ist zwar frei – sicher aber auch Gegenstand einer passenden Wahl. Die Mathematik dieser Konstellation haben wir im Abschn. 7.7 behandelt und im Theorem 7.6 die Architekturen solcher Skalen studiert. Wie sehr diese Aufgabe in die Nähe mathematischer Optimierungsprobleme rückt, wird hiermit immer deutlicher.

Im Falle „Bach-Kellner" wird   wie so oft – für die Referenzquinte Q_X wieder die reine Quinte Q_{pyth} vorgegeben, und dann soll sich die mehrfache Ausgleichsquinte Q_Y genau 5-fach zeigen, sodass sich die markante Verteilung

$$7Q_X - 5Q_Y$$

ergibt, die uns auch an die $7 - 5$-Verteilung von Limma – Apotome erinnert. So kommen wir zur konsequenten Definition der Bach-Kellner-Quinte Q_{BK}, die wir auch schon im Beispiel 3.8 kennengelernt haben:

Definition 12.4 (Die Bach-Kellner-Quinte)

Die Quinte Q_{BK}, welche die Schließungsgleichung (**Bach-Kellner-Gleichung**)

$$7Q_{pyth} \oplus 5Q_{BK} = 7O$$

erfüllt, heißt **Bach-Kellner-Quinte**. Sie kann auch griffig durch die **Quarten-formel**

$$5Q_{BK} = 7 \text{ Quarten (3:4)}$$

charakterisiert werden. Sie hat dann die Maße

$$|Q_{BK}| = \frac{8}{3\sqrt[5]{18}} \cong \frac{8}{\sqrt[5]{4374}} = 1{,}49594\dots \cong 697{,}26\dots \text{ct.}$$

Bach-Kellner-Formel: Die Bach-Kellner-Quinte Q_{BK} wird mittels der Formel

$$Q_{BK} = Q_{pyth} \ominus \frac{1}{5}\varepsilon_{pyth}$$

sehr einprägsam beschrieben, und diese Formel begleitet den intervallarithmetischen Umgang sehr vorteilhaft.

Die Herleitung für diese Bach-Kellner-Formel ist sehr einfach, und wie schon so oft, benutzen wir den „7-Oktaven-Trick":

$$5Q_{BK} = 7O \ominus 7Q_{pyth} = \left(12Q_{pyth} \ominus \varepsilon_{pyth}\right) \ominus 7Q_{pyth} = 5Q_{pyth} \ominus \varepsilon_{pyth}.$$

Dann muss nur noch dividiert werden (was natürlich die Klasse der harmonisch-rationalen Intervalle $\mathfrak{M}_{harm}$ verlässt), und wir gewinnen die gesuchte Formel

$$Q_{BK} = Q_{pyth} \ominus \frac{1}{5}\varepsilon_{pyth}.$$

Setzen wir dann beispielsweise in der Quartendarstellung die Frequenzmaßdaten durch ihre Primfaktorform ein, dann folgt auch die Maßangabe mittels der Rechnung

$$|Q_{BK}| = \left(\frac{4}{3}\right)^{7/5} = \frac{4}{3}\left(\frac{4}{3}\right)^{2/5} = \frac{4}{3}\frac{2^{4/5}}{3^{2/5}} = \frac{4}{3}\frac{1}{2}(2*9)^{-1/5} = \frac{2}{3}\Big/\sqrt[5]{18},$$

was uns mit etwas Geschick beim Umgang mit Potenzen zu dem angegebenen Wert führt.

Bevor wir uns um die Skalengenerierung nach Bach-Kellner kümmern, wollen wir die Interpretation der Quinte Q_{BK} anhand der Quartengleichung

$$5 \text{ neue Quinten } Q_{BK} = 7 \text{ reine Quarten (3:4)}$$

musikalisch beleuchten. Wenn wir sieben reine Quarten q_{pyth} aneinanderreihen, so laufen wir – unter passenden Oktavierungen – im Quintenkreis links herum und kommen über die Stationen

$$\text{Tonika } C \xrightarrow[q_{pyth}]{} F \xrightarrow[q_{pyth}]{} B \xrightarrow[q_{pyth}]{} Es \xrightarrow[q_{pyth}]{} As \xrightarrow[q_{pyth}]{} Des \xrightarrow[q_{pyth}]{} Ges \xrightarrow[q_{pyth}]{} Ces$$

zum Ton „Ces", und genau dieser, über reine Quarten erreichte Ton ist Zielpunkt von fünf neuen (also nicht mehr reinen) Quinten, die dann von der Tonika rechts herum aufgetragen werden, sodass die neue Tonreihe

$$\text{Tonika } C \xrightarrow[Q_{BK}]{} G_{neu} \xrightarrow[Q_{BK}]{} D_{neu} \xrightarrow[Q_{BK}]{} A_{neu} \xrightarrow[Q_{BK}]{} E_{neu} \xrightarrow[Q_{BK}]{} H_{neu}$$

entsteht. Dann wäre die neue Quinte – und das ist genau die vorstehend definierte Bach-Kellner-Quinte – genau diejenige, sodass dieser Ton H_{neu} die notwendige Schließungsbedingung $H_{neu} = $ Ces erfüllt.

Wenn wir nun die Aufgabe sehen, mit diesen 5 neuen Quinten sowie den restlichen 7 reinen Quinten den 12-stufigen Quintenkreis zu bestücken, so erkennen wir schnell, dass dieses Unterfangen genauso wie bei Valotti und Neidhardt uferlos erscheinende Möglichkeiten erlaubt. Gleicht diese Aufgabe doch derjenigen,

▶ *5 rote Kugeln an 12 Kinder zu verteilen; die anderen 7 Kinder, die demnach keine rote Kugel bekommen, erhalten dafür eine schwarze.*

Und gemäß unseres Theorems 6.1 und seiner Zusatzinterpretation lässt sich die Komplexität durch die dortige Binomialformel präzise angeben. Demnach gibt es genau

$$\binom{12}{5,7} = 12!/5!7! = 12*11*10*9*8/5! = 11*9*8 = 792$$

Möglichkeiten, 5 Bach-Kellner-Quinten in den Quintenkreis zu etablieren. Ein praktikables Modell, welches in konkreten Fällen die Skalenbeschreibung erheblich vereinfachend beeinflusst, besteht einfach darin, die Verteilung – beginnend bei Tonika $-C$, dem Iterationszentrum – im Quintenzirkel dem Uhrzeigersinn folgend aufzuschreiben. Und um diese Quintenverteilung günstig vor Augen zu haben, wählen wir wieder eine markante Symbolik vermöge der Abkürzungen

$$\text{BK} \equiv Q_{BK} \text{ und } P \equiv Q_{pyth},$$

und dann sind die Varianten des Bach-Kellner-Skalensystems durch Schemata der Form

$$\text{BK} \to \text{BK} \to \text{BK} \to P \to P \to P \to \text{BK} \to \text{BK} \to P \to P \to P \to P$$

oder

$$P \to \text{BK} \to P \to \text{BK} \to \text{BK} \to P \to \text{BK} \to \text{BK} \to P \to P \to P \to P$$

oder durch 790 andere beschrieben. Müßig zu bemerken, dass jede dieser dodekatonischen Skalen ihre eigene Charakteristik, ihre eigene Stufenabfolge diverser Semitonia besitzt.

Wir dürfen aber mit Sicherheit annehmen, dass diejenigen, welche sich diese Temperierungen ausgedacht haben, musikalische Ziele im Auge hatten. Wir beobachten so zum Beispiel, dass vier Bach-Kellner-Quinten – zweimal aboktaviert – eine fast reine Terz ergeben. Und tatsächlich gilt die Gleichung

$$4Q_{BK} \ominus 2O = \left(4Q_{pyth} \ominus 2O\right) \ominus \frac{4}{5}\varepsilon_{pyth} = \left(2T_{pyth}\right) \ominus \frac{4}{5}\varepsilon_{pyth},$$

und somit liegt diese Terz um vier Fünftel des pythagoräischen Kommas unter dem Ditonos $2T_{pyth}$. Die Zahlenwerte sind dann flink zur Stelle,

$$\mathrm{ct}(4Q_{BK} \ominus 2\,O) = 407{,}82\,\mathrm{ct} - 18{,}77\,\mathrm{ct} = 389{,}04\,\mathrm{ct},$$

ein Wert, welcher nur um magere 2,73 ct vom Wert 386,31 ct der reinen Terz abweicht. Will man also eine Bach-Kellner-Temperierung installieren, bei welcher die große Terz $(C \to E)$ möglichst rein ist, so geschieht dies durch vier Iterationen mit der Quinte Q_{BK} in direkter aufbauender Folge ab Tonika $-C$. Somit kann man nur noch über die Position der fünften Bach-Kellner-Quinte verfügen – diese also irgendwo anders im Quintenkreis einbauen.

In unserem anschließenden Beispiel wird diese 5. Quinte in das Intervall $(H \to Fis)$ gelegt. Dies entspricht in der Tat auch einer gängigen Praxis. Es ist allerdings nach der Bach-Kellner-Formel auch klar, dass sich die große Ditonos-Terz pro vorhandener Bach-Kellner-Quinte in der entsprechenden 4er-Quintenkette um den Centwert $\frac{1}{5}\varepsilon_{pyth} \cong 4{,}7$ ct verringert.

Beispiel 12.9 (Bach-Kellner-Skala)

Der Wunsch, eine möglichst reine Terz $(C \to E)$ zu erhalten sowie derjenige, in den B-Tonarten möglichst viele reine Dominant- wie Subdominantquinten zu haben, führt – beinahe zwangsläufig – zu folgendem Muster einer Verteilung von Bach-Kellner-Quinten und pythagoräischen Quinten:

$$C \xrightarrow[BK]{} G \xrightarrow[BK]{} D \xrightarrow[BK]{} A \xrightarrow[BK]{} E \xrightarrow[P]{} H \xrightarrow[BK]{} Fis \xrightarrow[P]{} Cis \xrightarrow[P]{} As \xrightarrow[P]{} Es \xrightarrow[P]{} B \xrightarrow[P]{} F \xrightarrow[P]{} C.$$

Die resultierende Skala hat dann – bei unbedeutenden Rundungen – die Centdaten:

Stufe n	Ton X_n	Centmaß $C \to X_n$	Halbton auf X_n $X_n \to X_{n+1}$	Ganzton auf X_n $X_n \to X_{n+2}$	Terz auf X_n $X_n \to X_{n+4}$
0	C	0	90,2	194,5	389,0
1	Cis	90,2	104,3	203,9	407,8
2	D	194,5	99,6	194,5	393,7
3	Dis	294,1	94,9	203,9	403,1
4	E	389,0	109,0	199,2	403,1
5	F	498,0	90,2	199,2	393,7
6	Fis	588,3	109,0	203,9	407,8

Stufe n	Ton X_n	Centmaß $C \to X_n$	Halbton auf X_n $X_n \to X_{n+1}$	Ganzton auf X_n $X_n \to X_{n+2}$	Terz auf X_n $X_n \to X_{n+4}$
7	G	697,3	94,9	194,5	393,7
8	Gis	792,2	99,6	203,9	407,8
9	A	891,8	104,3	199,2	398,4
10	B	996,1	94,9	203,9	398,4
11	H	1091,0	109,0	199,2	403,1

Diese Skala enthält genau folgende differente Intervalltypen:

- 5 Semitonia: 90,2 ct − 94,9 ct − 99,6 ct − 104,3 ct − 109,0 ct,
- 3 Ganztonschritte: 194,5 ct − 199,2 ct − 203,9 ct,
- 5 großeTerzen: 389,0 ct − 393,7 ct − 398,4 ct − 403,1 ct − 407,8 ct.

Die jeweiligen Differenzen betragen stets $\frac{1}{5}\varepsilon_{pyth} \cong 4,7$ ct.

Fazit: Die Skala dürfte aufgrund so vieler differenter Stufen sehr „unruhig" klingen. ◄

Der folgende Satz 12.4 versucht, in der Komplexität aller Bach-Kellner-Skalen eine Ordnung zu finden sowie hilfreiche Kalkulationsgesetze aufzuspüren. Bedeutsamer als Letzteres dürfte allerdings sein, dass die Wahl zu einer ganz bestimmten Bach-Kellner-Stimmung – zweifellos eher geleitet durch musikalische Klangvorstellungen als durch bloße Zahlenspielerei – jedenfalls dann erst erfolgreich ist, wenn die entscheidenden Wirkmechanismen im Rahmen der gesamten Charakteristik des Skalensystems erkannt sind.

Satz 12.4 (Theorie des Bach-Kellner-Temperierungssystems)

Das Bach-Kellner-Skalensystem BK_{12} besteht aus allen 12-stufigen Oktavskalen, welche aus genau 5 Bach-Kellner-Quinten und 7 reinen Quinten aufgebaut sind – kurz: aus allen Realisierungen der **Bach-Kellner-Quintenkreisgleichung**

$$5Q_{BK} \oplus 7Q_{pyth} = 7O.$$

(1) **Komplexität des Bach-Kellner Systems BK_{12}**
Das gesamte System BK_{12} enthält 792 verschiedene realisierbare Skalen.

(2) **Charakteristik des Bach-Kellner-Systems BK_{12}**

a) **Semitonia:** Im Variantensystem gibt es genau diese sechs möglichen Semitonia

$$\text{Limma}_{pyth} \oplus k * \left(\frac{1}{5}\varepsilon_{pyth}\right) = 3O \ominus 5Q_{pyth} \oplus \frac{k}{5}\varepsilon_{pyth},$$

wobei $k = 0, \dots, 5$ ist und was der gerundeten, arithmetischen Centzahlfolge

$$90,2 \text{ ct} - 94,9 \text{ ct} - 99,6 \text{ ct} - 104,3 \text{ ct} - 109,0 \text{ ct} - 113,7 \text{ ct}$$

entspricht. Der kleinste Wert (90,2 ct) ist hierbei das $Limma_{pyth}$, der größte Wert (113,7 ct) ist die $Apotome_{pyth}$, und die Folge schreitet in äquidistanten Schritten zu je 4,7 ct von dem einen Eckwert zu dem anderen. Dabei gibt es in jeder Skala mindestens 3 unterschiedliche Halbtonschritte.

b) **Ganztonstufen:** Im Variantensystem gibt es diese 3 möglichen Ganztöne

$$\text{Tonos}_{pyth} \ominus \frac{k}{5}\varepsilon_{pyth} = \left(2Q_{pyth} \ominus O\right) \ominus \frac{k}{5}\varepsilon_{pyth} \ (k = 0, 1, 2),$$

was der arithmetischen Centzahlfolge

$$203,9 \text{ ct} - 199,2 \text{ ct} - 194,5 \text{ ct}$$

entspricht. Die realisierbare Mindestanzahl ist hierbei 2, und in jeder Skala sind die beiden größeren Ganztöne vertreten.

c) **Große Terzen:** Im Variantensystem gibt es diese 5 möglichen großen Terzen

$$\text{Ditonos}_{pyth} \ominus \frac{k}{5}\varepsilon_{pyth} = \left(4Q_{pyth} \ominus 2O\right) \ominus \frac{k}{5}\varepsilon_{pyth}(k = 0, \dots, 4),$$

was der arithmetischen Centzahlfolge

$$407,8 \text{ ct} - 403,1 \text{ ct} - 398,4 \text{ ct} - 393,7 \text{ ct} - 389,0 \text{ ct}$$

entspricht. Dabei beträgt die realisierbare Mindestanzahl hiervon 2, und die realisierbare Maximalzahl ist 5. Die beiden größten Werte sind stets (also in jeder Variante) vertreten.

(3) **Skalenberechnung**

Ausgehend von den in (2) aufgelisteten Möglichkeiten der Stufenintervalle kann die Skalenberechnung durch einen „Zählalgorithmus" erfolgen, der lediglich das Quintverteilungsmodell der jeweiligen Variante nutzt und hieraus die gewünschten Centmaße von Stufen oder anderen leitereigenen Intervallen direkt erkennen lässt.

Beweis Die Variantenzahl haben wir bereits diskutiert. Was die möglichen und realisierbaren leitereigenen Intervalle (Halbtöne, Ganztöne, Terzstufen) betrifft, so möchten wir hierzu nur beobachten, dass diese Intervalle alle eine Quintenerzeugung der reoktavierten Form besitzen, bei welcher die Quinten die beiden Möglichkeiten Q_{BK} und Q_{pyth} unter der weiteren Berücksichtigung ihrer Gesamtanzahl (5 beziehungsweise

7) haben. So kommen wir beispielsweise im Falle der Ganztöne mittels der Quinten-erzeugungsformel

$$\text{Ganzton} = 2\,\text{Quinten} \ominus \text{Oktave}$$

auf die drei möglichen Paarungen

$$2Q = 2\,Q_{pyth}\ \text{oder}\ 2Q = Q_{BK} \oplus Q_{pyth}\ \text{oder}\ 2Q = 2Q_{BK},$$

was den Ganzton-Centzahlen $203{,}9\,\text{ct} - 199{,}2\,\text{ct} - 194{,}5\,\text{ct}$ entspricht.

Jeder Ersatz einer reinen Quinte durch eine Bach-Kellner-Quinte bewirkt die Ver-kleinerung des infrage stehenden Intervalls um $\frac{1}{5}\varepsilon_{pyth}$ mit dem gerundeten Centwert $4{,}7\,\text{ct}$. So kommt man zu den detaillierten Angaben über Halb- und Ganztonstufen sowie zu den Terzangaben. Alle anderen leitereigenen Intervalle können genauso besprochen werden. ■

Tatsächlich zeigen nun noch eingehendere Überlegungen, dass es bei den Quintenver-teilungen aufgrund der $5 - 7$-Verteilung stets zu konsekutiven reinen Quinten kommen muss, zu Bach-Kellner-Quinten in direkter Folge dagegen nicht zwingend. Im Rahmen aller kombinatorischen Besetzungsmöglichkeiten des 12-Quinten-Kreises mit beiden Quinten können jedoch alle genannten Möglichkeiten realisiert werden. Die Aussage (3) demonstrieren wir in den nachfolgenden Beispielen, wodurch der Satz gezeigt ist.

Wir stellen in den abschließenden Beispielen zwei Varianten vor, bei denen es Höchst- und Mindestanzahlen gibt. Ebenso führen wir den im Satz angesprochenen „Zählalgorithmus" vor:

Beispiel 12.10 (Bach-Kellner-Skala – kompakte Form)

Wir wählen das Grundbeispiel, in welchem 5 Bach-Kellner-Quinten sukzessive iteriert werden, gefolgt (oder vorangehend) von 7 reinen Quinten. Unter Reoktavierung entsteht dann ein geschlossener Quintenkreis. Dieser kann im Prinzip – unter Bei-behaltung von Tonika $-C$ – auf jedem der 12 Skalentöne gestartet werden. Wir greifen nun das Muster heraus, dass diese Sequenz ab Tonika $-C$ startet. Dann haben wir die kompakte Anordnung für diese Verteilungsvariante

$$C \underset{BK}{\longrightarrow} G \underset{BK}{\longrightarrow} D \underset{BK}{\longrightarrow} A \underset{BK}{\longrightarrow} E \underset{BK}{\longrightarrow} H \underset{P}{\longrightarrow} Fis \underset{P}{\longrightarrow} Cis \underset{P}{\longrightarrow} As \underset{P}{\longrightarrow} Es \underset{P}{\longrightarrow} B \underset{P}{\longrightarrow} F \underset{P}{\longrightarrow} C.$$

Und nun berechnen wir die Skala nach den Formeln der Elementarintervalle aus Abschn. 7.1, indem wir die passenden Quinten einsetzen. So entsteht beispielsweise der Ton Cis durch 7 Aufwärtsquinten von Tonika $-C$ aus, und dann handelt es sich um das Intervall in Apotomeform

$$A = 7\,\text{Quinten} \ominus 4\,\text{Oktaven} = 5Q_{BK} \oplus 2Q_{pyth} \ominus 4O$$

$$= 7Q_{pyth} \ominus \frac{5}{5}\varepsilon_{pyth} \ominus 4O = \left(7Q_{pyth} \ominus 4O\right) \ominus \varepsilon_{pyth}$$

$$= A_{pyth} \ominus \varepsilon_{pyth} = L_{pyth}.$$

So wird also aus der pythagoräischen Apotome ($C \to$ Cis) der pythagoräischen Skala P_{12} ein pythagoräisches Limma. Die Daten der Halbtonschritte kann man nun durch „Zählen der Bach-Kellner-Quinten" in der jeweiligen Kette von 7 aufwärts iterierten Quinten ablesen: Man subtrahiert von der pythagoräischen Apotome (mit dem Centmaß 113,685 ct) genauso oft das Fünftel des pythagoräischen Kommas (4,692 ct) und hat dann die Daten – ohne eigene und ständige Centberechnung.

Den Quintenzirkel mit dem vorgegebenen Verteilungsmuster vor Augen, bestimmen wir zunächst in einer kurzen Übersicht diese Anzahl (k) der benutzten Q_{BK}-Quinten vom genannten Ton bis zum nächsthöheren Halbton.

Start	C	Cis	D	Es	E	F	Fis	G	As	A	B	H
Anzahl k	5	2	3	4	1	5	1	4	3	2	5	0

Dann ist – neben der Theorie aus Abschn. 7.7 (Blocklage!) – auch nach dem Satz 12.4 sofort klar, dass alle 6 möglichen Semitonia vorkommen, weil eben alle Zahlen 0, ... , 5 als Anzahlen erscheinen. Auf diese Weise ergibt sich dann die Skala, deren wichtigste leitereigene Intervalle die Werte haben:

Stufe n	Ton X_n	Centmaß $C \to X_n$	Halbton auf X_n $X_n \to X_{n+1}$	Ganzton auf X_n $X_n \to X_{n+2}$	Terz auf X_n $X_n \to X_{n+4}$
0	C	0	90,2	194,5	389,0
1	Cis	90,2	104,3	203,9	407,8
2	D	194,5	99,6	194,5	393,7
3	Dis	294,1	94,9	203,9	403,1
4	E	389,0	109,0	199,2	403,1
5	F	498,0	90,2	199,2	393,7
6	Fis	588,3	109,0	203,9	407,8
7	G	697,3	94,9	194,5	389,0
8	Gis	792,2	99,6	203,9	407,8
9	A	891,8	104,3	194,5	398,4
10	B	996,1	90,2	203,9	398,4
11	H	1086,3	113,7	203,9	407,8

Diese Skala enthält unter anderem folgende differente Intervalltypen:

- 6 Semitonia: 90,2 ct – 94,9 ct – 99,6 ct – 104,3 ct – 109,0 ct,
- 3 Ganztonschritte: 194,5 ct – 199,2 ct – 203,9 ct,
- 5 große Terzen: 389,1 ct – 393,7 ct – 398,4 ct – 403,1 ct – 407,8 ct

und damit die jeweilige Maximalzahl. ◀

Das letzte Beispiel stellt eine hierzu konträre Situation vor, bei welcher die Quinten so verteilt sind, dass die Bach-Kellner-Quinten nur isoliert auftreten – also unmittelbar mit reinen Quinten wechseln. Hierbei ist zu erwarten, dass die Bandbreite der Komma-differenzen abnimmt. Auch versuchen wir, einen 4er-Block an reinen Quinten zu vermeiden, was auf das Ausbleiben der größtmöglichen Terz, dem Ditonos, hinausläuft.

Beispiel 12.11 (Bach-Kellner-Skala – verstreute Form)

Eine Verteilungsvariante, welche keine Bach-Kellner-Quinten in Folge wie auch keine Blöcke mit mehr als 3 reinen Quinten enthält, ist zum Beispiel diese:

$$C \xrightarrow{P} G \xrightarrow{P} D \xrightarrow{BK} A \xrightarrow{P} E \xrightarrow{P} H \xrightarrow{BK} Fis \xrightarrow{P} Cis \xrightarrow{BK} As \xrightarrow{P} Es \xrightarrow{BK} B \xrightarrow{P} F \xrightarrow{BK} C.$$

Auch in diesem Beispiel werden wir die Skalendaten nicht durch ständige Intervallmaßbestimmung berechnen, sondern wir werden den Zählalgorithmus praktizieren, welcher uns im Beispiel 12.10 schon genutzt hat. Dieses Mal werden wir allerdings eine Variante hierzu wählen: Wir notieren die Anzahl der Q_{BK}-Quinten, welche von einem Ton bis zum nächsten Ganzton führen. Dies ist dann besonders übersichtlich. Allerdings müssen wir dann den Prozess, um einen Halbtonschritt versetzt, zweimal durchführen; es gibt also eine „C-Seite" wie auch eine Cis-Seite

– *so wie ja bei vielen Orgeln das Pfeifenwerk in ganztöniger Weise aufgebaut ist.*

Auf Ton	C	D	E	Fis	As	B	Cis	Es	F	G	A	H
Anzahl k	0	1	1	1	1	1	1	1	1	1	0	1

Demnach erhalten wir zunächst an Ganztonschritten

- genau 2 pythagoräische Ganztonschritte zu je 203,9 ct
- genau 10 Ganztonschritte zu je 199,2 ct.

Somit gewinnen wir eine Skala, bei welcher wir diese Ganztonschritte notieren und die restlichen Daten mit kaufmännischem Rechnen per Addition ermitteln. Allerdings benötigen wir in der Tat noch den ersten Semitonschritt ($C \to Cis$), den wir leicht aus der Quintenkonstellation ermitteln, es ist dann

$$(C \to Cis) = A_{pyth} \ominus 2 * \frac{1}{5}\varepsilon_{pyth} \cong 104,3 \text{ ct},$$

und alle anderen Semitonia können dann „kaufmännisch" gefunden werden.

Stufe n	Ton X_n	Centmaß $C \to X_n$	Halbton auf X_n $X_n \to X_{n+1}$	Ganzton auf X_n $X_n \to X_{n+2}$	Terz auf X_n $X_n \to X_{n+4}$
0	C	0	104,3	203,9	403,1

Stufe n	Ton X_n	Centmaß $C \to X_n$	Halbton auf X_n $X_n \to X_{n+1}$	Ganzton auf X_n $X_n \to X_{n+2}$	Terz auf X_n $X_n \to X_{n+4}$
1	Cis	104,3	99,6	199,2	398,4
2	D	203,9	99,6	199,2	398,4
3	Dis	303,5	99,6	199,2	398,4
4	E	403,1	99,6	199,2	398,4
5	F	502,7	99,6	199,2	398,4
6	Fis	602,3	99,6	199,2	398,4
7	G	701,9	99,6	199,2	403,1
8	Gis	801,5	99,6	199,2	398,4
9	A	901,1	99,6	203,9	403,1
10	B	1000,7	104,3	199,2	403,1
11	H	1105,1	94,9	199,2	398,4

Diese Skala enthält unter anderem folgende differente Intervalltypen:

- 3 Semitonia: 94,9 ct − 99,6 ct − 104,3 ct,
- 2 Ganztonschritte: 199,2 ct − 203,9 ct,
- 2 große Terzen: 398,4 ct − 403,1 ct

und damit die jeweilige Minimalanzahl an differenten leitereigenen Halbtonschritten, Ganztonschritten und großen Terzen. ◀

Eine Besonderheit der Skala dieses letzten Beispiels ist wohl diese, dass durch die Häufigkeiten des Halbtonschritts von 99,6 ct, des Ganztonschritts von 199,2 ct sowie der Terzen mit 398,4 ct diese Skala geradezu *„fast-gleichstufig"* genannt werden kann. Denn der Ganzton zu 199,2 ct wird ja offenbar durch zwei Semitonia zu 99,6 ct geteilt, wie uns die gerundete Numerik zeigt.

Zur Überprüfung unserer Rechnungen ebenso wie zur Bestätigung dieser vermuteten Theorie – wie aber auch zum Abschluss aller unserer intervallarithmetischen Rechnungen dieses Buches – beweisen wir diese Ganztonteilung. Wie zu erwarten, machen wir dies erneut bar jeglicher Zahlenkolonnen, nämlich abstrakt – aber ebenfalls wie zu erwarten wieder durch den Trick, welcher – wie schon so oft – die Architektur des Quintenkreises in Form der über allem thronenden **pythagoräischen Quintenkreisformel**

$$12 * \text{reine Quinte } Q_{\text{pyth}} = 7 * \text{Oktave} \oplus \text{Quintenkomma } \varepsilon_{pyth}$$

nutzt. Demnach sieht die Begründung wie folgt aus:

Den Halbtonschritt, welcher dem gerundeten Centwert 99,6 ct entspricht, finden wir in Satz 12.4 (2-a) mit $k = 2$ und seiner entsprechenden Formel angegeben. Dann kalkulieren wir dank der Limmaformel

$$2(3O \ominus 5Q_{pyth} \oplus \frac{2}{5}\varepsilon_{pyth}) = 6O \ominus 10Q_{pyth} \oplus \frac{4}{5}\varepsilon_{pyth}$$

$$= \underbrace{7O \ominus 12Q_{pyth}}_{=\ominus \, \varepsilon_{pyth}} \oplus \frac{4}{5}\varepsilon_{pyth} \ominus O \oplus 2Q_{pyth} = \underbrace{2Q_{pyth} \ominus O}_{=\, T_{pyth}} \ominus \frac{1}{5}\varepsilon_{pyth}$$

$$= \text{Tonos}_{pyth} \ominus \frac{1}{5}\varepsilon_{pyth}.$$

Und dieses Intervall ist nach dem Satz 12.4 (2-b) genau derjenige Ganztonschritt, welcher dort mit $k = 1$ zur Centzahl 199,2 ct gehört. Also ergibt dieses verdoppelte Semitonintervall genau dieses Ganztonintervall, wie gewünscht.

Fazit Gerade die beiden letzten Beispiele zeigen, welche Bandbreite an Möglichkeiten entsteht, wenn man als Ausgleich des Kommas gleich mehrere – aber gleich große – Wolfsquinten zulässt. Ferner sehen wir auch,

dass man von „der" Bach-Kellner-Stimmung nicht sprechen kann,

sollte an einem Orgelinstrument eine solche Temperierungsangabe vorliegen. Nicht nur die hohe Anzahl an Stimmungsvarianten, sondern vor allem die enorm unterschiedliche Ausprägung der Charakteristik machen eine detaillierte Betrachtung unbedingt erforderlich.

Anhang: Centtabelle einiger historischer Temperierungen

Am Ende dieses Kapitels stellen wir in der nachfolgenden Tabelle einige unserer diskutierten Skalen gegenüber, dabei sind alle Centangaben auf ganze Zahlen gerundet (Tab. 12.13).

Zu beachten ist auch, dass – insbesondere im Falle von Wolfsquintskalen – jeweils nur eine von vielen möglichen Varianten angeführt ist (!!!).

Tab. 12.13 Centtabelle einiger Temperierungen (in ct gerundet)

ETS – E$_{12}$	P$_{12}$– Zwolle	R$_{12}$– Euler	mittel-tönig M$_{12}^+$	mitteltönig M$_{12}^-$	Silbermann	Zarlino	Werckmeister IV	Neidhardt II	Malcolm	Valotti V$_{12}$	Bach-Kellner BK$_{12}$
C	0	0	0	0	0	0	0	0	0	0	0	0
Cis	100	114	71	76	64	86	71	90	96	105	94	90
D	200	204	204	193	189	196	192	187	196	204	196	194
Es	300	318	274	310	316	306	313	298	296	298	298	294
E	400	408	386	386	379	392	383	395	394	387	392	389
F	500	498	498	503	505	502	504	498	500	498	502	498
Fis	600	612	590	580	568	588	575	595	596	603	592	588
G	700	702	702	696	694	698	696	698	698	702	698	697
As	800	816	773	773	821	784	816	792	796	796	796	792
A	900	906	884	890	884	894	887	893	894	885	894	891
B	1000	1020	976	1007	1010	1004	1008	1000	1000	990	1000	996
H	1100	1110	1088	1083	1074	1090	1079	1097	1096	1088	1090	1091
C'	1200	1200	1200	1200	1200	1200	1200	1200	1200	1200	1200	1200

Nachwort – Epilog – Postludium

▶ *Im vierten Satz der Symphonie gewinnt nun die Mathematik die Oberhand, enteilt dem Irdischen und lässt die Intervalle zufrieden – aber ratlos zurück.*

Die Symphonie vom Harmonischen Meer (4. Satz – Presto)

▶ **Der Kongress der einfach-superpartikularen Intervalle**

Wie seit urdenklichen Zeiten, so trug es sich auch jüngst zu, dass sich alle einfach-super-partikularen Intervalle zu ihrem Jahreskongress zusammenfanden. Und so strömten sie alle aus allen erdenklichen Regionen des Harmonischen Ozeans herbei, um sich im Oktavengebäude (das wir ja auch schon im Abschn. 1.6 betreten haben) in den ihnen wohlvertrauten Räumlichkeiten einzurichten. Und bereits am Eingang des Gebäudes wurden sie vom gestrengen Hausmeister, dem Oktavierungsoperator ω, begrüßt, begut-achtet und schon einmal vorsorglich in die Reihung

$$(1:2) \to (2:3) \to (3:4) \to (4:5) \to (5:6)\ldots \to (n:n+1) \to \ldots$$

gebracht, damit die Zimmerverteilung nicht in einem Chaos endigen würde. Mit Aus-nahme der Oktave, der Vornehmen, mussten natürlich alle im Rez-de-Chaussée des Gebäudes einquartiert werden; denn nur dort durften genau alle jene Intervalle ein-kehren, die nicht über die Oktave hinausragten. Allein die Oktave konnte in die erste Etage verschwinden und dort ihre Suite einnehmen.

Nun waren alle Intervalle gewohnt, dass sie ihrer Bestimmung getreu auch ihre Quartiere zugewiesen bekamen: Die Quinte $(2:3)$ bekam stets das Zimmer 2 (direkt neben dem Putzraum Zimmer 1), die Quarte $(3:4)$ kam im Raum 3 unter, die Terz $(4:5)$ musste sich nach Zimmer 4 begeben und so fort; jedenfalls wies der Operator ω dem Intervall $(n:n+1)$ genau die Zimmernummer n zu, so einfach war das.

Diesmal – es war anno 2021 – war aber alles anders. Schon im Foyer des Oktaven-gebäudes verkündete Hausmeister ω, es gäbe eine neue Verordnung, der zufolge Sicher-

K. Schüffler, *Die Tonleiter und ihre Mathematik*, https://doi.org/10.1007/978-3-662-64951-0

heitsabstände einzuhalten wären; kurzum: Es dürfe nur jedes 2. Zimmer belegt werden. Woraufhin es zu tumultartigen Szenen kam, und es stritten sich die Proportionen $(n{:}n+1)$ und $(n+1{:}n+2)$ aufs Heftigste, wer denn wohl in den Genuss der vertrauten Unterkunft käme. Und in dieser Not befahl der Operator in gutem Glauben, die Gemüter zu beschwichtigen, dass doch bitte schön erst einmal die Intervalle

$$(2{:}3),\,(4{:}5),\,(6{:}7),\,\ldots,\,(2n{:}2n+1),\,\ldots$$

ihre bekannten Zimmer $(2,4,6,\ldots,2n,\ldots)$ schon mal beziehen sollten. Für die anderen würde man sehen.

Hierzu muss man wissen, dass der Hausmeister ω eigentlich nur oktavieren konnte – höhere Einsichten blieben ihm fremd, und so nahm er an, dass gewiss jenseits des Unendlichen noch hinreichend Platz für alle übrig gebliebenen auszumachen sei. Allein, es war vergeblich, und die Quarte $(3{:}4)$, die kleine Terz $(5{:}6)$ und alle anderen standen unschlüssig herum; die ihnen vertrauten Domizile waren der Verordnung zufolge tabu, und auch hinter der scheinbar letzten Zimmernummer ergaben sich keine Freiräume.

Erneut brachen Tumulte aus; der Kongress drohte zu scheitern, denn ohne Quarte und alle anderen Unglücklichen, deren Geschick mit ihrer ersten, ungeraden Magnitudenzahl $(2n+1{:}2n+2)$ verbunden war, konnte keine Harmonie entstehen.

▶ **Was also tun – und wer wusste Rat?**

Nun wollte es die Fügung, dass justament ein Gehilfe dem Hausmeister zur Verfügung stand; es war ein Kantor, und er schrieb sich wie sein Groß-Oheim tatsächlich auch Cantor, Georg Cantor. Seine Aufgabe war zwar die, die Konsonantia aller einfach-superpartikularen Teilnehmer strengstens zu prüfen und nötigenfalls zu korrigieren, denn nur unter Wahrung des höchsten Grades an Reinheit ihrer Maße $(n{:}n+1)$ durften die Teilnehmer die Kongressräume betreten. Der glückliche Umstand bestand aber – gottlob – darin, dass Georg Cantor sich in seiner freien Zeit mit den abstrusen Ideen seines Vorfahren befasste – und so reifte in ihm eine Idee. Allerdings mussten sich dazu dann aber auch alle Ankömmlinge wieder im Foyer einfinden, auch die, die schon ein Zimmer okkupiert hatten.

In seiner Not blieb unserem Hausmeister ω keine andere Wahl, als dem ihm nicht ganz geheuren Vorschlag seines Assistenten nachzukommen, und so beorderte er alle Intervalle noch einmal ins Foyer. Und nun kam die Stunde von Georg Cantor, dem Kantor! Im Vertrauen auf die Theorien seines Groß-Oheims beschied er:

▶ „Das einfach-superpartikulare Intervall $(n{:}n+1)$ habe nicht – wie gewöhnlich – das Zimmer n zu beziehen, sondern das Zimmer $2n$."

So verschwand die Quinte in Raum 4, die Quarte ging nach 6, die große Terz fand in Zimmer 8 ihr Zuhause und so fort.

Der Oktavierungsoperator war sprachlos: Tatsächlich, alle kamen unter, und alle pandemischen Abstandsregeln waren dennoch unverletzt; jedes zweite Zimmer blieb unbesetzt, und alle kamen unter; der Kongress konnte starten. Derweil empfand der Kantor, alias Cantor, ein diebisches Vergnügen, und er vertiefte sich noch weltvergessener denn je in die Lektüre seines großen Urahns.

Wir wissen nicht, ob er, ω, seiner Dienstherrin „Harmonia" diese famose Lösung als seine eigene geniale Idee verkauft hatte. Vielleicht doch eher nicht – hätte er doch beweisen müssen, dass seine Anweisungsordnung – also eigentlich diejenige seines Assistenten – eine lupenreine Bijektion

$$\varphi:(\mathbb{N} = \{1,2,3,\ldots\}) \to (2\mathbb{N} = \{2,4,6,\ldots\}) \ mit \ \varphi(n) = 2n,$$

sei, und von Beweisen verstand er im Grunde genommen zu wenig…

Man sah ihn allerdings gelegentlich – aber nur, wenn er sich unbeobachtet fühlte – mit grübelnder Miene die Flure seines zu bewachenden Oktavengebäudes entlanglaufen. Denn irgendwie war ihm da etwas nicht geheuer: In all den Ewigkeiten vor Erlass der Verordnung gab es doch auf der rechten Aufzugseite des Rez-de-Chaussées genauso viele Zimmer wie ankommende Gäste – aber merkwürdigerweise seit diesem vermaledeiten Verdikt doch augenscheinlich doppelt so viele. Und dabei waren doch alle Gäste der vergangenen Jahre erschienen, keiner der geladenen einfach superpartikularen Sonderlinge hatte abgesagt. Das wollte ihm nicht in den Kopf.

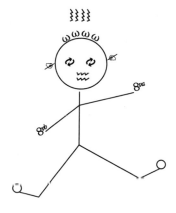

▶   *Wir wundern uns?*
    Nun ja; das plausible Dirichlet'sche Schubfachprinzip hat eben doch seine Tücken
      – wenn die Unendlichkeit im Spiel ist….

Verzeichnisse

Dieses Verzeichnis enthält

1) die Zusammenstellung aller Definitionen,
2) die Zusammenstellung aller Theoreme,
3) die Zusammenstellung aller Sätze und Erklärboxen,
4) die Liste aller Beispiele,
5) die Liste aller Abbildungen inklusive der Notenabbildungen,
6) eine Liste der wichtigsten Symbole und Notationen,
7) die Liste der im Buch beschriebenen Skalen,
8) einen Katalog der häufigsten harmonisch rationalen Intervalle,
9) das Literaturverzeichnis.
10) ein Kompendium der wichtigsten Stichwörter,

Definitionen

Theoreme

Sätze und Erklärboxen

Beispiele

Abbildungen und Noten-Abbildungen

Symbolverzeichnis

Neben den üblichen Symbolen allgemeiner mathematischer Sprache $(=, \neq, <, \leq, \ldots)$ und den Symbolen der Mengensprache sei (sicherheitshalber) die Mengennotation kurz erläutert: Wenn ein symbolischer Mengenausdruck

$$M = \{linke\ Seite | rechte\ Seite\}$$

notiert ist, so sind auf der linken Seite die Objekte (die „Elemente" (x)) notiert, die zur Menge M gehören (Schreibweise $x \in M$). Rechts vom Teilungsstrich befindet sich dann in der Regel eine spezifizierende beziehungsweise selektierende Eigenschaft für diese Elemente. Wie dies gemeint ist, zeigt das kleine Beispiel

$$M = \{k^2 | \ 1 \leq k \leq 5, \ k \in \mathbb{N}\} = \{1, \ 4, \ 9, \ 16, \ 25\}.$$

Die Menge M besteht aus den fünf Quadratzahlen 1, 4, 9, 16, 25.

In der nachfolgenden Tabelle gibt die Seitenzahl an, wo sich der Definitionsblock befindet, wo das Symbol erklärt ist beziehungsweise wo man im Falle „ff" ein paar Zeilen weiter fündig wird.

Symbol	Interpretation	Seite
$\oplus$	Adjunktion (Summe) von Intervallen	38
$\ominus$	Subjunktion (Differenz) von Intervallen	38
$a{:}b \cong c{:}d$	Ähnlichkeit von Proportionen	13
$I(x_1, x_2), [x_1, x_2], (f_1{:}f_2), (x_1 \rightarrow x_2)$	Notationen musikalischer Intervalle	25
$\mathfrak{M}_{\mathrm{mus}}$	Menge aller musikalischen Intervalle	25
$\mathfrak{M}_{\mathrm{harm}}$	Menge aller harmonisch-rationalen Intervalle	149
$\mathfrak{M}_{\mathrm{n}}$	Menge aller Primzahl-Obertonintervalle bis Stufe n-	151
$\mathfrak{M}_{\mathrm{pyth}}$	Menge aller Primzahl-Obertonintervalle bis Stufe 2-	152
$\mathfrak{M}_{\mathrm{rein}}$	Menge aller Primzahl-Obertonintervalle bis Stufe 3-	152
$\mathfrak{M}_{\mathrm{sept}}$	Menge aller Primzahl-Obertonintervalle bis Stufe 4-	152
$\mathfrak{M}_{\mathrm{esp}}$	Menge aller einfach superpartikularen Intervalle	176
esp	Einfach-superpartikular	176
$\mu_f(I), |I|$	Frequenzmaßnotationen eines Intervalls I	29
$\mathrm{ct}(I)$	Centmaß eines Intervalls I, Centmaßfunktion	49

Symbol	Interpretation	Seite
x_{arith}	Arithmetisches Mittel zweier oder mehrerer Daten	57
y_{harm}	Harmonisches Mittel zweier oder mehrerer Daten	57
z_{geom}	Geometrisches Mittel zweier oder mehrerer Daten	57
$\gamma : \mathfrak{M}_{\text{mus}} \to \mathbb{Z}$	Oktavenzählfunktion	70
$\omega : \mathfrak{M}_{\text{mus}} \to \mathfrak{M}_{\text{mus}}$	Oktavierungsoperator („Hausmeister")	70
$I^* := \omega(I)$	Reoktaviertes Intervall	73
$X \overset{\text{kom}}{\longleftrightarrow} Y$	Kommensurabilität zweier Intervalle X, Y	88
$(a_k) \overset{\text{glm - kom}}{\longleftrightarrow} (b_k)$	Gleichmäßige Kommensurabilität zweier Datenfolgen	162
$\mathfrak{M}_E, \mathfrak{M}_{X,Y}$	Iterationsalgebra der Intervalle E bzw. X, Y	93
$\mathfrak{M}_{X_1,\ldots,X_n}$	Iterationsalgebra der Intervalle $X_1, \ldots, X_n$	40
$ggT(X_1, \ldots, X_n)$	Größter gemeinsamer kommensurabler Teiler	104
$kgV(X_1, \ldots, X_n)$	Kleinstes gemeinsames kommensurables Vielfaches	121
$dist\,(X, Y)$	Abstand zweier Intervalle	139
$\left(X_n \underset{n \to \infty}{\longrightarrow} X \right)$	Konvergenz einer Folge musikalischer Intervalle	139
$\Delta_n = n{:}(n+1)$	Einfach superpartikulare Intervalle	175
$\overset{\longleftrightarrow}{S_n}$	Beidseitig n-periodische Fortsetzung einer Skala S_n	293
$var(m_1, \ldots, m_k)$	Anzahl von Varianten einer Skala gegebener Typen	332
$S_m \overset{\text{char}}{\longleftrightarrow} T_m$	Gleichheit der Charakteristik zweier Skalen	389
$\#M$	Anzahl der Elemente (Mitglieder) einer Menge M	332
$X \overset{\text{def}}{=} Y$	Das Symbol X wird durch das Symbol Y spontan definiert (oder umgekehrt – je nach Kontext)	-

Skalen (Temperierungen)

Katalog der häufigsten harmonisch rationalen Intervalle

Die nachfolgende Tabelle enthält die wichtigsten Intervalle des Oktavraums in ihren drei Intervallmaßen zusammen mit den im Text benutzten symbolischen Notationen; die Aufzählung erfolgt gemäß der aufsteigenden Intervallgröße. Das Frequenzmaß ist – dort, wo es möglich ist – in der Primfaktordarstellung angegeben. Deswegen ist der architektonische Aufbau eines Intervalls aus den Primzahl-Obertonintervallen sehr schnell erkennbar.

Rezeptur: Man geht dabei wie folgt vor: Für jede Primzahl $(2, 3, 5, \ldots)$ wird das entsprechende Obertonintervall notiert. Weil Produkte/Quotienten der Frequenzmaße intervall-arithmetisch den Additionen/Subtraktionen – sprich Adjunktionen/Subjunktionen

– der betreffenden Intervalle entsprechen, erhält man auf diese Weise die Euler-Form. Speziell substituiert man

$$2 \leftrightarrow \textit{Oktave } O(1{:}2),$$

$$3 \leftrightarrow Q_{\text{pyth}}\ (2{:}3) \oplus O,$$

$$5 \leftrightarrow \textit{Terz}(4{:}5) \oplus 2O,$$

$$7 \leftrightarrow \textit{Sept}(4{:}7) \oplus 2O.$$

So ergibt sich der architektonische Aufbau beispielsweise für das Schisma aus seinen Frequenzmaßdaten wie folgt:

$$|\varepsilon_{\text{schisma}}| = 3^8 * \frac{5}{2^{15}} \leftrightarrow \varepsilon_{\text{schisma}} = 8 * \left(Q_{\text{pyth}} \oplus O\right) \oplus (\textit{Terz} \oplus 2O) \ominus 15 * O$$

$$\leftrightarrow \varepsilon_{\text{schisma}} = 8 * Q_{\text{pyth}} \oplus \textit{Terz} \ominus 5 * O,$$

in völliger Übereinstimmung mit den Daten des Textes, siehe Theorem 10.2.

Intervall	Symbole	Proportionenmaß	Frequenzmaß	Centmaß (ct)
Prim	$\textit{Prim}$	1:1	1	0
Schisma	$\varepsilon_{\text{schisma}}$	32.768:32.805	$3^8 * 5/2^{15}$	$1,95$
Diaschisma	$\varepsilon_{\text{diaschisma}}$	2025:2048	$2^{11}/3^4 5^2$	$19,5$
synton. Komma	$\varepsilon_{\text{synt}}$	80:81	$3^4/2^4 5^1$	$21,5$
pyth. Komma	$\varepsilon_{\text{pyth}}$	524.288:531.441	$3^{12}/2^{19}$	$23,5$
kleine Diësis	$\varepsilon_{klein-di\ddot{e}sis}$	125:128	$2^7/5^3$	41
große Diësis	$\varepsilon_{gro\ss-di\ddot{e}sis}$	625:648	$2^3 3^4/5^4$	$62,5$
kleines Chroma	ch	24:25	$5^2/2^3 3^1$	$70,7$
pyth. Limma	L_{pyth}	243:256	$2^8/3^5$	$90,2$
großes Chroma	CH	128:135	$3^3 5^1/2^7$	$92,2$
diaton. Halbton	S	15:16	$2^4/3^1 5^1$	$111,7$
pyth. Apotome	A_{pyth}	2048:2187	$3^7/2^{11}$	$113,7$
Euler-Halbton	E	25:27	$3^3/5^2$	$133,2$
kl. (diaton.) Ganzton	T_-	9:10	$2^1 5^1/3^2$	$182,4$
gr. Ganzton (Tonos)	T_+, T_{pyth}	8:9	$3^2/2^3$	$203,9$
kleine (pyth.) Terz	$-$	27:32	$2^5/3^3$	$294,1$
reine kleine Terz	$terz$	5:6	$2^1 3^1/5^1$	$315,6$

Intervall	Symbole	Proportionenmaß	Frequenzmaß	Centmaß (ct)
reine große Terz	*Terz*	4:5	$5^1/2^2$	386,3
große pyth. Terz	*Ditonos*	64:81.	$3^4/2^6$	407,8
reine (pyth.) Quart	q_{pyth}	3:4	$2^2/3^1$	498,0
reine (pyth.) Quinte	Q_{pyth}	2:3	$3^1/2^1$	702,0
kleine Sexte	–	5:8	$2^3/5^1$	813,7
große Sexte	–	3:5	$5^1/3^1$	884,3
reine (Natur-)Septime	*Sept*	4:7	$7^1/2^2$	968,8
kl. (diaton.) Septime	–	5:9	$3^2/5^1$	1017,6
gr. (diaton.) Septime	–	8:15	$3^1 5^1/2^3$	1088,3
Oktave	*O*	1:2	$2^1/1$	1200

Intervalle, die größer als die Oktave sind, kategorisieren sich in Nonen, Dezimen Undezimen, Duodezimen, Tredezimen und so fort. Beispielsweise ist die oktavierte reine große Terz (2:5) eine reine Dezime oder die oktavierte reine Quinte (1:3) eine reine Duodezime.

Literatur

1. **Aigner, M. 2012.** *Zahlentheorie.* Wiesbaden : Vieweg+Teubner | Springer Fachmedien, 2012.
2. **Aigner, M., Ziegler, G.M. 2003.** *Das Buch der Beweise.* Berlin : Springer, 2003.
3. **Alsina, C., Nelsen, R.B. 2013.** *Bezaubernde Beweise.* Berlin, Heidelberg : Springer Spektrum, 2013.
4. **Amon, R. 2005.** *Lexikon der Harmonielehre.* Wien, München : Doblinger, 2005.
5. **Arnold, V.I. 1978.** *Mathematical Methods of Classical Mechanics.* New York : Springer, 1978.
6. **Assayag, G. (edit.). 2002.** *Mathematics and music.* Berlin : Springer, 2002.
7. **Berg, R.E., Stork, D.G. 1995.** *The Physics of Sound.* New Jersey : Prentice Hall, 1995.
8. **Bergmann, L., Schäfer, C. 1970.** *Lehrbuch der Experimentalphysik I (Mechanik – Akustik – Wärme).* Berlin : Walter de Gruyter & Co., 1970.
9. **Billeter, B. 1989.** *Anweisung zum Stimmen von Tasteninstrumenten in verschiedenen Temperaturen.* Kassel : Merseburger, 1989.
10. **Billeter, B. 2008.** *Zur Wohltemperierten Stimmung von Johann Sebastian Bach.* Mettlach : Internationale Zeitschrift für das Orgelwesen Ars Organi 56/2, 2008.
11. **Borucki, H. 1989.** *Einführung in die Akustik.* Mannheim : BI Wissenschaftsverlag, 1989.
12. **Bronstein, I. N., Semendjajew, K.A.,Musiol, G., Mühlig, H. 2001.** *Taschenbuch der Mathematik.* Frankfurt am Main : Harri Deutsch, 2001.
13. **Bühler, W. 2013.** *Musikalische Skalen bei Naturwissenschaftlern der frühen Neuzeit.* Frankfurt : Peter Lang Academic Research, 2013.
14. **Burg, K., Haf, H., Wille, F. 2006.** *Höhere Mathematik für Ingenieure (Band I: Analysis).* Wiesbaden : B.G.Teubner, 2006.
15. **Courant, R., Robbins, H. 1973.** *Was ist Mathematik.* Berlin Heidelberg New York : Springer-Verlag, 1973.
16. **Dallmann, H. Elster, K.H. 1987.** *Einführung in die höhere Mathematik.* Jena : Gustav Fischer Verlag, 1987.
17. **Dupont, W. 1986.** *Geschichte der musikalischen Temperatur.* Lauffen/Neckar : Orgelbau – Fachverlag Rensch, 1986.
18. **Ebbinghaus, H.D., Hermes, H.,Hirzebruch, F., Koecher, M., Mainzer, K. Neukirch, J., Prestel, A., Remmert, R. 1988.** *Zahlen.* Berlin, Heidelberg, New York, London, Paris, Tokyo : Springer-Verlag, 1988.
19. **Fauvel, J. 2003.** *Music and Mathematics.* New York : Oxford UP, 2003.
20. **Fischer, G. 2000.** *Lineare Algebra.* Braunschweig/Wiesbaden : Vieweg, 2000.
21. **Flotzinger, R. 2016.** *Harmonie.* Wien, Köln, Weimar : Böhlau Verlag, 2016.

22. **Götze, H., Wille, R. 1985.** *Musik und Mathematik.* Berlin : Springer, 1985.

23. **Gramlich, Günter. 2003.** *Lineare Algebra.* München Wien : Fachbuchverlag Leipzig im Carl Hanser Verlag, 2003.

24. **Haase, R. 1966.** *Grundlagen der harmonikalen Symbolik.* München : s.n., 1966.

25. **Hardy, G.H., Wright, E.M. 1958.** *Einführung in die Zahlentheorie.* München : Oldenbourg, 1958.

26. **Hasse, H. 1950.** *Vorlesungen über Zahlentheorie.* Berlin, Göttingen, Heidelberg : Springer, 1950.

27. **Heße, S. 2013.** *Ton und Zahl.* Darmstadt : Synergia Verlag, 2013.

28. **Heuser, H. 2009.** *Lehrbuch der Analysis, Teil I.* Wiesbaden : Vieweg+Teubner Verlag/ Springer Fachmedien, 2009.

29. **Hirsch, F. 1990.** *Das große Wörterbuch der Musik.* Berlin : Verlag Neue Musik, 1990.

30. **Kelletat, H. 1982.** *Zur musikalischen Temperatur II.* Kassel : Merseburger, 1982.

31. **Kelletat, H.:. 1981.** *Zur musikalischen Temperatur I.* Kassel : Merseburger, 1981.

32. **Kochendörffer, R. 1974.** *Einführung in die Algebra.* Berlin : VEB Deutscher Verlag der Wissenschaften, 1974.

33. **Kowalski, H.-J. 1971.** *Einführung in die lineare Algebra.* Berlin, New York : Walter de Gruyter, 1971.

34. **Kursell, J. 2018.** *Epistemologie des Hörens.* Paderborn : Wilhelm Fink, 2018.

35. **Lange, H. 1968.** Ein Beitrag zur musikalischen Temperatur der Musikinstrumente vom Mittelalter bis zur Gegenwart. *Die Musikforschung .* 1968, Vols. p 482 – 497.

36. **Lange, H. 1978.** *Tonlogarithmen.* Wilhelmshaven : Heinrichshoven, 1978.

37. **Lemacher, H., Schroeder, H. 1958.** *Harmonielehre.* s.l. : Musik Verlag Hans Gerig, 1958.

38. **Magnus, K., Popp, K. 2005.** *Schwingungen.* Stuttgart : Teubner, 2005.

39. **Matros, Norbert. 2011.** *Theorie der Tonhöhen-Intervalle.* Frankfurt am Main : Peter Lang GmbH – Internationaler Verlag der Wissenschaften, 2011.

40. **Mazzola, Guerino. 1990.** *Geometrie der Töne.* Basel.Boston.Berlin : Birkhäuser, 1990.

41. **Neuwirth, E. 1997.** *Musikalische Stimmungen.* Wien : Springer, 1997.

42. **Nix, J.: Lehrgang der Stimmkunst. Verlag Erwin Bochinsky, Frankfurt (1988). 1988.** *Lehrgang der Stimmkunst.* Frankfurt : Verlag Erwin Bochinsky, 1988.

43. **Noll, Thomas. 2016.** Handschins Toncharakter. *Zeitschrift der Gesellschaft für Musiktheorie ZGMTH.* 13–2–2016, 2016.

44. **Reckziegel, W. 1966.** Theorien zur Formalanalyse mehrstimmiger Musik. in: Forschungsberichte des Landes NRW Nr. 1768, Westdeutscher Verlag, Köln und Opladen (1966). *Forschungsberichte des Landes NRW Nr. 1768.* Westdeutscher Verlag, Köln und Opladen, 1966.

45. **Reimer, M. 2010.** *Der Klang als Formel.* München : Oldenbourg , 2010.

46. **Rossing, T., Fletcher, N. 2004.** *Principles of Vibration and Sound.* New York : Springer, 2004.

47. **Ruland, H.** *Ein Weg zur Erweiterung des Tonerlebens.* Basel : Verlag Die Pforte.

48. **Schneider, E. 1987.** *Von der Null zur Unendlichkeit.* Dreieich : Weiss Verlag Hesse & Becker, 1987.

49. **Schönberg, A. 1922/2001.** *Harmonielehre.* Wien : Universal Edition, 1922/2001.

50. **Schröder, E. 1990.** *Mathematik im Reich der Töne.* Leipzig : BSB Teubner, 1990.

51. **Schüffler, K. 2019.** *Proportionen und ihre Musik.* Heidelberg : Springer Spektrum, 2019.

52. **Schüffler, K... 2017.** *Pythagoras, der Quintenwolf und das Komma.* Wiesbaden : Springer Spektrum, 2017.

53. **Schugk, H. J. 1983.** *Praxis barocker Stimmungen und ihre theoretischen Grundlagen.* s.l. : Verlag Rolf Drescher (Selbstverlag), 1983.

54. **Staszewski, R.,Strambach, K., Völklein, H. 2009.** *Lineare Algebra.* München : Oldenbourg Verlag, 2009.

55. **Taschner, R. 2017.** *Der Zahlen gigantische Schatten, 4. Auflage.* Wiesbaden : Springer Spektrum, 2017.

56. **Thimus, A.F.von. 1988.** *Die harmonikale Symbolik des Althertums I und II.* Hildesheim, Zürich, New York : Georg Olms Verlag, 1988.

57. **Vogel, M. 1975.** *Die Lehre von den Tonbeziehungen.* Düsseldorf : s.n., 1975. Vol. Systematische Musikwissenschaft.

58. **Voigt, Ch., Adamy, J. 2007.** *Formelsammlung der Matrizenrechnung.* München : Oldenbourg, 2007.

59. **Winkler, R. 2014.** Die Geburt der Mathematik aus den Bedingungen der Musik. *Schriftenreihe zur Didaktik der Mathematik der Österreichischen Mathematischen Gesellschaft (ÖMG).* Version 2, 2014, Vols. Heft 47 (S. 1–15).

60. **Wood`s, A. 1975.** *The Physics of Music.* London : Chapman and Hall, 1975.

Stichwortverzeichnis

© Der/die Herausgeber bzw. der/die Autor(en), exklusiv lizenziert an Springer-Verlag
GmbH, DE, ein Teil von Springer Nature 2022
K. Schüffler, *Die Tonleiter und ihre Mathematik,*
https://doi.org/10.1007/978-3-662-64951-0

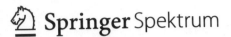

Printed in the United States
by Baker & Taylor Publisher Services